高等学校专业教材

新编玻璃工艺学

田英良　孙诗兵　主编

中国轻工业出版社

图书在版编目（CIP）数据

新编玻璃工艺学/田英良，孙诗兵主编．—北京：中国轻工业出版社，2020.4

高等学校专业教材

ISBN 978-7-5019-6851-0

Ⅰ．新…　Ⅱ．①田…②孙…　Ⅲ．玻璃－生产工艺－高等学校－教材　Ⅳ．TQ171.6

中国版本图书馆CIP数据核字（2009）第016164号

责任编辑：李建华　杜宇芳
策划编辑：李建华　　　责任终审：滕炎福　　封面设计：锋尚设计
版式设计：王超男　　　责任校对：李　靖　　责任监印：张　可

出版发行：中国轻工业出版社（北京东长安街6号，邮编：100740）
印　　刷：三河市万龙印装有限公司
经　　销：各地新华书店
版　　次：2020年4月第1版第7次印刷
开　　本：787×1092　1/16　印张：30.5
字　　数：714千字　插页：4
书　　号：ISBN 978-7-5019-6851-0　定价：88.00元
邮购电话：010-65241695
发行电话：010-85119835　传真：85113293
网　　址：http://www.chlip.com.cn
Email：club@chlip.com.cn

如发现图书残缺请与我社邮购联系调换

200357J1C107ZBW

《新编玻璃工艺学》

参编单位、人员及分工

主编： 田英良　孙诗兵

主审： 沈长治　王承遇

参编单位及编写人员

中南大学	卢安贤
同济大学	杨志强
浙江大学	邱建荣　韩高荣
东华大学	宁　伟
燕山大学	刘世民
北京工业大学	田英良　孙诗兵
长春理工大学	吕景文　肖生春
华东理工大学	薛明俊
武汉理工大学	何　峰
陕西科技大学	刘新年
河南理工大学	张战营
大连工业大学	王承遇　史　非　刘敬肖
山东轻工业学院	张梅梅　刘建安
中科院上海光机所	胡丽丽
中国中轻国际工程有限公司	梁德海
中国建筑材料科学研究总院	马眷荣　祖成奎　黄幼榕　左　岩　张保军
中国洛阳浮法玻璃集团有限责任公司	姜　宏　王桂荣　赵会峰

章节编写分工表

第 1 章	邱建荣　卢安贤　田英良
第 2 章	胡丽丽　田英良　孙诗兵
第 3 章	何　峰　祖成奎　孙诗兵
第 4 章	田英良　刘新年　史　非　吕景文　肖生春　刘敬肖　马眷荣　黄幼榕
第 5 章	田英良　刘新年
第 6 章	王承遇　田英良　孙诗兵
第 7 章	田英良　张战营　张梅梅　刘建安　孙诗兵
第 8 章	田英良　杨志强　宁　伟　薛明俊
第 9 章	田英良　孙诗兵　刘世民
第 10 章	孙诗兵　左　岩　韩高荣
第 11 章	田英良　孙诗兵　张保军
第 12 章	姜　宏　田英良　赵会峰　王桂荣
第 13 章	梁德海　田英良
附录	田英良　孙诗兵　王承遇

前　言

玻璃的发现及生产制造已有5000年的悠久历史，它几乎伴随着人类文明发展的整个历程。至今，玻璃品种不断丰富，大规模工业生产也有100多年历史。玻璃具有广泛的用途，如窗玻璃、器皿玻璃、瓶罐玻璃、眼镜玻璃、光学镜头、激光器、针剂瓶、光伏电池基板、热水器集热管、液晶显示器基板玻璃、幕墙玻璃、汽车风挡等，不胜枚举。

近20年来，玻璃在信息、通讯、能源、航天、电子和生物医药等新领域也发挥着重要的作用。自20世纪90年代，中国已经是名副其实的玻璃生产大国，玻璃品种最多，产量最大，但是在生产质量、高端产品、研发技术与水平等方面与玻璃强国还有较大差距。

随着科学技术的迅速发展，人类对玻璃材料的认知在不断地完善，诞生了一系列研究成果，加深了人们对玻璃的组成、结构、性能三者之间关系的认识，随着玻璃学科与相关学科的交融，科研人员不断地探索玻璃新品种和新工艺，如金属玻璃和镀膜玻璃等，促进了玻璃科学及玻璃材料的发展。

为了更好地适应玻璃科学技术发展的需要，本编写组在编写本书时集合了国内的玻璃专家及学者，在原轻工版《玻璃工艺学》（1982）的基础上，广泛地参考了国内外有关资料，对玻璃的基本理论、基本知识、新工艺、玻璃品种等作了大量补充和完善。

本书基本特点：①在玻璃工艺原理方面进行了系统的补充和完善，加强了玻璃结构理论的阐述，补充了微晶玻璃系统、金属玻璃和制备方法，加强了玻璃结构研究方法的介绍；②加强了玻璃性能的阐述和测试方法的介绍，满足技术人员对性能测量原理的理解；③增加了玻璃成分设计，可以解决玻璃技术人员在玻璃成分设计方面的茫然，建立玻璃成分与性能的数学关系，更好地满足玻璃新产品的开发需要，涉及的玻璃性能参数达10多项；④补充了一些玻璃新品种的成形工艺与加工方法，为玻璃技术人员开阔视野和提供新思路；⑤在玻璃缺陷与控制方面，收集了更多缺陷图片，让读者对缺陷类型有更直观的认识；⑥在附录中收集和精选了国内外14大类玻璃品种的800多个玻璃化学组成和性能参数，相信这些资料会使读者在实践中受益。

本书以玻璃工艺原理及玻璃工艺过程为主线来阐述各个章节，力求理论结合实际，成分设计与产品性能相结合，生产技术与检测技术相结合，现代技术与传统工艺相结合；并依据科学发展观的要求，将玻璃工业的节能减排与环境保护相结合，将循环经济与玻璃利废相结合。本书内容丰富，文字简练，图表信息量大，实用性强，可以作为大专院校材料科学与工程专业、无机非金属材料专业的基础教材和教学参考书，也可供玻璃工业、建材工业、建筑工业、硅酸盐工业、化学工业、电真空工业等行业的科技人员、管理人员和技术工人使用。

本书编写过程中，得到了广大的玻璃界前辈及企事业单位的支持，得到了中国轻工业出版社李建华编辑的帮助，沈长治和王承遇两位老先生对本书的组稿和编写进行了系统的指导、修改和审阅，中国科学院上海光学精密机械研究所姜中宏院士对第2章进行审阅并提出修改意见，北京玻璃集团总工程师梅德馨审阅了本书大部分章节，在此一并表示感谢！

尽管本编写组集合了国内众多的相关领域的玻璃专家和学者进行本书的编写，但限于编写时间的仓促、文字篇幅限制和资料收集的遗漏等原因，可能会存在疏漏、失误和不足之处，敬请广大读者提出批评和指正。

编者：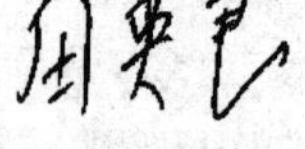

2008 年 8 月

目　录

第 1 章　玻璃的定义与结构 …… 1
1.1　玻璃的定义 …… 1
1.2　玻璃的通性 …… 2
1.3　玻璃的结构 …… 3
1.3.1　玻璃的结构理论 …… 3
1.3.2　传统玻璃结构 …… 5
1.3.3　重金属氧化玻璃的结构 …… 12
1.3.4　非氧化物玻璃的结构 …… 14
1.3.5　金属玻璃的结构 …… 15
1.3.6　有机玻璃的结构 …… 15
1.4　玻璃组成、结构、性能之间的关系 …… 16
1.4.1　玻璃的阳离子分类 …… 16
1.4.2　玻璃组成对结构的影响 …… 17
1.4.3　结构因素对玻璃性质的影响 …… 17
1.5　玻璃结构的研究方法 …… 21
第 2 章　玻璃的形成与规律 …… 25
2.1　玻璃形成物质 …… 25
2.1.1　结晶化学理论 …… 25
2.1.2　氧化物在玻璃中的作用 …… 27
2.2　玻璃形成方法 …… 31
2.2.1　熔体冷却法 …… 31
2.2.2　气相制备技术 …… 32
2.2.3　液相制备技术 …… 32
2.2.4　固相制备技术 …… 34
2.3　玻璃形成热力学 …… 34
2.4　玻璃形成动力学 …… 34
2.5　玻璃形成范围 …… 37
2.5.1　一元系统玻璃 …… 37
2.5.2　二元系统玻璃 …… 37
2.5.3　三元系统玻璃 …… 39
2.6　金属玻璃 …… 47
2.6.1　金属玻璃的形成能力 …… 48
2.6.2　金属玻璃的制备技术 …… 48
2.6.3　金属玻璃的性能与应用 …… 50
第 3 章　玻璃的分相与析晶 …… 52
3.1　玻璃分相 …… 52

3.1.1 两种分相结构及机理 …… 53
3.1.2 二元系统玻璃分相 …… 55
3.1.3 三元系统玻璃分相 …… 56
3.1.4 玻璃分相原因 …… 57
3.1.5 分相对玻璃性能的影响 …… 58
3.2 玻璃析晶 …… 61
3.2.1 成核过程 …… 61
3.2.2 晶体生长 …… 65
3.2.3 影响玻璃析晶的因素 …… 65
3.3 玻璃的析晶缺陷 …… 66
3.3.1 玻璃析晶缺陷产生的原因 …… 66
3.3.2 影响玻璃析晶缺陷产生的因素 …… 67
3.4 微晶玻璃 …… 69
3.4.1 低膨胀锂铝硅微晶玻璃 …… 69
3.4.2 $CaO\text{-}Al_2O_3\text{-}SiO_2$ 系统微晶玻璃 …… 71
3.4.3 $MgO\text{-}Al_2O_3\text{-}SiO_2$ 系统微晶玻璃 …… 74
3.4.4 磷硅酸盐微晶玻璃 …… 78
3.5 微晶玻璃的制备工艺方法 …… 80
3.5.1 熔体析晶法 …… 80
3.5.2 烧结法 …… 82
3.5.3 溶胶-凝胶法 …… 83
第4章 玻璃的性质 …… 86
4.1 玻璃的密度 …… 86
4.1.1 玻璃密度与成分的关系 …… 86
4.1.2 玻璃密度与温度及热历史的关系 …… 87
4.1.3 玻璃密度与压力的关系 …… 88
4.1.4 玻璃密度的测量方法 …… 88
4.2 玻璃的黏度 …… 88
4.2.1 玻璃黏度与温度的关系 …… 90
4.2.2 玻璃黏度与玻璃组成的关系 …… 90
4.2.3 玻璃黏度与生产的关系 …… 92
4.2.4 玻璃黏度的计算方法 …… 93
4.2.5 玻璃黏度的测量方法 …… 95
4.3 玻璃的表面张力 …… 98
4.3.1 玻璃表面张力的物理含义及应用 …… 98
4.3.2 玻璃表面张力的影响因素 …… 99
4.3.3 玻璃表面润湿性及影响因素 …… 101
4.4 玻璃的表面性质 …… 102
4.4.1 玻璃表面结构和表面成分 …… 102
4.4.2 玻璃表面的离子交换 …… 104
4.4.3 玻璃的表面吸附 …… 105
4.5 玻璃的力学性质 …… 105

4.5.1　玻璃的力学基本概念 …… 105
4.5.2　玻璃的机械强度 …… 109
4.6　玻璃的热学性质 …… 113
4.6.1　玻璃的热膨胀系数 …… 113
4.6.2　玻璃的比热容 …… 117
4.6.3　玻璃的导热系数 …… 119
4.6.4　玻璃的热稳定性 …… 121
4.7　玻璃的电学性质 …… 123
4.7.1　玻璃的导电性 …… 123
4.7.2　玻璃的介电性 …… 128
4.7.3　玻璃电性能的测量方法 …… 131
4.8　玻璃的光学性能 …… 134
4.8.1　玻璃的折射率 …… 134
4.8.2　玻璃的光学常数 …… 139
4.8.3　玻璃的反射、吸收和透过 …… 139
4.9　玻璃的化学稳定性 …… 143
4.9.1　玻璃的侵蚀机理 …… 143
4.9.2　影响玻璃化学稳定性的因素 …… 146
4.9.3　玻璃化学稳定性的测量 …… 152
第5章　玻璃着色与脱色 …… 153
5.1　玻璃颜色概述 …… 153
5.2　玻璃颜色的表征方法 …… 154
5.2.1　颜色三要素 …… 154
5.2.2　色度图与色坐标 …… 154
5.2.3　孟塞尔色系 …… 157
5.2.4　CIE Lab 颜色空间与色差 …… 159
5.3　玻璃着色机理 …… 161
5.3.1　离子着色 …… 161
5.3.2　金属胶体着色 …… 170
5.3.3　硫、硒及化合物着色 …… 172
5.3.4　玻璃其它着色方法 …… 177
5.4　玻璃脱色 …… 179
5.4.1　玻璃的脱色原理 …… 179
5.4.2　硒钴脱色中的问题 …… 180
第6章　玻璃成分设计 …… 182
6.1　玻璃成分概述 …… 182
6.1.1　玻璃成分的表示方法 …… 182
6.1.2　玻璃的牌号与命名 …… 183
6.2　玻璃成分设计 …… 184
6.2.1　玻璃成分设计原则 …… 185
6.2.2　玻璃成分设计方法 …… 188
6.3　玻璃性能计算 …… 195

6.3.1 玻璃密度的计算 …… 195
6.3.2 玻璃热膨胀系数的计算 …… 196
6.3.3 玻璃比热容的计算 …… 200
6.3.4 玻璃热导率的计算 …… 201
6.3.5 玻璃光学性质的计算 …… 203
6.3.6 玻璃吸收X射线和γ射线性质的计算 …… 206
6.3.7 玻璃机械性质的计算 …… 211
6.3.8 玻璃电学性质的计算 …… 218
6.3.9 玻璃化学稳定性的计算 …… 221
6.3.10 玻璃黏度的计算 …… 222
6.3.11 玻璃表面张力的计算 …… 225
6.3.12 玻璃熔化温度的计算 …… 227
6.3.13 玻璃析晶性能的计算 …… 233
第7章 玻璃用原料与配料 …… 240
7.1 主要原料 …… 240
7.1.1 SiO_2 原料 …… 240
7.1.2 B_2O_3 原料 …… 242
7.1.3 Al_2O_3 原料 …… 243
7.1.4 P_2O_5 原料 …… 245
7.1.5 Na_2O 原料 …… 246
7.1.6 K_2O 原料 …… 248
7.1.7 Li_2O 原料 …… 248
7.1.8 CaO 原料 …… 249
7.1.9 MgO 原料 …… 250
7.1.10 BaO 原料 …… 251
7.1.11 ZnO 原料 …… 251
7.1.12 PbO 原料 …… 252
7.1.13 BeO 原料 …… 252
7.1.14 SrO 原料 …… 253
7.1.15 CdO 原料 …… 253
7.1.16 GeO_2 原料 …… 253
7.1.17 TiO_2 原料 …… 253
7.1.18 ZrO_2 原料 …… 253
7.2 辅助原料 …… 254
7.2.1 澄清剂 …… 254
7.2.2 着色剂 …… 256
7.3 脱色剂 …… 259
7.3.1 化学脱色剂 …… 259
7.3.2 物理脱色剂 …… 259
7.4 乳浊剂 …… 261
7.4.1 氟化合物 …… 261
7.4.2 磷酸盐 …… 261

7.4.3 锡化合物 …… 261
7.4.4 氧化砷和氧化锑 …… 261
7.5 助熔剂 …… 262
7.5.1 氟化合物 …… 262
7.5.2 硼化合物 …… 262
7.5.3 硝酸盐 …… 262
7.5.4 钡化合物 …… 262
7.6 氧化剂与还原剂 …… 262
7.7 碎玻璃 …… 263
7.8 配合料的计算 …… 264
7.9 配合料的要求 …… 268
7.10 配合料的制备 …… 269
7.10.1 配合料的称量 …… 269
7.10.2 配合料的混合 …… 270
7.10.3 配合料的运输与贮存 …… 271
7.11 配合料的质检 …… 271
第 8 章　玻璃的熔制与窑炉 …… 273
8.1 玻璃的熔制过程 …… 273
8.1.1 硅酸盐形成 …… 274
8.1.2 玻璃的形成 …… 277
8.1.3 玻璃液的澄清 …… 279
8.1.4 玻璃液的均化 …… 290
8.1.5 玻璃液的冷却 …… 292
8.2 玻璃熔制的化学反应 …… 293
8.3 玻璃熔制的配合料挥发 …… 294
8.4 玻璃熔制的影响因素 …… 296
8.5 玻璃熔窑类型 …… 299
8.5.1 坩埚窑 …… 299
8.5.2 火焰池窑 …… 301
8.5.3 电加热的池窑 …… 307
8.6 玻璃熔制温度制度 …… 312
8.7 玻璃熔制强制均化方法 …… 314
8.7.1 机械搅拌 …… 314
8.7.2 池底鼓泡 …… 317
8.7.3 辅助电熔 …… 320
8.7.4 全氧燃烧 …… 321
第 9 章　玻璃的成形 …… 323
9.1 玻璃成形原理 …… 323
9.1.1 玻璃黏度 …… 323
9.1.2 玻璃表面张力 …… 323
9.1.3 玻璃热学性质 …… 324

9.2 玻璃成形制度 …… 324
9.3 玻璃成形方法 …… 329
9.3.1 机械供料 …… 329
9.3.2 压制法 …… 333
9.3.3 吹制法 …… 333
9.3.4 拉制法 …… 334
9.3.5 压延法 …… 343
9.3.6 浇铸法 …… 343
9.3.7 烧结法 …… 344
9.3.8 离心法 …… 344
9.3.9 喷吹法 …… 345
9.3.10 滚制成球法 …… 345
第10章 玻璃的加工 …… 347
10.1 玻璃冷加工 …… 347
10.1.1 研磨和抛光 …… 347
10.1.2 切割、喷砂、钻孔与切削 …… 353
10.2 玻璃热加工 …… 354
10.2.1 玻璃制品的热加工原理 …… 355
10.2.2 玻璃制品热加工的主要方法 …… 355
10.3 玻璃表面处理 …… 357
10.3.1 玻璃的化学蚀刻 …… 357
10.3.2 化学抛光 …… 358
10.3.3 表面金属涂层 …… 359
10.3.4 表面导电膜 …… 361
10.3.5 表面憎水涂层 …… 362
10.3.6 表面着色 …… 363
10.3.7 表面光学薄膜 …… 364
10.4 玻璃封接 …… 368
10.4.1 封接原理 …… 368
10.4.2 封接的形式 …… 370
10.5 玻璃强化处理 …… 371
10.5.1 物理强化 …… 371
10.5.2 化学强化 …… 372
第11章 玻璃的热处理 …… 375
11.1 玻璃应力 …… 375
11.1.1 玻璃中的热应力 …… 375
11.1.2 玻璃中的结构应力与机械应力 …… 377
11.1.3 玻璃中应力的表示与测量方法 …… 377
11.2 玻璃退火原理 …… 380
11.2.1 应力的松弛 …… 381
11.2.2 冷却时应力的控制 …… 382
11.3 玻璃退火制度制定 …… 383

11.3.1 加热阶段 …… 383
11.3.2 保温阶段 …… 383
11.3.3 慢冷阶段 …… 384
11.3.4 快冷阶段 …… 384
11.4 玻璃退火温度与玻璃组成关系 …… 385
11.4.1 奥霍琴经验公式法 …… 385
11.4.2 参考修正法 …… 385
11.5 玻璃退火温度的测定 …… 386
11.5.1 黏度计法 …… 386
11.5.2 热膨胀仪法 …… 386
11.5.3 差热法 …… 386
11.5.4 双折射法 …… 387
第12章 玻璃的缺陷与控制 …… 388
12.1 玻璃中的气泡 …… 388
12.1.1 一次气泡 …… 389
12.1.2 二次气泡 …… 390
12.1.3 其它类气泡 …… 391
12.1.4 气泡的检验 …… 393
12.2 结石 …… 395
12.2.1 配合料结石 …… 395
12.2.2 耐火材料结石 …… 396
12.2.3 析晶结石 …… 398
12.2.4 硫酸盐夹杂物（碱性夹杂物） …… 400
12.2.5 黑色夹杂物（黑斑）与污染物 …… 401
12.2.6 浮法玻璃的Sn缺陷 …… 401
12.2.7 结石的检验 …… 402
12.3 条纹和节瘤 …… 404
12.3.1 条纹 …… 405
12.3.2 节瘤 …… 405
12.3.3 预防条纹和节瘤的措施 …… 406
12.3.4 条纹和节瘤的检验 …… 406
第13章 玻璃工艺的节能与环保 …… 408
13.1 节能背景及能源消耗状况 …… 408
13.2 国外玻璃行业节能减排技术及措施 …… 409
13.2.1 日本节能减排情况 …… 409
13.2.2 美国节能减排情况 …… 409
13.2.3 西欧节能减排情况 …… 410
13.3 现代玻璃窑炉的先进节能技术 …… 411
13.3.1 减少流液洞中玻璃液回流 …… 411
13.3.2 浅层澄清式窑坎 …… 413
13.3.3 减压澄清技术 …… 413
13.3.4 全氧燃烧技术 …… 414

13.3.5 池底鼓泡技术 …… 415
13.3.6 电助熔热坝技术 …… 416
13.4 国内日用玻璃行业的节能政策 …… 416
13.4.1 提倡茶色玻璃代替绿色玻璃 …… 416
13.4.2 推行玻璃化学组成统一 …… 417
13.4.3 增加碎玻璃掺入量 …… 417
13.4.4 鼓励和推动玻璃瓶轻量化 …… 418
13.5 玻璃工业污染 …… 419
13.5.1 废气的污染 …… 419
13.5.2 粉尘的污染 …… 423
13.5.3 废水的污染 …… 424
13.5.4 噪声的污染 …… 424
13.6 玻璃工业污染的防治 …… 425
13.6.1 废气污染的防治 …… 425
13.6.2 粉尘污染的防治 …… 429
13.6.3 废水污染的防治 …… 430
13.6.4 噪声污染的防治 …… 435
13.7 玻璃工业的清洁生产 …… 436
参考文献 …… 440
附录一 国内外平板玻璃化学组成及性能一览表 …… 443
附录二 国内外瓶罐玻璃化学组成及性能一览表 …… 445
附录三 国内外器皿玻璃化学组成及性能一览表 …… 447
附录四 国内外仪器玻璃化学组成及性能一览表 …… 449
附录五 国内外光学玻璃化学组成及性能一览表 …… 453
附录六 国内外眼镜玻璃化学组成及性能一览表 …… 455
附录七 国内外耐热器皿玻璃化学组成及性能一览表 …… 457
附录八 国内外颜色玻璃化学组成及性能一览表 …… 459
附录九 国内外电光源玻璃化学组成及性能一览表 …… 461
附录十 国内外封接玻璃化学组成及性能一览表 …… 463
附录十一 国内外低熔点玻璃化学组成及性能一览表 …… 465
附录十二 国内外医药玻璃化学组成及性能一览表 …… 467
附录十三 国内外显示玻璃化学组成及性能一览表 …… 469
附录十四 国内外玻璃纤维化学组成及性能一览表 …… 471

第 1 章　玻璃的定义与结构

玻璃是具有悠久历史和优良特性的无机非金属材料，其用途十分广泛，几乎涉及国民经济建设的各个部门。玻璃的物理、化学性质不仅决定于其化学组成，而且还与玻璃的结构具有密切相关。只有充分认识和理解玻璃结构，掌握玻璃组成、结构、性能三者之间的内在规律，才能通过改变其化学组成、制备工艺和热处理条件，制备出符合使用性能要求的玻璃材料。

1.1　玻璃的定义

玻璃分为狭义玻璃和广义玻璃。

狭义玻璃是指熔融物在冷却过程中不发生结晶的无机物质，仅指无机玻璃，它包括氧化物玻璃、非氧化物玻璃、非晶半导体。

随着科学技术的进步，可以通过真空蒸镀、火焰喷射、溶胶凝胶、气相沉积、冲击波、中子辐照等方法来制备非晶态物质，显然，这些方法都不同于传统的熔融法。同时，除了无机玻璃外，也可用有机物或金属在特定条件下制备出玻璃。

广义玻璃是具有转变温度（T_g）的非晶态材料，非晶态材料是指其原子排列在近程有序而远程无序，原子排列不具有平移周期性关系；当温度连续升高（或降低）时，在某个温度范围内发生明显结构变化，导致热膨胀系数、比热容等性质发生突变，这个温度范围所对应的性质转折点就是转变温度 T_g，如图 1-1 所示。非晶态材料包括无机玻璃、金属玻璃、有机玻璃等，其种类见表 1-1。

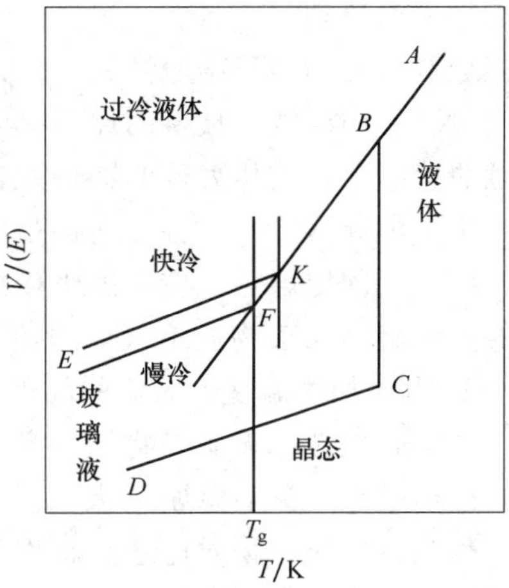

图 1-1　物质内能（E）、体积（V）与温度变化关系图

表 1-1　　非晶态材料的种类

种　类	材料特例	化学组成
无机玻璃	石英玻璃	SiO_2
	平板玻璃	$16Na_2O \cdot 12CaO \cdot 72SiO_2$
	光学玻璃	$53La_2O_3 \cdot 37B_2O_3 \cdot 5ZrO_2 \cdot 5Ta_2O_5$
	氟化物玻璃	$NaF\text{-}BeF_2$
金属玻璃	软磁性合金	$Fe_{80}P_{13}C_7$
	高强度无定形合金	$Co_{70}Fe_5Si_{15}B_{10}$
有机玻璃	环氧树脂	$[C_{11}H_{12}O_3]_n$
无定形炭	炭黑、炭膜	C

续表

种　类	材料特例	化学组成
凝胶	硅胶	SiO_2
	硅矾土	SiO_2-Al_2O_3
非晶态半导体		
硫系玻璃	静电复印用Se膜	Se
	显像管用光电导膜	$As_{40}Se_{30}Te_{30}$
非晶态元素玻璃	光伏用无定形半导体	Si、Ge

无机玻璃仅是非晶态固体中的一种，在加热或冷却时表现出玻璃转变特征的物质。只要结构上是非晶态固体，并且具有玻璃转变现象的物质均称为玻璃。本书重点围绕无机玻璃进行论述。

1.2　玻璃的通性

玻璃是一种无规则结构的非晶态固体，其原子不像晶体那样在空间具有长程有序的排列，而近似于液体那样具有短程有序。玻璃像固体一样保持特定的外形，不像液体那样随重力作用而流动。

玻璃具有四项基本通性：

(1) 各向同性　玻璃的原子排列是无规则的，其原子在空间中具有统计上的均匀性。在理想状态下，均质玻璃的物理、化学性质（如折射率、硬度、弹性模量、热膨胀系数、热导率、电导率等）在各方向都是相同的。

(2) 无固定熔点　玻璃由固体转变为液体是在一定温度区域（即软化温度范围）内进行的，它与结晶态物质不同，没有固定的熔点。软化温度范围为 $T_g \sim T_l$，T_g 为转变温度，T_l 为液相线温度，对应的黏度分别为 $10^{13.4}$ dPa·s 、$10^{4\sim6}$dPa·s。

(3) 介稳性　玻璃态物质一般是由熔融体快速冷却而得到，从熔融态向玻璃态转变时，冷却过程中黏度急剧增大，质点来不及做有规则排列而形成晶体，没有释出结晶潜热，因此，玻璃态物质比结晶态物质含有较高的内能，其能量介于熔融态和结晶态之间，属于亚稳状态。从热力学观点看，玻璃是一种不稳定的高能量状态，必然存在向低能量状态转化的趋势，即有析晶倾向，所以，玻璃是一种亚稳态固体材料。

(4) 渐变性与可逆性　玻璃态物质从熔融状态到固体状态的过程是渐变的，其物理、化学性质的变化也是连续的和渐变的。这与熔体的结晶过程明显不同，结晶过程必然出现新相，在结晶温度点附近，许多性质会发生突变。而玻璃态物质从熔融状态到固体状态是在较宽温度范围内完成的，随着温度逐渐降低，玻璃熔体黏度逐渐增大，最后形成固态玻璃，但是过程中没有新相形成。相反玻璃加热变为熔体的过程也是渐变的。

从图 1-1 可以看到，在结晶情况下，从熔融态（液态）到固态过程中，内能与体积在熔点处发生突变（沿 *ABCD* 变化），而冷却成玻璃时，其内能与体积却是逐渐变化（沿 *ABKFE* 变化）。当熔体冷却到 *F* 点时，开始固化成玻璃，这时的温度称为玻璃的转变温度 T_g。当玻璃组成不变时，T_g 与冷却速率有关，冷却越快，T_g 温度越高，因此，T_g 应该是一个与冷却速率有关的特征温度。

1.3　玻璃的结构

1.3.1　玻璃的结构理论

玻璃的结构是指组成玻璃的离子或原子在空间的基本几何构造单元。由于玻璃的结构具有复杂性，至今尚无统一玻璃结构理论。在 100 多年的玻璃结构研究过程中，众多著名学者开展过玻璃结构研究。门捷列夫（D. I. Mendeleev）最早提出玻璃结构理论，认为玻璃是无定形物质，没有固定化学配比关系；1903 年塔曼（G. Tamman）对玻璃结构进行系统研究后，认为玻璃是过冷液体；现代晶体化学奠基人哥希密特（V. M. Goldschmit），于 1926 年利用晶体化学知识总结了阴阳离子半径之比为 2.5～5.0 时才能形成玻璃；1932 年查哈里森（W. H. Zachariasen）和瓦伦（B. E. Warren）利用 X 射线分析验证了无规则网络学说；1942 年笛采尔（Dietzel）发展了无规则网络学说，他不仅考虑到离子尺度及离子极化影响，还充分考虑了离子电荷因素，引入场强概念；1949 年斯梅卡尔（A. Smekal）又考虑到玻璃化学键问题，认为玻璃属于离子-共价型混合键结构；1958 年韦尔（W. A. Weyl）运用络合物化学知识解释玻璃结构。目前能够较好解释玻璃性质，又能普遍被接受的玻璃结构学说是晶子学说和无规则网络学说。

1.3.1.1　晶子学说

1921 年，苏联学者列别捷夫（A. A. Лебедев）在研究硅酸盐玻璃退火时发现，在玻璃折射率随温度变化的曲线上（图 1-2），于 570℃附近出现突然的变化，他把这一现象解释为玻璃中的石英“微晶”发生晶形转变所致。因为 β-石英与 α-石英之间的转变温度为 573℃，他认为玻璃是由无数“晶子”所组成。

1930 年，兰德尔（Randall）认为玻璃由“晶子”和无定形物质两部分组成，“晶子”具有规则的原子排列，并且与无定形物质间有明显界限，但是“晶子”取向是无序的。

晶子学说后来被 X 射线衍射分析所证实（图 1-3），玻璃的 X 射线衍射谱一般为宽而弥散的衍射峰，与相同成分的晶体强烈尖锐衍射峰有明显不同，但两者所处位置基本相同。

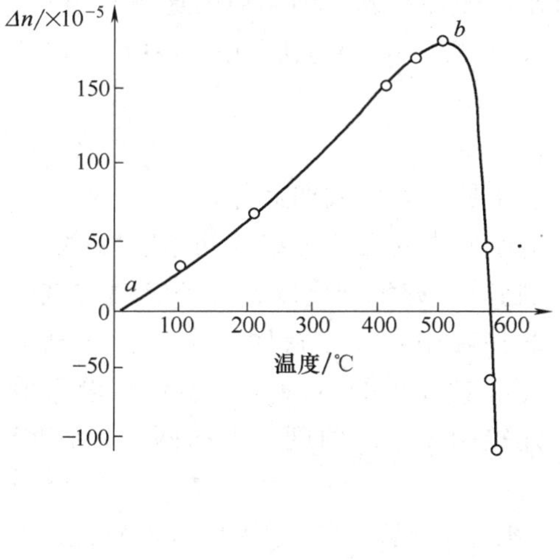

图 1-2　玻璃折射率随温度变化的曲线图

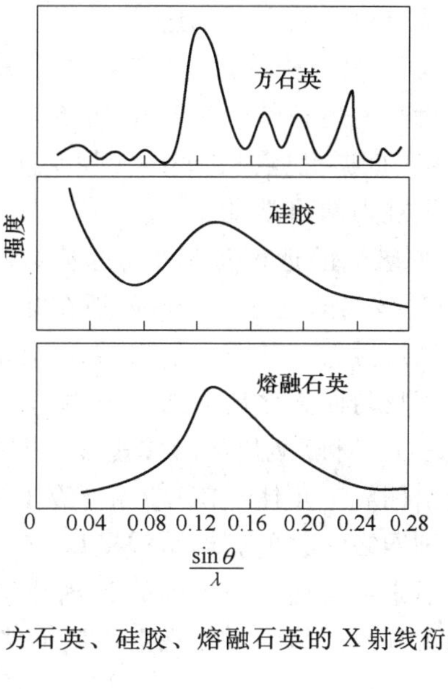

图 1-3　方石英、硅胶、熔融石英的 X 射线衍射图

另外实验证明，把晶体研磨成颗粒度小于 0.1μm 时，其 X 射线衍射谱也是一种宽广而弥散的衍射峰，与玻璃类似，而且颗粒度越小，衍射图的峰值宽度越大。这些都是玻璃中存在“晶子”的佐证。

晶子学说对形成玻璃条件的描述：

① 玻璃是由无数“晶子”所组成；

② 晶子不同于一般微晶，是带有点阵变形的有序区域，它们分散在无定形介质中；

③ 晶子区域到无定形区域是逐步过渡的，两者没有明显的界限。

晶子学说揭示了玻璃结构的微观不均匀性和近程有序性。该学说对于玻璃分相、晶化等本质的理解有重要价值，但是也存在尚未解决的问题，如晶子尺寸大小、晶子化学组成、晶子含量。

1.3.1.2 无规则网络学说

1932 年，查哈里森提出了无规则网络学说。他是借助于哥希密特的离子结晶化学原理，认为玻璃结构单元是由氧化物（A_mO_n）组成，认为熔融石英玻璃与石英晶体结构类似，基本结构单元是硅氧四面体［SiO_4］，它是由氧离子顶角相连形成的三度空间网络（图 1-4），其排列是无序的，缺乏对称性和周期性，故不同于石英晶体结构。

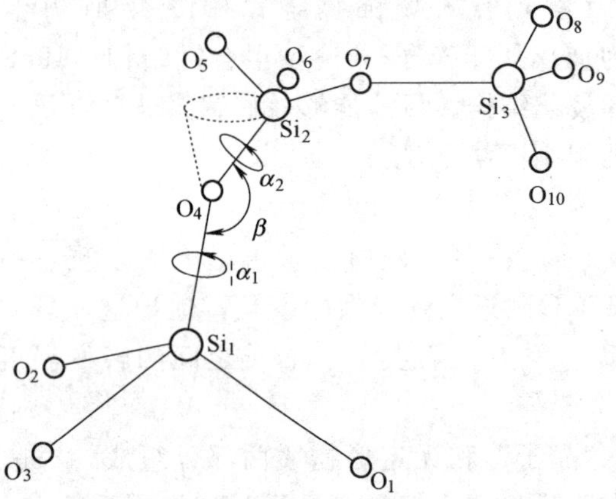

图 1-4 Si-O 四面体由氧离子顶角相连形成的三度空间示意图

无规则网络学说认为玻璃结构单元（A_mO_n）形成玻璃所具备的条件为：

① 每个氧离子应与≤2 个阳离子相连；

② 围绕阳离子 A 周围的阴离子数（配位数）为 3 或 4；

③ 网络中结构单元通过顶角相连，不能为共有边或共有面相连；

④ 每个结构单元至少有 3 个顶角与阴离子相连，并且形成三维无规则连续网络。

满足上述条件的玻璃结构单元分别为：B_2O_3、SiO_2、GeO_2、P_2O_5、V_2O_5、Ta_2O_5、Sb_2O_5。依据上述内容归纳无规则网络学说内容。

无规则网络学说：

① 玻璃的近程有序性与晶体结构相似，结构单元是三角体或四面体；

② 玻璃的远程无序性体现在结构单元以顶角相连形成的无序三维空间连续网络。

当熔融石英玻璃中加入碱金属或碱土金属氧化物时，硅氧网络断裂，碱金属或碱土金属离子均匀而无序地分布于某些硅氧四面体之间的空隙中，以维持网络中局部的电中性（图 1-5）。对硼酸盐与磷酸盐玻璃也作了类似的描述。把简单的 B_2O_3 和 P_2O_5 玻璃看成是分别由硼氧三角体［BO_3］和磷氧四面体［PO_4］连接的无序的两度空间的网络。图1-5是无规则网络学说的玻璃结构模型。

后来瓦伦通过一系列的 X 射线结构分析数据证实了无规则网络学说的基本观点。

无规则网络学说宏观上强调了玻璃中多面体相互间排列的连续性、均匀性和无序性，这可以解释玻璃的各向同性，以及玻璃性质随成分变化的连续性等基本特性。因此，这个学说获得较为广泛的应用和认可，成为玻璃结构理论的主流。

1.3.1.3　玻璃结构理论的发展

玻璃结构的晶子学说和无规则网络学说分别反映了玻璃结构的两个方面，晶子学说以玻璃结构的近程有序性为出发点，而无规则网络学说则强调了玻璃结构的连续性、统计均匀性、无序性。随着测试分析技术的发展和对玻璃性质的深入研究，各种玻璃结构学说也在相互借鉴和不断完善中。从目前有关玻璃性质及玻璃结构的研究来看，可以认为近程有序和远程无序是玻璃结构的基本特点，在宏观上表现在均匀性和连续性，在微观上具有有序性、微不均匀性。

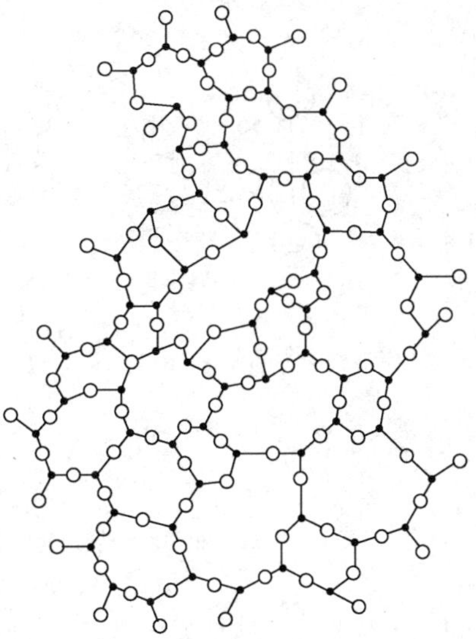

图 1-5　无规则网络结构学说的玻璃结构模型示意图

目前，尚无统一的玻璃结构理论，晶子学说和无规则网络学说对于研究玻璃性质与现象，提供了较大的帮助，相信随着现代结构分析技术水平的提高，人类必将揭示玻璃结构内在规律与关系。

1.3.2　传统玻璃结构

传统玻璃结构包括硅酸盐玻璃结构、硼酸盐玻璃结构、磷酸盐玻璃结构等，下面就玻璃结构理论来探讨各种传统玻璃结构。

1.3.2.1　硅酸盐玻璃结构

在硅酸盐玻璃结构中，石英玻璃结构是二元、三元、多元硅酸盐玻璃结构的基础，也是硅酸盐玻璃中最简单一种。当石英玻璃结构中引入碱金属氧化物（R_2O）或碱土金属氧化物（RO）时，由于改变了 O/Si 比，使空间网络结构发生改变，从而影响玻璃的性质。

（1）石英玻璃结构　目前，大家倾向于用无规则网络学说的结构模型来描述石英玻璃结构，认为石英玻璃结构是无序而均匀的，而有序范围只有 0.7～0.8nm，这样小的有序区，实际上已失去了晶体的意义。

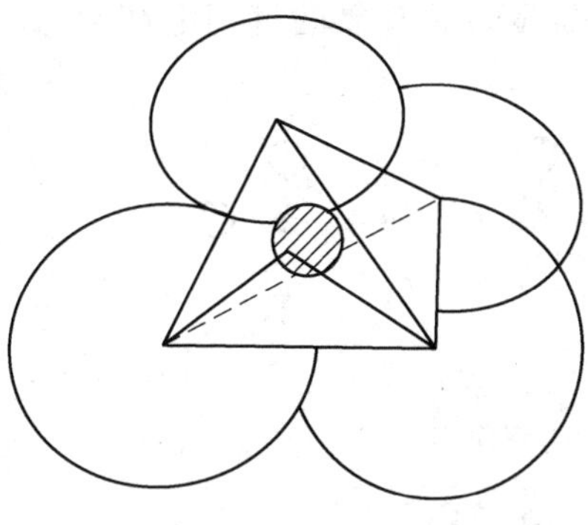

图 1-6 ［SiO_4］四面体示意图

石英玻璃是由硅氧四面体［SiO_4］（图 1-6）以顶角共用氧的形式连接成三维网络，石英玻璃无明显的小角度衍射峰，说明其结构是连续的。Si—O 键距离为 0.16nm，O—O 键距离为 0.26nm。

X 射线衍射测定的熔融石英玻璃中 Si—O—Si 键角的分布见图 1-7，Si—O—Si 键角分布在 120°～180°范围内，中心点大约在 145°，键角的分布范围要比方石英宽（键角为 125°～162°）。

Si—O 和 O—O 的距离在玻璃中与相应的晶体中是一样的，玻璃结构的无序性，主要由于 Si—

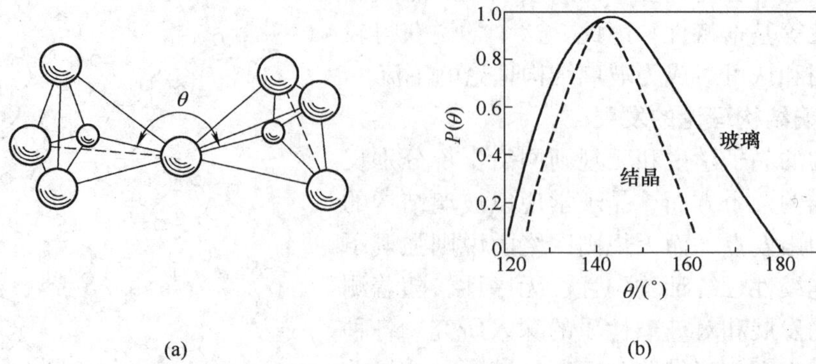

图 1-7　Si—O—Si 键角的分布

(a) 相邻两硅氧四面体之间的 Si—O—Si 键角示意图　(b) 石英玻璃和方石英晶体的 Si—O—Si 键角分布曲线图

O—Si 键角大幅度可变性，导致 Si 与 Si 距离的可变性。

Si—O 键是极性共价键，共价性与离子性约各占 50%，因此，Si 原子周围 4 个 O 原子所形成四面体（Si 原子处于四面体中心，O 原子处于四面体的顶角），必须满足共价键的方向性和离子键所要求的阴阳离子的半径比。[SiO_4] 是熔融石英玻璃和结晶态石英的基本结构单元。Si—O 键强大约为 443kJ/mol，整个 [SiO_4] 正负电荷重心重合，不带极性。硅氧四面体之间是以角相连，形成向三度空间发展的架状结构。[SiO_4] 结构特性决定了熔融石英玻璃黏度大，机械强度高，热膨胀系数小，耐热、介电性能和化学稳定性好等优良性能。因此，硅酸盐玻璃中 SiO_2 含量越高，上述各种性质就越好。

根据 X 射线衍射分析，证明熔融石英玻璃与方石英具有类似的结构，结构比较开放，内部存在许多平均直径 0.24nm 的空隙。因此，在高温高压下，熔融石英玻璃具有明显的透气性，这在熔融石英玻璃作为功能材料时，是值得注意的问题。

(2) 碱硅酸盐玻璃结构　石英玻璃在结构和性能方面都比较理想。石英玻璃的氧硅原子比为 O/Si＝2∶1，在空间上以 [SiO_4] 为结构单元，通过顶角共用氧的形式连接成三维网络。如果熔融石英玻璃中加入碱金属氧化物，就使原有的三维空间网络发生解聚作用，主要是碱金属氧化物提供氧使硅氧比值发生改变所致。由于氧的增多，玻璃中已不可能 1 个 O 原子都为 2 个 Si 原子所共用（这种氧称为桥氧，见图 1-8），开始出现与 1 个 Si 原子键合的氧（这种氧称为非桥氧），使硅氧网络发生断裂。非桥氧的过剩电荷为碱金属

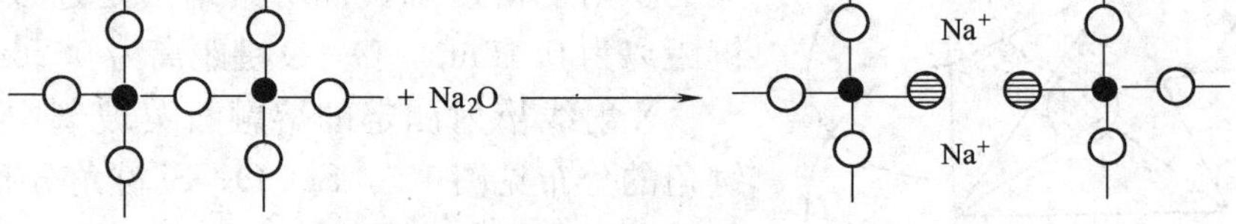

图 1-8　Na_2O 对 SiO_2 网架结构的解聚作用

○— 桥氧　⊜— 非桥氧　●— 硅

离子所中和。碱金属离子处于非桥氧附近的网穴中，碱金属离子只带一个正电荷，与氧结合力较弱，故在玻璃结构中活动性较大，在特定条件下，它能从一个网穴转移到另一个网穴，一般玻璃的析碱和玻璃的电导等大都来源于碱金属离子的活动性。

非桥氧的出现，使硅氧四面体失去原有的完整性和对称性，使玻璃结构疏松，并导致黏度变小、热膨胀系数变大、机械强度和化学稳定性下降。

当碱金属含量增加时，性能就趋于变坏。实践证明，二元碱硅酸盐玻璃由于性能不好，一般没有得到实用化。

基于玻璃的无规则网络学说，并且考虑到玻璃结构中各原子或离子的相互依存关系，进行了系统归纳和总结，形成玻璃结构网络参数表达式（1-1）。

$$\begin{cases}X=2R-Z\\Y=2Z-2R\end{cases}\tag{1-1}$$

式中　X——氧多面体的平均非桥氧数；

Y——氧多面体的平均桥氧数；

Z——氧多面体的配位数；

R——氧多面体的 O 与中心离子（Si、B、P、Ge）原子比值，即 O/Si 等。

以石英玻璃 SiO_2 为例，其配位数为 $Z=4$，$R=n(O)/n(Si)=2/1=2$，则计算结果：$X=0$，$Y=4$，说明石英玻璃中氧全部是桥氧。例如某钠硅玻璃组成为（摩尔分数）：$x(Na_2O)$ 20%，$x(SiO_2)$80%，$Z=4$，$R=n(O)/n(Si)=(20+2\times80)/80=2.25$，则计算结果 $X=0.5$，$Y=3.5$。例如钠钙硅组成为（摩尔分数）：$x(Na_2O)$16%，$x(CaO)$10%，$x(SiO_2)$74%，$Z=4$，$R=n(O)/n(Si)=(16+10+2\times74)/74=2.35$，则计算结果 $X=0.7$，$Y=3.3$。

通过以上示例可以较好地分析和理解网络结构参数的含义，具有较好工程实用价值，可以推广应用到硼酸盐玻璃和磷酸盐玻璃，为玻璃成分设计和玻璃结构分析提供帮助。

（3）钠钙硅玻璃结构　在碱硅酸盐二元玻璃中加入碱土金属氧化物（RO）时，例如钠硅玻璃中加入 CaO，使玻璃的结构和性质发生明显的改变，表现在结构的加强，一系列物理化学性能变好，成为各种实用钠钙硅玻璃的基础。

CaO 的特殊作用来源于 Ca^{2+} 的特性及其在结构中的地位，Ca^{2+} 半径（0.099nm）与 Na^{+} 半径（0.095nm）近似，但 Ca^{2+} 的电荷比 Na^{+} 大一倍，它的场强比钠大得多，具有强化玻璃结构和限制钠离子活动的作用。

目前大多数的实用玻璃都属于以钠钙硅为基础的玻璃，例如瓶罐玻璃、平板玻璃、器皿玻璃、保温瓶玻璃、泡壳玻璃、餐具玻璃等。为了进一步改善玻璃性能，在钠钙硅成分基础上还必须加入少量的 Al_2O_3 和 MgO 等其它氧化物。

图 1-9 是 Na_2O-CaO-SiO_2 三元系统

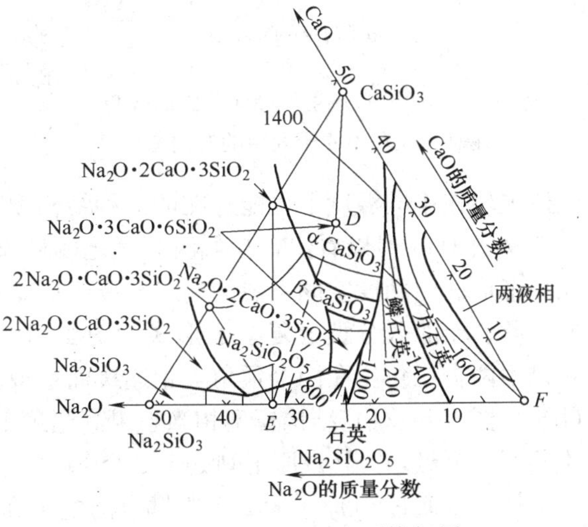

图 1-9　Na_2O-CaO-SiO_2 系统相图

的相平衡状态图。从降低熔制温度，防止析晶并全面考虑玻璃的性能出发，一般实用的钠钙硅玻璃成分，大致选择在鳞石英（包括部分石英）与失透石（$Na_2O\cdot 3CaO\cdot 6SiO_2$）的相界线附近的狭长范围内，相当于玻璃的成分范围为（质量分数）：SiO_2 72%～76%，CaO 6%～11%，Na_2O 16%～22%。

从图 1-9 可以看出，上述成分范围是在$\triangle DEF$以内，即三角形 $Na_2O\cdot 3CaO\cdot 6SiO_2$、$Na_2O\cdot 2SiO_2$、$SiO_2$ 以内。根据相平衡原理，这类配料的熔体在平衡条件下冷却时，最后将析出 $Na_2O\cdot 3CaO\cdot 6SiO_2$、$Na_2O\cdot 2SiO_2$ 和 SiO_2 三种晶态物质。如果在平衡条件下的冷却产物是晶体，将不能形成玻璃，因此为了生成玻璃，就必须偏离平衡，实行快速冷却。

1.3.2.2 硼酸盐玻璃结构

（1）氧化硼玻璃结构　根据 X 射线衍射和核磁共振研究，证明氧化硼玻璃是由硼氧三角体［BO_3］构成的，［BO_3］是硼酸盐玻璃的结构单元和基础。［BO_3］三角体结构是 B 原子突起的平面三角形构造，3 个 O 原子形成三角形，B 原子在三角形平面中心上方 0.045nm，B—O 键是极性共价键，共价性成分约占 56%，B—O 键强大约为 498kJ/mol，大于 Si—O 键强。整个硼氧三角体正负电荷重心重合，不带极性，B—O—B 键角可变。

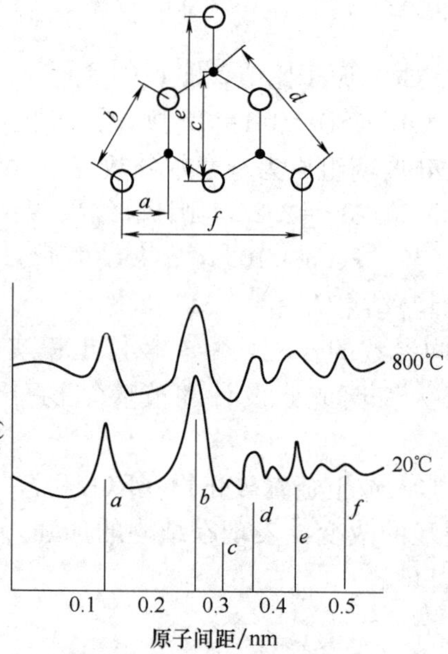

图 1-10　B_2O_3 玻璃射线径向分配曲线与硼氧三元环中原子间距的对比图

按照玻璃结构网络参数表达式，B_2O_3 玻璃，$Z=3$，$R=n(O)/n(B)=3/2=1.5$，因此平均桥氧数 $Y=3$，非桥氧数 $X=0$。

X 射线衍射分析数据表明，在氧化硼玻璃中是由硼氧三角体互相连接的硼氧三元环基团。图 1-10 是氧化硼玻璃 X 射线径向分布曲线与硼氧三元环基团中原子之间距离的对比情况。图 1-10 中横坐标上的直线长短代表衍射强度的强弱，a～f 字母分别表示不同原子间距，c 和 e 的最大值分别为 0.29nm 和 0.42nm。

氧化硼玻璃在 800℃时，这些最大值将发生改变，说明硼氧三元环在高温下不稳定。氧化硼玻璃在不同温度下可能存在的几种结构模型，见图 1-11。

从图 1-11 可以看出，在低温时氧化硼玻璃结构是由桥氧连接的硼氧三角体和硼氧三元环形成的向两度空间发展的网络，属于层状结构。由于键角可以比较大地改变，故层可能交叠、卷曲或分裂成复杂的形式［图 1-11（a）］。在温度较高时，则转变成链状结构，它是由两个三角体在两个顶角上相连接而形成的结构单元，通过桥氧连接而成的［图1-11（b）］。图 1-11（c）结构模型相当于更高温度的状态，其中包含蒸气状态。每一对三角体均共用 3 个氧，2 个 B 原子则处于 3 个 O 原子平面之外的平衡位置，形成双三角锥。这些双锥体可以通过 O 原子的 2 个未耦合的电子和硼接受体特性的互相作用结合成短链。

单组分的氧化硼玻璃熔融温度仅有 450℃左右，化学稳定性差（在空气中易发生潮

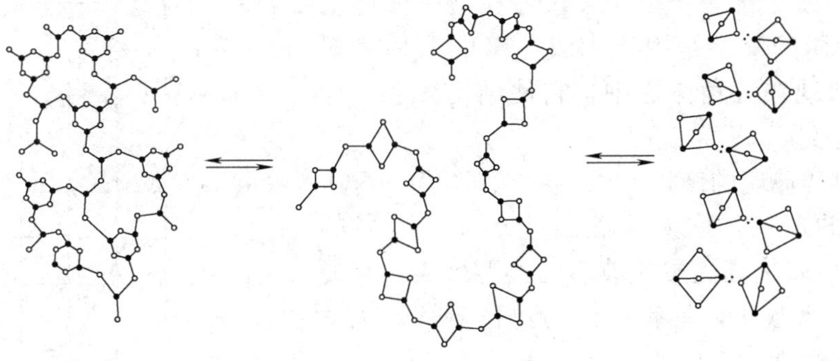

图 1-11　氧化硼在不同温度下的结构模型图

• —硼　∘ —氧

解），膨胀系数约 150×10^{-7}/℃，因此氧化硼玻璃没有实用价值。

尽管在氧化硼玻璃中 B—O 键能 498kJ/mol 很大，甚至大于石英玻璃 Si—O 键能 443kJ/mol，但氧化硼玻璃的一系列性能比氧化硅玻璃差很多，主要因为氧化硼玻璃为层状或链状结构，层与层（链与链）连接靠范德华力，这是个弱键，也是结构中的弱点，最终导致氧化硼玻璃系列性能变坏。

（2）碱硼酸盐玻璃结构　核磁共振研究证明，碱金属或碱土金属氧化物加入 B_2O_3 玻璃中，将产生硼氧四面体［BO_4］。图 1-12 为四配位硼的数量随碱金属氧化物含量而改变的情况。

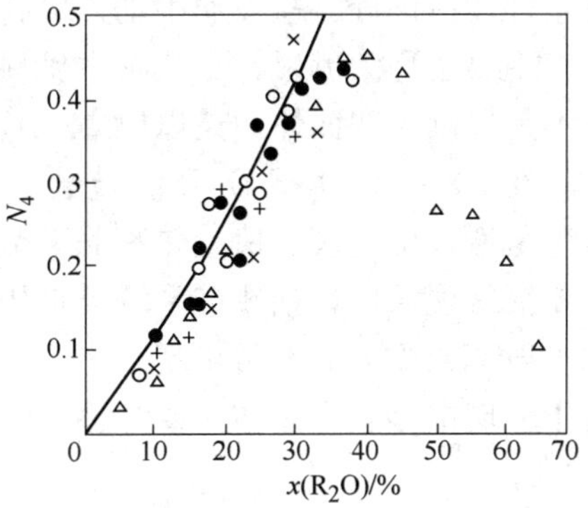

图 1-12　四配位硼的数量与碱金属氧化物含量之间的关系

从图 1-12 可以看出，在一定范围内，R_2O 氧化物提供的 O，不像在熔融石英玻璃中作为非桥氧出现于结构中，而是使硼氧三角体［BO_3］转变成为完全由桥氧组成的硼氧四面体［BO_4］，如图1-13 所示，导致氧化硼玻璃从原来两度空间的层状结构部分转变为三度空间的架状结构，从而增强了网络，使玻璃的各种性质与相同条件下的硅酸盐相比，相应地向着相反的方向变化，这就是“硼反常现象”。

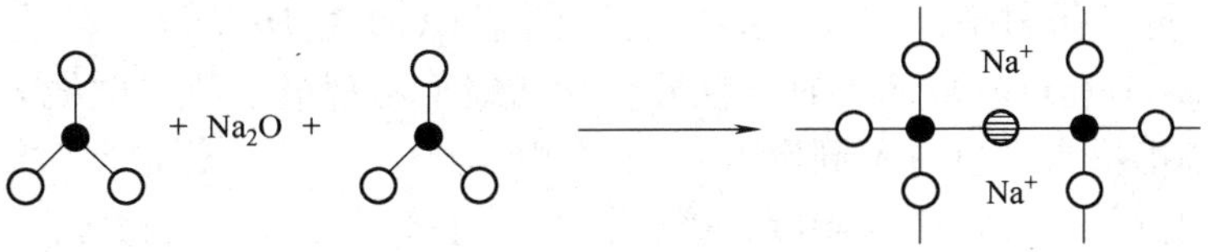

图 1-13　氧化钠与氧化硼作用产生桥氧示意图

○—硼　⊜—桥氧　●—硅

图 1-14 是钠硼玻璃中（每个多面体）桥氧离子平均数和热膨胀系数随 Na_2O 含量变化的关系曲线。从图 1-14 可以看出，随 Na_2O 含量的增加，桥氧离子平均数逐渐增大，热膨胀系数逐渐下降，当 Na_2O 含量达到 15％～16％（摩尔分数）时，桥氧数又开始减

少，热膨胀系数重新上升。一般认为在这一成分范围中 Na_2O 提供的氧不是用于生成［BO_4］，而是以非桥氧形式出现在三角体之中，它使结构减弱，导致一系列性能变坏。

（3）钠硼硅玻璃的结构　以 Na_2O、B_2O_3、SiO_2 为基本成分的玻璃，称为硼硅酸盐玻璃。著名的"派来克斯"玻璃是硼硅酸盐玻璃的典型代表，它的特点是热膨胀系数小，具有良好的热稳定性、化学稳定性和电学性质。

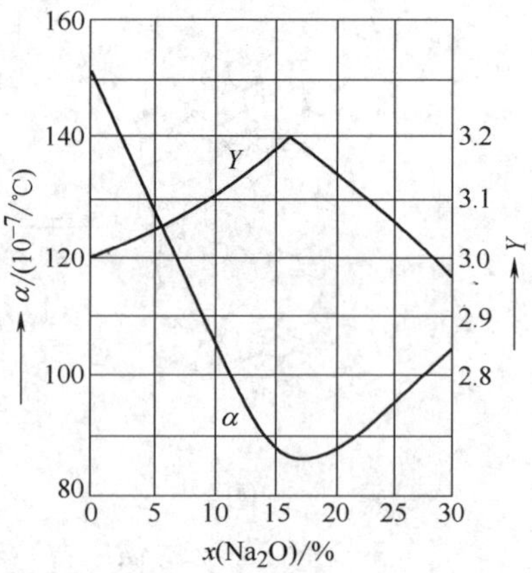

图 1-14　钠硼玻璃的 Y（每个多面体中桥氧离子平均数）与热膨胀系数 α 和 Na_2O 含量的关系

单纯含有 B_2O_3 和 SiO_2 成分的熔体，由于它们的结构不同（B_2O_3 是层状结构，SiO_2 是架状结构），因此难以形成均匀一致的熔体，是不可混熔体，从高温冷却过程中，将各自富集成一个体系（相），形成互不溶解的两种玻璃。当加入 Na_2O 后，B_2O_3 的结构发生变化。通过 Na_2O 提供的游离氧，由硼氧三角体［BO_3］转变为硼氧四面体［BO_4］，使硼的结构从层状结构向架状结构转变，为 B_2O_3 与 SiO_2 形成均匀一致的玻璃创造条件。在钠硅酸盐玻璃中加入氧化硼时，往往在性质变化曲线中产生极大值和极小值，这种现象也称为硼反常。这种在钠硼玻璃中的硼反常，是由于硼加入量超过一定限度时，它不是以硼氧四面体而是以硼氧三角体出现于玻璃结构中，因此，结构和性质发生逆转现象。在 Na_2O-B_2O_3-SiO_2 系统玻璃中，当以 B_2O_3 取代 SiO_2 时，折射率、密度、硬度、化学稳定性等出现极大值，热膨胀系数出现极小值，而电导率、介电损耗、表面张力则不出现硼反常现象。在钠硼硅系统玻璃中，极大值与极小值出现的地方随 Na_2O 含量而定，例如折射率的极大值经常出现在 $Na_2O/B_2O_3=1$（摩尔比）的地方（图 1-15）。"硼反常"是由于玻璃中硼氧三角体［BO_3］与硼氧四面体［BO_4］之间的量变而引起玻璃性质突变的结果。

除了硼反常外，在钠硼铝硅玻璃中还出现"硼铝反常"现象。当硅酸盐玻璃中不存在 B_2O_3（$y=0$）时，Al_2O_3 代替 SiO_2 能使折射率、密度等上升，见图 1-16。当玻璃中存在 B_2O_3（$y\neq0$）时，同样地用 Al_2O_3 代替 SiO_2，随 B_2O_3 含量不同出现不同形状的曲线，如图 1-16 所示。当 $n(Na_2O)/n(B_2O_3)=4$ 时出现极大值（曲线 2），而当 $n(Na_2O)/n(B_2O_3)>1$ 时，n_D（折射率）与 ρ（密度）显著下降（曲线 3～5）。

而当 $n(Na_2O)/n(B_2O_3)<1$ 时，性质变化曲线上出现极小值（曲线 8），不同的碱金属氧化物对"硼铝反常"也有不同影响。和"硼反常"一样，"硼铝反常"出现在一系列性质变化中，如折射率、密度、硬度、弹性模数。在介电常数与热膨胀系数变化曲线中显得很模糊，色散、折射度、电导率与介质损耗等则不出现"硼铝反常"。

在硼硅玻璃中，如果硼氧三角体的相对数量较多，并进一步富集成一定大小，形成互不相溶的富硅氧相和富碱硼酸盐相，即发生分相现象。B_2O_3 的含量越高，分相倾向越大，通过一定的热处理分相越加强烈，严重时往往使玻璃发生乳浊。在一定条件下，可以用盐酸把钠硼相从玻璃中沥滤出来。微晶玻璃和高硅氧玻璃就是利用分相制成的。

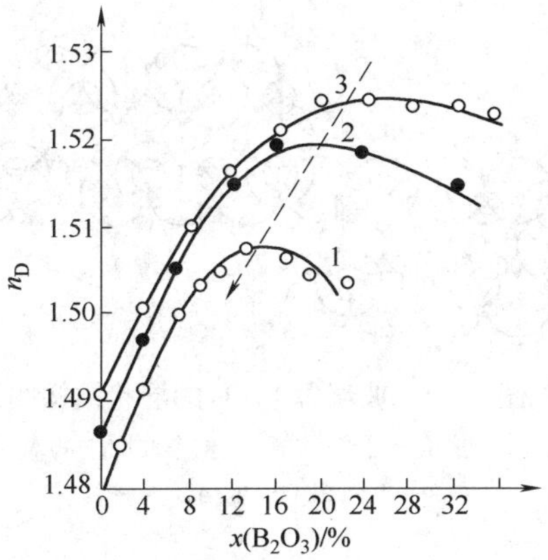

图 1-15　Na_2O-B_2O_3-SiO_2 系列玻璃折射率变化

1—$x(Na_2O)=20\%$　2—$x(Na_2O)=16\%$　3—$x(Na_2O)=13\%$

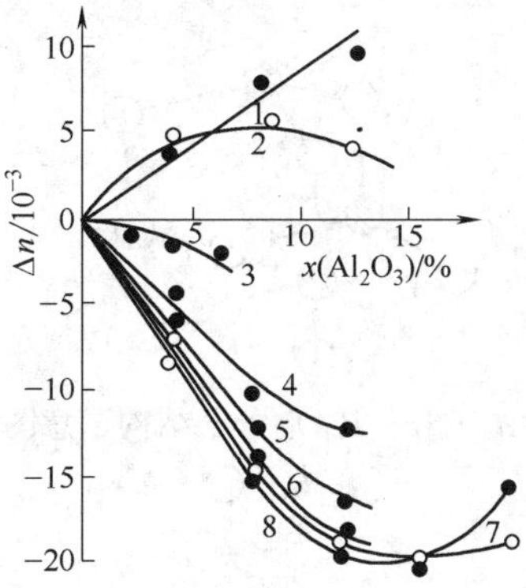

图 1-16　$16Na_2O\cdot yB_2O_3\cdot xAl_2O_3\cdot(84\text{-}x\text{-}y)SiO_2$ 系列玻璃折射率变化

1—$y=0$　2—$y=4$　3—$y=8$　4—$y=12$　5—$y=16$　6—$y=20$　7—$y=24$　8—$y=32$

图 1-17 是 Na_2O-B_2O_3-SiO_2 系统的分相区。许多重要的商用硼硅酸盐玻璃的基础成分都包括在这一分相区中。

从图 1-17 可以看出，分相区呈扁椭圆状，大致与 SiO_2-B_2O_3 线平行。它所包括的成分范围的特点是，Na_2O 含量变动不大，限制在较低的范围内［约 5%（摩尔分数）左右］，而 SiO_2 和 B_2O_3 却有很大的变动。因此，在这成分范围中玻璃的性质主要决定于 $x(SiO_2)/x(B_2O_3)$ 之比，当 $x(SiO_2)/x(B_2O_3)$ 比值较高，玻璃属于高软化点、低膨胀和化学稳定的成分（属派来克斯类玻璃）。如 $x(SiO_2)/x(B_2O_3)$ 比值较小，玻璃的化学稳定性随之下降，可以通过沥滤制造微孔玻璃和高硅氧玻璃，当 $x(SiO_2)/x(B_2O_3)<1$ 就成为制造钠灯的基本成分。

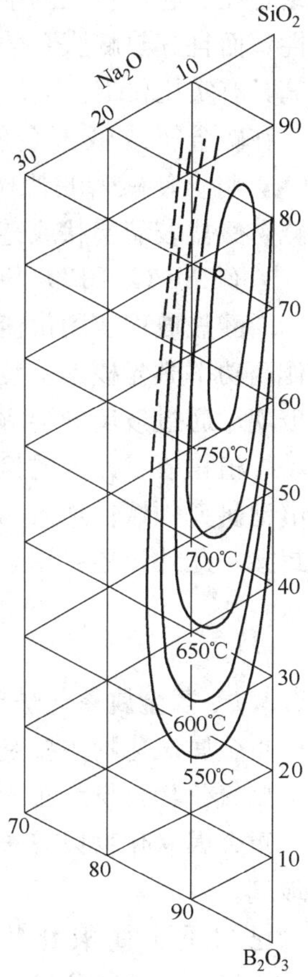

图 1-17　Na_2O-B_2O_3-SiO_2 系统的分相区图

1.3.2.3　磷酸盐玻璃结构

在已知的磷氧化合物中（如 P_2O_3、P_2O_4、P_2O_5），只有 P_2O_5 才能形成玻璃。纯 P_2O_5 玻璃是磷酸盐玻璃中最简单的一种，已经证明 P_2O_5 玻璃和晶态 P_2O_5 结构是一样的，是由分子 P_4O_{10} 组成（图 1-18），并且是由范德华力连接在一起的层状结构（图 1-19）。磷酸盐玻璃的基本结构单元是磷氧四面体 $[PO_4]$，P 是五价离子，与硅氧四面体 $[SiO_4]$ 不同，磷氧四面体 $[PO_4]$ 4 个键中有 1 个双键（P═O），P—O—P 键角约为 115°。由于 P═O 键的存在，每个 $[PO_4]$ 四面体只能和 3 个 $[PO_4]$ 四面体共顶连接，网络的连接程度及完整程度显然低于硅酸盐玻璃。按照玻璃结构网络参数计算式计算，纯 P_2O_5 玻璃，$Z=4$，$R=n(O)/n(P)=5/2=2.5$，平均

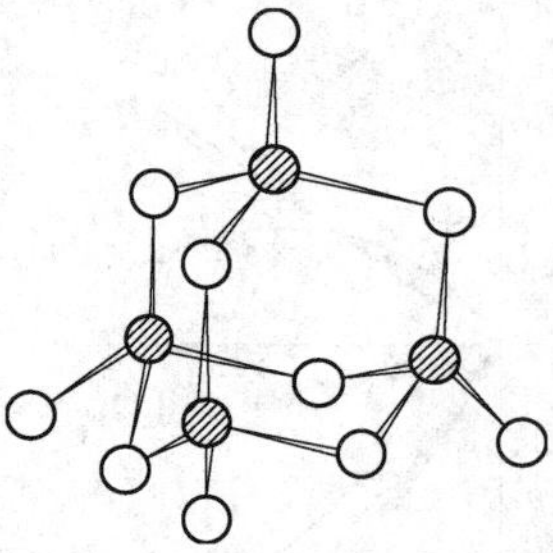

图 1-18　P_4O_{10}分子结构示意图

◎—磷　○—氧

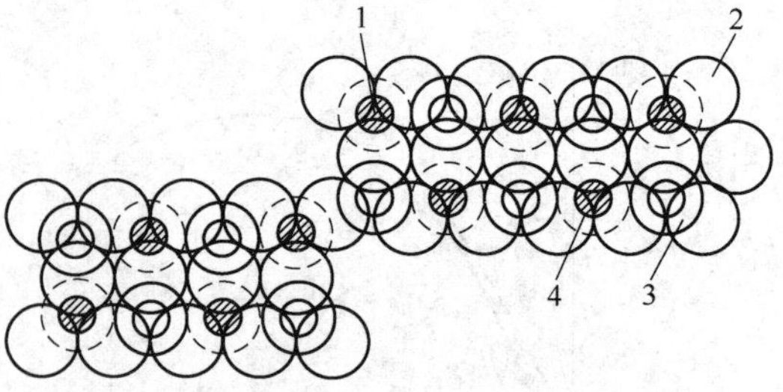

图 1-19　玻璃态 P_2O_5 的层状结构图

1—平面图下面的氧　2—平面图中的氧

3—平面图上面的氧　4—磷

桥氧数 $Y=3$，非桥氧数 $X=1$。这是磷酸盐玻璃黏度小、化学稳定性差和热膨胀系数大的主要原因。

在 P_2O_5 中引入碱金属或碱土金属氧化物可形成二元或多元磷酸盐玻璃。随着碱金属或碱土金属氧化物的引入及引入量的增加，碱金属或碱土金属氧化物的引入导致结构中P—O—P 键断裂，［PO_4］四面体所组成的层状结构变成链状结构，链之间由 Na—O 离子键结合在一起，三维网络结构被破坏，使得该类玻璃具有较低的软化温度和较差的化学稳定性，而且其热膨胀系数往往也比较高，因此，只有少量磷酸盐玻璃及含有少量的 P_2O_5 玻璃具有实用价值。

在碱金属或碱土金属氧化物形成二元磷酸盐玻璃中，在一定范围内引入 Al_2O_3、B_2O_3，将会使碱磷酸盐玻璃性能得到改善，这是因为玻璃中形成 $AlPO_4$ 和 BPO_4 基团，使碱磷酸盐玻璃层状或链状结构转变成架状结构所致。正磷酸铝和正磷酸硼都不能形成玻璃，只有 $AlPO_4$-BPO_4-SiO_2 系统才能形成玻璃。

磷酸盐玻璃实用价值在于其具有较大的受激发射截面、较低的三阶非线性折射率，可用作高功率激光核聚变装置的激光放大器介质材料，制造透紫外玻璃、吸热玻璃、耐氢氟酸玻璃；通过玻璃的溶解速率，使其中所含的过渡金属元素或其它活性元素释放出来，用于动、植物痕量元素的检测；在磷酸盐玻璃中加入卤化物，可大大提高其离子传导性，用于电池研究领域；加入 Al_2O_3、B_2O_3 等提高其稳定性之后可以做无铅低熔玻璃，用于电子封接；此外，还可用于生物组织缺损部位的修复与填充，是一种较好的生物功能材料。

1.3.3　重金属氧化玻璃的结构

1.3.3.1　重金属氧化玻璃定义及特性

重金属氧化物主要是以 PbO、Bi_2O_3 等高原子质量金属氧化物为主形成的玻璃，一般重金属氧化物含量大于 50%（质量分数）。

重金属氧化物以离子键为主，它不能单独形成玻璃，必须添加第二或第三组分才能形成玻璃。

已知重金属氧化物玻璃体系有：PbO-SiO_2、PbO-B_2O_3、PbO-Bi_2O_3-B_2O_3、PbO-Bi_2O_3-SiO_2、PbO-P_2O_5、PbO-Bi_2O_3-Fe_2O_3、PbO-Bi_2O_3-CdO、PbO-Bi_2O_3-Ga_2O_3、PbO-Bi_2O_3-Fe_2O_3、PbO-TeO_2-SiO_2-B_2O_3-TiO_2、PbO-Bi_2O_3-SiO_2-B_2O_3-CdO 等。

玻璃组成对重金属氧化物形成及结构的影响：

PbO 和 Bi_2O_3 很难单独形成玻璃，如果在体系中加入传统网络形成体（SiO_2、B_2O_3、P_2O_5），并且只有传统网络形成体添加量达到一定数量，才可能获得稳定的玻璃。例如玻璃组成（质量分数）：PbO 43.95%、Bi_2O_3 43.95%、B_2O_3 12.1%可以成为玻璃，只有 $w(B_2O_3)\geqslant 12.1\%$时才能成为稳定玻璃。当 PbO-$Bi_2O_3$ 中加入 B_2O_3 后，B^{3+} 以［BO_3］孤立状态存在，随着 B_2O_3 加入量增加，形成了聚合结构阳离子团 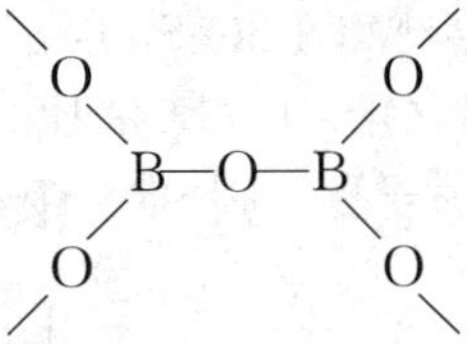 ，这种结构对［PbO］$^{2+}$、Bi^{3+}起到阻隔作用，导致［PbO_x］、［BiO_y］多面体的畸变，并且无序堆积在一起，因而形成了无定形玻璃。

1.3.3.2　形成重金属氧化物玻璃的结晶化学、热力学及动力学条件

从热力学来看，由于玻璃是一种介稳态物质，其内能高于晶体，但低于熔体，因此，当熔体冷却时，都有转变成晶体的倾向，不利于重金属氧化物玻璃的形成。

从结晶化学角度来看，Pb、Bi、O 元素的轨道中未成对的电子数分别为 2、3 和 2，从成键可能性来看，Pb 与 O、Bi 与 O 可以通过共用电子对而形成共价键。Pb、Bi、O 原子成键时，主要表现为离子键性，在熔融状态，多以 Pb^{2+}、Bi^{3+}、O^{2-}形式存在。当熔体冷却时，这些离子通过静电作用而紧密堆积，形成离子晶体。PbO、Bi_2O_3 单一氧化物及 PbO-Bi_2O_3 二元系氧化物均难以形成玻璃。

从动力学来看，熔体的玻璃化与结晶化是矛盾的两个方面，对熔体结晶不利的因素，恰恰是玻璃形成的有利因素，而熔体能否形成晶体，主要取决于熔体过冷后能否形成新相核胚，以及核胚能否长大。通常，只要熔体存在一定的过冷度，就会产生温度起伏而导致新相核胚的形成，而重金属氧化物熔体黏度很小，Pb^{2+}、Bi^{3+}、O^{2-} 扩散所需的活化能很小，核胚易于长大成晶核，并继续长大成晶体，因此，也不利于重金属氧化物玻璃的形成。

1.3.3.3　重金属氧化物玻璃的形成规律

从结晶化学、热力学及动力学来看，都难以获得重金属氧化物玻璃。如果在重金属氧化物中加入一定量网络形成体（B_2O_3、SiO_2、P_2O_5），为何能够形成玻璃呢？从上面的分析可知，B^{3+}、Si^{4+}、P^{5+}以孤立［BO_3］三角体或［SiO_4］四面体或［PO_4］四面体形式存在于玻璃结构中，由于这些物质中 B—O、Si—O、P—O 键的键能较大，熔体中 B^{3+}、Si^{4+}或 P^{5+}也以［BO_3］、［SiO_4］、［PO_4］孤立多面体形式存在。当熔体中存在数量达到一定时，Pb^{2+}、Bi^{3+}、O^{2-} 的积聚发生在多面体的包围圈中；另外［BO_3］、［SiO_4］、［PO_4］等多面体必然占据一定空间，从而阻碍 Pb^{2+}、Bi^{3+}、O^{2-} 的迁移，包围圈外部的 Pb^{2+}、Bi^{3+}、O^{2-} 难以迁移到包围圈内；其次，这些孤立多面体中顶角氧电价是不饱和的，必然会与包围圈外的 Pb^{2+}、Bi^{3+}连接以保持电中性。由于 Pb^{2+}、Bi^{3+}与同一氧多面体中的 B—O、Si—O、P—O 键的连接是不均匀的，这将导致［BO_3］、［SiO_4］、［PO_4］多面体本身的畸变，同时也将导致积聚区内［PbO_x］、［BiO_y］配位多面体的畸变，于是就形成玻璃的无定形结构。由此可见氧多面体的含量在重金属氧化物玻璃的形成中起着至关重要的作用。在网络形成体参与下的重金属氧化物玻璃，例如玻璃组成：xPbO · $y$$Bi_2O_3$ · zF（F 为 B_2O_3、SiO_2、P_2O_5），其形成稳定玻璃规律及关系为式（1-2）～式（1-4）所示。

$$x+y+z=100 \tag{1-2}$$

当F为SiO_2时； $$x+2y=4z \tag{1-3}$$

当F为P_2O_5、B_2O_3时； $$x+2y=6z \tag{1-4}$$

例如，对于PbO-SiO_2二元系统，设玻璃组成为：xPbO · $z$$SiO_2$，则有$x+z=100$，$x=4z$，若要获得PbO-$SiO_2$二元系玻璃，$SiO_2$最少加入量为20%（摩尔分数）；又如，对于PbO/Bi_2O_3=1（摩尔比），若要获得PbO-Bi_2O_3-SiO_2三元玻璃，$x+y+z=100$，$x=y$，$x+2y=4z$，则SiO_2最少加入量为27.27%（摩尔分数）。

1.3.4 非氧化物玻璃的结构

非氧化物玻璃主要包括硫系玻璃、卤化物玻璃。

1.3.4.1 硫系玻璃

硫系玻璃是指周期表第ⅥA族及相邻元素（S、Se、Te、As、Sb、Ge）等元素构成的一类具有无规则网络结构的玻璃，玻璃中不含氧。

硫属化合物玻璃是重要的半导体材料、透红外材料、电子封接材料等，它具有特殊的开关效应，近年来已用作光开关的光电导体，将为玻璃在新技术应用方面开辟新的途径。

单质硫和硒都能形成玻璃态物质。单质硫的分子相当于分子式S_8，它具有环状结构，每个硫原子采取sp^3杂化并形成两个共价单键，并且聚合成长链。将其加热到230℃的熔融态硫迅速注入冷水中，便成为玻璃态的弹性硫。

硫系玻璃主要是以As-S和Se-S系统组成，聚合形成链状网络结构的玻璃态物质，主要通过硫属元素（S、Se、Te）的“桥联”作用来实现的。硫属化合物玻璃中最主要的是砷-硫属系统，其代表为As_2S_3、As_2Se_3。根据X射线和红外吸收光谱等结构分析证明：由As_2S_3所组成的玻璃很接近于线型有机聚合体（即表现为链状结构）。当引入卤素（如碘）时，链状结构被破坏，就形成类似于图1-20的结构。

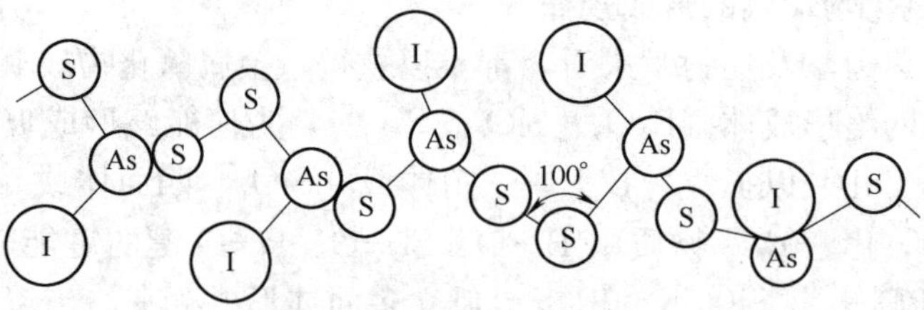

图1-20 含碘、硫、砷化合物玻璃的链状结构图

一般认为由As_2Se_3以及由As_2Se_3-As_2Te_3所组成的玻璃同样也是链状结构。

As_2S_3、As_2Se_3玻璃具有很大的电阻，若把硫属元素和其它元素置换，电阻随之减小，显示出半导体性，例如Tl_2Se-As_2Se_3是最早发现的玻璃半导体。

As-Te系统玻璃可能形成的几种结构类型（图1-21），基本结构单元为$AsTe_{3/2}$四方锥体。(a)、(b) 为雌黄型结构，通过Te连接形成链状结构；(c) 为八面体结构的立体网状构造；(d) 为六边环状的网状构造。

制备硫系玻璃，一般是把配合料加入透明石英玻璃容器，进行真空密封，然后置于电炉中加热熔融，按照一定工艺进行冷却制得玻璃。由于硫系玻璃蒸气有毒，制备时必须注

意采取防护措施。

1.3.4.2　卤化物玻璃

卤化物玻璃通常是由金属卤化物（主要是氟化物）组成，它的结构特点是通过第ⅦA族元素的“桥联”作用，把结构单元连接成架状、层状或链状结构。

人们很早就已经研制成功 BeF_2 玻璃，一般认为［BeF_4］四面体是它的基本结构单元，在玻璃中形成类似于［SiO_4］结构的空间排列，它的短程有序和 α-方石英相似。已经证明，氟化铍玻璃是由［BeF_4］四面体连接成的三度空间的架状结构，而其它卤化物（如 Cl、Br、I）则常常形成层状或链状结构。添加碱金属氟化物和 AlF_3 等组分也可以形成玻璃。

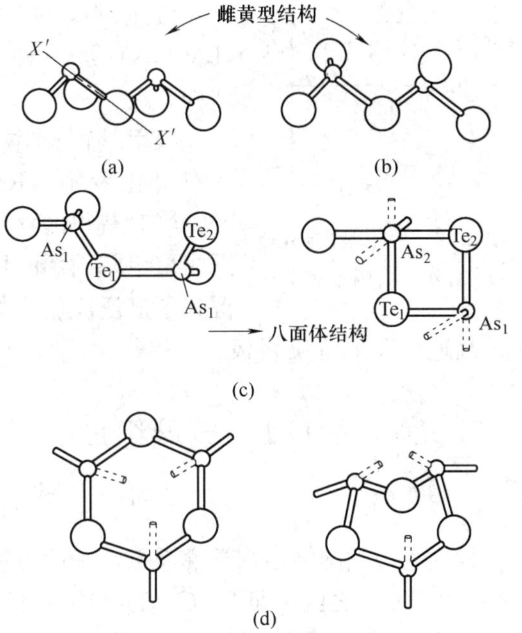

图 1-21　$AsTe_{3/2}$ 四面体构成的 As-Te 系统玻璃的几种结构类型图

氟化物玻璃具有超低折射和色散的特性，是重要的光学材料。氟化物玻璃也用作电子封接材料。近年来又发展一种混合型氧化物-氟化物玻璃，在此玻璃结构中氧和氟都起桥联作用。

为了防止氟化物氧化和挥发，氟化物玻璃一般在密闭坩埚内进行熔制。氟化物玻璃析晶倾向强烈，熔好后必须快速冷却，由于易析晶，一般不易获得体积较大的玻璃。

1.3.5　金属玻璃的结构

金属玻璃是一类由金属合金经过快速凝固的方法制成的非晶态玻璃材料，其兼有玻璃和金属的特性，并且有超常的物理化学性能。

金属玻璃研制在 1974 年以后才取得较大进展，其尺寸达到毫米级，为制备块体金属玻璃奠定了基础。金属玻璃制备技术包括熔体水淬法、铜模吸铸法、压铸法、旋盘铸造法、熔体真空吸铸法等方法。

目前开发的实用金属玻璃系统有 Fe-B、Mo-Ru-Si、Zr-Ni、Mg-Zn、Fe-P-C、Co-Fe-Si-B、Pd-Cu-Ni-P、Fe-Si-B、Fe-S-B-C 等。有人采用摩尔分数为 80％的 Al 和 10％的过渡金属（Ni、Co、Fe）以及 10％的稀土金属（Y、Ge、La）等组分制备了一种新型的富铝玻璃，利用软磁性可制成变压器片，具有显著的节能效果。

目前，金属玻璃的研究与应用受到国内外学者广泛关注，其形成理论尚在完善中。无论作为结构材料还是功能材料，将在国民经济建设和国防工业中发挥巨大的潜力。

1.3.6　有机玻璃的结构

有机玻璃是一种透明塑料，它是由甲基丙烯酸甲酯（MMA）本体聚合而成，由此，有机玻璃在工业上又称作聚甲基丙烯酸甲酯（PMMA）。甲基丙烯酸甲酯是一种重要的有

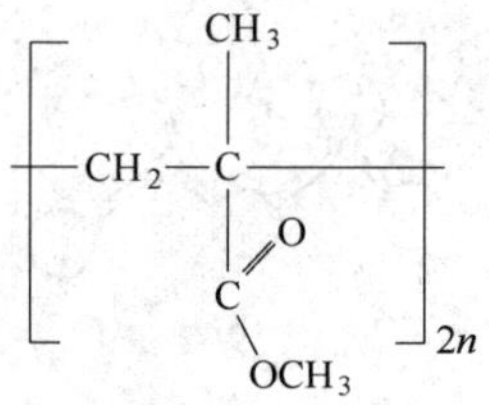

图 1-22　聚甲基丙烯酸甲酯分子结构示意图

机化工原料，主要用来生产有机玻璃。聚甲基丙烯酸甲酯（PMMA）是一种长链高分子，如图 1-22 所示，它具有非晶结构。

聚甲基丙烯酸甲酯最早于 1901 年由德国人 Röhm 合成，1927 年由罗姆（Röhm）和哈斯（Haas）在德国开始小批量生产，当时获得的材料是软而透明的胶状物。1930 年希尔（Hill）制成聚甲基丙烯酸甲酯透明板，用作飞机窗玻璃。现在有机玻璃得到了广泛应用，如展示箱柜、广告宣传、防弹材料、建筑采光板、高速公路隔音反射板、灯罩等。

1.4　玻璃组成、结构、性能之间的关系

1.4.1　玻璃的阳离子分类

根据无规则网络结构学说观点，一般可按阳离子与氧结合的单键能［氧化物分解能 E_d 与配位数（C）之比，即 E_d/C］的大小，将氧化物分为网络形成体、网络外体、中间体。

网络形成体是指能够单独形成玻璃网络结构的氧化物，如 SiO_2、B_2O_3、P_2O_5、GeO_2、As_2O_5 等，它们的配位数是 3 或 4，形成的配位多面体为三角体或四面体，玻璃网络的结构单元，彼此之间以顶角相连。F—O（F 代表网络形成体阳离子）是极性共价键，具有离子和共价键特性，共价键占主要，F—O 单键能一般大于 335kJ/mol。

网络外体是指不能单独形成玻璃，处于网络之外。常见的网络外体离子有：Li^+、Na^+、K^+、Mg^{2+}、Ca^{2+}、Sr^{2+}、Ba^{2+}、Th^{4+}、In^{3+}、Zr^{4+} 等离子。阳离子配位数一般≥6，M—O（M 代表网络外体）表现为离子键，其中氧离子 O^{2-} 易于摆脱阳离子束缚，是“游离氧”提供者，起到断网作用，但其阳离子（特别是高电荷阳离子）又是断键的积聚者，这一特性对玻璃析晶有一定作用。当阳离子 M 的电场强度（Z/r^2）较小时，断网是主要的；当阳离子 M 的电场强度较大时，积聚作用是主要的。M—O 单键能一般小于 251kJ/mol。表 1-2 列出各种氧化物给出游离氧的能力（K）。

表 1-2　各种氧化物给出游离氧的能力（K）

$K=1$		$K=0.7$		$K=0.3$		$K=0$		$K=-1$	
离子	Z/r^2	离子	Z/r^2	离子	Z/r^2	离子	Z/r^2	离子	Z/r^2
K^+	0.52	Ca^{2+}	1.67	Li^+	1.65	Ti^{4+}	9.80	Be^{2+}	20
Na^+	0.83	Sr^{2+}	1.15	Mg^{2+}	2.90	Ga^{3+}	7.80	Al^{3+}	10
Ba^{2+}	0.91	Cd^{2+}	1.89	Zn^{2+}	3.30				
		Pb^{2+}	1.00	La^{3+}	2.80				

注：Z=阳离子电荷，r=阳离子半径。

中间体是指不能单独形成玻璃，其作用介于网络生成体和网络外体之间。常见的中间体氧化物有：BeO、ZnO、Al_2O_3、Ga_2O_3、TiO_2 等。阳离子配位数一般为 6，当夺取“游离氧”后配位数变成 4，能够参与网络，起网络形成体作用（补网作用）；阳离子配位数大于 6 时，与网络外体作用相似。I—O（I 代表中间体）表现为共价性和离子性，但离子性为主，I—O 单键能一般为 251.2～334.9kJ/mol。

在含有2个以上的中间氧化物复杂系统中，当游离氧不足时，中间体离子大致按下列次序进入网络：

$$[BeO_4]\rightarrow[AlO_4]\rightarrow[GaO_4]\rightarrow[BO_4]\rightarrow[TiO_4]\rightarrow[ZnO_4]$$

决定这一次序的主要因素是阳离子的电场强度，次序在后的未能夺取“游离氧”的阳离子将处于网络之外，起“积聚”作用。

1.4.2　玻璃组成对结构的影响

玻璃成分是指玻璃中所含元素和化合物的种类与比例，即玻璃化学组成。玻璃组成是玻璃的基础，反映玻璃的基本特性，是影响玻璃的结构、性质的内因，玻璃组成对结构、性质起决定性作用。

1.4.3　结构因素对玻璃性质的影响

玻璃的性质是由玻璃的结构决定的，在此对玻璃结构与性质的关系做简单的探讨，一般认为，玻璃结构和玻璃的性质存在函数关系，即

$$G_p=f(S_g) \tag{1-5}$$

式中　G_p——玻璃性质；

f——函数形式；

S_g——玻璃结构。

玻璃成分决定了玻璃结构，所以玻璃性质与成分之间也存在函数关系，即

$$G_p=\psi(P_i) \tag{1-6}$$

式中　ψ——函数形式；

P_i——玻璃组成。

由于玻璃结构比较复杂，特别是实际应用的多元系统，建立结构和性质模型非常困难，只能对于一些组分比较少的系统，而且结构不是十分复杂的玻璃的某项特殊性质，如离子键的氟化物系统的透红外光学性建立结构性质模型，进行计算。通过多年摸索，逐步得出一些定性的规律和定量加和性计算。制定性质加和经验计算式，必须考虑到玻璃性质的类型和结构因素的影响。

下面简单地介绍几个结构因素对玻璃性质的影响。

1.4.3.1　氧硅比对结构的影响

玻璃结构的键合度与玻璃成分中的R（O/Si摩尔比）有关。以碱硅酸盐玻璃为例，随着R的增大，玻璃空间结构由三维架状结构逐渐变为连续的二维层状结构，甚至成为单独的基团，氧硅比与结构关系见表1-3。$R=2.0$时，形成连续三维网架结构；$R=2.5$时，形成连续二维层状结构；$R=3.0$时，形成连续一维链状结构或孤立的环状基团；$R=3.5$时，形成群状基团；$R=4.0$时，形成岛状基团。

结构的键合度随R增大而降低很多，从而使玻璃结构的完整性破坏严重，反映到玻璃性质上来，密度、折射率和膨胀系数均上升，而电阻率、弹性模量、化学稳定性和黏度则下降，特别是对黏度的影响最大，在1400℃时，当$R=2.0$，玻璃黏度为$10^{10.6}$dPa・s；当$R=2.5$，玻璃黏度为28dPa・s。

表 1-3　结构单元 *R*（O/Si 摩尔比）与玻璃结构关系

R (O/Si)或 [O/(Si+Al)]	结构单元化学式	结构类型		结构解析图	实物例子
4.0	$[SiO_{4.0}]^{4-}$	岛状		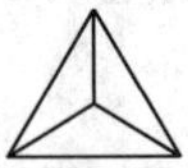	硅铍石 $Be_2[SiO_4]$ 硅锌矿 $Zn_2[SiO_4]$ 镁橄榄石 $Mg_2[SiO_4]$
3.5	$[Si_2O_7]^{6-}$	群状		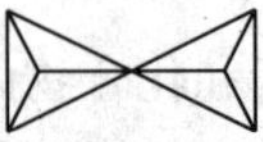	钪钇石$(Sc,Y)_2[Si_2O_7]$
3.0	$[SiO_{3.0}]^{2-}$	环状	三边环	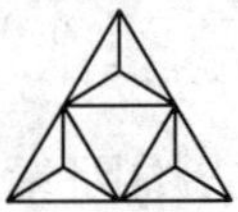	β硅灰石 $Ca_3[Si_3O_9]$
			六边环	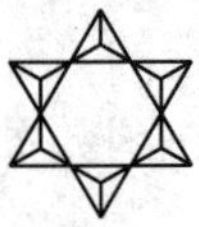	绿柱石 $Al_2Be_3[Si_6O_{18}]$
3.0	$[SiO_{3.0}]^{2-}$	链状	单链	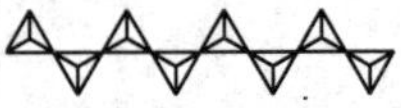	锂辉石 $LiAl[Si_2O_6]$
					α 硅灰石 $Ca_3[Si_3O_9]$
			双链	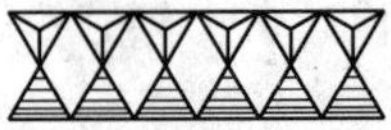	硅线石 $Al[AlSiO_5]$
			两节双链	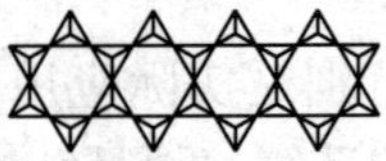	透闪石 $Ca_2Mg_5[(OH,F)Si_8O_{22}]$
			三节双链		硬硅钙石 $Ca_6[(OH)_2/Si_6O_{17}]$
2.5	$[Si_2O_5]^{2-}$	层状		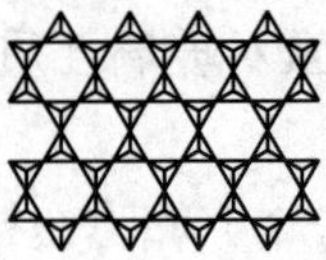	滑石 $Mg_3[(OH)_2/Si_4O_{10}]$ 蒙脱石 $Al_2[(OH)_2/Si_4O_{10}]$
2.0	$[SiO_{2.0}]^0$	架状	石英构造		方石英、鳞石英、石英
			长石构造		正长石 $KAlSi_3O_8$ 钠长石 $NaAlSi_3O_8$

在氧化物玻璃中，玻璃结构的键合度还与桥氧、非桥氧和游离氧的数量有关，但归根结底是影响了玻璃结构的完整性。如过多的游离氧会破坏骨架结构，使玻璃骨架的键合度降低，导致膨胀系数上升，化学稳定性下降。

1.4.3.2 阳离子配位状态影响

阳离子的价数、半径和配位数不同，在玻璃结构中所起的作用不同，从而影响了玻璃的性质。

一价碱金属离子 R^+ 加入，使玻璃的硅氧四面体［SiO_4］断裂，玻璃结构疏松，玻璃骨架强度降低，导致摩尔体积、热膨胀系数上升，弹性模量、硬度、化学稳定性降低。可以利用混合碱效应以降低热膨胀系数和介质损耗，提高化学稳定性。

对相同价态碱金属，随着碱金属离子半径的增加，R—O 键强下降，结构更加松弛，因而摩尔体积、热膨胀系数随离子半径增加而上升，硬度、化学稳定性随离子半径增加而降低。

当加入 2 种或 3 种碱金属时，则产生混合碱效应（双碱效应或三碱效应），其扩散系数、热膨胀系数、电导率、介质损耗在两种碱离子含量一定时，在特定混合比时产生极小值，故可利用混合碱效应以降低热膨胀系数和介质损耗，提高化学稳定性。

二价碱土金属氧化物如 BeO、MgO、CaO、SrO、BaO 等对玻璃性质的影响，基本上遵循离子半径尺寸规律，随离子半径的增加，折射率、摩尔体积、热膨胀系数、电阻率提高，介质损耗、硬度降低，但 BeO、MgO 有些性质发生反常，这是由于 Be^{2+} 和 Mg^{2+} 结构状态同 Ca^{2+}、Sr^{2+}、Ba^{2+} 有所区别。Ca^{2+}、Sr^{2+}、Ba^{2+} 有较高的配位数，位于网络空隙中，为网络外体，而 Be^{2+} 为中间性氧化物，可形成［BeO_4］四面体并与［SiO_4］四面体组成玻璃结构骨架，故其热膨胀系数小，化学稳定性高。Mg^{2+} 有两种配位数，一种配位数为 6，以［MgO_6］八面体位于骨架外，为网络外体；另一种配位数为 4，以［MgO_4］四面体进入结构网络，玻璃中大都为第 1 种情况，第 2 种情况较少见，只有碱金属含量较多，而没有 Al_2O_3、TiO_2 等中间物时，才可能以［MgO_4］四面体存在，使玻璃有较低的折射率和密度。

碱土金属氧化物对高温黏度的影响，也是按离子半径增加而黏度降低的规律，但在 Na_2O-CaO-SiO_2 系统中，黏度为 10^{11}～10^{13}dPa·s 的开始软化和转变区，以 RO 代替 8%（摩尔分数）SiO_2，如用 MgO、SrO、BaO 取代时，使黏度降低，而 BeO、CaO 使黏度升高。在无碱玻璃中，碱土金属氧化物不仅使高温区黏度降低，也使低温区黏度降低。对结晶性能影响，也是如此，随离子半径增加，析晶倾向也增大。在无碱 RO-Al_2O_3-SiO_2 玻璃中，情况正好相反，离子半径减小，析晶倾向反而增加。

1.4.3.3 离子极化影响

离子极化与外电子层的电荷量和其结构有关，一般阴离子的极化率比阳离子要高得多，相同价数的阳离子极化率则随着离子半径的增加而上升。

离子极化程度对玻璃结构和性质均产生影响，用中心（骨架）的阳离子 X^{n+} 来极化（扭曲）氧离子，能使［XO_k］基团内部的 X—O 键强提高。由于内部极化使 X—O 距离减少，而在基团外阳离子 Zn^{n+} 对同一氧离子（O^{2-}）进行二次极化，反而使 X—O 距离增加，键强减弱。

离子极化可以使基团内部键强增加，玻璃结构紧密；二次极化与极化的作用正好相反，最后对玻璃的影响就要看哪种作用起主导作用了。离子的极化率对玻璃的光学性质影响较大，玻璃的折射率与各成分的离子极化率之间的关系如下：

$$\frac{n^2-1}{n^2+2}=\frac{4\pi}{3}\sum N_i a_i \tag{1-7}$$

式中 n——玻璃的折射率；

a_i——离子 i 的极化率；

N_i——单位体积中含有 i 离子数目。

从式（1-7）可以看出玻璃折射率与各成分离子的极化率之间呈加和性的关系，选择离子折射率高的成分，可以提高玻璃折射率。

1.4.3.4 离子堆积与排列影响

离子堆积的紧密程度和离子排列状态均对玻璃性质产生影响。石英玻璃由［SiO_4］四面体组成三维网架结构，存在大量空腔，所以密度比较小。石英玻璃中加入 R^+、R^{2+} 后，这些离子填充到空腔中，使玻璃的密度增加。

在硅氧骨架中的空腔，不是填充一种碱离子而是填充两种不同种类的碱离子，当不同离子数量达到一定比例时，可得到最佳堆积，而且离子与硅氧骨架的连接更为坚固，使玻璃的热膨胀系数降低，化学稳定性增高，这也是产生混合碱效应的体现。

离子堆积紧密程度与玻璃结构的紧密并不是完全一致的，在石英玻璃中加入碱金属离子后，虽然离子堆积密度增加，但玻璃结构反而松懈，热膨胀系数升高，化学稳定性降低。只有配位数高、场强大的阳离子，才可能既具有较高的堆积密度又使结构紧密。

离子的排列情况也对结构和性质产生影响，特别是在微晶玻璃中，相同组成在不同热处理温度，析出的晶相结构就会发生变化，性能也会有所改变。如 SiO_2-Al_2O_3-Li_2O 系统以 TiO_2 或 TiO_2 加 ZrO_2 为晶核剂熔制的微晶玻璃，虽然是相同组成，在 900～950℃下晶化热处理，离子排列成 β-石英固溶体，晶粒在 100nm 以下，且折射率与玻璃的折射率相近，微晶玻璃是透明的；当晶化的热处理温度提高到 1100～1200℃，离子排列成 β-锂辉石，晶粒长大到 1000nm 左右，玻璃变成乳浊而不透明，膨胀系数也发生了改变，β-石英固熔体的线膨胀系数为（-3～0）$\times 10^{-7}$/℃，β-锂辉石固熔体的线膨胀系数增加到（7～13）$\times 10^{-7}$/℃。

1.4.3.5 亚稳分相影响

当玻璃成分处在分相范围内，在一定热处理温度制度下保温，就会产生分相，分相的结构形貌对玻璃性质有重要影响。过去对 SiO_2-B_2O_3-Na_2O 系统玻璃研究较多，认为分相后产生钠硼连通相，受到侵蚀后，使玻璃化学稳定性明显下降，而 SiO_2-CaO-Na_2O 系统玻璃的分相往往容易被忽视，实际上 SiO_2-CaO-Na_2O 系统也会分相。根据热处理制度不同，产生分相的结构和形貌各异，对性质的影响也不相同，不能一概而论。

玻璃分相主要对迁移性质（如化学稳定性、电导率）以及析晶、着色方面产生影响，特别对化学稳定性有重要影响。

从分相成分来看，分相的高钠相或高硼钠相易受到水和酸的侵蚀，而高硅相不易受侵蚀。除分相的成分之外，另一关键是分相形貌，如高钠相或高硼钠相是连通的，高硅相是孤立而呈液滴状分布，则侵蚀介质经过易熔相不断地对玻璃侵蚀，化学稳定性明显下降。

相同组成的玻璃采用不同热处理制度可得到不同分相形貌，如（摩尔分数）：SiO_2

80%，CaO 10%，Na_2O 10%的玻璃，在1550℃熔化，620℃保温1h进行退火，玻璃是透明的，电镜下未观察到分相现象，继续在660℃热处理7h，玻璃呈淡淡乳光色，电镜下观察到密集的蠕虫状结构。而在736℃下热处理5h，得到液滴状结构。根据测定，分离出来的液滴状和蠕虫状的相均为富 SiO_2 相，因此660℃下7h处理后，由蠕虫状的富 SiO_2 相组成密集结构将易溶的富碱相包围，玻璃的化学稳定性比分相前提高，反之分相成液滴状富 SiO_2 相后，化学稳定性比分相前降低。

1.5　玻璃结构的研究方法

要想知道和了解玻璃中原子间的距离、排列状态（键角、配位数），原子外层电子在构成玻璃时的变化（极化程度），各种原子团在结构中的分布，参与玻璃结构元素的价态，各组分在玻璃中的分布状况，玻璃表面的结构，在热、光、电、磁、辐射、机械作用、化学反应等外界条件下的结构变化等，这些必须借助于现代的研究方法。表1-4为近代玻璃结构的研究方法及应用范围。

表 1-4　近代玻璃结构的研究方法及应用范围

研究方法	已研究的玻璃系统和对象	应用
穆斯堡尔效应谱	硼酸盐、硅酸盐、磷酸盐凝聚溶液、元素玻璃	配位数、位置对称性、价态、微细相互作用扩散动力学、玻璃转化温度
X射线发射谱和扩展的X射线吸收精细结构分析谱	硅酸盐、硼酸盐、磷酸盐、硒、锗等玻璃	配位数、键、有效电荷、局部有序化程度、径向分布函数
中子射线衍射谱	硅酸盐、硼酸盐、磷酸盐	元素的原子序数、配位数、径向分布函数
紫外光谱	硅酸盐、硼酸盐、磷酸盐、GeO_2、元素玻璃、薄膜	桥氧、非桥氧、杂质离子的氧化态、带阈值、玻璃的碱性、玻璃转化温度
可见光谱	硅酸盐、硼酸盐、磷酸盐、玻璃态盐类和凝聚为溶液	配位数、掺杂离子或缺陷的位置对称、价态平衡、氧化物离子活性、玻璃的碱性
红外光谱 拉曼光谱	硅酸盐、硼酸盐、锗酸盐、磷酸盐、砷化物、元素玻璃盐类、薄膜	振动动力学、键、配位数、红外透过性能、化学成分、热历史
俄歇电子能谱	主要是硼酸盐、硅酸盐、磷酸盐、元素玻璃	玻璃表面、表面吸附的、吸收的、离子注入的元素分析。玻璃表面镀膜测定
顺磁共振谱	硼酸盐、磷酸盐、硅酸盐和元素玻璃	局部结构和顺磁离子的配位数、玻璃化和反玻璃化产生的缺陷
核磁共振	主要是硼酸盐、硅酸盐、磷酸盐、元素玻璃、BeF_2	四极耦合常数，硼酸位数、修饰阳离子对阴离子网络的键、阳离子扩散运动
X射线光电子能谱	硼酸盐、硅酸盐、硼硅酸盐、磷酸盐、元素玻璃、薄膜等	固态电子价的研究与内层电子的结合能，化学位移能、薄膜厚度
电子显微镜 扫锚电子显微镜	硼酸盐、硅酸盐、硼硅酸盐、磷酸盐、元素玻璃、薄膜等	显微结构及表面显微结构、晶粒大小形状等

下面对几种常用的玻璃结构分析方法进行简要的介绍。

(1) X射线衍射法（XRD）　利用X射线衍射法解析玻璃的结构，尽管具有很长历史，相比晶体材料而言，对玻璃材料解析进展缓慢。主要因为玻璃材料属于非晶态物质，其结构为远程无序性，X射线衍射峰弥散。但是玻璃结构中质点在一定范围内排列还是有些规律的，因而X射线衍射峰强度变化仍能反映玻璃中的原子间距和原子间的排列状况，并可以用它小角度的散射强度变化来确定玻璃中微不均匀部分的尺寸和结构。

X射线衍射法可以进行物相的定性和定量分析，其原理如下：

物相定性分析的基本原理：

① 每一种晶体物相都会产生其特有衍射图谱，两种物相不会存在完全相同的衍射峰；

② 多相试样的衍射峰是各自相衍射峰的机械叠加，互不干扰；

③ 若以面间距（d）和衍射强度（I）表征衍射峰，d-I 数据组就是鉴别物相的基本依据。

定量分析的原理：在多相混合物中，各相的衍射线相对强度取决于它们在混合物中的相对含量。

将由试样测得的衍射花样的 d-I 数据组与已知结构的标准衍射图谱的 d-I 数据组进行对比，从而鉴定出试样中存在的物相。

(2) 中子射线衍射　由中子射线与玻璃中的原子核之间的相互作用引起的中子散射的最大特点是其散射能力随着原子序数而做不规则的变化，对于X射线不能区别的元素，中子射线可以给出明显的散射强度。因此，中子射线衍射和X射线配合使用，能使峰值鉴别、分离更加容易，有助于对径向分布曲线的解析。

(3) 红外光谱（IR）与拉曼光谱　光通过物质时，如果光波频率与物质中分子的振动、转动、电子能级一致时，产生光的吸收、反射、散射。分子（原子团）振动状态的改变会产生2.5～25.0μm的红外吸收和反射，分子（原子团）旋转能量的改变相当于几百微米的远红外波段。因此，可以利用红外光谱中的吸收峰（反射峰）的位置进行物相分析。这些吸收带的位置还受分子（原子团）在物质中的状态和相邻原子、分子的影响而有一定的位移，因而也可以根据这种位移来判断分子、原子和原子团所处的状态。

红外光谱和拉曼光谱都是振动光谱，分子振动在吸收和散射光谱中出现的位置、高度、形状不尽相同，而且在红外光谱中不出现的峰，往往在拉曼光谱中出现，或相反。拉曼光谱完全根据分子对称理论，与分子力场的本性无关，且只考虑入射光引起的分子偶极矩变化，因而常与红外光谱相互补充应用。

红外光谱和拉曼光谱在玻璃结构分析中主要是采用比较法，即与已知结构的晶体的光谱或含有已知原子团物质的光谱相比较，以此来推断未知物质的结构。

(4) 磁共振谱　物质在外磁场的作用下，其原子核或电子所产生的磁矩在磁场中有不同的取向，即相应有不同的能量状态或不同的磁能级。当外来电磁波的频率ν正好与两磁能级间隔ΔE相当时，就产生磁共振。

磁共振可分为核磁共振（NMR）和顺磁共振（EPR或ESR）。核磁共振是指在电磁波作用下，原子核在外电磁场中的磁能级之间共振跃迁的现象。顺磁共振技术是一种用来检测具有不成对电子的原子或离子的物理技术。

磁共振的信息有许多特性，如谱线宽度、形状、谱线包括的面积和位置、谱线的精细结构以及弛豫时间等。这些谱线的特性不仅决定于被测的原子核或不成对电子的性质，而且还决定于被测样品的结构与性质，所以可通过磁共振谱线的参数来确定待测物的结构与性质。磁共振技术有三个优点，即不破坏样品就可以确定物质内部的结构；具有很强的分辨能力；获得的谱线参数比较多。

(5) 穆斯堡尔效应谱　穆斯堡尔效应谱是原子核无反冲的γ射线的发射和吸收，在本质上也是一种核磁共振。这个效应首先是由德国物理学家穆斯堡尔于1958年首次在实验中实现的。应用穆斯堡尔效应可以研究原子核与周围环境的超精细相互作用，是一种非常精确的测量手段，其能量分辨可高达10^{-13}，并且抗干扰能力强、实验设备和技术相对简单、对样品无破坏。研究穆斯堡尔谱可以得到原子核的超精细场（内场）、原子的价态、对称性等方面的数据。在固体物理、生物、化学等领域有着广泛的应用。

AFM可以通过样品表面单个点的力曲线测量来研究材料的性能。AFM的力曲线主要是样品作用于针尖的Z向力和Z向距离的关系，严格地讲，力曲线是测量由微悬臂弯曲引起的激光点反射值相对于压电陶瓷扫描头的Z向伸缩。除了范德瓦尔斯力，样品自身的弹性性能也影响着力曲线。此外，样品表面的污染、表面润滑剂以及空气中进行AFM时常常存在的薄膜水层等均会在力曲线的测量中有特征地反映。

（6）扫描电镜（SEM） 扫描电镜的电子束经阳极加压加速，具有很高的动能，并聚焦成比投射电镜更细的电子束在样品表面扫描。从样品表面产生的反射、二次电子等信息送入接收器，按同样扫描方式在显像管屏面获得图像或照相，所以有聚焦深度大、景深大、图像立体感强、放大倍数范围宽、图像清晰等特点；样品室也比较大，能观察大块样品；对样品没有特殊要求，不必像透射电镜那样做超薄片试样或复型样品。

在玻璃表面的研究方面，扫描电镜可用于表面形貌的观察，样品不必研磨和抛光，可以直接观察粗糙表面，如玻璃表面的受侵蚀、风化、粗糙度以及断裂面等。

（7）扫描隧道显微镜（STM） 扫描隧道显微镜的基本原理是电子在针尖和样品之间的隧道效应，在压电材料棒制成的支架上装有极细金属探针（50～100nm），利用金属针尖在样品上进行扫描，根据量子隧道效应来获得样品的表面图像。由于针尖距离样品很近，因而彼此之间电子云相互重叠，在施加偏置电压时，电子即可因量子隧道效应，由针尖转移到样品，或由样品转移到针尖，从而在针尖与样品之间形成隧道电流，且此隧道电流随距离而变化。针尖在同一高度扫描时，表面凹凸不平之处所造成电流变化，通过计算机处理，就可以在显示屏上看到材料的三维电子结构图。

（8）扫描电子探针（SPM） SPM（scanning probe microscope）是利用带有超细针尖的探针在样品表面扫描，从而获得其原子级或微米级的性能特征，探针与样品表面不同的作用模式就形成不同的探测方式。

（9）俄歇电子能谱（AES） 俄歇电子能谱是用一束电子照射固体后，在不大于2nm的表层产生俄歇电子，可反映元素的能量特征，也反映了释放出俄歇电子的原子的化学键特征。俄歇电子能谱可对玻璃表面进行元素分析，对原子序数小于32的轻元素，俄歇电子比X射线容易发射，所以适于除H、He以外的轻元素分析；还可以测定玻璃表面吸附的、吸收的或离子注入的元素。玻璃表面镀氧化物、氮化物、硫化物和卤化物膜受酸侵蚀后的生成物以及表面附着的尘埃和不挥发有机物的污染也可以用俄歇能谱测定。

由于玻璃表面为非导体，在使用俄歇能谱时，束流量要小而且慢，以减少表面电荷效应。俄歇能谱结合氩离子枪刻蚀，可以测定浓度深度分布。

（10）X射线光电子能谱（XPS） X射线光电子能谱主要用于固态电子价的研究与内层电子的结合能，并可测定化学位移。化学位移就是指一种原子的内层电子电离能在正常条件下，随化学环境而变化。由于化学结构和构型不同，就产生化学位移（通常化学位移1～10eV），用XPS完全可以测量。化学位移可研究表面结合状态、电子分布的变化。

XPS也能作表面成分的分析，通过氩离子枪的刻蚀，可以得到浓度-深度分布，还可测定一定范围的表面不均匀分布情况以及玻璃表面膜层厚度的分布。在玻璃表面研究中XPS也是常用的方法。

XPS包括电离辐射源（常用MgK_α源，正＝1253.6eV）、电离室、能量分析器、电子检测及高真空系统，通常配有氩离子枪进行刻蚀，但刻蚀深度只能到几十个纳米。

对玻璃试样首先用XPS宽扫描，测定样品的全谱，然后把全谱上各个结合能峰的位置和强度与XPS手册标准样品的结合能峰相比，如两者结合能峰位置相同而形状又相似，就可以确定为何种元素。由于设备条件原因和样品中可能产生的重叠峰，要绝对比较峰的位置很困难。为了便于观察，可从全谱上取出所需要的峰，求出结合能、峰面积、最高峰一半的宽度。

第 2 章　玻璃的形成与规律

2.1　玻璃形成物质

2.1.1　结晶化学理论

2.1.1.1　原子团大小及排列

由 X 射线衍射分析方法可知，各种物质的熔体结构有很大差别，这种差别对形成玻璃有很大影响。熔体原子团结构的外在表现为黏度特征，熔点附近的黏度值就反映了熔体要发生状态变化时的结构，因此，熔体结构特性是形成玻璃的重要标志。

氯化钠熔体是由 Na^+ 与 Cl^- 构成，在熔点时黏度很小，在冷却过程中，很容易排列成为 NaCl 晶体，不能生成玻璃。而 SiO_2 熔体是一种高聚合的三度空间网络的大阴离子团，熔点处黏度极大（表 2-1），在冷却过程中，大阴离子团的聚合还要增大，其离子团的位移、转动和重排都很困难，要成为晶体所克服的势垒也很大，很易形成玻璃，因此，根据氧化物在熔点附近的黏度值大小决定了其形成玻璃的能力。从表 2-1 可知，SiO_2、GeO_2、B_2O_3 具有很强的玻璃形成能力，并且 B_2O_3 是最稳定的玻璃形成体，在任何温度及冷却速度条件下都不能形成晶体。但当 SiO_2 中加入碱金属氧化物 R_2O 或碱土氧化物 RO 时，O/Si（摩尔比）比值增大，网络连接被打断，硅氧阴离子团不断变小，当 $n(O)/n(Si) \geq 4$ 时，硅氧阴离子团全部被拆散成孤岛状的［SiO_4］，很难形成玻璃。

表 2-1　**各种化合物在熔点时黏度及形成玻璃的倾向**

化合物	熔点/℃	黏度/dPa·s	形成玻璃的倾向	化合物	熔点/℃	黏度/dPa·s	形成玻璃的倾向
SiO_2	1713	$>10^{10}$	易形成玻璃	$CdBr_2$	567	0.03	不易形成玻璃
GeO_2	1115	10^7	易形成玻璃	NaCl	801	0.02	不易形成玻璃
B_2O_3	450	10^6	易形成玻璃	LiCl	613	0.02	不易形成玻璃
$ZnCl_2$	318	50	不易形成玻璃	大部分金属	—	0.01	不易形成玻璃

当玻璃生成体超过 50%的区域内，在二元或多元系统的玻璃主要形成在低共熔点、线和面附近，说明多元体系会导致熔点降低，在凝固点的热振动能较低，特别对于析晶的活化能比热振动能相对大很多时，就不易析晶，易形成玻璃，说明了 T_g/T_m 值较大时易形成玻璃的原因（T_g 是玻璃转变温度，T_m 是玻璃熔点）。另一方面在熔体冷却过程中，原子团或离子团重新排列时，不仅取决于原子团的大小和结构，而且与质点相遇组成晶格的几率有关。在低共熔点、线、面处有多种晶体都要同时析出，故组成晶格的几率比只形成一种晶体的几率小得多。因此在实际玻璃制造中，引入更多的玻璃组分，会使得玻璃更加稳定而不易析晶。

2.1.1.2　键强

目前有些理论把键能大小作为判断能否形成玻璃的标准，孙光汉利用单键能来衡量玻璃的形成能力。他认为熔体析晶必须破坏熔体原有的化学键，使质点重新位移，建立新键，调整为具有晶格排列的结构，当化学键强时，不易破坏，难于调整为有规则的排列；反之，化学键弱时，容易断裂重新调整为有规则排列的晶体，不能生成玻璃。表 2-2 根据单键能的大小，将氧化物分成三类，分别为网络形成体、网络外体、中间体。

表 2-2　　各种氧化物的单键能表

类型	元素	原子价数	分解能 E_d/kJ	配位数 C/mol	单键能 E_d/C/(kJ/mol)
网络形成体	B	3	1489	3	498
	B	3	1489	4	372
	Si	4	1773	4	443
	Ge	4	1802	4	452
	Al	3	1326～1681	4	330～422
	P	5	1848	4	368～464
	V	5	1878	4	414～468
	As	5	1460	4	292～364
	Sb	5	1418	4	284～355
	Zr	4	2028	6	339
中间体	Zr	4	2028	8	255
	Th	4	2459	8	309
	Ti	4	1819	6	305
	Zn*	2	602	2	301
	Pb*	2	606	2	305
	Al	3	1326～1681	6	222～280
	Be	2	1046	4	263
	Cd*	2	498	2	251
	Sc	3	1514	6	251
	La	3	1702	7	243
	Y	3	1669	8	209
网络外体	Li	1	602	4	151
	Na	1	502	6	84
	K	1	481	9	54
	Rb	1	481	10	50
	Hg	1	284	6	46
	Mg	2	928	6	155
	Ca	2	1075	8	134
	Sr	2	1071	8	134
	Ba	2	1087	8	138
	Pb	2	606	4	151
	Cd	2	498	4	1256
	Zn	2	602	4	151
	Ga	3	1117	6	1881
	In	3	1083	6	180
	Th	4	2459	12	205
	Sn	4	1163	6	192
	Pb	4	970	6	161

* 表示配位数不完全确定。

利用单键能来衡量玻璃生成能力对许多氧化物是适用的，但也有一定局限性。例如计算氧化物的分解能方法及数据不够严格，某些阳离子配位数还不能确定；另外由于原子间距难以精确确定，因此利用单键能或阳离子场强来衡量玻璃形成能力并不是很准确。

2.1.1.3　键性

化学键是表示原子相互间的作用力，主要存在五种形式：离子键、共价键、金属键、氢键与分子键。实际上这五种化学键不是绝对的，因为尚存在共价键与离子键、共价键与金属键间的过渡形式。在玻璃形成过程中起重要作用是离子键、共价键、金属键。

离子键的基本特点是没有方向性和饱和性，而作用范围较大，原子间距及相对位置容易改变，因此熔体在冷凝过程中质点就容易排列成为有规则的晶体，也就是说析晶倾向大，而析晶活化能较小。

共价键的基本特点是具有一定的方向性和饱和性，作用范围比较小，具有共价键结构时，一般配位数较小，且不服从最紧密堆积原则。但是纯粹共价键的化合物和单质，大都为分子结构，原子间由共价连接，但作用于分子间的力是范德华力，由于分子键无方向性，组成晶格的几率比较大，一般在冷却过程中容易形成分子晶格，所以共价键物质不易形成玻璃。

金属键的基本特点是具有一定的方向性和饱和性，金属结构倾向于最紧密排列，在金属晶格内形成一种最高的配位数，原子间相遇组成晶格的概率最大，因此最不易形成玻璃。

通过研究表明：在非急冷的条件下，单纯的离子键、共价键、金属键均不能形成玻璃，只有离子键和金属键向共价键过渡形成极性共价键时，才能形成玻璃。实践表明，离子键和共价键形成混合键的情况下，键的离子性在 50%左右才能形成玻璃，表 2-3 为氧化物的键性及形成玻璃倾向。

表 2-3　　氧化物的键性及形成玻璃倾向

氧化物分子式	配位数	结构类型	键的离子性比例/%	玻璃形成倾向
SO	4	分子结构	20	不形成玻璃
P_2O_5	4	层状结构	39	形成玻璃
B_2O_3	3/4	层状结构	42	形成玻璃
SiO_2	4	网架状结构	50	形成稳定玻璃
GeO_2	4	网架状结构	55	形成稳定玻璃
Al_2O_3	4/6	刚玉型结构	60	难形成玻璃
MgO	4/6	NaCl 型结构	70	不形成玻璃
Na_2O	6/8	CaF_2 型结构	80	不形成玻璃

2.1.2　氧化物在玻璃中的作用

2.1.2.1　碱金属氧化物的作用

玻璃中常用的碱金属氧化物 R_2O 主要是指 Li_2O、Na_2O、K_2O。其中 K^+ 半径较大，场强小，与氧的结合能力弱。在玻璃结构中 K^+ 和 Na^+ 主要起断网作用，Li^+ 主要起“积聚”作用。K^+ 和 Na^+ 同属惰性气体型离子，它们在玻璃的物理化学性能和工艺性能方面的作用比较类似。Li^+ 不属于惰性气体型离子，加之离子半径小，电场强度大，作用比较特殊，主要表现在（当取代 Na^+ 或 K^+ 时）能提高玻璃的化学稳定性、表面张力和结晶能力，具有高温助熔、加速玻璃熔化的作用。

在 Li_2O-SiO_2 和 Na_2O-SiO_2 玻璃系统中都能观察到有分相现象，在液相线下有一个相当宽的不混溶区。在碱硅酸盐玻璃中，一般存在富碱区和富硅氧区。因此，碱金属离子在玻璃结构中并不是均匀分布的，而是微不均匀的，经过一定的热处理，微不均匀性更为显著。

在二元碱硅玻璃中，当玻璃中碱金属氧化物总含量不变时，用一种碱金属氧化物逐步取代另一种碱金属氧化物时，玻璃的性质不是呈直线变化，而是出现明显的极值，这一效应称作混合碱效应，也称中和效应。在玻璃实际生产过程中，利用混合碱效应，调整不同碱金属离子数量而不变动总量的前提条件下，可改善或提高玻璃的性能。

2.1.2.2　二价金属氧化物的作用

根据元素在元素周期表中的不同位置，可以将二价金属氧化物分成两类：第一类为碱土金属氧化物，其离子具有 8 个外层电子，属于惰性气体型结构；第二类为 ZnO、CdO 及 PbO 氧化物，其离子 R^{2+} 具有 18 或 18＋2 外层电子结构，这类非惰性气体型的阳离子，其电子云易变形，极化率较大，配位状态不稳定。

二价金属氧化物的阳离子半径大小与某些物理性质之间存在着一定的递变规律，如图 2-1 和图 2-2 所示。从图中可看出，玻璃的折射率（n_D）、表观密度（ρ）、热膨胀系数（α）随 R^{2+} 离子半径增大而上升，硬度（H）随半径增大而下降。此外，二价金属氧化物对碱金属氧化物有“压制效应”。

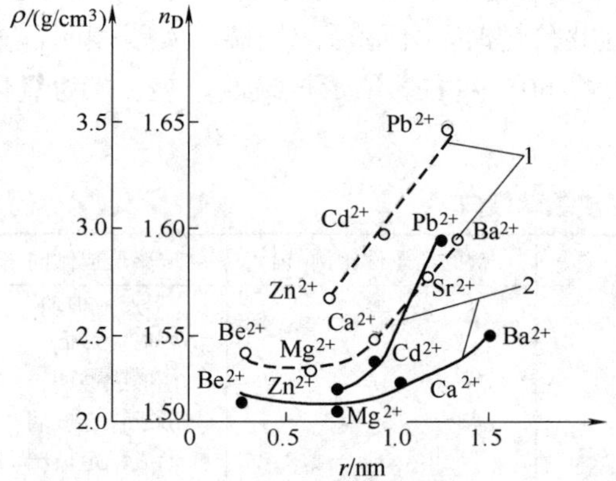

图 2-1　$18Na_2O\cdot12RO\cdot70SiO_2$ 系统玻璃折射率与密度关系图

1—密度　2—折射率

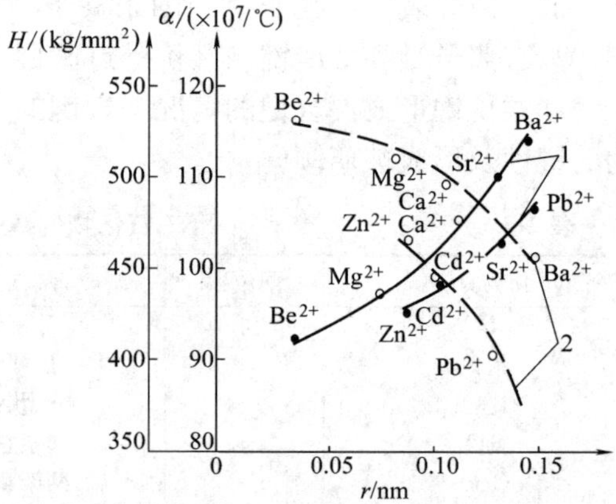

图 2-2　$18Na_2O\cdot12RO\cdot70SiO_2$ 系统玻璃的硬度及热膨胀系数的变化图

1—热膨胀系数　2—硬度

（1）氧化钙（CaO）　CaO 与 SiO_2 生成玻璃的范围较窄，高温条件下易析晶和生成两种不混溶液体，但当加入 Na_2O 或其它碱金属氧化物（Li_2O、K_2O 等）便能形成均匀的玻璃。这是由于 Na_2O 提供了极化度大的氧离子，缓解了硅、钙离子对氧离子的争夺。

钙离子不参加网络，属网络外体离子，配位数一般为 6，钙离子在玻璃结构中位移能力很小，一般不易从玻璃中析出，但在高温时活性较大。Ca^{2+} 有极化桥氧和减弱硅氧键的作用，这可能是它降低玻璃高温黏度的原因之一。玻璃中 CaO 含量过多，一般使玻璃的料性变短，脆性增加，这与 Ca^{2+} 对玻璃结构的积聚作用有关。在硼硅酸盐玻璃中，CaO 一般不用或少用，否则玻璃的析晶倾向会增大，这也与 Ca^{2+} 的“积聚作用”有关。

（2）氧化镁（MgO）　MgO 在硅酸盐矿物中存在着两种配位状态（4 或 6），但大多数是位于八面体中，属网络外体。只有当碱金属氧化物含量较多，而不存在 Al_2O_3、B_2O_3

等氧化物时，Mg^{2+} 才有可能处于四面体中，以［MgO_4］进入网络。在钠钙硅玻璃中若以 MgO 取代 CaO，导致玻璃的密度、硬度下降，这是由于［MgO_4］进入玻璃网络所致。在钙硅玻璃中常以 MgO 取代部分 CaO 以降低玻璃析晶能力和调整玻璃的料性。含镁玻璃在水和碱液作用下，玻璃表面易于形成硅酸镁薄膜，在一定条件下剥落进入碱溶液，产生脱片现象。因此目前保温瓶和瓶罐玻璃都趋于少用或不用 MgO 组分。

（3）氧化钡（BaO）　Ba 是第ⅡA 族最后一个元素，在碱土金属元素中原子序数、离子半径最大，碱性最强。这些都决定了它具有提高玻璃折射率、色散、防辐射和助熔等一系列特性，它是典型的网络外体离子。它在结构中的地位和对性能的作用，介于碱土金属离子与碱金属离子之间。在一般玻璃中，若以 BaO 取代 CaO 有改进料性的作用。

（4）氧化锌（ZnO）　在硅酸盐矿物中，Zn^{2+} 多处于八面体配位［ZnO_6］，而在有些矿物中（如铍榴石）则为四面体［ZnO_4］。在玻璃中［ZnO_4］的含量一般随碱金属含量增大而增大，故氧化锌在有碱与无碱玻璃中的作用不同。一般说，形成［ZnO_4］时结构比较疏松，形成［ZnO_6］时结构比较致密，表现为前者的密度和折射率小于后者。锌能适当提高玻璃的耐碱性，但用量过多将增大玻璃的析晶倾向。

（5）氧化铅（PbO）　晶态氧化铅的铅离子为八个氧离子包围（图 2-3），其中四个氧离铅离子较远（0.43nm），另外四个氧离铅较近（0.23nm），形成不对称配位。铅离子外层的惰性电子对受较近的四个氧的排斥，推向另外四个氧离子的一边，因此在晶态 PbO 中组成一种四方锥体［PbO_4］（图 2-4）结构单元，Pb^{2+} 处于四方锥体的顶端，铅离子的惰性电子处于远离四个氧离子的一面。一般认为，在高铅玻璃中均存在这种四方锥体，它形成一种螺旋形的链状结构（图 2-5），在玻璃中与硅氧四面体［SiO_4］通过共顶或共边相连接，形成一种特殊的网络，使 PbO-SiO_2 系统具有很宽的玻璃形成区，并决定了氧化铅在硅酸盐熔体中的高度助熔性。

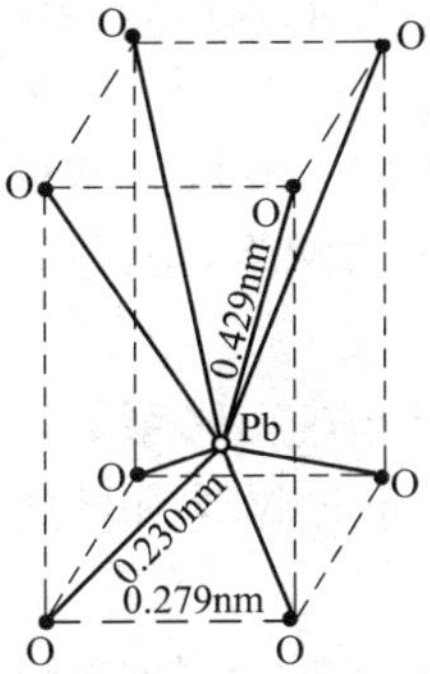

图 2-3　正方形 PbO 原子间距示意图

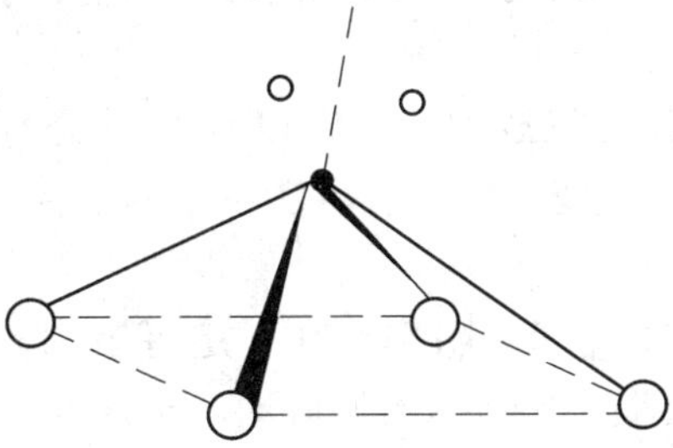

图 2-4　PbO 结构图
○—Pb　◯—O

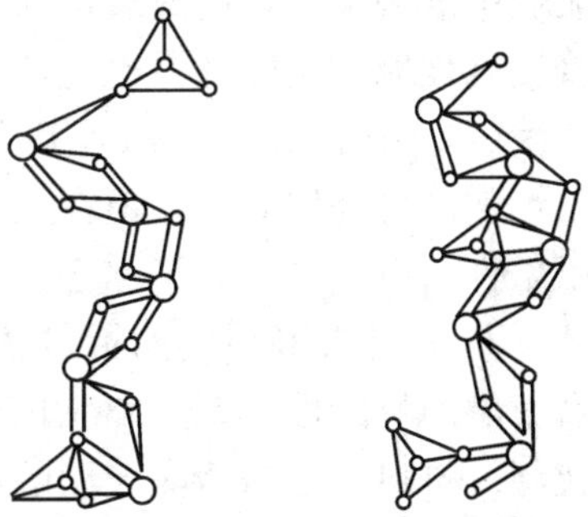

图 2-5　高铅含量玻璃中的链状结构图
◯—Pb　○—O　△—SiO_2

有人以“金属桥”概念解释铅在玻璃中的特殊作用，认为铅玻璃表面具有下列结构状态：

玻璃—O^{2-}—$1/2Pb^{4+}$—$1/2Pb^0$—大气

靠近四个 O^{2-} 的一面，近似看成为 Pb^{4+} 核，远离四个 O^{2-} 的一面，相当于外加了两个电子，看成是零价的铅原子，把 $1/2Pb^0$ 称为“金属桥”。之所以铅玻璃很易制造金红玻璃，是由于“金属桥”的存在，即使不加保护胶（如 SnO），也能制得颜色鲜明的金红玻璃。金红玻璃的结构状态：

$$玻璃—O^{2-}—1/2Pb^{4+}—1/2Pb^{0}—Au—1/2Pb^{0}—1/2Pb^{4+}—O^{2-}—玻璃$$

这样，使Au在玻璃中呈高度分散的溶解状态，防止金成长过大（产生猪肝色），保持了金红玻璃具有鲜明的紫红色。铅玻璃与金属封接特有的气密性，可能也与“金属桥”有关。

2.1.2.3 其它几种主要的氧化物

（1）氧化铝（Al_2O_3） 在钠硅酸盐玻璃中，当 $Na_2O/Al_2O_3>1$（摩尔比）时，Al^{3+} 均位于四面体中；而当 $Na_2O/Al_2O_3<1$（摩尔比）时，场强较大的阳离子对 Al^{3+} 的配位状态有一定的影响，一般在玻璃中含有 Li^+、B^{3+}、Be^{2+} 等离子时，由于它们有与 O^{2-} 结合的倾向，干扰了 Al^{3+} 的四面体配位，所以 Al^{3+} 就有可能处于八面体之中。在一般的钠钙硅玻璃中，引入少量的 Al_2O_3，Al^{3+} 就可以夺取非桥氧形成铝氧四面体进入硅氧网络之中，把断网重新连接起来，使玻璃结构趋向紧密。尽管 Al_2O_3 能改善玻璃的许多性能，但对于玻璃的电学性质有不良作用，这是一种反常现象。在硅酸盐玻璃中，当以 Al_2O_3 取代 SiO_2 时，介电损耗和导电率不是下降而是上升，故对于电学性能要求高的铅玻璃，一般都不含或少含 Al_2O_3。

（2）氧化硼（B_2O_3） B_2O_3 是重要的实用玻璃组分之一，它既能改善玻璃的一系列性能，又具有良好的助熔性，这是它的最大特点。在不同条件下硼可能以三角体［BO_3］或四面体［BO_4］存在，在高温熔制条件下，一般难于形成［BO_4］，而只能以［BO_3］存在，这是 B_2O_3 降低玻璃高温黏度的主要原因。但低温时，在一定条件下 B^{3+} 有夺取游离氧形成硼氧四面体的趋势，使结构趋向紧密，故硼又能提高玻璃的低温黏度。在使用氧化硼时，必须考虑硼的“反常性”。

（3）氧化锆（ZrO_2） ZrO_2 在硅酸盐中只有立方体［ZrO_8］的一种配位，在硅酸盐玻璃中溶解度小，能显著增大玻璃的黏度，并能适当地降低热膨胀系数，最大特点是能显著提高玻璃的耐碱性，也是微晶玻璃的成核剂之一。

（4）氧化钛（TiO_2） TiO_2 在硅酸盐中，钛常以 Ti^{4+} 状态存在。它一般位于八面体中，是网络外体离子，但在某些高碱玻璃中，有可能位于四面体中而进入网络，特别在高温条件下。

TiO_2 能提高玻璃的折射率、密度和电阻率。在一定范围内，能降低热膨胀系数，提高玻璃的耐酸性。TiO_2 常用于制造高折射率光学玻璃、玻璃耐酸釉、玻璃微珠和防辐射玻璃等材料，也是微晶玻璃的成核剂之一。

（5）氧化铋（Bi_2O_3） Bi_2O_3 作用与PbO相似，能显著降低玻璃的黏度，增大玻璃的密度，提高玻璃的折射率，其本身不能形成玻璃，在玻璃中的含量可以很高。可用于制造低熔点玻璃、非线性玻璃、防辐射玻璃或超导玻璃。

（6）氧化镧（La_2O_3） 主要用于制造光学玻璃、高折射率光学纤维，适合做摄影机、照相机、显微镜镜头和高级光学仪器棱镜等。玻璃中加入氧化镧，可增加折射率，降低色散；增加机械强度，使膨胀系数降低，含镧硅酸盐玻璃具有较高的抗水性，但镧玻璃易析晶。适合制造镧系光学玻璃、高反射光学纤维、纤维面板芯材、高离子迁移率玻璃。在高弹性模量玻璃中用它来改善析晶性能和黏度，也可用来制造无氧化铍的高弹性模量纤维。

（7）氧化钕（Nd_2O_3） 氧化钕为纯净的天蓝色粉末，略具红色荧光，相对分子质量

336.48，相对密度 7.24，熔点 1900℃，不溶于水，溶于盐酸。它主要为玻璃着色剂，使玻璃产生紫红色，在黄光部分有强烈吸收带，故具有双色性。钕离子（Nd^{3+}）的价电子处于内层，为外层电子壳所屏蔽，因而颜色稳定。用于制造激光玻璃、绿光玻璃、艺术玻璃和眼镜玻璃等。

（8）氧化钽（Ta_2O_5）　氧化钽是白色微晶粉末，相对分子质量 441.90，相对密度 8.20，熔点 1800℃，不溶于水、醇、酸，溶于氢氟酸，属微毒类原料，对呼吸系统有刺激作用。其性质与氧化钕相近，可用于制造光学玻璃、整流器和绝缘器。

（9）氧化钬（Ho_2O_3）　在硼硅酸盐玻璃中加入氧化钬，能吸收紫外和可见光的某些波长部分。

（10）氧化镱（Yb_2O_3）　外观为白色固体，相对密度 9.175，溶于热稀酸，不溶于水。它是制造特种光学玻璃和激光玻璃的原料。

（11）二氧化钍（ThO_2）　能显著提高玻璃折射率，而色散并不高。在硼玻璃中钍可提高化学稳定性，降低析晶倾向。钍玻璃用于高折射率低色散光学玻璃。氧化钍有放射性，使用注意防护。

2.2　玻璃形成方法

目前形成玻璃的方法主要分为传统熔体冷却法和新型玻璃形成方法两大类。绝大多数玻璃都是传统熔体冷却法制得的，极端快速冷却法可以使冷却速度达到 10^6～10^9℃/s 以上，使更多的物质能够形成玻璃，如金属玻璃和水及水溶液玻璃的出现。

较成功的新型玻璃形成方法有气相沉积法、真空蒸发法、液相超急冷却法、溶胶凝胶法、固相（晶体）冲击波法和放射线辐照法。

表 2-4　　形成玻璃的新型制造方法

原始物质	形成玻璃主因	处理方法	实际案例
固体(结晶)	剪切应力	冲击波	对石英玻璃、长石等结晶体采用爆破法施加 60GPa 冲击波形成非晶体
		磨碎	磨细晶体过程中，晶体表面逐步非晶化
	放射线辐照	中子射线、α 粒子射线	晶态石英在高速中子和 α 粒子射线照射使其非晶态
液体	溶液化学反应	水解与缩聚	金属醇盐与酒精溶液加水得到溶胶，经缩聚得到凝胶，经加热得到玻璃
气体	升华	真空蒸发	在低温基板上用蒸发形成非晶质薄膜
		阴极溅射和氧化反应	在低压氧化气氛中，把金属或合金做成阴极，飞溅在基板上形成薄膜
	气相反应	气相反应	四氯化硅加水分解成四氢化硅，氧化形成 SiO_2 玻璃
		辉光放电	在低压状态下，辉光及微波装置可以使金属有机化合物在基板上形成非晶氧化物薄膜
	电气分解	阴极法	利用电解质溶液的电解反应，在阴极上析出非晶氧化物，如 Ta_2O_5、Al_2O_3、ZrO_2、Nd_2O_5

2.2.1　熔体冷却法

熔体冷却法分为传统冷却法和极端快速冷却法。

传统熔体冷却法基本在空气环境进行，其冷却速率在 0.01～100.00℃/s 范围，它是目前工业生产普遍采用的方法，并且产量规模最大。传统熔体冷却法可以获得硅酸盐玻璃、硼酸盐玻璃、磷酸盐玻璃及重金属氧化物玻璃等。

极端快速冷却法冷却速度大幅提高，借助装备和介质条件来实现。有些熔体（如金属及强离子键性物质）由于黏度小而易于结晶，采用传统熔体冷却法不能获得玻璃，因此就必须采用极端快速冷却法。例如可以使用压力冲击波将熔体液滴抛向弯曲的铜板进行冷却，冷却速率为 10^5～10^9℃/s，来形成数微米厚的玻璃薄片；或者将熔体液滴滴在两个快速旋转的辊轮之间进行冷却。利用极端快速冷却法可以制备许多具有特殊功能的玻璃，如超导玻璃、合金玻璃等，具有较高的学术价值和实用意义。

2.2.2 气相制备技术

将一种或几种组分在气相中沉积到基体上也能得到非晶态固体。气相物质是通过加热适当化合物得到的。无化学反应介入时称为非反应沉积（气相冷却技术），有化学反应介入时则称为反应沉积。气相冷却技术通常用来制取电子和光学应用方面的薄膜，反应沉积法也可制得用传统冷却方法不易得到的块状玻璃或超纯材料。

（1）化学气相沉积法（CVD） CVD（chemical vapor deposition）是通过气体原料（先驱反应物）的热分解或化学反应（气体之间或气体与基板之间）制备所需固体材料的一种方法。从激励引起气相化学反应方法上可分为热 CVD、等离子体 CVD、光 CVD 等三大类。

CVD 法可用于 SiO_2、Si_3N_4、SiO_2-P_2O_5、SiO_2-B_2O_3 等各种功能薄膜材料、光通讯石英玻璃纤维、掺杂玻璃等材料的制备。例如，可以利用 O_2 作为氧化剂在不同温度下制备 SiO_2 薄膜，化学反应式如下：

$$SiCl_4(g)+O_2(g)\longrightarrow SiO_2(s)+2H_2O(g) \quad (450℃) \tag{2-1}$$

$$SiCl_4(g)+2H_2(g)+O_2(g)\longrightarrow SiO_2(s)+4HCl(g) \quad (1500℃) \tag{2-2}$$

（2）物理气相沉积法（PVD） PVD（physical vapor deposition）法是利用某种物理过程如物质的热蒸发或在受到粒子轰击时物质表面原子的溅射等现象，实现物质原子从源物质至薄膜的可控转移的过程。与 CVD 法不同的是：源物质经过物理过程而进入气相；需要相对较低的气体压力环境；在气相及衬底表面并不发生化学反应。

按蒸发机理不同，可将 PVD 法分为蒸镀法（图 2-6）和溅射法（图 2-7）。真空蒸镀法一般在 10^{-6}～10^{-3} Pa 的真空中使蒸镀材料加热蒸发或升华，粒子在基板表面凝缩、析出而形成薄膜。溅射法又称阴极溅射法，在充有惰性气体（Ar 或 Xe）的真空气氛（10^{-4} Pa）中，经过高压电场使惰性气体电离形成等离子，利用离子流轰击作为阴极的溅射材料（靶材），使靶材原子或分子沉积于基体表面形成薄膜。

利用 PVD 法可以在平板玻璃上制备 Au、Ag、Cu、Al 等单层膜、氧化物薄膜（如 SiO_2、TiO_2）、氟化物或硫化物薄膜等材料，对材料表面进行改性，生产显示器及建筑等领域的高技术产品。

2.2.3 液相制备技术

液相制备技术（溶胶-凝胶法）是通过溶液化学途径合成无机玻璃的又一新技术，可

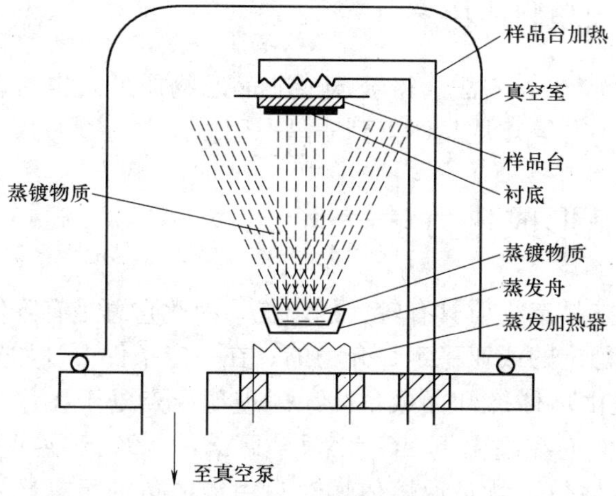

图 2-6　PVD 蒸镀法原理图

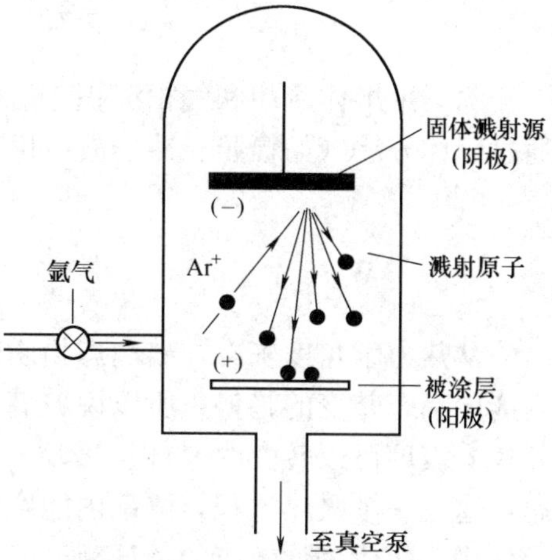

图 2-7　PVD 溅射法原理图

以制备各种不同类型的材料，如图 2-8 所示。通常，由金属醇盐作为先驱体，由水解反应获得溶胶，再通过缩聚反应形成凝胶，最后除去凝胶中的水分及有机物等液相，并通过烧结除去固相残余物而制得玻璃，化学反应式为式（2-3）、式（2-4）。

$$M(OR)_n + nH_2O = M(OH)_n + nR(OH)\text{（水解）} \qquad (2\text{-}3)$$

$$\gamma M(OH)_n = \gamma[MO_n] + (\gamma - 1)H_2O\text{（缩聚）}, \gamma \geqslant 2 \qquad (2\text{-}4)$$

式中　M——Si^{4+}、Ti^{4+}、Al^{3+}、B^{3+}、Y^{3+}、Ca^{2+}、Zr^{4+} 等离子；
　　　R—— —CH_3。

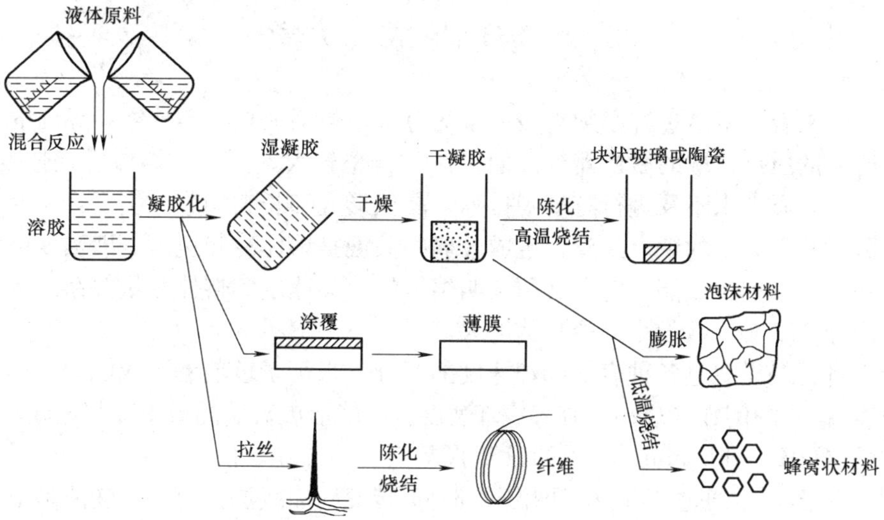

图 2-8　溶胶-凝胶法工艺示意图

通过溶胶-凝胶法可以在较低的烧结温度下形成玻璃，其材料化学组成均匀，且易于制备复杂的材料。凝胶在老化、烧结过程中易于开裂，在应用溶胶-凝胶法时需要注意，可采用一定网络增强技术进行处理。溶胶-凝胶法是一种新型的材料制备技术，具有十分广阔应用前景。

2.2.4 固相制备技术

除了用熔体冷却和气相沉积、溶胶-凝胶法等方法获得玻璃或非晶态物质外，也可以通过固体方法（如辐照、冲击波、机械及扩散等）从晶体得到非晶态固体。

2.3 玻璃形成热力学

从热力学角度来看，玻璃态物质较之结晶态物质具有较大的内能，因此它总是有降低内能向晶态转变的趋势，所以说玻璃是不稳定的或亚稳定、介稳的。在一定条件下（如热处理）玻璃可以转变为晶体。玻璃一般是由熔体冷却而成，高温时玻璃质点处于无序状态，这是一个吸热过程，体系内能增大。然而在高温下 $\Delta G=\Delta H-T\Delta S$，$-T\Delta S$ 项起主导作用，而代表焓效应的 ΔH 项居于次要地位，就是说熔体熵对自由能的负的贡献超过热焓 ΔH 的正的贡献，因此体系具有最低自由能组态，从热力学上说熔体属于稳定相。当熔体从高温降温，情况发生变化，由于温度降低，$-T\Delta S$ 项逐渐转居次要地位，而与焓效应有关的因素（如离子的场强、配位等）则逐渐增强其作用。当达到某一定的温度时（例如液相线以下），ΔH 对自由能的正的作用超过熔液熵的负的作用，使体系自由能相应增大，从而处于不稳定状态。故在液相线以下，体系往往通过分相或析晶的途径放出能量，使其处于低能量的稳定态。

一般来说，同组成的晶体和玻璃体的热力学能差别越大，这种质点有规律排列的自发倾向越强烈，玻璃越容易结晶，即越难生成玻璃。

2.4 玻璃形成动力学

从动力学来看，析晶过程必须克服一定的势垒，包括成核所需建立新界面的界面能及晶核长大所需的质点扩散的激活能等。如果这些势垒较大，尤其当熔体冷却速度很快时，黏度增加较快，质点来不及进行有规则排列，晶核形成和长大均难于实现，从而有利于形成玻璃。因此从动力学的观点来看，生成玻璃的关键是熔体冷却速度（即黏度增大速度），故在研究物质的玻璃生成能力时，必须指明熔体的冷却速度和熔体数量关系，因为熔体的数量大，冷却速度小，数量小则冷却速度大。

不少学者曾经设想过各种表征冷却速度的标准，来衡量玻璃的生成能力，例如用晶体线生长速度（v）的倒数（$1/v$）、临界冷却速度（即能形成玻璃的最小冷却速度）（图2-9），以及乌尔曼（D. R. Uhlmann）提出的三 T 图等。

所谓三 T 图，是通过 T-T-T（即温度-时间-转变）曲线法，以确定物质形成玻璃的能力大小。在考虑冷却速度时，必须选定可测出的晶体大小，即某一熔体究竟需要多快的冷却速度，才能防止产生能被测出的结晶。据估计，玻璃中能测出的最小晶体体积 V_L 与熔体体积 V 之比 V_L/V 大约为 10^{-6}。由于晶体的容积分率与描述成核和晶体长大过程的动力学参数有密切的联系，为此提出了熔体在给定温度和给定时间条件下，微小体积内的相转变动力学理论。作为均匀成核过程（不考虑非均匀成核），在时间 t 内单位体积的结晶 V_L/V 描述如下：

$$V_L/V \approx I_v u^3 t^4 \pi/3 \tag{2-5}$$

式中　I_v——单位体积结晶频率（即晶核形成速度）；

u——晶体生长速度。

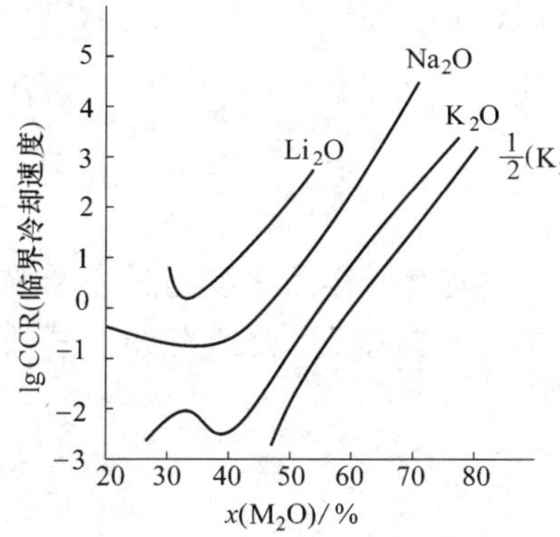

图 2-9　M_2O-SiO_2 系统玻璃成分与临界冷却速度的关系图

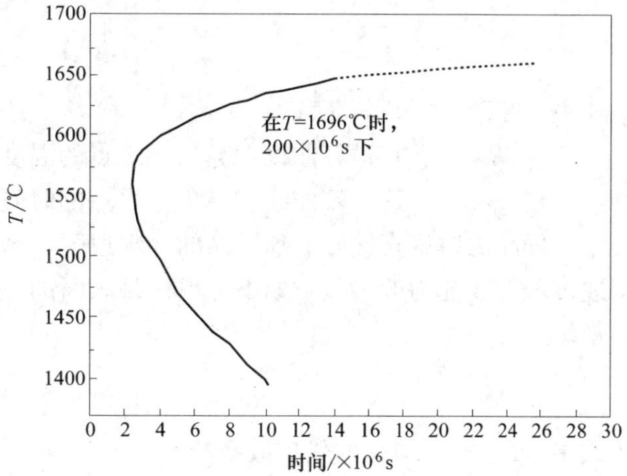

图 2-10　SiO_2 的 T-T-T 曲线（结晶容积率为 10^{-6}）图

$$u=\frac{f_s KT}{3\pi a_0^2 \eta}\left[1-e^{\left(1-\frac{\Delta H_f \cdot \Delta T_r}{RT}\right)}\right] \tag{2-6}$$

$$I_v=\frac{10^{30}}{\eta}e^{\left(-\frac{B\cdot \Delta T_r^2}{T_r^3}\right)} \tag{2-7}$$

式中　a_0——分子直径，nm；

K——波兹曼常数；

ΔH_f——摩尔熔化热；

η——黏度；

f_s——晶液界面上原子易于析晶或溶解部分与整个晶面之比；

R——气体常数；

B——常数；

T——实际温度；

ΔT_r——$(T_m-T)/T_m=\Delta T/T_m$（T_m——熔点）；

ΔT——过冷度。

当 $\Delta H_f/T_m<2R$ 时，$f_s\approx 1$；

当 $\Delta H_f/T_m>4R$ 时，$f_s=0.2\Delta T_r$。

必须指出，在做 T-T-T 曲线时，必须选择一定的结晶容积率（即 $V_L/V=10^{-6}$）。利用测得的动力学数据，并通过式（2-5）、式（2-6）、式（2-7），可以确定出某物质在某一温度形成结晶容积分率所需的时间，并可得到一系列温度所对应的时间，从而做出“三 T 图”。由于成核速度与温度的对应关系计算不很可靠，实际上，成核速度一般由实验求得。

图 2-10 是 SiO_2 的"T-T-T"图。

从图 2-10 可看出，利用 T-T-T 图和式（2-5），就可以得出为防止产生一定容积分率（即 $V_L/V=10^{-6}$）结晶的冷却速度。由 T-T-T 曲线"鼻尖"之点可粗略求得该物质形成玻璃的临界冷却速度 $(dT/dt)_c$，由式（2-8）表示之。

$$(dT/dt)_c \approx \Delta T_N/\tau_N \tag{2-8}$$

式中　ΔT_N——T_m-T_N；

T_N——T-T-T 曲线"鼻尖"之点的温度；

τ_N——T-T-T 曲线"鼻尖"之点的时间。

样品的厚度直接影响到样品的冷却速度，因此过冷却形成玻璃的样品厚度是另一个描述玻璃形成能力的参数，如不考虑样品表面的热传递，则样品的厚度 Y_c 大致有如下的数量级：

$$Y_c \approx (D_{Th} \cdot \tau_N)^{1/2} \tag{2-9}$$

式中　D_{Th}——样品的热扩散系数。

关于玻璃生成的动力学观点的表达方式很多，主要有下列两种物理化学因素：

① 为了增加结晶的势垒，在凝固点（热力学熔点 T_m）附近的熔体黏度的大小，是决定能否生成玻璃的主要标志；

② 在相似的黏度-温度曲线情况下，具有较低的熔点，即 T_g/T_m 值较大时，玻璃态易于获得。表 2-5 列出一些化合物的物理化学性质和生成玻璃的性能。

从表 2-5 可以看出，随着熔点黏度 η 上升，化合物生成玻璃的冷却速度（dT/dt）减小，即使冷却速度较小（与其它化合物相对比）也能生成玻璃。

表 2-5　　一些化合物的物理化学性质和生成玻璃的性能

性　能	化合物及单质						
	SiO_2	GeO_2	B_2O_3	Al_2O_3	As_2O_3	Se	BeF
T_m/℃	1710	1115	450	2050	280	225	540
η_{T_m}/dPa·s	10^7	10^6	10^5	0.6	10^5	10^3	10^6
E_{T_m}/(kJ/mol)	502	305	159	125	226	184	305
T_g/T_m	0.74	0.67	0.72	−0.5	0.75	0.65	0.67
(dT/dt)/(℃/s)	10^{-5}	10^{-2}	10^{-6}	10^3	10^{-5}	10^{-3}	10^{-5}

图 2-11 表示一些玻璃形成化合物和单质的 T_g 与 T_m 的关系，直线为 $T_g/T_m=2/3$，通常称为"三分之二"规则，作为衡量物质形成玻璃能力的粗略参数之一。

从图 2-11 可以看出，除 GeO_2 和 As_2O_3 与直线有些偏离外，这些玻璃形成物质的点都比较靠近直线。GeO_2 和 As_2O_3 的偏离可能是由于结构因素所致。一般说易生成玻璃的氧化物位于直线的上方，而较难生成玻璃的氧化物则位于直线的下方。图 2-11 中还列出一些实用玻璃成分的 T_g/T_m。

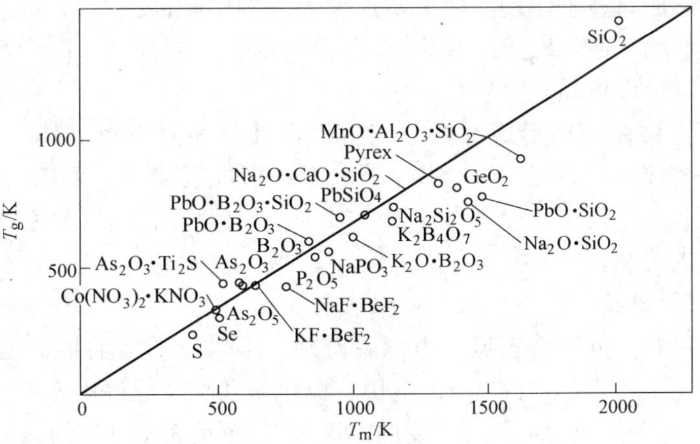

图 2-11　一些玻璃形成化合物和单质的 T_g 与 T_m 的关系图

（注：Pyrex 为一种硼硅玻璃）

2.5　玻璃形成范围

2.5.1　一元系统玻璃

（1）B_2O_3　B_2O_3 熔体属高聚合物质，形成链状结构，B—O 键为离子共价键，键能很大。在 B_2O_3 中［BO_3］为结构单元。B—O 键的离子性使氧趋向于紧密排列，使 B—O—B 键角可以改变，容易造成无对称变形，所有这些都说明 B_2O_3 容易形成玻璃。

（2）Al_2O_3　Al—O 键具有比 B—O 键较高的离子性，在 Al_2O_3 中 Al^{3+} 有较高的配位数 6，使氧倾向于紧密排列，故有利于调整成为有规则排列的晶体，因此，Al_2O_3 形成玻璃的倾向较 B_2O_3 小。有人曾经利用特殊方法制备了玻璃态 Al_2O_3，但这种玻璃很不稳定，容易结晶。

（3）SiO_2　硅氧四面体［SiO_4］是 SiO_2 各种变体及硅酸盐中的结构单元。Si—O 键是离子共价键，键能很大。Si—O 键的离子性使氧趋向于紧密排列，Si—O—Si 键角可以改变，使［SiO_4］可以不同方式相互结合，这对于形成不规则网络具有重要的意义。

共价性使［SiO_4］成为不变的结构单元，不易改变硅氧四面体内的键长及键角。总之，SiO_2 具有极性共价键、大阴离子、键甚强、易造成无对称变形等特点，故为很好的玻璃形成物。

（4）P_2O_5　P_2O_5 能形成大分子的层状结构，P—O 键是具有 39％离子性的极性共价键，单键强度也相当高。P—O 键的离子性和单键强度虽不及 SiO_2 和 B_2O_3，但也能使［PO_4］四面体造成远程无序和近程有序的玻璃体结构，所以它也是一种玻璃形成物。

由于 P 离子是五价，因而在［PO_4］四面体中有一个氧离子是双键结构，该氧离子不能顶角相连接，使 P_2O_5 和磷酸盐玻璃具有软化温度低、化学稳定性较差和析晶倾向较大等特点。

2.5.2　二元系统玻璃

二元系统玻璃形成的规律要比一元系统复杂。在二元系统中，不同阳离子之间的电场强度之差对玻璃形成有显著作用。如果差别较大（例如碱硅酸盐），则易于形成玻璃；反之，则难以形成玻璃（例如碱土硅酸盐）。因为电场强度差别小，两者都力图按自身的配位要求引起分相，导致析晶。

根据各种氧化物在玻璃形成时的不同特性，其分为网络形成体（简称 F）、中间体（简称 I）和网络外体（简称 M），本书在玻璃系统形成区域中，采用简称符号进行叙述。它们可组合成 F-F′、F-I、F-M、I-I、I-M、M-M 等六种方式的二元系统。后三种无网络形成体，不能形成玻璃。

2.5.2.1　F-M 二元系统

（1）R_mO_n-B_2O_3 二元系统玻璃　由试验得知，本系统的玻璃形成范围与 R 离子半径 r、电价、极化率和配位数等因素有关，离子半径 r 是主要的。图 2-12 所示为 R_mO_n 的最大可加入量与 r 的关系。

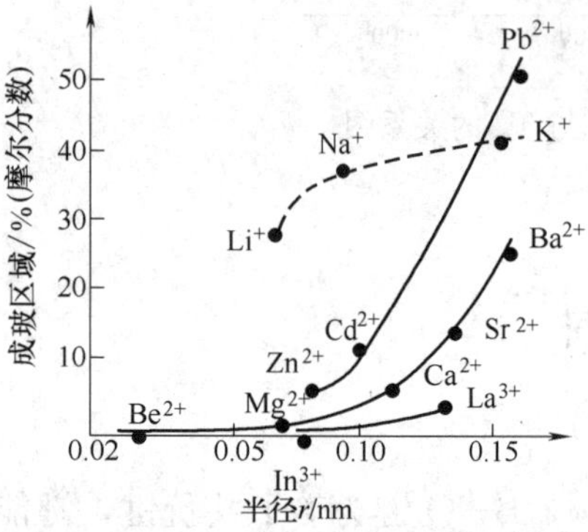

图 2-12　R_mO_n-B_2O_3 二元系统玻璃与离子半径 r 的关系图

由图 2-12 可以得出下述规律。

① 在电价相同，当阳离子半径增大时，玻璃形成范围随之增大。其次序为：

$$Li^+ \rightarrow Na^+ \rightarrow K^+,\ Mg^{2+} \rightarrow Ca^{2+} \rightarrow Sr^{2+} \rightarrow Ba^{2+}$$

显然随着离子半径 r 增大，玻璃形成范围也增大。这是因为随着 r 的增大，阳离子的电场强度减小，与硅争夺氧的能力减弱，而有利于形成玻璃。这条规律仅适用于 R_2O 和 RO。

② 当阳离子半径 r 相近时，阳离子 R 电价较高者，其玻璃形成能力较弱。例如：

$$Li^+ > Mg^{2+}(> Zr^{4+}),\ Na^+ > Ca^{2+}(> La^{3+})$$

这是因为 R_2O 和 RO 的作用，一方面给出游离氧，使网络断开；但同时阳离子 R 要求周围的 O^{2-} 按照自身的配位数来排列，即所谓“积聚”。这种积聚作用常使玻璃体积收缩，并且往往是析晶的前奏，当阳离子的电价较高时，其电场强度也较高，因此积聚也就较大。

③ 电场强度很高，并且配位数大于 6 的阳离子，其可加入量极少，说明这类离子具有积聚和分相作用，配位数高的离子场强及配位数见表 2-6。

表 2-6　配位数高的离子场强及配位数

阳离子	Th^{4+}	In^{3+}	Zr^{4+}
电场强度 $E=Z/r^2$	3.3	3.53	45
配位数	12	7	6 或 8

④ 电价相同，离子半径相近时，则阳离子极化率越大，玻璃形成范围越大，例如：

$$Pb^{2+} > Ba^{2+}$$

（2）R_2O-SiO_2 二元系统玻璃　当 $R_2O/SiO_2 < 0.5$ 时，R_2O 的加入对玻璃的形成有利；但是随 R_2O 用量增大，$R_2O/SiO_2 = 0.5 \sim 1.0$（摩尔比），析晶倾向上升而形成玻璃能力下降；$R_2O/SiO_2 \geqslant 1.0$（摩尔比）时，就很难形成玻璃。也就是说 R_2O 的用量以 50%（摩尔分数）为限。

RO-SiO_2 二元系统的玻璃形成情况与 R_2O-SiO_2 相似。RO 的用量必须≤50%（摩尔分数），并且比 R_2O 的玻璃形成能力要低些。这里的 RO 仅指常用的碱土金属氧化物，不包括 BeO、ZnO、CdO、PbO 之类氧化物。参见图 2-12 可知，$PbO\text{-}SiO_2$ 系统的玻璃形成范围是很广的，PbO/SiO_2（摩尔比）＞1。表 2-7 列出了部分二元系统玻璃形成范围。

表 2-7 二元系统玻璃形成范围 单位：%（摩尔分数）

F / M	SiO_2	B_2O_3	P_2O_5
Li_2O	64～100	57～100	40～100
Na_2O	48～100	60～100	40～100
K_2O	46～100	62～100	53～100
Tl_2O	33～50	25～100	20～100
BeO	60～100	—	34～100
MgO	55～61	57～65	40～100
CaO	45～70	59～73	43～100
SrO	60～80	57～76	43～100
BaO	60～100	60～83	42～100
ZnO	51～65	36～56	36～100
CdO	44～100	61～45	43～100
PbO	33～100	24～80	38～100

另外从相图中的位置来看，二元玻璃形成区一般处于网络形成物较多一侧的低共熔点附近。结构空间因具有层状结构的熔体，其黏度较大足以阻止析晶。在生产过程中，化学组成点选择适当时，还可以避免出现两个不混溶液相。当玻璃的组成点落在低共熔点上时，如果析晶，则将有两个晶相同时析出，它们相互干扰，反而不利于析晶而有利于形成玻璃。但是，如果低共熔点含网络外体过多，则网络断裂过多，失去层状（和链状）结构，却又有利于积聚而导致析晶，特别是当网络外体离子具有高电场强度时。

2.5.2.2 F-I 二元系统

该系统玻璃形成范围极小，因为中间体氧化物 I（如 Al_2O_3）一方面可给出“游离氧”使网络断裂；同时由于这类氧化物的阳离子（如 Al^{3+}）电场强度大，极力要“争夺”其周围的氧离子，按其配位排列，从而产生积聚作用，使玻璃分相和析晶，因而玻璃形成范围很小。

2.5.2.3 F-F′二元系统

此系统（如 $SiO_2\text{-}B_2O_3$ 系统）因两者均能单独形成玻璃，似乎两者以任意比例混合都可以形成玻璃，但实际上常常发生两液相分离，以致不能形成均一的玻璃。这可能是由于两者中的阳离子对氧亲和力的差异所引起的。

2.5.3 三元系统玻璃

三元玻璃的形成区种类繁多，情况十分复杂，但根据它们之间的共性和特性，经分析归纳，可从中找出其规律性。三元玻璃含有三种氧化物，其中至少一种、至多三种为网络形成体。三元玻璃的形成区可基本上看作是二元系统的加和，但它们与简单的加和不同，还必须注意以下几点。

① 由于新的共熔区的形成，三元系统形成区中部出现突出部分；

② 含有两种网络形成体（F）的三元系统，突出位置在低熔点的一侧；

③ 三元系统只有一种网络形成体（F）时，突出部分偏向低熔点氧化物一侧；

④ 网络中间体（I）可使网络外体（M）较多的区域重新形成玻璃，在有 I 的三元系统中，形成区突出偏向 M 一侧，呈半圆形；

⑤ F-I、F-M 等不能形成玻璃的二元系统中加入新的氧化物，由于新的共熔物的形成，可在其中间部位形成较小的不稳定的玻璃形成区。

三元系统玻璃形成范围的大小受玻璃析晶和分相因素影响，而析晶和分相的原因可归纳为断网、积聚、极化、配位数改变、阳离子电场强度及有关的动力学因素等。

根据网络形成体的种类可以分为以下三种情况。

① 仅含有一种网络形成体（F）的三元系统：该三元系统有 15 种（见表 2-8），主要是按所含网络外体（M）不同而区分。网络外体可分为四类：$M_1=R_2O$ 类；$M_2=RO$（碱土金属氧化物）类；M_3＝含有易极化的阳离子的氧化物，如 PbO、CdO、Bi_2O_3 等；M_4＝含有高价的起积聚作用的阳离子的氧化物，如 La_2O_3、ZrO_2、Ta_2O_5、Nb_2O_5 等。

除上述四类 M，还有中间氧化物 I，共 5 种。在三元组分中可任取 2 种，并允许重复（同一类取 2 种，如 Na_2O 和 K_2O 同属 M_1 类，下文用 M_1 和 M_1' 表示），可得到 15 种组合，加入 F，形成 15 种三元玻璃。

表 2-8　含一种网络形成体时三元系统的组合

项　目	M_1'	M_2'	M_3'	M_4'	I'
M_1	√	√	√	√	√
M_2		√	√	√	√
M_3			√	√	√
M_4				√	√
I					√

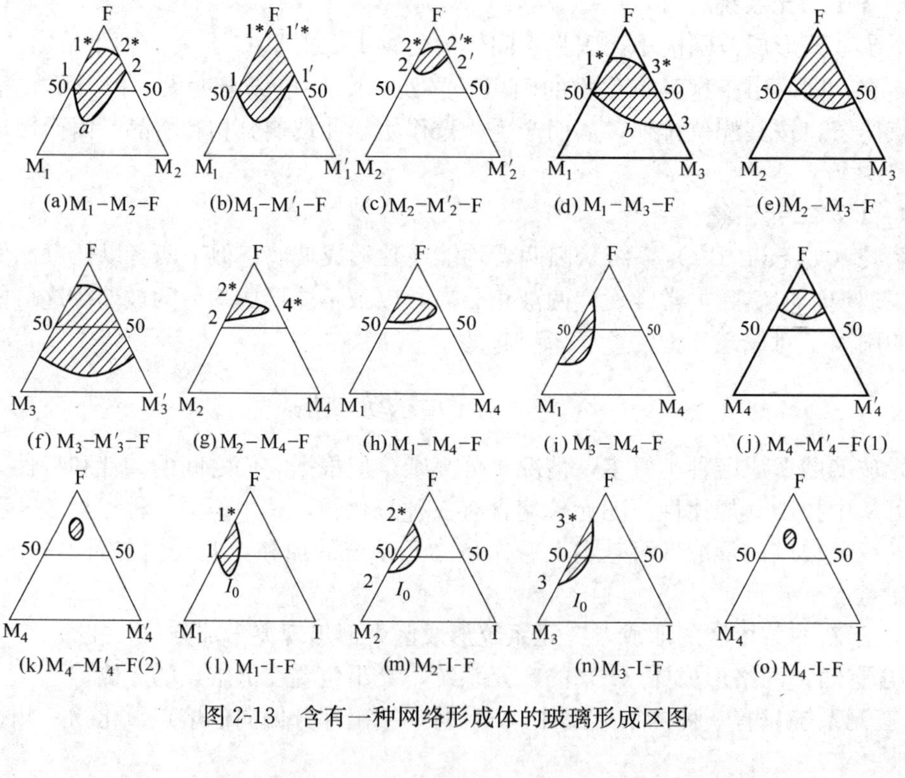

图 2-13　含有一种网络形成体的玻璃形成区图

② 含有两种网络形成体（F 和 F′）的三元系统：该三元系统有 5 种，除组分 F 和 F′外，分别以 M_1、M_2、M_3、M_4 和 I 为第三组分。

③ 含有三种网络形成体的三元系统：该三元系统只有 F-F′-F″一种。

2.5.3.1　含有一种网络形成体

含有一种网络形成体的玻璃形成区如图 2-13 所示，现分别描述。

（1）M_1-M_2-F 三元系统　M_1-M_2-F 三元系统玻璃形成区如图 2-13（a）所示。本系统由三个二元系统 M_1-F、M_2-F 和 M_1-M_2 组成，其中 M_1-M_2 不能形成玻璃。在 M_1-F 二元系统中，由点 1 至点 1^* 是二元系统玻璃形成范围。其中 1 点的位置［约为 50%M_1（摩尔分数）］受到析晶倾向的限制，当 M_1 含量超过 1 点时，引入“游离”氧过多，网络断裂过甚，以至于易于析晶而难于形成玻璃。点 1^* 出现在高 F 区，其具体位置（M_1 的摩尔分数）由 M-F 二元相图中最适宜的低共熔点决定（参阅“二元玻璃形成区”）。由 2 点至 2^* 是 M_2-F 二元系统玻璃形成范围；点 2^*（在高 F 区）的位置受分相（不混溶液）的制约，点 2 的位置受制于积聚和由此导致的析晶倾向。可以看出，1-1^* 跨度大于 2-2^* 跨度，这是因为电场强度 R^+(在 M_1 中)$<R^{2+}$（在 M_2 中）。从三元相图的构成来看，可以认为：M_1-F 二元系统为基础，逐步加入第三组分 M_2，此时液相曲面逐步下降（熔融温度降低），直至出现三元低共熔点 $E_{三元}$为止。由于这个缘故，在三元相图 M_1-M_2-F 中形成一个连续区域 11^*22^*，即三元系统玻璃形成区。此区的界线 1-2 上常有一个凸点 a，其位置在 50-50 线以下，并偏向 M_1-F 一侧（因 M_1 熔点较低的缘故）。典型实例是 Na_2O-CaO-SiO_2 三元系统玻璃形成区，如图 2-14 所示。

（2）M_1-M_1'-F 三元系统　M_1-M_1'-F 三元系统的玻璃形成区如图 2-13（b）所示。其玻璃形成区 $11^*1'1'^*$ 与上述 11^*22^* 相似，所不同的只是点 1′和点 $1'^*$ 的具体位置不同于点 2 和点 2^*。Li_2O-Na_2O-SiO_2 三元系统玻璃形成区如图 2-15 所示。

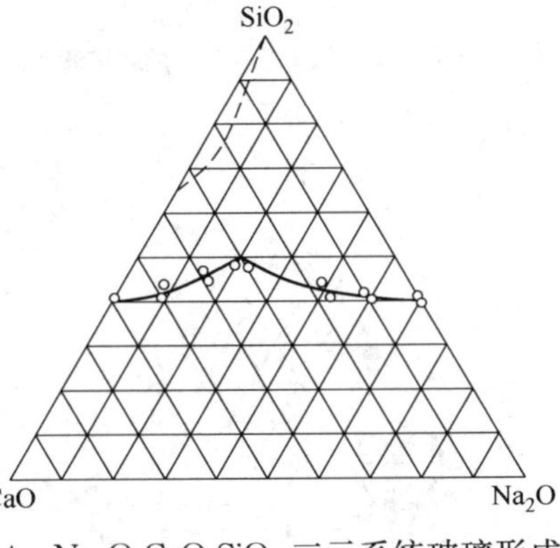

图 2-14　Na_2O-CaO-SiO_2 三元系统玻璃形成区图

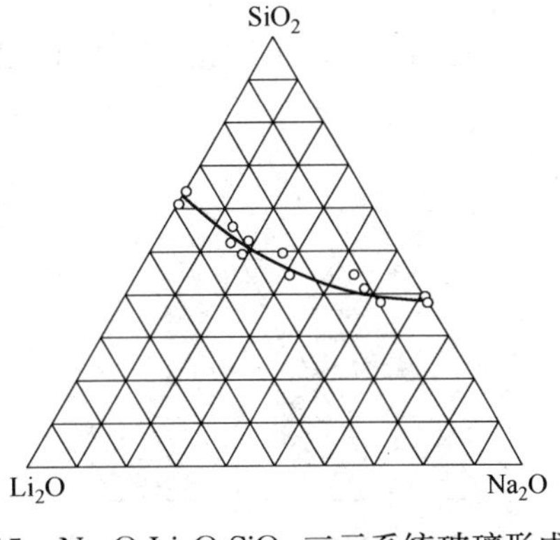

图 2-15　Na_2O-Li_2O-SiO_2 三元系统玻璃形成区图

（3）M_2-M_2'-F 三元系统　M_2-M_2'-F 三元系统玻璃形成区以此类推，如图 2-13（c）所示。可以料想，形成区面积的大小 $11^*1'1'^* > 11^*22^* > 22^*2'2'^*$。如 CaO-SrO-$B_2O_3$ 三元系统玻璃形成区如图 2-16 所示。由图可以看出，这些三元系统玻璃形成区的形状、取向、大小与理论分析基本相符。

（4）M_1-M_3-F 三元系统　M_1-M_3-F 三元系统玻璃形成区如图 2-13（d）所示。其玻璃形成区为 11^*33^*，构成 3-3^* 很大，形成玻璃范围很宽。这是因为 M_3 所含阳离子具有高度可极化性，通过离子变形，配位数可变小，并且它与氧之间的化学键具有相当的共价成分，因此有可能进入网络。

（5）M_2-M_3-F 三元系统　M_2-M_3-F 三元系统玻璃形成区依照 M_1-M_3-F 三元系统类推，如图 2-13（e）所示。

（6）M_3-M_3'-F 三元系统　M_3-M_3'-F 三元系统玻璃形成区如图 2-13（f）所示。其玻璃形成区 $33^*3'3'^*$，面积较大（M_3+M_3'），含量总和可达 90%（摩尔分数）以上。这是因为：跨度 3-3^* 和跨度 $3'$-$3'^*$ 都很大，并且低共熔点正的存在进一步使玻璃形成区扩大。

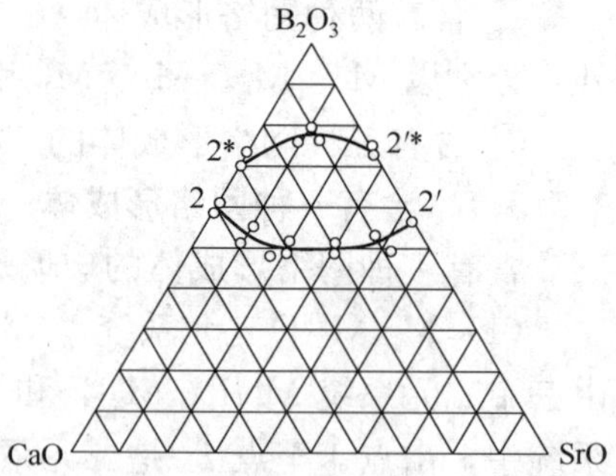

图 2-16　SrO-CaO-B_2O_3 三元系统玻璃形成区图

图 2-17～图 2-20 分别为 Na_2O-PbO-SiO_2、BaO-PbO-B_2O_3、Bi_2O_3-PbO-SiO_2 和 Bi_2O_3-PbO-B_2O_3 三元系统玻璃形成区。由图可以看出，这些三元系统玻璃形成区的形状、取向和大小与理论分析基本相符。

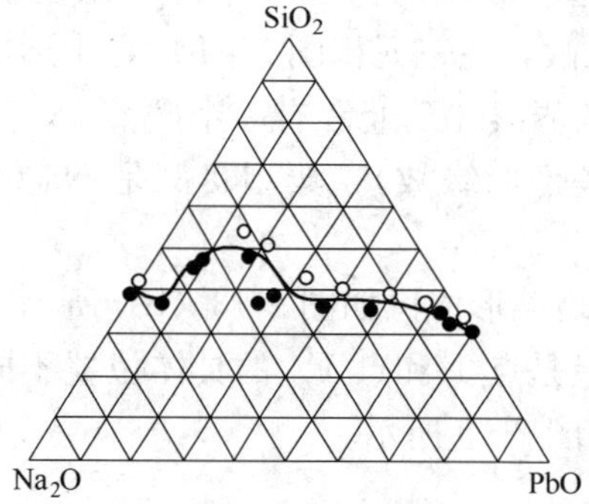

图 2-17　PbO-Na_2O-SiO_2 三元系统玻璃形成区图

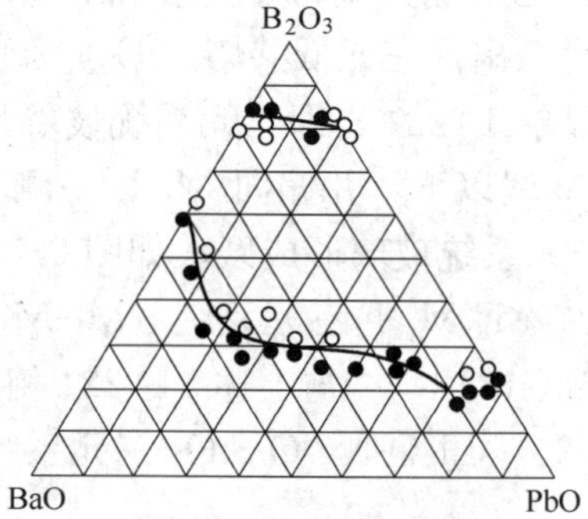

图 2-18　PbO-BaO-B_2O_3 三元系统玻璃形成区图

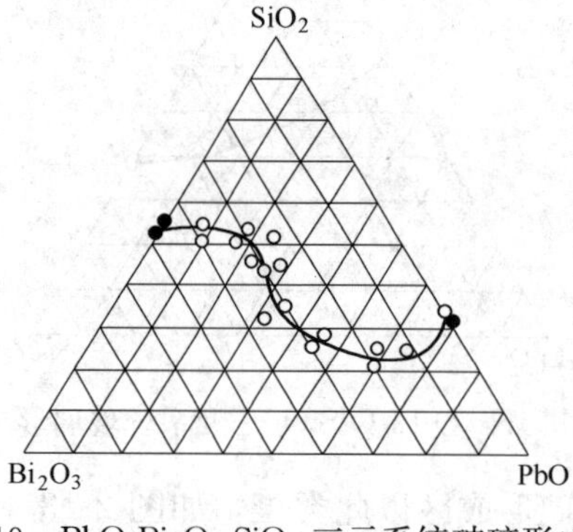

图 2-19　PbO-Bi_2O_3-SiO_2 三元系统玻璃形成区图

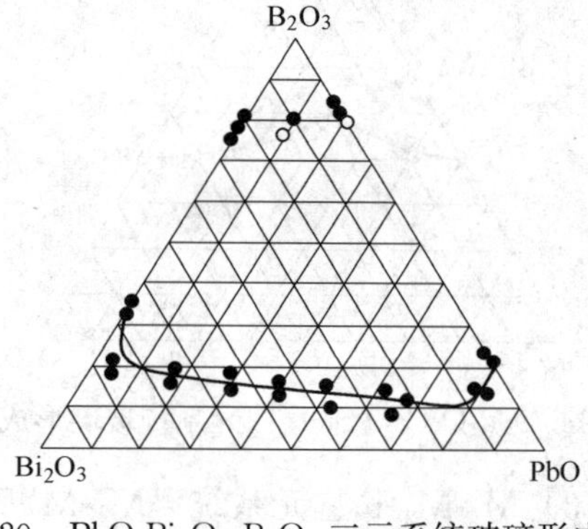

图 2-20　PbO-Bi_2O_3-B_2O_3 三元系统玻璃形成区图

（7）M_2-M_4-F 三元系统　M_2-M_4-F 三元系统玻璃形成区如图 2-13（g）所示。含有高积聚离子的氧化物 M_4 的三元系统有一个特点：在硅酸盐系统相图中，三元系统玻璃形成区一般不触及 M_4F 线，因为高积聚离子使二元系统 M_4-F 不能形成玻璃，即 4-4^* 跨度等于零。

M_2-M_4-F 三元系统（如 BaO-Nb_2O_5-SiO_2 三元系统，见图 2-21）玻璃形成区 22* 44* 的存在，仅仅是由于三元低共熔点正三元扩充了二元系统玻璃形成范围 22*。

（8）M_1-M_4-F 三元系统　M_1-M_4-F 三元系统玻璃形成区如图 2-13（h）所示。在硅酸盐系统相图中，M_1-M_4-F 三元系统玻璃形成区依照 M_2-M_4-F 三元系统类推。

然而在磷酸盐系统相图中，在 M_4F 线形成玻璃的范围却相当大（图 2-22），这可能与磷（P^{5+}）具有较大的场强以及磷氧四面体中带双键的氧使离子的积聚作用减弱有关。硼酸盐系统也有类似的情况（图 2-23），这可能是由于硼氧玻璃具有层、链结构的特性所致。

图 2-24 所示为 SiO_2-Na_2O-Nd_2O_3 三元系统玻璃形成区。由图 2-22～图 2-24 可以看出：M_1-M_4-F 三元系统玻璃形成区，磷酸盐＞硼酸盐＞硅酸盐。

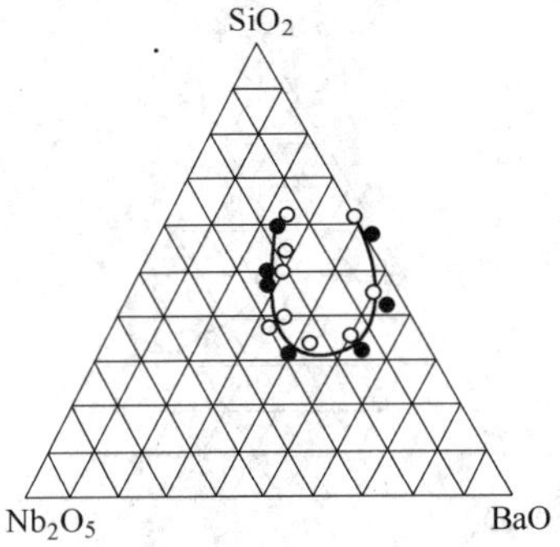

图 2-21　BaO-Nb_2O_5-SiO_2 三元系统玻璃形成区图

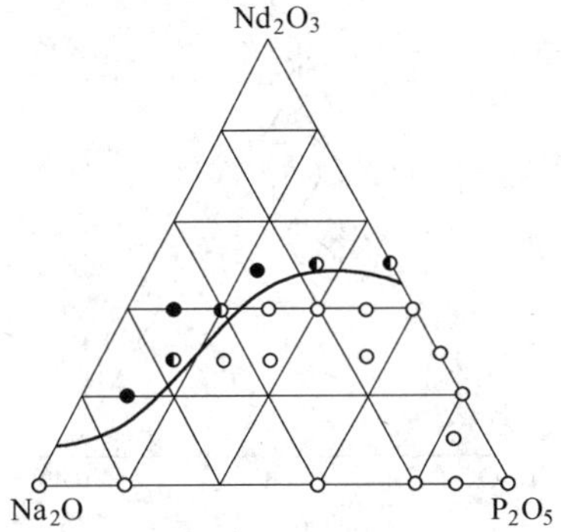

图 2-22　P_2O_5-Na_2O-Nd_2O_3 三元系统玻璃形成区图

○—透明　◐—半透明　●—失透

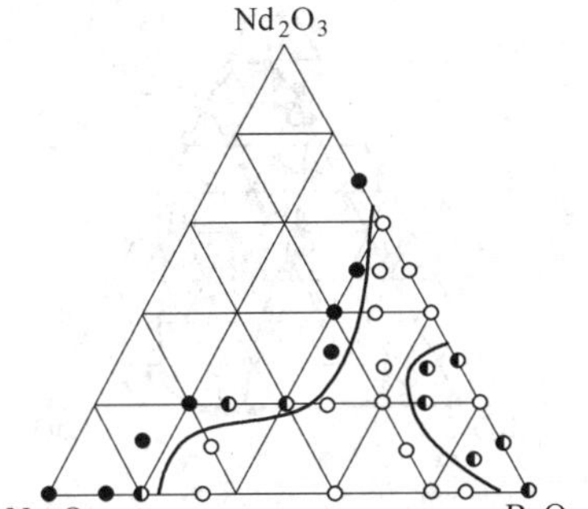

图 2-23　B_2O_3-Na_2O-Nd_2O_3 三元系统玻璃形成区图

（Na_2O 0～5%，Nd_2O_3 0～50%，B_2O_3 50%～100%，摩尔分数）

○—透明　◐—半透明　●—失透

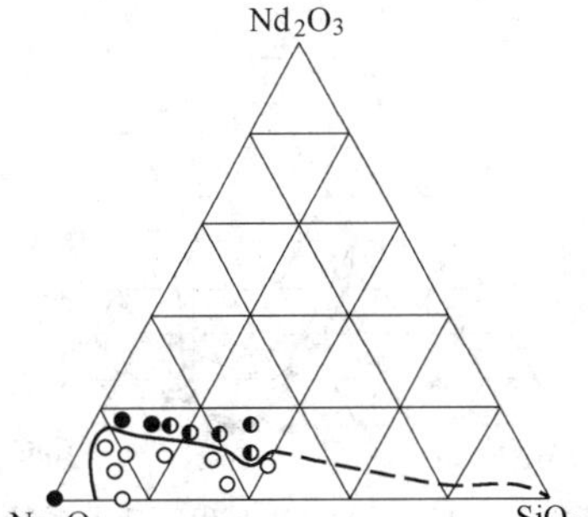

图 2-24　SiO_2-Na_2O-Nd_2O_3 三元系统玻璃形成区图

（Na_2O 0～5%，Nd_2O_3 0～50%，SiO_2 50%～100%，摩尔分数）

○—透明　◐—半透明　●—失透

图 2-25 所示为 Li_2O-Ta_2O_5-SiO_2 三元系统的玻璃形成区。

（9）M_3-M_4-F 三元系统　M_3-M_4-F 三元系统玻璃形成区如图 2-13（i）所示。硅酸盐系统玻璃形成区依照 M_2-M_4-F 三元系统类推。PbO-La_2O_3-B_2O_3 三元系统玻璃形成区如图 2-26 所示。

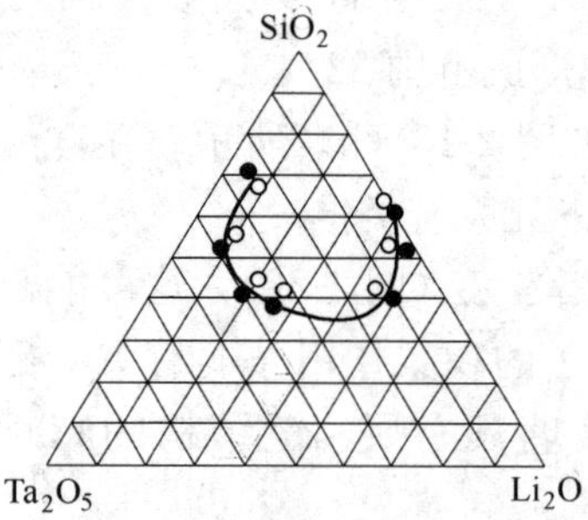

图 2-25 Li_2O-Ta_2O_5-SiO_2 三元系统的玻璃形成区图

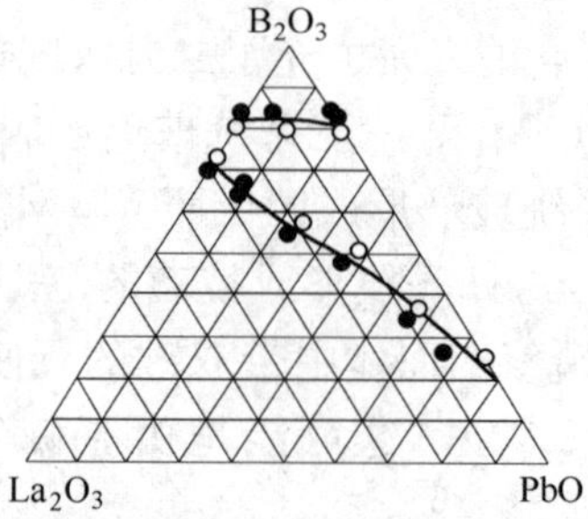

图 2-26 PbO-La_2O_3-B_2O_3 三元系统的玻璃形成区图

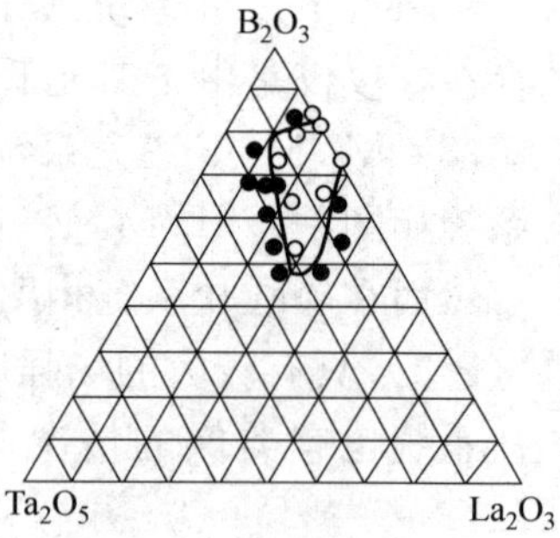

图 2-27 La_2O_3-Ta_2O_5-B_2O_3 三元系统的玻璃形成区图

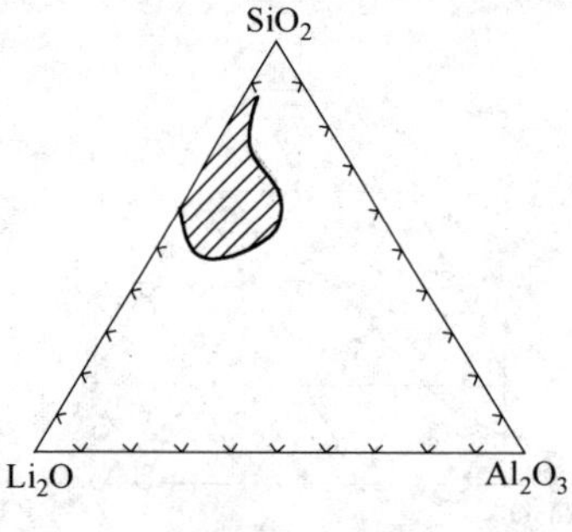

图 2-28 Li_2O-Al_2O_3-SiO_2 三元系统的玻璃形成区图

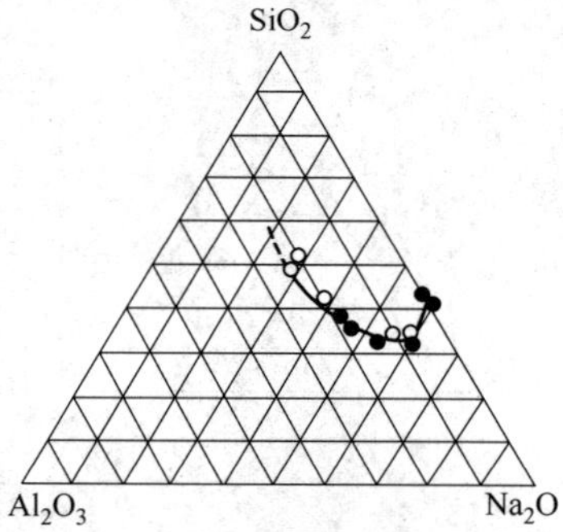

图 2-29 Na_2O-Al_2O_3-SiO_2 三元系统的玻璃形成区图

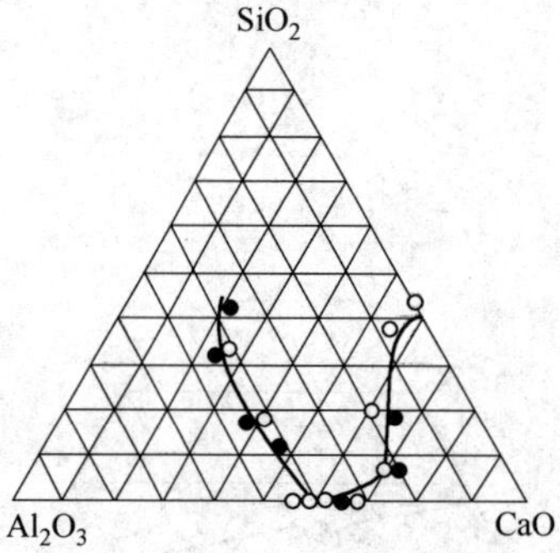

图 2-30 CaO-Al_2O_3-SiO_2 三元系统的玻璃形成区图

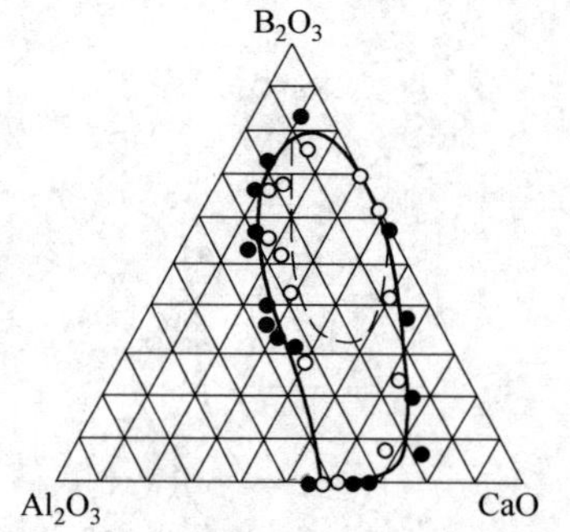

图 2-31 CaO-Al_2O_3-B_2O_3 三元系统的玻璃形成区图

（10）M_4-M'_4-F 三元系统　M_4-M'_4-F 三元系统玻璃形成区如图 2-13（i）或图 2-13（k）所示。在含有两种 M_4 的三元系统相图中，只能在很狭窄的区域形成玻璃；如果 M_4-F 不能形成玻璃，由于新的共熔点的影响也有可能在相图中部出现一个孤岛状（或近似岛状）的三元系统玻璃形成区。La_2O_3-Ta_2O_5-B_2O_3 三元系统玻璃形成区如图 2-27 所示。

（11）M_1-I-F 三元系统　M_1-I-F 三元系统玻璃形成区如图 2-13（l）所示。在通常条件下，二元系统 I-F 不能形成玻璃。但是在三元系统中，由于 M_1 提供“游离”氧，为中间体离子转入四配位创造条件，［IO_4］四面体进入网络，使断网（来自 M_1-F 二元系统）

重新连接起来（即“补网”作用），通过“补网”，玻璃形成范围 1-1* 获得扩充，成为三元的 11* I_0。点 I_0 为凸出点，其位置与三元低共熔点正三元有关。如果 M_1 的熔点远低于 I 的熔点，则点 I_0 偏向 M_1-F 一侧。整个 11* I_0 区指向 I，由 11* 延伸到 50-50 线之外，形象地表明 I 的补网作用。

图 2-28 和图 2-29 分别为 Li_2O-Al_2O_3-SiO_2、Na_2O-Al_2O_3-SiO_2 三元系统玻璃形成区。

（12）M_2-I-F 三元系统　M_2-I-F 三元系统玻璃形成区 22* I_0，依照 M_1-I-F 三元系统类推，如图 2-13（m）所示。

图 2-30 和图 2-31 分别为 CaO-Al_2O_3-SiO_2、CaO-Al_2O_3-B_2O_3 三元系统玻璃形成区。

（13）M_3-I-F 三元系统　M_3-I-F 三元系统玻璃形成区 33* I_0，依照 M_1-I-F 三元系统类推，如图 2-13（n）所示。

（14）M_4-I-F 三元系统　M_4-I-F 三元系统一般不能形成玻璃，因为二元系统 M_4-F 和 I-F 都不能形成玻璃，其情况与 M_4-M'_4-F 三元系统相似，如图 2-13（o）所示。

（15）I-I′-F 三元系统　根据同一理由，含有两种 I 的三元系统也不能形成玻璃。

2.5.3.2　含有两种网络形成体

含有两种网络形成体的三元系统玻璃有 5 种，除了组分 F 和 F′外，分别以 M_1、M_2、M_3、M_4 和 I 为第三组分。在这类三元系统中，首先值得注意的是 F 和 F′的关系。即使它们在高温下互溶，成为一个均匀的液相，但在低温时常常分解为两种玻璃（例如硼酸盐和硅氧）。其次要分别看 M 与 F、M 与 F′或 I 与 F 以及 I 与 F′的关系，才能估计或解释其三元系统玻璃的形成，如图 2-32 所示，这些图形可用上述原理（二元系统玻璃形成范围、分相、积聚、三元低共熔点的存在等）来解释。

图 2-33 和图 2-34 分别为 BaO-B_2O_3-SiO_2、K_2O-B_2O_3-P_2O_5 三元系统的玻璃形成区。

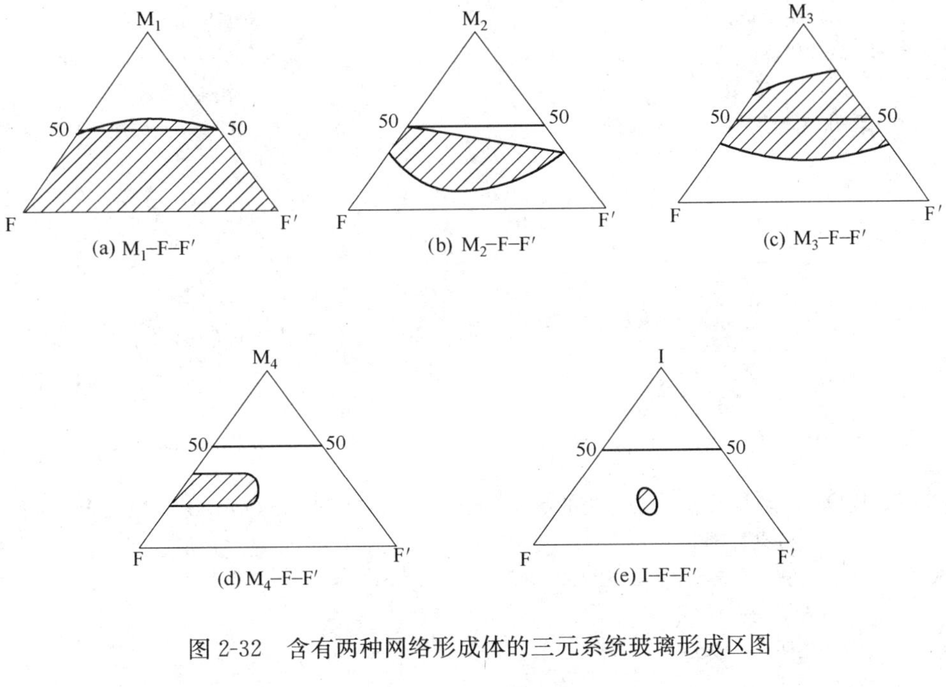

图 2-32　含有两种网络形成体的三元系统玻璃形成区图

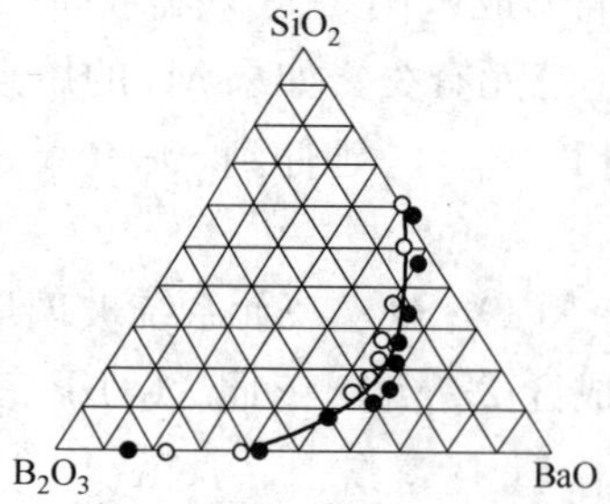

图 2-33 BaO-B$_2$O$_3$-SiO$_2$ 三元系统的玻璃形成区图

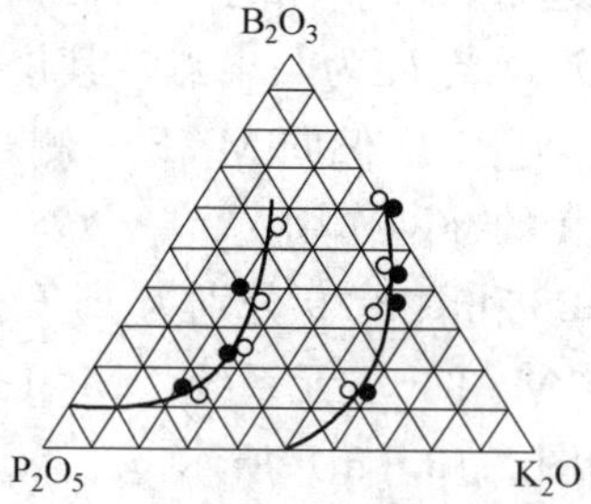

图 2-34 K$_2$O-P$_2$O$_5$-B$_2$O$_3$ 三元系统的玻璃形成区图

2.5.3.3 含有三种网络形成体

由三种网络形成的三元系统 F-F′-F″，例如 B_2O_3-SiO_2-P_2O_5 系统，其中可能存在不析晶区，但研究还不够深入。

下面介绍其它三元系统的玻璃形成区，见图 2-35～图 2-44。

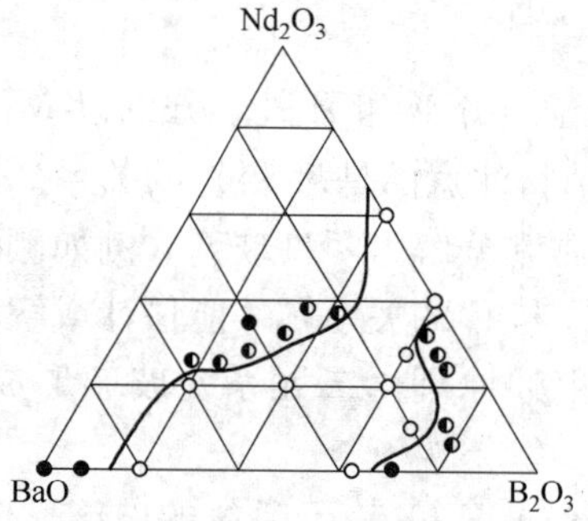

图 2-35 B$_2$O$_3$-BaO-Nd$_2$O$_3$ 三元系统的玻璃形成区图

（B$_2$O$_3$ 50%～100%，BaO 0～50%，Nd$_2$O$_3$ 0～50%，摩尔分数）

○—透明 ◐—半透明 ●—失透

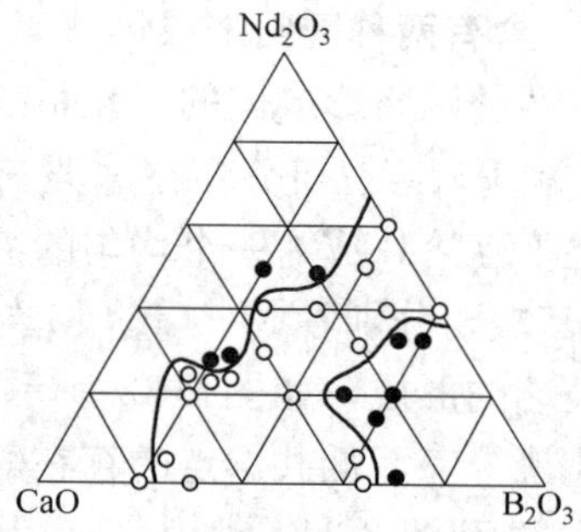

图 2-36 B$_2$O$_3$-CaO-Nd$_2$O$_3$ 三元系统的玻璃形成区图

（B$_2$O$_3$ 50%～100%，CaO 0～50%，Nd$_2$O$_3$ 0～50%，摩尔分数）

○—透明 ●—失透

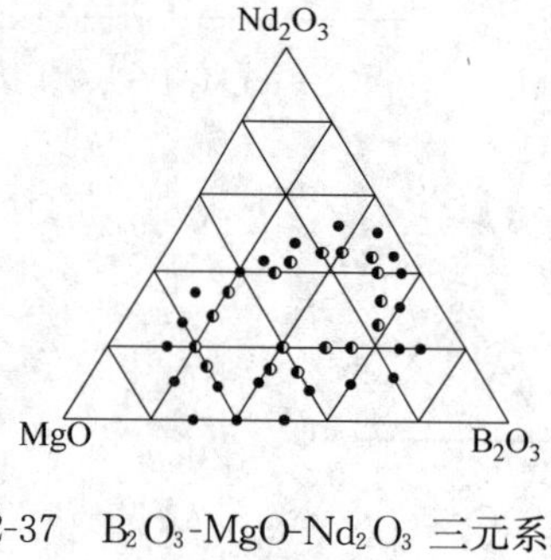

图 2-37 B$_2$O$_3$-MgO-Nd$_2$O$_3$ 三元系统的玻璃形成区图

（B$_2$O$_3$ 50%～100%，MgO 0～50%，Nd$_2$O$_3$ 0～50%，摩尔分数）

◐—透明 ●—失透

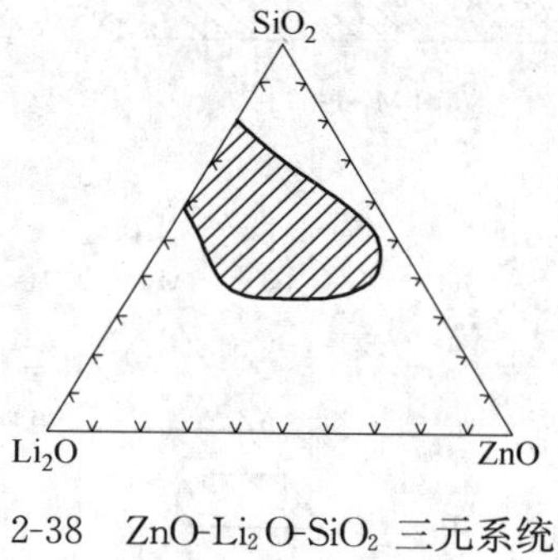

图 2-38 ZnO-Li$_2$O-SiO$_2$ 三元系统的玻璃形成区图

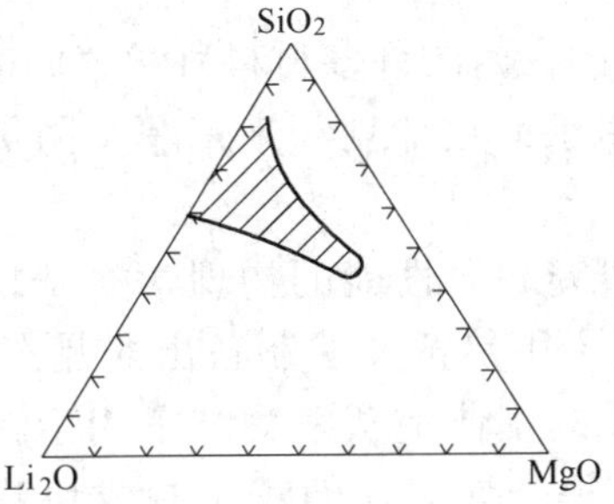

图 2-39　MgO-Li_2O-SiO_2 三元系统的玻璃形成区图

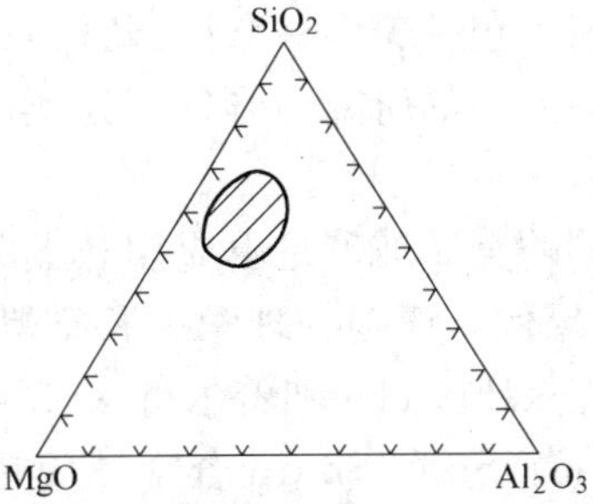

图 2-40　Al_2O_3-MgO-SiO_2 三元系统的玻璃形成区图

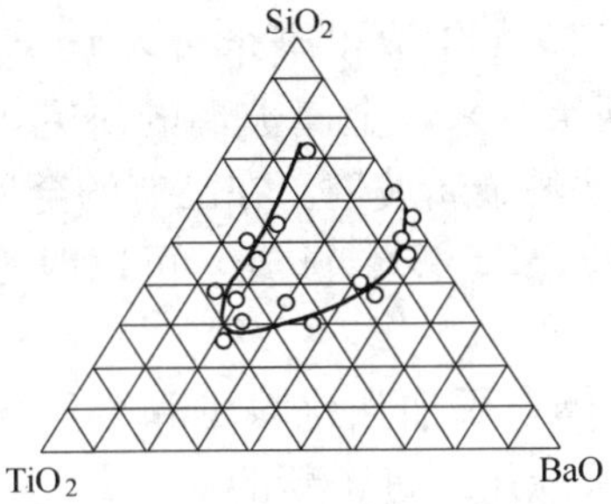

图 2-41　BaO-TiO_2-SiO_2 三元系统的玻璃形成区图

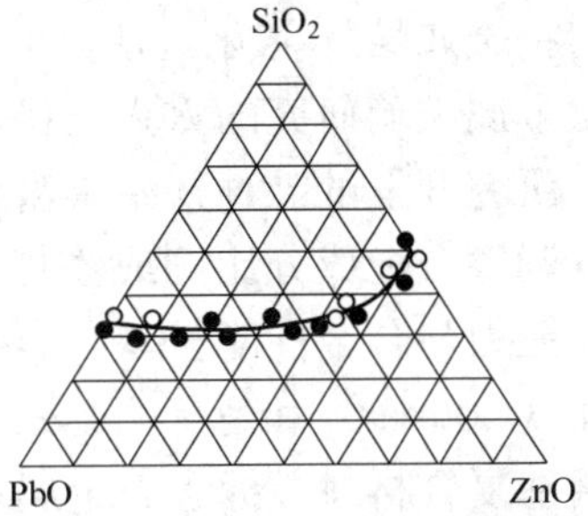

图 2-42　ZnO-PbO-SiO_2 三元系统的玻璃形成区图

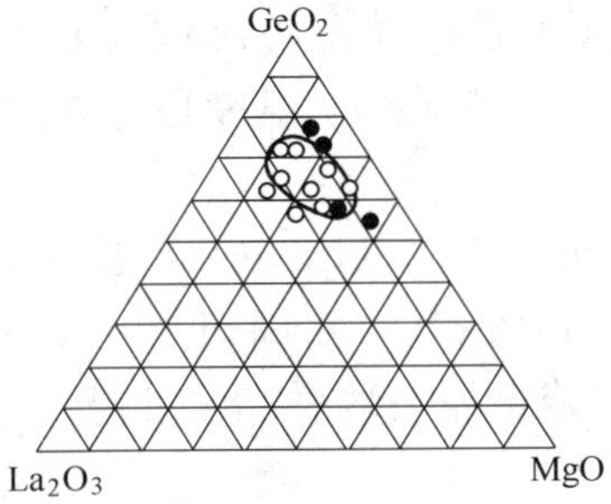

图 2-43　MgO-La_2O_3-GeO_2 三元系统的玻璃形成区图

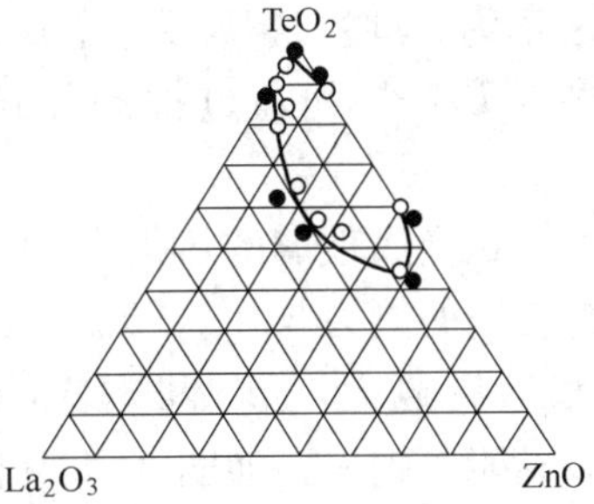

图 2-44　ZnO-La_2O_3-TeO_2 三元系统的玻璃形成区图

2.6　金属玻璃

金属玻璃具有不同于晶态金属和非晶态玻璃的结构特征，但兼有晶态金属和非晶态玻璃的特性，因而显示出其独特的理化性能，其成为金属材料科学与工程领域中的一个重要发展方向。特别是含纳米粒子晶相的块状金属玻璃，因其具有优异的力学性能、类似于贫铀合金的高绝热剪切敏感性、抗腐蚀性、可机械加工性及软磁性等特点，无论是作为结构材料还是作为功能材料，在国民经济建设、国防军工建设及现代科技发展中都有着极大的应用潜力。

目前，包括美国、欧洲国家、日本、新加坡和中国在内的许多材料科学家们都在从事金属玻璃方面的研究与开发，这类材料已被选择应用于太空计划和未来军事防御的许多领域。

最早的金属玻璃是由应用热蒸发法制备金属膜研究超导性能的物理学家发现的。20世纪30年代，德国物理学家科瑞默（Kramer）报道了用热蒸发法制备出非晶态Sb。随后，巴克（Buckel）和希尔肖（Hilsch）在温度为4K的基体上蒸发凝结了用于超导研究的Bi、Ga、Sn和Sn-Cu合金。用热蒸发法也只能获得金属膜，但难于制成块状金属玻璃，通过熔体急冷技术来制备金属玻璃是一种主要的方法。

德沃兹（Duwez）首先研究了液相快速冷却制备金属玻璃，被公认为是液相快速冷却技术的创始人。如果冷却速率足够快，才能形成金属高温固溶体状态。为了实现熔体的快速冷却，将金属熔体雾化，使其与剧冷固体块接触。1974年取得毫米级块状金属玻璃，这是块状金属玻璃研究的重大突破和新的开端。1980年以来，金属玻璃的研究工作逐步系统化，研究开发的品种开始丰富，开始涌现更大尺寸的金属玻璃。在已有的金属玻璃的体系中，调整合金成分比例或添加其它元素（例如Nb、Fe、B、Si等）可以改善合金的玻璃形成能力与合金性能。

库那（Couner）和楚（Choi）等人在金属玻璃基体中添加强化粒子和金属丝而制得金属玻璃基复合材料，标志着金属玻璃块体材料向实际应用迈进了新的一步。

2.6.1 金属玻璃的形成能力

目前采用极快速凝固的方法制备块状金属玻璃的截面尺寸可达1～100mm，所采用的冷却速率为0.1×10^3K/s。金属玻璃的形成能力其实质是在合金熔点（T_m）和玻璃转变温度（T_g）之间通过抑制晶核形成和晶体长大，从而在T_g温度以下凝固形成玻璃态。

关于块状金属玻璃的热力学和动力学形成条件分析，伊诺（Inoue）提出了合金体系形成金属玻璃的能力与T_{rg}（$T_{rg}=T_g/T_m$）和ΔT_x（过冷液态区）两个重要参数的定性关系，T_{rg}和ΔT_x越大，形成非晶态的冷却速度越小，形成金属玻璃样品尺寸越大，这意味着玻璃形成能力越强，如图2-45和图2-46所示。

基于多组元成分形成金属玻璃能力强的特点，伊诺（Inoue）总结出三条经验规律：

① 合金体系的化学组成多于3种；

② 合金体系主要元素原子尺寸差的比值大于12%；

③ 合金体系组成的主要元素间具有负的混合热。

2.6.2 金属玻璃的制备技术

通过粉末冶金、机械合金化等方法将非晶化的金属粉末在黏滞流变温度区间热压成块体金属玻璃，存在许多技术难题，所制备的块体材料在纯度、密度、尺寸和成形等方面也受到很大的限制；通过添加少量氧化物，使之均匀地分散于合金熔体中，将熔体中由金属原子形成的短程有序基团隔离开，通过调节引入的孤立氧多面体的含量，控制其所隔离的短程有序基团数量，造成金属熔体在冷却过程中析晶的困难，从而获得非晶态，这仅是一

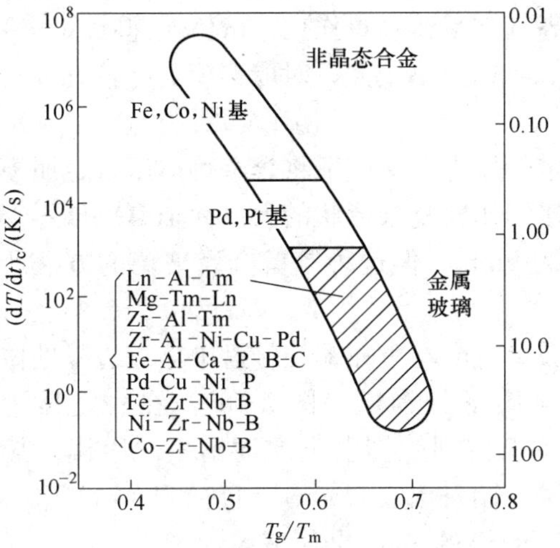

图 2-45　典型非晶态合金的临界冷却速度、样品最大厚度与 T_{rg} 之间的关系图

（l_{max}为样品最大厚度）

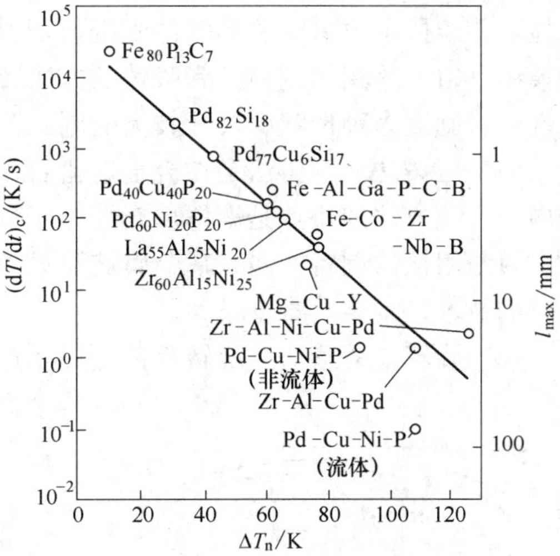

图 2-46　形成典型非晶态合金的临界冷却速度、样品最大厚度与 ΔT_n 过冷度之间的关系

（$\Delta T_n = T_m - T_n$；T_m 为熔化温度；T_n 为 3T 图鼻尖处温度见图 2-10）

个科学设想。到目前为止，主要还是采用合金熔体快速凝固的方法制备块体金属玻璃，主要有如下几种制备块状金属玻璃的方法。

（1）熔体水淬法　熔体水淬法制备金属玻璃是将合适的体系及组成的合金放入石英管中，在真空或气氛保护条件下进行加热熔化，然后进行水淬，得到金属玻璃棒材。这种方法操作简单，但对于那些与石英玻璃有强烈反应的合金熔体不宜采用此方法，因此在使用上有一定局限性。此外金属熔体冷却效果也较差。

（2）铜模吸附法　铜模吸附法是制备块状金属玻璃材料常用的方法，将合金体从坩埚中吸铸到水冷铜模，可形成具有一定形状和尺寸的块状金属玻璃材料。为减少铜模内腔引起的非均匀成核（异质诱导成核），可对模具内腔表面做特殊处理。应用此方法时，因合金熔体在铜模中快速凝固而出现样品表面收缩，造成样品与模具内腔形成间隙，从而导致样品冷却速率下降，或者样品表面不够光滑。

（3）熔体喷铸与真空吸铸相结合的制备技术　熔体喷铸与真空吸铸结合制备非晶态合金的装置如图 2-47 所示。该设备由上下两个真空腔体组成，中间隔离密封，上腔体内由中频加热熔化合

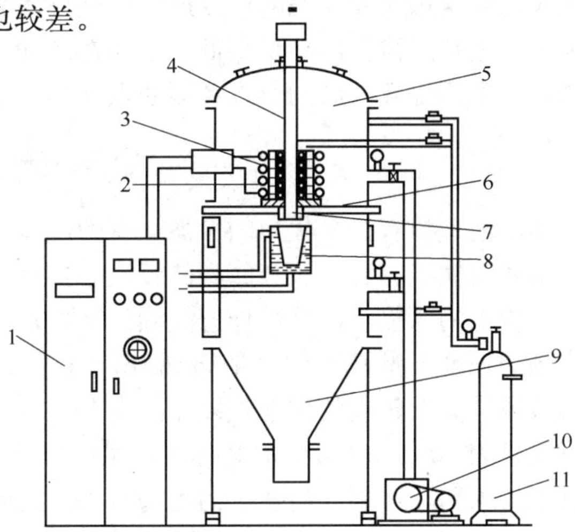

图 2-47　熔体喷铸与真空吸铸相结合制备非晶态合金的装置

1—超声频率感应装置　2—石英坩埚　3—熔体　4—柱式塞　5—高真空密封室　6—密封隔板　7—导液管　8—水冷铜模　9—低真空室　10—抽真空装置　11—通气装置

金；下腔体内放水冷铜模并处于高真空状态。在合适的温度下，在坩埚熔体上方引入保护气体，使熔体上方瞬间受到气体吹赶，下方受到高真空吸铸双重作用，熔体快速喷入水冷铜模中。由于采用强制喷吹和吸铸的方法，熔体的冷却速率较大，对成形模具有较好的充填性，可制成多种形状、尺寸较大的制品。

(4) 压铸法　压铸法是在合金熔化后，在一定的压力和速率下将合金熔体压入金属模型内腔。该方法的特点是熔体填充性好，可以直接制作较复杂形状的大尺寸金属玻璃零部件。目前用该法制备的Mg基金属玻璃试棒尺寸为9mm。但这种制备金属玻璃的方法所要求的技术较复杂，难度较大。

(5) 旋转盘铸造法　旋转盘铸造法制备金属玻璃合金丝，在铜旋转盘中靠近边缘处做一个截面为半圆形的沟槽（图2-48），在一定压力下，合金熔体喷铸到旋转盘上的沟槽里。用模具旋转离心铸造法，制备出表面光滑、直径25mm、壁厚1.5mm、高15mm的Zr基金属玻璃管。

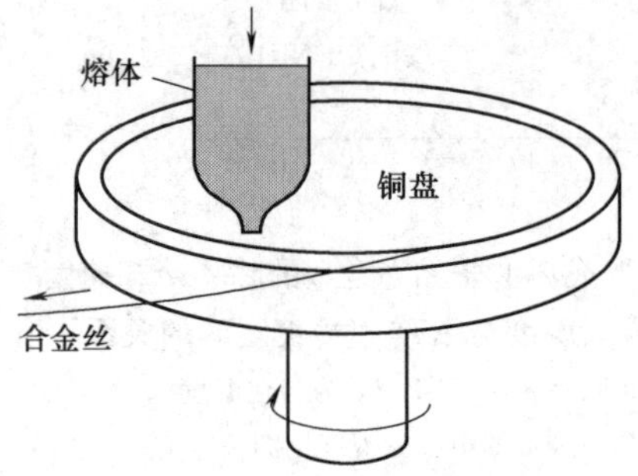

图2-48　旋转铜转盘拉制金属玻璃合金丝示意图

除上述几种方法外，也可用定向凝固铸造法和磁悬浮熔炼铜模冷却法等来制备块状非晶态金属或合金。

到目前为止，几乎所有方法都是通过控制熔体冷却速率来实现从熔体到非晶态的转变。然而，在合金系统及其组元配比确定的前提下，用熔体快速凝固方法制备块体金属玻璃材料的根本问题是如何将熔体在高温下的无序结构继承下来，从而获得室温下的非晶态材料。因此，各种有利于晶核形成和晶体生长的因素都对非晶态的形成产生不利影响；而各种不利于晶核形成和晶体生长的因素都对非晶态的形成产生积极作用。由于金属或合金熔体的黏度极小，质点在熔体中的迁移所需要的能量很低。熔体在冷却过程中，温度的微小变化都会引起组成浓度的起伏，进而导致核胚的形成和因质点迁移而导致晶核生长。

2.6.3　金属玻璃的性能与应用

金属玻璃具有许多优异的性能，有的性能是非金属玻璃和金属晶体所不具备的。

金属玻璃具有比一般金属高的强度。如非晶态$Fe_{80}B_{20}$，其断裂强度达3700MPa，是一般结构钢的7倍，已接近理想晶须的水平；厚度仅2～3μm的金属玻璃薄带，仍可保持相当高的强度，弹性也比一般金属好，弯曲形变可达50%以上；在保持高强度的同时，金属玻璃还具有较高的韧性，以非晶态$Pd_{80}Si_{20}$为例，当断裂强度为2650MPa时，仍可进行形变量为30%～50%的冷轧加工，维氏硬度（H_v）可达1000MPa左右，相当于高硬度工具钢的水平，可制成高强度的耐磨磁头。此外，金属玻璃一般有很高的电阻率（室温下大于100Ω·cm），电阻率温度系数也很小（低于$\pm10^{-4}$/℃），可大大降低材料的涡流损耗，在电子和电力工业中有着极为重要的应用。

软磁合金金属玻璃的有效磁导率可与晶态相比，而电阻率则远比晶态合金高，可大大降低变压器损耗和提高使用频率。金属玻璃还具有优异的抗辐照（中子、γ射线等）特性，使它们在火箭、宇航、核反应堆等领域中具有特殊应用前景。

在应用开发方面，由于金属玻璃的低摩擦、高强度和抗磨损等特殊性能，使它将在未来的太空探索中发挥着更为重要的作用。

在军工方面，金属玻璃因具有类似贫铀合金的高绝热剪切敏感性和更高的强度以及非常好的弹性，成为有望替代制作穿甲弹用贫铀合金的新材料。块状金属玻璃的声阻抗特性及高弹性特性，这类材料还有可能用作复合装甲的夹层，以配备军方的坦克、战斗机、舰艇或其它装备来提高其防常规武器攻击的能力。

在电子信息领域，随着纳米技术的迅猛发展，金属玻璃将是不可缺少的微型组装材料，在电子、微电子和集成电路等领域的应用前景看好，如计算机、网络、通信和工业自动化等。各种电子设备大量应用开关电源，目前的发展方向是轻、薄、小和高度集成化，所采用的手段是高频电子技术。这就要求其中变压器和电感器的软磁铁芯适用于高频场合。具有高饱和磁感、高磁导率、低损耗、易于加工的块状金属玻璃有明显的优势，应用于计算机开关电源中的可饱和磁芯、电磁干扰吸收元件、平面变压器中的 E 型磁芯和配电变压器的卷绕式搭接铁芯等方面。

在医学与生物方面，金属玻璃因具有良好的生物相容性和无过敏反应，可用于外科手术的手术刀、人造骨头、体内生物传感材料和人造牙齿等。

在体育器械方面，金属玻璃也将在滑雪、滑冰、棒球、网球、自行车和潜水等许多体育项目中得到应用。

第 3 章　玻璃的分相与析晶

研究玻璃熔体分相对改变和提高玻璃的性能、防止玻璃析晶及对微晶玻璃生产具有重要的意义。本章所讨论的玻璃分相是指熔体和玻璃体在冷却或热处理过程中，从均匀的液相或玻璃相转变为晶相或形成两种互不相溶的液相。

3.1　玻璃分相

玻璃在高温下为均匀的熔体，在冷却过程中或在一定温度下进行热处理时，由于内部质点迁移，某些组分发生偏聚，从而形成化学组成不同的两个相，此过程称为分相。分相区一般可从几纳米至几百纳米，因此属于亚微米级的结构不均匀性。这种微分相区只有在高倍电子显微镜下，并且有时还要在 T_g 附近，经过适当热处理才能观察到。

早在 1926 年，特纳（Turner）和温克斯（Winks）首先指出硼硅酸钠玻璃中存在着明显的分相现象，他们发现在一定条件下用盐酸处理硼硅酸钠玻璃可使其中的 Na_2O 全部萃取出来。基于这一发现，诺德伯格（Nordberg）和霍恩德（Hond）于 1934 年试制了高硅氧玻璃。1956 年欧拜里斯（Oberlies）获得了第一张硼硅酸钠玻璃中微分相的电子显微镜照片。电子显微镜的应用使得玻璃的微分相研究得到了迅速发展，人们发现玻璃分相在玻璃系统中广泛存在，使玻璃结构理论进入了一个崭新的阶段。人们可以利用分相原理，采取必要的措施来阻止玻璃的分相，如在制造派来克斯玻璃时引入可抑制分相的 Al_2O_3 成分；反之，也可以利用其得到所需的新相，如在微晶玻璃的生产中可利用分相来获得所需的晶相。

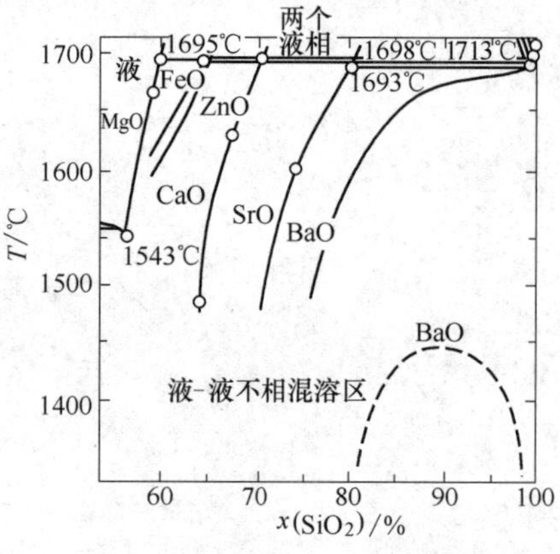

图 3-1　二元碱土金属硅酸盐系统混溶区和亚稳混溶区的示意图

碱土金属和一些二价金属氧化物（如 MgO、FeO、ZnO、CaO、SrO 等）与二氧化硅的二元系统，都产生或大或小的稳定（在液相线上）不混溶区，如图 3-1 所示（图中为 MgO、FeO、ZnO、CaO、SrO、BaO）。由图中看出，不混溶区依照氧化物的碱性递增而缩小。图 3-1 中还显示出 $BaO\text{-}SiO_2$ 二元系统的不混溶区，其特点是液相线呈 S 形，产生亚稳的（在液相线下）不混溶区，碱金属硅酸盐系统也有类似的情况。

由此可知，具有两种不同类型的不混溶特性，即稳定分相和亚稳分相。

稳定分相（或稳定不混溶性）是指在液相线以上就开始发生分相，它给玻璃生产带来困难，玻璃会产生分层或强烈的乳浊现象，主要以 $MgO\text{-}SiO_2$ 系统为代表。

亚稳分相（或亚稳不混溶性）是指在液相线以下开始发生分相，它对玻璃有重要的实际意义。现已查明，绝大部分玻璃系统都是在液相线下发生亚稳分相，分相是玻璃形成系统中的普遍现象，它对玻璃的结构和性能有重大的影响，主要以 $BaO-SiO_2$ 系统为代表。

在相平衡图中不混溶区内，自由焓 G 与浓度 C 的关系曲线上存在着拐点 S（inflection point；spinode），其位置随温度而改变，如图 3-2 所示。作为温度的函数，拐点的轨迹即 S-T 曲线称为亚稳极限曲线。在此曲线上的任一点，$\partial^2 G/\partial^2 c$，如图 3-3 中的虚线所示，其外围的实曲线为不混溶区边界。在亚稳极限曲线所围成的区域（S 区）内，称为亚稳分解区（或不稳区）。介于亚稳极限曲线以外和不混溶区边界所围成的区域即 N 区，称为不混溶区（或亚稳区）。

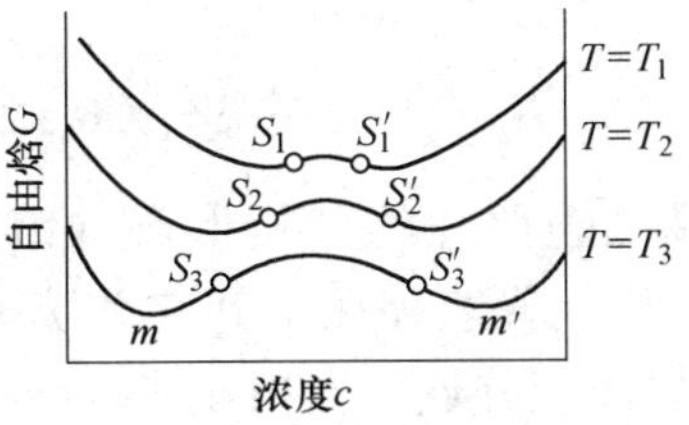

图 3-2　浓度-自由焓曲线

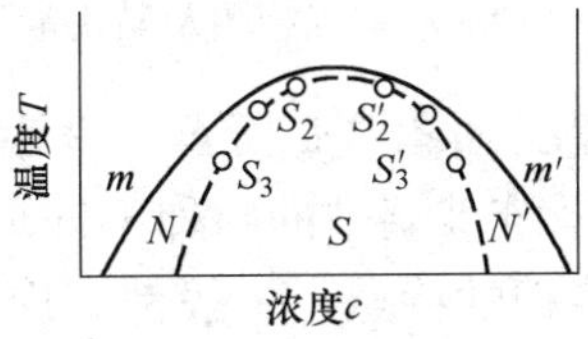

图 3-3　浓度-温度曲线

由图 3-2 和图 3-3 可以看出，在 S 区内，$\partial^2 G/\partial^2 c<0$，成分无限小的起伏导致自由焓减小，单相是不稳定的，分相是瞬时的、自发的，在 S 区发生亚稳分解。高温均匀液体冷却到亚稳极限曲线上时，晶核形成功趋于零，穿越亚稳极限曲线进入 S 区之后，就不再存在成核势垒，因此液相分离是自发的，只受不同种类分子的迁移率所限制。新相的主要组分由低浓度相向高浓度相扩散。在亚稳分解区（S 区）中，成分和密度的无限小的起伏产生了一些中心，由这些中心出发，产生了成分的波动变化。这是一种从均匀玻璃的平均组成出发在径向上成分的逐渐改变。

在 N 区内，$\partial^2 G/\partial^2 c>0$，成分无限小的起伏导致自由焓增大，因此单相液体对成分无限小的起伏是稳定的或亚稳的。在该亚稳区内，新相的形成需要做功（即新相形成不是自发的），并可以由成核和生长的过程来分离成一个平衡的两相系统。形成晶核需要一定的成核能，若形成液核就要创造新的界面而需要一定的界面能。当然它比晶核成核能小得多，因此液核较容易形成。在该亚稳区内，晶核一旦形成，其长大通常由扩散过程来控制。随着某些颗粒的长大，颗粒群同时在恒定的体积内发生重排。随后，大颗粒在消耗小颗粒的过程中长大。

3.1.1　两种分相结构及机理

用电子显微镜在研究 $BaO-SiO_2$ 系统分相时，发现随着成分的变化可以得到不同的分相结构，如图 3-4 所示。

当玻璃组成（摩尔分数）为：BaO 4.0%，SiO_2 96.0%，它处于混溶区间的高石英区，其中富 BaO 相具有小的体积分数，呈液滴状嵌于高硅氧的连续基相中；当玻璃组成（摩尔分数）为：BaO 10.0%，SiO_2 90.0%，它处于混溶区间的中部，则两相都具有高的体积分数，相互成为高度连接的三维空间结构；当玻璃组成（摩尔分数）为：BaO 24.0%，SiO_2 76.0%时，其中高硅氧相具有小的体积分数，并以液滴状嵌入于富钡的连续基相中。

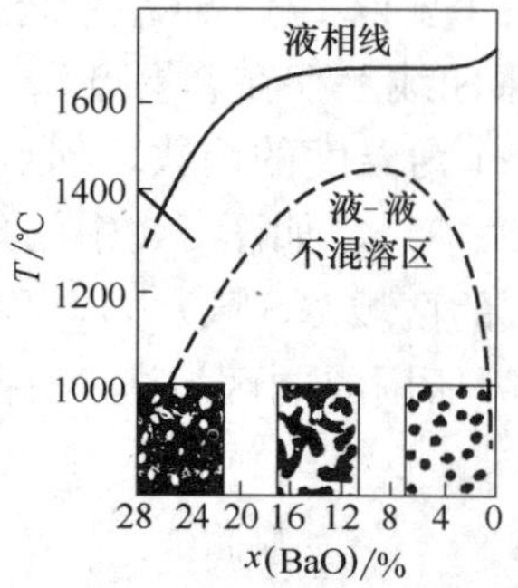

图 3-4 BaO-SiO_2 系统相图及其不混溶区图

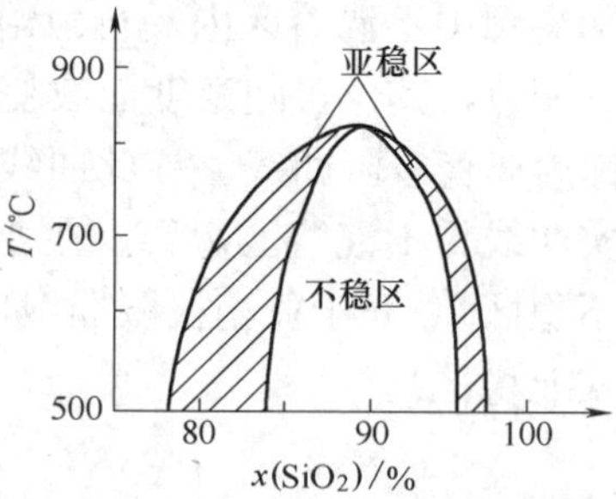

图 3-5 Na_2O-SiO_2 系统不混溶区图

上述情况如图 3-4 所示，并示出近似于电子显微镜照片的分相形态（结构）。上述 BaO-SiO_2 系统玻璃中的两种不同形态（结构）的分相，普遍存在于其它系统玻璃中。其中相互连接相的特点，一般都表现在两相均具有高的体积分数。当相互连接结构相进一步加热时，在某些情况下会发生粗化，但仍保持高度相互连接的特性；在其它情况下，连接相也可能发生粗化、收缩并转变成球体状。

电子显微镜研究表明，在亚稳区（或稳定区）中分相后形成一种分散的孤立滴状结构；而在不稳区（或亚稳分解区）则形成一种三维空间相互连接的连通结构。

图 3-5 所示为 Na_2O-SiO_2 系统的不混溶区。图中显示出亚稳区和不稳区。

图 3-6 所示为玻璃组成（摩尔分数）：Na_2O 14.8％，SiO_2 85.0％，在不同热处理条件下的电子显微镜照片。图 3-6（a）所示为一种孤立滴状结构，而图 3-6（b）所示为连通结构。图 3-5 和图 3-6 中的数据充分说明：玻璃分相结构与玻璃的成分和热处理温度都有密切的联系。

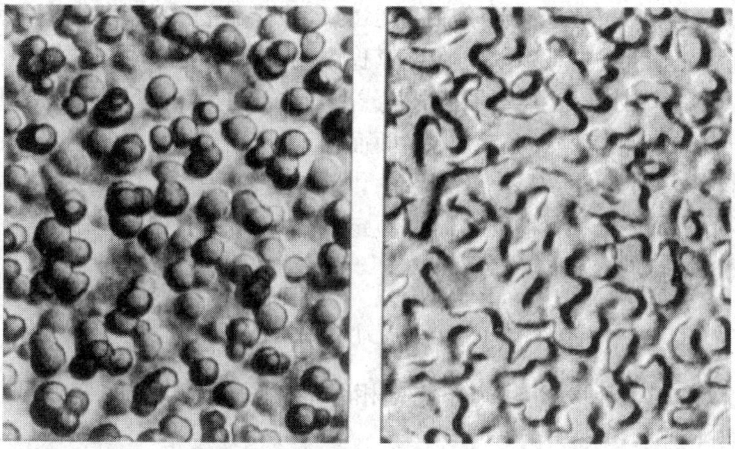

(a) (b)

图 3-6 分相玻璃电子显微照片

（a）孤立滴状结构 （b）连通状结构

如图 3-7（a）所示为不稳区的分组类型，起始浓度（成分）波动程度很小，但空间弥散范围较大，后来波动程度越来越大，最终达到分相（即亚稳分解机理）；如图 3-7（b）所示，开始成核时浓度（成分）波动程度大，而成核所牵涉的空间范围小（即成核和晶体生长机理）。

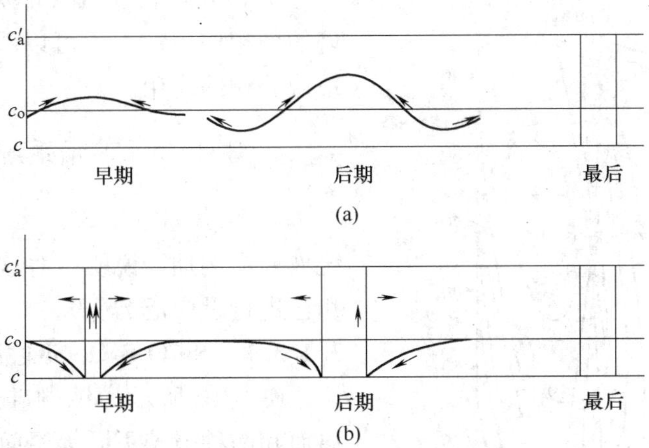

图 3-7　不稳区的分相类型图

（a）起始浓度波动小　（b）起始浓度波动大

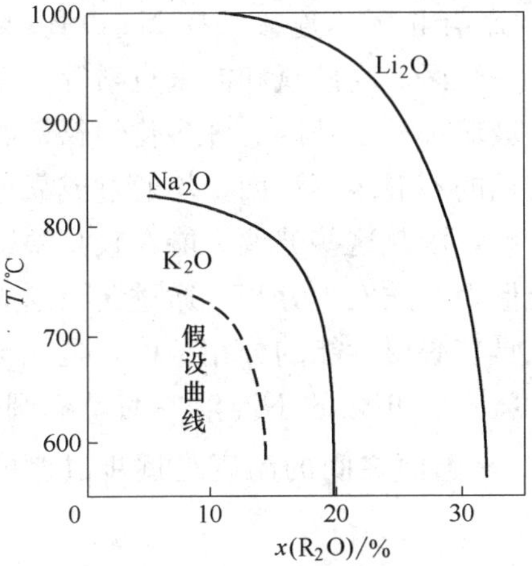

图 3-8　二元碱金属硅酸盐系统的混溶区和亚稳混溶区图

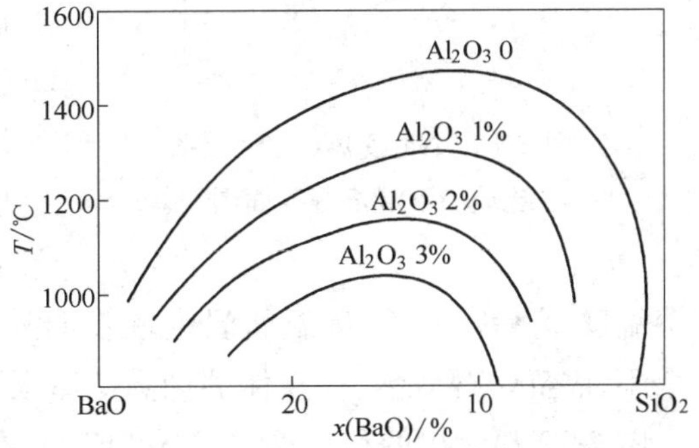

图 3-9　Al_2O_3 对 $BaO-SiO_2$ 系统玻璃的分相作用图

3.1.2　二元系统玻璃分相

当网络外体氧化物（如碱金属和碱土金属氧化物）加入到 SiO_2 玻璃或 B_2O_3 玻璃中时，往往发生不混溶现象。图 3-8 所示为二元碱金属硅酸盐系统的混溶区和亚稳混溶区。

由图 3-1 可以看出，当 MgO、FeO、ZnO、CaO、SrO 或 BaO 加入到 SiO_2 中时都发现有不混溶区间，它们大多数都产生稳定的（液相线上的）不混溶区。只有在加入 BaO 的情况下，其不混溶区是亚稳的（在液相线下）。由图 3-8 可以看出，在碱金属硅酸盐 Li_2O-SiO_2 和 Na_2O-SiO_2 系统中有亚稳不混溶区；而 K_2O-SiO_2 系统在低温下的亚稳不混溶区是推测性的，它可能不发生分相。

P_2O_5 能促进 Na_2O-SiO_2 二元系统的分相，Al_2O_3、ZrO_2、PbO 等都能抑制其分相，而加入少量 B_2O_3 时能抑制分相，加入量大时则促进分相。

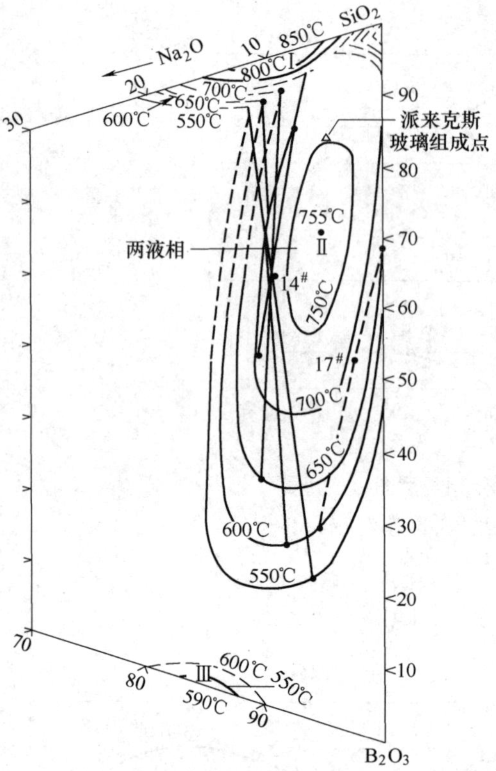

图 3-10　Na_2O-B_2O_3-SiO_2 系统玻璃不混溶等温面图

图 3-9 所示为 Al_2O_3 对 BaO-SiO_2 系统玻璃的分相作用。由图可以看出，Al_2O_3 有抑制玻璃分相的作用。

3.1.3　三元系统玻璃分相

以 Na_2O-B_2O_3-SiO_2 和 Na_2O-CaO-SiO_2 系统玻璃为例加以说明。对这两种系统玻璃的分相已进行过广泛的研究。

3.1.3.1　Na_2O-B_2O_3-SiO_2 系统玻璃分相

图 3-10 所示为钠硼硅系统中的不混溶等温面和两种玻璃不同等温面的连接线。由图 3-10 可以看出，在 Na_2O-B_2O_3-SiO_2 系统中有三个不混溶区（Ⅰ、Ⅱ、Ⅲ）。Ⅰ区在 Na_2O-SiO_2 边，并与Ⅱ区相连接。在 Na_2O-B_2O_3 边出现独立的Ⅲ区。高硅氧和派来克斯等一系列重要商用玻璃都处于Ⅱ区。许多化学仪器类硼硅酸盐玻璃的不混溶等温面，均通过或靠近其转变温度区，因此这些玻璃都能在较高温度下熔制和成形而不致发生分相。通过调节退火制度，使之具有必要性能的分相结构，是此类玻璃的最大特点。Ⅱ区的不混溶曲面呈椭圆形。混溶温度 T_e＝755℃。等温面温度逐步向外圈下降（等温面之间的温度是逐步过渡的）。整个不混溶区实际上是一立体的椭圆“屋顶”。

图 3-10 显示出两种玻璃（14#、17#）在各等温曲面间的连线。每条连线的两端与等温平面相交的两个节点，代表经过相应温度热处理后分相玻璃中富 SiO_2 相和富 B_2O_3 相的体积分数，它服从杠杆规则。

从组分点指向相图 B_2O_3 一端的线段长度，代表富 SiO_2 相的体积分数，指向 SiO_2 一端的线段则代表富 B_2O_3 的体积分数（见表 3-1）。

由表 3-1 可以看出，热处理温度不同，分相后相的成分不同。富 SiO_2 相的体积分数随温度的升高而下降，而富 B_2O_3 相则相应增大。反映在图中，即连线随温度的升高做顺时针方向旋转。连线的取向是通过电子显微镜的测试、沥滤液及残余玻璃的化学分析作出的。在Ⅱ区中连线的取向大致与椭圆的长轴平行。同时有试验数据表明：在不同温度下分相的结构类型也是不同的。它反映结构类型随温度而发生改变，而且改变得相当快。

由以上可以看出，亚稳不混溶相图和玻璃在不混溶等温面间的连线给我们提供了不同的分相温度以及相应的结构类型、相应的相组成成分，它对硼硅酸盐玻璃的生产有重要的指导意义。

表 3-1　　两相体积分数的分析结果

组分点	热处理温度/℃	富 SiO_2 相体积分数/%	富 B_2O_3 相体积分数/%
14#	550	75±5	30±5
	600	60±5	40±5
	650	50±5	50±5
	715	35±5	65±5
17#	600	60±5	40±5

3.1.3.2　Na_2O-CaO-SiO_2 系统玻璃分相

图 3-11 为 Na_2O-CaO-SiO_2 系统的不混溶等温曲线图。不混溶区一部分在液相曲面以上，一部分在液相曲面以下，图中虚线表示析出初晶相界线。由图可以看出，Na_2O-CaO-SiO_2 系统的不混溶区出现在高 SiO_2 一角的广大区域。在低 SiO_2 一侧的不混溶区曲面从 Na_2O 20%（摩尔分数）开始，沿 Na_2O-SiO_2 组成线扩展至约 CaO 50%（摩尔分数）的位置，并与 CaO・SiO_2 组成线连成一片，因此含高 SiO_2 的钠钙硅玻璃一般都会发生不混溶（分相）现象。Al_2O_3 具有缩小钠钙硅玻璃不混溶区的作用，故加入 Al_2O_3 可以制得均匀的含高 SiO_2 的钠钙硅玻璃。MgO 取代部分 CaO 能显著降低钠钙硅玻璃的不混溶温度。

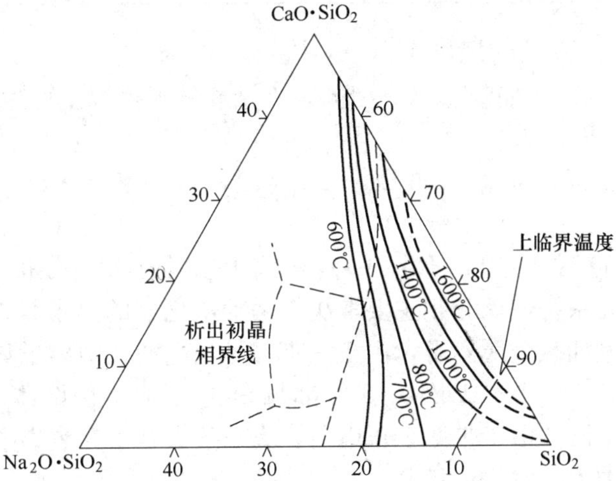

图 3-11　Na_2O-CaO-SiO_2 系统的不混溶等温曲线图

3.1.4　玻璃分相原因

从结晶化学的观点来解释氧化物玻璃熔体产生分相的原因，一般认为氧化物熔体的液相分离是由于阳离子对氧离子的争夺所引起的。在硅酸盐熔体中，桥氧离子已被硅离子以硅氧四面体的形式吸引到自己周围，因此网络外体或中间体阳离子总是力图将非桥氧离子吸引到自己的周围，并按自身的结构要求进行排列，如图 3-12 所示。

正是由于它们与硅氧网络之间结构上的差别，当网络外体的离子势较大、含量较多

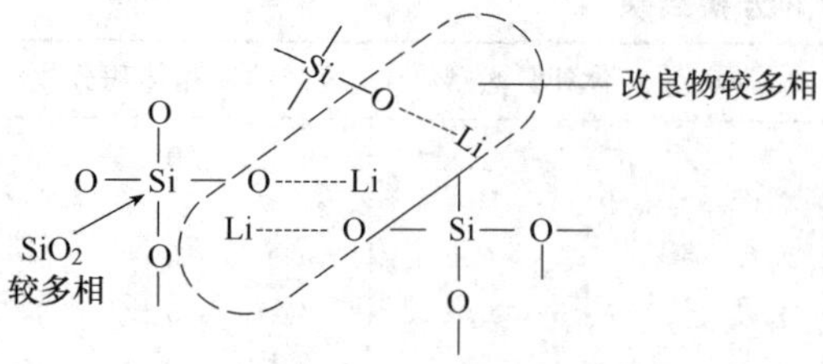

图 3-12　Li_2O-SiO_2 系统玻璃中分相示意图

时，由于系统自由能较大而不能形成稳定均匀的玻璃，它们就会自发地从硅氧网络中分离出来，自成一个体系，产生液相分离，形成一个富碱相（或富硼相）和一个富硅相。实践证明，阳离子势的大小，对氧化物玻璃的分相有决定性作用。表 3-2 列出了不同阳离子势（Z/r）及其氧化物和 SiO_2 二元系统的液相线形状。

表 3-2　　阳离子势（Z/r）及其氧化物和 SiO_2 二元系统的液相线形状

离子	离子半径 r /nm	电价 Z	离子势 (Z/r)	液相线形状
Cs^+	0.165	1	0.61	直线
Rb^+	0.149	1	0.67	直线
K^+	0.133	1	0.75	S 形(直线)
Na^+	0.099	1	1.02	S 形
Li^+	0.078	1	1.28	S 形
Ba^{2+}	0.143	2	1.40	S 形(见图 3-1)
Sr^{2+}	0.127	2	1.57	两个液相(见图 3-1)
Ca^{2+}	0.106	2	1.89	两个液相(见图 3-1)
Mg^{2+}	0.078	2	2.56	两个液相(见图 3-1)

由表 3-2 和图 3-1 总结的规律为：

① 当 $Z/r>1.40$ 时（如 Mg、Ca、Sr），在液相线温度以上产生液-液不混溶区（即稳定不混溶区），分相温度较高；

② 当 $1.00<Z/r\leqslant1.40$ 时（如 Ba、Li、Na），其液相线呈 S 形，在液相线以下有一个亚稳不混溶区；

③ 当 $Z/r<1.00$ 时（如 K、Rb、Cs），则熔体完全不发生分相。

由此可知，二元系统玻璃分相主要取决于两种氧化物的离子势差（$\Delta Z/r$），离子势差越小越容易分相。例如碱金属离子，由于只带一个正电荷，阳离子势小，争夺氧离子的能力较弱，因此，（除 Li^+、Na^+ 以外）一般都与 SiO_2 形成单相熔体，不易发生液相分离。但碱土金属离子则不同，由于带两个正电荷，离子势大，争夺氧离子的能力较强，故在二元碱土硅酸盐熔体中容易发生液相分离。

3.1.5　分相对玻璃性能的影响

分相对玻璃的性能有重要影响，它对具有迁移特性的性能，如黏度、电导、化学稳定性等影响较为敏感。图 3-13 所示为 KF-BeF_2 系统玻璃的分相和性能变化示意图。由图 3-13 可以看出，这些性能的变化主要取决于高黏度、高电阻和易溶解的分相区域的亚微结构（或形态）。连通结构的分相区域对黏度、活化能 E_η 和电阻率 $\lg\rho$ 有显著的影响，而形成封闭的滴状的分相区域对性能影响较小。由图 3-13 还可以看出，分相对某些具有加和特性的性能，如折射率、密度、热膨胀系数和弹性模量等不是那么敏感，在变化曲线上只形成不明显的折线点。它们的性能变化取决于分相区域的体积分数和成分，依然符合加和性法则。

3.1.5.1　对迁移性能的影响

图 3-14 所示为电导、化学不稳定性随分相形态变化而变化的情况。图中横坐标表示分相形态（结构）的变化情况，黑色部分表示低黏度相、高电导相或低化学稳定性相的部分。当这些相（黑色部分）成为分散液滴状时，则整个玻璃表现为高黏度、低电导或较高化学稳定性；当这种分散相逐渐过渡为连通相时，玻璃就由高黏度、低电导或高化学稳定性转变为低黏度、高电导或化学不稳定。就是说，这些性能决定于分相玻璃的连通相。

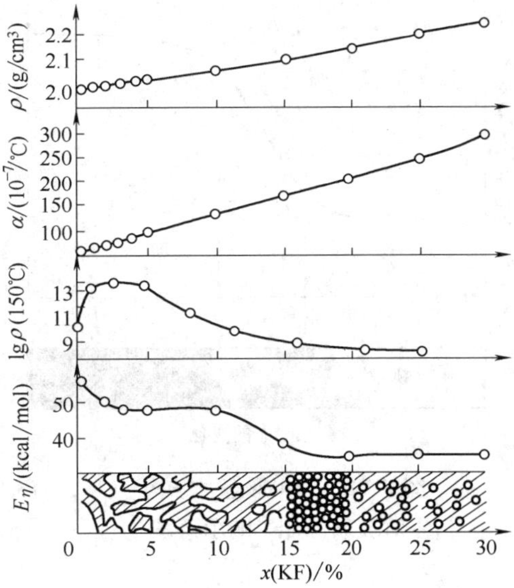

图 3-13　KF-BeF_2 系统玻璃的分相和性能变化图

在硼硅酸盐玻璃生产中，必须注意分相对化学稳定性的影响。例如派来克斯类型玻璃在生产过程中，有时由于分相过于强烈而发生化学稳定性突然恶化的现象。必须指出，分相对性能的影响视分相的形态（即亚微结构）而定。就化学稳定性来说，如果富碱硼相以滴状分散嵌入于富硅氧基相中时，由于化学稳定性不良的碱硼相为化学稳定性好的硅氧相所包围，掩护碱硼相免受介质的侵蚀，这样的分相将提高玻璃的化学稳定性。反之，如果在分相过程中，高钠硼相和高硅氧相形成相互连通的结构时，由于化学稳定性不良的碱硼相直接暴露在侵蚀介质中，玻璃的化学稳定性将发生恶化。分相的形态（亚微结构）与玻璃成分以及热处理的温度和时间有关。凡是侵蚀速度随热处理时间而增大的玻璃，一般都具有相互连通的结构。另外，富碱硼相的成分对侵蚀速度也有一定影响，碱硼相中 SiO_2 含量多的侵蚀速度较慢；反之侵蚀速度较快。

图 3-15 所示为几种商用玻璃的侵蚀速度与热处理时间的关系图。由图 3-15 可以看出，玻璃的侵蚀情况分为两类：第一类为 1、2、5 号玻璃，其侵蚀速度随分相而增大，开始时增大较快，后来逐渐变为恒值，进一步延长热处理时间，侵蚀又略有下降。第二类为 3 号玻璃，其侵蚀速度实际上不随分相而发生改变。通过电子显微镜和小角度 X 射线衍射分析证明，表 3-3 中的几种玻璃（除 4 号玻璃外），在热处理过程中都发生了分相；3 号玻璃分相呈分散滴状，故其侵蚀速度不随分相而改变；5 号玻璃的分相形态属于相互连通相，故其侵蚀速度随分相而增大。

表 3-3　　**几种商用玻璃的化学组成**　　单位：%（质量分数）

序号	康宁玻璃牌号	SiO_2	B_2O_3	Al_2O_3	Na_2O	K_2O	PbO	MgO	Li_2O	其它
1	7740	80.5	12.9	2.2	3.8	0.4	—	—	—	0.2
2	7720	73.0	16.5		4.5	—	6.0	—	—	—
3	7070	70.0	27.2	1.1	—	0.5	—	—	1.2	—
4	7052	64.0	19.0	8.0	2.0	3.0	—	BaO 3.0	1.0	—
5	7050	67.5	24.6	1.7	4.6	1.0	—	BaO 0.2	—	0.4

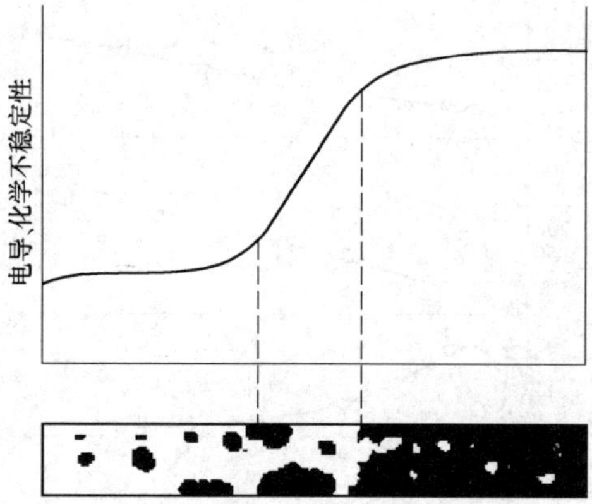

图 3-14　分相形态（结构）对玻璃性能影响示意图

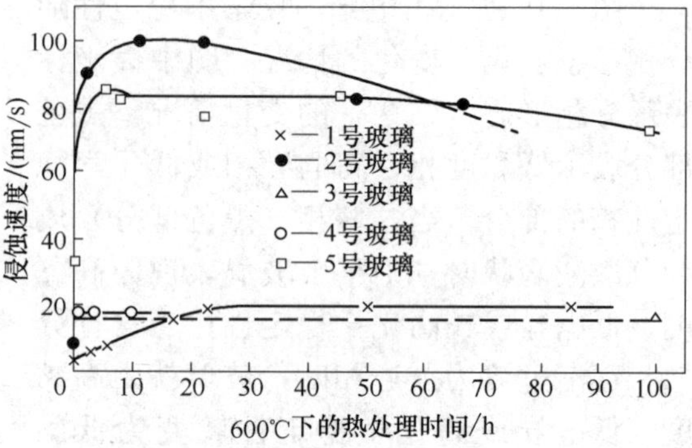

图 3-15　几种硼硅酸盐玻璃的氢氟酸侵蚀速度与热处理时间关系图

（侵蚀介质为 20℃的 10%HF）

由于分相对硼硅酸盐玻璃的性能有重大影响，因此在生产实际中除了稳定玻璃化学成分外，还必须严格控制退火温度制度，以保证产品质量的稳定。

3.1.5.2　对玻璃析晶的影响

（1）为成核提供界面　玻璃的分相增加了相间的界面，成核总是优先产生于相的界面上进行。实验证明，一些微晶玻璃的成核剂（如 P_2O_5）正是通过促进玻璃强烈分相而影响玻璃的结晶。

（2）分散相具有高的原子迁移率　分相导致两液相中的一相具有较母相（均匀相）明显大的原子迁移率，这种高的迁移率能够促进均匀成核。因此，在某些系统中，分相对促进晶相成核所起的主要作用，可能就是因为形成具有高的原子迁移率的分散相。

（3）使成核剂组分富集于一相　分相使加入的成核剂组分富集于两相中的一相，因而起晶核作用。如含 TiO_2 4.7%（质量分数）的铝酸盐玻璃，热处理过程中最初出现 $Al_2O_3 \cdot 2TiO_2$的晶核，继续加热能制得 β-锂霞石微晶玻璃，最后转变为含 β-锂辉石和少量金红石的微晶玻璃。不含 TiO_2 的同成分玻璃，虽然在冷却过程中也分相，但热处理时只能是表面析晶。

由此可以看出，分相作为促进玻璃态向晶态转化的一个过程应该是肯定的，然而分相和晶体成核、生长之间的关系是十分复杂的问题，而且有些情况尚不十分清楚，需要进一步探索和研究。

3.1.5.3　对玻璃着色的影响

实验证明，含有过渡金属元素（如 Fe、Co、Ni、Cu 等）的玻璃在分相过程中，过渡元素几乎全部富集在微相（如高碱相或碱硼相）液滴中，而不是在基体玻璃中。例如高硅氧玻璃的铁含量总是富集在钠硼相中，因此才有可能将铁和钠硼一起沥滤掉而使最后产品中的铁含量甚微。过渡元素的这种有选择的富集特性，对发展颜色玻璃、激光玻璃、光敏玻璃以及光色玻璃都有重要的作用。例如著名陶瓷铁红釉大红花，就是利用铁在玻璃分相过程中有选择地富集的特性而形成的。对铁红釉液相分离的研究证明，铁红釉大红花是通过含 Fe_2O_3 玻璃釉经两次分相而形成。第一次分相：从连续的液相基质中分离出大小为

$3\mu m$ 左右的棕黄色球形液滴，它是富集 Fe_2O_3 的微相（图 3-16）。第二次分相，从 $3\mu m$ 左右富 Fe_2O_3 微相中再分离出贫铁相和棕色富 Fe_2O_3 相的连续第四基质相（图 3-17）。其中贫铁相成长为红花的黄色花心，棕色富铁的第四基质相形成朱红色花瓣，经鉴定证明它是 α-Fe_2O_3 晶体。

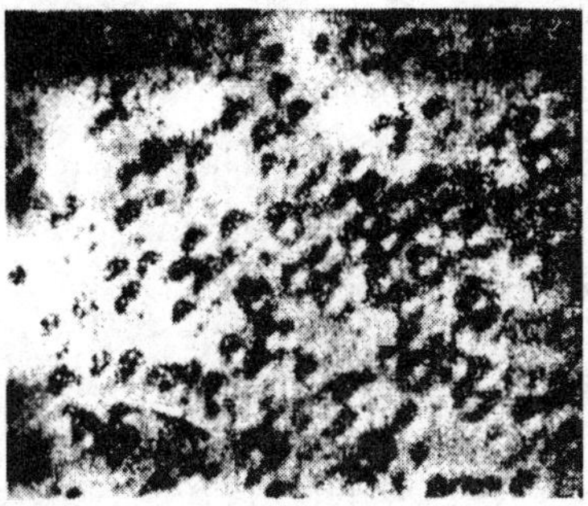

图 3-16　铁红釉第一次分相的电子显微照片

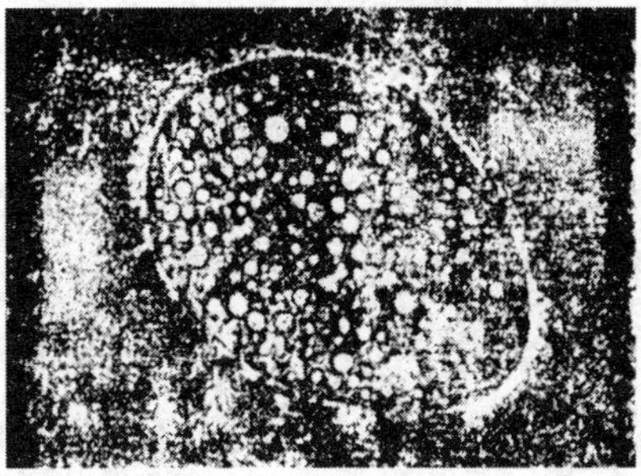

图 3-17　铁红釉第二次分相的电子显微照片

在玻璃生产中，可以根据玻璃成分的特点及其分相区的温度范围，通过适当的热处理，控制玻璃分相的结构类型（滴状相或连通相）、分相的速度、分相进行的程度以及最终相的成分等，以提高玻璃制品的质量和发展新品种、新工艺。例如通过热处理和酸处理制造微孔玻璃、高硅氧玻璃（需经烧结）和蚀刻雕花玻璃是众所周知的。通过控制分相区域的结构，使易溶解的钠硼相形成高硅相封闭的玻璃滴，能生产性质类似于派来克斯玻璃的低温易熔的硼硅酸盐玻璃。在玻璃软化点附近加上拉应力，使分相区域形成针状有规则排列，成为各向异性，可以作为自聚焦光导、双折射和偏振材料等。一般光学玻璃和光导纤维中要力求避免分相，以降低光的散射损耗。

3.2　玻璃析晶

从热力学观点看，玻璃热力学能高于同成分晶体的热力学能，因此熔体的冷却必然导致析晶。熔体的能量和晶体的能量差越大，则析晶倾向越大。然而从动力学观点来看，由于冷却时熔体黏度增加很快，析晶所受阻力很大，故可能不析晶而形成过冷的液体。在液相线温度以上的结晶被熔化，而在常温时固态玻璃的黏度极大，因此都不可能析晶。一般析晶在相应于黏度为 $10^4 \sim 10^6 dPa \cdot s$ 的温度范围内进行。

玻璃析晶过程包括晶核形成和晶体生长两个阶段，成核速度和晶体生长速度都是过冷度和黏度的函数。

3.2.1　成核过程

成核过程，可分为均匀成核和非均匀成核。均匀成核（又称本征成核或自发成核）是指在宏观均匀的玻璃中，在没有外来物的参与下，与相界、结构缺陷等无关的成核过程；非均匀成核（又称非本征成核）是依靠相界、晶界或基质的结构缺陷等不均匀部位而成核的过程。相界一般包括：容器壁、气泡、杂质颗粒或添加物等与基质之间的界面，由于分相而产生的界面，以及空气与基质的界面（即表面）等。在生产实际中常见的是非均匀成核，而均匀成核一般不易出现。

3.2.1.1 均匀成核

处于过冷状态的玻璃熔体，由于热运动引起组成和结构上的起伏，一部分变成晶相，晶相内质点的有规则排列导致体积自由能的减小。然而在新相产生的同时，又将在新生相和液相之间形成新的界面，引起界面自由能的增加，对成核造成势垒。因此，在新相形成过程中，同时存在两种相反的能量变化。当新相的颗粒过小时，界面对体积的比例大，整个体系的自由能增大。但当新相达到一定大小（临界值）时，界面对体积的比例就减小，系统自由能的变化 ΔG 为负值，这时新生相就有可能稳定成长。这种可能稳定成长的新相区域称为晶核，那些较小的不能稳定成长的新相区域称为晶胚。

假定晶核（或晶胚）为球形，其半径为 r，则上述讨论可表示为：

$$\Delta G=\frac{4\pi r^3\Delta G_v}{3}+4\pi r^2\sigma \tag{3-1}$$

式中 ΔG_v——相变过程中单位体积的自由能变量；

σ——新相与熔体之间的界面自由能（或称表面张力）。

根据热力学推导：

$$\Delta G_v=\frac{n\rho\Delta H\Delta T}{M_r T_e} \tag{3-2}$$

式中 n——新相所含的分子数；

ρ——新相密度；

M_r——新相的相对分子质量；

ΔH——焓变；

T_e——新、旧两相的平衡温度，即析晶温度；

ΔT——过冷度，$\Delta T=T_m-T$；

T——系统实际所处温度。

当系统处于过冷状态时，$\Delta T>0$，但 $\Delta H<0$（因有结晶潜热放出），因此 $\Delta G_v<0$，即式（3-1）的第一项为负值，由于 σ 必为正值，故系统的自由能总变量 ΔG 为正或为负取决于式（3-1）中第一和第二两项绝对值的相对大小；而这两项都是 r 的函数。将 ΔG 对 r 做图，得到图 3-18。由图可见，当 r 很小时，ΔG 为正值，因为这时式（3-1）中的第二项占优势；而当 r 大于某一数值时，ΔG 为负值，因为这时式（3-1）中的第一项占优势。曲线 ΔG-r 有一个极大值，为此相应的核半径称为“临界核半径”，用 r^* 表示，如式（3-3）所示。

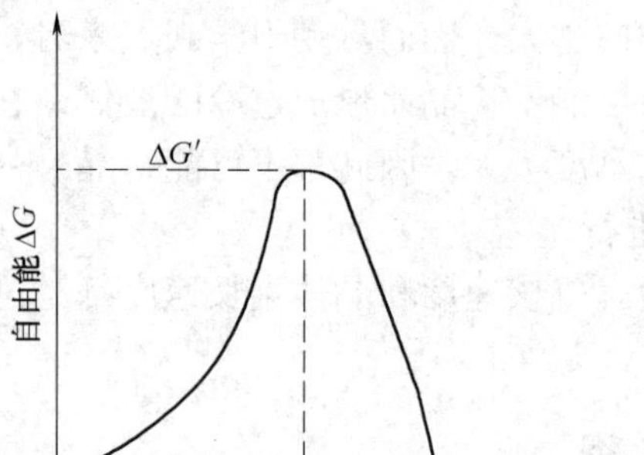

图 3-18 核的自由能与半径的关系

$$r^*=-\frac{2\sigma M_r T_e}{n\rho\Delta H\Delta T} \tag{3-3}$$

根据图 3-18，当 $r=r^*$ 时，ΔG 的一阶导数应等于零，即 d（ΔG）/dr=0。由此可以解出 r^* 是形成稳定的（不致消失的）晶核所必须达到的核半径，其值越小则晶核越易形成。r^* 的数值取决于物系自身的属性 σ、M_r、Te、ρ 和 ΔH。

3.2.1.2　非均匀成核

很早以前人们就发现在某些过饱和溶液中，加入某些晶态物质（晶种）可以实现诱导结晶。20 世纪 40 年代有人根据碘化银与冰在晶格常数方面的相似性（点阵匹配），曾经利用碘化银作为成核剂成功地进行了人工降雨。通过成核剂实现结晶，以及在熔体外表面或容器壁上形成晶核等，一切借助于界面的成核过程都属于非均匀成核的范畴。

非均匀成核的理论是在微晶玻璃的研制过程中发展和完善起来的，反过来它又为微晶玻璃的发展起着指导作用。有控制的析晶或诱导析晶是制造微晶玻璃的基础。适当地选择玻璃成分、成核剂种类及热处理制度，就可能有意识地控制玻璃的成核和晶体长大，以获得一系列具有优异性能的微晶玻璃。微晶玻璃被认为是 20 世纪玻璃品种上的重大突破。目前已能成功地生产透明、半透明、不透明、负膨胀、零膨胀到正膨胀（$-20\times10^{-7}\sim200\times10^{-7}/℃$），高强度，具有良好电性能、耐磨和耐腐蚀等微晶玻璃。

在非均匀成核情况下，由成核剂或两液相提供的界面使界面自由能［式（3-1）中的 σ］降低，因此影响到相应于临界半径时的 ΔG 值。此值与熔体对晶核的润湿角 θ 有关，如式（3-4）所示。

$$\Delta G=\frac{16\pi\sigma^3}{3(\Delta G_v)^2}\cdot\frac{(2+\cos\theta)(1-\cos\theta)^2}{4} \tag{3-4}$$

当 $\theta<180°$时，非均匀成核的自由能势垒比均匀成核小，当 $\theta=60°$时，势垒为均匀成核的 1/6 左右，因此非均匀成核较均匀成核易于发生。

一般来说，成核剂和初晶相之间的表面张力越小，或它们之间的晶格常数越接近，成核就越容易。

用于微晶玻璃的成核剂有下述几种类型：

（1）贵金属盐类　贵金属 Au、Ag、Cu、Pt 和 Rh 等的盐类熔入玻璃后，在高温时以离子状态存在，而在低温时则转变为原子状态。经过一定热处理将形成高度分散的金属晶体颗粒，从而促进诱导析晶。斯图基（Stookey）1956 年发现 Li_2O-Al_2O_3-SiO_2 系统的微晶玻璃，就是用金和银的化合物作为成核剂。目前贵金属盐仍广泛用于制造光敏微晶玻璃。

影响金属核化能力的几个主要因素如下：

① 晶格常数相近：一般认为，金属颗粒诱导析晶时，只要金属和被诱导的晶核间的晶格数之差不超过 10%～15%，就会因外延（或称附生）作用而成核；

② 金属颗粒的大小对核化能力有重要影响：一般当晶体颗粒达到一定大小时，才能诱导主体玻璃析晶。例如在 Li_2O-SiO_2 玻璃中，只有当金属颗粒达到 8.0nm 时，才能使玻璃发生结晶。因为核粒小，曲率半径就小，核化结晶的应力增大，给主体玻璃的核化结晶带来困难。

（2）氧化物　这类成核剂有 TiO_2、P_2O_5、ZrO_2 和 Cr_2O_3 等，其中 TiO_2、ZrO_2、P_2O_5 是目前微晶玻璃生产中最常用的成核剂。它们共同的特点是，阳离子电荷高、场强大，对玻璃结构有较大的积聚作用。其中 P^{5+} 由于场强大于 Si^{4+}，有加速玻璃分相的作用。而 Ti^{4+}、Zr^{4+} 等由于场强小于 Si^{4+}，当加入少量时又有减弱玻璃分相的作用，因此它们的成核机理不同。TiO_2 的成核机理比较复杂，目前尚未彻底弄清。一般认为在核化过程中，首先析出富含钛氧的液相（或玻璃相）。它是一种微小（约 5.0nm）的悬浮体，在一定条件下（如热处理）将转变为结晶相，进而使母体玻璃成核和长大。X 射线衍射证明，在含钛的 $MgO-Al_2O_3-SiO_2$ 玻璃中析出的悬浮体是钛酸镁。其它一些含钛玻璃（如 $Na_2O-Al_2O_3-SiO_2$ 玻璃），分相后的析出物都不是单纯的 TiO_2，而是一种钛酸盐。

Ti^{4+} 在玻璃结构中属于中间体阳离子，在不同的条件下它可能以六配位［TiO_6］或四配位［TiO_4］状态存在。在高温下（由于配位数降低）Ti^{4+} 可能以四配位参加硅氧网络，而与熔体产生良好的混溶。当温度降低，钛将由钛氧四面体转变为低温的稳定状态——钛氧八面体，这时由于［TiO_6］与［TiO_4］结构上的差别，TiO_2 就会与其它 RO 类型的氧化物一起从硅氧网络中分离出来（分液），并以此为晶核，促使玻璃微晶化。

TiO_2 有缩小 Na_2O-SiO_2 玻璃不混溶区的作用（图 3-19）。

由图 3-19 可以看出，TiO_2 在一定程度有减小玻璃分相的作用，因此 TiO_2 不可能通过分相来促使玻璃的核化。

P_2O_5 是玻璃形成体氧化物，对硅酸盐玻璃具有良好的成核能力，常与 TiO_2、ZrO_2 共用或单独用于 $Li_2O-Al_2O_3-SiO_2$、$Li_2O-MgO-SiO_2$ 和 $MgO-Al_2O_3-SiO_2$ 等系统微晶玻璃中。

P_2O_5 在硅氧网络中易形成不对称的磷酸多面体（图 3-20）。加之 P^{5+} 的场强大于 Si^{4+}，因此它易与 R^+ 或 R^{2+} 一起从硅氧网络中分离出来。一般认为 P_2O_5 在玻璃中的核化作用，来源于分相。因为分相能降低界面能，使成核活化能下降。

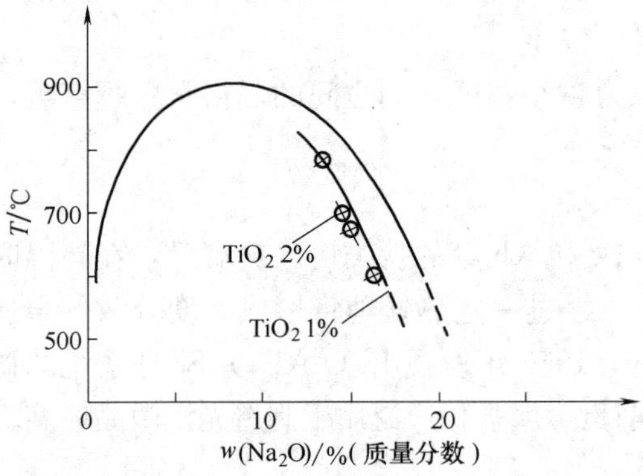

图 3-19　Na_2O-SiO_2 玻璃不混溶区及 TiO_2 的作用图

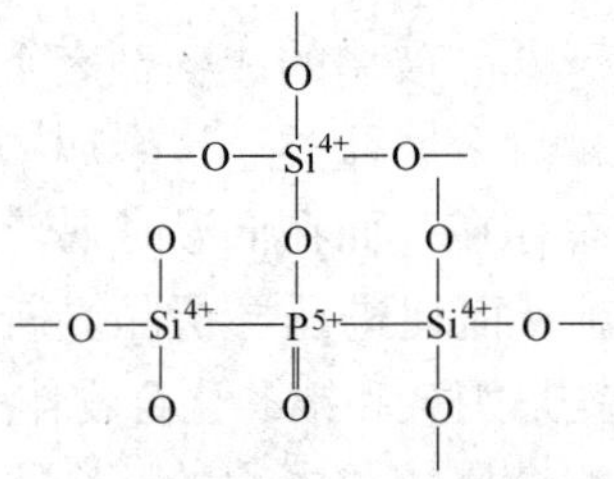

图 3-20　［PO_4］在硅氧网络结构中的作用图

试验数据表明：P_2O_5 能大大提高 Na_2O-SiO_2 玻璃的不混溶温度并扩大其不混溶区，这主要是由于晶态 $AlPO_4$ 与方石英在结构上的相似性所致。

关于 ZrO_2 的核化作用，一般认为先是从母相中析出富含锆氧的结晶（或生成约 5.0nm 的富含 ZrO_2 的微不均匀区），进而诱导母体玻璃成核。试验证明：在 $Li_2O-Al_2O_3-SiO_2$、$MgO-Al_2O_3-SiO_2$ 等系统的微晶玻璃中，ZrO_2 主要诱导形成主晶相为 β-石英固溶体、次晶相为细颗粒的立方 ZrO_2 固溶体。

ZrO_2 在硅酸盐熔体中溶解度小，一般超过 3%（质量分数）就溶解困难而常常从熔体中析出，这是 ZrO_2 作为成核剂的不利一面。如引入少量 P_2O_5 能促进 ZrO_2 的溶解。

（3）氟化物　氟化物是著名的乳浊剂和加速剂，常用的氟化物有氟化钙（CaF_2）、冰晶石（Na_3AlF_6）、氟硅化钠（Na_2SiF_6）和氟化镁（MgF_2）等。当氟含量大于 2%～4%（质量分数）时，氟化物就会在冷却（或热处理）过程中从熔体中分离出来，形成细结晶状的沉淀物而引起玻璃乳浊。利用氟化物乳浊玻璃的原理，可促使玻璃成核，其中氟化物微晶体就是玻璃的成核中心。氟化物的晶核形成温度通常低于晶体生长温度，因此用氟化物核化、晶化的玻璃，包含数量巨大的微小晶体，而不是数量少的粗晶。

F^-半径（0.136nm）与O^{2-}半径（0.14nm）非常接近，因此F^-能取代O^{2-}而不致影响到玻璃结构中离子的排布。但F^-是-1价，O^{2-}为-2价，因此两个F^-取代一个O^{2-}才能达到电性中和。反映在结构上相当于用两个硅氟键（≡Si—F）取代一个硅氧键（≡Si—O—Si≡）。≡Si—F群的出现，意味着硅氧网络的断裂，导致玻璃结构的减弱。

一般认为氟具有减弱玻璃结构的作用，是氟化物诱导玻璃成核长大的主要原因。

近年来新出现的云母型可切削的微晶玻璃，也是用氟化物作为晶核剂的。

3.2.2 晶体生长

当形成稳定的晶核后，在适当的过冷度和过饱和度条件下，熔体中的原子（或原子团）向界面迁移，到达适当的生长位置，使晶体长大。晶体生长速度取决于物质扩散到晶核表面的速度和物质加入于晶体结构中的速度，而界面的性质对于结晶的形态和动力学有决定性的影响。

就正常晶体生长过程来说，晶体的生长速度u由式（3-5）表示。

$$u=\upsilon d_0\left[1-e^{\left(-\frac{\Delta G}{KT}\right)}\right] \tag{3-5}$$

式中 u——单位面积的生长速度；

υ——晶液界面质点迁移的频率因子；

d_0——界面层厚度，约等于分子直径；

ΔG——液体与固体自由能之差（即结晶过程自由焓的变化）。

当过程离开平衡态很小时，即T接近于T_m（熔点），$\Delta G \ll KT$，这时晶体生长速度与推动力（过冷度$\Delta T=T_m-T$）呈直线关系。就是说在这样的条件下，生长速度随过冷度的增大而增大。但当过程离开平衡态很大（过冷度大）时，即$T \ll T_m$，故$\Delta G \gg KT$，式3-5中$\left[1-e^{-\frac{\Delta G}{KT}}\right]$项接近于1，即$u \to \upsilon d_0$。也就是说，晶体生长速度受到原子（通过界面）扩散速度的控制。在此条件下，晶体生长速度达到极限值。就液态物质而言，这一极限值一般在10^5cm/s范围内。

图3-21所示为GeO_2晶体生长速度与过冷度的关系图。

由图3-21可以看出，在熔点处生长速度为零，温度从熔点T_m下降，随着过冷度ΔT的增大，晶体生长的动力也随之增大，故生长速度增大，且生长速度与过冷度呈线性关系然后达到最大值。当进一步过冷，即温度T距T_m很远时，由于黏度的增大，使相界面迁移的频率因子υ下降，导致生长速度减小。

3.2.3 影响玻璃析晶的因素

（1）温度 当熔体从T_m冷却时，ΔT（即过冷度，$\Delta T=T_m-T$）增大，因此成核和晶体生长的驱动力增大，但是此时黏度随之也增大，成核和晶体生长的阻力增大。为此，成核速度与ΔT的关系曲线以及晶体生长与ΔT的关系曲线都出现峰值，两条曲线都是先上升然后下降。在上升阶段，ΔT的驱动作用占主导地位，而在下降阶段则是黏度的阻碍作用占优势。两个峰值的位置主要由玻璃的化学组成和结构决定，并可通过试验测出。如果目的在于析晶（如微晶玻璃），则应先在适当温度下成核，然后升温以促进晶核长大至适当尺寸。

（2）黏度　当温度较低时（即远在 T_m 以下时），黏度对质点扩散的阻碍作用限制着结晶速度，尤其是限制晶核生长速度，图 3-22 所示为钠硅酸盐玻璃 SiO_2 含量与结晶线速度的关系。由图 3-22 可以看出，随着 SiO_2 含量的增加，曲线位置依次向下移动，说明玻璃的结晶线速度相应减小。显然，这是由于 SiO_2 含量增大，导致玻璃黏度增大。

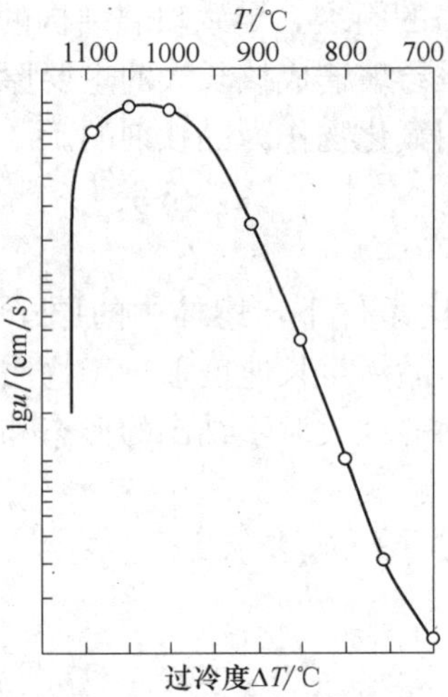

图 3-21　GeO_2 晶体生长速度与过冷度的关系图

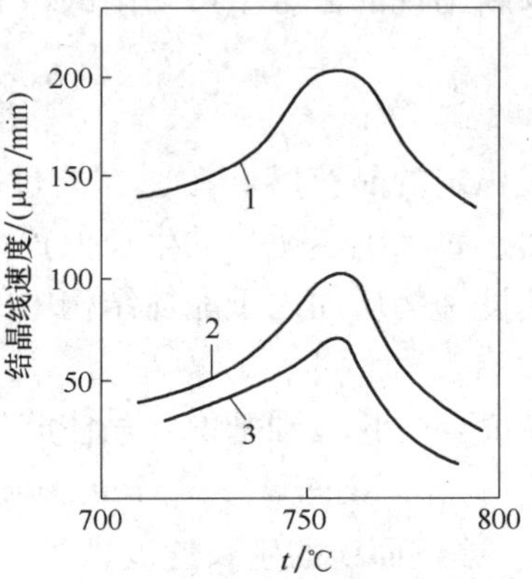

图 3-22　SiO_2 含量对钠硅酸盐玻璃的结晶线速度影响图

1—$w(SiO_2)$ 50%　2—$w(SiO_2)$ 60%　3—$w(SiO_2)$ 70%

（3）杂质　加入少量杂质可能会促进结晶，因为杂质引起成核作用，还会增加界面处的流动度，使晶核更快地长大。杂质往往富集在分相玻璃的一相中，富集到一定浓度，会促使这些微相由非晶相转化为晶相。在一些硅酸盐和硒酸盐熔体中，水能增大熔体的流动度，因而有促进结晶的作用。

（4）界面自由能　固液界面自由能越小，则晶核的生长所需能量越低，因而结晶速度越大。加入外来物，杂质和分相等都可以改变界面能，因此可以促进或抑制结晶过程。

3.3　玻璃的析晶缺陷

在玻璃生产中（除制造乳浊玻璃、微晶玻璃等情况以外）一般不希望玻璃析晶，因为析晶会造成制品外观上的缺陷，并使一系列性能如力学性能、热稳定性、光学均匀性等变坏，玻璃析晶是生产中常见的缺陷之一。

3.3.1　玻璃析晶缺陷产生的原因

对大多数硅酸盐熔体和玻璃来说，晶核形成的最大速度是在较低温度区，而晶体生长的最大速度在较高温度区（图 3-23）。

由图 3-23 可知，当熔体从高温冷却时，首先进入 ac 范围，此时熔体内尚无晶核，故不致析晶。接着进入交叉区 cb，此时熔体中既能形成晶核，晶体又能生长，因此具备了析晶条件，但此时晶核形成和晶体生长的速度都不大，析晶缓慢。因此只要冷却速度足够大，就能迅速越过 cb 区，而不析晶或很少析晶。当继续冷却到 b 点以下时，虽然晶核形成较多，但晶体已不能长大，因此也不能析晶。在熔体已凝固后，如果再次加热并进入晶体生长区 ba（例如灯工加工），则析晶可能较大，因为在玻璃当初冷却通过 cd 区时已有一定数量的晶核存在。

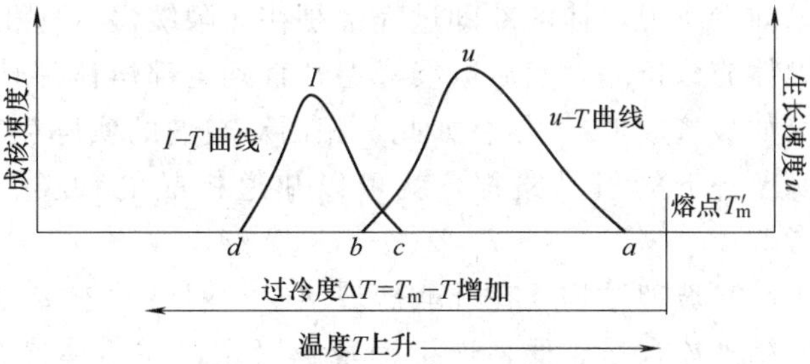

图 3-23　玻璃的成核速度、核晶体生长速度曲线图

3.3.2　影响玻璃析晶缺陷产生的因素

（1）玻璃成分　玻璃成分对玻璃的析晶有重要的作用，它是引起玻璃析晶的内因。从相平衡观点出发，一般玻璃系统中成分越简单，则在熔体冷却至液相线温度时，化合物各组成部分相互碰撞排列成一定晶格的概率越大，这种玻璃也越容易析晶。同理，相应于相图中一定化合物组成，玻璃也较容易析晶。当玻璃成分位于相图中的相界线上，特别是在低共熔点处时，因系统要析出两种以上的晶体，在初期形成晶核结构时相互产生干扰，从而降低玻璃的析晶倾向，难以析晶。因此从降低熔制温度和防止析晶的角度出发，玻璃成分应当选择在相界线或共熔点附近。图 3-24 所示为 Na_2O-CaO-SiO_2 系统的部分相图。一般的实用钠钙硅玻璃成分，大致选择在鳞石英与失透石（$Na_2O \cdot 3CaO \cdot 6SiO_2$）的界线附近的狭长范围内。

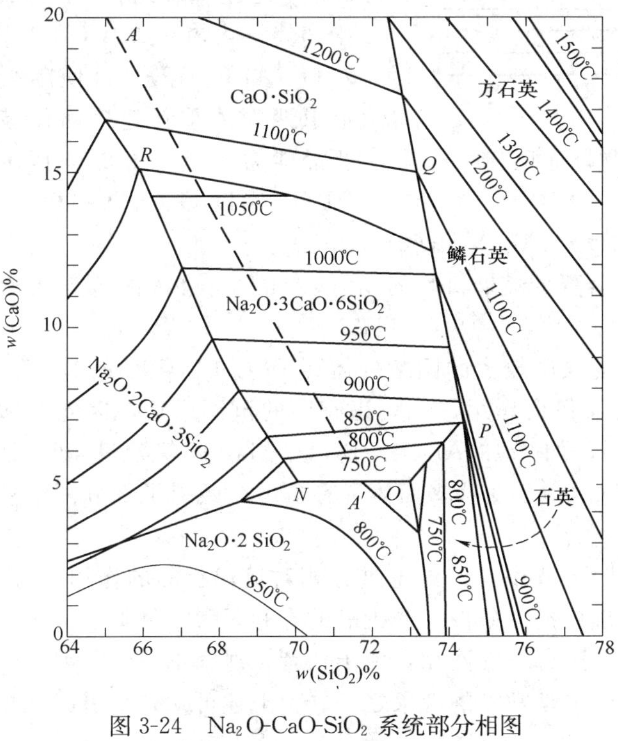

图 3-24　Na_2O-CaO-SiO_2 系统部分相图

由图 3-24 可以看出，在 QPO 以左，等温线几乎垂直于纵轴，因此 CaO 含量的变化灵敏地支配着析晶的开始温度。例如在 SiO_2 含量不变的情况下，降低 CaO 含量，将显著降低开始析晶的温度。

在 QPO 以右，等温线几乎垂直于横轴，因此 SiO_2 含量的变化灵敏地支配着熔体开始析晶的温度。

必须指出，相图所描述的理想析晶情况与玻璃实际的析晶情况之间还存在较大的差别，前者所说熔体的冷却过程都是在无限缓慢（即相平衡条件下）的情况下进行的，以便让熔体充分析晶，然后继续降温，直到全部熔体都转变为晶体，而后者冷却总是快速进行的（如玻璃成形）。尽管如此，相图对玻璃的实际生产仍有重要的指导意义，因为弄清相平衡条件下的析晶路程，就可以知道析晶的种类、温度范围，为防止析晶提供一定的参考。

（2）玻璃结构　在硅酸盐玻璃中，网络的连接程度对玻璃析晶有重要的作用。一般来说网络外体含量越低，连接程度越紧密，在熔体冷却过程中越不易调整成为有规则的排列，即越不易析晶。反之，网络断裂越多（即非桥氧越多），玻璃越易析晶。表 3-4 列举了不同成分二元系统硅酸盐玻璃 Na_2O-SiO_2 析晶能力的变化。

表 3-4　Na_2O-SiO_2 硅酸盐玻璃析晶能力的变化

玻璃成分	SiO_2	$Na_2O \cdot 2SiO_2$	$Na_2O \cdot SiO_2$	$2Na_2O \cdot SiO_2$
O/Si(摩尔比)值	2.0	2.5	3.0	4.0
结构状态	网状结构	层状结构	链状结构	岛状结构
析晶能力	很难结晶	易结晶，保温 1h 表面结晶	极易结晶，保温 1h 全结晶	不能形成玻璃

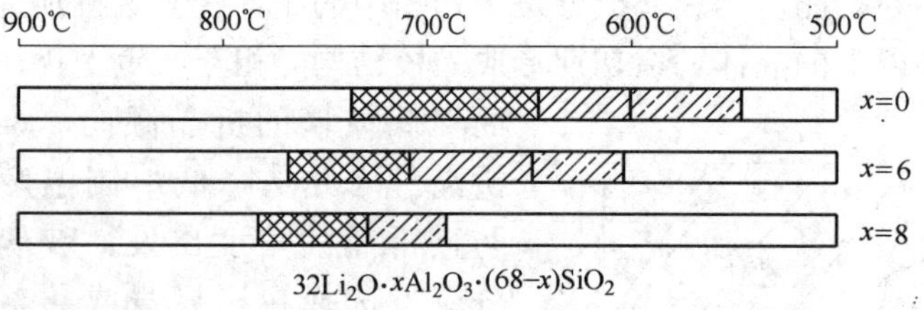

图 3-25　Al_2O_3 对 Li_2O-Al_2O_3-SiO_2 玻璃析晶能力的作用图

在碱金属氧化物（或碱土金属氧化物）含量较多、网络断裂比较严重的情况下，加入中间体氧化物（如 BeO、MgO、ZnO、Al_2O_3 等），可使断裂的硅氧四面体重新连接而使玻璃析晶能力下降。图 3-25 所示为 Al_2O_3 对 Li_2O-Al_2O_3-SiO_2 玻璃析晶能力的作用，玻璃组成为：$32Li_2O \cdot xAl_2O_3 \cdot (68-x)SiO_2$。

由图 3-25 可以看出，Al_2O_3 能显著降低玻璃析晶的能力。Al_2O_3 在钠钙硅玻璃和硼硅酸盐玻璃系统中也有同样的作用。

在碱金属氧化物含量较少时，电场强度较大的网络外体离子（如 Li^+、Mg^{2+}、Ti^{4+}、Zr^{4+}、La^{3+} 等）容易在结构中产生局部积聚作用，使短程有序的范围增加，因此有增大玻璃析晶的倾向。但在这种情况下，如添加 Al_2O_3、B_2O_3、Ga_2O_3 等氧化物，而以 $[AlO_4]$、$[GaO_4]$、$[BO_4]$ 状态存在时，由于这些多面体带有负电，吸引了部分网络外阳离子，使积聚程度、析晶能力下降。

（3）分相的作用　在"玻璃分相"一节中，已讨论过分相对玻璃析晶的作用。总之，分相为均匀液相提供界面，为晶相的成核提供条件，是析晶的有利因素。另外，分相使均匀的玻璃液分成两种互不溶解（或部分溶解）的液相，由于两者折射率不一致，因光散射而形成乳浊或失透，这在硼硅酸盐玻璃中是常见的现象之一。由上述可知凡是引起分相的成分，均有利于玻璃的析晶或失透。

（4）工艺因素　原料成分的变动、配合料称重差错、混合不匀或碎玻璃成分不适合以及熔制工艺不适合等，都可能由此引起玻璃成分的波动而发生析晶。

3.4 微晶玻璃

微晶玻璃是用适当组成的玻璃控制析晶或诱导析晶而成，它含有大量［典型的为95%～98%（体积分数）］细小的（在1μm以下）晶体和少量残余玻璃相。此种材料在力学性能、化学稳定性、电性能等方面都较玻璃优良。

有控制的析晶或诱导析晶是制造微晶玻璃的基础，而成核和晶体长大是实现有控制析晶的关键。对成核相晶体长大过程的控制，可使玻璃形成具有一定数量和大小的晶相，以赋予微晶玻璃所需的种种特性。为此，除了适当选择玻璃成分外，还应正确地选择成核剂和热处理制度，对于微晶玻璃有特别重要的意义。

微晶玻璃一般是在玻璃的转变温度 T_g 以上、主晶相的熔点 T_m 以下进行成核和晶体长大。成核通常是在相当于 10^{12}～10^{13} dPa·s黏度的温度下保持1～2h，其晶核尺寸为3.0～7.0nm。在成核过程中必须严格控制升温速度和成核温度。成核一经完成，便升温至晶体长大温度（一般高于成核温度150～200℃）。这时必须注意防止制品变形和不必要的多晶转变或某些晶核的重新溶解，以免影响最终制品的质量。

最常见的成核剂是 TiO_2 和 ZrO_2，往往是两者共同使用。TiO_2 与 ZrO_2 混合成核剂有许多优点，例如在低膨胀微晶玻璃中，它能使微晶玻璃具有大量细而尺寸均匀的微晶体，而且在热处理过程中成核和晶体长大的温度范围比较宽（即对热敏感性小），制成透明微晶玻璃的相对稳定区较大。TiO_2 的用量通常为4%～12%（质量分数），而 ZrO_2 为4%～5%（质量分数）。两者共用时其用量分别为2%（质量分数）左右。

图3-26所示为微晶玻璃的典型热处理曲线。下面以透明超低膨胀微晶玻璃为例，介绍微晶玻璃中成核和晶体长大的基本情况。

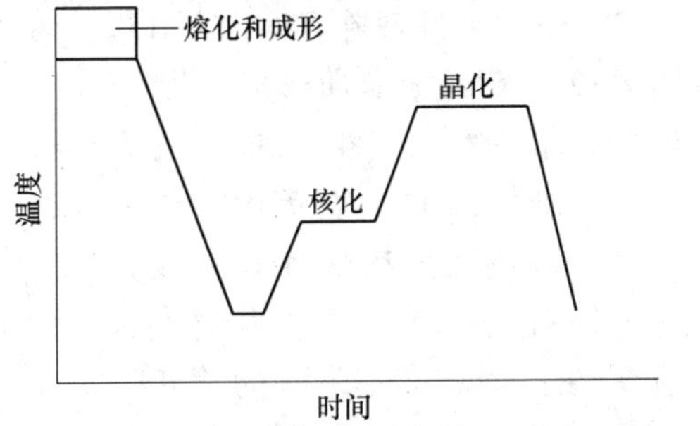

图3-26 微晶玻璃的典型热处理示意图

3.4.1 低膨胀锂铝硅微晶玻璃

3.4.1.1 低膨胀锂铝硅微晶玻璃相变

在低膨胀 Li_2O-Al_2O_3-SiO_2 系统微晶玻璃中，有两个重要的晶相：高石英（或称β-石英）固溶体与K-石英（即β-锂辉石）固溶体，两者都是从纯β-石英（二氧化硅）衍生出来的。β-石英的晶体是由大量［SiO_4］四面体连接而成的比较开放的六角螺旋结构，它具有较低的热膨胀系数（5×10^{-7}/℃）。当β-石英中的 Si^{4+} 有规则地被 Li^+ 和 Al^{3+} 取代时，便生成具有不同成分和性质的β-石英固溶体。此时 Al^{3+} 位于 Si^{4+} 的格点位置，而 Li^+ 填充于 Al^{3+} 附近的网络空隙中而使电性达到中和。其中比较稳定的成分是半数 Si^{4+} 被取代，即生成 $Li_2O\cdot Al_2O_3\cdot 2SiO_2$（可简写为 LAS_2），常称为锂霞石的晶体。β-LAS_2 和β-石英之间可形成一系列连续的固溶体，因为它们具有同样的六角螺旋结构。它们在螺旋所指的方向（c轴方向）热膨胀系数都是负值，其它方向都是正值，由微小结晶体堆积而成材料时，结晶体排列方向杂乱无序，因此总热膨胀系数也是负值。

锂铝硅微晶玻璃在加热时，随着温度升高发生下述相变：玻璃→β-石英固溶体→β-锂

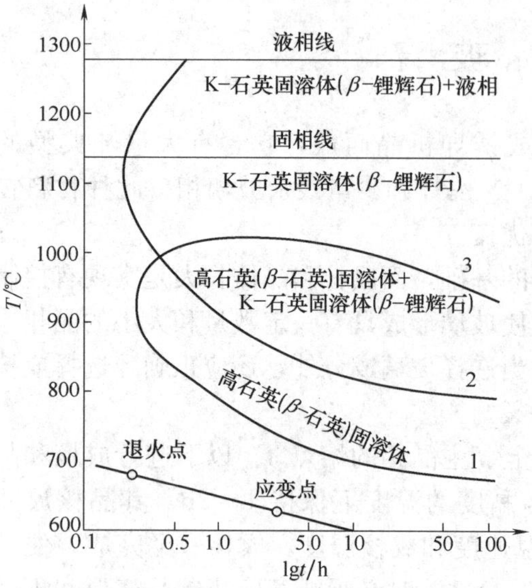

图 3-27　锂铝硅玻璃在加热时的相变图

辉石→液相，如图 3-27 所示。

由图 3-27 可以看出，加热至线 1 时，出现 β-石英固溶体，实际上是六方的 β-锂霞石固溶体。进一步加热至线 2 时，后者转变为 β-锂辉石固溶体（K-石英固溶体），高于线 3 时，全部转化为 K-石英固溶体，超过固相线时就会产生液相，实际上可能造成制品的变形。由图 3-27 还可以看出，加热时间对晶相转变也有一定的作用。如加热时间较长，则相应晶相的转变可在较低温度下进行。

根据这些相变规律，可以按照产品的性能要求，比较具体地制定热处理制度以获得相应的晶相。β-石英的固溶体可以从 Li_2O-Al_2O_3-SiO_2 系统玻璃中以微晶状态析出，这样得到的微晶玻璃含有 β-石英固溶体和残余玻璃相。前者的负膨胀和后者的正膨胀相抵消，就成为热膨胀系数接近于零的微晶玻璃。

3.4.1.2　低膨胀锂铝硅微晶玻璃的成核剂

为使 β-石英固溶体能够在热处理过程中顺利地从玻璃中以微晶状态析出，一般添加少量的成核剂加以诱导，它们是 TiO_2 及 ZrO_2。在微晶玻璃发展的初期，TiO_2 使用比较普遍，但后来发现除 TiO_2 外再添加 ZrO_2，有助于增加形成的 β-石英固溶体的稳定性。如果没有 ZrO_2，则析出的 β-石英固溶体微晶很容易转变为热膨胀系数较大的 β-锂辉石微晶，并使玻璃失去透明性。图 3-28 所示为 TiO_2、ZrO_2 成核剂和热处理温度对主晶相转变的影响。

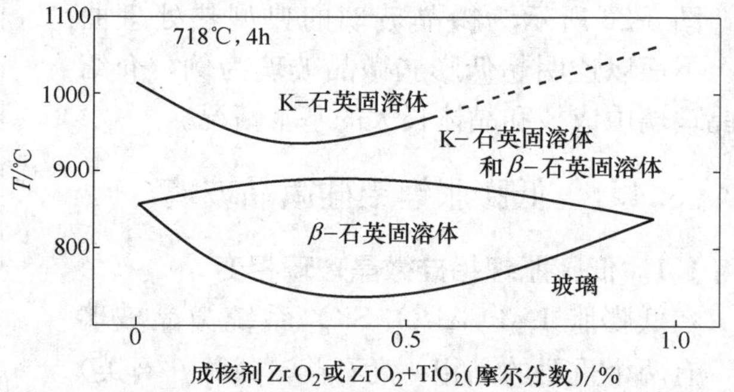

图 3-28　主晶相随热处理温度与成核剂组成的变化情况图

由图 3-28 可以看出，在一定的热处理条件下，单用 TiO_2 或 ZrO_2 作为成核剂时，β-石英固溶体和 K-石英固溶体（即 β-锂辉石）几乎都在同一温度下出现。如果使用（TiO_2+ZrO_2）混合成核剂，就会降低从玻璃中析出 β-石英固溶体的温度，并提高 K-石英固溶体开始出现的温度，结果大大扩大了 β-石英固溶体的温度范围，因而相应地提高热处理的稳定性，并扩大获得透明微晶玻璃的热处理温度范围。

3.4.1.3　低膨胀锂铝硅微晶玻璃的热处理过程

玻璃在热处理过程中所产生的变化可分为下述三个阶段。

（1）两液分相　这一阶段从玻璃母体中分出许多小液滴，其直径很小，只有 φ4.0nm 左右，有时在玻璃冷却过程中即已产生。

(2) 晶核生成 在分出的液相界面首先析出含 TiO_2 化合物和立方体 ZrO_2 的微小晶核，对进一步从玻璃中析出微晶起诱导作用。

(3) 晶粒长大 β-石英固溶体的晶粒在核的表面不断沉淀和长大。在这一阶段的初期，刚析出的结晶和母体玻璃的热膨胀系数相差很大，内部出现很大的微观应力，因此很容易裂开，而且玻璃中亦产生乳浊。以后，微小晶体吸收玻璃液滴中含 SiO_2 较多的组分形成外壳，晶体与玻璃间的热膨胀系数差逐渐减小。在这一阶段的后期，长成为平均直径为 0.1μm 以下的结晶颗粒［颗粒间由 20%～30%（体积分数）的残余玻璃相加以胶结］。这时由于析出的晶体和母体玻璃的折射率差已减小，微晶玻璃的透明度大大增加，热膨胀系数降至零左右。

3.4.1.4 低膨胀锂铝硅微晶玻璃的结构

图 3-29 为低膨胀锂铝硅微晶玻璃的扫描电镜照片。微晶玻璃试样经过浓度为 5%的 HF 酸侵蚀处理 40s，其中的部分玻璃相被 HF 酸溶解，而微晶相得以保留。照片 A、B、C、D 分别是在核化温度 650℃/2h、晶化温度分别是 770℃/2h、790℃/2h、810℃/2h 与 830℃/2h 条件下所得到的微晶玻璃。由图可以看出，微晶相与玻璃相相互交织、咬合存在，这种结构对微晶玻璃结构强度的提高非常有利。另外，随着晶化温度的提高，微晶相的尺寸由 200nm 增加到 2μm。由于结构的变化，使得微晶玻璃的性能发生变化。例如随着微晶相的尺寸的最大，其透光率迅速降低。

图 3-29 微晶玻璃试样的扫描电镜照片

3.4.2 $CaO-Al_2O_3-SiO_2$ 系统微晶玻璃

作为建筑装饰材料中的“高端”产品，建筑装饰微晶玻璃已经得到国内外建筑师的青睐和广泛认同，并在建筑装饰中得到了广泛应用。其基础玻璃组成属于钙铝硅系统，是一种不含晶核剂的从表面向内部析出针状或枝状晶体的微晶玻璃。表面性能非常近似花岗岩等天然石材，与天然石材相比有以下的优点：结构致密、高强、耐磨、耐侵蚀，在外观上纹理清晰、色泽鲜艳、无色差、不褪色、光洁典雅等。生产工艺过程为：原料称量→混合→高温熔化、澄清、均化→水淬→烘干、筛分→装模、铺料→烧结、晶化、退火→表面研磨、抛光→切裁→检验。

建筑装饰微晶玻璃的用途为：首先可作为内外墙贴面、墙基贴面或屋顶墙面装饰、隔墙的结构材料，因为微晶玻璃制品尺寸精度较高，可制作大规格产品，高强、施工方便、隔断灵活，已用于宾馆、车站、机场、办公大楼、地铁、酒店等高档公用建筑和别墅等高档住房场所。其次用于建筑中的地板、电梯间内部等人流频繁区域，美观耐磨。除作为替代天然石材的装饰地砖作用，微晶玻璃板还可减少防水层数量。由于其吸水率为零的优良性能，使其更广泛应用于屋面材料。其它还有用于立柱贴面、大厅柜台面、卫生间台面、炊事案板等处的装饰材料，也可用作阳台、门窗的结构材料、各种高档家具、高档珍贵工艺品的制作及其它各种用途的装饰材料。

3.4.2.1 $CaO-Al_2O_3-SiO_2$ 系统的烧结机理

材料的烧结过程非常复杂，玻璃颗粒的烧结是在有液相参与的情况下进行的，纯粹的固相烧结实际上是不易实现的。在材料的制备过程中，液相烧结比固相烧结的应用范围更广泛。液相烧结的推动力是表面能，烧结过程由颗粒重排、气孔填充等阶段所组成。由于流动传质速度快，因而液相烧结致密化速率高。在通常情况下，玻璃颗粒的烧结过程为：在室温到800℃的范围内玻璃颗粒之间并无明显的烧结迹象，玻璃颗粒仍然处于松散的状态；当玻璃颗粒在850℃保温1h以后，玻璃颗粒已经开始有明显的烧结迹象，原来尖锐的颗粒开始变得圆滑，玻璃颗粒间的空隙明显减小；950℃保温1h以后，玻璃颗粒之间的烧结更加充分，制品的烧结收缩加大。此时在玻璃颗粒之间已经生长出了微小的晶体；当玻璃颗粒在1120℃保温1h以后，玻璃颗粒的致密化已经达到了最高的状态，玻璃颗粒开始整体析晶。图3-30为玻璃颗粒的烧结过程示意图。

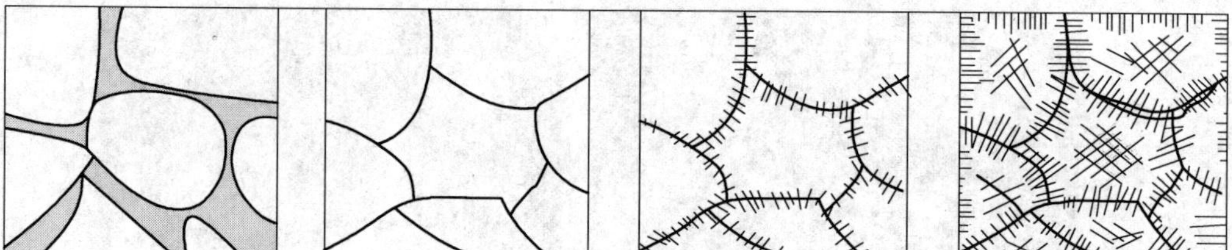

(a)　(b)　(c)　(d)

图3-30　玻璃颗粒的烧结过程示意图

(a) 室温到800℃的范围内　(b) 850℃保温1h　(c) 950℃保温1h　(d) 1120℃保温1h

(1) 玻璃成分对烧结的影响　常用的 $CaO-Al_2O_3-SiO_2$ 系统玻璃的成分范围见表3-5。

表3-5　烧结法微晶玻璃装饰板材常用的玻璃组成

组成	SiO_2	CaO	Al_2O_3	ZnO	BaO	Na_2O	其它
w/%	55～60	15～20	5～9	1～5	1～5	1～5	1～5

烧结总是在一定温度下进行的，因此温度对烧结起着非常重要的作用。起始烧结温度和起始析晶温度随着 CaO 含量的增加而降低。这是由于 CaO 在玻璃结构中，起了两个方面的作用：首先，CaO 会使网络断裂，使玻璃结构的连接程度降低，会使玻璃颗粒出现液相的温度下降。其次，CaO 在烧结法微晶玻璃装饰板材的生产中，与 SiO_2 形成硅灰石（β-$CaSiO_3$）的几率提高，从而使起始析晶温度降低。说明 CaO 含量提高，烧结温度范围缩小。

起始烧结温度和起始析晶温度随着 Al_2O_3 含量的增加而提高，玻璃的烧结温度范围随之而扩大，说明随 Al_2O_3 含量的增加可以扩大烧结温度范围。这主要是由于 Al_2O_3 增加玻璃的连接程度，抑制析晶所致。

起始烧结温度变化不大，只是起始析晶温度，随 B_2O_3 含量的增加而略有增加，说明 B_2O_3 含量的增加，使玻璃的连接程度增加。一般而言，试样玻璃的起始烧结温度与起始析晶温度相差较远，有利于烧结过程的控制。

当温度一定时，烧结收缩量随着 CaO 含量的增加而增加，CaO 含量增加，有利于玻璃颗粒中液相的产生，质点的迁移速度更快，从而使烧结加速。而当烧结温度高于起始析晶温度时，会出现烧结停滞的现象。另外，当 CaO 含量一定时，烧结温度越高烧结收缩量也越大。

当温度一定时，烧结收缩量随着 Al_2O_3 含量的增加而降低。这是由于 Al_2O_3 含量的增加，网络连接程度提高，液相出现温度提高所致。而 Al_2O_3 含量一定时，烧结温度提高烧结收缩增加。烧结收缩量随着 B_2O_3 含量的增加而提高。这是由于 B_2O_3 含量的增加，在它们所对应的烧结温度点的玻璃黏度下降。对于 B_2O_3 含量一定时，烧结温度提高烧结收缩增加。

（2）烧结温度对烧结的影响　当玻璃颗粒的组分和烧结时间一定时，在低于起始析晶温度的前提下，玻璃试样随着烧结温度的提高，其收缩量明显增大。此现象说明烧结温度的提高有利于玻璃颗粒中液相的产生，在液相较多的情况下，质点的迁移速度更快，从而使烧结加速。

另外，当烧结温度高于起始析晶温度时，会出现烧结停滞的现象。这是由于此时玻璃中已经有大量的硅灰石晶体出现。晶体出现以后，将对质点的迁移起到阻碍作用，从而阻止烧结收缩，使烧结收缩曲线过早地出现偏离现象。选择烧结温度时应该在尽量提高的前提下，避开起始析晶温度。

（3）烧结时间对烧结的影响　当玻璃颗粒的组分和烧结温度一定时，玻璃试样的烧结收缩随着烧结时间的延长而经历三个阶段：收缩加速阶段、收缩减缓阶段、收缩停滞阶段。三者所占的收缩量分别为：70%～80%，15%～18%，1%～5%，而完成烧结的时间在 40～70min 的范围内。如果无限制地延长烧结时间是不利于实际生产的，首先会增加能量的消耗，其次对热工设备的要求更高，使设备投资增加，造成不必要的浪费。因此，在满足烧结质量的前提下烧结时间应尽量缩短。较佳的烧结时间范围为 60～80min。

3.4.2.2　CaO-Al_2O_3-SiO_2 系统微晶玻璃的结构

图 3-31 是以 β-硅灰石为主晶相的 CaO-Al_2O_3-SiO_2 系统微晶玻璃的显微结构。具有互锁的柱状或类叶状链形显微结构的硅酸盐晶体的微晶玻璃有着较高的强度和断裂韧性。显微结构具有类似于晶须补强陶瓷的随机排列柱晶的特征。研磨后测得这种材料的抗弯强度

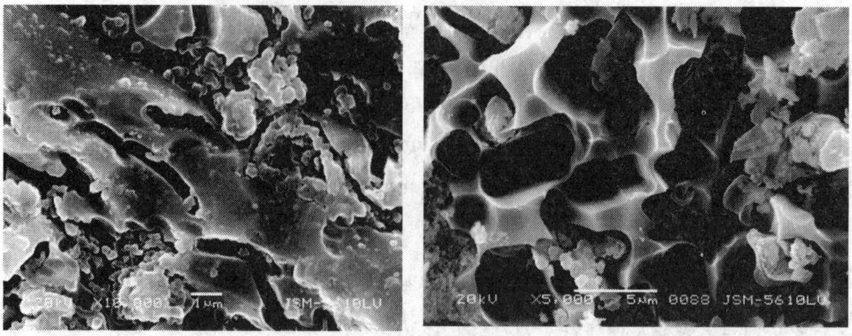

图 3-31　$CaO-Al_2O_3-SiO_2$ 系统微晶玻璃的柱状互锁结构图

（主晶相为 β-硅灰石）

高达 150MPa 以上。试样是经过 HF 侵蚀处理过的，其中的玻璃相部分已经被溶解出来，因此，晶相部分就被突显出来。从图中可以看出试样的结晶都比较充分，晶体的外形为柱状的晶体，晶体的生长比较完整，微观结构致密，而且玻璃相和晶相是相互咬合存在的，这样有利于提高材料本身的整体强度、耐磨性等。以 β-硅灰石为主晶相的烧结法 $CaO-Al_2O_3-SiO_2$ 系统微晶玻璃装饰板材，与天然石材相比有以下的优点：结构致密、高强、耐磨、耐侵蚀，在外观上纹理清晰、色泽鲜艳、无色差、不褪色等。

3.4.3　$MgO-Al_2O_3-SiO_2$ 系统微晶玻璃

$MgO-Al_2O_3-SiO_2$ 系统微晶玻璃是一类重要的无机非金属材料，从 $MgO-Al_2O_3-SiO_2$ 的相图来看，该系统微晶玻璃能析出性能优越的多种晶相，具有机械强度高、抗热冲击性好等优良特性。更重要的是，这类微晶玻璃可以完全不含碱金属离子，从而可获得优异的电性能，包括低介电损耗和高电阻率。不过有时也会引入少量的碱金属氧化物以及其它组分，以改善其性能。

3.4.3.1　堇青石微晶玻璃

主晶相为堇青石的 $MgO-Al_2O_3-SiO_2$ 系统微晶玻璃具有重要的商业价值，这种微晶玻璃最早由美国 Corning 玻璃公司开发。堇青石型微晶玻璃具有较高的机械强度、优良的介电性能、良好的热稳定性和抗热冲击性能。常用的 $MgO-Al_2O_3-SiO_2$ 系统微晶玻璃基础组成并不是堇青石的化学计量组成，而是偏向于富含 MgO 或者 Al_2O_3 的组成，主要是为了优化基础玻璃黏度和制备工艺，提高微晶玻璃性能。通常为了促进其它晶相的析出，组成点常选择靠近堇青石组成区域的边界。同时，添加其它氧化物和晶核剂来调整微晶玻璃结构和析晶。

该类微晶玻璃基础组成为（质量分数）：SiO_2 40％～70％；Al_2O_3 9％～35％；MgO 8％～32％。此外，微晶玻璃还含有晶核剂，如 TiO_2 7％～15％、ZrO_2 3％～14％或 P_2O_5 0.5％～6.0％。其中几种重要的组成见表 3-6。

从表 3-6 的组成可以看出：在设计材料基础组成时，主要是考虑材料的性能和应用。对于堇青石型 $MgO-Al_2O_3-SiO_2$ 微晶玻璃组成而言，组成通常都富含 MgO、Al_2O_3 或者富含 SiO_2，主要是出于控制析晶和改善微观结构而考虑的。

表 3-6　　**$MgO-Al_2O_3-SiO_2$ 微晶玻璃组成**　　单位：%（质量分数）

编号	MgO	Al_2O_3	SiO_2	CaO	ZnO	Li_2O	K_2O	TiO_2	ZrO_2	P_2O_5
No. 1	14.7	19.8	56.1	0.1	—	—	—	8.9	—	—
No. 2	25.0	5.4	58.0	—	—	0.9	—	—	10.7	—
No. 3	33.0	—	54.0	—	—	—	—	—	13.0	—
No. 4	14.0	30.2	42.8	—	—	—	—	13.0	—	—
No. 5	24.4	20.3	52.3	—	—	—	—	—	—	3.0
No. 6	13.3	28.9	46.7	—	—	0.9	—	10.2	—	—

堇青石的化学式为 $2MgO \cdot 2Al_2O_3 \cdot 5SiO_2$，如果按照堇青石的化学计量成分，堇青石微晶玻璃的理想组成为（质量分数）：MgO 13.8%，Al_2O_3 34.9%，SiO_2 51.3%。通常，以堇青石为主晶相的 $MgO-Al_2O_3-SiO_2$ 系统微晶玻璃的基本组成点选择在 $MgO-Al_2O_3-SiO_2$ 三元系统相图的堇青石区域内，如图 3-32 所示。

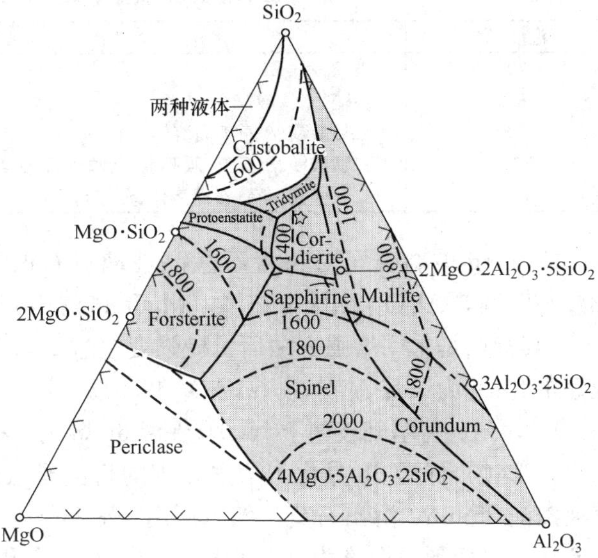

图 3-32　$MgO-Al_2O_3-SiO_2$ 三元系统相图

（Cristobalite 为方石英，Tridymite 为鳞石英，Protoenstatite 为顽辉石，Forsterite 为镁橄榄石，Periclase 为方镁石，Cordierite 为堇青石，Sapphirine 为假蓝宝石，Spinel 为尖晶石，Mullite 为莫来石，Corundum 为刚玉）

研究组成偏离堇青石的 $MgO-Al_2O_3-SiO_2$ 系统微晶玻璃的转变动力学和微观结构，发现它们主要是由最原始的玻璃成分决定的。组成富 MgO 和 SiO_2 而不是按堇青石的化学计量组成，这样就抑制了 μ-堇青石的形成，从而促进了 α-堇青石的形成。相反，组成富 Al_2O_3 而不是堇青石的化学计量组成对 α-堇青石的晶化没有影响。这样，在一定的玻璃组成范围内，大多数晶体成为 α-堇青石，只有少量的 α-堇青石晶相转变成为 μ-堇青石晶相，这就可以得到 μ-堇青石相含量很低的微晶玻璃。这是因为 α-堇青石的力学性能远远优于 μ-堇青石，故 μ-堇青石相含量很低的微晶玻璃具有很好的力学性能。

而对于富 Al_2O_3 的组成，在玻璃中，Al^{3+} 以四配位状态与［SiO_4］形成统一的网络，使网络的连接程度增强，且 Al_2O_3 含量越高则玻璃的网络稳定性越强，在主晶相形成时，例如：

$$MgO + Al_2O_3 \longrightarrow MgAl_2O_4$$

则需要更多的能量。同时，随着 Al_2O_3 含量的升高，使得玻璃的黏度增大，析晶活化能升高，这样使得微晶玻璃的热处理制度较易控制。通过精确控温，降低升温速率，降低核化或晶化温度，增加保温时间，使制备的微晶玻璃具有较小的晶粒和合理的晶相，从而提高了微晶玻璃力学性能。对于微晶玻璃而言，其力学性能（如抗折强度等）不仅取决于微晶玻璃的晶相，也取决于玻璃相。随着 Al_2O_3 含量的升高，使得微晶玻璃中玻璃相强度也增强，因此使得微晶玻璃的力学性能增强。

堇青石型 $MgO-Al_2O_3-SiO_2$ 系统微晶玻璃通常使用的氧化物晶核剂是 TiO_2，当 TiO_2 质量分数在 2%～20%时，其对微晶玻璃的晶化有促进作用。TiO_2 可溶于一个较宽范围的熔融玻璃中，但是在冷却或重新加热时，在玻璃中析出大量的亚微观粒子，这些粒子显然有助于从玻璃中析出晶相。表 3-7 是 Corning 玻璃公司 9606 微晶玻璃析晶过程中的相组合。

表 3-7　　Corning 9606 微晶玻璃析晶过程中的相组合

温度/℃	相
700	玻璃
800	玻璃、二钛酸镁
900	二钛酸镁、β-石英固溶体
1010	二钛酸镁、β-石英、假蓝宝石、顽辉石、金红石
1260	二钛酸镁、堇青石固溶体、金红石

Corning 玻璃公司对堇青石微晶玻璃进行改进，其组成范围为（质量分数）：SiO_2 48%～53%，Al_2O_3 21%～25%，MgO 15%～18%，TiO_2 9.5%～11.5%，As_2O_3 0～1%。其特点是采用增强方法后机械强度超过 210MPa，而膨胀系数比 9606 微晶玻璃要低。较好的组成为（质量分数）：SiO_2 49.9%，Al_2O_3 23.2%，MgO 15.8%，TiO_2 10.7%，As_2O_3 0.4%。将基础玻璃于 1600℃保温 6h 熔化，浇铸后 750℃退火。玻璃在 800℃保温 2h 核化，1240℃保温 8h 晶化。增强处理的目的是去除表面微裂纹，方法是先用 5%NaOH 溶液浸泡 25min，溶出石英，然后再用 5% H_2SO_4 溶液浸泡 10min，溶出残余玻璃相，反复 6 次，表面形成厚度为 0.250～0.375mm 的多孔层，起到增强作用。

此外，为了控制 $MgO-Al_2O_3-SiO_2$ 系统微晶玻璃的析晶或者为了获得其它优良的性能，通常在微晶玻璃中引入稀土元素。在对应于堇青石（$2MgO \cdot 2Al_2O_3 \cdot 5SiO_2$）化学计量组成的 $MgO-Al_2O_3-SiO_2$ 系统微晶玻璃中掺杂 CeO_2，研究其晶化过程。发现加入 CeO_2 后的玻璃转变温度 T_g 变低了，并且可促进 α-堇青石晶相的析出，使之成为主晶相。以堇青石为主晶相的微晶玻璃具有较高的机械强度和硬度以及较低的膨胀系数。

3.4.3.2　堇青石微晶玻璃的结构

图 3-33 分别是不同 MgO/Al_2O_3 比例的微晶玻璃显微结构照片。当 $MgO/Al_2O_3>1$（摩尔比）时，晶化后的微观结构如图 3-33（a）所示。试样中有大量柱状的堇青石晶体析出，同时析出少量聚粒状的尖晶石晶体。从图 3-33（a）中可以很明显地看出，此时晶体的生长较完全，但试样的部分区域出现了柱状堇青石晶体的富聚。$MgO/Al_2O_3=1$（摩尔比），微晶玻璃的显微结构如图 3-33（b）所示。试样中析出致密块状的堇青石晶体，同时析出少量细小聚粒状的尖晶石晶体，但是晶体的分布是杂乱无章的且很不均匀。$MgO/Al_2O_3<1$（摩尔比），从图 3-33（c）来看，此时试样中析出大量细小聚粒状的尖晶石晶体和致密块状的堇青石晶体，此时的晶体粒度都较小且分布较为均匀，同时玻璃相和晶相紧密绞合在一起。

3.4.3.3　其它几种重要的 $MgO-Al_2O_3-SiO_2$ 系统微晶玻璃

$MgO-Al_2O_3-SiO_2$ 系统微晶玻璃的一个重要应用就是用作计算机硬盘基板，对于这类

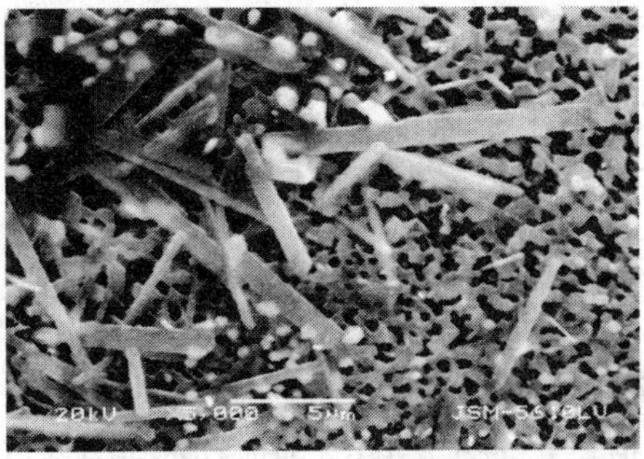

(a)

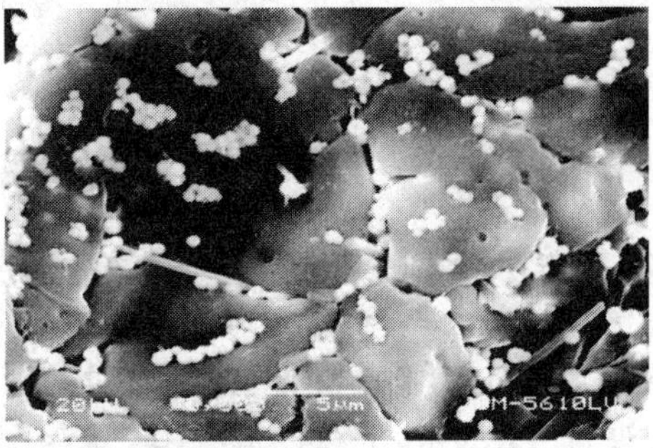

(b)

(c)

图 3-33　分别是不同 MgO/Al_2O_3（摩尔比）的微晶玻璃显微结构照片

（a）$MgO/Al_2O_3>1$　（b）$MgO/Al_2O_3=1$　（c）$MgO/Al_2O_3<1$

用途的 $MgO-Al_2O_3-SiO_2$ 微晶玻璃而言，必然要求其具有较好的力学性能、合理的微观结构。一种以尖晶石为主晶相的 $MgO-Al_2O_3-SiO_2$ 微晶玻璃，其弹性模量为 96～160GPa，断裂韧性超过 1.0MPa·$m^{1/2}$。作为主晶相的尖晶石细晶粒分散在硅质基质中，这使材料的强度、韧性、硬度都能满足硬盘基板的要求，但抛光比较困难。为了改善材料的抛光性能，人们研制了以尖晶石和顽辉石固溶体为主晶相的 $MgO-Al_2O_3-SiO_2$ 微晶玻璃，其断裂模量不小于 103MPa，努普硬度至少为 775MPa，断裂韧性超过 1.0MPa·$m^{1/2}$。由于微晶玻璃中出现了比尖晶石稍软的顽辉石固溶体晶相，使得其抛光性能大大改善。

人们对 $SiO_2-Al_2O_3-MgO-ZnO-TiO_2$ 系统纳米微晶玻璃的成核及结晶进行了研究，发现采用 TiO_2 晶核剂可以极大地促进微晶玻璃的成核及晶化。通过一定的热处理工艺可得到以堇青石、β-石英、α-石英、尖晶石、顽辉石为主晶相的微晶玻璃。

通过对 $SiO_2-Al_2O_3-MgO-ZnO-TiO_2$ 纳米微晶玻璃的微观结构及其表面进行研究，发现该微晶玻璃具有很好的抛光性能（抛光后表面粗糙度<0.5nm），同时还具有较高的弹性模量和强度。这些优越的性能使 $SiO_2-Al_2O_3-MgO-ZnO-TiO_2$ 系统微晶玻璃能很好地应用于硬盘基板。

对于用作硬盘基板的 $MgO-Al_2O_3-SiO_2$ 微晶玻璃，主要是采用 TiO_2 作为晶核剂，而在另外一些 $MgO-Al_2O_3-SiO_2$ 微晶玻璃还是采用复合晶核剂的。一种透明的 $MgO-Al_2O_3-SiO_2$ 微晶玻璃，基本组成为（质量分数）：MgO 8%，Al_2O_3 24%，SiO_2 68%。在母体玻璃中引入 TiO_2 和 ZrO_2 作为晶核剂，当引入 ZrO_2 后，最佳的成核温度为 800℃，最佳的晶化温度为 870℃，最后获得的主晶相为 β-石英固溶体和莫来石，其可见光透过率约为

80%。如果单纯采用 TiO_2 作为晶核剂的话，很难确定最佳的成核温度和析晶温度，还易使微晶玻璃在加热过程中产生半透明现象，导致最终制得微晶玻璃透明性变差。

3.4.4 磷硅酸盐微晶玻璃

3.4.4.1 SiO_2-MgO-CaO-P_2O_5-F 系统（磷灰石-硅灰石）微晶玻璃

上述微晶玻璃系统被选用于制造生物材料以取代人骨头。尤其重要的是，CaO 和 P_2O_5 来获得微晶玻璃中高含量的磷灰石及 Ca^{2+} 以保证在植入人体后离子释放。

久保真（Kokubo）于 1993 年根据控制粉状玻璃表面析晶的原理成功研制了一种磷灰石-硅灰石微晶玻璃。这种微晶玻璃组成如下（质量分数）：SiO_2 34%，CaO 44.7%，MgO 4.6%，P_2O_5 16.2%，CaF_2 0.5%。玻璃粉在约 830℃时完全致密化，在 870～900℃时，氟氧磷灰石 $Ca_{10}(PO_4)_6(O, F_2)$ 及硅灰石 $CaSiO_3$ 析出。最后的微晶玻璃无裂纹和气孔，晶体均匀地分布在玻璃基体中，晶粒大小为 50～100nm，由 X 射线衍射分析可知微晶玻璃中磷灰石为 38%（质量分数），硅灰石为 24%（质量分数），因此，残留的玻璃相约为 38%（质量分数）。

具有这种显微结构的微晶玻璃，其抗弯强度为 215MPa，抗压强度 1080MPa，断裂韧性 2.0MPa·$m^{1/2}$。很明显，微晶玻璃机械性能远优于纯玻璃，因此，它们很适于人体医学领域中承重骨头的移植。

在研究这些微晶玻璃生物活性的反应机理时，Kokubo 发现由于微晶玻璃中 CaO 含量很高，当它浸没在模拟体液中时，就会发生 Ca^{2+} 的溶解，导致体液中 Ca^{2+} 含量升高。微晶玻璃表面的［≡Si—OH］基团有利于磷灰石晶格的形成，磷灰石成核后，从周围模拟体液中通过质量传递，使更多的 Ca^{2+} 和磷酸基团附着在上面。但是，在这些微晶玻璃中，并没有发现玻璃中所形成的那种 SiO_2 凝胶层。

3.4.4.2 SiO_2-Al_2O_3-MgO-CaO-Na_2O-K_2O-P_2O_5-F 系统（云母-磷灰石）微晶玻璃

这个多组分系统的基础玻璃是由三元 MgO-Al_2O_3-SiO_2 系统发展而来的。材料研究的出发点是，在三元系统中加入多种添加剂并大大降低 Al_2O_3 甚至将其全部取代。为了更好地理解这个过程，在叙述这个八元系统（7 个氧化物和 1 个氟化物）之前，从化学角度来描述其简单分系统的组分是很有必要的。

由化学成分属堇青石及莫来石液相区的三元基础 MgO-Al_2O_3-SiO_2 组成的玻璃在微结构中仅表现出很小的液-液分相趋势。在随后的热处理过程中，热力学稳定相如堇青石、莫来石在很早阶段就产生了。如果在这种玻璃中添加 3%～10%（质量分数）的 Na_2O、K_2O、F 等成分，则在热处理时，将发生可控析晶生成云母晶体。通过增大分相趋势，随着其它晶相的首先析出，出现云母析晶。

但是，如果 Na_2O、K_2O、F 及其它添加剂低于 3%（质量分数），则基础玻璃中的分相趋势显著降低，并阻止了初晶相的核化，结果是微晶玻璃只形成云母而不存在其它主晶相，其组成为（质量分数）：SiO_2 44.5%，Al_2O_3 29.9%，MgO 11.8%，Na_2O 4.4%，K_2O 4.9%，F 4.2%，Cl 0.1%，CaO 0.1%，P_2O_5 0.1%。

在这种类型的微晶玻璃中有一种具有特殊弯曲形状的新型云母，从材料研究角度来看，这种新云母晶体的特殊形貌会引起研究人员的极大关注。但同时须强调的是，与具有平面状或花瓣状晶体的微晶玻璃相比，它的新性能来源于新型弯曲状云母晶体。特别要指出的是，与具有平面状云母晶体的微晶玻璃相比，这种微晶玻璃更易于机械加工。

基础玻璃具有的特性是有三相玻璃微观结构。这种微观结构是由两个微液滴相及玻璃基体组成的。较小的液滴相与云母系统中的富碱氟液相相似，较大的液滴相与富 CaO、富 P_2O_5、富 F 玻璃相相似，这两种液相形成原因可能与 Si—O 和 P—O 之间的场强不同有关。这种玻璃热处理之后，形成了云母及磷灰石晶体。由此，当加热至 750～1100℃之间时，基础玻璃中出现双重可控制的析晶。在 750～1000℃之间，在富 CaO、富 P_2O_5 及富 F 液滴相中，氟磷灰石的析出是基于均匀核化机理。液滴相中氟磷灰石在玻璃相边界即停止生长。对一个晶核是否能在玻璃相中形成一个单独晶体目前还在研究阶段。最终核化及析晶的结果是氟磷灰石具有一种典型的六方形貌结构。

氟磷灰石及云母析晶是一个双重可控机理下生成一种微晶玻璃的例子，这种微晶玻璃具有多种特性，如机械加工性及生物活性。尽管云母晶体不能弯曲且它们的含量相对于纯金云母微晶玻璃的含量而言大大减少，这种微晶玻璃仍可以机械加工，但是这个过程更费时间。同时由于磷灰石的析出，材料又具有新的特性。由于它具有良好的生物兼容性，这种新材料可作为骨头的替代品。

为了研究其生物兼容性，研究人员全面探讨了云母-磷灰石微晶玻璃的反应特性，同时，通过测定微晶玻璃的生物活性来研究骨头的移植。这两种不同的云母-磷灰石微晶玻璃表现出不同程度的生物活性。

人们对玻璃及微晶玻璃生物活性的基础研究有助于在移植中控制生物活性。亨奇（Hench）和久保真的研究表明，正是［≡Si—OH］结构对微晶玻璃表面的生物活性起决定性作用。由此推断，［≡Si—OH］结构中的 OH^- 及移植表面上超过 10μm 的厚层是生物活性的关键因素。研究表明：生物玻璃中高含量的 Al_2O_3 降低了富［≡Si—OH］层的活性，由此降低了微晶玻璃的生物活性。

3.4.4.3　SiO_2-MgO-CaO-TiO_2-P_2O_5 系统（磷灰石-镁钛酸盐）微晶玻璃

人们将大部分磷灰石微晶玻璃作为生物材料研究。利用整体核化和析晶方法来制造此类微晶玻璃。久保真等人研制出一种 SiO_2-MgO-CaO-TiO_2-P_2O_5 系统微晶玻璃，其主晶相是磷灰石，它是一种良好的修补牙齿的生物材料。在研制过程中，对 MgO·CaO·$2SiO_2$（透辉石）、MgO·TiO_2（镁钛矿）、3CaO·P_2O_5（三斜磷钙矿）假三元系统的玻璃形成进行了探讨，并研究了组分为（质量分数）［MgO·CaO·$2SiO_2$］30%～60%，［MgO·TiO_2］0～35%，［3CaO·P_2O_5］30%～50%及 F8%添加剂的玻璃的形成和可控析晶。由于玻璃的转变温度（T_g）在 680～720℃之间，所以可控析晶大约开始于 760℃，持续至 1150℃。析晶过程中形成的主晶相为磷灰石 $Ca_{10}(PO_4)_6(O, F_2)$、镁钛矿 $MgTiO_3$ 及透辉石 $CaMgSi_2O_6$，但是只有当玻璃中含有 F 时才能形成磷灰石，如果玻璃中不含 F，则不是形成磷灰石而是形成三斜磷钙矿 β-3CaO·P_2O_5 晶体。

由于基础玻璃必须在析晶前进行离心浇铸，选取下列组分的玻璃来探讨析晶和微晶玻璃的性质（质量分数）：SiO_2 16.3%、TiO_2 22.8%、MgO 16.9%、CaO 24.8%、P_2O_5 15.7%、CaF_2 2.0%、Al_2O_3 1.0%、ZrO_2 0.5%、MnO 0.01%。

通过离心浇铸方法将这种组分的基础玻璃制备成生物材料，如齿冠。随后，基础玻璃以 5℃/min 的速度从室温加热到 940℃，它在 940℃保温 5min 以后转化为微晶玻璃。由于磷灰石及镁钛酸盐晶体形成的主晶相晶粒非常细小，这种微晶玻璃在 1mm 厚时具有半透性，同时它的抗弯强度约为205MPa，断裂韧性为1.46MPa·$m^{1/2}$，因此，这种材料可作为牙科用生物材料。

3.5 微晶玻璃的制备工艺方法

由于微晶玻璃的品种非常繁多，每一种产品都对应一定的生产方法，所以就使得制备微晶玻璃工艺方法多样化。归结起来微晶玻璃制备方法主要有熔体析晶法、烧结法和溶胶-凝胶法等三大类。本节就此三种方法加以论述。

3.5.1 熔体析晶法

最早的微晶玻璃是通过熔融法制备的，至今熔融法仍然是制备微晶玻璃的主要方法。其工艺过程为：在原料中加入一定量的晶核剂并混合均匀，于1500～1600℃高温下熔制，均化后将玻璃熔体成形，经退火后在一定温度下进行核化和晶化，以获得晶粒细小且结构均匀的微晶玻璃制品。

3.5.1.1 熔体析晶法的特点

熔体析晶法的最大特点是可沿用任何一种玻璃的成形方法，如压延、压制、吹制、拉制、浇注等，适合自动化操作和制备形状复杂、尺寸精确的制品。微晶玻璃是通过受控晶化形成的材料。在热处理过程中，玻璃经过晶核形成、晶体生长，最后转变为异于原始玻璃的微晶玻璃，因此，热处理是微晶玻璃生产的技术关键。热处理过程一般分两阶段进行，即将退火后的玻璃加热至晶核形成温度 $T_{核}$ 并保温一定时间，在玻璃中出现大量稳定的晶核后，再升温到晶体生长温度 $T_{晶}$ 使玻璃转变为具有亚微米甚至纳米晶粒尺寸的微晶玻璃。对于以氟化物为晶核剂的微晶玻璃，由于氟化物在退火冷却过程中从熔体里分相出来，起着晶核的作用，因此，可以不需核化保温而直接进入晶体生长阶段，使玻璃在晶化上限温度保温适当时间，制出的微晶玻璃可达到几乎全部晶化，剩下的玻璃相很少。

熔融法可采用技术成熟的玻璃成形工艺来制备复杂形状的制品，便于机械化生产。由玻璃坯体制备的微晶玻璃在尺寸上变化不大，组成均匀，不存在气孔等常见的缺陷，因而微晶玻璃不仅性能优良且具有比陶瓷更高的可靠性。以钢铁工业废渣为主要原料，加入晶核剂（$ZrO_2+Cr_2O_3$），制得了弯曲强度为366MPa，显微硬度为1235GPa的耐磨微晶玻璃。

目前用熔融法制备的微晶玻璃体系有：Li_2O-Al_2O_3-SiO_2 系统、MgO-Al_2O_3-SiO_2 系统、Li_2O-CaO-MgO-Al_2O_3-SiO_2 系统等。

3.5.1.2 成形方法

（1）压制法　在 Li_2O-Al_2O_3-SiO_2 系统微晶玻璃器皿的制备中，美国康宁公司采用华尔特（Walter）公司先进的微晶玻璃成形机组。他们利用全自动关节臂式挑料机，将熔化好的玻璃料自动挑入各种玻璃模具中，挑料量可控制在10～8000g的范围内。这种挑料机带有计算机控制系统，对玻璃的重量、玻璃的液面和温度自动控制，每分钟需挑料的次数均事先输入程序，使之完全处于自动控制状态下工作。与挑料机相配合的是剪刀机，它具有高度的灵活性，可以自动调节上下高度和角度，每分钟可供料8～40滴。玻璃料进入模具后，由玻璃器皿自动压制机完成成形工作。成形模具可以是多种多样的，最大成形直径可达 400mm。微晶玻璃经过自动压制成形后，产品由传送带送入晶化炉进行热处理，核化温度在 780℃左右，保温 1h，再以 1～2℃/min 的升温速率升温到 860℃左右，保温 2h，再退火至室温，这样可制得热膨胀系数小于 12×10^{-7}/℃、变形温度在 1100℃左右、抗弯强度达到 1800MPa 的优质透明的微晶玻璃制品。压制成形工艺流程图见图 3-34。

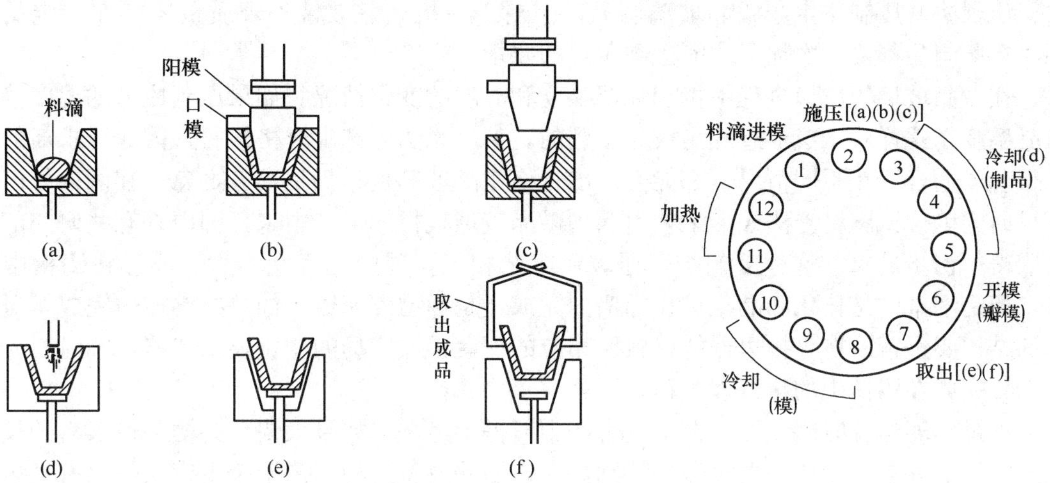

图 3-34　压制成形工艺流程图

(a) 料滴进模　(b) 施压　(c) 阳模，口模抬起　(d) 冷却　(e) 顶起　(f) 取出

(2) 压延法　压延法生产矿渣微晶平板玻璃，矿渣微晶玻璃是以高炉矿渣、非金属尾矿、热电厂粉煤灰等废渣为基础，掺加硅砂、石灰石、白云石或铝矾土和适当的晶核剂，按一定化学组成的配合料熔化成矿渣玻璃，成形为制品后，经过核化、晶化的热处理过程生长成均匀微晶玻璃结晶材料。矿渣微晶玻璃已问世近半个多世纪，如今已广泛应用在化工、建材、建筑、军工和机械等工业部门，作为防化学侵蚀、耐热、抗折、抗压和耐磨材料，收到了极为良好的效果。这种新型材料，不仅用途广泛，而且对于工业废渣合理使用、净化人类生存环境起到了推动作用，产生了很好的社会效益。压延法生产微晶玻璃的成形见图 3-35。

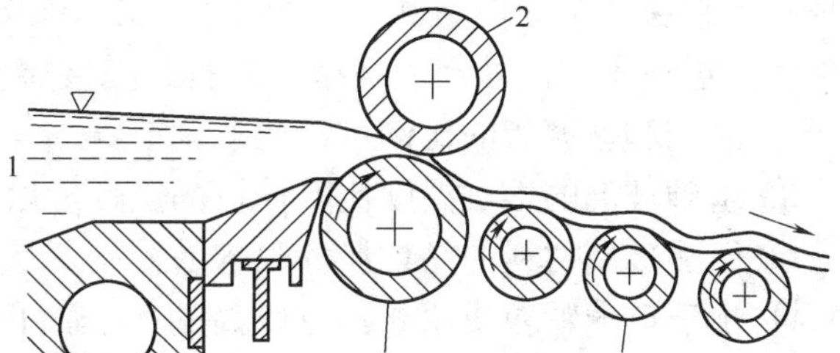

图 3-35　压延法生产微晶玻璃的成形示意图

1—玻璃液　2—上辊　3—下辊　4—辊道

1970 年乌克兰汽车玻璃厂将矿渣微晶玻璃进行工业化生产，建成一条年产 50 万 m^2 的矿渣微晶玻璃压延生产线。以高炉渣作主要原料，生产出白色和灰色微晶玻璃，其工艺流程为：配料→混合→玻璃熔制→压延→切割→晶化→磨抛→检验→成品→入库。

在白色和灰色矿渣微晶玻璃的研究和生产过程中，经常发现有化学和结构的不均匀性，致使产品外观劣化、甚至会使制品的强度和物化性能下降。所谓化学不均匀性，主要是指在压延制品中存在着杂质，制品表面有色斑或锯齿形的线道，在白色微晶玻璃中还有乳浊原始玻璃呈交错排列的透明夹层。产生这类化学不均匀性的主要原因是 SiO_2 含量偏高，CaO、Al_2O_3、氟化物含量均偏低所致。如果针对上述情况予以调整，再采用薄层投料方式和适当采用搅拌措施就能明显改变这类化学不均匀性。

（3）浮法　浮法生产微晶玻璃平板基本方法与浮法生产普通玻璃在主要工艺上区别不大，最终结晶材料的表观密度在 2.8g/cm^3 左右。目前虽然国内外已较成熟地运用了烧结法、压延法、压制法生产微晶玻璃制品，但对于平板微晶玻璃外观质量还存在一定的问题，有些制品都要二次加工才能达到用户的要求。

在微晶玻璃的成形过程中特别强调黏度和温度的变化情况。如果压延成形的温度接近结晶温度，这样对于成形过程是极为不利的，甚至无法生产出合格板材，因此寻求新的成形工艺以适合于在不同情况下都能生产出合格微晶玻璃板材仍是当务之急。在国内外已有不少研究单位试图将浮法成形工艺引入到微晶玻璃板材的生产中来，国内外有些研究部门已取得了初步成果。这种工艺与普通玻璃工艺相比，原则上区别不大，成形在锡槽中进行，但是困难的是核化和晶化是在锡槽内完成还是锡槽外完成。如果在锡槽内完成，对锡槽的结构要进行改造，拉边器的材料要相应的配套，温度场的变化要求严格，同时要分区规划，完成在锡槽中的热处理过程。

如果玻璃运行时间太慢，在工业生产中显得不经济，如果太快对锡槽和退火窑的长度相应增加了许多，这样一次投资将特别巨大，因此要将这种工艺用于生产实际仍有很多问题有待于进一步解决。但是，这种工艺从理论和实践上是完全可以用于生产平板微晶玻璃的，在工业上的实际运用只是一个时间迟早而已。

3.5.2 烧 结 法

烧结法制备微晶玻璃材料的基本工艺为将一定组分的配合料，投入到玻璃熔窑当中，在高温下使配合料熔化、澄清、均化、冷却，然后，将合格的玻璃液导入冷水中，使其水淬成一定颗粒大小的玻璃颗粒。水淬后的玻璃颗粒的粒度范围，可根据微晶玻璃的成形方法的不同进行不同的处理。烧结法制备微晶玻璃材料的优点在于：

① 晶相和玻璃相的比例可以任意调节；

② 基础玻璃的熔融温度比整体析晶法低，熔融时间短，能耗较低；

③ 微晶玻璃材料的晶粒尺寸很容易控制，从而可以很好地控制玻璃的结构与性能；

④ 由于玻璃颗粒或粉末具有较高的比表面积，因此即使基础玻璃的整体析晶能力很差，利用玻璃的表面析晶现象，同样可以制得晶相比例很高的微晶玻璃材料。

（1）玻璃粉末烧结法　粉体烧结法是 20 世纪 80 年代兴起的一种新型的微晶玻璃制备方法。与传统的玻璃熔融法相比，烧结法所用玻璃熔块对均匀度的要求比正常熔制的玻璃低，故所需玻璃原料熔制温度低，熔化时间短。而且它可采用陶瓷工艺的多种成形方法，适于制备形状复杂的制品，尺寸也能控制得较为精确。因而在某些情况下，用粉体烧结法制备微晶玻璃产品具有更大的实际意义。

玻璃粉末在高温下存在析晶和烧结两种趋势。如果玻璃粉末在烧结前发生晶化，在玻璃粉末表面和内部析出的晶体会使玻璃黏度升高，原子迁移率下降，阻碍玻璃粉末的烧结，因此烧结应在玻璃的析晶温度以下进行。玻璃的烧结温度和析晶温度都随玻璃粉末粒度的减小而降低，粉末太细可能会使玻璃的析晶温度低于烧结温度，粉末太粗则会导致微晶玻璃材料显微结构的不均匀。用烧结法制备微晶玻璃时，应严格控制粉末的粒度分布。利用烧结法制备的材料中或多或少都存在气孔，因此制备出的材料的致密性要比熔融法差。

$MgO-Al_2O_3-SiO_2$ 系统堇青石基微晶玻璃由于具有优良的绝缘介电性能，是用作电子材料和航空器件的理想材料，一直是微晶玻璃研究的热点。制备 $MgO-Al_2O_3-SiO_2$ 系统微晶玻璃的传统方法是整体析晶法，但该系统玻璃的熔制温度比较高，且在异形制品的成形上也存在一定的困难，因此，近年来已有越来越多的工作者开始采用烧结法来制备该系微晶玻璃。

在利用玻璃粉末烧结法制备微晶玻璃的过程中，首先要对玻璃粉末进行成形，大多采用粉末压制成形的方法，这种方法在陶瓷行业已经非常成熟。玻璃粉末烧结法制备微晶玻璃的晶化和烧结是结合在一起进行的。基础玻璃料在升温至 T_g 温度后，经历了分相、核化、晶化等过程，逐步得到和基玻璃成分不同的残余玻璃相及若干晶相，同时颗粒间相互聚集，残余玻璃相沿晶界缓慢地将气孔排除，最后形成致密的微晶玻璃制品。

(2) 玻璃颗粒烧结法　对于烧结法微晶玻璃装饰板材的生产方法是将配合料投入熔窑中，熔化温度为 1500～1550℃，澄清温度为 1380～1420℃。澄清均化好的玻璃液经水淬成粒径为 1～8mm 的颗粒，烘干筛分后以一定级配铺在耐火材料模框内送入隧道式或梭式晶化窑中进行烧结晶化退火处理，可得到规格为 900mm×900mm、900mm×1200mm、900mm×2000mm，厚度为 15～22mm 的毛坯板。毛坯板再经过粗磨、细磨、抛光、切裁后就得到了各规格板材。由于烧结法生产工艺特殊，在对玻璃颗粒进行铺料时，可将不同颜色的玻璃颗粒按任意比例进行混合铺料，所以该方法生产的花色品种非常繁多，产品颜色的可选择性、随意性也非常强，大大增强颗粒法板材的竞争能力。晶化窑中进行烧结晶化退火处理，曲线见图 3-36。图 3-37 为装模待烧的玻璃颗粒。

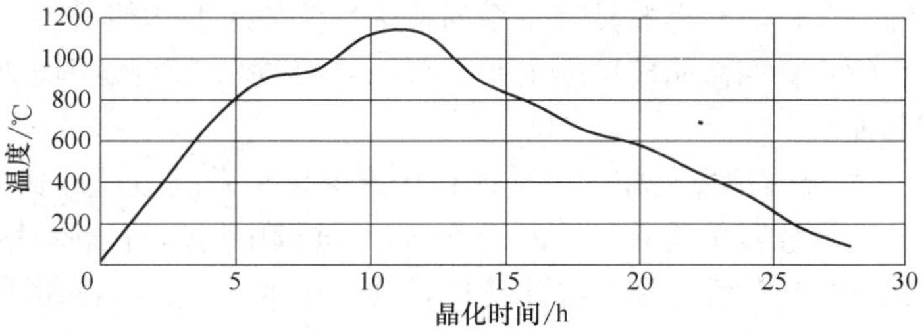

图 3-36　烧结法微晶玻璃装饰板材的晶化热处理制度图

3.5.3　溶胶-凝胶法

溶胶-凝胶技术是低温合成材料的一种新工艺，其原理是将金属有机或无机化合物作为先驱体，经过水解形成凝胶，再在较低温度下烧结，得到微晶玻璃同整体析晶法和烧结法不同。溶胶-凝胶法在材料制备的初期就进行控制，材料的均匀性可以达到纳米甚至分子级水平。利用溶胶-凝胶技术还可以制备高温难熔的玻璃体系或高温存在分相区的玻璃体系。由于制备温度低，避免了玻璃配料中某些组分在高温时挥发，能够制备出成分严格符合设计要求的微晶玻璃，微晶相的含量可以在很大的范围内调节。溶胶-凝胶法的缺点是生产周期长，成本高，环境污染大。另外，凝胶在烧结

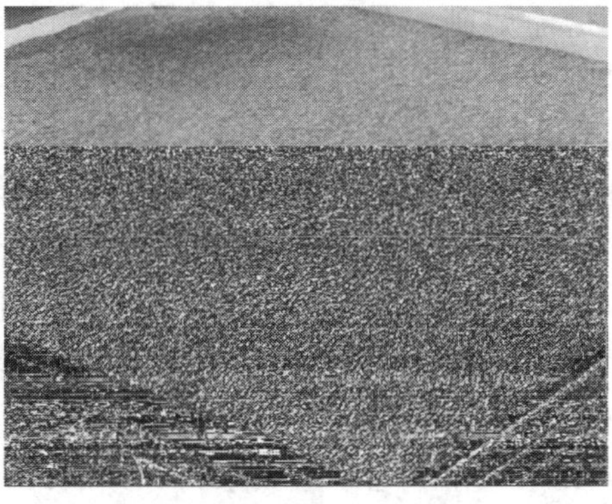

图 3-37　装模待烧的玻璃颗粒图

过程中有较大的收缩，制品容易变形。

目前用溶胶-凝胶法制备的微晶玻璃体系有：$MgO-Al_2O_3-SiO_2$ 系统、$BaO-SiO_2$ 系统、$Li_2O-CaO-MgO-Al_2O_3-SiO_2$ 系统、$CaO-P_2O_5-SiO_2-F$ 系统、TiO_2-SiO_2 系统、复相功能（或纳米晶）微晶玻璃等。下面具体介绍一种利用溶胶-凝胶法制备复相微晶玻璃。

（1）复相微晶玻璃　复相微晶玻璃是由玻璃的控制晶化制得的多晶固体。传统的微晶玻璃是通过高温熔融获得玻璃后再经过热处理而得到的。随着溶胶-凝胶科学技术的发展，微晶玻璃的研究领域也大大地扩展了，利用溶胶-凝胶方法近年来获得了一系列重要的微晶玻璃材料，尤其在非线性光学、功能材料、电子材料等领域，这些新型的微晶玻璃展示了重要的应用前景和特有的科学研究价值。高技术新材料的发展使得传统陶瓷材料面临新的挑战，要实现同陶瓷同时具备机电光热等多种优良性能的目标，单一功能的单相陶瓷由于其自身难以克服的局限性，已越来越不能满足高科技发展的要求，于是近年来在材料研究领域提出了复相陶瓷的研究方向，即将不同功能或性能的陶瓷组成相，按照一定的工艺复合在一起，取长补短，实现材料微观结构（显微结构或畴结构）设计，以获得预期的性能要求。

复相微晶玻璃则是在复相陶瓷的基础上提出的，它是一类重要的具有独特性能的新型微晶玻璃。从广义上讲，复相微晶玻璃是指微晶（或纳米晶）功能相同，玻璃相之间通过相的复合，而获得的具有一系列特殊性能的新型功能材料。

（2）复相微晶玻璃的主要类型　复相微晶玻璃按照功能相的不同进行分类，主要有以下几种。

① 金属单质复相微晶玻璃：传统的该类微晶玻璃的典型是光敏微晶玻璃，而用溶胶-凝胶法将金属单质 Au、Ag 等在 SiO_2 玻璃中均匀析出形成的具有复相结构的材料，却具有独特的光学性能和半导体特性，其在压敏、气敏、湿敏等领域具有广泛的潜在应用。

② 氧化物半导体复相微晶玻璃：以氧化物半导体如 ZnO、CdO、FeO 等过渡金属氧化物与玻璃复合而形成的复相结构，通常具有良好的电性能，这类材料在压敏等方面有着广阔的应用前景。

③ 化合物半导体复相微晶玻璃：含 CdS、PbS、CdTe、$Zn_{1-x}Cd_xS$、$Cd_{1-x}Hg_xTe$ 等Ⅱ～Ⅳ族化合物，这些材料在非线性光学、光致发光、场致发光等领域具有优良的性能和良好的应用前景。

④ 铁电复相微晶玻璃：人们采用熔融工艺研究铁电微晶玻璃，主要包括 $BaTiO_3$、$PbTiO_3$、$NaNbO_3$ 等体系，这种方法的主要缺点是需要高温熔融，通常温度在 1400～1600℃，极大地限制了难熔组分和易挥发组分的使用。另一个缺点是功能晶相含量不能太高，这是由于首先要形成玻璃相，成分中必须有玻璃形成氧化物，而易形成铁电相的组分往往又不是玻璃形成氧化物，而添加玻璃形成氧化物就必然降低铁电相的含量，从而降低其性能。另外这种方法比较容易出现杂相，极易产生热力学亚稳晶相。利用该方法制备复相微晶玻璃现在仍有少量报道，主要集中在含有晶体取向的微晶玻璃的制备方面。用溶胶-凝胶法以 $BaTiO_3$、$PbTiO_3$、PZT 等高介电常数的铁电相与玻璃相可以在很大范围内复合，形成具有铁电性能的复合功能材料。这些材料具有良好的介电频率和介电温度特性，它对研究铁电体尺寸效应，对制备高性能电介质材料和微电子厚膜浆料等方面具有重要的理论和实用价值。

⑤ 铁磁复相微晶玻璃：铁磁性微晶玻璃传统工艺已有广泛的研究，而用溶胶-凝胶法将纳米晶 $MnFe_2O_4$、$NiFe_2O_4$、$ZnFe_2O_4$、$BiFeO_3$ 等铁磁相和玻璃相复合是近年才引起重视的研究方向。这种方法形成的具有铁磁性的功能材料，其在磁光控制、吸波材料、微波器件等方面具有重要的应用前景。

⑥ 其它复相微晶玻璃：将光变色晶相与玻璃复合形成的光致变色复相微晶玻璃，甚至将光变色染料、激光染料等有机功能相与玻璃相复合，形成性能优良的非线性光学材料；将有生物活性的功能晶相与玻璃相复合，甚至将生物酶与玻璃相复合形成生物复相微晶玻璃，使无机界与生物界联系起来，有可能开辟一个全新的新材料领域。

第4章　玻璃的性质

4.1　玻璃的密度

玻璃的密度是指单位体积的玻璃质量，常用单位为 g/cm^3。玻璃的密度主要取决于组成玻璃的原子质量，也与原子堆积紧密程度以及配位数有关，它是表征玻璃结构紧密程度的一个重要参数。测定玻璃密度可控制生产，借此掌握玻璃的成分变化情况，因此成为现代玻璃工业生产主要控制参数之一。

4.1.1　玻璃密度与成分的关系

玻璃的密度与成分关系十分密切，在各种实用玻璃中，密度的差别是很大的。例如：石英玻璃的密度最小，其密度为 $2.2g/cm^3$，而含大量 PbO、Bi_2O_3、Ta_2O_5、WO_3 的玻璃密度可达 $6.0g/cm^3$，普通钠钙硅玻璃的密度为 $2.5 \sim 2.6g/cm^3$。

在硅酸盐、硼酸盐、磷酸盐玻璃中引入 R_2O 和 RO 氧化物时，随着它们的离子半径的增大，使玻璃的密度增加。离子半径小的阳离子如 Li^+、Mg^{2+} 等可以填充于网络间的空隙，因此虽然使硅氧四面体的连接断裂，但并不引起网络结构的扩大。阳离子如 K^+、Ba^{2+}、La^{3+} 等其半径比网络间空隙大，因而使结构网络扩张。玻璃中加入前者使结构紧密度增加，加入后者则使结构紧密度下降。

同一种氧化物在玻璃中配位状态改变时，对其密度也产生明显的影响。例如 B_2O_3，从硼氧三角体［BO_3］到硼氧四面体［BO_4］，或者中间体氧化物从网络内四面体［MO_4］转变到网络外八面体［MO_6］（M＝Al、Ga、Mg、Ti 等）均使密度上升。因此，当连续改变这类氧化物含量到产生配位数的变化时，在玻璃成分-性质变化曲线上就出现极值或转折点。在 R_2O-B_2O_3-SiO_2 系统玻璃中，当 $Na_2O/B_2O_3>1$（摩尔比）时，B_2O_3 由三角体转变为四面体，把结构网络中断裂的键连接起来，也就是说单键连接的氧离子被硼与硅两种键所固定。同时［BO_4］的体积比［SiO_4］小，使玻璃结构紧密，密度增大。当 $Na_2O/B_2O_3<1$（摩尔比）时，由于 Na_2O 不足，［BO_4］又转变成［BO_3］，促使玻璃结构松懈，密度下降，出现“硼反常现象”。

Al_2O_3 对玻璃密度的影响较为复杂，一般在玻璃中引入 Al_2O_3 会使密度增加，但在 Na_2O-SiO_2 系中 $A1_2O_3$ 取代 Na_2O 时，却出现“铝反常现象”。当 Al^{3+} 处于网络外成为［AlO_6］八面体时，它填充于结构网络的间隙，使玻璃的密度上升；当 Al^{3+} 处于［$A1O_4$］四面体时，［AlO_4］的体积大于［SiO_4］，其密度下降。

在玻璃中含有 B_2O_3 时，Al_2O_3 对玻璃密度的影响更为复杂。由于［AlO_4］比［BO_4］较为稳定，所以 Al_2O_3 引入时，先形成［AlO_4］。当玻璃中含 R_2O 足够多时，才能使 B^{3+} 处于［BO_4］。

4.1.2　玻璃密度与温度及热历史的关系

随着温度的升高，玻璃密度下降，而比体积（即密度倒数）就会相应地增高。对于一般的工业玻璃，当温度从室温升高至 1300℃时，密度下降 6%～12%。在弹性变形范围内密度的下降与玻璃的热膨胀系数有关。

玻璃密度还与热处理条件有关，淬冷的玻璃比退火的玻璃一般有较低的密度。例如风冷钢化玻璃，钢化前后的密度是不相同的。

在退火温度范围内，玻璃的密度与退火温度、保温时间、降温速度呈现比较复杂的关系，具有如下规律：

① 玻璃从高温状态冷却时，淬火（急冷）玻璃比退火（缓冷）玻璃的密度低，如图 4-1 所示；

② 在一定退火温度下，保温一定时间后，玻璃的密度趋向平衡，而淬火玻璃处于较大的不平衡状态；

③ 冷却速度越快，偏离平衡密度的温度越高，图 4-2 中 B 曲线比 A 曲线冷却速度快，因此，偏离平衡密度也就越大，另外也会使 T_g 温度越高。

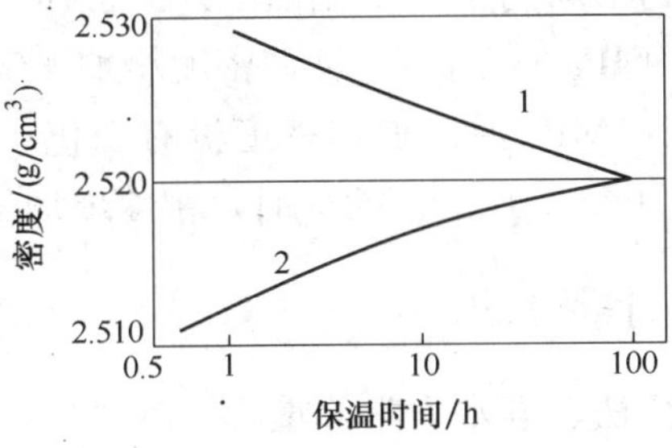

图 4-1　退火玻璃与淬火玻璃在 520℃时密度的平衡过程图

1—退火玻璃　2—淬火玻璃

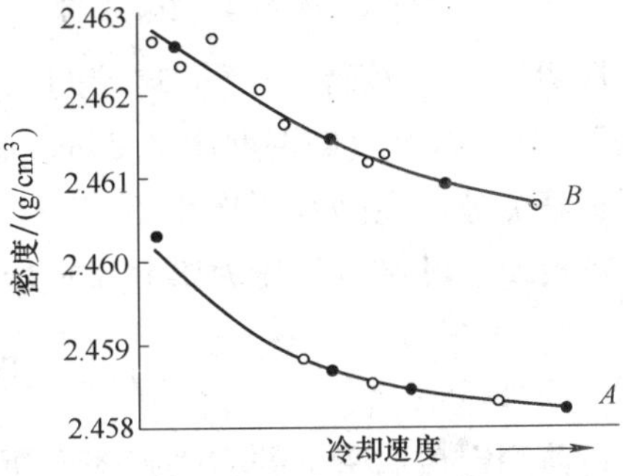

图 4-2　玻璃的密度与冷却速度的关系图

○—块体玻璃　●—碎玻璃

玻璃析晶是一个结构有序化过程，因此玻璃在析晶后密度是增加的。玻璃晶化（包括微晶化）后密度的大小主要决定于析出晶相类型。例如在 Li_2O-Al_2O_3-SiO_2 系玻璃中，在 500℃前处理，由于未发生晶化，其密度值不变。在 530～700℃处理 5～24h，由于玻璃中析出偏硅酸锂晶体，使密度值从 2.36g/cm³ 增加到 2.38g/cm³；进一步提高热处理温度到 800℃，密度又升高到 2.44g/cm³。这是在残余玻璃相中生成 β-锂霞石型的固熔体所致。所以根据各种热处理条件下密度的变化，可以控制不同的晶相以制取具有不同物理性质的微晶玻璃。

玻璃密度是一个比较敏感的性质，只要成分上发生微小的变化，密度就会立即反映出来，可以利用密度变化来控制生产。例如石英砂的含水量容易变化，常在 3%～10%（质量分数）内波动，其可导致玻璃密度产生 0.01g/cm³ 变化。配料称量不准，料方计算错误，原料成分改变或粒度不好，错用其它熟料，料仓存在漏洞，配合料在输送过程中分层及其它意外因素等，都将引起密度的变化。

4.1.3 玻璃密度与压力的关系

玻璃承受高压甚至超高压后，密度和结构都会有变化。大部分玻璃在承受 1.0×10^3MPa 压力后，具有完善的塑性；如果承受更高的压力，例如（1.0～2.0）×10^4MPa 可能使玻璃密度改变。这是由于加高压后玻璃网络结构的容积减少，使玻璃的密度增大。例如石英玻璃在承受 2.0×10^4MPa 压力后密度可从 2.22g/cm^3 增至 2.61g/cm^3，去除压力后，此密度的增高可在室温下持久地保存下来，但加热至几百度，密度又逐渐趋向于降低，直至恢复到原来的密度值。

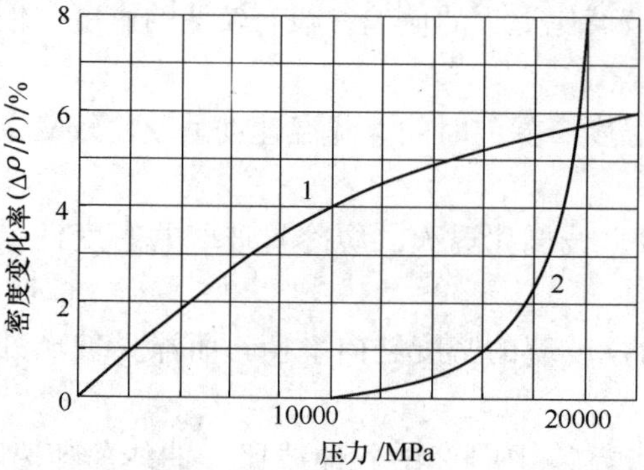

图 4-3 石英玻璃与 B_2O_3 玻璃的 $\Delta\rho/\rho$ 与压力的关系图

1—B_2O_3 玻璃 2—石英玻璃

玻璃密度的变化幅度与加压方法、玻璃组成、压力大小和加压时间有关。

不同加压方法对玻璃密度的变化也不相同，在不同的加压方法下石英玻璃的密度变化如图 4-3 所示。

从图 4-3 可以看出，不同玻璃的加压大小可得到不同的密度变化曲线。当加压 2.0×10^4MPa 时，石英玻璃密度增加 8%；加压 1.0×10^4MPa 时，B_2O_3 玻璃密度增加 4%；采用圆板石英玻璃在静水压作用下，当压力为 1.0×10^4MPa 时，玻璃密度没有变化；用粉状石英玻璃以叶蜡石为压力媒介做加压实验，当压力为 1.0×10^4MPa 时，密度增加 4%。

4.1.4 玻璃密度的测量方法

目前测定玻璃密度的方法有密度瓶法、阿基米德法、静水力学称重法、沉浮法。

为了快速测定玻璃的密度，在工业上一般应用沉浮法。这种方法是选择两种具有不同密度的有机溶液（如β-溴代萘、四溴乙烷）按一定比例混合形成不同密度的液体，将玻璃样品悬浮在混合试液上部，随着水浴温度的变化，试液的密度作相应的变化，当试液的密度与玻璃试样一致时，玻璃开始下沉，根据下沉温度和试液的温度系数，就可测出玻璃的密度。通常在同一产品上的不同部位取 3 个样，然后根据其标样与被测样下沉的温度差，就可得知被测玻璃的密度。这种方法简单快捷，已经广泛用于控制玻璃生产和玻璃组成稳定的有效手段。

4.2 玻璃的黏度

在重力、机械力和热应力等作用下，玻璃液（或玻璃熔体）中的结构单元（离子或离子组团）相互间发生流动。如果这种流动是通过结构单元依次占据结构空位的方式来进行，则称为黏滞流动。当作用力超过“内摩擦”阻力时，就能发生黏滞流动。

黏滞流动用黏度来衡量。黏度是指面积为 S 的两平行液层，以一定的速度梯度 $\frac{dv}{dx}$ 移动时，需克服的内摩擦阻力 f。

$$f=\eta S\frac{\mathrm{d}v}{\mathrm{d}x} \tag{4-1}$$

式中　η——黏度，dPa·s。

目前，玻璃黏度的国际单位制为 Pa·s（帕斯卡·秒），工程单位制为 P（泊），也有在工程中使用 cP（厘泊），在玻璃研究工作和生产实践中广泛使用的单位为 dPa·s（分帕斯卡·秒）。其换算关系为：$1\text{dPa}\cdot\text{s}=1\text{P}=10^{-1}\text{Pa}\cdot\text{s}=10^{2}\text{cP}$。为了与国际玻璃行业使用的黏度单位统一，本书使用 dPa·s 作为玻璃黏度基本单位。

玻璃的黏度随温度下降而增大，从液态玻璃到固态玻璃的发生连续转变，黏度是连续变化的，没有突变现象。而晶体在加热至熔化温度时，黏度是突然改变的。

玻璃黏度与温度关系属于连续渐变过程，玻璃黏度与温度关系对玻璃制造和加工过程起着决定性作用，在玻璃加工制造过程中，必须严格遵守玻璃的温黏（温度-黏度）特性曲线，在温黏特性曲线上具有一系列特征温度点，其黏度值、命名、符号、含义及解释见表 4-1。

表 4-1　特征黏度点的表述及含义

黏度值/dPa·s	特征黏度点	特征符号	含义及解释	通用测试方法及仪器
$10^{14.5}$	应变点	T_{st}	该温度以下，玻璃内部质点不能松弛，该温度在 3min 内消除 5%应力，其作为玻璃退火下限	ASTM C-336
$10^{13.4}$	转变点	T_g	玻璃状态及性质发生剧烈变化的温度转折点，比如热容、密度、膨胀系数、电导率等性质。玻璃从脆固态转变成塑性状态	ASTM E-228 膨胀系数测定仪
$10^{13.0}$	退火点	T_a	退火上限温度，可以在 3min 内消除 95%以上应力，实现质点快速移动	ASTM E-228 膨胀系数测定仪
$10^{11.5}$	膨胀软化点	T_d	空心及垂直玻璃制品在受热时，出现形态变形的起始温度，制品退火极限温度	ASTM E-228 膨胀系数测定仪
$10^{7.65}$	软化点	T_s	表征玻璃在自重状态的软化特征点，采用 ϕ(0.65±0.1)mm、长度 230mm 的玻璃丝按 5℃/min 速率加热，伸长速率为 1mm/min 时的温度	ASTM C-338 Littleton 软化点测定仪
$10^{4\text{-}6}$	液相线	T_l	液相线温度是以部分析晶样品中析出晶体熔融消失的方法来测定；析晶上限温度是以某一时间间隔内均质玻璃内开始析出晶体的方法来测定，通常析晶上限温度比液相线温度低 10～20℃。一般使用析晶上限温度方法代替液相线温度方法	ASTM C-829 梯温炉
$10^{5.0}$	流动点	T_f	玻璃在自身重力作用下展开的温度，评价釉烧熔温度及玻璃拉制成形温度；也是玻璃封接时，实现焊接的温度点	ASTM C-965 旋转高温黏度计
$10^{4.0}$	工作点	T_w	玻璃液能够供给成形时温度，成形温度范围为 10^3～10^5dPa·s，成形方法有拉制、压制、吹制、压-吹、浇铸、浮法等	ASTM C-965 旋转高温黏度计
$10^{2.0}$	熔融温度	T_m	可实现玻璃熔解与澄清、气泡可以排出的温度	ASTM C-965 旋转高温黏度计

4.2.1 玻璃黏度与温度的关系

所有实用硅酸盐玻璃，其黏度随温度的变化规律都属于同一类型，只是黏度随温度的变化速率，以及所对应的特定黏度的温度不同而已。在 $10^2 \sim 10^{12}$ dPa·s 黏度范围内，玻璃的黏度由温度和化学组成所决定；而在 $10^{12} \sim 10^{15}$ dPa·s 黏度范围内，黏度是时间函数。

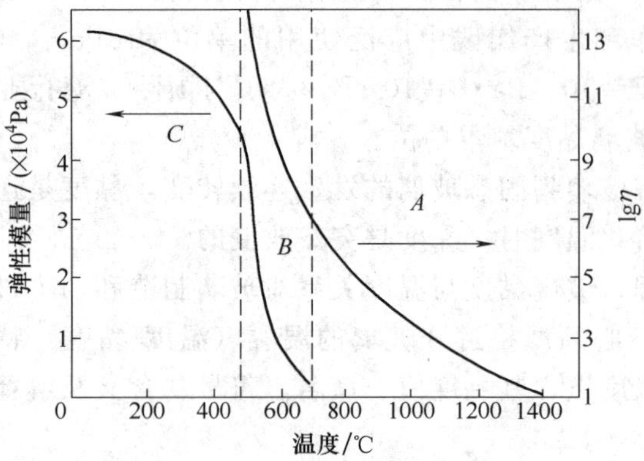

图 4-4 Na_2O-CaO-SiO_2 玻璃的弹性、黏度与温度的关系图

这些现象可由图 4-4 来说明。图 4-4 是钠钙硅玻璃的弹性模量（杨氏模量）、黏度与温度的关系。

图 4-4 中分三个温度区。在 *A* 区因温度较高，玻璃表现为典型的黏性液体，它的弹性性质几乎消失。在这一温度区中黏度仅决定于玻璃的组成和温度。当温度进入 *B* 区（转变区），黏度随温度下降而迅速增大，弹性模量也迅速增大。在这一温度区域内黏度（和其它性质）除决定于组成和温度外，还与时间有关。当温度进入 *C* 区，温度继续下降，弹性模量进一步增大，黏滞流动变得非常小。在这一温度区，玻璃的黏度（和其它性质）仅决定于玻璃组成和温度，而与时间无关。

4.2.2 玻璃黏度与玻璃组成的关系

玻璃成分与黏度之间存在复杂的关系，一般可以从氧硅比、离子的极化、键强、结构对称性以及配位数等方面来说明，现分述如下。

（1）氧硅比　当氧硅比增大（例如熔体中碱含量增大），使大型四面体群分解为小型四面体群，自由体积（空隙）随之增大，导致熔体黏度下降。

其它阴离子与硅的比值对黏度也有显著的作用，例如 H_2O 一般以 OH^- 状态存在于玻璃结构中，使玻璃中的阴离子与硅之比值增大，因此能降低玻璃的黏度。从某种意义上说水对四面体群起着解聚作用。玻璃中当以氟化物取代氧化物时，由于阴离子与硅之比值增大，也有降低黏度的作用。

（2）化学键强度　在其它条件相同的前提下，黏度随阳离子与氧的键力增大而增大。

在碱硅二元（R_2O-SiO_2）玻璃中，当 O/Si 比值很高时（即 R_2O 含量较高），硅氧四面体间连接较少，已接近于岛状结构，四面体间很大程度依靠键力 R—O 相连接，因此键力最大的 Li^+ 具有最高的黏度，黏度按 $Li_2O \rightarrow Na_2O \rightarrow K_2O$ 顺序递减。但当 O/Si 比值很低时，它们的黏度大小顺序又与此相反。

在加入配位数相同的阳离子情况下，各氧化物取代 SiO_2 后黏度的变化决定于 R—O 键力的大小。因此 $\eta(Al_2O_3) > \eta(Ga_2O_3)$、$\eta(SiO_2) > \eta(GeO_2)$。

（3）离子极化　离子间的相互极化对黏度也有显著的影响。阳离子的极化力大，对（硅氧键）氧离子极化、变形大，减弱硅氧键的作用大，表现为黏度下降。一般来说非惰性气体型阳离子的极化力大于惰性气体型阳离子，故前者减弱硅氧键的作用较大，具有较低的黏度。例如以 Pb^{2+} 取代电荷相同、半径相近的 Sr^{2+} 时，玻璃的黏度下降明显，如图 4-5 所示。

以过渡金属氧化物取代 MgO 也有降低黏度的作用，如图 4-6 所示。

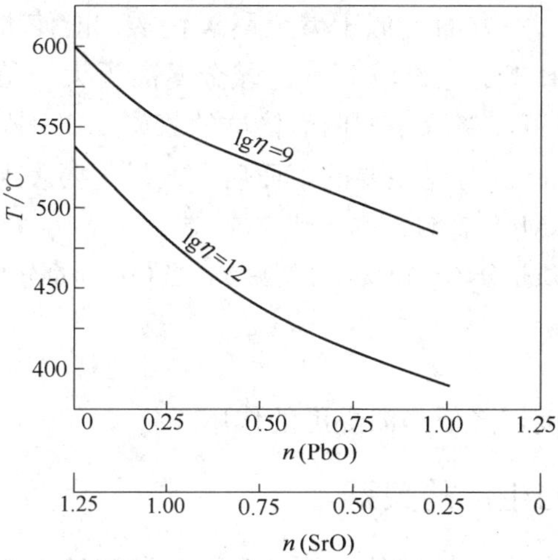

图 4-5　在 $Na_2O \cdot (1-x)SrO \cdot xPbO \cdot 5SiO_2$ 玻璃中以 PbO 取代 SrO 对黏度的作用图

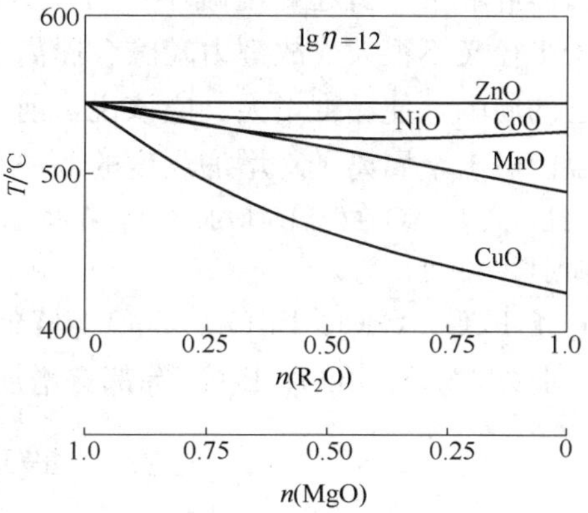

图 4-6　在 $Na_2O \cdot (1-x)MgO \cdot xRO \cdot 5SiO_2$ 玻璃中以 CuO、MnO、CoO、NiO 取代 MgO 对 $\eta = 10^{13}$ dPa・s 时温度的作用图

(4) 结构对称性　在一定条件下，结构的对称性对黏度有着重要的作用。如果结构不对称就可能在结构中存在缺陷或弱点，因此使黏度下降。例如，硅氧键（Si—O）和硼氧键（B—O）的键强属于同一数量级，然而石英（SiO_2）玻璃的黏度却比硼氧（B_2O_3）玻璃大得多，这正是由于两者结构的对称程度不同所致。又如磷氧（P—O）键与硅氧键键强也属于同一数量级，但磷氧（P_2O_5）玻璃的黏度比石英玻璃小得多，主要是磷氧四面体

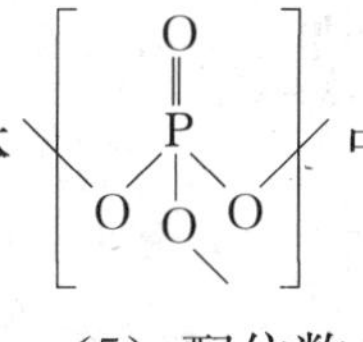

中有一带双键氧，结构不对称的缘故。

(5) 配位数　配位状态对玻璃的黏度也有重要的影响，氧化硼在这方面表现特别明显。图 4-7 表示 $16Na_2O \cdot xB_2O_3 \cdot (84-x)\ SiO_2$ 系统玻璃的黏度变化。

从图 4-7 可以看出，这是硼的反常现象，最初加入的 B_2O_3，由于硼处于三度空间连接的硼氧四面体［BO_4］中，使结构网络聚集紧密，黏度上升。而当硼含量继续增至 $B_2O_3/Na_2O>1$（摩尔比）时，增加的硼开始处于三角体中，使结构疏松，黏度下降。

在电荷相同的条件下，随着阳离子配位数 N 上升，其增加对硅氧基团的积聚作用，促使黏度上升。

综上所述，各常见氧化物对玻璃黏度的作用，大致归纳如下：

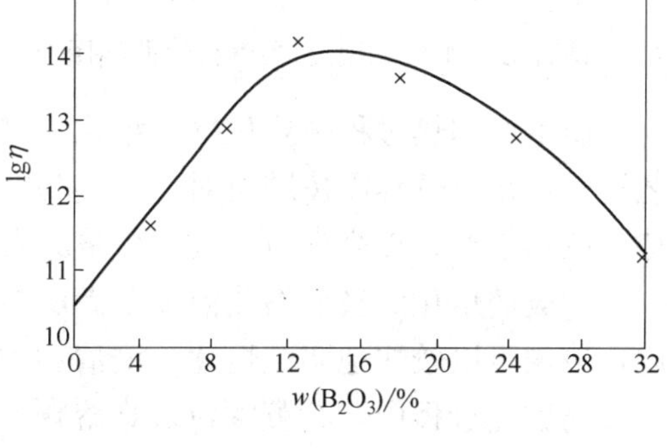

图 4-7　$16Na_2O \cdot xB_2O_3 \cdot (84-x)SiO_2$ 系统玻璃在 560℃时的黏度变化图

① SiO_2、Al_2O_3、ZrO_2 等提高黏度；

② 碱金属氧化物降低黏度；

③ 碱土金属氧化物对黏度的作用较为复杂。一方面类似于碱金属氧化物，能使大型四面体群解聚，引起黏度减小；另一方面这些阳离子电价较高（比碱金属离子大一倍），离子半径又不很大，故键力较碱金属离子大，有可能夺取小型四面体群的氧离子，分布于自己的周围，使黏度增大。应该说，前一效果在高温时是主要的，而后一效果主要表现在低温。碱土金属离子对增加黏度的顺序一般为：$Mg^{2+}>Ca^{2+}>Sr^{2+}>Ba^{2+}$。

注：其中CaO在低温时增加黏度，在高温时当CaO质量分数<10%时降低黏度，当CaO质量分数>12%时增大黏度。

④ PbO、CdO、Bi_2O_3、SnO 等降低黏度；

此外 Li_2O、ZnO、B_2O_3 等都有增加低温黏度，降低高温黏度的作用。

4.2.3 玻璃黏度与生产的关系

对于不同化学组成的玻璃具有不同的温度-黏度特性曲线，图 4-8 为两种玻璃组成的温度-黏度特性曲线，可以看出两者的黏度变化速率不同，因此称之料性不同。变化速率大的玻璃 *B* 属于“料性短”玻璃，变化速率小的玻璃 *A* 属于“料性长”玻璃，即相同黏度变化，温差大的为“料性长”，具有更长的成形时间，一般采用 $\eta_1=10^4$ dPa·s 和 $\eta_2=10^{7.6}$ dPa·s 之间温差进行比较。图 4-8 中玻璃 *A* 温差大于玻璃 *B* 温差。

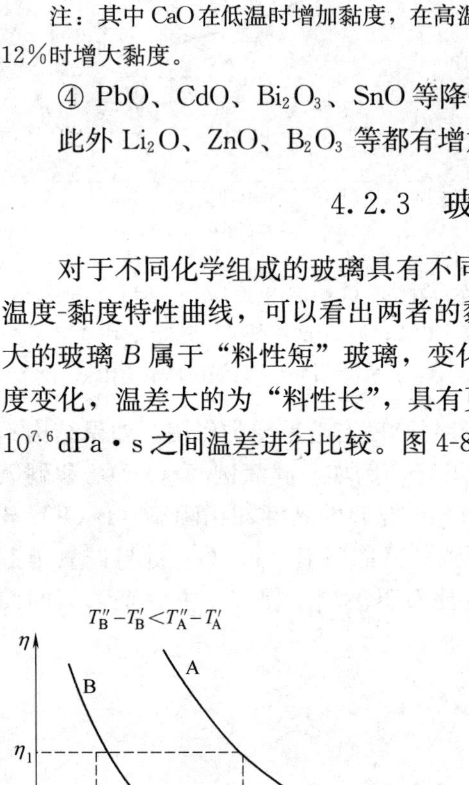

图 4-8 两种玻璃组成的温度-黏度特性曲线图

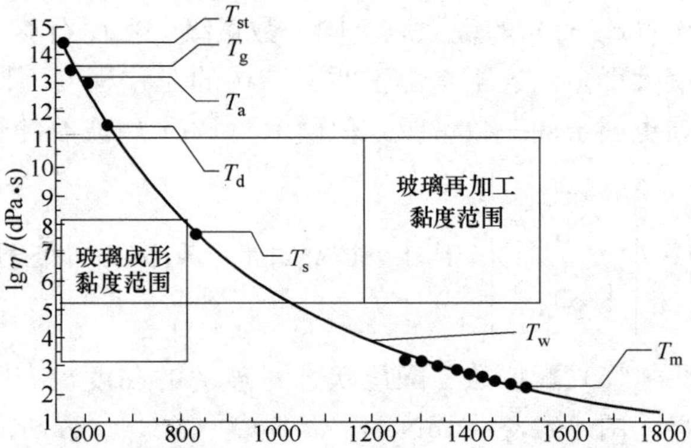

图 4-9 玻璃的典型温度-黏度曲线图

玻璃生产的热过程主要包括：熔化、澄清、均化、供料、成形、退火、玻璃热加工等工艺过程，每个过程需按照所对应玻璃黏度的温度进行，因此掌握和利用好玻璃黏度变化规律对控制生产、提高产量、稳定质量具有重要意义。

（1）玻璃熔化　玻璃熔化温度范围所对应的玻璃黏度为 $10^1\sim10^2$ dPa·s，在该温度范围内，玻璃可以较快地实现熔化、澄清和均化。

玻璃熔化过程中，石英颗粒及难熔颗粒是最后进入到玻璃熔体中，其熔解、扩散关系影响到玻璃熔制速度，但是玻璃澄清、均化是与玻璃液的黏度密切相关。在澄清过程中，玻璃内的气泡上升速度与黏度成反比，因此玻璃熔解过程中经常采用提高熔化温度和添加少量助熔剂来降低玻璃黏度，加速玻璃的澄清和均化。

（2）玻璃成形　黏度对于玻璃成形具有至关重要的作用，玻璃成形温度对应的黏度范围 10^3～10^8dPa・s，如图 4-9 所示。不同的成形工艺方法（如有吹制、拉制、压制、轧制等单一方法及组合方法）、玻璃颜色、制品尺寸和形状具有不同成形初始黏度和终了黏度。自动供料机供料玻璃黏度 10^3～10^4dPa・s；人工挑料初始玻璃黏度 $10^{3.2}$dPa・s；垂直引上法初始玻璃黏度 $10^{3.2}$dPa・s；垂直引下拉管供料初始黏度为 $10^{5.0}$dPa・s；维络拉管供料初始黏度为 $10^{5.0}$dPa・s；池窑玻璃纤维拉丝供料黏度为 $10^{3.0}$dPa・s。国际通常将 10^4～$10^{7.6}$dPa・s 对应的温度范围（T_w～T_s）定义为工作温度范围（也称成形温度范围），用于比较和了解玻璃料性和成形速率。

为了克服成形过程中发生析晶，成形初始温度必须大于玻璃液相线温度，即 $\Delta T=T_w-T_l>0$℃。ΔT 越大越不易析晶，ΔT 越小越易发生析晶，因此成形一定要在液相线温度之上进行供料和成形。

（3）玻璃退火　玻璃成形过程中需要快速冷却定型，因此会导致玻璃内部产生热应力。热应力的消除是通过玻璃内部质点的黏滞流动和弹性松弛来消除的。玻璃退火温度范围所对应的玻璃黏度为 10^{13}～$10^{14.5}$dPa・s，10^{13}dPa・s 所对应温度为退火上限温度，$10^{14.5}$dPa・s 所对应温度为退火下限温度，一般选择退火上限温度作为退火温度 T_a，可以保障制品在不变形的前提下，实现最快消除玻璃内部应力的目的，提高生产效率。

（4）玻璃再加工　玻璃制品形成后，有时还需要进行再次进行热加工和造型，包括钢化、热弯、窑铸、封接，这样必须达到玻璃软化点（$T_s=10^{7.65}$dPa・s）附近才可以进行。玻璃再加工的黏度范围为 10^5～10^{11}dPa・s，如图 4-9 所示。采用的热加工方法不同其对应黏度也不同，钢化黏度大约为 $10^{8.0}$dPa・s；热弯黏度为 $10^{6\sim11}$dPa・s；热熔、窑铸和玻璃封接黏度为 $10^{4.5\sim5.0}$dPa・s。

4.2.4　玻璃黏度的计算方法

关于玻璃黏度计算方法许多科学家做了大量研究工作，虽然尚无一套通用的计算方法能够适用所有玻璃体系，但是可以为我们预测玻璃的温度-黏度特征值。

4.2.4.1　奥霍琴（Охотин）法

此法适用于含有 MgO、Al_2O_3 的 Na_2O-CaO-SiO_2 系统的玻璃，如平板玻璃和瓶罐玻璃，适合的玻璃成分范围为（质量分数）：Na_2O 12%～16%，CaO＋MgO 5%～12%，Al_2O_3 0～5%，SiO_2 64%～80%，可应用下列计算式：

$$T_\eta=Aw_1+Bw_2+Cw_3+D \tag{4-2}$$

式中　T_η——某黏度值对应的温度，℃；

w_1，w_2，w_3——分别是 Na_2O、CaO＋MgO、Al_2O_3 的质量分数，%；

A，B，C，D——分别为 Na_2O、CaO＋MgO、Al_2O_3、SiO_2 的温度常数，随黏度值而变化。

如果玻璃成分中 w(MgO)≠3%时，则 T_η 值必须校正。奥霍琴法黏度值计算时对应的温度常数见表 4-2。

例如，某玻璃成分为（质量分数）：SiO_2 74%，Na_2O 14%，CaO 7%，MgO 4%，Al_2O_3 1%，求黏度为 10^4dPa・s 时的温度。

表 4-2　　根据玻璃黏度计算相应温度的常数表

玻璃黏度/dPa·s	常数数值				以1%MgO代替1%CaO时所引起相应的温度提高/℃
	A	*B*	*C*	*D*	
10^3	−22.87	−16.10	6.50	1700.40	9.0
10^4	−17.49	−9.95	5.90	1381.40	6.0
10^5	−15.37	−6.25	5.00	1194.27	5.0
$10^{6.5}$	−12.19	−2.69	4.58	980.72	3.5
10^7	−10.36	−1.18	4.35	910.86	2.6
10^8	−9.71	0.47	4.24	815.89	1.4
10^9	−9.19	1.57	5.34	762.50	1.0
10^{10}	−8.75	1.92	5.20	720.80	1.0
10^{11}	−8.47	2.27	5.29	683.80	1.5
10^{12}	−7.46	3.21	5.52	632.90	2.0
10^{13}	−7.32	3.49	5.37	603.40	2.5
10^{14}	−6.29	4.01	5.24	561.50	3.0

查表 4-2 参数，计算 $\eta=10^4$ dPa·s 时的温度（简写为 $T_{\eta 4}$）：

$$T_{\eta 4}=-17.49\times14-9.95\times(7+4)+5.9\times1+1381.4=1033\ (℃)$$

进行校正：MgO 实际含量为 4%，4%−3%=1%，查表 4-2 得知，黏度为 10^4 dPa·s 时，以 1%MgO 置换 1%CaO，温度将提高 6℃，因此 $T_{\eta 4}=1033+6=1039$（℃）。

4.2.4.2　富切尔（Fulcher）法

如前所述黏度和温度的关系，可用富切尔方程式表示。

$$\lg\eta=-A+\frac{B}{T-T_0}\quad 或\ T=T_0+\frac{B}{\lg\eta+A} \tag{4-3}$$

式中　*A*、*B* 和 T_0 可从下式求出：

$$A=1.4788x(Na_2O)+0.8350x(K_2O)+1.6030x(CaO)+5.4986x(MgO)-1.5183x(Al_2O_3)+1.4550$$

$$B=-6039.7x(Na_2O)-1439.6x(K_2O)-3919.3x(CaO)+6285.3x(MgO)+2253.4x(Al_2O_3)+5786.4$$

$$T_0=-25.07x(Na_2O)-321.0x(K_2O)+544.3x(CaO)-384.0x(MgO)+294.4x(Al_2O_3)+198.1$$

式中的 Na_2O、K_2O……表示各组分的相对含量，即以 SiO_2 的摩尔分数为 1%时，各组分（摩尔分数）与 SiO_2 之比（R_mO_n/SiO_2）；该计算系统使用组成范围为：SiO_2 1.00，Na_2O 0.15～0.20，CaO 0.12～0.20，MgO 0.0～0.051，Al_2O_3 0.0015～0.0730，成分各项系数可计算得出。该方法适用黏度范围为 10^2～10^{13} dPa·s。

以某玻璃成分（质量分数）：SiO_2 74%，Na_2O 15%，CaO 9.0%，MgO 2.5%，Al_2O_3 0.5%为例，计算其 $\eta=10^4$ dPa·s 时的温度。

首先，按所提供玻璃成分计算各物质的相对摩尔含量，计算结果见表 4-3。然后分别计算 *A*、*B*、T_0 系数，最终代入式 4-3。

表 4-3　　各物质相对摩尔含量的计算结果

项目 \ 氧化物	SiO_2	Na_2O	CaO	MgO	Al_2O_3
质量分数/%	74.0	15.0	9.0	2.5	0.5
相对分子质量	60	62	56	40	102
氧化物的物质的量	1.2333	0.2419	0.1607	0.0625	0.0049
相对 SiO_2 摩尔比	1.0000	0.1961	0.1303	0.0507	0.0040

$A=1.4788\times0.1961+1.6030\times0.1303+5.4986\times0.0507-1.5183\times0.0040+1.4550=2.2266$

$B=-6039.7\times0.1961-3919.3\times0.1303+6285.3\times0.0507+2253.4\times0.0040+5786.4=4419.0$

$T_0=-25.07\times0.1961+544.3\times0.1303-384.0\times0.0507+294.4\times0.0040+198.1=245.8$ (℃)

$T_{\eta4}=245.8+4419/(4+2.2266)=955.5$ (℃)

4.2.4.3 博-杰涅夫（Бо-Тернер）法

适用于瓶罐和器皿玻璃，此法不能直接用于计算一定温度下的黏度值，应用此法必须先知道接近待算玻璃成分在特定温度下的黏度值，然后再利用表 4-4 所列的数据，即可确定出待计算玻璃在该黏度下的温度值。

表 4-4　当以某氧化物置换 1%SiO_2 时保持恒值 lgη 所必需的温度变化

置换 SiO_2 氧化物	置换范围/%（质量分数）	为保持下列黏度时所提高(＋)或降低(－)的温度/℃							
		10^3 dPa·s	10^4 dPa·s	10^5 dPa·s	10^6 dPa·s	10^7 dPa·s	10^8 dPa·s	10^{10} dPa·s	10^{12} dPa·s
Al_2O_3	0～5	＋10.6	＋9.0	＋7.6	＋7.0	＋6.0	＋5.0	＋4.0	＋3.0
Fe_2O_3	0～5	－9.0	－7.0	－5.0	－3.5	－2.5	－1.5	－0.5	0.0
MgO	0～5	－6.0	－3.5	－2.0	－0.5	0.0	＋1.0	＋2.0	＋3.0
CaO	0～6	－23.0	－14.0	－9.0	－5.0	－2.0	＋0.5	＋4.5	＋7.0
BaO	6～10	－16.0	－11.5	－8.0	－5.0	－2.6	－0.4	＋3.0	＋6.0
PbO*	30～35	－10.5	－9.0	－8.0	－7.0	－6.0	－5.0	－4.0	－3.0
Na_2O	13～17	－14.0	－11.0	－9.0	－7.5	－6.5	－5.5	－4.5	－3.5
K_2O	15～30	－14.0	－12.0	－9.0	7.3	－6.0	－5.7	－4.2	－3.0

注：PbO 的数据属于钠铅硅玻璃，其它氧化物数据均为普通硅酸盐玻璃。

例如某铅晶质玻璃成分为（质量分数）：SiO_2 56%、Na_2O 2%、K_2O 12%、PbO 30%，计算玻璃黏度 10^3dPa·s 时的温度。已知玻璃成分为（质量分数）：SiO_2 58%、Na_2O 3.5%、K_2O 13.5%，PbO 25%，玻璃黏度 10^3dPa·s 时的温度为 1060℃。

$T_{\eta3}=1060+(2-3.5)\times(-14.0)+(12-13.5)\times(-14.0)+(30-25)\times(-10.5)=1049.5$(℃)

4.2.5　玻璃黏度的测量方法

由于玻璃的组成不同，其对应的温度-黏度特性曲线也会不同，由于目前尚无一套可以精确计算任何玻璃体系黏度的公式，因此，在现实科研生产过程中，必须借助于仪器设备来测量玻璃的温度-黏度特性曲线，来指导玻璃生产及加工。玻璃黏度范围很宽（10^1～10^{15}dPa·s），现在也没有任何一种仪器能够进行全范围玻璃黏度测量，一般采取分段测量黏度的方法进行，因此测量原理及测量仪器也是不同的。测量高温熔融态玻璃黏度10^1～10^5dPa·s 时，常用旋转法测定熔体的内摩擦力和利用斯托克斯（Stocks）定律的落球法；10^4～10^9dPa·s 时，常用 Littleton 法，其中可包含软化点，将玻璃拉成直径（0.65±0.1)mm 玻璃丝，长度 230mm，检测玻璃丝加热时伸长速率变化；测定黏度 10^{11}～10^{15}dPa·s 时，膨胀仪法和弯杆法（又称弯曲梁法），其中黏度可包含退火点、应变点、转变点、膨胀软化点等所对应温度。

4.2.5.1 旋转法

本方法能够测量玻璃熔化、澄清、成形初始点等温度的黏度，黏度测量范围 10^1～10^5dPa·s。此法是将玻璃熔体充满在同轴的旋转体（转子）与坩埚之间，转子以不同的速度运动，则因转子与坩埚间玻璃熔体的黏滞阻力而产生扭力矩。通过扭力矩测量装置测取力矩，即可转化为玻璃熔体的黏度。图 4-10 为玻璃高温旋转黏度计，对于定角速度旋转，熔体黏度符合式（4-4）。

$$\eta = K\Omega/\omega \tag{4-4}$$

式中 η——运动黏度；

Ω——扭矩；

K——系数；

ω——角速度。

4.2.5.2 落球法

图 4-11 平衡落球法玻璃黏度计，最佳的测定范围 $10^1 \sim 10^5$ dPa·s。此法是根据斯托克斯定律，将铂金球在一个无边界的广阔玻璃熔体中运动时，玻璃熔体黏度符合式（4-5）。

$$\eta = \frac{2(\rho - \rho')}{9v} g r^2 \tag{4-5}$$

式中 g——重力加速度，cm/s^2；

r——球半径，cm；

ρ——球的密度，g/cm^3；

ρ'——玻璃液密度，g/cm^3；

v——球运动速度，cm/s。

斯托克斯定律只是当球体在一无限范围的液体中运动才是正确的，在实际测量中必须考虑有限边界条件带来的影响，引入仪器常数 K 加以修正。

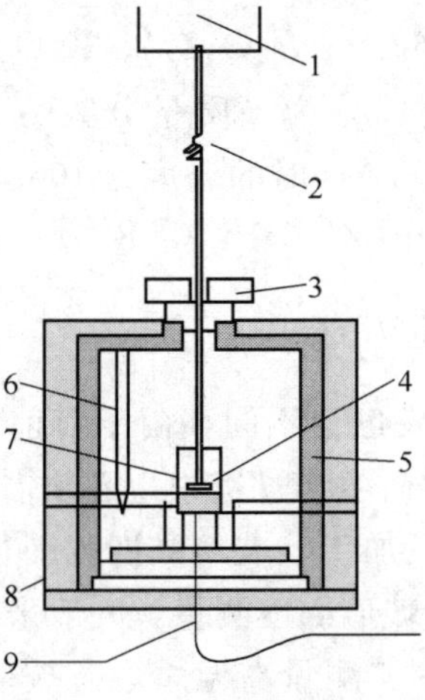

图 4-10 玻璃旋转黏度计

1—主机 2—万向接头 3—隔热砖 4—铂金转子 5—耐火砖 6—加热元件 7—铂金坩埚 8—高温炉 9—热电偶

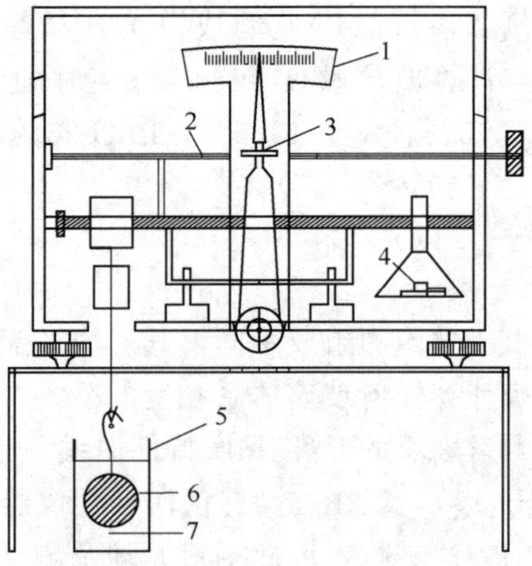

图 4-11 平衡落球法玻璃黏度计

1—刻度盘 2—压杆 3—调节重心 4—砝码 5—铂金坩埚 6—铂金球 7—玻璃

4.2.5.3 吊丝法

图 4-12 为吊丝法即 Littleton 法，利用直径（0.65±0.1）mm、长度 230mm 的玻璃丝悬挂于加热炉腔内，加热炉上部 100mm 高度为加热区域，按 5℃/min 速率进行加热，玻璃丝在自重状态下伸长速率达到 1mm/min 时的温度定义为玻璃软化温度。

利用此法可测量玻璃的黏度范围为 $10^4 \sim 10^9$ dPa·s，此范围为玻璃低温黏度。该法是用一定长度和直径的无缺陷玻璃丝在垂直管状电炉中受一定的荷重作用时伸长，其伸长过程可分为三个阶段（图 4-13），最初是弹性伸长（曲线 ab），以后是缓慢弹性伸长（曲线 bc），最后达到黏性的均匀伸长（曲线 cd）。当玻璃液的黏度不很大时，前两个阶段经历的时间很短，故可利用后一阶段的伸长速率按式（4-6）计算玻璃的黏度。

$$\eta=\frac{mlg}{3\pi r^2\dfrac{\Delta l}{\Delta t}} \tag{4-6}$$

式中　η——玻璃黏度，dPa·s；

l——玻璃丝长度，cm；

m——所加载重，g；

g——重力加速度，cm/s^2；

r——玻璃丝半径，cm；

$\dfrac{\Delta l}{\Delta t}$——玻璃丝伸长速率，cm/s。

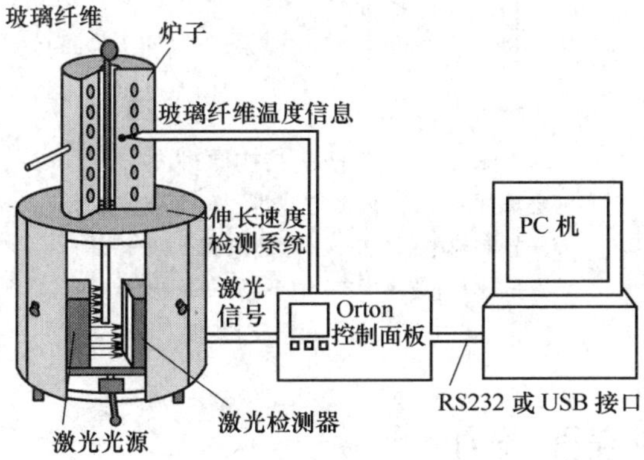

图 4-12　Littleton 法测量原理图

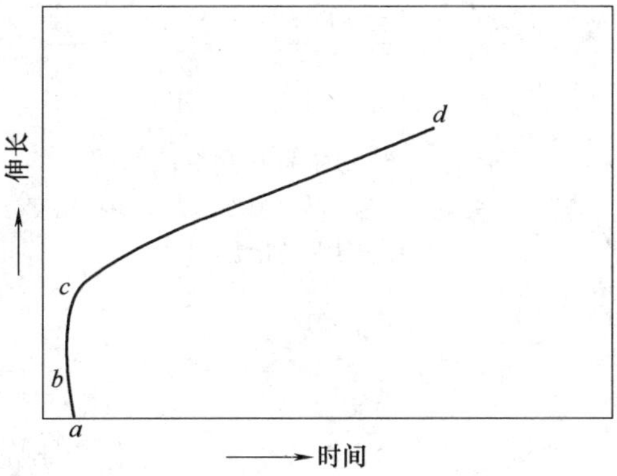

图 4-13　玻璃丝伸长与时间的关系图

4.2.5.4　膨胀仪法

在热膨胀系数测定过程中，可以较好地测量和反映玻璃的低温黏度 $10^{11}\sim10^{14.5}$ dPa·s，可以测量玻璃的应变点、转变点、退火点、膨胀软化点，对于玻璃热处理具有重要的指导意义。利用膨胀仪测定热膨胀系数的曲线如图 4-14 所示。

4.2.5.5　弯曲梁法

图 4-15 为弯杆法结构原理图，弯杆法主要测量玻璃的低温黏度 $10^{10}\sim10^{15}$ dPa·s，测试原理为把一个长棒状（圆柱体或长方体）的玻璃样品放在两个支撑点上，在长棒的中央位置加上一个特定的负荷重量，在一定的温度下，长棒会发生形变，通过观察和测量其温度变化而产生的位移变化，最终计算出玻璃的黏度值，其黏度符合式（4-7）。

$$\eta= gL^2(m+\rho AL/1.6)/(0.24I_c v) \tag{4-7}$$

式中　η——动力黏度，dPa·s；

g——重力加速度，cm/s^2；

I_c——横截面的惯性力矩，cm^4；

v——长棒中点的变形率，cm/min；

m——负荷，g；

ρ——玻璃的密度，g/cm³；

A——长棒的横截面积，cm²；

L——支撑点距离，cm。

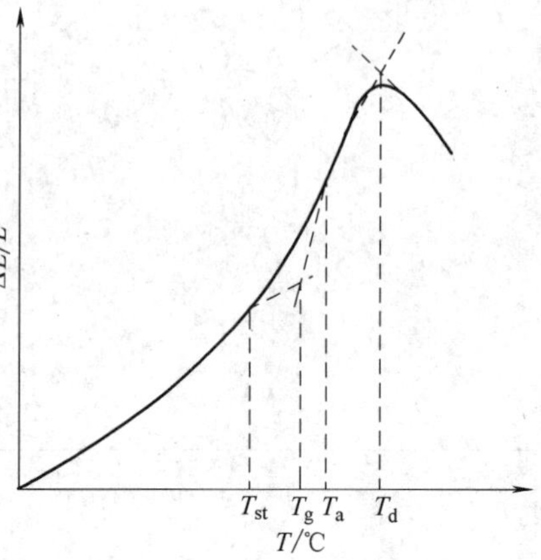

图 4-14 热膨胀系数测量曲线图

T_{st}—应变温度 T_g—转变温度 T_a—退火温度

T_d—膨胀转化温度

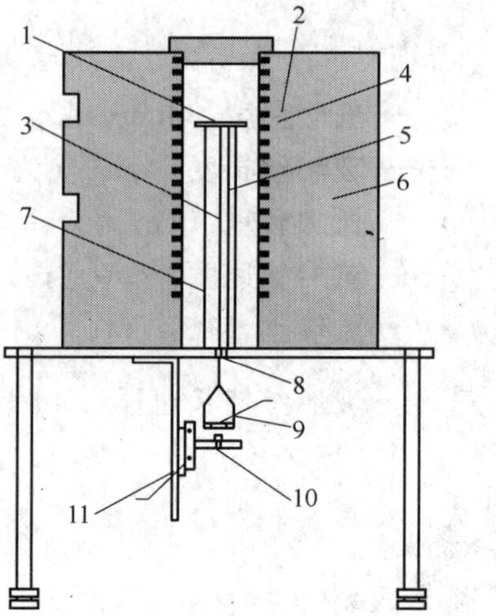

图 4-15 弯杆法结构原理图

1—玻璃样品 2—温度控制器 3—石英负荷棒

4—控制热电偶 5—样品热电偶 6—炉体

7—支撑石英棒 8—记录器 9—砝码盘

10—电源 11—支撑座

4.3 玻璃的表面张力

4.3.1 玻璃表面张力的物理含义及应用

玻璃的表面张力系指玻璃与另一相接触时，相界面（一般指空气）在恒温、恒容下增加一个单位表面积时所做的功。其表示符号为σ，国际单位是 N/m 或 J/m²，工程单位分别为 dyn/cm 或 erg/cm²，1N/m＝10^3dyn/cm。表面的原子较内部的原子能量高，原子从内部转移到表面就需要一定的能量。硅酸盐玻璃的表面张力一般为（220～380）$\times 10^{-3}$N/m，比水的表面张力大 3～4 倍，也比熔融的盐类大，而与熔融金属数值相近。表 4-5 是几种典型玻璃相对于空气的表面张力情况。

表 4-5　　几种典型玻璃相对于空气的表面张力

玻璃类型	表面张力/($\times 10^{-3}$N/m)	
	在 125℃时	在黏度 10^4～10^5dPa·s 时
钠钙硅玻璃	300～320	336
铅硅玻璃[w(PbO)15%～20%]	245～250	252
铅硅玻璃[w(PbO)50%]	215～220	224
钠硼硅玻璃	—	340～350
铝硅玻璃	—	350～355

玻璃表面张力在玻璃制品的生产过程中有着极其重要的意义，特别是在玻璃的澄清、均化、成形、玻璃液与耐火材料相互作用等过程中起着十分重要的作用。表面张力在一定程度上决定了气泡的成长和溶解以及玻璃液中排出气泡的速度。

玻璃液中条纹及节瘤扩散和溶解速度决定于主体玻璃和条纹玻璃表面张力的相对大小。如果条纹的表面张力较小，则条纹力求展开成薄膜状，并包围在玻璃体周围，这样条纹便很快溶解而消失；相反如果条纹（节瘤）的表面张力较主体玻璃大，例如条纹中 Al_2O_3 及 RO 的含量较高时，条纹（节瘤）力求成为球形，不利于溶解，因而较难消除。

玻璃表面张力在成形过程中也起重要作用。人工挑料或吹小泡以及滴料供料时，都要借助于表面张力，使之达到一定形状。拉制玻璃管或玻璃棒时，由于表面张力的作用，玻璃本身即可向圆柱形发展。

玻璃制品烘口时，表面张力可使玻璃尖锐部位成为圆边。玻璃的火抛光也是借助于表面张力使表面更加平滑。

浮法平板玻璃的生产原理也基于玻璃的表面张力作用，从而获得了超越磨光玻璃表面质量的优质玻璃。

池窑中的气氛性质对玻璃熔体的表面张力有重要影响，一般来说还原气氛下玻璃表面张力较氧化气氛下约增大 20%。由于表面张力的增大，使玻璃熔体表面趋于收缩，这样促使新鲜玻璃液覆盖玻璃表面。这一作用对在还原气氛下熔制棕色玻璃有着重大的意义，由于表面玻璃持续不断地更新，从而保证了玻璃色泽的均匀一致。

表面张力有时也会对某些玻璃制品的生产带来不利的影响。例如，生产薄玻璃或超薄玻璃时，就必须克服玻璃表面张力的作用。平板玻璃生产时，特别是薄玻璃拉制时要用拉边机克服由于表面张力所引起的收缩力。

4.3.2　玻璃表面张力的影响因素

4.3.2.1　玻璃表面张力与组成的关系

各种氧化物对玻璃的表面张力 σ 有不同的影响，如 Al_2O_3、La_2O_3、CaO、MgO 能提高表面张力；K_2O、PbO、B_2O_3、Sb_2O_3 等在加入量较大时，则能大大地降低表面张力；Cr_2O_3、V_2O_5、MoO_3、WO_3 等即使用量不大，也能显著地降低表面张力。例如，在锂硅酸盐玻璃中引入 33%（质量分数）K_2O 可使表面张力从 317×10^{-3}N/m 降低到 212×10^{-3}N/m，而引入 7%（质量分数）V_2O_5 表面张力降到 100×10^{-3}N/m。

氧化物对玻璃熔体与空气界面的表面张力影响可分为三类，见表 4-6。第Ⅰ类表面活性差的成分，第Ⅱ类中间成分，第Ⅲ类溶解差而表面活性强的成分。

第Ⅰ类氧化物与表面张力的关系，符合加和性法则，一般可用式（4-8）计算：

$$\sigma=\frac{\sum\bar{\sigma}_i\alpha_i}{\sum\alpha_i} \tag{4-8}$$

式中　σ——玻璃的表面张力，N/m；

$\bar{\sigma}_i$——氧化物的表面张力系数（见表 4-6）；

α_i——氧化物摩尔分数，%。

第Ⅱ类和第Ⅲ类氧化物对熔体的表面张力的关系是复合函数，不符合加和性法则。由于这些成分的吸附作用，表面层的组成与熔体内的组成是不同的。

表 4-6　各类成分对表面张力影响的分类

类　型	氧 化 物	表面张力系数$\bar{\sigma}_i$（1300℃时）	类　型	氧 化 物	表面张力系数$\bar{\sigma}_i$（1300℃时）
第Ⅰ类表面活性差的成分	SiO_2	290	第Ⅰ类表面活性差的成分	Na_2O	295
	TiO_2	250		CaF_2	420
	ZrO_2	350		Nb_2O_5	150
	SnO_2	350		Ta_2O_5	500
	Al_2O_3	380		GeO_2	260
	BeO	390		Y_2O_3	900
	MgO	520		La_2O_3、CeO_2、PrO_3	650～950
	CaO	510		Nb_2O_3、Gd_2O_3、Eu_2O_3	650～950
	SrO	490		Dy_2O_3	650～950
	BaO	470		Ga_2O_3	600
	ZnO	450	第Ⅱ类中间成分	K_2O、Tl_2O、PbO、Cs_2O、B_2O_3、Sb_2O_5、As_2O_5、P_2O_5、As_2O_3	无定值，一般较低，也可能负值
	CdO	430			
	MnO	390			
	FeO	490	第Ⅲ类溶解差而表面活性强的成分	Cr_2O_3、V_2O_5、SO_3、CrO_3、MoO_3、WO_3	无定值，一般为负值
	CoO	430			
	NiO	400			
	Li_2O	450			

4.3.2.2　玻璃表面张力与温度的关系

从表面张力的概念可知，温度升高，质点热运动能增大，体积膨胀，相互作用力松弛，因此，液-气界面上的质点在界面两侧所受的力也随之减少，即表面张力降低，因此，玻璃表面张力在特定温度范围内几乎成直线，也可用经验公式（4-9）表示。而玻璃表面张力在转变温度附近发生急速变化，如图 4-16 表示了三种不同玻璃的表面张力与温度的关系。

$$\sigma=\sigma_0(1-bT) \tag{4-9}$$

式中　b——与组成有关的常数；

σ_0——初始条件下的表面张力值，N/m；

T——玻璃的温度，℃。

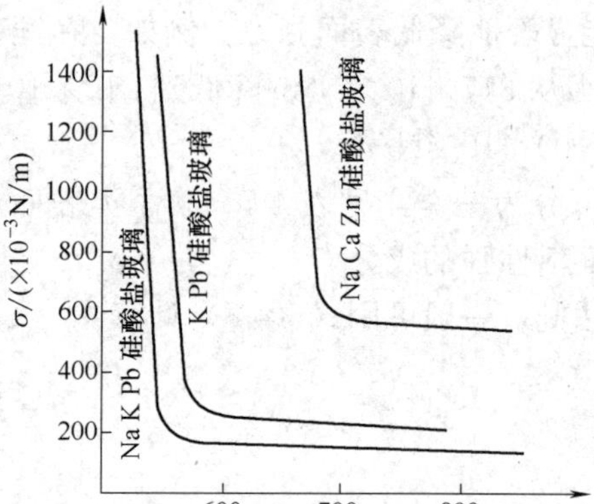

图 4-16　三种不同玻璃的表面张力与温度的关系图

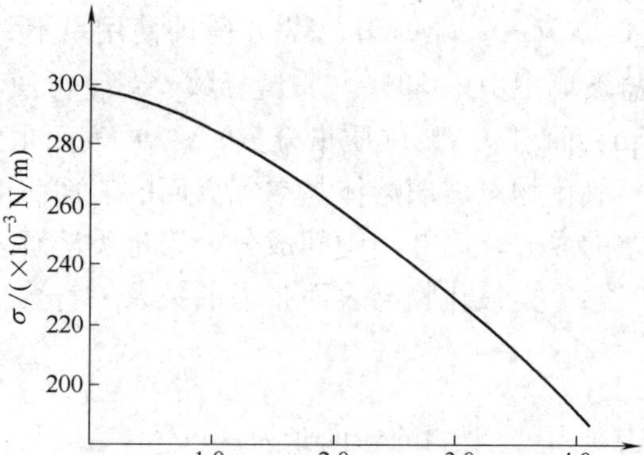

图 4-17　钠钙硅玻璃表面张力与大气中的水蒸气分压的关系图（1mmHg=133Pa）

4.3.2.3　玻璃表面张力与气体的关系

干燥的非极性气体如氮气、氢气、氦气等对玻璃表面张力影响比较小，而极性气体水蒸气、二氧化硫、氨气、氯化氢对玻璃表面张力影响较大，通常会使表面张力变小。在玻璃实际生产中，玻璃较多地与水蒸气、二氧化硫等气体接触，因此，研究这些气体对玻璃表面张力的影响具有一定意义。图 4-17 表示钠钙硅玻璃表面张力与大气中的水蒸气压力的关系。

4.3.3　玻璃表面润湿性及影响因素

在玻璃实际生产过程中，特别在金属与玻璃的封接过程中，经常遇到润湿性问题。玻璃与金属封接得密实与否，首先决定于玻璃对金属的润湿情况，润湿情况越佳，润湿角越小，则相互间黏附力越好，封接得越密实。

润湿能力决定于相邻两相的自由表面能之间的对比关系，以表面张力的大小表示。当液滴、固体表面和空气三者相互间的作用力达到平衡时，必须服从式（4-10）。

$$\sigma_{s.g}=\sigma_{l.g}\cos\theta+\sigma_{s.l} \tag{4-10}$$

式中　$\sigma_{s.g}$——固-气界面上的表面张力；

$\sigma_{l.g}$——液-气界面上的表面张力；

$\sigma_{s.l}$——固-液界面上的表面张力；

θ——润湿角（接触角）。

由此

$$\cos\theta=\frac{\sigma_{s.g}-\sigma_{s.l}}{\sigma_{l.g}} \tag{4-11}$$

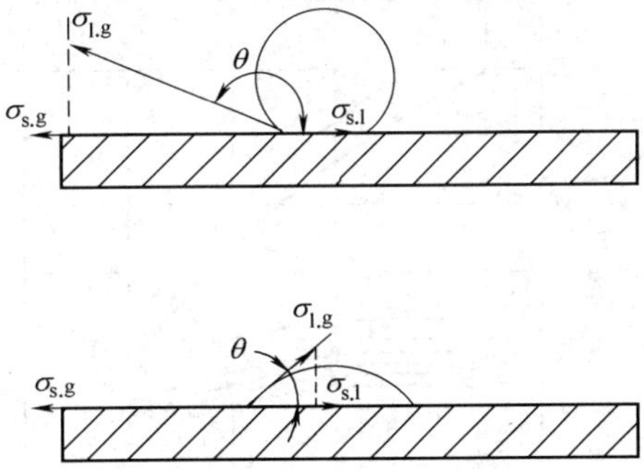

图 4-18　玻璃的浸润图

图 4-18 玻璃的浸润图显示，如果液体和固体间表面张力很大时，熔体趋向于收敛成球状，以减少两相界面，这时 θ 很大。$\theta>90°$，称为液相不润湿固相；$\theta<90°$，称为液相润湿固相。当 $\theta=0$ 即 $\cos\theta=1$ 时，则产生完全润湿；而当 $\theta=180°$ 即 $\cos\theta=-1$ 时，则绝对不产生润湿。

玻璃的表面润湿性受很多因素影响，如气体介质、温度、化学成分。

（1）气体介质的影响　气体介质使玻璃熔融对固体表面的润湿过程有很大的影响。在空气的氧介质中润湿情况是比较好的，这种现象可以解释为在固体表面上形成了氧化物，而这种氧化物促进了润湿作用。

熔融玻璃液对纯净金属的润湿能力较差，表 4-7 为真空中玻璃液与纯净金属的润湿角的关系，但是在空气和氧气中状况就大为改观，这与金属表面氧化程度有关。在固体表面形成低价氧化物，则润湿情况好，所以含有 MoO_2、MnO、Cu_2O 的金属表面比含有 MoO_3、MnO_2、CuO 的金属表面润湿情况好得多。表 4-8 为 900℃时在不同气体中钠钙硅玻璃对某些金属的润湿角。

表 4-7　真空中玻璃液与纯净金属润湿角的关系　　单位：（°）

金属种类	铬	镍	铂	钼	钴	铜	银
润湿角 θ	154	145	149	146	138	130	124

表 4-8　900℃时在不同气体中钠钙硅玻璃对某些金属的润湿角　单位：(°)

气体介质	润湿角					
	镍	铂	钯	金	铜	银
氧气	0	0	20	53	0	0
空气	0	0	25	55	0	0
氢气	60	43	40	45	60	70
氮气	55	60	55	60	60	70

(2) 温度的影响　固体表面的润湿角 θ 随温度升高而减小，即温度升高润湿情况有所改善。润湿角与被润湿材料的性质关系如图 4-19 所示。

(3) 化学组成的影响　玻璃化学组成对润湿有很大影响，比较含有 Li、Na、K 元素的玻璃润湿性，可以确定润湿能力随阳离子半径的减小而增加，亦即 K＜Na＜Li，见图 4-20。

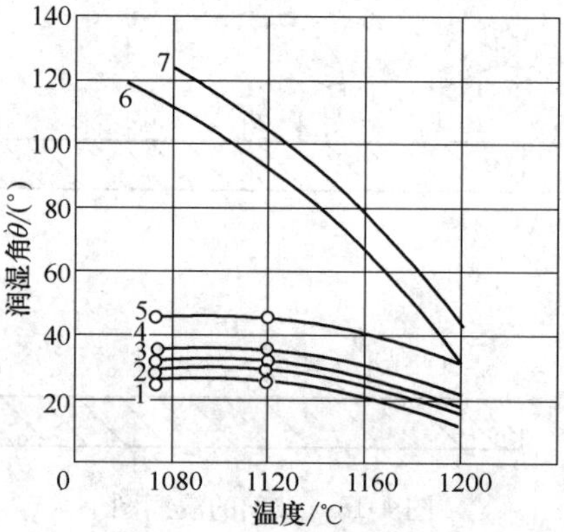

图 4-19　不同材料被玻璃所润湿的润湿角曲线图

1—100%Pd（质量分数，下同）　2—75% Pd+25%Pt　3—75%Pt+25%Pd　4—100%Pt　5—93%Pt+7%Pd　6—熔融石英　7—特种陶瓷

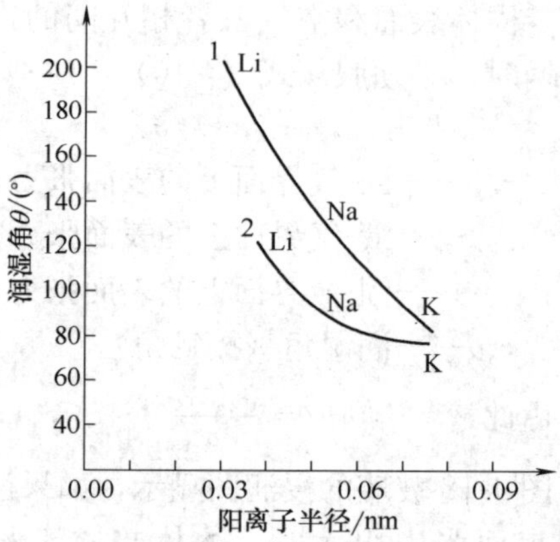

图 4-20　碱金属离子对钼的浸润情况的影响图

1—$11Me_2O \cdot 8TiO_2 \cdot 7BeO \cdot 19B_2O_3 \cdot 55SiO_2$

2—$11Me_2O \cdot 8TiO_2 \cdot 7BaO \cdot 19B_2O_3 \cdot 55SiO_2$

4.4　玻璃的表面性质

玻璃的表面性质，不仅对化学稳定性、机械性能、电性能、光学性能等有很大影响，而且对于封接、蚀刻、镀银等工艺也有重要意义，可以通过改变玻璃表面性质的方法来改善玻璃的性质。

4.4.1　玻璃表面结构和表面成分

如前所述，氧化物玻璃是由结构网络所构成，每个阳离子被数目相当于其配位数的氧离子所围绕。由于玻璃中多数阳离子很小，且具有高的场强，它们对附近的离子施加一定的作用力。在玻璃内部，这些力可以认为是平衡的，但在表面上则不然，其中每个阳离子所围绕的氧离子数目得不到满足，结果形成了表面力，即形成了表面自由能，它决定了玻璃的表面张力、摩擦力以及表面吸湿性等性能，并赋予玻璃表面较大的活泼性。

对于一个新鲜的、刚破裂的玻璃表面，不可避免地会有断键，于是一方面出现 Si 原子的价电子没有饱和，另一方面氧原子的价键“悬空”，这些未饱和的键迅速同大气中的水分起反应，生成 SiOH 团。上述过程如式（4-12）所示。

$$\mathrm{Si{-}O{-}Si} = \underbrace{\mathrm{SiO{-}} + \mathrm{{-}Si}}$$

机械折断　未饱和键（“悬空键”）

$$(\mathrm{SiO{-}}) + \mathrm{H_2O} + (\mathrm{{-}Si}) = 2(\mathrm{{-}\overset{|}{\underset{|}{Si}}{-}OH}) \tag{4-12}$$

（硅羟团）

反应式（4-12）的产物叫做硅羟团，简单地用 SiOH 表示。除此之外，玻璃中的 R—O 键也会有类似的折断和水化。

已经对单纯的硅氧断面进行了详细的红外光谱分析，结果证明，断面上有 OH 基存在，SiOH 在玻璃表面分布是不均匀的，在相邻的两个 SiOH 之间有时有氢键生成，此外，有的 SiOH 团还吸附着 H_2O 分子，见图 4-21。

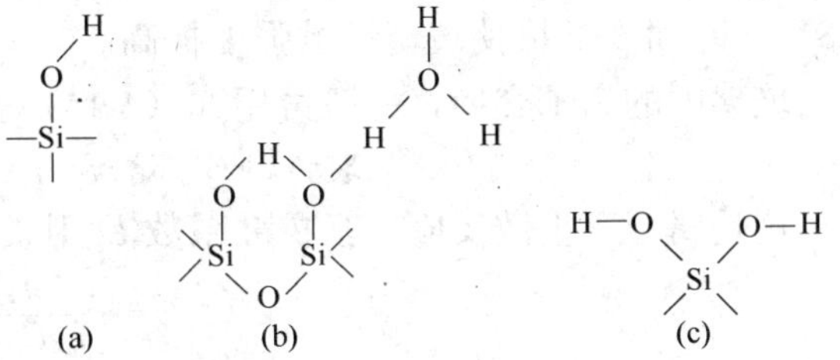

图 4-21　硅氧断面上的羟基基团示意图

(a) 孤立的 SiOH 团　(b) 2 个 SiOH 团以氢键相连，并吸附着 H_2O 分子　(c) 1 个硅原子上有 2 个羟基

经计算，硅氧表面上 SiOH 的密度是：孤立的 SiOH——1.4 个团/10nm，以氢键相连的 SiOH 团——3.2 个团/10nm 或 1.6 对/10nm。

硅酸盐玻璃的表面大致与纯 SiO_2 的表面相似，但由于含有其它组分，因而出现如下一些情况：

① 如果含有其它网络生成体，它们也将为 OH^- 提供结合点（或“座”），因此，有可能出现 AlOH 团、BOH 团和 POH 团等。

② 表面上的一价阳离子 R^+ 与大气中的水分起作用，结果也生成 SiOH 团。

$$\equiv\mathrm{Si{-}O{-}R^+} + \mathrm{H_2O} = \equiv\mathrm{SiOH} + \mathrm{ROH}(\text{反应 A}) \tag{4-13}$$

这样所得 SiOH 是在 R^+ 的原子上，由于 H^+ 尺寸小于 R^+，上述交换使玻璃表面产生张应力，从而加强了表面反应能力，导致进一步水化，有时候这一表面张应力会使表面破裂（微裂纹）。

③ 如果反应 A 的另一产物 ROH 被冲刷除去，例如碎玻璃受雨水或人工冲洗，则表面层比起内部主体来，缺少了 R^+，玻璃中原有的 R_2O 含量越高，则通过这一过程被除去的 R^+ 越多，表面越缺少 R^+。

④ 在热加工过程中，表面的 R_2O 类和 B_2O_3 等挥发失去，在洗涤过程中 R 盐类也从表面除去，这是玻璃表面缺陷的一个原因。

⑤ 表面的 SiOH 团能吸附各种气体如 H_2、O_2、N_2、SO_2、NH_3 和 CO_2 等，这种吸附很牢固。

综上所述，玻璃的表面反应，导致了 SiOH 团的生成和 R_2O 的损失。

可以看出，SiOH 团的生成意味着 Si—O—Si 的分裂，桥氧减少，这就必然影响玻璃的机械性能、电性能和光学性能。例如，玻璃的测试强度仅为根据原子间力所计算出的理论强度的一小部分，这是由于玻璃表面微裂纹缺陷所造成的。事实上，玻璃的测试强度主要是表面的强度，因此，任何去除表面缺陷或强化表面结构的措施都能提高玻璃的总强度。

4.4.2 玻璃表面的离子交换

把玻璃涂覆某些盐类或浸在某些盐类的熔融物中加热，玻璃中某些离子就会同熔盐中的离子相互交换。进行交换的离子主要是一价正离子，交换现象通常是从表面开始的，如果通过交换，玻璃中原有的较小离子被熔盐中的较大离子所置换，则在表面上产生了压应力，从而使玻璃的强度增加。例如把 Na_2O-Al_2O_3-SiO_2 玻璃浸在熔融的 KNO_3 中，温度468℃，时间 24h 可使玻璃机械强度提高。

玻璃中的离子交换，一般可用式（4-14）表示：

$$A^+(\text{玻璃})+B^+(\text{熔盐})\longrightarrow B^+(\text{玻璃})+A^+(\text{熔盐}) \tag{4-14}$$

这是属于互扩散反应，互扩散系数 D 用式（4-15）表示：

$$D=n\frac{D_A D_B}{r_A D_A+r_B D_B} \tag{4-15}$$

式中 n——浓度 c 与活度 α 之间的关系指数，$\alpha=c^n$（如果把玻璃看作理想溶液，则 $n=1$）；

r——玻璃中 A^+ 和 B^+ 的摩尔比。

$$r_A=\frac{n_A}{n_A+n_B},\ r_B=\frac{n_B}{n_A+n_B} \tag{4-16}$$

因此，$r_A+r_B=1$

由式（4-15）可知 D 的数值必然介于 D_A 与 D_B 之间。从经验得知，D 往往接近于 D_A 和 D_B 两者中较小的一个。从反应式来看，当反应时间不长时，$r_B< r_A$，尤其是在初始时，$r_B\ll r_A$。当 $r_B=0$ 时，则 $r_A=1$，式（4-15）可写成 $D=D_B$

在工业生产中常用阳离子半径大的交换半径较小的，由于这种类型的离子交换在转变点以下进行，因此，一般不会产生任何结构松弛。表面压应力系大离子挤压的结果，由大离子挤压效应产生的压应力大小主要与以下因素有关：

① 交换离子的离子半径比；

② 产生交换的程度；

③ 热膨胀系数的变化；

④ 表面结构重组所产生的应力松弛情况；

⑤ 压应力层的厚度。

压应力层厚度是最主要因素，如果厚度很小将无法抵御机械磨伤，因为裂纹就深入在表面层内部。卡斯特勒（Kistler）发现，使玻璃强度增大，其压应力层应达到30～50μm。

在离子交换过程中大离子挤压而玻璃表面发生压应力，用式（4-17）表示：

$$\frac{\partial\sigma}{\partial t}=\frac{-\sigma}{\tau}+\lambda\frac{\Delta\mu}{3\mu}\cdot\frac{E\partial c}{(1-\mu)\partial t} \tag{4-17}$$

式中 σ——压应力；

t——时间；

τ——松弛时间；

E——弹性模量；

μ——泊松比；

c——交换进入的离子浓度。

由于离子交换伴随着体积的变化，等式右边第一项由于黏性流动导致的应力松弛，用 $\tau=6\eta(1-\mu)/E$ 来表示，这里 η 为黏性流动系数。右边第二项是离子交换时应力的增加，与 $\sqrt{D\tau}$ 成比例。由式（4-17）积分得理论的压应力为：

$$\sigma = 2k\sqrt{D\tau}\,e^{-\frac{1}{\tau}}\int_0^{\sqrt{\frac{t}{\tau}}} e^{x^2}\,dx \tag{4-18}$$

解释式（4-18），当 $t=0.85\tau$ 时为最大值，以后则减少。交换时间 t 和扩散系数 D 值可按 $t=\tau_0\exp[E/(RT)]$（其 E 为 100kg/mol），$D=D_o\exp[-E_D/(RT)]$（其 $E_D=20\sim30$kg/mol）进行计算。

因此，离子交换强化的条件应取最适宜的交换温度和时间。

4.4.3　玻璃的表面吸附

如上所述，玻璃的表面与大气中的水分反应，能生成 SiOH 团，表面的 SiOH 基团能吸附各种气体分子如 H_2、O_2、N_2、CO_2、SO_2、NH_3 等。

(1) 玻璃的物理吸附　在玻璃表面上，吸附的 H_2、N_2、O_2 和 CH_4 气体，在温度 90℃，压力为 1.3Pa 以下的是属于单分子层的吸附。

对于氧气其吸附量 X 和压力 p 之间的关系如式（4-19）所示：

$$X=\sqrt{\frac{abp}{1+ap}} \tag{4-19}$$

式中　a、b——常数。

(2) 玻璃的化学黏附　玻璃表面与其它物质黏附，主要是通过两者共有的离子或原子来实现的。例如，硅有机化合物在玻璃表面上会形成一种聚硅烷定向效应，是借助于玻璃和硅有机化合物公共的硅氧键，使硅有机物和玻璃连接在一起。金属与玻璃的黏附，可以认为是通过氧原子而键合起来的，氧与金属形成氧化物并渗入到玻璃组成中去。氧化物的黏附也是化学键合。氟化物中的氟离子与氧离子几乎具有同样的大小，在许多情况下有类似的化学性质，在玻璃表面上沉积的氟化物从界面上进入玻璃结构。硫化物的键合也是如此。利用这些性质，可以在玻璃表面进行涂膜（增强膜、憎水膜、增透膜、导电膜等）和使玻璃与金属封接。

4.5　玻璃的力学性质

玻璃的力学性质包括玻璃的机械强度、玻璃弹性、玻璃硬度等。

4.5.1　玻璃的力学基本概念

玻璃在 T_g 温度以下，玻璃力学性能基本符合虎克定律。玻璃在弹性状态下，主要的力学参数包括弹性模量 E（即杨氏模量）、剪切强度 G、泊松比 μ。弹性模量 E 是表征材料应力与应变关系的物理量，是表示材料对变形的抵抗能力。当玻璃伸长时，会出现横向收缩，横向收缩率与纵向伸长率之比称为泊松比 μ。玻璃力学基本参数之间的基本关系为式（4-20）、式（4-21）、式（4-22）所示。各种玻璃的弹性模量和泊松比列于表 4-9。

$$G=\frac{E}{2(1+\mu)} \tag{4-20}$$

$$E=\frac{\delta}{\varepsilon}=\frac{FL}{S\Delta L} \tag{4-21}$$

$$\mu=\frac{\Delta d}{d}:\frac{\Delta L}{L} \tag{4-22}$$

式中　F——作用力；

L——玻璃初始长度；

ΔL——伸长量；

Δd——直径变化；

d——直径；

S——玻璃截面积；

δ——应力；

ε——应变。

表 4-9　　各种玻璃的弹性模量和泊松比

玻璃类型	弹性模量 $E/\times10^{10}$Pa	泊松比 μ	玻璃类型	弹性模量 $E/\times10^{10}$Pa	泊松比 μ
钠钙硅玻璃	6.76	0.24	硼硅玻璃	6.17	0.20
钠钙铅玻璃	5.78	0.22	高硅氧玻璃	6.76	0.19
铅硅玻璃	8.42	0.25	石英玻璃	7.06	0.16
高铝玻璃	5.39	0.28	微晶玻璃	12.04	0.25

4.5.1.1　玻璃弹性模量与成分关系及计算

玻璃弹性模量主要取决于内部质点间的化学强度，同时也与结构有关。质点间化学键力越强，变形越小，则弹性模量越大。

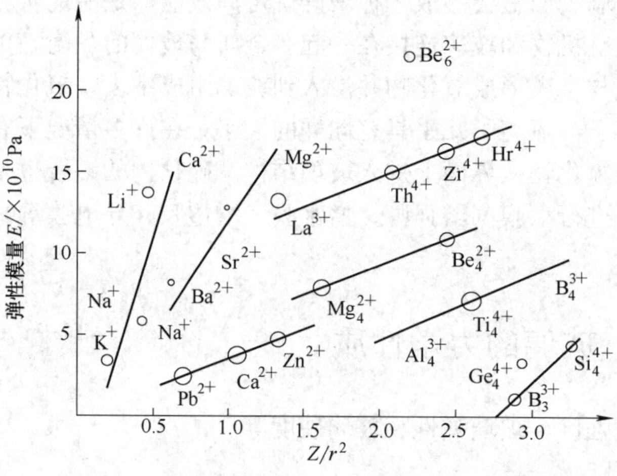

图 4-22　各氧化物的弹性模量与氧离子间吸引力的关系图

质点间的键力与原子半径 r 和价电子数 z 有关，原子半径与原子序数 Z 呈现周期函数关系，因此，E 的大小几乎与离子和氧离子间吸引力 $2z/r^2$ 成正比。各种离子的弹性模量 E 与 z/r^2 关系如图 4-22 所示。

在硅酸盐玻璃中，当用质量分数 1%的各种氧化物替代 1% SiO_2 时，玻璃弹性模量值变化见表 4-10。

玻璃的弹性模量具有加和性，其表达式为式（4-23）所示：

$$E=\sum E_i w_i \tag{4-23}$$

式中　E_i——第 i 个氧化物弹性模量系数；

w_i——第 i 个氧化物质量分数。

表 4-10　　用质量分数 1%的各种氧化物替代 1% SiO_2 时弹性模量值变化

氧化物	弹性模量值						
	氧化物含量(质量分数)/%						
	0～5	5～10	10～15	15～20	20～25	25～30	30～35
B_2O_3	300	180	110	−100	−360	−360	—
Al_2O_3	120	30	0	—	—	—	—
Fe_2O_3	48	48	48	48	48	48	48
MgO	110	110	110	110	—	—	—
CaO	257	257	257	257	—	—	—
BaO	110	50	35	0	0	0	0
ZnO	65	60	50	25	0	0	—
PbO	50	20	10	0	0	0	—
Na_2O	—	—	−60	−40	−25	−15	—
K_2O	—	—	—	−130	−80	−35	−10

表 4-11 是不同玻璃体系的玻璃弹性模量系数表，使用其计算结果与实际误差为 −8%～9%。

表 4-11　　不同玻璃体系的玻璃弹性模量系数表

氧化物	弹性模量系数			氧化物	弹性模量系数		
	硅酸盐玻璃	硼硅酸盐玻璃			硅酸盐玻璃	硼硅酸盐玻璃	
		无铅	含铅			无铅	含铅
P_2O_5	—	—	70	CaO	70	70	—
SiO_2	70	70	70	BaO	—	70	30
B_2O_3	—	60	25	ZnO	52	100	—
Al_2O_3	180	150	130	PbO	46	—	55
As_2O_3	40	40	40	Na_2O	61	100	70
Fe_2O_3	—	—	—	K_2O	40	70	30
MgO	—	40	30				

4.5.1.2　玻璃的弹性模量与温度和热处理的关系

大多数硅酸盐玻璃的弹性模量随温度的上升而下降，这是由于离子间距离增大，相互作用力降低所致，此外高温时质点热运动的增加也是造成弹性模量 E 降低的原因之一。

但是，对于石英玻璃、高硅氧玻璃和派来克斯玻璃等，由于它们的膨胀系数很小，当温度升高时，其弹性模量反而增加。

这个反常现象是由于膨胀系数很小，当温度升高时，离子间距增大而造成相互作用力减弱，导致弹性模量 E 下降的原因已不复存在。相反由于温度的升高，引起玻璃内部结构的重组，使较弱结合的结构基团，转化为较强结合的结构基团这一因素起作用。对于硼硅酸盐玻璃的弹性模量 E，不论是淬火的还是退火的，都随温度升高而增大。只有在接近 T_g 温度时，退火玻璃的弹性模量与淬火玻璃的工艺不同而有所不同。

由于弹性模量随温度的升高而减小，而快速冷却的淬火玻璃基本冻结了高温状态的疏松结构，因此比同组成的退火玻璃具有较小的弹性模量，一般低 2%～7%，具体降低的幅度与淬火程度、玻璃的成分有关。玻璃纤维的弹性模量要比同成分的退火玻璃低，这是由于玻璃纤维是在几十分之一秒的瞬间内凝固而成的。例如块状玻璃的弹性模量 E 为 8.04×10^4 MPa，而同成分的玻璃纤维 E 仅为 7.744×10^4 MPa。但玻璃纤维只要在 300～350℃热处理若干时间后，再冷却至室温，其弹性模量就能与块状玻璃相同。

玻璃在微晶化后，弹性模量是增高的，对不同成分的Li_2O-K_2O-Al_2O_3-SiO_2系统玻璃，以Au为成核剂诱导析晶后，其弹性模量普遍增加。其增加值随成分不同可达10%左右；当Al_2O_3含量为7%（质量分数）时，出现最高值。微晶化后弹性模量的增高幅度，主要取决于析出主晶相的种类和性质。在上述系统中，当Al_2O_3含量为3%～11%（质量分数）时，微晶化后析出的主晶相可能是二硅酸锂、偏硅酸锂与β-锂霞石。

4.5.1.3 玻璃的硬度

玻璃硬度可以理解为固体材料抵抗另一种固体深入其内部的能力。玻璃硬度的表示方法很多，有莫氏硬度、显微硬度、研磨硬度、刻划硬度等。

莫氏硬度用划痕法测定，虽然方法简单，但表示范围太窄，很不准确。玻璃的莫氏硬度一般在6左右。对玻璃硬度的测定，最为普遍采用的方法为显微硬度法。此法是利用金刚石正方锥以一定负荷在玻璃表面压入印痕，然后测定印痕对角线的长度，按式（4-24）进行计算。

$$H=1.854F/L^2 \tag{4-24}$$

式中 H——显微硬度，$\times10^7$Pa；

F——负荷，N；

L——印痕对角线长度，mm。

玻璃的硬度与玻璃的冷加工工艺密切相关。例如玻璃的切割、研磨、抛光、雕刻等应当根据玻璃的硬度来选择切割工具、磨料和抛光材料的硬度、磨轮的材质及加工方法。

玻璃的硬度主要取决于玻璃的成分与结构。在硅酸盐玻璃中，以石英玻璃为最硬，其硬度在（67～120）$\times10^8$Pa范围，含有10%～14%（质量分数）硼硅玻璃硬度也较大，多铅或多碱玻璃的硬度较低。一般地说，网络形成体离子使玻璃硬度增加，而网络外体则使玻璃硬度降低。同时随着网络外体离子半径的减小和原子价的上升硬度增加。硼反常现象、硼铝反常现象及压制效应同样反映在硬度-成分的关系中，使硬度出现极值。此外，阳离子的配位数对硬度也有很大影响，一般硬度随配位数的上升而增大。

有的学者分析，显微硬度与黏度类似，因此引入碱金属氧化物及PbO能降低玻璃黏度也即降低硬度；而引入CaO、MgO、ZnO、Al_2O_3或B_2O_3能增加玻璃（低温）黏度，故也能增加玻璃硬度。各种氧化物对玻璃硬度提高的作用大致如下：

$$SiO_2>B_2O_3>(MgO、ZnO、BaO)>Al_2O_3>Fe_2O_3>K_2O>Na_2O>PbO$$

玻璃的硬度还与温度、热历史有关。温度升高时分子间结合强度降低，硬度下降，而淬火玻璃，由于结构疏松，硬度也有所下降。

4.5.1.4 玻璃的脆性

材料的脆性是指负荷超过材料极限时，材料不产生明显的塑性变形而立即破裂的性质。玻璃是典型的脆性材料之一，它没有屈服延伸阶段，特别是在受到突然施加的负荷或冲击时，脆性表现十分明显。

玻璃脆性通常用破坏它时所受冲击强度来表示，如式（4-25）所示：

$$D=C/S \tag{4-25}$$

式中 D——玻璃脆性；

C——玻璃耐压强度；

S——玻璃耐冲击强度。

玻璃的耐冲击强度测试方法为：将质量为 m 的钢球，从高度 h 自由落下，冲击试样的表面，如果钢球几次以不同的高度冲击试样的同一表面直至破裂，则钢球所做的全部功为 $\sum mgh$，试样体积为 V，则玻璃的耐冲击强度 S 为式（4-26）所示：

$$S=\sum(mgh)/V \tag{4-26}$$

当玻璃的耐压强度 C 相仿时，S 值越大则脆弱度 D 将越小，即脆性越小。玻璃脆性也可用测定显微硬度的方法：把压痕发生破裂时的负荷值——“脆裂负荷”作为玻璃脆性标志。如对石英玻璃的显微硬度测定表明，在负荷达 30g 时，压痕即开始破裂，因而其脆性是很大的。当加入碱金属和二价金属氧化物时，玻璃的脆性将随加入离子半径的增大而增加，见表 4-12。

表 4-12　R^{+} 和 R^{2+} 金属离子对玻璃脆性的影响

玻璃组成	$16R_2O \cdot 84SiO_2$			$12Na_2O \cdot 18RO \cdot 70SiO_2$							
加入氧化物	Li_2O	Na_2O	K_2O	BeO	MgO	CaO	SrO	BaO	ZnO	CdO	PbO
脆裂负荷/g	170	80	70	170	120	70	30	20	70	50	50

离子的配位状态对玻璃脆性有重要影响。例如硼离子处于［BO_3］时，玻璃的脆性比［BO_4］时为小。表 4-13 列举了在 Na_2O-B_2O_3-SiO_2 三元系统中，以 B_2O_3 代替 SiO_2 时脆裂负荷的变化。

表 4-13　B_2O_3 含量对 Na_2O-B_2O_3-SiO_2 系统脆性的影响

玻璃成分	$16Na_2O \cdot xB_2O_3 \cdot (84-x)SiO_2$								$(32-x)Na_2O \cdot xB_2O_3 \cdot 68SiO_2$				
$w(B_2O_3)/\%$	0	4	8	12	16	20	24	32	4	12	20	24	28
脆裂负荷/g	80	50	30	30	30	30	40	60	50	30	40	100	150

因此，为了获得硬度大而脆性小的玻璃，应当在玻璃中引入阳离子半径小的氧化物，如 Li_2O、BeO、MgO 等。

此外，玻璃的脆性也决定于试样的形状，特别是厚度，因为耐冲击强度随试样厚度的增加而增加。热处理对于抗冲击强度的影响也很大，经均匀淬火的玻璃耐冲击强度是退火玻璃的 5～7 倍，从而脆性大大降低。

4.5.2　玻璃的机械强度

玻璃是一种脆性材料，它的机械强度可用抗压、抗折、抗张、抗冲击强度等指标表示。玻璃之所以得到广泛应用，原因之一就是它的抗压强度高，硬度也高。由于它的抗折和抗张强度不高并且脆性较大，其应用受到了一定限制。为了改善这些性质，可采用退火、钢化（淬火）、表面处理与涂层、微晶化、与其它材料复合等方法。这些方法中有的可使玻璃抗折强度成倍甚至十几倍的增加。

玻璃的强度与成分、表面和内部状态、周围温度、样品的几何尺寸、退火程度等因素有关。

4.5.2.1　玻璃理论强度与实际强度

所谓材料的理论强度，就是从不同的理论角度来分析材料所能承受的最大应力或分离原子（离子或分子）所需的最小应力。其值决定于原子间的键强度。但这只适用于不存在任何缺陷的情况。

玻璃的理论强度可通过不同的方式进行计算，其值大致为（1.0～1.5）$\times 10^4$MPa。由于晶体和无定形物质结构的复杂性，物质的理论强度可近似地按 $\sigma_{th}=x\cdot E$ 计算。E 为弹性模量，x 为与物质结构和键型有关的常数，一般 $x=0.1\sim0.2$。按此式计算，石英玻璃的理论强度为 1.2×10^4MPa。表 4-14 列出一些玻璃材料的弹性模量、理论强度与实际强度的比较数据。

表 4-14　　不同物质的弹性模量、理论强度与实际强度

材料名称	键　型	弹性模量 E /$\times 10^4$MPa	系数 x	理论强度 $\sigma_{th}=x\cdot E$ /$\times 10^4$MPa	实际强度 /MPa	理论/实际
石英玻璃纤维	离子-共价键	12.4	0.1	1.24	10500	1.18
玻璃纤维	离子-共价键	7.2	0.1	0.72	2500	2.88
块状玻璃	离子-共价键	7.2	0.1	0.72	10	72.00
氯化钠	离子	4.0	0.06	0.24	4.4	545.00
有机玻璃	共价键	0.5	0.1	0.05	12	42.00
钢	金属键	20.0	0.15	3.00	1500	20.00

玻璃的实际强度通常要比理论强度低得多，一般为（3～15）$\times 10^1$MPa，与理论强度相差 2～3 个数量级。这是因为玻璃的强度不仅与化学键强度有关，还与玻璃的脆性、玻璃表面的微裂纹、内部不均匀及缺陷的存在造成应力集中有关，其中表面微裂纹对玻璃强度的影响尤为严重。

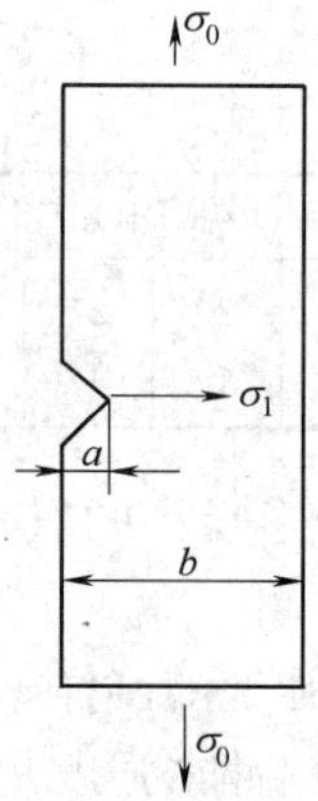

图 4-23　平板上裂纹情况示意图

用一块边缘有深度为 a 的微裂纹平板，在平板的纵向加上一个拉应力 σ_0，使裂纹处于应力场内，见图 4-23。当裂纹尖端向前扩展时，在扩展方向上距离为 r 处的应力 σ_r 如式（4-27）为：

$$\sigma_r=2\sigma_0\sqrt{\frac{a}{r}} \tag{4-27}$$

式（4-27）指出，裂纹尖端附近所受的应力要比 σ_0 大得多，存在明显的应力集中现象。当 σ_r 达到玻璃的强度极限时，玻璃即断裂。设 r 为原子间距的大小程度，即 $r=2\times 10^{-10}$m，则当微裂纹尺寸 a 控制在原子间距离的水平，按式（4-27）此时 $\sigma_r\approx\sigma_0$，材料强度可达到理论值，这在实际上是很难做到的。当微裂纹深度 $a=1\mu$m 时，按式（4-27）可得 $\sigma_r=100\sigma_0$，则材料的强度实际上已降低了 1/100 左右。如果说对一定的玻璃试样，无论是断裂时起决定作用的距离 r 还是出现的应力 σ_r 都是固定值的话，那么式（4-27）中的乘积 $\sigma_0\sqrt{a}$ 也是常数。这说明材料断裂时能承受的拉应力 σ_0 与裂纹深度 a 的平方根成反比，这已为实验所证明。

4.5.2.2　影响玻璃强度的因素

（1）化学成分　固体物质的强度主要由各质点的键强及单位体积内键的数目来决定。对不同化学成分的玻璃来说，其结构间的键力及单位体积内的键数是不同的，因此强度的大小也不同。例如桥氧与非桥氧所形成的键，其强度不同。石英玻璃中的 O^{2-} 全部为桥氧，Si—O 键力很强，因此石英玻璃的强度最高。对于非桥氧离子来讲，O^{2-} 与 R^{2+} 形成的键比与 R^{+} 形成的键键强要大，因此含有大量 R^{+} 的玻璃强度最低。单位体积内的键数也即结构网络的疏密程度，结构网络稀疏，强度就低。一般玻璃随成分的变化，其强度在

(3.5～9.0)×10¹MPa 间波动。

在玻璃中加入少量 Al_2O_3，由于 Al^{3+} 可以夺取非桥氧形成［AlO_4］四面体，把断裂的 Si-O 网络重新连接起来，使结构网络紧密，玻璃强度提高。同样在玻璃中引入 B_2O_3（质量分数 15% 以下），由于［BO_4］的形成，结构网络紧密，强度提高。此外 CaO、BaO、PbO、ZnO 等对强度提高的作用也较大，MgO、Fe_2O_3 等对抗张强度的影响不大。

各氧化物对玻璃抗张强度的提高作用次序是：

$$CaO>B_2O_3>Al_2O_3>PbO>K_2O>Na_2O>（MgO、Fe_2O_3）$$

各氧化物对玻璃抗压强度的提高次序是：

$$Al_2O_3>(SiO_2、MgO、ZnO)>B_2O_3>Fe_2O_3>(BaO、CaO、PbO)>Na_2O>K_2O$$

括弧中的成分作用大致相同。

玻璃的抗张强度 σ_F 和抗压强度 σ_c 可按加和法则用式（4-28）、式（4-29）计算：

$$\sigma_F = w_1F_1 + w_2F_2 + \cdots + w_nF_n \tag{4-28}$$

$$\sigma_c = p_1C_1 + p_2C_2 + \cdots + p_nC_n \tag{4-29}$$

式中　w_1、w_2、…、w_n——玻璃中各氧化物成分的质量分数；

F_1、F_2、…、F_n——各氧化物成分的抗张强度计算系数；

C_1、C_2、…、C_n——各氧化物成分的抗压强度计算系数。

这些计算系数列于表 4-15 中。应当指出由于影响玻璃强度的因素较多，因而计算所得的强度精度较差，仅有参考价值，应以测试结果为依据。

表 4-15　计算玻璃抗张强度及抗压强度的系数

系　数	氧　化　物											
	Na_2O	K_2O	MgO	CaO	BaO	ZnO	PbO	Al_2O_3	As_2O_3	B_2O_3	P_2O_5	SiO_2
抗张强度	0.02	0.01	0.01	0.20	0.05	0.15	0.03	0.05	0.03	0.07	0.08	0.09
抗压强度	0.02	0.05	1.10	0.20	0.05	0.60	0.48	1.00	1.00	0.90	0.76	1.23

(2) 表面微裂纹　前面所述玻璃强度与微裂纹密切相关。格里菲斯（Griffith）认为玻璃破裂是从表面微裂纹开始，随着裂纹逐渐扩展，导致整个试样的破裂。据测定，在 1mm² 玻璃表面上含有 300 个左右的微裂纹，它们的深度在 4～8nm，由于微裂纹的存在，使玻璃的抗张、抗折强度仅为抗压强度的 $\frac{1}{15}\sim\frac{1}{10}$。

为了克服微裂纹的影响，改进玻璃的强度，可采取两个途径：其一是减少和消除玻璃的表面缺陷；其二是使玻璃表面形成压应力，来克服表面微裂纹的作用。为此可采用表面火焰抛光、氢氟酸腐蚀，以消除或钝化微裂纹；可采用淬冷（物理钢化）或表面离子交换（化学钢化），获得压应力层。

(3) 微不均匀性　表面微裂纹是使玻璃强度大幅度降低的主要原因，但当玻璃表面缺陷消除后，测得的强度还是比理论强度低得多。通过电镜观察证实，这是由于玻璃中存在微相和微不均匀的结构，它们是由分相或形成离子群聚而致。微相之间易生成裂纹，且相互间的结合力比较薄弱，又因成分不同，热膨胀不一样，必然会产生应力，使玻璃强度降低。微相之间的热膨胀系数差别越大，冷却过程中生成微裂纹的数目也越多。

不同种类玻璃的微不均匀区域大小不同，有时可达 20nm。微相直径在热处理后有所增加，而玻璃的极限强度是与微相大小的开方成反比，因此微相的加大，强度将降低。

（4）玻璃中的宏观和微观缺陷　宏观缺陷如固体夹杂物（结石）、气体夹杂物（气泡）、化学不均匀（条纹）等常因与主体玻璃成分不一致、膨胀系数不同而造成内应力。同时由于宏观缺陷提供了界面，从而使微观缺陷（如点缺陷、局部析晶、晶界等）常常在宏观缺陷的地方集中，从而导致裂纹的产生，严重影响玻璃的强度。

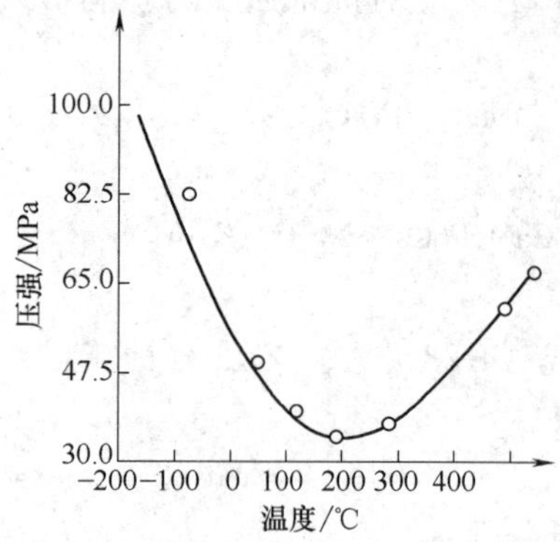

图 4-24　玻璃强度与温度的关系图

（5）温度　低温与高温对玻璃强度的影响是不同的。根据－200～＋500℃范围内的测试，强度最低点位于200℃左右，见图 4-24。从图可看出，在接近温度－273～＋200℃的范围内，强度下降。这主要是随着温度的升高，裂纹端部分子的热运动增加，导致键的断裂，增加玻璃破裂的几率。高于200℃时，强度递升，这可归因于裂口的纯化，减少了局部的应力集中。

（6）周围介质　周围活性介质如水、酸、碱及某些盐类等对玻璃表面有两种作用：一是渗入裂纹像楔子（斜劈）一样使微裂纹扩展；二是与玻璃起化学作用破坏结构，例如使硅氧键断开。因此在活性介质中玻璃的强度降低，尤其是水引起强度降低最大。这可从下列各现象中反映出来：玻璃在醇中的强度比在水中高40%，在醇中或其它介质中含水分越高，越接近在水中的强度；在酸或碱的溶液中，当pH＝10～11.3 范围内（酸和碱都在 0.1mol/L 以下），强度与 pH 无关（与水中相同）；在 1mol/L 的浓度时，对强度稍有影响，酸中减小，碱中增大；6mol/L 时各增减约 10%。

干燥的空气、非极性介质（如煤油等）、憎水性有机硅等，对强度的影响小，所以测定玻璃强度最好在真空中或液氮中进行，以免受活性介质的影响。相反，在 SO_2、CO_2 气氛中加热玻璃（例如明焰退火），可使玻璃表面生成一层白霜，这是玻璃表面的碱金属离子与 SO_2 和 CO_2 酸性气体生成的 Na_2SO_4 和 Na_2CO_3。这层白霜极易被擦洗掉，结果使玻璃表面的碱金属氧化物含量减少，不仅增加了化学稳定性，而且提高了玻璃的强度，使玻璃表面碱金属氧化物含量减少，膨胀系数下降，将产生压应力，有利于强度进一步的提高。

（7）玻璃中的应力　玻璃液从高温下冷却成形，在制品内部总是存在一些分布不均匀的残余应力，这些应力都使强度降低。通过退火，能使玻璃中有害应力消除，并使整个结构固定，强度增加。如果制品进行淬冷（物理钢化）使其表面产生均匀的压应力，内部形成均匀的张应力，则能大大提高制品的机械强度。经过钢化处理的玻璃，其耐机械冲击和热冲击的能力比经良好退火的玻璃要高 5～10 倍。

（8）玻璃的疲劳现象　在常温下，玻璃的破坏强度随加载速度或加载时间而变化。加载速度越大或加载时间越长，其破坏强度越小，短时间不会破坏的负荷，时间久了可能会破坏，这种现象称之为玻璃的疲劳现象。例如用玻璃纤维做试验，若短时间内施加为断裂负荷的 60%的负荷时，只有个别试样断裂，而在长时间负荷作用下，全部试样都断裂。通常，测定时间如果延长 10 倍，强度将比在液氮温度（77K）下测得强度值低 7%。

研究表明，玻璃的疲劳现象是由于在加载作用下微裂纹的加深所致。此时周围介质特别是水分将加速与微裂纹尖端的 SiO_2 网络结构反应，使网络结构破坏，导致裂纹的延伸，此谓应力腐蚀理论。通过对断裂速度的讨论，得出关于疲劳的一些论点：

① 疲劳只在水分存在时出现，在真空中不出现疲劳现象；

② 在温度甚低时不出现疲劳，因为这时反应速度太小；

③ 温度升高，疲劳增大；

④ 疲劳与裂纹大小无关。

4.6　玻璃的热学性质

玻璃的热学性质包括热膨胀系数、导热性、比热容、热稳定性等，其中热膨胀系数最为重要，对玻璃制品的使用和生产都有密切关系。

4.6.1　玻璃的热膨胀系数

玻璃的热膨胀系数对玻璃的成形、退火、钢化、玻璃与玻璃、玻璃与金属、玻璃与陶瓷的封接以及玻璃的热稳定性等都有重要意义。

玻璃的组成不同，其热膨胀系数也有较宽范围（5.8～150.0）$\times10^{-7}$/℃，甚至有些非氧化物玻璃的热膨胀系数超过 200×10^{-7}/℃。

微晶玻璃的热膨胀系数可达到零膨胀或负膨胀系数，因此为玻璃开辟了新的应用领域。

4.6.1.1　线膨胀系数和体膨胀系数

当玻璃从温度 T_1 升到 T_2 时，其玻璃试样的长度从 L_1 变为 L_2，则玻璃的线膨胀系数 α 可用式（4-30）表示：

$$\alpha=\frac{L_2-L_1}{l_1(T_2-T_1)}=\frac{\Delta L}{l_1\Delta T} \tag{4-30}$$

此式所得的 α 是温度 $T_1\sim T_2$ 范围内的平均线膨胀系数。

设玻璃试样为一立方体，当温度从 T_1 升至 T_2 时，这个立方体的体积从 V_1 变为 V_2，则玻璃的体膨胀系数 γ 可用式（4-31）表示：

$$\gamma=\frac{\dfrac{V_2-V_1}{T_2-T_1}}{V_1}=\frac{\dfrac{\Delta V}{\Delta T}}{V_1} \tag{4-31}$$

由于 $V=L^3$，并且从式（4-30）得知 $L_2=L_1(1+\alpha\Delta T)$ 因此

$$\gamma=\frac{L_1^3(1+\alpha\Delta T)^3-L_1^3}{L_1^3\Delta T}=\frac{(1+\alpha\Delta T)^3-1}{\Delta T}\approx3\alpha \tag{4-32}$$

根据式（4-30）线膨胀系数 α，就可以粗略估计体膨胀系数 γ。从测试技术角度来说，测定 α 要比测定 γ 简便得多，也精确得多。为此在讨论玻璃的热膨胀性质时，通常都是采用线膨胀系数 α。

4.6.1.2　玻璃的热膨胀系数与成分关系

随着温度升高，玻璃中质点的热运动振幅增加，质点间距变大，外在表现为膨胀。但是质点间距的增大，必须克服质点间的作用力，这种作用力对氧化物玻璃来说，就是各种阳离子与氧离子之间的键力 $2z/r^2$，键力越大玻璃膨胀就越困难，热膨胀系数越小；反之，玻璃的热膨胀系数越大；Si—O 键的键强较大，所以石英玻璃具有很小的热膨胀系数。R—O 类的键强较弱，所以膨胀系数贡献较大。碱金属氧化物和碱土金属氧化物对玻

璃热膨胀系数影响的顺序为：

$$Rb_2O>Cs_2O>K_2O>Na_2O>Li_2O$$

$$BaO>SrO>CaO>CdO>ZnO>MgO>BeO$$

从硅酸盐玻璃的整体结构来看，玻璃的网络骨架对膨胀起着重要作用。Si—O 组成三维空间网络，刚性大不易膨胀。而 B—O 虽然其键能较 Si—O 大，但由于 B—O 组成 $[BO_3]$ 层状或链状网络，因此 B_2O_3 玻璃的热膨胀系数较 SiO_2 玻璃大得多。当 $[BO_3]$ 转变成 $[BO_4]$ 时，又能使硼酸盐玻璃的热膨胀系数降低。同理 R_2O 和 RO 加入到玻璃中，由于其使网络断开，导致 α 上升。Al_2O_3 与 B_2O_3 作用相近，在足够的“游离氧”条件下能转变为四面体而进入网络，对断网起到修补作用，使 α 下降。此外高键强、高配位离子如 La^{3+}、In^{3+}、Zr^{4+}、Th^{4+} 处于网络空隙中，对周围的硅氧四面体起积聚作用，因此使 α 下降。

玻璃的热膨胀系数很大程度决定于玻璃的化学组成，并受所在温度区间的影响，此外，还和玻璃的热历史有关。

玻璃的热膨胀系数可以通过加和法进行计算。当玻璃从熔体状态冷却时，在转变区，α-t 曲线上有转折点，在转变温度以下，玻璃热膨胀系数与温度基本成线性关系，并受外界的影响较小，主要决定于玻璃网络结构和网络外离子的配位状态影响。在常温下玻璃这类性质大致上可以看成各氧化物组分性质的总和。玻璃的热膨胀系数 $\alpha_{玻}$ 可通过式（4-33）计算：

$$\alpha_{玻}=\alpha_1 w_1+\alpha_2 w_2+\cdots+\alpha_n w_n \tag{4-33}$$

式中　w_1，$w_2 \cdots w_n$——玻璃中各氧化物组分的含量，%；

α_1，$\alpha_2 \cdots \alpha_n$——各该组分的热膨胀计算系数。

从 20 世纪初期到 20 世纪 70 年代，许多玻璃科学家对玻璃热膨胀系数进行广泛而系统地研究和总结，形成了一系列玻璃热膨胀系数计算系数，见表 4-16。

表 4-16　玻璃中各种氧化物热膨胀计算系数（$\times 10^{-7}$）

氧　化　物	温克尔曼-肖特 (Winkelmann&O. Schott) (20～100℃)	英格里斯-脱涅尔 English&Tumer (0～100℃)	适用瓶罐玻璃 (80～170℃)	适用器皿及艺术玻璃
SiO_2	0.267	0.05	0.28	0.1
B_2O_3	0.033	—0.66	—0.60	0.5
Li_2O	0.667	—	6.56	—
Na_2O	3.330	4.32	3.86	4.9
K_2O	2.830	3.90	3.20	4.2
Al_2O_3	1.667	0.14	0.24	0.4
CaO	1.667	1.63	1.36	2.0
MgO	0.033	0.45	0.73	—
ZnO	0.600	0.70	—	1.0
BaO	1.000	1.40	1.08	1.9
PbO	1.300	1.06	—	1.35
ZrO_2	—	0.23	—	—
P_2O_5	0.667	—	—	1.0
CuO	0.733	—	—	0.9
Mn_2O_3	0.733	—	—	0.9
Cr_2O_3	1.700	—	—	1.5
CoO	1.467	—	—	1.5
Na_3AlF_6	—	—	—	2.4
Na_2SiF_6	—	—	—	2.2

表 4-16 热膨胀计算系数仅适合于硅酸盐玻璃，由于硼硅酸盐玻璃存在硼反常现象，为了充分考虑硼离子配位状态的改变，我国著名玻璃学者干福熹结合阿本的研究结果，建立了一套热膨胀系数计算因子，被命名为阿本（Аппен）干福熹法，见表 4-17。

表 4-17　阿本-干福熹法各氧化物膨胀系数计算因子（20～400℃）

氧化物	热膨胀系数计算因子 $\times10^{-7}$/℃	氧化物	热膨胀系数计算因子 $\times10^{-7}$/℃
Li_2O	260	ZnO	50
	(260)	CdO	120
Na_2O	400	PbO	130～190
	(420)	B_2O_3	−50～150
K_2O	510	Al_2O_3	−40
	(510)	Ga_2O_3	2
Rb_2O	510	Y_2O_3	−20
	(530)	In_2O_3	−15
BeO	45	La_2O_3	60
MgO	60	CeO_2	−5
CaO	130	TiO_2	−25
SrO	160	ZrO_2	−100
BaO	200	H_fO_2	−50

注：(1) 括号中的热膨胀系数计算因子，仅适用于二元玻璃体系 R_2O-SiO_2；

(2) α_{PbO}的计算：$\alpha_{PbO}=130+5[x(\sum R_2O)-3]$，式中$\sum x(R_2O)=x(K_2O)+x(Na_2O)$，$x$ 为摩尔分数；

(3) $\alpha_{B_2O_3}$ 计算：主要取决于 SiO_2（摩尔分数，%）及摩尔比 γ，γ 如式（4-34）所示。

$$\gamma=\frac{\sum K\cdot x(R_mO_n)}{x(B_2O_3)} \tag{4-34}$$

式（4-34）中 K 值见表 4-18。

表 4-18　计算 $\alpha_{B_2O_3}$ 的 K 值

$K=1.0$	$K=0.8$	$K=0.6$	$K=0.4$	$K=0.2$	$K=0.0$	$K=-1.0$
Na_2O	Li_2O	SrO	CaO	ZnO	TiO_2	B_2O_3
K_2O	BaO	CdO	La_2O_3	MgO	ZrO_2	Al_2O_3
Rb_2O	—	PbO	—	ThO_2	Ga_2O_3	BeO
Cs_2O	—	—	—	—	—	—

根据 SiO_2 含量（摩尔分数,%）不同，可分为以下几种情况：

① 硼硅酸盐玻璃：

SiO_2 含量（摩尔分数,%）	摩尔比 γ	$\alpha_{B_2O_3}$（$\times10^{-7}$/℃）
40～90	$\gamma>4$	−50
40～90	$\gamma<4$	$12.4\times(4-\gamma)-50$
0～40	$\gamma>0.2$	$30\sim0.6x$　（x 为 SiO_2 摩尔分数,%）
0～40	$\gamma<0.2$	$150\sim1.7x$　（x 为 SiO_2 摩尔分数，%）

② 硼酸盐玻璃：

摩尔比 γ	$\alpha_{B_2O_3}$（$\times10^{-7}$/℃）		
	$x(R_2O)\geqslant x(RO)$	$x(R_2O)\approx x(RO)$	$x(R_2O)\ll x(RO)$
$\gamma<0.2$	$(130\sim150)\gamma$	$(70\sim200)\gamma$	50
$\gamma>0.2$　$K>0.3$	$(55\sim125)\gamma$	$(58\sim140)\gamma$	30

③ SiO_2 部分性质取决于自身的质量分数，按下式计算：

SiO_2(摩尔分数，%)

67～100　　$\alpha_{SiO_2}(\times10^{-7}/℃)=35-1.0\times(x-67)$

34～67　　$\alpha_{SiO_2}(\times10^{-7}/℃)=35+1.0\times(67-x)$

0～34　　$\alpha_{SiO_2}(\times10^{-7}/℃)=52$

例如典型玻璃仪器用硼硅玻璃的化学成分见表 4-19。

表 4-19　典型玻璃仪器用硼硅玻璃的化学成分

化学成分	SiO_2	B_2O_3	Al_2O_3	Na_2O
质量分数/%	80.50	12.50	2.50	4.50
摩尔分数/%	82.82	11.18	1.51	4.48

因为 SiO_2 在 67%～100%（摩尔分数）范围内，$\alpha_{SiO_2}=35-1.0\times(82.82-67)=19.18$

因为 $\gamma=\frac{\sum K\cdot x(R_mO_n)}{x(B_2O_3)}$

$$=[(-1.0\times11.18)+(-1.0\times1.51)+(1.0\times4.48)]/11.18=-0.734<4$$

SiO_2 在 40%～90%（摩尔分数）范围内，并且 $\gamma<4$

$$\alpha_{B_2O_3}=12.4\times(4-\gamma)-50=12.4\times[4-(-0.734)]-50=8.70$$

$$\alpha_{玻}=\alpha_{SiO_2}\times0.8282+\alpha_{B_2O_3}\times0.1118+\alpha_{Al_2O_3}\times0.0151+\alpha_{Na_2O}\times0.0448$$
$$=19.18\times0.8282+8.70\times0.1118+(-40)\times0.0151+400\times0.0448$$
$$=15.88+0.97-0.60+17.92$$
$$=34.17$$

通过阿本-干福熹法热膨胀系数计算因子计算该玻璃热膨胀系数为 $34.17\times10^{-7}/℃$，该玻璃的热膨胀系数实测值为 $32.86\times10^{-7}/℃$，证实该方法具有一定的精确性。

4.6.1.3　热膨胀系数与温度的关系

玻璃的热膨胀系数 α 随着温度的升高而增大，但从室温到退火下限温度 T_{st}，玻璃的热膨胀曲线实际上是由若干段折线组成，每一线段仅适用于一个狭窄的温度范围，当表示玻璃热膨胀系数时，应当标明是在何种温度范围内测定的，见表 4-20，如 $\alpha_{20/100}$ 表示玻璃在 20～100℃温度范围内的线膨胀系数。由表 4-20 可以看出，在转变温度 T_g 以上时，线膨胀系数随着温度升高而显著地增大，说明质点快速移动并膨胀。

表 4-20　钠钙硅玻璃在膨胀软化点以下各温度范围的热膨胀系数

玻璃化学成分质量分数/%			T_g/℃	T_d/℃	线膨胀系数/($\times10^{-7}$/℃)						
SiO_2	CaO	Na_2O			0～75℃	75～190℃	190～240℃	240～310℃	310～370℃	370～T_g	T_g～T_d
75.25	9.37	15.38	500	560	84.4	87.8	91.8	98.6	101.3	105.9	173.9
75.80	10.21	13.99	518	577	79.6	82.4	85.6	91.3	92.3	107.9	149.6
74.07	10.01	15.45	512	568	85.8	88.7	94.0	100.0	102.0	111.8	198.6
70.64	14.41	15.00	522	570	87.4	91.8	94.6	97.7	102.8	114.1	167.2

玻璃热处理对玻璃的热膨胀系数有明显的影响。组成相同的玻璃其淬火处理（曲线 2）较退火处理（曲线 1）的热膨胀系数大 3%～5%，其对比热膨胀曲线见图 4-25。

图 4-25 显示，热膨胀曲线 2 在转变点 T_g 的膨胀速率的减缓，说明淬火玻璃存在着较大应变，在 T_g 以下其内部质点不能发生移动，依然保持固体本身的膨胀特性。在 T_g 以上，内部质点开始移动，质点开始向平衡位置移动，于是其在淬火时所保持较大的质点间距产生了收缩，甚至收缩大于膨胀，于是 T_g 附近产生了曲线下沉，充分说明玻璃经过不同热处理条件会导致玻璃膨胀曲线的区别。

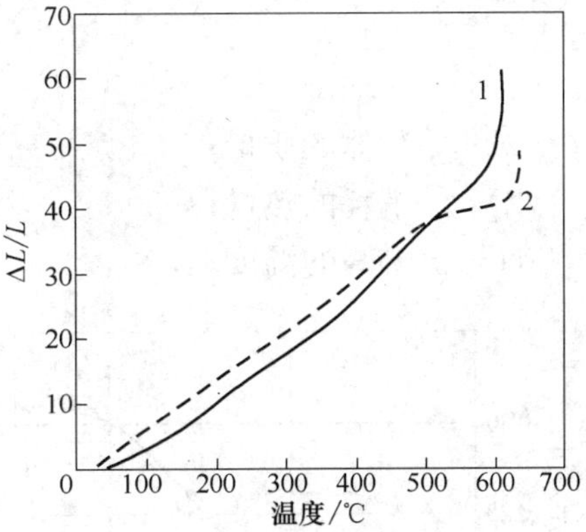

图 4-25　组成相同的玻璃淬火处理与退火处理的热膨胀曲线图
1—退火玻璃　2—淬火玻璃

玻璃在晶化后，微观结构的致密性也是减小热膨胀系数的原因之一，另外其结晶学特征、晶粒间的几何排列等都可能对材料的热膨胀系数有影响。所以微晶化后的热膨胀系数由析出晶体的种类以及它们的晶体学特点等而定，在大多数情况下热膨胀系数趋于降低。

4.6.1.4　热膨胀系数的测量方法

(1) 石英膨胀仪法　该法是将试样置于石英玻璃管中，利用玻璃试样与石英玻璃的热膨胀系数的不同，测定两者在加热过程中的相对伸长量，并且石英玻璃管的热膨胀系数是已知的，因此玻璃试样的总伸长量应该是数字千分表读数与样品等长的石英玻璃管的伸长量之和。

石英膨胀仪基本可分为立式和卧式膨胀系数仪两大类，其加热装置可分为立式电炉和卧式电炉。

(2) 双丝法　图 4-26 为双丝法膨胀系数测量原理图，它是用待测玻璃和已知热膨胀系数的标准玻璃棒或待测玻璃熔合在一起，拉成一定长度和均匀双股丝，这样就形成一个与双金属类似的系统。若两种玻璃的热膨胀系数有差别时，双玻璃丝冷却后就会弯曲，可通过测定玻璃丝弯曲时的弦长和弦高，计算出已知热膨胀系数的标准玻璃试样与待测玻璃的热膨胀系数之差，两者之差 $\Delta\alpha=1.4h\delta\times10^{-7}/℃$（其中 h、δ 分别为 200mm 双线的弦高和厚度，如果弦高大于 20mm 不宜用此公式），为待测玻璃的热膨胀系数。弯曲的双玻璃丝，其内面必然是热膨胀系数较大的玻璃。

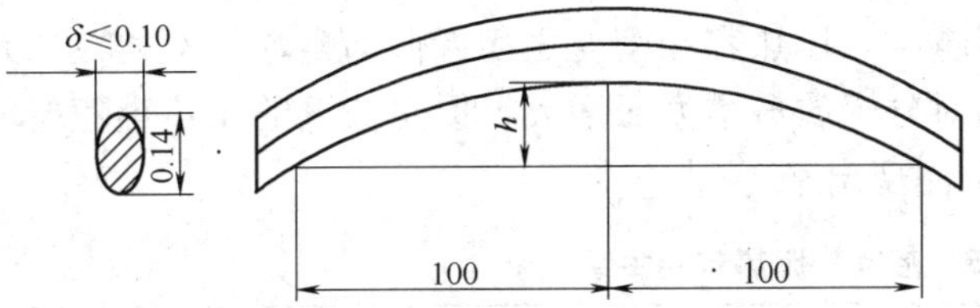

图 4-26　双丝法膨胀系数测量原理图

双丝法用于测定玻璃的线膨胀系数，仅是一种工程现场使用的方法，其精确程度有限，受多种因素影响，并且需采用成分体系十分相近的玻璃，这样的结果才具有参考价值。

4.6.2　玻璃的比热容

在某一温度下，单位质量的物质每升高 1℃ 所需的热量称为比热容，如式 (4-35)

所示：

$$c=\frac{1}{m}\cdot\frac{dQ}{dT} \quad (4\text{-}35)$$

式中　m——物体的质量；

dQ——消耗的热量；

dT——升高的温度。

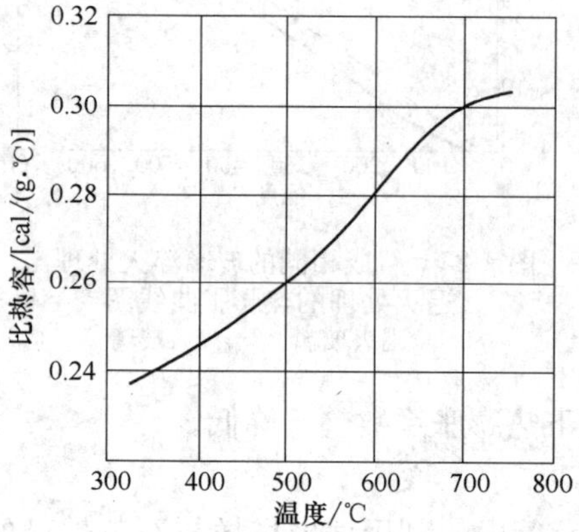

图 4-27　硅酸盐玻璃的比热容与温度的关系（1cal=4.18J）

玻璃的比热容与温度的关系如图 4-27 所示。玻璃的比热容在－273K 时为零，随着温度的升高，玻璃的比热容逐渐增大，在转变区域内，比热容开始增长得特别快，这是由于在此区域内，玻璃开始由低温的致密结构转变为高温疏松结构所致，这种结构的改变需要大量的热量。在熔融状态下，比热容也随温度升高而逐渐增大。

在 T_1 到 T_2 温度范围内，一般采用平均比热容的概念，如式（4-36）所示，比热容的国际单位是 J/(kg·℃)。

$$c_m=\frac{1}{m}\cdot\frac{Q}{T_2-T_1} \quad (4\text{-}36)$$

4.6.2.1　玻璃的比热容与成分的关系

各种玻璃的比热容介于 335～1047J/(kg·℃) 之间，远小于水的比热容 4187 J/(kg·℃)。石英玻璃的比热容为 892J/(kg·℃)，高铅玻璃的比热容为 377J/(kg·℃)。

玻璃比热容与化学组成有关。SiO_2、Al_2O_3、B_2O_3、MgO、Na_2O，特别是 Li_2O 能提高玻璃的比热容，含有大量 PbO 或 BaO 的玻璃比热容较低，其余的氧化物影响不大。

通常，玻璃的密度越大则比热容越小，比热容和密度之积近似为常数。例如在二元碱硅玻璃中，虽然玻璃密度随氧化物相对分子质量增大而增大，但是玻璃的比热容随玻璃密度增大而减小的。其关系可从表 4-21 体现出来。

表 4-21　在 25℃ 密度与比热容的关系

康宁玻璃牌号	密度/(g/cm³)	比热容/[kJ/(kg·℃)]	密度×比热容
7160	2.16	0.800	1.728
7940	2.20	0.737	1.621
7740	2.23	0.766	1.708
8603	2.36	0.754	1.779
1715	2.48	0.779	1.932
8260	2.51	0.791	1.985
1723	2.63	0.754	1.983
0160	3.05	0.590	1.800
8271	3.22	0.599	1.929
8362	3.26	0.599	1.953
8287	3.55	0.528	1.874
8275	3.86	0.465	1.795
8363	6.24	0.301	1.878
平均	—	—	1.844

4.6.2.2　玻璃的比热容计算

玻璃比热容可以按温克尔曼加和公式进行计算，如式（4-37）所示：

$$c_m = \sum w_i c_i \tag{4-37}$$

式中　c_m——在 16～100℃范围内玻璃的平均比热容；

w_i——某种氧化物的质量分数，%；

c_i——玻璃中各氧化物的比热容计算因子，见表 4-22 或按式（4-38）计算 0～t℃的平均比热容。

$$c_m = \frac{aT + c_0}{0.00146T + 1} \tag{4-38}$$

式中 $a = \sum w_i a_i$，a_i为计算因子，见表 4-22，w_i为玻璃某氧化物的质量分数（%），$c_0 = \sum w_i c_{0i}$，c_{0i}为计算因子，见表 4-22。

表 4-22　　玻璃成分计算比热容的因子

氧化物	温克尔曼因数 $c_i \times 10^{-3}$	0～1300℃夏普(sharp)因数	
		$a_i \times 10^{-4}$	$c_{0i} \times 10^{-1}$
SiO_2	1.912	4.68	1.657
B_2O_3	2.272	5.98	1.935
Al_2O_3	2.074	4.53	1.765
As_2O_3	1.276	—	—
Sb_2O_3	—	—	—
MgO	2.439	5.14	2.142
CaO	1.903	4.10	1.709
BaO	0.673	—	—
ZnO	1.248	—	—
PbO	0.512	0.13	0.490
Li_2O	5.497	—	—
Na_2O	2.674	0.829	2.229
K_2O	1.860	0.335	1.756
P_2O_5	1.902	—	—
Fe_2O_3	1.600	—	—
Mn_2O_3	1.661	—	—
SO_3	—	0.830	1.890
误差/%	5～8	2	2

注：为保持原来因数，此处计算得的比热容为 cal/(g·K)，热工计算时，也可以采用经验方程式，T 为实际摄氏温度。

（1）温度在 0～550℃范围内的平均比热容 c_1

$$c_1 = 0.1792 + 0.6320 \times 10^4 T$$

（2）温度在 550～750℃范围内的平均比热容 c_2

$$c_2 = 0.1698 + 0.866 \times 10^4 T$$

（3）温度在 750～1200℃范围内的平均比热容 c_3

$$c_3 = 0.1605 + 1.100 \times 10^4 T$$

（4）温度大于 1200℃的平均比热容 c_4

$$c_4 = 0.1792 + 2.200 \times 10^4 T$$

4.6.3　玻璃的导热系数

物质的导热能力称为导热性，常用导热系数 λ 表示。玻璃的导热系数是在温度梯度等于1时，在单位时间内通过试样单位横截面积上的热量来测定的，国际单位为：W/(m·K)。

单位换算关系为：1W/(m·K)=0.01W/(cm·K)=1×10^{-5}kJ/(s·cm·K)

假设单位时间内通过玻璃试样的热量为Q，则

$$Q=\lambda S\Delta T/\delta \tag{4-39}$$

式中 Q——热量，J；

S——截面积，m^2；

ΔT——温差，K；

δ——厚度；

λ——导热系数，W/(m·K)。

导热系数表征物质传递热量的难易程度，它的倒数为热阻。玻璃是一种热的不良导体，其导热系数较低，主要在0.712～1.340W/(m·K)范围内，主要决定于玻璃的化学成分、温度和颜色。玻璃的导热系数是十分重要的参数之一，其在窑炉设计、玻璃模具设计、玻璃生产工艺平衡等都需要导热系数。

导热系数随温度的升高而增加，普通玻璃加热到软化温度时λ约增加一倍，对于派来克斯玻璃可用式（4-40）计算。

$$\lambda=A+B\lg T \tag{4-40}$$

式中 A——−0.003523；

B——0.002454；

T——温度。

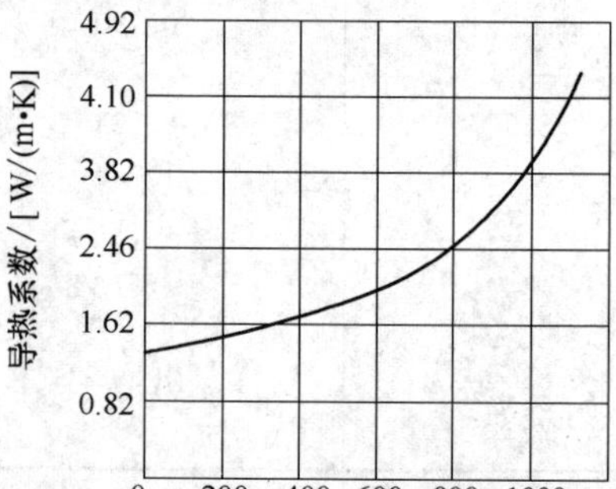

图4-28 石英玻璃的导热系数与温度关系图

石英玻璃的导热系数λ与温度的关系见图4-28。

玻璃中增加SiO_2、Al_2O_3、B_2O_3、CaO、MgO含量时导热系数随之增加，石英玻璃的导热系数最大，λ=1.340W/(m·K)；硼硅酸盐玻璃λ=1.256W/(m·K)；普通钠钙玻璃λ=0.963W/(m·K)。

含有大量PbO或BaO的玻璃导热系数较低，例如含50%（质量分数）PbO的玻璃λ=0.796W/(m·K)。

几种玻璃在0℃时热传导系数见表4-23。

表4-23 几种玻璃在0℃导热系数一览表

化学成分质量分数/%						λ/[W/(m·K)]		
							计算值	
SiO_2	Na_2O	K_2O	PbO	CaO	BaO	实测值	鲁斯(Russ)	拉克里夫(Ratcliffe)
100	—	—	—	—	—	1.394	1.394	1.285
65	15	—	20	—	—	0.888	0.909	0.816
65	—	15	20	—	—	0.816	0.837	0.934
67	18	—	—	15	—	0.909	0.875	0.963
67	18	—	—	—	15	0.825	0.875	0.791

低温时热传导系数占主要地位，故化学组成对玻璃导热系数影响可以从化学键来分析。键强越大，热传导性能越好，因此，在玻璃中引入碱金属氧化物会减少热导热系数。

经过科学家大量地研究工作，证实玻璃的导热系数具有加和性，其规律符合式(4-41)，并且不同时期的科学家总结了与成分关联的导热系数因子，见表 4-24。

$$\lambda=\sum\lambda_i w_i \tag{4-41}$$

式中　λ_i——玻璃成分膨胀因子，见表 4-24；

w_i——玻璃化学成分组成，(质量分数)/%。

表 4-24　玻璃成分的导热系数因子

氧化物	导热系数因子/[×10⁻²W/(m·K)]			
	温克尔曼-肖特	弗克	拉克里夫	富列涅夫-伊里哈(Вильнев& Ильина)
SiO_2	0.921	1.321	1.285	0.871
B_2O_3	0.628	0.837	0.666	1.507
Al_2O_3	0.837	1.084	1.558	1.068
As_2O_3	0.084	0.058	—	—
Sb_2O_3	—	0.118	—	0.653
MgO	0.352	1.555	2.479	1.340
CaO	1.340	0.396	1.327	1.164
BaO	0.418	0.527	0.193	0.314
ZnO	0.418	0.505	0.846	0.699
PbO	0.335	0.519	0.318	0.532
Na_2O	0.670	0.294	−0.540	1.281
K_2O	0.042	0.250	0.243	0.582

玻璃颜色的深浅对导热系数的影响也较大，玻璃的颜色越深，其导热能力也越小，这对玻璃制品的制造工艺具有显著影响。当熔制深色玻璃时，由于它们的导热性比无色透明玻璃小，透热能力差，所以沿玻璃池炉深度方向上，表层玻璃液与底层玻璃液存在着较大的温差。因此对于熔制深色玻璃的池炉来说，池深设计可以浅一些，否则深层的玻璃液得不到足够的热量，而使熔化变得困难，而当温度处于析晶温度范围时，还将产生失透等缺陷，严重时在底层甚至形成不动层，甚至造成玻璃液在流液洞中凝结，使生产陷于停顿。当冷却时，深色玻璃内部的热量又不易散出，导致内外温度差大，使玻璃退火不良，但对钢化却是有利的。熔制有色的玻璃液，其耗热量较低。

4.6.4　玻璃的热稳定性

玻璃经受剧烈的温度变化而不破坏的性能称为热稳定性，它是一系列物理性质的综合表现，它与玻璃制品的几何形状和厚度有一定关系。热稳定性的大小，采用试样在保持不破损条件下所能经受的最大温度差来表示。

为了计算玻璃的热稳定性，曾经有很多经验公式，下面介绍应用较多的热稳定性公式(4-42)。

$$K=\frac{P}{\alpha E}\sqrt{\frac{\lambda}{c\rho}}=B\cdot\Delta T \tag{4-42}$$

式中 K——玻璃的热稳系数；

P——玻璃的抗张强度极限；

α——玻璃的线膨胀系数；

E——玻璃的弹性模量；

λ——玻璃的导热系数；

c——玻璃的比热容；

ρ——玻璃的密度；

B——常数；

ΔT——破损的最小急变温度。

在式（4-43）中α具有决定性意义，杜格拉斯（Duglas）提出一个经验公式（4-43）。

$$\alpha \cdot \Delta T = 11500 \times 10^{-7} \tag{4-43}$$

凡能降低玻璃热膨胀系数的组分都能提高其热稳定性。例如，石英玻璃的热膨胀系数很小（$\alpha=5.8\times10^{-7}$/℃），它的热稳定性极好，可以把红热的石英玻璃投入冷水中而不破裂。又如，Pyrex 玻璃的 SiO_2 含量高，并且含有 B_2O_3，而且 R_2O 含量低，它的热膨胀系数仅为$\alpha=33\times10^{-7}$/℃，因此，它耐急冷急热的能力强。反之，某些玻璃品种如瓶罐含 SiO_2 量较低，而 R_2O 相对较高，热膨胀系数较高[$\alpha=(80\sim95)\times10^{-7}$/℃]，这些玻璃的热稳定性低。德国学者按玻璃膨胀系数不同，划分成 5 个热稳定等级，见表 4-25。

表 4-25　　不同热膨胀系数范围评定的热稳定性等级

热稳定性等级	玻璃热膨胀系数/（$\times10^{-7}$/℃）	热稳定性评估
Ⅰ	0～35	优
Ⅱ	36～45	良
Ⅲ	46～55	中
Ⅳ	56～65	可
Ⅴ	≥66	差

按式（4-43）计算，石英玻璃的热稳定性为 2054℃；Pyrex 玻璃的热稳定性为 348℃；瓶罐和器皿玻璃的热稳定性为 122℃。在实际情况下，瓶罐和器皿玻璃很难经受 100℃以上的热冲击，主要因为没有考虑到制品形状与厚度的影响，于是巴甫列科尼（Павлущкин）对杜格拉斯的经验公式进行修正，见式（4-44）。

$$\sqrt{2\delta}\Delta T = B \tag{4-44}$$

式中 B——常数；

ΔT——制品破损的急变温度；

δ——制品厚度。

由式（4-44）可知，制品的厚度越大，所能耐受的急变温差越小。受热时，其表面产生压应力，而在受冷时则表面产生张应力，玻璃的抗压强度比抗张强度要大十多倍。因此，在测定玻璃热稳定性的时候，应使试样经受急冷。

综上所述，可以推想，在温度急变中，沿着玻璃的厚度，从表面到内部，不同处有着不同的膨胀量，由此产生了应力，当应力超过玻璃的极限强度时，就造成破裂。据此可以得到提高玻璃热稳定性的途径，主要是降低玻璃的热膨胀系数和减小玻璃制品厚度。

4.7 玻璃的电学性质

4.7.1 玻璃的导电性

在常温下玻璃是电绝缘材料，但是随着温度的上升，玻璃的导电性迅速提高，特别在转变温度 T_g 以上，电阻率呈现快速下降，到熔融状态玻璃已成为良导体。玻璃的电阻率分为体积电阻率和表面电阻率两种，电阻率符号为 ρ_0。在没有说明的情况下，一般玻璃电阻率是指体积电阻率。各类玻璃的电阻率范围在 $10^{13}\sim10^{18}\Omega\cdot cm$，多数在 $10^{13}\sim10^{15}\Omega\cdot cm$，在熔融温度下电阻率在 0.3～1.0Ω·cm。

利用玻璃在常温下较高的电阻率，可制造照明灯泡、电真空元件、高压绝缘子、电阻等绝缘体材料，利用玻璃在高温下较低电阻率，可实现玻璃电熔技术。

对于导电固体材料常用电导率表示通过电流的能力，电导率符号为 r。其大小主要由带电粒子的浓度和它们的迁移速度所决定的。

4.7.1.1 玻璃的导电机理

一般硅酸盐玻璃为离子导电。离子导电是以离子为载流子，在外电场作用下，载流子由不规则的热运动转变为定向运动而显示出导电性。而某些过渡元素氧化物玻璃及硫属化物半导体玻璃，主要表现为电子导电。

载流子的离子通常是玻璃中的阳离子，主要是以玻璃中所含碱金属离子为主（如 Li^+、Na^+、K^+ 等），二价阳离子活跃度要小得多，因此在 Na_2O-CaO-SiO_2 玻璃中，可以认为全部电流都由 Na^+ 传递，而 Ca^{2+} 的作用可以忽略不计。在常温下，玻璃中作为硅氧骨架或硼氧骨架的阴离子团在外电场作用下几乎没有移动的能力。当温度提高到玻璃的软化点以上时，玻璃中的阴离子开始参加电流的传递，随着温度的升高，参与传递电流的碱离子和阴离子数也逐渐增多。

4.7.1.2 玻璃的电阻率与成分的关系

玻璃导电是离子迁移所致，因此影响迁移离子数目和迁移离子速度的因素，是由玻璃成分决定的。

当碱金属离子浓度相同时，玻璃的电阻率与碱金属离子的键强和半径有关。虽然 K-O 键强较弱，但是 K^+ 半径大，阻碍了离子运动，Li^+ 情况刚好相反。综合来看，碱金属离子的电阻率排序为：$K^+>Na^+>Li^+$。二价金属离子对玻璃电阻率影响关系，按照离子半径增大电阻率上升趋势，其电阻率排序为：$Ba^{2+}>Pb^{2+}>Sr^{2+}>Ca^{2+}>Mg^{2+}>Be^{2+}$，如图 4-29 所示。

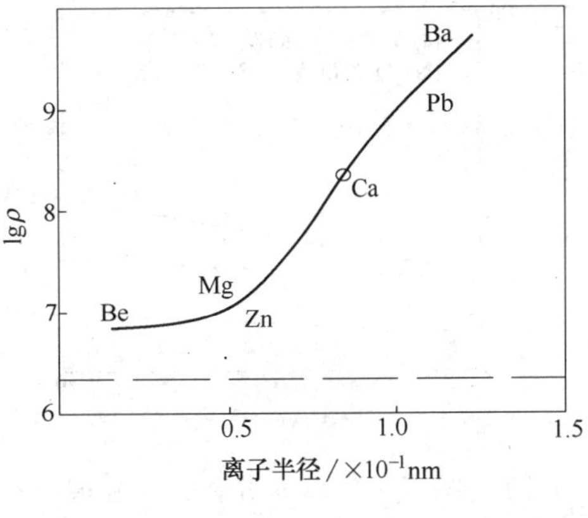

图 4-29 二价金属离子对玻璃电阻率的影响

在石英玻璃中，无可迁移的离子，因此有良好的电绝缘性。在 200℃时其电阻率为 $10^{17}\Omega\cdot cm$，即使在更高温条件下，石英玻璃还是一个很好的绝缘材料，例如在 1000℃时它的电阻率 $\rho\approx10^6\Omega\cdot cm$。然而，如果石英玻璃中含有微量杂质，特别是 Na_2O 时，就会使电阻率 ρ

迅速下降。例如含 $0.04 \times 10^{-6}\ Na^+$ 的石英玻璃在 300℃时的电阻率约为 $10^{13}\ \Omega \cdot cm$，而 Na^+ 的含量为 20×10^{-6} 时，电阻率即降低到 $5 \times 10^9\ \Omega \cdot cm$。

在石英玻璃中随着碱金属氧化物的加入，形成 R_2O-SiO_2 二元系统后，一则由于碱金属离子断网作用，使结构逐渐疏松，增大了离子迁移速度，二来又增加了迁移离子的数目，因此电阻继续显著减小。

当玻璃中同时存在两种以上的碱金属离子时，在玻璃组成与电导曲线上出现极值，即“混合碱效应”。图 4-30 表示从成分为 15%（摩尔分数）Cs_2O、85% SiO_2 的玻璃，逐步以别的碱金属氧化物取代 Cs_2O 时玻璃电阻率 ρ 的变化情况。从图中可看出 ρ 的极大值位置与玻璃的成分关系；但大多数在摩尔分数 $x=0.5$ 附近。而且碱金属离子之间的半径差别越大，极大值也越明显。必须指出，总的含碱量越低，“混合碱效应”将越不明显，这是因为离子间的相互作用将越微弱，同时“混合碱效应”随着温度的升高逐渐减弱。

图 4-31 表示 Fe_2O_3 含量对含碱硅酸盐玻璃中“混合碱效应”的影响情况，这可能与铁离子在玻璃中的价态和配位状态有关。从图中看出，当 Fe_2O_3 含量达到 12%～16%（摩尔分数）时，“混合碱效应”完全消失。

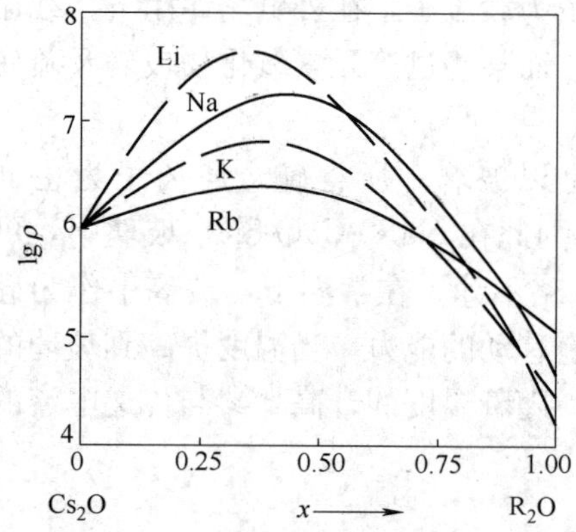

图 4-30 350℃时成分为 15%（摩尔分数）Cs_2O、85% SiO_2 的玻璃的电阻率 ρ

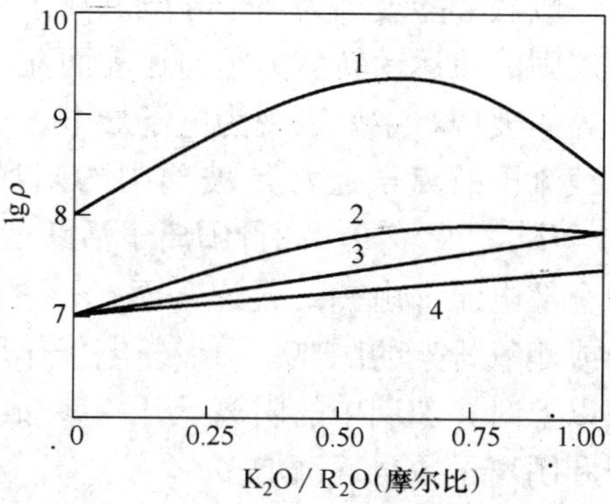

图 4-31 Fe_2O_3 含量（摩尔分数）对含硅酸盐玻璃中“混合碱效应的影响”

1—Fe_2O_3 0　2—Fe_2O_3 4%

3—Fe_2O_3 8%　4—Fe_2O_3 16%

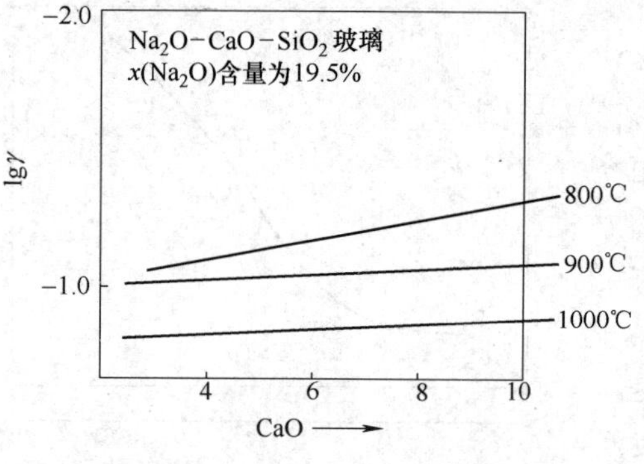

图 4-32 Na_2O-SiO_2 玻璃中 SiO_2 被 CaO 置换时电导率 γ 的变化图

二价金属氧化物也起断网作用，故也能降低玻璃的电导率，但与碱金属氧化物相比，因为其键强大，故作用不明显。当 Na_2O-SiO_2 二元系统中，以二价金属氧化物取代部分 Na_2O 或 SiO_2 而形成三元系统时，玻璃的电导率都将降低。这是由于二价金属离子电荷高，它们自身不易迁移，而且填充了网络的空隙，从而堵塞了 Na^+ 迁移的通道，产生“压制效应”而致，见图 4-32 及图 4-33。

在含碱玻璃中引入 Al_2O_3 时对其电阻率

有特殊的影响，见图 4-34。当引入少量 Al_2O_3 时，玻璃的电阻率随之增加，到 $Al_2O_3/R_2O \approx 0.2$（摩尔比）时达最大值。进一步提高 Al_2O_3 的含量，因有较多的［AlO_4］四面体形成，而［AlO_4］四面体的体积大于［SiO_4］四面体，从而使结构松弛，网络空隙增大，碱金属离子活动性增加，电阻率开始降低，在比例为 $Al_2O_3/R_2O=1$ 时，电阻率达到最小值。继续增加 Al_2O_3 的含量，则因所增加的 Al^{3+} 全部形成网络外体填充在网穴中，阻碍了 Na^+ 的迁移，使电阻率迅速上升。因此，为了保持高的绝缘性能，在含碱玻璃中加入大量的 Al_2O_3 是不适宜的。一般说，在低碱或无碱玻璃中加入 Al_2O_3 对玻璃电阻率的影响较小。

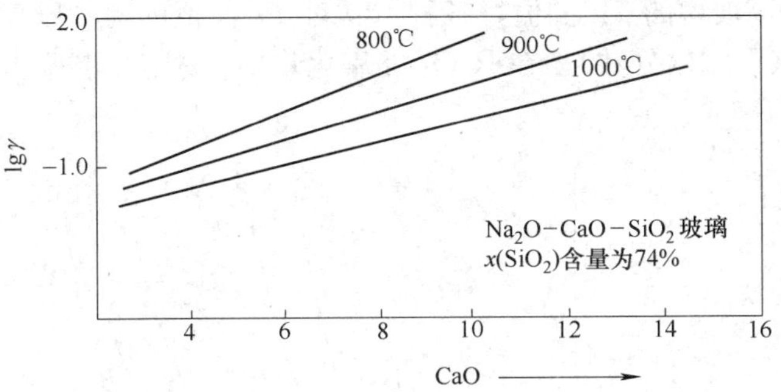

图 4-33　Na_2O-SiO_2 玻璃中 Na_2O 被 CaO 置换时电导率 γ 的变化图

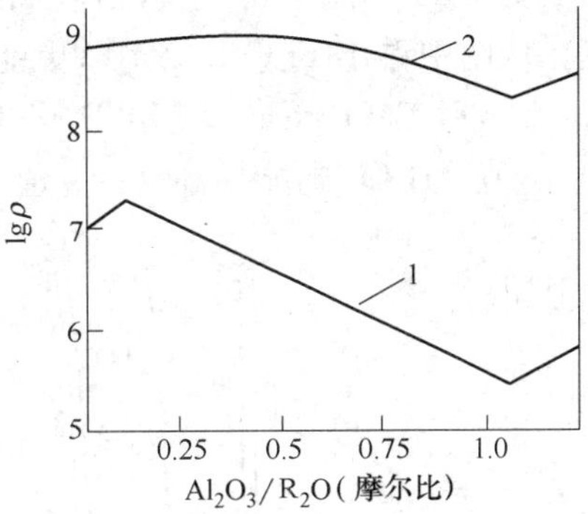

图 4-34　Al_2O_3 含量对 R_2O-SiO_2 系统玻璃电阻率的影响图
1—Na_2O-SiO_2　2—K_2O-SiO_2

硼离子配位数的改变同样对电阻率有影响，当［BO_3］转变为［BO_4］时，结构致密，电阻率随之增加，反之亦然。在 Na_2O-SiO_2 二元系统玻璃，B_2O_3 的引入不但起到补网作用，而且由于生成的［BO_4］四面体体积小于［SiO_4］四面体，使结构趋于紧密，网络间空隙减小，Na^+ 不易迁移，故电阻率上升。

高电场、高配位的离子如 Y^{3+}、La^{3+}、Zr^{4+} 和 Th^{4+} 等，这些离子将充塞于网络空隙，阻碍碱金属离子的活动，使玻璃电导率下降。

4.7.1.3　玻璃的电导率与温度的关系

玻璃的电导率随温度的升高而增大。图 4-35 表示 Na_2O-SiO_2 玻璃的 $\lg\gamma$-$1/T$ 曲线。

从图 4-35 中可看出，在 T_g 温度以下，由于玻璃结构是相对稳定的，因此电导率与温度呈直线关系，用式（4-45）表示。

$$\lg\gamma = A - \frac{B}{T} \tag{4-45}$$

式中　γ——电导率；

A、B——与玻璃成分有关的常数，决定于可迁移离子的数目和电导活化能的大小。

当温度高于 T_g 时，玻璃结构中质点发生了重排，离子的电导活化能不再保持常数，$\lg\gamma$ 与 $1/T$ 的关系由直线转化为曲线，公式（4-45）不再适用，γ 随温度上

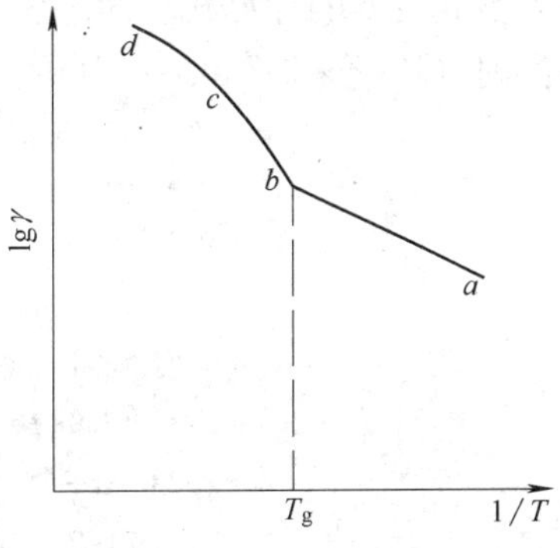

图 4-35　$\lg\gamma$ 与 $1/T$ 关系曲线图

升剧烈升高。玻璃这种结构变化在 $T_g - T_d$ 的温度范围内一直延续着。

自软化点以下，$\lg\gamma$ 与 $1/T$ 关系曲线趋于平坦，此时电导率与温度的关系可用式（4-46）表示。

$$\lg\gamma = A_1 - \frac{B_1}{T} \cdot e^{\frac{-\alpha_1}{T}} \tag{4-46}$$

式中　A_1、B_1、α_1——与玻璃成分有关的常数。

在电真空工业，常用 T_{k-100} 作为衡量玻璃绝缘性能的评价依据，其含义为电阻率为 $\rho = 100\text{M}\Omega \cdot \text{cm} = 10^8 \Omega \cdot \text{cm}$ 时所处的温度。T_{k-100} 越高，玻璃的电绝缘性能就越好。

图 4-36 和图 4-37 显示出玻璃的化学成分、温度和电导率的关系，图中标出了 T_{k-100} 值。从图中看出 K_2O 比 Na_2O 更能提高玻璃的 T_{k-100} 值，各种 RO 对 T_{k-100} 值的提高顺序为：PbO＞BaO＞CaO＞MgO＞ZnO（同摩尔分数）。在 R_2O_3 类氧化物中，Al_2O_3 能降低 T_{k-100} 值，B_2O_3 则能提高 T_{k-100} 值。

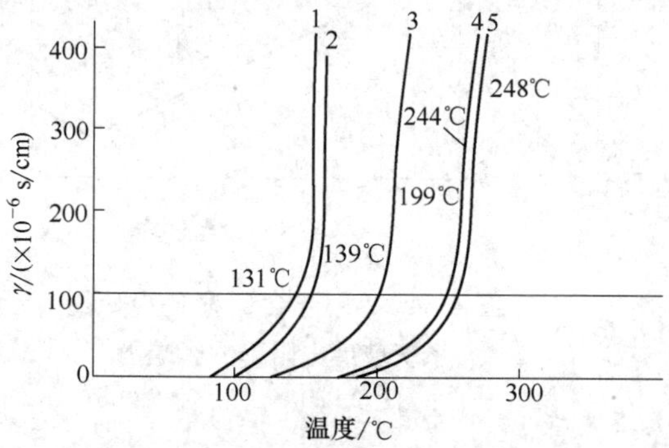

图 4-36　$Na_2O \cdot RO \cdot 6SiO_2$ 玻璃的电导率与温度的关系图

1—$Na_2O \cdot ZnO \cdot 6SiO_2$　2—$Na_2O \cdot MgO \cdot 6SiO_2$　3—$Na_2O \cdot CaO \cdot 6SiO_2$　4—$Na_2O \cdot BaO \cdot 6SiO_2$　5—$Na_2O \cdot PbO \cdot 6SiO_2$

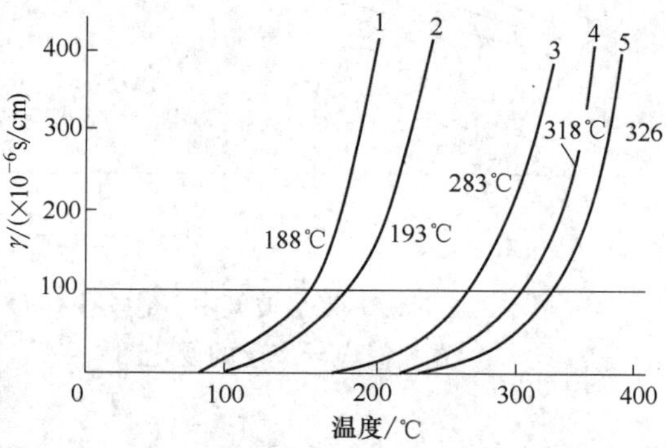

图 4-37　$K_2O \cdot RO \cdot SiO_2$ 玻璃的电导率与温度的关系图

1—$K_2O \cdot ZnO \cdot 6SiO_2$　2—$K_2O \cdot MgO \cdot 6SiO_2$　3—$K_2O \cdot CaO \cdot 6SiO_2$　4—$K_2O \cdot BaO \cdot 6SiO_2$　5—$K_2O \cdot PbO \cdot 6SiO_2$

电导率与玻璃的成分关系十分复杂，仅有少数几个经验公式，其中沙舍克（Šašek）等人提出了一个稍简单的计算方法，即以熟知的温度关系式 $\lg\gamma = a + \frac{b}{T}$ 为基础，并给出了确定常数 a 及 b 的计算式。固态玻璃时，即较低温度（593～813K）a 用 a_t，b 用 b_t 的计算式。高温时（1273～1673K）a 用 a_h，b 用 b_h 的计算式，式中 T 以单位为 K 的数值代入。

$$a_t = 0.615 + 0.0753w(Na_2O) - 0.064w(K_2O) + 0.017w(MgO) - 0.0493w(CaO) + 0.0264w(Al_2O_3) + 0.0667w(Fe_2O_3) \tag{4-47}$$

$$b_t = -4798 + 28.73p(Na_2O) - 18.0p(K_2O) - 26.1p(MgO) - 3.33p(CaO) - 11.68p(Al_2O_3) - 53.80p(Fe_2O_3) \tag{4-48}$$

$$a_h = 0.505 + 0.025p(Na_2O) + 0.080p(K_2O) + 0.035p(MgO) + 0.056p(CaO) + 0.04p(Al_2O_3) + 0.013p(Fe_2O_3) \tag{4-49}$$

$$b_h = -3530 + 72.73p(Na_2O) - 120.80p(K_2O) - 40.50p(MgO) - 74.27p(CaO) - 11.28p(Al_2O_3) + 8.00p(Fe_2O_3) \tag{4-50}$$

式中　w——玻璃中氧化物的质量分数，%。

式 4-46～式 4-49 的适用范围（按质量分数计算）：13.6%～16.0% Na_2O，0～0.5% K_2O，2.5%～4.5% MgO，7.0%～8.5% CaO，0.5%～3.0% Al_2O_3，0.05%～0.50% Fe_2O_3，69.45%～76.00% SiO_2。

4.7.1.4　玻璃电阻率与热处理的关系

当玻璃中存在应力时，电阻率就降低，因此未退火的玻璃电阻率约为退火玻璃的1/3，玻璃退火越好，它的电阻率就越大。

玻璃经淬火后其电阻率比退火玻璃更低，为退火玻璃的 1/7～1/3，这是因为淬火玻璃保持了高温的疏松结构，离子迁移阻力较小。

对于含碱性氧化物的玻璃，使之完全析晶，其电阻率能增加几个数量级。玻璃局部析晶时，其电阻率则视碱性氧化物在晶相与玻璃相内的分配情况而定。

玻璃微晶化后同样能大大提高电绝缘性能，见表 4-26，但根据析出晶相的种类及玻璃相的成分而有所不同。

表 4-26　Li_2O-ZnO-SiO_2 系微晶玻璃的电阻率　单位：Ω·cm

温度/℃	Li_2O-ZnO-SiO_2 系统玻璃的电阻率	
	玻璃	微晶玻璃
20	$10^{11.1}$	$10^{15.5}$
100	$10^{8.6}$	$10^{13.4}$
200	$10^{6.1}$	$10^{11.5}$
300	$10^{4.4}$	$10^{9.3}$
400	$10^{3.4}$	$10^{7.7}$

此外，分相也会影响玻璃的电阻率，但不同的分相结构，影响也不同。如果电阻率大的相以相互隔离的滴状出现，玻璃的电阻率就会上升，反之亦然。如果分相后形成互相连通的结构，则须视各个相是直径相等的还是大小不均的，后者将大大提高电阻率。

4.7.1.5　玻璃的表面电阻率

玻璃的表面电阻率，是指边长为 1cm 正方形的相对两边上测量的电阻率。当温度低于 100℃时，在潮湿空气中，玻璃的表面电阻率比体积电阻率小得多。图 4-38 表示几种玻璃的表面电阻与大气湿度的关系，从图中看出，当相对湿度超过约 40%时，大多数玻璃表面电阻率降低，且玻璃耐大气侵蚀能力越强，在潮湿空气中的表面电阻值就越高。这是因为玻璃表面吸附空气中的水分，并与玻璃中的 Na^+ 进行离子交换生成 NaOH 或 Na_2CO_3 溶液，最后在玻璃表面形成了一层连续的溶液膜，膜中的 Na^+（或其它离子）具有较高的迁移能力，导致了表面电阻率的降低。

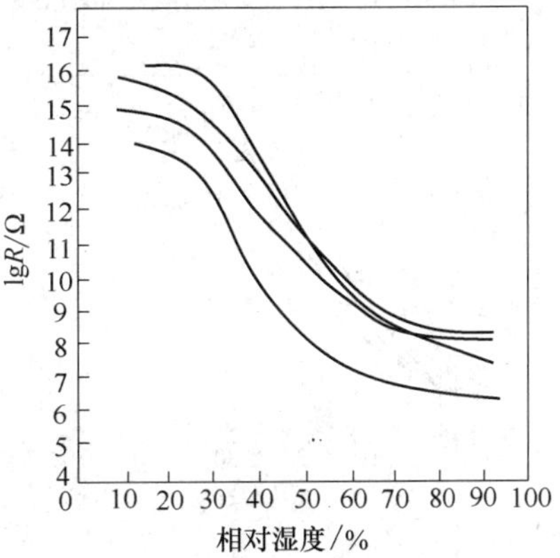

图 4-38　几种玻璃的表面电阻与大气湿度的关系图

玻璃表面电阻率除了受湿度和温度影响，还受玻璃成分影响，玻璃成分对表面电阻率的影响为：

① 玻璃中碱金属氧化物含量高时，表面电阻率减小，且 K_2O 比 Na_2O 的作用较为显著；

② 在 Na_2O-SiO_2 系统玻璃中，以 CaO、MgO、

BaO、PbO、Al_2O_3 等取代 SiO_2 时，若取代10%～12%（质量分数）以下时，玻璃的表面电阻率增大，若超过上述含量时，表面电阻率反而降低；

③ 以 B_2O_3、Fe_2O_3 取代 Na_2O-SiO_2 系统玻璃中的 SiO_2 时，如果取代量在20%（质量分数）以下时，玻璃表面电阻率将显著增加。

玻璃表面涂层是改变玻璃表面电阻率的有效办法之一。为增大玻璃表面电阻率可采用涂憎水层（如有机硅化合物、石蜡等）。为减小玻璃表面电阻率，可涂具有半导体性的氧化物或金属薄膜。当这些氧化物（如 SnO_2、CdO、TiO_2 等）的薄膜厚度为0.05～2.00μm即可以达到效果。

4.7.2 玻璃的介电性

玻璃的介电性主要包括介电常数、介电损耗和介电强度。

4.7.2.1 玻璃的介电常数

介电常数分绝对介电常数（ε）和相对介电常数（ε_r）。绝对介电常数是电流密度 D 与电场强度 E 之比，法定计量单位为法拉/米，符号为F/m。相对介电常数 ε_r 是绝对介电常数 ε 与真空介电常数 ε_0 之比，也可以用电容器两极间充有该电介质时的电容量（C_x）与其间为真空时的电容量（C_0）之比来确定，如式（4-49）所示。

$$\varepsilon_r=\frac{C_x}{C_0} \tag{4-51}$$

根据电学理论，ε_r 与电介质极化度 α 有如下关系：

$$\varepsilon_r=1+4\pi\alpha \tag{4-52}$$

式中　α——介质极化率，在真空中 $\alpha=0$，$\varepsilon=1$，因此介质的极化度越大，其 ε 越大。

玻璃的极化包括：

① 电子位移极化：离子或原子中的电子云在外电场的作用下发生变形，从而发生偶极矩的改变；

② 离子位移极化：在外电场作用下，正、负离子偏离原有位置，做相对位移时所产生偶极矩的变动；

③ 取向极化：由玻璃中极性分子在外电场作用下定向排列而引起的。

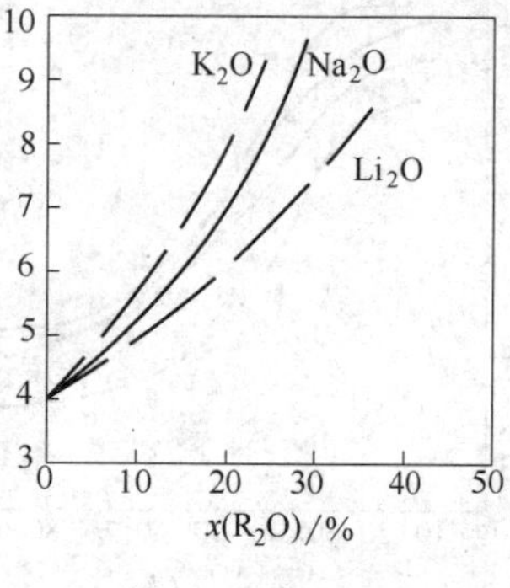

图4-39　二元碱金属硅酸盐玻璃在 4.5×10^8 Hz及室温下的介电常数 ε

无机玻璃的 ε_r 一般介于4～20。作为高频绝缘材料，特别是用于高压绝缘时，ε_r 要小；用作电容器时，则要求 ε_r 要大，尤其是制造小型电容器时。影响 ε_r 的因素主要是玻璃的化学成分、温度和电场频率。

玻璃的介电常数与其化学成分的关系可从离子极化率和迁移率的大小来考虑。在石英玻璃和纯硼氧玻璃中，Si^{4+} 的极化率比 B^{3+} 大，且B—O键能也比Si—O键能大，故石英玻璃中的桥氧离子的极化率也比 B_2O_3 玻璃中的桥氧离子大，所以石英玻璃的 ε_r = 3.75大于 B_2O_3 玻璃的 ε_r = 3.20。

在石英玻璃中加入碱金属氧化物，使玻璃中出现了较易极化的非桥氧离子，从而增大了介电常数，图 4-39 表示出二元碱金属硅酸盐玻璃介电常数的变化。从图中可看出，在碱含量相同时随着阳离子半径的增大，场强的减小，与非桥氧结合力的降低，介电常数按 $Li_2O \to Na_2O \to K_2O$ 的顺序增大。

引入其它成分对介电常数的影响与上述类似，对于碱土金属也是阳离子的场强减小时介电常数增大。副族元素本身的极化率也在介电常数上表现出来，例如将 PbO 引入玻璃中时，介电常数可超过 10。二元碱金属硼酸盐玻璃的情况与碱金属硅酸盐玻璃的情况类似。

温度的升高会增大阳离子的迁移率，从而使介电常数增加很大。玻璃在 100℃以下时，ε_r 变动不大，从 20～100℃时 ε_r 平均增加 3%～10%。但当温度进一步升高时，ε_r 迅速增大，如图 4-40 所示。玻璃中 R_2O 含量越大，则 ε_r 迅速增大时的温度越低。PbO 也有同样的作用。

介电常数还与测定的频率有关。外电场频率越低，ε_r 越大，随着频率的增高，电子云变形发生困难，使 ε_r 减小，如图 4-41 所示。频率越低，在玻璃温度升高过程中 ε_r 迅速变大的温度也越低。在低温时，频率的影响较在高温时为小，这是由于在高温时离子和偶极子的热运动加强，导致介质极化增大的结果。

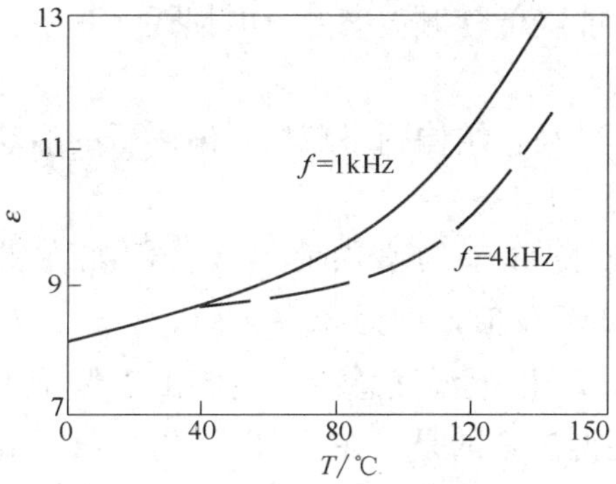

图 4-40　Na_2O-CaO-SiO_2 玻璃的介电常数与温度及频率的关系图

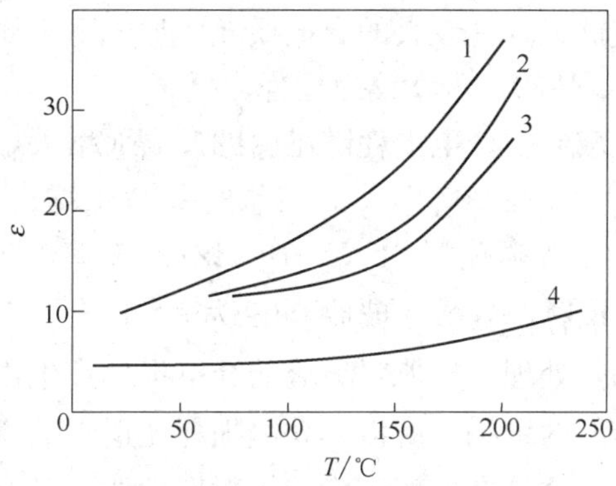

图 4-41　不同频率下玻璃的介电常数与温度的关系图
1—10Hz　2—4×10^2 Hz　3—10^3 Hz　4—10^5 Hz

4.7.2.2　玻璃的介电损耗

玻璃作为电介质使用时，由于交流电场的作用，会因极化或吸收使部分电能转化为热能而损耗，这种电能损失称为介电损耗。

在理想情况下，电路中电压 U 与电流 I 之间的相位角是 90°，由于介电损耗的存在 U 和 I 之间出现相位差角 θ，它小于 90°，即 $\theta = 90° - \delta$，因此作为电介质玻璃的功率损耗即介电损耗 Q 为：

$$Q = UI\cos(90° - \delta) = UI\sin\delta \tag{4-53}$$

当 δ 值很小时，$\sin\delta \approx \tan\delta \approx \delta$，此 δ 角称为介电损耗角，一般用 $\tan\delta$ 或 δ 的大小表示介电损耗。

玻璃中的介电损耗按性质包括电导损耗、松弛损耗、结构损耗、共振损耗。

（1）电导损耗　电导损耗由网络外体离子沿电场方向移动而产生。降低温度或增大频

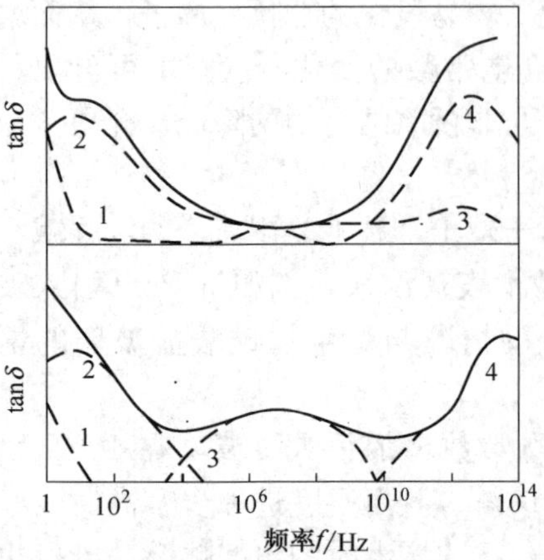

图 4-42 玻璃的 tanδ 和频率的关系图
1—电导损耗 2—松弛损耗
3—结构损耗 4—共振损耗

率可减小离子迁移率而降低电导损耗，见图 4-42 曲线 1。

(2) 松弛损耗 松弛损耗由网络外体离子在一定势垒间随电场做微小运动而产生。与电导损耗相比，松弛损耗出现在较高频率处，当温度升高时，它的极大值向高频方向移动，而增大频率时，则向高温方向移动。

(3) 结构损耗 结构损耗是由于玻璃网络松弛变形而造成，它随温度和频率而变化。

(4) 共振损耗 共振损耗由网络外体离子或网络形成体的本征振动吸收能量所造成。这种损耗一般发生在频率大于 10^7 Hz。

电导损耗和松弛损耗之和常称为迁移损耗。在室温以上，频率在 10^6 Hz 以下，玻璃的介电损耗主要是迁移损耗，其大小主要决定于网络外体离子的浓度、离子活动的程度和结构强度等，因此，在玻璃化学成分中凡是增大电导率的氧化物都会增大介电损耗。含有碱金属氧化物的玻璃将具有较大的介电损耗，加入重金属氧化物能降低含碱玻璃的介电损耗，其中尤以 BaO、PbO、SrO 较为显著。

玻璃的介电损耗随温度的升高而增大，因温度升高，结构网络疏松，碱离子的活动能力增大，在 20～80℃，玻璃的 tanδ 值增大 4～6 倍。

在高频范围内（$>10^6$ Hz），玻璃的介电损耗随频率的增加而增大，例如在常温 1MHz 时，硅酸盐玻璃 tanδ 为 9×10^{-4}，而在 3000MHz 时，则为 36×10^{-4}。

热处理同样能对玻璃的介电损耗产生影响。从 T_g 以上温度急冷的玻璃由于保持了高温疏松的结构，所以其介电损耗比退火玻璃大。值得注意的是，在 T_g 以下仍与急冷温度有关，这是在玻璃密度和折射率性质上没有发现的。因此在 T_g 以下玻璃的介电损耗还与玻璃的热历史有关。

微晶玻璃的介电损耗比同成分的玻璃要小。

4.7.2.3 玻璃的介电强度

当施加于电介质的电压超过某一临界值时，介质中的电流突然增大，这一现象称为电击穿。发生电击穿时的电压，称为临界电压（击穿电压）。电介质的耐击穿强度，又称介电强度，常用 V/cm 表示，cm 为试样的厚度。

玻璃的成分对介电强度有很大影响。通常引入能提高玻璃电阻率的氧化物可使玻璃的介电强度增大。例如玻璃中引入 SiO_2 能提高玻璃的介电强度，有些透明石英玻璃的介电强度可达 400kV/cm，不透明石英玻璃则在 150～200kV/cm。而引入碱金属氧化物时，则使玻璃的介电强度降低。例如厚度为 2～6mm 的工业玻璃，其极限电压为 30～70kV。

此外，玻璃的介电强度随温度的升高而降低，同时还与电压增高的速度、玻璃内部的缺陷以及电场的均匀与否有关，在用作大功率、高电压的绝缘零件时，要特别注意。

4.7.3　玻璃电性能的测量方法

4.7.3.1　电阻的测量

(1) 体电阻　选取无结石、气泡、条纹等缺陷的平板状玻璃试样，进行退火处理，消除应力。选取玻璃试样厚度 1～5mm，直径为厚度的 10 倍以上，试样采用蒸馏水、无水乙醇清洗、烘干。在两平面涂以低温银膏，将被保护电极、不保护电极、保护电极粘贴于表面，在 460～500℃加热炉内加热 10min。电极结合牢固，去除边沿银层，乙醇清洗干净，在电极表面焊接导线。

采用三电极测量装置测量体积电阻率和表面电阻率的线路图，如图 4-43（a）和图 4-43（b）所示。测量体积电阻时，电极 1 是被保护电极，电极 2 为保护电极，电极 3 为不保护电极，使用第三电极用来抵消表面效应引起的误差。在被保护电极和保护电极在试样上保持均匀间隙，间隙要求大于 1mm，被保护电极的直径为 d_1；不保护电极的直径为 d_4；保护电极的外径为 d_3；保护电极的内径为 d_2。图 4-44 为平板状玻璃试样的电极装置示意图，为了使测量精确和可靠，建议 $d_1=50$mm，$d_2=60$mm，$d_3=80$mm。

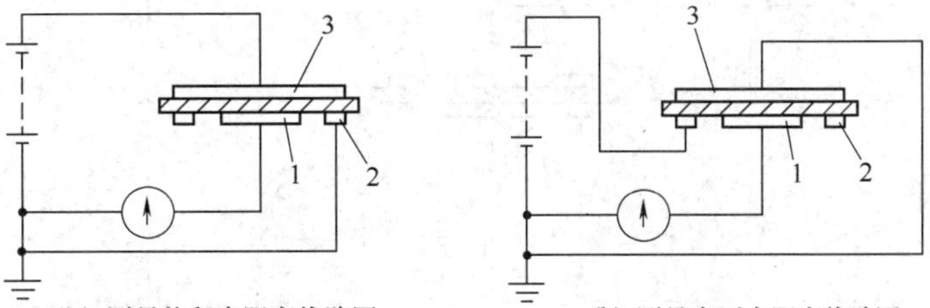

(a) 测量体积电阻率线路图
1— 被保护电极
2— 保护电极
3— 不保护电极

(b) 测量表面电阻率线路图
1— 被保护电极
2— 不保护电极
3— 保护电极

图 4-43　使用保护电极测量体积电阻率和表面电阻率线路图

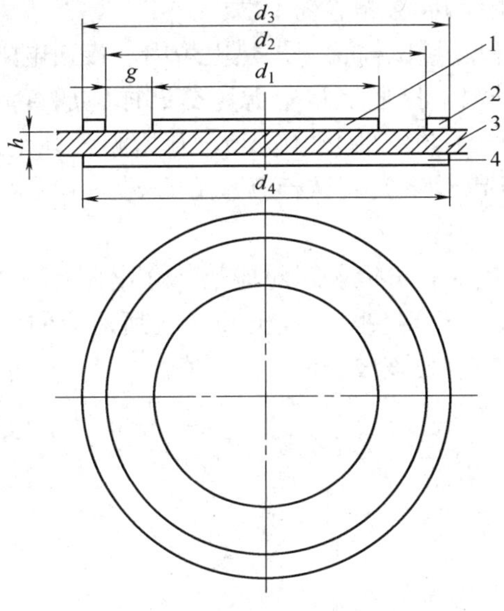

图 4-44　平板试样的电极装置示意图
1—被保护电极　2—保护电极　3—试样
4—不保护电极　d_1—被保护电极直径
d_2—保护电极内径　d_3—保护电极外径
d_4—不保护电极直径　g—电极间隙
h—试样厚度

测量体积电阻的方法主要有：伏安法和惠斯通电桥法。

① 伏安法：采用如图 4-45 所示线路，采用直流电压表测量所施加的电压。用电流测量装置测量电流，电流测量装置可以用检流计、电子放大器或静电计。

一般当试样被充电时，测量装置应短路以避免在此期间损坏。检流计应具有高的电流灵敏度，且配有通用分流器。试样电阻如式（4-54）所示。

$$R_x=\frac{U}{k\alpha} \tag{4-54}$$

式中　U——所施加的电压，V；

k——检流计灵敏度，以 A/刻度表示；

α——偏转，以刻度表示。

② 惠斯通电桥法：采用如图 4-46 所示

线路，试样与惠斯通电桥的一个臂相连，三个已知桥臂应具有尽可能高的电阻值，它们受到桥臂中电阻器的固定误差所限制。通常电阻 R_B 是以十进级变化的，R_A 是用来作平衡调，而 R_N 在测量过程中是固定不变的。检测器是一个直流放大器，它的输入电阻比电桥内任何一个桥臂的电阻值都高。试样电阻如式（4-55）所示。

$$R_X=\frac{R_N R_B}{R_A} \tag{4-55}$$

式中　R_A、R_B、R_N——如图 4-46 所示。

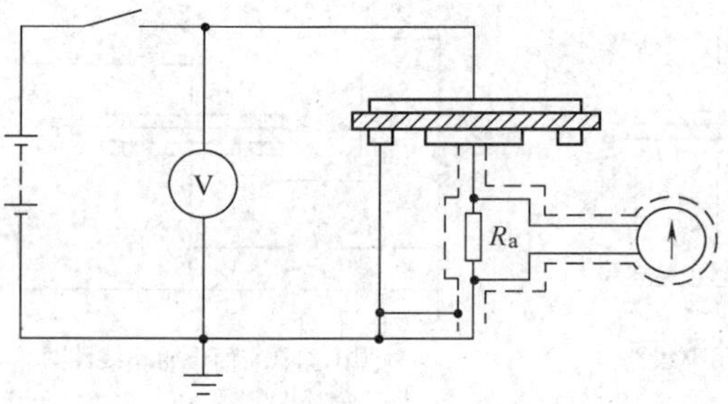

图 4-45　伏安法测量体积电阻率的线路图

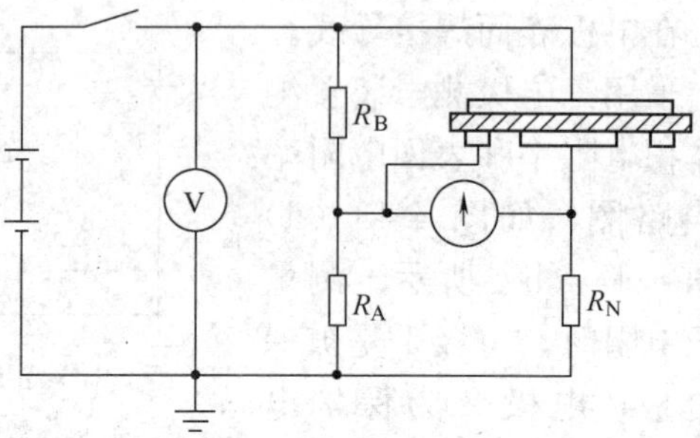

图 4-46　惠斯通电桥法测量体积电阻率的线路图

（2）T_{k-100}　选取无结石、气泡、条纹等缺陷的玻璃棒，直径（8.5±0.5）mm，长度（11±0.5)mm。一组试样 2 个，用细金刚砂精细研磨，要求两端面平行并且与轴线垂直，最后的长度为（10±0.1)mm。试样进行退火去除应力，用蒸馏水和无水乙醇清洗，干燥。两端面涂以低温银膏，在高温炉中加热到 460～500℃，保温 10min，然后缓慢冷却到室温。表面银层结合牢固，去除边沿银层，再用无水乙醇清洗干净。

利用伏安法或惠斯通电桥法，将其活动电极和测量试样置于加热电炉内，接通电炉电源，调节升温速度，以 2～3℃/min 的均匀速度升温，接通测量电源，给试样施加直流电压，测量起点一般低于该玻璃的预定 T_{k-100} 的 30～40℃，保温 10min，开始测量并记录。继续升高炉温，每升高 10℃进行一次测量，直至高于该玻璃试样 T_{k-100} 的 30～40℃结束试验。

通过测量的多组不同温度下的电流值，通过式（4-56）求解对应的体积电阻率 ρ，通过式（4-57）求解对应 $1/T$，在坐标纸上绘制 $\lg\rho$-$1/T$ 关系图，找出 $\lg\rho=8$ 所对应的$1/T$，求解出 t，即为该玻璃试样的 T_{k-100}。2 个试样平均值为该玻璃的 T_{k-100}值。

$$\rho=\frac{US}{IL} \tag{4-56}$$

式中　ρ——试样体积电阻率，Ω·cm；
　　U——所施加的电压，V；
　　I——实际通过试样的电流，A；
　　S——试样截面积，cm^2；
　　L——试样长度，cm。

$$\frac{1}{T}=\frac{1}{(273+t)} \tag{4-57}$$

式中　T——热力学温度，K；
　　t——测量温度，℃。

4.7.3.2　介电性能的测量

选取无结石、气泡、条纹等缺陷的玻璃圆片，直径为 40mm，厚度 3mm，进行退火处理，消除应力。将试样表面进行研磨，研磨厚度在（2.5±0.5）mm。试样采用蒸馏水、无水乙醇清洗、烘干，在两平面涂以低温银膏，置于 460～500℃加热 10min。电极结合牢固，去除边沿银层，乙醇清洗干净，分别在电极表面对称位置上焊接导线。

介电常数和损耗的测量方法主要有电桥法、谐振回路法和矢量阻抗法。矢量阻抗法一般用于高频阻抗测量，玻璃中很少应用。现将电桥法、谐振回路法介绍如下。

（1）电桥法　电桥法是测量介电常数 ε 和损耗 $\tan\delta$ 广泛使用的方法之一，测量范围广、精度高、频带宽等，测量频率范围可从 0.01Hz 到 150MHz。按频率范围，电桥可分超低频电桥、音频电桥和双 T 电桥等。这里主要就西林电桥作一介绍。

西林电桥是一个电阻比例臂电容电桥，测量原理如图 4-47 所示。电桥在 a、c 点接入信号，信号由频率发生器供给，在 b、d 点连接毫伏表指示电桥平衡。

图 4-47 中，C_x、R_x 表示被测试样的等值并联电容与电阻，R_3、R_4 表示电阻比例臂。试样的等值并联电容 C_x 是用标准电容 C_S 平衡的，试样的等值并联电阻 R_x 是用试样的比例臂上的并联电容 C_4 平衡的。根据交流的电桥平衡原理：当 $Z_xZ_4=Z_SZ_3$（式中 Z_x、Z_4、Z_S、Z_3 分别为电桥中的试样阻抗）、标准电容器阻抗、桥臂 3、4 的阻抗），指示器中无电流通过，电桥平衡。将 Z_x、Z_4、Z_S、Z_3 分别代入，通过式（4-58）、式（4-59）可得电容器的 $\tan\delta$ 和 C_x。

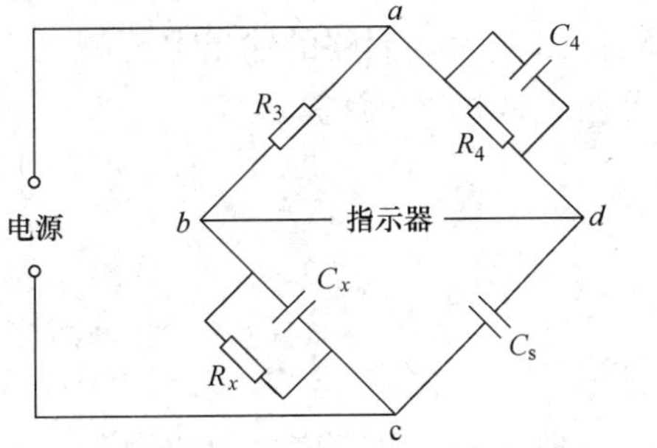

图 4-47　西林电桥示意图

$$C_x=\frac{R_4}{R_3}\cdot C_S\cdot\frac{1}{1+\tan^2\delta} \tag{4-58}$$

$$\tan\delta=\omega C_4R_4 \tag{4-59}$$

如果 $\tan\delta<0.1$，则简化为式（4-60）

$$C_x=\frac{R_4}{R_3}\cdot C_S \tag{4-60}$$

因此，当桥臂的电阻 R_3、R_4，电容 C_4、C_S 都已知时，可求得电容器的 $\tan\delta$ 和 C_x，求出 C_x 后，根据试样与电极的尺寸可计算材料的相对介电常数 ε_r。

（2）谐振回路法　这种方法是将传感器线圈的等效电感的变化转换为电压或电流的变化。传感器线圈与电容并联组成 LC 并联谐振回路。

并联谐振回路的谐振频率为：$2\pi f_0=\frac{1}{\sqrt{LC}}$；且谐振时回路的等效阻抗最大，$Z_0=\frac{L}{R'C}$。式中 R' 为回路的等效损耗电阻。

当电感 L 发生变化时，回路的等效阻抗和谐振频率都将随 L 的变化而变化，因此可以利用测量回路阻抗的方法或测量回路谐振频率的方法间接测出传感器的被测值。谐振法主要有调幅式电路和调频式电路两种基本形式。调幅式由于采用了石英晶体振荡器，因此稳定性较高，而调频式结构简单，便于遥测和数字显示。图 4-48 为调幅式测量电路原理

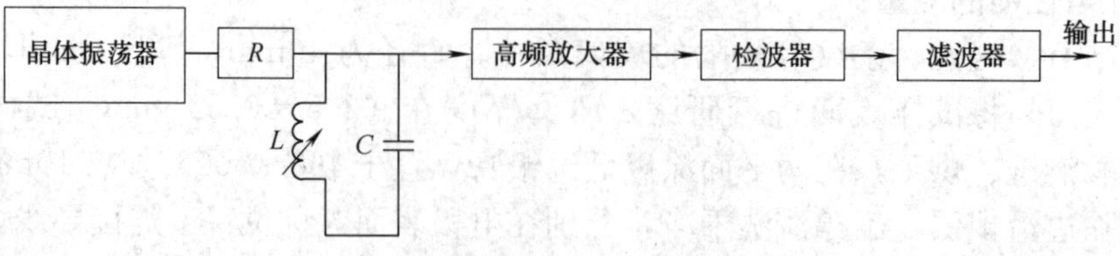

图 4-48　调幅式测量电路原理框图

框图，由标准电感 L_S 和被测电容 C_x 组成的振荡回路与高频信号发生器（晶体振荡器）耦合，调整信号的频率使回路谐振，此时电压表指示值最大。

由图 4-48 可以看出 LC 谐振回路由一个频率及幅值稳定的晶体振荡器提供一个高频信号激励谐振回路。LC 回路的输出电压 U 为式（4-61）所示。

$$U=I_0F(Z) \tag{4-61}$$

在式（4-61）中，I_0 为高频激励电流；Z 为 LC 回路的阻抗。可以看出，LC 回路的阻抗 Z 越大，回路的输出电压越大。根据最大输出电压时的电感 L_S 和频率 f，被测电容可按式（4-62）计算。

$$C_x=\frac{1}{4\pi^2 f^2 L_S} \tag{4-60}$$

4.8　玻璃的光学性能

玻璃是一种高度透明的物质，可以通过调整成分、着色、光照、热处理、光化学反应以及涂膜等物理和化学方法，使之具有一定的光学常数，光谱特性，吸收或透过紫外线、红外线，受激辐射，感光，荧光，光变色，防辐照，光存储，显示性等一系列重要光学性能。本章仅在可见光（390～770nm）范围内（包括近紫外和近红外），讨论玻璃的折射率、色散、反射、吸收和透光。

4.8.1　玻璃的折射率

当光投射到玻璃时，一般会产生反射、透过和吸收，这三种现象与折射率有关。玻璃折射率可以理解为电磁波在玻璃中传播速度的降低（以真空中的光速为基准），用折射率来表示光速的降低，如式（4-63）所示。

$$n=c/v \tag{4-63}$$

式中　c，v——分别为光在真空和玻璃中的传播速度；

　　n——折射率。

光通过玻璃过程中，光波给出了一部分能量，于是引起光速降低，即低于它在空气或真空中的速度，用 v_g 表示光波在玻璃中的速度，如式（4-64）所示。

$$n=\frac{v_a}{v_g} \tag{4-64}$$

式中　n——玻璃相对于空气的折射率；

　　v_a——空气中的光速；

　　v_g——玻璃中的光速。

也可以用光的入射角的正弦与折射角的正弦之比，表示玻璃的折射率，如式（4-65）和图 4-49 所示。

$$n=\sin\angle AOB/\sin\angle COD \text{ 或 } n'=n_a n=1.00023n \quad (4\text{-}65)$$

式中　n_a——空气相对于真空的折射率；

n'——玻璃相对于真空的折射率；

$\angle AOB$——入射角；

$\angle COD$——折射角。

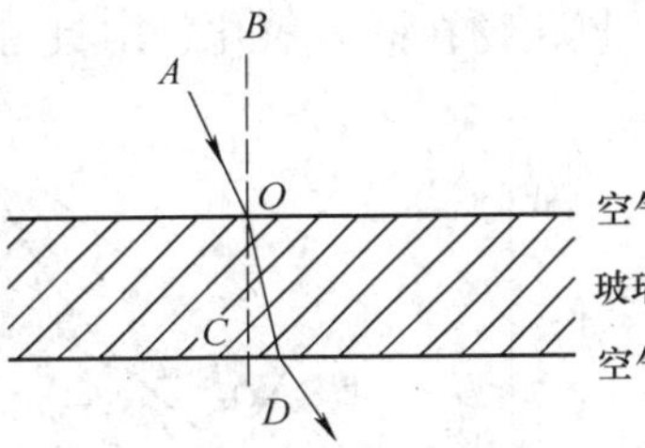

图 4-49　光在玻璃中的折射示意图

玻璃的折射率与入射光的波长、玻璃的密度、温度、热历史以及玻璃的成分有密切的关系。

4.8.1.1　玻璃折射率与组成的关系

玻璃的化学组成变化会引起玻璃光学常数的变化，在玻璃的光学常数中折射率是研究最多的一个光学性质。

玻璃的折射率与它们的密度 ρ 存在式（4-66）关系：

$$\frac{n^2-1}{n^2+2}\cdot\frac{M_r}{\rho}=R\quad\frac{n^2-1}{n^2+2}=\frac{R}{V} \tag{4-66}$$

式中　n——折射率；

M_r——相对分子质量；

ρ——密度；

R——分子折射度；

V——分子体积。

玻璃的折射率取决于分子体积 V 和分子折射度 R，所以可以将玻璃成分对折射率的影响看作对分子体积和分子折射度两个方面影响的总和。

玻璃的分子体积与玻璃结构的紧密程度有关，因此它和组成玻璃各种阳离子半径的大小有关。对原子价相同的氧化物来讲，其阳离子半径越大，玻璃分子体积越大，这样就降低玻璃的折射率；相反，离子半径小，使玻璃折射率增加。例如离子半径小的 Ti^{4+} 和 Li^{+} 使玻璃分子体积减小，从而提高玻璃的折射率。

玻璃的分子折射度是指玻璃组成中各种离子极化度的总和。玻璃中阳离子极化率决定于离子半径及其外电子层的结构，对原子价相同的阳离子其半径越大，其离子极化率越高，分子折射度越大，玻璃折射率也越高。

外层含有惰性电子对如 Pb^{2+}、Bi^{3+} 等或 18 电子层结构如 Zn^{2+}、Cd^{2+}、Hg^{2+} 的阳离子比惰性气体电子层结构的离子有较大的极化率，故折射率亦高。

离子的极化率还受周围离子的极化影响，阴离子对它的影响较显著。玻璃中的阴离子（即氧离子）与周围阳离子之间键力越大，则氧离子外电子层越牢固，其本身极化率越小。氧与阳离子之间的键力随阳离子半径增加而减弱，因此，当阳离子半径增加时不仅本身极化率上升，也提高了氧离子的极化率，因而促使玻璃折射度上升，从而提高玻璃的折射率。

当等价阳离子的半径增加时，分子体积和分子折射度同时上升。前者降低玻璃折射率，而后者使之增大，所以玻璃的折射率与离子半径之间不存在直线关系。原子价相同时，阳离子半径小的氧化物和阳离子半径大的氧化物都具有较大的折射率，而离子半径居中的氧化物在同族氧化物中具有较低的折射率。这是因为离子半径小的氧化物对降低分子体积起主要作用，而离子半径大的氧化物则对提高极化率起主要作用。综合这两种效果，故玻璃的折射率与离子半径之间呈“马鞍形”，如图 4-50 所示。

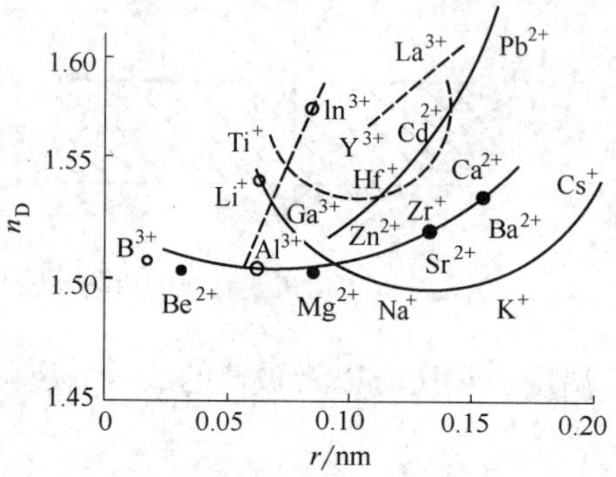

图 4-50　阳离子半径与玻璃折射率的关系曲线图

一般玻璃的折射率范围 1.45～1.75，制备折射率大于 1.75 的玻璃比较困难，玻璃容易析晶。玻璃折射率符合加和性公式（4-67)，各氧化物折射率因子见表 4-27。

$$n = \sum(n_i x_i) \tag{4-67}$$

式中　n_i——各氧化物折射率因子；

x_i——各氧化物摩尔分数。

表 4-27　**各氧化物折射率因子**

氧化物	n_i	氧化物	n_i
SiO_2	1.458～1.475	MgO	1.625
B_2O_3	1.460～1.720	CaO	1.730
Al_2O_3	1.520	BaO	1.870
ZnO	1.705	Na_2O	1.590
PbO	2.150～2.500	K_2O	1.575

4.8.1.2　玻璃的色散

玻璃的折射率随入射光波长改变而改变的现象，称作色散。由于色散存在，白光可被棱镜分解成七色光。若入射光不是单色光，通过透镜时产生色散，将在显示屏上出现模糊的彩色光斑，造成色差而使透镜成像失真，这一点在光学系统设计中必须予以考虑，并常用复合透镜予以消除。

光波通过玻璃时，其中某些离子的电子要随光波电场变化而发生振动。这些电子的振动有自己的自然频率（本征频率），当电子振动的自然频率同光波的电磁频率相一致时，振动就加强，发生共振，结果吸收了大量相应频率的光波能量。玻璃中电子振动的自然频率在近紫外区，因此，近紫外区的光受到较大削弱，绝大多数的玻璃，在近紫外区折射率最大并逐步向红光区降低，如图 4-51 所示。在可见光区玻璃的折射率随光波频率的增大而增大，大部分透明物质都具有这种正常的色散现象。

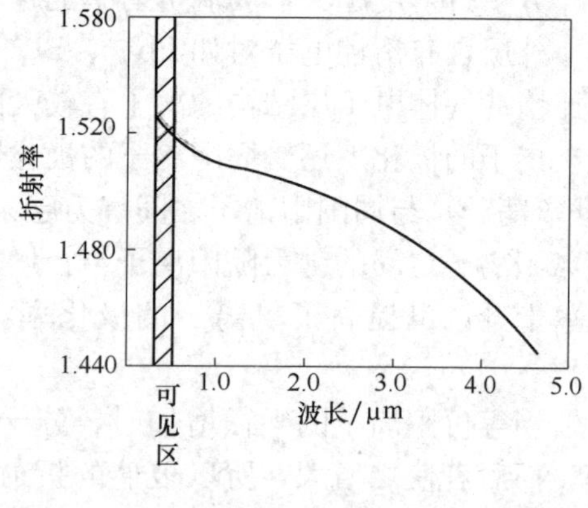

图 4-51　玻璃折射率与光波波长的关系图

玻璃内部相邻离子相互间的作用，对于电子的振动也有影响，因此不同类型玻璃的色散曲线相似，但又不相同。

4.8.1.3　玻璃的折射率与温度的关系

玻璃折射率随温度而发生改变，即玻璃折射率是温度的函数，它们之间的关系与玻璃成分及结构有密切的关系。

当温度上升时，玻璃折射率将受到作用相反的两个因素的影响：①由于温度上升，玻璃受热膨胀使密度减小，折射率下降；②电子振动的本征频率（或产生跃迁的禁带宽度），随温度上升而减小，致（因本征频率重叠而引起的）紫外吸收极限向长波方向移动，折射率上升。

对固体（包括玻璃）来说，这两个因素可用式（4-68）表示：

$$\frac{\partial n}{\partial t}=R\frac{\partial \alpha}{\partial t}+\alpha\frac{\partial R}{\partial t} \tag{4-68}$$

式中　n——折射率；
R——玻璃分子折射度；
α——玻璃膨胀系数；
t——温度。

可见玻璃折射率的温度系数取决于玻璃分子折射度随温度的变化$\left(\frac{\partial R}{\partial t}\right)$和热膨胀系数随温度的变化$\left(\frac{\partial \alpha}{\partial t}\right)$两个方面，前者使折射率上升，后者使折射率下降，故玻璃折射率的温度系数有正负两种可能。

在 T_g 温度以下，由于玻璃热膨胀系数变化不大，故在室温以上大多数光学玻璃折射率温度系数主要决定于$\left(\frac{\partial R}{\partial t}\right)$，折射率温度系数为正值。但在较低温度时，$\left(\frac{\partial \alpha}{\partial t}\right)$起主导作用，其折射率随温度升高而减小，折射率温度系数为负值。对热膨胀系数较大的硼氧玻璃和磷氧玻璃，其折射率主要决定于$\left(\frac{\partial \alpha}{\partial t}\right)$，折射率温度系数为负值，随着温度的升高，折射率表现为连续地下降，见图 4-52。

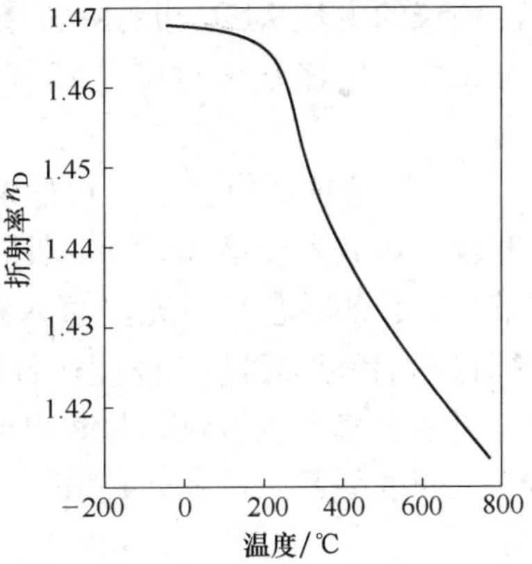

图 4-52　B_2O_3 玻璃的折射率与温度的关系图

当温度升高至 $T_g \sim T_d$ 范围内，玻璃的结构会迅速达地调整到该温度的平衡状态，此时，玻璃的折射率与该温度下结构的平衡状态相当，即达到该温度下的平衡折射率。玻璃的平衡折射率随着温度的升高而成直线地减小。若将玻璃试样很快地加热到接近于软化温度，并在此温度下保温，则根据这一温度的不同，玻璃试样的折射率或者增加或者减小。如果该温度下，玻璃原来的折射率高于该温度时的平衡折射率，则试样在此温度下保温时，玻璃的折射率将减小，直至达到平衡折射率；反之，当玻璃原来的折射率低于平衡折射率时，则在保温时玻璃的折射率将升高，直至达到平衡折射率。这一性质在光学玻璃的制造工艺中有重要的意义。

热历史对玻璃折射率的影响表现为以下几方面：

① 如将玻璃在退火区内某一温度保持足够长的时间后达到平衡结构，以后若以无限大速率冷却到室温，则玻璃仍保持此温度下的平衡结构及相应的平衡折射率。

② 把玻璃保持于退火温度范围内的某一温度，其趋向平衡折射率的速率与所保持的

温度有关，温度越高趋向该温度下的平衡折射率速率越快。

③ 当玻璃在退火温度范围内达到平衡折射率后，不同的冷却速度将得到不同的折射率。冷却速度快，其折射率低；冷却速度慢，其折射率高。

④ 当成分相同的两块玻璃处于不同退火温度范围内保温，分别达到不同的平衡折射率后，以相同的速度冷却时，则保温时的温度越高，其折射率越小，保温时的温度越低，则其折射率越高。

由于热历史不同而引起的折射率变化，最高可达几十个单位（每个折射率单位为0.0001）。因此，人们可通过控制退火温度和时间来修正折射率的微小偏差，以达到光学玻璃的使用要求。

4.8.1.4　玻璃折射率测量

测定玻璃折射率的方法较多，一般常采用最小偏向角法、V棱镜折射仪法、阿贝折射仪法以及油浸法等。

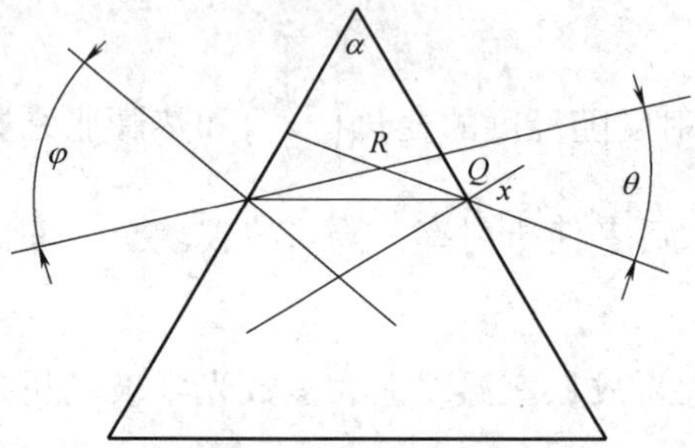

图 4-53　棱镜的光偏向角图

(1) 最小偏向角法　它是采用精密测角仪测定棱镜材料的折射率 n。棱镜的顶角为 α（一般磨成60°），单色光的入射角为 φ，偏向角为 θ，如图 4-53 所示。当偏向角在某一入射角 φ 时为最小，这个角度 θ_m 称为最小偏向角。

$$n=\frac{\sin[0.5(\theta_m+\alpha)]}{\sin(0.5\alpha)} \tag{4-69}$$

从棱镜的最小偏向角 θ_m 和顶角 α 按式 (4-69) 可求出棱镜的折射率。此法的精度取决于测角仪的测量精度，折射率的精确度可达小数点后六位。这种方法不需要已知折射率的标准试样，但该方法对测量仪和环境条件（温度、湿度等）要求较高，被测样品体积较大。

(2) V棱镜折射仪法　它是采用V棱镜折射仪测定试样的折射率 n。测定时将被测试样磨成直角放入棱镜V块90°凹槽内，V块和试样之间注入几滴与试样折射率相近的油。当某一波长的单色平行光垂直入射V块后，若被测试样的折射率与V块折射率相同时，光线将不偏斜地通过V棱镜；若被测试样折射率仍与V棱镜折射率 n_0 有差异，光线将遵照折射率定律发生折射，此时出射光线与入射光线的夹角为 ω，按照折射定律可以推出 ω 与 n 之间的关系，见式 (4-70)。

$$n=\sqrt{n_0^2+\sin\omega\sqrt{n_0^2-\sin^2\omega}} \tag{4-70}$$

若能测得 ω 角，并代入式 (4-70)，即可求得被测试样的折射率 n。当采用不同波长的单色光入射时，可求得该波长之折射率 n_λ。此法测得的折射率精度可达小数点后五位。

(3) 阿贝折射仪法　它是利用阿贝折射仪根据望远镜视场中亮暗部分的分界线，来测定样品的临界角，从而确定其折射率，故亦称为全反射临界角法。该法设备简单，操作方便，测量精度可达小数点后四位。

(4) 油浸法　它是测量细颗粒玻璃折射率的最简单方法。测量时使用单偏光显微镜和折射率已知的浸液（油或有机溶液）。将粉末试样放入已知折射率的浸液的载玻片上，在显微镜下观察浸液与试样之间出现的贝克线的移动。比较试样折射率与浸液折射率的高低，依次改变浸液，直至贝克线消失，此时所用浸液的折射率即为试样的折射率。此法设备简单，尤其不受被测玻璃试样的形状限制，其测定精度受贝克线识别及浸液间折射率差的限制，测量精度可达小数点后三位。

4.8.2　玻璃的光学常数

如前所述，玻璃的折射率以及与此有关的各种性质都与入射光的波长有关。为了定量地表示玻璃的光学性质，首先必须确立某些特殊谱线的波长作为标准波长，见表 4-28。

表 4-28　　特征谱线参数表

光谱源	光谱线	波长/nm	颜色	折射率符号
钠光谱	D线	589.3	黄色	n_D
氦光谱	d线	587.6	黄色	n_d
氢光谱	F线	486.1	浅蓝	n_F
氢光谱	C线	656.3	红色	n_c
汞光谱	g线	435.8	浅蓝	n_g
氢光谱	G线	434.1	浅蓝	n_G

在比较不同玻璃折射率时，一律以 n_D 为准，可以简写成 n。

玻璃的色散，有下列几种表示法：

① 平均色散：即 n_F 与 n_c 之差（n_F-n_c）。

② 部分色散：常用的是 n_d-n_D，n_D-n_c，n_g-n_G 和 n_F-n_c 等。

③ 相对部分色散：如$\frac{n_D-n_c}{n_F-n_c}$

④ 阿贝数：也称色散倒数，以符号 υ 表示，其表达式见式（4-71）。

$$\upsilon=\frac{n_D-1}{n_F-n_c} \tag{4-71}$$

光学常数中最基本的是 n_D 和 n_F-n_c，由此可以算出阿贝数。阿贝数是光学系统设计中消色差经常使用的参数，一般在光学系统中常采用不同阿贝数的玻璃即可达到目的。它是光学玻璃的重要性质之一。

4.8.3　玻璃的反射、吸收和透过

玻璃除了 n_D 和 υ 之外，玻璃对光的反射率 R、吸收率 A 和透过率 T 也是重要的参数，这三项性质都可用百分数表示。以入射光的强度为 100%，则

$$R(\%)+A(\%)+T(\%)=100\% \tag{4-72}$$

4.8.3.1　玻璃的反射

从玻璃表面反射出去的光强与入射光强之比称为反射率，它决定于表面光滑程度、光的投射角、玻璃折射率和入射光的频率等。

当入射角为 90°时，反射率 R 可用式（4-73）表示：

$$R=\left(\frac{n-1}{n+1}\right)^2 \tag{4-73}$$

式中　n——玻璃折射率。

由式（4-73）可知，玻璃的反射率随玻璃折射率 n 增大而增大。为了减少反射，可采

取表面化学处理成涂膜等方法。

4.8.3.2 玻璃的散射

在玻璃中含有折射率与玻璃不同的微粒时，就能使光发生散射。折射率一般与密度成正比，因此散射现象也是由于玻璃的密度均匀性破坏而引起。

光的散射服从瑞利散射定律，如式（4-74）表示。

$$I_{\beta,r}=\frac{(D'-D)^2}{D^2}(1+\cos^2\beta)\frac{M\pi V^2}{\lambda^4 r^2} \tag{4-74}$$

式中 $I_{\beta,r}$——入射光以 β 角度投射于颗粒时的散射光强；
D'——粒子的光密度；
D——介质的光密度；
M——颗粒的数量；
λ——入射光波长；
V——颗粒的体积；
r——观测点的距离。

如果颗粒很小，则散射光颜色是蓝的。未热处理的乳白玻璃和分相前的硼硅酸盐玻璃就是如此，它们一般产生紫色或蓝色的“乳光”，这是因为散射光的强度随波长减小而增大。而通过乳浊体后的白光则呈浅红色，这是因为短波光由于散射而减少，长波光则相对增多。

如果散射颗粒的大小与波长相差不多，则不遵守上述规律。

一般玻璃的乳白性主要决定于微粒的大小、折射率和微粒的体积。但影响最大的是微粒与玻璃的折射率之差，微粒的折射率和玻璃的折射率之差越大乳浊性越大。表 4-29 是硅酸盐玻璃中常用的乳浊剂，从表中可以看出，二氧化钛的折射率与玻璃差别最大，是最有效的乳浊剂，常用于乳浊度要求高的玻璃仪器标度用的耐酸釉和搪瓷制品等。玻璃中常用的乳浊剂为氟化物，其折射率比玻璃小，因此适当增大玻璃的折射率（加入 PbO 或 ZnO 等高折射率物质）也能提高乳浊性。

表 4-29　硅酸盐玻璃（$n_{玻}=1.50$）乳浊剂品种及折射率参数

乳浊剂	n_D	$n_{晶}/n_{玻}$	乳浊剂	n_D	$n_{晶}/n_{玻}$
ZnO	2.00	1.33	NaF	1.30	0.87
$ZrSiO_4$	2.00	1.33	CaF_2	1.40	0.93
ZrO_2	2.20	1.47	$CaTiSiO_5$	1.90	1.27
ZnS	2.40	1.60	ZrO_2	2.20	1.47
TiO_2(板钛矿)	2.52	1.68	$CaTiO_3$	2.35	1.57
TiO_2(金红石)	2.76	1.84			

4.8.3.3 光吸收

光照射玻璃后，玻璃将吸收一部分光，这是由于原子中电子受光能而激发，在电子壳层能态间跃迁，使电子的振动能转变为分子运动的能量，即玻璃将吸收光能变为热能放出。对气体原子电子是在固定能级间的跃迁，故可观察到一定波长的吸收谱线，而对液态玻璃来说，电子跃迁的结果，将观察到的是一个能量范围的吸收带，而不是谱线，即形成能带而不是能级。

光通过玻璃时，其强度 I 随着玻璃的光程长度（厚度）L 而减弱，即

$$\frac{dI}{dL}=-\alpha I_0 \tag{4-75}$$

式中　I_0——开始进入玻璃时光的强度（已除去反射损失，即 $I_0=1-R$）；

L——光深入玻璃的深度直至光透出玻璃为止，又称“光程长度”；

I——在光程长度为 L 处光的强度；

α——玻璃的吸收系数。

从式（4-75）可得

$$\frac{dI}{I_0}=-\alpha dL \quad \ln\frac{I}{I_0}=-\alpha L \tag{4-76}$$

令

$$\frac{I}{I_0}=T\text{（透光率）}$$

则

$$T=e^{-\alpha L} \tag{4-77}$$

对于平板玻璃来说，由于有两个表面，光将在两个表面反复来回反射，因而有反复的吸收和透过。在这种情况下，总透光率 T 是：

$$T=\frac{I}{I_0}=(1-R)^2e^{-\alpha L} \tag{4-78}$$

有时常用光密度 D 来表示玻璃的吸光性能，光密度 D 与透光率 T 有如下关系：

$$D=\lg T^{-1} \tag{4-79}$$

在着色玻璃中，光的吸收表现为选择性吸收，它主要是由着色剂所引起的，其吸收强度取决于着色剂的种类和浓度（即含量），并与这两种因素成正比。

$$\varepsilon c=D \tag{4-78}$$

式中　c——着色剂浓度，用 g/100g 玻璃表示；

ε——着色剂的吸收系数（当 $c=1$，$D=\varepsilon$ 时），ε 也称比吸收指数或消光系数；

D——光密度。

当玻璃含有多种着色剂时，其光密度如式（4-81）所示。

$$D=D_1+D_2+\cdots=\varepsilon_1c_1+\varepsilon_2c_2+\cdots=\sum(\varepsilon c) \tag{4-81}$$

4.8.3.4　红外吸收与紫外吸收

当入射光（交变电磁场）作用于玻璃时，玻璃中的偶极子、分子振子及由核及壳层电子组成的原子产生极化并且跟着振荡。若入射光的频率处于红外波段而与玻璃中分子振子（包括离子或相当于分子大小的原子团）的自然频率相同或相近时，就引起共振而产生红外吸收，即玻璃对该段频率的光不透过了。若入射光波的频率处于紫外波段时，则和玻璃里的价电子或束缚电子的自然频率重叠，产生电子共振将引起紫外吸收。因此，虽然无色透明玻璃在可见光区（390～770nm）有极高的透过率，但由于玻璃内部组成中的分子振动和电子振动频率处在红外段和紫外段，因共振引起在红外和紫外区吸收而不透过。

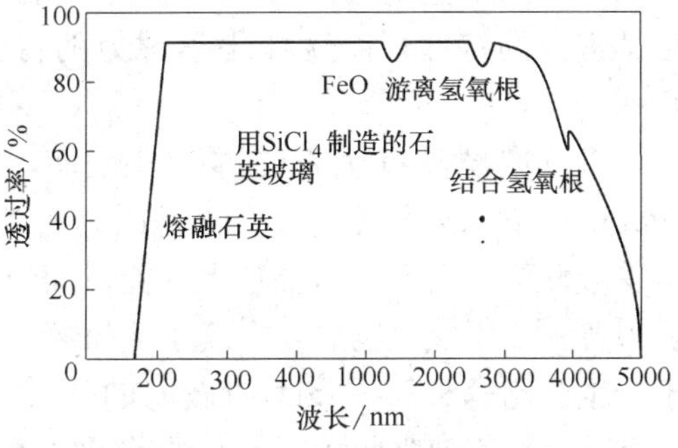

图 4-54　石英玻璃的透光曲线图

图 4-54 为石英玻璃的透光曲线，图中紫外吸收极限是由于硅氧四面体中的氧离子外层电子与光波产生共振而致，红外吸收是由于 Si—O 键的分子拉伸振动发生的共振而致。图

中1400、2750、4250nm处，分别是杂质FeO、游离OH^-和结合OH^-振动产生的吸收。

(1) 红外吸收　如上所述，玻璃在红外区的吸收属于分子光谱，是由于红外光的频率与玻璃中分子振动的自然频率相近或相同引起共振所致。物质的振动频率（本征频率）决定于力学常数和原子量的大小，如式（4-82）表示。

$$\nu=\frac{1}{2\pi}\sqrt{\frac{f}{A_r}} \tag{4-82}$$

式中　f——力学常数；

A_r——相对原子质量。

玻璃网络形成体（SiO_2、B_2O_3、P_2O_5等）相对原子质量均较小，力学常数较大，故自然频率大，只能透过近红外，不能透过中、远红外。铅玻璃以及一些硫属玻璃，因具有较大的相对原子质量和较小的力常数，故红外吸收极限波长较一般氧化物玻璃要长。

例如，石英玻璃的红外透过波段只能到5000nm左右，而Ge-As-S系统非氧化物玻璃的透过波段可达12000nm左右，见图4-54和图4-55。

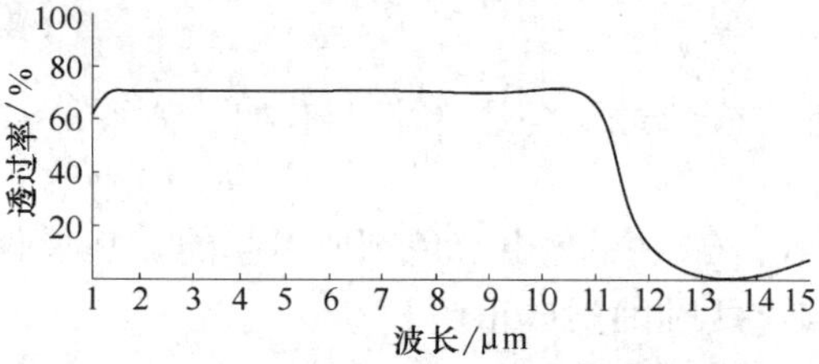

图4-55　Ge-As-S系统玻璃的红外透过曲线图

(2) 紫外吸收　玻璃紫外吸收属于电子光谱范畴，相应的吸收光波频率处于紫外区域。在透光区与吸收区之间是一条坡度很陡的分界线，通常称之为吸收极限（5mm厚的玻璃，透过10%的波长作为吸收限）。这是因为凡是光谱能量足以将阴离子上的价电子激发到激发态的光波全部被吸收，产生了一个连续的吸收区，而能量小于（即波长大于）吸收极限的波长的光，由于不足以激发价电子，故而全部透过。激发价电子所需的光子能量用式（4-83）表示。

$$h\nu=E+W-E' \tag{4-83}$$

式中　$h\nu$——光子能量（h为普朗克常数，ν为光频率）；

E——阴离子的亲电势（氧化物玻璃主要是氧离子的亲电势）；

W——克服阴阳离子间库仑引力所做的功；

E'——阴离子被极化（变形）所获得的能量。

硅酸盐玻璃阴离子基本是氧离子，因此激发价电子所需光子能量大小主要决定于阴阳离子间的库仑引力所做的功，即玻璃透紫外光的性能主要决定于氧与阳离子之间的化学键力的特性，而这种化学键力的特性又与阳离子的电荷、半径、配位数等有密切联系。

石英玻璃具有优秀的透紫外性能，它能透过220～400nm波段的紫外线，仅吸收193nm以下的远紫外波段。这是因为石英玻璃的紫外吸收是硅氧四面体中桥氧上的价电子受激发至激发态，需要较大的能量而致（基态与激发态之间禁带较宽）。当石英玻璃中加入各种金属氧化物后，出现了非桥氧，则激发非桥氧上的价电子所需能量较小，同时由于产生了比≡Si—O—Si≡键较弱的≡Si—O—R键，使氧离子上的价电子静电位能下降。所有这一切都使吸收极限向长波移动，透紫外性能变差。网络外体加入量越多、离子半径越大、电荷越小则玻璃的紫外吸收极限波长也越长。

含 CdS、CdSe、CdTe（包括它们的混晶）的玻璃（即常见的镉黄、硒红和碲黑玻璃），其光谱特性与无色玻璃在紫外的吸收曲线极为类似，可以认为它们的光吸收机理应属于同一类型。但由于 S^{2-}、Se^{2-}、Te^{2-} 亲电势比 O^{2-} 小得多，故能量较小的光就能激发它们的价电子到激发态，使它们的吸收极限从紫外进入可见光区，而导致玻璃着色。实验证明，含有这些阴离子玻璃的短波吸收极限，随 $O^{2-}>S^{2-}>Se^{2-}>Te^{2-}$ 亲电势的减小而逐渐向长波移动，玻璃颜色加深。

4.8.3.5 玻璃的光谱测量方法

玻璃的光谱测量包括紫外、可见、红外光谱区域。紫外光谱区域为 190～390nm，包括 UVC（190～280nm）、UVB（280～320nm）、UVA（320～390nm），可见光谱区域为 390～780nm，红外光谱区域主要为近红外（780～1500nm）和中红外（1500～6000nm）。

玻璃样品可以是双面镜面效果的玻璃制品，也可以是镀膜或其它表面处理的片状玻璃制品。玻璃试样厚度根据玻璃制品标准要求准备，采用的光谱测量仪器为紫外-可见-红外光谱仪，也可以是单机光谱仪，测量步长设定为 1～5nm，取测量值为透过率或吸光度，将测量值逐点连接，即可形成光谱曲线。

4.9 玻璃的化学稳定性

玻璃及玻璃制品在使用过程中，经常受到酸、碱、盐、水、气体及其它化学试剂溶液的侵蚀，玻璃对这些侵蚀物质的抵抗能力称作化学稳定性。

玻璃具有较高的化学稳定性，常用于制造包装容器，盛装食品、药液和各种化学制品，但是，玻璃的化学稳定性在使用过程中有时也不能满足要求。例如，普通的窗玻璃晦暗现象，保温瓶脱片现象等。玻璃的化学稳定性对于玻璃的加工，如磨光、镀银、蚀刻以及玻璃制品的存放都有重要的意义。

玻璃的化学稳定性决定于侵蚀介质（水、酸、碱、大气等）的种类和特性，以及玻璃的抗侵蚀能力。此外，侵蚀环境的温度、压力等条件也有一定的影响。

4.9.1 玻璃的侵蚀机理

4.9.1.1 水对玻璃的侵蚀

硅酸盐玻璃在水中的溶解过程比较复杂，水对玻璃的侵蚀开始于水中的 H^+ 和玻璃中的 Na^+ 进行交换，其反应为：

$$\equiv Si—O—Na^+ + H^+OH^- = \equiv Si—OH + NaOH \tag{4-84}$$

这一交换又引起式（4-85）和式（4-86）反应。

$$\equiv Si—OH + 1.5H_2O = HO—Si\equiv OH \tag{4-85}$$

$$Si(OH)_4 + NaOH = [Si(OH)_3O]^- Na^+ + H_2O \tag{4-86}$$

反应式（4-86）的产物硅酸钠，其电离度要低于 NaOH 的电离度，因此，这一反应使溶液中 Na^+ 浓度降低，这就对反应式（4-85）有所促进。这三个反应互为因果，循环进行，而总的速度取决于离子交换反应式（4-84），因为它控制着≡Si—OH 和 NaOH 的生成速度。另一方面，H_2O 分子（区别于 H^+）也能对硅氧骨架直接起反应。

$$\equiv Si—O—Si\equiv + H_2O \longrightarrow 2(\equiv Si—OH) \quad (4\text{-}87)$$

随着这一水化反应的继续，Si 原子周围原有的四个桥氧全部成为 OH［如反应式(4-85)］，这是 H_2O 分子对硅氧骨架的直接破坏。

反应产物 Si（OH）$_4$ 是一种极性分子，它能使周围的水分子极化，而定向地附着在自己的周围，成为 $Si(OH)_4 \cdot nH_2O$，或简单地写成 $SiO_2 \cdot xH_2O$，这是一个高度分散的 SiO_2-H_2O 系统，通常称之为硅酸凝胶，除有一部分溶于水溶液外，大部分附着在玻璃表面，形成一层薄膜，它具有较强的抗水和抗酸能力。因此，有人称之为“保护膜层”，并认为“保护膜层”的存在使 Na^+ 和 H^+ 的离子扩散受到阻挡，离子交换反应速度越来越慢，以致停止。但是许多实验证明，Na^+ 和 H_2O 分子在凝胶层中的扩散速度比在未被侵蚀的玻璃中要快得多，其原因是：①由于 Na^+ 被 H^+ 代替，使结构变得疏松；②由于 H_2O 分子破坏了网络，造成断裂，也有利于扩散。因此，硅酸凝胶薄膜并不会使扩散变慢。而进一步的侵蚀之所以变慢以致停顿，一方面是由于在薄膜内的一定深度中，Na^+ 已很缺乏而且随着 Na^+ 含量的降低，其它组分如 R^{2+}（碱土金属或其它二价金属离子）的含量相对上升，这些二价阳离子对 Na^+ 的“抑制效应”（阻挡作用）加强，因而使 H^+-Na^+ 交换缓慢，在玻璃表面层中，反应式（4-84）几乎不能继续进行，从而反应式（4-85）和式（4-86）相继停止，结果玻璃在水中的溶解量几乎不再增加，水对玻璃的侵蚀也就停止了。图 4-56 为受侵蚀玻璃表面不同深度的钠离子分布情况。

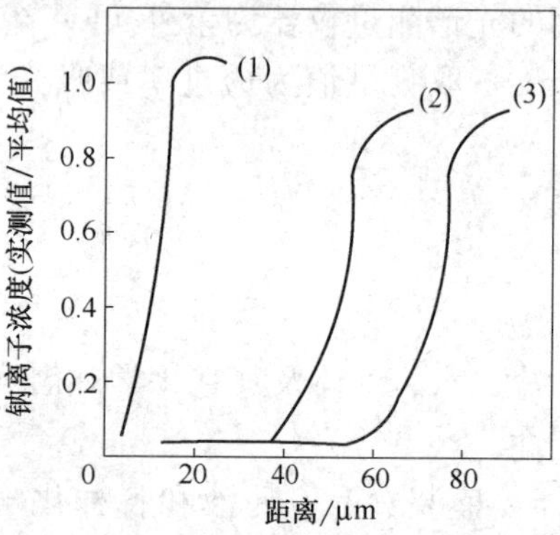

图 4-56　在 40℃用水浸渍的玻璃中 Na^+ 的分布情况图

玻璃成分（摩尔分数）：

（1）68%SiO_2、22%Na_2O、10%SrO

（2）68%SiO_2、28%Na_2O、4%SrO

（3）68%SiO_2、28%Na_2O、4%BaO

对于二元 Na_2O-SiO_2 玻璃体系，则在水中的溶解将长期继续下去，直到 Na^+ 几乎全都被沥滤为止。但在含有 RO、R_2O_3、RO_2（如 ZrO_2 等）的三组分或多组分系统中，情况就大为不同。如上所述，如果有第三、第四等其它组分的存在，对于 Na^+ 扩散有巨大影响，它们通常能阻挡 Na^+ 的扩散，并且 Na^+ 的相对浓度（相对于 R^{2+}、R^{3+}、R^{4+} 的含量来说）越低，则所受阻挡越大，扩散越来越慢，以至于几乎停止。

4.9.1.2　酸对玻璃的侵蚀

除氢氟酸外，一般的酸并不直接与玻璃起反应，它是通过水的作用侵蚀玻璃。酸的浓度大，意味着其中水的含量低，因此，浓酸对玻璃的侵蚀能力低于稀酸。

水对硅酸盐玻璃侵蚀的产物之一是金属氢氧化物，这一产物要受到酸的中和。中和作用起着两种相反的效果：一是使玻璃和水溶液之间的离子交换反应加速进行，从而增加玻璃的失重；二是降低溶液的 pH，使 $Si(OH)_4$ 的溶解度减小，从而减少玻璃的失重。当玻璃中 R_2O 含量较高时，前一种效果是主要的；反之，当玻璃含 SiO_2 较高时，则后一种效果是主要的。也就是说，高碱玻璃其耐酸性小于耐水性，而高硅玻璃则耐酸性大于耐水性。

4.9.1.3　碱对玻璃的侵蚀

硅酸盐玻璃一般不耐碱，碱对玻璃的侵蚀是通过 OH^- 破坏硅氧骨架（即≡Si—O—Si≡）而产生≡Si—O—群，使 SiO_2 溶解在溶液中。所以，在玻璃侵蚀过程中，不形成硅酸凝胶薄膜，而使玻璃表面层全部脱落，玻璃侵蚀的程度与侵蚀时间成直线关系。但玻璃受侵蚀不仅仅与 OH^- 的浓度有关，而且由于阳离子的种类不同，侵蚀程度也不相同，如图 4-57 所示。

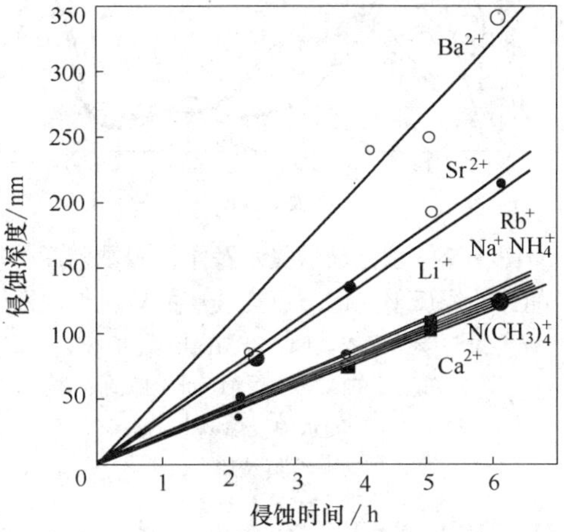

图 4-57　Na_2O-CaO-SiO_2 玻璃在 70℃ pH=11.5 的碱溶液中的侵蚀图

从图 4-57 中可以看出，在相同 pH 的碱溶液中，不同阳离子的碱侵蚀强度顺序如下：

$$Ba^{2+} > Sr^{2+} \gg NH_4^+ > Rb^+ \approx Na^+ \approx Li^+ > N(CH_3)_4^+ > Ca^{2+}$$

在碱的侵蚀中，阳离子对玻璃表面的吸附能力，有很大的影响。另外，侵蚀后玻璃表面形成的硅酸盐在碱溶液中的溶解度，对玻璃的侵蚀也有较大的作用。玻璃受碱侵蚀的过程可分如下三个阶段：

第一阶段：碱溶液中的阳离子首先吸附在玻璃表面上。

第二阶段：由于阳离子有束缚其周围 OH^- 的作用，因此，当阳离子吸附在玻璃表面的同时，玻璃表面附近的 OH^- 浓度相应增高，起着"攻击"和断裂玻璃表面硅氧键的作用。

第三阶段：—Si—O—Si—骨架破坏后，产生—Si—O—群，最后变成了硅酸离子。有时它和吸附在玻璃表面的阳离子形成硅酸盐，并逐渐溶解在碱溶液中。$Ca(OH)_2$ 溶液的侵蚀能力之所以非常小，其原因就在于被侵蚀的玻璃表面生成溶解度小的硅酸钙的缘故。

此外，玻璃的耐碱能力，还与玻璃中含有的各种 R—O 键的强度有关。随着 R^+ 和 R^{2+} 半径的增大，玻璃的耐碱能力降低。高场强、高配位的阳离子能提高玻璃的耐碱性。

4.9.1.4　大气对玻璃的侵蚀

大气的侵蚀实质上是水汽、CO_2、SO_2 等作用的总和。玻璃受潮湿大气的侵蚀过程，先开始于玻璃表面。玻璃表面某些离子吸附了空气中的水分子，这些水分子以 OH^- 基团的形式覆盖在玻璃表面，在这些原子团上不断吸收水分子（或其它物质），形成厚达几十个分子的薄层。如果玻璃组成中，K_2O、Na_2O 和 CaO 等含量少，这种薄层形成后，就不再继续发展；如果玻璃组成中，含碱性氧化物较多，则被吸附的水膜会变成碱金属氢氧化物的溶液，并进一步吸收水分，同时使玻璃表面受到破坏。

实践证明，水汽比水溶液具有更大的侵蚀性。前已指出，水溶液对玻璃的侵蚀是从 Na^+ 和 H^+ 之间的离子交换开始的，继而由于玻璃表面层（形成硅氧膜后）中的 Na^+ 逐渐减少，使侵蚀变得缓慢，最后趋于停止。这是在大量水存在的情况下进行的，因此从玻璃

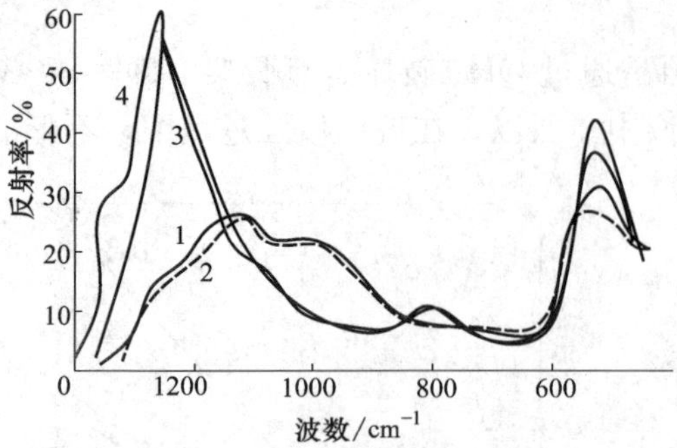

图 4-58 锂硅玻璃受水及水汽侵蚀前后的红外线反射光谱与石英玻璃的对比情况图

1—新抛光的玻璃 2—在 40℃ 85%相对湿度的大气中侵蚀 72h 的玻璃 3—在 50℃的水中侵蚀 22h 的玻璃 4—石英玻璃

中释出的碱（Na^+）不断转入水溶液中（不断稀释）。所以，在侵蚀过程中，玻璃表面附近的水，pH 不致有明显的改变。水汽则不然，它是以微粒水滴黏附于玻璃表面的，释出的碱并没有被移走，而是在原地不断积累。随着侵蚀的进行，碱浓度越来越大，pH 迅速上升，最后类似于碱侵蚀，从而大大加速对玻璃的侵蚀。因此，水汽对玻璃的侵蚀，先是以离子交换为主的释碱过程，后来逐步过渡到以破坏网络为主的溶蚀过程。图 4-58 是锂硅玻璃（Li_2O 33%、SiO_2 67%）受水溶液及水汽侵蚀前后的红外反射光谱与石英玻璃的对比情况。

从图 4-58 的红外反射光谱可以看出，在波数 1100cm^{-1}和 500cm^{-1}附近分别有一强反射峰，前者是—Si—O—Si—键的扩张峰，后者代表—Si—O—Si—键的振动峰，它们表征玻璃表面 SiO_2 的浓度。在 900cm^{-1}附近有一代表—Si—O—Li 键的扩张峰，它表征玻璃表面碱离子的浓度。

从图 4-58 还可看出，原始玻璃（新抛光的玻璃）在 520cm^{-1}有一反射峰，说明玻璃表面有碱氧键存在．经 50℃、22h 水溶液侵蚀后，则在 1260cm^{-1}处出现强反射峰（与石英玻璃类似，但峰值略低）。而原始玻璃在 900cm^{-1}附近的反射峰已基本消失，这充分说明，经水侵蚀后，由于碱离子被沥滤，玻璃表面的—Si—O—Li 键已不存在，而是形成新的高硅氧膜层。但是经 40℃、85%相对湿度，72h 侵蚀后的玻璃，在 1260cm^{-1}附近却不出现反射峰，仅是在 900～1050cm^{-1}附近的反射峰已比原始玻璃显著减弱，这说明在潮湿水汽作用下，玻璃表面并不形成硅氧膜，而是表现类似于碱的均匀溶蚀。从上面可以看出，水汽和水溶液对玻璃的侵蚀属于完全不同的类型（特别在侵蚀的后期），前者的侵蚀能力远大于后者。在高温高压下使用的水位计玻璃侵蚀特别严重，无疑与水汽的侵蚀特性有一定的联系。在高温高压下，水的电离度加速了对玻璃的侵蚀。

4.9.1.5 玻璃的脱片现象

盛装药液和饮料用的玻璃瓶，在受到水或碱溶液的侵蚀后，有时会产生脱片现象。

4.9.2 影响玻璃化学稳定性的因素

玻璃的化学稳定性主要决定于玻璃的化学成分、热处理，表面处理等对化学稳定性也有一定的影响。

4.9.2.1 化学组成的影响

① 硅酸盐玻璃的耐水和耐酸性主要决定于硅氧和碱金属氧化物的含量。硅氧含量越多，即硅氧四面体［SiO_4］互相连接程度越大，玻璃的化学稳定性越高。反之，碱金属氧化物含量越高，玻璃的化学稳定性就越低。

② 在玻璃中以少量 Li_2O 取代 Na_2O，可以提高玻璃的抗水性（尤其是能提高硼硅酸盐玻璃的抗水性）。这是因为 Li^+ 的半径小，电场强度大，有加强玻璃网络、减弱硼硅酸

盐玻璃分相的作用。但是，Li_2O 引入过多，又由于“积聚”而促进玻璃分相，导致玻璃的化学稳定性下降。

③ 玻璃中同时存在两种碱金属氧化物时，其耐水性比单含一种碱金属氧化物时要好。并且，在两者的比例中，有一个最佳点，这一现象称为“混合碱效应”，或称“中和效应”。这一效应在 PbO 玻璃中更为明显。

图 4-59 是铅玻璃中 K_2O、Na_2O 互相取代对化学稳定性的作用。

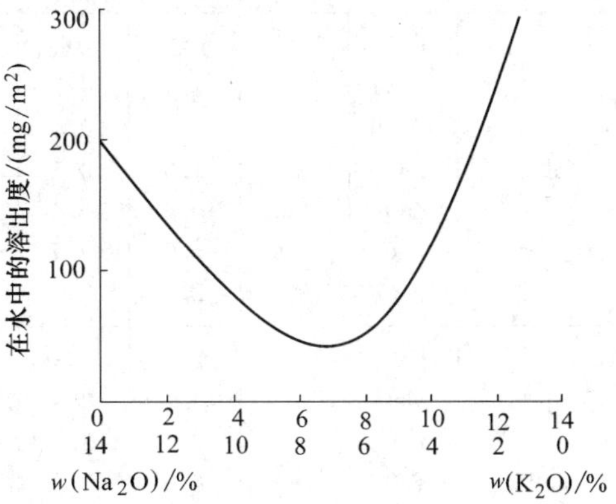

图 4-59　$14R_2O \cdot 9PbO \cdot 77SiO_2$ 玻璃的化学稳定性图

从图 4-59 可以看出，在 K_2O-Na_2O-PbO-SiO_2 玻璃中，当质量比 $K_2O : Na_2O \approx 1.5$ 时，玻璃的耐酸性最强，这一比值在 PbO 和 SiO_2 的任何含量下都是适用的。

④ Dimbleby 和 Turner 以化学成分（摩尔分数）为 66.7% SiO_2，$(33.3-x)$% Na_2O，x% RO（R_2O_3 或 RO_2）为基础玻璃，将 CaO、MgO、Al_2O_3、TiO_2、ZrO_2、ZnO、BaO 依次置换部分 Na_2O 后，对耐水性和耐酸性进行系统实验，其试验结果见表 4-30和表 4-31。

表 4-30　　20～30 目玻璃颗粒在沸水中的 Na_2O 溶出质量　　单位：%（质量分数）

R_2O_3 或 RO_2 摩尔分数/%	CaO	MgO	Al_2O_3	TiO_2	ZrO_2	ZnO	BaO
2.0	8.200	—	—	1.540	1.800	7.180	17.600
4.0	2.350	1.390	0.590	0.270	0.380	1.570	5.500
6.0	1.000	0.760	0.240	0.130	0.190	0.300	1.900
8.0	0.500	0.290	0.090	0.070	—	0.180	0.680
10.0	0.250	0.130	0.030	0.043	—	0.120	0.220
12.0	0.100	0.070	—	0.030	—	0.060	0.120
14.0	0.050	0.48	—	0.020	—	0.040	0.060
16.0	0.040	0.028	—	0.012	—	0.020	0.040
18.0	0.020	0.020	—	0.010	—	—	—
20.0	—	—	—	0.008	—	—	—

通过表 4-30 和表 4-31 大致可得出如下次序：

耐水性：$ZrO_2 > Al_2O_3 > TiO_2 > ZnO > MgO > CaO > BaO$

耐酸性：$ZrO_2 > Al_2O_3 > ZnO > CaO > TiO_2 > MgO > BaO$

在玻璃成分中，一般说 ZrO_2 的耐碱性最好，对耐水、耐酸也均有利，而 BaO 则都不好。Al_2O_3、ZnO、CaO 等对耐水、耐酸性有利，对 NaOH 溶液的耐蚀性有一定效果。Al_2O_3、TiO_2 及 ZnO 对 Na_2CO_3 溶液的耐蚀性也有一定的效果。

表 4-31　20～30 目玻璃颗粒在 20.24%HCl、2mol/L NaOH、2mol/L Na_2CO_3 沸液中 1h 失重

失重质量分数/%											
基础玻璃(摩尔分数):66.7% SiO_2,(33.3－x)% Na_2O,x%RO(R_2O_3 或 RO_2)											
侵蚀液	RO	x=2	x=4	x=6	x=8	x=10	x=12	x=14	x=16	x=18	x=20
HCl	CaO	—	1.25	0.43	0.26	0.19	0.16	0.13	0.11	—	—
	MgO	—	1.4	0.7	0.4	0.2	0.2	0.2	0.1	—	—
	Al_2O_3	—	0.9	0.4	0.2	—	—	—	—	—	—
	TiO_2	2.1	1.0	0.5	0.3	0.2	0.2	0.2	0.1	0.1	0.1
	ZrO_2	1.8	0.6	0.4	—	—	—	—	—	—	—
	ZnO	1.8	0.9	0.5	0.3	0.2	0.2	0.1	0.2	—	—
	BaO	1.5	2.0	1.0	0.5	0.2	0.2	0.2	0.2	—	—
NaOH	CaO	—	2.6	2.3	2.1	1.7	1.7	1.5	1.2	—	—
	MgO	—	3.1	2.8	2.5	2.1	2.1	2.1	2.1	—	—
	Al_2O_3	—	2.8	2.5	2.5	—	—	—	—	—	—
	TiO_2	—	6.0	—	—	3.2	3.2	2.9	2.6	2.4	2.3
	ZrO_2	1.3	0.8	0.7	—	—	—	—	—	—	—
	ZnO	3.7	3.2	2.8	2.4	2.1	2.1	1.9	1.7	—	—
	BaO	5.6	3.8	3.0	2.5	2.2	2.2	1.9	1.7	—	—
Na_2CO_3	CaO	—	6.8	2.8	2.4	2.0	1.9	1.5	1.3	—	—
	MgO	—	—	4.1	3.2	2.5	2.1	2.0	1.9	—	—
	Al_2O_3	—	1.0	0.6	0.4	0.4	—	—	—	—	—
	TiO_2	11.3	2.4	1.6	1.1	0.9	0.8	0.7	0.7	0.65	0.5
	ZrO_2	2.0	0.9	0.6	—	—	—	—	—	—	—
	ZnO	11.2	2.5	0.5	0.4	0.3	0.2	0.2	0.2	—	—
	BaO	38.0	7.0	4.9	4.0	3.5	3.2	2.6	2.2	—	—

⑤ 三价氧化物中，氧化硼对玻璃化学稳定性的影响较大。图 4-60 表示在化学稳定性方面也存在“硼反常”现象。

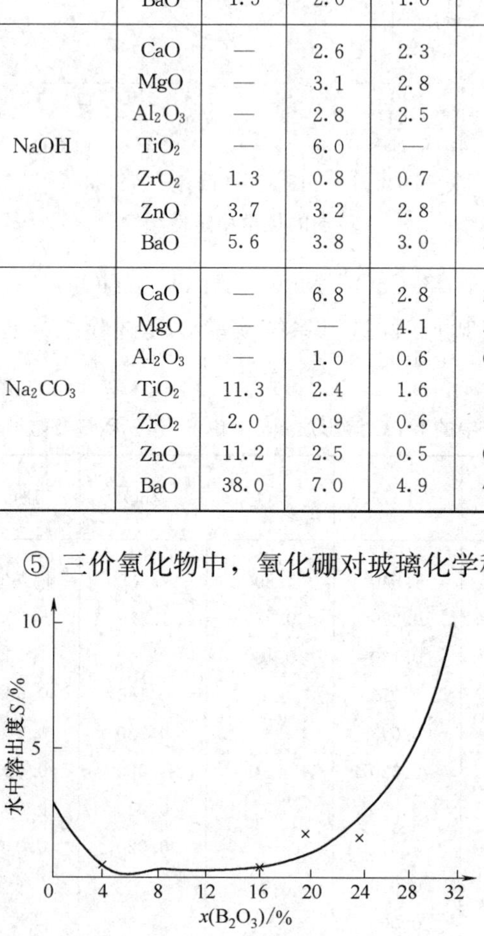

图 4-60　16Na_2O・xB_2O_3・(84－x) SiO_2 玻璃在水中的溶出度（2h）

以 B_2O_3 代替 SiO_2 时，最初 B^{3+} 位于［BO_4］四面体中，将原来的断键重新连接起来，加强了网络结构，使水溶出度下降。若继续用 B_2O_3 代替 SiO_2 至 B_2O_3 达 16%（摩尔分数）以上，即 $x(Na_2O)/x(B_2O_3)<1$ 时，新加入的硼离子位于［BO_3］三角体中，又促使水溶出度上升。

⑥ 适量的 Al_2O_3 能显著增强 Na_2O-CaO-SiO_2 玻璃的耐水性，主要因为 Al^{3+} 位于［AlO_4］四面体中，对硅氧网络起补网作用。

综上所述，玻璃的氧化物对玻璃的结构网络完整致密化有利时，化学稳定性就提高，反之则下降。最后需指出，虽然碱的侵蚀与水及酸对玻璃侵蚀机理不同，但侵蚀速度仍与玻璃成分有关。

4.9.2.2　热处理对化学稳定性的影响

退火玻璃比淬火玻璃的化学稳定性高，这是因为退火玻璃比淬火玻璃的相对密度大，网络结构比较紧密的缘故。当玻璃在含硫燃料燃烧气中退火时，其化学稳定性随着退火时间的增长和退火温度的提高而增加。部分的碱性氧化物转移到表面上，被炉气中的酸性气体（主要是 SO_2）所中和，而形成"白霜"（其主要成分为硫酸钠），通称为"硫霜化"，因白霜易被除去而降低玻璃表面碱性氧化物的含量，从而提高玻璃的化学稳定性。相反如果在没有酸性气体的条件下退火，将引起碱在玻璃表面的富集，从而降低玻璃表面的化学稳定性。

钠硼硅酸盐玻璃有时退火玻璃反而比淬火玻璃的化学稳定性低，这一反常现象是由于钠硼硅酸盐玻璃在退火过程中容易发生分相所引起的。

4.9.2.3 玻璃表面状态的影响

侵蚀介质对玻璃的侵蚀是从表面开始，因此，玻璃的表面状态对玻璃的化学稳定性有重要的意义，可以用表面处理的方法来改变玻璃的表面状态来提高其化学稳定性。表面处理大致可以分为两大类：

第一类：从玻璃表面层移除对侵蚀介质具有亲和力的成分（如 Na_2O、K_2O 等），如用酸性气体、水和酸性溶液等处理，都能使玻璃表面生成一定厚度的高硅氧膜，以提高玻璃的化学稳定性。

第二类：玻璃表面涂以对玻璃具有良好黏附力，对侵蚀介质具有低亲和力的物质。通常是涂覆有机化合物来提高玻璃的抗蚀性，有机硅化合物不仅对抗水性和抗酸性有显著的作用，对提高玻璃的力学、热学、电学性质也有重要的作用。此外，还采用氟化物、氧化物和金属等进行无机涂膜。

4.9.2.4 环境温度和压力的影响

玻璃的化学稳定性随温度的升高而剧烈变化，在100℃以下，温度每升高10℃，侵蚀介质对玻璃的侵蚀速度增加50%～150%。100℃以上时（如在热压器中），侵蚀作用始终是剧烈的，只有含锆多的玻璃才是稳定的。

压力对玻璃化学稳定性的影响也很大，当压力提高到3～10MPa时，甚至较稳定的玻璃也可在短时期内剧烈地被破坏，连水晶在高温、高压下也是可溶的。

4.9.2.5 几种玻璃侵蚀现象

（1）玻璃脱片　玻璃脱片在我们日常生活中经常可以看到，保温瓶盛装一段时间的热水时，倒水时发现水中涌现大量闪亮的物质，这些物质就是被侵蚀下来的玻璃碎片，简称为玻璃脱片。

医用包装玻璃瓶、生物制剂瓶在盛装碱性（pH8～12）液体物质时，应严格控制脱片现象的发生，它会导致注射液或制剂浑浊，甚至影响制剂的质量。含有这种玻璃脱片的针剂会严重损伤患者的身体健康，甚至危及人的生命，因此会发生脱片的安瓿瓶医学上绝对禁止使用。

玻璃容器产生脱片的原因如下：

① 玻璃表面层中，可溶性成分溶出后，由于不溶性的高硅氧残存薄膜的剥离；

② 原溶液中存在（或从玻璃中溶出）的多价金属离子，在玻璃表面形成含水硅酸盐薄膜后剥离。

玻璃脱片检验方法一般模仿制药厂的安瓿注药封装灭菌条件，用清洗好的安瓿瓶封0.1mol/L HCl或0.001mol/L NaOH，放入蒸压釜中在表压0.105MPa（121℃）下加热

30min，冷却后于日光灯下做目视检查，一般不会有耐酸脱片，耐碱脱片不大于2%，实际上不得有脱片。脱片检验是个很灵敏的化学稳定性鉴定方法，有时尽管配料组成是稳定的，但是配合料混合不均时，往往出现脱片而不合格。脱片现象的发展过程示意图见图4-61。

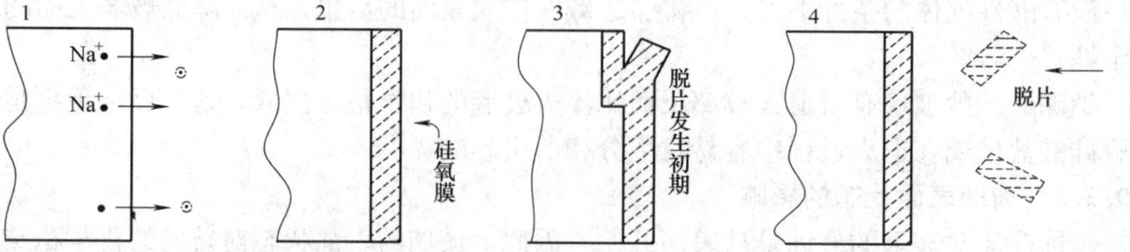

图 4-61　碱溶出和玻璃脱片发生示意图

玻璃脱片首先是药液侵蚀玻璃表面，溶出氧化钠、硼酸钠之类的易溶成分，在玻璃表面上留下一层膜状含水硅氧骨架即所谓硅胶膜。而后药液中的碱性成分继续侵蚀这层硅胶膜，使之产生微小空穴，侵蚀剂沿着形成的空穴向内层进一步渗透、侵蚀，并使空穴不规则地向深层发展，从而使玻璃表面在一定厚度内形成疏松的多孔层。当受到冷热交换或外力振动时，多孔层发生溃散、剥离，形成大小、厚薄、外形不一致的闪光薄片，大部分情况呈片状，也有针状、絮状。形成的脱片一般是玻璃体，但脱片的化学成分与玻璃本体有较大差别，一般是易溶成分进入溶液而难溶成分成为脱片，即：Na_2O、B_2O_3、SiO_2 比原玻璃减少，而 CaO、MgO、ZnO、MnO_2、Fe_2O_3 比原玻璃大大提高。通过热水瓶脱片研究表明，含 MgO 高的玻璃容易引起脱片；而即使玻璃中不含 MgO 而盛装的热水中含镁离子，当 pH≈8 时也易引起脱片，这两种情况都产生硅酸镁晶体。这说明脱片的产生可分为水与玻璃成分反应生成的原生脱片和侵蚀溶液的离子与玻璃成分反应生成的次生脱片两种。对具体情况要做具体分析，例如热水瓶中的铁离子、锰离子易与玻璃受侵蚀溶解的硅胶形成棕黑色的絮状沉淀，而镁离子则形成白色沉淀，以致大量闪光脱片，这些现象与热水的 pH 关系密切，一般在碱性环境中容易发生。

原生脱片是严重的侵蚀，它破坏水解时形成的硅胶膜，侵蚀的程度随溶液浓度、温度的增高和侵蚀时间的增长而加剧，受玻璃熔炼均化的程度影响更大。表4-32和表4-33是研究玻璃脱片现象的结果。

表 4-32　　保温瓶玻璃组成及碱溶出量

产品序号 \ 化学组成的质量分数/%	SiO_2	Al_2O_3	B_2O_3	CaO	MgO	ZnO	Na_2O	碱溶出量 (Na_2O)/mg
①	71.2	7.4	13.4	—	—	1.2	6.8	0.03
②	73.3	5.9	12.8	—	—	—	7.8	0.05
③	74.0	6.5	12.1	—	—	—	7.4	0.03
④	70.0	3.6	14.4	—	2.3	1.4	8.5	0.07
⑤	72.9	4.6	1.3	1.8	0.8	—	18.7	0.87
⑥	74.2	4.1	1.1	1.1	—	—	19.3	1.93
⑦	74.1	3.1	1.4	2.1	—	—	19.3	1.52
⑧	72.7	3.9	4.7	0.9	—	—	17.9	0.12

表 4-33　　保温瓶脱片试验结果

保温瓶内水质条件	试验前水质 pH	产生玻璃脱片的保温瓶		
		8h	24h	32h
蒸馏水	5.8	—	—	—
蒸馏水＋ Na_2CO_3	8.0	—	③	—
自来水	6.6	—	⑥	②、③
自来水＋ Na_2CO_3	8.0	②、③、⑤、⑥	①、④、⑦、⑧	—

（2）玻璃生物发霉　在湿度大、气温高的地方使用光学仪器时常发生光学玻璃透镜发霉的现象。玻璃一旦发霉，霉斑是很难擦去的，轻者影响仪器的性能，重者使仪器报废。许多研究者确实从霉点上检查出多种菌体的存在，并用电子显微镜摄得霉点处凹凸不平的侵蚀表面，但对玻璃生物发霉本质还研究得不多，对于解释和解决生物发霉现象的途径还存在着不同的观点。

尽管人们对细菌、微生物在分解天然矿物形成土壤中的生物化学过程作出了许多成功的研究和解释，但对菌体在玻璃表面上滋生现象的分析还存在困难。实际上最容易产生霉斑的是那些化学稳定性（耐水性）差的玻璃透镜，而在实验室条件下，在玻璃表面上做菌种培养时发现，菌类最容易在石英玻璃表面滋长，显然因为它的表面是中性的缘故。与之相反，一些在湿气的作用下，在玻璃表面上形成的碱性介质可抑制菌类的生长。

在多数情况下，清洁玻璃表面受潮属于碱性环境，是不利于菌类滋生的，因此有人认为如果玻璃表面上没有有机物质污染，不会滋生微生物。由此可推论玻璃生物发霉的起点首先是潮气体作用于玻璃表面，形成一层碱性水膜，受到外来的有机物的污染，碱性被中和，形成有机盐类，成为菌类的养分，菌类落在玻璃表面上开始滋长。由于菌类的繁衍，吸收空气中水分、二氧化碳，分解出有机酸，加剧了侵蚀，菌体深入玻璃表层，破坏了玻璃表面。

由此可见，提高玻璃的化学稳定性，首先是提高抗水性，它是解决抗霉能力的首要条件。但是光学玻璃品种很多，用调整玻璃成分的方法提高化学稳定性不是都能满足抗霉要求的。因此研究在玻璃成分中添加某些离子来抑制其生长，向基础玻璃中引入 Ag、Cu、Mo、Tl、Cd、Ti、As 等的离子，都有抑制微生物生长的作用。实验证实，向玻璃成分中引入上述元素的氧化物对部分微生物（特别是霉菌）有抑制作用，但对细菌类没有明显的抑制作用。为此有人提出，为了防止玻璃发霉可采取向玻璃成分中引入少量抑菌金属离子和在玻璃表面涂覆杀菌剂的方法，如在涂膜中引入汞盐或汞的有机化合物，光学零件在涂膜前，先在常温下在 0.25%的甲氧基乙基醋酸的酒精溶液中处理 18～20h 也是一种有效方法。

（3）金属蒸气对玻璃的侵蚀　近代越来越多地应用气体放电灯，其中汞灯、钠灯、铯灯占有重要的地位。它们在科学技术上用作单色光源，并越来越普遍地被用于机场、工地、剧院、街道等照明。钠光灯是穿过云雾的最好光源。

气体放电灯利用高温金属蒸气的激发光谱，正常照明时玻璃表面温度在 300℃以上。气体放电灯对玻璃的要求除了必须经受得住启动和关闭时的温度急变外，就是不受金属蒸气的作用而变质。

汞蒸气对于硅酸盐玻璃没有侵蚀影响，钠蒸气则侵蚀硅酸盐玻璃使之逐渐变黑，不能使用。石英玻璃、水晶玻璃都被钠蒸气强烈侵蚀。而 LiF、CaF_2、MgO 和 Al_2O_3 制品几乎不被钠蒸气侵蚀。同样，玻璃中 SiO_2 是不利于抵抗钠蒸气侵蚀的，而 Al_2O_3、RO、

R_2O 比例越大，抗钠蒸气侵蚀的能力越强。铯蒸气在铯灯工作温度下（350～400℃）对石英玻璃没有明显的破坏作用，但冷却后与铯蒸气接触的表面具有金黄色，重新加热后，石英玻璃又变成无色透明了。

4.9.3 玻璃化学稳定性的测量

通常用粉末法和表面法测定玻璃的化学稳定性。

粉末法：它是将一定颗粒度的玻璃粉末在酸、碱、水等溶液中进行侵蚀，最后以粉末损失的质量，或者采用酸、碱滴定测出转移到溶液中的成分（主要是 Na_2O）含量即析碱量来表示。此法是采用玻璃的新鲜断面进行测定，故可表示玻璃本身的材料特性，而不考虑玻璃的表面状态。该方法特点是快速而简易，但会受到颗粒大小及均匀度、玻璃热历史、侵蚀液的体积与试样质量之比等诸因素的影响。

表面法：采用新鲜玻璃的单位面积的析碱量或失重来表示玻璃受侵蚀程度。该法不仅能反映玻璃表面的特性，而且也能反映出玻璃材料本身的特性。该法对测定玻璃表面的要求特别严格，试样需经过退火消除应力，不能有可见缺陷，表面及边部要光滑整齐，表面的污染物要除去，并用游标卡尺准确量取并计算出一定的表面积。

用表面法测定玻璃的耐水等级时，是以每 $100cm^2$ 玻璃表面析出的 Na_2O 质量（mg）来表示。用表面法测定玻璃的耐酸、耐碱等级时，是以每 $100cm^2$ 玻璃试样失重的质量（mg）数来划分。表面法还可将一定大小表面的玻璃试样，在受到水、酸或碱溶液侵蚀后用光学干涉法，在玻璃受侵蚀后发生曲折，根据曲折量算出受侵蚀的深度，从而判断出玻璃耐侵蚀的程度。

（1）耐水性测量　颗粒 A 法是将清洁的玻璃破碎成 315～500μm 或 300～500μm 的颗粒，精确称量 2g 玻璃颗粒，放在 50mL 锥形瓶中，注入去离子水，在恒温水浴箱内 98℃保持 60min，将水侵蚀溶液析出的碱用盐酸来滴定，盐酸浓度为 0.01mol/L，用甲基红钠作指示剂，依据消耗的盐酸的量，将玻璃划分为五个等级。颗粒 B 法是将 10g 玻璃颗粒（300～425μm）盛入锥形瓶，加入水，在 121℃高压釜内煮沸 30min，测量碱析出量。

表面法对于表面测试方法，宜采用新鲜的玻璃表面来测定表面的耐水性。在这种测试方法中，宜新的未破坏的容器（比如试管、瓶子、安瓿瓶）装满水放入高压锅中，121℃加热 60min，溶解的碱含量用 HCl 滴定来测试，盐酸浓度为 0.01mol/L，用甲基红钠作指示剂，根据盐酸的消耗量作为耐水性的指标。

（2）耐酸性测量　玻璃表面测定方法是在 20％的 HCl 溶液中沸煮 6h，失重的单位为：$mg/100cm^2$，分为四个等级。颗粒法是将玻璃颗粒尺寸（与耐水性颗粒尺寸相同）放在 50mL 烧杯中，然后注入 10mL 4％醋酸后，在水浴 60℃保持 40min 测量失去质量的百分比。

（3）耐碱性测量　确定耐碱性方法是将玻璃表面在浓度为 $c(NaOH)=1mol/L$ 和 $c(Na_2CO_3)=0.5mol/L$ 的碱混合溶液中煮沸 3h，测定其表面失重量（mg/cm^2），分为三个等级。

颗粒法是将玻璃颗粒尺寸（与耐水性颗粒尺寸相同）放在 50mL 烧杯中，加入 10mL 的 10％$NaHCO_3$ 后，在水浴 60℃保持 40min 测量其失去的质量百分比。

第5章　玻璃着色与脱色

5.1　玻璃颜色概述

玻璃的颜色在理论和实践方面都有重要意义，它不仅关系到各种颜色玻璃的生产，而且由于离子的电价、配位、极化等影响到玻璃的颜色和光谱特性，故可通过玻璃的着色来探讨玻璃的结构及随玻璃成分的递变和不同物理化学处理而发生的结构变化。

玻璃颜色的产生是玻璃与光作用的结果。当白光照射在物质上时，如果完全被吸收，则呈黑色；如果对所有的波长的吸收差不多时，就呈灰色；如果物质对光的吸收极小，光几乎全透光，物质就是无色透明的；如果吸收某些波长的光，而透过另一部分波长的光，则呈现所有透光部分的光综合起来的颜色；如果它们吸收某些波长的光又强烈散射另一些波长的光，那么呈现全部散射光综合的颜色。物质吸收的光波长与呈现的颜色如表5-1所示。

表5-1　被吸收光的颜色和观察到的颜色

吸收光		观察到的颜色	吸收光		观察到的颜色
波长/nm	颜色		波长/nm	颜色	
400	紫色	绿黄	531～559	淡黄绿	紫色
430	蓝紫	黄色	560～571	黄绿	紫色
430～460	紫蓝	黄橙	572～580	黄色	蓝紫
460～482	黄橙	橙色	581～587	黄橙	紫蓝
483～487	蓝色	橙红	588～597	橙色	蓝色
488～493	绿蓝	红色	598～620	红橙	绿蓝
494～530	绿色	玫瑰	621～675	红色	蓝绿

在颜色玻璃的生产和实际应用中，常用分光光度计来测量玻璃的光谱曲线（如透光曲线、吸光曲线等），以表示玻璃的光谱特性。然而，光谱曲线只是表示不同波长和透过（或吸收）率的函数关系，不能全面反映颜色的特性。

物质的颜色与照射光源和人眼对颜色的敏感程度密切相关。同一物质在不同光源照射下，会显示出不同的颜色。为了正确地表示物质的颜色，必须确定使用的光源。在色度学中规定了四种标准光源，即标准光源A、B、C、D。它们的色温分为：A光源2854K、B光源4800K、C光源6740K、D光源6500K。

根据颜色玻璃的透光曲线和光密度曲线仅能粗略知道玻璃颜色的深浅，为了科学地表述颜色特点，保证商品玻璃（如铁路信号玻璃、滤光玻璃、包装玻璃和电视显像屏玻璃等）颜色的一致性，国际照明委员会创立了CIE系统，常用L、a、b值表征玻璃的颜色。

目前，国内外常用的标准基色测量系统中的x-y颜色图，它主要是通过大量颜色辨认试验和系列色度计算而制定，任一颜色玻璃均能在x-y颜色图中找出其对应的位置，以判其颜色的纯度、总透过率与主波长值，从而可以定量分析颜色玻璃的质量。

5.2 玻璃颜色的表征方法

颜色玻璃可用于光学玻璃、信号玻璃等方面，对颜色有严格要求，即使用于玻璃幕墙和建筑装饰，对色差数值也要达到规定的允差，因此必须按照色度学对颜色玻璃的颜色进行定量表示，以便设计颜色玻璃成分和控制生产。

5.2.1 颜色三要素

颜色玻璃颜色是由色相（H）、明度（V）、饱和度（C）所构成的。

（1）色相（H） 是指颜色的相貌，也就是颜色的种类，取决于玻璃透过或反射的主波长，主波长是光束中产生基本色调的主要波长值，如红色、绿色、黄色、蓝色等。

（2）明度（V） 是指人眼所感觉到颜色的明暗程度，同一色相的亮度不同，则表明该颜色深浅的差别。黑、白和灰都不是彩色，但都有亮度，白色的亮度最高，黑色最低，而灰色介于白色和黑色之间。人眼对于颜色明度的感觉与光谱的波长有关，不同颜色的光，虽然亮度相同，但人眼对明度的感觉却不同，人眼对 555nm 的黄绿色最敏感，而对其它波长的亮度感觉相对降低，所以玻璃脱色时要用化学脱色和物理脱色方法，以降低玻璃中的黄绿色。

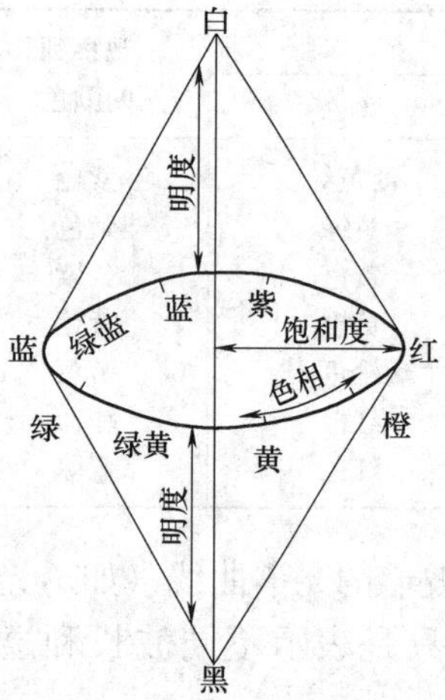

图 5-1 颜色的三维空间图

（3）饱和度（C） 也称色纯度，是指色彩浓淡程度或鲜艳程度的物理量，按颜色混入白光的比例来表示。没有混入白光的光谱色，其色纯度为 100%，混入白光后，颜色的纯度降低，人眼感觉颜色变淡，不鲜艳，当纯度为零时，就为白色光。

人们利用颜色三要素建立三维色坐标体系，如图 5-1 所示，从图可以看出色相相同的颜色可根据其明度和饱和度来描述。

我国习惯将颜色玻璃颜色三要素称为主波长、总透过率和色纯度。主波长相当于色相，总透过率与明度有关，色纯度对应于饱和度。玻璃中常用 CIE 色度坐标与色度图，其中主波长、总透过率、色纯度与色相、明度、饱和度之间有密切关系。

5.2.2 色度图与色坐标

色度图就是将颜色的色相和饱和度两者合在一起的图形，任何一种颜色均可由其在色度图上的位置来决定，但因不能代表亮度，不同亮度的颜色，在色度图上都为同一位置。玻璃常用的颜色表达为 CIE 系统，它是由国际照明委员会色度学委员会于 1931 年制定的。

相同的颜色都可通过红、绿、蓝色光以相同比例混合而得到，因此 CIE 规定颜色由三原色之间百分比 x、y、z 来表示，并可用式（5-1）～式（5-3）计算。

$$x=\frac{X}{X+Y+Z} \tag{5-1}$$

$$y=\frac{Y}{X+Y+Z} \tag{5-2}$$

$$z=\frac{Z}{X+Y+Z} \tag{5-3}$$

式中　x、y、z——色度坐标；

X、Y、Z——三原色的刺激值。

由于 $x+y+z=1$，所以只需 x、y 两个坐标即可。将光谱各种波长引起的色相的感觉在 x、y 平面图上作成一个舌形封闭曲线，即成为图 5-2 所示的色度图，图中不同区域代表不同的颜色。因白色的感觉可用等量的红、绿、蓝三色相混合而得到，故色度图中越接近中心部分，越近于白色，色纯度越低；越近于舌形曲线边缘，色纯度越高。

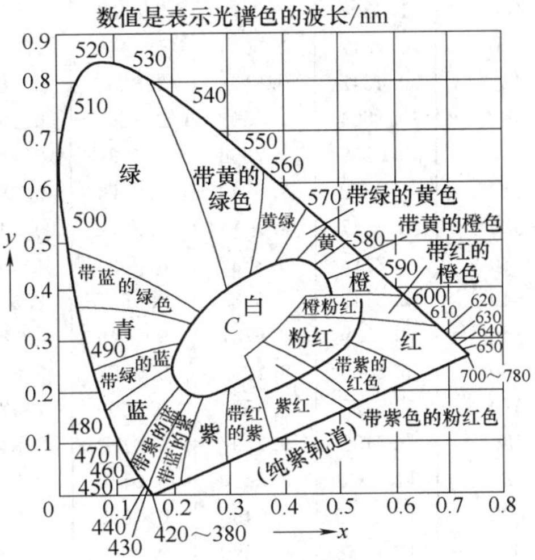

图 5-2　CIE 色度图

色度坐标可用色差计直接测量出来，也可用分光光度计测定出光谱曲线，再按式 (5-4)～式 (5-6) 计算。

$$X=k\int_{380}^{780} H_\lambda \overline{x_\lambda}\tau_\lambda d_\lambda \tag{5-4}$$

$$Y=k\int_{380}^{780} H_\lambda \overline{y_\lambda}\tau_\lambda d_\lambda \tag{5-5}$$

$$Z=k\int_{380}^{780} H_\lambda \overline{z_\lambda}\tau_\lambda d_\lambda \tag{5-6}$$

式中　$\overline{x_\lambda}$、$\overline{y_\lambda}$、$\overline{z_\lambda}$——CIE 标准观察者的配色函数；

H_λ——光源的相对光谱功率；

τ_λ——颜色玻璃的光谱透过率；

d_λ——波长间隔；

k——归一化常数。

为了计算方便，对于连续光谱可以将全部辐射分为等间隔波长 $\Delta\lambda$，则在实际计算中即可取很小的波长范围内（通常取 $\Delta\lambda=5$nm 或 10nm）以各变量的对应数值的乘积的总和代替积分，即

$$X=\sum(H_\lambda\overline{x_\lambda}\tau_\lambda\Delta\lambda) \tag{5-7}$$

$$Y=\sum(H_\lambda\overline{y_\lambda}\tau_\lambda\Delta\lambda) \tag{5-8}$$

$$Z=\sum(H_\lambda\overline{z_\lambda}\tau_\lambda\Delta\lambda) \tag{5-9}$$

光源的色温不同，作出的色度图也不同，色度图需要标明其光源色温，在颜色玻璃的色度计算中，P_λ 一般采用 CIE 标准光源，A 光源（色温 2854K）、B 光源（色温 4800K）、C 光源（色温 6740K）、D_{65} 光源（色温 6500K），取波长间隔 $\Delta\lambda=10$nm。为了计算方便起见，将光源 A、B、C 的 $H_\lambda\overline{x_\lambda}$、$H_\lambda\overline{y_\lambda}$、$H_\lambda\overline{z_\lambda}$ 数值列成表 5-2，利用这些数值可直接进行计算。

表 5-2　　不同波长照明光源的 $H_\lambda\overline{x_\lambda}$、$H_\lambda\overline{y_\lambda}$、$H_\lambda\overline{z_\lambda}$ 数值

波长/nm	A 光源			B 光源			C 光源		
	$H_\lambda\overline{x_\lambda}$	$H_\lambda\overline{y_\lambda}$	$H_\lambda\overline{z_\lambda}$	$H_\lambda\overline{x_\lambda}$	$H_\lambda\overline{y_\lambda}$	$H_\lambda\overline{z_\lambda}$	$H_\lambda\overline{x_\lambda}$	$H_\lambda\overline{y_\lambda}$	$H_\lambda\overline{z_\lambda}$
380	0.0010	0.0000	0.0048	0.0025	0.0000	0.0113	0.0036	0.0000	0.0164
390	0.0046	0.0001	0.0219	0.0123	0.0003	0.0585	0.0183	0.0004	0.0870
400	0.0193	0.0005	0.0916	0.0558	0.0014	0.2650	0.0841	0.0021	0.3992
410	0.0688	0.0019	0.3281	0.2091	0.0057	0.9970	0.3180	0.0087	1.5159
420	0.2666	0.0080	1.2811	0.8274	0.0248	3.9750	1.2623	0.0378	6.0646
430	0.6479	0.0265	3.1626	1.9793	0.0810	9.6617	2.9913	0.1225	14.6019
440	0.9263	0.0609	2.6469	2.6889	0.1768	13.4883	3.9741	0.2613	14.9357
450	1.0320	0.1167	5.4391	2.7460	0.3105	14.4729	3.9191	0.4432	20.6551
460	1.0207	0.2098	5.8584	2.4571	0.5050	14.1020	3.3668	0.6920	19.3235
470	0.7817	0.3624	5.1445	1.7297	0.8018	11.3825	2.2878	1.0605	15.0050
480	0.4242	0.6198	3.6207	0.8629	1.2609	7.3665	1.1038	1.6129	9.4220
490	0.1604	1.0398	2.3266	0.2960	1.9190	4.2939	0.3639	2.3591	5.2789
500	0.0259	1.7956	1.5132	0.0437	2.9133	1.4552	0.0511	3.4077	2.8717
510	0.0572	3.0849	0.9674	0.0810	4.3669	1.3694	0.0898	4.8412	1.5181
520	0.4247	4.7614	0.5271	0.5405	6.0602	0.6709	0.5752	6.4491	0.7140
530	1.2116	6.3230	0.3084	1.4555	7.5959	0.3705	1.5206	7.9357	0.3871
540	2.3142	7.5985	0.1625	2.6899	8.8322	0.1889	2.7858	9.1470	0.1956
550	3.7329	8.5707	0.0749	4.1838	9.6060	0.0840	4.2833	9.8343	0.0860
560	5.5086	9.2201	0.0357	5.8385	9.7722	0.0378	5.8782	9.8387	0.0381
570	7.5710	9.4574	0.0209	7.4723	9.3341	0.0206	7.3230	9.1476	0.0202
580	9.7157	9.2297	0.0170	8.8406	8.3947	0.0154	8.4141	7.9897	0.0147
590	11.5841	8.5430	0.0130	9.7329	7.1777	0.0109	8.9878	6.6283	0.0101
600	12.7103	7.5460	0.0096	9.9523	5.9086	0.0075	8.9536	5.3157	0.0067
610	12.6768	6.3599	0.0044	9.4425	4.7373	0.0033	8.3294	4.1788	0.0029
620	11.3577	5.0649	0.0020	8.1290	3.6251	0.0014	7.0604	3.1485	0.0012
630	8.9999	3.7122	0.0000	6.2135	2.5629	0.0000	5.3212	2.1948	0.0000
640	6.5487	2.5587	0.0000	4.3678	1.7065	0.0000	3.6882	1.4411	0.0000
650	4.3447	1.6389	0.0000	2.8202	1.0638	0.0000	2.3531	0.8876	0.0000
660	2.6234	0.9706	0.0000	1.6515	0.0110	0.0000	1.3589	0.5028	0.0000
670	1.4539	0.5327	0.0000	0.8796	0.3223	0.0000	0.7113	0.3606	0.0000
680	0.7966	0.2896	0.0000	0.4602	0.1673	0.0000	0.3657	0.1329	0.0000
690	0.4065	0.1467	0.0000	0.2218	0.0801	0.0000	0.1721	0.0621	0.0000
700	0.2067	0.0744	0.0000	0.1065	0.0384	0.0000	0.0806	0.0290	0.0000
710	0.1108	0.0398	0.0000	0.0538	0.0193	0.0000	0.0398	0.0143	0.0000
720	0.0556	0.0195	0.0000	0.0253	0.0089	0.0000	0.0183	0.0064	0.0000
730	0.0280	0.0100	0.0000	0.0120	0.0043	0.0000	0.0085	0.0030	0.0000
740	0.0144	0.0062	0.0000	0.0058	0.0025	0.0000	0.0040	0.0017	0.0000
750	0.0063	0.0021	0.0000	0.0024	0.0008	0.0000	0.0017	0.0006	0.0000
760	0.0032	0.0011	0.0000	0.0012	0.0004	0.0000	0.0008	0.0003	0.0000
770	0.0011	0.0000	0.0000	0.0004	0.0000	0.0000	0.0003	0.0000	0.0000
总计	109.8450	100.000	35.5824	99.0915	100.000	85.3094	98.0699	100.000	118.2216

当测定或计算颜色玻璃的色度坐标 x、y 后，找出在色度图上位置，还需要求出主波长。如色度图上光源点的位置为 C，颜色玻璃在色度图的位置为 M，将 C 和 M 连成一条直线相交舌形曲线 B 点，此点即为颜色玻璃的主波长。直线 CM 和 CB 长度的比例即为色纯度。颜色玻璃通常以总透光率 T 来表示，可用式（5-10）计算。

$$T=\frac{\int_{380}^{780}H_{\lambda}\,\overline{y_{\lambda}}\tau_{\lambda}d_{\lambda}}{\int_{380}^{780}H_{\lambda}\,\overline{y_{\lambda}}d_{\lambda}} \tag{5-10}$$

也可简化为式（5-11）。

$$T=\frac{\sum(H_{\lambda}\overline{y_{\lambda}}\tau_{\lambda}\Delta\lambda)}{\sum(H_{\lambda}\overline{y_{\lambda}}\Delta\lambda)} \tag{5-11}$$

对于颜色玻璃的色度坐标及主波长、色纯度、总透光率的计算，举例说明如下。

有一绿色玻璃用分光光度计测出不同波长的透光率见表 5-3，计算其色度坐标、主波长、色纯度和总透光率。

表 5-3　绿色玻璃在不同波长下的透光率

波长 λ /nm	透光率 T /%	波长 λ /nm	透光率 T /%	波长 λ /nm	透光率 T /%
400	3.0	480	22.0	560	15.0
410	4.5	490	26.0	570	10.0
420	6.0	500	28.0	580	7.0
430	7.5	510	29.0	590	5.0
440	10.0	520	28.0	600	3.0
450	13.0	530	26.0	610	2.0
460	16.0	540	22.0	620	1.0
470	14.0	550	19.0		

查表 5-2 找出相应波长的 $H_{\lambda}\overline{x_{\lambda}}$、$H_{\lambda}\overline{y_{\lambda}}$ 的数值，与绿色玻璃不同波长的透光率分别代入式（5-7）和式（5-8），计算出 X、Y、Z 的数值，再利用式（5-1）和式（5-2）计算出 x、y 值，则 $x=0.25287$，$y=0.50367$，用式（5-11）计算出总透光率 $T=11.945\%$。

根据计算得到的 x、y 坐标值，在色度图上找出坐标点 M，如图 5-3 所示，将 M 点与光源点 C 连成一条直线，并延长至同舌形曲线相交于 B 点，该点的波长为 519nm，519nm 即为绿色玻璃的主波长。色纯度是色度图上的 $MC/BC=57\%$。

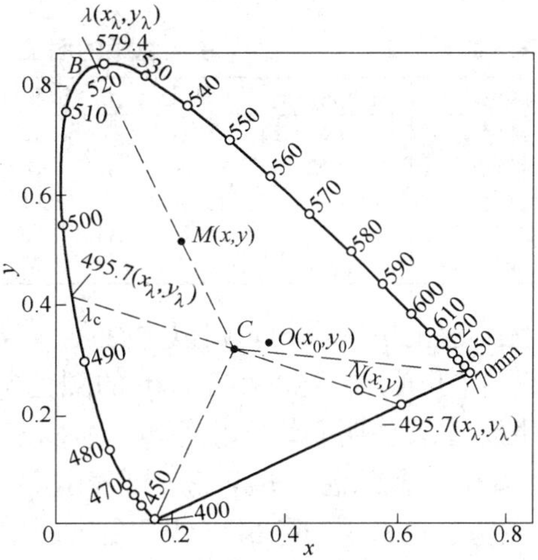

图 5-3　绿色玻璃的主波长及色纯度图

5.2.3　孟塞尔色系

孟塞尔（Munsell）色系是用立体模型来表示颜色的方法，用一个三维空间类似球体模型，将色相、明度、饱和度三要素表示出来，如图 5-4 所示。

球形立体中间垂直轴代表无彩色的黑白明度等级，此垂直轴分为 10 等份，最上部为最理想的白色，明度为 10，最下部为理想的黑色，明度为 0。饱和度则以样品离中央轴的水平距离表示，中心轴上，纯度为 0，然后画出 6 个同心圆，每个同心圆距离就代表不同

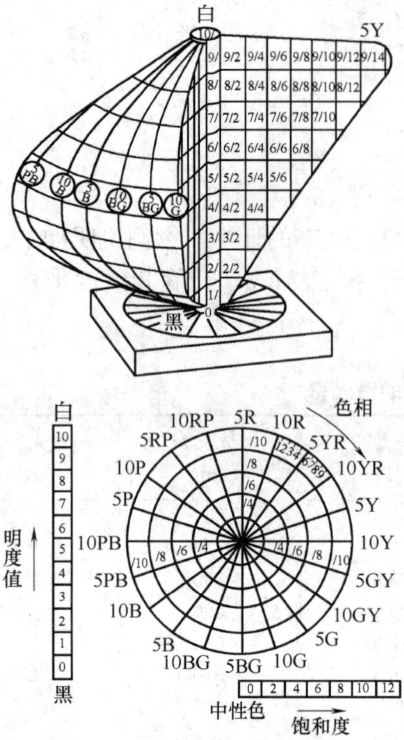

图 5-4　孟塞尔色系图

的纯度，圆的间距为 2，距中心轴越远，则色纯度越高，色纯度最高为 12。色相以围绕中心轴的环形水平剖面上不同方向的放射性代表 10 种不同的颜色，其中 5 种为主要色相，即红（R）、黄（Y）、绿（G）、蓝（B）、紫（P）和 5 种中间色相，即黄红（YR）、绿黄（GY）、蓝绿（BG）、紫蓝（PB）、红紫（RP）。为了更详细表达色相，每一种色相又再划分为 10 个等级，从 1 到 10，每种主要色相和中间色相都规定为 5，如红色为 5R，黄色为 5Y，绿色为 5G，蓝色为 5B，紫色为 5P，中间色相黄红为 5YR，绿黄为 5GY 等。

每一种颜色都可准确地用孟塞尔色系表示，表示方法为：色相（H）、明度（V）/饱和度（C），如 5R・4/14，“5R”为红色，“4”为明度，“14”为饱和度，说明此红色为中等深度，十分鲜艳。

主要色相的明度和饱和度规定见表 5-4。

表 5-4　主要色相的明度（亮度）和饱和度（纯度）

颜色	色相	明度	饱和度	颜色	色相	明度	饱和度
红色	5R	4	12	蓝绿	2.5BG	4.5	8
橙色	5YR	6	12	蓝色	2.5B	4	10
黄色	5Y	8	12	紫蓝	10PB	3	11
绿黄	2.5GY	7	10	紫色	5P	3	12
绿色	2.5G	5	9	红紫	2.5RP	3.5	11

无彩色的黑白系列，则以中性色（N）、亮度值（V）来表示，亮度为 5 的中性色为 N・5。由于通常将纯度小于 0.5 的颜色也放在中性色系列之中，为了更准确地表示其颜色特性，也要注明其纯度和色相，所以采用 N・V/(H・C)，即中性色・亮度/(色相・纯度)，如带紫蓝色色相的黑色，可表示为 N・1.4/(4.5PB・0.3)。

孟塞尔色系中的色相和 CIE 色度图中主波长的关系见表 5-5。

因紫色无主波长，所以用互补色的主波长，为了与实在的主波长有所区别，在表 5-5 中的紫色（P）和红紫色（RP）的主波长数据后面加字母“C”来表示。

孟塞尔色系的明度（V）和色度图上的总透过率（亮度）Y 之间的函数关系如式(5-12)所示。

$$Y=1.1913V-0.22532V^2+0.2351V^3-0.020483V^4+0.00081935V^5 \tag{5-12}$$

明度和亮度的换算见表 5-6。

由于孟塞尔色系相同的明度的颜色处在同一平面上，各颜色间仅是颜色相与饱和度的差别，为了表达不同明度时色相的饱和度，只有在每个固定的明度（如 $V=1$、2、3、4 …）时，分别在 CIE 色度图作出孟塞尔恒定色相的饱和度轨迹图，如图 5-5 所示。

表 5-5　　孟塞尔色相与主波长的关系

颜色	孟塞尔记号		主波长/nm	颜色	孟塞尔记号		主波长/nm
红色	2.5 5.0 7.5 10.0	R	630 610 600 593	蓝绿	2.5 5.0 7.5 10.0	BG	495 492 490 488
黄红	2.5 5.0 7.5 10.0	YR	590 587 584 580	蓝色	2.5 5.0 7.5 10.0	B	485 483 482 481
黄色	2.5 5.0 7.5 10.0	Y	578 575 573 572	蓝紫	2.5 5.0 7.5 10.0	BP	479 476 472 459
绿黄	2.5 5.0 7.5 10.0	GY	570 567 560 554	紫色	2.5 5.0 7.5 10.0	P	566C 560C 547C 540C
绿色	2.5 5.0 7.5 10.0	G	540 513 573 504 500	红紫	2.5 5.0 7.5 10.0	RP	512C 502C 497C 494C

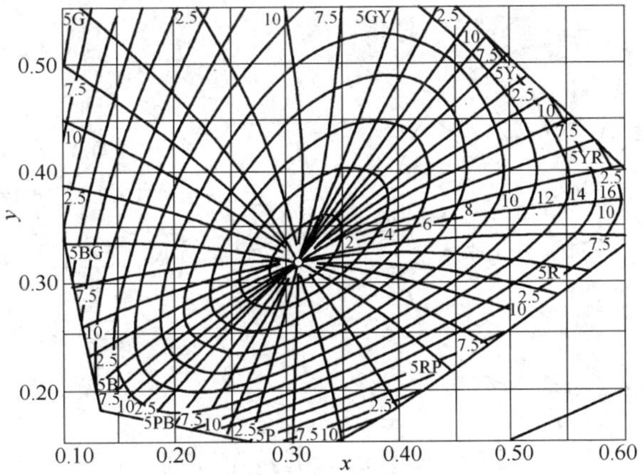

图 5-5　CIE 色度图与孟塞尔恒定色相的饱和度轨迹（$V=6$）图

5.2.4　CIE Lab 颜色空间与色差

CIE Lab 颜色空间是 1976 年 CIE 推荐的，至今仍在应用。由明度 L^* 和色度 a^*、b^* 构成的三维直角坐标系统，垂直轴 L^* 代表明度，底端为黑，中部为灰，上部为白，L^* 轴上无彩色刺激，L^* 值大小代表明亮程度。水平为色相区，$+a^*$ 为红度，代表红色在颜色中占有的组分；$-a^*$ 为绿度，为红色的互补色，代表绿色在颜色中占有的组分；$+b^*$ 为黄色，代表黄色在颜色中占有的组分；$-b^*$ 为蓝色，为黄色的互补色，代表蓝色在颜色中占有的组分。C^* 为颜色的饱和度，如图 5-6 所示。

表 5-6　　明度和亮度换算表

V	Y	V	Y	V	Y	V	Y	V	Y
0.0	0.000	2.1	3.391	4.2	13.35	6.3	33.66	8.4	66.46
0.1	0.120	2.2	3.671	4.3	14.07	6.4	34.92	8.5	68.40
0.2	0.237	2.3	3.968	4.4	14.81	6.5	36.20	8.6	70.37
0.3	0.352	2.4	4.282	4.5	15.57	6.6	37.52	8.7	72.38
0.4	0.467	2.5	4.614	4.6	16.37	6.7	38.86	8.8	74.44
0.5	0.581	2.6	4.964	4.7	17.18	6.8	40.23	8.9	76.53
0.6	0.699	2.7	5.332	4.8	18.02	6.9	41.63	9.0	78.66
0.7	0.819	2.8	5.720	4.9	18.88	7.0	43.06	9.1	80.84
0.8	1.074	2.9	6.128	5.0	19.77	7.1	44.52	9.2	83.07
0.9	1.074	3.0	6.555	5.1	20.68	7.2	46.02	9.3	85.33
1.0	1.210	3.1	7.002	5.2	21.62	7.3	47.54	9.4	87.65
1.1	1.353	3.2	7.471	5.3	22.58	7.4	49.09	9.5	90.01
1.2	1.505	3.3	7.960	5.4	23.57	7.5	50.68	9.6	92.42
1.3	1.667	3.4	8.471	5.5	24.58	7.6	52.30	9.7	94.88
1.4	1.838	3.5	8.003	5.6	25.62	7.7	53.94	9.8	97.39
1.5	2.021	3.6	9.557	5.7	26.69	7.8	55.63	9.9	99.95
1.6	2.216	3.7	10.13	5.8	27.78	7.9	57.35	10.0	102.57
1.7	2.422	3.8	10.73	5.9	28.90	8.0	59.10		
1.8	2.42	3.9	11.36	6.0	30.05	8.1	60.88		
1.9	2.877	4.0	12.00	6.1	31.23	8.2	62.71		
2.0	3.126	4.1	12.66	6.2	32.43	8.3	64.57		

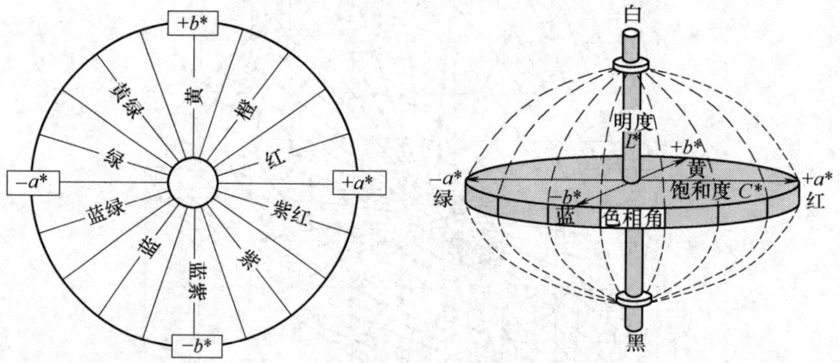

图 5-6　CIE Lab 均匀颜色空间图

CIE Lab 的空间方程为：

$$L^*=116\times\left(\frac{Y}{Y_0}\right)^{\frac{1}{3}}-16\quad\left(当\frac{Y}{Y_0}>0.01时\right) \tag{5-13}$$

$$L^*=903.3\times\frac{Y}{Y_0}\quad\left(当\frac{Y}{Y_0}\leqslant 0.01时\right) \tag{5-14}$$

$$a^*=500\left[\left(\frac{X}{X_0}\right)^{\frac{1}{3}}-\left(\frac{Y}{Y_0}\right)^{\frac{1}{3}}\right] \tag{5-15}$$

$$b^*=200\left[\left(\frac{X}{X_0}\right)^{\frac{1}{3}}-\left(\frac{Z}{Z_0}\right)^{\frac{1}{3}}\right] \tag{5-16}$$

$$C^*=\left[(a^*)^2+(b^*)^2\right]^{\frac{1}{2}} \tag{5-17}$$

式中　L^*——明度；

a^*、b^*——色度；

C^*——纯度；

X、Y、Z——颜色三刺激值；

X_0、Y_0、Z_0——参比白色的颜色三刺激值。

在标准光源 C 照明下，$Y_0=100$，$X_0=98.072$，$Z_0=118.225$；在标准光源 D_{65} 照明下，$Y_0=100$，$X_0=95.045$，$Z_0=108.892$。

在 CIE Lab 颜色空间中，两点之间的距离代表了两种颜色的色差，即

$$\Delta L^*=L_1^*-L_2^* \tag{5-18}$$

$$\Delta a^*=a_1^*-a_2^* \tag{5-19}$$

$$\Delta b^*=b_1^*-b_2^* \tag{5-20}$$

式中　ΔL^*、Δa^*、Δb^*——颜色 1 和颜色 2 的明度差和色度差；

L_1^*、L_2^*——颜色 1 和颜色 2 的明度；

a_1^*、a_2^*、b_1^*、b_2^*——颜色 1 和颜色 2 的色度。

两个样品的总色差为：

$$\Delta E_{L^*a^*b^*}=[(\Delta L^*)^2+(\Delta a^*)^2+(\Delta b^*)^2]^{\frac{1}{2}} \tag{5-21}$$

色差 ΔE 的单位为 NBS，在最佳条件下人眼可分辨最小颜色差 $\Delta E=0.2$NBS，因此，控制颜色玻璃的颜色的稳定性，要求满足 $\Delta E\leqslant 0.2$NBS。

当 $\Delta E\geqslant 0$ 时，说明试样比参比样品的颜色要深；当 $\Delta L^*>0$ 时，说明试样比参比样品的颜色更鲜艳。

5.3　玻璃着色机理

根据玻璃着色机理大致可以分为离子着色、金属胶体着色、硫硒化物着色、其它着色机理。

5.3.1　离子着色

钛、钒、铬、锰、铁、钴、镍、铜、铈、镨、钕等过渡金属，在玻璃中以离子状态存在，它们的价电子在不同能级间跃迁，由此对可见光的产生选择性吸收，导致玻璃着色。玻璃的光谱特性和颜色主要决定于离子的价态及其配位体的电场强度和对称性。此外，玻璃成分、熔制温度、熔制时间、熔制气氛等对离子的着色也有重要影响。

5.3.1.1　离子的电子层结构与光吸收的关系

根据玻璃中离子的光吸收、价态等与电子层结构的关系，可把玻璃中常见的阳离子大致分为三种类型。

（1）惰性气体型阳离子　这类离子的电子层结构比较稳定，表现在它们在玻璃中一般不变价，无色，不吸收紫外线等一系列特性。其中 Ce^{4+} 例外，它虽属惰性气体型阳离子，但在玻璃中变价，强烈地吸收紫外线。

（2）18 或 18+2 电子壳阳离子　这类离子的电子层结构也相当稳定，但不及惰性气体型离子。这些离子本身是无色的，但是形成某些化合物后能产生较大的极化，这时电子能级也发生变化，使基态与激发态的能量差变小，从而吸收可见光成为着色离子。它们的

特点是极化率大、变价、吸收紫外线。

（3）不饱和电子壳阳离子　这类高于 $3d$ 或 $4f$ 轨道是部分填充或不饱和的，电子层结构很不稳定，在最外层或次外层上含有未配对的电子，它们的基态和激发态的能量比较接近，一般可见光就可以使其激发，因此表现出玻璃颜色、变价而吸收紫外线等特征。

从上述三种阳离子类型的特点，可以得出如下规律：

① 最外层（或次外层）上含有未配对电子或“轨道”部分填充者，电子容易在 $3d$ 或 $4f$“轨道”中发生跃迁，因此都是有颜色的；

② 最外层（或次外层）上的电子都已配对（包括全充满、全空）或半充满者，都是无色的（或着色很弱）；

③ 在玻璃中凡是变价的阳离子，由于金属阳离子与周围氧离子之间有电荷迁移，产生荷移吸收，因此在紫外或近紫外区有强烈的吸收。

5.3.1.2　第四周期过渡金属离子的光谱特性

钪、钛、钒、铬、锰、铁、钴、镍、铜在周期表中组成了第一系列（第四周期）过渡金属离子，在 $3d$ 轨道中最大填充量为 10 个电子，但是它们的 $3d$ 轨道仅有 1～9 个电子，因此可以在 $3d$ 轨道中跃迁（称为 d-d 跃迁），在可见光区产生选择性吸收，从而使玻璃着色。它们是颜色玻璃中用途最广的着色物质。这类离子（除钴、镍外），在玻璃中都是可变价的，不同的价态表现不同的颜色和光谱特性。

图 5-7～图 5-12 为第四周期过渡金属离子的光谱曲线（曲线的序号代表不同化学组成的玻璃，其化学成分见表 5-7）。

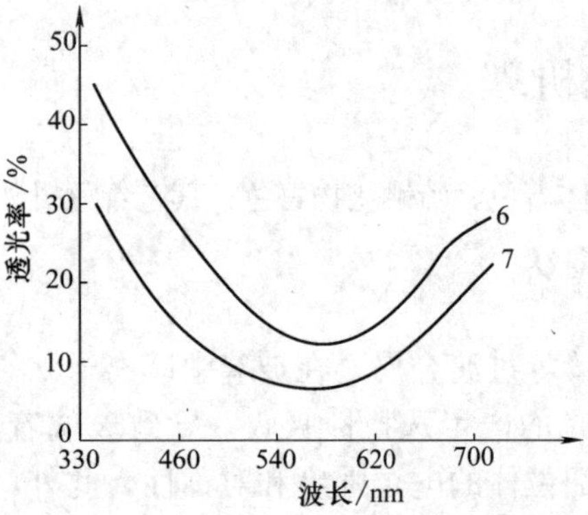

图 5-7　含 Ti^{3+} 玻璃的光谱曲线图

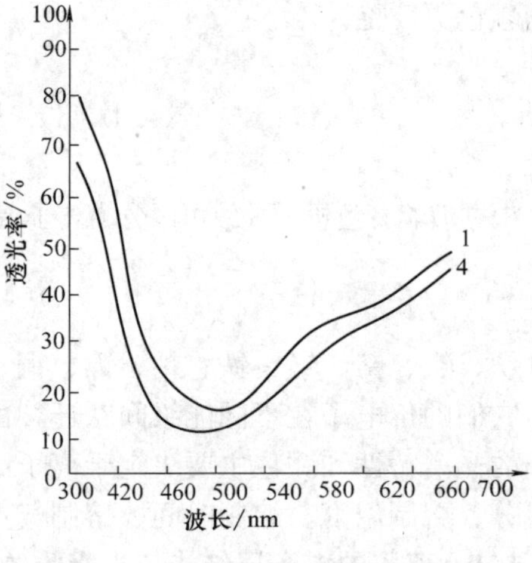

图 5-8　含 Mn^{3+} 玻璃的光谱曲线图

表 5-7　**玻璃编号与玻璃化学成分**　单位：%（摩尔分数）

化学成分 / 玻璃编号	SiO_2	Al_2O_3	B_2O_3	Na_2O	K_2O	P_2O_5
1	80	—	—	20	—	—
2	78	—	—	22	—	—
3	71	—	—	29	—	—
4	60	—	—	40	—	—
5	80	—	—	—	20	—
6	—	10	10	—	—	80
7	—	20	10	—	—	70

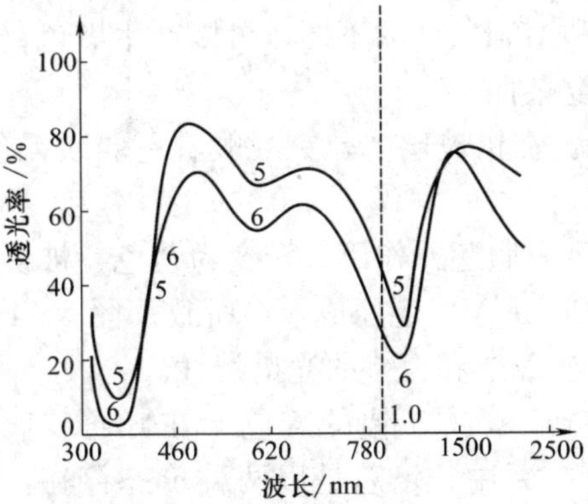

图 5-9　含 V^{3+} 玻璃的光谱曲线图

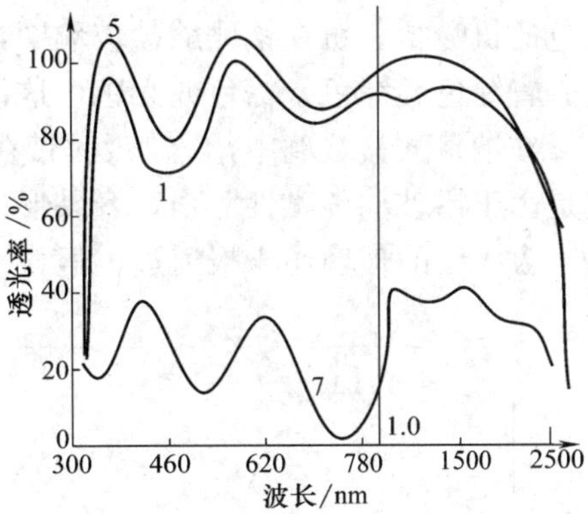

图 5-10　含 Cr^{3+} 玻璃的光谱曲线图

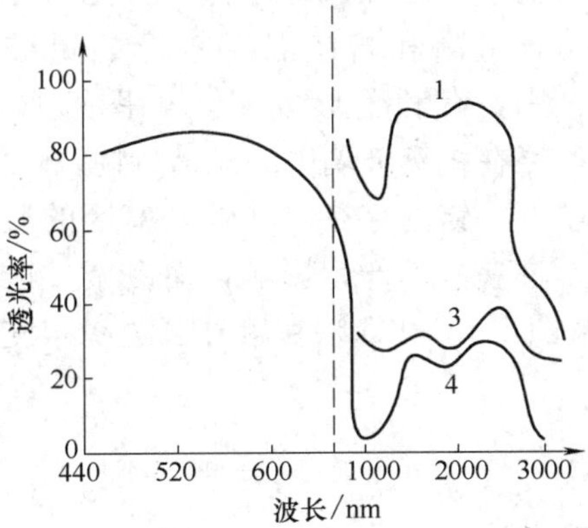

图 5-11　含 Fe^{2+} 玻璃的光谱曲线图

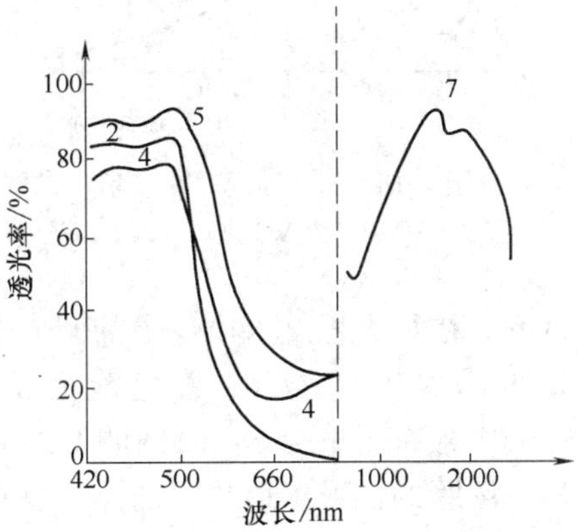

图 5-12　含 Cu^{2+} 玻璃的光谱曲线图

(1) 钛的着色　钛能以 Ti^{3+}、Ti^{4+} 两种状态存在于玻璃中。Ti^{4+} 的 $3d$ 轨道是空的，不能发生“d-d”跃迁，故是无色的。但 Ti^{4+} 具有强烈吸引紫外线能力，吸收带常进入可见区的紫蓝部分，使玻璃产生棕黄色，在铅玻璃中尤为强烈。在硅酸盐玻璃中，钛一般以 Ti^{4+} 状态存在，难以形成 Ti^{3+}，只有在还原条件下，磷酸盐等酸性玻璃中吸收 580nm 附近的黄光而显示紫色。钛在铅玻璃中着色特别强烈，少量的铁和钛或钛和锰共用都能产生深棕色，含钛和铜的玻璃呈现绿色。

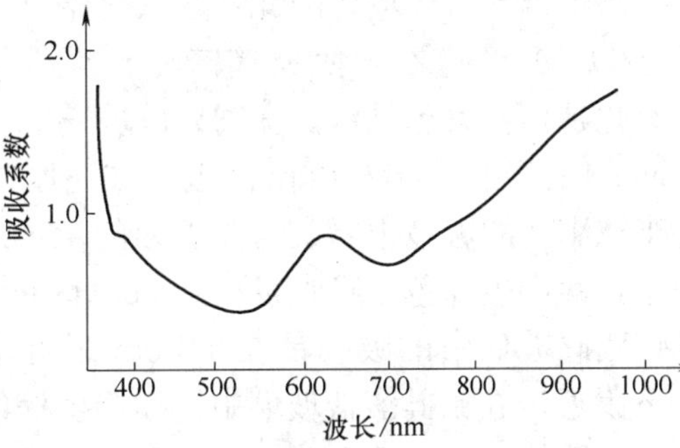

图 5-13　氧化钒在钠钙硅玻璃中的吸收曲线图
$\omega(V_2O_5)$ 0.5% 厚度 10mm

(2) 钒的着色　钒可能以 V^{3+}、V^{4+}、V^{5+} 三种状态存在于玻璃中。钒在钠钙硅玻璃中产生绿色，一般认为主要是由 V^{3+} 产生的。V^{5+} 的 $3d$ 轨道是空的，不能发生 d-d 跃迁，故不着色。图 5-13 是钒在钠钙玻璃中的光谱特性。在这吸收曲线中 350nm 是 V^{5+} 的吸收带，425nm 和 645nm 为 V^{3+} 的吸收带。V^{4+} 的吸收带在

1100nm。V^{3+}的光谱特性与Cr^{3+}相似，都使玻璃产生绿色。在强氧化条件下，钒易形成无色的钒酸盐。钒在钠硼酸盐玻璃中，根据钠含量和熔制条件的不同，可以产生黑色、蓝色、青绿色、绿色、棕色或无色，这说明钒光谱的复杂性。

在钠磷酸盐玻璃中，V^{5+}吸收带在400～450nm。在铅玻璃中，钒一般着色弱或无色，这是由于铅玻璃"碱性"强，容易形成无色的V^{5+}。

含V^{2+}的玻璃还未报道过，但含V^{3+}的玻璃，经光照还原作用会转变为紫色，被认为是V^{3+}还原成V^{2+}所致。图5-14为V^{3+}和V^{5+}的光谱特性。

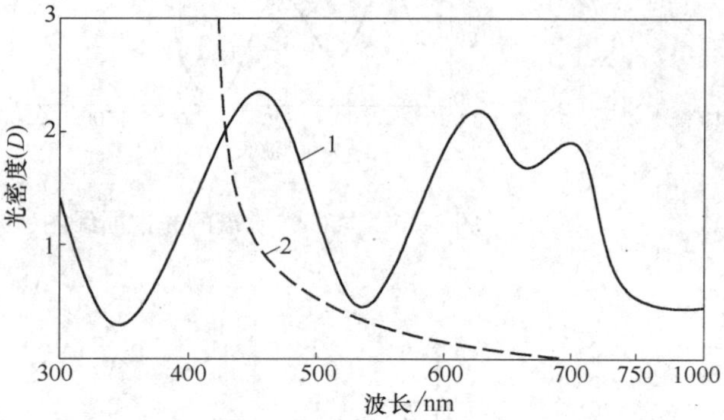

图5-14　V^{3+}和V^{5+}在玻璃中的光谱曲线图

1—含V^{3+}玻璃　2—含V^{5+}玻璃

(3) 铬的着色　在普通玻璃体系中，铬总是以两种价态存在，即Cr^{3+}和Cr^{6+}，其中Cr^{3+}通常占优势。Cr^{3+}着绿色，Cr^{6+}使玻璃产生黄色。在强氧化条件下，尤其在碱含量高和熔制温度较低的铅玻璃中，有利于形成Cr^{6+}，图5-15是铬在钠钙玻璃中的光谱特性。

铬的存在对红外光谱区的透过率一般不产生影响，而在紫外区的透过率，在很大程度上由少量的Cr^{6+}所决定，这可从图5-15中Cr^{6+}在紫外区边缘很陡的吸收带体现出来。Cr^{3+}着色能力很强，当玻璃中含有质量分数0.1%的Cr_2O_3便能显出浓厚的色彩。但是铬的化合物在玻璃中的溶解度不高，当Cr_2O_3的浓度大于1.5%～2.0%质量分数在熔体冷却时会析出绿色的Cr_2O_3薄片，并形成铬金星玻璃。

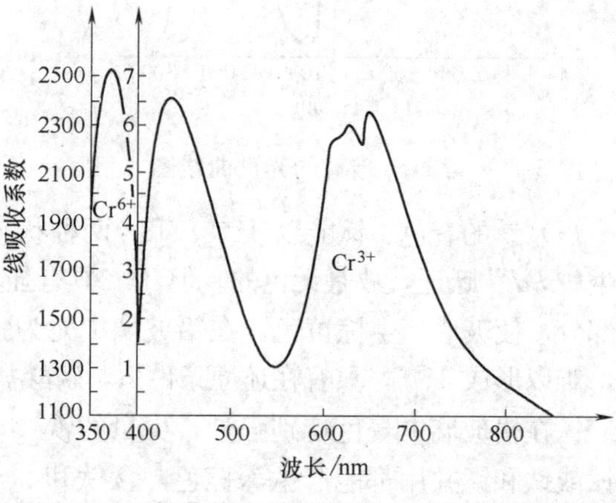

图5-15　氧化铬在钠钙玻璃中的吸收曲线图

(4) 锰的着色　锰一般以Mn^{2+}和Mn^{3+}状态存在于玻璃中，在高温熔制条件下，高价锰易被还原，因此，在氧化条件下多以Mn^{3+}存在，使玻璃产生深紫色。氧化越强，着色越深。在钠钙硅玻璃中，Mn^{3+}的吸收带在490nm附近。在还原条件下，则以Mn^{2+}状态存在。Mn^{2+}的$3d$轨道为半充满，故着色很弱，近似于无色。Mn^{2+}在430nm附近有一弱吸收带。在钠硼酸盐玻璃中，锰产生棕色，吸收带在450nm附近，随Na_2O含量增加吸收带向长波方向转移。锰在钾硼硅玻璃中的吸收带在410nm附近。在钠磷酸盐玻璃中也产生紫色，吸收带在495nm附近。在铅硅酸盐玻璃中，锰产生棕红色，吸收带在490nm附近。

(5) 铁的着色　铁在玻璃中以Fe^{3+}和Fe^{2+}形式存在，玻璃的颜色主要决定于两者之间的平衡状态。Fe^{2+}能把玻璃着成浅蓝色，而Fe^{3+}的$3d$轨道呈半充满状态故着色很弱，使玻璃着成浅黄绿色或黄色。Fe^{2+}在可见光谱区的吸收能力约为Fe^{3+}的10倍，即着色能力也是 10 倍关系。

在光谱的紫外区，含少量铁的玻璃特点是呈现出强烈吸收带。图 5-16 是 Fe^{2+} 和 Fe^{3+} 在钠钙硅玻璃中的光谱特性。

在磷酸盐玻璃中，在还原条件下，铁由可能完全处于 Fe^{2+} 状态，它是著名的吸热玻璃，其特点是吸热性好，可见光透过率高。为提高化学稳定性必须加入适当的稳定剂如 Al_2O_3、MgO 及 ZnO。根据铁离子的紫外和红外吸收特性，常用来生产太阳镜和电焊片玻璃。

（6）钴的着色　在一般玻璃熔制条件下，钴常以 Co^{2+} 状态存在。故实际上钴在玻璃中不变价，着色稳定，受玻璃成分和熔制工艺条件影响较小。根据玻璃成分不同，Co^{2+} 在玻璃中可能有［CoO_6］和［CoO_4］两种配位状态，前者吸收带处于 550nm 附近，颜色偏紫；后者吸收带处于 620nm 附近，颜色偏蓝。但在硅酸盐玻璃中多以 4 配位出现，6 配位较少，而 6 配位多存在于低碱硼酸盐玻璃和低碱磷酸盐玻璃中。图 5-17 为［CoO_6］和［CoO_4］两种配位状态的光谱特性。

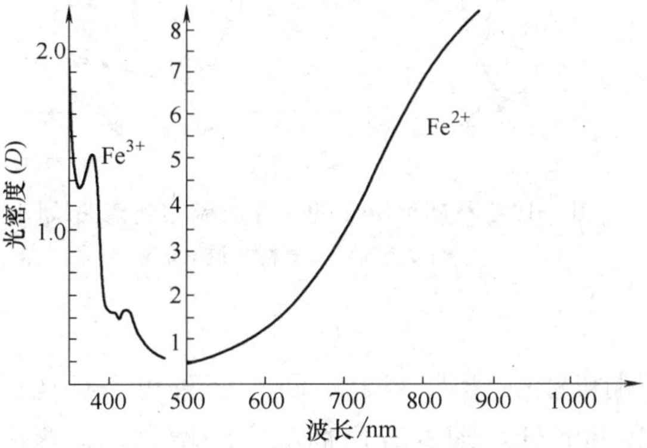

图 5-16　Fe^{2+} 和 Fe^{3+} 在钠钙硅玻璃中的光谱特性曲线图

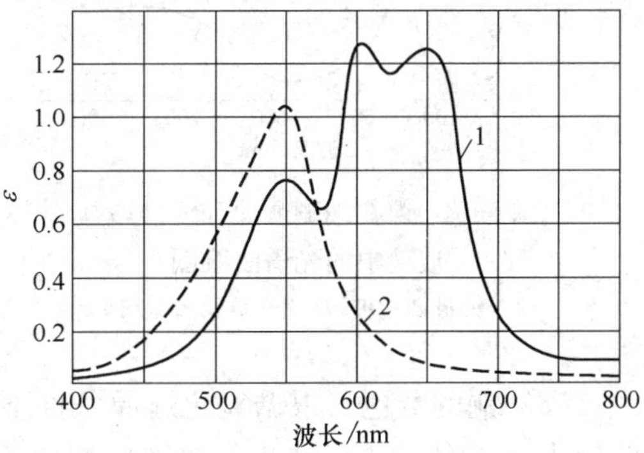

图 5-17　钴离子在［CoO_6］和［CoO_4］配位状态下的光谱特性曲线图

1—［CoO_4］　2—［CoO_6］

在二元碱硅酸盐玻璃中，当以 K_2O 取代 Na_2O 时，Co^{2+} 的吸收带移向长波，颜色显得更加纯蓝，一般认为是由于［CoO_6］向［CoO_4］转变的结果。在钠硅酸盐玻璃中随 Na_2O 含量增大，颜色也由紫转变为蓝。在钠硼酸盐玻璃和钠磷酸盐玻璃中也有类似现象，这些都与钴从［CoO_6］向［CoO_4］转变有关。钴的着色能力极强，只要引入 0.01% 就能使玻璃产生深蓝色。钴不吸收紫外线，在磷酸盐玻璃中与氧化镍共用制造黑色透短波紫外线玻璃。在高能辐射下，钴玻璃会发生变色现象，而且变色稳定，变色程度与高能辐射的剂量成一定比例关系，因此可以根据变色程度来衡量辐射线的剂量，常用于生产剂量玻璃。

（7）镍的着色　镍与钴类似，在玻璃中属于不变价，一般以 Ni^{2+} 存在，故着色也较稳定。Ni^{2+} 在玻璃中也有［NiO_6］和［NiO_4］两种状态，各有其特定的光谱特性。例如在钾硅酸盐玻璃中，镍主要以［NiO_4］存在，而在钠硼酸盐玻璃中，主要是［NiO_6］状态。图 5-18 是镍在这两种玻璃中的光谱特性。镍在强还原气氛下易还原为金属镍，在玻璃制品上类似的小气泡的黑色小点。

从图 5-18 可以看出，以四配位［NiO_4］为主的钾硅酸盐玻璃的吸收带处于波长较长的波段。实验证明，在 Li_2O-CaO-SiO_2 玻璃中，镍以六配位［NiO_6］为主，呈灰黄色，在 K_2O-CaO-SiO_2 玻璃中镍以四配位［NiO_4］为主，产生紫色；Na_2O-CaO-SiO_2 玻璃的配位状态和着色介于上述两者之间。

玻璃的热历史对镍的着色有显著的影响。图 5-19 是含镍钠钙硅玻璃退火和淬火的光谱特性。从图 5-19 可以看出，这两种不同热历史的玻璃，在 600nm 处的吸收系数约相差 20%。主要是因为退火玻璃六配位［NiO_6］量较多，而淬火玻璃因高温的四配位［NiO_4］状态保留较多，六配位相对较少，故前者的吸收带（较后者）处于较短的波段。

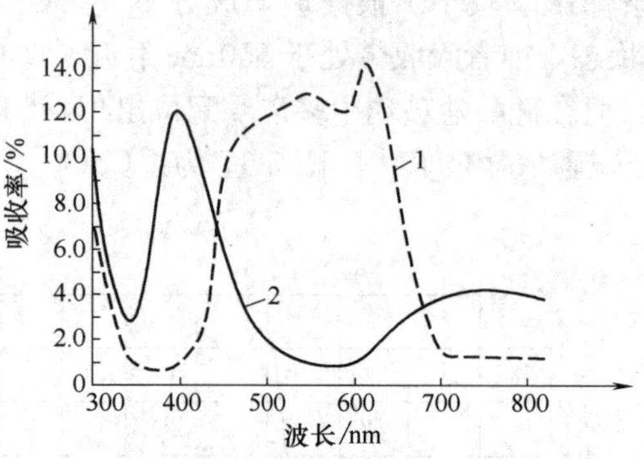

图 5-18　镍在钠硼酸盐和钾硅酸盐玻璃中的光谱曲线图

1—钾硅酸盐玻璃　2—钠硼酸盐玻璃

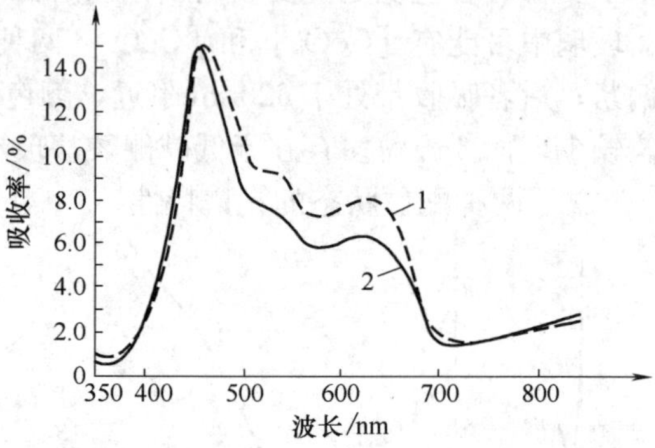

图 5-19　不同热历史的含镍玻璃的光谱曲线图

1—淬火玻璃　2—精密退火玻璃

(8) 铜的着色　根据氧化还原条件不同，铜可能以 Cu^0、Cu^+、Cu^{2+} 三种价态存在于玻璃中。Cu^{2+} 产生天蓝色，光透过极大峰在 450nm 处，随着着色剂浓度的增大，该峰区向蓝绿区移动直到 500nm 处。Cu^+ 因 $3d$ 轨道为全充满，故是无色的。原子状态的铜（Cu^0）能使玻璃产生红色，这是因为过饱和铜生成的铜金星玻璃。

Cu^{2+} 在长波（红光）部分有强烈吸收，因此常与铬用于制造绿色信号玻璃。在碱硅二元玻璃中，若以半径大的碱离子取代半径小的碱金属离子时，吸收带将向长波移动。碱土金属离子也有这种作用，以 Mg^{2+} 取代 Ca^{2+} 时，铜玻璃光谱曲线 2 比铜玻璃标准光谱曲线 1 呈现出向红光吸收增大的趋势（见图 5-20）。

在钠硼玻璃中，Na_2O 含量低时，Cu^{2+} 为绿色。随着 Na_2O 含量增大，颜色由绿转为青绿直至蓝色。Cu^{2+} 在高铅玻璃中容易产生绿色。

(9) 铈的着色　铈能以 Ce^{3+} 和 Ce^{4+} 两种价态存在于玻璃中。Ce^{4+} 具有强烈紫外吸收能力，但可见光区的透光率很高。克罗克斯眼镜玻璃就是利用铈这一特性来制造的。在一定条件下，Ce^{4+} 的紫外吸收带常进入可见光区，使玻璃产生淡黄色，其光谱特性曲线见图 5-21。铈是制造感光玻璃的重要增感剂之一，它还具有防止玻璃在高能辐射条件变色的作用，例如显像管玻璃和防曝晒玻璃。

铈和钛可使玻璃产生金黄色。在不同的基础玻璃成分下变动铈、钛比例，制成黄、金黄、棕、蓝等一系列的颜色，它们是重要的混合着色物质。其混合着色光谱曲线见图 5-24～图 5-27。

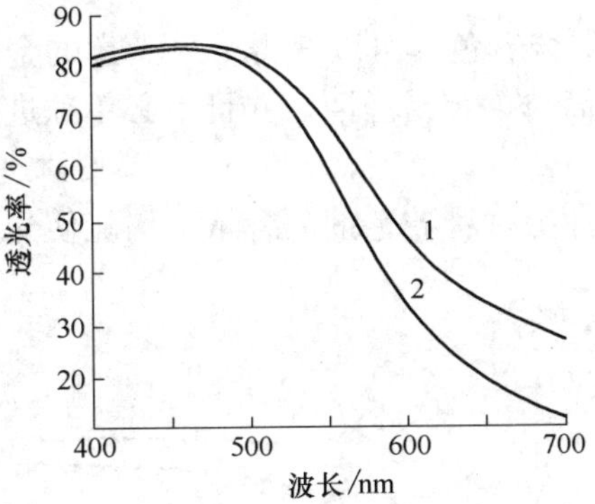

图 5-20　含 Cu^{2+} 玻璃的光谱曲线图

1—含铜玻璃典型透光曲线　2—以 Mg^{2+} 取代 Ca^{2+} 时，含铜玻璃典型透光曲线

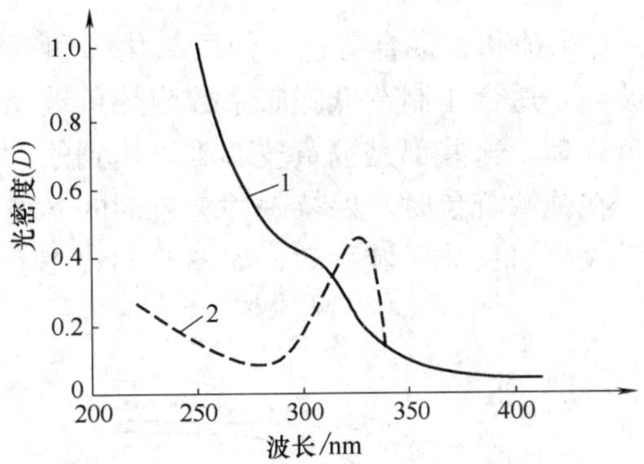

图 5-21　含 Ce^{3+} 和 Ce^{4+} 玻璃在近紫外区域的吸收曲线图

1—氧化气氛（Ce^{4+}）　2—还原气氛（Ce^{3+}）

（10）钕的着色　钕以 Nd^{3+} 状态存在于玻璃中。它一般不变价，4f 轨道为 $5s^2 5p^6$ 轨道所屏蔽，因此它的光谱特性和着色都十分稳定，受玻璃成分和熔制工艺影响较小。其光谱特性曲线见图 5-22。

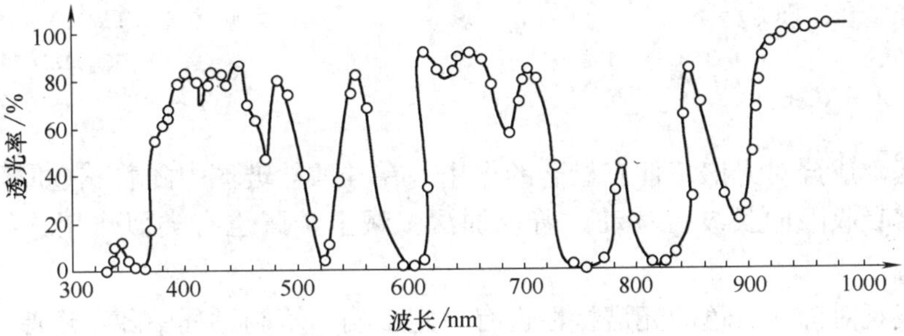

图 5-22　含钕玻璃（2mm 厚）的光谱特性曲线图

钕玻璃在黄光（586nm）和绿光（530nm）部分有强烈的吸收峰，因此具有特殊的双色性（即在不同的光源下显示不同的颜色）。钕在玻璃中产生美丽的紫红色，可用于制造高级艺术玻璃制品，其紫色能与黄绿色互补，因此是良好的脱色剂。

（11）铒的着色　铒是以 Er^{3+} 状态存在于玻璃中，价态稳定，不变价，颜色为粉红色，因此它的光谱特性和着色都十分稳定，受玻璃成分和熔制工艺影响较小。其光谱特性曲线见图 5-23。

5.3.1.3　离子混合着色

在实际生产中，常常是同时使用两种或两种以上的着色物质进行着色，选择合适的混合着色剂可以制得比加入单一着色剂更鲜艳的各种色调的颜色玻璃。

下面举几个典型的例子说明颜色混

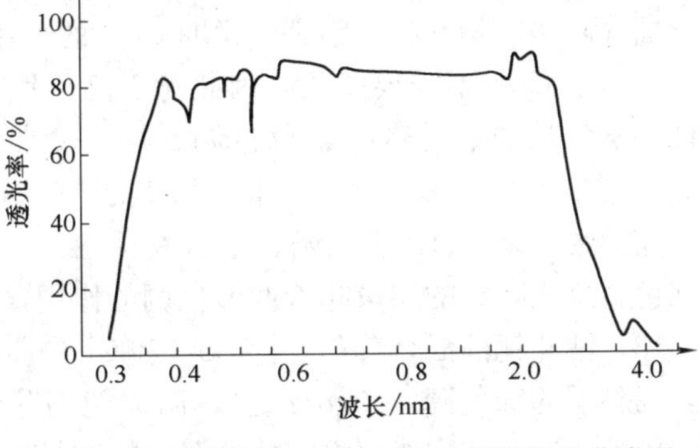

图 5-23　含铒玻璃（2mm 厚）的光谱特性曲线图

合的一般规律。

(1) 铈和钛混合着色　使用氧化铈和氧化钛进行混合着色，可以获得令人满意的金黄色玻璃，适合于制造低膨胀系数耐热黄玻璃，它熔制简单，容易澄清，并且不必单独进行显色处理，这些都是镉黄玻璃难以达到的。

在铈钛着色时，保持一种着色剂的含量不变，增加另一种着色剂的含量，均能使光谱的吸收限向长波区域移动，如图 5-24、图 5-25 所示。

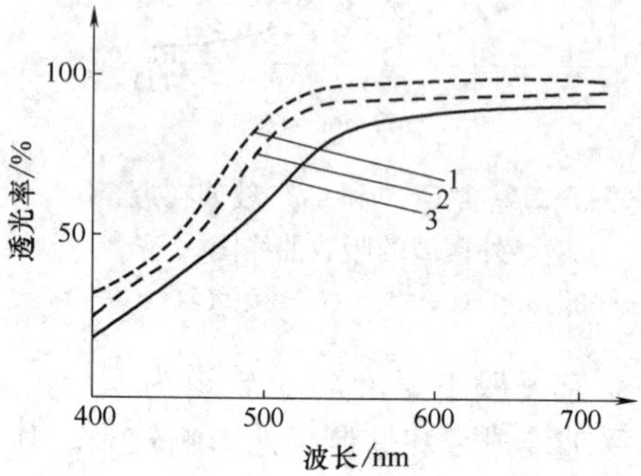

图 5-24　CeO_2 含量对光谱特性的影响图 [$w(TiO_2)=10\%$]

1—$w(CeO_2)$1.0%　2—$w(CeO_2)$1.4%

3—$w(CeO_2)$2.0%

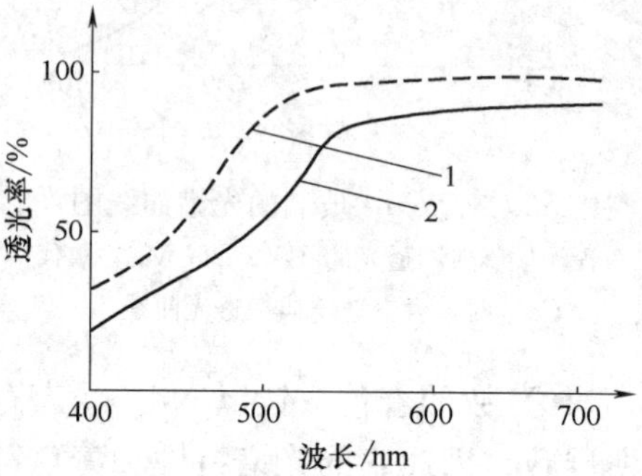

图 5-25　TiO_2 含量对光谱特性的影响图 [$w(CeO_2)=1.0\%$]

1—$w(TiO_2)$13.0%

2—$w(TiO_2)$18.0%

玻璃的基础成分对光谱特性有显著的作用，在硅酸盐玻璃中随着碱金属阳离子半径的增加，其光谱吸收限向长波区移动，着色加深。碱土金属也有类似作用，如图 5-26、图 5-27 所示。

另外，气氛对铈钛着色的光谱特性也有一定影响。熔制过程中随着还原气氛的不断加强，使玻璃色泽加深，透光率降低。图 5-28 引入各种不同的氧化还原剂后，对铈钛着色玻璃光谱特性的影响。使用铈钛着色的玻璃可在中性、弱氧化或弱还原气氛中进行。但由于这类玻璃成分中含有较高的 TiO_2，故在成形时要避免瓷化，操作要迅速，如果采用人工成形，挑料次数要少。

(2) 锰和钴的混合着色　从图 5-29、图 5-30 可以看出 Mn^{3+} 和 Co^{2+} 的 ε-λ 曲线有一个共同点，就是两头低中间高，这就导致了紫和蓝的种种色调（红+蓝=紫）。Co^{2+} 的 ε 值大，曲线陡峭，峰和谷差距大，说明 Co^{2+} 的着色能力比 Mn^{3+} 强，因此，配合时应当钴少锰多。由于 Co^{2+} 不需要氧化，因此对于高价锰（Mn^{3+}）的存在影响不大。按照 Co^{2+} 的本性，蓝色之中总是带有紫色色调（从 ε-λ 曲线可看出）。由于其中一部分 Mn^{3+} 转为 Mn^{2+}（受热时 Mn_2O_3 分解），而 Mn^{2+} 的 ε-λ 曲线吸收紫色较多，吸收蓝色少，故适量的 Mn^{2+} 能增加 Co^{2+} 的蓝色色调。但当 Mn^{3+} 存在很多时，则相反，对蓝色的吸收多于紫色和红色。总之，锰的用量起着调节色调的作用，在恰当比例下锰还能起到节约钴的作用。

(3) 钴和铜的混合着色　把 Co^{2+} 和 Cu^{2+}（见图 5-31）的 ε-λ 曲线进行对比可以看出，钴能消除铜的绿色调（500nm 处），而铜能消除钴的红色成分（650nm 以上）。两者的配合使用可得出浅蓝到淡青之间的色调，特别是钴用量不多时，效果最好。

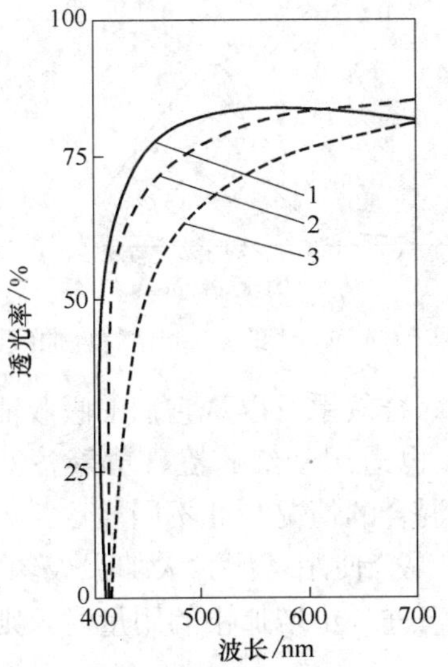

图 5-26　R_2O 对含铈钛玻璃光谱特性影响图

[$w(CeO_2)$ 2%，$w(TiO_2)$ 4%]

1—$w(SiO_2)$ 61.9%，$w(Al_2O_3)$ 16.5%，$w(CaO)$ 15.4%，$w(MgO)$ 4.2%，$w(Li_2O)$ 2.0%

2—$w(SiO_2)$ 61.9%，$w(Al_2O_3)$ 14.5%，$w(CaO)$ 15.4%，$w(MgO)$ 4.2%，$w(Na_2O)$ 4.0%

3—$w(SiO_2)$ 61.9%，$w(Al_2O_3)$ 12.5%，$w(CaO)$ 15.4%，$w(MgO)$ 4.2%，$w(K_2O)$ 6.0%

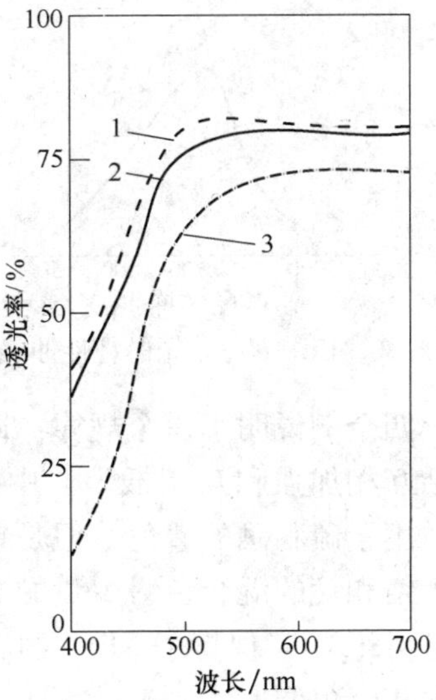

图 5-27　RO 对含铈钛玻璃光谱特性影响图

[$w(CeO_2)$ 1%，$w(TiO_2)$ 10%]

1—$w(SiO_2)$ 75.0%，$w(Na_2O)$ 15.0%，$w(CaO)$ 10.0%

2—$w(SiO_2)$ 75.0%，$w(Na_2O)$ 15.0%，$w(MgO)$ 10.0%

3—$w(SiO_2)$ 75%，$w(Na_2O)$ 15.0%，$w(ZnO)$ 10.0%

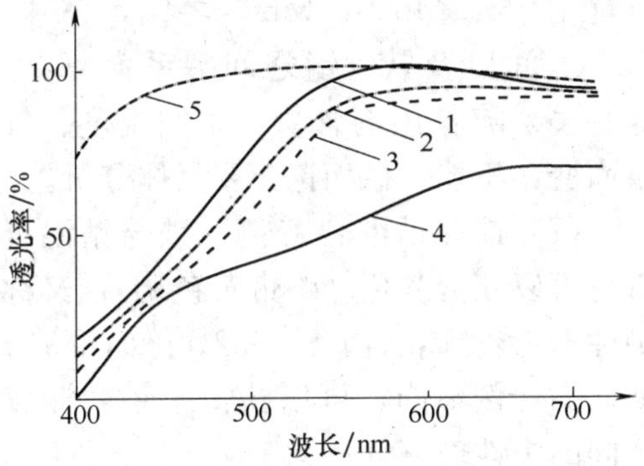

图 5-28　气氛对光谱特性的影响图

1—中性气氛　2—1%S（质量分数，下同）

3—1%Sn　4—1%Si　5—氧化气氛（2%$NaNO_3$）

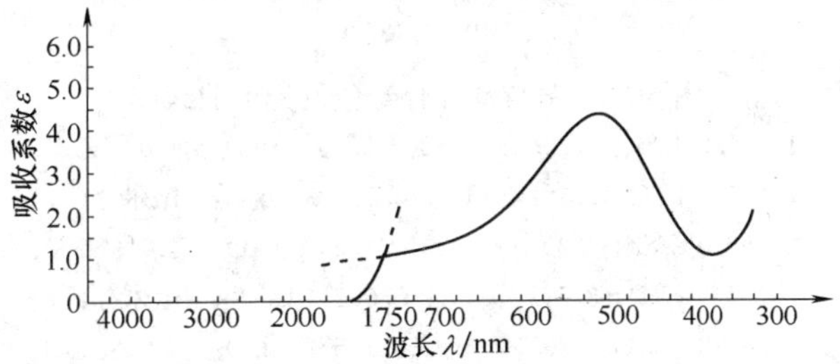

图 5-29　Mn^{3+} 的 ε-λ 光谱特性曲线图

（4）铜和铬的混合着色　这两种着色离子的共同点是 500nm 附近的吸收少，因它们共同强调的是绿色。另一方面，铬的吸收曲线在 500nm 以下突然升高（Cr^{6+} 更为显著），而在黄光部分却透过很大（参见图 5-15）。因此，增加铬的用量，则混合的绿色向黄色色调发展；反之增加铜的用量，则混合色向蓝色色调发展。在实际应用时，若以 CuO：Cr_2O_3＝1.5：1（质量比）为中心（纯绿），适当调配铜和铬的比例，可以得出由黄绿到蓝绿的全部色调。

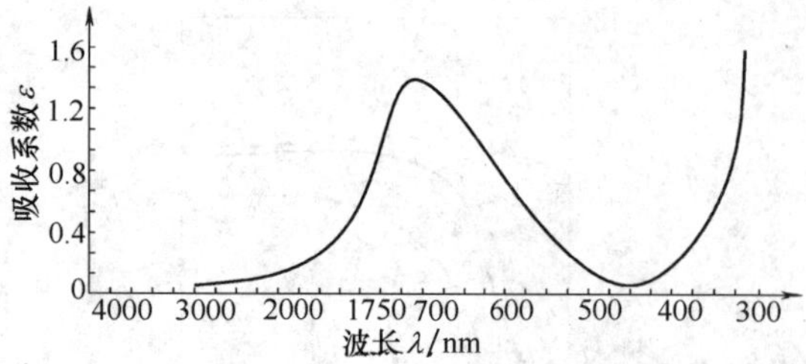

图 5-30　Co^{2+}的 ε-λ 光谱特性曲线图

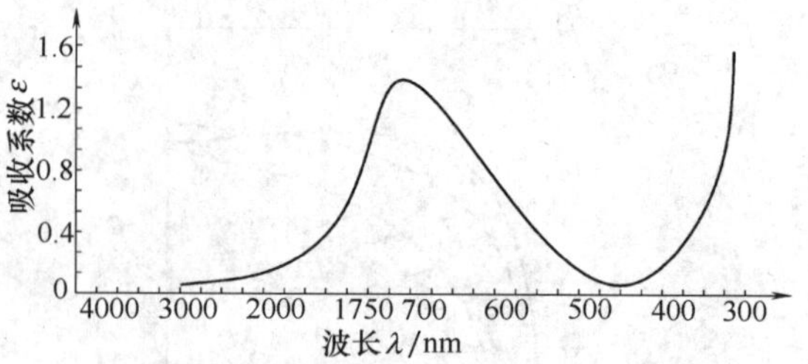

图 5-31　Cu^{2+}的 ε-λ 光谱特性曲线图

以上四个例说明了一个规律：即两种着色离子的综合效果可以从它们的吸收曲线的叠加（包括互相加强和互相抵消）中推测得知。这规律也适用于红、橙、黄等各种着色离子，并适用于硫和硒的着色。但是铬和锰、铁和锰的混合的情况与此不同。

（5）铬和锰的混合色　少量的 $K_2Cr_2O_7$ 和 MnO_2 混合使用，能大大加强玻璃的紫色，显然这是由于 Cr^{6+}保持了 Mn^{3+}的高价状态。但是，当进一步增加铬的用量时，则玻璃带有显著的灰色色调。

从图 5-15 和图 5-29 可以看出，把 Cr^{3+}和 Mn^{3+}的吸收曲线叠加起来，就几乎把整个可见光范围的光波全部吸收，在这种情况下，混合失去了意义。然而利用这种原理可以制造黑色和黑色透红外玻璃。

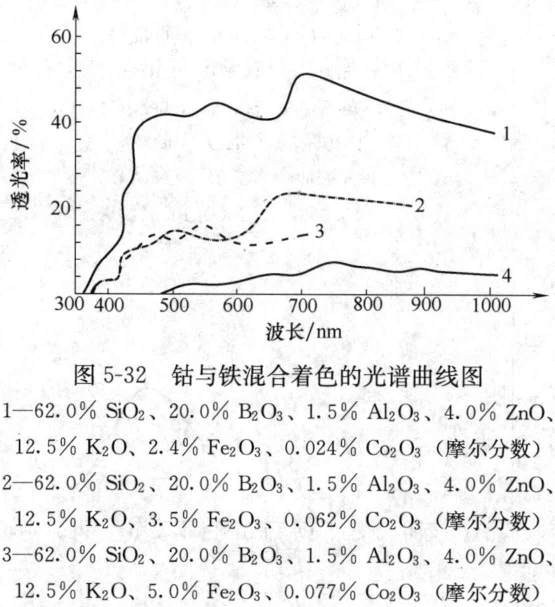

图 5-32　钴与铁混合着色的光谱曲线图

1—62.0% SiO_2、20.0% B_2O_3、1.5% Al_2O_3、4.0% ZnO、12.5% K_2O、2.4% Fe_2O_3、0.024% Co_2O_3（摩尔分数）

2—62.0% SiO_2、20.0% B_2O_3、1.5% Al_2O_3、4.0% ZnO、12.5% K_2O、3.5% Fe_2O_3、0.062% Co_2O_3（摩尔分数）

3—62.0% SiO_2、20.0% B_2O_3、1.5% Al_2O_3、4.0% ZnO、12.5% K_2O、5.0% Fe_2O_3、0.077% Co_2O_3（摩尔分数）

4—62.0% SiO_2、20.0% B_2O_3、1.5% Al_2O_3、4.0% ZnO、12.5% K_2O、6.8% Fe_2O_3、0.150% Co_2O_3（摩尔分数）

（6）铁和锰的混合色　铁和锰混合产生褐紫色和黄棕色，色调随着用量和具体情况而不同，缺乏规律性，其原因可能在于：Mn^{3+}、Mn^{2+}之间，Fe^{3+}、Fe^{2+}之间以及铁、锰之间关系太复杂。这些关系随着色剂含量、熔制温度、气氛而变，不能一概而论，要具体分析。

（7）铁和钴混合着色　铁与钴混合着色可以获得灰色（略带黄色调），又称中性灰色玻璃。由图 5-32 可知，随着铁、钴比例不同，可以获得一系列深度不同的中性玻璃。

（8）钴和镍混合着色　将钴和镍两种着色剂适当配比，可以获得由蓝色到紫色的一系列色调，如图 5-33 所示，适合于制作艺术装饰品。

（9）铁、铬、铜、镍混合着色　铁、铬、铜、镍四种着色剂混合使用，基本上可将光谱曲线红外、可见、紫外区域全部吸收，仅有少量的可见光通过，玻璃呈现黑色。

5.3.2　金属胶体着色

金属胶体着色是由于不同胶体粒子对各种单色光具有不同程度的选择性吸收能力，而使玻璃着色，玻璃可看作是着色剂的胶体溶液。铜红、银黄、金红玻璃就属于此类，其光

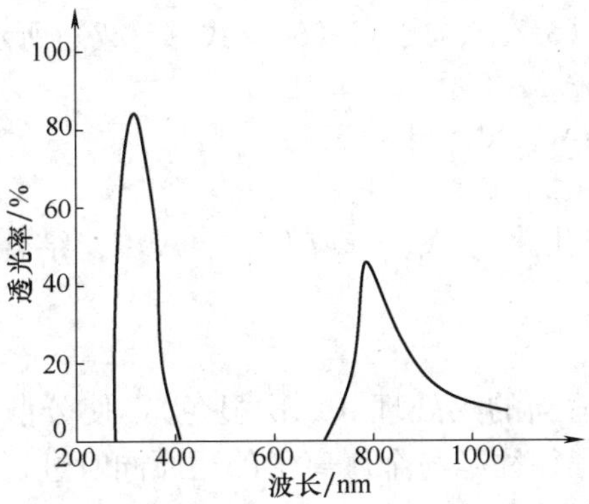

图 5-33　钴与镍在钠钙硅玻璃系统中的光谱曲线图
[0.025% CoO，0.052% NiO（摩尔分数）]

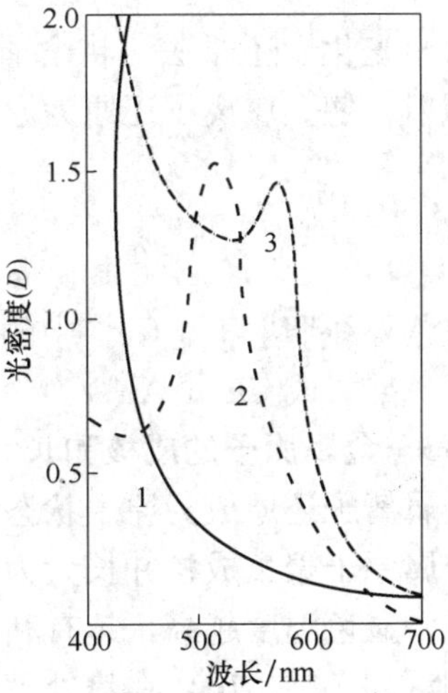

图 5-34　金、银、铜胶体着色光谱曲线图
1—银黄玻璃　2—金红玻璃　3—铜红玻璃

谱特性曲线见图 5-34。

玻璃的颜色很大程度上取决于金属粒子的大小。例如金红玻璃：金粒子＜20nm 为弱黄，20～50nm 为红色，50～100nm 为蓝色，＞150nm 将发生金粒沉析。铜红玻璃中铜胶粒尺寸下限为 3～5nm，再小不显颜色，上限为 70～80nm，再大呈深暗红色。铜、银、金的氧化物都易还原成为金属状态，这是金属胶体着色的共同特点。为了实现金属胶体着色，它们先是以离子状态溶解于玻璃熔体中，然后还原为金属原子，最后使金属原子聚集长大成胶体状态，使玻璃着色。

金属胶体着色一般分为下列几个过程。

5.3.2.1　金属离子的溶解

金属离子（如 Cu^+、Ag^+、Au^+）充分溶解于玻璃熔体中是金属胶体着色的前提。应用氯化金、硝酸银溶液及氧化亚铜（或醋酸铜）作为着色剂引入。

这三种着色剂化学活泼性是不一致的，铜最容易氧化，银次之，金最不易氧化。故铜红玻璃必须在还原条件下熔制使之呈现 Cu^+ 状态，防止铜氧化为蓝色的 Cu^{2+}。金红玻璃则必须在氧化条件下熔制，使 Au 氧化成 Au^+ 状态，防止还原而引起金颗粒成长太大，使玻璃颜色呈现暗红，甚至发生乳浊失透。

5.3.2.2　金属离子的还原

前面已指出，在高温条件下铜、银、金都以离子状态存在于玻璃中（当然也不排除有原子状态，特别是金）。玻璃自高温降温，由于冷却速度较大，这些离子冻结而保留在玻璃中，因此必须把金属离子还原为金属原子。还原一般通过下列两种方法来实现。

（1）热还原法　玻璃中预先加入锡、锑等多价态元素，在 T_g 以上的适当温度进行热处理。多原子价态的离子会使上述金属离子还原，如式（5-22）、式（5-23）、式（5-24）所示。

$$2Au^+ + Sn^{2+} = 2Au^0 + Sn^{4+} \tag{5-22}$$

$$2Ag^+ + Sn^{2+} = 2Ag^0 + Sn^{4+} \tag{5-23}$$

$$2Cu^{+}+Sn^{2+}=2Cu^{0}+Sn^{4+} \quad (5\text{-}24)$$

（2）光化学还原法　将含有光化学还原剂（即增感剂）Ce^{3+} 的玻璃，经紫外线或 X 射线照射，使金属离子还原为原子状态，如式（5-25）、式（5-26）、式（5-27）所示。

$$Au^{+}+Ce^{3+}=Au^{0}+Ce^{4+} \quad (5\text{-}25)$$

$$Ag^{+}+Ce^{3+}=Ag^{0}+Ce^{4+} \quad (5\text{-}26)$$

$$Cu^{+}+Ce^{3+}=Cu^{0}+Ce^{4+} \quad (5\text{-}27)$$

在紫外线照射下，Ce^{3+} 中的 $4f$ 电子被激发出来与 Ag^{+}（或 Cu^{+}、Au^{+}）结合，形成银原子 Ag^{0}（或 Cu^{0}、Au^{0}）。

5.3.2.3　金属原子的成核和长大

金属离子还原成为原子状态后，必须进行适当的热处理（二次显色），使分散于玻璃中的金属原子聚集成核并长大为胶体，这个过程往往是与金属离子的还原同时进行的。一般来讲，显色温度越高，越有利于胶体颗粒数量增加和长大，使玻璃吸收峰向长波转移，颜色加深。必须指出，在热处理（显色）过程中，金属颗粒常常由于成长过大，而使玻璃发生乳浊（产生猪肝色）现象。为了防止这种现象的发生，除了适当控制显色工艺制度外，一般必须在玻璃中加入适量的氧化亚锡（铜红常用锡粉），主要是利用锡离子的“金属桥”[(1/2) Sn^{0}] 特性，使金属原子在玻璃熔制过程中（或显色过程中）与锡的“金属桥”形成合金，防止金属原子进一步长大而发生乳浊，如式（5-28）所示。

$$\text{玻璃}—O^{2-}—\frac{1}{2}Sn^{4+}—\frac{1}{2}Sn^{0}—Au—\frac{1}{2}Sn^{0}—\frac{1}{2}Sn^{4+}—O^{2-}—\text{玻璃} \quad (5\text{-}28)$$

此为锡在金属胶体着色中起所谓“保护胶”作用的实质。由于铅也具有金属桥的特性，故此时锡可少用，甚至不用。

铜和银还常通过离子交换在玻璃表面进行扩散着色。两者混合使用可得棕红色，用于温度计、玻璃量器等的计量线标度。铜也能在玻璃中形成金光闪闪的大颗粒铜晶体来制造铜金星玻璃。

5.3.3　硫、硒及化合物着色

硫和硒同是周期表中第六族主族元素，属于非金属元素。它们的最外层电子结构分别为 $3s^{2}3p^{4}$ 和 $4s^{2}4p^{4}$，因此它们趋向与其它元素原子共有或向其它元素原子获得两个电子，以充满 p 轨道而形成－2 价的化合物。硫、硒也可以显正价，最高价为＋6。它们可能有－2、0、＋4、＋6 等四种价态。根据玻璃成分和熔制条件不同，它们在玻璃中可能存在下列几种状态：

① 硫化物和硒化物：在弱还原条件下形成，例如无色的 Na_2S、Na_2Se 以及棕色的 FeS、FeSe 等。

② 多硫化物和多硒化物：在弱还原条件下形成，例如无色的 Na_2S_x 和 Na_2Se_x 等。

③ 硫酸盐和硒酸盐：在氧化条件下形成，例如无色的 Na_2SO_3 和 Na_2SeO_3 等。在还原条件下它们又将进一步分解。硫和硒也能与氧直接反应生成气态的 SO_2 和 SeO_2。

④ 单质硫和硒：存在于中性偏氧化条件下，它们分别呈黄色和玫瑰色。

上述四种状态在玻璃中存在着一定的平衡关系，这些平衡关系随玻璃成分、熔制温度和氧化-还原条件的变化而变化。硫、硒熔点低，挥发性大，所有这些都决定硫、硒及其化合物在玻璃中着色的不稳定性，并给生产带来一系列的困难。

下面介绍几种常见的硫、硒及其化合物着色的玻璃。

5.3.3.1　单质硫、硒的着色

硫和硒在中性和弱氧化性气氛中都能使玻璃着色。适量的单质硫可使玻璃着成淡黄色，而适量的单质硒可使玻璃着成玫瑰色。

单质硫只是在含硼很高的玻璃中才是最稳定的，这种玻璃缺乏实用意义，不作详细介绍。单质硒在中性条件下存在玻璃中，产生淡紫红色。在氧化条件下其紫色显得更纯更美，但氧化又不能过分，否则将形成 SeO_2 或无色的硒酸盐，使硒的着色减弱或失色。硒紫色玻璃无需经过热处理就显色，但经退火后常发生颜色变深的现象，在使用硒脱色时，表现特别明显。一般认为是由于在退火过程中，铁离子（Fe^{2+}）与无色的硒化物离子（Se^{2-}）反应生成硒化铁，或玻璃中的无色亚硒酸盐在还原气体作用下分解形成紫色单质硒所致。因此在硒钴脱色中，必须注意退火对玻璃颜色的改变问题。图 5-35 为单质硫、硒、硫硒混合着色玻璃光谱曲线。

硫硒混合着色玻璃的颜色比硫碳着色略红，图 5-36 所示为在钠钙硅玻璃中 Se 含量不同时对光谱曲线的影响。由图可见，随着 Se 添加量增加，光谱吸收曲线向长波区域移动，颜色加深，透光率下降。

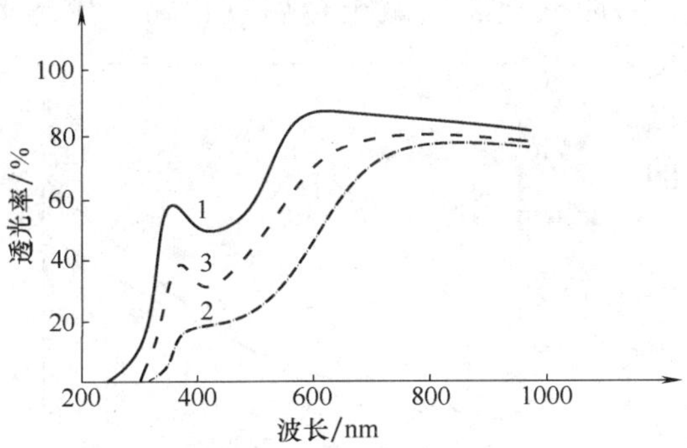

图 5-35　单质硫、硒和硫硒混合着色的光谱曲线图
基体玻璃（摩尔分数）72.0% SiO_2、2.0% Al_2O_3、6.0% CaO、2.0% ZnO、18.0% Na_2O
1—0.5%S（质量分数）　2—0.5%Se（质量分数）　3—1.0% S+0.05% Se（质量分数）

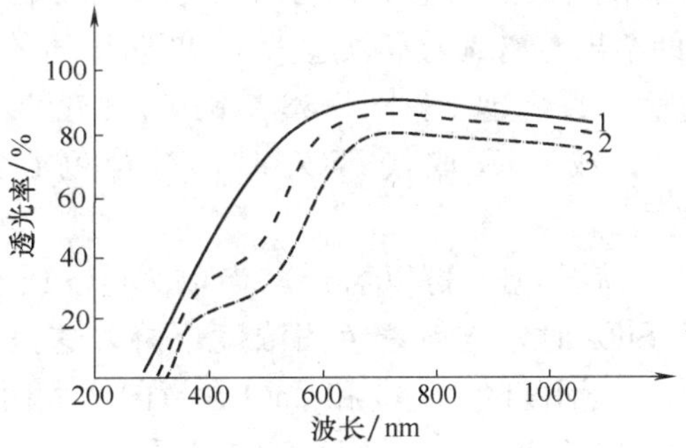

图 5-36　基体玻璃中引入不同质量硒的光谱曲线图
基体玻璃（摩尔分数）72.0% SiO_2、2.0% Al_2O_3、6.0% CaO、2.0% ZnO、18.0% Na_2O
1—0.1% Se（摩尔分数）　2—0.2% Se（摩尔分数）　3—0.4% Se（摩尔分数）

图 5-37 为在钠钙硅玻璃中 Se 含量固定在 0.13%时（摩尔分数），分别引入 0.5%、1.0%和 2.0%（摩尔分数）单质硫的光谱曲线。由图可见，随着单质硫引入量的增加光谱吸收曲线向长波区移动，颜色加深，透光率下降。

5.3.3.2　硫碳着色

“硫碳”着色玻璃，颜色棕而透红，色似琥珀，又称“琥珀色玻璃”，广泛用于瓶罐玻璃和器皿玻璃。

在硫碳着色玻璃中，碳仅起还原剂作用，并不参加着色。一般认为硫碳着色的棕色基团是由铁氧四面体中的一个氧离子为硫离子取代而形成。同时提出着色中心含有一个氧化物（Fe^{3+}）和一个还原物（S^{2-}）共存而产生。玻璃中的 Fe^{2+}/Fe^{3+} 和 S^{2-}/SO_4^{2-} 的比值，

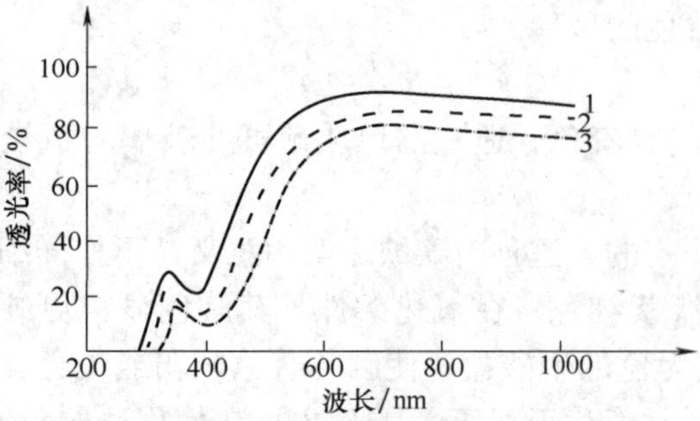

图 5-37 基体玻璃中引入不同质量硫的光谱曲线图
基体玻璃（摩尔分数）72.0%SiO_2、2.0%Al_2O_3、6.0%CaO、2.0%ZnO、18.0%Na_2O
1—0.5%S（摩尔分数） 2—1.0%S（摩尔分数） 3—2.0%S（摩尔分数）

对玻璃的着色情况有重要的作用。一般来说，Fe^{3+} 和 S^{2-} 含量越高，着色越深，反之着色越淡，因此 Fe^{3+} 与 S^{2-} 之积是衡量色心浓度的标志。

（1）影响着色的两个主要因素

① 玻璃熔体的氧活度：Fe^{2+}/Fe^{3+} 和 $S^{2-}/SO_4{}^{2-}$ 都是氧化还原电子对，因此它们的比值都受玻璃熔体中的氧活度影响。由于氧化物 Fe^{3+} 和还原物 S^{2-} 这一对矛盾共存于玻璃之中，故氧活度的增大或减少，对 Fe^{3+} 和 S^{2-} 的形成产生着完全相反的作用。当氧活度增大时，Fe^{3+} 含量上升，S^{2-} 含量下降；反之，氧活度下降，则 Fe^{3+} 下降，S^{2-} 上升，因此必须适当控制玻璃熔体的氧活度。实验表明，琥珀色玻璃的氧活度相当于氧压力为 1.013×(10^{-5}～10^{-3}) Pa。玻璃熔体的氧活度除受熔制时的氧化还原条件影响外，还与基础玻璃的成分有密切的联系。一般碱金属及碱土金属氧化物含量越多（即给出游离氧的本领越大），玻璃熔体的氧活度越大，反之越小。图 5-38 是钠钙硅酸盐玻璃中以 Na_2O 或 CaO 取代 SiO_2 时，对着色心浓度的影响。

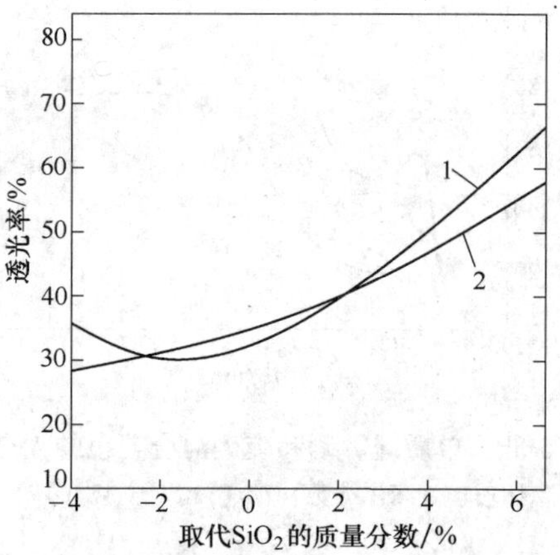

图 5-38 钠钙硅玻璃中以 Na_2O 或 CaO 取代 SiO_2 后玻璃 550nm 的透光率
1—CaO 取代 SiO_2 2—Na_2O 取代 SiO_2

从图 5-38 可以看出，当以 Na_2O 或 CaO 取代 SiO_2 时，均使着色团浓度下降，这是由于熔体的氧活度随 Na_2O 和 CaO 含量的增大而上升所致。实验表明，在这两组取代系列中，S^{2-} 含量显著，而 Fe^{3+} 含量只有少量增大，因此总的结果是着色团浓度下降。

② 玻璃的结构因素：有人认为，在玻璃中硫离子大部分都处于两个 Si^{4+} 之间的桥联位置，处于这种状态的 Si^{4+}—S^{2-} 键的稳定程度取决于附近阳离子对硫化物离子 S^{2-} 的极化作用。一般来说，网络外体阳离子的场强越大（即极化能力越大），Si^{4+}—S^{2-} 键的稳定性越差，S^{2-} 含量越小，最终导致色心浓度下降。例如当以 Li_2O 取代 Na_2O 时，因 Li^+ 比 Na^+ 有较大的场强，对 Si^{4+}—S^{2-} 键产生强烈极化，因此减弱（桥联位置的）S^{2-} 的稳定性，使 S^{2-} 含量减少，引起玻璃中硫化物含量下降（见图 5-39）。

从图 5-39 也可以看出，当以 K_2O 取代 Na_2O 时，也发生 S^{2-} 含量下降的现象，这是由于 K—O 给氧本领大于 Na—O 的缘故。

实验证明，结构因素对 Fe^{2+}/Fe^{3+} 比值的影响较小。

图 5-40 为“硫碳”着色玻璃的光谱特性。

（2）硫碳着色玻璃的缺陷

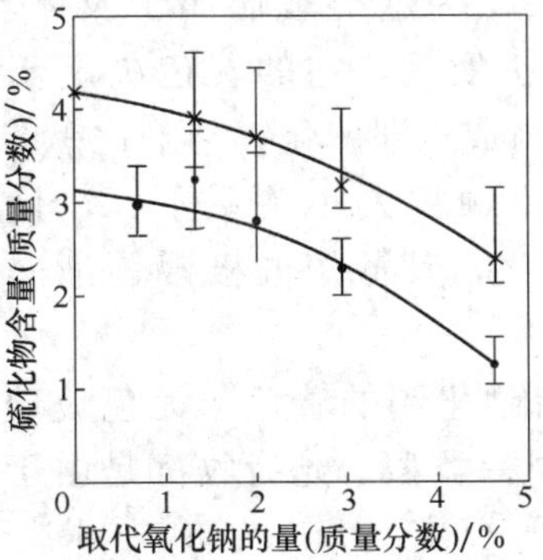

图 5-39　以 Li_2O 或 K_2O 取代 Na_2O 时对玻璃中硫化物含量的影响图
×—Li_2O　•—K_2O

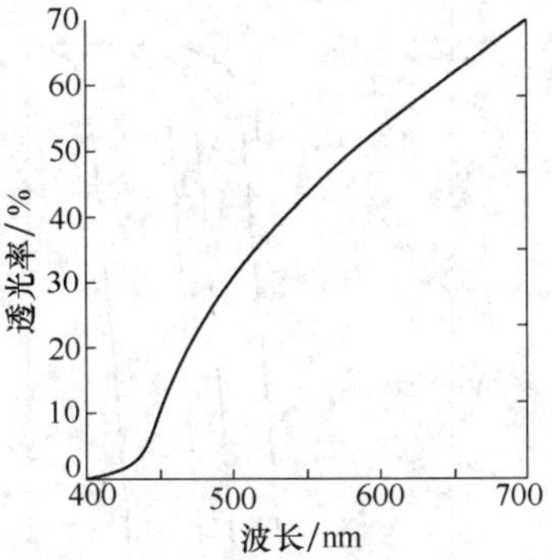

图 5-40　硫碳着色玻璃的光谱特性图

① 颜色不纯：理想的硫碳着色玻璃必须是色泽鲜艳，棕而透红，其纯度和亮度与 550nm 处的透光率有密切联系。玻璃中硫、铁、碳含量越高，550nm 处的透光率就越低，颜色越暗。在适当的硫、铁、碳含量下，S^{2-}/Fe^{3+} 和 S^{2-}/C^{4+} 比值越大，颜色越红，越有利于形成优美的琥珀色，因此欲获得良好的琥珀色，必须充分注意原料的纯度。

例如石英砂中的铁含量要严加控制，铁含量越多，越有利于形成硫化铁，而使玻璃颜色发暗，反之棕色透红。保证玻璃在还原气氛中熔制是获得稳定琥珀色玻璃的重要因素。

② 气泡：气泡是硫碳着色玻璃的常见缺陷，在坩埚熔制中尤为严重。一方面在还原条件下，硫酸盐（特别是亚硫酸盐）会发生分解，产生 O_2 和 SO_2，从而以气泡形式逸出。另一方面，在氧化条件下，硫化物离子 S^{2-} 又可能失去电子转变为单质硫，而以硫蒸气气泡形式出现。这种气泡不呈球形，往往是向泡内凹进。泡内还有少量黄色沉淀物，这是因为当玻璃熔体自高温降至室温时，泡内的硫蒸气转变为固态硫，使气泡内形成一定的真空状态，因而发生气泡向内凹的现象。另外玻璃中的水含量对气泡也有一定的影响。水一般认为是以氢氧离子（OH^-）形式溶解于玻璃之中 $[—Si—O—Si—]+H_2O \rightleftharpoons 2[—Si—OH]$。

一般来说，玻璃中硅氧（SiO_2）含量越高，网络外体阳离子断网能力越大，则玻璃中溶解水的量越多。在一定的条件下，这种化学结合的水有可能从玻璃结构中析出而形成气泡。

5.3.3.3　硫化镉和硒化镉着色

硫化镉和硒化镉着色（即镉黄、硒红一类玻璃）是目前黄色、红色玻璃中颜色最鲜亮、光谱特性最好的一种玻璃，它具有很好的滤光性。

这类玻璃的着色物质，为胶态的硫化镉（CdS）、硫硒化镉（CdS、CdSe）、硫碲化镉（CdS、CdTe）、硫化锑（Sb_2S_3）和硒化锑（Sb_2Se_3）等，它的着色主要决定于硫化镉与硒化镉的比值（CdS/CdSe），而与胶体颗粒的大小关系不大。随着 CdS/CdSe 比值的减小，其截短波极限逐渐向长波移动。

（1）光谱特性和着色机理　硫硒化镉着色玻璃的光谱特性比较特殊，在可见区并不出现吸收峰，而是一个连续的吸收区。透光区与吸收区之间是一条坡度很陡的分界线，通称为吸收极限或截短波线。小于吸收极限波长的光全部吸收，大于吸收极限波长的光全部透

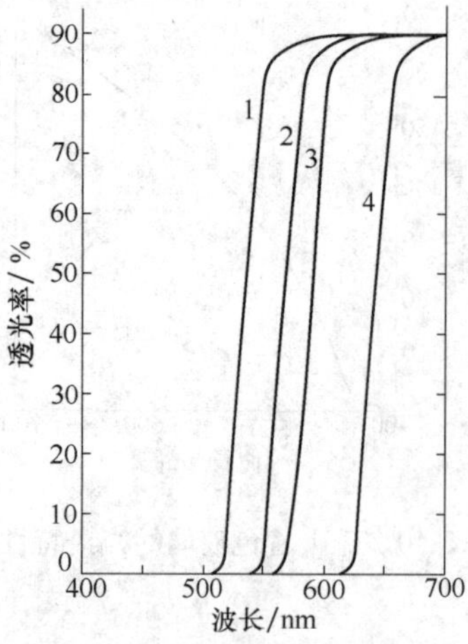

图 5-41 硒红玻璃光谱曲线图

1—仅含 CdS 2、3、4—CdSe 含量逐渐增加

过，见图 5-41。过去认为这类玻璃属于胶体着色，但从 X 射线结构分析发现，它的着色决定于胶态 CdS 和 CdSe 混晶的组成，即硫化镉与硒化镉的比值 CdS/CdSe，而与胶体颗粒大小关系不大，且随着 CdS/CdSe 比值的增大，其截短波极限逐渐向长波移动。

另外有人认为硫硒化镉的着色与无色玻璃在紫外吸收的机理属于同一类型。光吸收都是由于一定能量的光激发阴离子（O^{2-}、S^{2-}、Se^{2-}、Te^{2-}）的价电子到激发态所致。因为 S^{2-}、Se^{2-}、Te^{2-} 的亲电势比 O^{2-} 小，故能量较小的光就能激发它们的价电子到激发态，使其截短波极限进入可见光区，而导致玻璃着色。截短波极限波长的位置随着亲电势减小（$S^{2-}>Se^{2-}>Te^{2-}$）逐步向长波转移，这与截短波极限随 CdS/CdSe 比值减小向长波移动的情况是一致的。

氧化镉、硫化镉、硒化镉、碲化镉玻璃的光谱曲线，如图 5-42 所示。

从图 5-42 可以看出，氧化镉玻璃是无色的，硫化镉玻璃是黄的，硫硒化镉玻璃随着 CdS/CdSe 比值的减小，颜色从橙红到深红，碲化镉玻璃是黑的。它们的截短波极限值随 O^{2-}、S^{2-}、Se^{2-}、Te^{2-} 的顺序向长波转移，颜色加深。

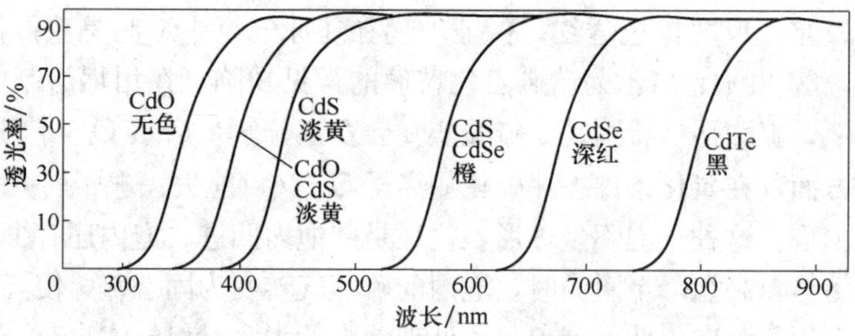

图 5-42 氧化镉、硫化镉、硒化镉、碲化镉玻璃的光谱曲线图

（2）胶态硫硒化镉的形成 镉黄、硒红一类的玻璃，通常是在含锌［5%～25%（质量分数）］的硅酸盐玻璃中加入一定量的硫化镉和硒粉（或硒化物如 CdSe、ZnSe 等）熔制而成，有时还需二次加热显色。

胶态 CdS 和 CdSe 的形成主要是由于玻璃熔体自高温冷却过程中发生分相而引起的，这是一种非均匀成核过程。由于硫化物在硅酸盐熔体中溶解度小，当熔体从高温冷却（特别是经过一定的热处理），硫化物（如 ZnS、CdS 等）便从玻璃母体中析出，形成第二个相（液相或固相）并进一步长大为微晶体。

有人认为，在熔体降温过程中，玻璃中首先形成较稳定的硫化锌，与其它硫化物保持一定的平衡关系，当进一步降低温度时，平衡移向硫化镉方向，致硫化镉的浓度逐渐增大，其反应如式（5-29）所示。

$$ZnS+CdO \rightleftharpoons ZnO+CdS \tag{5-29}$$

在一定条件下 CdS 晶核进一步长大成为胶态颗粒，最后产生黄色即镉黄玻璃。至于硒红玻璃，则在加热显色时，由于硒离子 Se^{2-} 扩散进入 CdS 晶格之中，生成硫硒化镉（CdS-CdSe）混晶，使玻璃产生红色。

锑红玻璃和硒化锑玻璃的着色机理与硫硒化镉玻璃类似，它们的着色物质分别为胶态的 Sb_2S_3 和 Sb_2Se_3，硒化锑玻璃是一种重要的黑色透红外材料。

(3) 显色　这类玻璃需要使 CdS、CdSe 长大成微晶体（胶体）来实现着色，在制造中需要进行热处理，即所谓加热显色。根据玻璃制品对光谱特性的要求，分为一次显色和二次显色。

对光谱特性要求不高的制品，大多是一次显色，即制品经成形后即产生颜色。二次显色是经过成形加工后，玻璃基本无色，必须进行再次热处理才能产生一定的颜色或得到一定的光谱特性。它适用于光谱特性要求高的制品（如滤光玻璃、信号玻璃等），目的是通过严格的显色工艺（包括确定的加热温度和保温时间）来达到规定的光谱特性。

实践证明，在显色过程中随着显色温度的提高，有利于 Se^{2-} 扩散进入 CdS 晶格中，使硫硒化镉混晶中的 CdSe 比例增大，玻璃颜色由黄向橙黄和红色方向转变。一般显色温度每提高 10℃，短波截止极限将向长波移动 5nm 左右。但当温度超过一定值后，颜色加深即停止，因为这时玻璃中 CdSe 的形成已达到饱和。在一定范围内，颜色也随保温的时间加长而加深，但其作用不及温度作用显著。二次显色的温度一般略高于玻璃的退火温度（为 600～800℃）。显色的温度和时间应根据所要求的光谱特性并通过试验来确定。

5.3.4　玻璃其它着色方法

除了上述三种常规玻璃着色方法，还有曝晒着色、辐射着色、光致变色、感光着色、扩散着色。

5.3.4.1　曝晒着色

曝晒着色一般认为是玻璃在太阳光中的紫外线照射下，从玻璃结构中或变价离子中激发电子所引起的。这些电子直到在结构中某处被捕获，负离子空穴、缺位空穴、结构缺陷或变价离子等都能捕获电子，由此而形成的新的电子结构，通常称之为色心，它将在可见光区产生特定波长的光吸收。另外在紫外线照射下产生的正电荷空穴，被结构缺陷或变价离子所捕获，也可能产生色心。

含有锰和铁的玻璃在太阳光照射下，从二价锰离子激发出一个电子，为三价铁离子所捕获，产生下列光化学反应式：

$$Fe^{3+} + Mn^{2+} \xrightarrow{h\upsilon} Fe^{2+} + Mn^{3+} \tag{5-30}$$

反应结果使玻璃从原来的淡黄绿色转变为浅紫红色，玻璃经退火后，这种变色又会复原。由于普通玻璃都含有铁等有害杂质，因此曝晒着色是一种普遍现象。

白砒（As_2O_3）有加速曝晒着色的作用，因此有些玻璃（如眼镜玻璃）为了提高抗曝晒变色能力，一般不用白砒而用氧化锑作澄清剂。

一些透紫外线玻璃，经紫外线长期照射后，将发生紫外透过率下降的现象。主要是在紫外线激发下，部分二价铁离子被激发出一个电子转变为三价铁离子引起的，因 Fe^{3+} 的吸收紫外线的能力远大于 Fe^{2+}。但玻璃经适当热处理后，能使紫外透过率重新回升，但这种“热回升”不能使紫外透过率恢复到原有水平。

5.3.4.2　辐射着色

玻璃在高能射线（如 γ 射线、中子、α 和 β 粒子射线等）辐照下，都能发生变色和结构破坏的作用。着色的特性和深度与玻璃的组成和辐射剂量有关。α 和 β 粒子因带有电荷，在玻璃中穿透深度很小，仅在玻璃表面薄层引起着色。γ射线和中子则能穿透很厚的玻璃，并使其光线穿过部分着色。就γ射线来说，它与玻璃的作用方式随γ光子能量不同而异。

当能量＜0.5MeV的γ射线照射玻璃时，可产生光电效应。这时γ光子同玻璃中原子的束缚电子碰撞并将电子激发出，而光子把能量传给电子变成其动能，在能量为0.5～4.7MeV的γ射线照射玻璃时，则产生康普顿效应。这时，光子将自己的一部分能量传给束缚电子，使其激发到更高的能级或游离出去，而γ光子的能量则降低，此后它还能继续激发电子。在更高能量时，γ光子同玻璃中原子作用，产生正、负电子偶。其正电子很快就同玻璃中的电子合并，而产生两个具有较低能量的光子。这样，高能γ光子就转化成了快速电子和较低能量的γ光子，这种γ光子又能激发束缚电子并产生自由电子，而快速电子又能使玻璃中的原子电离。

中子主要是同玻璃中原子核作用，而同电子之间并无显著作用。

在慢中子同玻璃组成元素的原子核作用而放出γ光子或核粒子时，原子核的推斥力引起它的位移，并使其路程上的其它原子核也产生位移，因此使硅氧网络断键，并出现空位，所产生的γ光子和次级核粒子同原子中电子交互作用，又产生了大量的自由电子和激发电子。

在γ射线等放射性辐射和中子的作用下，在玻璃中产生自由电子或空穴。其中自由电子能被玻璃中带正电的离子捕获，此时离子就恢复成原子，例如 $Si^{4+}+4e=Si$。如果自由电子占据玻璃中网络结构点阵的空位（负离子缺位），就形成新的色心，并在可见区产生新的吸收带，故辐射在玻璃中产生的自由电子，引起一些元素离子还原及新色心的形成，是玻璃着色和发黑的根本原因。

在强辐射的作用下，玻璃中原子核的位移可导致网络结构空位的形成，化合物遭受破坏，原有键的断裂和新键的形成，致使玻璃破坏变质。

玻璃的辐射着色是一个可逆过程。辐射着色玻璃可用加热至接近软化温度或用太阳光及灯光照射使其完全褪色。用加热办法褪色比光照的办法快得多。

玻璃的辐射着色深度一般随照射剂量的增大而增加。而对每一种玻璃都有一个照射剂量值，超过这个剂量时，再增大剂量并不引起着色深度的增加，也就是达到了一个饱和值，这是由于着色速率等于自发褪色速率所致。

为了防止辐射着色，通常在玻璃中加入少量的多价离子，使辐射引起的自由电子或正空穴首先与多价离子反应，使其价态改变，而不引起色心的建立。玻璃中引入 CeO_2、As_2O_3、Sb_2O_3、Cr_2O_3 和 Fe_2O_3 等氧化物时，有防止玻璃辐射着色的作用。其中效果最好最常用的是 CeO_2，在玻璃中三价铈离子 Ce^{3+} 能捕获正空穴（正孔）而形成四价铈离子，Ce^{4+} 是电子捕获中心。铈离子价态变化引起的吸收带位于紫外区，因此不致由于影响玻璃在可见光区的原有透过率而发生着色。

5.3.4.3 感光着色

感光玻璃是一种含有感光剂（Cu^+、Ag^+、Au^+ 等）和光敏剂（CeO_2）的玻璃，经过紫外线照射并在一定温度下热处理后显色。紫外线的照射有促进感光着色剂显色的作用，在同一块玻璃中，经过紫外线照射部分与未被照射部分相比，能在比较低的温度下热处理显色，这样可利用遮蔽体或用照相底片遮蔽一部分玻璃，经过紫外线照射和适当的热处理就可以得到颜色图案或有摄影的照相。此外还可以利用玻璃进行晶化和酸处理，制成具有凸凹细雕花纹的器皿。利用感光玻璃原理可以对玻璃进行照相、印刷、彩饰、刻花和打孔等加工。

5.3.4.4　光致变色

光致变色玻璃是经长波紫外线或短波可见光照射后在可见光区产生光吸收（使颜色或透过率发生变化）而自动变色，在光照停止后又自动地恢复到原有的透明状态。光色玻璃可以长时间反复变色而无疲劳（老化）现象，其力学性能良好，化学稳定性优良，制备简单，可获得稳定的、形状复杂的制品。

光致变色玻璃用于制造变色眼镜、汽车、飞机、船舶和建筑物的自动调节光线的窗玻璃；还以用作光信息存储和记忆装置。光致变色玻璃制成光学纤维面板可用于计算技术和显示技术，用作全息照相记录介质等。

5.3.4.5　扩散着色

扩散着色是将着色剂与某些黏合剂、填充物制成糊状涂覆于玻璃表面，并经适当热处理（一般在还原气氛下，才能使玻璃表面着色），使着色离子与玻璃中的碱金属离子进行交换，扩散进入玻璃表层而使制品着色。

玻璃表面离子扩散着色的方法有：涂覆法、盐熔浸渍法和金属盐蒸气法。

扩散着色分为下述四个过程：

① 将含有着色剂的糊膏涂覆于玻璃表面，并进行适当干燥，使着色离子扩散进入玻璃面层中；

② 热处理过程；

③ 金属离子（Ag^{+}、Cu^{+}等）被还原为原子；

④ 原子聚集成胶体而着色。

离子扩散方法可以根据需要对无色玻璃制品进行局部表面着色，故可用于玻璃器皿的工艺装饰及温度计、玻璃仪器的印线和标记等方面。

5.4　玻璃脱色

5.4.1　玻璃的脱色原理

在玻璃生产中，由于种种原因总是有少量的铁进入玻璃熔体中，使玻璃产生不良的黄绿色，降低玻璃的透明度和“白度”，影响到玻璃制品的质量，因此必须对玻璃进行脱色。

玻璃的脱色分为化学脱色和物理脱色两类。

化学脱色一般是在配合料中加入氧化剂，使着色较强的 Fe^{2+} 转变为着色弱的 Fe^{3+}。另外氟化物能与铁形成无色的 $(FeF_6)^{3-}$，也属于化学脱色的范畴。常用的化学脱色剂有白砒（与硝酸盐共用）、二氧化铈和氟化物等。

化学脱色只是在一定程度减弱铁的着色，不能完全消除玻璃的颜色，因此在化学脱色的同时还需要进行物理脱色。

物理脱色是通过颜色互补来消除玻璃的颜色。三原色（红、绿、蓝）中任一种原色与其余两种混合色光都互为补色。前面提到的铬、锰混合着色就是颜色互补的实例之一。说明两种颜色的综合，几乎把整个可见光的各波段全面地按比例地均匀吸收，因而所得的颜色为灰色。在理想的情况下，两种颜色互补可以成为白色。一般来说符合式（5-31）关系即为互补色。

$$(\lambda_k - 565.52)(497.78 - \lambda_e) = 223.02 \tag{5-31}$$

式中　λ_k——位于光谱红色一端颜色的波长，nm；

λ_e——位于光谱蓝色一端颜色的波长，nm。

根据式（5-31）对单色光的平均波长进行计算，得出互补关系图，见图 5-43。

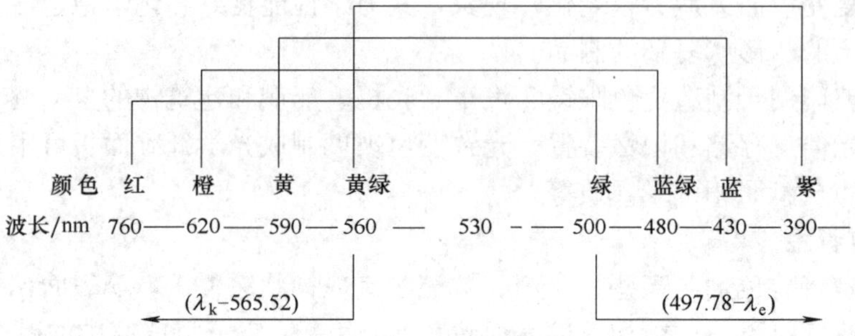

图 5-43　颜色互补图

λ_k—位于光谱红色一端颜色的波长（nm）　λ_e—位于光谱蓝色一端颜色的波长（nm）

根据上述互补关系，即可选择脱色剂。铁主要产生黄和黄绿色，与此互补的颜色为蓝和紫色。因此产生紫、蓝色的着色物质，如硒、钴，镍、锰、钕等都是物理脱色剂。氧化锰还有化学脱色作用。最常用的是硒钴脱色，在硒钴脱色中钴着色稳定，便于掌握，关键是如何控制硒的着色。

前已指出，硒在玻璃中一般存在单质硒（紫色）、多硒化物（棕色）、硒化物（无色）和亚硒酸盐（无色）、硒酸盐四种状态。它们在玻璃中存在着复杂的平衡关系。它随熔制中的氧化还原条件而改变，这是造成硒钴脱色不稳定的原因。在硒钴脱色中，实际上只有一小部分单质硒使玻璃产生紫色，而大部分的硒是以各种无色硒的状态存在。

在强氧化熔制条件下，有利于形成无色的亚硒酸盐和硒酸盐（如 Na_2SeO_3 和 Na_2SeO_4），在强还原条件下（必须保证玻璃中不存在重金属，否则易还原出金属），则有利于形成无色的硒化物（如 Na_2Se）。介于上述两种条件之间，则为游离的原子状态硒，它使玻璃产生紫色。在单质硒和碱金属硒化物之间的中间物为棕色的多硒化物（如 Na_2Se_x）。由于玻璃中总是含有少量的铁，因此在硒钴脱色玻璃中也可能形成一部分棕红色的硒化铁，它往往对硒钴脱色产生干扰作用。

由上可知，氧化还原条件对硒钴脱色有重要的作用，它直接影响到硒钴脱色的稳定性。因此在生产实践中，应当根据生产的具体情况（例如玻璃中铁的含量和熔制条件等），确定硒钴用量和熔制的氧化还原条件，相应制定合理的工艺制度，以保证脱色的稳定性。在生产中如脱色发生问题（例如颜色偏紫、偏蓝、棕红或偏黄绿等），可根据不同情况，通过改变硒钴用量调整氧化还原条件和熔制制度等途径加以解决。当玻璃中的铁含量超过 0.05%（质量分数）时，物理脱色将失去效果。

5.4.2　硒钴脱色中的问题

（1）硒是易挥发物质，为了减少硒的挥发，在配料中应尽量使用无水或含水少的原料，因水有加速硒挥发的作用。使用硒的化合物以代替硒粉有利于减少硒的挥发。

（2）白砒（与硝酸盐共用时）是氧化剂，它能使紫色的单质硒转变为无色的亚硒酸盐，因而导致硒的用量相应增大。例如在 100kg 玻璃中，在含 As_2O_3 0.1%（质量分数）的情况下，需要 3～4g 的硒，如果不加 As_2O_3，硒的用量可减少到 0.4～0.5g。因此白砒用量越大，硒的用量也越大。白砒还有促进硒钴脱色玻璃在退火和曝晒过程中的变色现象，这些都是白砒的不利因素。但白砒有稳定硒钴脱色的作用，因为白砒在玻璃中以 As_2O_3 和 As_2O_5 两种状态存在。在玻璃熔制过程中，当氧化还原条件波动时，白砒起着“缓冲剂”的作用，从而增加脱色的稳定性。氧化锑也有类似的作用。

（3）硒钴脱色玻璃在退火过程中，常发生颜色变深的现象，例如由紫转棕，由无色变紫或紫色加深等。一般认为在退火时，炉内还原性气体扩散进入玻璃内部，使无色的亚硒酸盐分解形成紫色单质硒（$Na_2SeO_3=Na_2O+SeO_2=Na_2O+Ce+O_2$）所致。扩散是由表及里的过程，因此在退火过程中脱色玻璃常常是表面层色深，内层色浅，形成颜色梯度现象。也有人认为退火中的颜色加深是硒着色玻璃的显色现象。由于硒钴脱色玻璃具有退火变色的特性，因此在生产实践中，必须根据退火中的变色情况，对硒钴用量和熔制工艺作适当的估计和调整。

铅玻璃不能用硒钴脱色，因为会形成硒化铅，使玻璃产生棕色。铅玻璃一般用氧化镍脱色。

第6章　玻璃成分设计

6.1　玻璃成分概述

玻璃成分是指构成玻璃的元素或氧化物，它是玻璃化学组成的基础。玻璃成分是影响玻璃的结构、性质和工艺的内因，玻璃成分对结构、性质和工艺起决定性作用。

6.1.1　玻璃成分的表示方法

玻璃成分的表示方法有多种，各种表示方法之间的关系和相互换算虽然是基本常识，其正确表示和换算对玻璃科研和生产具有十分重要的意义。

古代的玻璃作坊通常以原料的配比作为生产控制指标，作为秘方来传授，如钠钙器皿玻璃一般以石英砂为100，得出其它原料的相对数量，用份数表示，不加质量单位，配料时可用g、kg、t，也可用斤、两、磅、盎司等。

近代玻璃成分常采用质量分数、摩尔分数、摩尔比、原子分数、阳离子相对数、硅酸盐摩尔分数表示。

① 质量分数：它是最常用的成分表示方法，其符号为w，如式（6-1）所示。

$$w_i=\frac{m_i}{\sum m_i}\times 100 \tag{6-1}$$

式中　w_i——玻璃中成分i的质量分数，%；

m_i——玻璃中成分i的质量；

$\sum m_i$——玻璃中所有成分质量的总和。

由于玻璃性质和玻璃成分的质量分数之间不存在线性关系，在研究玻璃成分与性质关系时，一般不采用质量分数，而是采用摩尔分数。

② 摩尔分数：它是指玻璃组成中每种玻璃成分的摩尔含量，其符号为x，如式（6-2）所示。

$$x_i=\frac{n_i}{\sum n_i}\times 100 \tag{6-2}$$

式中　x_i——玻璃成分i的摩尔物质的量分数，%；

n_i——成分i的物质的量；

$\sum n_i$——玻璃中所有成分物质的量的总和。

③ 摩尔比：首先将玻璃成分中各成分的量换算成物质的量，再列出相互之间物质的量的比例，其表示方法与陶瓷釉的釉式相似。用摩尔比来表示玻璃成分有其优点，既可以预测玻璃的性质，也可便于各种玻璃之间对比，特别是有利于比较不同玻璃成分之间的性质，在保持玻璃成分中的碱金属氧化物不变的情况下，对比其它成分的变化就可以推测玻璃性能的变化。

在探讨加入不同成分对玻璃性质影响时，常用摩尔比这种表示方法。

④ 原子分数：也称原子百分率，是指构成玻璃的原子分数，主要用于特种玻璃组成表示，如红外夜视玻璃为 $Ge_{22}As_{20}Se_{58}$ 和 $Ge_{20}Sb_{15}Se_{65}$ 等。

⑤ 阳离子相对分数：阳离子相对分数 f_{Me} 表示玻璃成分，指每种阳离子与氧离子的原子比，即式（6-3）所示。

$$f_{Me}=\frac{Me\text{的原子数量}}{O\text{的原子数量}} \tag{6-3}$$

⑥ 硅酸盐摩尔分数：以玻璃中各种硅酸盐所占的摩尔分数表示，如玻璃成分为 $Na_2O \cdot CaO \cdot 3SiO_2$（摩尔比），可形成 $Na_2Si_2O_5$ 与 $CaSiO_3$ 的硅酸盐，则其硅酸盐摩尔分数为 $0.5Na_2Si_2O_5 \cdot 0.5CaSiO_3$。此种表示法只能用于硅酸盐，且仅限于简单的成分系统，因此不常用。

6.1.2　玻璃的牌号与命名

玻璃牌号是玻璃研制者或所在单位为了研究、生产和应用的方便，对某些玻璃进行的系统命名。玻璃牌号经常包括一些信息，如玻璃成分、含量、类别、性质、功能等。

玻璃牌号的命名方法有多种形式，如有以行政单位或行业进行系统命名，作为标准颁布；有以公司名称加数字命名的；有单纯以牌号命名的；有以研制日期命名的；有以研制的次数或试样编号命名的；也有综合命名的。

我国对电真空玻璃牌号和电光源玻璃牌号采用标准化命名方法，至今仍在应用。SJ666—73～SJ688—73 为电真空玻璃牌号的标准，此牌号命名方式由四部分组成：第一部分为电真空玻璃的代表符号；第二部分为组分名称与代表符号；第三部分为间隔横线（每种牌号都有）；第四部分为玻璃序号。如 DW—211 玻璃，D 为第一部分是电真空玻璃代号，W 为第二部分是钨组玻璃代号，之后是间隔线“—”代表第三部分，“211”为第四部分是钨组玻璃中的序号。

按玻璃性能进行命名的玻璃，如 BOROFLOAT33 玻璃、BG32 玻璃、Sunlit 玻璃、Pyrostop 玻璃等。

以地区或城市名字命名的玻璃，如 Thuringia 玻璃、Bohemia 玻璃、Murano 玻璃等。Thuringia 译为图林根，是德国北方历史地区名称，此玻璃为钠钙玻璃成分。Bohemia 译为波希米亚，是捷克地区名称，指钾钙硅酸盐晶质玻璃成分。Murano 译为穆兰诺，是意大利威尼斯北部威尼塔泻湖上的小岛，古代工艺玻璃器皿很出名，Murano 玻璃包括一系列玻璃成分，如 Murano22 为含 B_2O_3、ZnO 硅酸盐玻璃成分。

以公司或工厂名称加上数字命名的也很常见，如美国康宁公司的一系列玻璃的命名，是由公司名称 Corning 加上 4 位数字组成的编码，第一位数从 0～9，即分为 10 个序列（即 0×××、1×××、2×××、3×××、4×××、5×××、6×××、7×××、8×××、9×××），其中 7×××序列实用玻璃配方数量最多，如 Corning 7050、Corning 7052、Corning 7059、Corning 7207、Corning 7510、Corning 7720 、Corning 7250 等，但是每个序列中均有很多编码空缺，留待日后补充和完善。在序列以后还有实验编号、牌号等，如著名的 Corning 7740，牌号为 Pyrex，实验室编号 G-726-MX。

此外还有以研制日期和研制次数命名的，如我国的 632 器皿玻璃成分是某厂 1963 年 2 月研制成功的，至今仍在东北地区广泛应用；九五料为实验室编号，为我国某研究所研制成功，至今已有半个世纪，仍在全国仪器玻璃厂普遍使用。

有些牌号（如Nonex、Simax、Corex、Supremax、Hysil等）的意义至今不易解释。

6.2 玻璃成分设计

玻璃成分对玻璃材料或产品的功能、性质和成本均会产生重大的影响，如特硬质玻璃根据使用条件，要求玻璃线膨胀系数为（32～33）$\times10^{-7}$/K，而普通的钠钙硅酸线膨胀系数在（85～95）$\times10^{-7}$/K之间，因此特硬质玻璃必须设计低碱高硅的玻璃成分，以满足玻璃制品性质和功能的要求。玻璃成分不仅决定了玻璃制品的性质和功能，而且在很大程度上还决定了玻璃成本。如有些特种玻璃成分中按照性质要求，需引入稀土元素，价格昂贵，在成分设计时用性质相近的其它成分代替稀土元素，则可降低成本。另外成分设计不当，会造成产品质量下降，废品增加，成本提高，这是由于玻璃成分与生产工艺也有密切关系。通常根据设计的成分来选择生产工艺，但对于已确定的生产工艺，则需根据生产工艺来选择相应的玻璃成分，玻璃成分设计不合适，会使熔制、成形困难，退火不良，严重时无法进行生产。如用池窑生产矿渣微晶玻璃板材时，需将玻璃熔融成形后再进行晶化处理，但玻璃成分设计只考虑到主晶相的组成，晶化速率过快，在成形时完全晶化，达不到微晶结构所要求的性能，而且在池窑的某些部位可能产生整体析晶，此时只得停止生产。其它玻璃品种也有因析晶而影响生产的，不过不像矿渣微晶玻璃那样严重。至于玻璃成分设计不当，造成熔化困难，熔制时发生结石、条纹、气泡等缺陷，实际生产中时有发生。所以一般情况下根据设计的玻璃成分来制定生产工艺，但对于生产工艺已确定的工厂，则根据生产工艺来选择与其匹配的成分。

玻璃成分设计方法与材料设计方法基本相似，也经历了四个阶段。

① 摸索性阶段：根据反复试验、摸索而成，如古代的玻璃工匠是试探性地摸索出玻璃配方，未能去寻找规律，所以偶然能获得成功，但没有重复性。

② 经验性阶段：根据经验和秘方，凭直觉建立经验规则，如国内艺术玻璃作坊的技师，往往是口传手教，停留在感性阶段，很少将经验总结为理性文字材料。但此阶段比摸索性阶段有了较大进步，按经验配方可以重复地制备出符合性质和功能要求的产品。

③ 实验性阶段：根据数据的积累进行数据分析，建立实验公式，用模拟方法、分析、有限差分法、有限元法来设计玻璃成分。目前国内外玻璃成分设计基本上处于此阶段，仍然停留在宏观计算水平上。只有个别特种成分设计达到了原子、分子水平，如采用分子力学方法、分子动力学（MD）方法、蒙卡罗（Monto Carlo）方法等。

对于离子键为主的氟化物玻璃用分子动力学方法，按红外光学性质要求来设计玻璃成分，能达到比较高的精确度。对共价键和离子键相结合的硅酸盐玻璃，采用MD法根据性质要求来设计成分，误差仍比较高。

④ 理论性阶段：用理论公式进行成分设计，如在电子层次上，用各种分子轨道方法，各种能带计算方法进行成分设计计算。目前此法仍处在探索时期，只在元素半导体玻璃、化合物半导体玻璃成分设计中能成功地应用。

实用玻璃大都为多元成分体系，玻璃组分比较多，结构也很复杂，期望建立结构-性质之间模型也很困难，推导理论公式目前还处于探索阶段。

6.2.1　玻璃成分设计原则

玻璃成分的设计是根据材料产品的功能（用途）、性质和成本来进行的。近年来的绿色设计（环境协调设计）除了根据上述要求外，还要考虑到环境因素，不仅要将保护生态环境作为成分设计的目标和出发点，还要将环境指标结合产品功能、质量和成本作为设计依据，设计人员在构思和具体设计阶段，必须贯彻和执行降低能耗、节约资源、保护环境。

6.2.1.1　玻璃成分体系稳定可靠

设计透明玻璃的成分必须要在玻璃形成区内，经熔化和冷却过程，玻璃不产生析晶；而熔融法微晶玻璃则在熔化、成形后，再进行热处理而析晶，并获得要求的晶相和形貌。

不同的成分体系有不同的玻璃形成区（或称生成区），通常是根据实验得出的，到目前为止，详细和实用的玻璃形成图载于《玻璃性质与玻璃形成手册》，此巨著共5卷，其中第4卷又分上下两册，并有英译本。图6-1为Na_2O-CaO-SiO_2系统的形成范围，所注的1为玻璃形成范围线，此线以上的成分即可形成玻璃；2为现代实用玻璃制造范围；3为古代玻璃成分范围；4为低温共熔物。由此可知，钠钙玻璃实用成分范围（摩尔分数）：SiO_2 60%～80%、CaO 5%～20%、Na_2O 10%～20%。

要使设计的成分能够实用，仅将玻璃成分选择位于玻璃形成区域内是不够的，还必须考虑到玻璃是否容易分相和析晶问题。以最常用的Na_2O-CaO-SiO_2系统玻璃为例，其不混溶界限线如图6-2所示。图中短划线A是不混溶界限线，在A线以上的成分经处理以后产生分相；点线B为连通结构界限线，在此线以上经热处理后分相产生连通结构。过去一般认为硼硅酸盐容易发生分相，对Na_2O-CaO-SiO_2系统的分相情况报道不多，欧拜里斯证实了Na_2O-CaO-SiO_2系统无色透明玻璃中存在尺寸不大的不混溶微滴。沃尔夫（Volf）则认为玻璃分成富碱相和富硅相后，富碱相易受水或大气侵蚀而风化。王承遇、陶瑛等将位于不混溶界限线A内的成分点No. 1，熔制成玻璃进行热处理，得到了粒滴状分相形貌；在位于连通结构界限线B以上成分点No. 2，熔制成玻璃进行热处理，得到连通结构分相形貌（No. 1和No. 2分相的扫描电镜照片分别如图6-3和图6-4所示），然后将不同分相形貌的玻璃进行人工加速风化试验，证实了分相对玻璃风化性能的影响。

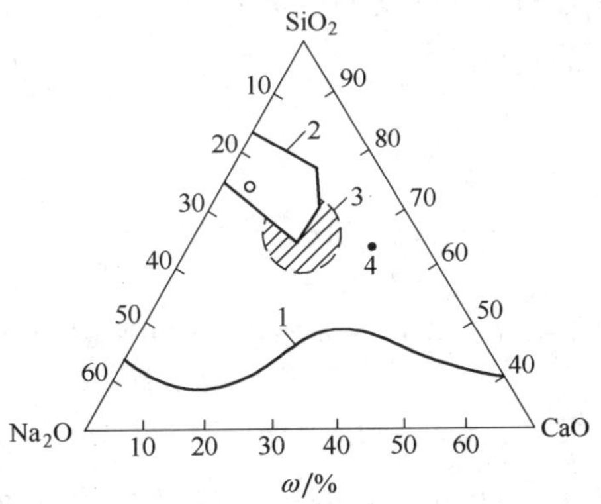

图6-1　Na_2O-CaO-SiO_2系统玻璃形成区图

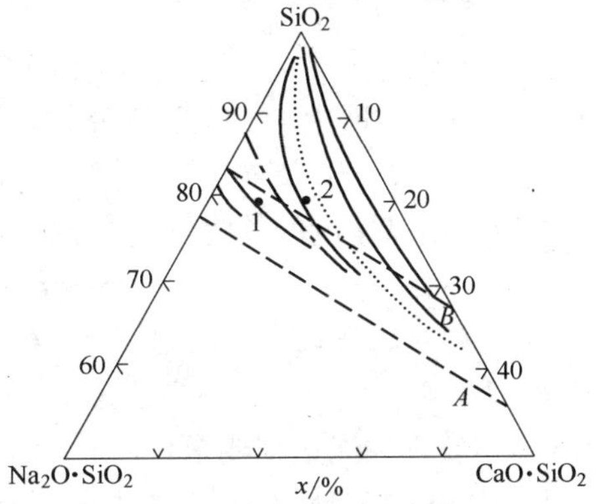

图6-2　Na_2O-CaO-SiO_2系统不混溶区和分相区图

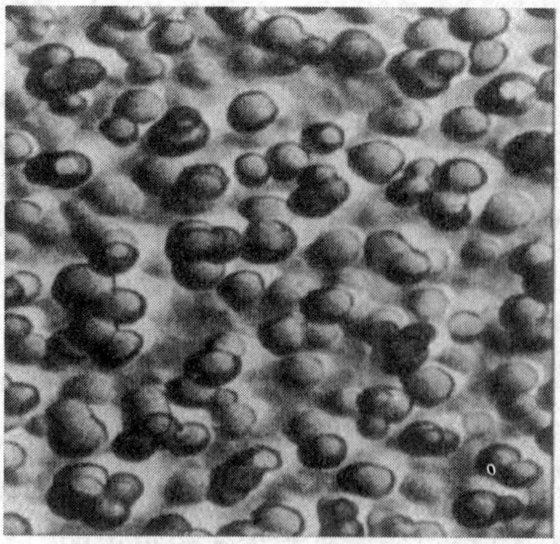

图 6-3　Na_2O-CaO-SiO_2 系统玻璃分相的粒滴状结构图

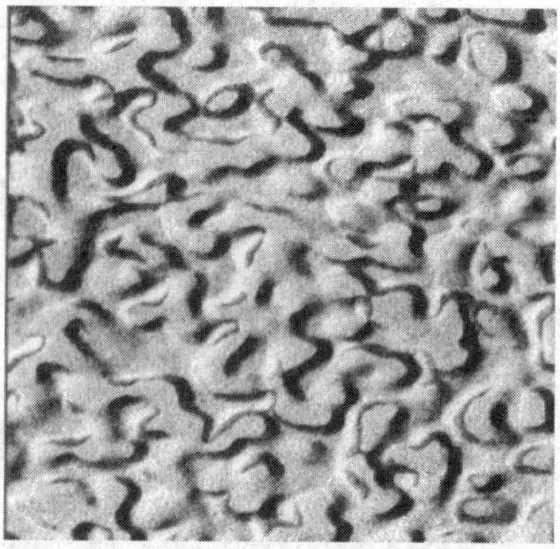

图 6-4　Na_2O-CaO-SiO_2 系统玻璃分相的连通状结构图

玻璃的析晶情况可用相图进行分析，从防止析晶观点出发，玻璃成分应位于相图中相交界线和低共熔点附近，同时考虑到化学稳定性等要求，在 Na_2O-CaO-SiO_2 系统中，玻璃的成分范围应位于失透石（$Na_2O\cdot 3CaO\cdot 6SiO_2$）范围附近。实用玻璃成分应该具有低的液相温度 750～1050℃和较小的结晶速度，一般结晶发生在玻璃黏度 10^5 dPa·s 时，笛采尔通过实验得出具有最小结晶倾向的玻璃成分，绘成图 6-5 中的 Dietzel 线（缩写成 *DL* 线），在此线上的玻璃成分最不容易析晶。笛采尔测定了此系统中不同成分具有最大结晶速度时的温度曲线（等温线）以及不同成分生成最大结晶时所需要时间曲线（等时线），从这两组曲线中研究出结晶趋势与玻璃成分之间关系。在最大结晶速度的等温线上得出具有最低结晶趋势时玻璃成分之间关系为式(6-4)。

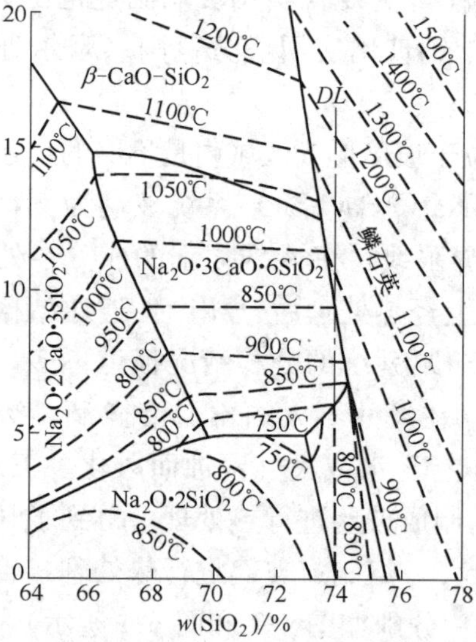

图 6-5　Na_2O-CaO-SiO_2 系统相图中实用玻璃成分范围 Dietzel 线

$$w_y = 27.7 - \sqrt{w_x^2 - 62w_x - 422} \tag{6-4}$$

式中　w_x——玻璃中 Na_2O 质量分数，%；

w_y——玻璃中 CaO 质量分数，%。

在最大结晶速度的等时线上考虑，当玻璃符合式（6-5）时，最不容易结晶。

$$w_y = 23.3 - 0.79w_x \tag{6-5}$$

解式（6-4）与式（6-5）得出 $w_y = 26 - w_x$，即 $w(Na_2O) + w(CaO) = 26\%$时最不容易结晶。

6.2.1.2　玻璃性能达到要求

不同用途的玻璃材料与制品有不同的性能要求，玻璃成分设计必须满足产品性能要求。

玻璃性能指标是根据标准要求或根据客户使用要求而制定的。现代社会是一个标准化的世界，随着全球化的进展，标准对国家利益、企业利益越来越重要。常见的标准可分为：①国际标准；②区域性标准；③国家标准，如中国标准、美国标准、日本标准、英国标准、法国标准等；④行业标准，如中国轻工标准、化学工业标准、建材标准等；⑤地方标准，如省、市、自治区地方一级行政机构制定的标准；⑥企业标准。

标准意味着市场，为了进入国际市场，一般可采用 ISO 或出口到某个国家对方市场的法定标准，至于内销则采用国家标准与行业标准。由于玻璃新产品发展较快，很多产品往往没有国家标准或行业标准，此时参考国外标准或与用户协商制定企业标准。在现代科技进展中，只要掌握了标准，就等于掌握了市场主动权，因此一定要重视标准的制定和贯彻执行，而且要从源头抓起，在设计成分时，就要考虑到标准问题。如设计电视显像管玻璃、低熔焊接玻璃就要考虑到欧盟 RoHs 标准中关于禁用 PbO、CdO 问题而采用其它成分来代替，以免产品受到绿色壁垒的限制。

6.2.1.3　符合绿色制造理念

琼森（Jonson）引用瑞典学者根据环境要求提出的禁用和限用元素绘制成图 6-6。图中×为将被禁止使用的元素，※为明显减少使用的元素，○为严格限制使用的元素，⊗为限制沉积物中最大含量的元素，□为特殊需要引入的元素。在图 6-6 中可以看出禁止使用的元素有 Pb、Hg，但目前对一些玻璃成分中的禁用元素，即使是在发达国家也很难实现，晶质玻璃和光学玻璃仍然还在引入 PbO，但国外已逐步用无铅晶质玻璃代替部分铅晶质玻璃。氟也是限制使用的元素，国外在平板玻璃、器皿玻璃方面早就不加氟作为助熔剂（加速剂）了，对氟乳浊玻璃改用 ZnO、TiO_2 为乳浊剂，或者以分相乳浊的方法来制备乳浊玻璃。

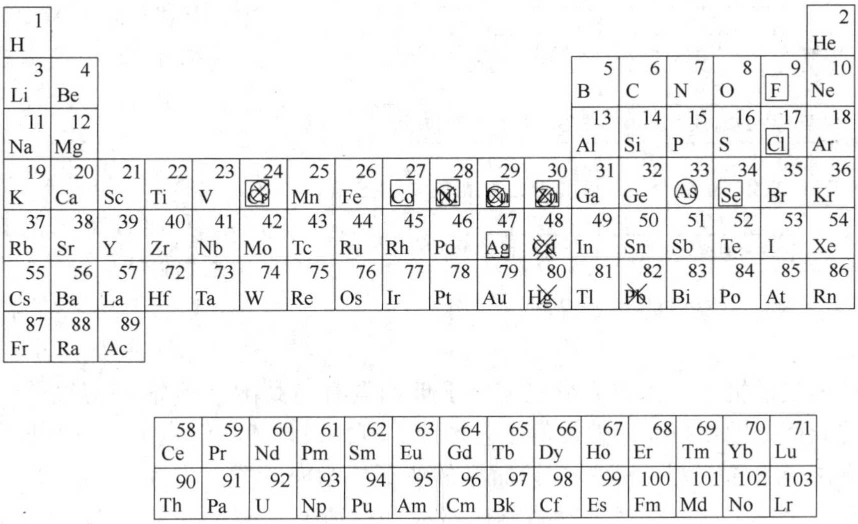

图 6-6　禁止和限制使用的元素

6.2.1.4　必须考虑工艺要求

设计玻璃成分时，应该满足容易熔化，符合成形、加工和退火等操作。从节能观点出发，在不影响玻璃质量的前提下，应设计出熔化温度比较低、澄清和均化时间比较短、对熔窑侵蚀比较小的玻璃成分和配方。玻璃熔化工艺应容易掌握，熔化中不易产生结石、条纹等缺陷。玻璃的黏度和成形方法相适应，人工成形复杂形状的玻璃制品，则设计料性“长”的玻璃成分；机械快速成形、简单形状的玻璃制品，要设计料性“短”的玻璃成分。设计的玻璃成分在退火中易于消除应力，退火过程中不应炸裂。热加工过程中某些成分不应被还原火焰加热而产生“黑化”等问题。

6.2.1.5　考虑原料质量的稳定和供应

在设计玻璃成分时必须考虑到原料的质量稳定性和大量供应问题。如玻璃电极采用 Cs_2O-La_2O_3-SiO_2 系统是合适的成分，引入 Cs_2O 成分可获得优良的电学性质，但其原料要用 Cs_2CO_3 或 $CsNO_3$，不仅价格昂贵且国内市场很难购到，这时只好用 Li_2O 代替 Cs_2O。

6.2.2　玻璃成分设计方法

玻璃成分设计主要分为经验设计和计算机辅助设计，后者又分为计算机模拟设计和计算机优化设计。

6.2.2.1　玻璃成分的经验设计

玻璃成分经验设计是多年来沿用的方法，方法比较简单，使用方便。首先根据设计任务书所提出的玻璃品种及其物理化学性质指标、生产方法、原料产地及其成分、成本核算等要求，进行调研和查阅文献资料，找出国内外同一生产方法、玻璃性质也相近的玻璃成分作为参考，然后根据原料、成本等因素，对国内外资料上的成分作一些局部修改和调整，设计出新的成分，再对新成分的物理和化学性质、工艺性能、原料用量以及成本进行计算，看是否符合设计任务书要求，如某一方面的指标与要求有差距，则进一步调整，直至完全满足任务书要求的指标为止。其设计流程如图 6-7 所示。

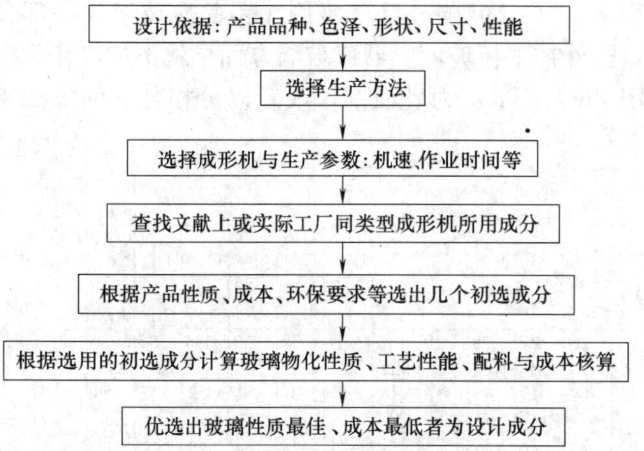

图 6-7　传统玻璃成分设计流程图

由于产品大都采用工业化生产，每种生产方法均有对应的不同类型的成形机械，每类成形机械要求玻璃具有与其配合的黏度-温度曲线、硬化速度、析晶的温度范围、析晶的速度等工艺性能。例如设计薄壁轻量大口玻璃瓶成分时，合理的成形方法应为压-吹法，而适合该瓶型的成形机为海叶式（Heye）制瓶机，在成形方法和设备确定之后，即可查找海叶式制瓶机成形时所要求玻璃的黏度-温度曲线、硬化速度等工艺指标，或从国内外工厂应用海叶式制瓶机实际生产轻瓶时玻璃成分作为设计的重要参考。

对同一种生产方法，同一类型成形机，当制造不同色泽、不同形状、不同大小时，采用的成形机速是各异的，从而也对玻璃的硬化速度提出了不同的要求。实际情况常常很复杂，不单是对玻璃硬化速度提出了不同要求，而且玻璃的热容、热导率、热辐射率等均对玻璃成形机速有影响，因此不能将温度-黏度曲线、硬化速度作为影响机速的唯一因素。

各种不同类型成形方法和成形机，其成形时的玻璃液的温度是各不相同的，瓶罐成形时的供料温度（$\lg\eta=10^{3.0}$ dPa・s）一般都在 1100℃以上，此时玻璃不易析晶，一般该类玻璃的析晶上限温度要低于 1100℃，或者说在此温度下玻璃的析晶速度很小。常用 Na_2O-CaO-MgO-Al_2O_3-SiO_2 系统玻璃的析晶温度在 980～1080℃，很少达到 1100℃的。在设计玻璃成分时，对于析晶性能可不必作为主要问题考虑，但对使用瓷石、霞石、珍珠岩、钽铌矿尾砂、高炉矿渣等为主要原料的高铝、高钙的瓶罐玻璃成分，玻璃很容易析晶，因此玻璃的析晶性能要作为重要问题来考虑。这类玻璃生产中常因温度波动，在料道中发生析晶，甚至在流液洞、池窑炉底发生析晶，造成流液洞的冻结而停止生产。对于拉制平板玻璃来讲，特别是对于垂直引上法玻璃其成形温度为 920～940℃，而钠钙玻璃最大析晶速度时的温度在 920～940℃。此温度与垂直引上法的成形温度相差很小，垂直引上时析晶倾向比较大，故生产一定时间就要打炉，清除槽口结晶，如果降低了玻璃析晶倾向就可以延长引上作业时间，增加产量。

玻璃成分中的铁含量不仅影响到玻璃的色泽，而且影响到玻璃的黏度、透热性、硬化速度等性能。不同品种、不同色泽的玻璃产品对透明度的要求是不相同的，如光学玻璃中光吸收系数应小于 0.001～0.002，即 1cm 厚的玻璃对白光的吸收率小于 0.1%～0.2%。铅晶质玻璃对光吸收系数要求比较小，国外提出光吸收系数小于 0.005～0.010。对平板玻璃、器皿玻璃不像对光学玻璃、晶质玻璃那样严格要求，提出的是透明度或透光率，如 2mm 平板玻璃要求可见光平均透光率大于 88%，无色透明玻璃器皿透光率 90%以上。光学玻璃和晶质玻璃一般采用光吸收系数，而不用总透光率表示，主要是光学玻璃和晶质玻璃的折射率比较高，而且不同品种玻璃的折射率相差比较大，导致反射率随之变化，而平板玻璃和器皿玻璃折射率变化很小，反射率基本也无变化，因此可用透光率来表示。玻璃成分中铁含量与透明度之间的关系如式（6-6）所示。

$$w=\frac{D}{ad} \tag{6-6}$$

式中　w——玻璃中铁质量分数，%；

　　a——系数，对 Fe_2O_3 为 0.007，对 FeO 为 0.079；

　　D——光学密度，以 10mm 厚玻璃为基准；

　　d——玻璃厚度，mm。

6.2.2.2　玻璃成分的计算机辅助设计

传统的玻璃成分设计方法基本是靠经验进行筛选，即运用大量原始资料找出基本符合要求的成分，然后再通过计算或试验来进行比较，直到选择出符合要求性质的成分为止。随着材料科学的发展，已经对材料微观结构进行了深入研究，逐步找出了成分-结构-性质之间的规律，同时由于计算机的速度、内存和操作性的提高，过去繁琐和较难的数学计算和数据分析，现在用计算机可以很快且更好地解决，这就为计算机进行玻璃成分设计提供了有利条件。

计算机模拟又称计算机实验，是指利用计算机对真实玻璃成分系统进行模拟实验，提供实验结果，以指导成分设计。玻璃成分的计算机辅助设计起源于 20 世纪 70 年代，1981 年干福熹等用计算机进行了硅酸盐玻璃、磷酸盐玻璃和氟化物玻璃成分的 15 种性质设计；

1987年浙江大学硅酸盐教研室将性质和成分设计用于玻璃综合实验，王承遇、陶瑛等的研究组于1988年利用计算机模拟用于轻量瓶成分的优化设计，1998年用于投影管玻璃成分优化设计。现在计算机很普及，很多工厂已采用计算机辅助成分设计。

计算机模拟设计可分为全面试验法和正交试验法。

（1）全面试验法　按照玻璃用途提出性能指标后，根据已有的经验，选择玻璃的组成数目及成分的大致范围，然后根据玻璃成分与性质之间的数学模型进行性质计算，从中选出符合要求性质的玻璃成分。

此方法随玻璃成分数目和成分范围的扩大，计算工作量增加很多。

（2）正交性试验法　按照正交试验表，选择玻璃成分与性质的计算次数，既可减少计算工作量，还可取得较合适的结果。这种方法比全面试验法合理，计算量也减少，得到广泛应用，此处重点介绍此方法。

在计算机辅助设计前，首先要确定设计玻璃组分数目及成分范围，以及交互作用组分的数目，这些数据可通过查阅文献及通过工厂调研获得，然后确定设计时要求的玻璃性质指标。李立华、吴锡琪设计的程序框架图如图6-8所示。

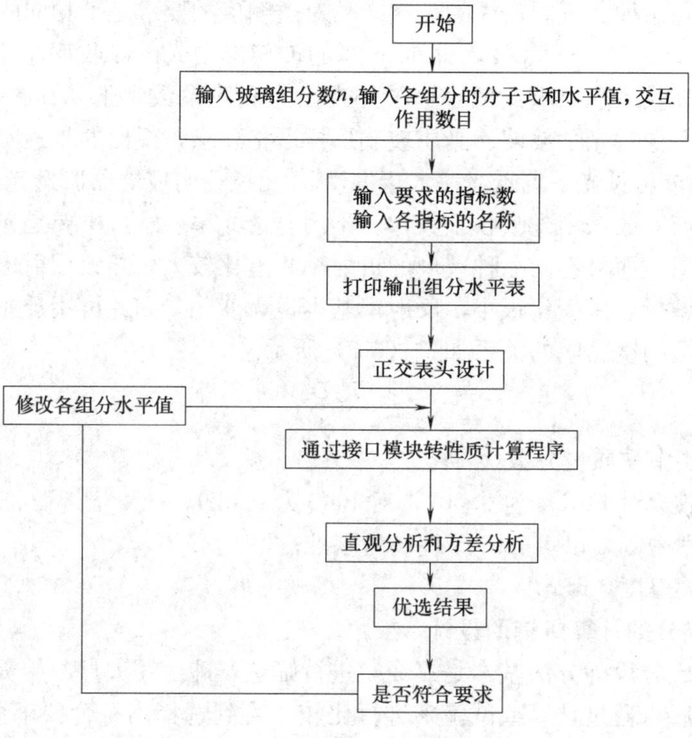

图6-8　计算机辅助设计程序框架图

6.2.2.3　玻璃成分的计算机优化设计

计算机优化设计实质上是一种计算机辅助设计，现以轻瓶玻璃成分为例，阐述其设计步骤。

（1）确定玻璃组分数、优选范围和搜索步长　玻璃组分数和优选范围基本上根据查阅文献、工厂实际生产成分以及设计者的经验来确定。

（2）制定要求的玻璃性能指标　根据不同品种玻璃使用条件和制备工艺，对玻璃有不同的性能要求，如瓶罐玻璃性质的要求指标，包括物理化学性质和工艺性能。由于没有包括所有瓶罐玻璃品种的国家标准或行业标准，所以可以从用途出发，选用相近用途的有关瓶罐玻璃标准，如用于装酒类，则参考白酒瓶标准。但不论用途如何的瓶罐，对抗热震性、机械强度和化学稳定性三项指标必不可少，而轻量瓶还要考虑其密度，在外形尺寸和壁厚相同的条件下，密度越小，则瓶越轻。

① 抗热震性：热震性是指玻璃容器经受温度剧变而不破裂的性能；热震耐久性是指玻璃容器在抗热震试验中，有 50%的制品出现破裂时的温差。玻璃制品的抗热震性主要与玻璃制品膨胀系数、玻璃制品厚度及形状密切相关。其表达式为式（6-7）。

$$\Delta t=11500\times10^{-7}/(\alpha\delta^{0.5}) \tag{6-7}$$

式中　α——玻璃线膨胀系数，$\times10^{-7}$/℃；

δ——玻璃制品最厚厚度，mm；

Δt——玻璃耐急冷急热，℃。

② 机械强度：瓶罐玻璃的机械强度包括耐内压力、抗冲击强度和垂直荷重强度，其中最重要的是耐内压力。

耐内压力的数值根据品种而定，啤酒瓶优等品的耐内压力大于 1.6MPa，一等品大于 1.4MPa，合格品为 1.2～1.6MPa。白酒瓶比啤酒要求低，不充气白酒瓶不小于 0.49 MPa。瓶罐玻璃耐内压与玻璃材料强度经验公式为式（6-8）。

$$pD=2\delta\sigma \tag{6-8}$$

式中　p——瓶罐玻璃耐内压，MPa；

δ——玻璃制品厚度，mm；

D——瓶体直径，mm；

σ——玻璃材料强度，MPa。

抗冲击强度也是一项重要指标，一般玻璃瓶罐的抗冲击强度优等品要求大于 0.8J，一等品大于 0.7J，合格品大于 0.6J。

至于玻璃硬度方面，我国瓶罐玻璃标准对玻璃硬度没有提出要求，而硬度不仅与瓶罐表面磨损有关，而且也与表面裂纹的形成与扩展有关，由硬度可估计玻璃的平均抗拉强度。影响玻璃强度、硬度的因素很多，如表面状态、制造工艺（熔化均匀程度、玻璃缺陷的多少、退火情况等），玻璃材料的强度并不等同于玻璃制品的强度，因此由成分计算出来的玻璃强度只能在相同工艺条件下作为进行比较的参考值。

③ 化学稳定性：根据不同的使用条件，对各类玻璃的化学稳定性有不同的要求，因此制定了各类玻璃制品的化学稳定性标准。我国原来瓶罐玻璃的化学稳定性标准是定性的，修订后，啤酒瓶的新标准 GB 4544—1996 对化学稳定性则采用玻璃容器内表面耐水侵蚀性能试验方法及分级（GB 4548—1995），要求内表面耐水性为 HC3 级，即容量大于 500mL 的玻璃容器，经受（121±10)℃侵蚀（60±1）min 后，玻璃容器内表面被侵蚀萃取液用 0.01mol/L 的 HCl 滴定，每 100mL 萃取液消耗盐酸溶液最大值为 2.2mL。由成分计算出来的化学稳定性数值，只是用于相对比较，得出的 D 值和 B 值越小，玻璃的化学稳定性越好。

④ 工艺性能：包括玻璃熔化温度、黏度-温度曲线、软化点、退火点、料滴温度、相对机速、析晶指数等。

从玻璃成分设计计算出玻璃熔化温度，要求不高于1500℃。黏度按富切尔公式计算，画出黏度-温度曲线，应接近于成形机要求的黏度-温度曲线，并从黏度-温度曲线中求出软化点温度 $T_S(\eta=10^{7.65}\ \mathrm{dPa\cdot s})$、退火点温度 $T_a(\eta=10^{13.0}\ \mathrm{dPa\cdot s})$，并计算供料温度 $T_w(\eta=10^3\mathrm{dPa\cdot s})$，其经验公式为 $T_w=2.63$(温度 T_S－温度 T_a)＋温度 T_S，成形范围指数（WRI），WRI＝T_S-T_a，成形范围指数为定性的数字，大多数玻璃 WRI 值大于 160，美国瓶罐成形范围指数为 174～178。相对机速（RMS）是以典型的 A 玻璃成分（质量分数）SiO_2 72.3%、$Al_2O_3+Fe_2O_3$ 1.2%、B_2O_3 0.7%、CaO 7.1%、MgO 1.9%、Na_2O 16.5%、BaO 0.5%的相对机速为 100%，将设计成分进行对比，用于衡量设计成分硬化速度与成形时，所能达到的机速快慢，其表达式为 RMS＝$(T_S-450)/[(T_S-T_A)+80)]$，相对机速越大，玻璃硬化速度越快。玻璃硬化速度也可按 $T_3\sim T_8$ 表示，数值越小，硬化速度越快。

（3）建立数学模型，编制计算机程序进行优选　按照瓶罐玻璃性能要求，可根据成分来分别计算性质。玻璃性质计算公式比较多，加和系数各不相同，同一成分用不同计算公式和计算系数大都由实验得出，有其适用成分范围。建立数学模型后，就可以编制计算机程序了，并确定选出的成分数目，对计算出的各种性质进行综合评分，以总分高者为优。

对于线膨胀系数可采用西尔维曼（Silverman）为钠钙器皿玻璃所研究的加和系数，温度范围为 80～170℃。抗压强度则用温克尔曼-肖特加和系数，虽然此系数计算误差较大，但目前还无其它系数可以代替之，作为成分之间相对比较还是可以的。密度可以通过比容来计算。黏度计算可用富切尔公式，计算出不同黏度时对应的温度。已知黏度值后就很容易计算出相对机速、工作范围指数、析晶指数与料滴温度。化学稳定性用莱尔（Lyle）经验公式计算，所得的结果与 ASTM C244 测试所用耐水性单位一致，均为 10g 玻璃受水侵蚀析出 Na_2O 后，用 0.01mol/LH_2SO_4 滴定所耗用的体积（mL）。

析晶能力与玻璃成分之间尚无简单的关系式，对瓶罐玻璃可用析晶指数表示，用式(6-9）来计算。

$$D=\mathrm{WRI}-160 \tag{6-9}$$

式中　D——析晶指数，此值为正数时，玻璃难析晶，此值为负数时，玻璃有可能析晶；

WRI——成形范围指数，用式（6-10）计算。

$$\mathrm{WRI}=T_S-T_a \tag{6-10}$$

式中　T_S——玻璃软化温度，℃；

T_a——玻璃退火温度，℃。

由于析晶指数不够具体，只能定性比较。在 SiO_2-Al_2O_3-CaO-MgO-Na_2O-BaO 系统中，结晶相一般为石英、硅灰石、透辉石、失透石，这些结晶相对应的析晶温度上限相差越小，析晶的能力也越小。

在性能计算的基础上，采用优选法中的综合评分法，对玻璃的各项性能进行评分，评分标准为线膨胀系数、耐水性 D 值、密度、析晶的能力和熔化温度。计算值越小，抗压强度、相对机速越高，硬化速度越快，则评分越高，最后以总分高者为优。

根据各成分的优选范围和搜索步长，可知每种取值数目，见表 6-1。

假定计算机利用循环语句总共设计玻璃 N 种，则 $N=C_3^1C_7^1C_4^1C_3^1=255$。

表 6-1　　优选成分范围、步长及取值数

化学成分	Al_2O_3	CaO	MgO	Na_2O
优选范围(质量分数)/%	2.0～4.0	5.5～11.5	0.5～3.5	13.5～15.5
步长(质量分数)/%	1.0	1.0	1.0	1.0
取值数目	3	7	4	3

(4) 根据确定优选成分数目进行打印　将以上各成分的优选范围和搜索步长输入常用的计算机运行，如需优选出性能较好的 25 种成分，只要输入打印数 25，计算机即打印出前 25 种玻璃成分与性能，见表 6-2 与表 6-3。

表 6-2　　优选的 25 组玻璃成分及计算性能结果

序号	w/%						表观密度/(g/cm³)	线膨胀系数/(×10⁻⁷/℃)	抗压强度/MPa	化学稳定性	熔化温度/℃	相对机速/%	硬化速度/℃
	SiO_2	Al_2O_3	CaO	MgO	Na_2O	BaO							
1	72	2	8.5	3.5	13.5	0.5	2.499	87.77	103.45	2.439	1487	99	505
2	71	2	9.5	3.5	13.5	0.5	2.512	88.84	102.43	2.439	1478	101	490
3	71	2	10.5	2.5	13.5	0.5	2.518	89.48	101.52	2.439	1476	104	484
4	70	3	10.5	2.5	13.5	0.5	2.522	89.44	101.29	2.704	1473	105	486
5	72	2	9.5	2.5	13.5	0.5	2.505	88.40	102.55	2.439	1484	101	498
6	70	2	9.5	2.5	13.5	0.5	2.531	90.56	100.50	2.439	1467	106	470
7	71	3	11.5	2.5	13.5	0.5	2.509	88.36	102.33	2.704	1482	103	500
8	70	4	9.5	2.5	13.5	0.5	2.513	88.31	102.09	3.168	1479	105	502
9	73	2	9.5	3.5	13.5	0.5	2.486	86.69	104.48	2.439	1496	96	519
10	72	3	7.5	2.5	13.5	0.5	2.496	87.28	103.35	2.704	1490	101	514
11	69	4	8.5	2.5	13.5	0.5	2.525	89.40	101.06	3.168	1471	107	488
12	70	2	10.5	3.5	13.5	0.5	2.525	89.93	101.39	2.439	1470	103	476
13	69	3	10.5	2.5	13.5	0.5	2.535	90.52	100.27	2.704	1465	107	472
14	71	4	8.5	2.5	13.5	0.5	2.500	87.23	103.12	3.168	1488	102	516
15	69	2	11.5	3.5	13.5	0.5	2.539	91.01	100.37	2.439	1461	105	462
16	72	4	7.5	2.5	13.5	0.5	2.487	86.16	104.15	3.168	1496	100	530
17	73	2	8.5	2.5	13.5	0.5	2.492	87.31	103.58	2.439	1493	99	521
18	70	3	9.5	3.5	13.5	0.5	2.516	88.81	102.19	2.704	1476	103	492
19	72	3	7.5	3.5	13.5	0.5	2.490	86.65	104.25	2.704	1493	98	521
20	73	2	9.5	1.5	13.5	0.5	2.497	87.95	102.69	2.439	1490	103	505
21	70	2	9.5	3.5	14.5	0.5	2.520	92.43	101.72	3.525	1463	97	479
22	68	4	11.5	2.5	13.5	0.5	2.536	90.43	100.04	3.168	1462	109	474
23	71	3	8.5	3.5	13.5	0.5	2.503	87.73	103.22	2.704	1484	100	507
24	72	2	10.5	1.5	13.5	0.5	2.510	89.03	101.65	2.439	1482	105	492
25	69	2	10.5	3.5	14.5	0.5	2.533	93.51	100.69	3.525	1455	99	464

各成分含量不同时，在前 25 种玻璃中出现的几率是不同的，根据条件概率论原理，出现几率最大的值为瓶罐玻璃中最佳含量的可能性，因此它可以作为选定最佳玻璃成分的参考。现将排名前 11 种玻璃做实际性能测试。其测试方法描述如下，其性能参数列于表 6-3。

(5) 优选成分的实际性能测试　为了验证计算能否反映玻璃各种性质变化的基本规律，并选出有实际意义的玻璃成分，下面取优选中排名前 11 种的玻璃做实际测试。

① 表观密度：用沉浮法测定表观密度，并以不同编号玻璃试样的表观密度实测值与计算机计算值比较，见表 6-3。计算表观密度和实测值相差很小，并且有其共性和规律，即 1、9、10 号玻璃表观密度较小，4、6、11 号玻璃表观密度较大。

表 6-3　　优选排名前 11 种玻璃的实测性能

序号	表观密度/(g/cm³)		线膨胀系数/(×10⁻⁷/℃)		力学性能		化学稳定性		熔化温度/℃		相对机速/%		硬化速度/℃	
	计算	实测	计算	实测	抗压/MPa	显微硬度	计算	钠析出/mL	计算	实测	计算	实测	计算	实测
1	2.499	2.499	87.77	79.46	103.45	649.2	2.439	40	1487	1520	99	105	505	535
2	2.512	2.512	88.84	82.10	102.43	634.2	2.439	47	1478	1510	101	108	490	515
3	2.518	2.518	89.48	80.70	101.52	619.6	2.439	40	1476	1500	104	106	484	510
4	2.522	2.522	89.44	87.80	101.29	634.2	2.704	40	1473	1490	105	109	486	520
5	2.505	2.505	88.40	84.90	102.55	619.6	2.439	47	1484	1500	101	107	498	525
6	2.531	2.531	90.56	85.80	100.50	605.4	2.439	47	1467	1510	106	110	470	500
7	2.509	2.509	88.36	83.30	102.33	612.4	2.704	56	1482	1530	103	106	500	540
8	2.513	2.513	88.31	86.00	102.09	641.6	3.168	47	1479	1490	105	111	502	535
9	2.486	2.486	86.69	78.80	104.48	657.2	2.439	43	1496	1530	96	104	519	555
10	2.496	2.496	87.28	80.40	103.35	627.0	2.704	40	1490	1520	101	104	514	550
11	2.525	2.525	89.40	80.98	101.06	585.4	3.168	40	1471	1490	107	112	488	510

② 线膨胀系数：用膨胀仪测定玻璃的线膨胀系数及计算机计算的结果见表 6-3。计算结果与实测值相差较大，计算机计算值偏高。这是由于计算时所用的经验系数引起的，但计算机计算与实测两条曲线发展趋势一致，均反映出 1、9、10 号玻璃线膨胀系数均较小，4、6 号玻璃的线膨胀系数较大，故计算机计算的结果能反映出线膨胀系数大致变化规律。

③ 化学稳定性：根据国家标准 GB/T 6582《玻璃颗粒在 98℃时所采用的耐水性——实验方法和分级》（与 ISO 719—1985）进行玻璃化学稳定性的测定，得到不同编号玻璃的耐水性，结果如表 6-3 所示，从表 6-3 可以看出 11 种不同成分玻璃的耐水性相差不大，相对比较 7 号玻璃的耐水性略差一些。

④ 硬度：瓶罐玻璃要求具有一定的抗压强度，但实际测定强度有一定困难。强度测定试样要求有一定的尺寸，并有一定数量，这在实验室电炉中用小坩埚化料是很难办到的。但是强度和硬度之间是有联系的，而显微硬度的测定只需要小尺寸试样，因此采用显微硬度计测定各成分试样硬度，其结果见表 6-3。1、8、9 号玻璃显微硬度较大，6、7、11 号玻璃硬度较小。

⑤ 黏度-温度曲线：采用高温旋转黏度计分别测定 1200℃、1300℃、1500℃温度下 11 种玻璃的黏度，进行温度-黏度曲线拟合，查出黏度为 10^2dPa·s 的对应温度，即熔化温度，其结果见表 6-3。再利用 littleton 法，测定玻璃的软化点、退火点、应变点，并根据 RMS=$(T_S-450)/[(T_S-T_a)+80]$ 公式计算相对机速，其结果见表 6-3。硬化速度为黏度 10^3dPa·s 对应温度与黏度 10^8dPa·s 对应温度之差（即 T_3-T_8）。

（6）最佳玻璃成分的确定　通过比较表 6-3 中的 11 种玻璃的各项性质结果，综合评分结果为：1、8、9、5 号玻璃综合评分较高。为了进一步探讨，分析了计算机优选出的前 25 种玻璃成分，Al_2O_3、CaO、MgO、Na_2O 的含量出现的最大的几率分别为 2%、9.5%、2.5%和 13.5%，如果按这些含量组成一种玻璃，那么就是 5 号玻璃，即 SiO_2 72%、Al_2O_3 2.0%、CaO 9.5%、MgO 2.5%、Na_2O 13.5%、BaO 0.5%。1、9、10 号与 5 号相比，都是其它成分代替 CaO，使机速降低。8 号与 5 号相比，以 Al_2O_3 代替 SiO_2。

6.2.2.4　利用数据库进行玻璃成分设计

利用数据库进行成分设计也是一种计算机辅助设计方法。数据库是指一种由记录组成的文件，一个数据库都包括许多字段以及一组用来查找、排序、合并等各种功能的操作。换而言之，数据库是一个数据的集合体，使用数据库后，数据可以随时存取管理或更新。最常用的数据库是一个关系数据库，也是一个表格数据库。此外，所有的数据都已确定，从而利用很多途径重新组合或存取。

日本旭硝子株式会社铃木（Suzuki）和京都大学安井（Yasui）最早建立了玻璃成分数据库，数据库的内容包括数据源、输入检索数据、搜索打印结果。数据库除了存储、检索功能外，还具有数据修改、增删和整理功能。当输入需计算性质的新成分后，计算机利用数据库的数据，通过某种插值方法，进行程序编辑和计算，得出新成分的性质，也可以根据要求的性质来设计玻璃成分，一些国家及机构分别建立玻璃材料数据库，如美国陶瓷学会拥有玻璃材料数据库。一般的玻璃材料数据库具有很大的存储量，存储 10 万条以上玻璃性质数据，包括性质计算、光谱、多元性质图以及参考文献。

6.3　玻璃性能计算

玻璃成分和玻璃性质存在一定关系，许多玻璃科学家做了大量研究工作，总结一系列玻璃成分与性质计算系数和公式，但是每种方法均有其局限性，很难有通用性计算公式，仅能在一定条件下，特定玻璃体系和成分范围内具有一定精确性。针对玻璃的不同性质，选择合适的计算方法及加和性系数是一项十分重要的工作。玻璃性能的计算可以为科技工作者设计玻璃成分，减少科研工作的盲目性。

6.3.1　玻璃密度的计算

有许多学者对玻璃密度进行过系统研究，总结了一系列加和性系数，这些加和系数通常以其学者的姓名进行命名，如温克尔曼-肖特、英格里斯-脱涅尔、柏利（Baillie）、蒂洛特逊（Tillotson）、斯塔伽（Stugart）等。各位学者的玻璃密度加和系数见表 6-4。

表 6-4　玻璃密度加和系数

氧化物	温克尔曼-肖特	英格里斯-脱涅尔	柏利	蒂洛特逊	斯塔伽	耐普(Knapp*)
SiO_2	2.30	2.20	2.20	2.30	2.25	0.02284
B_2O_3	1.90	—	2.90	2.20	2.90	—
P_2O_5	2.55	—	—	—	2.55	—
Al_2O_3	4.10	2.75	2.75	2.75	2.75	0.02530
Li_2O	—	—	3.70	3.70	3.70	—
Na_2O	2.60	3.47	3.20	—	3.25	0.02890
K_2O	2.80	—	3.20	—	3.20	0.02657
MgO	3.80	3.80	3.60	4.00	3.50	0.02942
CaO	3.30	5.00	4.30	4.10	4.30	0.03495
BaO	7.00	—	7.20	7.00	7.20	0.04344
ZnO	5.90	7.50	5.94	5.90	5.90	0.04140
PbO	9.60	—	10.30	—	10.00	0.04538
MnO	—	—	—	—	4.65	—
Sb_2O_3	—	—	3.00	—	3.00	—
TiO_2	—	—	—	—	—	0.03713
ZrO_2	—	—	—	—	—	0.04113

注：耐普加和系数为可直接用加和系数与质量分数进行计算即可，其余应按式（6-11）。

玻璃密度的计算必须按式（6-11）。

$$\rho=\frac{\sum(P_i n_i)}{\sum n_i} \tag{6-11}$$

式中 ρ——玻璃密度，g/cm^3；

P_i——玻璃密度加和系数；

n_i——玻璃成分的物质的量，mol。

例 1：计算玻璃成分（质量分数）：SiO_2 80.5%、B_2O_3 12.9%、Al_2O_3 2.2%、Na_2O 3.8%、K_2O 0.4%的密度。

利用温克尔曼-肖特加和系数进行计算，其计算步骤和结果如下：

首先将玻璃各成分的质量分数除以各自的相对分子质量，得出其物质的量为：SiO_2 1.3397mol、B_2O_3 0.1853mol、Al_2O_3 0.0216mol、Na_2O 0.0613mol、K_2O 0.0043mol。

$$\rho=\frac{\sum(P_i n_i)}{\sum n_i}=\frac{2.30\times1.3397+1.90\times0.1853+4.10\times0.0216+2.60\times0.0613+2.80\times0.0043}{1.3397+0.1853+0.0216+0.0613+0.0043}=2.2909\ (g/cm^3)$$

例 2：计算玻璃成分（质量分数）：SiO_2 72.5%、Al_2O_3 2.2%、Na_2O 13.8%、K_2O 0.6%、CaO 8.5%、BaO 2.4%的密度。

$$\rho=72.5\times0.02284+2.2\times0.02530+13.8\times0.02890+0.6\times0.02657+8.5\times0.03495+2.4\times0.04344=2.5277\ (g/cm^3)$$

6.3.2 玻璃热膨胀系数的计算

玻璃膨胀系数因子是较早获得成功推广和应用的玻璃性质计算方法，历史上有多位著名玻璃科学家总结了一系列玻璃膨胀因子，其玻璃膨胀因子见表 6-5。达瓦利杰夫（Даувальтер）的计算系数中包含有着色剂 Fe_2O_3、Cr_2O_3、Mn_2O_3、CoO、CuO 和乳浊剂 Na_3AlF_6、Na_2SiF_6，比较适合于器皿玻璃、有色玻璃和乳浊玻璃，温度适用范围 0～450℃。梅耶（Mayer）给出了高价氧化物的膨胀因子加和系数。各种玻璃膨胀因子加和系数的计算结果的准确性和可靠性都有一定的局限性，有时还需要与实验结果进行参照并修正，才能最终获取准确的结果。

表 6-5　　著名玻璃膨胀因子加和系数　　单位：$\times10^{-7}$/℃

玻璃成分 H/%	温克尔曼-肖特	英格里斯-脱涅尔	西尔维曼	达瓦利杰夫	丹泽(Danzin)	阿本(Аппен)(20～400℃) x/%	干福熹	梅耶
SiO_2	0.27	0.05	0.28	0.1	0.066	5～8	5～38	—
B_2O_3	0.03	−0.66	−0.6	0.5	0.43	−50～0	−50～0	1.33
P_2O_5	—	—	—	1.0	—	140	—	—
Al_2O_3	1.67	0.17	0.24	0.4	0.55	11.4	−40	—
Li_2O	10.00	—	6.56	—	—	270	260	—
Na_2O	3.33	4.32	3.86	4.90	5.60	395	400	—
K_2O	2.83	3.90	3.20	4.20	5.00	465	480	1.37
MgO	0.03	0.45	0.73	—	0.66	60	60	—
CaO	1.67	1.66	1.36	2.00	1.60	130	130	—
BaO	1.00	1.73	1.08	1.90	1.13	200	200	—
ZnO	0.60	0.07	—	1.00	0.53	50	50	0.73
CuO	—	—	—	0.90	—	30	—	1.40
PbO	1.00	1.06	—	1.35	0.83	130～190	130～190	0.73
MnO	—	—	—	—	—	105	—	1.46
As_2O_3	—	—	—	0.80	—	—	—	1.20
Fe_2O_3	—	—	—	—	—	—	—	1.70
Cr_2O_3	—	—	—	−1.5	—	—	—	—
Mn_2O_3	—	—	—	0.9	—	—	—	—
CoO	—	—	—	1.5	—	50	—	1.57
Na_3AlF_6	—	—	—	2.4	—	480	—	—
Na_2SiF_6	—	—	—	2.2	—	340	—	—
NiO	—	—	—	1.0	—	50	—	—
TiO_2	—	—	—	—	—	—	—	1.70
ZrO_2	—	0.23	—	—	—	—	—	1.66
SnO_2	—	—	—	0.7	—	—	—	2.10

尽管玻璃热膨胀系数具有加和性，但是膨胀因子只有在特定玻璃体系和成分范围才适合，许多玻璃科学家总结了一系列玻璃系统的热膨胀系数数学拟合计算公式，现分别介绍如下。

6.3.2.1　R_2O-RO-SiO_2 系统

R_2O-RO-SiO_2 系统的拟合计算公式见表 6-6。

表 6-6　R_2O-RO-SiO_2 三元系统的拟合计算公式

序列	成分系统物质的量	热膨胀系数/(×10⁻⁷/℃)	适应温度范围/℃
1	$a Li_2O \cdot b Na_2O \cdot r SiO_2$	$-31.2+9.81a+13.2b-371a/r-513b/r$	10～300
2	$b Li_2O \cdot c K_2O \cdot r SiO_2$	$5.1+2.29b+8.86c+49.9b/r-285c/r$	10～300
3	$b Na_2O \cdot c K_2O \cdot r SiO_2$	$-5.8+7.19b+11.3c-149b/r-404c/r$	10～300
4	$b Na_2O \cdot d BeO \cdot r SiO_2$	$7.9+5.82b-0.03d-124b/r+51.4d/r$	20～100
5	$b Na_2O \cdot e CaO \cdot r SiO_2$	$10.3+5.36b+2.52e-55.9b/r-60.7e/r$	25～400

6.3.2.2　R_2O-R_2O_3-SiO_2 系统

对于 Na_2O-B_2O_3-SiO_2 和 Na_2O-Al_2O_3-SiO_2 三元系统的热膨胀系数的计算，需要考虑 B 和 Al 配位数的变化，而 B 和 Al 配位数又和 Na 的含量有关，因此根据 Na/B 比的数值分别采用不同的加和系统。

(1) Na_2O-B_2O_3-SiO_2 系统　表 6-7 和表 6-8 为不同学者研究的 Na_2O-B_2O_3-SiO_2 系统加和系数或拟合计算式。表 6-7 中序号 1 的成分中 Na/B>1，以核磁共振谱（NMR）测量中可见 B 几乎为 4 配位；序号 2 的成分中，Na/B>1，而且，1<Na/Si<2；序号 3 的成分，Na/B>1，Na/Si<1。3 个序列成分膨胀系数与成分的关系是不相同的，需要采用相应的加和系数。

表 6-7　Na_2O-B_2O_3-SiO_2 系统的加和系数

序号	成分范围 x/%		膨胀系数加和因子 /(×10⁻⁷/℃)	适宜温度范围 /℃
1	Na_2O	9～50	3.28	0～100
	B_2O_3	12～33	−0.33	
	SiO_2	31～82	0.34	
2	Na_2O	29～45	2.6	0～100
	B_2O_3	4～28	−0.18	
	SiO_2	36～57	0.73	
3	Na_2O	13～38	3.76	0～100
	B_2O_3	4～18	−0.23	
	SiO_2	62～82	0.17	

例 3：计算玻璃成分（质量分数）为 SiO_2 80.32%、B_2O_3 14.63%、Na_2O 5.05%玻璃的热膨胀系数。

先将玻璃成分的质量分数转换为摩尔分数，SiO_2 为 82.15%、B_2O_3 为 12.84%、Na_2O 为 5.01%，此玻璃成分位于表 6-7 的序号 3 的成分范围内，故采用此序号的加和系数，计算如下：

$$82.15\times0.17+12.84\times(-0.23)+5.01\times3.76=29.85\times10^{-7}(℃^{-1})$$

计算得到的热膨胀系数为 29.85×10^{-7}/℃，实测（20～150℃范围）热膨胀系数为

33.1×10^{-7}/℃，误差率为 9.81%。

米勒（Miller）和怀特（White）对 Na_2O-B_2O_3-SiO_2 系统中 40 个玻璃成分进行计算，得出 7 个序列的经验式，见表 6-8。经验式 b 代表 Na_2O 含量，f 代表 B_2O_3 含量，r 为 SiO_2 含量，$S=b+3f+2r$，$t=b+2(f+r)$，均采用摩尔分数。

表 6-8　Na_2O-B_2O_3-SiO_2 系统热膨胀系数拟合计算式

序列	热膨胀系数计算式	序列	热膨胀系数计算式
1	$9.4+5.27b-0.67f-101b/r+47.0f/r$	5	$20.0+8.29b+4.13f-796b/s-109f/s$
2	$9.4+4.81b+0.24f-76.5b/r$	6	$0.2+10.1b+4.99f-101b/t-962f/t$
3	$20.7+5.34b+1.58f-121b/(2f+r)-280/(2f+r)$	7	$8.9+10.1b-0.71f-106b/t$
4	$27.0+4.63b-1.10f-102b/(2f+r)$		

例 4：采用表 6-8 计算式，按例 3 玻璃组成计算玻璃热膨胀系数。

因为，例 3 的摩尔分数：Na_2O 5.01%、B_2O_3 12.84%、SiO_2 82.15%

因此，$b=5.01$，$r=82.15$，$f=12.84$

$$S=b+3f+2r=5.01+3\times12.84+2\times82.15=207.83$$

$$t=b+2(f+r)=5.01+2\times(12.84+82.15)=194.99$$

然后利用表 6-8 序列 2 和序列 4 的拟合计算式，结果为：

按序列 2 公式计算 $\alpha=9.4+4.81b+0.24f-75.5b/r=31.91\times10^{-7}$（$℃^{-1}$），误差率为 3.58%

按序列 4 公式计算 $\alpha=27.0+4.63b-1.10f-102b/(2f+r)=31.33\times10^{-7}$（$℃^{-1}$），误差率为 5.34%

（2）Na_2O-Al_2O_3-SiO_2 系统　对于 Na_2O-Al_2O_3-SiO_2 系统中 $Na_2O>Al_2O_3>1$ 的成分采用的加和性系数见表 6-9。

表 6-9　Na_2O-Al_2O_3-SiO_2 系统的加和系数

序号	研究者	氧化物	含量 x/%	加和系数 /($\times10^{-7}$/℃)	适宜温度范围 /℃
1	瑞克(Rencker)	Na_2O Al_2O_3 SiO_2	13～38 2～26 51～80	3.27 −0.10 0.29	20～100
2	米博格(Miberg)	Na_2O Al_2O_3 SiO_2	14～38 2～20 53～80	3.37 0.19 0.21	20～100

例 5：分别用表 6-9 中的系数计算玻璃组成（质量分数）：SiO_2 62.5%、Al_2O_3 13.3%、Na_2O 24.2%的玻璃热膨胀系数。

首先求出玻璃组成的摩尔分数：SiO_2 72.9%、Al_2O_3 6.78%、Na_2O 20.32%

按瑞克系数计算为：

$$20.32\times3.27+6.78\times(-0.10)+72.9\times0.29=86.91\times10^{-7}(℃^{-1})$$

按米博格系数计算为：

$$20.32\times3.37+6.78\times0.19+72.9\times0.21=85.08\times10^{-7}(℃^{-1})$$

实测 20～100℃热膨胀系数 95×10^{-7}/℃，按瑞克系数计算的误差率为 8.51%，按米博格系数计算的误差率为 10.447%。

米博格等根据 Na_2O-Al_2O_3-SiO_2 系统 25 个玻璃成分，推导出 5 种类型的热膨胀系数计算式，见表 6-10。表中 b 为 Na_2O 成分，g 为 Al_2O_3 成分，r 代表 SiO_2 成分，$S=b+3g+2r$，$t=b+2(g+r)$，均为摩尔分数。表 6-10 为 Na_2O-Al_2O_3-SiO_2 系统热膨胀系数计算式。

表 6-10　Na_2O-Al_2O_3-SiO_2 系统热膨胀系数拟合计算式

序列	热膨胀系数计算式	序列	热膨胀系数计算式
1	$9.7+2.88b+4.63g+40.1b/r-277g/r$	4	$44.6-2.91b+1.17g+382b/(2g+r)$
2	$24.0+2.85b-0.10g+14.8b/r$	5	$12.8-4.61b+32.3g+142b/t-574g/t$
3	$36.4-1.99b+5.80g+358b/(2g+r)-468g/(2g+r)$		

例 6：分别采用表 6-10 中序列计算式，取例 5 玻璃组成，计算 20～100℃的热膨胀系数。

首先，将玻璃组成由质量分数转化为摩尔分数：Na_2O 20.32%，Al_2O_3 6.78%，$SiO_2$72.9%。

$$b=20.32\quad g=6.78\quad r=72.9$$

$$S=b+3g+2r=20.32+3\times6.78+2\times72.9=186.46$$

$$t=b+2(g+r)=20.32+2\times(6.78+72.9)=179.68$$

用序列 1 式计算如下：

$9.7+2.88b+4.63g+40.1b/r-277g/r=85.03\times10^{-7}$/℃，误差率为 10.50%

用序列 2 式计算如下：

$24.0+2.85b-0.10g+14.8b/r=85.36\times10^{-7}$/℃，误差率为 10.15%

这两种序列计算式误差较小，其它序列计算式的误差均超过 11%。

(3) Na_2O-ZrO_2-SiO_2 系统　对于 Na_2O-ZrO_2-SiO_2 系统，米勒采用了博纯克（Botrinkin）和戴米柴夫（Demichev）的热膨胀系数测定数据，推导了 4 个热膨胀系数计算式，见表 6-11。b 代表 Na_2O 含量，h 代表 ZrO_2 含量，r 代表 SiO_2 含量，$S=b+2(h+r)$，均为摩尔分数。

表 6-11　Na_2O-ZrO_2-SiO_2 系统的热膨胀系数计算式

序列	热膨胀系数计算式	序列	热膨胀系数计算式
1	$4.17b-0.14h+0.20r$	3	$-0.6+8.36b+9.34h-605b/s-172h/s$
2	$3.3+5.54b+2.17h-63.3b/r-146h/r$	4	$4.8+6.39b-0.25h-132b/(r+h)$

例 7：计算玻璃组成（质量分数）：SiO_2 72.65%、ZrO_2 10.43%、Na_2O 16.92%的热膨胀系数。实测的热膨胀系数为 80.8×10^{-7}/℃。

首先将玻璃组成转化为摩尔分数：SiO_2 77.17%、ZrO_2 5.40%、Na_2O 17.43%

即 $b=17.43\quad h=5.40\quad r=77.17$

$$S=b+2(h+r)=17.43+2\times(5.40+77.17)=182.57$$

分别利用表 6-11 中序列式计算热膨胀系数。

用序列 1 式计算

$4.17b-0.14h+0.20r=87.35\times10^{-7}/℃$，误差率为 8.10%

用序列 2 式计算

$3.3+5.54b+2.17h-63.3b/r-146h/r=87.05\times10^{-7}/℃$，误差率为 7.74%

用序列 4 式计算

$4.8+6.39b-0.25h-132b/(r+h)=86.95\times10^{-7}/℃$，误差率为 7.61%

6.3.3 玻璃比热容的计算

玻璃的比热容，即单位质量的热容。比热容只与物质性质及热力学过程有关，而与物质的数量无关，单位为 J/(kg·K) 或 J/(g·K)。比热容可用加和性计算。阿捷克赛诺（Адексеенио）给出了 50～100℃范围内玻璃平均比热容的加和系数［J/(g·K)］，见表 6-12。

表 6-12　阿捷克赛诺比热容加和系数　　单位：J/(g·K)

氧化物	加和系数	氧化物	加和系数	氧化物	加和系数
SiO_2	0.710	Sb_2O_3	0.500	CaO	0.630
B_2O_3	0.880	PbO	0.210	MgO	1.020
Al_2O_3	0.820	BaO	0.270	K_2O	0.650
As_2O_3	0.520	ZnO	0.440	Na_2O	1.070

温克尔曼研究了 15～100℃之间各成分（质量分数）的比热容加和系数［J/(g·K)］，计算得到的比热容，其比热容加和系数见表 6-13。

表 6-13　温克尔曼比热容加和系数　　单位：J/(g·K)

氧化物	加和性系数	氧化物	加和性系数	氧化物	加和性系数
SiO_2	0.8009	As_2O_3	0.5342	ZnO	0.5225
Al_2O_3	0.8683	P_2O_5	0.7963	PbO	0.2144
B_2O_3	0.9939	MgO	1.0212	Li_2O	2.3015
Fe_2O_3	0.6699	CaO	0.7967	Na_2O	1.1196
Mn_2O_3	0.6954	BaO	0.2818	K_2O	0.7787

例 8：计算玻璃组成（质量分数）：SiO_2 72.5%、Al_2O_3 2.2%、Na_2O 13.8%、K_2O 0.6%、CaO 8.5%、BaO 2.4%100℃以内的玻璃热容。

按阿捷克赛诺比热容加和系数为：

首先将质量分数转化成摩尔分数：SiO_2 74.29、Al_2O_3 1.33、Na_2O 13.69、K_2O 0.39、CaO 9.33、BaO 0.97。

$$C=0.7429\times0.710+0.0133\times0.820+0.1369\times1.070+0.0039\times0.650+0.0933\times0.630+0.0097\times0.270=0.7488\ [\mathrm{J/(g\cdot K)}]$$

按温克尔曼比热容加和系数为：

$$C=0.725\times0.8009+0.022\times0.8683+0.138\times1.1196+0.006\times0.7787+0.085\times0.7967+0.024\times0.2818=0.8334\ [\mathrm{J/(g\cdot K)}]$$

将表 6-13 与表 6-12 相比，温克尔曼的氧化物的种类比阿捷克赛诺要多，夏普和哲泽（Ginther）提出了从－200～1300℃比热容计算公式，玻璃在温度 T 下的平均比热容可用式（6-12）计算。

$$c_{av}=\frac{1}{0.00416T+1}[x_1(a_1T+c_1)+x_2(a_2T+c_2)+x_3(a_3T+c_3)+\cdots+x_i(a_iT+c_i)] \tag{6-12}$$

式中　c_{av}——平均比热容；

x_1、x_2、x_3、…、x_i——玻璃中氧化物摩尔分数；

a_1、a_2、a_3、…、a_i——计算系数，见表 6-14；

c_1、c_2、c_3、…、c_i——计算系数，见表 6-14。

表 6-14　　**夏普和哲泽的平均比热容计算系数**

氧化物	计算系数		氧化物	计算系数	
	a_i	c_i		a_i	c_i
SiO_2	0.000468	0.1657	CaO	0.000410	0.1709
B_2O_3	0.000598	0.1935	PbO	0.000013	0.0490
Al_2O_3	0.000453	0.1765	Na_2O	0.000829	0.2229
SO_3	0.000830	0.1890	K_2O	0.000445	0.1756
MgO	0.000514	0.2142			

计算 T（℃）时玻璃的真实比热容的公式为式 6-13。

$$c_T=\frac{0.00146a_0T^2+2a_0T+c_0}{(0.00146T+1)^2} \tag{6-13}$$

式中　c_T——在 T（℃）时的真实比热容；

a_0——计算系数；

c_0——计算系数。

a_0 和 c_0 的数值可根据玻璃成分和表 6-14 中 a_i 和 c_i 值计算而得。

$$a_0=x_1a_1+x_2a_2+x_3a_3+\cdots+x_ia_i \tag{6-14}$$

$$c_0=x_1c_1+x_2c_2+x_3c_3+\cdots+x_ic_i \tag{6-15}$$

在 T℃时的真实比热容也可由平均比热容计算。

$$c_T=\frac{a_0T+c_{av}}{0.00146T+1} \tag{6-16}$$

T_2～T_1 的平均比热容，则由 0～T_1 和 0～T_2 时平均比热容计算。

$$c_{T_2\sim T_1}=\frac{c_2T_2-c_1T_1}{T_2-T_1} \tag{6-17}$$

式中　$c_{T_2\sim T_1}$——在温度 T_2～T_1 之间平均比热容；

c_2——在温度 0～ T_2 之间平均比热容；

c_1——在温度 0～ T_1 之间平均比热容。

6.3.4　玻璃热导率的计算

热传导是指材料中的热量自动地从热端向冷端传递的现象。如材料垂直于 x 轴方向的截面积为 ΔS，沿 x 轴方向的温度变化率为 dT/dx，在 Δt 的时间内沿 x 轴正方向传面上的热量为 ΔQ。实验表明，对于玻璃这类各向同性的材料，在稳定传热状态下符合傅立叶（Fourier）定律。

$$\Delta Q=\lambda_t\frac{dT}{dx}\Delta S\Delta t \tag{6-18}$$

式中　λ_t——热导率或称导热系数，其物理意义为单位温度梯度下单位时间内通过玻璃单位垂直面积的热量，国际单位为 W/(m·K)，曾用单位为 cal/(cm·s·℃)。1cal/(cm·s·℃) =4.1868×10^2 W/(m·K)。

拉克里夫提出在不同温度时玻璃热导率与温度的关系式为：

$$\lambda_{100}=\frac{0.0055}{\rho}+0.0005 \tag{6-19}$$

$$\lambda_{0}=\frac{0.0050}{\rho}+0.0004 \tag{6-20}$$

$$\lambda_{-100}=\frac{0.0040}{\rho}+0.0003 \tag{6-21}$$

式中 λ_{100}、λ_0、λ_{-100}——分别为100℃、0℃和−100℃的热导率；

ρ——玻璃密度。

为了验证式（6-19）、式（6-20）、式（6-21）的准确性，将表6-15中给出的4种类型的成分，进行了计算。

表6-15　几种类型玻璃的成分　单位：%（质量分数）

玻璃代号＼玻璃成分	SiO_2	B_2O_3	Al_2O_3	CaO	PbO	ZnO	BaO	K_2O	Na_2O	Sb_2O_3	As_2O_3
A	80.8	12.8	2.2	—	—	—	—	—	4.2	—	—
G	54.2	—	—	—	34.2	—	—	7.1	2.4	2.0	0.2
H	49.9	—	—	—	5.9	7.8	24.2	8.5	2.9	0.7	0.2
N	71.5	—	0.7	11.4	—	—	—	—	15.4	0.6	—

将按式（6-19）、式（6-20）、式（6-21）计算得到的λ_{100}、λ_0、λ_{-100}的数值与实测比较的结果列成表6-16。

表6-16　计算与实测λ值的比较

项　目	A	G	H	N
玻璃密度ρ/(g/cm³)	2.22	3.19	3.16	2.52
计算的λ_{100}值/[W/(m·K)]	1.25	0.93	0.93	1.04
实测的λ_{100}值/[W/(m·K)]	1.27	0.95	0.83	1.11
计算的λ_0值/[W/(m·K)]	1.11	0.82	0.82	1.00
实测的λ_0值/[W/(m·K)]	1.09	0.79	0.72	0.97
计算的λ_{-100}值/[W/(m·K)]	0.88	0.65	0.65	0.79
实测的λ_{-100}值/[W/(m·K)]	0.85	0.62	0.59	0.77

玻璃类型不同，计算与实测的误差率也不相同，但总的误差不超过Ratcliffe所给出的±15%的数值。此法计算十分方便，但误差稍高一些。

热导率也可用加和性进行计算，温克尔曼、弗克、拉克里夫、富利涅夫给出的加和系数见表6-17，用质量分数乘以加和系数即可。热导率的单位为W/(m·K)。

表6-17　热导率的加和性系数λ×10　单位：W/(m·K)

氧化物	加和系数			
	温克尔曼-肖特	弗克	拉克里夫	富利涅夫-伊里哈
SiO_2	9.21	13.21	12.85	8.71
B_2O_3	6.28	8.38	6.66	15.07
Al_2O_3	8.37	10.84	15.57	10.68
As_2O_3	0.84	−55.14	0.00	0.00
Sb_2O_3	0.00	1.18	0.00	6.53

续表

氧化物	加和系数			
	温克尔曼-肖特	弗克	拉克里夫	富利涅夫-伊里哈
MgO	3.52	15.55	24.79	13.40
CaO	13.40	3.96	13.27	11.64
BaO	4.19	5.27	1.93	3.14
ZnO	4.19	5.05	8.46	6.99
PbO	3.35	5.19	3.18	5.32
Na_2O	6.70	2.94	−5.40	12.81
K_2O	0.42	2.50	2.43	5.82

拉克里夫还提出了不同温度下的按玻璃成分（质量分数）计算热导率的加和系数，见表 6-18。

表 6-18　　不同温度下的热导率加和系数 $\lambda\times10$　　单位：W/m·K

氧化物	不同温度下的加和系数			氧化物	不同温度下的加和系数		
	−100℃	0℃	100℃		−100℃	0℃	100℃
SiO_2	10.22	12.85	14.40	Al_2O_3	13.52	15.57	8.96
K_2O	2.26	2.43	1.63	ZnO	8.16	8.46	6.87
Na_2O	−5.19	−5.40	−2.81	CaO	11.81	13.27	10.01
PbO	2.51	3.18	4.02	BaO	1.63	1.93	3.14
Sb_2O_3	−21.39	−17.42	4.69	Fe_2O_3	6.74	7.95	7.24
B_2O_3	4.56	6.66	10.43	MgO	26.67	24.79	18.97

例 9：按表 6-15 中的 A 玻璃组成（质量分数），计算其 λ_0 值（以拉克里夫的加和系数计算）。

$$\lambda_0=[0.808\times12.85+0.128\times6.66+0.022\times15.57+0.042\times(-5.40)]\times10^{-1}=1.1351\text{W/(m·K)}$$

λ_0 实际测量值为 1.0900W/(m·K)，误差率为 4.1%。

从实际应用结果表明拉克里夫计算系数还是比较准确的，钠钙玻璃、硼硅酸盐玻璃、铅玻璃以及钡玻璃在−100℃、0℃和 100℃下的热导率计算值与实测值的误差在±5%以内。

6.3.5　玻璃光学性质的计算

玻璃主要的光学常数为折射率、平均色散和色散系数。

折射率是进行光学系统计算使用的最基本量，当光通过界面时，入射角正弦与折射角正弦的比值，通常用 n 表示。国家标准 GB/T 10050—1988 中光学材料、光学系统和光学仪器所用谱线的波长见表 6-19，折射率也用这些谱线的波长表示，对 587.56nm 的 d 线折射率 n_d 称为主折射率，其中 n_d 使用最广泛，国外文献上也有用 n_D，本文为了与国际表示方法统一，故采用 n_D。

表 6-19　　各种标准谱线的波长、参考波长

所用谱线	紫外汞 I	紫汞 h	蓝汞 g	蓝镉 F′	蓝氢 F	绿汞 e	黄氦 d	红镉 c′	红氢 c	红氦 r	红外铯 s	红外汞 t
元素	Hg	Hg	Hg	Cd	H	Hg	He	Cd	H	He	Cs	Hg
波长/nm	365.01	404.56	435.83	477.99	486.13	546.07	587.56	643.85	656.27	706.52	852.11	1013.98

色散是折射率（n）随入射波长（λ）变化而变化的现象。部分色散为两种不同波长折射率的差值，其中 $n_F - n_C$ 专称平均色散或中部色散。

色散系数 ν，又称阿贝数（Abbe number），是折射率和平均色散的函数 $\nu=(n_D-1)/(n_F-n_C)$，是光学系统中为消除色差而使用的参数。折射率 n_D、色散 n_F-n_C、色散系数 ν 是光学玻璃的重要性质，也是玻璃的重要光学常数。光学玻璃即按折射率和色散系数而分类的，根据色散系数 ν 大小分为两大类，ν 大于 50 的为火石玻璃 F，ν 小于 50 为冕牌玻璃。

玻璃的折射率、平均色散除了按阿本法、干福熹和捷姆金娜 Демкина 方法计算外，还可按胡格斯（Huggins）方法进行计算，其折射率计算式为：

$$n_D = 1 + \rho \sum (n_{D_i} w_i) \tag{6-22}$$

式中 ρ——玻璃密度；

n_{D_i}——折射率加和系数；

w_i——玻璃成分（质量分数）。

平均色散用式（6-23）计算：

$$n_F - n_C = \rho \sum [\overline{(n_F - n_C)}_i w_i] \tag{6-23}$$

式中 $\overline{(n_F-n_C)}_i$——平均色散加和性系数。

从式（6-22）和式（6-23）得知必须先计算密度后才能计算出折射率和平均色散。首先计算出玻璃密度，然后查表 6-20 中加和系数，再按式（6-22）和式（6-23）进行计算。

表 6-20 折射率和平均色散的加和系数

氧化物	胡格斯系数		干福熹系数		别耶杜法普（Бейерсдорфер）系数	戴密普（Дамур）系数
	n_D	$(n_F-n_C)\times10^2$	n_D	$(n_F-n_C)\times10^2$	n_D	n_D
SiO_2	0.2083	0.3095	1.458～1.475	0.660～0.678	0.0147	0.01467
$[BO_3]$	0.2530	0.4310	1.46～1.72	0.640～0.900	—	—
$[BO_4]$	0.2150	0.2580	1.46～1.72	0.640～0.900	—	—
Al_2O_3	0.2038	0.3630	1.52	0.850	—	0.01581
Bi_2O_3	0.1480	0.7730	3.30	13.200	—	—
Fe_2O_3	0.3920	10.1400	—	—	—	—
CaO	[1]	[2]	1.73	1.480	0.0177	0.01776
SrO	0.1592	0.3140	1.78	1.630	—	
MgO	0.2100	0.4540	1.625	1.200	—	0.01655
ZnO	0.1499	0.4180	1.705	1.670	—	—
BaO	[3]	[4]	1.87	1.890	0.0169	—
CdO	0.1260	—	1.84	2.400	—	—
PbO	[5]	[6]	2.15	5.200	—	—
Li_2O	0.3080	0.7028	1.695	1.380	—	—
Na_2O	0.1941	0.5013	1.590	1.420	0.0159	0.01575
K_2O	0.2025	0.4320	1.575	1.300	0.0155	0.01551
TiO_2	0.3130	0.6800	2.20～2.41	7.350～6.100	—	—
ZrO_2	0.2090	0.6900	1.91	2.250	—	—

胡格斯计算方法中 CaO、BaO、PbO 的 n_D 和 n_F-n_C 则按式（6-24）～式（6-29）求出。

$$[1]CaO的n_D系数 = 0.2257 + 0.477\times10^{-4}\times\frac{w_{CaO}}{\sum(s_m w_i)} \tag{6-24}$$

$$[2]CaO的\overline{n_F - n_C}系数 = 0.4636 + 0.0013\times\frac{w_{CaO}}{\sum(s_m w_i)} \tag{6-25}$$

$$[3]BaO的n_D系数 = 0.1290 + 2.1300\times10^{-4}\times\frac{w_{BaO}}{\sum(s_m w_i)} \tag{6-26}$$

$$[4]BaO的\overline{n_F - n_C}系数 = 0.2220 + 0.0630\times\frac{w_{BaO}}{\sum(s_m w_i)} \tag{6-27}$$

$$[5]PbO的n_D系数 = 0.1272 + 2.044\times10^{-6}\times\frac{(w_{PbO})^2}{[\sum(s_m w_i)]^2} \tag{6-28}$$

$$[6]PbO的\overline{n_F - n_C}系数 = 0.5820 + 0.5044\times10^{-4}\times\frac{(w_{PbO})^2}{[\sum(s_m w_i)]^2} \tag{6-29}$$

式中　w_{CaO}、w_{BaO}、w_{PbO}——分别为 CaO、BaO、PbO 质量分数，%；

s_m——各氧化物的系数，见表 6-21；

w_i——各氧化物含量（质量分数）。

表 6-21　常用氧化物成分的 s_m 值

氧化物	s_m	氧化物	s_m	氧化物	s_m
SiO_2	0.03330	CaO	0.01783	K_2O	0.01062
Al_2O_3	0.02943	MgO	0.02480	TiO_2	0.02503
B_2O_3	0.04308	ZnO	0.01229	ZrO_2	0.01623
Fe_2O_3	0.01879	BaO	0.00652	SnO_2	0.01327
As_2O_3	0.01517	PbO	0.00448	CeO_2	0.01162
Sb_2O_3	0.01029	Na_2O	0.01613		

表 6-20 中别耶杜法普和戴密普方法计算很方便，只需将各氧化物成分（质量分数）乘以加和系数，再汇总即可，计算的精确度为±(1%～5%)，但其氧化物种类很少，一些重要的成分，如 B_2O_3、PbO 等均没有计算系数，从而限制了其使用范围。

对含碱金属氧化物（R_2O）的铅硅酸盐玻璃，且碱金属氧化物含量满足 $w_{(R_2O)} = [76 - w_{(PbO)}]\times0.27$的条件下，玻璃的折射率根据碱金属氧化物的种类，可分别用经验式计算。

对含 K_2O 和 Na_2O 的玻璃：

$$(n_D - 1)\times10^3 = Aw(PbO)^2 \cdot Bw(PbO) + C \tag{6-30}$$

式中　A——常数，对含 K_2O 和 Na_2O 的玻璃，其值为 0.06472，对只含 K_2O 的玻璃为 0.06351；

B——常数，对含 K_2O 和 Na_2O 的玻璃，其值为 0.77157，对只含 K_2O 的玻璃为 0.9416；

C——常数，对含 K_2O 和 Na_2O 的玻璃，其值为 523.5，对只含 K_2O 的玻璃为 526.4。

托德（Told）对 200 种工业光学玻璃的折射率和密度进行了测定，发现 95%玻璃的密度与折射率之间的关系为：

$$n_D = \frac{\rho + 10.4}{8.6} \tag{6-31}$$

由于根据成分能计算出密度，所以可用式（6-31）间接计算出光学玻璃折射率，托德认为此式的精确度为±2%。

例 10：对玻璃组成（质量分数）：SiO_2 44.3%、B_2O_3 3.7%、PbO 43.0%、K_2O 7.5%、Na_2O 1.2%、As_2O_3 0.3%玻璃，采用干福熹法计算其折射率 n_D 和平均色散 (n_F-n_C) 的数值。

首先将玻璃组成转化成摩尔分数：

$x(SiO_2)=67.52 \cdot x(B_2O_3)=5.64 \cdot x(PbO)=17.63 \cdot x(K_2O)=7.30 \cdot x(Na_2O)=1.77$

利用干福熹法计算，无 As_2O_3 的系数，忽略不计。

(1) 计算折射率加和系数

① 计算 SiO_2 的折射率：$x(SiO_2)=67.52>67$，应采用 $\bar{n}_{DSiO_2}=1.475-0.0005[x(SiO_2)-67]$ 计算折射率系数。

$$\bar{n}_{DSiO_2}=1.475-0.0005\times(67.52-67)=1.4747$$

② 计算 B_2O_3 的折射率加和系数：由式 $\psi=\frac{x(Na_2O)+x(K_2O)+0.7x(PbO)}{x(B_2O_3)}$ 来决定。

$$\psi=\frac{x(Na_2O)+x(K_2O)+0.7x(PbO)}{x(B_2O_3)}=\frac{7.94+1.94+0.7\times19.22}{5.30}=4.40>1.5$$

查表 6-20，$\bar{n}_{DB_2O_3}=1.72$

③ 计算 PbO 的折射率加和系数：由 $\bar{n}_{DPbO}=2.34-0.007[x(SiO_2)+x(Al_2O_3)+x(B_2O_3)-50)]$ 得出：

$$\bar{n}_{DPbO}=2.34-0.007\times(73.16-50)=2.1779$$

玻璃的 $n_D=1.4747\times0.6752+1.72\times0.0564+2.1779\times0.1763+1.575\times0.0730+1.590\times0.0177=1.6198$

实测值为 1.6203，误差率为 0.03%。

(2) 计算平均色散

① SiO_2 色散系数，$(n_F-n_C)_{SiO_2}\times10^5=0.660+0.55(0.6752-0.67)=0.6629$

② B_2O_3 色散系数，$(\overline{n_F-n_C})_{B_2O_3}\times10^2=0.900$

③ PbO 色散系数，$(\overline{n_F-n_C})_{PbO}\times10^2=7.440-0.075(SiO_2+Al_2O_3+B_2O_3-50)=5.703$

④ K_2O 色散系数，$(\overline{n_F-n_C})_{K_2O}\times10^2=1.300$

⑤ Na_2O 色散系数，$(\overline{n_F-n_C})_{Na_2O}\times10^2=1.420$

最后计算结果为

$$(n_F-n_C)\times10^2$$
$$=0.6629\times0.6752+0.900\times0.0564+5.703\times0.1763+1.300\times0.0730+1.420\times0.0177$$
$$=1.6238$$

6.3.6 玻璃吸收 X 射线和 γ 射线性质的计算

玻璃对 X 射线和 γ 射线的吸收，在玻璃的辐照着色、玻璃的耐辐射和防辐射、剂量计玻璃以及阴极射线管（CRT）玻璃方面，均有理论和实际意义。宇航、航天、航空上要使用耐辐射光学玻璃，核技术和放射医疗需要防辐射和测定辐射剂量的玻璃。家用电视的显像管和投影管要求玻璃能吸收 X 射线，以免影响人体健康，同时防止玻璃屏因辐照着色，而使透光率下降。20 世纪 50～60 年代电视机允许辐射剂量为 23.9Bq/kg，70 年代规定 5cm 距离内照射量不超过 477Bq/kg，因此要求黑白显像管玻璃对 X 射线（波长 0.06nm）的吸收系数从 1949～1969 年间由 14/cm 提高到 21.8/cm，目前要求在 22/cm 以上。彩色显像管屏要求吸收系数在 28/cm 以上，管锥为 62/cm。黑白显像管的管颈在 76/cm 以上，彩色显像管管颈在 90/cm 以上；投影管中的 X 射线由电子束照射荧光体和阴极罩产生，透过玻璃壳的 X 射线强度 I'为式（6-32）所示。

$$I' = kiZV^2\int_0^{\infty} e^{-\mu_a(E)d} dE \tag{6-32}$$

式中　E——X 射线能量；

i——管电流；

V——管电压；

k——系数；

Z——阴极罩和荧光体的有效原子序数；

$\mu_a^{(E)}$——玻璃对不同能量 X 射线吸收系数；

d——玻璃壁厚。

国际辐射防护委员会（ICRP）规定投影电视等阴极射线管（CRT）在正常工作条件下，在任何可以接近的 5cm 处，辐射的 X 射线的最大允许剂量（MRDR）不超过 1.29×10^{-7}C/(kg・h)，投影管玻壳必须具备吸收内部所产生 X 射线的能力，因此研究玻璃对 X 射线和 γ 线的吸收是十分必要的。

X 射线、γ 射线透过玻璃时，与原子的轨道电子碰撞而发生光电效应、康普顿效应及电子对的生成等相互作用而消耗能量，射线透过玻璃的强度可用式（6-33）表示。

$$I=I_0 e^{-\mu_a d} \tag{6-33}$$

式中　I_0——入射线强度；

I——透过玻璃后强度；

μ_a——玻璃的吸收系数；

d——玻璃的厚度。

因康普顿效应、光电效应、正负电子对的生成都与物质的质量有关，为了比较不同质量玻璃的吸收能力，采用质量吸收系数（cm^2/g）表示，如式（6-34）所示。

$$\omega=\frac{\mu_a}{\rho} \tag{6-34}$$

式中　ω——质量吸收系数；

ρ——玻璃密度。

以式（6-34）代入式（6-33）得到式（6-35）：

$$I=I_0 e^{-\omega\rho d} \tag{6-35}$$

质量吸收系数可用加和性公式计算，即式（6-36）。

$$\omega_G=\sum(w_i\omega_i) \tag{6-36}$$

式中　ω_G——玻璃的质量吸收系数；

w_i——氧化物质量分数；

ω_i——氧化物的质量吸收系数。

氧化物 R_nO_m 质量吸收系数也可用加和性公式从元素求出，见式（6-37）。

$$\omega_{R_nO_m}=m\omega_R+n\omega_O \tag{6-37}$$

式中　$\omega_{R_nO_m}$——氧化物 R_nO_m 的质量吸收系数；

ω_R——元素 R 的质量吸收系数；

ω_O——氧的质量吸收系数；

m、n——元素 R 与 O 的化学计量比。

质量吸收系数不仅与元素或氧化物的质量有关，而且也和射线的能量有关。射线的强度可用波长（nm）表示，也可用加速电压（keV）来表示，两者的关系如式（6-38）所示。

$$\lambda=\frac{1.239}{U} \tag{6-38}$$

式中　λ——射线波长，nm；

U——加速电压，keV。

X 射线为波长 0.01～10.00nm 之间的电磁波，其短波段与 γ 射线的长波段重叠，长波段与紫外线的短波重叠，其波长与 X 射线光子能量（keV）之间的关系为式（6-39）所示。

$$\lambda=\frac{1.239}{E} \tag{6-39}$$

式中　λ——X 射线波长，nm；

E——能量，keV。

图 6-9 所示为元素质量吸收系数与射线波长的关系，射线越短，质量吸收系数越低。

氧化物质量吸收系数与射线波长及能量关系如图 6-10 所示，氧化物吸收系数随射线能量增高和波长减短而降低。

从图 6-9 和图 6-10 中均可以看出不论是元素或氧化物都有特征吸收带，在特征波长处，吸收系数达到最大值，然后又突然下降到最低值，最后再随波长的增加而上升。

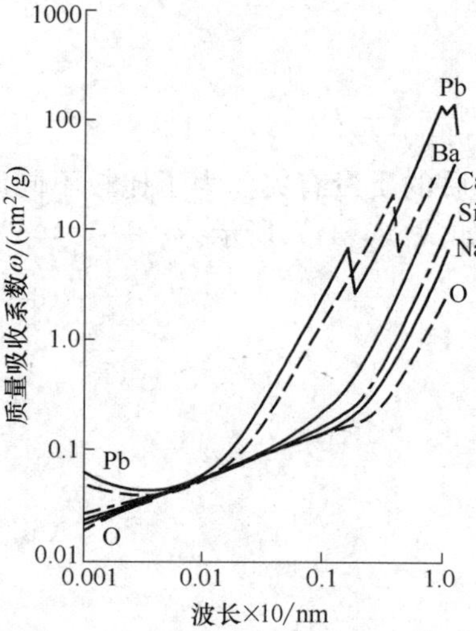

图 6-9　元素质量吸收系数与射线波长关系图

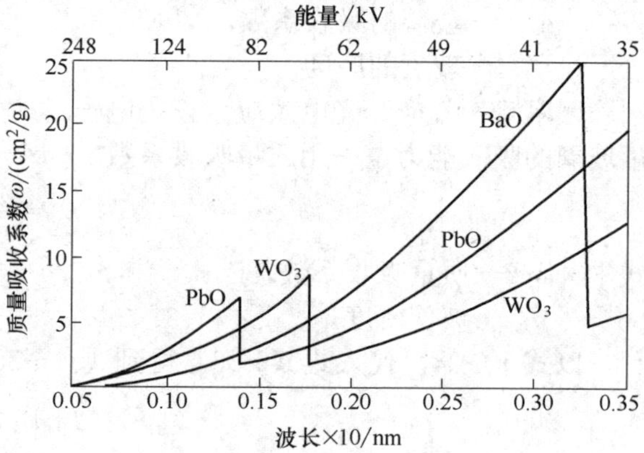

图 6-10　氧化物质量吸收系数与射线波长及能量关系图

诺斯维尔（Rothwell）计算出在不同波长 X 射线下氧化物的质量吸收系数，见表 6-22。阴极射线管（CRT）中 X 射线波长随管电压而变化，一般选用 0.06nm 波长的 X 射线来计算玻璃质量吸收系数，在此波长下氧化物的加和系数见表 6-23。表 6-24 为氧化物对不同波长 γ 射线的质量吸收系数。

表 6-22　**在不同波长 X 射线下氧化物的质量吸收系数（$\times 10^2$）**　单位：cm^2/g

射线波长 $\times 10$/nm	氧化物的质量吸收系数													
	Li_2O	BeO	B_2O_3	Na_2O	Al_2O_3	MgO	SiO_2	P_2O_5	K_2O	CaO	TiO_2	ZnO	GeO_2	As_2O_3
0.010	5.4	5.5	5.6	5.5	5.6	5.7	5.7	5.6	5.6	5.7	5.4	5.3	5.3	5.2
0.015	6.6	6.7	6.8	6.8	6.9	6.9	7.0	6.9	6.9	7.0	6.7	6.6	6.5	6.4
0.020	7.4	7.6	7.8	7.7	7.8	7.9	7.9	7.8	7.8	8.0	7.6	7.6	7.4	7.4
0.025	8.2	8.4	8.5	8.5	8.6	8.7	8.8	8.8	8.6	8.8	8.4	8.4	8.3	8.3
0.030	8.8	9.0	9.2	9.1	9.3	9.4	9.4	9.3	9.3	9.5	9.1	9.2	9.1	9.1
0.040	9.9	10.1	10.3	10.2	10.4	10.5	10.6	10.5	10.5	10.8	10.3	10.9	10.7	10.8
0.050	10.7	10.9	11.1	11.1	11.2	11.4	11.5	11.3	11.6	11.9	11.4	12.6	12.4	12.8
0.060	11.4	11.7	11.9	11.9	12.1	12.2	12.3	12.2	12.7	13.0	12.5	14.8	14.6	15.2
0.080	12.5	12.8	13.1	13.2	13.5	13.6	13.8	13.7	15.0	15.4	14.9	20.4	20.4	21.9
0.100	13.4	13.7	14.0	14.3	14.7	14.8	15.1	15.0	17.8	18.3	17.9	28.8	28.8	31.9
0.150	15.1	15.6	16.0	17.4	18.3	18.2	19.0	19.2	28.8	29.8	29.9	66.4	66.9	77.1
0.200	16.8	17.5	18.0	21.6	23.4	22.9	24.6	25.4	48.2	50.2	51.1	136.3	137.5	16.1
0.250	18.6	19.6	20.3	27.5	30.9	29.6	32.8	34.6	79.0	82.4	84.8	248.3	250.1	295.3
0.500	39.1	44.4	47.4	105.3	130.4	119.0	143.8	158.7	502.2	524.4	544.5	1721.0	1712.0	2023.0
0.600	55.3	64.1	69.1	168.7	211.4	92.0	234.3	259.7	844.6	880.9	912.3	2854.0	2820.0	3319.0
0.800	107.1	127.3	138.6	372.6	471.5	426.6	524.2	583.2	1927.0	2005.0	2065.0	6230.0	6065.0	7081.0
1.000	191.7	230.6	252.1	705.0	893.7	807.3	994.2	1106.0	3650.0	3785.0	3871.0	11150.0	10660.0	12320.0
2.000	1379.0	1681.0	1849.0	5292.0	6638.0	6038.0	7364.0	8125.0	25200.0	25630.0	25040.0			
3.000	4516.0	5516.0	6058.0	17080.0	21090.0	19340.0	23280.0	25380.0	72040.0	71230.0				
4.000	10450.0	12780.0	14060.0	38720.0	46930.0	43490.0	51500.0	55800.0						
5.000	19950.0	2440.0	26850.0	72220.0	82780.0	80320.0	93320.0	987900.0						
6.000	33310.0	41240.0	45400.0	118800.0	137900.0	13100.0	149200.0							
8.000	26250.0	93330.0	102800.0	254000.0		273100.0								
10.000	141900.0	173800.0	191500.0	441600.0										
12.000	233000.0	285500.0	314800.0											
15.000	419400.0	514600.0	567700.0											

表 6-23　　X 射线波长 0.06nm 时氧化物质量吸收系数　　单位：cm^2/g

氧化物	质量吸收系数	氧化物	质量吸收系数	氧化物	质量吸收系数
SiO_2	2.34	CaO	8.81	ZrO_2	53.54
Al_2O_3	2.11	TiO_2	9.12	As_2O_3	33.19
Li_2O	0.55	SrO	53.41	Sb_2O_3	18.19
Na_2O	1.69	BaO	25.08	CeO_2	25.32
K_2O	8.45	PbO	82.87		
MgO	1.92	ZnO	28.54		

表 6-24　　氧化物对不同波长下的 γ 射线质量吸收系数　　单位：cm^2/g

氧化物	电压/MeV												
	0.05	0.008		0.10	0.20	0.50	1	2	5	10	20	50	100
	波长×10/nm												
	0.248	0.141	0.141	0.124	0.062	0.025	0.012	0.006	2.5×10^{-3}	1.2×10^{-3}	0.6×10^{-3}	0.25×10^{-3}	0.12×10^{-3}
SiO_2	0.307	—	—	0.168	0.125	0.087	0.064	0.045	0.029	0.023	0.020	0.021	0.023
CeO_2	13.04	—	—	2.120	0.376	0.096	0.059	0.041	0.035	0.038	0.044	0.057	0.065
BaO	13.000	—	—	2.060	0.370	0.096	0.057	0.041	0.035	0.039	0.045	0.058	0.066
CaO	0.775	—	—	0.227	0.133	0.088	0.064	0.045	0.031	0.026	0.026	0.029	0.032
MgO	0.285	—	—	0.160	0.120	0.088	0.063	0.044	0.028	0.022	0.020	0.020	0.022
PbO	5.340	1.220	7.100	5.080	0.875	0.151	0.070	0.046	0.042	0.048	0.059	0.077	0.089
K_2O	0.780	—	—	0.220	0.128	0.087	0.063	0.044	0.030	0.026	0.026	0.028	0.031
Li_2O	0.185	—	—	0.143	0.115	0.081	0.060	0.042	0.025	0.018	0.014	0.013	0.014
Na_2O	0.254	—	—	0.156	0.121	0.086	0.062	0.043	0.027	0.021	0.019	0.020	0.021
Al_2O_3	0.284	—	—	0.162	0.113	0.086	0.062	0.044	0.028	0.022	0.020	0.020	0.022
B_2O_3	0.197	—	—	0.150	0.120	0.085	0.062	0.043	0.027	0.020	0.016	0.015	0.016
氧(O)	0.207	—	—	0.155	0.124	0.087	0.064	0.044	0.028	0.021	0.018	0.017	0.018

采用表 6-23 和表 6-24 的加和数据，即可进行玻璃的射线吸收能力计算。

玻璃化学组成（质量分数）为：SiO_2 59.04%、SrO 7.00%、BaO 12.50%、ZnO 6.50%、K_2O 10.00%、Na_2O 2.00%，玻璃密度为 $2.96g/cm^3$，求该投影管玻璃的质量吸收系数。

投影管玻璃采用对波长 0.06nm X 射线的质量吸收系数见表 6-23，得出式（6-40）。

$$\omega_G=0.5094\times2.34+0.07\times53.41+0.125\times25.08+0.065\times28.54+0.10\times84.5+0.02\times1.69=18.40cm^2/g \tag{6-40}$$

$$\mu_a=\omega_G\cdot\rho=18.40\times2.96=54.46/cm$$

肖特将各氧化物吸收 γ 射线的性能排成以下渐增次序：

$$Li_2O<B_2O_3<Na_2O<MgO<Al_2O_3<SiO_2<K_2O<CaO<Mn_2O_3<As_2O_3<BaO<PbO$$

因铅吸收 X 射线和 γ 射线能力较强，常用作防护材料，为了比较玻璃的吸收 X 射线和 γ 射线能力，故用铅当量表示。铅当量是指相当于单位厚度玻璃的吸收能力所需的铅板的厚度。

$$Э_{Pb}=\frac{d_{Pb}}{d_G}=\frac{\mu_G}{\mu_{Pb}} \tag{6-41}$$

式中　$Э_{Pb}$——铅当量；

　　μ_G——玻璃吸收系数；

μ_{Pb}——金属铅的吸收系数；

d_{Pb}——金属铅的厚度；

d_G——玻璃的厚度。

铅当量越大，玻璃的吸收射线能力越高。

姜（Jahn）研究了玻璃密度与铅当量之间的关系，见表 6-25，铅当量以^{60}Co为放射源发射的 γ 射线。

表 6-25　　玻璃铅当量与密度的关系

玻璃编号	密度/(g/cm^3)	折射率 n_D	铅当量	玻璃编号	密度/(g/cm^3)	折射率 n_D	铅当量
No. 1	2.53	1.52	0.223	No. 6	4.08	1.67	0.36
No. 2	3.23	1.58	0.284	No. 7	4.46	1.72	0.39
No. 3	3.23	1.58	0.284	No. 8	5.19	1.81	0.45
No. 4	3.60	1.62	0.317	No. 9	5.96	1.92	0.53
No. 5	3.60	1.62	0.317	No. 10	6.20	1.94	0.55

根据表 6-25 的数据，得出铅当量与密度的经验公式，即式（6-42）。

$$\ni_{Pb}=0.087\rho_G+0.002 \tag{6-42}$$

式中　ρ_G——玻璃的密度。

对于能量 1.33MeV、波长 0.001nm 的 γ 射线，得出另一铅当量与密度的经验式，即式（6-43）。

$$\ni_{Pb}=0.09\rho_G+0.01 \tag{6-43}$$

玻璃密度可根据成分进行加和性计算，因此应用式（6-42）和式（6-43），即能计算出玻璃的铅当量。

6.3.7　玻璃机械性质的计算

6.3.7.1　玻璃强度的计算

玻璃强度分为理论强度和实际强度。理论强度由成分之间键强度来决定。20 世纪耐瑞-西博（Náray-Seabó）等根据单位面积内 Si—O 键的数量及键强（库仑力）计算出石英玻璃纤维的强度。他们从玻璃结构是无周期的网络这一点出发，近似地把［SiO_4］看成假双原子分子 SiO_3—O，而采用了莫瑞斯（Mores）方程式（6-42）。

$$U(r-r_e)=E_e[1-e^{-\beta(r-r_e)}]^2 \tag{6-44}$$

式中　U——势能；

r_e——Si—O 之间平衡距离；

r——Si—O 之间实际距离；

E_e——键的平衡离解能；

β——常数。

当拉伸的力量使原子之间的距离超过平衡距离（图 6-11 中 A 为平衡距离），如图 6-11 中的 B 点，键就被断裂了；在断裂点时，$\frac{d^2U}{dr^2}=0$，原子之间的距离为 r_i，此时拉伸力 F_i 可用式（6-43）表示。

$$F_i=-\frac{dU}{dr}=[2\beta E_e(1-e^{-\beta(r-r_e)})e^{-\beta(r-r_e)}]_{ri} \tag{6-45}$$

式中　F_i——单键强度。

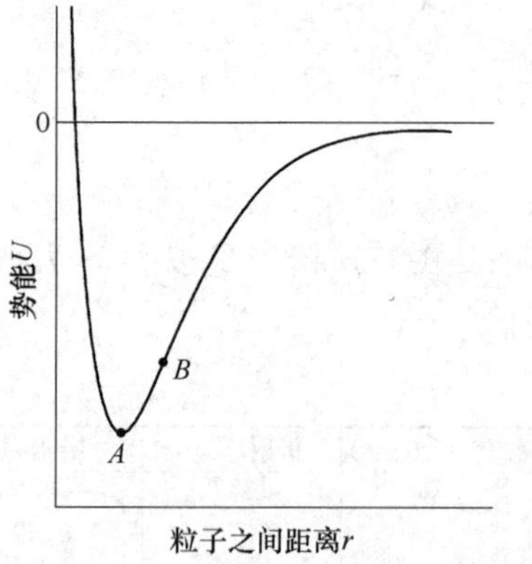

图 6-11　势能与粒子距离之间关系图

已知 Si—O 键之间平衡距离 $r_e=1.60\times10^{-8}$ cm。按 Si^{4+} 与 O^{2-} 之间键力为库仑（Coulomb）引力，计算出［SiO_4］四面体的引力为 $17.32e^2/r$，而［SiO_3］三角体的引力为 $17.08e^2/r$，从而计算出每个桥氧离子的引力为 $0.24e^2/r$，即

$$E_e=\frac{0.24e^2\times10^{-7}}{1.60\times10^{-8}}=3.456\times10^{-19}(\text{J})$$

根据贺兹博戈（Herzberg）的研究，β 可用式（6-46）计算：

$$\beta=1.2177\times10^7\omega_e\sqrt{\mu_A/D_e} \tag{6-46}$$

式中　μ_A——折合质量，对于 SiO_3—O 为假-双原子分子情况下为 13.22；

ω_e——振动能量，ω_e 可用式（6-47）、式（6-48）表示。

$$D_e=\frac{\omega_e}{4\chi_e} \tag{6-47}$$

$$\omega_e=4D_e\chi_e \tag{6-48}$$

式中　χ_e——振动频率。

对 $^{28}Si^{16}O$ 分子，χ_e 为 4.87×10^{-3}，将 χ_e 值代入式（6-48），求出 $\omega_e=339$/cm，再将此值代入式（6-46），得出 $\beta=1.138\times10^8$，然后将 β 值代入式（6-45），计算 F_i。

$$F_i=2\times1.138\times10^8\times3.456\times10^{-12}\times(1-0.5)\times0.5\times10^{-5}=1.97\times10^{-9}(\text{N})$$

已知单键强度后，再乘以单位截面中键的数目即为理论强度。每平方厘米截面中含有氧离子数为 $\upsilon^{\frac{2}{3}}$，υ 为 22.7×10^{-24}。由于石英玻璃中氧离子都是桥氧离子，不必再分别计算桥氧离子和非桥氧离子数，所以最终计算出石英玻璃的理论强度为：

$$1.97\times10^{-4}\times\frac{1}{[22.7\times10^{-24}]^{\frac{2}{3}}}=2.42\times10^{11}(\text{dyn/cm}^2)=24200\ (\text{MPa})$$

石英玻璃纤维实际测定强度为 24124MPa（2460kg/mm²），理论强度和实际测定十分接近。

Polanyi 认为理论强度应为玻璃断裂时形成新表面所需的力，以后一些学者从此观点出发，并考虑到玻璃表面存在的微裂纹，提出的理论强度计算式如式（6-49）所示。

$$\sigma_t=\sqrt{\frac{4E\gamma}{\pi l}} \tag{6-49}$$

式中　σ_t——理论强度，MPa；

E——弹性模量，Pa；

l——微裂纹宽度，m；

γ——比表面能，Pa。

博尼蒂（Bonetti）采用 E 为 7×10^{10} Pa，γ 为 0.3Pa、l 为分子间距离 1.6×10^{-10} m 的数值代入式（6-49）得出玻璃的理论强度为 12900MPa。

由于弹性模量是由分子之间力所决定的，所以奥温（Orowan）提出理论强度为式（6-50）。

$$\sigma_t=0.2E \tag{6-50}$$

一般玻璃弹性模量为 6×10^4MPa，则理论强度为 12000MPa。也有学者则认为理论强度为弹性模量的 1/10～1/5，弹性模量可以根据玻璃成分计算，因此理论强度也可以从玻璃成分间接计算而得。

汉斯格瓦（Hasegawa）计算出硼硅酸盐玻璃的理论强度为 12000MPa，实测为 10600MPa。有的学者计算出硅酸盐平板玻璃在 0K 时玻璃强度为 7859MPa，在 300K（27℃）为 6370MPa。21 世纪初，在科琛（Kurkjian）的论文中，报道的玻璃理论强度为 10000～14000MPa。

实际的玻璃中存在着微观和宏观的缺陷，如结构的微不均匀性、微相以及熔化的不均、气泡、条纹、结石、残余应力、微裂纹等，使玻璃的实际强度比理论强度低几个数量级。目前大量生产的硅酸盐玻璃的抗压强度为 500～2000MPa，抗张强度 30～90MPa，抗弯曲强度为 25～85MPa。由此看出抗压强度比抗张强度和抗弯曲强度要高几十倍。当然由于测试仪器和测试条件不相同，文献上发表的玻璃强度数据也有所差异。

影响玻璃强度的因素较多，除了结构键的强度及微观和宏观缺陷外，表面状态也十分重要，特别是表面的微裂纹。科琛（Kurkjian）将表面的微裂纹分为本征微裂纹，深度在几个纳米到几十个纳米之间；结构微裂纹，在几十个纳米到几百个纳米之间；制造微裂纹则在几个微米之间。其中最重要的为格里菲斯（Griffith）裂纹。格里菲斯裂纹究竟属于结构裂纹还是制造裂纹，学者也有不同的观点，一般认为是由结构裂纹扩展而成，但制造中会增加微裂纹的数量以及裂纹的深度。在储存和使用过程中，水分等活性介质对玻璃的微裂纹产生化学侵蚀，使裂纹进一步扩展，特别是在应力作用下，由于裂纹的扩展，导致玻璃产生疲劳，使强度降低。玻璃表面应力状态也会影响强度，残余的不均匀应力使强度下降，但经淬冷处理（热钢化）和离子交换（化学钢化），表面产生有规则分布的压应力层，内部分布张压力层，则会增加玻璃强度。采用氢氟酸处理，可除去表面微裂纹和使裂纹尖端钝化，以及进行热端和冷端涂层处理均可提高玻璃强度。

测试条件对玻璃强度也有较大影响，试样尺寸越大，裂纹数量增多，强度下降。负荷的方式，如长时间应力负荷下测得强度数值要比短时间负荷下测得的强度数值小。测试时温度升高，玻璃疲劳增加，测出的强度数值也低；大气中的湿度也是如此，湿度提高，疲劳增加，测出的强度数值低。但在低温、真空和氮气中测得的玻璃强度比在室温、大气中的为高。

以上情况表明，玻璃成分只是决定玻璃强度的因素之一，其它条件的影响亦不可忽视。根据玻璃成分来计算玻璃结构键的强度，对于石英玻璃等单组分玻璃是可行的，但对于多元系统玻璃则由于结构过于复杂，目前计算仍有困难。对比其它性质的计算，强度计算的方法很少，而且误差也比较大。表 6-26 为抗压强度和抗张强度的加和系数，玻璃成分中氧化物为质量分数。

表 6-26　　**抗压强度和抗张强度的加和性**　　单位：MPa

氧化物	抗压强度	抗张强度	氧化物	抗压强度	抗张强度
SiO_2	12.30	0.90	MgO	11.00	0.10
B_2O_3	9.00	0.65	BaO	0.50	0.50
Al_2O_3	10.00	0.50	ZnO	6.00	1.50
As_2O_3	10.00	0.30	PbO	4.80	0.25
P_2O_5	7.60	0.75	Na_2O	0.20	0.20
CaO	2.00	2.00	K_2O	0.50	0.10

某种玻璃组成（质量分数）为：SiO_2 41.12%、PbO 51.85%、K_2O 7.03%，计算玻璃的抗压强度和抗张强度。

根据表 6-26 的加和系数

抗压强度为：41.12×12.30+51.85×4.80+7.03×0.50=758.17（MPa）

抗张强度为：41.12×0.90+51.85×0.25+7.03×0.10=50.67（MPa）

玻璃抗压强度实测值为 843MPa，抗张强度实测值为 53.9MPa。

某种玻璃组成（质量分数）为：SiO_2 70.2%、B_2O_3 12.0%、Al_2O_3 4.5%、MgO 3.0%、Na_2O 10.3%，计算玻璃的抗压强度与抗张强度。

抗压强度为：70.2×12.30+12.0×9.00+4.5×10.00+11.00×3.0+10.3×0.20=1051.52（MPa）

抗张强度为：70.2×0.90+12.0×0.65+4.5×0.50+3.0×0.10+10.3×0.20=75.59（MPa）

实测抗压强度为 963MPa，实测抗张强度为 81.6MPa。

6.3.7.2 玻璃脆性的计算

玻璃的脆性是指负荷超过玻璃的极限强度而破裂的性能。普通硅酸盐玻璃由极性共价键构成均匀而各向同性的三维网络结构，当施加负荷时，尤其是突然施加的冲击负荷时，结构没有塑性变形就发生断裂。玻璃脆性除了与结构有关外，还与玻璃表面微裂纹有紧密关系，在外力作用下，裂纹产生应力集中效应，很容易扩展，最终导致断裂。

前苏联学者认为玻璃对动负荷的阻抗性即为玻璃的脆性程度，并以脆性指数 G_z 来表示，即式（6-51）。

$$G_z=\frac{A}{SL} \tag{6-51}$$

式中 G_z——脆性指数；

A——试样破坏功；

S——试样横截面积；

L——试样支点间距。

弗尤奥普（Föpl）将玻璃的抗压强度 σ_c 与抗冲击强度 σ_t 之比表示玻璃的脆性，即式（6-52）。

$$B_o=\frac{\sigma_c}{\sigma_t} \tag{6-52}$$

式中 B_o——脆度。

抗冲击强度越高，脆度 B_o 越小，脆性越小，符合一般概念。温度升高，玻璃结构基元质点流动性提高，塑性变形增加，脆性指标因而增加。玻璃成分中加入 MgO、SiO_2、Fe_2O_3 可使玻璃的抗冲击强度增加 5%～20%，加入 B_2O_3 可增加 50%。Na_2O、K_2O、Li_2O 降低玻璃的冲击强度，离子半径越大，对抗冲击强度影响越大。BaO 也能略微降低玻璃的冲击强度。

6.3.7.3 玻璃弹性模量、切变模量和泊松比的计算

玻璃的弹性是指外加负荷作用下发生变形和取消负荷后恢复到本身原来状态的能力。通常将玻璃在强度极限下负荷区域看成是弹性的，完全符合虎克定律，即应力和应变成正比，即式（6-53）。

$$\sigma=E\varepsilon \tag{6-53}$$

式中 σ——应力；

ε——应变；

E——弹性模量，又称杨氏模数（Young's modulus）、伸长模数。

弹性模量表征玻璃抵抗变形能力（即刚度）的大小，弹性模量越大，表示玻璃刚度越大。

切变模量（shear modulus）又称剪切模量，即切应力与切应变成正比，即式（6-54）。

$$\tau=G\gamma \tag{6-54}$$

式中　τ——切应力；

G——切变模量；

γ——切应变。

玻璃为各向同性材料，弹性模量与切变模量之间存在下列关系，即式（6-55）。

$$E=2G(1+\mu) \tag{6-55}$$

式中　μ——泊松比（Poisson Ratio）。

泊松比的物理意义为在拉伸试验中，玻璃横向单位面积的减少与纵向单位长度增加量的比值，即式（6-56）。

$$\mu=\frac{\frac{-\Delta A}{A_0}}{\frac{\Delta l}{l_0}} \tag{6-56}$$

式中　A_0——拉伸前玻璃的横截面积；

ΔA——拉伸后 A_0 的减少量；

l_0——拉伸前玻璃的长度；

Δl——拉伸后 l_0 的伸长量。

在室温下玻璃为弹性体，玻璃结构刚硬，非桥氧少，玻璃的弹性模量就高，石英玻璃的弹性模量高达72000MPa；加入碱金属氧化物后，形成非桥氧，玻璃结构松弛，弹性模量降低。引入相同数量的碱金属氧化物和碱土金属氧化物，离子半径越大，场强越低，则弹性模量降低就越大。如 Ca^{2+} 比 R^{+} 的弹性模量要高。副族元素的极化率较高，对弹性模量的降低影响与碱金属氧化物相似，如 Zn^{2+} 可与 Na^{+} 相比，Pb^{2+} 可与 K^{+} 相比。B_2O_3 和 Al_2O_3 引入到 R_2O-SiO_2 玻璃中时，可使结构紧密，弹性模量增加。

切变模量和玻璃成分的关系与弹性模量相类似，但玻璃切变模量的数值仅为弹性模量的1/2以下，为20000～40000MPa。泊松比根据玻璃成分的不同，波动在0.17～0.50之间。石英玻璃结构紧密，在其伸长时，横向收缩很小，故泊松比只有0.17。如加入较大的离子时，泊松比会增加，钠钙硅酸盐玻璃的泊松比为0.22左右。

弹性模量、切变模量、泊松比均可用加和性公式进行计算。简单的弹性模量加和性计算系数见表6-27。

温克尔曼-肖特法采用的玻璃成分为质量分数，而科兹罗夫卡娅（Козловская）和菲力普斯（Phillips）则采用摩尔分数。三种计算方法都比较简单，但计算系数相差较大，计算结果明显不同，这是由于研究者采用的成分系统不同，数据处理方法各异而造成的。温克尔曼的系数适合于钠钙硅玻璃、硼酸盐玻璃、磷酸盐玻璃体系，但没有 Li_2O 的计算系数，BeO、PbO的计算系数也不全；科兹罗夫卡娅缺少 P_2O_5 的计算系数，适合无磷玻璃成分；菲力普斯的计算系数就更不全。

玻璃组成（质量分数）为：SiO_2 81%、Al_2O_3 2%、B_2O_3 13%、Na_2O 4%，计算玻璃的弹性模量，实测值为64000MPa。

表 6-27 弹性模量加和计算系数 单位：10^{10} Pa

氧化物	温克尔曼-肖特			科兹罗夫卡娅	菲力普斯
	硅酸盐	不含 PbO 的硼酸盐	含 PbO 的硼酸盐和磷酸盐		
SiO_2	7.0	7.0	7.0	6.5	7.3
Al_2O_3	18.0	15.0	13.0	11.4	12.1
B_2O_3	—	6.0	2.5	—	—
As_2O_3	4.0	4.0	4.0	15.5	—
P_2O_5	—	—	7.0	—	—
TiO_2	—	—	—	17.1	13.3
CaO	7.0	7.0	—	11.2	12.6
MgO	—	4.0	—	9.2	—
BaO	—	7.0	3.0	6.2	11.3
PbO	4.6	—	5.5	4.2	—
ZnO	5.2	10.0	—	6.0	13.2
MgO	—	—	3.0	9.2	11.9
BeO	—	4.0	—	10.0	—
Na_2O	6.1	10.0	7.0	3.95	—
K_2O	4.0	7.0	3.0	4.1	—
Li_2O	—	—	—	6.8	16.0

利用温克尔曼-肖特方法，由表 6-27 利用不含 PbO 的硼酸盐的加和系数计算。

$$E=7.0\times0.81+15.0\times0.02+6.0\times0.13+10.0\times0.04=71500\ (\text{MPa})$$

利用硼酸盐和磷酸盐的加和系数计算：

$$E=7.0\times0.81+13.0\times0.02+2.5\times0.13+7.0\times0.04=65350\ (\text{MPa})$$

切变模量可用科兹罗夫卡娅加和系数计算，其数值见表 6-28，玻璃成分用摩尔分数表示。

表 6-28 切变模量的加和系数 单位：10^2 MPa

氧化物	切变模量加和系数	氧化物	切变模量加和系数	氧化物	切变模量加和系数
SiO_2	2.70	CaO	4.95	NiO	5.00
B_2O_3	5.85	SrO	4.50	CoO	3.64
Al_2O_3	4.95	BaO	1.75	Li_2O	2.58
Fe_2O_3	1.90	ZnO	2.90	Na_2O	1.73
TiO_2	6.95	CdO	2.75	K_2O	1.08
BeO	4.25	PbO	1.44		
MgO	3.80	MnO	2.60		

对钠硅酸盐玻璃和钾硅酸盐玻璃来讲，在 $(R_2O+RO)/B_2O_3=1$（摩尔比）时；在铝硼酸盐玻璃中 $(R_2O+RO)/(B_2O_3+Al_2O_3)=1$（摩尔比）时，玻璃的弹性模量和剪切模量均出现最大值，因此仅有摩尔比≥1 时，才能利用表 6-28 的系数计算。

温克尔曼和肖特给出了泊松比的加和系数，玻璃成分采用质量分数，见表 6-29。

玻璃组成（摩尔分数）为：SiO_2 76.8%、PbO 13.6%、K_2O 8.7%、Na_2O 0.9%，计算其切变模量与泊松比。

利用科兹罗夫卡娅所提供的加和系数计算切变模量。

$$G=2.70\times10^2\times76.8+1.44\times10^2\times13.6+1.08\times10^2\times8.7+1.73\times10^2\times0.9=23790\ (\text{MPa})$$

表 6-29　**泊松比的加和系数**

氧　化　物	泊松比加和系数	氧　化　物	泊松比加和系数
SiO_2	0.1533	MgO	0.2500
B_2O_3	0.2840	ZnO	0.3460
Al_2O_3	0.1750	PbO	0.2760
Mn_2O_3	0.2500	BaO	0.3650
P_2O_5	0.2147	Na_2O	0.4310
CaO	0.4163	K_2O	0.3969

利用温克尔曼-肖特的加和系数计算泊松比。

首先将各成分转变成质量分数，分别为：SiO_2 54.15%、PbO 35.61%、K_2O 9.59%、Na_2O 0.65%，则

$$\mu=0.1533\times0.5415+0.2760\times0.3561+0.3969\times0.0959+0.4310\times0.0065=0.22$$

6.3.7.4　玻璃硬度的计算

玻璃抵抗其它物体侵入的能力，称为硬度。玻璃硬度分为压入硬度、刻痕硬度、磨损硬度、切削硬度等。

压入硬度又称压痕硬度，是玻璃硬度最常用的测试方法，其中又分为奥尔巴赫（Auerbach）绝对硬度、努氏（Knoop）金刚石锥头或维氏（Vickers）金刚石锥头压痕硬度。

奥尔巴赫绝对硬度是以压在玻璃表面上发生划痕的球形透镜中心的荷重作为硬度的数值，可用式（6-57）计算。

$$H_A=\frac{1}{\pi}\sqrt[3]{\frac{3IP}{2r}} \tag{6-57}$$

式中　H_A——奥尔巴赫绝对硬度；

I——挤压模数；

P——透镜上的压力；

r——球形透镜的曲率半径。

挤压模数与弹性模量和泊松比的关系为式（6-58）。

$$I=\frac{12rPE}{D(1-\mu)} \tag{6-58}$$

式中　D——环形压痕的直径。

玻璃的奥尔巴赫硬度可用加和计算，其数值见表 6-30，玻璃成分以质量分数表示。

表 6-30　**奥尔巴赫硬度加和系数**　单位：MPa

氧　化　物	奥尔巴赫硬度加和系数	氧　化　物	奥尔巴赫硬度加和系数
SiO_2	0.332	BaO	0.195
B_2O_3	0.075	ZnO	0.710
Al_2O_3	1.010	PbO	0.145
P_2O_5	0.132	Na_2O	−0.265
CaO	−0.638	K_2O	0.390

玻璃组成（质量分类）：SiO_2 67.3%、B_2O_3 2.0%、Al_2O_3 2.5%、CaO 7.0%、ZnO 7.0%、Na_2O 14.0%，其 H_A 为 26.08MPa；SiO_2 41.0%、PbO 51.7%、As_2O_3 0.3%、K_2O 7.0%，其 H_A 为 17.0MPa；P_2O_5 59.5%、B_2O_3 3.0%、Al_2O_3 8.0%、BaO 28.0%

的玻璃，其 H_A 为 21.3MPa；B_2O_3 69.1%、Al_2O_3 18.0%、As_2O_3 0.2%、BaO 4.7%、Na_2O 8.0%，其 H_A 为 21.47MPa。

维氏硬度 H_v（DPH）是用锥角 136°的金刚石四角棱形压头在一定荷重下压入玻璃表面造成凹痕，以凹面面积除以荷重为硬度值，即式（6-59）。

$$H_v = \frac{2m\sin(0.5\times136)}{l^2} = 1.854m/l^2 \tag{6-59}$$

式中 H_v——维氏硬度，kg/mm^2；

m——荷重，kg；

l——凹面对角线长度，mm。

努氏硬度 H_K 是以长方形的金刚石角锥头，锥角为 175.2°及 130°，压入玻璃表面，测量在玻璃表面上压痕的长对角线，以压痕投影面积除以荷重即为努氏硬度值，即式（6-60）。

$$H_K = \frac{14.23m}{l^2} \tag{6-60}$$

式中 H_K——努氏硬度，kg/mm^2；

m——荷重，kg；

l——凹面纵向对角线长度，mm。

玻璃硬度中最常用的为维氏硬度。在其它条件相同时，维氏硬度与施加于角锥上的负荷有关，负荷在 50g 以下，硬度测定值高，负荷 100g 以上，在压痕周围会出现裂纹，故以 50～100g 负荷较合适。负荷时间和负荷速度也对硬度有影响。与强度测定相似，玻璃表面状态、测试条件、周围环境对测试结果影响很大，以石英玻璃为例，其硬度波动于 6570～11768MPa（670～1200kg/mm^2），相差近 1 倍。

硅酸盐玻璃中石英玻璃硬度最高，加入碱金属氧化物会降低硬度，阳离子半径与硬度之间关系成反比。在 R^+ 和 R^{2+} 中，可排成次序为 $Li^+ > Na^+ > K^+$；$Be^{2+} > Mg^{2+} > Ca^{2+} > Sr^{2+} > Ba^{2+}$；$Cd^{2+} > Zn^{2+}$；$Ni^{2+} > Co^{2+} > Fe^{2+}$。通常认为硅酸盐玻璃中加入 PbO、$K_2O$、$Na_2O$ 会明显降低硬度。

目前尚无玻璃维氏硬度加和系数，但是可借鉴搪瓷上维氏硬度的加和系数，见表 6-31。表 6-31 中维氏硬度加和系数单位为 kg/mm^2，玻璃成分为质量分数。

表 6-31　　搪瓷用维氏硬度加和系数

氧化物	维氏硬度加和系数	氧化物	维氏硬度加和系数	氧化物、氟化物	维氏硬度加和系数
SiO_2	22.8	SnO_2	13.1	PbO	1.7
B_2O_3	5.2	CeO_2	5.2	Li_2O	5.2
Al_2O_3	13.1	BeO	22.8	Na_2O	−5.0
As_2O_3	−11.0	MgO	1.7	K_2O	−8.1
Sb_2O_3	31.9	CaO	−1.7	AlF_3	22.8
P_2O_5	13.1	SrO	−8.1	CaF_2	13.1
TiO_2	17.7	BaO	1.7	NaF	13.1
ZrO_2	13.1	ZnO	17.7		

6.3.8　玻璃电学性质的计算

玻璃的电学性质主要指电阻率、介电常数、介质损耗和 $T_{k\text{-}100}$。

6.3.8.1　玻璃电阻率的计算

传统硅酸盐玻璃常温下电阻率高达 $10^{13}\sim10^{16}\Omega\cdot cm$，可以此时认为玻璃不导电，但随温度升高，电阻率会降低。硅酸盐玻璃为离子导电，电阻率与玻璃成分中碱离子有密切关系，含碱量越高，则电阻率越小。离子半径与场强也影响到电阻率，碱离子半径越小，越易迁移，如 Na^+ 比 K^+ 半径小，迁移受到的阻力小，电阻率小，Li^+ 虽然比 Na^+ 半径小，但场强高，反而比 Na^+ 迁移困难。含有 2 种或 3 种碱离子的混合碱效应、加入 Ca^{2+}、Ba^{2+} 等两价离子的阻塞效应、高场强离子 Zr^{4+}、Ti^{4+} 等的积聚效应，都会阻碍离子的迁移。根据碱金属离子的扩散通道理论，玻璃结构松弛、网络空隙增大、结构的键强降低均可使电阻率降低。此外分相形态、热历史、温度、湿度、表面状态，也影响到玻璃电阻率数据，因此根据成分计算电阻率有较大的困难。

由于电阻率与温度呈指数关系，所以计算电阻率时必须指明其温度。

玻璃在较高温度条件下，将转变成导体，不再使用电阻率来表示，多使用电导率，其大小表明导电能力的大小。

沙舍克和诺泰克（Knotek）还给出了在不同温度下钠钙玻璃电导率的加和公式，沙舍克所用成分为质量分数，计算的电导率仅限于 1200～1400℃高温熔融玻璃液，如式(6-61)，表 6-32 则给出了电导率加和系数。

$$\sigma=\sum(\sigma_i w_i/100) \tag{6-61}$$

式中　σ_i——玻璃组分 i 电导率；

　　　w_i——玻璃组分 i 质量分数。

表 6-32　电导率加和系数

氧化物	不同温度下的电导率加和系数/(S/cm)		
	1200℃	1320℃	1400℃
SiO_2	−0.413	−0.576	−0.701
Al_2O_3	−0.654	−0.908	−1.100
Fe_2O_3	−0.311	−0.439	−0.537
MgO	−0.168	−0.100	−0.019
CaO	−0.243	−0.088	−0.087
Na_2O	+3.010	+4.930	+5.920
K_2O	−0.582	−0.458	−0.282

6.3.8.2　玻璃介电常数的计算

玻璃常用作电容器内的电介质及电绝缘材料，因此介电性质是很重要的。对于玻璃来讲要求介电常数小一些，对于电容器玻璃来讲则要求介电常数 ε 大一些。

玻璃的介电常数与玻璃中离子极化率和迁移率有关，而玻璃的成分和结构又决定了离子的极化率和迁移率。在硅酸盐玻璃中，氧离子是最容易极化的离子。网络调整物的加入，形成了易极化的非桥氧，使介电常数提高。如石英的介电常数为 3.75，加入碱金属氧化物以后，介电常数增加，如含 Na_2O 16%的钠钙玻璃介电常数为 7.20。在碱金属离子中，离子半径增加，场强减小，介电常数升高，如 $K^+>Na^+>Li^+$。

玻璃中其它离子的加入也有相似的规律，碱土金属的加入，也是场强增大，介电常数减小。副族元素本身极化率对介电常数也有很大影响，如含 PbO 58%、K_2O 7%、SiO_2 35%（质量分数）的封接玻璃，介电常数为 9.5。某些高铅玻璃介电常数达 10 以上。

TiO_2 也是具有很高介电常数的成分。

阿本和别列科普（Брecxep）提出频率为 4.5×10^8 Hz、温度在 20℃以下，介电常数加和系数（见表 6-33），其加和公式为式（6-62）。

$$\varepsilon = \sum (\varepsilon_i x_i / 100) \tag{6-62}$$

式中　ε——介电常数；

x_i——玻璃成分的摩尔分数，%；

ε_i——介电常数加和系数。

表 6-33　**介电常数加和系数**

氧化物	加和系数 ε_i	氧化物	加和系数 ε_i	氧化物	加和系数 ε_i
SiO_2	3.8	BaO	20.5	MnO	13.8
Al_2O_3	9.2	PbO	22.0	Li_2O	14.0
B_2O_3	3～8	ZnO	14.4	Na_2O	17.6
BeO	13.8	CdO	17.2	K_2O	16.0
MgO	15.4	FeO	16.0	TiO_2	25.6
CaO	17.4	CoO	15.2		
SrO	18.0	NiO	13.4		

介电常数 ε 与密度 ρ 和 n_D 有一定关系，其关系符合 $\varepsilon = 3\rho - 2.1$ 和 $\varepsilon = (n_D - 1.3)/0.038$ 的规律。

6.3.8.3　玻璃介质损耗的计算

介质损耗是指玻璃作为电介质处在交流电场中，由于交流电场和电介质的作用，在单位时间损失的能量，也称介电损失。一般用 $\tan\delta$ 的大小来表示玻璃的介质损耗。

介质损耗与玻璃成分的关系类似于电阻率与成分的关系。离子的迁移对介质损耗有重要影响，石英玻璃结构网络坚实，没有易于迁移的离子，介质损耗很低。史蒂文（Stevels）提出了在 20℃和频率 1.5MHz 下计算 $\tan\delta$ 的计算式为式（6-63）。

$$\tan\delta = 0.0698 \times (n_{Na} S / \varepsilon) \times (1 - 3.9 n_m / n_o) \tag{6-63}$$

式中　n_{Na}——每 100g 玻璃中 Na^+ 物质的量；

n_m——每 100g 玻璃中重金属离子物质的量；

n_o——每 100g 玻璃中 O^{2-} 物质的量；

S——O^{2-} 离子数与网络形成离子数之比；

ε——介电常数。

对于玻璃组成（质量分数）为：SiO_2 54.3%、PbO 35.3%、K_2O 6.5%、Na_2O 3.9%，其 $n_{Na}=0.126$，$n_m=0.298$，$S=2.32$，$n_o=2.097$，$\varepsilon=7.96$，利用式（6-63）计算出 $\tan\delta=11.0\times10^{-4}$，实测为 11.5×10^{-4}。

6.3.8.4　玻璃 $T_{K\text{-}100}$ 值的计算

$T_{k\text{-}100}$ 是电真空玻璃和电子玻璃电绝缘强度的一个参数。由于 $T_{k\text{-}100}$ 测定比较方便和准确，所以在表征玻璃电性能方面得到广泛应用。

$T_{k\text{-}100}$ 与玻璃成分关系十分密切，可以用 $T_{k\text{-}100}$ 数值的变化，表示玻璃成分的波动，工厂通过定期测定 $T_{k\text{-}100}$ 数值，以控制生产。

程长荫对 SiO_2-B_2O_3-Al_2O_3-K_2O-Na_2O 系统中，当 $w(K_2O)+w(Na_2O)\leqslant 10\%$，

$w(B_2O_3)=18\%\sim27\%$，提出用经验式（6-64），可计算玻璃 $T_{k\text{-}100}$ 值。

$$T_{k\text{-}100}=6.11w_S+1.09w_B+3.15w_A-28.28w_N-9.31w_K \tag{6-64}$$

式中　w_S、w_B、w_A、w_N、w_K——SiO_2、B_2O_3、Al_2O_3、Na_2O、K_2O 的质量分数。

表 6-34 列举了几种典型电真空玻璃组成及 $T_{k\text{-}100}$ 计算值和实测值。DM-305 玻璃，计算值为 293.4℃，文献上数值为 285℃，误差＋8.4℃；DM-308 玻璃的计算值为 301.5℃，文献值为 300℃，误差为＋1.5℃；前苏联 3C-9 玻璃的计算值为 414.5℃，文献值为 400.0℃，误差为＋14.5℃，DW-211 的计算值为 330.7℃，文献值为 340.0℃，误差为－9.3℃。由此可见，程长荫经验式的计算误差还是较小的。

表 6-34　几种典型电真空玻璃组成及 $T_{k\text{-}100}$ 计算值和实测值

玻璃牌号	各化学组成的质量分数/%										计算值 $T_{K\text{-}100}$/℃	实测值 $T_{K\text{-}100}$/℃
	SiO_2	B_2O_3	Al_2O_3	CaO	MgO	PbO	Na_2O	K_2O	Li_2O	其它		
DM-305	67.5	20.3	3.5	—	—	—	3.8	4.9	—	—	293.4	285.0
DM-308	66.5	23.0	3.0	—	—	—	3.7	3.8	—	—	301.5	300.0
DW-211	74.8	18.0	1.4	—	—	—	4.8	1.6	—	—	330.7	340.0
3C-9	68.8	26.5	1.6	—	—	—	0.6	2.5	—	—	414.5	400.0

6.3.9　玻璃化学稳定性的计算

众所周知，玻璃化学稳定性为复杂性质，与玻璃成分不是简单加和性关系，而与玻璃结构、热历史、表面状态、试剂性质、温度、测试方法等紧密相关，进行计算不仅难度大，而且精确度也不高，因此化学稳定性的计算方法较少。

在常用的 SiO_2-CaO-Na_2O 系统玻璃中，首先是乔西娜（Tscheuschner）提出公式（6-65）的成分均具有较高的化学稳定性。

$$x_z=3\left(\frac{x_k^2}{x_y}+x_y\right) \tag{6-65}$$

式中　x_z——玻璃中 SiO_2 摩尔分数，%；

x_y——玻璃中 CaO 摩尔分数，%；

x_k——玻璃中 Na_2O 摩尔分数，%。

科普勒（Keppeler）指出在 SiO_2-CaO-K_2O 系统中，其化学稳定性符合式（6-66）。

$$x_z=4\left(\frac{x_k^2}{x_y}+x_y\right) \tag{6-66}$$

式中　x_k——玻璃中 Na_2O 摩尔分数，%。

当玻璃中既含有 K_2O 又含有 Na_2O 时，为了表达方便，库纳（Koerner）令 $x(RO)=1$，在 Na_2O 含量大于 K_2O 含量的条件下，此关系式为式（6-67），在 K_2O 含量大于 Na_2O 含量的条件下，则按式（6-68）计算。

$$x_z=\left(3+\frac{x_k}{x_R}\right)(x_R^2+1) \tag{6-67}$$

$$x_z=\left(4-\frac{x_k}{x_R}\right)(x_R^2+1) \qquad (6\text{-}68)$$

式中　x_R——玻璃中 K_2O+Na_2O 摩尔分数，%。

对于铅玻璃，可采用式（6-69）计算。

$$x_z=4\left(\frac{x_K^2}{x}+x'\right) \qquad (6\text{-}69)$$

式中　x'——玻璃中 PbO 和其它二价金属氧化物（摩尔分数）之和，%。

以上这些关系式只是定性的，而且仅限于简单的成分系统，对多元的成分系统就不适用了，仅有参考价值。

沙舍克研究了 SiO_2-Al_2O_3-CaO-MgO-Na_2O-K_2O 平板玻璃的耐水性与玻璃成分的关系，得出关系式（6-70）。

$$m=0.998+0.1347w_N+0.164w_K-0.023w_M-0.0213w_{Ca}-0.0992w_A-0.0018w_F \qquad (6\text{-}70)$$

式中　m——玻璃耐水性是将 2g 玻璃粉末加入到 50mL 蒸馏水中，加热到 98℃并保持 60min，析出 Na_2O 的质量，mg；

w_N、w_K、w_M、w_{Ca}、w_A、w_F——Na_2O、K_2O、MgO、CaO、Al_2O_3、Fe_2O_3 的质量分数，%。

玻璃组成（质量分数）为：SiO_2 69.4%、Al_2O_3 3.0%、Fe_2O_3 0.05%、CaO 8.5%、MgO 2.5%、Na_2O 16.0%、K_2O 0.5%，采用式（6-70）计算的耐水性为 0.70mg，实测值为 0.67mg。

6.3.10　玻璃黏度的计算

奥霍琴对 SiO_2-Al_2O_3-CaO-MgO-Na_2O 系统玻璃黏度（$10^3\sim10^{14}$dPa·s）对应温度提出了简单计算方法，其适用的成分范围（质量分数）为：Al_2O_3 0～5%、CaO+MgO 5%～12%、Na_2O 12%～16%，其计算式为式（6-71）。其计算过程参见 4.2 章节。

$$T=aw_N+bw_R+cw_A+d \qquad (6\text{-}71)$$

式中　T——某黏度值对应温度，℃；

w_N——玻璃中 Na_2O 质量分数，%；

w_R——玻璃中 CaO 和 MgO 质量分数，其中 MgO 为 3%；

w_A——玻璃中 Al_2O_3 质量分数，%；

a、b、c、d——常数。

奥霍琴方法虽然简单，但所包含的氧化物种类比较少，对于铝镁平板玻璃计算比较准确，对于含 B_2O_3、PbO、ZnO、BaO 的玻璃就不适用了。

博瑞格斯基（Braginskii）对奥霍琴方法进行改进，将其计算式修改成式（6-72）。

$$T=a_Nw_N+b_Cw_C+c_Mw_M+dAw_A+a \qquad (6\text{-}72)$$

式中　a_N、b_C、c_M、dA、a——系数，见表 6-35；

w_N、w_C、w_M、w_A——Na_2O、CaO、MgO、Al_2O_3 质量分数，%。

表 6-35 **博瑞格斯基计算系数**

$\lg\eta$/dPa·s	a_N	b_C	c_M	dA	a
2	−22.70	−15.68	−7.13	6.46	1659.2
4	−14.70	−6.47	−1.35	5.26	1178.4
6	−10.67	−0.89	+1.55	4.33	900.6
8	−8.88	+1.98	+2.15	3.72	757.5
10	−7.89	+3.06	+1.14	3.49	682.2
12	−6.31	+3.27	−0.83	3.72	606.0

卡特斯（Cuartas）提出各种黏度对应的温度简化计算式（6-73），其所用氧化物种类比奥霍琴要多，不仅有 SiO_2、Al_2O_3、Na_2O、K_2O 的系数而且还有 B_2O_3、BaO 的系数。卡特斯黏度计算系数见表 6-36。

$$T=\sum(C_i w_i/w_s) \tag{6-73}$$

式中 C_i——计算系数，见表 6-36；

w_i——玻璃中的氧化物质量分数，%；

w_s——玻璃中的氧化硅质量分数，%。

表 6-36 **卡特斯黏度计算系数**

$\lg\eta$/dPa·s	氧化物的 C_i 值								
	Na_2O	K_2O	MgO	CaO	BaO	B_2O_3	Al_2O_3	SiO_2	Fe_2O_3
2	−794.97	123.42	−373.46	−857.51	+171.78	−1796.89	485.25	1715.52	−610.70
3	−1065.63	−240.40	−202.70	−595.58	−121.01	−1218.56	365.58	1472.79	−90.16
4	−931.13	−357.53	−83.26	−430.87	−220.02	−926.75	408.58	1254.20	−125.42
7.6	−514.08	−200.07	−35.40	+2.03	+344.80	−459.96	117.37	822.37	−680.17
13.0	−369.05	−45.10	−168.93	+289.34	−222.01	+150.79	121.58	569.91	−128.38
成分范围（质量分数）/%	5.7～15.4	0～4.4	0～5.0	4.8～12.2	0～2.8	0～8.7	0.1～5.5	62.7～72.8	0～1.6

在指定温度下计算黏度可用富切尔黏度式，即式（6-74）。

$$T=T_0+\frac{B}{\lg\eta-A} \tag{6-74}$$

可用式（6-74）根据已知的黏度来计算温度。

美国国家标准局材料研究所对成分范围（质量分数）为：SiO_2 65%～80%、Na_2O 11%～35%、CaO 0～14%、MgO 0～12%、CaO+MgO 0～16%、K_2O 0～35%、Al_2O_3 0～8%、BaO 0～5%、B_2O_3 0～4%、Li_2O 0～4%、F_2 0～2%的玻璃，进行不同温度下黏度的测定，将富切尔公式改写成式（6-75）。

$$\begin{aligned}\lg\eta=&a_1+a_2w(Na_2O)+a_3w(K_2O)+a_4w(CaO)+a_5w(MgO)+a_6w(Al_2O_3)+a_7\sqrt{w(Na_2O)+w(K_2O)}+\\&a_8w(Na_2O\cdot CaO)+a_9w(Na_2O\cdot MgO)+a_{10}w(K_2O\cdot CaO)+a_{11}w(K_2O\cdot MgO)+\\&a_{12}w(CaO\cdot MgO)+a_{13}[w(CaO)]^2+a_{14}[w(MgO)]^2+\cdots\cdots+a_nw\end{aligned} \tag{6-75}$$

式中 a_1、a_2、a_3、…、a_n——计算系数，见表 6-37；

w——氧化物的质量分数，%。

表 6-37　　美国国家标准局黏度计算所用的系数

系数	成　分	温度/℃							
		600	700	800	900	1000	1100	1200	1300
a_1		11.7404	8.9040	7.2752	6.1155	5.2559	4.5912	4.0693	3.6486
a_2	Na_2O	−1.4149	−0.9424	−0.8101	−0.7182	−0.6535	−0.6051	−0.5700	−0.5436
a_3	K_2O	−0.8700	−0.6498	−0.4712	−0.3781	−0.3336	−0.3152	−0.3143	−0.3235
a_4	CaO	3.4391	2.0773	1.4369	1.0329	0.7104	0.5395	0.3738	0.2385
a_5	MgO	1.5560	3.3705	3.0888	2.5948	2.1023	1.5678	1.1125	0.7012
a_6	Al_2O_3	1.3377	0.9293	0.6552	0.4982	0.3896	0.3345	0.2880	0.2539
a_7	$(Na_2O+K_2O)^{1/2}$	−0.5996	−0.1548	−0.1052	−0.069	−0.0323	−0.0138	0.0072	0.0260
a_8	$Na_2O\cdot CaO$	−1.1861	−0.9619	−0.7368	−0.5912	−0.4816	−0.4076	−0.3447	−0.2936
a_9	$Na_2O\cdot MgO$	−1.0317	−1.2709	−1.2973	−1.1189	−0.8889	−0.6438	−0.4180	−0.2089
a_{10}	$K_2O\cdot CaO$	−0.3239	−0.4349	−0.3556	−0.3158	−0.2923	−0.2708	−0.2510	−0.2330
a_{11}	$K_2O\cdot MgO$	−0.4098	−0.6068	−0.5452	−0.3995	−0.2462	−0.0774	−0.0669	−0.1992
a_{12}	$CaO\cdot MgO$	−1.2973	−1.7221	−1.3761	−1.1431	−0.9721	−0.8381	−0.7307	−0.6417
a_{13}	$(CaO)^2$	−0.2576	−0.1791	−0.2320	−0.2400	−0.2013	−0.2164	−0.1995	−0.1817
a_{14}	$(MgO)^2$	1.2377	−0.3515	−0.4843	−0.5193	−0.5366	−0.4865	−0.4540	−0.4204

NBS 给出了 8 个温度下的 a_1、a_2、$a_3\cdots a_n$ 的系数，利用这些系数可以计算出给定温度下的黏度。由于 NBS 只给出 600℃、700℃、800℃、900℃、1000℃、1100℃、1200℃、1300℃温度下的系数，对其它温度下的黏度就无法用 NBS 式计算，就要用 Fulcher 黏度式计算，而此式中有 A、B、T_0 三个系数，必须求出这些系数后，才能计算其它温度下的黏度值。于是将富切尔黏度式换算为 Fulcher 方程式，即式（6-76）。

$$-AT_0+B+(\lg\eta)T_0+TA=T\lg\eta \tag{6-76}$$

SiO_2-Al_2O_3-CaO-MgO-Na_2O 玻璃成分，用 NBS 式计算 700℃的黏度 $\lg\eta$ 为 8.203，900℃时 $\lg\eta$ 为 5.014，1300℃时 $\lg\eta$ 为 2.438，将这些数值代入式（6-76），得到方程组：

$$(-AT_0+B)+8.203T_0+700A=8.203\times700 \tag{6-77}$$

$$(-AT_0+B)+5.041T_0+900A=5.041\times900 \tag{6-78}$$

$$(-AT_0+B)+2.4387T_0+1300A=2.438\times1300 \tag{6-79}$$

解三元联立方程式（6-77）、式（6-78）、式（6-79）得到 $T_0=280.3$、$A=-1.594$、$B=4111.7$。

已知 A、B、T_0 数值，用富尔切尔黏度式既可求出已知温度下的黏度值，也可求出已知黏度时的温度值。

对于铅晶质玻璃（质量分数）：SiO_2 52%～58%、B_2O_3 0～3%、PbO 23%～31%、K_2O 10%～15%、Na_2O 1%～3%，其黏度与温度的关系也可以富切尔黏度式表示，根据实验，得出不同黏度下的温度经验方程式如下：

当 $\lg\eta=2.0$dPa・s 时

$$T_{\eta2}=1824.8-21.3429w_N-9.1773w_K-2.6548w_P-15.5555w_B \tag{6-80}$$

当 $\lg\eta=4.0$dPa・s 时

$$T_{\eta4}=1218.2-15.9823w_N-5.5927w_K-1.6192w_P-4.2923w_B \tag{6-81}$$

当 $\lg\eta=6.0$dPa・s 时

$$T_{\eta6}=930.8-11.3869w_N-3.9057w_K-1.3440w_P+3.3432w_B \tag{6-82}$$

式中　　$T_{\eta2}$——$\lg\eta=2.0$dPa・s 时对应的温度，℃；

$T_{\eta 4}$——$\lg\eta=4.0$dPa·s 时对应的温度，℃；

$T_{\eta 6}$——$\lg\eta=6.0$dPa·s 时对应的温度，℃；

w_N、w_K、w_P、w_B——Na_2O、K_2O、PbO、B_2O_3 的质量分数，%。

当已知 3 个黏度对应的温度时，即可求出富切尔黏度式中 T_0、A、B 三个常数。

$$T_0=\frac{(T_2-T_1)(T_3-T_1)(x_3-x_2)}{(T_2-T_1)(x_3-x_1)-(T_3-T_1)(x_2-x_1)}+T_1 \tag{6-83}$$

$$A=\frac{x_2(T_2-T_0-x_1)(T_1-T_0)}{(T_1-T_0)} \tag{6-84}$$

$$B=(T_1-T_0)(x_1-A) \tag{6-85}$$

式中　T_1、T_2、T_3——与黏度值 $\lg\eta=x_1$、x_2、x_3 相对应的温度。

利用得出的 A、B、T_0 值代入富切尔黏度式可计算转变点 T_g 和膨胀软化点 T_f。

$$T_g=531.4-5.95w_N-1.54w_K-0.65w_P+8.45w_B \tag{6-86}$$

$$T_f=595.5-7.33w_N-1.28w_K-1.05w_P+8.90w_B \tag{6-87}$$

如在 PbO 含量为 24%～31%的铅晶质玻璃中加入 Li_2O、BaO、ZnO、CaO、MgO 和 SrO，不同黏度对应温度的计算式为式（6-88）。

当 $\lg\eta=2.5$dPa·s 时

$$T_{\eta 2.5}=1661.2-19.2560w_N-8.0336w_K-2.9931w_P-14.3699w_B+2.8774w_Z+8.3359w_M-32.2774w_L-2.4799w_{Ba}-5.1120w_C-5.3900w_S \tag{6-88}$$

式中　$T_{\eta 2.5}$——$\lg\eta=2.5$dPa·s 时的对应温度，℃；

w_Z、w_M、w_L、w_B、w_{Ba}、w_C、w_S——氧化物质量分数，%。

当 $\lg\eta=3.5$dPa·s 时

$$T_{\eta 3.5}=1346.6-16.9169w_N-6.0178w_K-2.2451w_P-7.8515w_B+3.8844w_Z+9.6782w_M-29.0946w_L-1.7543w_{Ba}-2.0640w_C-3.2444w_S \tag{6-89}$$

当 $\lg\eta=4.5$dPa·s 时

$$T_{\eta 4.5}=1133.5-14.6240w_N-4.7321w_K-1.7510w_P-2.5157w_B+4.3757w_Z+9.8443w_M-27.1310w_L-1.2863w_{Ba}+0.1020w_C-1.5945w_S \tag{6-90}$$

根据已知黏度和温度求 Fulcher 式中 A、B、T_0 值，再用这些数据计算出转变点（T_g）和膨胀软化点（T_f）值，即

$$T_g=497-5.85w_N-1.59w_K+0.06w_P+8.83w_B+2.94w_Z+4.86w_M-12.18w_L+2.75w_{Ba}+3.95w_C+0.97w_S \tag{6-91}$$

$$T_f=590-7.05w_N-1.21w_K-1.06w_P+9.51w_B+3.12w_Z+5.97w_M-12.13w_L+2.76w_{Ba}+4.34w_C+1.11w_S \tag{6-92}$$

6.3.11　玻璃表面张力的计算

玻璃的表面张力系指玻璃与另一相接触的分界面上（一般指空气）在恒温、恒容下增加一个单位表面所做的功，以 J/m^2 或 N/m 表示。玻璃表面张力的大小取决于结构基团之间作用力的大小，结构基团之间作用力越小，表面张力越小。不同成分对玻璃表面张力的影响是不同的。

玻璃成分中阳离子极化率大的，能显著地降低玻璃的表面张力，如碱金属氧化物中 K^+ 的极化率远比 Li^+ 大，因而 K^+ 能显著降低玻璃的表面张力，PbO 也是如此，其极化率也比较大，从而可降低玻璃表面张力。Al_2O_3、CaO、MgO、ZnO 则增加玻璃表面张

力。至于B_2O_3加入到玻璃中，会稳定地减小玻璃的表面张力，笛采尔认为不论硼在玻璃内部的配位是3还是4，而在玻璃表面上配位数经常是3，形成的［BO_3］三角体为层状结构，平行排列于玻璃表面，这样形成新的表面，所以表面张力较低。B_2O_3对表面张力的影响，不像在热膨胀、折射率、密度等其它性质出现极值的硼反常现象。

V_2O_3、WO_3、MoO_3、Cr_2O_3等表面活性成分，即使加入很少，也能富集到表面而具有使玻璃的表面张力趋向尽可能小的特性。加入高表面张力的成分虽然提高玻璃表面张力，但与降低表面张力的成分对比，这些成分在表面上不仅不富集，反而迁离表面，所以对玻璃表面张力增大的影响较轻微。

由于玻璃熔体像其它液体一样，力图降低其表面张力，所以赋予玻璃低表面张力的成分就富集玻璃表面，而提高表面张力的成分就远离玻璃表面，对按成分计算玻璃表面张力时带来影响，使准确度降低。

当温度升高，一般硅酸盐玻璃中结合键减弱，导致表面张力降低，但也有某些反常现象，如硼玻璃随温度的升高，硼氧三角体平行排列于表面的倾向减少，表面张力反而上升；PbO等非对称组分，随温度的升高，极化变化作用减弱，导致表面张力随温度的升高而增大，这些情况在按成分计算表面张力时均应加以考虑。加和系数要指明应用时的温度，有条件时应给出随温度的改变表面张力变化的系数，即温度系数。

表面张力加和系数有笛采尔、里昂（Lyon）、阿本、蒂洛特逊、罗本斯汀（Rubenstein）、沙舍克等。阿本的方法玻璃成分采用摩尔分数，温度为1300℃，氧化物种类在20种以上。笛采尔方法采用玻璃成分为质量分数，Na_2O含量应小于25%为合适，温度为900℃，每升高100℃，表面张力应减小4×10^{-3}N/m。Lyon的加和系数适用于$w(SiO_2)/w(Na_2O)=3.5$时，计算精确度±1%；当$w(SiO_2):w(Na_2O)$为2时，须将计算的表面张力值增加30×10^{-3}N/m；当$w(SiO_2):w(Na_2O)$等于1时，要将计算的表面张力值增加80N/m，所用玻璃成分为质量分数，具体加和系数见表6-38。

表6-38　　表面张力加和系数　　单位：10^{-3}N/m

氧化物	阿本1300℃	笛采尔900℃	里昂		蒂洛特逊
			1200℃	1400℃	
SiO_2	290	340	325	324	260
TiO_2	250	300	—	—	—
Cr_2O_3	−500	−590	—	—	—
ZrO_2	350	410	—	—	—
B_2O_3	—	80	23	−23	90
Al_2O_3	580	620	598	585	—
Fe_2O_3	450	450	450	440	—
MgO	520	660	577	549	—
CaO	510	480	492	492	640
BaO	470	370	370	380	400
ZnO	450	470	—	—	470
PbO	—	120	—	—	—
MnO	390	450	—	—	—
NiO	400	450	—	—	—
CoO	430	450	—	—	—
Li_2O	450	460	—	—	—
Na_2O	295	150	127	112	320
K_2O	0	10	0.0	−75	—
CaF_2	420	370	—	—	—
V_2O_5	−500	−610	—	—	—

罗本斯汀对笛采尔和里昂的加和系数进行了修正，得出了在 1200℃下玻璃熔体表面张力系数，分别按质量分数和摩尔分数计算，其值列于表 6-39。

表 6-39　　罗本斯汀表面张力加和系数（1200℃）　　单位：10^{-3}N/m

氧化物	表面张力加和系数		氧化物	表面张力加和系数	
	按质量分数	按摩尔分数		按质量分数	按摩尔分数
SiO_2	325	320	CaO	492	442
GeO_2	260	450	SrO	380	650
ZrO_2	410	650	BaO	350	880
GeO_2	480	1350	ZnO	470	620
B_2O_3	23	26	PbO	120	270
Al_2O_3	598	1000	CoO	450	550
BeO	1100	450	Na_2O	127	129
MgO	57	385	K_2O	0.0	0.0
MoO_3	400	950	Bi_2O_3	−100	−750
P_2O_5	(150)	(350)	Sb_2O_3	150	700
V_2O_5	(250)	(750)	Nb_2O_5	500	2600
TiO_2	300	400	CuO	450	600
SnO_2	50	100	CdO	300	600
ThO_2	400	1700	NiO	600	700
Fe_2O_3	500	1300	Li_2O	(300)	(150)

注：表中括号中数值的误差比较大，使用时请注意。

沙舍克对平板玻璃在不同温度下的表面张力提出式（6-93）、式（6-94）等经验式。

$$\sigma_{1200}=489.2-12.9w_N-33.0w_K+2.75w_M+2.33w_{Ca}+1.4w_A+3.33w_F \tag{6-93}$$

$$\sigma_{1400}=371.0-6.0w_N-20.0w_K+4.0w_M-1.33w_{Ca}+1.6w_A-38.89w_F \tag{6-94}$$

式中　σ_{1200}、σ_{1400}——分别为 1200℃和 1400℃下玻璃的表面张力；

w_N、w_K、w_M、w_{Ca}、w_A、w_F——Na_2O、K_2O、MgO、CaO、Al_2O_3、Fe_2O_3 质量分数，%。

6.3.12　玻璃熔化温度的计算

玻璃是非晶态固体，没有固定的熔点，只能有一个熔融温度范围，将其称为熔化温度或熔融温度比较合适。美国材料试验学会（ASTM）认为在一般工业窑炉内熔化温度对应的黏度为 $10^{1.5}\sim10^{2.5}$dPa·s，为了便于比较和应用，现在确认 10^2dPa·s 黏度点对应的温度为熔化温度。但是对于石英玻璃是个特例，其连续熔融法的熔化温度是 2000℃，对应黏度为 5.377×10^5dPa·s，如按照黏度 10^2dPa·s 为标准，则熔化温度将很高。

许多国外学者将按照玻璃成分计算所得熔化温度视为一个玻璃熔化特性指标，供玻璃技术人员作为玻璃熔化难易程度的比较和判断之用。最早提出并为国内率先采用的为沃尔夫的熔化速度常数计算式。

一般工业玻璃为：
$$\tau=\frac{w(SiO_2)}{w(Na_2O)+w(K_2O)+0.5w(B_2O_3)+w(PbO)} \tag{6-95}$$

硼硅酸盐玻璃为：
$$\tau=\frac{w(SiO_2)+w(Al_2O_3)}{w(Na_2O)+w(K_2O)+0.5w(B_2O_3)} \tag{6-96}$$

铅晶质玻璃为：
$$\tau=\frac{w(SiO_2)}{w(Na_2O)+w(K_2O)+0.05w(PbO)} \tag{6-97}$$

式中　τ——玻璃熔制速度常数；

w——玻璃成分质量分数，%。

熔化速度常数计算式仅适用于玻璃液形成，直到砂粒消失为止的阶段。τ 值与其对应的熔化温度见表 6-40。

表 6-40　熔化速度常数与对应熔化温度的关系

τ 值	6.0	5.5	4.8	4.2
熔化温度/℃	1450～1460	1420	1380～1400	1320～1340

对于玻璃组成为（质量分数）：SiO_2 54.8%，B_2O_3 1.2%，PbO 31.14%，Na_2O 1.14%，K_2O 11.41%的高铅晶质玻璃用沃尔夫式计算其熔化速度常数为：

$$\tau=\frac{54.8}{11.41+1.14+0.5\times1.2+31.14}=1.24$$

τ 值仅为 1.24，从表 6-40 中无法查出其熔化温度，按表 6-40 中 τ 最小值 4.2 时，对应熔化温度为 1320～1340℃；经计算的 τ 值为 1.24 时，熔化温度则应远远低于 1320℃，但测定出此成分的黏度 10^2dPa·s 时的对应温度为 1406.5℃，工厂实际熔化温度为 1420℃，说明该计算值与实际相差过大。

程长荫根据电真空玻璃工厂实际经验，提出难熔系数 K 的计算式，在硼硅酸盐玻璃中，当 $w(SiO_2)>50\%$、$w(B_2O_3)<15\%$时

$$K=\frac{w(SiO_2)+w(Al_2O_3)+w(ZrO_2)}{2.0w(F)+1.5w(Li_2O)+w(Na_2O)+0.75w(K_2O)+0.5w(B_2O_3)+0.25w(PbO)+0.2w(BaO)} \tag{6-98}$$

在硼硅酸盐玻璃中，当 $w(SiO_2)>50\%$、$w(B_2O_3)>15\%$时

$$K=\frac{w(SiO_2)+w(Al_2O_3)+w(ZrO_2)}{2.0w(F)+1.5w(Li_2O)+w(Na_2O)+0.75w(K_2O)+0.25w(B_2O_3)+0.25w(PbO)+0.2w(BaO)} \tag{6-99}$$

式中　K——难熔系数；

w——玻璃成分的质量分数。

K 值与玻璃熔化特性和热膨胀系数的关系见表 6-41，玻璃熔化温度可用式（6-100）计算。

$$T_m=1240+40K \tag{6-100}$$

式中　T_m——熔化温度，℃。

表 6-41　K 值与玻璃熔化特性和热膨胀系数关系

K 值	玻璃熔化特性	线膨胀系数 $\alpha/(10^{-7}/℃)$
<5	易熔，熔化温度 $T_m<1450℃$	>85
5.0～6.5	较难熔，$T_m=1450～1500℃$	45～50
>7	难熔，$T_m>1500℃$	<40

不同成分电真空玻璃的难熔系数见表 6-42。

姜中宏对光学玻璃熔制时的澄清温度提出计算式（6-101），并且计算一些玻璃品种，其结果见表 6-44。

$$T_m=1400+\sum(C_nw_n) \tag{6-101}$$

式中　T_m——玻璃澄清温度，℃；

　　C_n——各氧化物计算系数，见表 6-43；

　　w_n——氧化物质量分数，%。

表 6-42　　不同类型玻璃成分的难熔系数

玻璃成分类型	难熔系数 K	玻璃成分类型	难熔系数 K
铅硅酸盐玻璃	<4	硼硅酸盐玻璃	>5
钠钙、钙镁或钡硅酸盐玻璃	4～5	低碱硼硅酸盐玻璃	>7

表 6-43　　各种氧化物的计算系数

氧化物	校正系数	质量分数/%	氧化物	校正系数	质量分数/%
SiO_2	+5.0 +4.7 +4.3	<60 60～70 >70	BaO	−5.0 −4.0	<15 15～35
Al_2O_3	+7.0		CaO	−5.0	
R_2O	−11.0		ZnO	−3.5	
MgO	−2.0		PbO	−3.5	

表 6-44　　根据光学玻璃成分计算澄清温度与实际澄清温度对照表

编　号	各化学成分的质量分数/%									澄清温度/℃	
	SiO_2	PbO	R_2O	BaO	ZnO	B_2O_3	CaO	As_2O_3	Al_2O_3	计算	实际
No1	53.60	36.25	10.05					0.10		1431	1440±10
No2	46.96	46.51	6.30					0.23		1404	1410±10
No3	41.46	53.06	5.39					0.11		1362	1360±10
No4	31.40	65.90	2.40					0.30		1300	1300±10
No5	60.96		16.39	2.86		11.47		0.36		1450	1440±10
No6	66.50		21.50		3.76	1.10	5.40		1.49	1440	1430±10
No7	49.82		6.59	30.27	9.42	3.27		0.67		1400	1380±10
No8	68.80		22.50			8.50		0.20		1410	1420±10

王承遇在姜中宏计算式的基础上，在大量实验数据基础上，再考虑到结构状态，利用统计分析方法，得出不同含量的氧化物计算系数，见表 6-45。

表 6-45　　不同玻璃成分的计算系数

成　　分	不同玻璃组成范围(质量分数)的计算系数		
SiO_2	3.6(>75)	3.6(70～75)	4.4(60～70)
Al_2O_3	5.1(50～60) 3(>20) 6(5～10)	5.5(40～50) 4.5(15～20) 6.5(<5)	5.9(30～40) 5.5(10～15)
B_2O_3	−5(15)	−6.0(15～10)	−7.0(<10)
CaO	−5		
MgO	−3		
PbO	−3.5(>60)	−4(15～60)	−3.5(<15)
BaO	−3.0(15)	−3.9(10～15)	−4.5(<10)
ZnO	−5.0(>5)	−3.5(<5)	
SrO	−5		
Li_2O	−12		
Na_2O	−10.0(>15)	−11.0(<15)	
K_2O	−9.0(>15)	−10.0(5～15)	

采用加和系数计算出的熔化温度与实际熔化温度对照表见表 6-46，王承遇还专门熔制了不同成分的玻璃，将实测熔化温度与计算温度进行对比结果见表 6-47。

表 6-46　　计算的熔化温度与实际熔化温度对照表

编号	玻璃组成的质量分数/%													实际熔化温度/℃	计算熔化温度/℃
	SiO_2	Al_2O_3	B_2O_3	PbO	CaO	MgO	ZnO	BaO	Na_2O	K_2O	Li_2O	SrO	总和		
101	85.00				2.00	0.51	2.00	1.50	3.75	3.75		2.00	100.00	1550	1577
102	80.65	1.49	11.99						4.86				99.50	1550	1548
103	80.00	2.40	12.50		0.30				3.80	1.00			100.00	1560	1554
104	75.00		0.54	0.48	3.70	1.03	0.74		17.30	0.91			99.70	1480	1465
201	74.00	1.50			4.80		2.00		13.00	4.50			99.80	1440	1466
202	73.70	4.50	12.95					3.60	2.80	1.50	0.40		99.45	1540	1553
203	73.00	0.70	2.00	6.85	4.80				12.00				99.35	1450	1473
204	73.00	0.90			9.00	3.30			15.20				101.40	1460	1463
205	71.39	6.55			5.85	2.40			12.49				98.68	1490	1501
206	72.00	2.00			5.50	3.50			17.00				100.00	1450	1464
301	61.50	1.00	2.0	18.0			1.00			16.50			100.00	1440	1439
302	67.40	6.50			9.61	4.12			11.64	0.10			99.37	1550	1546
303	60.65	3.58	2.10		9.98	5.16			16.94	1.44			99.85	1425	1429
304	66.50	10.00	2.50		8.00		0.50		12.50				100.00	1510	1498
305	62.79			19.57					1.62	15.18			99.16	1400	1428
306	68.65		7.77		1.99			6.20		16.65			101.26	1440	1460
307	67.96	0.29	7.13		1.97			6.22		16.21			99.79	1480	1476
308	68.65		7.77		1.97			4.84		16.65			99.88	1470	1467
309	67.96	0.29	7.63					6.02		16.21			98.12	1480	1475
310	68.65		7.77					5.40		16.65			98.47	1460	1473
311	67.96	0.29	7.13					6.12		16.21			97.72	1450	1477
312	68.65		7.77		1.99			5.84		17.0			101.25	1458	1470
313	68.94		7.17		1.99			5.40	3.00	13.25			99.75	1452	1480
314	68.42		11.35					3.17	10.37	6.77			100.08	1440	1437
315	68.92	0.36	11.37					2.86	10.37	6.02			99.90	1480	1451
316	68.05		6.131		1.97			6.42		16.51			98.08	1490	1470
317	65.30	11.30			7.90	3.60		0.46	11.44				100.00	1510	1519
318	65.35	10.6			7.42	4.25			12.94				100.56	1500	1503
319	67.00	0.8	3.70				7.00		10.7	8.8			98.00	1420	1433
320	67.00		2.00					16.00	5.00	10.00			100.00	1500	1478
321	60.00		5.00					25.00	5.00	5.00			100.00	1470	1459
322	68.96		11.47					2.86	10.37	6.02			99.68	1440	1447
323	66.50	1.49	1.10		5.40		3.76		7.80	13.70			92.75	1422	1422
324	67.50			13.43			2.08		12.46	3.66			99.13	1450	1476
325	67.96	0.298	7.13		1.97			6.12		16.21			99.69	1450	1467
326	66.41		9.92		0.75		3.00	1.26	2.72	17.5			101.56	1430	1415
327	60.90			27.16					4.60	8.20			100.86	1420	1427
401	59.00	15.50	2.00		10.00				13.50				100.00	1520	1535
402	54.40	15.50	8.50		16.6	4.60			0.50				100.10	1580	1585

续表

编号	玻璃组成的质量分数/%													实际熔化温度/℃	计算熔化温度/℃
	SiO_2	Al_2O_3	B_2O_3	PbO	CaO	MgO	ZnO	BaO	Na_2O	K_2O	Li_2O	SrO	总和		
403	55.78	0.87	1.20	27.45			1.27	19.37	0.57	9.75			116.26	1420	1433
404	53.60			36.25						8.00			97.85	1440	1427
405	59.91		4.35				3.48		3.16	5.60			76.5	1455	1472
406	52.50		1.90	33.40	1.00				3.50	11.13			103.43	1400	1407
407	50.10		0.40	41.97					3.80	9.28			105.55	1410	1425
408	58.10		3.67	10.89			4.26	11.69		7.20			95.81	1420	1444
409	52.26			12.67			9.56	14.47	1.36	7.05			97.37	1400	1411
501	40.00	3.0	12.00				4.00	34.10	0.30	7.05			100.45	1390	1371
502	49.55		5.29	2.46			12.46	21.20	1.25	7.09			99.30	1430	1417
503	49.55		5.29				12.46	21.25	1.25	6.30			96.10	1400	1425
504	49.80		4.91	2.80			12.52	21.54	1.26	5.39			98.22	1410	1418
505	46.96			46.51						6.50			99.97	1410	1408
506	41.46			53.06						5.70			100.22	1360	1362
507	41.20			51.5					0.70	40.00			133.40	1360	1348
508	45.60			45.2					3.00	7.20			101.00	1360	1380
509	43.50	2.00	18.30					31.10	2.50	5.49			102.89	1390	1404
510	40.00	3.00	12.00				4.0	37.10	0.30	7.80			104.2	1390	1367
511	48.77			44.34					2.40	6.72			102.23	1430	1410
512	46.60			45.50					1.50	5.46			99.06	1400	1383
513	46.49			46.30						6.11			98.90	1390	1404
514	46.44			46.65					0.70	10.40			104.19	1400	1414
515	45.43			47.96						7.43			100.82	1400	1397
516	42.80			45.00					1.50	1.00			90.30	1330	1334
517	42.37			33.25			5.05	10.69	1.01	5.95			98.32	1370	1354
518	41.52			52.68						3.50			97.70	1360	1354
601	31.15			61.40					0.95	2.63			96.13	1300	1299
602	31.53			63.92						1.62			97.07	1320	1334
603	30.96			66.46						5.17			102.59	1300	1329
604	35.44	2.70	7.70				7.00	43.77	0.50	4.94			102.05	1400	1396
605	31.27			63.98					1.70	4.15			101.10	1300	1290
606	39.10			55.76						4.20			99.06	1340	1368
607	33.88		0.27	61.33						5.90			101.38	1325	1351
608	31.19		0.37	63.50									95.06	1320	1341
609	31.19			61.23					0.45				92.87	1300	1306
610	38.90	5.00	14.50					40.86					99.26	1430	1450
611	35.50	4.50	12.00	0.20				46.86	0.50				99.56	1430	1430
612	38.88	4.46	4.69				8.68	42.18					98.89	1440	1457
613	34.90	6.06	9.50		1.02			48.97	0.50				100.95	1430	1418
614	39.40	2.50	6.20	2.10			9.00	39.90					99.10	1470	1447
615	35.85	3.73	7.86		3.77		4.38	44.47					100.06	1440	1410
616	38.10			33.15			5.89	18.57	3.00	3.80			102.51	1360	1353

表 6-47　　计算的熔化温度与实际熔化温度对照表

编号	玻璃化学组成的质量分数/%										实际熔化温度/℃	计算熔化温度/℃
	SiO_2	Al_2O_3	B_2O_3	PbO	CaO	MgO	ZnO	BaO	Na_2O	K_2O		
E1	67.40	6.50			9.61	4.12			11.64	0.70	1520	1546
E2	67.96	0.29	7.13		1.97			5.92		17.01	1450	1460
E3	68.94		7.17		1.99				3.00	13.25	1460	1452
E4	67.13		10.65					5.40	9.29	9.30	1420	1424
E5	74.00	1.5			4.80		2	2.82	13.00	4.50	1460	1466
E6	60.00		5.00					25.00	5.00	10.0	1460	1459
E7	55.00			20.0				10.00	5.00	7.09	1410	1407
E8	49.80		4.91				12.52	21.54	1.26	5.00	1430	1427
E9	49.55		5.29	2.12			12.96	21.43	1.25	7.05	1420	1415
E10	48.80		5.86	2.18			12.04	21.04	1.26	7.09	1410	1412
E11	48.77			44.34						5.49	1410	1410
E12	35.85		7.86	3.77			4.38	44.47			1410	1410
E13	31.40	3.73		65.90						2.40	1330	1335
E14	31.73			64.22					2.40	3.50	1330	1335
E15	30.91			67.56					0.50	2.63	1300	1300

吴让融在王承遇的研究基础上，采用蒙卡罗方法得出了硅酸盐玻璃各成分的加和系数，见表 6-48。并且其利用表 6-48 中的系数进行了 14 个玻璃成分的计算，并与文献上记载的实际熔化温度相比较，得到的结果见表 6-49。此法的特点是计算比较简单方便，偏差较小。

表 6-48　　硅酸盐玻璃熔化温度计算系数

氧化物	加和系数(C_i)	氧化物质量分数/%	氧化物	加和系数(C_i)	氧化物质量分数/%
SiO_2	3.8289	38～80	CaO	−3.4215	<10
Al_2O_3	1.3395	<15	ZnO	−2.2256	<12
Na_2O	−10.505	<17	PbO	−2.5204	<36
K_2O	−7.9431	<17	BaO	−2.2668	<21
B_2O_3	−5.4632	<15			

表 6-49　　硅酸盐玻璃计算的熔化温度与实验熔化温度的比较

序号	玻璃化学组成的质量分数/%										实验值/℃	计算值/℃
	SiO_2	Al_2O_3	B_2O_3	CaO	BaO	Na_2O	K_2O	PbO	MgO	ZnO		
1	67.98	0.30	7.13	1.97	—	—	16.21	—	—	—	1450	1473
2	48.80	—	5.86	—	21.04	1.26	7.09	2.18	—	12.04	1400	1378
3	65.35	10.60	—	7.42	—	12.94	—	—	4.25	—	1500	1485
4	68.65	—	7.77	1.99	6.20	—	16.50	—	—	—	1440	1453
5	75.00	—	0.54	3.70	—	17.30	0.91	0.48	1.03	0.74	1480	1467
6	65.30	11.30	—	7.90	0.46	11.44	—	—	3.60	—	1510	1500
7	58.10	—	3.67	—	11.69	—	11.13	10.89	—	4.26	1420	1430
8	61.50	1.00	2.00	—	—	—	16.50	18.00	—	1.00	1440	1431
9	68.42	2.40	7.80	—	—	10.79	3.43	6.76	—	—	1450	1458
10	49.55	—	5.29	—	21.20	1.25	7.05	2.46	—	12.46	1390	1383
11	62.79	—	—	—	—	1.62	15.18	19.57	—	—	1440	1437
12	68.65	—	7.77	—	5.40	—	16.65	—	—	—	1460	1462
13	52.26	—	—	—	14.47	1.36	9.28	12.67	—	9.56	1400	1401
14	66.37	7.88	—	6.90	0.43	12.37	—	—	5.30	—	1490	1490

俞根寿在前人熔化温度计算的基础上结合光学玻璃工厂实际熔化情况，再次进行修订，得出光学玻璃熔化时澄清温度的计算系数，计算式仍采用式（6-101），只是各氧化物的系数根据含量作了调整，尤其是 PbO，在含量大于 70%时（质量分数），熔化温度显著降低；而 BaO 正好相反，含量越高，虽然黏度下降明显，但熔化过程中高钡玻璃表面形成富硅层不易熔化，反而要提高熔化温度才能得到优质玻璃，所以 BaO 含量>28%（质量分数）时采用较低的系数。俞根寿还增加了 TiO_2 和 KHF_2 的计算系数，此两种成分在光学玻璃中经常使用，在高温时有降低黏度的作用，因此采用负值。各成分的计算系数见表 6-50。

表 6-50　光学玻璃澄清温度校正系数

氧化物	校正系数	质量分数/%	氧化物	校正系数	质量分数/%
SiO_2	+5.2 +5.0 +4.4 +4.0 +3.6	≤50 50～60 60～70 70～80 >80	PbO	−3.0 −3.5 −3.7 −3.9 −6.2	≤52 52～60 60～65 65～70 >70
Al_2O_3	+7.0 +6.5 +0.6	≤13 3～5 5～10	B_2O_3	−7.0 −6.0 −5.0	≤10 10～15 >15
CaO	−5.0		MgO	−2.0	
BaO	−5.0 −4.2 −3.5 −2.3	≤10 10～18 18～28 >28	ZnO	−4.0 −5.0	≤5 >5
Na_2O	−11	—	K_2O	−10 −9	≤15 >15
KHF_2	−7.4	—	TiO_2	−2	

6.3.13　玻璃析晶性能的计算

玻璃的析晶（crystallization）习惯上也称失透、反玻璃化（devitrification），但析晶与失透的概念不是完全等同的，玻璃失去透明除可由析晶造成外，分相时产生与玻璃折射率不同的新相，也会使玻璃失透。

熔体或玻璃的析晶作用可用单位时间内单位体积（或表面）中所形成晶核数量以及析晶成长的线速度与温度关系曲线来表示，两条曲线极大值之间温度范围越大，晶核数和结晶生长速度的绝对值越小，玻璃越稳定，不易析晶。对玻璃生产来讲，在到达成形温度之前的冷却过程中以及在成形温度区域中均有析晶的危险。玻璃析晶性能可用玻璃析晶倾向来表示，析晶倾向是指在一定范围内析出晶体的能力。析晶倾向通常以析晶上限温度与析晶温度区域内析晶速度来表征。

析晶上限温度是决定滴状供料、真空供料及压延法成形时玻璃析晶倾向的主要标准，析晶上限温度应该尽可能低于玻璃液的成形温度。有些文献上将析晶上限温度和液相线温度混为一谈，实际上它们之间还是有一些区别的，析晶温度是以某一时间间隔内玻璃析晶的方法来测定，而液相线温度是以部分析晶样品中析出晶体熔融的方法来测定，也就是初生相的析晶消失的温度。一般析晶上限温度比液相线温度低 10～20℃。在平板玻璃生产中，特别用垂直引上法时，析晶速度的绝对值及析晶温度都有很重要的意义。如析晶成长速度达 2.0～2.5μm/min 时，析晶很严重，生产很难进行。当析晶成长速度由 2.5μm/min 降低到 0.61μm/min 时，引上机平均持续工作时间可增加 6.6 倍。

不同的玻璃制造方法，对玻璃析晶性能要求虽然有差别，但综合起来，难以析晶的玻璃应具有下列特点。

① 析晶上限温度（或液相线温度）越低，玻璃的析晶倾向小；

② 析晶范围越窄，即析晶上限温度与析晶下限温度相差小，玻璃析晶倾向小；

③ 析晶温度范围内晶核形成速率越小，玻璃析晶倾向也越小；

④ 析晶温度范围内析晶成长速率越小，玻璃析晶倾向也越小；

⑤ 最大晶核形成速率时的温度越低，玻璃析晶倾向也越小；

⑥ 最大析晶成长速率时的温度越低，玻璃的析晶倾向也越小；

⑦ 玻璃析晶温度范围区内黏度要大，以阻止玻璃内部结构的有序排列而析晶。

玻璃析晶倾向与玻璃成分和结构有密切关系。对硅酸盐玻璃来说，玻璃成分中氧硅比（O/Si）的大小，高积聚离子和中间氧化物离子存在与否，以及整个成分是否等于或接近简单化合物（硅酸盐）的组成，或者在最低共熔点附近，这些均决定了玻璃的析晶倾向。此外，温度、界面能和玻璃中的杂质（或掺杂）均对玻璃析晶倾向有重要影响。同一成分的玻璃，有时会析出不同的晶相，如 SiO_2-Al_2O_3-CaO-MgO-Na_2O 系统玻璃常析出的晶相有鳞石英、硅灰石、透辉石、失透石，每种晶相的析晶温度、析晶速率均不相同。以上的复杂情况均会对按照玻璃成分计算玻璃析晶性能造成较大影响，并影响到计算的准确性，因此文献上发表的玻璃析晶的计算方法很少。

在 SiO_2-CaO-Na_2O 系统中，当 SiO_2 含量不变，用 Na_2O 代替 CaO 时，液相线温度、最大线析晶速率时的温度、最大的线析晶速率均降低，见表 6-51。析晶上限温度最低的成分在 SiO_2-$Na_2O\cdot 3CaO\cdot 6SiO_2$-$CaSiO_3$ 等 3 个析晶区域界限附近，即 CaO、Na_2O 含量之间符合关系式（6-102)。

$$w_{Ca}=26-w_{Na} \tag{6-102}$$

式中　w_{Ca}、w_{Na}——CaO、Na_2O 的质量分数，%。

符合上式的玻璃具有较小的析晶倾向，设计玻璃成分时尽可能按此规律，以达到降低析晶性能的要求。

表 6-51　以 Na_2O 代替 CaO 对析晶倾向的影响

玻璃成分的质量分数/%			析晶上限温度/℃	最大线析晶速度时的温度/℃	最大的线析晶速度/(μm/min)
SiO_2	CaO	Na_2O			
72	16	12	1110	990	34.0
72	14	14	1055	980	32.0
72	12	16	995	925	16.7
74	14	12	1150	975	15.0
74	12	14	1055	945	15.5
74	10	16	975	920	7.6
74	8	18	925	875	3.1
76	10	14	1155	1055	15.3
76	8	16	1100	1005	10.5
76	6	18	1010	910	7.6

在 SiO_2-CaO-Na_2O 系统中加入不同数量的 MgO，保持 $w(SiO_2)$ 为 74%、$w(CaO+MgO+Na_2O)$ 为 26%，此外还有 0.2%～0.3%的杂质 Al_2O_3（质量分数）时，对玻璃析晶的初晶相和液相线的温度的影响见表 6-52。

表 6-52　　加入 MgO 对玻璃析晶的初晶相及液相线温度的影响

CaO+MgO(质量分数)/%	析晶性能	MgO 加入量(质量分数)/%				
		0	2	6	8	10
10	液相线温度/℃	1004	996	921	909	1030
	析晶初晶相	鳞石英	鳞石英	鳞石英	透辉石	$Na_2O\cdot 2MgO\cdot 6SiO_2$
12	液相线温度/℃	1071	1035	1001	1032	1079
	析晶初晶相	鳞石英	鳞石英	透辉石	透辉石	$Na_2O\cdot 2MgO\cdot 6SiO_2$

在 SiO_2-CaO-Na_2O 中加入 MgO 后，使鳞石英析晶相的液相线温度降低；但加入 MgO 量较多，即在玻璃中 CaO/MgO 为 1 时（摩尔比），相当于白云石中 CaO・MgO 含量时，则析出透辉石（CaO・MgO・$2SiO_2$）结晶，液相线温度增高，析晶倾向增加。当 MgO 含量为 10%，析晶相可能为 $Na_2O\cdot 2MgO\cdot 6SiO_2$，液相线温度也明显升高。

在 SiO_2-CaO-Na_2O 系统中加入 Al_2O_3 后对析晶的影响，一方面要根据基础玻璃中 Na_2O、CaO 含量，另一方面要根据 Al_2O_3 加入量而定。表 6-53 为 SiO_2-CaO-Na_2O 成分中加入质量分数 0～6%Al_2O_3 对液相线温度（表中 *a* 项，℃）、最大析晶速率时的温度（表中 *b* 项，℃）、最大析晶速率（表中 *c* 项，μm/min）的影响。

表 6-53　Al_2O_3 含量对液相线温度（*a*）、最大析晶速率时的温度（*b*）、最大析晶速率（*c*）的影响

成分(质量分数)/%		析晶性能项目	Al_2O_3 质量分数/%						
Na_2O	CaO		0	1	2	3	4	5	6
12	14	*a*/℃	1145	1130	1150	1151	1171	1180	1187
		b/℃	975	978	978	983	990	1005	1050
		c/(μm/min)	17.9	17.1	15.0	13.1	11.1	18.3	
14	12	*a*/℃	1137	1058	1083	1096	1107		
		b/℃	958	954	962	965	970		
		c/(μm/min)	13.0	12.1	11.0	9.9	8.6		
16	10	*a*/℃	1106	998	1007	1014	1019		
		b/℃	925	920	929	935	942		
		c/(μm/min)	7.8	6.7	6.2	5.7	4.9		
18	8	*a*/℃	1033	946	956	966	973	980	
		b/℃	856	847	860	868	880	893	
		c/(μm/min)	3.6	1.2	1.2	1.2	1.2	1.2	

用 Al_2O_3 代替不同数量的 SiO_2 时对液相线温度（表中 *a* 项，℃）、最大析晶速率时的温度（表中 *b* 项，℃）、最大析晶速率（表中 *c* 项，μm/min）的影响，见表 6-54。

从表 6-53 与表 6-54 均可以看出，Al_2O_3 代替 1%～4%SiO_2（质量分数）能强烈地降低析晶速率，但 Al_2O_3 代替 5%～6%（质量分数）SiO_2，反而增加析晶速率。在 Na_2O 含量达 18%时（质量分数），Al_2O_3 代替 SiO_2 2%（质量分数）以上，对析晶速率没有什么影响。以 1%Al_2O_3（质量分数）代替 SiO_2，在 Na_2O 12%～18%（质量分数）、CaO 8%～14%（质量分数）的成分范围均可降低玻璃液相线温度、最大析晶速率时的温度以及最大析晶速率。表 6-55 为β硅灰石（β$CaO\cdot SiO_2$）1%Al_2O_3（质量分数）代替 SiO_2 时结晶相的液相温度与 Na_2O 含量的关系，由此可知，Na_2O 含量为 16%（质量分数）时液相线温度降低最多。综合以上试验结果，沃尔夫建议在含碱比较低［Na_2O 12%～13%（质量分数)］的玻璃中，Al_2O_3 的含量不应超过 1.6%～1.8%（质量分数），再增加 Al_2O_3 会产生负效应。在 Na_2O 含量为 16%～17%（质量分数）的玻璃中，Al_2O_3 的含量可适当提高，但也不宜超过 3%（质量分数），Al_2O_3 含量达 4%（质量分数）以上时会增加析晶倾向，含 5%～6%（质量分数）的 Al_2O_3 则更为明显。

表 6-54　不同 Al_2O_3 含量对玻璃析晶性能的影响

成分(质量分数)/%		析晶性能项目	Al_2O_3 质量分数/%						
Na_2O	CaO		0	1	2	3	4	5	6
12	14	a/℃	1145	1130	1150	1151	1171	1180	1187
		b/℃	975	978	978	983	990	1005	1050
		c/(μm/min)	17.9	17.1	15.0	13.1	11.1	18.3	
14	12	a/℃	1137	1058	1083	1096	1107		
		b/℃	958	954	962	965	970		
		c/(μm/min)	13.0	12.1	11.0	9.9	8.6		
16	10	a/℃	1106	998	1007	1014	1019		
		b/℃	925	920	929	935	942		
		c/(μm/min)	7.8	6.7	6.2	5.7	4.9		
18	8	a/℃	1033	946	956	966	973	980	
		b/℃	856	847	860	868	880	893	
		c/(μm/min)	3.6	1.2	1.2	1.2	1.2	1.2	

表 6-55　不同 Na_2O 含量时，1%Al_2O_3（质量分数）对液相线温度的影响

Na_2O 质量分数/%	12	14	16	18
液相线温度/℃	−15	−79	−108	−87

在 SiO_2-CaO-Na_2O 系统中同时加入 Al_2O_3 和 MgO，得到的 SiO_2-Al_2O_3-CaO-MgO-Na_2O 成分，可以明显地降低析晶倾向，如成分（质量分数）为 SiO_2 72.50%、Al_2O_3 2.02%、CaO 8.91%、MgO 2.05%、R_2O(Na_2O+K_2O) 15.04%的玻璃液相线温度 965℃，最大析晶速率时的温度为 910℃，最大析晶速率为 5μm/min，析晶相为失透石，850℃以下析晶相为石英。当 Al_2O_3+RO+R_2O 含量之和为 27%～28%（质量分数），CaO 含量低于 11%（质量分数），且 $w(Al_2O_3)$∶$w(MgO)$ 为 0.3～0.5 时，玻璃的析晶速度最小。

利用以上表格中数据，将设计的玻璃成分与已知析晶性能的成分相比较，根据两者成分的相差，能估算出设计成分的析晶性能的优劣；也可用于几个成分之间析晶性能的相对比较。当然，两者之间成分必须是同一系统，而且相互之间成分不能变动太大。

在 SiO_2-CaO-K_2O 系统中卡哈诺维拉（Karkhanovala）提出了析晶倾向较小成分之间的关系式。

当 K_2O 含量为 10%～20%（质量分数）时

$$w_{Ca}=23-0.9w_K \tag{6-103}$$

当 CaO 含量为 10%～20%（质量分数）时

$$w_{Ca}=18.7-0.67w_K \tag{6-104}$$

式中　w_{Ca}、w_K——CaO、K_2O 的质量分数，%。

可按式（6-103）、式（6-104），根据已确定的一种成分，计算另一种成分，得出不易析晶的玻璃。

对于 SiO_2-PbO-K_2O 系统玻璃的析晶性能，施默（Zschimmer）提出与化学稳定性相类似的计算式，即

$$w_K = 0.27(76 - w_{Pb}) \tag{6-105}$$

式中　w_K、w_{Pb}——分别为 K_2O、PbO 质量分数，%。

玻璃成分若符合式（6-105），则具有较小的析晶倾向。

莫瑞（Morey）和博温（Bowen）根据 95 种不同成分玻璃的析晶性能测定数据，最先提出 SiO_2-CaO-Na_2O 三元系统中，失透石、硅灰石、鳞石英、二元硅酸盐、Na_2O・2CaO・3SiO_2 5 种初生相析晶的液相线温度计算式。

$$T_L = B_0 + B_1 w_{Ca} + B_2 w_{Ca}^2 + B_3 w_{si} + B_4 w_{si}^2 \tag{6-106}$$

式中　T_L——与 5 种不同晶相对应的液相线温度，℃；

B_0、B_1、B_2、B_3、B_4——计算系数；

w_{Ca}、w_{Si}——分别为 CaO 和 SiO_2 质量分数，%。

各种不同晶相的液相线温度计算系数见表 6-56。

表 6-56　不同晶相的液相线温度计算系数

晶　相	B_0	B_1	B_2	B_3	B_4
失透石	484.0	67.62	−1.975	0	0
硅灰石	−3.675	31.58	8.787	0	0
磷石英	−4601.0	0	1.545	73.20	0
二元硅酸盐	−6710.0	0	−3.003	226.9	1.698
Na_2O・2CaO・3SiO_2	1508.0	41.94	−1.266	0	−0.182

利用莫瑞和博温经验式计算所得结果与相图上实验液相线数据非常接近，精确度比较高，但此计算仅限于三元系统，实际应用时受到限制。对于 SiO_2-Al_2O_3-CaO-MgO-Na_2O 系统液相线温度计算更为重要。巴克曼（Backman）和卡尔森（Karlsson）在 SiO_2-CaO-Na_2O 基础玻璃中加入 B_2O_3、Al_2O_3、PbO、BaO、SrO，建立了热力学模型，进行了大量实验，得到玻璃析晶液相线温度计算式为：

$$T_L = C_0 + C_1 x_1 + C_2 x_2 + \cdots + C_{13} x_{13} \tag{6-107}$$

式中　T_L——液相线温度，℃；

C_0、C_1、C_2、……、C_{13}——计算系数，见表 6-57；

x_1、x_2、……、x_{13}——与计算系数相对应的玻璃成分的摩尔分数，%。

巴克曼计算式的应用成分为 SiO_2 64%～78%、CaO0～20%、Na_2O10%～30%，加入量不超过 7%的 Al_2O_3、B_2O_3、PbO、BaO、SrO、MgO。采用此法计算得到的液相线温度与实测结果误差小于 4%，对 7 种成分，误差不超过 10%，但高碱玻璃误差比较大。

沙舍克提出了一种既可计算液相线温度，又可计算最大晶核形成速率时的温度和最大析晶成长速率时的温度。使用玻璃成分范围（质量分数）：SiO_2 69.4%～76.0%、Al_2O_3 0.5%～3.0%、Fe_2O_3 0～0.5%、CaO 7.0%～8.5%、MgO 2.5%～4.5%、Na_2O 13.0%～16.0%、K_2O 0～0.5%的液相线温度 T_1、最大晶核形成速率时的温度 T_{KB}、最

大析晶成长速率时的温度 T_{KG} 的加和计算式，其加和系数见表 6-58。

$$T_L = e_0 + \sum(e_i w_i) \tag{6-108}$$

$$T_{KB} = e_0 + \sum(e_i w_i) \tag{6-109}$$

$$T_{KG} = e_0 + \sum(e_i w_i) \tag{6-110}$$

式中 T_L——液相线温度，℃；

T_{KB}——最大晶核形成速率时的温度，℃；

T_{KG}——最大析晶成长速率时的温度，℃；

e_i——各氧化物加和系数；

w_i——除 SiO_2 外，其它氧化物的质量分数，%；

e_0——常数。

表 6-57　各项计算系数

系　数	数　值	成分项 x_i
C_0	893.6	—
C_1	26.68	CaO
C_2	−1.747	$(Na_2O)^2$
C_3	3.939	Na_2O　Al_2O_3
C_4	−2.057	CaO　SrO
C_5	0.177	Na_2O　CaO　MgO
C_6	−1.440	K_2O　MgO　Al_2O_3　B_2O_3
C_7	0.043	$(Na_2O)^2$　$(SrO)^2$
C_8	−0.019	$(CaO)^2$　$(MgO)^2$
C_9	0.002	$(Na_2O)^4$
C_{10}	1.151	$(K_2O)^2$　MgO　BaO
C_{11}	−2.264	$(K_2O)^2$　BaO　Al_2O_3
C_{12}	−1.032	$(K_2O)^3$　BaO
C_{13}	2.209	$(K_2O)^2$　Al_2O_3　B_2O_3

注：其中 $C_{10}x_{10}=1.151[K_2O]^2[MgO][BaO]$，此处方括号 [ ] 中成分为摩尔分数。

表 6-58　液相线 T_L 和 T_{KB}、T_{KG} 的加和系数

氧化物	加和系数 e_i			氧化物	加和系数 e_i		
	T_L	T_{KB}	T_{KG}		T_L	T_{KB}	T_{KG}
Na_2O	−34.4	−34.4	−15.06				
K_2O	+17.6	+5.6	−4.4	Al_2O_3	−10.32	−17.92	+3.28
MgO	−25.6	−31.6	−4.4	Fe_2O_3	+76.0	+84.89	+24.0
CaO	+30.13	+28.13	+23.86	e_0	1335.5	1317.4	897.8

以上 T_L、T_{KB}、T_{KG} 的数值是指鳞石英析晶区，在此区内有此线性关系。

计算成分（质量分数）为 SiO_2 72.50%、Al_2O_3 1.50%、Fe_2O_3 0.10%、CaO 7.90%、MgO 3.50%、Na_2O 14.20%、K_2O 0.30%玻璃的液相线温度 T_L、最大晶核形成速率时的温度 T_{KB} 和最大析晶速率时的温度 T_{KG}。

$T_L=1335.5-10.32\times1.5+76.0\times0.1+30.13\times7.9-25.6\times3.5-34.4\times14.2+17.6\times0.3=992.85$ (℃)

$T_{KB}=1317.4-17.92\times1.5+84.89\times0.1+28.13\times7.9-31.6\times3.5-34.4\times14.2+5.6\times0.3=923.84$ (℃)

$T_{KG}=897.8+3.28\times1.5+24.0\times0.1+23.86\times7.9-4.4\times3.5-15.06\times14.2-4.4\times0.3=863.04$ (℃)

卡特斯对玻璃成分（质量分数）为：SiO_2 64.9%～73.1%、B_2O_3 0～4.8%、Al_2O_3

0.1%～4.0%、Fe_2O_3 0～0.9%、CaO 6.6%～12.0%、MgO 0.1%～4.9%、BaO 0～2.5%、Na_2O 11.8%～14.8%、K_2O 0.1%～2.3%、Cr_2O_3 0～0.2%、MnO 0～0.5%、SO_3 0～0.4%进行系统研究，总结了该类玻璃的液相线温度 T_L（℃）、最大析晶速度时的温度 T_{VC}（℃）和最大析晶速度 v_n（μm/min）采用的计算式为式（6-111）。各氧化物的计算系数见表 6-59。其氧化物计算系数比沙舍克更多，应用范围更广。

$$E=\sum(e_i/w_{Si}) \tag{6-111}$$

式中　E——分别为液相线温度、最大析晶速度时的温度、最大析晶速度；

e_i——对应的计算系数；

w_{Si}——玻璃中 SiO_2 质量分数。

表 6-59　液相线温度（T_L）、最大析晶速度时温度（T_{VC}）和最大析晶速度（v_n）计算系数

氧化物	计算系数			
	组成范围(质量分数)/%	T_L	T_{VC}	v_n/(μm/min)
Na_2O	11.8～14.8	−2021	−1308	−40.7
K_2O	0.1～2.3	−1606	−1129	−100.8
MgO	0.1～4.9	+65.3	+592	+23.8
CaO	6.6～12.2	+1504	+1075	+140.6
BaO	0～2.5	+501	+608	−35.4
B_2O_3	0～4.8	−757	−283	+30.9
Al_2O_3	0.1～4.0	+1849	+937	49.0
SiO_2	64.9～73.1	+1171	+1003	−7.7
Cr_2O_3	0～0.2	−3473	+2192	−638.7
MnO	0～0.5	−1148	−1624	+49.8
Fe_2O_3	0～0.9	897	−840	−23.8
SO_3	0～0.4	+1833	+472	−265.0

第7章　玻璃用原料与配料

玻璃原料就是用于制备玻璃配合料的各种物质。根据它们的用量和作用不同，分为主要原料和辅助原料两类。

7.1　主要原料

主要原料是指往玻璃中引入玻璃组成氧化物的原料，如石英砂、方解石、长石、纯碱、硼酸、铅的化合物、钡的化合物等。按所引入的氧化物的性质，又分为酸性氧化物原料、碱金属氧化物原料、碱土金属和二价金属氧化物原料、多价元素氧化物原料。按所引入氧化物在玻璃结构中的作用，又分为玻璃形成体氧化物原料、中间体氧化物原料、网络外体氧化物原料。按来源可分为矿物原料（石英、长石、方解石、锂云母、锂辉石、萤石）、化工原料（纯碱、硼酸、碳酸钡、铅丹、硼砂、钴粉、硒粉）。

7.1.1　SiO_2 原料

二氧化硅（SiO_2），相对分子质量 60.06，相对密度 2.40～2.65。

二氧化硅是重要的玻璃形成体氧化物，以硅氧四面体［SiO_4］的结构单元形成不规则的连续网络，成为玻璃的骨架。单纯的 SiO_2 可以在 1800℃以上的高温下熔制成石英玻璃（SiO_2），它的熔点为 1713℃，在钠钙硅酸盐玻璃中 SiO_2 能降低玻璃的热膨胀系数，提高玻璃的热震稳定性、化学稳定性、软化温度、耐热性、硬度、机械强度、黏度和透紫外光性能。当含量较高时，需要较高的熔化温度，而且可能导致析晶。引入 SiO_2 的原料主要有石英砂、砂岩。

（1）石英砂　石英砂又称硅砂，它的主要成分是石英。它是石英岩、长石和其它岩石受水和碳酸酐以及温度变化等作用，逐渐分解、风化而成。以长石风化为例，其反应式大致如下：

$$K_2O \cdot Al_2O_3 \cdot 6SiO_2(\text{长石}) + 2H_2O + CO_2 = Al_2O_3 \cdot 2SiO_2 \cdot 2H_2O(\text{高岭土}) + 4SiO_2(\text{石英}) + K_2CO_3 \quad (7\text{-}1)$$

石英砂的主要成分是 SiO_2，常含有 Al_2O_3、TiO_2、CaO、MgO、Fe_2O_3、Na_2O、K_2O 等杂质。高质量的石英砂含 SiO_2 应在 99.0%～99.9%以上。石英砂中经常含有黏土、长石、白云石、海绿石等轻矿物，还含有磁铁矿、钛铁矿、硅线石、蓝晶石、赤铁矿、褐铁矿、金红石、电气石、黑云母、钴石、榍石等重矿物，同时也含有氢氧化铁、有机物、锰、镍、铜、锌等金属化合物的包膜，以及铁和二氧化硅的固溶体。同一产地的石英砂其化学组成往往波动也较大，但就其颗粒度来说，是比较均一的。

石英砂颗粒组成范围是一项重要的质量指标，颗粒大时会使熔解困难，并常常产生结石、条纹等缺陷。细的石英砂熔化速度快，但很细的石英砂容易产生飞扬和结块，并且使配合料混合不均匀，同时过细的石英砂常含有较多的黏土，而且由于其比表面积大，附着的有害杂质也较多。细砂在熔解时虽然玻璃的形成阶段可以较短，但在澄清阶段却较长。往熔炉中投料时，细砂容易被燃烧气体带进蓄热室，堵塞格子砖，同时也使玻璃成分发生变化。一般来说，对于熔制的软质玻璃和铅玻璃时，石英砂的颗粒可以粗些；硼硅酸盐、铝硅酸盐、低碱玻璃、钠钙玻璃，石英砂的颗粒应当细一些，池炉用石英砂稍粗一些，坩埚炉用石英砂则稍细一些。通过生产实践，认为池炉熔制的石英砂最适宜的颗粒尺寸一般为 0.15～0.80mm 之间（20～100 目），而 0.25～0.50mm（35～60 目）的颗粒不应少于 90%，0.1mm 以下的颗粒不超过 5%（140 目）。采用湿法配合料，配合料粒化或制块时，可以采用更细的石英砂。

矿物组成也是衡量石英砂质量的一项重要指标，它与矿源和石英砂精选的方法有关。石英砂中赤铁矿（Fe_2O_3）、磁铁矿（Fe_3O_4）、钛铁矿（$TiO_2 \cdot Fe_2O_3$）、铬铁矿（$Cr_2O_3 \cdot Fe_2O_3$）是有害杂质。其中 Fe_2O_3 使玻璃着黄绿色而影响玻璃透明度；Cr_2O_3 是一种着色能力比 Fe_2O_3 强 30～50 倍的着色物质，它会使玻璃着成绿色；TiO_2 使玻璃着成黄色，TiO_2 与 Fe_2O_3 共存时能使玻璃着成黄褐色，所以制造无色高档玻璃制品时，应该严格控制这些有害物质。优质的石英砂不需要破碎粉碎处理，成本较低，是理想的玻璃原料。含有害杂质较多的砂，不经浮选除铁是不宜使用的。

（2）砂岩　砂岩是石英砂在高压作用下，由胶结物胶结而成的矿岩，粉碎后的砂岩通常称为石英粉。根据胶结物的不同有二氧化硅（硅胶）胶结的砂岩、黏土胶结的砂岩、石膏胶结的砂岩等。砂岩的化学成分不仅取决于石英颗粒，而且与胶结物的性质和含量有关，如二氧化硅胶结的砂岩，纯度较高，而黏土胶结的砂岩则 Al_2O_3 含量较高。

一般来说，砂岩所含的杂质较少，而且稳定。其质量要求是含 SiO_2 98%以上，含 Fe_2O_3 不大于 0.2%。砂岩的硬度高，接近于莫氏硬度七级，开采比石英砂复杂，而且一般需经过破碎、粉碎、过筛等加工处理（有时还要经过煅烧再进行破碎、粉碎处理），因而成本比石英砂高。

（3）石英岩　石英岩系石英颗粒彼此紧密结合而成，它是砂岩的变质岩。石英岩硬度比砂岩高（莫氏七级），强度大。使用情况与砂岩相比，由于 SiO_2 含量较砂岩高，而杂质含量较砂岩低，故常用于无色玻璃制品。

（4）脉石英　脉石英的主要成分是孪生的石英结晶体，一般为无色、乳白色或灰色。无色透明的称为水晶。脉石英有明显的结晶面，常用作石英玻璃的生产原料。

从四种 SiO_2 原料描述可知，不同的 SiO_2 原料矿其成分存在较大差异，如表 7-1 所示。我国地域辽阔，蕴含着大量的 SiO_2 原料，表 7-2 列举了我国各地的 SiO_2 原料的化学成分。水晶是制造石英玻璃重要原料。生产高档无色玻璃制品，必须选择杂质含量低的石英砂。砂岩和石英岩因含有大量有害杂质仅能生产对颜色没有严格要求的平板玻璃和瓶罐，因此，不同产品对 SiO_2 原料中的有害杂质有一定限制指标，见表 7-3。

表 7-1　　不同的 SiO_2 原料矿其化学组成　　单位：%（质量分数）

含 SiO_2 矿产名称	SiO_2	Al_2O_3	Fe_2O_3	CaO	MgO	R_2O
硅砂	90～98	1～5	0.1～0.2	0.1～1.0	0.0～0.2	1～3
砂岩	95～99	0.3～0.5	0.1～0.3	0.05～0.10	0.1～0.5	0.2～1.5
石英	98～99	0.18～1.00	0.03～0.10	0.24～0.50	00.0～0.05	—
水晶	>99.9	0.025	0.002	0.03	痕量	0.013

表 7-2　　我国各地 SiO_2 原料的化学成分　　单位：%（质量分数）

SiO_2 原料产地	SiO_2	Al_2O_3	CaO	MgO	Na_2O+K_2O	Fe_2O_3	灼减
安徽凤阳石英	99.56	—	0.12	—	0.23	0.015	—
湖北蕲春石英	99.85	—	—	—	—	0.006	—
广东潮州石英	98.32	0.96	0.46	0.05	—	0.030	0.25
北京房山石英	99.86	0.08	—	—	—	0.054	—
湖北汨罗石英	99.78	—	—	—	—	0.080	—
辽宁海城石英	98～99	0.24	0.24	—	—	0.030	—
云南昆明硅砂	99.50	0.46	—	—	—	0.060	—
广东广州硅砂	99.14	0.41	—	—	—	0.110	0.43
湖南湘潭硅砂	86～97	1.62	—	—	0.3	0.300	—
内蒙古蒙西硅砂	86～91	5～7	1.0	—	1.0～1.5	0.200	—
山东威海硅砂	91～95	3～6	0.1	—	2～3	0.100	—
北京南口硅砂	98～99	—	—	—	—	0.150	—

表 7-3　　不同玻璃制品对 SiO_2 原料中有害杂质的限制　　单位：%（质量分数）

玻璃种类	Fe_2O_3	Cr_2O_3	TiO_2	玻璃种类	Fe_2O_3	Cr_2O_3	TiO_2
光学玻璃	<0.010	—	—	电光源	<0.05	—	—
晶质玻璃	<0.012	<0.001	<0.05	仪器玻璃	<0.02	—	—
无色玻璃	<0.020	<0.001	<0.10	医药玻璃	<0.02	—	—
磨光玻璃	<0.030	<0.002	—	普白瓶罐玻璃	<0.30	—	—
平板玻璃	<0.050	—	—	绿色瓶罐玻璃	<0.50	—	—

7.1.2　B_2O_3 原料

氧化硼 B_2O_3，相对分子质量 69.62，相对密度 1.84。

B_2O_3 也是玻璃的形成氧化物，它以硼氧三角体［BO_3］和硼氧四面体［BO_4］为结构单元，在硼硅酸盐玻璃中与硅氧四面体共同组成结构网络。B_2O_3 能降低玻璃的膨胀系数，提高玻璃的热稳定性和化学稳定性，增加玻璃的折射率，改善玻璃的光泽，提高玻璃的机械性能。

B_2O_3 在高温时能降低玻璃的黏度，在低温时则提高玻璃的黏度，所以含有 B_2O_3 较高的玻璃的成形温度范围较宽。B_2O_3 还起助熔的作用，加速玻璃的熔解和澄清。B_2O_3 常随水蒸气挥发，在火焰炉及玻璃通路中的硼硅酸盐玻璃液面层因 B_2O_3 挥发而减少，会产生富含 SiO_2 的析晶料皮。当 B_2O_3 加入量过高时，由于硼氧三角体增多，玻璃的膨胀系数等反而增大，发生硼反常现象。

B_2O_3 是耐热玻璃、仪器玻璃、温度计玻璃、显示基板玻璃及特种玻璃的重要组分，一般采用的原料为硼酸、硼砂和含硼矿物。

（1）硼酸　硼酸（H_3BO_3），相对分子质量 61.82，相对密度 1.44，含 B_2O_3 56.45%、H_2O 43.55%。硼酸是白色鳞片状三斜结晶，具有特殊光泽，触之有脂肪感觉，易溶于水，加热至 100℃则失水而部分分解，变为偏硼酸（HBO_2），在 140～160℃时，转变为四硼酸（$H_2B_4O_7$），继续加热则完全转变为熔融的 B_2O_3。在熔制玻璃时，B_2O_3 的挥发与玻璃的组成及熔制温度、熔炉气氛、水分含量、熔制时间有关。一般挥发量 5%～15%

（质量分数），也有高达 15%（质量分数）以上的。在熔制含硼酸玻璃时，应根据玻璃的化学分析结果确定 B_2O_3 的挥发量，并在计算配合料时予以补充和修正。

（2）硼砂　十水硼砂（$Na_2B_4O_7 \cdot 10H_2O$），相对分子质量 381.4，相对密度 1.72，含 B_2O_3 36.65%、Na_2O 16.29%。含水硼砂是坚硬的白色菱形结晶，易溶于水，加热则先熔融膨胀而失去结晶水，最后变为玻璃态。其可以同时引入 Na_2O 和 B_2O_3。B_2O_3 的挥发与硼酸相同。必须注意，含水硼砂在贮放中会失去部分结晶水而导致成分变化，同时造成配合料在生炉头仓贮存及向炉内加料困难，且增大在熔化时的挥发量。

五水硼砂（$Na_2B_4O_7 \cdot 5H_2O$），相对分子质量 291.4，含 B_2O_3 48.4%、Na_2O 22.08%。它是生产高硅含碱硼硅玻璃首选原料，其成分范围为：B_2O_3 48.6%～49.3%、Na_2O 21.6%～21.9%。

无水硼砂或煅烧硼砂（$Na_2B_4O_7$）是无色玻璃状小块，相对密度 2.37，含 B_2O_3 69.2%、Na_2O 30.8%。在熔制时，B_2O_3 挥发损失较小。

对十水硼砂的质量要求：$w(B_2O_3)>35\%$，$w(Fe_2O_3)<0.01\%$，$w(SO_4^{2-})<0.02\%$，SO_4^{2-} 会导致硼硅玻璃内气泡产生，难以排除。

（3）硼酐　硼酐（B_2O_3），又称氧化硼，相对分子质量 69.62，含 $B_2O_3 \geqslant 95.00\%$、$SO_4^{2-} \leqslant 0.07\%$、$Al_2O_3 \leqslant 0.1\%$、$Cl \leqslant 0.1\%$、水不溶物$\leqslant 0.2\%$，粒度（180μm）通过$\geqslant 85\%$。

硼酐为无色晶状粉末，熔点为 450℃，密度为 1.085g/cm^3，无味，表面有滑腻感。在空气中能强烈地吸水生成硼酸，在高温时可被碱金属或镁、铝还原为单体硼。氧化硼可溶于酸、乙醇、热水，微溶于冷水，可与若干金属化合成具有特征颜色的硼玻璃，能与碱、金属铜、银、铝、砷、锡的氧化物完全混溶。

硼酐主要用于硅酸盐合成的助熔剂、半导体材料的掺杂剂、耐热玻璃器皿和油漆耐火添加剂、有机合成的催化剂、高温润滑剂的添加剂、化学试剂以及合金钢的生产。

（4）含硼矿物　硼酸和硼砂价格都比较贵，若使用天然含硼矿物，经过精选后引入 B_2O_3 经济上较为有利。在我国辽宁、吉林、青海、西藏等省具有丰富的硼镁石矿物资源，天然的含硼矿物主要有：

① 硼镁石（$2MgO \cdot B_2O_3 \cdot H_2O$），含 B_2O_3 19.07%～40.88%、MgO 3.51%～44.60%、R_2O_3（$Al_2O_3+Fe_2O_3$）0.18%～3.78%。

② 钠硼解石（$NaCaB_5O_9 \cdot 8H_2O$），含 Na_2O 7.7%、CaO 13.8%、B_2O_3 43.8%、H_2O 35.5%，K_2O 和 MgO 以杂质形式存在。

③ 硅钙硼石［$Ca_2B_2(SiO_4)_2(OH)_2$］，含 CaO 35.0%、B_2O_3 21.8%、SiO_2 37.6%、H_2O 5.6%。

7.1.3　Al_2O_3 原料

氧化铝 Al_2O_3，相对分子质量 101.96，相对密度 3.84。

Al_2O_3 属于中间体氧化物，当玻璃中 Na_2O 与 Al_2O_3 的摩尔比大于 1 时，形成铝氧四面体并与硅氧四面体组成连续的结构网。当 Na_2O 与 Al_2O_3 的摩尔比小于 1 时，则形成八面体，为网络外体而处于硅氧结构网的空穴中。Al_2O_3 能降低玻璃的结晶倾向，提高玻璃的化学稳定性、热稳定性、机械强度、硬度和折射率，减轻玻璃对耐火材料的侵蚀，并有助于氟化物的乳浊，Al_2O_3 能提高玻璃的黏度。绝大多数玻璃都引入 1.0%～3.5%（质量分数）的 Al_2O_3，一般不超过 8%～10%。在水位计玻璃和卤素灯玻璃等特种玻璃中，Al_2O_3 的含量可达 20%以上。

引入 Al_2O_3 的原料有氧化铝、氢氧化铝、长石、黏土、蜡石等。也可采用某些含 Al_2O_3 的矿渣和选矿厂含长石的尾矿，下面详细介绍一下。

（1）长石　常用的是钾长石（$K_2O \cdot Al_2O_3 \cdot 6SiO_2$）、和钠长石（$Na_2O \cdot Al_2O_3 \cdot 6SiO_2$），它们的化学组成波动较大，并且含有有害杂质 Fe_2O_3，因此，质量要求较高的玻璃不能使用长石。

长石除引入 Al_2O_3 外，还可引入 Na_2O、K_2O、SiO_2 等。

由于长石能引入碱金属氧化物，减少了纯碱的用量，一般在低档玻璃中应用甚广。长石的颜色多以白色、淡黄色或肉红色为佳。常具有明显的结晶解理面，硬度 6.0～6.5，相对密度 2.4～2.8，在 1100～1200℃之间熔融。含有长石的玻璃配合料易于熔制，它是玻璃节能配方推荐使用原料。

对长石的质量要求：含 Al_2O_3＞16%，Fe_2O_3＜0.39%，R_2O（Na_2O+K_2O）＞12%。表 7-4 列举了我国部分地区的长石化学成分。

表 7-4　我国部分地区的长石化学成分　单位：%（质量分数）

长石原料产地	SiO_2	Al_2O_3	CaO	MgO	Na_2O+K_2O	Fe_2O_3	灼减
湖南长石	63.41	19.18	0.36	痕量	16.15	0.17	0.46
唐山长石	65.95	19.58	0.28	0.06	13.05	0.40	0.66
秦皇岛长石	65.86	19.88	0.17	0.39	14.29	0.21	—
南京长石	62.84	21.40	0.31	—	14.61	0.21	—
忻县长石	65.66	18.38	—	—	16.01	0.17	0.33
北京长沟长石	66.09	18.04	0.83	—	13.50	0.22	—

（2）瓷土　瓷土（$Al_2O_3 \cdot 2SiO_2 \cdot 2H_2O$），主要矿物组成是高岭土，一般含 Fe_2O_3 杂质较多，相对密度 2.4～2.6，硬度不高，较易粉碎，常呈白色，有时因含有机物而呈黑色或灰色。其理论成分为 Al_2O_3 39.5%、SiO_2 46.5%、H_2O 14%，它是重要的陶瓷原料。在玻璃工业中多用于制造高铝玻璃或乳浊玻璃。

对瓷土的质量要求：含 Al_2O_3＞30%，Fe_2O_3＜0.4%，其它成分要求稳定。部分瓷土化学成分见表 7-5。

表 7-5　部分产地瓷土化学成分　单位：%（质量分数）

瓷土原料产地	SiO_2	Al_2O_3	CaO	MgO	Na_2O+K_2O	Fe_2O_3	灼减
苏州土	43.39	40.48	0.19	0.05	0.25	0.41	15.00
界牌土	59.05	29.42	0.28	0.14	0.40	0.21	10.45
叙永土	37.35	34.34	0.76	—	0.01	0.12	19.45
大同沙石	43.94	38.79	0.14	0.51	1.35	0.17	15.90

（3）蜡石　蜡石（$Al_2O_3 \cdot 4SiO_2 \cdot H_2O$），它是一种水化硅酸铝，主要矿物是叶蜡石，含有石英和高岭土。蜡石的理论成分是：SiO_2 66.65%、Al_2O_3 28.35%、H_2O 5.00%。相对密度 2.8～2.9，硬度 1.0～2.5。对蜡石的要求：含 Al_2O_3＞25%，SiO_2＜70%，Fe_2O_3＜0.4%，而且成分要求稳定。蜡石常用于制造乳浊玻璃与玻璃纤维。部分

产地蜡石化学成分见表 7-6。

表 7-6　　部分产地蜡石的化学成分　　单位：%（质量分数）

蜡石原料产地	SiO_2	Al_2O_3	CaO	MgO	Na_2O+K_2O	Fe_2O_3	灼减
青田蜡石	71.01	22.82	0.26	0.07	0.27	0.31	0.31
宁海蜡石	54.82	31.58	0.91	0.02	0.35	0.28	11.87
临海蜡石	69.60	21.23	0.63	0.16	0.05	0.15	8.03

（4）氧化铝与氢氧化铝　氧化铝（Al_2O_3）与氢氧化铝［$Al(OH)_3$］都是化工产品，一般纯度较高。氧化铝在理论上含 100%的 Al_2O_3，氢氧化铝理论上含 Al_2O_3 65.40%、H_2O 34.60%。因它们的价格较贵，普通玻璃中不常用，只用于生产光学玻璃、晶质玻璃、无色玻璃、仪器玻璃、高档器皿、温度计玻璃等。

氧化铝为白色结晶粉末，相对密度 3.5～4.1，熔点 2050℃。

氢氧化铝为白色结晶粉末，相对密度 2.34，加热则失水而成 γ-Al_2O_3。γ-Al_2O_3 活性大，易与其它物料化合，所以采用氢氧化铝比采用氧化铝容易熔制。同时氢氧化铝放出的水汽，可以调节火焰炉配合料的气体率，并有助于玻璃液的均化。但某些氢氧化铝的配合料在熔制时容易发生溢料（瀑缸）现象，常在配合料中加入氟化物如萤石或冰晶石来抑制。

对氧化铝的要求：含 $Al_2O_3>96\%$，$Fe_2O_3<0.05\%$。对氢氧化铝的要求：含 $Al_2O_3>60\%$，$Fe_2O_3<0.05\%$。表 7-7 为我国各地氢氧化铝化学组成。

表 7-7　　我国各地氢氧化铝的化学组成　　单位：%（质量分数）

产地	Al_2O_3	SiO_2	Fe_2O_3	Na_2O	灼减
济南	>64	0.05	0.03	0.5	<35
郑州	>64	0.04	0.04	0.02	<35
贵阳	>64.5	0.02	0.02	0.04	<35

7.1.4　P_2O_5 原料

P_2O_5 是玻璃形成体氧化物，它以磷氧四面体［PO_4］形成磷酸盐玻璃的结构网络。P_2O_5 能提高玻璃的色散系数和透过紫外线的能力，但会降低玻璃的化学稳定性，单纯的磷酸盐玻璃极易水解。P_2O_5 用于制造光学玻璃和透紫外线玻璃。

引入 P_2O_5 的主要原料有磷酸铝、磷酸钠、磷酸二氢铵、磷酸钙等。

磷酸钠又称磷酸三钠或正磷酸钠，分子式为：$Na_3PO_4 \cdot 12H_2O$，相对分子质量 380.14。为无色针状六方晶系结晶，可溶于水，不溶于有机溶剂，相对密度 1.62（20℃），熔点 73.3～76.7℃（分解），在干燥空气中风化，100℃时即失去 12 个结晶水而成无水物（Na_3PO_4）。水溶液呈碱性，对皮肤有一定的侵蚀作用。

磷酸铝，分子式为 $AlPO_4$，相对分子质量 121.95，轻质白色粉末。

磷酸二氢铵，分子式为 $NH_4H_2PO_4$，相对分子质量为 115.03，相对密度 1.803，熔点 180℃，透明四角晶体。溶于水，微溶于乙醇，不溶于乙酸。

磷酸钙，分子式为 $Ca_3(PO_4)_2$，熔点 1670℃，为白色固体，难溶于水。

7.1.5 Na_2O原料

氧化钠Na_2O，相对分子质量62，相对密度2.27。

Na_2O是玻璃网络外体氧化物，Na^+居于玻璃结构网络的空穴中。Na_2O能提供游离氧使玻璃结构中的O/Si比值增加，发生断键，因而可以降低玻璃的黏度，使玻璃易于熔解，它是玻璃助熔剂。Na_2O会增大玻璃的热膨胀系数，降低玻璃的热稳定性、化学稳定性和机械强度，所以不能引入过多，一般不超过18%。

引入Na_2O的原料主要为纯碱和芒硝，有时也采用少量的硝酸钠和氢氧化钠。

（1）纯碱（学名碳酸钠Na_2CO_3） 纯碱是引入玻璃中Na_2O的重要原料，其分为结晶纯碱（$Na_2CO_3 \cdot 10H_2O$）与煅烧纯碱（Na_2CO_3）两类。玻璃工业中一般采用煅烧纯碱。煅烧纯碱是白色粉末，易溶于水，极易吸收空气中的水分而潮解，产生结块，因此必须贮存于干燥仓库内。

纯碱的主要成分是Na_2CO_3，相对分子质量105.99，理论上含有Na_2O 58.53%和CO_2 41.17%。在熔制时Na_2O进入到玻璃中，CO_2则逸出进入烟气。纯碱中常含有少量硫酸钠、氧化铁等杂质。含氯化钠和硫酸钠杂质多的纯碱，在熔制玻璃时会形成“硝水”。

煅烧纯碱可分为轻质和重质两种。轻质纯碱假密度为0.65g/cm^3，是细粒的白色粉末，易于飞扬、分层，不易与其它原料均匀混合。重质的假密度为1.50g/cm^{3}左右，是白色颗粒，不易飞扬，分层倾向也较小，有助于配合料的均匀混合。放置较久的纯碱，常含有9%～10%的水分，在使用时应进行水分的测定。在熔制玻璃时，Na_2O的挥发量为本身质量的0.5%～3.2%，在计算配合料时应加以考虑。

对纯碱的质量要求：含Na_2CO_3>98%，NaCl<1%，Na_2SO_4<0.1%，Fe_2O_3<0.1%。

天然碱有时也作为纯碱的代用原料。天然碱是干涸碱湖的沉积盐，它常含有黄土、氯化钠、硫酸钠和硫酸钙等杂质，而且还含有大量的结晶水。较纯的天然碱，含碳酸钠大约为37%。天然碱对熔炉耐火材料侵蚀较快，而且其中含有的硫酸钙（硫酸钠）分解困难，易形成硫酸盐气泡。天然碱因含有硫酸钙（硫酸钠）会生成“硝水”。脱水的天然碱可以直接使用。含结晶水的天然碱，一般先溶解于热水，等杂质沉淀后，再将溶液加入到配合料中。在国外天然碱都经过加工提纯后再用。

（2）芒硝 芒硝分为天然的、无水的、含水的多种。无水芒硝是白色或浅绿色结晶，它的主要成分是硫酸钠（Na_2SO_4），相对分子质量为142.02，相对密度2.7。理论上含Na_2O 43.7%、SO_3 56.3%。直接使用含水芒硝（$Na_2SO_4 \cdot 10H_2O$）比较困难，要预先熬制或烘烤，除去其结晶水，再粉碎、过筛，然后使用。

无水芒硝或化学工业的副产品硫酸钠（盐饼），881℃熔融，热分解温度较高，在1120～1220℃之间。但在还原剂的作用下，其分解温度可以降低到500～700℃，反应速度也相应地加快。

还原剂一般使用煤粉，也可以使用焦炭粉、锯末等。为了促使Na_2SO_4充分分解，应当把芒硝与还原剂预先均匀混合，然后加入到配合料内。还原剂的用量，按理论计算是Na_2SO_4质量的4.23%，但考虑到还原剂在未与Na_2SO_4反应前的燃烧损失，以及熔炉气氛的不同性质，根据实际情况进行调整，实际上为4%～6%，有时甚至在6.5%以上。用量不足时Na_2SO_4不能充分分解，会产生过量的“硝水”，对熔炉耐火材料的侵蚀较大，并使玻璃制品产生白色的芒硝泡。用量过多时会使玻璃中的 Fe_2O_3 还原成 FeS 和生成 Fe_2S_3，与多硫化钠形成棕色的着色团——硫铁化钠，从而使玻璃着色成棕色。其反应原理如式（7-2）～式（7-7）所示。

$$2Fe_2O_3+C = 4FeO+CO_2\uparrow \tag{7-2}$$

$$Na_2SO_4+2C = Na_2S+2CO_2\uparrow \tag{7-3}$$

$$Na_2S+FeO = FeS+Na_2O \tag{7-4}$$

$$2Na_2S+2FeS = 2Na_2FeS_2 \tag{7-5}$$

$$Fe_2O_3+3Na_2S = Fe_2S_3+3Na_2O \tag{7-6}$$

$$Na_2S+Fe_2S_3 = 2Na_2FeS_2 \tag{7-7}$$

使用芒硝作为原料时，在熔化过程中会产生硝水，硝水中除 Na_2SO_4 外，还有 NaCl 与 $CaSO_4$。为了防止硝水的产生，配合料组成最好保持稳定，保证配合料充分混合，并保持稳定的热工制度。

在坩埚内熔制玻璃时，如发现硝水，挖料时切勿带水进入玻璃液内，否则会发生爆炸。有经验的工人常用烧热的耐火砖或红砖，放在玻璃液面上，吸收硝水，将其除去。

芒硝与纯碱比较有以下的缺点：

① 芒硝的分解温度高（1120～1220℃），二氧化硅与硫酸钠之间的反应要在较高的温度下进行，且速度慢，熔制玻璃时需要提高温度，耗热量大，燃料消耗多；

② 芒硝蒸气对耐火材料有强烈的侵蚀作用，未分解的芒硝水会加速对耐火材料的侵蚀，并且会使玻璃产生缺陷；

③ 含芒硝配合料必须加入还原剂，并在还原气氛下进行熔制；

④ 芒硝较纯碱 Na_2O 含量低，在玻璃中引入同样数量的 Na_2O 时，所需芒硝的量比纯碱多 34%，相对地增加了运输和加工储备等生产费用。

用纯碱引入 Na_2O 较芒硝为好，但在芒硝原料充足，价格低廉时，用芒硝引入 Na_2O 也是一种解决办法。由于芒硝除了具有引入 Na_2O 作用，还有澄清作用，因而在采用纯碱引入 Na_2O 的同时，也常使用部分芒硝（2%～3%）。芒硝能吸收水分而潮解，应储放在干燥仓库内，并且要经常测定其水分。

对于芒硝的质量要求：含 $Na_2SO_4 \geqslant 85\%$，$NaCl<2\%$，$CaSO_4<4\%$，$H_2O<5\%$，$Fe_2O_3<0.3\%$。

（3）氢氧化钠　氢氧化钠（NaOH），俗称苛性钠，相对分子质量 40，相对密度 2.2。其为白色结晶脆性固体，极易吸收空气中的水分和二氧化碳，变为碳酸钠，易溶于水，有腐蚀性。瓶罐玻璃厂可采用 50%的氢氧化钠溶液，代替部分纯碱引入一定量的 Na_2O，来湿润配合料，降低粉尘，防止分层，缩短熔化过程。在粒化配合料中，同时用作黏结剂。氢氧化钠中一般含有 NaOH 95%～99%，$Na_2CO_3 \leqslant 0.5\%\sim1.0\%$，NaCl 0.2%～3.5%，$Fe_2O_3 \leqslant 0.01\%$。

（4）硝酸钠　硝酸钠（$NaNO_3$），又称硝石，我国玻璃厂都采用的化工产品。其相对分子质量 85，相对密度 2.25，含 Na_2O 36.5%。硝酸钠是无色或浅黄色六角形的结晶，在湿空气中能吸水潮解，溶解于水。熔点 318℃，加热至 350℃，则分解放出氧。

$$2NaNO_3 = 2NaNO_2+O_2\uparrow \tag{7-8}$$

继续加热，则生成的亚硝酸钠又分解放出氮和氧。

$$4NaNO_2 \xlongequal{} 2Na_2O + 2N_2\uparrow + 3O_2\uparrow \tag{7-9}$$

在熔制铅玻璃等需要氧化气氛的熔制条件时，必须用硝酸钠引入一部分 Na_2O。此外，硝酸钠比纯碱的气体含量高，有时为了调节配合料的气体率，也常用硝酸钠来代替一部分纯碱。

硝酸钠与白砒共同使用可起到澄清作用，并可作脱色剂和氧化剂。硝酸钠一般纯度较高，对它的质量要求：含 $NaNO_3>98\%$，$Fe_2O_3<0.01\%$，$NaCl<1\%$。

硝酸钠应贮存在干燥的仓库或密闭箱中。

（5）食盐　食盐即氯化钠（NaCl），白色结晶物，相对分子质量 50.4，相对密度 2.20。在玻璃熔制过程中，食盐和来自配合料或炉气中的水汽作用，形成 Na_2O 进入玻璃体内，$2NaCl+H_2O \longrightarrow Na_2O+2HCl\uparrow$，因而能代替一部分纯碱。

由于食盐分解温度较高，一般作为熔化温度大于 1500℃的硼硅玻璃澄清剂，另外食盐在高温条件下易于挥发，约有一半成为蒸气逸去。食盐的蒸气会沉积堵塞烟道，而且氯化氢气体也会侵蚀铁质烟囱，使用时应当注意环保及对排烟设施的损坏。

7.1.6　K_2O 原料

氧化钾（K_2O），相对分子质量 94.2，相对密度 2.32。K_2O 也是网络外体氧化物，它在玻璃中的作用与 Na_2O 相似。K^+ 的半径比 Na^+ 的大，钾玻璃的黏度比钠玻璃大，能降低玻璃的析晶倾向，增加玻璃的透明度和光泽等。K_2O 常引入于高级器皿玻璃、晶质玻璃、光学玻璃和技术玻璃中。由于钾玻璃有较低的表面张力，硬化速度较慢，操作范围较长，在压制有花纹的玻璃制品中，也常引入 K_2O。

引入 K_2O 的原料，主要为碳酸钾和硝酸钾。

（1）碳酸钾　碳酸钾（K_2CO_3），相对分子质量 138.2，理论上含 K_2O 68.2%、CO_2 31.8%。它是白色结晶粉末，相对密度 2.3。玻璃工业中采用的碳酸钾常用煅烧碳酸钾，在湿空气中极易潮解而溶于水，故必须保存于密闭的容器中，使用前必须测定水分。碳酸钾在玻璃熔制时，K_2O 的挥发损失较大，可达自身质量的 12%。

对于碳酸钾的要求：含 $K_2CO_3>96\%$，$Na_2O<0.2\%$，$KCl+K_2SO_4<3.5\%$，水不溶物$<0.3\%$，$H_2O<3\%$。

（2）硝酸钾　硝酸钾（KNO_3），又称钾硝石、火硝，相对分子质量 101.11，理论上含 K_2O 46.6%。硝酸钾是透明的结晶，相对密度 2.1，易溶于水，在湿空气中不潮解，熔点 334℃，继续加热至 400℃则分解而放出氧。

$$4KNO_3 \xlongequal{} 2K_2O + 2N_2\uparrow + 5O_2\uparrow \tag{7-10}$$

硝酸钾除往玻璃中引入 K_2O 外，也是氧化剂、澄清剂和脱色剂。对硝酸钾的要求是：含 $KNO_3>98\%$，$KCl<1\%$，$Fe_2O_3<0.01\%$。

7.1.7　Li_2O 原料

氧化锂 Li_2O，相对分子质量 29.9，也是网络外体氧化物。它在玻璃中的作用比 Na_2O 和 K_2O 特殊。当 O/Si 比较小时，主要为断键作用，助熔作用强烈，是强助熔剂。锂的离子半径小于钠、钾的离子半径，当 O/Si 比大时，主要为积聚作用。Li_2O 代替 Na_2O 或 K_2O 使玻璃的膨胀系数降低，结晶倾向变小，大量 Li_2O 又使结晶倾向增加。在一般玻璃中，引入 0.1%～0.5% Li_2O，可以降低玻璃的熔制温度，提高玻璃的产量和质量。

引入 Li_2O 的原料，主要为碳酸锂和天然含锂矿物。

碳酸锂（Li_2CO_3），相对分子质量 73.9，含 Li_2O 40.46%、CO_2 59.54%，白色结晶粉末。

天然含锂矿物主要有锂云母（含 Li_2O 6%）、透锂长石（含 Li_2O 9%～10%）、锂辉石（含 Li_2O 8%）等，其中锂云母（$LiF \cdot KF \cdot Al_2O_3 \cdot 3S_2O_2$）由于容易熔化，适合作为助熔剂使用。表 7-8 为中国含锂矿物原料的化学组成一览表。

表 7-8　中国含锂原料的化学组成一览表　单位：%（质量分数）

产地及名称	SiO_2	Al_2O_3	Fe_2O_3	CaO	MgO	Li_2O	Na_2O	K_2O	Rb_2O	Cs_2O	F	烧失
新疆锂辉石 1	63.31	27.54	0.15	0.35	0.50	6.50	0.33	0.21			—	0.93
新疆锂辉石 2	60～65	23～27	2.5～5.5	1～2	<1	5～7	<1			—		
锂辉石 3	69.63	21.34	0.68	0.25	0.04	4.90	1.40	0.95			—	0.70
锂辉石 4	62.44	27.26	0.13	0.05	0.04	6.50	1.90	0.31			—	0.80
锂云母精矿	51.08	22.50	0.46	<0.1	<0.1	4.55	1.22	8.52	1.42	0.26	5.56	
江西锂云母	55.04	22.91	0.30	0.06	0.18	4.82	1.60	8.16	1.38	0.23	5.23	
广东锂云母	48.28	26.19	0.55	0.34	0.21	4.32	0.19	10.30		MnO_2 1.35		3.35
新疆锂云母	54.80	24.00				4.50	1.30	8.50				

7.1.8　CaO 原料

氧化钙（CaO），相对分子质量 56.08，相对密度 3.2～3.4。

CaO 是二价碱土金属氧化物，它是网络外体氧化物，在玻璃中的主要作用是稳定剂，即增加玻璃的化学稳定性和机械强度。但含量较高时，能使玻璃的结晶倾向增大，而且易使玻璃发脆。在一般玻璃中 CaO 含量≤12.5%。

CaO 在高温时，能降低玻璃的黏度，促进玻璃的熔化和澄清，但当温度降低时，黏度增加得很快，对于手工成形将会有一定困难，但可以更好地适合高速成形机。含 CaO 高的玻璃成形后，退火一定要快，否则易爆裂。

CaO 可以通过方解石、石灰石、白垩、沉淀碳酸钙等原料来引入。

方解石主要化学成分是碳酸钙，它是自然界分布极广的一种沉积岩，外观呈白色、灰色、浅红色或淡黄色。纯净的碳酸钙 $CaCO_3$ 相对分子质量为 100，含 CaO 56.08%、CO_2 43.92%。无色透明的菱面体方解石结晶，称为冰洲石，应用于制造光学仪器，价值很高。用作玻璃原料的是一般不透明的方解石，硬度 3，相对密度 2.7。粗粒方解石的石灰岩称为石灰石。细粒疏松的方解石的质点与有孔虫软体动物类的方解石屑的白色沉积岩称为白垩（也有人认为白垩是无定形碳酸钙的沉积岩）。石灰石硬度 3，相对密度 2.7，常含有石英、黏土、碳酸镁、氧化铁等杂质。白垩一般比较纯，仅含有少量的石英、黏土、碳酸镁、氧化铁等杂质，质地较软，易于粉碎。

对于方解石、石灰石和白垩的质量要求：含 CaO≥50%，Fe_2O_3≤0.15%。表 7-9 为中国不同产地方解石的化学组成。方解石的解理在加热中会使其开裂，故方解石颗粒度可控制在 8 目左右。

沉淀碳酸钙是生产氧化钙的副产品，纯度较高，常用于生产高级器皿玻璃、光学玻璃等质量要求较高的玻璃。$CaCO_3$ 的含量要求在98%以上。轻质的沉淀碳酸钙体积大，易飞扬并不易均匀混合。

表 7-9　中国方解石的化学组成　单位：%（质量分数）

名称及产地	SiO_2	Al_2O_3	CaO	MgO	K_2O	Na_2O	Fe_2O_3	TiO_2	灼失	总量
河南临汝	—	—	55.95	0.45	—	—	0.006	—	43.66	100.07
河南灵头	—		55.09	0.57	0.004	0.02	0.01	0.005	43.98	99.68
陈炉料姜石	16.65	4.07	41.64	1.45	0.83	0.48	1.38	0.21	33.68	100.39
南京方解石	0.39	0.27	55.48						43.81	99.95
新乡白垩	6.60	1.08	49.00	1.40		1.86	0.08		39.80	99.82

7.1.9　MgO原料

氧化镁MgO，相对分子质量40.32。

MgO在钠钙硅酸盐玻璃中是网络外体氧化物。玻璃中以3.5%以下的MgO代替部分CaO，可以使玻璃的硬化速度变慢，改善玻璃的成形性能。MgO还能降低结晶倾向和结晶速度，增加玻璃的高温黏度，提高玻璃的化学稳定性和机械强度。但含镁玻璃极易产生玻璃脱片，因此在保温瓶玻璃和中性玻璃中慎用。

引入氧化镁的原料有白云石和菱镁矿等。

(1) 白云石　白云石又叫苦灰石，是碳酸钙和碳酸镁的复盐，分子式为 $CaCO_3 \cdot MgCO_3$，理论上含MgO 21.9%、CaO 30.4%、CO_2 47.7%。一般为白色或淡灰色，当含铁杂质多时，呈黄色或褐色，相对密度2.80～2.95，硬度为3.5～4.0。白云石中常见的杂质是石英、方解石和黄铁矿。对白云石的质量要求：含MgO>20%，CaO<32%，Fe_2O_3<0.15%。白云石能吸水，应贮存在干燥处。表7-10为我国主要白云石原料化学组成。

表 7-10　我国主要白云石原料化学组成　单位：%（质量分数）

产地及名称	化学组成							
	CaO	MgO	SiO_2	Al_2O_3	Fe_2O_3	灼减	总量	CaO/MgO
辽宁大石桥	30.28	21.72	0.32	0.39	0.89	47.08	100.68	1.39
固阳拉草山	30.10	19.48	1.53	0.14	0.75	46.13	98.13	1.55
湖北乌龙泉	31.75	20.02	0.08	0.05	0.34	47.10	99.34	1.59
河北玉田	30.52	21.91	0.27	0.10	0.03	46.80	99.63	1.39
北京周口店	29.06	21.93	0.55	0.08	0.16	46.24	98.02	1.33
安徽宿县	31.40	19.10	1.50	1.95	0.45	44.63	99.03	1.64
江苏镇江	30.80	21.16	1.17	0.37	0.18	47.07	100.75	1.46
山西太原	31.32	21.03	0.17	0.38	0.44	47.03	100.37	1.49
幕府山	31.15	20.06	0.84	1.84	1.84	45.15	100.38	1.55
四川渡口大水井	30.83	21.40	0.38	0.24	0.25	47.14	100.24	1.44
河北邢台大河	30.17	20.65	0.16	0.88	1.27	46.59	99.72	1.46
贵州水城堰塘	31.23	20.91	0.28	0.29	0.22	47.12	100.05	1.49
河北遵化	32.70	23.36	1.04	0.24	0.24	42.67	100.05	1.40
河北三河	31.00	22.72	0.20	0.018	0.018	45.99	99.95	1.36
福建武平	30.81	21.23	0.40	0.20	0.09	—	—	1.45
陕西镇安	30.00	21.00	1.90	—	0.70	—	—	1.33
甘肃安西	29.33	20.86	3.58	0.58	0.58	—	—	1.40

（2）菱镁矿 菱镁矿亦称菱苦土，为灰白色、淡红色或肉红色。它的主要成分是碳酸镁 $MgCO_3$，相对分子质量 84.39，理论上含 MgO 47.9%、CO_2 52.1%。菱镁矿含 Fe_2O_3 较高，在用白云石引入 MgO 的量不足时，才使用菱镁矿。

有时也使用沉淀碳酸镁来引入 MgO，它与沉淀碳酸钙相似，优点是杂质较少，缺点是质轻，易飞扬，不易使配合料混合均匀。

7.1.10 BaO 原料

氧化钡（BaO），相对分子质量 153.4，相对密度 5.7。

BaO 也是二价的网络外体氧化物。它能增加玻璃的折射率、密度、光泽和化学稳定性，少量的 BaO（0.5%）能加速玻璃的熔化，但含量过多时，由于产生 $2BaO+O_2=2BaO_2$ 反应，会使澄清出现二次气泡。含 BaO 玻璃吸收辐射线的能力较大，但对耐火材料侵蚀较严重。BaO 常用于高级器皿玻璃、化学仪器、光学玻璃、防辐射玻璃等品种。瓶罐玻璃中也常加入 0.5%～1.0%的 $BaSO_4$ 作为助熔剂和澄清剂。

BaO 主要由硫酸钡和碳酸钡来引入的。

（1）硫酸钡 硫酸钡（$BaSO_4$），相对分子质量 233.4，相对密度 4.5～4.6，白色结晶。天然的硫酸钡矿物称为重晶石，含有石英、黏土、铁的化合物等。

对硫酸钡的要求：含 $BaSO_4>95\%$，$SiO_2<1.5\%$，$Fe_2O_3<0.5\%$。

（2）碳酸钡 碳酸钡（$BaCO_3$），相对分子质量 197.4，相对密度 4.4。它是无色的细微六角形结晶，天然的碳酸钡称为毒重石。

在制造光学玻璃时，有时用硝酸钡 $Ba(NO_3)_2$ 或氢氧化钡 $Ba(OH)_2$ 来引入 BaO。

对碳酸钡原料要求：含 $BaCO_3>97\%$，$Fe_2O_3<0.1\%$，酸不溶物<3%。

7.1.11 ZnO 原料

氧化锌 ZnO，相对分子质量 81.4. 相对密度 5.6。

一般情况下，ZnO 以锌氧八面体［ZnO_6］作为网络外体氧化物，当玻璃中的游离氧足够时，可以形成锌氧四面体［ZnO_4］而进入玻璃的结构网络，使玻璃的结构更趋稳定。ZnO 能降低玻璃的热膨胀系数，提高玻璃的化学稳定性和热稳定性及折射率。在氟乳浊玻璃中，ZnO 能通过增大玻璃体与分相物质的折射率差提高乳白度和光泽性。在硒镉着色的玻璃中，ZnO 能吸收硒和硫的挥发，并有利于玻璃着色。在铅玻璃中加入 2%～5%的 ZnO，可以消除其主要缺陷（条纹）。一般玻璃中含 ZnO 不超过 5%～6%，用量过多时会使玻璃易于析晶。含 ZnO 玻璃的表面性质会发生变化，而不易吸附某些物质，因此可以用来制造不附着药粉的粉剂瓶和显微镜载玻片、盖玻片。

ZnO 主要用于光学玻璃、仪器玻璃、医药玻璃、器皿玻璃、微晶玻璃、低熔点玻璃、乳白玻璃、硒镉玻璃。

引入 ZnO 的原料为氧化锌和菱锌矿。

（1）氧化锌 氧化锌 ZnO，也称锌白，是白色粉末。氧化锌一般纯度较高，要求 ZnO 含量>96%，并不应含铅、铜、铁等化合物的杂质。氧化锌颗粒较细，在配制时易结团块，使配合料不易混合均匀。对 ZnO 的要求：含 ZnO>96%，水溶性盐<1.5%，水分<0.1%，盐酸不溶物<0.25%。

（2）菱锌矿　菱锌矿的主要成分是碳酸锌 $ZnCO_3$，理论上含 ZnO 64.9%，含 SiO_2 等杂质。原矿精选后，可以直接使用。

7.1.12　PbO 原料

氧化铅 PbO，相对分子质量 223.0，相对密度 9.3～9.5。

PbO 在一般情况下为网络外体氧化物，当 PbO 含量高时，Pb^{2+} 容易极化变形，或降低其配位数而居于玻璃的结构网中。PbO 能增加玻璃的密度，提高玻璃的折射率，使玻璃具有特殊的光泽，良好的电性能。铅玻璃的高温黏度小，熔制温度低，易于澄清。铅玻璃的硬度小，便于研磨抛光。在熔制时，必须在氧化条件下进行，否则 PbO 容易还原变为金属铅，使玻璃发黑或变灰，而且金属铅沉积在坩埚底部易使坩埚穿孔，为此，在配合料中必须加入一定量的硝酸盐原料作为氧化剂。铅玻璃对耐火材料的侵蚀比较严重，需要高质量的耐火材料。铅玻璃的化学稳定性较差，但吸收辐射线的能力很强。

PbO 主要用于生产光学玻璃、晶质器皿玻璃、灯泡芯柱玻璃、X 射线防护玻璃、防辐射玻璃、人造宝石玻璃等。

引入 PbO 的主要原料为铅丹和密陀僧。

（1）铅丹　铅丹（四氧化三铅，Pb_3O_4）是橙红色粉末，又称红丹，相对分子质量 685.6，相对密度 9.07，理论上含 PbO 97.7%、O_2 2.3%。加热至 550℃以上则分解放出氧。

$$2Pb_3O_4 = 6PbO + O_2\uparrow \tag{7-11}$$

铅丹中常含有 SiO_2、Al_2O_3、Fe_2O_3 以及 Pb、Cu 等杂质。

对铅丹的要求：含 $Pb_3O_4 > 95\%$，$Fe_2O_3 < 0.03\%$，$SiO_2 < 0.3\%$。铅易被还原必须在氧化气氛中熔制。

（2）密陀僧　密陀僧又称黄丹，即一氧化铅（PbO），它是黄色粉末，含有 Pb 等杂质且易被还原。

红丹和黄丹都是有毒原料，使用时应当注意。

（3）硅酸铅　硅酸铅 $PbO \cdot SiO_2$，黄色颗粒，系氧化铅与石英砂混合熔融制成，含 PbO 约 85%、SiO_2 15%。硅酸铅的优点是粉尘小，杂质少，还原倾向小，在配合料中不易结团，挥发损失少，易于熔制等。同时有利于环保，是减少铅污染的措施之一。

7.1.13　BeO 原料

氧化铍（BeO），相对分子质量 25.01，当游离氧足够时，能以铍氧四面体［BeO_4］，参加结构网络。［BeO_4］带有电荷，彼此不能直接连接。BeO 能显著地降低玻璃的热膨胀系数，提高热稳定性、化学稳定性，增加 X 射线和紫外线的透过率，并能提高玻璃折射率和硬度。BeO 用于制造照明技术玻璃、X 射线管透射窗、透紫外线玻璃等。

引入氧化铍的主要原料有：氧化铍（BeO），其是不溶于水的白色粉末；碳酸铍（$BeCO_3$），不溶于水的白色粉末，含 BeO 36.25%；绿柱石（$3BeO \cdot Al_2O_3 \cdot 6SiO_2$），它是绿色结晶的天然矿物，含 BeO 13.94%。

铍化合物均有毒性，使用时应当注意。

7.1.14　SrO 原料

氧化锶（SrO），相对分子质量 103.63，它是网络外体氧化物，对于玻璃的作用介于 CaO 和 BaO 之间。SrO 能吸收 X 射线，主要用于制造电视显像管的玻屏原料。

引入氧化锶的原料有：碳酸锶（$SrCO_3$），白色结晶物质，含 SrO_2 70.2%；天然的菱锶矿，主要成分是 $SrCO_3$；天青石 $SrSO_4$，浅蓝色斜方形结晶或无定形的纤维状，含 SrO 56.4%。

7.1.15　CdO 原料

氧化镉 CdO，相对分子质量 128.41。CdO 能增加玻璃中 La_2O_3、ThO_2 的含量，提高玻璃的折射率，并使玻璃易熔，主要用于生产高折射低色散的光学玻璃、红橙黄基础玻璃。

引入氧化镉的原料有：氧化镉（CdO），褐色粉末；氢氧化镉 $Cd(OH)_2$，白色粉末，加热即分解为 CdO 与 H_2O；碳酸镉（$CdCO_3$），白色粉末。

镉化合物有毒性，注意保管和安全。

7.1.16　GeO_2 原料

二氧化锗（GeO_2），相对分子质量 104.6，外观为白色粉末，它是玻璃形成体氧化物，以锗氧四面体［GeO_4］为结构单元。GeO_2 能提高玻璃的折射率、色散、密度。锗酸盐玻璃比硅酸盐玻璃的熔融温度低、化学稳定性差。以 GeO_2 代替 SiO_2 可以提高玻璃的低温黏度，但降低高温黏度。GeO_2 主要用于制造高折射率的光学玻璃。

7.1.17　TiO_2 原料

二氧化钛（TiO_2），相对分子质量 79.9，它是中间体氧化物。在硅酸盐玻璃中，一部分 TiO_2 以钛氧四面体［TiO_4］进入结构网中，一部分以［TiO_6］八面体处于结构之外。TiO_2 可以提高玻璃的折射率和化学稳定性，增加吸收 X 射线和紫外线的能力。在含有 Al_2O_3、B_2O_3、MgO 的硅酸盐玻璃中，TiO_2 在低温时容易失透。TiO_2 用以制造高折射率的光学玻璃、吸收 X 射线和紫外线的防护玻璃、作为铝硅酸盐微晶玻璃的晶核剂。

在已形成的硅酸盐玻璃中，钛离子（Ti^{4+}）在熔体中扩散缓慢，可用作乳浊搪瓷的磨加物。

引入二氧化钛的原料，主要是由钛铁矿和金红石制取的二氧化钛，颗粒度应比一般油漆用的钛白粉的颗粒度大。

7.1.18　ZrO_2 原料

二氧化锆（ZrO_2），相对分子质量 123.22，它是中间体氧化物。ZrO_2 能提高玻璃的黏度、硬度、弹性、折射率、化学稳定性，降低玻璃的热膨胀系数。含 ZrO_2 的玻璃比较难熔解，含量超过 5%时易析晶。ZrO_2 可用于制造化学稳定性和热稳定性良好的玻璃，特别是耐碱的玻璃，以及高折射率的光学玻璃，也可作微晶玻璃的晶核剂和优质耐火材料的原料。

引入 ZrO_2 的原料为斜锆石和锆英石。

斜锆石，即二氧化锆。

锆英石（$ZrO_2 \cdot SiO_2$），相对分子质量 183，ZrO_2 67.23%，SiO_2 32.77%。系无色结晶体，有时带有黄、棕、红、紫等色，常含 Al_2O_3、CaO、稀土元素化合物等杂质。

表 7-11 为中国锆英石精矿化学组成一览表。

表 7-11　　中国锆英石精矿化学组成　　单位：%（质量分数）

产地	灼减	ZrO_2	SiO_2	TiO_2	Al_2O_3	Fe_2O_3	CaO	MgO	Na_2O	K_2O	P_2O_5
广东	0.10	66.85	32.35	0.18	0.78	0.47	0.15	0.04	痕	痕	
广东		65.75	32.10	0.71	0.27	0.15	0.24	0.11			
广东	0.13	65.91	32.04	0.39	1.11	0.14	0.05	微	—		
广东	0.20	65.72	32.70	0.284～0.400	0.13	0.22～0.27	0.14	0.19			0.22
海南	0.23	66.42	32.42	0.24	0.21	0.05	0.06	0.04	0.01	微	
海南	0.19	66.16	32.89	0.27	0.25	0.05	0.05	0.03	0.01	0.01	
河南		60.40	—	2.16	—	0.60					0.74
山东		62.06	31.00	1.27	0.23	0.12	0.88	—			
海南	0.25	55.40	32.50	6.50	0.70	3.14	0.10	0.17			

7.2 辅助原料

辅助原料，是使玻璃获得某些必要的性质和加速熔制过程的原料。其用量少，但可起到重要作用。根据作用的不同，分为澄清剂、着色剂、脱色剂、乳浊剂、氧化剂、助熔剂（加速剂）等。

7.2.1 澄清剂

在玻璃熔解过程中能够促进排除玻璃中气泡的物质称为澄清剂。主要通过该类物质在玻璃熔解过程产生并释放气体来实现。

常用的澄清剂有白砒、三氧化二锑、硝酸盐、硫酸盐、氟化物、氧化铈、铵盐等。

（1）白砒　白砒即三氧化二砷（As_2O_3），相对分子质量 197.8，相对密度 3.7～4.0，一般为白色结晶粉末，其为无定形的玻璃状物质。白砒是剧毒的原料，0.06g 即能致人死命。在使用时要特别注意，并由专人负责保管。

白砒作为澄清剂，一般是与硝酸盐共同使用。配合料中的白砒低温时与硝酸盐分解放出的氧形成五氧化二砷，五氧化二砷在高温时又分解放出氧，进入到玻璃的气泡中，降低气泡中气体的分压，使之继续吸收气体，体积增大而排除到玻璃液外，促进了玻璃液的澄清。

白砒的用量一般为配合料量的 0.2%～0.6%，硝酸盐的引入量为白砒用量的 4～8 倍，一般为配合料量的 1.5%～5.0%。在铅玻璃中白砒的用量可达配合料量的 1.0%。

由于白砒剧毒性，应保持熔化车间空气的通畅性，现在单独使用白砒作澄清剂的已经很少，甚至限于环保和人身安全基本淘汰。

（2）三氧化二锑　三氧化二锑（Sb_2O_3），相对分子质量 291.5，相对密度 5.1，白色结晶粉末。它的澄清作用与白砒相似，必须与硝酸盐共同使用，才能达到良好的澄清效果。三氧化二锑的优点是毒性小，由五价锑转变为三价锑的温度较白砒低。

在熔制铅玻璃时，由于铅玻璃的密度大，熔制温度低，常采用三氧化二锑作澄清剂。在钠钙硅酸盐玻璃中用 0.2%的 Sb_2O_3 和 0.4%As_2O_3 作澄清剂，澄清效果较好，而且可以防止二次小气泡的产生。Sb_2O_3 与 As_2O_3 共同使用时，如用量较大，由于溶解度小，以及形成砷酸盐或锑酸盐的结晶，易使玻璃乳化。

三氧化二锑的用量可以比三氧化二砷稍多，在平板玻璃中用量可达 1%。

（3）硝酸盐　硝酸盐主要是硝酸钠、硝酸钾、硝酸钡。硝酸钠和硝酸钾在碱金属氧化物原料中已经讲到。硝酸钡 $Ba(NO_3)_2$ 相对分子质量 261.4，相对密度 3.3，为无色透明结晶。由于硝酸钡分解温度较高，比硝酸钠和硝酸钾澄清效果好，常用于含钡的光学玻璃中。单独以硝酸盐为澄清剂时，其用量以硝酸钠为例，在钠钙硅酸盐玻璃中为配合料的 3%～4%，在硼硅酸盐玻璃中为 1%～2%，在铅玻璃中一般为 4%～6%；如用硝酸钾或硝酸钡，可按表 7-12 中的系数进行换算，若在配合料中以硝酸钾代替硝酸钠，需要加入硝酸钠的 1.2 倍。硝酸盐常与白砒、三氧化二锑澄清剂等共用。

表 7-12　硝酸盐澄清相互代用换算系数表

项　目	$NaNO_3$	KNO_3	$Ba(NO_3)_2$
$NaNO_3$	1.00	1.20	1.50
KNO_3	0.85	1.00	1.25
$Ba(NO_3)_2$	0.70	0.80	1.00

（4）硫酸盐　硫酸盐主要有：硫酸钠（Na_2SO_4）、硫酸钡（$BaSO_4$）、硫酸钙（$CaSO_4$）。硫酸盐的分解温度较高，它是高温的澄清剂。硫酸钠常用于瓶罐玻璃及平板玻璃生产，其用量为配合料的 1.0%～1.5%。

硫酸钡也常应用于日用玻璃，特别是棕色瓶罐玻璃中。其用量为引入玻璃中 BaO 含量的 0.5%，常与氟化物共用（氟化物的用量按玻璃含量中的 0.5%氟计算）。

硫酸钙即石膏，用于高铝低碱或无碱玻璃中，其用量为引入玻璃含量中的 0.5%CaO 计算，常与引入 2%～4%氟的氟化物共用。

采用硫酸盐澄清应同时使用炭粉，玻璃液为还原性。应用氧化还原指数调节炭粉用量，称为还原性硫澄清。

（5）氟化物　萤石（CaF_2）是天然矿石，相对分子质量 78.08，相对密度 2.9～3.2，具有白、绿、蓝、紫等颜色的透明岩石。对萤石的质量要求：成分稳定，含 CaF_2>80%，Fe_2O_3<0.3%。萤石作为澄清剂的用量，一般按引入配合料中 0.5%的氟计算。

氟硅酸钠（Na_2SiF_6），相对分子质量 188.08，相对密度 2.7，它是生产磷肥的副产品，颜色为黄白色粉末，有毒。一般用量为 Na_2O 含量的 0.4%～0.6%。

氟化物同时也是助熔剂和乳浊剂。

（6）食盐　食盐在高温时气化挥发，促进玻璃澄清。一般使用量为配合料质量的 1.3%～3.5%，否则将使玻璃乳化。适用于以硫着色的棕黄色玻璃和硼硅酸盐玻璃。

（7）二氧化铈　二氧化铈（CeO_2），相对分子质量 172，柠檬黄色粉末。CeO_2 可提高紫外线吸收能力和防曝晒作用。它是一种强氧化剂，在高温下加热可放出氧气，$4CeO_2$ ══

$2Ce_2O+3O_2\uparrow$。被用作澄清时，应与硝酸盐共同使用，加入配合料量的 0.3%～0.5%，超过 0.7%会引起玻璃内生成气泡。

（8）铵盐　用作澄清剂的铵盐主要为：

① 硫酸铵（$(NH_4)_2SO_4$，相对分子质量 132.5，相对密度 1.53，白色结晶粉末。适宜的加入量为配合料质量的 0.5%～1.0%，它可以与氯化钠和氟化物共用，对于低碱玻璃较为有效。

② 硝酸铵 NH_4NO_3 相对分子质量 80.05，相对密度 1.53，加入量为配合料的 0.25%。

③ 氯化铵 NH_4Cl 相对分子质量 53.5，相对密度 1.52，加入量为配合料的 0.25%。

7.2.2 着　色　剂

使玻璃着色的物质称为玻璃的着色剂。着色剂的作用，是使玻璃对光谱产生选择性吸收，呈现出一定的颜色，其机理在第 5 章中已讨论。根据着色剂在玻璃中呈现的状态不同，分为离子着色剂、胶体着色剂、硫硒化物着色剂及其它着色方式。

（1）离子着色剂

① 锰化合物：锰化合物着色剂常用有三种：氧化锰、二氧化锰、高锰酸钾。

二氧化锰（MnO_2），相对分子质量 86.93，为黑色粉末；氧化锰（Mn_2O_3），相对分子质量 157.88，系棕黑色粉末；高锰酸钾（$KMnO_4$），相对分子质量 158.04，为紫色结晶物。

锰化合物能将玻璃着成紫色，通常是用二氧化锰或高锰酸钾引入的。在熔制过程中二氧化锰和高锰酸钾都能分解为氧化锰和氧，玻璃系由氧化锰而着色。

$$4MnO_2 = 2Mn_2O_3+O_2\uparrow \tag{7-12}$$

$$2KMnO_4 = K_2O_3+Mn_2O_3+2O_2\uparrow \tag{7-13}$$

氧化锰（Mn_2O_3）能分解成一氧化锰（MnO）和氧，其着色作用是不稳定的，必须保持氧化气氛和稳定的熔制温度，配合料中的碎玻璃量也要保持恒定。氧化锰与铁共用，可以获得橙黄色到暗红紫色的玻璃。氧化锰（Mn_2O_3）与重铬酸盐共用，可以制成黑色玻璃。

为了制得鲜明的紫色玻璃，锰化合物的用量一般为配合料的 3%～5%。

② 钴化合物：钴化合物着色剂有一氧化钴、三氧化二钴、四氧化三钴。

一氧化钴（CoO），相对分子质量 165.80，为绿色粉末；三氧化二钴（Co_2O_3），相对分子质量 165.88，深紫色粉末；四氧化三钴（Co_3O_4），它是 CoO 和 Co_2O_3 混合物，相对分子质量 347.76，棕黑色粉末。所有钴的化合物，在熔制时都会转变为一氧化钴（CoO）。

一氧化钴是比较稳定的强着色剂，它使玻璃能获得略带红色的蓝色，不受气氛影响。往玻璃中加入 0.002%的一氧化钴就可使玻璃获得浅蓝色，加入 0.1%的一氧化钴，以获得明亮的蓝色。

钴化合物与铜化合物和铬化合物共同使用，可以制得色调匀和的蓝色、蓝绿色和绿色玻璃；与锰化合物共同使用，可以制得深红色、紫色和黑色的玻璃。

③ 镍化合物：镍化合物着色剂有一氧化镍、氢氧化镍、氧化镍，常用的是氧化镍。

一氧化镍（NiO），相对分子质量 74.7，为绿色粉末；氢氧化镍 [$Ni(OH)_2$]，相对分子质量 92.71，为绿色粉末；氧化镍（Ni_2O_3），相对分子质量 165.38，为黑色粉末。

镍化合物在熔制中均转变为一氧化镍，能使钾钙玻璃着色成浅红紫色，钠钙玻璃着色成紫色（有生成棕色的趋向）。

④ 铜化合物：铜化合物着色剂有硫酸铜、氧化铜、氧化亚铜。

硫酸铜（$CuSO_4 \cdot 5H_2O$），相对分子质量 249.54，为蓝绿色结晶；氧化铜（CuO），相对分子质量 79.54，黑色粉末；氧化亚铜（Cu_2O），相对分子质量 143.08，红色结晶粉末。

在氧化条件下加入 1%～2%的 CuO，能使钠钙玻璃着成青色；CuO 与 Cr_2O_3 或 Fe_2O_3 共用，可制得绿色玻璃。Cu_2O 与 $CuSO_4 \cdot 5H_2O$ 的用量可按 CuO 的用量进行计算。

⑤ 铬化合物：铬化合物着色剂有重铬酸钾、重铬酸钠、铬酸钾、铬矿渣。

重铬酸钾（$K_2Cr_2O_7$），相对分子质量 294.22，黄绿色结晶；重铬酸钠（$Na_2Cr_2O_7 \cdot 2H_2O$），相对分子质量 298，橙红色结晶；铬酸钾（K_2CrO_4），相对分子质量 194.21，黄色结晶；铬酸钠（$Na_2CrO_4 \cdot 10H_2O$），相对分子质量 342.19，黄色结晶。

铬酸盐在玻璃熔制过程中分解成为氧化铬（Cr_2O_3），在还原条件下使玻璃着色成绿色；在氧化条件下，因同时存在有高价铬氧化物（CrO_3），使玻璃着色成黄绿色；在强氧化条件下 CrO_3 数量增多玻璃成为淡黄色至无色。

铬化合物的用量以氧化铬（Cr_2O_3）计为配合料的 0.2%～1.0%，在钠钙硅玻璃中加入量为配合料的 0.45%。在氧化条件下，氧化铬与氧化铜共同使用，可制得纯绿色玻璃。

近年来常用铬矿渣作为绿色瓶罐玻璃的着色剂，它是用铬铁矿制铬酸盐后的残渣，化学组成为 SiO_2 13%～18%、Al_2O_3 3%～5%、Fe_2O_3 6%～8%、CaO 23%～25%、MgO 21%～26%、Cr_2O_3 3.5%～5.0%。

⑥ 钒化合物：钒化合物着色剂有三氧化二钒、五氧化二钒。

三氧化二钒 V_2O_3，相对分子质量 149.9。五氧化二钒 V_2O_5，相对分子质量 181.9。钒的氧化物能使玻璃着成黄色（V^{5+}）至黄绿色（V^{3+}）、蓝色（V^{4+}）。在硅酸盐玻璃中很少能保持 V_2O_5 或 VO_2，最后常分解成 V_2O_3，使玻璃呈黄绿色，但不如铬的氧化物着色能力强。钒氧化物用以制造吸收紫外线和红外线玻璃，如护目镜等。在强氧化条件下，用量为配合料的 3%～5%。

⑦ 铁化合物：铁化合物着色剂有氧化亚铁和氧化铁，常用氧化铁。

氧化亚铁（FeO），相对分子质量 71.85，黑色粉末，能将玻璃着成蓝绿色；氧化铁（Fe_2O_3），相对分子质量 159.7，红褐色粉末，能将玻璃着成黄色。氧化铁与锰的化合物，或与硫及煤粉共同使用，使玻璃着成琥珀色。

⑧ 硫：硫（S），相对原子质量 32.07，黄色结晶。在一般玻璃中，硫不会以单体存在，主要是形成硫化物（硅铁化钠和硫化铁）使玻璃着色棕色或黄色。硫必须与还原剂，如煤粉或其它含炭物质共同使用。在一般瓶罐玻璃中，硫常用硫酸钡引入，它的用量为配合料的 0.02%～0.17%，煤粉的加入量与硫酸钡的加入量大体相等。至于氧化铁因其需要量极少 0.0019%即可着色，一般原料中均含有一定数量，故不必另加。

⑨ 铀化合物：常用三氧化铀 UO_3，相对分子质量 286.87，棕黄色粉末。铀酸钠

$Na_2U_2O_7 \cdot 3H_2O$，相对分子质量 348.06，橙黄色粉末。铀的氧化物将玻璃着成带荧光的黄绿色或荧光绿色，用量为配合料的 0.5%～2.0%。

⑩ 氧化钕：氧化钕（Nd_2O_3），相对分子质量 336.54，蓝色结晶粉末，使玻璃着成玫瑰色并有双色现象（在人工照明条件下，会发生有玫瑰蓝到玫瑰红的变化），在钾铅玻璃中，着色作用最强，用量为配合料的 1%～3%。氧化钕与硒共同使用，可获得美丽的紫红色。主要用于制作眼镜玻璃、激光玻璃、颜色玻璃。

氧化钕除了作为着色剂，还可以用作脱色剂。

⑪ 氧化镨：氧化镨（Pr_2O_3），相对分子质量 329.84，黄色或绿色粉末，使玻璃着成美丽的绿黄色，根据玻璃由薄到厚变化，颜色由黄到绿，适合制作艺术玻璃。

⑫ 氧化钐：氧化钐（Sm_2O_3），相对分子质量 348.86，黄色或白色粉末，使玻璃着成美丽的黄色，适合制作艺术玻璃和光技术玻璃。

⑬ 氧化铒：氧化铒（Er_2O_3），相对分子质量 382.53，粉红色粉末，用量为配合料的 2%～6%，使玻璃着成美丽的粉红色和紫红色，适合制作艺术玻璃。同时，它还是高级器皿玻璃的脱色剂。

（2）胶体着色剂

① 金化合物：常用的是氯化金（$AuCl_3$）。一般是将纯金用王水溶解制成 $AuCl_3$ 溶液，再将溶液加水稀释使用。

金红玻璃必须经过加热显色才能得到金红颜色。为了使金的胶态粒子均匀分布，常在配合料中加入 0.2%～2.0%的氧化亚锡（SnO）。首先起到还原作用，使金离子还原成为金原子状态后，进行适当的热处理（二次显色）使分散于玻璃中的金原子聚集成核并长大为胶体；其次是利用锡离子的“金属桥”［(1/2) Sn^0］特性，使金原子在玻璃熔制过程中（或显色过程中）与锡的“金属桥”形成合金，防止金原子进一步长大而发生乳浊。锡在金属胶体着色中起所谓“保护胶”作用的实质。

在无铅玻璃中，在配合料中加入 0.02%～0.03%$AuCl_3$，可制得红宝石玻璃。在铅玻璃中，则只需在配合料中加入 0.015%～0.020% $AuCl_3$，就可得到同样颜色的金红玻璃。

② 银化合物：通常采用硝酸银（$AgNO_3$），相对分子质量 169.89，无色结晶物。硝酸银在熔制时能析出银的胶体粒子，加热显色后使玻璃着成浅黄色。配合料中加入氧化亚锡可以改善银黄的着色剂的用量，一般在配合料中加入 0.06%～0.20% $AgNO_3$。

③ 铜化合物：主要使用氧化亚铜（Cu_2O），也可以使用硫酸铜 $CuSO_4 \cdot 5H_2O$。

胶体铜的微粒使玻璃着成红色，它的着色能力很强。加入配合料量 1.5%～5.0%氧化亚铜，同时在还原条件下熔解，就可以制得红色的玻璃。

熔制铜红玻璃时，必须在配合料中加入还原剂，多采用金属锡粉、氧化亚锡（SnO）、氯化亚锡（$SnCl_2$）和酒石酸钾（$KH_5C_4O_6$）。

（3）硫硒化合物着色剂

① 硒与硫化镉：单质硒的胶体粒子，使玻璃着色成玫瑰红色。硒与硫化镉共用可以制成由黄色到红色的玻璃。

硫化镉（CdS），相对分子质量 144.48，黄色粉末。单独用硫化镉，可以使玻璃着色成淡黄色，加硒粉后可以获得纯正的黄色。

硒与硫化镉共同使用，形成硫化镉与硒化镉的固熔体（$CdS \cdot nCdSe$），使玻璃着色成黄到红色。100%的 CdS 制成黄色玻璃，CdSe 含量逐渐增高变为橙色而至红色。

硒与硫化镉的用量（质量分数）：采用的玻璃体系必须具有含钙高锌，硒粉为配合料的 0.6%～1.0%，硫化镉为配合料量的 1.5%～2.5%。当 Se/CdS＝0.4～0.8（质量比）时，颜色由黄色→橙色→鲜红→深红变化，加入 CdS 过多，玻璃容易产生乳化。

② 锑化合物：往钠钙玻璃中加入三氧化二锑、硫和煤粉，在熔制过程中生成硫化钠，经过加热显色，硫化钠与三氧化二锑形成硫化锑的胶体微粒，使玻璃着成红色，俗称锑红玻璃。

7.3　脱　色　剂

对于无色玻璃来说，应当有良好的透明度。由于玻璃原料中含有铁、铬、钛、钒等化合物和有机物的有害杂质，在玻璃熔制时，耐火材料中及操作工具上也有熔于玻璃中的铁质，都可以使玻璃着色成不希望的颜色。消除这种颜色最经济的办法是在配合料中加入脱色剂。

脱色剂按其作用主要分化学脱色剂和物理脱色剂两种。

7.3.1　化学脱色剂

化学脱色是借助于脱色剂的氧化作用，使玻璃被有机物沾染的黄色消除，以及使着色能力强的低价铁氧化物变成为着力能力较弱的三价铁氧化物（一般认为 Fe_2O_3 着色能力是 FeO 的 1/10），以便使用物理脱色法进一步使颜色中和，接近于无色，使玻璃的透光度增加。

常用的化学脱色剂有硝酸钠、硝酸钾、硝酸钡、白砒、三氧化二锑、氧化铈等。

（1）硝酸钠（分解温度 350℃）、硝酸钾（分解温度 400℃）　由于它们的分解温度低，必须与白砒和三氧化二锑共用，脱色效果才好。

（2）白砒和三氧化二锑　它们的脱色作用也是氧化作用。它们还能消除用硒和氧化锰脱色时，因用量过多而形成的淡红色。

$$As_2O_3+6FeO = 3Fe_2O_3+2As \tag{7-14}$$

$$2As_2O_3+3Se = 4As+3SeO_2 \tag{7-15}$$

$$2Mn_2O_3+As_2O_3 = 4MnO+As_2O_5 \tag{7-16}$$

（3）二氧化铈　用作脱色剂时能保证最好的脱色，其脱色作用基于在玻璃熔制的温度下分解放出氧，通常与硝酸盐共同使用。

（4）卤素化合物　如萤石、氟硅酸钠、冰晶粉以及氯化钠。它们的作用是形成挥发性的 FeF_3 或 $FeCl_3$，或成为无色的氟铁化钠 Na_3FeF_6。

化学脱色剂的用量与玻璃中铁的含量、玻璃的组成和熔制温度，以及熔炉气氛等都有关系。通常硝酸钠的用量为配合料的 1.0%～1.5%，As_2O_3 为 0.3%～0.5%。Sb_2O_3 0.3%～0.4%。氧化铈与硝酸盐共用时，CeO_2 为配合料的 0.15%～0.40%，硝酸钠为 0.5%～1.2%。氟化合物的用量为配合料的 0.5%～1.0%。

7.3.2　物理脱色剂

物理脱色是往玻璃中加入一定数量的能产生互补色的着色剂，使玻璃由于 FeO、

Fe_2O_3、Cr_2O_3、TiO_2 所产生的黄绿色到蓝绿色得到互补。物理脱色常常不是使用一种着色剂而是选择适当比例的两种着色剂。物理脱色法可能使玻璃的色调消除，但却使玻璃的光吸收增加，即玻璃的透明度降低。玻璃中的含铁量超过 0.1%（质量分数）时，不能使用脱色方法制得无色玻璃。据某些玻璃厂的经验，如含氧化铁超过 0.06%时，则玻璃脱色后呈现灰色，脱色效果不好。

物理脱色剂有：二氧化锰、硒、氧化钴、氧化钕、氧化镍等。

（1）二氧化锰　使玻璃着成紫色与玻璃中的浅绿色互补，同时 MnO_2 能分解放出氧，也起化学脱色作用。

MnO_2 的脱色不够稳定，常会受到熔制温度及熔炉气氛的影响。由于 MnO_2 一般纯度不高，常采用高锰酸钾来代替，现在基本上已不使用。

用 MnO_2 脱色的玻璃，特别是与 As_2O_3 一起使用时，在长期的阳光照射下，会发生由无色变为紫红色的晒红现象。这是由于在紫外线的作用下，玻璃中残存的 MnO 被 As_2O_5 或 Fe_2O_3 氧化成为 Mn_2O_3 的结果。

$$4MnO+As_2O_5 = As_2O_3+2Mn_2O_3 \tag{7-17}$$

（2）硒　使玻璃成浅玫瑰色，与浅绿色中和，常受到温度及熔炉气氛的影响。硒用量过多的玻璃，在退火过程中，会出现玫瑰红色，这也是由于无色的氧化硒与玻璃中的 AS_2O_3 或 Sb_2O_3 反应，又形成着色元素硒。

$$Sb_2O_3+2SeO = Sb_2O_5+2Se \tag{7-18}$$

如发现这种情况，应当减少硒的用量。

称量硒或氧化钴等物理脱色剂时，必须准确到 0.01g。为了便于称量，常将硒、氧化钴预先稀释，就是先与一定量的干燥、过筛的纯碱或石英砂，或萤石等均匀混合，作为脱色剂混合物。例如 1∶99，即 1g 脱色剂与 99g 稀释剂混合，那么 10g 混合物，相当于 0.1g 着色剂。也可以用 1∶20、1∶30 或 1∶50 等比例来进行稀释。

（3）氧化钴　能使玻璃着成蓝色，与玻璃的浅黄色中和。CoO 的脱色作用比较稳定。

（4）氧化镍　使钾钙玻璃着色成灰紫红色，钠钙玻璃着色成灰紫色，与绿色中和后，玻璃产生灰色。在铅玻璃中因含铁极少，能着色成纯净的紫色，故铅玻璃中用一氧化镍作脱色剂较好。一氧化镍受温度的作用及熔窑气氛的影响小。

在钾、钠钙硅酸盐玻璃中，经常同时使用硒与氧化钴进行物理脱色。在铅玻璃中，由于硒能使铅玻璃着色成黄色而不能中和绿色，所以常常不用。

（5）氧化钕　氧化钕着成的淡紫红色与铁着成的蓝绿色互补。

（6）氧化铒　氧化铒使玻璃着粉红色，可与绿色中和。氧化铒着色能力低，脱色时使用量一般较大。

物理脱色剂的用量与玻璃中的铁含量、玻璃的组成、玻璃的熔制温度，以及熔炉气氛等都有关系，必须经常观察、检验和调整。一般来说，当玻璃中含铁量为 0.02%～0.04%时，如果没有引入三氧化二砷或三氧化二锑，硒的引入量为 0.5g（100kg 玻璃中）。当引入 As_2O_3 时，硒的引入量应增加到 3～4g（100kg 玻璃中），钴的引入量应为 0.05～0.20g（100kg 玻璃中）。氧化亚镍在铅晶质玻璃中的用量，为 0.3～0.7g（100kg

玻璃中)，氧化钴的用量为 1000 份石英砂中 2～5 份（质量)。

7.4 乳　浊　剂

使玻璃产生不透明的乳白色的物质，称为乳浊剂。当熔融玻璃的温度降低时，乳浊剂析出大小为 10～100nm 的结晶或无定形的微粒，与周围玻璃的折射率不同，并由于反射和衍射作用，使光线产生散射，从而使玻璃产生不透明的乳浊状态。玻璃的乳浊程度与乳浊剂的种类、浓度（用量)、玻璃的组成、熔制温度等有关。

常用的乳浊剂有氟化物、磷酸盐、氧化锡、氧化锑、氧化砷等。

7.4.1 氟化合物

氟化合物是最常用的乳浊剂。在氟化合物乳浊玻璃中，存在着 NaF、CaF_2 以及 AlF_3 的结晶微粒。常用的有冰晶石、硅氟化钠、氟化钙等。

(1) 冰晶石（Na_3AlF_6）　相对分子质量 209.97，白色结晶粉末，有天然的和人造的两种，天然的常含有大量的 SiO_2 和 Fe_2O_3。

(2) 氟硅酸钠（Na_2SiF_6）　相对分子质量 188.08，白色粉末，使用时必须引入含 Al_2O_3 原料如黏土和长石等。

(3) 萤石（CaF_2）　相对分子质量 78.08，使用时也必须与含 Al_2O_3 原料共同引入氟化物作为乳浊剂，其用量一般按引入玻璃中 2%～7%的氟计算。

7.4.2 磷　酸　盐

磷酸盐乳浊剂比氟化物具有较大的结晶倾向，往玻璃中添加 Al_2O_3、B_2O_3 和 ZnO 对防止析出大颗粒的结晶是有利的。常用的有磷酸钙、骨灰和磷酸二氢铵等。

(1) 磷酸钙 [$Ca_3(PO_4)_2$]　相对分子质量 310.9，白色粉末。

(2) 骨灰　含 67%～85%的 $Ca_3(PO_4)_2$、2%～3%的 $Mg_3(PO_4)_2$、10%左右的 $CaCO_3$ 和少量的 CaF_2。

(3) 磷酸二氢铵 $NH_4H_2PO_4$　相对分子质量 115.9。

磷酸盐的用量：引入玻璃中 4%的 P_2O_5 时，可以制得适当弱的乳浊玻璃，适合于吹制 2～5mm 厚的制品；引入 5%～6%的 P_2O_5 时可制得隐约透明的制品；引入 7%～8%的 P_2O_5 时能生产强烈的乳浊玻璃。

7.4.3 锡化合物

锡化合物主要有氧化锡 SnO_2，相对分子质量 150.7，白色粉末。二氯化锡 $SnCl_2$，相对分子质量 189.6，白色粉末。SnO_2 呈分散的悬浮微粒而使玻璃乳浊，其用量为 5%左右。$SnCl_2$ 在熔制中也变为 SnO_2。

7.4.4 氧化砷和氧化锑

氧化砷和氧化锑可以用作铅玻璃的乳浊剂，它们的用量为配合料的 7%～12%。

7.5 助熔剂

能促使玻璃熔制过程加速的原料称为助熔剂或加速剂。有效的助熔剂为氟化合物、硼化合物、钡化合物和硝酸盐等。

7.5.1 氟化合物

氟化合物能加速玻璃形成反应，降低玻璃液的黏度和表面张力，促进玻璃液的澄清和均化，也可以将有害杂质 Fe_2O_3 和 FeO 变为 FeF_3 挥发排除或生成无色的 Na_3FeF_6，增加玻璃液的透热性。常用的氟化合物有萤石、硅氟化钠等。往玻璃中引入0.5%～1.0% F_2，可以提高熔制速度15%～16%。由于氟化合物挥发后污染大气，已不宜使用。

7.5.2 硼化合物

硼化合物主要是硼砂和硼酸，引入1.5%的 B_2O_3 能提高熔制速度15%～18%，与氟化合物共同使用效果更好。

7.5.3 硝酸盐

硝酸盐可以和 SiO_2 形成低共熔物，同时还有氧化、澄清作用，因而加速了玻璃的熔制。一般引入量相当于 Na_2O 或 K_2O 的10%～15%。

7.5.4 钡化合物

钡化合物主要是碳酸钡（$BaCO_3$）和硫酸钡（$BaSO_4$），引入量为0.25%～0.50%时，能提高熔制速度10%～15%。

7.6 氧化剂与还原剂

在玻璃熔制时能分解放出氧的原料，称为氧化剂，反之，能夺取氧的原料称为还原剂。它们能给出氧化性或还原性的熔制条件。常用的氧化剂有硝酸盐、三氧化二砷、氧化铈等。常用的还原剂有碳（煤粉、焦炭粉、木炭、木屑）、酒石酸钾、锡粉及化合物（氧化亚锡、二氧化锡）、金属锑粉、金属铝粉等。

氧化还原指数，简称Redox，指玻璃配合料或玻璃熔制过程中的氧化还原值。玻璃的氧化还原值除了受窑炉气氛的氧化还原性影响外，主要是由玻璃配合料的氧化还原值决定的。

氧化还原指数对玻璃熔制中的澄清过程，特别是对含硫小气泡的排除起着重要作用，同时对于玻璃的颜色（白色、琥珀色、绿色）也有不可忽略的作用和影响。不论是平板玻璃的生产，还是日用玻璃的生产，以至于电子玻璃生产，均应重视氧化还原指数的控制。

配合料的氧化还原指数，主要由配合料中氧化剂和还原剂的品种和用量决定，在生产中主要控制配合料的氧化还原指数。可以通过调节玻璃成分和选择不同的原料来控制氧化还原指数，玻璃成分有的是通过不同氧化剂和还原剂引入。各原料的氧化还原指数见表 7-13。

表 7-13　　各原料的氧化还原指数

品种	原料种类	指数	品种	原料种类	指数
氧化剂	氧化铈(CeO_2)	4.6	还原剂	萤石(CaF_2)	−2.0
	氢氧化铈[$Ce(OH)_4$]	22.4		三氧化二砷(As_2O_3)	−18.6
	氧化铁(Fe_2O_3)	5.0		铬铁矿($FeCr_2O_4$)	−20.0
	硝酸钠($NaNO_3$)	6.2		黄铁矿(FeS_2)	−24.0
	硫酸钡($BaSO_4$)	8.0		硫化铁(FeS)	−32.0
	无水芒硝(Na_2SO_4)	13.4		碳化物(65%C)	−87.2
	二水石膏($CaSO_4 \cdot 2H_2O$)	11.2		焦炭(85%C)	−114.0
	无水石膏($CaSO_4$)	14.0		碳(100%C)	−134.0
	重铬酸钾($K_2Cr_2O_7$)	13.0		矿渣中的碳	−134.0
	重铬酸钠($Na_2Cr_2O_7$)	15.4		矿渣中的硫化物	−180.0
	五氧化二砷(As_2O_5)	18.6			
	二氧化锰(MnO_2)	21.8			
	矿渣中的 SO_3	24.0			

注：(1) 氧化剂为正值，还原剂为负值。
(2) 配合料氧化还原指数是以 100 份石英为基准的。
(3) 碎玻璃和原料中带入的含碳化合物测其 COD 值作为碳的氧化还原指数。

举例说明，某厂配料配方为：石英砂 100 份、石灰石 27 份、纯碱 28 份、无水芒硝 1.1 份、硝酸钠 0.3 份、焦炭粉 0.022 份，计算其氧化还原指数。

利用表 7-13 参数计算配合料氧化还原指数$=1.1\times13.4+0.3\times6.2+0.022\times(-114.0)=14.1$。

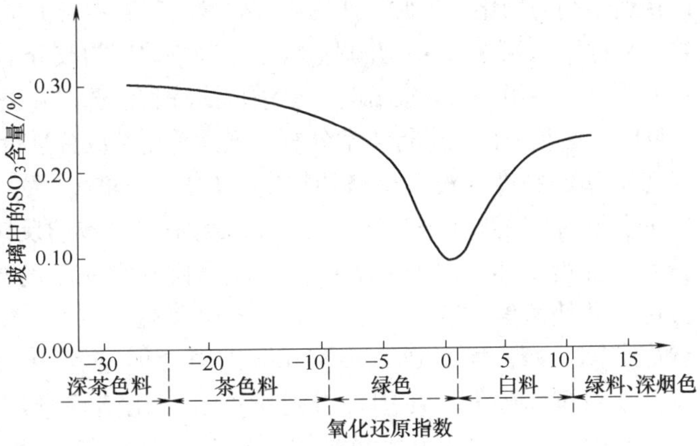

图 7-1

氧化还原指数为正时，配合料为氧化性，数值越大，氧化性越强；氧化还原指数为负时，则配合料为还原性。对于透明浮法玻璃，配合料氧化还原指数应控制在−5～10，瓶罐高白料玻璃配合料氧化还原指数应控制在−10～2，茶色玻璃应控制在−10～−5，深茶色玻璃应在−30～−15，绿色玻璃应控制在 10～15，深烟色玻璃应控制在 15 以上，如图 7-1 所示。

7.7　碎　玻　璃

破碎玻璃、回收碎玻璃和不合格的玻璃制品，以及将玻璃液在水中骤冷得到的玻璃熔块，生产中产生的玻璃碎片和社会上玻璃的废弃物，均可以用作玻璃的原料，统称为碎玻璃。采用碎玻璃不但可以废物利用，而且在合理使用下，还可以加速玻璃的熔制过程，降低玻璃熔制的热量消耗，从而降低玻璃的生产成本和增加产量。在满足产品质量的要求前提下，碎玻璃的用量可以尽量多，根据行业和产品的不同，碎玻璃加入量为配合料的15%～85%不等。熔制钠钙硅玻璃时，碎玻璃用量可以超过50%，但是需要适当调整玻璃配方，提高玻璃配合料均匀性，调整熔化工艺制度，保持玻璃液的均匀度，稳定玻璃质量，解决玻璃机械强度下降问题。对于高硅和高硼硅玻璃，其碎玻璃的用量可以高达70%～100%，即可以完全使用碎玻璃，在添加澄清剂、助熔剂和补充某些挥发损失的氧化物（B_2O_3 和 Na_2O）后，进行二次重熔，生产玻璃制品。有人认为如能补充挥发的氧化物，保持玻璃的成分不变，并使玻璃充分均化，则使用大量碎玻璃时，钠钙硅酸盐玻璃的机械强度也不降低。

碎玻璃的表面有很快地吸附水汽和大气作用的倾向，使表面形成胶态，与玻璃内部的组成发生差异。碎玻璃中，也缺少一部分碱金属氧化物和其它易挥发的氧化物。由于玻璃在熔制过程中与耐火材料相互作用，碎玻璃中 Al_2O_3 和 Fe_2O_3 有所增加。由于这些原因，碎玻璃会在玻璃熔体中形成有界面分隔的所谓细胞组织，引起不均匀的现象，使玻璃变脆。

当玻璃重熔时，热分解会使 Fe_2O_3 转变为 FeO，同时铁的变价也影响硒的脱色作用，使玻璃的颜色变坏。热分解放出的氧，容易扩散到周围的气泡中去，与之一并逸出玻璃液外，导致玻璃缺氧，呈还原性熔制。有色玻璃重熔时，由于某些着色成分的挥发，使玻璃的颜色变浅，某些着色离子，也会向低价过渡，使玻璃的颜色改变。含氟的乳浊玻璃，因氟有矿化剂的作用易在玻璃中形成晶粒而发脆，故不能多量含氟碎玻璃。

使用碎玻璃时，要确定碎玻璃的粒度大小、用量、加入方法、合理的熔制制度，以保证玻璃的快速熔制与均化。当循环使用本厂碎玻璃时，要补充氧化物的挥发损失（主要是碱金属氧化物、氧化硼、氧化铅等）并调整料方，保持玻璃的成分不变。碎玻璃比例大时，还要补充澄清剂的用量。使用外来碎玻璃时，要进行清洗、捡选、除去杂质，特别是用磁选法除去金属杂质。同时，必须取样，进行化学分析，根据其化学成分进行配料调整。

碎玻璃的粒度，没有严格的规定，但应当均匀一致。根据实践，如碎玻璃的粒度与配合料的其它原料的粒度相当，则纯碱将优先与碎玻璃反应，使石英砂熔解困难，整个熔制过程就要变慢变坏。碎玻璃的粒度，应当比其它原料的粒度大得多，这样有助于防止配合料分层，并使熔融加快。一般来说，碎玻璃粒度在2～20mm，熔制较快，但考虑到片状、块状碎玻璃，通常加工到20～40mm即可。但是管状、泡壳、医药玻璃制品回收或残次品均需要对辊粉碎方可使用，否则石英及氧化铝等难熔原料，进入管壳内部不能混合均匀，导致熔解产生结石和条纹缺陷。

碎玻璃可预先与配合料中的其它原料均匀混合，也可以与配合料分别加入到熔炉中。在熔炉冷修点火时，可用碎玻璃预先装填熔化池，或在烤炉后开始投料时，先投入碎玻璃，以防止粉料过快进入工作部，造成未熔化物缺陷。坩埚炉更换新坩埚后，也常先投入碎玻璃，用之掏洗坩埚。

7.8 配合料的计算

配合料的计算是以玻璃的质量分数组成和原料的化学成分为基础，计算出熔化100kg玻璃所需的各种原料的用量，然后再算出每副玻璃配合料（如300kg/副、500kg/副或1000kg/副等）各种原料的用量。如果玻璃是以摩尔分数组成来表示的，则应将摩尔分数组成换算成质量分数组成，然后进行质量配料计算。

在精确计算时，应考虑补足各氧化物的挥发损失，以及配料在加料时的飞散损失，还要考虑熔入玻璃中的耐火材料对玻璃成分的改变等。

计算玻璃配合料时，通常有预算法和联立方程式法，但比较实用的是采用联立方程式法。列联立方程式时，先以适当的未知数表示各种原料的用量，再按照各种原料所引入玻璃中的氧化物与玻璃组成中氧化物的含量关系，列出方程式来求解未知数。

例如某厂生产安瓿玻璃，根据其物理化学性能要求，确定玻璃组成如下（质量分数），计算其配合料的配方。

SiO_2 70.5%、Al_2O_3 5.0%、B_2O_3 6.2%、CaO 3.8%、ZnO 2.0%、Na_2O 12.5%

选用石英砂引入 SiO_2，长石引入 Al_2O_3，硼砂引入 B_2O_3，方解石引入 CaO，氧化锌引入 ZnO，纯碱引入 Na_2O，采用白砒与硝酸钠为澄清剂，萤石为助熔剂。

原料的化学成分见表 7-14。

表 7-14　　各原料的化学成分　　单位：%（质量分数）

化学组成 / 原料	SiO_2	Al_2O_3	B_2O_3	Fe_2O_3	CaO	Na_2O	ZnO
石英砂	99.89	0.18	—	0.01	—	—	—
长石粉	66.09	18.04	—	0.20	0.83	14.80	—
纯　碱	—	—	—	—	—	57.80	—
方解石	—	—	—	—	55.78	—	—
氧化锌	—	—	—	—	—	—	99.86
硼　砂	—	—	36.21	—	—	16.45	—
硝酸钠	—	—	—	—	—	36.35	—

为了简化计算，假设各原料均为干燥状态，计算时不考虑其水分影响。在实际生产中，应逐一测定各原料的平均含水率，然后加以调整。

（1）计算石英砂与长石的用量　石英砂的化学成分：SiO_2 99.89%、Al_2O_3 0.18%、即 1 份石英粉引入 SiO_2 0.9989 份、Al_2O_3 0.0018 份。同样 1 份长石可引入 SiO_2 0.6609 份、Al_2O_3 0.1804 份、Fe_2O_3 0.0020 份、CaO 0.0083 份、Na_2O 0.1480 份。

设石英砂的用量为 x，长石粉的用量为 y，按照玻璃组成中 SiO_2 与 Al_2O_3 的含量，列出联立方程式如下：

$$SiO_2 \quad 0.9989x+0.6609y=70.5$$

$$Al_2O_3 \quad 0.0018x+0.1804y=5$$

$$\text{解方程} \quad x=52.6 \qquad y=27.2$$

即熔制 100kg 玻璃，需用石英粉 52.6kg，长石粉 27.2kg（由石英砂引入的 Fe_2O_3 为 $52.6\times0.0001=0.0053$kg）。

计算由长石同时引入 Na_2O、CaO 与 Fe_2O_3 的量：

$$Na_2O \quad 27.2\times 0.1480=4.03$$

$$CaO \quad 27.2\times0.0083=0.226$$

$$Fe_2O_3 \quad 27.2\times0.0020=0.054$$

（2）计算硼砂量　硼砂化学成分：B_2O_3 36.21%、Na_2O 16.45%，玻璃组成中 B_2O_3 为 6.2%。

硼砂用量为：

$$\frac{6.2\times100}{36.21}=17.1$$

同时引入 Na_2O 量：　　　　　　$17.1\times 0.1645=2.82$

（3）计算纯碱用量　玻璃组成中含 Na_2O 为 12.5%。

由长石引入 Na_2O 为 4.03；

由硼砂引入 Na_2O 为 2.82；

尚需再引入 Na_2O 为：$12.5-4.03-2.82=5.65$；

纯碱的化学成分 Na_2O 为 57.80%

纯碱用量为：　　　　　　$\frac{5.65\times 100}{57.80}=9.78$

（4）计算方解石的用量　玻璃组成中 CaO 为 3.8%。

由长石引入 CaO 为 0.226；

尚需再引入 CaO 为：$3.8-0.226=3.574$；

方解石的化学成分为 CaO 55.78%

方解石的用量为：　　　　　　$\frac{3.574\times 100}{55.78}=6.41$

（5）计算氧化锌用量　氧化锌的化学成分为 ZnO 99.86%，玻璃组成中 ZnO 2.0%。

氧化锌用量为：　　　　　　$\frac{2.0\times 100}{99.86}=2.00$

根据上述计算，熔制 100kg 玻璃各原料用量为：

石英粉 52.6kg，长石粉 27.2kg，硼砂 17.1kg，纯碱 9.78kg，方解石 6.41kg，氧化锌 2.00kg，总计 115.09kg。

（6）计算辅助原料及挥发损失的补充　考虑用白砒作澄清剂，添加量为配合料的 0.2%，则白砒用量为：　　　　$115.09\times 0.002=0.23$ (kg)

因白砒应与硝酸钠共用，设硝酸钠的用量为白砒的 6 倍，则硝酸钠的用量为：

$$0.23\times 6=1.38\text{(kg)}$$

硝酸钠的化学成分 Na_2O 36.35%，由硝酸钠引入的 Na_2O 为：

$$1.38\times 0.3635=0.502$$

相应地减去纯碱用量　　　　　　$\frac{0.502\times 100}{57.80}=0.87$

纯碱用量为：　　　　　　$9.78-0.87=8.91$

采用萤石为助熔剂，以引入配合料的 0.5%氟计，则萤石大致为配合料 1.03%。萤石用量为：

$$115.09\times 0.0103=1.18$$

萤石的化学成分 CaO 68.40%，由萤石引入的 CaO 为：

$$1.18\times 0.684=0.81$$

相应地减去方解石的用量为：$\frac{0.81\times 100}{55.78}=1.45$

方解石实际用量为：　　　　　　$6.41-1.45=4.96$

考虑 Na_2O 和 B_2O_3 的挥发损失：根据一般情况 B_2O_3 的挥发损失为本身质量的 12%，Na_2O 的挥发损失为本身质量 3.2%，则应补足 B_2O_3 为：$6.2\times 0.12=0.74$

Na_2O 挥发损失为：　　　　　　$12.5\times 0.032=0.40$

需要加入硼砂为：　　　　　　$\frac{0.74\times 100}{36.21}=2.04$

2.04 份硼砂引入 Na_2O 量为：　$2.04\times0.1645=0.34$

故纯碱的补足量为：　$\frac{(0.40-0.34)\times100}{57.80}=0.10$

即纯碱的实际用量为：　$8.91+0.10=9.01$

硼砂的实际用量为：　$17.1+2.04=19.14$

熔制 100kg 玻璃实际原料用量为：

石英砂 52.60kg，长石粉 27.20kg，硼砂 19.14kg，纯碱 9.01kg，方解石 4.96kg，氧化锌 2.00kg，萤石 1.18kg，硝酸钠 1.38kg，白砒 0.23kg，总计 117.70kg。

（7）计算配合料气体率　配合料的气体率为：$\frac{117.70-100}{117.70}\times100\%=15.04\%$

玻璃的产率为：　$\frac{100-15.04}{100}\times100\%=84.96\%$

如每次配合料量为 500kg，碎玻璃用量为 30%（碎玻璃中 B_2O_3 和 Na_2O 的挥发损失略去不计），则：

碎玻璃用量：$500\times30\%=150$（kg），粉料用量为：$500-150=350$（kg），放大倍数$=\frac{350}{117.70}=2.974$

500kg 配合料中各原料的粉料用量＝熔制100kg 玻璃中各原料用量×放大系数

每副配合料中：

石英粉的用量为　$52.60\times2.974=156.43$(kg)

长石粉的用量为　$27.20\times2.974=80.89$(kg)

硼砂的用量为　$19.14\times2.974=56.92$(kg)

纯碱的用量为　$9.01\times2.974=26.80$(kg)

方解石的用量为　$4.96\times2.974=14.75$(kg)

氧化锌的用量为　$2.00\times2.974=5.95$(kg)

萤石的用量为　$1.18\times2.974=3.51$(kg)

硝酸钠的用量为　$1.38\times2.974=4.10$(kg)

白砒的用量为　$0.23\times2.974=0.68$(kg)

总计　350.03kg

原料中如含水分，按式（7-19）计算其湿基用量。

$$湿基用量=\frac{干基用量}{1-水分\%} \tag{7-19}$$

计算结果见表 7-15。

拟定配合料粉料中含水量为 5%，计算加水量：

$$加水量=\frac{粉料干基}{1-水分\%}-粉料湿基 \tag{7-20}$$

加水量$=\frac{350.03}{1-0.05}-353.95=368.45-353.95=14.5$（kg），即在制备配合料时，需要加湿润水的水量为 14.5kg。

表 7-15　　玻璃配合料计算结果

原料	熔化 100kg 玻璃各原料需干基用量/kg	原料含水率/%	每次制备 500kg 配合料减去碎玻璃后，各种原料用量/kg	
			干　基	湿　基
石英粉	52.60	1.0	156.43	158.01
长石粉	27.20	1.0	80.89	81.71
硼砂	19.14	2.0	56.92	58.08
纯碱	9.01	0.5	26.80	26.93
方解石	4.96	0.8	14.75	14.87
氧化锌	2.00	0.5	5.95	5.98
硝酸钠	1.38	1.0	4.10	4.14
萤石	1.18	1.0	3.51	3.55
白砒	0.23	—	0.68	0.68
合计			350.03	353.95

7.9　配合料的要求

保证配合料的质量，是加速玻璃熔制和提高玻璃质量，防止产生缺陷的基本措施。对于配合料的主要要求如下。

（1）具有正确性和稳定性　玻璃配合料必须能保证熔制成的玻璃成分正确和稳定，为此必须使原料的化学成分、水分、颗粒度等保持稳定。并且要正确计算料方，根据原料成分和水分的变化，随时对配方进行调整。同时要经常校正称量工具，务求称量准确。

（2）具有一定的水分　用一定量的水，或含有湿润剂（减少水的表面张力的物质如食盐）的水，湿润石英原料（硅砂、砂岩、石英砂），使水在石英原料颗粒的表面上形成水膜。这层水膜可以溶解纯碱和芒硝达 5%，有助于加速熔化。同时，原料的颗粒表面湿润后黏附性增加，配合料易于混合均匀，不易分层。加水湿润，还可以减少混合和输送配合料以及往炉中加料时的分层与粉料飞扬，有利于工人的健康，并能减少熔制的飞料损失(减少 5%)。

一般如原料的颗粒度发生变化，配合料的加水量也要变化，颗粒度越细，加水量应当越多。对纯碱配合料来说，其加水量为 3%～5%，而对芒硝配合料来说应为 3%～7%。

加水的配合料，称为湿配合料。在湿配合料中纯碱与水化合为一水化合物($Na_2CO_3 \cdot H_2O$)。为了保持湿配合料的黏附状态，它的温度应当保持 35℃以上。由于纯碱在水化时能够放热，在一般情况下，这一温度是可以达到的。如配合料的温度低于 35℃，一水纯碱将转变为低温稳定状态的 7 水纯碱（$Na_2CO_3 \cdot 7H_2O$）或 10 水纯碱（$Na_2CO_3 \cdot 10H_2O$）。7 水或 10 水纯碱能迅速地吸取原料颗粒表面的自由水分，对配合料产生胶结作用，严重地阻碍了配合料的运动。所以在加入熔炉之前，湿配合料的温度必须维持在 35℃以上。

也有采用 50%的氢氧化钠溶液来润湿玻璃配合料的方法，用 50%的氢氧化钠溶液湿润时，原料颗粒表面会形成氢氧化钠或硅酸钠薄膜，使纯碱不致水化，配合料的温度可以低于 35℃甚至 0℃。通常氢氧化钠溶液的用量约相当于 1.5%的水量。氢氧化钠引入 Na_2O 取代了一部分纯碱，配合料的料方应作适当调整。氢氧化钠溶液可以与石灰石反应，发生胶结作用，所以在使用氢氧化钠溶液之前，应当预先在实验室进行试验，如有胶结作用也要了解在混料机和加料机中所允许的操作时间，以保证配合料易于处理。

（3）具有一定气体率　为了使玻璃液易于澄清和均化，配合料中必须含有一部分能受热分解放出气体的原料，如碳酸盐、硝酸盐、硫酸盐、硼酸、氢氧化铝等。配合料逸出的气体量与配合料重量之比，称为气体率。

$$\text{气体率}(\%)=\frac{\text{逸出气体}}{\text{配合料}}\times 100 \tag{7-21}$$

对钠钙硅酸盐玻璃来说，其气体率为15%～20%。气体率过高会引起玻璃产生气泡，气体率过低则又使玻璃“发滞”，不易澄清。硼硅酸盐玻璃的气体率一般为9%～15%，电熔炉气体率可以控制在5%～12%。

（4）必须混合均匀　配合料在物理化学性质上必须均匀一致，如果混合不均匀，则纯碱等易熔物较多之处熔化速度快，难熔物较多之处，熔化就比较困难，甚至会残留未熔化的石英颗粒使熔化时间延长。这样就破坏了玻璃的均匀性，并易产生结石、条纹，气泡等缺陷，而且易熔物较多之处与池壁或坩埚壁接触时，易侵蚀耐火材料，也造成玻璃不均匀，因此必须保证配合料充分均匀混合。

（5）适当加入碎玻璃　碎玻璃配比合适，质量符合要求是保证配合料质量的重要环节。在配合料中加入适量的碎玻璃无论从经济角度，还是工艺方面都是有利的，但若控制不当，也会对玻璃组成控制和制品质量带来不利的影响。碎玻璃的用量，一般以配合料的25%～30%较好。熔制钠钙硅酸盐玻璃时，碎玻璃的用量可达50%以上，视熔化工艺和设备水平而定，否则会降低玻璃质量，使玻璃发脆，机械强度下降。如果通过调整玻璃配方，还是可以加以改善的。对于高硅和高硼玻璃，其碎玻璃的含量可以高达70%～100%，即可以完全使用碎玻璃，在添加澄清剂、助熔剂和补充某些挥发损失的氧化物（B_2O_3、Na_2O）后，进行二次重熔生产玻璃制品。有人认为如能补充挥发的氧化物，保持玻璃的成分不变并使玻璃充分均化，在使用大量碎玻璃时钠钙硅酸盐玻璃的机械强度也不会降低。

（6）避免金属和杂质混入　在整个配合料的制备过程中可能会混入各种金属杂质，如机器设备的磨损或部件中螺栓、螺母、垫圈等的掉落，原料拆卸过程中的包装材料及其它不应有的氧化物原料混入等。这些都会影响配合料的熔制质量，造成熔融玻璃澄清困难或制品色泽的改变。

7.10　配合料的制备

7.10.1　配合料的称量

对于配合料称量的要求是：既快速又准确。如果称量错误就会使配合料或玻璃液报废。

玻璃工厂对称量的精确度要求，一般为1/500（精确称量时，要求为1/1000）。人工配料的工厂使用磅秤和台秤，称量时最好一人过秤一人复秤，以免发生差错。

大中型工厂，多采用自动秤。其称量方法，有分别称量和累计称量两种。

（1）分别称量法　在每个粉料仓下面，各设一秤，原料称量后分别卸到皮带输送机上送入混料机中进行混合。这种称量法，适用于排式料仓。对于每种粉料，由于原料用量不同，可以选定适当称量范围的秤，称量误差较小，但设备投资多。

（2）累计称量　用一个秤，依次称量各种原料，累计计算重量。秤可以固定在一处，也可以在轨道上来往移动（称量车），称量后直接送入混料机。这种称量法适用于塔式料仓和排式料仓。它的特点是设备投资少，但对每一种原料来说，都不能称量至全量或接近全量。称量精确度不高，而且它的误差是累计性的。

目前多采用电磁振动给料器往自动秤的料斗内加料或卸料，由自动控制系统进行控制。在加料时，有快挡和慢挡两挡速度。当接近达到规定重量时，用慢挡慢慢给料以减小给料误差。

电动秤分为机电式和电子式两类。机电式是在杠杆秤的基础上用电子仪表进行数字显示和自动控制，由于称量精度低，体积大，杠杆系统复杂，维修麻烦，已经很少采用。电子式自动秤则克服了机电式自动秤的上述缺点，精度很高，结构简单，体积小，重量轻，安装使用方便，测量可靠，适于远距离控制。它的称量元件是传感器，当称量时，传感器受重力作用，使机械量转换为电量，经过放大、平衡，显示出数字，同时通过比较器与定值点的给定信号比较，进行自动控制。

通常，称量误差往往是称量设备没有调节好而造成的，因此应当对称量设备定期地用标准砝码进行校正，并经常维修，保持正常。

7.10.2　配合料的混合

配合料混合的均匀度不仅与混合设备的结构和性能有关，而且与原料的物理性质，如密度、颗粒组成、表面性质、静电荷、休止角等有关。在工艺上，与配合料的加料量、原料的加料顺序、加水量、加水方式、混合时间以及是否加入碎玻璃等都有很大关系。

配合料的产量与混合设备的容积有关，一般为设备容积的30%～50%。加料顺序不尽相同，但均是先加石英原料。在加入石英原料的同时，用定量喷水器喷水湿润，然后或按长石、石灰石、白云石、纯碱、澄清剂、脱色剂等顺序，或按纯碱、长石、石灰石、小原料的顺序进行加料。后一顺序可使石英原料表面溶解一部分纯碱对熔制更为有利。碎玻璃对配合料的混合均匀度有不良影响，一般在配合料混合终了将近卸料时再行加入。根据混合设备的不同，配合料的混合时间为2～6min，盘式混料机混合时间较长，而转式混料机混合时间较短。

混合设备按结构不同可分为转式、盘式、桨叶式三大类。转式混料机有箱式、抄举式、转鼓式、V式等。盘式有艾立赫式（动盘式）、KWQ（定盘式）和碾盘式。

小量配合料，可用混合箱（箱式混料机）进行混合。混合箱为正方形可以密封的木箱，按对角线的方向装在机架的转动轴上旋转，使配合料均匀混合。这种混合箱产量低，仅用于特种玻璃或科研工作。

常用的混合设备有抄举式混料机、转鼓式混料机、艾立赫式混料机、桨叶式混料机，前面两种混合设备系利用原料的重力进行混合，后两种则利用原料的对流进行混合。

抄举式混料机是由一个固定上盖和活动下盖所组成，混合时先把原料放入下盖，再用抄举小车把下盖推装在上盖上，上下盖合成一个混合器而绕轴旋转。原料因离心力作用随盖旋转，转至上面后又由于重力作用而下落，原料颗粒之间因得以互相掺拌，进行混合。

这种混合机密封好，工作地点基本上可以无粉尘，它的下盖，连同抄举车，可兼作配合料的运输工具，而且换料清扫方便，因此，适用于小规模多品种的玻璃工厂。

艾立赫式混料机是盘式混料机的一种，它具有转动的盘和耙，它的底盘与耙的转动方向相反。原料颗粒沿着复杂的螺线运动，促进了它们的强烈混合，混合效率高，是目前玻璃工厂广泛采用的混合设备。

KWQ 对流强制混料机也是盘式混料机较好的一种，具有转动简单、密封性好、混合均匀等特点。

转鼓式混料机结构简单，混合效果亦好。由于鼓转动，而与之相连的装料器及卸料溜子不转动，不易密封。

桨叶式混料机，是利用装在主轴上的桨叶刮板转动时的搅拌作用进行混合。这种混料机结构简单，但桨叶接触不到的地方，容易形成不动层，出现料团，而且混合时间长，桨叶易磨损，需要动力也大。

7.10.3　配合料的运输与贮存

配合料的输送与贮存，既要保证生产的连续性和均衡性，也要考虑避免分层结块和飞料。

为了避免或减少配合料在输送过程中的分层和飞料现象，配料车间，应尽量靠近熔制车间，以减少配合料的输送距离，同时要尽量减小配合料从混料机中卸料与向窑头料仓卸料的落差，在输送过程中，注意避免振动和选用适当的输送设备。

输送配合料的设备有皮带输送机、单元料罐、单斗提升机。皮带运输机虽有分料现象，然而不严重。单斗提升机，在固定的轨道上运输，虽然运行平稳，但窑头料仓中卸料时会产生飞料及分层现象。单元料罐多用单轨电葫芦做垂直和水平输送，不但运行平稳，而且还可以作为贮放原料的容器，分层少，是中小型工厂广泛采用的一种设备。

单元料罐，多为圆形（也有方形的），其容积与所用混料机相同。单元料罐的底部有一个可以启闭的卸料门，由中心铁杆的上下移动加以控制。当卸料时，将铁杆下降，卸料门即行打开。单元料罐在卸料时也会引起分层和飞料现象，因此卸料的落差要尽量减小。单元料罐有时用电瓶车结合电葫芦进行运输。对于电瓶车道路，也要注意平稳，以减少料罐在车上发生振动。

近年来，也有采取真空吸送式气力输送设备输送配合料。

配合料的贮存，以保证熔炉的连续生产为前提，贮存时间不宜过长，以免配合料中的水分减少，配合料产生分层、飞料和结块现象，一般不超过 8h。配合料的贮存设备可以采用窑头料仓、单元料罐和料箱等。

7.11　配合料的质检

配合料的质量，是根据其均匀性与化学组成的正确性来评定的。

配合料的均匀性，是配合料制备过程操作管理的综合反映，一般用滴定法和电导法进行测定。

滴定法是在配合料的不同地点，取试样三组，每组试样约 2g 溶于热水并过滤，用标准盐酸溶液以酚酞为指示剂进行滴定，把滴定总碱度换算成 Na_2CO_3 来表示。将三组试样的结果加以比较，如果平均偏差不超过 0.5%以上，即均匀度认为合格，或以测定数值的最大最小比率百分数（%）表示（小/大）。

电导法较滴定法快速，它是利用碳酸钠和硫酸钠等在水溶液中能够电离形成电解质溶液的原理，在一定电场作用下，离子移动，传递电子，溶液显示导电的特性。根据导电率的变化来估计导电离子在配合料中的均匀程度。一般也是在配合料的不同地点取试样三组进行测定。

配合料的均匀度，也可以用测定密度法、筛分析法，以及水与酸不溶物的含量等进行评定。筛分析法是取 100g 配合料为样品，首先过 20 目筛，筛去碎玻璃，再进行其它原料的筛分析。配合料的化学组成，是利用化学分析的方法，取一个平均试样，分析其各组成氧化物的含量，再与给定的玻璃组成进行比较，以确定其组成的正确性。水不溶物和酸不溶物的测定是检测配合料的一致性的。

对于配合料中的水分，也应进行测定。测定方法是取配合料 2～3g 放在称量瓶中称量，然后在 110℃的烘箱中干燥至恒重，在干燥器内冷却后，再称量其重量。两次重量之差，即配合料的含水量，按式（7-22）计算其水分。

$$水分=\frac{湿重-干重}{湿重}\times 100\% \qquad (7\text{-}22)$$

第 8 章　玻璃的熔制与窑炉

8.1　玻璃的熔制过程

将配合料经过高温加热成符合成形要求的玻璃液的过程称为玻璃的熔制过程。玻璃熔制过程是玻璃生产中很重要的环节之一。玻璃的产量、质量、合格率、生产成本、燃料消耗、池窑寿命等都与玻璃的熔制有密切关系，因此，玻璃熔制是整个生产过程得以顺利进行，并生产出优质玻璃制品的重要保障。

玻璃的熔制是一个非常复杂的过程，它包括一系列物理、化学及物理化学的现象和反应。这些现象和反应的结果是使各种原料的机械混合物变成了复杂的熔融物即玻璃液。玻璃熔化（制）过程中有时会产生许多缺陷如气泡、结石、条纹等，这些缺陷都是熔制不佳时产生的。

各种配合料在加热形成玻璃的过程中，所发生的物理化学过程大致如下：

物理过程：包括配合料的加热、吸附水分的蒸发排除、某些单独组分的熔融、某些组分的多晶转变、个别原料和组分的挥发（如 Na_2O、K_2O、B_2O_3、PbO、SiF_4、BF_3、F_2 等）。

化学过程：包括固相反应、各种盐类的分解、水化物的分解、化学结合水的排除、组分间的相互反应及硅酸盐的生成。

物理化学过程：包括低共熔物的生成、组分或生成物间的相互溶解、玻璃液和炉气介质之间的相互作用、玻璃液和耐火材料的相互作用及玻璃液和其中夹杂气体的相互作用等。

以上现象，在每种实际的配合料中进行的次序可能是不同的。发生这些现象的温度也可能是不同的，这与配合料组成的性质有关。

研究玻璃熔制过程常常采用热台物相显微分析、差热分析、化学分析、蒸气压分析、气体分析、静态和动态的重量分析、岩相分析、X 射线分析、电镜分析等方法。

玻璃熔制过程可分为五个阶段，分述如下。

（1）硅酸盐形成　硅酸盐生成反应在很大程度上是在固体状态下进行的。配合料各组分在加热过程中经过一系列的物理变化和化学变化，大部分气态产物从配合料中逸出，在这一阶段结束时，配合料变成由硅酸盐和二氧化硅组成的不透明烧结物。制造普通钠钙硅酸盐玻璃时，硅酸盐形成在 800～900℃基本结束。

（2）玻璃的形成　烧结物连续加热时即开始熔融，易熔的低共熔混合物首先开始熔化，在熔化的同时发生硅酸盐和剩余二氧化硅的互熔，到这一阶段结束时，烧结物变成了玻璃熔融体，再没有未起反应的配合料颗粒，但此时玻璃液中还有大量气泡、条纹。熔制普通玻璃时，玻璃的形成在 1200～1250℃完成。

（3）澄清　玻璃液继续加热，其黏度降低，并从中放出气态混杂物，即进行去除可见气泡的过程。熔制普通玻璃时，澄清在1400～1500℃结束，这时玻璃液黏度$\eta \approx 10^2$ dPa·s。

(4) 均化　玻璃液长时间处于高温下，由于扩散的作用，其化学组成逐渐趋向均一，使玻璃中条纹和结石消除到允许限度，达到均一体。玻璃液是否均一，可由测定不同部位玻璃的折射率或密度的一致程度来鉴定。熔制普通玻璃时，均化可在低于澄清的温度下完成。

(5) 冷却过程　经澄清均化后将玻璃液的温度降低1350～1420℃，以便使玻璃液具有成形所必需的黏度$\eta \approx 10^3 \sim 10^5$ dPa·s。

玻璃熔制的各个阶段是相互联系和影响的。在实际熔制过程中，常常是同时进行或交错进行的，这主要决定于熔制的工艺制度和玻璃熔窑结构的特点。它们之间的关系可以用图8-1表示。

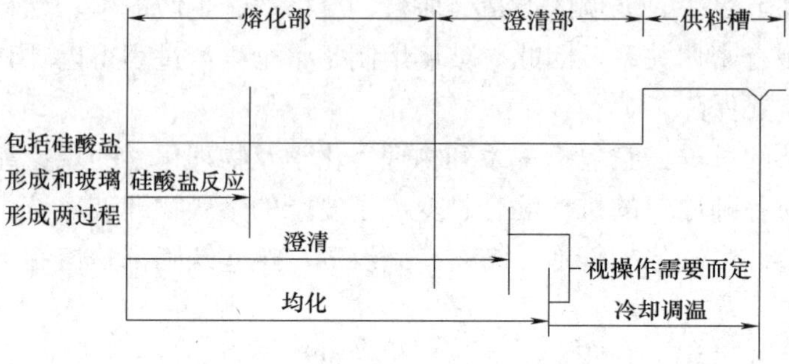

图8-1　玻璃熔制过程各阶段的关系图

在玻璃熔制的过程中存在着固相、液相和气相，各相之间相互作用，由此而构成极为复杂的相转化和相平衡关系。

熔制玻璃的目的是在高温下使多种固相的配合料转变为均匀的玻璃液相，是一个从固相向液相转化过程，并与气相相互作用下消除可见气泡的过程，为此必须研究诸相的相互作用。

8.1.1　硅酸盐形成

8.1.1.1　配合料的加热反应

玻璃通常是由SiO_2、Al_2O_3、Na_2O、K_2O、CaO、MgO等所组成，根据不同性能要求还可引入其它氧化物，如B_2O_3、ZnO、BaO、PbO等。为研究玻璃的熔制，必须了解配合料各组分在加热中的各种反应。如多晶转化是指具有多种晶型的组分，在高温下可由一种晶型转为另一种晶型；盐类分解是各种碳酸盐、硫酸盐、硝酸盐在一定温度下均发生分解并释出气体；脱除结晶水和化学结合水是组分在一定温度下分解并释放出水分。

从多组分的加热反应看，不仅包括单组分加热反应所具有的特点，而且还包括多组分所特有的加热反应，即硅酸盐形成反应和形成复盐的反应。例如，在三组分中可形成复盐和低共熔混合物。以CO_2产生为例，单组分中它来自各种碳酸盐的热分解；双组分中来自各种碳酸盐的热分解和形成硅酸盐时的分解产物；三组分中来自除双组分产生的CO_2外，还来自复盐的分解和低共熔混合物分解反应。

为了便于说明硅酸盐形成和玻璃形成过程，现以多组分的瓶罐玻璃和平板玻璃配合料的加热反应为例说明之。

(1) 瓶罐玻璃配合料（石英＋纯碱＋方解石）的硅酸盐形成和玻璃形成过程

① 在100～120℃，配合料水分蒸发；

② 在500～600℃附近，由于固相反应，生成碳酸钠-碳酸钙的复盐；

$$CaCO_3 + Na_2CO_3 \longrightarrow CaNa_2(CO_3)_2 \qquad (8\text{-}1)$$

③ 在 575℃发生石英的多晶转变，伴随着体积变化产生裂纹，有利于硅酸盐的形成；

$$\beta\text{-石英} \rightleftharpoons \alpha\text{-石英} \tag{8-2}$$

④ 在 600℃左右时，开始逸出 CO_2，它是由于先前生成的复盐 $CaNa_2(CO_3)_2$ 与 SiO_2 作用的结果，此反应是在 600～830℃范围内进行的；

$$CaNa_2(CO_3)_2 + 2SiO_2 = Na_2SiO_3 + CaSiO_3 + 2CO_2\uparrow \tag{8-3}$$

⑤ 在 720～900℃时，碳酸钠和二氧化硅反应；

$$Na_2CO_3 + SiO_2 = Na_2SiO_3 + CO_2\uparrow \tag{8-4}$$

⑥ 在 740～800℃时，$CaNa_2(CO_3)_2$ 和 Na_2CO_3 低温共熔物形成并熔化，开始与 SiO_2 作用；

$$CaNa_2(CO_3)_2 + Na_2CO_3 + 3SiO_2 = 2Na_2SiO_3 + CaSiO_3 + 3CO_2\uparrow \tag{8-5}$$

⑦ 在 813℃，$CaNa_2(CO_3)_2$ 复盐熔融；

⑧ 在 855℃，Na_2CO_3 熔融；

⑨ 在 912℃和 960℃时，$CaCO_3$ 和 $CaNa_2(CO_3)_2$ 相继分解；

$$CaCO_3 = CaO + CO_2\uparrow \tag{8-6}$$

$$CaNa_2(CO_3)_2 = Na_2O + CaO + 2CO_2\uparrow$$

⑩ 约 1010℃时，氧化钙和二氧化硅反应。

$$CaO + SiO_2 = CaSiO_3 \tag{8-7}$$

（2）平板玻璃配合料（石英＋纯碱＋方解石＋芒硝＋煤粉）的硅酸盐形成和玻璃形成过程　芒硝配合料在加热过程中的反应变化较纯碱配合料复杂得多，因为 Na_2SO_4 的分解很困难，所以必须在炭或其它还原剂存在下才能加速反应。

① 在 100～120℃，排出吸附水分；

② 在 235～239℃，硫酸钠发生多晶转变；

$$Na_2SO_4(\text{斜方晶体}) \rightleftharpoons Na_2SO_4(\text{单斜晶体}) \tag{8-8}$$

③ 在 260℃，煤粉开始分解，有部分物质挥发出来；

④ 在 400℃，Na_2SO_4 与碳之间的固相反应开始进行；

⑤ 在 500℃，开始有硫化钠和碳酸钠生成，并放出二氧化碳；

$$Na_2SO_4 + 2C = Na_2S + 2CO_2\uparrow \tag{8-9}$$

$$Na_2S + CaCO_3 = Na_2CO_3 + CaS \tag{8-10}$$

⑥ 在 500℃以上，有偏硅酸钠和偏硅酸钙产生；

$$Na_2S + Na_2SO_4 + 2SiO_2 = 2Na_2SiO_3 + SO_2\uparrow + S \tag{8-11}$$

$$CaS + Na_2SO_4 + 2SiO_2 = Na_2SiO_3 + CaSiO_3 + SO_2\uparrow + S \tag{8-12}$$

⑦ 在 575℃发生石英的多晶转变，β-石英转变成 α-石英；

⑧ 在 740℃，出现 Na_2S 和 Na_2SO_4 低共熔物，玻璃的形成过程开始；

⑨ 在 740～880℃，玻璃的形成过程加速进行；

⑩ 在 800℃，$CaCO_3$ 分解反应完成；

⑪ 在 851℃，Na_2CO_3 熔融；

⑫ 在 885℃，Na_2SO_4 熔融，同时 Na_2S 与石英颗粒在形成熔体中开始熔化；

⑬ 在 900～1100℃，硅酸盐反应剧烈进行，氧化钙和过剩的 SiO_2 反应，生成偏硅酸钙；

$$CaO + SiO_2 = 2CaSiO_3 \tag{8-13}$$

⑭ 在1200～1300℃，玻璃形成过程完成。

（3）硅酸盐形成和玻璃形成过程　综上所述，硅酸盐形成和玻璃形成过程大致如下：

配合料加热时，开始主要是固相反应，有大量气体逸出。一般碳酸钙和碳酸镁能直接分解逸出二氧化碳，其它化合物与二氧化硅相互作用才分解。随着二氧化硅和其它组分开始相互作用，形成硅酸盐和硅氧组成的烧结物；随后出现少量液相，一般这种液相属于低温共熔物，它能促进配合料的进一步熔化，反应很快转向固相与液相之间进行，又形成另一个新相，不断出现许多中间产物。随着固相不断向液相转化，液相不断扩大，配合料的基本反应大部分完成，成为由硅酸盐和游离 SiO_2 组成的不透明烧结物，硅酸盐形成过程基本结束。随即进入玻璃液的形成过程，这时配合料经熔化基本上已为液相，过剩的石英颗粒继续熔化于熔体中，液相不断扩大，直至全部固相转化为玻璃相，成为有大量气泡的、不均匀的透明玻璃液。当固相完全转入液相后，熔化的这两个阶段即告完成。固相向液相转变及其平衡的主要条件是温度，只有在足够的温度下，配合料才能完全转化为玻璃液。

在实际生产过程中，将料粉直接加入高温区域时，硅酸盐形成过程进行得非常迅速，而且随配合料组分的增多而加快，相比之下玻璃液形成非常缓慢，其形成速度主要取决于石英砂的熔融速度。例如一般平板玻璃配合料的熔制的这两个阶段需要32min（不包括澄清、均化和冷却阶段），而硅酸盐形成阶段仅需3～4min，石英砂粒的熔化需要28～29min。

8.1.1.2　硅酸盐形成过程的动力学

硅酸盐形成过程的动力学是研究配合料形成硅酸盐的反应速度和各种不同因素对其影响。

任何生产过程的产量与该生产过程中的反应速度有关。例如，在玻璃熔制过程中的硅酸盐形成速度、玻璃形成速度、澄清速度、均化速度等决定了熔制的总时间，也就决定了玻璃制品的日产量，这说明了研究动力学的生产意义。研究动力学的理论意义是：它能阐明化学反应中的许多重要环节，使我们更加深入地了解反应本身的机理。

由于玻璃熔制过程十分复杂，所以至今没有一个系统的理论来完整地阐述熔制过程动力学。其原因在于，反应进行的条件对反应速度的影响是很敏感的。例如，熔化温度与氧化物的含量，虽然对反应速度影响很大，但是某些添加物、炉内气氛性质与分压、耐火材料的侵蚀、配合料的颗粒大小与组成、鼓泡与搅拌等都对反应速度产生一定的影响，所有这些都增加了研究玻璃熔制动力学的难度。

下面是一些常见的氧化物在硅酸盐形成过程中的动力学研究结果，如图8-2～图8-6所示。

从述各组分间反应来看，可得出以下几个结论：

① 随着温度的升高，其反应速度也随着提高。熔体温度的升高导致熔体中各组分的自由能增加和质点的运动速度加快，前者增加了反应的可能性，后者增加了分子间的碰撞几率。

② 当温度不变时，反应速度也随着时间延长而减慢。在外界条件不变时，任一化学反应的速度不是常数，随着反应物的减少，反应速度也逐渐减慢。

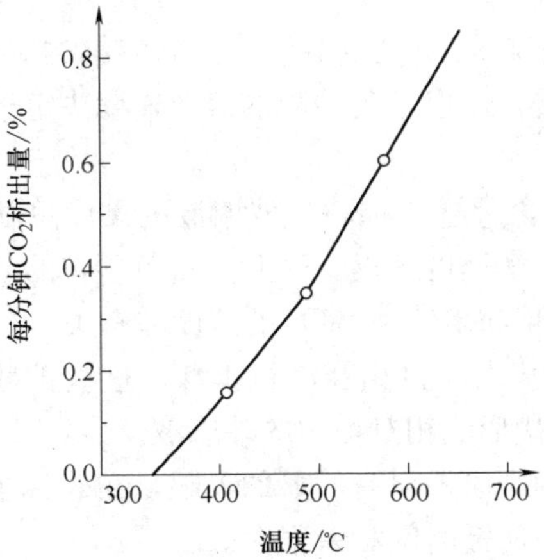

图 8-2　$SiO_2+Na_2CO_3$ 在各种温度下的反应速度

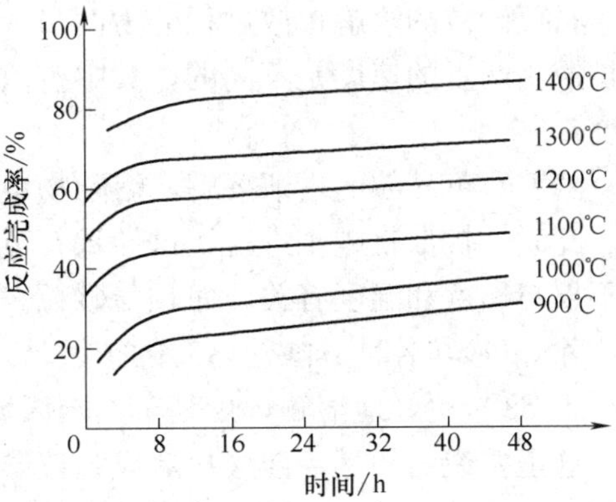

图 8-3　$SiO_2+B_2O_3$ 在各种温度下的反应速度

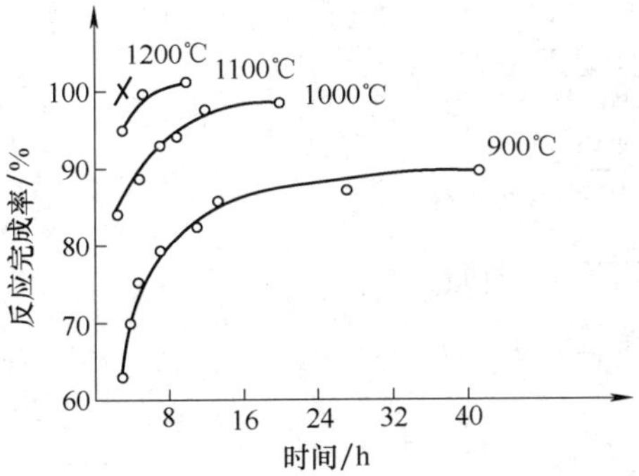

图 8-4　$SiO_2+Na_2CO_3+B_2O_3$ 在各种温度下的反应速度

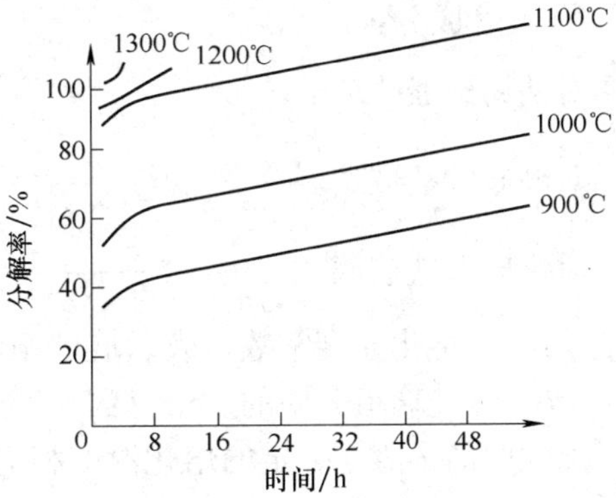

图 8-5　$SiO_2+Na_2CO_3+CaCO_3$ 在各种温度下的反应速度

③ 随着反应物浓度的增加，正反应速度也相应增加。要两个分子能相互作用的必要条件是两个分子相撞。显然，随着反应物浓度的增加，碰撞次数增加，导致反应速度的增加。

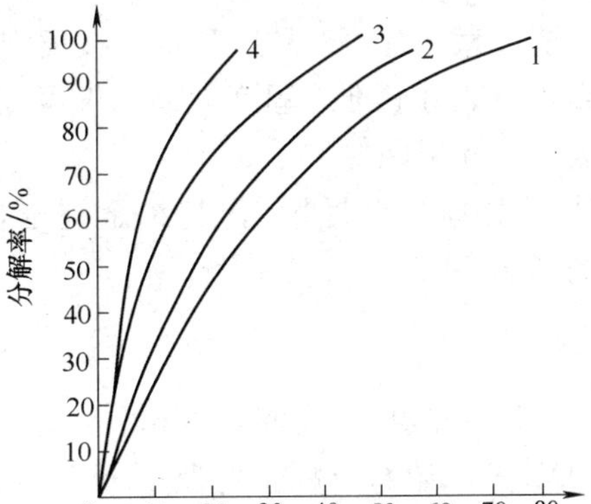

图 8-6　SiO_2 与 $CaCO_3$ 在不同比例下的反应速度
1—$CaCO_3$　2—$CaCO_3+SiO_2$　3—$CaCO_3+2SiO_2$　4—$CaCO_3+3SiO_2$

8.1.2　玻璃的形成

8.1.2.1　玻璃的形成反应

在硅酸盐形成阶段生成的硅酸钠、硅酸钙、硅酸铝及反应剩余的大量二氧化硅在继续提高温度的条件下，它们相互溶解和扩散，由不透明的半熔烧结物转变为透明的玻璃液，这一过程称为玻璃的形成阶段。由于石英砂粒的溶解和扩散速度比各种硅酸盐的溶扩速度慢得多，所以玻璃形成过程的速度实际上取决于石英砂粒的溶扩散速度。

石英砂粒的溶解扩散过程分为两步，首先是砂粒表面发生溶解，而后溶解的 SiO_2 向外扩散。两者的速度是不同的，其中扩散速度最慢，所以石英砂粒的溶解速度决定于扩散速度。

随着石英砂粒的逐渐溶解，熔融物中的 SiO_2 含量越来越高，玻璃液的黏度也随之增加。此时，扩散就越难进行，这导致石英砂粒的溶解速度减慢。因此，石英砂粒的溶解速度不仅与黏度和温度有关，而且与砂粒表面层 SiO_2 和熔体中 SiO_2 的浓度差有关。

除 SiO_2 与各种硅酸盐之间的扩散外，各硅酸盐之间也相互进行扩散，这些扩散过程有利于 SiO_2 更好地溶解，也利于不同区域的硅酸盐形成相对均匀的玻璃液。

这里要说明的是，硅酸盐形成和玻璃形成的两个阶段没有明显的界限，在硅酸盐形成阶段结束之前，玻璃形成阶段即已开始。两个阶段所需时间相差很大。

8.1.2.2 玻璃的形成动力学

在玻璃熔制过程中，玻璃形成速度与玻璃成分、石英颗粒大小、熔制温度等有关。

① 玻璃成分：

对钠钙硅酸盐玻璃
$$\tau=\frac{w(SiO_2)+w(Al_2O_3)}{w(Na_2O)+w(K_2O)} \tag{8-14}$$

对硼硅酸盐玻璃
$$\tau=\frac{w(SiO_2)+w(Al_2O_3)}{w(Na_2O)+w(K_2O)+0.5w(B_2O_3)} \tag{8-15}$$

对铅硅酸盐玻璃
$$\tau=w\frac{w(SiO_2)}{w(Na_2O)+w(K_2O)+0.125w(PbO)} \tag{8-16}$$

式中 τ——熔化速度常数，表示玻璃相对难熔的特征值；

w——玻璃组分中的质量分数，%。

上式中的 τ 值与一定的熔化温度相适应，见表 8-1。

表 8-1　玻璃熔化温度与 τ 值相对应的关系

τ 值	6.0	5.5	4.8	4.2
熔化温度 /℃	1450～1460	1420	1380～1400	1320～1340

需要注意，常数 τ 是经验值，在评定熔制温度时，不是十分精确，尤其在评定硼硅玻璃和高铅玻璃方面准确程度较差，仅可以作为定性评价工具。常数 τ 应与其它影响熔制速度的因素一起考虑。

② 石英颗粒的大小：鲍特维金提出过式（8-17）来计算石英颗粒的大小对玻璃形成时间的影响。

$$t=0.125K_1D^3 \tag{8-17}$$

式中 t——玻璃形成时间，min；

D——原始石英颗粒直径，cm；

K_1——与玻璃成分和温度有关常数，成分为（质量分数）：SiO_2 73.5%，CaO 10.5%，Na_2O 16.0%，试验温度 1390℃时，$K_1=8.2\times10^6$。

由式（8-17）可见，玻璃形成时间与石英颗粒直径成三次方关系，说明颗粒的直径对玻璃的形成时间有很大影响。

③ 熔融体温度：索林诺夫提出玻璃熔融体温度与反应时间的关系为：

$$T=ae^{-bt} \tag{8-18}$$

式中　t——玻璃形成时间；

T——熔融体温度；

a、b——与玻璃成分和原料颗粒度有关的常数，对平板玻璃而言，$a=101256$，$b=0.00815$。

由式（8-18）表明，玻璃形成时间与熔体温度成指数关系，玻璃形成的因素是复杂的，因而上述公式都不足以用来精确计算玻璃形成过程，可作为参考使用。

8.1.3　玻璃液的澄清

玻璃液的澄清过程是玻璃熔化过程中极其重要的环节，它与玻璃制品质量有密切关系。

在硅酸盐形成与玻璃形成阶段中，由于配合料的分解、部分组分的挥发、氧化物的氧化还原反应、玻璃与气体介质及耐火材料的相互作用等原因而放出大量气体。其中大部分气体将逸出玻璃液，剩余的部分气体将溶解于玻璃液中并与其中某种成分重新形成化合物。因此，存在于玻璃中的气体主要有三种状态，即可见气泡、溶解的气体、化学结合的气体。此外，尚有 H_2、NO_x、N_2、He、Ne。

玻璃的澄清过程是指排除可见气泡的过程。从形式上看，此过程是简单的流体力学过程，实际上它是一个复杂的物理化学过程。因此，只有对澄清过程作全面的研究才能对玻璃的澄清机理有深入的理解。

以下介绍与澄清机理有关的几个主要方面。

8.1.3.1　气泡的生成和成长

一般玻璃配合料中气体率为10%～20%，并且火焰炉加热玻璃配合料时，又将产生大量燃烧气体，每千克玻璃熔体将产生1～5m^3 烟气，其中有0.001%～0.100%溶解在初熔的玻璃液中。配合料及燃烧放出的气体远远超过在熔体中的溶解度而直接生成气泡，溶解的气体在一定条件下也能从液相中重新析出而生成气泡。

将气泡的生成作为热力学上的新相生成来研究，当气体在玻璃液中的溶解度已达到饱和状态时，热力学的稳定状态就要减少，这时溶解在玻璃液中的气体由液相转为气相的倾向就增大，在一定条件下形成了核泡。随着玻璃液中的气体向核泡扩散，使核泡逐渐成长而成大气泡。根据沃玛（M. Volmer）的推导，在气体的过饱和度很大时，可用下式表示气泡生成速度（u_1）和气泡成长速度（u_2）。

$$u_1=K\cdot\frac{1}{\eta}\exp\left\{-\frac{1}{RT}\left[\frac{16\pi\sigma^3}{3}\cdot\frac{1}{p^2(\ln c/c_0)}\right]\right\} \tag{8-19}$$

$$u_2=K'\cdot\frac{1}{\eta}\exp\left\{-\frac{1}{RT}\left(\frac{\pi\sigma}{\delta}\cdot\frac{1}{p(\ln c/c_0)}\right)\right\} \tag{8-20}$$

式中　K、K'——常数；

R——气体常数；

T——热力学温度；

p——气泡内的气体压强；

c/c_0——过饱和度；

c_0——气体的饱和浓度；

c——气体的过饱和浓度；

σ——表面张力；

η——玻璃黏度；

δ——气体的厚度。

形成核泡所需活化能 $$\frac{16\pi\sigma^3}{3}\cdot\frac{1}{p^2(\ln c/c_0)} \tag{8-21}$$

气泡成长所需活化能 $$\frac{\pi\sigma}{\delta}\cdot\frac{1}{p(\ln c/c_0)} \tag{8-22}$$

由式（8-21）和式（8-22）可以看出，形成核泡所需活化能比气泡成长所需活化能大得多。例如，若设 $c/c_0=1.2$，$p=0.1\text{MPa}$，$\sigma=0.3\text{MPa}$，$\delta=10^{-8}\text{cm}$，则把上述各值代入式（8-21）和式（8-22）后得：

形成气泡所需活化能 $\approx 2.4\times10^{-11}\text{J}$

气泡成长所需活化能 $\approx 2.7\times10^{-18}\text{J}$

图 8-7 和图 8-8 表示了式（8-19）～式（8-22）关系。

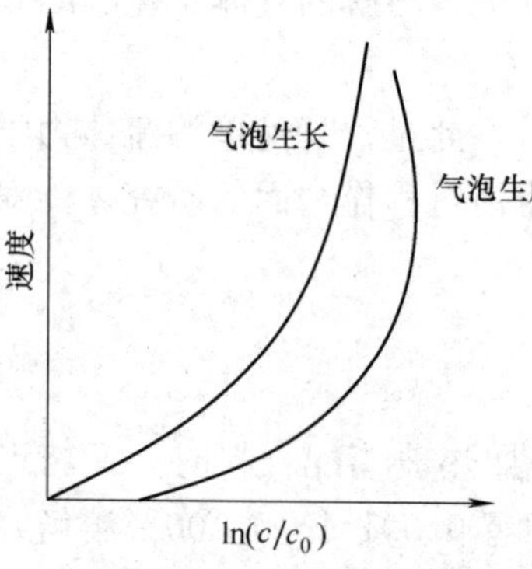

图 8-7 气体饱和度 c/c_0 与气泡生长和生成速度的关系图

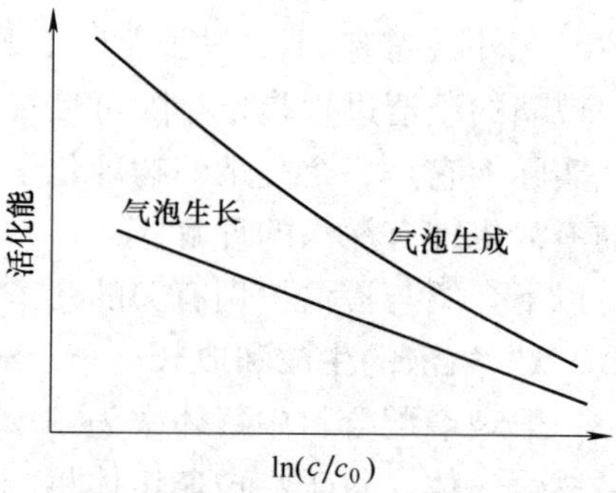

图 8-8 气体饱和度 c/c_0 与气泡生长和生成所需活化能的关系图

由上述可知，在均匀系统中是不易形成核泡的，但在两界面上由于产生触媒作用使所需活化能大大降低，因此，核泡常产生在两界面上。

玻璃液中的核泡能否成长，科博（M·Cable）认为主要决定于气泡的临界半径 r_k。

$$r_k=\frac{2\sigma}{\rho}\cdot\frac{1-\ln(c/c_0)}{\ln(c/c_0)} \tag{8-23}$$

对式（8-23）讨论如下：

① 若气泡尺寸小于临界值，则气泡压力 p 增大，即气泡内某成分的气体分压增大。此时，气泡中的气体将溶解于玻璃内，气泡变小。若气泡大于临界值，则上述过程相反，此时气泡变大。

② 当增加某气体的过饱和度 c/c_0，临界半径 r_k 将减少。因此，原属于玻璃液中的临界半径的气泡，此时就属于大于临界半径的气泡，因此气泡增大。

③ 对扩散速度不同的气体，扩散速度小的气体易使气泡长大，因为扩散速度小的气体在核泡周围的 c/c_0 就较大。

8.1.3.2　在澄清过程中气体间的转化与平衡

在高温澄清过程中，玻璃液内所溶解的气体、气泡中的气体以及炉气这三者间的平衡关系，是由某种气体在各相中的分压所决定，气体总是由分压高的相进入分压低的相。上述关系如图 8-9 所示。

图中 $p_A^{炉}$ 为炉气中 A 气体的分压，其余类推。

气体间的转化与平衡除与上述气体分压有关外，还与气泡中所含气体的种类有密切关系。依据道尔顿分压定律，当一种 A 气体进入有 B 气体的气泡中时，气泡总压将增加，B 气体的分压将减少。因此，加强从四周玻璃液中吸收 B 气体，直到两相中的分压相等为止。

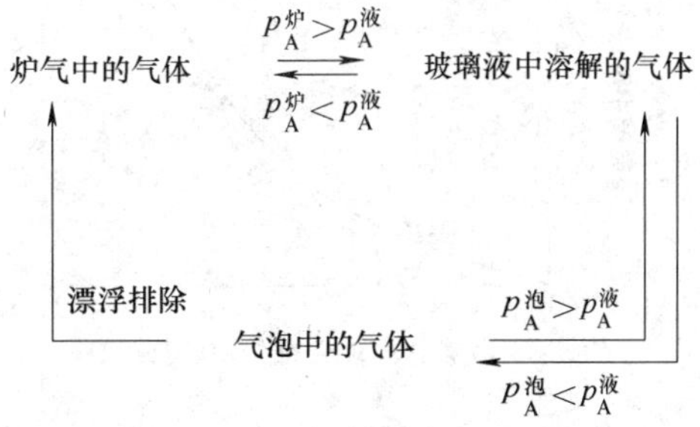

图 8-9　玻璃液中溶解的气体、气泡中的气体和炉气中的气体三者间的平衡关系图

气体在玻璃液中的溶解度与温度有关，在高温下（1400～1500℃）气体的溶解度比低温（1100～1200℃）时为小。

从上述分析可得出如下结论：气体间的转化与平衡决定于澄清温度、炉气压力与成分、气泡中的气体的分压和种类、玻璃成分和气体在玻璃液中的扩散速率等。

8.1.3.3　在澄清过程中气体与玻璃液的相互作用

澄清过程中气体与玻璃液的相互作用有两种不同的状态：一类是纯物理的溶解，气体与玻璃成分之间不产生相互的化学作用；一类是气体与玻璃成分间产生氧化还原反应，其结果是形成化合物，随后在一定条件下又析出气体。后者在一定程度上还有少量的物理溶解。

(1) O_2 与熔融玻璃液的相互作用　氧在玻璃熔体中的溶解度首先决定于变价离子的含量。吸收的 O_2 使变价离子由低价转为高价离子。当玻璃熔体中完全没有变价氧化物时，氧在玻璃液中的溶解度是很小的。例如，玻璃态的 SiO_2 在 1000℃时所溶解的 O_2 量不大于 0.003cm^3/cm^3（标准状态）。

(2) SO_2 与熔融玻璃液的相互作用　无论是何种燃料，一般都含有硫化物，因而炉气中均含有 SO_2 气体，它能与配合料、玻璃液相互作用形成硫酸盐。SO_2 在碱硅酸盐熔体中的溶解度与熔体中的碱含量、气相中的 O_2 的分压、熔体温度有关。$Na_2O\cdot mSiO_2$ 熔体（式中 m=1.5、1.75、2.0、2.5、3.0、4.0）在 1200℃吸收 SO_2 的定量式满足线性方程。

$$\lg[w(SO_2)]=\lg(p_{SO_2}-p_{O_2})+\lg y \tag{8-24}$$

$$y=f(m) \tag{8-25}$$

式中　p_{SO_2}、p_{O_2}——SO_2 和 O_2 在气泡中的分压；

y——与 SO_2 含量有关的常数。

随着 Na_2O 浓度的增加，SO_2 的溶解度有明显的增加，这是由于发生了式（8-26）的反应。根据资料所述，含 SiO_2 73%、CaO 12%、Na_2O 15%的玻璃吸收 SO_2 的极大值出现在接近于 1200℃附近。

$$x\cdot Na_2O\cdot y\,SO_2+SiO_2=Na_2SO_4+(x-1)Na_2O\cdot y\,SO_2 \tag{8-26}$$

从图 8-10 可以看出，随着玻璃中含碱量的增加，玻璃中形成的硫酸盐也迅速增加；

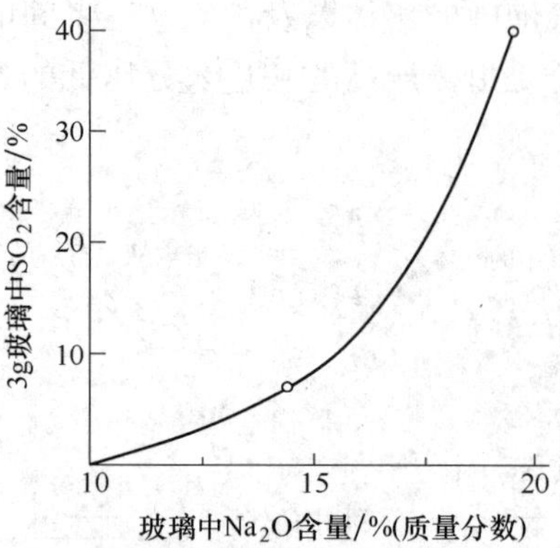

图 8-10　在 1100℃时玻璃中 Na_2O 含量与玻璃吸收 SO_2 的关系图

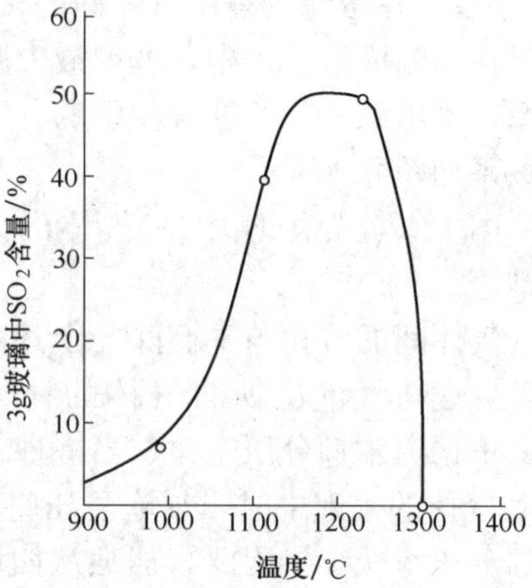

图 8-11　玻璃吸收 SO_2 与熔体温度的关系图

从图 8-11 可以看出，在 900～1200℃范围内玻璃吸收 SO_2，形成硫酸盐；高于 1200℃时，可能是 SO_2 和 O_2 化合成 SO_3 后比较容易地进入玻璃网络，可用下式表示之：

$$\equiv Si-O-Si\equiv + SO_2 + \frac{1}{2}O_2 \longrightarrow \equiv Si-O-\overset{\overset{\displaystyle O}{\|}}{\underset{\underset{\displaystyle O}{\|}}{S}}-O-Si\equiv \tag{8-27}$$

或

$$\equiv Si-O-Na\equiv + SO_2 + \frac{1}{2}O_2 \longrightarrow \equiv Si-O-\overset{\overset{\displaystyle O}{\|}}{\underset{\underset{\displaystyle O}{\|}}{S}}-O-Na \tag{8-28}$$

(3) CO_2 与熔融玻璃液的相互作用　碳酸在硅酸盐熔体中的溶解度，首先与能生成比较稳定的碳酸盐的那些氧化物含量有关。众所周知，K_2CO_3、Na_2CO_3、$BaCO_3$ 的分解温度高于任何其它碳酸盐。因此，含上述氧化物的熔体倾向于吸收炉气中的 CO_2，并随着碱性氧化物浓度的增加，玻璃液吸收 CO_2 的能力也随之增大，如图 8-12 所示。

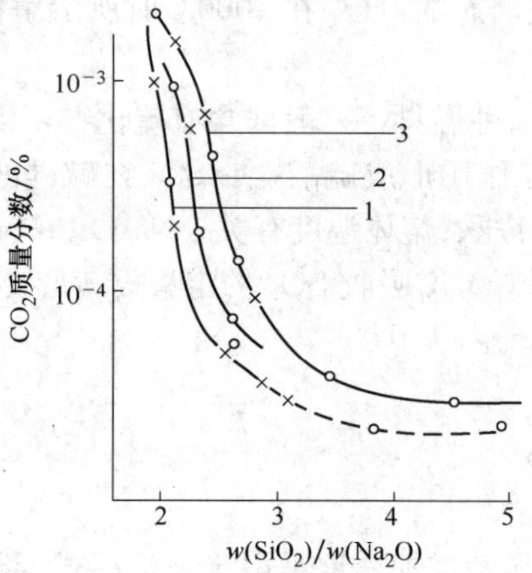

图 8-12　当 $p_{CO_2}=0.1$MPa 时，CO_2 在玻璃中的含量与 $w(SiO_2)/w(Na_2O)$ 的关系

1—30min，1130℃　2—90min，1100℃　3—90min　1300℃

×—Na_2O-SiO_2 系统　○—Na_2O-CaO-SiO_2

对 CO_2 与熔融玻璃的相互作用研究比较多的是含钡光学玻璃。玻璃液吸收 CO_2 的主要原因是 CO_2 在玻璃中的化学结合与物理溶解，可用图 8-13 表示其原理。

图 8-13 中的曲线 *AB* 为 CO_2 在玻璃液中的物理溶解，它随温度的升高而降低。曲线 *CDE* 反映反应过程。曲线 *ADE* 表示物理溶解、化学结合、分解的总和。

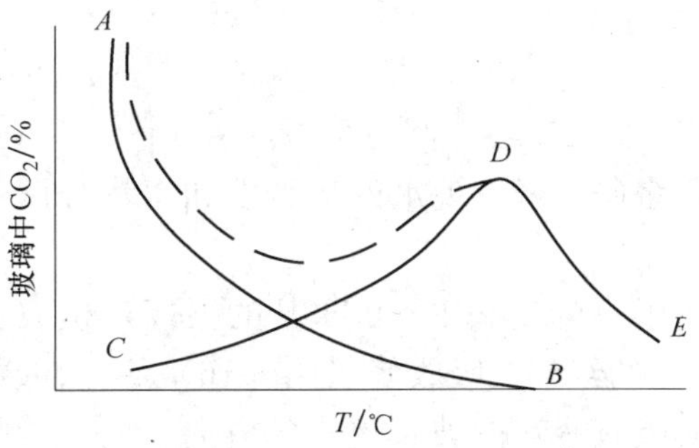

图 8-13　玻璃液吸收 CO_2 的原理图

CD—$BaSiO_3+CO_2=BaCO_3+SiO_2$

DE—$BaCO_3=BaO+CO_2$

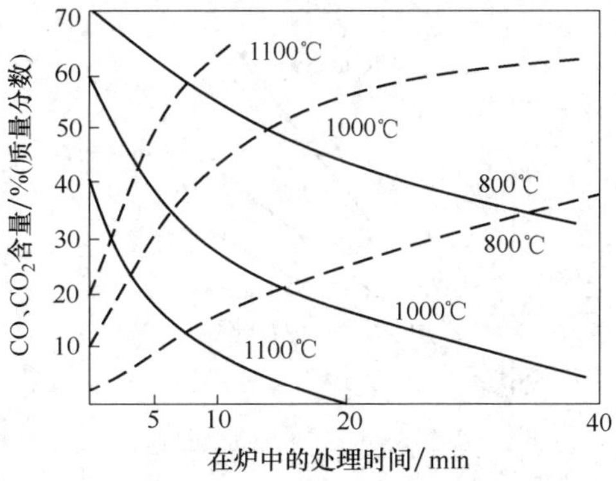

图 8-14　加热时玻璃中气泡成分的变化图

实线—CO　虚线—CO_2

(4) CO 与熔融玻璃液的相互作用　CO 是还原剂，它可以还原玻璃成分中的变价氧化物或部分非变价氧化物，而 CO 自身被氧化成 CO_2。CO 使氧化物氧化的速度很慢。

图 8-14 是 K8 玻璃中的气泡由 CO 转为 CO_2 时与温度持续时间的关系。图上的曲线进程可以这样理解，炉气中的 CO 最先与之反应是玻璃液表面层的氧化物，而后的反应是依靠 CO 向深层扩散来进行，所以开始时速度快，而后速度减慢。随着温度的升高，熔体黏度明显降低，使 CO 向玻璃深层扩散的速度增大，即 CO 转为 CO_2 的速度增加。

(5) H_2 与熔融玻璃的相互作用　氢有效地参与硅酸盐熔体中易还原氧化物的相互作用。属于还原的氧化物有：Ag_2O、PbO、As_2O_3、Sb_2O_3、Bi_2O_3、Fe_2O_3 等，所有这些氧化物均能还原到元素。由于氢的扩散速度很大，因此所发生的还原过程也相当快。

在 1000℃时氢与石英玻璃的相互作用相当轻微，所看到的只是物理溶解，但是在高温条件下，氢能把四价硅还原到三价硅，从而形成—OH 基，其反应式如下：

$$SiO_2+\frac{1}{2}H_2 = SiO(OH) \tag{8-29}$$

$$Si^{4+}+2O^{2-}+\frac{1}{2}H_2 = Si^{3+}O^{2-}(OH)^- \tag{8-30}$$

(6) H_2O 与熔融玻璃液的作用　玻璃熔体吸收水汽的能力特别显著。炉气对玻璃的含水量有很大的影响。根据资料所述，在电炉内由铂坩埚在空气中熔化的玻璃，与成分相同的由工厂生产的玻璃相比，其气体含量，首先是水减少到 1/4。甚至由完全干燥的配合料所得到的钠钙硅玻璃的含水量也有 0.02%（质量分数）。当 1450℃的熔体通 1h 的水蒸气后，在玻璃中的含水量由 0.02%增加到 0.075%。

水在硅酸盐熔体中的溶解度有明晰的规律性。水在二元系统 R_2O-SiO_2 和三元系统 R_2O-RO-SiO_2 熔体中的溶解度随着碱含量提高，碱离子半径增加，熔化温度（在 1250～1750℃区内）提高而增长。

实际上在水的溶解度与碱含量之间存在着线性关系，如图 8-15 所示。图上各直线出自一个点，此点就是水在纯 SiO_2 玻璃中的溶解度。当以氧化物 RO 部分置换 R_2O-SiO_2 中的 SiO_2 时，水的溶解度减少。由于水溶解过程的化学特性，其结果是形成—OH，其反应如下：

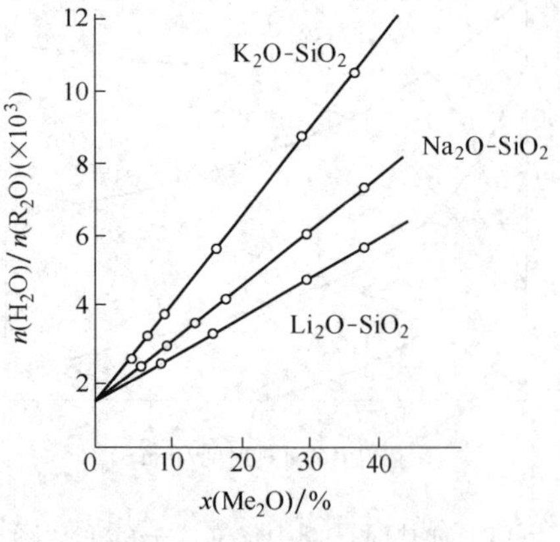

图 8-15 在 1700℃和 1.013×10^5 Pa 时，水蒸气在碱硅酸盐熔体中溶解度

$$\equiv Si—O—Si\equiv + H_2O \longrightarrow 2(\equiv Si—OH) \quad (8\text{-}31)$$

或 $2(\equiv Si—O—Si\equiv) + Na_2O + H_2O \longrightarrow$

$$2\ (\equiv Si—O—H\cdots \overset{Na^+}{\overset{|}{O^-}}—Si\equiv) \quad (8\text{-}32)$$

很多研究者发现水的溶解度和水汽分压平方根成正比。

由于石英玻璃中—OH 基的振荡产生波长为 2.73μm 的红外线吸收峰（图 8-16），引入碱性氧化物时吸收峰转向波长更长的方向，而它的强度减弱。一般来说，含水量不同的玻璃在 2.8～3.2nm 区内有吸收带，为消除这一吸收带就要求有特殊的玻璃熔化条件。例如，不含水的干燥玻璃就由无水原料在干燥的氮气中或氧气中熔制而得。石英玻璃的含水量与生产方法有关，波动在 0.003%～0.120%（质量分数）。随着玻璃中含水质量的增加，石英玻璃的黏度、密度、折射率、电阻均降低，而热膨胀系数则增加。

在硼玻璃中，水的溶解度与碱含量之间的关系不同于前者，如图 8-17 所示。在 LiO-B_2O_3 和 Na_2O-B_2O_3 的熔体中，随着碱含量的增加，其吸收的水量降低，而在 K_2O-B_2O_3 系统中的水溶解曲线在 K_2O 约为 25%（摩尔分数）处有明显的极小值。水在玻璃态硼酐中的溶解度比在氧化硅中还高 0.5%（质量分数）。

（7）惰性气体在熔融玻璃中的溶解　氦在碱-钙-硅酸盐熔体中的溶解度比 H_2O 低三个数量级。

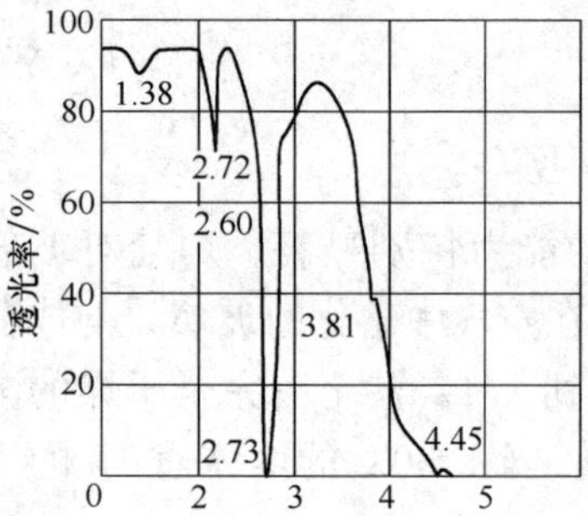

图 8-16　合成玻璃态二氧化硅的红外透射光谱图

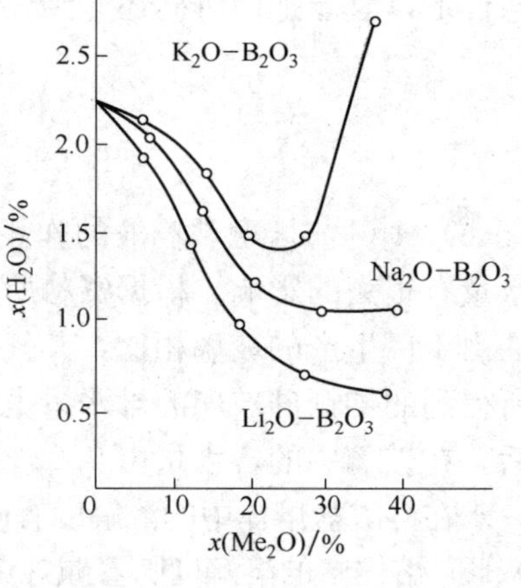

图 8-17　900℃和 $p_{H_2O}=1.013\times10^5$ Pa 时，水蒸气在碱硼熔体中的溶解度

例如，在 $1cm^3$ 熔体中，当 $p_{H_2O}=1.013\times10^5$ Pa，$p_{He}=1.013\times10^5$ Pa 以及其它条件也相同时，水的溶解度为 $2\sim8cm^3/cm^3$，而氦总共才有 $0.002\sim0.006cm^3/cm^3$。与水不同的是，氦的溶解度随碱和 R_2O-CaO 的总量增加而减少，但是氦的溶解度与温度、R 阳离

子半径间的关系则与水相同。氦的溶解过程是物理本质并与熔体的结构密切相关。与其它的惰性气体相比，其溶解度更小。

在热中子轰击下在玻璃中能形成并从中析出中性气体。核反应的结果使组分 B_2O_3、Fe_2O_3、BeO、K_2O 析出惰性气体。例如根据以下反应在含硼玻璃中可形成氦：

$$ {}_{0}^{1}n + {}_{5}^{10}B \longrightarrow {}_{3}^{7}Li + {}_{2}^{4}He + 2.8Mev \tag{8-33} $$

氦的析出量与玻璃中的含硼量、辐射剂量、玻璃的渗透性有关。

如表 8-2 所示，不同气体在石英玻璃中的物理溶解度彼此相近。

表 8-2　　1000℃气体在石英玻璃中的溶解度

气　体	He	Ne	H_2	O_2
分子直径/nm	0.2	0.24	0.25	0.31
溶解度系数	0.034	0.020	0.028	0.010

根据亨利定律，若实验是在高压下进行，甚至惰性气体的溶解度也能成为很大的值。例如，熔融的硅酸钠玻璃在温度为 900℃压力为 21MPa 时吸收的 O_2 约为 0.2%（质量分数），成分为 20.7% Na_2O、5.6% CaO、73.7% SiO_2 的玻璃在压力为 1000MPa 温度为 750℃时，吸收的氩气为 2.67%（质量分数）。在同样的玻璃中，当压力为 100MPa 和温度为 800℃时，吸收的水量为 7.5%（质量分数）；而 CO_2 达 0.9%（质量分数）。

在压力作用下，偏硅酸钾和偏硅酸钠特别强烈地吸收 CO_2，这样一来，在高压下可以获得高含量的易挥发组分的新品种玻璃。

氮在通常的氧化条件下是纯物理溶解，它的溶解度是微不足道的。例如，在 1400℃ p_{N_2} 在 0.1MPa，N_2 在钠钙硅熔体中的溶解度也只有 0.00042cm^3/cm^3，即氮的 1/9。但是，当氮气通过熔体（1400℃，5h）后，熔体中的含氮量增加到 13.9cm^3/cm^3，即增加了几千倍。这一事实证明，当存在氢的还原条件下，氮与熔体间进行了化学反应，形成了如下结构类型：

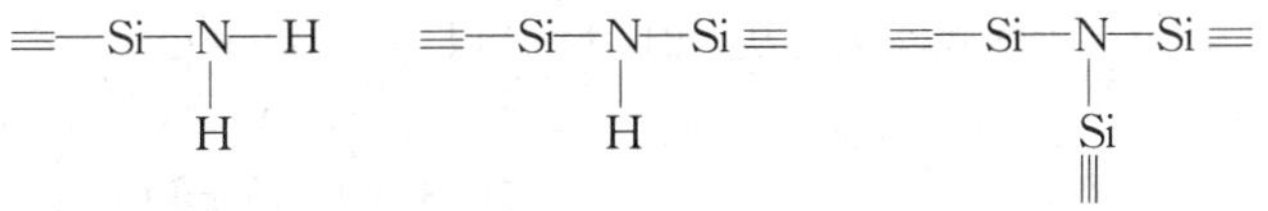

8.1.3.4　在澄清过程中澄清剂的作用机理

为加速玻璃的澄清过程，常在配合料中添加少量澄清剂。根据澄清剂的不同作用机理可把澄清剂分成三类：

（1）变价氧化物类澄清剂　这类澄清剂的特点是在一定温度下分解放出氧，然后在玻璃液中扩散，渗入气泡或核泡中使它们长大而排除；或者在一定温度下吸收或化合气泡中气体，使气泡减小到临界泡径以下而消失。这类澄清剂往往是氧化剂。属于这类澄清剂的有：As_2O_3、Sb_2O_3、CeO_2、Mn_2O_3 等，其中尤以 As_2O_3 和 Sb_2O_3 最为常用。

在玻璃熔制中使用 As_2O_3 的意义很大，它的作用从图 8-18 就能很好说明。As_2O_3 非常明显地加速玻璃的无气泡过程。当玻璃中存在氧化砷时，在熔制的任何时间内，气泡的数量总是明显减少，而气泡直径总是增大。As_2O_3 在玻璃液中的浓度在 1%（质量分数）以下时，其澄清作用随浓度增大而加快。继续增加氧化砷量对澄清无益，反使玻璃产生乳

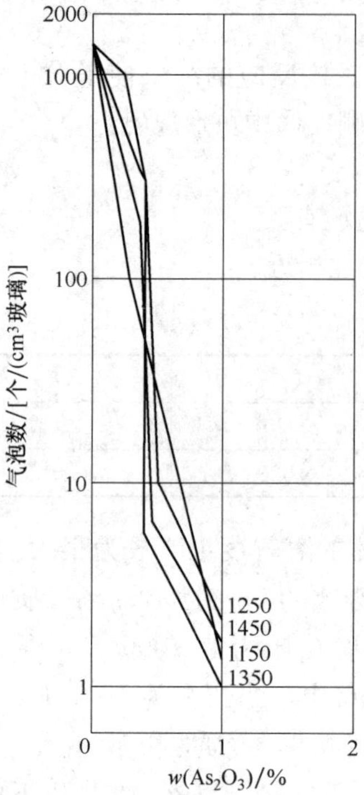

图 8-18　玻璃液单位体积气泡减少数量与配合料中 As_2O_3 含量和熔化温度的关系

光现象。无论是低温熔化或是高温熔化，As_2O_3 都起强烈的澄清作用。就 As_2O_3 而言，对不同成分的玻璃液的澄清效果虽不一致，但仍是一个强澄清剂。

对 As_2O_3 的澄清机理的一个观点是，认为 As_2O_3 在低温时吸收硝酸盐放出的 O_2 而形成 As_2O_5，它在高温分解放出氧气，促使玻璃澄清。

对 As_2O_3 的澄清机理，福维瑞特（Verwerit）等人提出了另一种观点，他应用综合散射光谱研究了 $30K_2CO_3 \cdot 70SiO_2 \cdot 1As_2O_3$ 玻璃配合料在 700～1000℃范围内的反应。他认为 As_2O_3 在高温下是以 As^{3+} 或 As^{5+} 的盐类存在，它们的化合物及其结构见表 8-3。

在表 8-3 中 γ-$KAsO_3$、$K_5As_3O_{10}$、K_3AsO_4 为砷酸盐类，$KAsO_2$，K_3AsO_3 是亚砷酸盐类，它们在组分中的含量可用综合散射光谱的峰值、峰的宽度、峰的相对密度来进行分析。

砷酸盐和亚砷酸盐在 700～1000℃范围内呈液态，能与砂粒反应放出氧气，其反应式：

$$K_3AsO_4(l)+2SiO_2(s) \longrightarrow K_4As_2O_7(l)+K_2O \cdot 2SiO_2(l) \tag{8-34}$$

$$K_4As_2O_7(l)+2SiO_2(s) \longrightarrow K_2O \cdot 2SiO_2(l)+2KAsO_2(l)+O_2(g) \tag{8-35}$$

表 8-3　As_2O_3 在高温下的结构状态

化　合　物	结　构
γ-$KAsO_3$	四面体[AsO_4]为共用顶角的无限大的链：$[AsO_4]^{-}_{\infty}$ 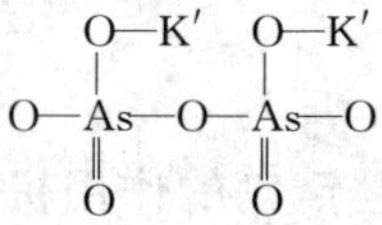
$K_5As_3O_{10}$	三个[AsO_4]四面体共用顶角的链：$[As_3O_{10}]^{5-}_{3}$ 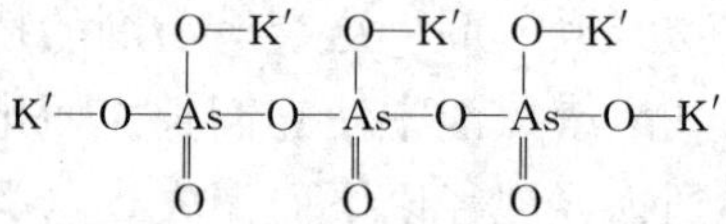
K_3AO_4	孤立的[AsO_4]四面体：$[AsO_4]^{3-}$ 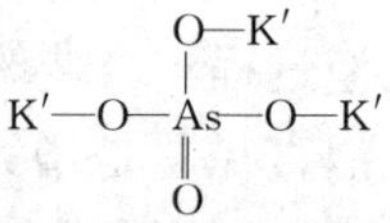

续表

化合物	结构
$KAsO_2$	三角体[AsO_4]共用顶角无限大的链：$[AsO_2]_\infty^-$ O—K′ O—K′ / O—O—As—O—As—O
K_3AsO_3	—

由上述反应式可以看出，在高温下由 As_2O_3 生成的盐类不仅能放氧气而且又与砂粒反应生成硅酸盐从而加速砂粒的消失，进而加快了玻璃熔制速度，因此，比起其它澄清剂有更大的效果。

Sb_2O_3 是具有类似于 As_2O_3 作用的一种通用澄清剂，但是应着重指出的是：在不同成分的玻璃中两者的效果不同。例如，在重钡冕玻璃中 Sb_2O_3 的效果最好，大大超过 As_2O_3。在硼硅酸盐玻璃和钠钙硅酸盐玻璃中两种澄清剂的作用没有明显的差别。

（2）硫酸盐、硒酸盐、碲酸盐类澄清剂　在玻璃生产上常用硅酸盐类澄清剂，它在分解后产生 O_2 和 SO_2，对气泡的长大与溶解起着重要作用。

硫酸钠是广泛用于制造瓶罐玻璃、平板玻璃和其它钠钙玻璃制品的有效澄清剂。试验证明，不仅硫酸钠而且其它金属的硫酸盐均起相似的作用。等量的（mol）的 $BaSO_4$ 和 $(NH_4)_2SO_4$ 其作用相近。所有的硫酸盐，即 Na_2SO_4、K_2SO_4、$ZnSO_4$、$SrSO_4$、$CaSO_4$、$BaSO_4$、$PbSO_4$、$Al_2(SO_4)_3$ 在钠钙玻璃中的澄清作用均相同。

引入到配合料中去的硫酸盐的阳离子本身对澄清过程不起任何作用。当往纯碱玻璃中引入某种硫酸盐时，离子交换反应的结果总是形成硫酸钠从而产生澄清效果。因而硫酸盐用于钾玻璃或完全不含碱的玻璃中时，它所起的作用与用于钠玻璃所起作用并不相同。例如，在燧石玻璃中硫酸铵的作用效力甚至比砷高几倍。因此，硫酸盐的作用与玻璃成分有关。

硫酸盐的作用与 As_2O_3、Sb_2O_3 不同，它的澄清作用与玻璃的熔化温度密切相关。在低温熔化时，SO_2 对玻璃液的澄清过程几乎没有影响。温度越高它的澄清作用就越明显，在 1400～1500℃时，就能充分显示出硫酸盐的澄清作用，如图 8-19 所示。

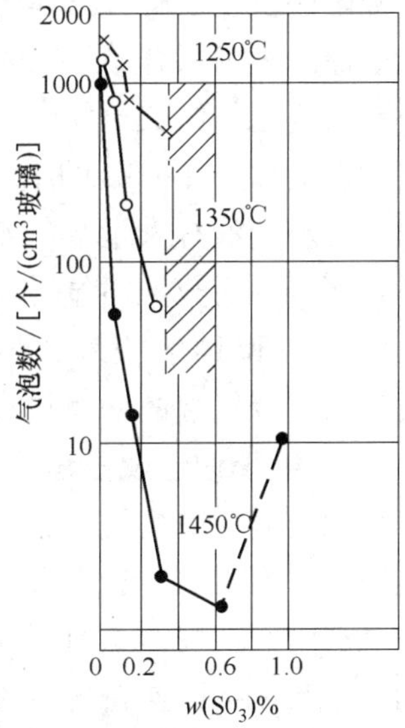

图 8-19　玻璃液中单位体积中的气泡数与配合料中 SO_3 含量及熔化温度关系

在光学玻璃熔制中并不应用硫酸盐是因为它在加强着色的同时还增强了光吸收。

（3）卤化物类澄清剂　这类澄清剂以不同的方式来降低熔体的黏度。属于这类澄清剂的有氟化物、氯化物、溴化物、碘化物。工业上常用的是氟化物和氯化物，虽然溴化物和碘化物的澄清作用比氯化物强烈得多，但由于它们昂贵而不采用。

氟化物在熔体中，是以形成 $[FeF_6]^{3-}$ 无色基团，与 Si 生成挥发物 SiF_4、断裂玻璃结构而起澄清作用［如式（8-36）所示］。

$$\equiv Si—O—Si\equiv + NaF \longrightarrow \equiv Si—O^- Na^+ F—Si\equiv \quad (8\text{-}36)$$

氯化物在熔体中是以形成［$FeCl_3$］挥发物和它自身而起澄清作用。

为了解释澄清剂在澄清过程中的气体的动态，曾提出了如下一些假设。

各种玻璃的气泡与玻璃中气体总量之间没有直接的关系。利用澄清剂可以较易得到无气泡玻璃，但是这些玻璃的气体总量比之不用澄清剂熔化的不合格玻璃还要多，因此，设想澄清剂能帮助去气是不可能的。它们是用气体来加速玻璃液的饱和而不是减少它的饱和，所以澄清剂只是对玻璃熔体中第二相的气泡显示决定性作用。

当配合料完全没有澄清剂时，在玻璃熔化的最后阶段总存在直径为 0.01～0.10mm 的小泡。若存在澄清剂，相反，它出现典型的大气泡（直径 0.1～1.0mm）。在有澄清剂的玻璃中气泡的体积增加几十倍。

当熔体中存在澄清剂时，气泡中所含气体大多来自澄清剂本身所分解的成分。例如，当配合料存在 1%的 As_2O_3 和 Sb_2O_3 时，气泡中成分由 85%～90%的 O_2 所组成。当采用硫酸盐作澄清剂时，气泡中所含 SO_2 和 O_2 的总量达 99%。

这样一来，澄清剂的作用实质在于在气泡中强烈地析出澄清剂所分解的气体。那么由澄清剂分解出的气体又是如何进入气泡中的呢？

通常认为，在澄清剂所析出的气体总量中，有一部分直接形成气泡，有一部分溶解于玻璃液中，它增加了该气体在玻璃液中的饱和度，而后经扩散、渗透进入气泡中，使气泡增大。

阿本提出了另一种观点，他认为澄清剂析出的气体向气泡渗透的速度，与其说决定于扩散现象，还不如说决定于吸附现象。所有澄清剂均降低熔体的表面张力，因而澄清剂也是表面活性物质，正因如此，澄清剂的分子被吸附在气泡表面上而形成吸附层。在高温作用下吸附层发生裂解，气体随之进入气泡中，在吸附层裂解的同时，由于吸附力的作用在气泡表面的吸附层开始不断恢复。吸附层的不断裂解与恢复，正是造成气泡迅速长大的原因。澄清剂把气体交给气泡的这种方式发生得很迅速，它完全不同于缓慢的气体扩散的渗透过程。例如，在 16L 的坩埚中使用无澄清剂的配合料来熔制光学玻璃，在熔制的某个阶段（当玻璃液有大量小气泡时）向坩埚内投入专门配制的含 4.5%As_2O_3 或 9%Sb_2O_3 的料，几分钟后气泡明显增大，并根本改变气泡所含气体成分。在投入 As_2O_3 前气泡含 50%的 CO_2 和 N_2，投入 As_2O_3 后，气泡中有 90%的 O_2。从上可以看出，气体扩散的渗透过程来解释气泡的增大与成分的变化是有困难的。

8.1.3.5 玻璃液澄清过程的动力学

排除玻璃液中的气泡有两种方式是同时进行。大于临界泡径的气泡由玻璃液内上升到玻璃液面，而后破裂进入大窑空间，小于临界泡径的气泡在玻璃液的表面张力作用下溶解于玻璃液中而消失。如前所述，在上述过程中伴随有各种气体的交换，因此，玻璃液的澄清动力学与以下因素密切相关。

（1）玻璃液的黏度　根据斯托克斯定律，固体球状物在黏性介质中的沉降速度 v 为：

$$v = \frac{2}{9} g r^2 \frac{\rho - \rho'}{\eta} \quad (8\text{-}37)$$

式中　v——气泡上升速度，cm/s；

g——重力加速度，cm/s^2；

r——球体的半径，cm；

ρ'、ρ——球体与黏性介质的密度，g/cm^3；

η——介质黏度，dPa·s。

若在黏性介质中运动的不是固体球状物质而是气泡，则上述公式应加以修正，得方程式（8-38）。

$$v=\frac{1}{3}gr^2\frac{\rho_{玻}-\rho_{泡}}{\eta} \tag{8-38}$$

因为 $\rho_{泡}$ 的密度数值远低于 $\rho_{玻}$，所以 $\rho_{泡}$ 可略而不计，玻璃密度 $\rho_{玻}$ 随温度的改变不大，可作为常数，因此式（8-38）可简化为：

$$v = Kr^2/\eta \tag{8-39}$$

由式（8-39）可知，气泡的上升速度与玻璃黏度成反比，与气泡半径平方成正比，即澄清过程与玻璃成分、玻璃液的温度有关。

（2）玻璃液的表面张力　从式(8-39)可以看出，气泡上升速度与气泡半径的平方成正比，这种关系对大气泡是如此，对小气泡则不然，如图 8-20 所示。直径小于 0.1mm 的气泡数量在澄清后期以很大速度减少，它比某些直径大的气泡还消失得快。如前所述，若泡径小于临界值，则气泡在玻璃液表面张力作用下将收缩，气泡内气体的压力增高，气体由气泡内扩散到玻璃液内。气泡直径越小，表面张力的影响就越大。

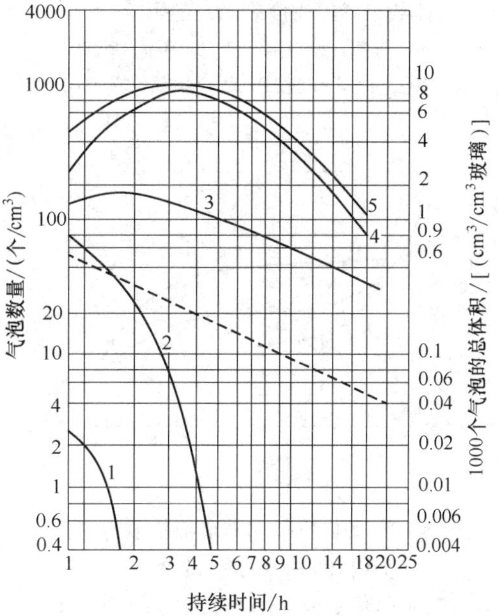

图 8-20　气泡数量与持续时间的关系

1—d=0.30～0.40mm　2—d=0.20～0.30mm

3—d=0.10～0.20mm　4—d<0.10mm

5—气泡中气体总量

从图 8-20 可见，玻璃液的黏度在较大程度上决定了大气泡从玻璃液中上升排出的速度，而玻璃液的表面张力在一定程度上影响小气泡收缩、消失的速度。

（3）炉内气氛的状态　在玻璃窑炉内的气体介质的组成与分压对玻璃液中的气泡数量和气泡的成分有一定的关系，如图 8-21、图 8-22、图 8-23 所示。当澄清温度超过 1500℃时，气体介质的成分对气泡内成分的影响减弱。

（4）玻璃成分　当澄清黏度为 10^{2}dPa·s 时，不同的玻璃成分其澄清所需时间也不相同，如图 8-24 所示。

以上影响澄清动力学过程的因素并不是等效的。当玻璃成分确定后，只有三个因素起作用，其中黏度是主要因素；当澄清温度确定后，在工艺操作中的气氛性质与分压对澄清过程有较大的影响，尤其是芒硝配合料更是如此。

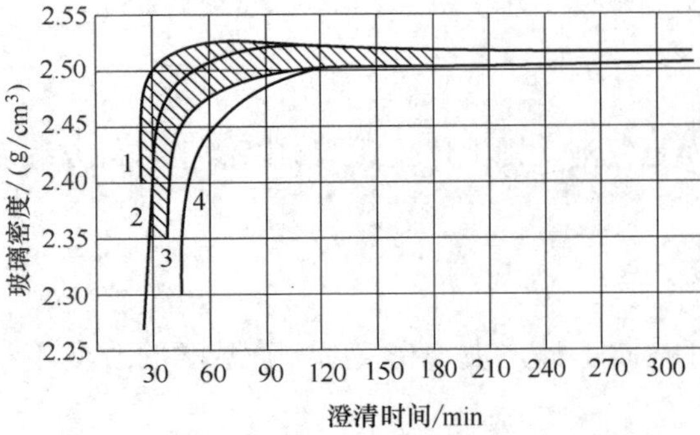

图 8-21 相同温度下炉气性质对玻璃液中气体数量（以密度表示）的影响

1、2—还原气氛，相应温度为 1340℃，1290℃

3、4—氧化气氛，相应温度为 1340℃，1290℃

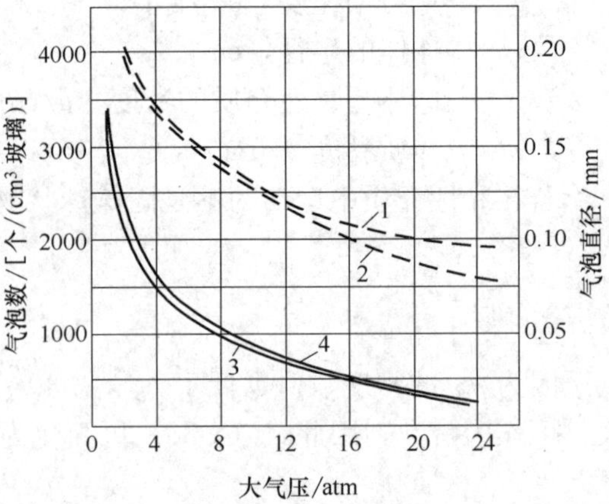

图 8-22 高压时气体在石英玻璃中的溶解图

1、2—CO_2、N_2 气泡在玻璃液中的直径

3、4—CO_2、N_2 气泡在玻璃液中的数量

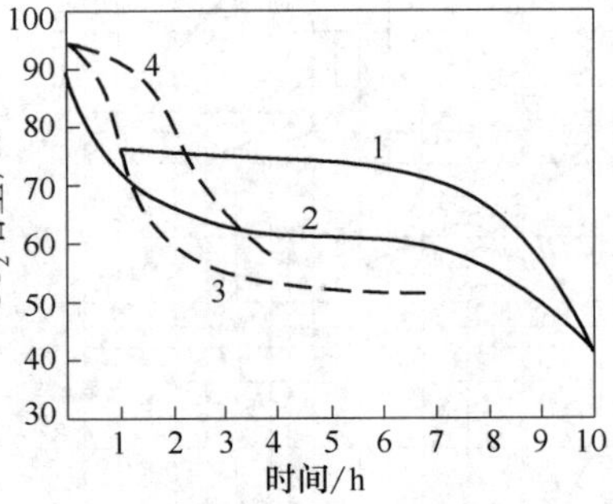

图 8-23 炉内气体向玻璃液扩散时，气泡内气体平均成分的变化

1、2—炉气为 CO_2 时，玻璃液表层与内层的成分变化

3、4—炉气为空气时，玻璃液表层与内层的成分变化

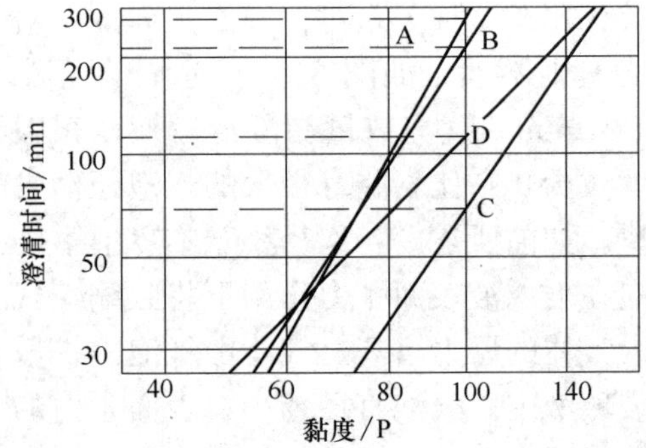

图 8-24 澄清时间与熔体黏度、玻璃成分的关系

（图中 A、B、C、D 为四种成分不同的玻璃）

8.1.4 玻璃液的均化

玻璃液的均化可包括两大部分：化学均匀性和热均匀性，本节叙述玻璃液的化学均化。

在玻璃形成阶段结束后，由于各种原因在玻璃液中带有与主体玻璃液化学成分不同的不均体，消除这种不均体，使整个玻璃液在化学成分上达到一定的均匀性称玻璃液的均化过程。不同的制品对玻璃液要达到的均化程度也不相同。

当玻璃液存在化学不均时，则主体玻璃与不均体两者的性质也将不同，这对制品产生不利的影响。例如，两者膨胀系数不同，则在两者界面上将产生结构应力；两者光学常数不同，则产生光畸变；两者黏度、表面张力不同，则产生玻筋、条纹类缺陷；两者化学成分不同，则在其界面上的析晶、析泡的倾向将增大等。由此可见，不均匀的玻璃液对制品的产量和质量有重大的影响。

玻璃液的均匀度与配合料的均匀度、熔制工艺的稳定性及耐火材料的侵蚀状况等有关。其中由耐火材料的侵蚀所造成的不均匀几乎是无法防止的。

玻璃液的均化过程通常按下述三种方式进行。

（1）不均体的溶解与扩散的均化过程　玻璃液均化的基本过程是不均体的溶解和随之而来的扩散。由于扩散速度低于溶解速度，所以玻璃液的均化速度实际上取决于扩散速度 du/dt，而扩散速度取决于物质的扩散系数 D、两扩散相的接触面积 S 与两相的浓度差（$c_{饱和}-c$）。

$$du/dt=DS(c_{饱和}-c) \tag{8-40}$$

由上式可知，要增加玻璃液的均化速度就必须增大扩散系数 D 和两相接触面积 S。

其中扩散系数（D）是温度（T）和黏度（η）的函数，其式为：

$$D=\frac{KT}{6\pi r\eta}=\frac{RT}{6\pi r\eta N_A} \tag{8-41}$$

式中　K——玻尔兹曼常数；
　　T——热力学温度；
　　r——分子半径；
　　η——介质黏度；
　　N_A——阿伏伽德罗常数；
　　R——气体常数。

所以要提高扩散系数就必须提高熔体温度以降低其黏度，但受制于耐火材料的质量。

上述扩散公式是指在静止液相中的扩散。显然，不均体在高黏滞性、静止的玻璃液中的扩散速度将是极其缓慢的。熔融玻璃的扩散系数只有 $10^{-7}\sim10^{-6}$ cm²/s。例如，1mm 宽的线道所需的时间就需要 10^6 s 以上。

（2）玻璃液的对流均化过程　玻璃池炉和坩埚内的各处玻璃液的温度并不相同，这导致玻璃液产生对流。在液流断面上存在着速度梯度，正因为如此，玻璃液中的线道被拉长了。其结果不仅增加了扩散面积，而且会增加浓度的梯度，加强了分子的扩散，所以玻璃液热对流起着使玻璃液均化的作用。从热流的流动性质看，这种流动是属层流而不是湍流，因而对流均化过程还是有限的。

热对流对玻璃液的均化过程也有其不利的一面，加强热对流往往同时增加了对耐火材料的侵蚀，这会导致产生新的不均体。尤其是某些对耐火材料侵蚀较大的光学玻璃，这种影响尤为突出。

（3）因气泡上升而引起的搅拌均化过程　当气泡由玻璃液深处向上浮升时，一方面由于气泡上升带动气泡附近的玻璃液流动，形成某种程度的翻滚，在其断面上产生了速度梯度，导致不均体拉长。另一方面若气泡上升时遇不均体，由于气泡的上升力给予不均体以拉力，使它拉成线状，这有利于均化。

在玻璃液的均化过程中，除黏度对均化过程有重要影响外，玻璃液与不均体的表面张力对均化也有一定的影响。当玻璃液的表面张力小于不均体的表面张力时，则不均体的表面积趋向于减少，这不利于均化，反之将有利于均化过程。

8.1.5 玻璃液的冷却

即便是均化很好的玻璃液也不能马上成形制成制品，这是因为不同成形方法需要不同的黏度。当成形方法确定后，它所需要的黏度对不同组成的玻璃来说所处的温度也不一样。均化好的玻璃液黏度比成形所需的黏度低，为了达到成形所需的黏度就必须降温，这就是熔制玻璃过程冷却阶段的目的。如对一般的钠钙玻璃通常要降低到1000℃左右再进行成形。

在降温冷却阶段有两个因素会影响产品的产量和质量，那就是玻璃液的热均匀性程度和是否产生二次气泡。二次气泡的特点是直径小（一般小于0.1mm）、数量多（$1cm^3$ 玻璃中可达几千个气泡）、分布均。二次气泡又称再生泡或灰泡。

在玻璃液的冷却过程中，不同位置的玻璃液之间多少总会存在一定的温差，也就是存在热不均匀性。当这种热不均匀性超过某一范围时，对生产会带来不利的影响。生产上常用的冷却往往不利于玻璃液的热均化过程。

在玻璃液的冷却阶段中，它的温度、气氛的性质和分压与前阶段相比有了很大的变化，因而可以认为它破坏了原有的气液相之间的平衡。由于玻璃液是高黏滞液体，要建立新的平衡是比较缓慢的。因此，在冷却过程中平衡条件虽然改变了，但不一定出现二次气泡，但又必须承认有产生二次气泡的内在因素。

对产生二次气泡的机理已作了不少研究，研究表明，不同的玻璃所产生的二次气泡的原因不尽相同，现叙述如下。

（1）硫酸盐的热分解　在已澄清的玻璃液中往往残留有硫酸盐，这些硫酸盐可能来自配和料中的芒硝，也可能是炉气中的 SO_2、O_2 与碱金属氧化物反应的结果。

$$Na_2O+SO_2+\frac{1}{2}O_2 \longrightarrow Na_2SO_4 \tag{8-42}$$

在以下两种情况下均能产生二次气泡。

① 由于某种原因使已冷却的玻璃液重新加热，这导致硫酸盐的热分解而析出二次气泡。实践证明，二次气泡的生成量不仅取决于温度的高低，而且也取决于升温速率。较快的升温会加快二次气泡的形成。

② 当炉中存在还原气氛时，亦能使硫酸盐产生热分解而析出二次气泡。

$$SO_4^{2-}+CO \rightleftharpoons SO_3^{2-}+CO_2 \tag{8-43}$$

$$SO_3^{2-}+SiO_2 \rightleftharpoons SiO_3^{2-}+SO_2 \tag{8-44}$$

（2）玻璃流股间的化学反应　当一股含有硫化物的还原性玻璃流与一股含有硫酸盐的氧化性玻璃相遇时，由于生成更易分解的亚硫酸盐而可能生成 SO_2 的二次气泡。

$$S^{2-}+3SO_4^{2-} = 4SO_3^{2-} \tag{8-45}$$

$$SO_3^{2-}+SiO_2 = SiO_3^{2-}+SO_2 \tag{8-46}$$

（3）由耐火材料中小气泡的成核作用而引起的二次气泡　重钡光学玻璃在熔制后其气泡数量特别多，曾引起广泛的研究。威廉斯与兰特曾提出这种二次气泡是由玻璃液中过氧化钡的还原所造成。

$$BaO_2 \underset{高温}{\overset{低温}{\rightleftharpoons}} BaO+\frac{1}{2}O_2 \tag{8-47}$$

瓦尔金认为是由于在硅酸盐阶段形成的 $BaSiO_3$ 在高于1200℃时是不稳定的，它产生分解。

$$BaSiO_3 \xrightarrow{>1200℃} BaO + SiO_2 \tag{8-48}$$

若炉气中存在 CO_2，则

$$BaO + CO_2 \longrightarrow BaCO_3 \tag{8-49}$$

当玻璃液冷却到 1200℃时，$BaSiO_3$ 是稳定化合物，而 $BaCO_3$ 产生分解。

$$BaCO_3 \xrightarrow{<1200℃} BaSiO_3 + CO_2 \tag{8-50}$$

此 CO_2 即为二次气泡的成分。

维拉杨斯基的试验却否定了在二次气泡中存在 CO_2。卡娜在 1956 年证实了重钡玻璃的二次气泡是因为玻璃液侵蚀了耐火材料而使空隙变成很多核泡，玻璃液中的过饱和气体进入核泡而变大。

（4）溶解气体析出　气体的溶解度一般随温度的降低而升高，因而冷却后的玻璃液再次升高温度时将放出气泡。此外，必须根据玻璃成分的不同而采取不同的冷却速度。例如，对铅玻璃应缓慢冷却，以有利于消除气泡。

8.2　玻璃熔制的化学反应

玻璃熔制过程中的氧化还原反应主要是指变价元素的氧化还原反应。变价元素的氧化还原反应，第一，可产生玻璃的熔制过程中，常见之熔制颜色玻璃，变更价数常引起颜色的变化；助熔剂、澄清剂、晶核剂中的变价元素在熔体玻璃中的氧化程度与下述因素有关：配合料中氧化剂的种类和数量、炉气的性质、温度制度、玻璃成分等。第二，可产生于固体玻璃中，在一定的意义上它与该变价元素在熔制过程中进行怎样的氧化还原过程有关。在固体玻璃中的氧化还原反应常见于特种玻璃的制造中，它往往与下述因素有关：热处理制度、气氛性质、光量子能量、辐射线能量、玻璃成分等。

在玻璃熔制过程中，以下变价元素 Cu、Ag、Mn、Fe、U、Ce、Sn、V、As、Sb、Se、Cr 易由一种价态转为另一价态，而且在同一玻璃中同一变价元素往往存在不同的氧化程度。而另一些变价元素如 Co、Ni、Ti、Tl、Au、Bi、Mo、W 往往是在特定条件下才改变价态（Co 与 Ni 在玻璃中的价态不变）。

当玻璃中存在一种低价的变价氧化物时，它与熔体中的氧相互作用而转为高价氧化物。任何元素的氧化过程和还原过程的一般化学式为：

$$Me_n + \frac{\Delta n}{4} O_2 \rightleftharpoons Me^{(n+\Delta n)} + \frac{\Delta n}{2} O^{2-} \tag{8-51}$$

当玻璃中同时存在两种变价氧化物时，它们将如氧化剂与还原剂那样彼此相互作用。若根据高价氧化物的氧化能力的大小来排列，则部分变价元素有如下顺序：

$$CrO_3 > Mn_2O_3 > CeO_2 > V_2O_5 > CuO > As_2O_5 > Sb_2O_5 > Fe_2O_3 > SnO_2 \tag{8-52}$$

处于前面的每个氧化物氧化后面呈低价态的氧化物，因而除 SnO_2 外，所有上述氧化物都能把 FeO 氧化成 Fe_2O_3。若根据低价氧化物的还原能力的大小来排列，则它们的顺序与上述相反。

$$SnO_2 > FeO > Sb_2O_3 > As_2O_3 > Cu_2O > V_2O_3 > CeO_2 > MnO > Cr_2O_3 \tag{8-53}$$

即上述每个氧化物都能把后一个呈高价态的氧化物还原成低价态的氧化物。

从上述可以看出，CrO_3 是最强的氧化剂，而 SnO_2 是最强的还原剂。实际上，上述的排列并不是绝对的，当玻璃成分与熔化温度有明显变化时，它们间的位置就可能改变。

变价元素在固体玻璃中的氧化还原反应在制造特种玻璃时有重要的作用。例如，可用来制造半导体玻璃、光色玻璃、感光玻璃、剂量玻璃等。正如前述，只有当某些变价元素在熔制过程进行后保持某种价态才能获得这种具有特殊性能的玻璃。例如，在熔制后的玻璃中存在 Mn^{2+} 时，当把这种玻璃在 600℃空气中加热 4h 后，将发生如下反应：

$$2Mn^{2+}+\frac{1}{2}O_2 = 2Mn^{3+}+O^{2-} \tag{8-54}$$

此时，玻璃就具有半导体性质，因为在玻璃表层中间同时存在 Mn^{3+} 和 Mn^{2+}，它能产生 P-型电子电导。

在铋-硼-铅-硅系统中，若组合使用 As_2O_3 能制成强辐射剂量玻璃，在强辐射剂量[$2.58\times(10\sim10^5)C/kg$]作用下发生如下反应。

$$2Bi^{3+}+3As^{3+}+h\nu = 3As^{5+}+Bi+E \tag{8-55}$$

式中　$h\nu$——光量子能；

　　　E——剩余能，以热和光的形式释放。

因此，玻璃熔制过程中的氧化还原反应不仅改变玻璃液的性质，而且也影响固体玻璃的性质。

8.3 玻璃熔制的配合料挥发

配合料组分在加热时，通常有一定量的挥发。在熔制大部分工业玻璃时，组分的挥发量见表 8-4（玻璃成分中各氧化物含量的 1%的挥发量）。

表 8-4　　玻璃配合料在加热时挥发量

氧化物	Na_2O 由纯碱引入	Na_2O 由芒硝引入	K_2O	ZnO	PbO	B_2O_3	F	Se
挥发量/%	3.2	6	12	4	14	15	50	90

从表 8-4 可以看出，各氧化物的挥发量是不同的。就各种氧化物来说，它的挥发量还要受到温度、自身含量、配合料中其它组分等因素的影响。下面将几种主要氧化物的挥发情况分别简述。

(1) 二氧化硅　它的挥发量在通常情况下是不大的。熔化温度对 SiO_2 的挥发量影响甚微，而由氟化物引起 SiO_2 的挥发却很明显。当配合料中存在 CaF_2 时，SiO_2 挥发量为 0.33。若配合料中有 Na_2SiF_6 或 Na_3A1F_6 时，则挥发量分别为 0.16 和 0.40。

(2) 氧化钠　其挥发量与引入物的性质有关，见表 8-4。随着温度升高，其挥发量线性上升，如图 8-25 所示。

(3) 氧化锂　它的挥发量与其自身含量有关。例如，在 Li_2O-SiO_2 系统中的 Li_2O 的挥发量与其成分的关系见表 8-5。

(4) 氧化硼　它的挥发有其自身的特点。氧化硼的挥发分为两个阶段：第一阶段是在配合料的脱水过程中，氧化硼与水生成化合物而挥发；第二阶段是在玻璃熔制过程中，氧化硼的挥发量决定于玻璃液的表面积、熔制温度、含硼量等，但较第一阶段要小得多。

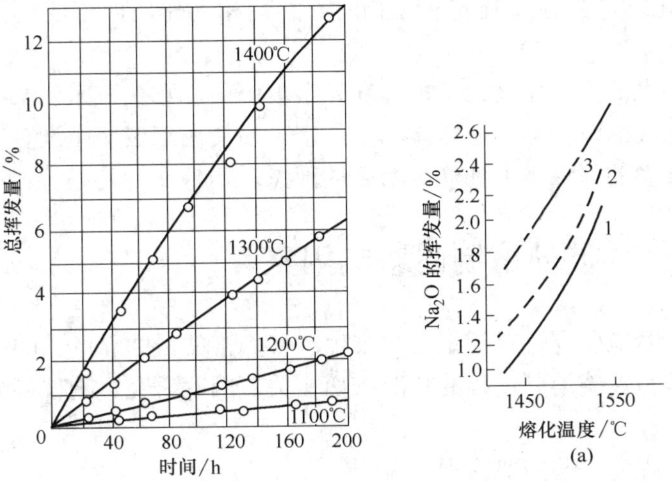

图 8-25　氧化钠的挥发量与温度、时间的关系图

(a) 芒硝配合料　(b) 纯碱配合料

1—细砂　2—中砂　3—粗砂

表 8-5　　**在 Li_2O-SiO_2 系统中的 Li_2O 的挥发量与其成分的关系**　　单位：%（质量分数）

SiO_2 含量	89.88	87.48	84.01	82.5	79.47	74.55	72.5	71.2	65.12	64.22	62.4
Li_2O 含量	10.12	12.52	15.99	17.5	20.53	25.45	27.5	28.8	34.88	35.78	37.6
Li_2O 挥发量	2.25	3	3.7	4.1	4.1	7.5	21	14.5	21	30	41

B_2O_3 在玻璃态硼酐和重钡冕玻璃中的挥发量与温度的关系见表 8-6。

表 8-6　　**B_2O_3 在玻璃态硼酐和重钡冕玻璃中的挥发量与温度的关系**

温度/℃	1100	1150	1200	1250	1300	1350	1400
玻璃态 B_2O_3 质量分数/%	0.46	0.8	1.2	2.4	4.1	8.3	19.2
重钡冕玻璃中 B_2O_3 质量分数/%	0.03	0.08	0.13	0.2	0.37	0.66	1.28

(5) 氧化铅　它的挥发量与其本身的含量有关，如图 8-26 所示。在含硅量高的玻璃中 PbO 的挥发量较少，而在含铅量较高的玻璃中 PbO 的挥发量就大。

(6) 氧化砷　在玻璃化学组成为（质量分数）：SiO_2 75.8%、CaO 9.6%、Na_2O 14.4%，As_2O_3 的挥发量通常为 15%。

从上述可得出如下结论：

① 随着温度的升高，挥发量照例增加，在有些玻璃中为线性关系，在有些玻璃中为对数关系；

② 同一种氧化物在不同玻璃中其挥发并不相同；

③ 同一种氧化物在同一玻璃中时，当其含量不同挥发量也不同；

④ 氧化物在配合料中的挥发量大于在玻璃中的挥发量；

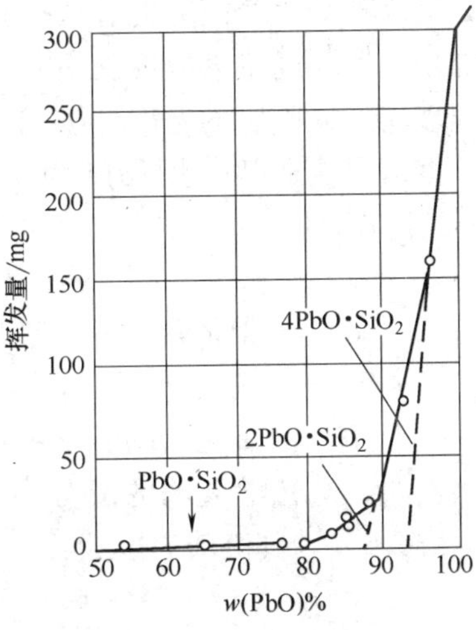

图 8-26　在 PbO-SiO_2 系统中 PbO 含量与挥发量的关系图

⑤ 某些原属非挥发性氧化物，当存在其它氧化物时，它们相互作用而生成挥发性化合物而挥发。

研究氧化物的挥发具有很大的实际意义，特别是在光学玻璃中，它往往因挥发而改变了玻璃的设计成分，这导致光性的改变；在一般玻璃生产中，当使用碎玻璃而没有考虑某些组分的挥发量时，常导致玻璃的脆性增大和炸裂增多的现象。

8.4 玻璃熔制的影响因素

在玻璃生产中往往需要不断地研究燃料耗量、熔窑生产率、窑的侵蚀、产品的产量和质量、产品成本等，而这些是与玻璃熔制过程的状况密切相关，因此研究影响玻璃熔制过程的各种因素就具有重要意义。

以下叙述影响玻璃熔制过程的一些主要因素。

(1) 玻璃成分　玻璃成分对玻璃熔制速度有很大的影响。不同的玻璃成分有不同的熔化温度和澄清时间。在生产中往往以改变少量氧化物的含量来改善玻璃质量与相应操作要求等。

(2) 配合料的物理状态　对熔制过程影响较大的因素有如下一些。

① 原料的选择：同一玻璃成分采用不同原料时，它将在不同程度上影响配合料的分层（轻碱和重碱）、挥发量（硬硼石和硼酸）、熔化温度（Al_2O_3 的熔点为 2050℃，钾长石 $KAlSi_2O_8$ 为 1170℃）等。

② 原料的颗粒组成：这主要指石英的颗粒度和各种原料的颗粒比。从硅酸盐形成和玻璃形成的动力学看，反应速度取决于反应表面的大小。其中影响最大的是石英的颗粒度，其次是白云石、纯碱、芒硝的颗粒度。

(3) 玻璃的熔制制度　玻璃的熔制温度是最重要的因素。温度越高，硅酸盐反应越强烈，石英颗粒的熔解越快，玻璃液的去泡、均化也越易。试验证明，在 1450～1650℃范围内，每升高 10℃可使熔化能力增加 5%～10%。因此，提高熔化池温度是强化玻璃熔融，提高池炉生产能力的有效措施。但必须注意的是：随着温度的升高，耐火材料的侵蚀将加快，燃料耗量大幅度提高。

玻璃形成阶段的温度可按式（8-56）计算。

澄清温度通常采用黏度为 10^2dPa·s 时的温度。一般光学玻璃澄清温度可用公式(8-56)计算。

$$T_m = 1400 + w_A S_A + w_B S_B + \cdots \tag{8-56}$$

式中　T_m——澄清温度（指玻璃表面温度）；

w——氧化物 A、B 在玻璃中的质量分数，%；

S——氧化物的温度系数，见表 8-7。

例如，某光学玻璃的成分为（质量分数）：SiO_2 52.5%、PbO 37.0%、R_2O 9.9%、As_2O_3 0.6%，其澄清温度为：

$$T_0 = 1400 + 52.5 \times 5 - 37 \times 3.5 - 9.9 \times 11 = 1424(℃)$$

实际所用澄清温度为 1420℃，与计算值相近。曾对 40 种光学玻璃进行验算，其偏差在±20℃范围内。

表 8-7　　每增加 1%质量的氧化物，澄清温度升高或降低的温度系数

SiO_2	Al_2O_3	B_2O_3	R_2O	BaO	CaO	ZnO	PbO	MgO
<60% +5	+7	−7	−11	<8% −5	−5	−3.5	−3.5	−2
60%~70% +4.7	—	—	—	18%~35% −4	—	—	—	—
>70% +4.3	—	—	—	—	—	—	—	—

但是上述公式并不适合所有的情况。例如，计算重钡玻璃的澄清温度为 1200～1300℃，但实际上往往用高于 1400℃的温度来熔化。这是由于在低温时大部分 BaO 与少量 SiO_2 和部分 B_2O_3 已成熔融体，而余下的大量 SiO_2 的料堆浮于玻璃液表面上，因此须用高于 1400℃的温度才能熔化。另外，表 8-7 中的 B_2O_3 和 Al_2O_3 在一定范围内是助熔的，过量时则作用相反，所以上述计算式作为估算是可以的。

不仅温度而且温度的稳定性也影响熔制过程。炉气组成与分压主要影响硫酸盐的分解与生成、澄清过程中的气液相间的气体交换、着色玻璃中的氧化还原反应等。

玻璃液面的波动将使耐火材料在三相界面处的侵蚀加快，这影响玻璃液的澄清与均化。

泡界线的不稳通常是由于投料不稳、温度不稳所造成，它容易使玻璃液带有大量砂子、条纹、气泡而严重影响制品的产量和质量。

（4）加速剂和澄清剂　大部分加速剂是化学活性物质，它通常并不改变玻璃成分和性质，仅改变熔制过程的进程。同时由于它们降低熔体的表面张力、黏度、增加玻璃液的透热性，所以它们对玻璃液的澄清与均化也有影响。澄清剂是用来加速玻璃液的澄清过程。

表 8-8 列出了最常用的澄清剂和加速剂以及它们的用量和使用条件。

表 8-8　　常用澄清剂和加速剂

澄清剂和加速剂	添加量(质量分数)/%	配　合　组　分	备　　注
硝酸盐 KNO_3 $NaNO_3$ $Ba(NO_3)_2$	钠钙硅玻璃 2~3 硼硅酸玻璃 1~2 含铅玻璃 2.5~3.5	Na_2SO_4 的用量≤50%硝酸盐添加量 As_2O_3、NaCl As_2O_3、Sb_2O_3	硝酸盐的换算 $NaNO_3$　KNO_3　$Ba(NO_3)_2$ 1.00　1.2　1.50 0.85　1.0　1.25 0.70　0.8　1.00
As_2O_3	0.20~0.35	硝酸盐、Sb_2O_3、有害物质是硫酸盐	宜用于 CaO>9%的玻璃，其挥发量为加入量的 10%~50%
Sb_2O_3	0.20~0.35	As_2O_3、硝酸盐的用量是 Sb_2O_3 用量的 4~8 倍	在池窑中 As_2O_3 + Sb_2O_3 = [(0.05−0.1)+(0.05−0.1)]
Na_2SO_4 $BaSO_4$ $CaSO_4 \cdot 0.5H_2O$	引入 Na_2O 0.5g 左右 BaO　0.5 CaO　0.5	0.5%~1.0%KNO_3、0.5%F 0.5%F 2%~4% F	必须引入还原剂，其用量为硫酸盐的 3%~6% 石膏用于无碱低碱的高铝玻璃中

续表

澄清剂和加速剂	添加量(质量分数)/%	配合组分	备注
Ce_2O_3	小于0.3	可以用$NaNO_3$	>0.7%引起泡沫
$(NH_4)_2SO_4$	配合料的2.5～3.0	Na_2SO_4、氟化物	对低碱玻璃尤其有效
NaCl $MgCl_2$	1.5～3.5 光学玻璃中的 w(NaCl)<0.6%	光学玻璃 0.6%NaCl、0.4% F	宜用于用硫化物着棕色和橙黄色玻璃中
CaF_2、 MgF_2、Na_2SiF_6	0.5	$(NH_4)_2SO_4$、B_2O_3	对池窑生产的玻璃特别有效

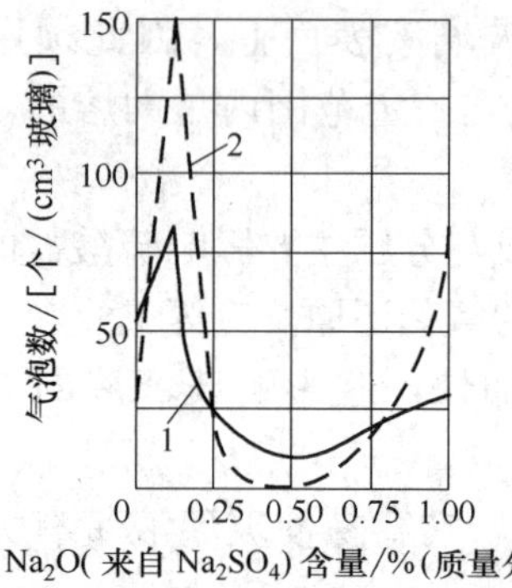

图 8-27 1400℃时，Na_2SO_4 在配合料中（无碳）的含量对硅酸盐玻璃澄清的影响

1—实验室实验 2—坩埚炉中熔制

部分澄清剂对玻璃澄清的影响如图 8-27、图 8-28、图 8-29 所示。从图中不难看出，使用澄清剂都有一个最佳用量，过多过少都对澄清不利。

(5) 采用高压与真空熔炼 在光学石英玻璃生产工艺中常采用真空和高压熔炼来消除玻璃中的可见气泡。采用高压使可见气泡溶解于玻璃之中，采用真空法能使可见气泡迅速膨胀而排除。

(6) 辅助电熔 辅助电熔主要用于气电混合加热。常采用多组电极作辅助加热，有的电极设置在熔化池加料口一侧，有的设置在热点附近，这就大大提高了大窑的熔化率。

(7) 机械搅拌、鼓泡、浸没式燃烧 这些都是提高产量改善质量的有效措施。

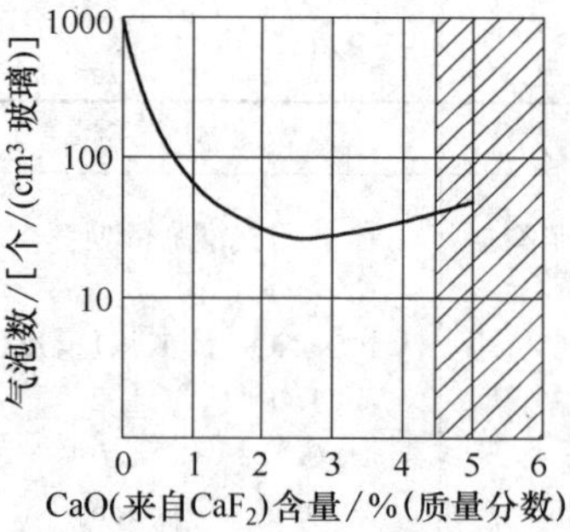

图 8-28 CaF_2 在配合料中氟对钠钙硅玻璃的澄清影响（斜线为玻璃乳浊区）

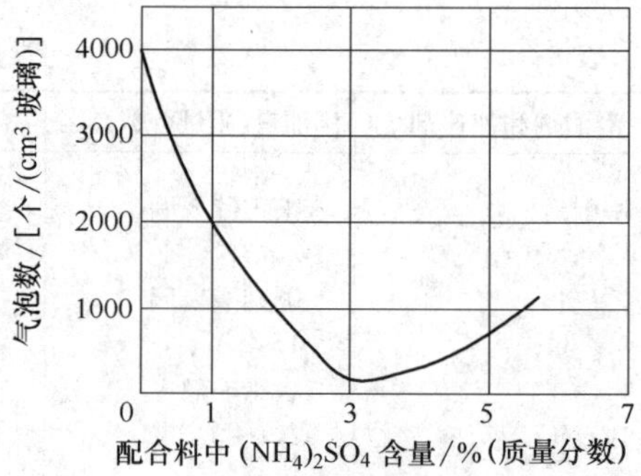

图 8-29 硫酸铵对窗玻璃类玻璃的澄清影响

(8) 几种特殊情况 前面曾叙述过为加速玻璃液的澄清过程通常采用提高炉温、进行机械搅拌、组合使用澄清剂等措施，这对大多数玻璃是适用的，但某些玻璃有其自身熔制规律，这是我们应该注意的，现举例说明之。

① 通常提高澄清温度以降低黏度有利于排除气泡，但对燧石玻璃［PbO 在 30%～60%（质量分数）范围内］并不是如此。在高温澄清时，玻璃液内的气泡不易排除，在降温过程中随着黏度增加，气泡变小、变少直至消失，这时铅玻璃在降温到 1200℃后再开

始搅拌，则玻璃液中的气泡很少。

② 通常在高温澄清阶段进行机械搅拌有利于玻璃液的澄清，但对硼冕玻璃并不然。在高温时若不搅拌，则气泡很快消失；若进行搅拌则出现气泡，停止搅拌则气泡能很快消失；当降温到1200℃后再开始搅拌，则玻璃液中的气泡很少。

③ 通常延长澄清时间有利于排除气泡，但对硫酸盐玻璃的澄清却不然，如图 8-30 所示，其气泡的消失与持续时间并不是线性关系。开始时玻璃的容重增加而后又降低，这说明了玻璃液中重新产生了气泡。

④ 通常在使用澄清剂 As_2O_3 和 Sb_2O_3 时常与硝酸盐一起加入，但在熔制钡冕、轻燧石、重燧石玻璃时则不然。

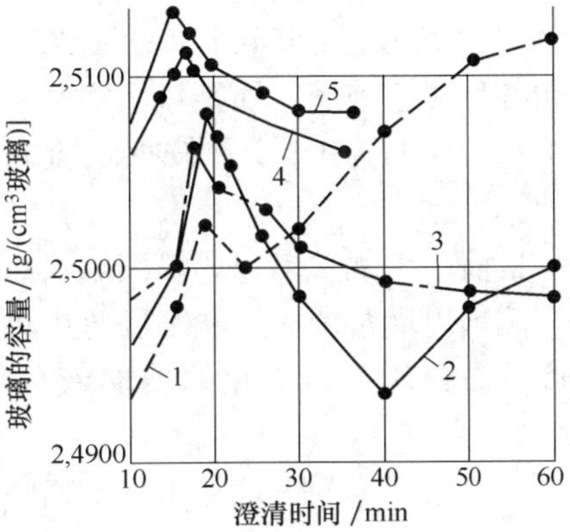

图 8-30　高温下硫酸盐玻璃的澄清

1—1450℃　2—1500℃　3—1550℃

4—1600℃　5—1650℃

8.5　玻璃熔窑类型

玻璃池窑系根据生产玻璃的品种、产量、质量、成形方法和所用热能种类等不同要求，设计成各种不同的结构形式。

通常采用的熔窑主要有三种类型：坩埚窑、火焰池窑、全电熔窑。

8.5.1　坩　埚　窑

坩埚窑是一种传统的玻璃熔解装置，具有几百年的历史，曾在玻璃发展历史中作出一定贡献，现在，更多地被池窑和电熔窑所取代。坩埚窑是在窑内放置坩埚，在坩埚内将配合料熔化成玻璃的一种热工设备。坩埚窑与池窑相比，具有结构简单、造价低、建造快、操作简单、易于调节。

目前，坩埚窑生产都属于间歇作业，一般每天为一个作业周期，故其产量小，热效率较低，不易实现机械化，玻璃液利用率低，因而生产效率不高。坩埚窑也有其自身优势，主要适用于生产产量小、品种多、质量要求较高或具有某些特殊性能的玻璃产品，如光学玻璃、颜色玻璃、晶质玻璃、铅玻璃、仪器玻璃及特种玻璃等，坩埚窑也可以用于新品种玻璃开发和中间放大实验。

坩埚窑有多种分类方法：按余热回收方式分为蓄热式窑和换热式窑；按热源分为电、煤、气；按所用坩埚的数量分为单坩埚窑和多坩埚窑；按坩埚的特征分为开口坩埚和闭口坩埚，如图 8-31 所示。用闭口坩埚熔制时，火焰或烟气不与玻璃液直接接触，而是把坩埚壁四周包围，为了取料，设有横向的挑料口。开口坩埚有圆形的和椭圆形等形式，熔制时坩埚中的玻璃料直接与窑内的气

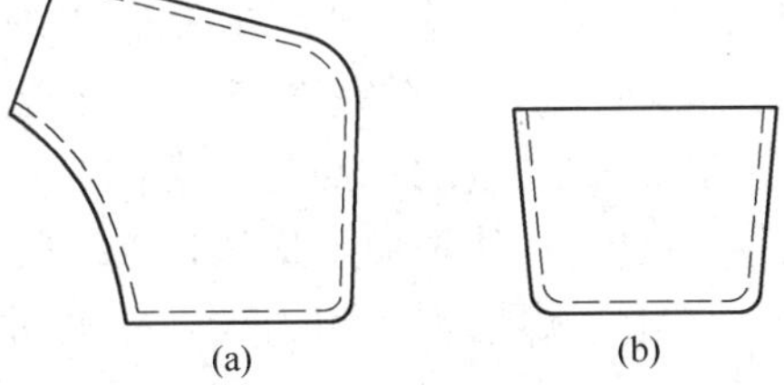

图 8-31　坩埚形式

（a）闭口坩埚　（b）开口坩埚

体介质接触，配合料和玻璃接受火焰和窑顶的辐射热。闭口坩埚有多种容量，一般可装玻璃液50～200kg，小至10kg，通常这种坩埚用于熔制质量要求较高的器皿玻璃、晶质玻璃和各种颜色玻璃。而开口坩埚则主要用于熔制光学玻璃及特种玻璃，其容量，小的为数百千克，大的为1～2t；按火焰流向分为倒焰窑和平焰窑；按换热器的外形分为圆炉和方炉。

目前，坩埚炉多以燃煤倒烟换热式多工位闭口坩埚的方炉为主。

倒烟坩埚窑的火焰从窑底盘中央喷入，又从窑底盘周边排出，这种窑型沿坩埚高度的温度分布较均匀，熔化的玻璃液也较均匀，然而窑底盘和坩埚底部常处于高温，容易损坏。

平焰坩埚窑的火焰从坩埚上面喷入，由窑底排出，坩埚高度上的温度相差较大，常使人工成形操作感到困难，因而只用于需要高温熔化、成形时间较短的制品，如用浇注法成形的光学玻璃制品。

单坩埚窑大多数采用开口坩埚，以便于进行机械搅拌，可用于熔化制度要求严格、玻璃质量要求较高的制品。大多用电热元件（如硅碳棒或硅钼棒）为热源，生产光学玻璃、滤光玻璃及一些特种玻璃。

圆炉和方炉是指换热器的外形而言。换热器外形为圆形的俗称圆炉，外形为方形的俗称方炉。方炉由圆炉发展而来。方炉与圆炉相比具有更大的换热面积和更长的换热时间，预热空气温度较高，因而换热效果明显。方炉砌筑简便，砖缝易严密，砌体牢固，可减薄空气与烟气的隔墙厚度，进一步提高换热效率。国内使用方炉已有近40年的历史，总体来看方炉要比圆炉优越些，应用较多。

换热式多坩埚窑（一般为6～10个坩埚）采用闭口坩埚，在日用玻璃生产中应用较多。其换热器可用金属换热器或陶质换热器。金属换热器的气密性好，传热效果较佳，但要求其材料能耐高温和耐腐蚀。而陶质换热器的气密性虽不如金属换热器，但有耐高温和耐腐蚀的特性，因而得到广泛的应用。目前，国内主要应用的陶质换热器有标形砖换热器和筒形砖换热器两种。

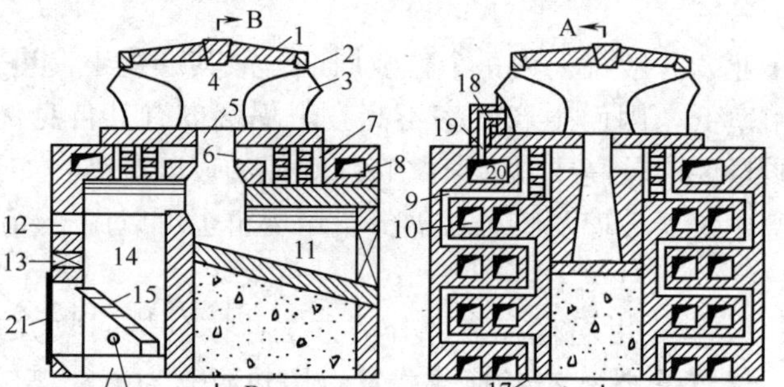

图8-32　燃煤倒烟换热式多工位闭口坩埚的方炉

1—炉盖　2—炉边　3—坩埚　4—炉膛　5—喷火口　6—二次空气出口　7—方风道　8、20—圈火道　9—风道　10—火道　11—漏料坑　12—加煤口　13—观察及清渣口　14—半煤气火箱　15—炉栅　16—水坑　17—二次空气进口　18—小火道　19—吸火口　21—炉门　22—鼓风机进风口

坩埚窑基本结构是由炉膛、坩埚、燃烧设备、余热回收设备和气体通道等部分构成。燃煤倒烟换热式多工位闭口坩埚的方炉为例进行说明其结构和工作原理。

图8-32所示，煤从加煤口12进入火箱14，在阶梯式炉栅15上产生不完全燃烧。燃烧所需空气量的一部分（常称为一次空气）从炉栅下进风口22进入。由于煤层厚、阻力大，故通过空气较小，经过在火箱内不完全燃烧，生成了含有部分（不低于

25%）CO 和 H_2 等可燃气体的煤气，通常称为半煤气。半煤气离开火箱进入喷火口 5，与来自换热器已被预热的空气 6（常称为二次空气，温度在 800～1000℃）相遇、混合并开始燃烧，进入窑膛 4 后继续燃烧，并放出较多热量，使炉膛达到较高的温度，甚至火焰温度可达 1650℃左右。经坩埚壁传热，对玻璃配合料进行加热和熔化。燃烧后的烟气沿坩埚两侧绕行，经小火道 18 与吸火口 19 进入圈火道 20，在圈火道汇集后流入换热器的火道。烟气从火道 10 中通过时，把它所含的热量不断地通过火道隔墙传递给风道 9 中流动的二次空气。在此过程中，烟气不断放出热量，最后烟气经烟道从烟囱排出。二次空气则不断从进风口进入，在风道中陆续受热，温度升高，在进入喷火口时与来自火箱中产生的半煤气相遇、混合、燃烧。

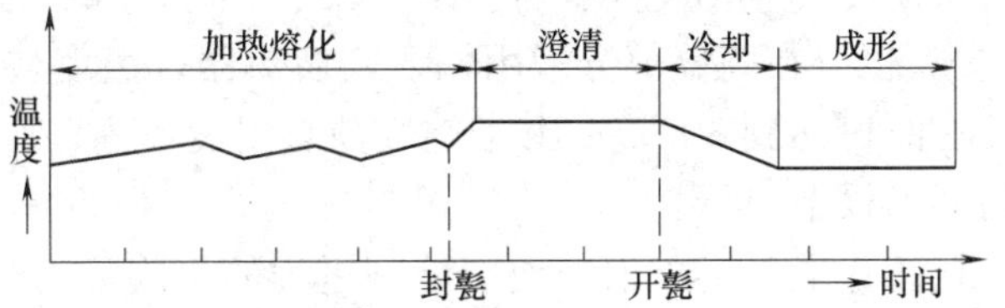

图 8-33　半煤气多坩埚方炉的玻璃熔解工艺温度曲线图

在坩埚窑中，玻璃的熔制是间歇进行的。玻璃熔制的各个阶段是在同一坩埚而在不同时间按顺序重复进行的，如图 8-33 所示。坩埚内投入配合料，在靠近坩埚壁处硅酸盐很快形成，而中心部位由于温度低，硅酸盐形成晚些，需要一段时间温度才逐渐趋向相同。配合料需要分多次加入，防止配合料分解产生溢料现象，当配合料加至坩埚适宜位置，需要继续升温，使玻璃液进行澄清，生产光学玻璃时，还需要对玻璃进行搅拌，以期去除条纹，使玻璃均化。然后进行冷却，达到成形温度要求后，进行玻璃成形。

8.5.2　火焰池窑

火焰加热的池窑是以燃料为热能的来源。最早用固体燃料煤作为加热能源，后来逐渐选用液体和气体燃料，如重油、天然气、石油液化气、发生炉煤气、城市煤气、焦炉煤气等。

利用烟气余热来预热空气和煤气，可以提高窑内温度并降低燃料消耗，主要有蓄热和换热两种方式，即采用两种不同的热交换设备：蓄热室和换热器。

蓄热室的工作原理在于积蓄烟气的热量，然后把热量传给空气或发生炉煤气，因此必须有成对的蓄热室共同工作，每隔 20～30min 换向一次。

换热器只能预热空气，预热是通过烟气与空气之间陶质或金属构件的侧壁进行热交换。

由于蓄热室池窑同时可预热空气和煤气，即使用低发热值的煤气（如发生炉煤气）时，也能达到很高的熔制温度。当采用高热值燃料加热时，只需预热空气。空气预热温度可高达 1200～1300℃，回收余热可达 40%～60%。

蓄热式熔窑的热效率高，产量较大，易于控制，并具有坚固严密、稳妥可靠、使用寿命长等优点。

然而，蓄热室体积庞大，换向装置及操作比较复杂和作业制度不够稳定等缺点。

由于蓄热式熔窑具有无可比拟的优点，它仍是玻璃工业中最流行的窑型，尤其是大型熔窑，普遍采用蓄热室作为余热回收装置。

换热式池窑具有火焰方向和热点位置不变、作业制度稳定、容易调节、投资少、操作简单和占地面积小等优点。

但是，由于它有下列许多缺点，在一定程度上就限制了它的使用，目前它的应用，越来越少。

换热式池窑的换热器，由于需耐高温，多用陶质材料砌筑，容易漏气，这就不可能预热煤气，仅可预热空气，而且预热空气温度也较低，当使用低发热值燃料时，不可能有效地达到较高的熔制温度，因此换热式池窑的热效率也较蓄热式池窑为低。

近年有用合金钢制金属换热器，其中一种辐射式换热器很受欢迎。这种换热器，大多组成双级使用，第一组与烟气并流，第二组则采用逆流，使烟气入口处的换热器壁受到了冷空气的冷却不致过热，仍然可以达到较好的预热效果，但预热空气温度不能超过700℃。也有在高温部分采用辐射式换热器，温度较低部分则用管状换热器，其空气预热温度有时可达到800℃。由于空气预热温度不高，因此在较大的装置上常常还在金属换热器后面增设节热器。

连续作业池窑可根据玻璃熔制过程的不同分为熔化部、澄清部和工作部等。根据烟气余热回收装置的有无和热回收的方式，可分为直火式池窑、换热式池窑和蓄热式池窑。根据燃烧火焰流动方向的不同，又可分为端部喷火口式（纵火焰式或马蹄形火焰式）和侧部喷火口式（横火焰式）池窑。

连续作业的池窑，由于生产能力高，燃料消耗低，作业可以自动控制，制品成形容易机械化，因此被广泛采用。传统的池窑供成形用的玻璃液，仅为全窑玻璃液总容量的一小部分。靠近池底的玻璃液不大流动，有时会逐渐着色，并会出现一部分结晶。如果作业制度控制不稳定，会使深层玻璃液流浮动，使玻璃液质量降低。当更改玻璃组成时，也比较费时而手续麻烦，近年来已有较多的改进。

为了便于实现窑内所需的作业制度，窑池和火焰空间都设有分隔装置。

在制造瓶罐、日用器皿、仪器玻璃、压延平板玻璃等产品时，常使用带流液洞和过桥隔墙将熔化部和工作部窑池分隔开的池窑。流液洞的底平面一般设在窑池同一底平面上，它的火焰空间常用花隔墙来分隔。流液洞下沉，能改善玻璃液冷却，但是当产量降低和窑内温度下降时玻璃液容易冻结，因此特别不适宜用于熔制深色玻璃。为便于控制作业，火焰空间也有采用全分隔的。

生产平板玻璃的池窑，采用隔火吊墙将熔化部和冷却部的火焰空间隔开，可以减少熔化部对冷却部的辐射传热及对流传热，有助于熔化温度和熔化能力的提高。熔化部和冷却部之间的玻璃液，则用沉入玻璃液的挡砖、水冷却器、窄脖或窑坎来分隔，这对稳定熔化区位置，强化玻璃液冷却，降低和调节对流系数，提高玻璃液的质量和均匀性，减少横向温差，都起着重要作用。采用多种分隔装置联合使用的方式，效果尤为显著。

设有流液洞的蓄热室池窑，一般池宽在4m以上。火焰长度能够达到完全燃烧和分布均匀时，即可采用横火焰的形式。燃烧喷火口（俗称小炉）沿窑的纵向两侧设置，少则3～4对，可使温度、压力沿窑长合理分布，在窑内易于形成适当的温度梯度，便于调节和使熔制过程稳定。现代大型流液洞横火焰瓶罐玻璃池窑，池宽达6～7m，两侧设置喷火口5～7对，熔化面积超过200m^2，最大的已达350m^2左右，其生产能力已达700～1000t/d，熔化温度1600℃，熔化率达3.2t/(m^2·d)，耗热量低至每千克玻璃液(3594kJ)，熔窑使用周期8～10年以上。

中小型蓄热式池窑，近年来更加广泛采用马蹄形火焰的形式，熔化面积也越来越大。它的喷火口设于窑池的一端，火焰通过窑膛呈马蹄形，其经过的路程比用横火焰长，能充分地进行燃烧。由于窑体散热面积小，热量的利用更为合理，并且构造较简单，建设费用比横火焰窑省 25%～30% 。但由于马蹄形火焰伸展延长，拐弯后往往燃烧将告终结，加热能力转弱，还由于换向改变火焰行程，容易导致热点不稳定，温度扰动大，因而沿窑池纵长方向上温度的分布不容易合理调节。熔化面积越大，其缺点越明显，因此大型熔窑不采用这种形式。近年来，由于使用高热值燃料及控制技术的提高，其熔化面积已从 40～60m^2 发展到 80m^2 左右。

熔制有色玻璃时，熔化池的深度为 600～900mm；熔制无色玻璃时，池深为 900～1500mm。

生产平板玻璃的池窑，都为蓄热式横火焰的形式，采用纯碱芒硝配合料，含有较高的芒硝组分，可避免气泡和结石的形成。它在窑内需要澄清的时间较长，整个池窑比熔制瓶罐玻璃的池窑长得多，并采用分隔式蓄热室，以便于调节。现代大型平板玻璃池窑，窑池宽度达 8～9m，设有喷火口 8～9 对，熔化面积 400m^2 以上，其生产能力为 700～1100t/d。

熔制器皿、仪器等玻璃的熔窑，其熔化面积大多在 10～30m^2，在个别情况下，也有采用一对喷火口的小横火焰蓄热式池窑。其窑宽大于窑长，对产品质量要求不高时，不设工作池，俗称蟹形窑。它具有一般横火焰窑的优缺点，由于火焰延伸距离短，给热较差，耗热量大，喷火口较易烧坏，并且玻璃液流动行程短，如控制不严，容易影响玻璃熔制质量。

换热式池窑一般多用于生产较小量的玻璃，其火焰流动方向可为纵火焰和双马蹄形。

换热式池窑尚有一种双层碹顶的形式，火焰流动方向初为纵向沿窑长方向加热，然后烟气回转 180° 向两层窑碹夹层中间排出。这种窑碹顶散热小，换热室结构简单，投资少，由于采用连续燃烧，所以窑炉的温度稳定且窑温较高，燃料消耗较低，效果较好，适用于小型窑。

西欧还使用一种垂直方向的马蹄形火焰换热式池窑，适用于小型自动化生产，可熔制较高质量的玻璃。这种窑的长宽比约为 1：1.5，其结构大致相当于双窑碹池窑取消了一层碹顶。装有两组合金钢制的金属辐射式换热器，第一组空气与烟气并流，第二组则系逆流。其熔化率可达 1.5t/(m^2·d)。

单元式池窑（uuitmelten）于 1951 年在美国开始应用于质量要求高的特种玻璃。这种窑用高热值煤气或液体燃料加热，可设烟气余热回收装置，不预热空气。窑身为狭长隧道形，其长宽比为（5～6）：1。池身较浅，沿窑池纵长两侧布置两组喷嘴（共 8 对）对熔化带和澄清带进行加热，加热后的烟气则流向加料处排出。这样布置可精确地调节池窑纵长方向上的温度分布，其控制和测量仪表装置需要相当高的费用。虽然这种窑的建设费用低，温度制度稳定，窑壁热损失小，生产上灵活性大，但其热效率较蓄热式马蹄形火焰池窑低，单位耗热量约 4605.5kJ/kg 玻璃，其熔化率很难超过 1.5t/(m^2·d)。

有的单元式窑设有金属换热装置，可降低耗热量，但是金属换热器较贵。

目前，比较典型的玻璃火焰池窑有：平板玻璃池窑、浮法玻璃池窑、横火焰流液洞玻璃池窑、马蹄焰流液洞玻璃池窑、小横火焰池窑、换热式单碹玻璃池窑、换热式双碹玻璃池窑、单元窑、逆流式池窑、双马蹄焰池窑、分部式池窑、日池窑等，如图 8-34 所示。

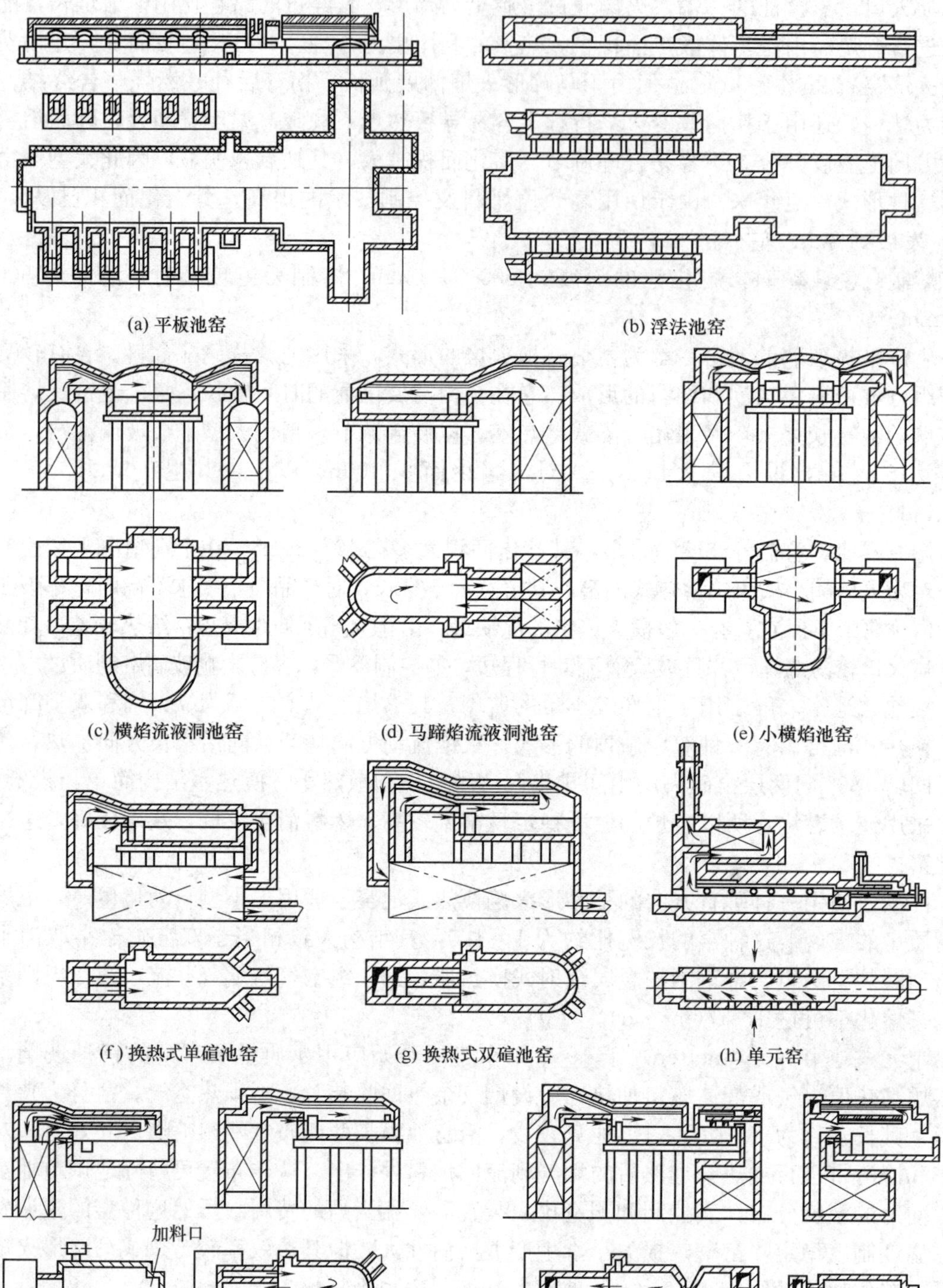

图 8-34 火焰玻璃池窑窑型一览图

（1）平板玻璃池窑［见图 8-34（a）］　平板玻璃池窑属蓄热式横火焰池窑，熔化面积 60～350m^2，设 4～7 对小炉，分隔设备多采用矮碹和卡脖，它是所有窑型中唯一不采用流液洞的。平板玻璃池窑包括浮法池窑［见图 8-34（b）］、引上池窑、平拉池窑和压延池窑等。

横向火焰容易控制沿熔窑长度方向上的温度、压力、气氛制度和泡界线，并且火焰覆盖面积大，所以横火焰的作业制度稳定，玻璃液质量较易控制。平板玻璃池窑除具横火焰的特点外，还能符合平板玻璃的要求，如产量大、玻璃液均匀性好。

由于平板池窑的针对性强，故适应性就差，它只用于制造平板玻璃（如窗玻璃及钢化、夹层、磨光、中空等玻璃所用的加工玻璃，用有槽引上、无槽引上、平拉和浮法等成形方法）和压延玻璃（如压花玻璃和夹丝）。

（2）横焰流液洞池窑［见图 8-34（c）］　横火焰流液洞池窑窑型也属蓄热式池窑，具有横向火焰和流液洞分隔装置的双重特点。它的适应性大，在产品质量要求一般时可提高产量，在控制产量时可得到优质产品。它的规模伸缩性也大，熔化面积 25～100m^2，设小炉 2～6 对，但在规模较小时不如马蹄焰经济。适用于生产批量大的空心制品（如瓶子、水杯）和单质量大的压制品（如显像管玻壳、钢化玻璃绝缘子、果盘等）。

（3）蓄热式马蹄焰流液洞池窑［见图 8-34（d）］　蓄热式马蹄焰流液洞池窑简称马蹄焰池窑。因火焰呈马蹄形，俗称马蹄焰池窑。与横向火焰相比，马蹄焰的优点有：火焰行程长，燃烧完全；只需在窑端部设一对小炉，占地少，投资省，燃料消耗较低，操作维护简便；火焰对冷却部有一定影响，在个别情况下可借此调节冷却部的温度。缺点是：沿熔窑长度方向上难建立必要的热工制度；火焰覆盖面积小，并且窑宽度上的温度分布不均匀，尤其是火焰换向带来了周期性的温度波动和热点（即玻璃液最高温度的位置）的移动；一对小炉限制了窑宽，也就限制了窑的规模；烧油时喷出火焰可能把配合料堆推向流液洞挡墙，不利于配合料的熔化澄清，并对花格墙、流液洞盖板和冷却部空间砌体有烧损作用。

马蹄焰池窑广泛用于各种空心制品（如瓶罐、器皿、化学仪器、泡壳、玻璃管）、压制品和玻璃球。

（4）小横焰池窑［见图 8-34（e）］　小横火焰池窑是最小的蓄热式横火焰流液洞池窑，熔化面积小于 20m^2，只设一对小炉。窑长接近或小于窑宽，似蟹形，故俗称蟹形窑。蟹形窑是与马蹄焰池窑竞争下出现的，它优于马蹄焰池窑之处为：火焰覆盖面大，熔化快；火焰稳定，集中，易控制，热点突出，有利于澄清；因窑宽大于窑长，便于拉大成形面，可多设供料通路，对生产薄壁小产品适宜。缺点是：火焰延伸与放热较差；玻璃液流动路程短，如控制不当，玻璃会澄清不好；火焰空间较大，单位容积的散热面大；喷火口靠近投料处，蚀损较严重；砌筑较麻烦。蟹形窑只在制造玻璃器皿、泡壳、化学仪器时效果较好。由于该窑控制熔化过程困难，燃料消耗量较大，故用得较少。

（5）换热式单碹池窑［见图 8-34（f）］　换热式单碹池窑是一种古老的小型池窑，熔化面积一般小于 20m^2，可以烧煤、发生炉煤气、油或煤气或油两烧。烧煤时用直火式火箱者称直火式池窑，用半煤气火箱者称半煤气池窑。烧发生炉煤气时方发生炉和圆发生炉都能用。采用纵向火焰，其情况基本上与马蹄焰相同。按火焰流动路线将分成一字形与 T 字形两种。一字形窑的烟气从冷却部端部排出，T 字形窑的烟气从冷却部两侧排出，玻璃液用流液洞分隔，火焰空间不分隔或半分隔。换热室放在窑下面或窑两侧。

与蓄热式池窑相比，换热式池窑占地少，结构简单，操作简便，温度及气氛稳定，能用煤屑。缺点是空气预热温度低，火焰温度较低，熔化能力较弱，单位耗热量较高，换热室易堵、易漏气。

此窑型适用于制造产量不大、质量要求一般的产品，如空心制品（瓶罐、器皿、管子、泡壳)、玻璃珠、小平拉平板玻璃及泡花碱等。

(6) 换热式双碹池窑［见图 8-34（g)］ 换热式双碹池窑窑型由单碹池窑发展而来，其结构特点是双层碹熔化面积一般小于 30m²，烟气经内外碹之间的烟道流至换热室。由于这一特点，此窑型优于单碹窑之处为：窑碹散热少；火焰温度较高；窑内温度分布较均匀且稳定；小炉喷出火焰有力；冷却部不留排烟口，可多开工作口；可用劣质煤。缺点是：砌筑费事，烤窑升温难掌握；内碹易被高温和料粉蚀损。

此窑型适用场合与换热式单碹池窑相同，但用得较普遍。

(7) 单元窑［见图 8-34（h)］ 单元窑是 20 世纪 50 年代初发展起来的窑型。具有窑的形状狭长（长宽比 4～5，个别大型窑的长宽比小一些)、使用高热值燃料、火焰与玻璃液逆向流动、采用金属换热器预热空气、喷嘴多等特点。熔化面积 10～150m²。此窑型优点为：熔化质量好，易于调节熔制曲线，便于实现自动化操作，结构简单，占地少，投资低，建造快等。但存在燃料消耗较大（因空气预热温度低)、动力消耗大、噪声较大等缺点。目前只用于制造优质玻璃和特种玻璃（如 TFT 基板玻璃、无碱玻璃纤维、眼镜片、微晶玻璃板)。

(8) 逆流式池窑［见图 8-34（i)］ 逆流式池窑窑型因火焰与玻璃液逆向流动得名。逆流时热量利用比较充分，燃烧效率高，玻璃液澄清好。热换式，熔化面积小于 20m²，窑型狭长，窑顶双碹结构，用陶质换热器。此窑型是双碹池窑和单元窑的综合，吸取了该两种窑型的优点，冲破了单元窑用高热值燃料和金属热交换器的约束，减轻了料粉对内碹的蚀损，但具有一般换热式窑的缺点。以往曾用于制造玻璃管（水平拉管）及其它空心制品。

(9) 双马蹄焰池窑［见图 8-34（j)］ 双马蹄焰池窑窑型是最近几十年来发展起来的一种仿蓄热式马蹄焰池窑的换热式池窑。在窑端部设有三只小炉，多半系两边喷火，中间回火形成双马蹄形。窑长接近窑宽，近于方形。此窑型优于蓄热式马蹄焰池窑处为：火焰覆盖面积大，窑横断面上温度均匀，不需换火（故窑内温度稳定)，附属设备简单；优于双碹池窑处为：火焰行程长，燃烧较充分，可加大窑池宽度且无内碹坍塌之虞。存在的不足之处是：中间回火口温度高，易烧坏，空气预热温度较低，热回收率不高，影响了火焰温度和限制了熔化能力的提高。适用于制造质量要求一般的空心制品和压制品，尤其是需要多开工作口时。由于该窑的缺点没有得到改进，故用得很少。

(10) 分部式池窑［见图 8-34（k)］ 分部式池窑也称全分隔池窑，熔化部和冷却部的火焰空间完全分隔，冷却部另行加热。通常，熔化部用蓄热式（马蹄焰或小横焰)，冷却部用换热式（双碹)，故属蓄热-换热式联合窑。两部分所用燃料可以相同，也可以不同。冷却部多用城市煤气或重油。两部分玻璃液借助于流液洞相通。熔化面积一般小于 20m²。

火焰空间完全分隔后，熔化、冷却两部分可单独建立所需的热工制度，互不干扰。熔化部可采用高温强化熔制，冷却部温度易控制稳定，因而玻璃的质量好，产量也较高。但是完全分隔后窑结构复杂，占地多，造价高，且散热量增大，燃料消耗较多。

分部式池窑适宜于制造成形温度要求严格、玻璃质量要求高的产品；也适宜于人工成形、产量小、工作口要多开的体小质轻的产品，如化学仪器、玻璃管、青霉素瓶、泡壳等。

(11) 日池窑［见图 8-34 (l)］ 日池窑属间歇式池窑，其为代替坩埚窑而建。窑池好似一大坩埚，其熔化工艺制度与坩埚相仿。每天一个周期（也有一个周期少于 24h 的），故称日池窑。日产量 1～5t，窑池面积 2～6m^2，池深较浅。一般使用高热值燃料，设陶质换热器预热空气，用双碹结构，火焰与玻璃液也可逆向流动，多半系人工成形，用流液洞或浮筒作分隔装置。日池窑优于坩埚窑之处为：劳动强度轻（无须更换坩埚），操作条件好，燃料消耗低，熔化能力高。目前存在的问题是：窑池蚀损快，用电熔耐火材料砌筑时窑龄也不长（一般 12～15 个月），还难以生产很重的外观要求高的产品（如大显像屏）。日池窑适用于制造晶质玻璃、颜色玻璃、乳白玻璃和某些工业玻璃（如微晶玻璃）。

8.5.3　电加热的池窑

利用电能作为热源熔制玻璃在 1920 年以后才在工业上推行。电熔玻璃大致可分为三种方式：利用电阻发热体间接加热；利用高频电感应加热；利用电极通电能通入玻璃液内进行直接加热。

(1) 利用电阻发热体间接加热　间接电阻电熔窑是利用装在盛放玻璃液容器以外的专门加热元件所产生的热量来加热的。如通过石墨芯柱或坩埚间接加热来熔制熔融石英玻璃和石英玻璃，或通过金属容器（通常用铂制）间接加热来熔制光学玻璃，也用于生产玻璃纤维。近年来，还发展了用二硅化钼电热元件间接加热的单坩埚窑熔制小批量的铅晶质玻璃、硼硅酸盐玻璃、光学玻璃或颜色玻璃。为了调节供料机供料槽中玻璃液的温度，也有采用硅碳棒或二硅化钼电热元件进行辐射加热。

(2) 利用高频电感应加热　高频感应的电熔窑系利用涡电流加热，有的在熔制玻璃的容器内（通常为铂制或石墨制）感应产生涡电流，或在盛装玻璃的容器里装入金属（例如锡），感应而产生涡流，以及在玻璃本身中感应而产生涡电流等。高频感应电熔窑适用于熔制某些光学玻璃和特种玻璃，如生产石英玻璃，常用石墨坩埚来加热。

(3) 利用电极将电能送入到玻璃液直接加热　利用焦耳热熔化玻璃的电熔窑的应用最为广泛，它利用高温玻璃液在电场的作用下，直接使玻璃液获得热量，所以称直接加热。这种熔窑主要是在有廉价电力供应的地区，用来熔制含高挥发分的玻璃，极深色玻璃和某些高质量的玻璃，或用于空气污染严重的场合。在火焰加热的池窑上采用电辅助加热也是一种直接加热的方式。

玻璃在常温下是很好的电介质，随着温度的升高，电阻逐渐减小，在 200～300℃时，开始变得显著起来，温度越高，电阻越低。玻璃的导电是由于离子运动引起，导电最活泼的是钠离子和钾离子。玻璃的电阻率根据各种玻璃组成而不同，主要视玻璃中的 Na_2O 和 K_2O 的含量多少而定，各种玻璃的电阻率如图 8-35 所示。

电熔是在玻璃液内部进行的，预先用适当方法把玻璃加热，在熔融状态下从电极通入电流，使玻璃内部产生热量，就能够连续熔融。这时玻璃液的表面温度往往低于其内部，给予各组电极以不同电压，便能获得必要的温度分布。

这种全电熔池窑一开始是根据传统的池窑型式设计的。窑体部分与一般池窑相同，玻璃料在水平方向移动，窑池两侧装有电极。这种窑的耗热量较高，单位耗电量达2.3kW·h/kg玻璃。

经过不断改进，发展了配合料覆盖式的电熔窑，即从熔化池上部加入配合料，使整个玻璃液面上经常保持着冷的配合料覆盖层，故上部空间温度很低（一般不超过200℃），减少了热损失，形成了一种熔化面积小、玻璃液层较深的新窑型，即垂直熔化工艺。电熔窑的横断面积不限于矩形，有多角形或圆形，电极的形状和插入方式，可自由选择，从单层布置电极发展为二层、三层或四层等多层布置，每层电极的电流是分别可调的，以便于获得合理的温度分布，生产出高质量玻璃。图8-36是一种等边六角形窑型，垂直熔化全电熔窑，简称“VSM型”。它的熔制过程从添加配合料、熔化、澄清是垂直方向进行的。其熔化率为2～4t/(m²·d)，单位耗电量为0.8～1.5kW·h/kg玻璃。这种新型全电熔池窑自20世纪60年代由德国索尔格（Sorg）公司开发成功，是目前使用最多的一种窑型。

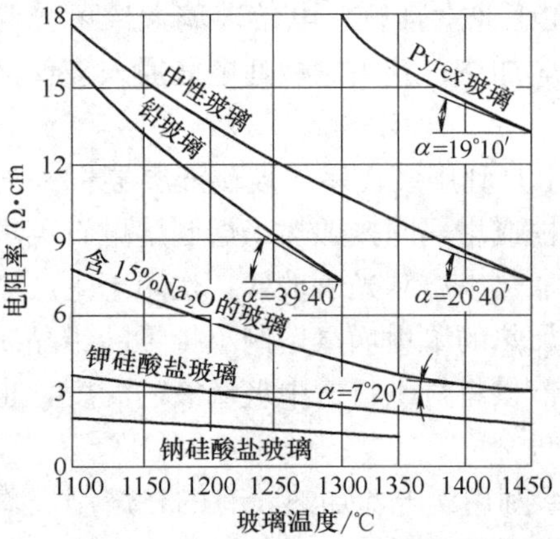

图8-35 各种玻璃的电阻率温度曲线

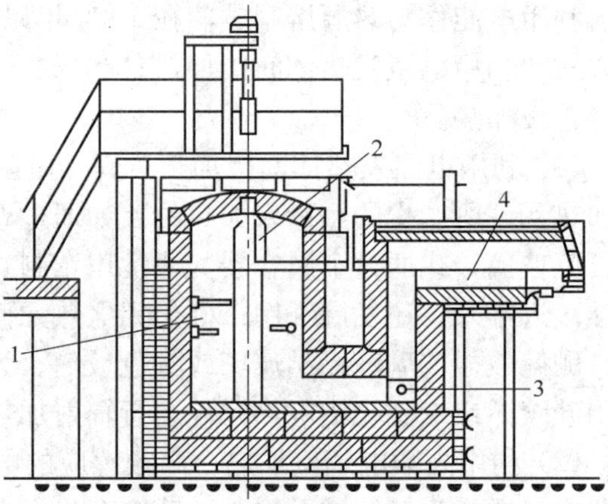

图8-36 六角形垂直式电熔窑
1—二排水平电极 2—配合料耙杆
3—流液洞辅助电极 4—供料槽

玻璃电熔化情况如图8-37所示，这是全电熔窑的垂直方向示意图。从配合料到形成玻璃的运动方向是垂直向下，而电流加热的热流方向从玻璃液到配合料则是垂直向上，在水平面上是等温的，所有玻璃液经受同样的热历史。

在熔融玻璃和配合料的交界面是熔融纯碱层，图8-38是料面层某一微元体的横剖面放大图，在这一层最初进行硅酸盐反应而形成的玻璃态，大部分的澄清过程在其下面完成，即熔融纯碱层下面的熔融玻璃区域中剩余的砂粒也完成了在玻璃液基体中的最后熔化。

一项新的发展是电熔铅晶质玻璃用以成形高质量的餐具，在1964年由美国公司成功地使用氧化锡固体棒状电极向玻璃液中通电加热，并解决了氧化锡电极的引电系统问题，为氧化锡电极的广泛运用和晶质玻璃的生产奠定了良好的基础，这种电熔窑如图8-39所示。

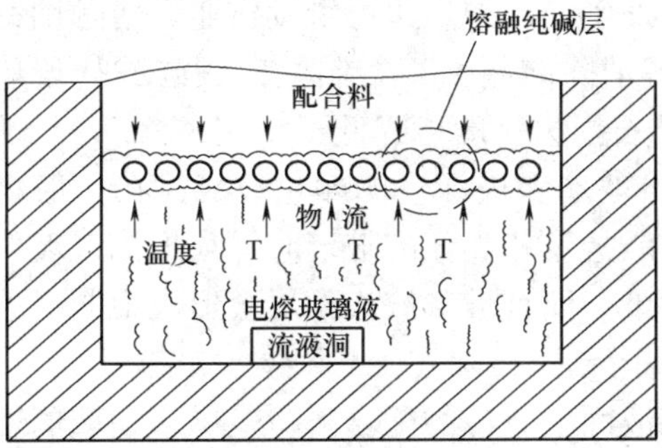

图 8-37　玻璃电熔窑示意图

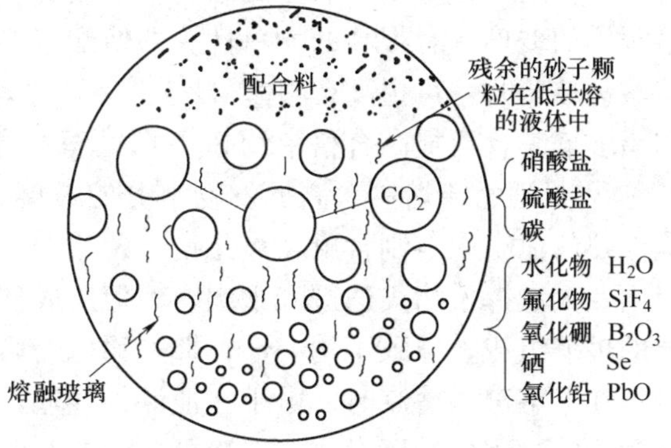

图 8-38　料面层某一微元体的横剖面放大图

（注：这些蒸气在配合料中冷凝返回熔融）

另一项新的发展是微型电熔窑的出现，它的玻璃产量可低至 9kg/h 或 220kg/d。这种熔制作业系连续 24h 熔制，玻璃液流到一个接收池，可在短时间内一次取用，它能保持玻璃液恒定的工作温度。

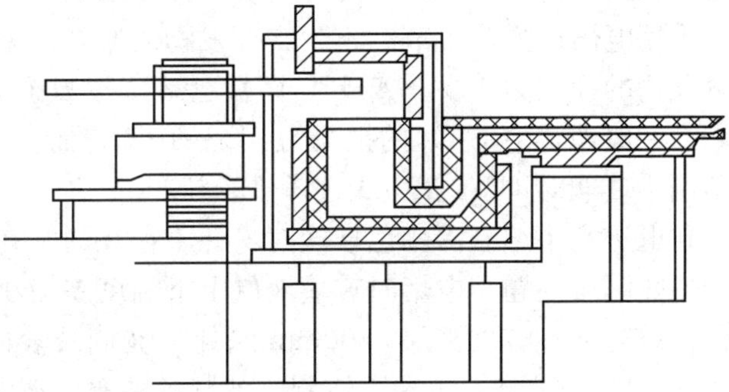

图 8-39　铅晶质玻璃电熔窑

这种电熔窑每天生产 1t 玻璃的用电功率：熔化部约为 83kW，工作部分约为 33kW。

现代大型全电熔池窑每天可生产钠钙硅酸盐玻璃 100t 以上，每千克玻璃的耗电量约为 0.85kW·h，最大的电熔窑每天可生产玻璃 200t。从技术观点出发，没有什么原则可限制电熔窑的容量。它的耗电量系根据使用碎玻璃的用量、窑体保温状况、添加配合料的操作及电熔窑的窑龄等不同条件而略有变化。

电熔窑开始启动时，是用气体或液体燃料加热，也有用辐射元件加热的。有时先向窑内加入一层碎玻璃约 500mm 厚，直到把最下层电极淹没，即在窑上部空间用火焰加热使玻璃温度升高到 800℃左右，便向最下层电极通入电流，停止火焰加热，并继续加入配合料，使配合料不断熔化，玻璃液逐步上升，待玻璃液淹没下层电极时，即对该电极通电，直到液面上升至规定位置，电熔窑即可正常运转。

全电熔池窑具有下列优点：

① 热效率高：在火焰加热的池窑中，燃料的热量只有一小部分消耗于玻璃的熔制，大部分热量从窑壁散失或由废烟气带走，因此大型池窑的热效率仅为 25%～30%，而小型池窑只不过 10%左右。在电熔窑中，由于电能在玻璃液内部变为热能，而且玻璃液被配合料覆盖，向周围介质散失的热量可以降低到最低限度，而且没有烟气带出的热损失，故热效率高，大型电熔窑为 75%～80%，小型电熔窑也可达到 60%。

② 适合于熔制高质量玻璃：在一般火焰加热的池窑中，为了获得无条纹、无气泡、无结石的高质量玻璃，必须具备按玻璃组成所需要的稳定高温和产生改善玻璃均化的对

流。而在电熔窑中则依靠窑的结构、电极的位置、调节改变通入的电流，就很容易取得。熔制出的玻璃，有很高的均一性。即使配合料称量发生大误差，仍可继续作业。熔融钠钙硅酸盐玻璃时，可提高合格率 2%～4%，基本上可消除结石。当熔制乳白硼硅酸盐玻璃和铅玻璃时，可提高合格率约 20%，甚至更高，结石损失一般可降低至 0.3%。

③ 最适宜于熔制含高挥发物组分的玻璃、难熔玻璃和极深色的颜色玻璃：在一般火焰加热的池窑中熔制含氟、氧化铅、磷酸盐、硼硅酸盐及相类似的玻璃时，火焰掠过玻璃液面，大量挥发物飞逸进入烟囱，不但造成环境污染，而且玻璃液表面层会形成不同于下层的玻璃组成，导致不均一性，挥发物也会堵塞格子体。

在电熔窑中熔制时，由于在池深处加热，玻璃液面上有冷的配合料覆盖层，在玻璃熔融和澄清过程中的挥发物，遇冷的配合料层即冷凝而被捕集，如图 8-38 所示。配合料粉尘的飞扬也受到抑制，这有利于保持玻璃组成的稳定。澄清的玻璃液，在作业部、供料槽等温度较低的区域内挥发时，由于玻璃液温度较低，而且作业部和供料槽的上部空间可加以密闭，挥发量极少，因此可以精确地控制玻璃的化学组成。

采用电熔的方法可节约不少含挥发物的原料，如熔制乳浊玻璃时，在火焰加热的池窑中氟化物的损失为 35%～40%，而在电熔窑中只损失 0.5%～2.0%；熔制硼硅酸盐玻璃时，在一般池窑中 B_2O_3 的损失为 6%～10%，而在电熔窑中只损失 1%～2%；在电熔窑中熔制铅玻璃时可节约 PbO 10%～20%。

在电熔窑中熔制深颜色玻璃时，并不存在通常在火焰加热熔窑中熔制颜色玻璃时所产生的透热困难问题。电熔时玻璃液层上下温度差极小，有利于熔化和澄清。如熔制含高铁棕色玻璃时，在玻璃液层 1200mm 深处与玻璃液表面温度差只有约 14℃，即使对含氧化铁高达 12%的玻璃，也易于熔制。熔制各种颜色玻璃，可保持玻璃颜色的稳定。

④ 电熔窑构造简单，管理方便：电熔窑不需要有关燃烧的各项设备以及蓄热、换热等热回收装置。电极可以安装在窑底加热，熔制能力较强，占厂房面积很小，只要小容量窑就可以熔制需要高温熔融的玻璃。电熔易于控制，能更精确地调节作业制度，而且大修时间短，从停止熔制到重新生产出玻璃大约只需 10d 时间，甚至更短些。

⑤ 避免环境污染：电熔窑作业环境良好，它没有喷嘴和燃烧时的噪音，没有碹顶和上部结构的大量散热，作业环境温度不高以及没有燃烧烟气带出的 SO_2、NO_2、CO、CO_2 等气体和配合料粉尘，因此它是一种污染环境最小的熔制方法。最近十多年来电熔窑的迅速发展，一个相当重要的原因还在于各国加强对环境污染问题的控制。该技术早在 1995 年被我国列为重点成果推广项目。

限制电熔窑发展的因素是：

① 在中国某些地区电费较贵，玻璃单位成本较高，仅适合生产特殊品种玻璃或附加值较高的玻璃；

② 电熔窑所用耐火材料不能经受如同火焰加热熔窑那样长的使用时间，如果操作较好，使用寿命可达 3～4 年。

③ 由于大型电力设备制作的难度，目前电熔窑的规模大都局限于 50t/d 以下。

电熔窑的电极材料，要求具有下列性质：

① 熔点要高；

② 不易受到玻璃液的侵蚀，即使略有侵蚀，也不致污染玻璃；

③ 电极的电阻率应小于玻璃液的电阻率。

现在大多使用金属钼和氧化锡作为电极，并用水或空气冷却来加以保护。应当注意防止电极在高温下被氧化。

钼电极由于熔点高，导热性能好，对玻璃液的接触电阻低，耐玻璃液的侵蚀能力强，一般不会使玻璃着色，因此在电熔玻璃中得到日益广泛的应用。它的主要缺点是在空气中很容易氧化，在 400℃时就开始氧化，600℃以上将产生极易挥发的三氧化钼（MoO_3）。当玻璃液中含有离子化的金属氧化物低于钼电极的金属氧化物时，钼电极会使玻璃严重变色并析出金属。另外，根据澄清剂种类的不同，也可使玻璃变色。当电熔铅晶质玻璃时，由于氧化铅和钼发生反应，会还原析出金属铅。钼电极受到了侵蚀，极易损坏，对钼电极进行化学保护，有一定的效果。也可采用氧化锡（SnO_2）电极，但它的工作温度低，耐温度急变性能差。它的导电率在很大程度上取决于温度，在常温下电阻率较大，给初期通电带来困难。由于它化学稳定性较好，故锡电极能用于一些特殊的玻璃熔化，如铅玻璃和磷酸盐玻璃。

铂电极能抗氧化，但它具有略高的接触电阻，其电流密度必须保持较低或者频率较高，以免金属溅射到玻璃中，使玻璃呈现雾状（模糊）。铂金属较贵，易于重结晶损坏，因而维护费用较大。

两种主要电极的性能比较如表 8-9 所示。

表 8-9　　两种主要电极的性能

电极 / 性能	钼(Mo)	氧化锡(SnO_2)
对玻璃的氧化和还原性	还原	中性
在还原状态下的稳定性	良好	不良
在高温空气中的消耗率	高	在 1400℃以上时高
对玻璃的着色情况	除了多价元素之外良好	低
耐热冲击性能	良好	不良
水冷的必要性	有	无
操作所需费用	中等	高

此外，电流密度也是一项重要性质，钼的电流密度为 1～2A/cm^2，氧化锡的电流密度为 0.3A/cm^2。

近年来国际上对于玻璃熔制时所造成的环境污染问题非常关心。防止大气污染法也适用于玻璃熔窑，防止公害的法规则更加严格，因此有必要使用高级燃料或装设消除有害物质的装置。这样，将导致火焰加热熔制费用的高涨，特别是石油、煤炭等能源价格增长过快，因此原来认为电熔窑熔制所用电费较高这一看法，将逐步改变其看法。

电熔窑有不同分类方法，按电熔窑顶部的温度可分为热顶电熔窑、半热顶电熔窑和冷顶电熔窑。按熔化玻璃的品种分为高挥发组分的玻璃电熔窑（如硼硅玻璃、氟化物玻璃、铅玻璃、磷酸盐玻璃等）和深着色玻璃的电熔窑。按日产量可分为小型、中型和大型电熔窑。按液流方向分为水平式电熔窑和垂直式电熔窑。按横截面形状可以分为矩形、方形、三角形、六边形、十二边形、圆形电熔窑。

8.6 玻璃熔制温度制度

在连续作业的池窑中玻璃熔制的各个阶段是沿窑的纵长方向按一定顺序进行的，并形成未熔化的、半熔化的和完全熔化的玻璃液的运动路线，也就是熔制是在同一时间而在不同空间内进行的。

在连续作业的池窑中可沿窑长方向分为几个地带以对应于配合料的熔化、澄清与均化、冷却及成形的各个阶段。在各个地带内必须经常保持着进行这种过程所需要的温度。

配合料从加料口加入，进入熔化带，即在熔融的玻璃表面上熔化，并沿窑长向最高温度的澄清地带运动，在到达澄清地带之前，熔化应该已经完成。当进入高温区域时，玻璃熔体即进行澄清和均化。已澄清均化的玻璃液继续流向前面的冷却带，温度逐渐降低，玻璃液也逐渐冷却，接着流入成形部，使玻璃冷却到符合于成形操作所必须的黏度，即可用不同方法来进行成形。

沿窑长的温度曲线上，玻璃澄清时的最高温度点（热点）和成形时的最低温度点是具有决定意义的两点。

无论在什么样的情况下，也不允许玻璃液在继续熔制的过程中经受比热点更高的温度作用，否则将重新释放气体，产生气泡（二次气泡）。

图 8-40 和图 8-41 是平板玻璃和瓶罐玻璃在连续作业池窑中的熔制温度制度。

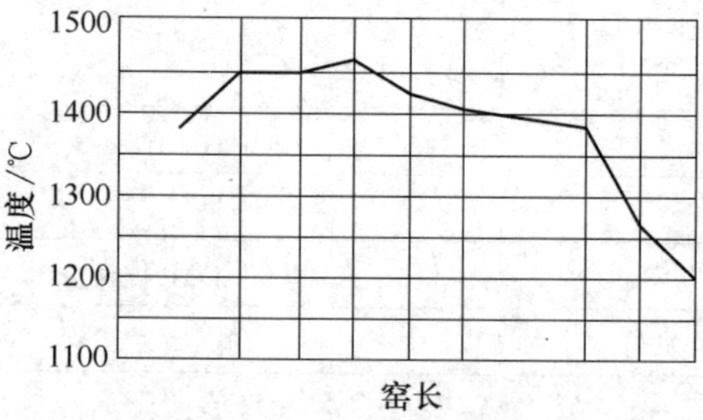

图 8-40　平板玻璃熔制温度制度

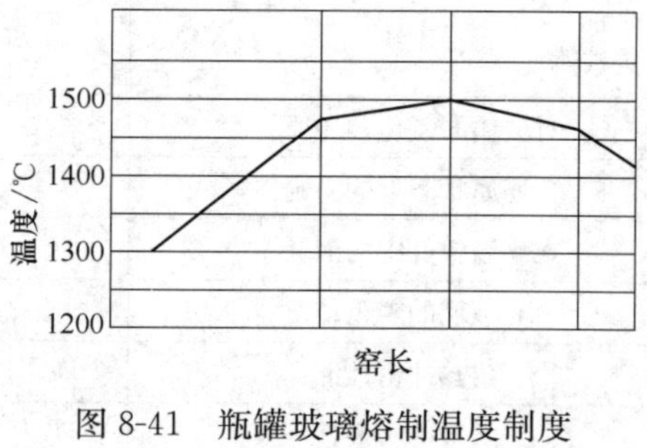

图 8-41　瓶罐玻璃熔制温度制度

连续作业池窑沿窑长的每一点温度是不同的，但对时间而言则是恒定的，因而有可能建立稳定的温度制度。

熔制工艺制度的正确与否，不仅影响所熔制玻璃的质量，而且还决定着熔制玻璃的产量。

在连续作业池窑内，玻璃液从一个地带流到另一个地带，除因成形取用玻璃产生玻璃液流外（生产流），还由于各地带的密度不同而形成了玻璃液流。由于加料口附近和流液洞处的玻璃液温度比澄清带低，池壁附近的玻璃液温度比熔化池中部低，温度低处玻璃液大都会向下沉而代之以较热的玻璃液，这些玻璃液又被冷却，又逐渐下沉，这样玻璃液重复移动形成了连续的对流（自然对流），这种对流在规定的温度制度下是不变的。

窑内温度不正常时，玻璃液的流动方向就会改变，这将导致不良的后果，特别是最高温度点的位置若有变化，前进的玻璃液中就能带进尚未完成熔化的配合料质点。此外，还会带走原来不参加对流循环的、停滞在窑池个别地带和池底上的不动层，因此，常常会使玻璃产生缺陷。

玻璃液受窑内炉气介质变化的影响极为敏感。气体介质的组成和压力的变化，即便不大，也将使玻璃液质量变坏。窑内气体介质的性质必须经常通过对各个喷火口的烟气分析检查来进行控制。

在熔化碳酸钠配合料的普通日用玻璃时，应在玻璃液面范围内保持氧化气氛，使 FeO 向 Fe_2O_3 方面转化以利于减轻铁质的着色。当熔化硫酸盐配合料的平板玻璃时，在熔化区应保持还原气氛，特别要控制 1[#]，2[#] 喷火口的气氛为还原性，使芒硝能充分还原，以防止产生硝水条纹。熔化含有氧化铅的玻璃时，特别要求强烈稳定的氧化气氛，以防止氧化铅还原为铅。

在玻璃液面上，间隙砖水平上应保持零压或微正压，以避免吸入冷空气。正压过强会使窑上部砌体耐火材料受到强烈的侵蚀，并使澄清过程困难。

配合料的加料制度应使熔化的玻璃液量完全符合成形制品所取用的玻璃液量，从而保持玻璃液面恒定。

在池窑熔制玻璃时，配合料中碎玻璃的比例应当保持恒定，不能以工厂碎玻璃储备量的增减而随意改变。

如果加料，玻璃液的熔化率及窑的作业制度发生改变，就不可避免地会改变已规定的液流方向，使之互相交错，影响玻璃质量，因此，应该严格遵守制定的熔制工艺制度。

熔制过程正常与否，可以从玻璃液面的情况来判断。配合料在玻璃液面上的泡界线不应远离规定的位置，同时沿窑长取出的试样应和该地带所进行的熔化过程相符合。

熔窑的仪表控制和自动调节是稳定熔窑正常作业的一项重要措施。

仪表控制：要使池窑正常作业，必须保持一定的热工制度，采用仪表控制也就是要保持一定的反映制度特点的参数值。参数中有一些是主要的，熔窑作业即根据它们来进行调节，另外一些参数是辅助的，它们是为了控制设备状态及熔窑各部制度的相互关系。

仪表控制可分为连续控制、定期控制和特定控制。连续控制就是要经常将制度最重要的示数用记录仪器记录下来。定期控制是按一定的时间间隔把观察到的示数记录下来。当要对整个窑和熔窑的各部分或辅助装置的工作情况作详细标定时才建立特定控制。

一般需要连续控制和定期控制的参数有：熔化部温度、工作部温度、供料槽温度、玻璃液的温度、窑的压力、玻璃液面高度、煤气量及其温度和压力、重油量及其温度和压力、助燃空气量及其温度和压力、燃油雾化用压缩空气量及其温度和压力、蓄热室格子砖底部温度、蓄热室格子砖上部温度、烟道烟气的温度、压力和氧气含量以及烟囱抽力、液面状况和交变参数等。仪表控制的水平，可按生产管理上的需要来确定。

进行详细的热工测定，通过热平衡计算，以求得池窑的热效率，从而对池窑的性能可以作出评价，进而指出改进作业制度和提高热效率的方向，并为今后改进熔窑设计提供依据。

自动调节：池窑作业制度的稳定对于玻璃机械化连续生产具有特别重要的意义。现代化生产使工艺参数保持不变的最好办法就是采用自动调节。采用自动调节在提高池窑生产率、节约燃料和减少耐火材料的消耗、提高产品质量、降低管理费用和产品成本等各方面起着重要的作用。

通常玻璃熔窑使用气体燃料或液体燃料加热，可以进行自动调节的项目有：熔化池温度、工作池温度、燃料量及其温度和压力、燃料和燃烧空气的比例、上部空间压力、玻璃液面高度、火焰的换向及供料槽温度等。

窑内温度决定于很多可变因素，必须调节影响窑内温度的各个因素，使温度稳定。向窑内添加配合料是根据玻璃液平面的高低来调节的，可改变加料机的转数或加料间隔时间来保持液面恒定。窑内上部空间的压力可用与烟囱总烟道闸板相连的压力调节器来保持恒定。蓄热室的自动换向可以按规定时间间隔进行，或根据两边蓄热室格子砖的温度差来进行控制。

现代瓶罐玻璃池窑熔化池上部空间的压力控制为4.9Pa（0.5mmH_2O），玻璃液液面变化控制在0.9～4.9Pa（0.1～0.5mmH_2O），玻璃料滴温度变化控制范围为2～3℃。目前正发展应用工业电视、窥视镜以及电子计算机来全面自动调节。

利用工业彩色电视系统可以观察和监视池窑内部作业情况，检查熔制过程，并可使用监控器记录生产状况，对于进一步掌握分析研究池窑内部的工艺变化，具有一定意义。

利用窥视镜（广角潜望镜）可以十分清楚地实时观察火焰和燃烧图像、配合料、浮渣等运动消失情况，并可观察熔窑各部分耐火材料使用损坏情况，以便对耐火材料的使用寿命，作出更可靠的判断。

利用电子计算机不仅能进行直接数字控制，还能达到最佳状态控制，使工业生产的产量最高、质量最好、成本最低。电子计算机还能完成池窑各控制点参数的巡回检测、越限报警、定时制表等工作。

8.7 玻璃熔制强制均化方法

8.7.1 机械搅拌

玻璃液的均化过程是通过不同组分的熔体之间互相扩散、溶解、玻璃液中气泡上升翻腾和玻璃液的对流等来实现的。主要是靠分子扩散运动使熔体中含某组分较多的部分向该组分较少的部分运动，从而消除玻璃中的条纹，促使玻璃液在化学组成上达到均匀一致。由于在黏滞介质内进行扩散特别缓慢，需要经过较长的过程，而且均化质量效率也往往不高。为了加速均化过程，可采用提高温度、降低黏度来增大扩散系数以及采用机械搅拌等办法。搅拌的作用是把玻璃液内的不均匀区域和粗条纹不断地分割成为很细而短的条纹，使其接触面增大，以利于玻璃液与条纹间相互溶解扩散，从而使条纹逐渐消失或减少。

很早以来，机械搅拌就用于坩埚熔制光学玻璃的作业，使玻璃液达到光学上的高度均匀。近年来池窑的熔化率越来越高，机械成形速度越来越快，对玻璃液充分均化和温度均匀有更高的要求，机械搅拌作业已发展应用于池窑上来。

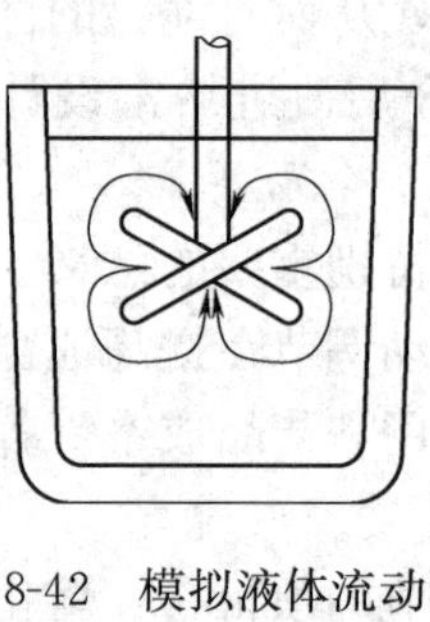

图8-42 模拟液体流动图

通常坩埚中的搅拌器有桨叶式、指形和曲拐式等多种。桨叶式搅拌器的搅拌操作，通过模型实验观察，模拟液形成条纹的运动情况如图8-42所示。搅拌器转动时，一方面将底部带有条纹的玻璃液抽吸使之向上运动，另一方面，利用桨叶对上升液体产生的离心力，将条纹拉长和切断并挤向容器壁四周，与

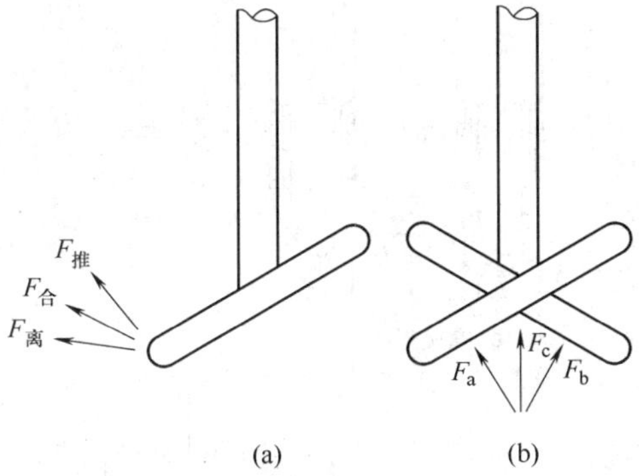

图 8-43　螺旋搅拌器分解图

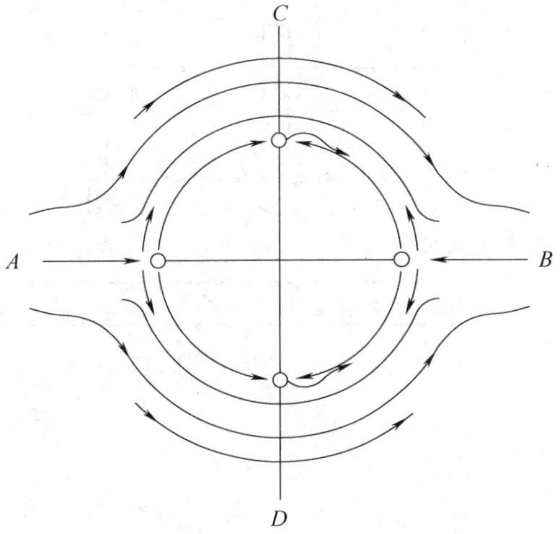

图 8-44　指形搅拌器周围液体流动图

容器壁碰撞后分上下两环流，分别回至搅拌器中心，形成一个闭合循环运动。

图 8-43（a）表示桨叶四周玻璃液受力情况。桨叶对液体的推力 $F_{推}$ 与桨叶垂直，其所产生的离心力 $F_{离}$ 则朝水平方向作用，这两种力所构成的合力 $F_{合}$ 为玻璃液的实际流动方向。由于离心力与转速的平方成正比，较推力 $F_{推}$ 的增加为快，随着转速的增加，$F_{合}$ 力的方向趋向水平，同时流速也增加，使上下两部分玻璃液获得良好的混合。

图 8-43（b）表示桨叶转动时所产生的负压 F_a、F_b 的合力 F_c，它使玻璃液成螺旋状向上流动，这样就能使底部条纹有效地消除或降至最低。

图 8-44 表示指形搅拌器消除条纹时，其周围液流的情况。搅拌器的运动方向是由 B 到 A，根据伯努利定律，速度越大压力越小，液体在 C、D 部分速度最大，其压力相对地较小，A、B 处的液体压力相对地较大。因此，发生了由 A、B 向 C、D 流动，使液体产生涡流，速度越快，涡流也越大，从而使玻璃液与条纹达到均匀。

生产光学玻璃常用的桨叶式搅拌器效果较好，可根据玻璃液温度和均化情况来调节搅拌器速度、角度和位置。一般高温时搅拌速度高，降温时搅拌速度可逐渐降低。搅拌装置位置须稍偏，即可消除桨叶式搅拌器常常容易形成的中心条纹，而中心条纹往往不易消除。

为了使玻璃液最有效地混合均匀消除条纹和达到玻璃液温度均匀以及高速度输送出玻璃液以供成形之用，在池窑作业中也采用机械搅拌操作。通常这种机械搅拌在料道内进行，为此，已研制了各种类型的搅拌装置。

在供料槽内进行机械搅拌时，通常采用一个或多个搅拌器组成的搅拌装置，安设在合适部位进行连续搅拌。搅拌器有桨叶式、螺旋形等多种。搅拌效果与搅拌器材质、形状、搅拌速度、回转方向、安装位置、供料槽结构以及玻璃液黏度等因素有关。供料槽搅拌一般应用于需要玻璃液均匀性较高或在供料槽中进行玻璃液着色工艺的池窑上，目前采用的约有图 8-45 所示的五种，可根据生产作业的需要，对结构尺寸、使用数量、插入位置、角度、浸入深度、回转速度和回转方向以及组合方式等加以研究选用。

（1）桨叶式搅拌器［图 8-45（a）］　其结构形状类似螺旋桨。一般桨叶尺寸较大，搅

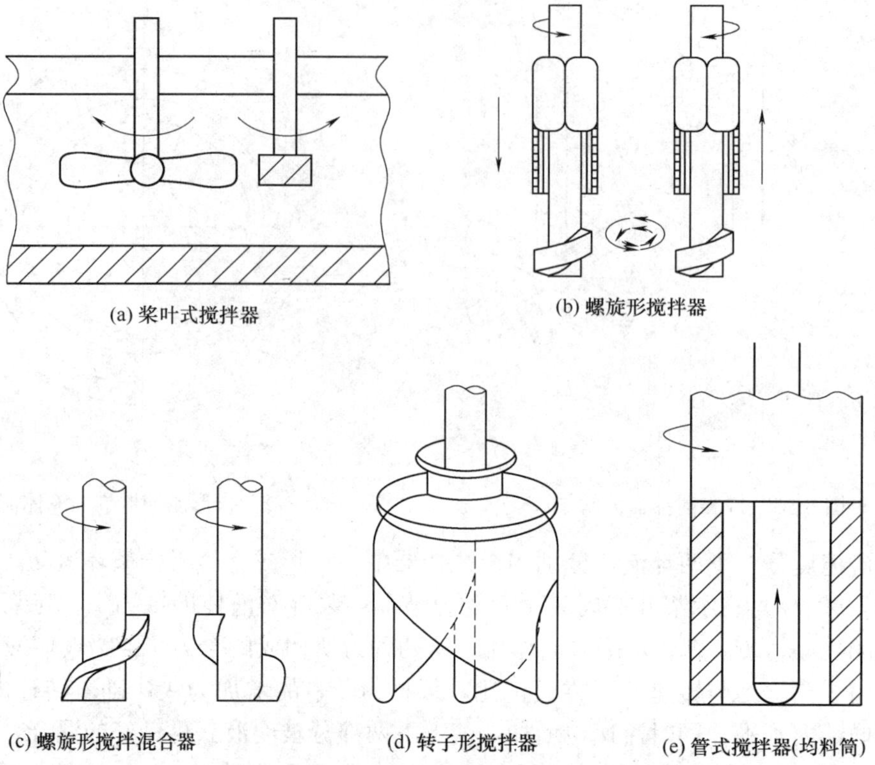

图 8-45　池窑供料机附近的各种搅拌装置

拌效果良好，因此常用于在供料槽中进行玻璃液着色的工艺。这种搅拌方式即在纵长方向上排列组合搅拌器数个，与回转方向适当配合，装设在供料槽的冷却区段位置。

(2) 螺旋搅拌器Ⅰ型［图 8-45 (b)］ 通常适用于大容量供料机。这种搅拌器系横向对称排列，以两个搅拌器构成一组相对回转，将玻璃液推送向前，通常是装在供料槽温度调节区段，具有减少料盆周围玻璃液温度梯度的效果。这种搅拌装置现在多用于哈特福 119、哈特福 194 型供料机。

(3) 螺旋搅拌器Ⅱ型［图 8-45 (c)］ 它与Ⅰ型相似，但由三个排列成一组使其螺距比Ⅰ型大。它同样装在供料槽温度调节区段，使玻璃液均化良好及其温度均匀。这种搅拌器一般用于哈特福 122 型供料机。

(4) 转子形搅拌器［图 8-45 (d)］ 通常装在供料机料盆口中心的套筒周围，它的下部具有三条筋肋，围绕套筒周围旋转。哈特福 81 型供料机就是使用这种搅拌装置。

(5) 管式搅拌器［图 8-45 (e)］ 通常又称匀料筒，很早以来就用于各种供料机。它既能在料盆口中心线上回转，使玻璃液均化和温度均匀，又能上下移动调节玻璃液流量。如供料机还装有转子形搅拌器等其它搅拌设施时，则这种筒子不做回转运动，只可上下移动，作为套筒起着调节供料量和停止供料的作用。

各类搅拌器一般采用优质耐火材料制成。当生产以氯化物澄清的高质量的硬质硼硅酸盐玻璃时，则钼是最合适的材料。当生产 96%的高硅氧玻璃和微晶玻璃，需要十分均匀和无条纹的质量，则可用铂金作搅拌器。

8.7.2 池底鼓泡

现代玻璃池窑熔化率大大提高，虽然在提高窑温的情况下，配合料的熔化速度相应加快了，但是玻璃液面的生产流大大加强，使部分尚未熔化澄清好的玻璃液容易混入生产流被带到作业部，这就破坏了池内玻璃液的正常对流，减弱了液流的热循环，从而限制了热交换作用，缩短了玻璃液在熔化区的熔化时间，致使玻璃液的化学均匀性和温度均匀性降低。同时现代池窑的窑墙、池壁、碹顶等都设有保温措施，使热损失减少。但池壁保温后，熔化池底部玻璃液温度提高，玻璃液的温度差减少，致使对流减弱。在解决上述问题的各种措施中，最简单、经济而有效的方法，就是池底鼓泡澄清技术，这是一种先进而可靠的熔制工艺。

采用合理控制的方法，向正在熔化澄清的玻璃液中鼓入气体，可促进玻璃液的澄清和均化。这种鼓泡工艺具有自由选择气体、鼓泡部位、鼓泡时间和作用周期等优点。玻璃液中气泡内的压力相当于气泡上液柱的压力、大气压力及气体、玻璃液界面间的表面张力的总和。由表面张力引起的压力，在细小的气泡中很大，而在稍大的气泡中则极小，可以忽略不计。因此溶解于玻璃液中的气体，常常扩散到较大的气泡中，使之增大。应用喷嘴向玻璃液鼓入相当大的气泡，是容易实现的。同时气泡的表面积大，亦即扩大了扩散面积，可加速扩散过程。

气泡中所含的气体种类越多，则每种气体的分压越小，从而吸收玻璃液中溶解气体的能力越强，气体的排除就较容易。若从外部鼓入与玻璃液本身所产生的气体种类不同的气体，可达到很好的效果。

因此，向玻璃液底层鼓入一定压力的气体，并控制气泡的适当大小和个数，该气体在高温玻璃液内膨胀成气泡，逐渐上升扩大，通过液面逸出，即可带走较小的气泡，强化澄清过程。同时气泡上升翻腾着玻璃液，加快玻璃液在垂直方向上的循环流动，改善玻璃液的对流，加热较深处的玻璃液层，清除玻璃液不流动的“死角”，加强了热交换，并且挡着未熔化配合料流入作业部，从而加速了熔化均化过程。这种鼓泡方法，有助于克服传统池窑存在的缺点，如与辅助电熔相结合，效果更为显著。为使鼓泡作业获得最好效果，研究鼓泡作用机理，了解鼓泡时玻璃液流的变化是重要的。

通过模拟实验，可获得鼓泡澄清的最佳气泡大小和最佳气泡个数。实验研究指出，鼓泡的最佳条件是在一定空气消耗量和一定的气体压力的情况下获得的。当空气压力过高和流量过大时，起泡呈射流状态，玻璃液中除了大气泡外还会出现小气泡，使制品中产生灰泡。喷嘴气体压力过低时，会出现鼓泡作业不稳定，容易发生翻腾的“熄灭”现象。

鼓泡装置的设计必须能保持作业稳定，使玻璃液面上排出气泡的速度和气泡的尺寸大小固定不变。增大玻璃液中的气泡直径，以增大扩散面积，可获得良好的效果。在任何违反鼓泡作业制度的情况下，都会妨碍鼓泡澄清作业的顺利进行。

鼓泡作业有连续式和间歇式两种方法。

鼓泡气体必须经过冷冻纯化，过滤除湿保持干燥和清洁，并可较精确地调节和控制。图8-46为玻璃池炉脉冲鼓泡系统图。

为了单独对每个喷嘴自动调节，应测量每个喷嘴上空气的压力和流量，以便于控制鼓泡直径和鼓泡频率。鼓泡压力与鼓泡直径之间的关系取决于熔化和澄清的温度、玻璃液的

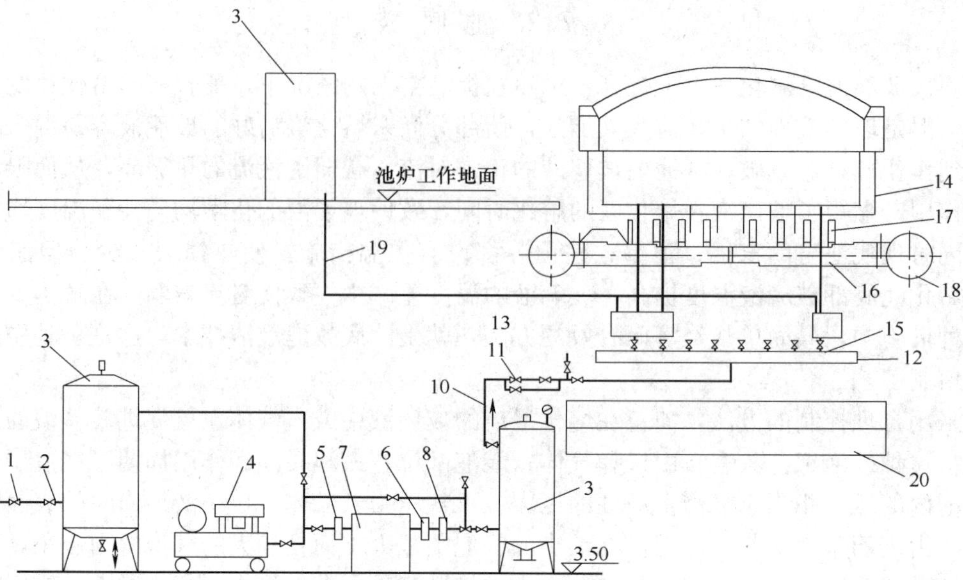

图 8-46　玻璃池炉脉冲鼓泡系统图

1—总进气止逆阀　2—总进气截止阀　3—储气罐　4—备用空压机　5—油水分离器　6—过滤器　7—冷干机　8—洁净过滤器　9—主控柜　10—输气管　11—稳压器　12—鼓泡分气缸　13—鼓泡分控柜　14—干式电排堵鼓泡器　15—池炉冷却风主管　16—鼓泡砖冷却风管　17—鼓泡砖冷却风嘴　18—鼓泡分气缸供气支管　19—鼓泡系统控制电缆　20—鼓泡工作平台

密度、表面张力和黏度等。连续式鼓泡的压力一般较间歇式稍低，而其鼓泡频率则较间歇式为高。

适当地选择鼓泡喷嘴在池窑内的合理位置，对澄清效果具有重要意义。由于鼓泡可以在玻璃液中建立一道上升气泡的屏障，把熔化池分成两个单独的玻璃液对流循环的区域，在上升气泡屏障两边形成两个闭合环流，各自向相反方向强烈地流动，见图 8-47 所示。它使池窑中各液流汇集，建立起稳定的温度区域，并不断地带入新玻璃液使其均化。由于池窑内玻璃液总的对流循环和热交换大大加强，便有可能促进配合料的快速熔化以提高熔化能力。鼓泡喷嘴一般应配置在熔化池玻璃液的最高温度点附近。图 8-48～图 8-50 分别描述了无窑坎、有窑坎及窑坎加鼓泡的马蹄焰熔窑中玻璃液流动特征示意图，表明了增加窑坎和鼓泡对熔化质量提高是有益的。图 8-48 中，由于澄清区范围小，流液洞下层出料，生产流难以翻转到表面经历高温过程，因而玻璃液的澄清熔化质量不高；图 8-49 中设置了窑坎，形成玻璃液流的热障，迫使生产流在窑坎的作用下向上翻转，翻转程度与窑坎高低有关。翻转到接近玻璃液表面的生产流经历了热点区域的高温澄清，并在窑坎后分层折返并从澄清区底部经流液洞进入工

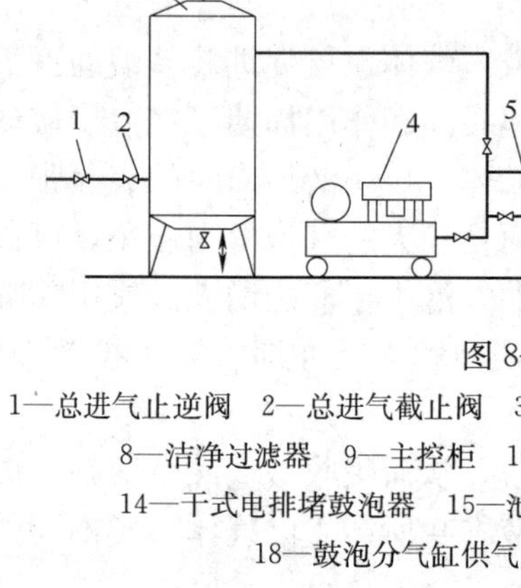

图 8-47　鼓泡原理图

作部，增加窑坎后，玻璃液的熔制质量得以大幅度提高，随着窑坎高度增加，将在熔化部的底部出现一层迟滞层流，而且窑坎越高，迟滞底层流越厚；图 8-50 在窑坎前增加鼓泡幕，可以强化熔化部环流，熔化部对流强度增加后，对配合料层有阻挡作用，鼓泡的强制对流的均化作用增强，有效消除池底迟滞层流，更有效地实现玻璃的澄清与均化。

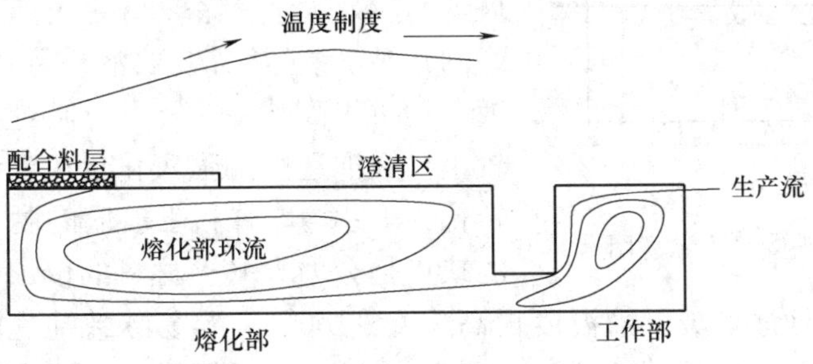

图 8-48　有流液洞结构的马蹄焰池窑的玻璃液流

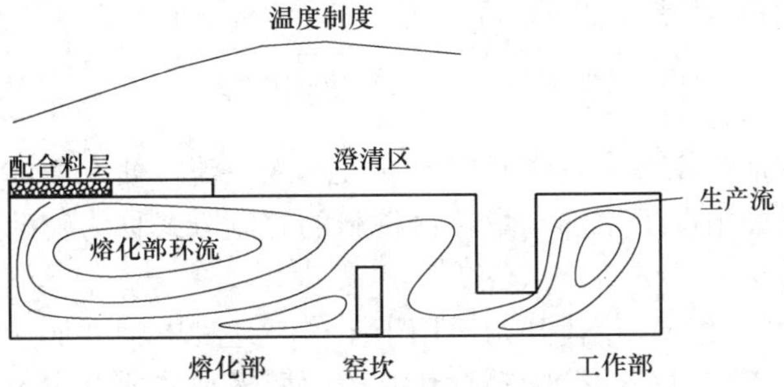

图 8-49　有流液洞和窑坎结构的马蹄焰池窑的玻璃液流

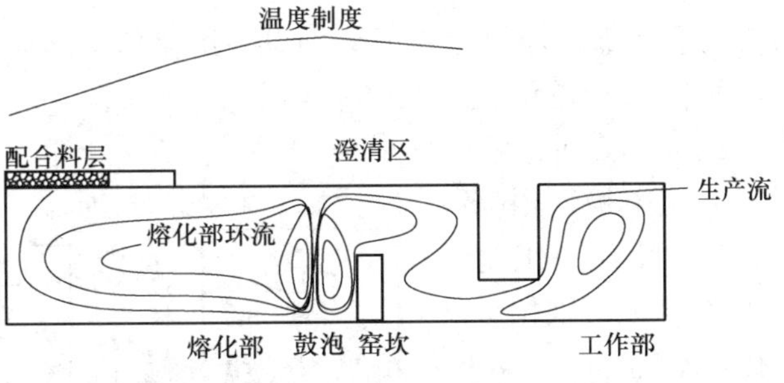

图 8-50　有鼓泡、流液洞和窑坎结构的马蹄焰池窑的玻璃液流

有时要设两排鼓泡管，在流液洞处再次进行鼓泡。鼓泡喷嘴相互的间距，须由气泡的均化作用所能影响的范围来确定。其最佳距离应该使气流之间互不发生干扰，所有玻璃液都能参加搅拌，并在窑池内不致形成“死角”。然而这种情况取决于不同种类玻璃液的黏度和池内玻璃液的深度以及窑的作业条件。因此对每座窑都应单独测定，通过模型试验，或在已知某些规律的基础上再在运行作业中直接试验测定。某些池窑的鼓泡喷嘴相互间距为 300～600mm，见图 8-51。鼓泡喷嘴应具有高温稳定性能和高的机械强度，能耐玻璃液的化学侵蚀，不致在高温中被氧化，通常采用耐热钢、合金（如钼合金等）、氧化铝瓷管。也可采用铂、铂铑、镍等材料。喷嘴口径为 1～3mm，有时可以更大些。最合适的是设计

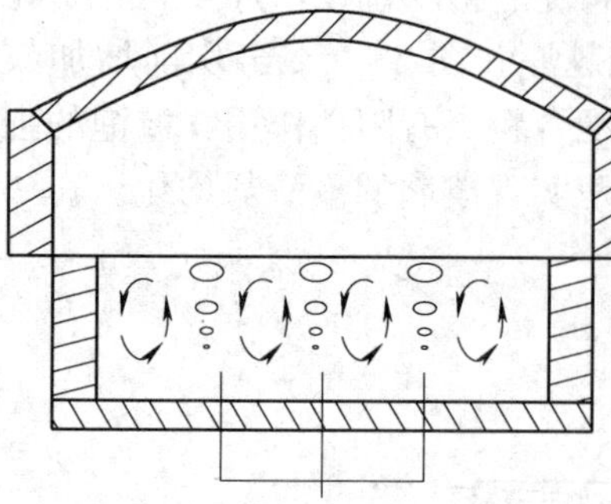

图 8-51　鼓泡喷嘴排列示意图

成水冷的金属结构。鼓泡装置正常工作时，能提高合格制品产量 10%～20%，在熔制颜色瓶罐玻璃时尤其有效，特别适合于有色玻璃或难于熔制、澄清和均化的玻璃（如黏度大的和含重金属氧化物高的玻璃）。鼓泡对消除玻璃的气泡、条纹、结石有良好的作用，能提高玻璃液质量。由于加强了热交换，约可提高热效率 6%，但对熔制无色玻璃效果较小。鼓泡还能加强氧化反应，使玻璃液中的 FeO 转化为 Fe_2O_3，有利于玻璃的脱色。鼓泡搅拌澄清的缺点是会增大耐火材料的侵蚀以及容易在玻璃液中残留气泡。同时池底区玻璃液温度提高 100～150℃，容易导致池底的损坏。因此对鼓泡喷嘴砖的选择、配置、喷嘴的高度、离池壁的距离、铺面砖的砌法等，必须周密考虑。一般喷嘴砖应突出窑底 100mm 左右，喷嘴的顶端须高出喷嘴砖 15～25mm，喷嘴离侧墙须保持适当 600mm 左右距离。

8.7.3　辅助电熔

在用燃料加热的池窑作业中，同时向玻璃液通入电流，使之增加一部分热量，从而可以在不增大熔窑容量的情况下增加产量，这种新的熔制方式称为辅助电熔，现在已发展成为池窑增产的常用方法。

辅助电熔是在 20 世纪 50 年代开始应用于生产。这种电辅助加热装置，一般采用钼电极，目前在许多熔窑上应用。在美国和欧洲有半数瓶罐玻璃池窑应用辅助电熔，其单台设备能力不断增大。近二十多年来，其功率从 300kW 发展到现在的 800～2000kW，发展趋势仍在不断增长。

辅助电熔须在熔窑的适宜部位加热，一般分别设在熔化部、加料口和作业部。电极布置有多种方式，选择电极插入合适位置是很重要的。通常在熔化部热点处或在热点到流液洞之间设置一组电极，根据情况还可以在加料口处再设置一组电极，如图 8-52 所示。装设电极时须稍带倾斜，以便对电极进行水冷却。

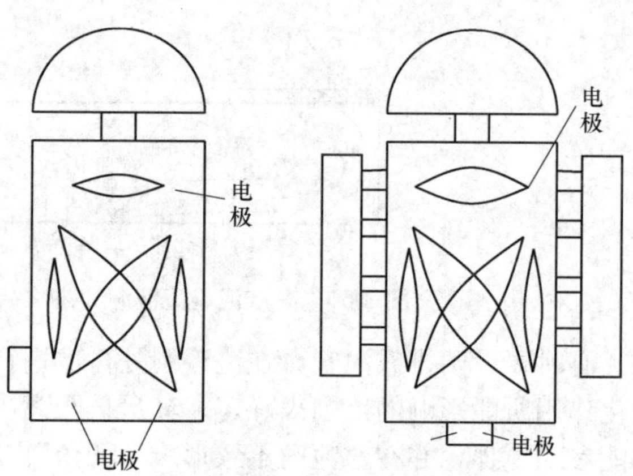

图 8-52　辅助电熔电极布置示意图

在熔化部热点处用电辅助加热，可加强玻璃液以热点为中心朝上呈放射状向四周流动，这样就起着阻止配合料向前运动的作用，有利于强化熔制，而且能使热点更加凸现。通常在火焰加热的池窑作业中，为了增加出料量，将加速配合料向前移动，配合料层甚至可延伸到流液洞处，容易使原来对流中心的热点消失，形成对流不足，玻璃液下层温度下降，容易生产出含有气泡的玻璃。如在热点处的适当位置上输入电流加热，则电极附近的玻璃液温度上升，从而促进对流，使熔化、澄清和均化的进行有充分的时间，这样就能生产出高质量而没有缺陷的玻璃。

辅助电熔可用于生产各种颜色的瓶罐玻璃、器皿玻璃、医疗用品、灯泡、压延玻璃、窗玻璃、玻璃管道、玻璃棉、纤维玻璃、显像管玻璃、乳浊玻璃、耐热玻璃和光学玻璃等。

辅助电熔优点很多，如生产运行稳定，不需要复杂的管理，灵活性大，需要增产时就通电运行，不需要增产时就局部停止运行，而且修理费用极低，因此颇受欢迎。

辅助电熔之所以被广泛采用，还由于可以达到增加产量，提高玻璃质量，降低火焰加热强度，减少结石缺陷以及熔窑后期维持正常生产等各种目的。

最常用的辅助电熔装置，主要是为了在不增大熔窑和厂房设施的条件下来提高熔窑生产能力，使之达到最高产量。当火焰加热的熔窑生产达到极限时，即已不可能再用提高温度的办法来增加产量时，只能采用辅助电熔的办法来加以解决。由于辅助电熔系统直接加热玻璃液本身，不需要提高火焰空间上部结构温度，既可使玻璃液温度提高，还能增加熔窑的产量。

有些辅助电熔装置主要是为了提高玻璃液质量，消除条纹和气泡。通过加热电极附近的玻璃液，使之产生区域性对流，即可使玻璃液进一步掺和，达到更好均化的作用。

当输入玻璃液中的电能超过增产玻璃所需要的热量，而火焰空间温度并不降低时，玻璃液就会更热些，有利于减少玻璃液中的气泡。

不少辅助电熔装置是为了降低火焰加热强度。火焰高温容易损害池窑上部耐火材料，只要增设一套小型辅助电熔装置，就可以使上部结构保持较低温度而生产出同样数量的玻璃。

在熔制深色玻璃时，由于结石所造成的产品损失有时可高达 4%～7%，有些是由于玻璃底层缺乏火焰辐射热量传入，这些底层玻璃的温度可能低于 1000℃而不析晶。运用辅助电熔装置后，可使过高的结石损失降低到 0.5%～1.0%。

某些辅助电熔装置是为了在池窑使用周期的后期，弥补火焰加热系统失调。熔窑进入后期，往往格子砖受到堵塞，形成燃烧状态不正常，因而降低产量。辅助电熔装置能够补充部分热量，仍然保持熔窑前期所能达到的产量。

8.7.4　全氧燃烧

近年来由于氧气可以经济地大量生产和低价供应，在炼钢工业上已经被广泛地应用于火焰增强，以提高热效率和热负荷，达到增加产量和降低生产费用的目的，因此，引起人们的重视，并试图将这种燃烧方式运用到玻璃熔制作业上来。20 世纪 50 年代初期即开始在玻璃池窑上进行全氧燃烧熔制试验。在法国、德国和英国进行的生产性试验结果表明，全氧燃烧最适于增强火焰的下部，对马蹄形火焰和横火焰池窑都同样有效。在燃料消耗不变的状况下，可以缩短火焰长度和提高火焰下部温度，并可降低碹顶温度提高熔化率和热效率。

向火焰增添氧气时，如果使整个火焰温度提高并向四周各个方向增加给热，是不合乎玻璃池窑熔制实际需要的。池窑中燃烧火焰呈水平方向流过碹顶和玻璃液面之间的空间，只要向下方增强给热，便可获得较良好的效果。为要获得不对称火焰给热，可喷射氧气到火焰的下部，即将氧气喷射嘴装设于油喷嘴的下方，与油喷嘴保持一定的距离，这样就产生一种不对称的火焰。这种火焰具有垂直方向上的温度梯度，即火焰顶部的温度较低而火焰底部的温度较高。火焰下部温度的增高程度决定于氧气的喷射量，可能达到2300～2400℃，熔窑的碹顶可由火焰顶部低温区对火焰下部高温的遮挡而受到掩护。这种全氧技术只有在火焰所产生的高温对碹顶和上部结构没有不利作用时才可能应用。至于按安装设置氧气喷射嘴的最佳位置决定于许多参数，包括油喷嘴的喷射角、油喷嘴的装设角度、氧气喷射的安设角度和氧气喷出速度。火焰高温区是从氧气气流与燃油喷射锥体的冲击点开始，而这个点的位置可由氧气喷射嘴的位置来调节。

在横火焰池窑上全氧只限于在熔化区的油喷嘴火焰上，反之，在马蹄形火焰加热的池窑，则所有油喷嘴都要全氧，但在加料口侧的油喷嘴则除外。

一般氧气喷射嘴是由孔径3.17mm（1/8in）或12.7mm（1/2in）不用水冷却的紫铜管和不锈钢管所构成。碳素钢因为容易在氧化气氛中烧坏而不适用，紫铜是最合适的材料，由于它的柔顺性可有助于定位，还由于它具有高的热传导性，有利于喷出口的冷却。

氧气喷出速度一般为60～120m/s，目的是使火焰的高温区远离油喷嘴，在氧气喷射嘴的出口端装设收缩扩张喷射口可达到超音速。

氧气供应系统的压力通常采用4.0MPa，而在送到池窑以前须调节至1.2MPa。液态氧需进行气化，通常氧气需用量在$28m^3/h$以下时，可采用大气式气化器，当需用量超过$28m^3/h$的时候，须采用电加热或蒸汽加热的气化器。大气式气化器是由光面的或带翅翼的紫铜管或铝管所组成。

全氧燃烧熔化的主要作用如下：

全氧可以提高燃烧强度，使火焰强度提高，并导致火焰缩短，可以避免在蓄热室中的滞后燃烧，还有助于控制和改善窑池内的温度分布。

全氧燃烧导致火焰温度提高的原因，是由于火焰的增强和氮气浓度的降低。提高火焰温度可以改善火焰向四周的辐射和对流传热。

全氧燃烧提高火焰下部的温度和改善对配合料的给热，同时烟气中辐射气体（CO_2和H_2O）含量高，气体辐射能力增加，可提高热效率，减少燃油消耗，但仍然保持产量稳定和玻璃质量优良。由于减少燃料消耗和降低火焰上部温度会使池窑上部结构温度相应降低，因而可减少热损失，还能延长池窑寿命。

全氧燃烧不但可以在池窑的空气预热系统遭受损坏时用以维持生产，还可以在玻璃池窑运行后期作业不正常的情况下，需要季节性增产时采用，特别对环保有着明显的作用。这种全氧燃烧方法，虽然设备简单和投资省，但运行费用较贵。某些试验表明，每增产1t玻璃约需消耗氧气$282m^3$，而辅助电熔每增产1t玻璃约耗电为780kW·h。因此只有在运行费用上与辅助电熔可以相比的情况下，全氧燃烧才有可能发展成为熔窑增产的正常作业方法。

第 9 章　玻璃的成形

玻璃的成形是将熔融的玻璃液转变为具有几何形状制品的过程，这一过程称之为玻璃的一次成形或热端成形。玻璃必须在一定的黏度（温度）范围内才能成形。在成形时，玻璃液除做机械运动之外，还同周围介质进行连续的热交换和热传递。玻璃液首先由黏性液态转变为塑性状态，然后再转变成脆性固态，因此，玻璃的成形过程是极其复杂的过程。

热端成形的玻璃经过再次加工成为制品的过程，称为玻璃的再成形（再加工）或冷端成形，其方法可以分为两类：热成形和冷成形。后者包括物理成形（研磨和抛光等）和化学成形（高硅氧的微孔玻璃等）。玻璃的成形通常指热成形。

玻璃的成形方法有：吹制法（空心玻璃等）、压制法（烟缸、水杯等）、压延法（压花玻璃等）、浇铸法（光学玻璃等）、拉制法（平板玻璃、玻璃管等）、离心法（玻璃棉等）、烧结法（泡沫玻璃、工艺玻璃等）、喷吹法（玻璃微珠等）、浮法（平板玻璃等）、焊接法（仪器玻璃等）等。

上述成形方法，按照制品形状产生的方法，可分为有模成形和无模成形两大类，有模成形又分为单侧模（吹制、离心成形）和双侧模（压制成形）。

9.1　玻璃成形原理

9.1.1　玻 璃 黏 度

在玻璃制品生产中，成形过程是利用玻璃液的黏度为基础的。把熔制好的玻璃液冷却到成形所要求的可塑程度，利用这种适度的可塑性使成形的制品固定成形，而后以一定的冷却速度冷却，应用玻璃黏度随温度变化的特性使制品成形。

从黏度-温度曲线可以看出，在比较高的温度范围内，冷却开始时，其黏度的增长速度很缓慢，随着温度下降，黏度的温度梯度骤然增大，曲线呈弯曲状，当温度下降到900～1000℃间黏度开始快速增长。

由此可知，玻璃成形的黏度-温度范围应选择在曲线的弯曲部分，这时的玻璃液最适宜于成形。玻璃成形温度范围为 $T_w \sim T_s$。成形方法不同时，其初始的成形黏度也不相同。例如，喷棉的成形温度高于拉丝的成形初始温度。

9.1.2　玻璃表面张力

表面张力总是力图把物体的表面收缩成球状，表面张力的这种特性在玻璃成形过程中起着极为重要的作用。例如，在吹制成形中，由于表面张力的作用，不用成形模就可以制得球状玻璃泡等。玻璃制品表面火焰抛光和玻璃制品爆口均是充分利用玻璃表面张力作用。

表面张力则随温度降低而呈线性增加，而玻璃黏度随温度降低呈指数变化，因而两者在不同温度范围内对成形作用的大小是不同的。在大多数情况下，玻璃液的黏度和表面张力对制品的成形是有利因素，但有时也是降低产量和质量的重要因素之一。例如，窗玻璃上的玻璃筋、压花玻璃上的花纹清晰度等。

9.1.3 玻璃热学性质

玻璃的热膨胀系数对于套色玻璃、封接玻璃、电子玻璃、光学玻璃等极为重要。玻璃的其它热学性能在成形过程中也有一定的影响。当玻璃成形时，玻璃液滴从黏弹体到固体状态，借助模具成形时，模具表面因受热膨胀，玻璃液滴此时处于收缩，两者之间存在1%～2%的差值，这样就在制品上产生残余应力，导致制品表面产生微裂纹。因此，在成形过程消除模具对玻璃质量的影响变得十分重要，设计好模具尺寸也是质量保障前提。

在生产电真空玻璃或成形套料制品时，玻璃的热膨胀系数也是十分重要的。玻璃与玻璃的热膨胀系数应当匹配，玻璃与封接金属的热膨胀系数也要匹配，否则会出现应力而破裂。

玻璃的热性质是成形过程中影响热传递的主要因素，与玻璃的冷却速度以及成形的温度制度有极大的关系。

玻璃的比热容决定着玻璃成形过程中需要放出的热量。玻璃的比热容随温度的下降而下降。高温时，瓶罐玻璃的比热容不论是长性玻璃或短性玻璃，不随其组成发生明显的变化。玻璃的热导率表示单位时间内的传热量。表面辐射强度用辐射系数来表征。透热性即为红外线和可见光的透过能力。玻璃的热导率、表面辐射强度和透热性越大，冷却速度就越快，成形速度也就越快。

9.2 玻璃成形制度

对于不同的玻璃制品，不同的成形方法和不同的玻璃液性质，其成形制度也是各不相同的。对于具体成形情况，需要确定相应的工艺参数，确定成形温度范围和各个操作工序的持续时间，冷却介质或模具的温度。

玻璃液的黏度-温度（也可以转化成黏度-时间）曲线是确定成形制度的主要依据。而玻璃液的黏度-时间曲线，是在成形过程具体的热传递情况下，由玻璃的黏度-温度梯度$\left(\frac{\Delta\eta}{\Delta T}\right)$和玻璃液的冷却速度$\left(\frac{\Delta T}{\Delta t}\right)$来决定。

玻璃液的黏度-温度梯度与玻璃液的组成有关。玻璃液在成形过程中的冷却速度却受下列因素的影响：成形的玻璃制品的质量 m 和表面积 S、玻璃的比热容 c_p，玻璃制品成形开始的温度 T_1 和成形终了的温度 T_2、玻璃的表面辐射强度（用辐射系数 C 表征）、玻璃的透热性（用在可见光谱红外区光能吸收系数 K' 表征）以及玻璃所接触的冷却介质（空气或模具）的温度 θ。

对微量玻璃来说，其冷却速度为：

$$\frac{\Delta T}{\Delta t}=-\frac{CS}{c_p}(T-\theta) \tag{9-1}$$

玻璃质量 m 的冷却时间 t 为：

$$t=\frac{mc_p}{SC}\ln\frac{T_1-\theta}{T_2-\theta}=\frac{1}{K}\ln\frac{T_1-\theta}{T_2-\theta} \quad (9\text{-}2)$$

式中 K 为计算系数。玻璃的比热容越小，表面积和辐射系数越大，系数 K 也越大。当系数 K 增大时，玻璃的冷却速度也就更快。系数 K 主要是根据所形成的玻璃制品形状，特别是 m/S 比值，外部介质的温度 θ 和玻璃着色的特性而变化的。在无色玻璃的冷却过程中，玻璃的化学组成对 K 的影响不大。图 9-1 所示为系数 K 与冷却介质温度 θ 的关系。这是指普通无色玻璃（含 0.1%Fe_2O_3）在空气中冷却以及 m/S 比值等于 3 的条件下的情况。

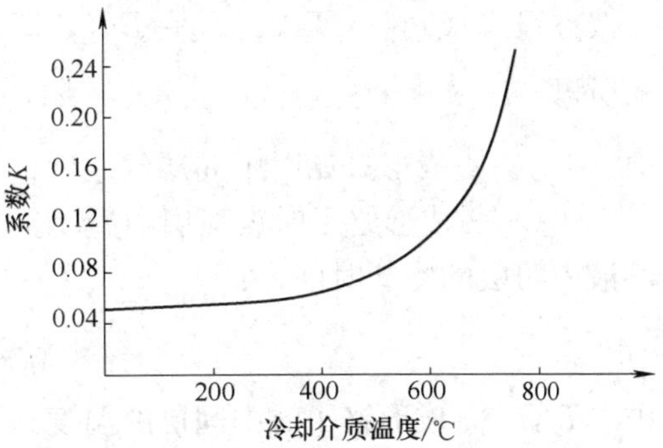

图 9-1　系数 K 与冷却介质温度的关系

由图 9-1 可知，在 T_g 温度或高于 T_g 温度时，K 值急剧增大。当 m/S 值改变时，要相应修改系数 K 值。例如当 $m/S=3$，在给定的温度下 K 值等于 0.05，而当 $m/S=0.5$ 时，$K=0.3$。

如玻璃在金属模具中成形，由于冷却介质由空气换成金属，从而改变了热传递的条件和辐射系数，在相应的温度下，系数 K 值将增大数倍。在金属模中成形时，玻璃液强烈地冷却不仅是由于 K 值的增大，而且也由于模具本身的蓄热能力较大所致。这样就缩短了成形过程中定形阶段的时间，使产量有所提高。玻璃瓶罐成形过程中热流传递速度对玻璃液冷却时间的影响见表 9-1。

表 9-1　　玻璃瓶罐成形过程中热流传递速度对玻璃液冷却时间的影响

热传递速度/(mm/s)		与玻璃冷却时间相适应的1个瓶子的成形时间/s	模具的生产能力即 60min 内生产能力/只
在铸铁模具	在玻璃中		
2.3	0.21	24.0	150
2.7	0.25	18.0	200
3.0	0.28	14.4	250
3.2	0.30	12.0	300
3.5	0.33	10.3	350

一般说来，各种有色玻璃较无色玻璃的系数 K 值为小，而且当玻璃中各种着色剂的含量达到 1%时，K 值会剧烈地减小 25%～50%。但是当着色剂的浓度增大时，K 值的变化又不显著。主要着色剂对 K 值的影响顺序如下：$CoO>CuO>Cr_2O_3>Fe_2O_3>Mn_2O_3$。

制品的表面较其中部冷却和硬化要快得多，玻璃中部的 T_{cp} 与距离为 d 处的温度差 T_d，同距离的平方成正比，也就是说这一温度梯度可表示为：

$$\Delta T'=T_{cp}-T_d=Bd^2 \quad (9\text{-}3)$$

式中　T_{cp}——制品中部的温度；
　　T_d——制品 d 处的温度；
　　B——温度分布常数；
　　d——与制品中部的距离。

于是，按方程式（9-2），玻璃制品外表面层的冷却时间为：

$$t_d=\frac{1}{K}\ln\frac{(T_{1cp}-\theta)}{(T_{2cp}-\theta)} \tag{9-4}$$

按方程式（9-3），$T_{2cp}-T_{2d}=Bd^2$，即 $T_{2cp}=T_{2d}+Bd^2$

所以

$$t_d=\frac{1}{K}\ln\frac{(T_{1cp}-\theta)}{(T_{2d}-\theta)+Bd^2} \tag{9-5}$$

式中　T_{1cp}——成形开始时中间层的温度；

　　　T_{2d}——成形终了时表面层的温度。

玻璃液中间层的冷却时间为：

$$t_{cp}=\frac{1}{K}\ln\frac{(T_1-\theta)}{(T_{2cp}-\theta)} \tag{9-6}$$

式中　T_{2cp}——成形终了时中间层的温度。

玻璃液中间层和面层冷却到一定温度的时间差值，可以用时间梯度 $\Delta t'$ 表示（假如 T_{2cp} 和 T_{2d} 相近似）。

$$\Delta t'=t_{cp}-t_d=\frac{1}{K}\ln\left(1+\frac{Bd^2}{T_2-\theta}\right) \tag{9-7}$$

$$\Delta t'=\frac{mc_p}{SC}\ln\left(1+\frac{Bd^2}{T_2-\theta}\right) \tag{9-8}$$

温度分布常数 B，主要决定于玻璃着色性质及着色程度、玻璃的辐射系数 C 和玻璃的透热性。有色玻璃的温度分布常数 B 值特别急剧地增大，也就是说急剧增大了表面层和中间层的温度梯度 $\Delta T'$ 和冷却的时间差 $\Delta t'$。

表 9-2 列出了一些玻璃的 B 值、表面层冷却时间 t_d 值和温度梯度 $\Delta T'$ 值。

表 9-2　　玻璃冷却时的 B、t_d、$\Delta T'$

玻璃品种 / 化学组成 / 氧化物	玻璃化学组成(质量分数)/%								
	1#	2#	3#	4#	5#	6#	7#	8#	9#
SiO_2	49.0	61.1	74.4	72.49	72.5	70.97	59.9	68.49	59.9
B_2O_3	13.0	6.0	0.4	—	—	—	5.9	—	5.9
Al_2O_3	—	—	0.64	1.67	1.66	3.43	—	3.1	—
TiO_2	—	—	—	0.08	0.04	0.07	—	—	—
Fe_2O_3	—	—	0.07	0.13	0.12	0.16	—	1.57	—
CaO	—	—	7.6	10.25	10.24	8.57	—	8.94	—
MgO	—	—	—	1.83	0.17	2.8	—	0.34	—
ZnO	20.0	—	—	—	—	—	—	—	—
BaO	—	18.8	—	—	—	—	18.4	—	18.4
Na_2O	—	4.7	15.97	13.4	15.28	13.8	4.6	15.35	4.6
K_2O	18.0	9.4	—	—	—	—	4.6	15.35	4.6
FeO	—	—	—	—	—	—	—	—	2.0
Mn_2O_3	—	—	—	—	—	—	—	2.3	—
CoO	—	—	—	—	—	—	2	—	—
$\Delta T'$/℃	—	455	120	70	50	55	282	280	—
t_d/s	126	117	—	—	—	—	94	—	93
B	—	91	—	26.4	15.8	17.5	126	—	—
d/mm	—	13	25	16.0	16	15	14	25	—

图 9-2 是在不同的冷却条件下（同周围介质的热传递），温度分布常数 B 随玻璃的光能吸收系数 K' 而变化的关系。成形的玻璃液在金属模具中冷却时，函数 $B=f(K')$ 的值将位于图中直线 2 右侧的直线上。对于一般钠钙镁铝硅酸盐玻璃 B 值为 20～25。

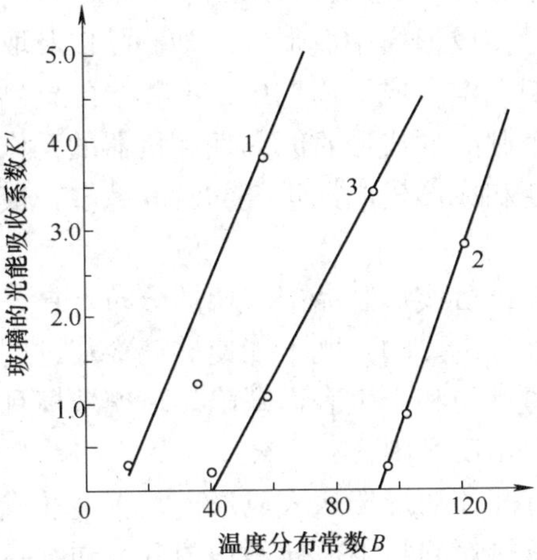

图 9-2　玻璃中温度常数 B 与玻璃硬化时光能系数 K' 的关系

1—在空气中　2—在金属坩埚中

3—在隔热介质的金属坩埚中

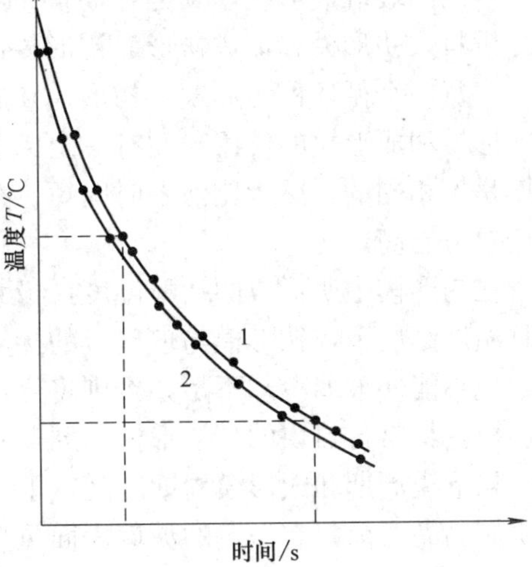

图 9-3　玻璃的温度与冷却时间的关系图

1—制品的表面层　2—中间层

从式（9-7）和式（9-8）可以认为：成形的玻璃制品壁厚 d，对 $\Delta t'$ 值影响极大。当无色玻璃转为有色玻璃时，常数 B 显著增大，而系数 K 则减小。所以有色玻璃的内层冷却和硬化较慢，而外层则大大加快。

从式（9-4）到式（9-8）可以计算玻璃制品成形过程中冷却所需要的时间。利用这些方程式计算所得的函数 $T=f(t)$ 值可以绘制成玻璃的温度-时间曲线，即玻璃的冷却曲线。此曲线同黏度-温度曲线一起，可进一步计算 $\lg\eta=f(t)$ 的值，可以绘制成玻璃的黏度-时间曲线，即玻璃的硬化曲线，如图 9-3 所示。根据玻璃在成形过程中的温度-时间曲线或黏度-时间曲线，结合实际参数，就可以规定出相应的成形制度。

规定玻璃液的成形温度范围，即工作黏度范围，是以玻璃液应具有完整成形的流动性，在外力作用下易于成形，有一定冷却硬化速度与不产生析晶和缺陷等来考虑的。如前所述，选择在玻璃的黏度-温度曲线的弯曲处。玻璃成形的工作黏度范围，根据不同的成形方法、制品的大小和质量不同而不相同。概括地说成形黏度范围为 10^3～10^7 dPa·s，一般钠钙玻璃其上限为 5×10^3 dPa·s 或 10^4 dPa·s，下限通常等于 4×10^8 dPa·s。小型玻璃制品，其成形的工作黏度范围小，大型制品的工作黏度范围大。

“长性”玻璃的黏度-温度梯度比短性玻璃的小，硬化速度较慢，因而其成形的工作黏度范围大，成形过程的持续时间长。在成形过程中如果成形机的结构不可改变，而玻璃制品成形各阶段的持续时间也不能调整，为了适应成形操作的特点与机速的要求，就需要改变玻璃的长短性，即改变玻璃的组成，使之适合。

成形各阶段的持续时间，可以根据玻璃黏度-时间曲线的 $\Delta\eta$ 值，由相应的 Δt 值来确定。实际上各阶段的持续时间与玻璃的热传递密切相关，在给定的成形方法和给定的成形设备下应当考虑玻璃制品的质量与其表面积的比值（m/S）、将玻璃压向模壁的有效压力、模具的材料、质量与冷却情况等。

不同的玻璃成形机，其操作时间周期是不相同的，空心玻璃制品的成形时间周期包括：供料入初形模和形成初形、初形传递和重热、在成形模中成形和冷却制品以及取出制品等，每一个循环称为周期。初形模和成形模周期在整个成形周期中占有相当的比例。由于初形模和成形模的使用时间有一定的重叠，一个制品的成形时间周期和机器的操作时间周期是不相同的，后者比前者时间短。初形模周期和成形模周期重叠的时间越多，模腔的生产效率越高。

在初形模中所形成的初形温度，极大地控制着最后成形制品中玻璃的分布。在一定的模具温度制度下，初形模与玻璃液的接触时间是十分重要的，既不能使玻璃冷却过度、过快，也不能使玻璃冷却不足，否则将会使制品厚薄不匀和产生表面缺陷。玻璃液模具重量大、模具材料传热快的，初形模的周期时间应当短，反之则长。

初形模周期和成形模周期之间，即在初形模打开，初形传送入成形模，直至在成形模中吹制制品之前，有一定的玻璃表面重热时间。重热对制品中玻璃的均匀分布和制品的表面质量都起着重要的作用。重热的时间随初形玻璃表面温度下降的大小而变化。

成形模周期控制着制品最后的形状和使玻璃硬化至制品从模中取出时不致变形。成形模周期应当与玻璃的硬化速度相适应，不能太慢，也不能太快，太慢将影响产量，太快会使制品产生表面缺陷。

模具的温度制度也是成形制度的一个重要方面。除了冷的衬碳模外，在成形之前，模具应加热到适当的操作温度。在成形过程中，模具从玻璃中吸取并积蓄热量，同时借助辐射和对流又将热量传递给模外的冷却介质。这时玻璃表面被冷却硬化，从冷模具加热到操作温度稳定所需要的操作时间与模具的厚度有关，在压-吹法中，厚 2cm 的模具约为 20min，而厚 4cm 的模具约为 40min。模具内表面随着与玻璃的接触和脱离，温度呈周期性变化。为了维持稳定的操作温度，模具从玻璃中吸取的热量和散失到冷却介质中的热量必须相等，这样，模具的外表面和距外表面一定距离的模壁处，温度应当稳定。实验数据说明，在距离模具内表面 1cm 处，其温度波动已不显著，也就是说模具的内表面及其邻近处为不稳定的传热带。它积蓄热量，又称蓄热带，而其内部和外表面则为稳定的传热带，不积蓄热量。铸铁的初形模和成形模的温度分布如图 9-4 所示。

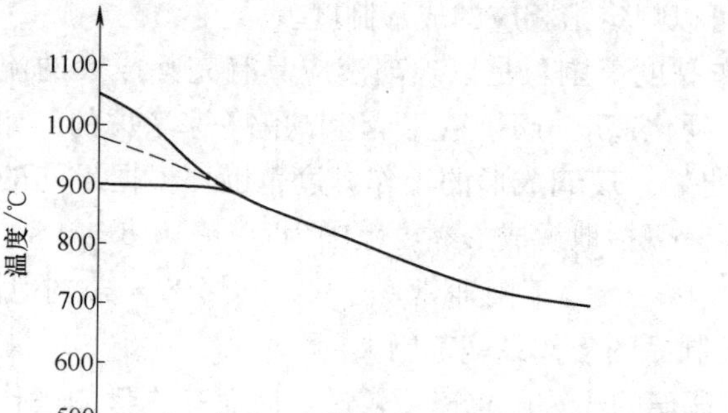

图 9-4　铸铁模型和合成模型的温度分布图

r—模型的半径坐标　a—瓶子的半径坐标

$r/a=1$—模型内表面

模具的厚度对模具的温度制度影响较大。厚度不足时，稳定的传热带缩小，甚至完全不存在，温度的波动将扩展到模具的外表面。在这种情况下，模具的温度制度即变为不稳定，甚至模具外面的冷却条件发生变化时，也影响到模具的温度制度随着变化，所以在实际上模具的厚度应比模具的蓄热带的厚度大 50%～100%。厚壁模具操作可靠，不要求特别严格地调整外部冷却条件。但是过厚的模具，由于蓄热量大，模具达不到合适的操作温度。相反，薄壁模具受热较快，蓄热能力小，要求较高的成形速度或更精细地调整冷却制度。

模具的内表面温度变化范围的大小，直接影响着成形的玻璃制品的质量。变化的范围越大，制品的表面质量越差，特别是模具内表面温度低时不可避免地会使玻璃表面形成裂纹和锻纹。按一般情况，用吹-吹法制造瓶子时，初形模的表面温度变化范围为 50～80℃。模具温度较高时，玻璃制品表面质量较好，制品中玻璃的分布也较为均匀，模具允许的上限温度决定于玻璃的性质、玻璃液的温度和模具材料，主要以不使玻璃黏附在模具上为原则。

初形模和成形模的温度制度指标，见表 9-3。

表 9-3　　模型温度制度指标

模型	向周围大气的热辐射强度/(W/m^2)	模具温度/℃		在模具截面上的温度差/℃	玻璃料滴与模具接触时的冷却程度/℃
		内表面	外表面		
初形模	1214～25586	300～500	140～220	160～280	30～70
成形模	34890～85585	450～580	200～300	250～280	150～250

9.3　玻璃成形方法

最早的玻璃制品是用人工捏塑的，大约在公元 1 世纪时出现了吹制的成形方法。目前人工成形方法和中世纪时基本相同。

随着机械工业的发展，玻璃成形首先发展为半机械化，到 20 世纪初才进一步发展为机械化，现在已达到用计算机自动控制的程度。根据玻璃制品形状和大小的不同，可以选择最方便和最经济的成形方法。

从成形方式来看，分为人工成形和机械成形，人工成形主要用于特异型产品和小批量产品，主要有器皿玻璃和艺术玻璃。现在机械成形占到玻璃制品总量的 95%以上，鉴于人工成形原理相对简单，同时又是技艺性很强的工作，很难进行系统表述，在此略去不讲。

由于人工成形需要一定的熟练技术，劳动强度大，特别是必须在熔炉附近作业，温度高，容易受玻璃辐射热灼伤，劳动条件差，生产效率低，因此，用机械化来代替人工成形就成为发展的必然趋势。在实现机械化成形以前，19 世纪末，发明了半机械化成形方法。当时两种主要成形空心制品的方法：压-吹法和吹-吹法已经发明。最初玻璃的挑料、模具的开关、初形和制品的转移是人工操作的，其它则由机械进行。稍后，成形台发展为转台式，转台由人工或电动机操纵。再后，除挑料外，模具开关、初形转移等也逐步为机械所取代。只有在解决了玻璃液的机器供料之后，才实现了全部机械化。机械成形方法有压制法、吹制法、拉制法、压延法、浇注法等。

9.3.1　机 械 供 料

如何将玻璃液供给于成形机，是机械化成形的第一步，不同的成形机要求的供料方法不同，现有三种主要形式：液流供料、真空吸料、滴料供料。

（1）液流供料　液流供料是利用池窑中玻璃液本身的流动进行连续供料，属于这种供料的如平板玻璃池窑的通路、引上槽子砖、连续压延玻璃板的通路、拉管机、带式吹泡机和玻璃成球机的料槽或料碗等。这种供料方法，玻璃液流量大，产量高，要求有稳定的温度制度。玻璃液的降温和温度调节是在通路、中间室或流料槽中进行的。玻璃液的流量用挡砖、溢流砖、闸砖、料筒等进行控制。

（2）真空吸料　真空吸料是在真空作用下将玻璃液吸出池窑进行供料的方法，用于罗兰式和欧文斯成形机以及转吹成形机。它的优点是料滴的形状、重量、温度均匀性比较稳定，成形的温度较高，玻璃分布均匀，产品质量较好。供料的方式有如下两种：

① 用吸料头吸料，再将料滴转入成形机模具中，适用于B型罗兰机和BC-24自动成形机。转吹法的吹杯机、吹泡机等。

② 用成形机的初形模直接吸料，对于中等生产能力的欧文斯成形机，采用袋式供料机，对于高生产能力的欧文斯成形机采用转池式供料。

图9-5为真空吸料袋式供料机，其主要部分是设于池窑成形部大砖上的料盆1、耐火材料盘2以2～4r/min的旋转速度搅拌玻璃液使其温度和成分均匀，盘的转动方向与成形机的转动方向相反，盘装于直径70mm的空心轴3上。空心轴用水冷却，盘距料盆边缘为20～40mm，盘的上表面在玻璃液面以下45～50mm处，在成形机有节奏地转动下，每次有一个初形浸入盆中玻璃液面以下2～3mm处吸取玻璃液，吸满后，提出到玻璃液面以上，并将多余的玻璃料切去。供料机中玻璃液的温度为1200～1210℃。

图9-6为真空吸料转池供料的示意图。从池窑澄清池流来的玻璃液，在调温小室冷却至一定温度，再经流料槽流至转池的边缘部分。玻璃液的流量由闸砖控制，转池的内径取决于成形机所需的供料量。BBM-10型欧文斯制瓶机所用转池的内径为2.8m。转池为耐火材料砌成，池深约为165mm，池中玻璃液的深度约为140mm。转池以1～3r/min的转速与成形机做相反方向的转动，将流槽流来的新玻璃液供给初形模吸取，并使初形模每次吸料的位置都不相同，以保证玻璃液的温度和成分均一。转池的旋转由功率为2.5～3.0kW的电动机经涡轮减速器带动，转池有独立的加热系统，转池中玻璃液的温度为1250℃（成形小件制品）至1025℃（成形大件制品）。

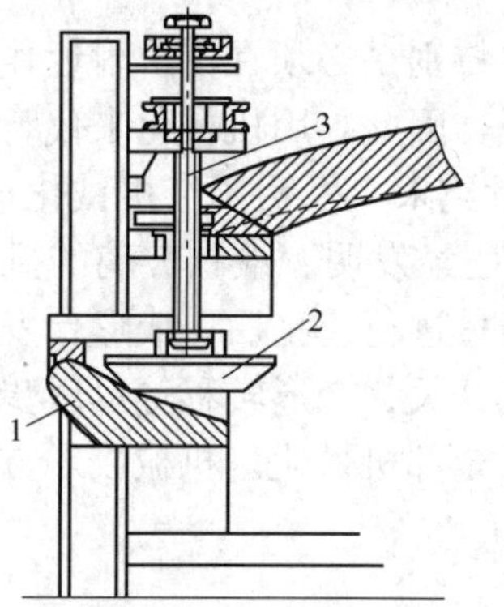

图9-5　真空吸料袋式供料机示意图

1—料盆　2—耐火材料盘　3—空心轴

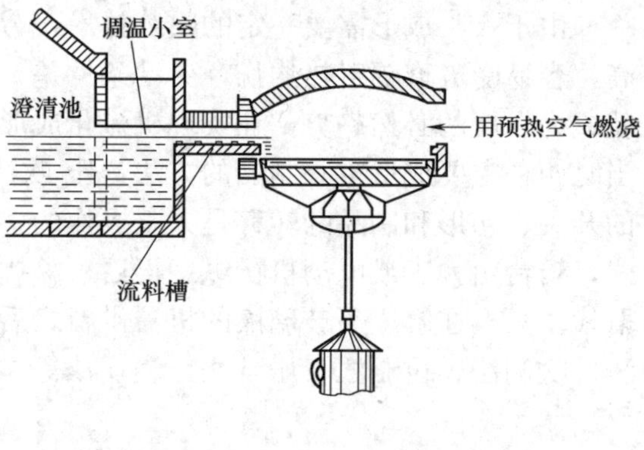

图9-6　真空吸料转池供料示意图

（3）滴料供料　滴料供料是使池窑中的玻璃液流出，达到所要求的成形温度，由供料机制成一定质量和形状的料滴，并经过一定的时间间隔将料滴送入成形机的模具中。

滴料供料系统，主要包括料道（料槽或通路）、加热系统、供料机与导料机构。

料道是连接池窑澄清部和料盆的通道，外壳为钢板制成，内砌耐火材料，在耐火材料与钢板间，填充保温材料。料道的长度一般由池窑至料盆中心为 2.44～9.15m，过短则玻璃液温度易受池窑影响不易于单独调节温度。料道分为冷却段和调温段两部分，冷却段是使池窑澄清部流来的玻璃液冷却达到成形的黏度；调温段是使玻璃液的温度和成分均一。料道的宽度一般为 406mm 和 660mm，最大为 915mm，玻璃液流量大的，料道较长，宽度也大。料道与池窑的连接处插有闸板砖以隔断池窑的火焰空间，并阻挡玻璃液中的杂质不致流入料道内。料道中的玻璃液深度为 171～254mm。供料槽和料盆又称料道，其结构如图 9-7 所示。

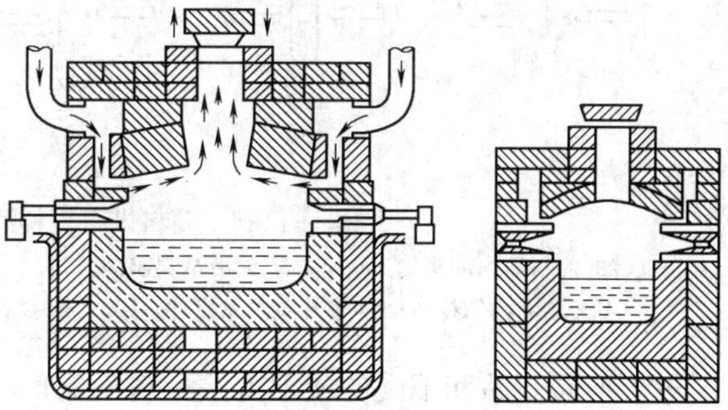

(1) 冷却段示意图　(2) 调节段示意图

图 9-7　玻璃通路结构图

玻璃液的冷却是利用冷却段两侧进气孔鼓入的冷空气流吸收玻璃的热量并从中间排气孔排出而实现的，利用排气孔的打开和盖合与进气管的开闭来进行控制。

供料槽和料盆的加热可采用城市煤气、天然气、电。用没有迟滞性的辐射高温计结合插入玻璃液中的热电偶的自动调温系统控制温度，借助温度控制与精确的玻璃液面控制，使供料机操作稳定。

料滴形成机构包括冲头、料筒、料碗（出料孔）和剪刀，冲头、料筒、料碗均为耐火材料制成。

冲头由凸轮带动，通过杠杆系统做上下往复运动。冲头的位置高低由杠杆力臂调节，冲程的快慢通过更换凸轮进行调节，冲头的粗细和尖端的形状也可以更换。冲头的运动也可以借辅助气缸进行加力。

冲头的动作是料滴形成的主要因素。当冲头在上部位置时，玻璃液因重力作用自料碗的料孔流出，在冲头由上向下运动时，玻璃液被加速挤出，形成料滴的加粗部分。冲头开始由下向上运动时，玻璃液又稍稍缩回料碗，并在料滴的加粗部分上面形成细腰，此时剪刀在细腰处将料滴剪下，料滴或直接落入初形模内或由导料机构送入初形模内。冲头继续向上运动，使玻璃液离开剪刀上面缩回料碗，重新加热。如此循环动作，即不断地形成料滴。

料盆或供料槽中设有搅拌器，一般都单独旋转，以使玻璃液的温度和成分均匀。料筒有旋转与不旋转两种，料筒位置的高低可以调节玻璃液的流量，以控制料滴的重量。当更换料碗时，料筒下降到底，以阻止玻璃液的流出。

料碗装于料盆底部和冲头的下面，其出料孔正对着冲头。出料孔的直径大小，决定着料滴的直径，对于料滴重量的形成速度有重要影响。

剪刀位于料碗的下面，由专用凸轮或汽缸带动。它的位置由剪刀架调节螺丝调节，剪切的快慢，由不同轮廓曲线的凸轮或辅助汽缸调节。剪刀剪切和冲头开始上升的时间间隔，是决定料滴形状的重要因素。时间间隔小时，料滴短，时间间隔大时，料滴长。

滴料供料机料滴形成过程如图 9-8 所示。

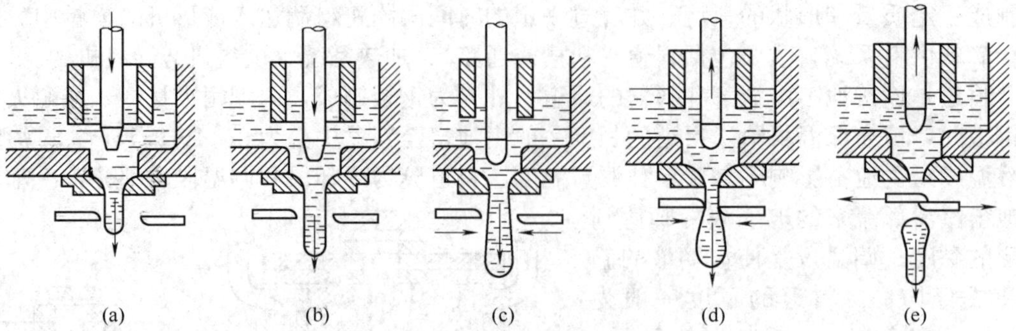

图 9-8　滴料供料机料滴形成过程图

(a) 在旋转的匀料筒内冲头匀速下降，玻璃液从料碗向外流出　(b) 冲头加速下降　(c) 冲头在最低处停留，剪刀将开始向内靠拢　(d) 剪刀向内靠拢并合闭，冲头加速上升　(e) 料滴被剪落，冲头匀速上升

对于不同制品和不同的成形方法，料滴的形状和质量是不一样的。料滴的形状应使其容易落入模具，在落入时不应与模具有过多的接触，也不能有歪扭、折皱。而且料滴的形状应当与初形模模腔的形状接近，以保证制品的厚薄均匀，表面质量良好。料滴的质量则是根据制品的大小和壁的厚薄来考虑的。

影响料滴形状和质量的可变参数是比较多的，包括玻璃液的温度、供料的时间周期、料筒位置的高低、冲头的高度与冲程快慢、冲头的直径与形状、冲头开始上升与剪刀剪切的时间间隔、剪刀刃与料碗间的距离、料碗出料孔的直径等。

在生产过程中，在温度和玻璃液面（玻璃液深度）不变的情况下，对于料滴质量和形状的调节应根据所用供料机的说明书进行。一般来说，主要是通过调整料筒位置、冲头位置和冲程、料碗出料孔的直径来调整料滴质量；通过改变冲头的位置和冲程、冲头的形状、剪刀的位置、剪刀剪切与冲头上升的时间间隔、料碗出料孔的直径等来控制料形。

为了消除料滴的条纹和节瘤，保证玻璃液的均匀，在出料大的供料机的料筒外侧采用带有三个旋转的桨叶状的匀料片，三者组合在一起为圆形结构，如图 9-9 所示；或在料盆与接近料盆的供料槽中装置搅拌器，对玻璃液进行搅拌。

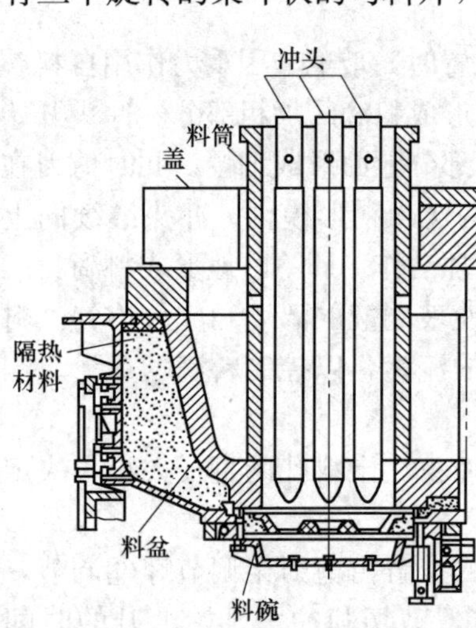

图 9-9　三滴料供料机

双滴料和三滴料的供料，分别采用具有两个出料孔或三个出料孔的料碗，配合两个或三个冲头，与两个剪刀刃或三个剪刀刃的剪刀，在一个供料机上同时形成两个或三个料滴。图 9-9 为三滴料供料机。

供料机的导料机构是将所形成的料滴，在一定的时间间隔内，分别送入成形机的模具中。对于转台式成形机的供料，系使料滴垂直落入初形模中。对于不转动的、固定的成形机（如行列式制瓶机），使用一台供料机同时给几台成形机供料时，必须有导料机构，以便将料滴按时、按顺序地送入到各分部或各成形机的模具中去。导料机构由料勺、导料槽、转向器等组成。料勺一般是每个分部（或每一成形机）一个，料勺在剪刀下面的同一平面上排列，分别对应于各个分部的导料槽。接料时由汽缸推动料勺进入到对准料碗出料孔的位置，料滴进入导料槽后，立即离开返回原位，让另一个料勺前来接料。对于高速成形机采用分料器是一个可转动的料勺，以万向轴带动，或借凸轮齿条齿圈系统使之间歇旋转，每次旋转一定角度，分别向各分部的导料槽供料。供料机必须与成形机同步。

9.3.2　压　制　法

机械压制法与人工压制的成形部件是相同的，借助于模具、压头和模环，但主要是采用滴料供料机供料和自动压机成形。其成形过程示意图如图 9-10 所示。

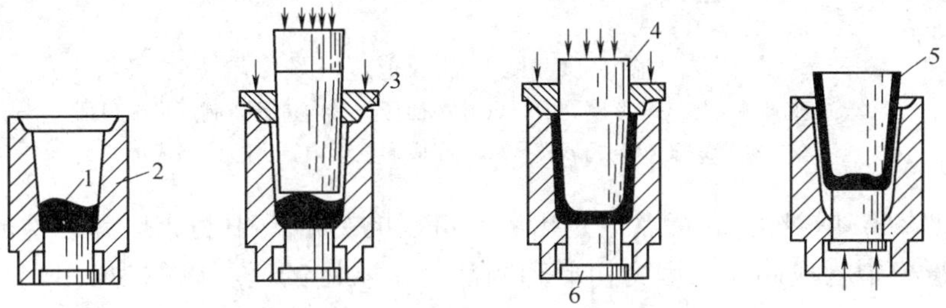

图 9-10　玻璃压制成形过程图

1—玻璃料　2—模具　3—模环　4—压头　5—玻璃制品　6—底模

压制法能生产多种多样的实心和空心玻璃制品，如玻璃砖、透镜、棱镜、绝缘子、电视显像管的面板及锥体、耐热餐具、光技术玻璃以及水杯、烟灰缸、糖缸、花瓶、盘、碟、碗等日用器皿。

压制法的特点是制品的形状比较精确，能压出外面带花纹的制品，工艺简便，生产能力较高，但是压制法的应用范围受到一定的限制。

首先是压制品内腔的形状应该能容许冲头从中取出，也就是内腔不能向下扩大，同时内腔的侧壁上下不能有凸凹的地方。但是螺旋状的内腔可以成形，因为可以利用旋转的办法将冲头取出来。

第二是由于薄层的玻璃液与模具和冲头接触时，因冷却而黏度增大，会很快失去流变性。因此，用压制法不能生产薄壁和内腔在垂直方向上较长的制品。

另外，压制的制品表面不光滑，常有斑点和模缝。这些缺陷有时虽可以利用火抛光法使之减少，但由于玻璃表面张力的作用，也会使制品的棱角变圆，从而使压制的刻花器皿、花纹质量变坏。

9.3.3　吹　制　法

机械吹制法可以分为压-吹法、吹-吹法、转吹法、带式吹制法等。

（1）压-吹法　压-吹法的特点是先用压制的方法制成制品的口部和初形，然后再移入成形模中吹成制品。因为初形是压制的，制品是吹制的，所以称为压-吹法。

成形时口模放在初形模上，由滴料供料机送来的玻璃液料滴落入初形模后，冲头即开始下压制成口部和初形。初形模可能是整体的，也可能由两部分组成。然后将口模连同初形移入成形模中，重热伸长并放下吹气头，用压缩空气将初形吹成制品。最后，将口模打开取出制品，送去退火。

压-吹法主要用于生产广口瓶、小口瓶等空心制品，其成形过程的示意图如图 9-11 所示。

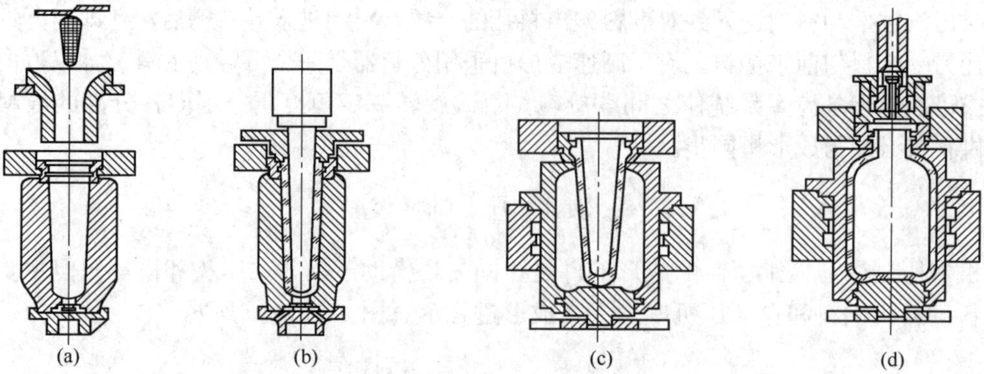

图 9-11　压-吹法成形过程图

（a）玻璃料滴导入初形模具内　（b）在初形模具内进行压制，形成口部

（c）初形玻璃转至成形模　（d）在成形模具内，进行吹制成形

（2）吹-吹法　吹-吹法的特点是先在带有口模的初形模中制成口部和吹成初形，再将初形移入成形模中吹成制品。因为初形和制品都是吹制的，所以称为吹-吹法。吹-吹法主要用于生产小口瓶。不同类型的成形机口部成形的方式不同又分为翻转初形法、真空吸吹法。

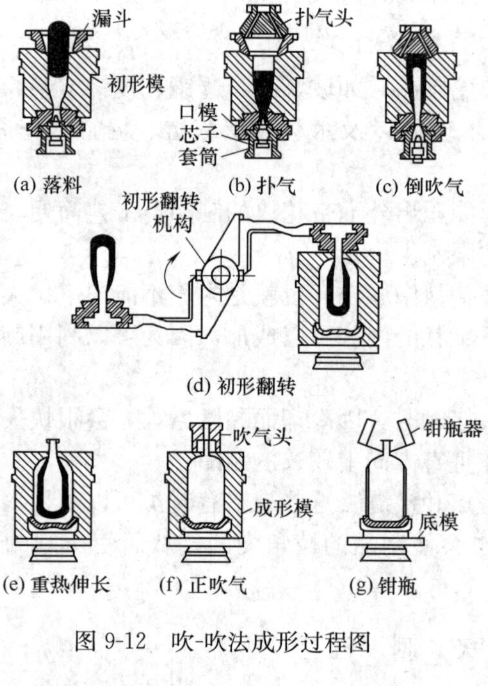

图 9-12　吹-吹法成形过程图

翻转初形吹制法的特点是用初形倒立的办法使滴料供料机送来的玻璃料滴落入带有口模的初形模内，用压缩空气将玻璃液向下压实形成口部（俗称扑气）。在口模中心有一个特制的型芯，称为顶芯子，以便使压下的玻璃液作出适当的凹口。为使口都能完全充实，不发生缺口等缺陷，口部形成后，口模中的顶芯子即自行下落，用压缩空气向形成的凹口吹气（倒吹气）形成初形，然后将初形翻转移入正立的成形模中，经重热、伸长、吹气，最后吹成制品。吹-吹法成形过程如图 9-12 所示。

真空吸吹法的特点是采用真空吸口的办法，初形和成形均用压缩空气成形。林取制瓶机，初形模和成形模均正立，分别在两个转盘上，无需翻转。

9.3.4　拉　制　法

拉制法主要用于生产玻璃管、玻璃棒、平板玻璃、连续玻璃纤维等。

（1）玻璃管的拉制成形　玻璃管拉制方法总计有四种成形方法，分别是水平拉制丹纳法、垂直水平维络法、垂直引上拉管、垂直引下拉管，如图 9-13～图 9-16 所示。

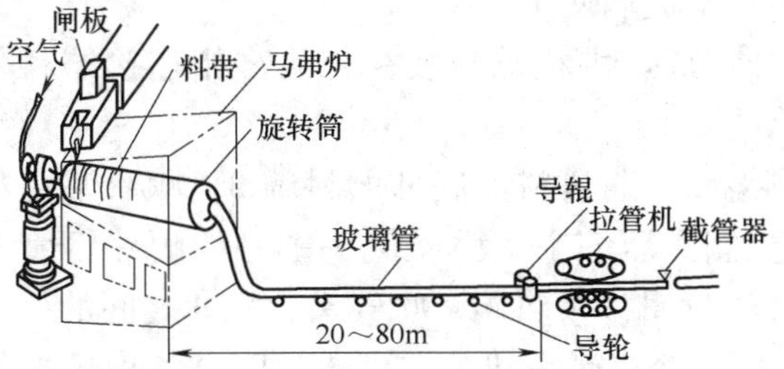

图 9-13　丹纳法拉管示意图

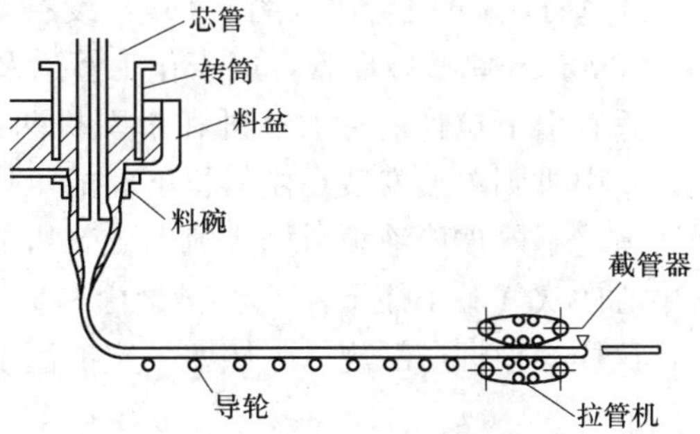

图 9-14　维络法拉管示意图

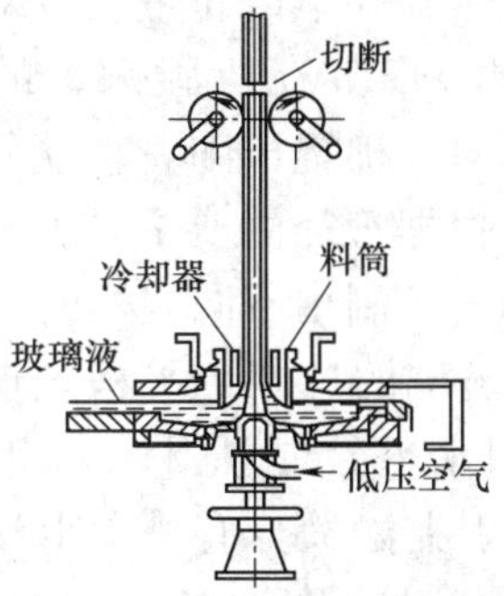

图 9-15　垂直引上拉管示意图

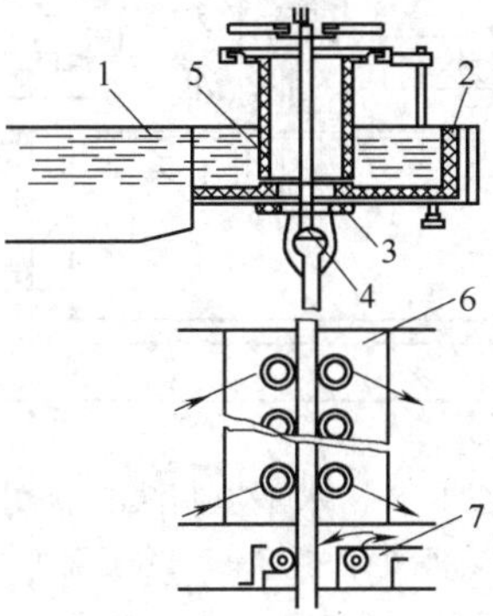

图 9-16　垂直引下拉管示意图

1—料槽　2—料盆　3—料碗　4—吹气头

5—料筒　6—牵引机　7—石棉辊

① 丹纳拉管法（图 9-13）：适合制造外径 2～70mm 的玻璃管，主要用于生产安瓿管、日光灯管、霓虹灯管等所用的薄壁玻璃管。玻璃液从池窑的工作部经流槽流出，由闸砖控制其流量。流出的玻璃液呈带状流淌在耐火材料的旋转管上。旋转管上端直径大，下端直径小，并以一定的倾斜角装在机头上，由中心钢管连续送入空气。旋转管不停地旋转下，玻璃液从上端流到下端形成管根。管根被拉成玻璃管，经耐热托辊引入拉管机中，拉管机的上下两组驱动轮夹持玻璃管使之连续拉出，并按一定长度截断。

② 维络拉管法（图 9-14）：玻璃液从漏料孔中流出，在漏料孔的中心有空心的耐火材料和耐热合金管，通入压缩空气使玻璃成为管状。当玻璃管下降到一定位置时，即放在耐热托辊上，用与丹纳法相同的拉管机拉制。拉制速度随外径及管壁厚度的增加而降低，并与玻璃的化学组成和硬化速度有关。

③ 垂直引上拉管法（图 9-15）：可以拉制薄壁和厚壁的管道，而主要用于拉制厚壁工业管道。设备主要由引上机（拉管机）和槽子砖所组成。拉制的方法是采用“抓子”从槽子砖内拉出玻璃管，再送入引上机内。根据管壁厚薄和直径的不同，调整引上机的速度，越厚引上速度越慢。当管子拉到顶端时，玻璃管按需要的长度割断，放到收集玻璃管的包装槽内。用这种方法引上玻璃管的直径范围为 30～170mm，每根管的引上速度为 1.5～20m/min。由于该方法操作和控制的复杂性，现在大多被垂直引下拉管

所替代。

④ 垂直引下拉管法（图 9-16）：设备简单，改换品种时操作简便，适合生产直径为100～300mm 厚壁玻璃管，用于化工管道及实验室玻璃使用。

垂直引下拉管机由供料机和牵引机两部分组成，供料机安装在与池窑相连接的料带上，牵引机则单独安装在供料机下面的工作台上。

澄清了的玻璃液由料槽 1 流向供料机的料盆 2，通过料盆底部的料碗 3，顺着装在料盆中心的吹气头 4 往下流，流料量由料筒 5 控制。压缩空气由吹气头中心的耐热钢管吹入，这样，根据产品规格，按照一定的温度和进气量以及料碗、吹气头、机速之间的一定比例，经过牵引机 6，就可以拉出各种规格的玻璃管，最后用机械把管子截成一定的长度。

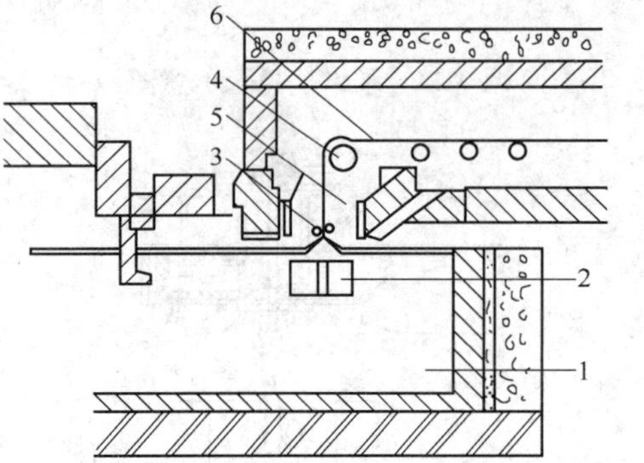

图 9-17　水平拉制法示意图
1—玻璃液　2—引砖　3—拉边器　4—转向辊　5—水冷却器　6—玻璃带

牵引机与垂直引上法的牵引机相似，是由调速电机通过主轴和伞齿轮带动 8 对石棉辊同步运转。石棉辊安装在机膛侧壁的扇形齿轮上，从而使每对石棉辊子随着玻璃管直径的大小自由紧合。根据管径的要求，调整机速和料碗出料孔，即可拉制出不同规格的制品。

(2) 平板玻璃的拉制　平板玻璃的拉制分垂直引上法和水平拉制法［又称平拉法（图 9-17)］。垂直引上法又分有槽引上法［图 9-18 (a)］、无槽引上法［图 9-18 (b)］、旭法［图 9-18 (c)］。最先进的平板玻璃制造方法称为浮法工艺（图 9-19），还有适合生产超薄平板玻璃生产方法有窄缝下拉法（图 9-24）和溢流引下法（图 9-25）。

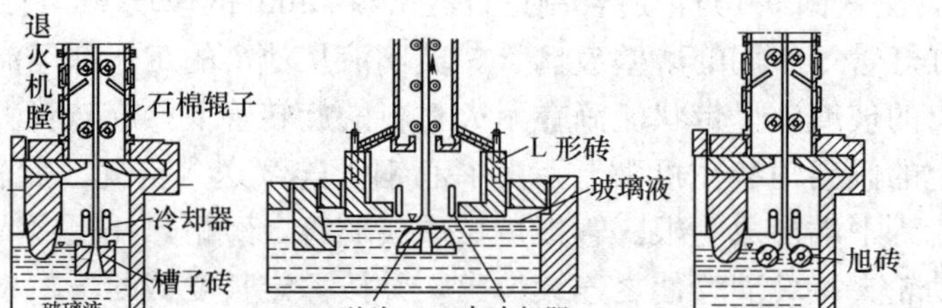

(a) 有槽垂直引上法　(b) 无槽垂直引上法　(c) 旭法

图 9-18　垂直引上法生产示意图

浮法玻璃的成形是在锡槽中进行的，其成形过程由玻璃液流到锡液面、玻璃液展薄、玻璃的抛光、拉薄四部分组成。与之对应的工艺参数为玻璃液在锡液面上浮起的高度、自由厚度、抛光时间、拉薄。

① 玻璃液在锡液面上的浮起高度：玻璃液和锡液是互不浸润的，也不起化学反应，锡液的密度大于玻璃液，因而玻璃液浮于锡液表面上，如图 9-20 所示，其浮起高度与两者密度比有关。锡的密度与温度的对应关系见表 9-4。

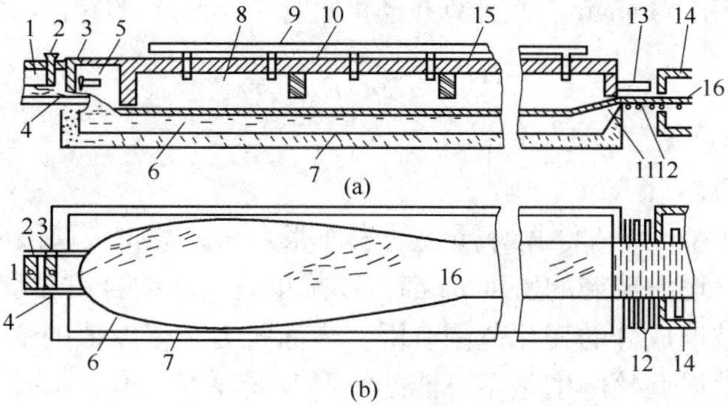

图 9-19　浮法玻璃生产工艺示意图

1—窑尾　2—安全闸板　3—节流闸板　4—流槽　5—流槽电加热　6—锡液　7—锡槽底部　8—锡槽上部加热空间　9—保护气体管道　10—锡槽空气分隔墙　11—锡槽出口　12—过渡辊　13—过渡辊电加热　14—退火炉　15—锡槽顶盖　16—玻璃带

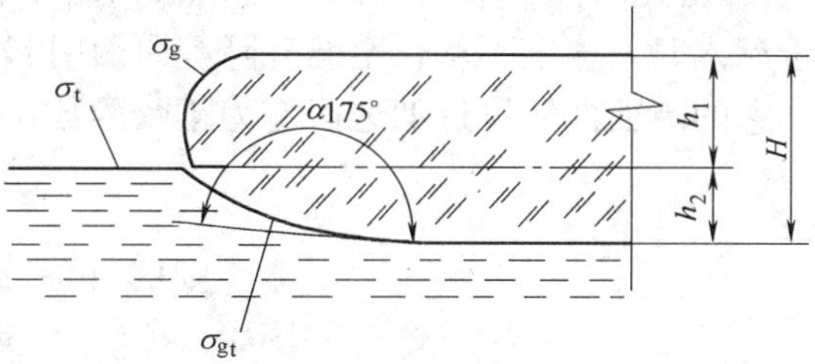

图 9-20　玻璃液在锡液面上的浮起高度

表 9-4　　锡的密度与温度的关系

温度/℃	25	500	550	600	700	800	900	1000	1050	1100
密度/(g/cm³)	7.298	6.780	6.746	6.711	6.643	6.574	6.505	6.437	6.403	6.368

假设平板玻璃室温密度为 2.505g/cm³，在 1000～1050℃时的密度为 2.330g/cm³，此时玻璃液在锡液面上的浮起高度 h_1 和沉入深度 h_2 分别是：

$$h_1=\left(1-\frac{2.330}{6.403}\right)H=0.6361H \tag{9-9}$$

$$h_2=\frac{2.303}{6.403}H=0.3639H \tag{9-10}$$

式中　H——玻璃液在锡液面上的自由厚度。

② 浮法玻璃的自由厚度：当玻璃液的表面张力 σ_g 与界面张力 σ_{gt} 之和小于锡的表面张力 σ_t 时，玻璃液将展成薄膜，即

$$\sigma_g+\sigma_{gt}<\sigma_t$$

而当 $\sigma_g+\sigma_{gt}>\sigma_t$ 时，则玻璃液的展薄是有限度的，因而玻璃液、锡液的表面张力和两者间的界面张力的关系可用摊开系数 F_s 表示：

$$F_s=\sigma_t-(\sigma_g+\sigma_{gt})$$

所以，F_s 为正值时玻璃液就形成薄膜，F_s 为负值时它就形成“透镜”或“扁圆体”。

在力的平衡下，玻璃液在锡液面上所形成的自由厚度 H 值的大小，将由作用力的大小来

计算。1933年朗格茂尔（Langmuir）计算并经普瑞斯（Prince）的修正，提出了式（9-11）。

$$H^2=\frac{2\rho_t(\sigma_g+\sigma_{gt}-\sigma_t)}{g\rho_g(\rho_t-\rho_g)} \tag{9-11}$$

式中 ρ_t——浮抛介质密度，g/cm^3；

ρ_g——玻璃密度，g/cm^3。

由式（9-11）可知，增大浮抛介质锡的表面张力 σ_t、减少玻璃液的表面张力 σ_g，增大浮抛介质的密度 ρ_t、增大玻璃的密度 ρ_g 都可以减小玻璃液的自由厚度 H 值。

通常，温度和玻璃成分的变化范围有限，表面张力和密度值的变化不大，所以期望改变表面张力或密度值以调整厚度是不可能的，要改变厚度只有施加外力，例如外加纵向力和横向力。由于缺乏 σ_{gt} 的精确数据，因而公式（9-11）不能作精确计算。但可作如下估算：当成形温度为1000℃左右时，$\sigma_g=0.0034N/cm$，$\sigma_t=0.05N/cm$，$\sigma_{gt}=0.055N/cm$，$\rho_t=6.44g/cm^3$，$\rho_g=2.35g/cm^3$，把上述各值代入式（9-11），得 $H=7.3mm$，与实际情况相近。

③ 玻璃液在锡液面上的抛光时间：玻璃液离开流槽自由地落在锡液面上后，进行横向伸展并向前漂移。由于流入时，速度不均，窑温升降等原因引起的冲击变化作用，使玻璃液表面出现了不平整，它的断面曲线可近似地假定为正弦函数：

$$z=A\sin\frac{2\pi}{\lambda}x \tag{9-12}$$

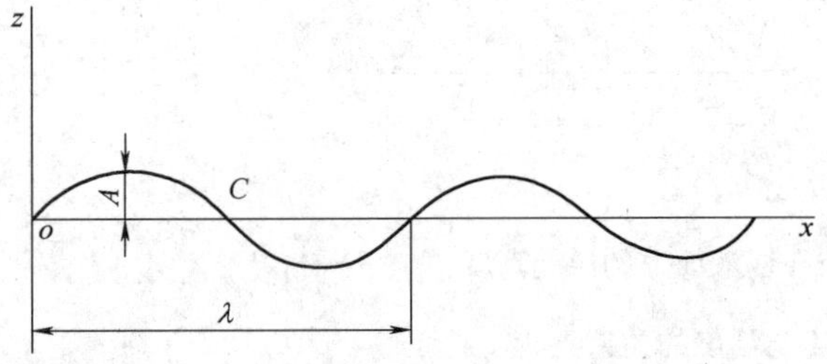

图 9-21 玻璃带 zox 表面情况（厚度）

则式（9-12）可用图9-21表示。图中 x、y、z 表示浮法玻璃的长度、宽度与厚度。

可以把一个波长 λ 范围内（oc 段）的玻璃液视为一个玻璃液滴，因而其中任一点 x 处所受到的压强为 p，它是由表面张力所形成的压强和流体的静压强之和，即

$$p=\sigma_g\left(\frac{1}{R_1}+\frac{1}{R_2}\right)+\rho_g gz \tag{9-13}$$

式中 σ_g——玻璃液在成形温度（1000℃）时的表面张力；

R_1、R_2——分别为玻璃液在长度和宽度方向的曲率半径；

ρ_g——玻璃液在成形温度（1000℃）时的密度；

$\sigma_g\left(\frac{1}{R_1}+\frac{1}{R_2}\right)$——表面张力形成的附加压强。

在浮法玻璃成形过程中，对 $\left(\frac{1}{R_1}+\frac{1}{R_2}\right)$ 可作简化处理，可以假定不平整曲线是沿着 x 轴方向前进的平面波，所以 y 轴方向的曲率半径无限大，则 $1/R_2\longrightarrow 0$，所以 $\left(\frac{1}{R_1}+\frac{1}{R_2}\right)=\frac{1}{R_1}$。

通过对式（9-12）进行求导，获取其曲率半径，最终得到计算式（9-14）。

$$\frac{1}{R_1}=\frac{4\pi^2}{\lambda^2}z \tag{9-14}$$

将式（9-14）代入式（9-13）中，得到式（9-15）。

$$p=\sigma_g \frac{4\pi^2}{\lambda^2} z+\rho_g g z=(\sigma_g \frac{4\pi^2}{\lambda^2}+\rho_g g)z \tag{9-15}$$

式（9-15）第一项表示表面张力的作用，第二项表示重力作用的静压值。玻璃板的抛光作用主要是表面张力，因而玻璃表面张力的临界值应不低于静压值，即

$$\sigma_g \frac{4\pi^2}{\lambda^2} \geqslant \rho_g g$$

所以

$$\lambda^2 \leqslant \frac{4\pi^2}{\rho_g g}\sigma_g \tag{9-16}$$

按式（9-16）可求得临界 λ_0 值。

假设浮法玻璃成形温度为 1000℃，则玻璃液 $\sigma_g=340\text{erg/cm}^2$，$\rho_g=2.4\text{g/cm}^3$，$g=1000\text{cm/s}^2$，则 $\lambda_0=2.36\text{cm}$。如果 $\lambda_0>2.36$ 时，重力起主要作用；如果 $\lambda_0<2.36$ 时，表面张力起主要作用。

在表面张力作用下，波峰和波谷趋向平整的速度 v 可应用黏滞流体运动的管流公式，如式（9-17）所示。

$$\sigma_g=\eta \cdot v \tag{9-17}$$

假设浮法玻璃成形温度为 1000℃，其黏度为 $10^4\text{dPa}\cdot\text{s}$，$\sigma_g=340\text{erg/cm}^2$，代入式（9-17），则 $v=0.034\text{cm/s}$。临界抛光时间为：

$$t=\lambda_0/v=2.36/0.034=69.4\text{s}$$

实践证明，流入锡槽的均质玻璃液，在抛光区（均匀温度场内）停留 70s 左右，就可以获得光洁平整的抛光玻璃表面。

④ 玻璃液的拉薄：浮法玻璃的拉薄有两种方法，即高温拉薄和低温拉薄。在高温拉薄（1050℃）时，其厚度与宽度的变化如图 9-22 中 POQ 所示；在低温（850℃）拉薄时，其曲线为 PBF。

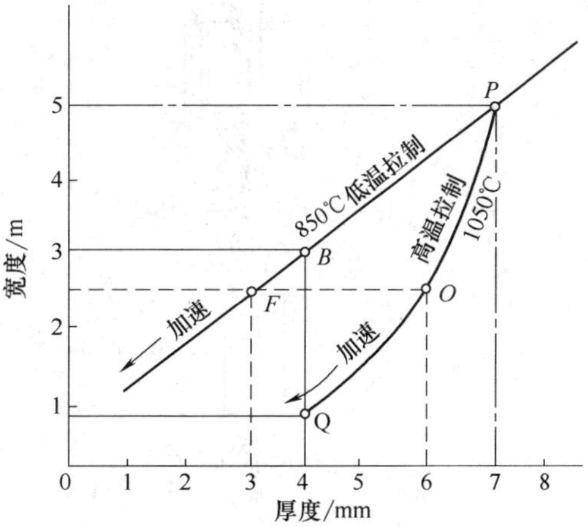

图 9-22　高温拉薄和低温拉薄曲线图

从图 9-22 中可以看出，两种不同的拉制方法，其效果不尽相同。假设玻璃液在拉薄前的状态为 P 点，即原板宽度为 5m，厚度为 7mm，若分别用低温拉制法和高温拉制法进行拉制，若使两者所得的宽度均为 2.5m，则相应得到 F 点和 O 点，其厚度分别为 3mm（低温法）和 6mm（高温法），可见用低温法能拉制成比高温法更薄的玻璃。或者它们分别拉制到 B 点和 Q 点，这时两者的厚度均为 4mm，其板宽却分别为 3m（低温法）和 0.75m（高温法），由此可知，低温拉薄比高温拉薄更有利。实际上低温拉薄还可分为两种方法，即低温急冷法和低温徐冷法，两者的拉薄过程如图 9-23 所示。

低温急冷法是玻璃带在离开抛光区后，进入强制冷却区，使其温度降到 700℃，黏度为 $10^8\text{dPa}\cdot\text{s}$ 时，而后玻璃进入重新加热区，其温度又回升到 850℃，黏度 $10^6\text{dPa}\cdot\text{s}$，然后增加拉制速度进行拉薄。由图 9-22 可知，由 P 点到 F 点的变化过程中，其宽度收缩达 50%，若在重热拉薄区，在玻璃带的两侧添置若干拉边机，用以压住玻璃带边部，能有效地减少玻璃带的收缩，可使收缩率降到 30%左右。

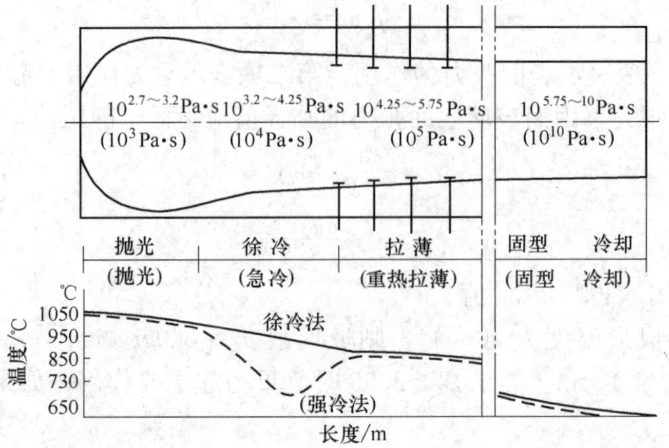

图 9-23　正常降温拉薄法和急冷重热拉薄法

（图中有括号和虚线者均为低温急冷法，其它均是低温徐冷法）

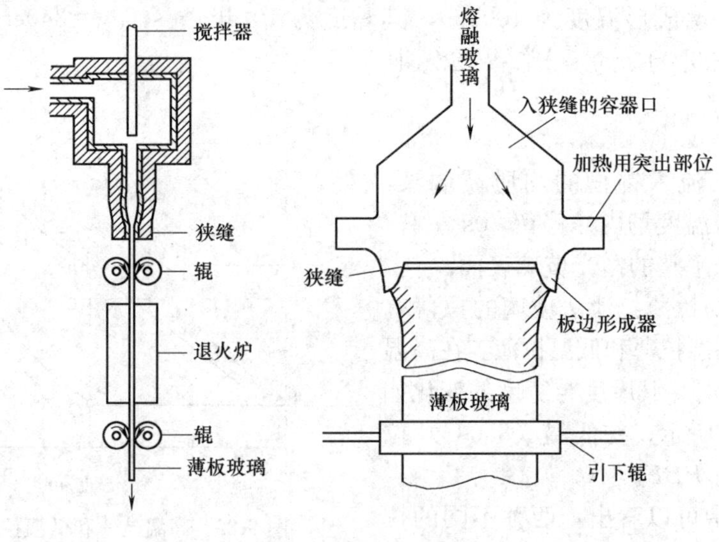

图 9-24　窄缝下拉法

低温徐冷法基本与低温急冷法原理相似，只是玻璃带离开抛光区后，不是强制冷却，而是徐冷到 850℃，再配合若干拉边机进行高速拉制，此法的玻璃收缩率可降到 28%。

溢流引下法又称 Fusion 法，它是美国康宁公司于 20 世纪 60 年代发明的一种玻璃薄板成形方法，是一种最佳薄板玻璃成形方法，图 9-25 为溢流引下法原理图。熔融玻璃液进入到锆英石质耐火材料溢流槽，溢流槽内有一倾斜槽，当玻璃充满后溢出，沿着耐火材料两侧流至倾斜的壁面，在耐火材料尖端部两股玻璃液合并形成玻璃板根，通过下方的牵引辊向下拉引形成玻璃薄带。由于此种成形方法的玻璃表面不与任何材料接触，可以保持新鲜的自由表面。可以生产平整度高、具有火焰抛光效果的表面、不需研磨和抛光厚度均匀的玻璃板。

（3）玻璃纤维的拉制　连续玻璃纤维主要是由熔融的玻璃液通过铂金漏板或由玻璃棒加热熔融以高速机械拉制的方法来生产的，主要包括单坩埚玻璃纤维拉丝、池炉连续玻璃纤维拉丝、玻璃光纤拉丝，其生产过程及原理如图 9-26～图 9-29 所示。

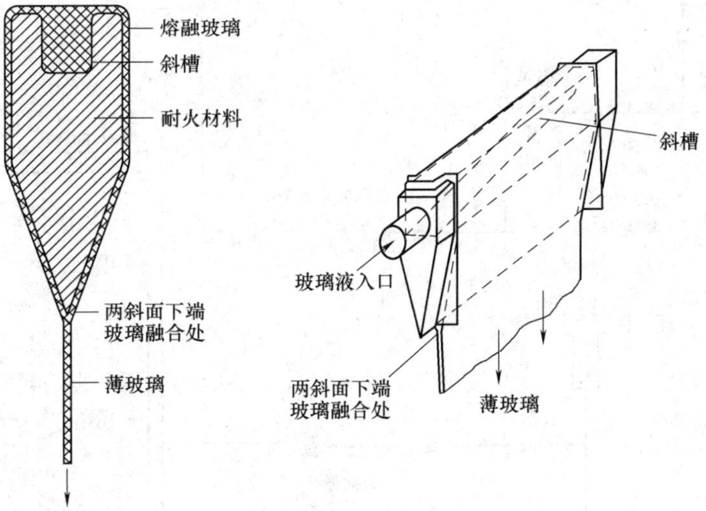

图 9-25　溢流引下法

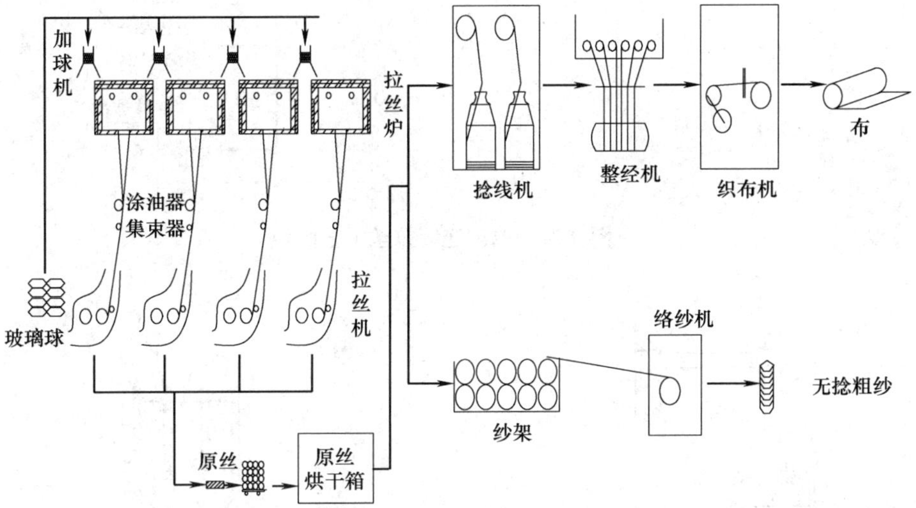

图 9-26　单坩埚法拉丝工艺图

多组分玻璃光纤的制造工艺采用棒管法或双坩埚法。

棒管法工艺是把高折射率的芯玻璃棒插入低折射率的包皮玻璃管内，然后加热拉制成所需直径的单根纤维，其拉丝结构示意图如图 9-28 所示。

芯/皮材料选好后，把芯棒仔细插入皮管，棒管间隙控制在 0.2～0.5mm 为宜。在棒装入管前，管子的一段必须密封，以便拉丝时抽真空。抽真空是为了改善光导的界面质量所采取的必要措施。在密封管子时，将管端置于拉丝炉子的热区几分钟，软化之后拉成实心丝锥，放入炉子时由于温度的变化丝锥会有裂纹，破坏密封。

将组装好的棒管安装在送棒机构上放入炉中热区几分钟，在玻璃的软化温度区端头在重力作用下自然下垂成丝，把丝缠绕在提丝筒上，然后适当降低抽丝温度，正常拉丝。需要指出的是，把棒管组合体一端装在送棒机构上时，一是芯/皮要分别装夹，二是方便在芯/皮间隙抽真空。棒管法拉丝的丝径控制取决于温度、送棒速度和拉丝速度，正常情况

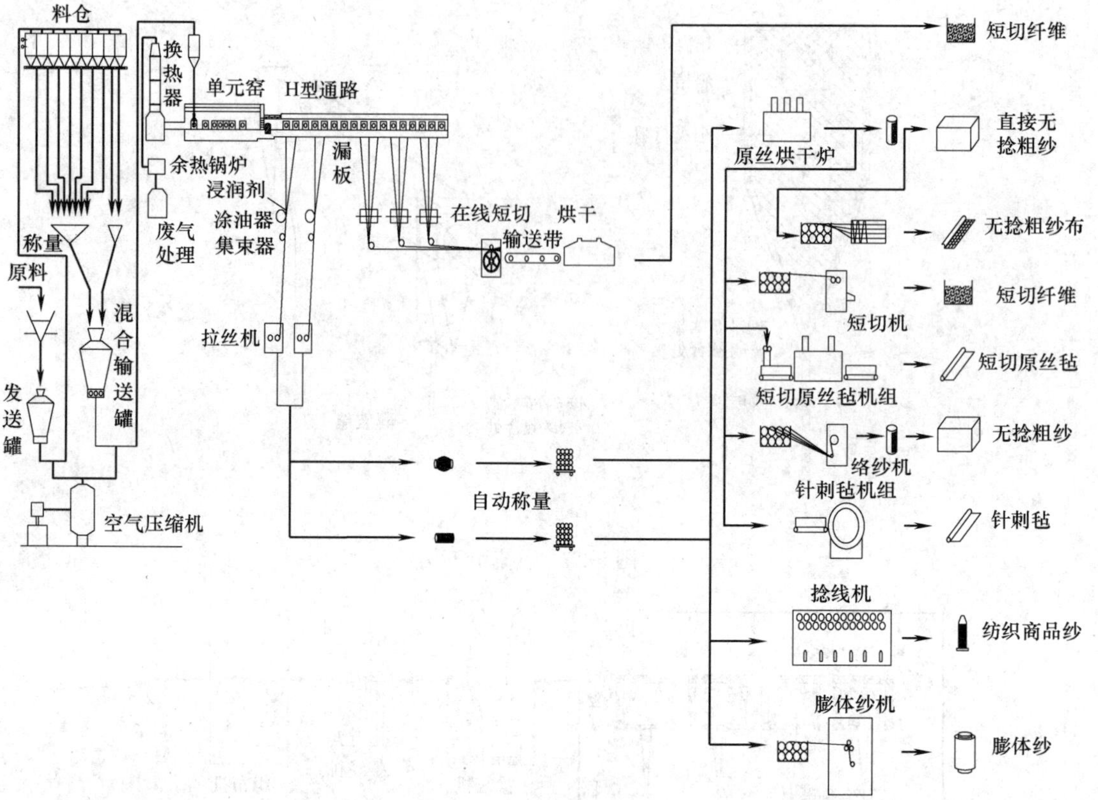

图 9-27　池炉连续拉丝工艺图

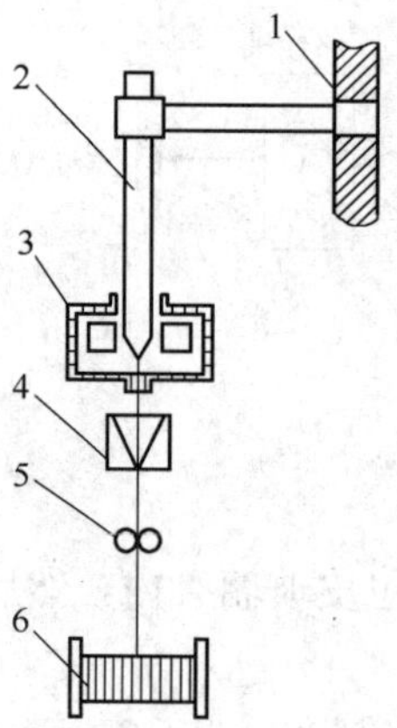

图 9-28　棒管法拉丝设备示意图

1—送料机构　2—棒管组合体　3—拉丝炉　4—涂覆器

5— 拉丝牵引轮　6—卷绕机构

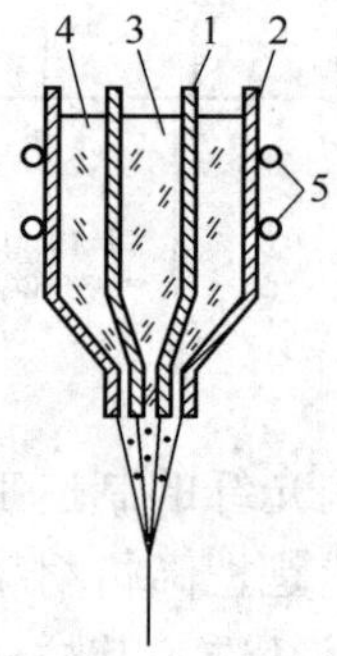

图 9-29　双坩埚拉制光导纤维装置图

1—内坩埚　2—外坩埚　3—芯料

4—皮料　5—加热器

下温度是恒定的，这时丝径取决于送棒速度和拉丝速度。

用棒管法拉丝，一般是一个炉子拉一根丝，但为了提高产量也可以采用多根棒管同时拉丝，如德国肖特公司可同时拉 48 根丝。

双坩埚法是用铂金加工内、外两只坩埚，坩埚下各有一个圆形漏嘴，把内坩埚装在外坩埚内并保证内外漏嘴同心，这样就形成一只单孔双坩埚。把高折射率的芯料放入内坩埚，低折射率的皮料放入外坩埚，将坩埚加热熔化玻璃，在拉丝温度下（700～1400℃），芯/皮熔合成纤。图 9-29 为双坩埚拉丝示意图。

与棒管法相比，双坩埚法拉丝容易调整控制纤维几何尺寸及芯/皮厚度比，棒管法的芯/皮比在拉丝过程中是不可调的，而双坩埚是可以通过改变芯/皮液面高度来改变芯/皮比。在设计坩埚时，坩埚芯/皮漏嘴高差不同，成纤后包层厚度也不同。但是用坩埚法拉丝，玻璃的受热温度比棒管法高得多，并且玻璃在高温状态停留时间也比棒管法长得多，这对光纤的质量是不利的。

目前，坩埚法主要在中国、日本使用较多，欧美一些国家主要以棒管法为主。

9.3.5　压　延　法

压花玻璃、金属加丝玻璃等都可用压延法来制造。压延法有两种形式，一种是平面压延，另一种是辊间压延。

平面压延法是将玻璃液倒在浇铸台的金属板上，然后用耐热的金属辊压延，使之变为平板，然后在隧道窑中退火。由于工作台温度条件不同，玻璃液的温度高，很难建立稳定的温度制度，制造的平板玻璃表面不平整，玻璃板的下面常有很多小裂纹，在研磨和抛光时要磨去很厚一层玻璃，动力、材料和劳动力消耗都很大，而且要间歇作业，操作笨重都是它的缺点。

辊间压延法是将玻璃液流到承受板上，然后通过压延辊展成平板送去退火。在对辊压延的情况下，玻璃板的两面冷却得大致一样，玻璃与成形面接触的时间短，能采用较冷的玻璃液，这可以减少玻璃厚度上的温度梯度。玻璃比平面压延法质量好，研磨抛光时磨去量少，比较经济，但是存在着间歇作业的典型缺点，因而又进一步发展为连续压延法。

连续压延法的玻璃液由池窑的工作池沿流料槽连续流出，进入由两个用水冷却的中空压辊所组成的压延设备中，下面辊的直径比上面辊的直径大得多，压延成的玻璃经辊式输送机送入退火炉中进行退火。

压花玻璃和夹丝玻璃多采用辊压延法和连续压延法成形。各种压延法示意图如图 9-30 所示。

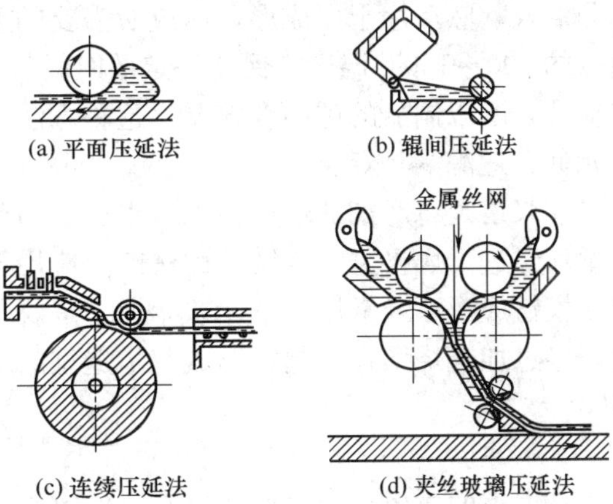

图 9-30　各种压延法示意图

9.3.6　浇　铸　法

在制造光学玻璃、建筑用装饰玻璃、艺术玻璃等品种常采用浇铸法（图 9-31）。对于大直径的玻璃管、器皿和大容量的反应锅，则需要采用离心浇铸法生产。浇铸法成形就是将熔好的玻璃液注入模子或铸铁的平台上，经过退火冷却和加工后即成制品。

离心浇铸法是将玻璃熔体注入高速旋转的模子中，由于离心力使玻璃熔体紧贴到模子

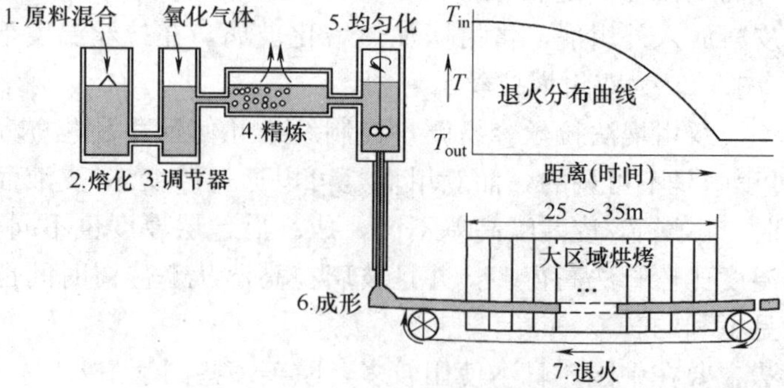

图 9-31　光学玻璃浇铸成形示意图

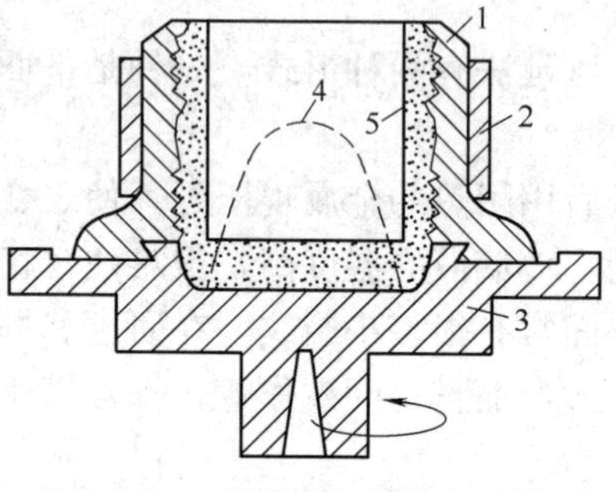

图 9-32　离心浇铸成形示意图
1—金属模具　2—加固环　3—底模
4—玻璃料锥体　5—最终制品

的壁上，旋转继续进行，一直到玻璃硬化为止。图 9-32 为用浇铸法成形透镜示意图。用离心浇铸法成形的制品，壁厚是对称的。

9.3.7 烧　结　法

烧结法是利用粉末状或块状玻璃烧结成形方法。利用此法制造特种制品以及不宜用熔融态玻璃液成形的特种形状。这种成形方法可分为干压法、注浆法、模铸法。

干压法就是用球磨机将玻璃磨成粉末，加入少量的结合剂如水玻璃等（使坯体具有一定的强度），充分混合，然后用干压成形，压成所需要的形状和尺寸的坯体。把坯体加热到高于玻璃软化点的 100～150℃温度，保持一定的时间。这样成形的制品中存在 1%～5%（体积分数）的气孔，所以制品的透明度较差。这种方法一般用来制造尺寸和形状要求准确的制品无线电元件、过滤漏斗等。

注浆法是将磨细的玻璃粉末、水、黏结剂调成浆状，注入石膏模中进行成形，脱模后的湿坯经过干燥再进行烧结。此法广泛应用于高硅氧玻璃和大型制品的成形。

模铸成形法经常用于艺术玻璃加工，采用单色或多色玻璃粒块堆积在耐热石膏模具内，经过加热烧结在一起，形成艺术造型的玻璃制品。

9.3.8 离　心　法

玻璃棉的成形采用典型的离心法。离心喷吹玻璃棉工艺基本原理是，熔融玻璃液经漏板形成的高温玻璃液流股并流入高速旋转的离心器内，离心器的侧壁有万余个小孔，在离心力的作用下玻璃液通过离心器侧壁小孔形成辐射状万余条细的玻璃液流股，在环形高温高速火焰喷吹作用下细流股被牵伸成棉纤维即称离心喷吹玻璃棉。成形的棉纤维施加树脂型黏结剂，经铺毡、固化、切裁成各种规格尺寸的玻璃棉制品。

离心喷吹玻璃棉生产工艺及装备见图 9-33。

离心机的中心轴下端固定有特种耐高温合金加工的离心器，外径为 300～400mm 离心器的外侧壁上均布万余个 ϕ1.0mm 左右的小孔，玻璃液从高速旋转离心器侧壁小孔中甩出并形成辐射状万余条小流股。离心器外侧被环形燃烧室包围，高温高速火焰从环形喷嘴向下面喷出，将上万条小流股吹向下方并牵伸成棉纤维。同时火焰加热了离心器使之保持在 1000℃左右，保证离心器能维持正常的作业温度，也可采用中频感应加热法对离心器加热并维持正常作业温度。

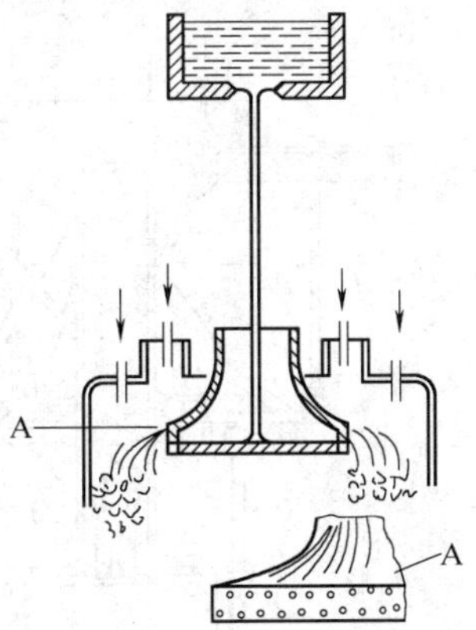

图 9-33 离心法玻璃棉生产工艺图

9.3.9 喷 吹 法

玻璃微珠和玻璃棉生产工艺均属于喷吹法。

目前玻璃微珠生产主要以粉末漂浮喷吹法为主，其工作原理如图 9-34 所示。将玻璃粉碎成 50～800μm 颗粒，通过玻璃粉容器倾斜向下送入成珠室，与下部燃烧器所产生的热气流相遇，热气流所产生的浮力使玻璃颗粒悬浮，在加热过程中颗粒表面开始熔融，在表面张力作用下成为圆球，圆球受浮力作用进入扩张室沿输送管进入收集器。

玻璃棉生产主要采用火焰喷吹法，它是最早的玻璃棉生产方法之一，其以碎玻璃、玻璃块、玻璃球为原料，在小型熔化炉内（火焰加热或电加热）熔化的玻璃液经熔化炉底部多孔漏板流出，由一对胶辊拉成直径 0.2～0.5mm 的一次纤维，并排列整齐后送入由可燃性气体与空气混合燃烧生产高温高速的火焰中心，这种高温高速火焰将一次纤维再次熔化，牵伸成玻璃棉，玻璃棉成形同时喷入雾化的水溶性树脂黏结剂，含有黏结剂的玻璃棉经加热、定型成为玻璃棉的板、管、毡制品。火焰喷吹法玻璃棉生产技术装备简单，投资少，棉纤维直径细（最细直径 0.1μm），手感好，但该方法产量低、能耗大、成本高。这种生产方法不适用生产传统的保温隔热用的玻璃棉制品，20 世纪 90 年代初已被先进的低能耗离心喷吹法所取代。对特殊用途的各种微纤维玻璃棉，火焰喷吹法仍然是唯一的生产方法。

可以采用卧式喷吹法，其工作原理图如图 9-35 所示。蒸气或压缩空气通过拉乌尔式喷嘴形成高速气流将高温玻璃流股分散、牵引成纤维，同时施加黏结剂制成棉毡等制品。卧式喷吹法的生产设备简单、产量大，但棉纤维直径较粗，手感差。

9.3.10 滚制成球法

生产玻璃纤维用中碱玻璃球和装饰用玻璃球是通过料滴供料器供给玻璃液滴，玻璃液滴在两个带槽辊筒上通过滚动成形为圆形球。其生产速度可达 400 个/min，因此，供料器的冲头固定不动，将流出的玻璃液剪断。剪断机构有摆臂型和槽板型两种。摆臂型剪刀是一副剪刀配一对成形辊筒，槽板型是一副剪刀配两对成形辊筒，其工作原理如图 9-36 所示。

成形辊筒为铸造的中空结构，内部可以进行空气冷却，辊筒外表加工具有玻璃球直径的螺旋圆弧沟槽。一对成形辊筒向同一方向旋转，相同的旋转方向能将玻璃坯向上托起，并且一个辊筒的直径比另一个辊筒的稍大些，这样由于旋转速度之差便给玻璃球施以旋转力，使球坯一边旋转一边成形为圆球形玻璃制品。圆球玻璃制品沿螺旋方向送至排出跑道，进入盛放容器中。

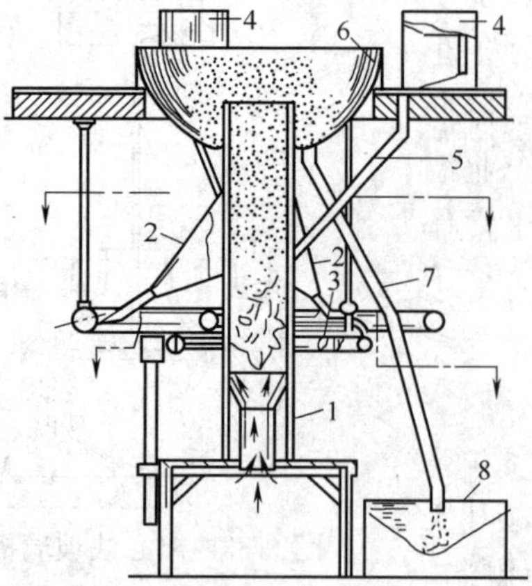

图 9-34　粉末漂浮喷吹法制造玻璃微珠图

1—立筒　2—空气喷嘴　3—煤气喷嘴　4—玻璃粉容器　5—下料管　6—扩张筒　7—珠输送管　8—收集器

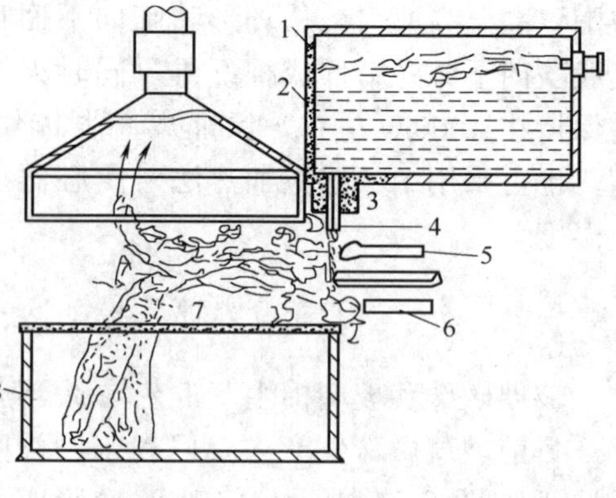

图 9-35　卧式喷吹法制造玻璃棉

1—池炉　2—玻璃液　3—流液管　4—玻璃液流　5—高压蒸汽　6—高速燃烧器　7—玻璃纤维　8—收集器

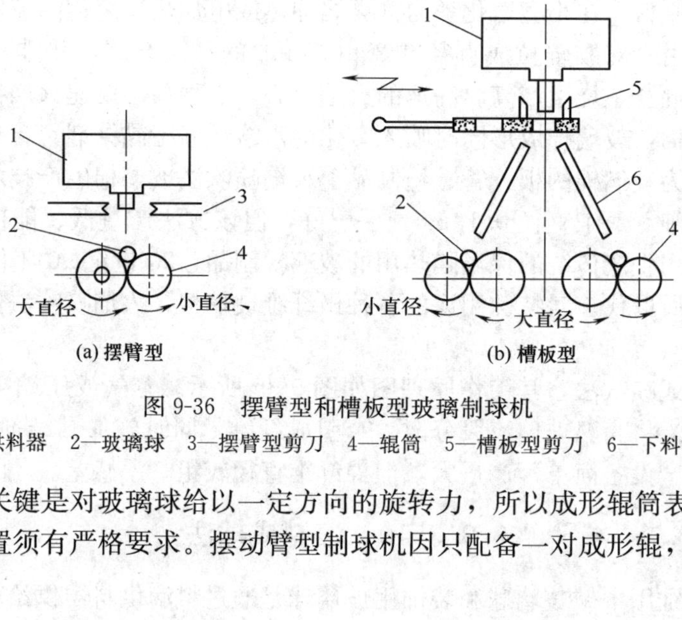

图 9-36　摆臂型和槽板型玻璃制球机

1—供料器　2—玻璃球　3—摆臂型剪刀　4—辊筒　5—槽板型剪刀　6—下料溜道

玻璃成形的关键是对玻璃球给以一定方向的旋转力，所以成形辊筒表面所开的沟槽的形状及辊筒的装置须有严格要求。摆动臂型制球机因只配备一对成形辊，辊筒多是开双道沟槽的。

第 10 章　玻璃的加工

成形后的玻璃制品仅有少数能够符合用户要求，绝大多数需要进行再加工，才能得到符合要求的制品。玻璃的再加工分为冷加工、热加工和表面处理三大类，通过再加工可以改善玻璃的外观与表面性质，同时还可以进行装饰。

10.1　玻璃冷加工

玻璃冷加工是指在常温下通过机械方法来改变玻璃制品的外形和表面状态。玻璃冷加工的基本方法主要有：研磨抛光、切割、喷砂、钻孔和切削。

10.1.1　研磨和抛光

研磨的目的是将制品粗糙不平或成形时多余部分的玻璃磨去，使制品具有需要的形状和尺寸，或平整的面。开始用粗磨料研磨，效率高，然后逐级使用细磨料，直至玻璃表面的毛面状态变得较细致，再用抛光材料进行抛光，使毛面玻璃表面变得光滑、透明，并具有光泽。研磨和抛光是两个不同的工序，这两个工序合起来，俗称磨光。经研磨、抛光后的玻璃制品，称磨光玻璃。

10.1.1.1　玻璃研磨、抛光的机理

许多学者对玻璃研磨抛光的机理进行了探讨，归纳起来，有三类不同的理论：

① 磨削理论：这是最早也是最简单的概念。1665 年虎克提出研磨是用磨料将玻璃磨削到一定的形状，抛光是研磨的延伸，从而使玻璃表面光滑，纯粹是机械作用，这样的认识延续了几百年，直至 19 世纪末。

② 流动层理论：以英国学者雷莱（Reyleigh）、培比（Pepi）为代表，认为玻璃抛光时，表面有一定的流动性，也称可塑层。可塑层的流动，把毛面的研磨玻璃表面填平。

③ 化学理论：英国的普莱斯顿（Preston）和前苏联的格列宾希科夫（Гребенщиков），先后提出在玻璃的磨光过程中，不仅仅是机械作用，尚存在着物理、化学的作用，是以上三种或其中两种理论的综合。

（1）玻璃的研磨机理　英国学者弗兰奇（French）认为作为自由磨料的金刚砂、刚玉等并不能切割玻璃，若磨盘与玻璃做相对运动，则在研磨盘压力下，磨料将负荷传递给玻璃，给玻璃剪切应力，从而使玻璃碎裂下来，如图 10-1（a）所示。

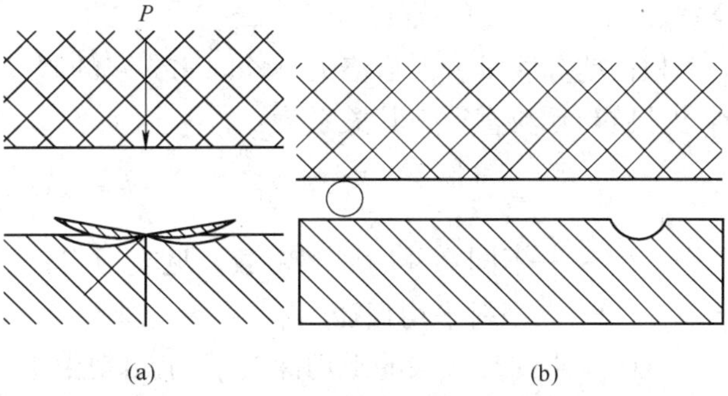

图 10-1　磨料对玻璃的作用示意图
（a）弗兰奇理论　（b）格列宾希科夫理论

前苏联学者格列宾希科夫认为这时的作用具有振动-冲击性质，如图 10-1（b）所示。认为玻璃被自由磨料磨削，首先是机械作用。

普莱斯顿曾认为玻璃研磨时，表面上不仅有凹陷坑，而且有裂纹渗入玻璃，这个裂纹是由于磨料颗粒负载及其在摩擦作用下，表面增加应力的综合效应，如图 10-2 所示。

特威曼（F. W. Twyman）和德拉代（Derada）认为研磨玻璃表面有一个压缩应力，工作层的下面则产生张应力，并发现应力大小与磨料颗粒度有关，如图 10-3 所示。

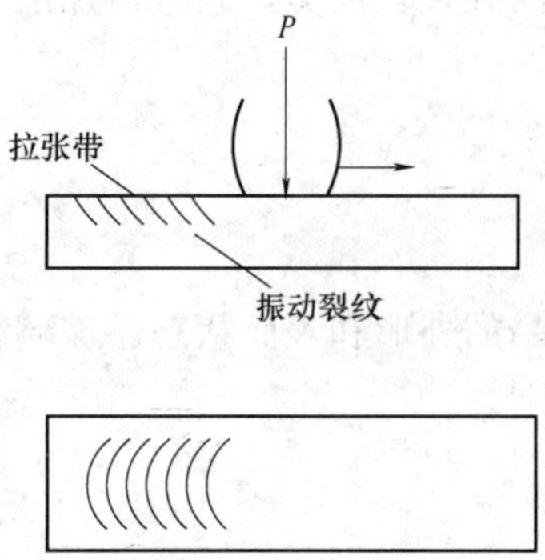

图 10-2　振动裂纹迹

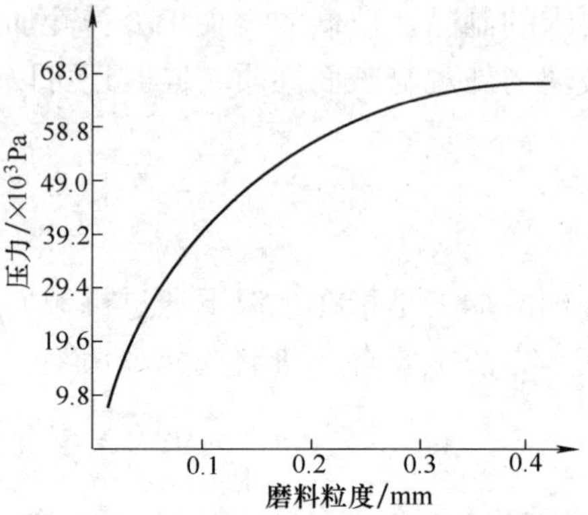

图 10-3　玻璃表面压应力与磨料颗粒度的关系图

前苏联学者也认为在磨料颗粒作用点产生裂纹，其深度决定于磨料性质与粒度。研磨是先破坏玻璃表面，形成一定深度的裂纹网，以后磨料再经过时，就把裂纹形成的碎片除掉，结果表面就成了有凹陷坑的毛面。磨料内加入的水，不仅起冷却介质作用，同时也起化学作用，在微裂纹处使玻璃形成硅酸薄膜。生成薄膜时体积膨胀，再加上磨料的机械作用，如此重复作用，玻璃就得到了研磨。若用汽油、酒精等活性不大的液体代替水，则水解作用减弱，研磨效率大大降低。

综上所述，玻璃的研磨过程，首先是磨盘与玻璃做相对运动，自由磨料在磨盘负载下对玻璃表面进行划痕与剥离的机械作用，同时在玻璃上产生微裂纹。磨料所用的水既起着冷却作用，同时又与玻璃的新生表面产生水解作用，生成硅胶，有利于剥离，具有一定的化学作用。如此重复进行，玻璃表面就形成了一层凹陷的毛面，并带有一定深度的裂纹层。

根据前苏联学者卡恰洛夫（Kachalov）的研究，认为凹陷层的平均深度 h，决定于磨料的性质与颗粒直径，其关系为：

$$h=K_1D \tag{10-1}$$

式中　K_1——不同磨料的研磨常数，见表 10-1；

D——磨料平均直径。

这时产生的裂纹层的平均深度 f 与凹陷层的平均深度 h 的关系为：

$$f=2.3h \tag{10-2}$$

而最大裂纹层深度：

$$F=3.7\sim4.0h \tag{10-3}$$

表 10-1　各种磨料的研磨常数

磨料种类	石英砂	石榴石	刚玉	碳化硅	碳化硼
K 值	0.17	0.22	0.27	0.28	0.33

玻璃是脆性材料，不同的化学组成具有不同的物理、力学、化学性能，对研磨表面生成的凹陷层深度和裂纹层深度都有很大影响。表 10-2 为各种不同玻璃都用 105～150μm 的碳化硅磨料，在相同的研磨条件下，所得的凹陷层深度和裂纹层深度的比较。从表中看出，机械强度高的玻璃，凹陷层深度与裂纹层深度都比较小。

表 10-2　玻璃性质与凹陷层和裂纹层深度的关系

玻璃名称	玻璃的物理力学性能					凹陷层平均深度/μm	裂纹层最大深度/μm	磨除量/(cm³/min)
	密度/(g/cm³)	显微硬度/MPa	显微抗拉强度/MPa	弹性模量/MPa	泊松比			
重铅玻璃	6.00	2840	844	49400	0.255	60～65	240～255	0.320
重燧玻璃	4.60	3924	1110	58500	0.257	58～60	230～255	0.212
燧石玻璃	3.66	4415	1530	75000	0.237	50～55	220～223	0.145
钡冕玻璃	2.88	4905	1590	74900	0.212	44～52	180～191	0.126
冕玻璃	2.53	5540	2090	78200	0.217	42～48	174～191	0.091
石英玻璃	2.20	7848	3440	69600	0.136	34～40	148～156	0.045

将原始毛坯玻璃研磨成精确的形状或表面平整的制品，一般研磨的磨除量为 0.2～1.0mm，或者更多，所以要用较粗的磨料，以提高效率。但由于粗颗粒使玻璃表面留下的凹陷层深度和裂纹层深度很大，不利于抛光，必须使研磨表面的凹陷层和裂纹层的深度尽可能减小，所以要逐级降低磨料粒度，以使玻璃毛面尽量细些。一般最后一级研磨的玻璃毛面的凹陷层平均深度 h 为 3～4μm，最大裂纹层深度 F 为 10～15μm。

（2）玻璃的抛光机理　如前所述，在 20 世纪初期以前，都认为玻璃的抛光与研磨都是磨料对玻璃的机械作用，只是抛光的磨料更细。英国学者雷莱用显微镜观察到抛光一开始，研磨表面凹陷顶部就出现了抛光的极好的不大的区域，随着抛光而继续扩大。所以他认为不应该将抛光看作只是从表面剥落玻璃碎屑，而是在抛光物质的作用下，发生分子级过程。另一位英国学者培比认为玻璃由于干摩擦产生的热而熔化成一黏滞液在表面流动，并在表面张力作用下，使玻璃表面光滑。此流动层后人称之谓“培比层”，厚度为 0.025～0.100μm。

英国学者包登（Bawden）认为只要抛光材料的熔点高于被抛光的固体，在金属、晶体和玻璃上都很容易产生“培比层”。他用草酰酸（Oxa-mide，熔点 417℃）抛光铅玻璃（T_s469℃），表面很容易流动，在钠钙玻璃上（T_s469℃）流动性就较小，在派来克斯玻璃上（T_s469℃）流动性则微不足道。用莫氏硬度 4 的氧化锌来抛光石英也很容易，因为氧化锌的熔点比石英高。

德国学者雷默（Ramo）在高温、高压下抛光透镜时获得的成品，其质量和厚度均无减少现象，他认为玻璃流入凹陷中去，是热塑性过程。

欧美许多学者认为玻璃的抛光过程主要是塑性转化，即流动。这种流动或是由于局部温度而引起或是由于高压而引起，被抛光的玻璃发生分子转移，使凹陷面光滑。

前苏联学者格列宾希科夫等认为玻璃的抛光过程，应看作同时发生并相互交错的机械、化学和物理化学的总和。抛光过程中，水与玻璃发生水解作用，产生硅胶薄膜，厚度为1.5～7.0nm，其生成时间约为30s即结束。同时红粉被硅胶薄膜和抛光盘表面吸附，从而使该薄膜和抛光盘表面互相黏结。在抛光盘与玻璃做相对运动时，先将研磨后形成凹陷层顶部的硅胶薄膜抛光除去，水与新表面再发生水解作用，薄膜又被抛去。如此不断重复，玻璃表面就被抛光。

原西德学者认为抛光过程中，玻璃表面、抛光粉、抛光盘材料之间发生一系列复杂的化学反应。

综上所述，对玻璃的抛光机理的认识，存在着不同的见解，有些见解还带有假说性质，有待于今后进一步研究证实。目前用化学、物理化学作用的概念，来解释对抛光的生产效率及抛光表面质量的影响是比较确切的。

玻璃抛光时，除将研磨后表面的凹陷层（3～4μm）全部抛除外，还需要将凹陷层下面的裂纹层（10～15μm）也抛光除去。这个厚度虽比研磨时磨除的厚度小得多（仅为研磨时磨去的厚度的1/40～1/20），但抛光过程所需时间却比研磨过程多得多（为研磨时间的2倍或更多），即抛光效率比研磨效率低得多。

10.1.1.2 研磨与抛光材料

由于玻璃研磨时，机械作用是主要的，所以磨料的硬度必须大于玻璃的硬度。常用的磨料性能列于表10-3。

表 10-3 玻璃磨料的性能

名称	组成	颜色	密度/(g/cm^3)	莫氏硬度	显微硬度/MPa	研磨效率比值
金刚石	C	无色	3.4～3.6	10	98100	
刚玉	Al_2O_3	褐、黑	3.9～4.0	9(8)	19620～25600	2.0～3.5
电熔刚玉	Al_2O_3	白黑	3.0～4.0	9	19620～25600	2.0～3.5
碳化硅	SiC	绿黑	3.1～3.39	9.3～9.75	28400～32800	2.0～3.5
碳化硼	B_4C	黑色	2.5	>9.5	47200～48100	2.5～4.5
石英砂	SiO_2	白色	2.6	7	9810～10800	1.0

光学玻璃和日用玻璃研磨加工余量大，所以一般用刚玉或天然金刚砂研磨效率高。平板玻璃的研磨加工余量小，但面积大，用量多，一般采用价廉的石英砂。

常用抛光材料有红粉（氧化铁）、氧化铈、氧化铬、氧化锆、氧化钍等，日用玻璃加工也有采用长石粉的。各种抛光材料的性能见表10-4。

表 10-4 玻璃抛光材料的性能

抛光材料	化学组成	颜色	密度/(g/cm^3)	莫氏硬度	抛光能力/(mg/min)
红粉	Fe_2O_3	赤褐	5.1～5.2	5.5～5.6	0.56
氧化铈	CeO_2	淡黄	7.3	6	0.88～1.04
氧化铬	Cr_2O_3	绿	5.2	6.0～7.5	0.28
氧化锆	ZrO_2	白	5.7～6.2	5.5～6.5	0.78
氧化钍	ThO_2	白、褐	9.7	6～7	1.26

红粉是 α-Fe_2O_3 结晶，为玻璃抛光材料中使用得最早最广泛的材料。氧化铈和氧化铬的抛光能力比红粉高，由于它们的价格较红粉高，应用上还没有红粉广泛。对抛光材料的要求，除了须有较高的抛光能力外，必须不含有硬度大、颗粒大的杂质，以免玻璃表面被划伤。

玻璃研磨作业的不同阶段，需要不同颗粒度磨料，通常要进行分级处理，回收的废磨料经分组处理后也可再用。对颗粒较粗的粒级，可用过筛法分级，较细的粒级则需用水力分级法进行分级。

10.1.1.3　影响玻璃研磨过程的主要工艺因素

玻璃研磨过程中标志研磨速度和研磨质量的是磨除量（单位时间内被磨除的玻璃数量）和研磨玻璃的凹陷层深度。磨除量大即研磨效率高，凹陷层深度小则研磨质量好。工艺因素中某些只对其中一项有影响，也有对两项均有影响，但常常对一项有好的影响，而对另一项起相反的作用。各项工艺因素的影响分述如下：

（1）磨料的性质与粒度　磨料的硬度大，通常研磨效率高，如表 10-3 所示。金刚砂和碳化硅的研磨效率都比石英砂高得多。但硬度大的磨料使研磨表面的凹陷深度较大，这从上面的公式（10-1）和表 10-1 可以明显看出，磨除量是随粒度的增大而增加。根据公式（10-1），研磨玻璃凹陷深度是随粒度的增大而增加，即研磨质量是随粒度增大而变坏。为此，在研磨刚开始时，用较粗的粒度，提高研磨效率，以便在较短时间内使玻璃制品达到合适的外形或表面平整；之后，用细磨料逐级研磨，以使研磨质量逐步提高，最后达到抛光要求的表面质量。

（2）磨料悬浮液的浓度和给料量　磨料是加水制成悬浮液使用的，水不仅使磨料分散，均匀分布于工作面，并且带走研磨下来的玻璃碎屑，冷却摩擦产生的热，以及促成玻璃表面水解成硅胶薄膜，所以水的加入量对研磨效率有一定影响。通常以测量悬浮液密度或计算悬浮液的液固比来表示悬浮液的浓度，各种粒度的磨料都有它最适宜的浓度，过大或过小，都影响研磨效率，如图 10-4 所示。磨料浓度过小，还会使研磨表面造成伤痕。磨料的给料量对研磨效率的影响如图 10-5 所示。

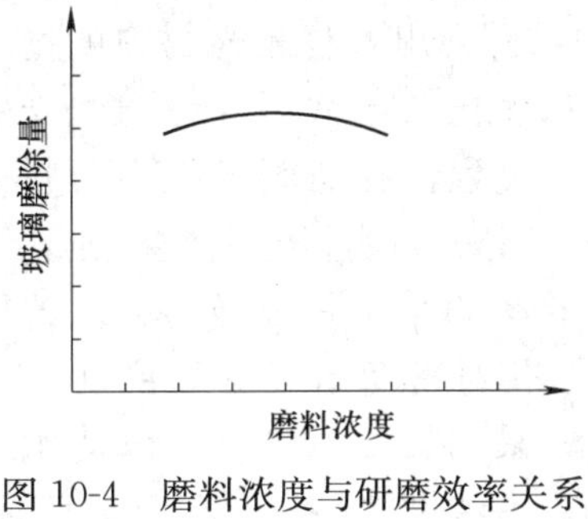

图 10-4　磨料浓度与研磨效率关系

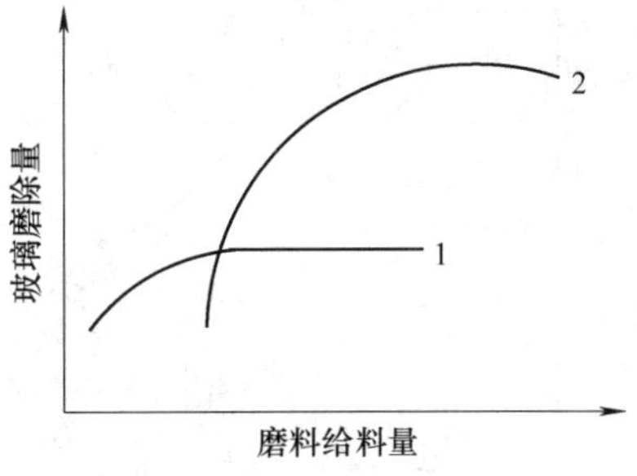

图 10-5　磨料给料量与研磨效率关系

1—细砂　2—粗砂

从图中的曲线可以看出，研磨效率是随着磨料给料量的增加而提高，但到一定程度后，如再增加研磨料量，研磨效率提高的速度减慢，甚至再增加给料量，研磨效率不再提高，所以每种粒度的磨料都有一定的最适宜的给料量。

（3）研磨盘转速和压力　研磨盘的转速和压力对研磨效率都成正比关系。磨盘转速快，将磨料往外甩得就多，压力增大，磨料的磨损度也显著增加，所以都必须相应提高磨料的给料量，否则不仅研磨效率不会增加，甚至降低，还会出现伤痕等缺陷。磨盘转速和压力与研磨效率的关系见图 10-6、图 10-7。

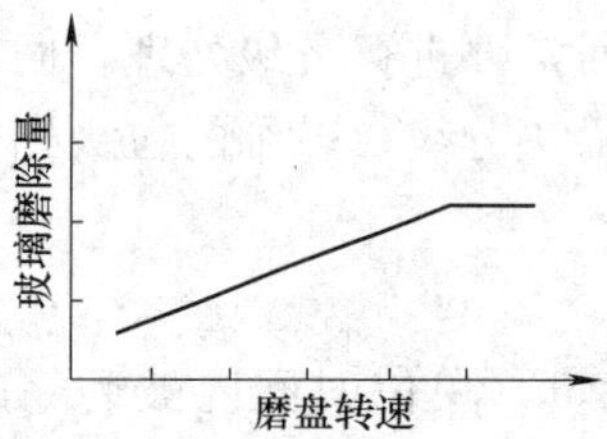

图 10-6　磨盘转速与研磨效率关系

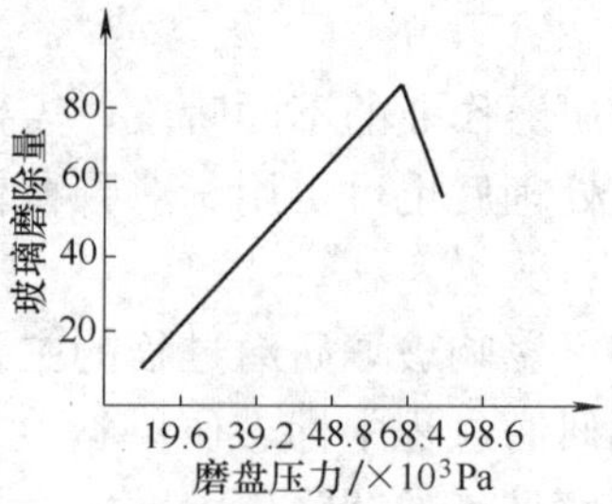

图 10-7　磨盘压力与研磨效率关系

（4）磨盘材料　磨盘材料硬度大能提高研磨效率。铸铁材料的研磨效率为 1，有色金属则为 0.6，塑料仅为 0.2。但硬度大的研磨盘使研磨表面的凹陷深度也较深，而硬度小的塑料盘，可使玻璃的凹陷深度比铸铁盘降低 30%。因此，如最后一级粒度的磨料用塑料盘，就可大大缩短抛光时间。

（5）玻璃的化学组成　玻璃的化学组成对研磨效率和凹陷深度的影响，已列在表10-2中，质软的玻璃易研磨，但留下的凹陷深度较大。

10.1.1.4　影响玻璃抛光过程的主要工艺因素

研磨后的玻璃表面有凹陷层，下面还有裂纹层，因此玻璃表面是散光而不透明的。必须把凹陷层及裂纹层都抛去，才能获得光亮的玻璃，因而，总计要抛去玻璃层厚度 10～15μm。对于光学玻璃等要求高的玻璃，必须把个别最大的裂纹也抛去，则总抛去厚度还要多。在一般生产条件下，玻璃的抛光速度仅 8～15μm/h，因此所需抛光时间比研磨时间长得多。减少玻璃研磨的凹陷深度，就是缩短抛光时间。常常在研磨的最后阶段用细一些的磨料或用软质的研磨盘等措施来获得研磨表面浅的凹陷层。另外采用合适的工艺条件，也能提高抛光效率而缩短加工时间。影响抛光的工艺因素分述如下。

图 10-8　红粉给料量与玻璃磨除量的关系

（1）抛光材料的性质、浓度和给料量　在表 10-4 中，已列出各种抛光材料的抛光能力，氧化铈和氧化锆比常用红粉的抛光效率高。水在抛光过程比在研磨过程中所起的化学-物理化学作用更为明显，因此抛光悬浮液浓度对抛光效率的影响是很敏感的。若使用红粉，一般以相对密度 1.10～1.14 为宜。刚开始抛光时，采用较高的浓度，以使抛光盘吸收较多的红粉，玻璃表面温度也可提高，抛光效率高。但抛光的后一阶段则逐步降低，否则玻璃表面温度过高易破裂，同时红粉也易于在抛光盘表面形成硬膜，使玻璃表面擦伤。抛光悬浮液的给料量，如图 10-8 所示，用量多，效率增高，但过量时，效率反而降低，各种不同的条件下都有最适宜的用量。

（2）抛光盘的转速和压力　抛光盘的转速和压力与抛光效率之间存在着正比关系。转速和压力增大，抛光材料和玻璃的作用机会加多、加剧，玻璃表面温度增高；反应加速；反之就低。抛光盘转速和压力增大的同时必须相应增加抛光材料悬浮液给料量，否则，玻璃温度过高易破，也易产生擦伤。

(3) 周围空间温度和玻璃温度　玻璃表面温度与抛光效率间的关系，如图 10-9 所示。抛光效率随表面温度的升高而增加，而周围空间温度对玻璃表面温度有影响，特别在气温低的时候，没有保暖措施，玻璃表面温度提不高，抛光效率也就提不高，如图 10-10 所示。周围空间温度从 5℃提高到 20℃，抛光效率几乎增加一倍，超过 30℃增加速度就缓慢，因此为了提高抛光效率，抛光操作环境温度宜维持 25℃左右。

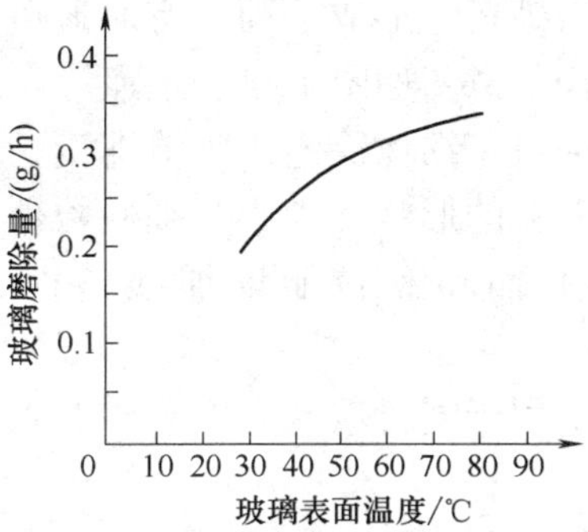

图 10-9　玻璃表面温度对玻璃磨除量的影响

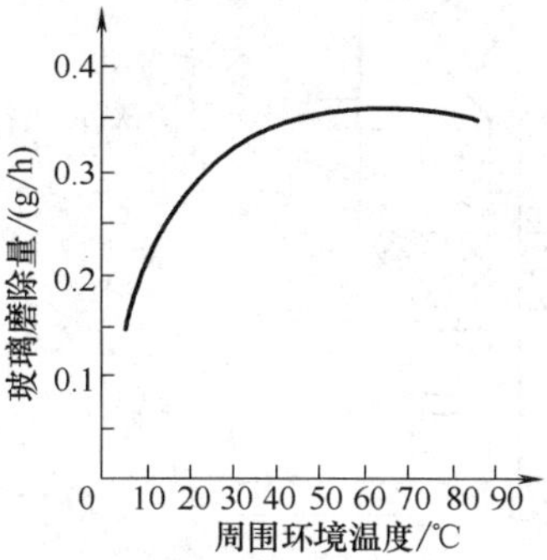

图 10-10　周围环境温度对玻璃磨除量的影响

(4) 抛光悬浮液的性质　红粉悬浮液氢离子浓度对抛光效率的关系见图 10-11，在 pH3～9 范围内是最适宜的，过大或过小均不好。加入各种盐类如硫酸锌、硅酸铁等，可起加速作用。

(5) 抛光盘材质　一般抛光盘都用毛毡制作，也有用呢绒、马兰草根等。粗毛毡或半粗毛毡的抛光效率高，细毛毡和呢绒的抛光效率低。

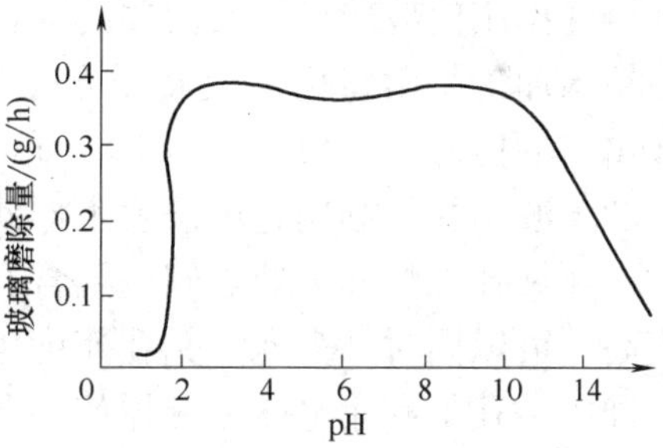

图 10-11　红粉中氢离子浓度对玻璃磨除量的影响

10.1.2　切割、喷砂、钻孔与切削

10.1.2.1　切割

切割是利用玻璃的脆性和残余应力，在切割点加一刻痕造成应力集中，使之易于折断。对不太厚的板、管均可用金刚石、合金刀或其它坚韧工具在表面刻痕，再加力折断。在刻痕处放少量水，可使切割更容易。为了增强切割处应力集中，也可在刻痕后再用火焰加热，更便于切割。如玻璃杯成形后有多余之料帽，可用合金刀沿圆周刻痕，再用扁平火焰沿圆周加热，即可割去。

对厚玻璃可用电热丝在切割的部位加热，用水或冷空气使受热处急冷产生很大的局部应力，形成裂口，进行切割。同理，对刚拉出的热玻璃，只需用硬质合金刀在管壁处划一刻痕，即可折为两段。

利用局部产生应力集中形成裂口进行切割时，必须考虑玻璃中本身残余应力大小，如玻璃本身应力过大，刻痕时破坏了应力平衡，以致发生破裂。

对于大块厚玻璃可采用金刚石锯片和碳化硅锯片来切割。金刚石锯片是把金刚石颗粒嵌在圆锯片边缘锯齿部分而成，结合剂用青铜，冷却剂用水或煤油，其切割速度比砂轮要快4～5倍，目前已广泛应用。碳化硅锯片是把碳化硅的各种粗细颗粒和酚醛树脂结合在一起，经成形加压硬化后制成，切割时还需加冷却液。在平板玻璃切裁机上还采用YG-6钨钴合金刀轮来代替金刚石刀，一个刀轮可使用80～120h。

10.1.2.2　喷砂

喷砂是利用高压空气通过喷嘴的细孔时所形成的高速气流，带着细粒的石英砂或金刚砂等喷吹到玻璃表面，使玻璃表面的组织不断受到砂粒的冲击破坏，形成毛面，有时还可以进行钻孔。其结构示意图如图10-12所示。

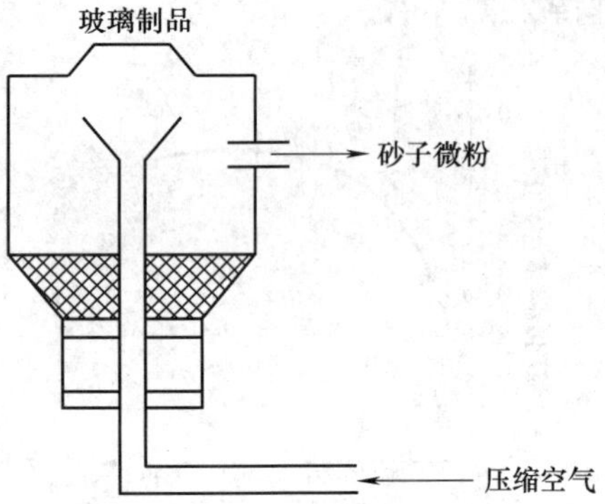

图10-12　喷砂设备示意图

喷砂面的组织结构决定于气流速度、砂粒硬度，尤其是砂粒的形状和大小。细砂粒使表面形成微细组织，而粗砂粒能增加喷砂面被侵蚀速度。

喷砂主要用于器皿玻璃表面磨砂及玻璃仪器商标的打印。

10.1.2.3　钻孔与切削

仪器玻璃、光学玻璃制品常常需要钻孔以满足使用时的需要。钻孔的方法有研磨钻孔、钻床钻孔、冲击钻孔、超声波钻孔、水刀钻孔等。

研磨钻孔是用铜或黄铜棒（大型的孔可用管）压在玻璃上转动，通过碳化硅等磨料及水的研磨作用使玻璃形成所需要的孔，孔径范围一般为3～100mm。

钻床加工是用碳化钨或硬质合金钻头，操作与一般金属钻孔相似，孔径范围为3～15mm，钻孔速度比金属慢，用水、轻油、松节油冷却。

超声波钻孔是利用超声波发生器使加工工具发生振幅20～50μm，频率16～30kHz的振动，在钻孔工具和玻璃之间注入含有磨料的加工液，使玻璃穿孔。采用超声波加工，精密度高，可以同时钻多孔，钻孔速度也快，可达每分钟数百毫米以上。

冲击钻孔是利用电磁振荡器使钻孔凿子连续冲击玻璃表面而形成孔。如将160W的电磁振荡器通上100V的电流，使硬质合金材料的凿子2000r/min左右，给玻璃面以6000次/min的冲击，只要10s的时间就可钻得直径2mm、深5mm的小孔。

水刀是通过一高压发生系统，将水压增至300MPa通过一直径约0.2m的刚玉喷嘴，可产生速度800～1000m/s（约3倍音速）的水射流，将硬质研磨材料加入水中，可增强其切割力，水刀钻孔就是利用水刀的切割能力在玻璃上进行钻孔。钻孔最小孔径为ϕ1.5～ϕ2.0mm，可在厚度20～30mm玻璃上钻孔。

10.2　玻璃热加工

玻璃制品的热加工在器皿玻璃、仪器玻璃等的生产中是十分重要的。有很多复杂形状和特殊要求的制品，需要通过热加工进行成形。另一些玻璃制品，需要用热加工来改善制品的性能及外观质量。

10.2.1　玻璃制品的热加工原理

玻璃制品的热加工原理与成形的原理相似，主要是利用玻璃黏度随温度改变的特性以及表面张力与导热系数来进行的。

各种类型的热加工，都必须把制品加热到一定的温度。由于玻璃的黏度随温度升高而减小，同时玻璃导热系数较小，所以能采取局部加热的方法，在需要热加工的地方使之局部达到变形、软化，甚至熔化流动，以进行切割、钻孔、焊接等加工。利用玻璃的表面张力大，使玻璃表面趋向平整的作用，可将玻璃制品进行火抛光和烧口。

在热加工过程中，必须掌握玻璃析晶性能，防止玻璃析晶。玻璃与玻璃或与其它材料（如金属陶瓷等）加热焊接时，两者的热膨胀系数必须相同或者相近。玻璃在火焰上加工时，要防止玻璃中的砷、锑、铅等成分被还原而发黑。要结合玻璃的组成与性能，控制适宜的火焰性质与温度。由于玻璃的导电性随温度而升高，可采用煤气与电综合加热的方法来加工厚壁制品。

经过热加工的制品，应缓慢冷却，防止炸裂或产生大的永久应力。对许多制品还必须进行二次退火。

10.2.2　玻璃制品热加工的主要方法

10.2.2.1　烧口

许多吹制品经过切割后，制品口部常具有尖锐、锋利的边缘，通常用集中的高温火焰将其局部加热，依靠表面张力的作用使玻璃在软化时变得圆滑。

在烧口以前，先进行爆口和磨口。如制品成形后直接用火焰切割和烧口，称为联合烘爆口，可将爆口、磨口、烧口三道工序一次完成，但口都明显加厚，只能适合于低、中档产品。由于烧口以后，口部形状有变化，故近代的高级玻璃器皿已不烧口，而用磨口代替。先用金刚石轮把口部磨平，再用磨砂片磨一倒角，这样口部形状为一平面。三种加工方法加工口部的各剖画图见图 10-13。

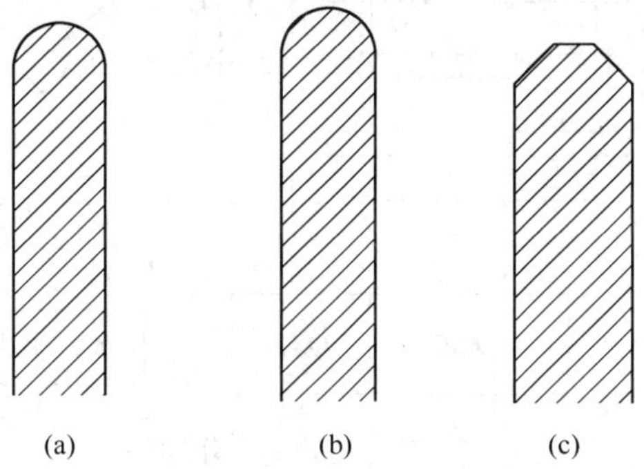

图 10-13　烧口、联合烘爆口与磨口的制品口部截面比较
（a）爆口、磨口后再烧口　（b）联合烘爆口
（c）切口后研磨口

10.2.2.2　火抛光、火焰切割或钻孔

玻璃制品经压制成形后，由于模具及作业的影响，常常不可避免地会在表面出现微裂纹、折纹以及波纹等缺陷，这些都可以用火抛光来消除。火抛光时应采用最少辐射热的燃烧器，使制品表面熔化而又不变形，以尖锐的“蓝”火焰为好。要根据制品形状来设计燃烧器，使火焰的几何形状与制品相适应。火焰的气氛在大多数情况下应保持稳定的弱氧化气氛。

火焰切割与钻孔是用高速的火焰对制品进行局部集中的加热，使玻璃局部达到熔化流动的状态（其黏度达到成形黏度的范围），这时只需要高速气流便可将制品切开或者采用内部通气加压而形成孔洞。为了达到这一目的，必需采用氧-煤气或氢-氧等高温喷射火焰。

由于激光能使物体局部产生10000℃以上的高温，所以也用于玻璃的切割与钻孔。特点是准确、环保、效率高，不存在切割工具的磨损问题等。通常采用CO_2激光器产生的激光，经转向棱镜，再经过透镜聚焦到玻璃切割部分，对厚1.6～3.0mm的钠钙玻璃用9W的激光器，其切割速度为5mm/s。对不同厚度的玻璃用不同功率的激光器和切割速度见表10-5。

表 10-5　　激光功率与切割速度

材　料	板 厚/mm	气　氛	切割速度/(mm/min)	激光功率/W
玻璃	0.2	空气	5000	300
玻璃	1.6	空气	380	200
玻璃	2.0	空气	2200	300
玻璃	3.0	空气	1800	300
玻璃	3.2	空气	500	150
玻璃	4.0	空气	100	200
熔融石英	内径 13mm	空气	36	100
熔融石英	壁厚 1mm	空气	60	50

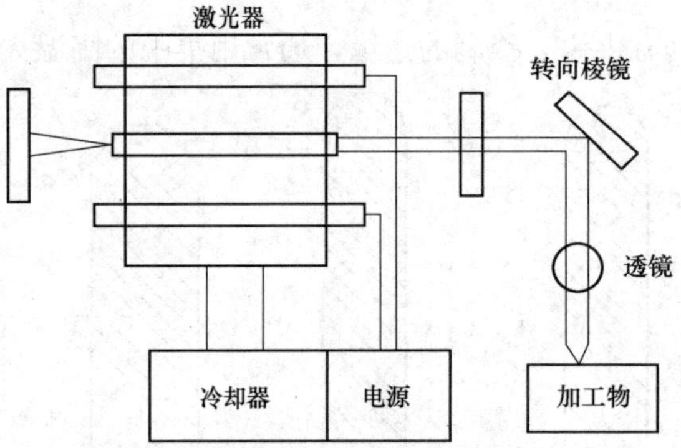

图 10-14　激光切割的工作原理

激光也可用来连续切割平板玻璃的边缘，其特点是不需要掰断，而且断口整齐。

此装置由金刚石刀轮与激光光源组成，金刚石刀轮安装在臂上，而臂则安装在拉出的玻璃板上面，通过金刚石轮在拉制的玻璃板两边划出刻痕，然后再用激光照射。激光光源以水平方向发射，经反射器反射90°，正好射到刻痕上，使玻璃板边缘断裂。切割的边都用转辊支持，由于辊子的转动，使切下的边都离开玻璃板的主体。采用此法的优点是激光束的功率比一般单用激光切割所需功率至少减小50%，能切割普通玻璃与微晶玻璃，厚度可达10mm以上，板材的机械应力对切割没有影响。CO_2激光的波长为10.6mm，以便玻璃吸收。金刚石轮刻具的负荷最好在1kg以下，切割速度95mm/s，即5700mm/min。

用激光也可以进行空心玻璃制品（玻璃杯、烧杯）的切口与安瓿的切口和封口。

10.2.2.3　真空成形

真空成形是制造精密内径玻璃管的方法。采用机械拉管时，管径不十分准确，有一定误差，为了满足玻璃仪器和电子工业的需要，必须将已拉成的玻璃管进行真空成形以校正其管径。其方法是把要校正管径的玻璃管一端熔封，然后放入一根精密准确加工的金属管芯棒，另一端再与真空系统相连，然后抽真空，同时将玻璃管缓慢而均匀地加热，直到玻璃管与金属芯棒紧密贴附，冷却后由于金属芯棒收缩较大而极易取出，得到精密内径的玻璃管。所用的金属芯棒根据玻璃成分及软化点来选择，（软质玻璃软化点低于 700℃，而热膨胀系数大于 60×10^{7}/℃），或硼硅酸盐玻璃用一般钢或铜镍合金，含二氧化硅高的玻璃用钼、钨或石墨芯子，加工到 0.02%～0.05%的精密度。玻璃的内径应比芯棒外径稍大，但不宜超过 1mm。抽真空可用一般真空泵，真空度达到 1.33Pa（0.01mmHg）即可。加热可以在电热炉与灯工机床上进行，加热温度根据玻璃软化点确定，派来克斯玻璃加热温度为 700℃。

热加工的方法还有槽沉、热弯、塑形、摊平与灯工等。

10.3　玻璃表面处理

在玻璃生产过程中，表面处理具有十分重要的意义（从清洁玻璃表面起，直到制造各种涂层的玻璃）。表面处理的技术应用很广，使用的材料、方法也是多种多样的，基本上可归纳为三大类型。

① 玻璃的光滑面或散光面的形成，是通过表面处理以控制玻璃表面的凹凸。例如器皿玻璃的化学蚀刻、灯泡的毛蚀以及玻璃的化学抛光。

② 改变玻璃表面的薄层组成，改善表面的性质，以得到新的性能。如表面着色以及用 SO_2、SO_3 处理玻璃表面，增加玻璃的化学稳定性。

③ 玻璃表面上用其它物质形成薄层而得到新的性质，即是表面涂层。如镜子的镀银，表面导电玻璃、憎水玻璃、光学玻璃表面的涂膜等。

10.3.1　玻璃的化学蚀刻

玻璃的化学蚀刻是用氢氟酸溶掉玻璃表面层的硅氧，根据残留盐类的溶解度的不同，而得到有光泽的表面或无光泽的毛面。

干燥的氟化氢与玻璃是不起作用的，在水或水蒸气的情况下，钠钙玻璃与氢氟酸作用如下：

$$Na_2O\cdot CaO\cdot 6SiO_2+28HF=\!=\!=2NaF+CaF_2+6SiF_4+14H_2O$$

SiF_4 在一般条件下是气体状态，但在氢氟酸溶液中来不及挥发，而与 HF 反应生成络合硅氟酸：

$$SiF_4+2HF=\!=\!=H_2SiF_6$$

硅氟酸与硅酸盐水解产生的氢氧化物相互作用，得到硅氟酸盐：

$$Na_2SiO_3+2H_2O=\!=\!=2NaOH+H_2SiO_3$$

$$H_2SiF_6+2NaOH=\!=\!=Na_2SiF_6+2H_2O$$

钾铅玻璃与氢氟酸的反应如下：

$$aK_2O\cdot bPbO\cdot cSiO_2+(2a+2b+4c)HF=\!=\!=2aKF+bPbF_2+cSiF_4+(a+b+2c)H_2O$$

钠、钾、铅、钙、镁玻璃与氢氟酸的反应为：

$$aNa_2O\cdot bK_2O\cdot cPbO\cdot dCaO\cdot eMgO\cdot fSiO_2+(2a+2b+2c+2d+2e+4f)HF=\!=\!=$$
$$aNa_2SiF_6+bK_2SiF_6+cPbF_2+dCaF_2+eMgF_2+(a+b+c+d+e+2f)H_2O$$

玻璃与氟氢酸作用后生成盐类的溶解度各不相同。氢氟酸盐类中，碱金属（钠和钾）

的盐易溶于水，而氟化钙、氟化钡、氟化铅不溶于水。在硅氟酸盐中，钠、钾、钡和铅盐在水中都溶解很少，而其它盐类则易于溶解。

蚀刻后玻璃的表面性质决定于氢氟酸与玻璃作用后所生成的盐类性质、溶解度的大小、结晶的大小以及是否容易从玻璃表面清除。如生成的盐类溶解度小，且以结晶状态保留在玻璃表面不易清除，遮盖玻璃表面，阻碍氢氟酸溶液与玻璃接触反应，则玻璃表面受到的侵蚀不均匀，得到粗糙又无光泽的表面。如反应物不断被清除，则腐蚀作用很均匀，并且得到非常平滑或有光泽的表面。

玻璃表面蚀刻过程中产生的结晶大小对光泽度也有影响，结晶大则产生光线的漫射，表面无光泽。

玻璃的化学组成是影响蚀刻表面的主要因素之一。对于含碱少或含碱土金属氧化物很少的玻璃是不适于表面蚀刻的。如玻璃中含氧化铅较多时，则常常会形成细粒的毛面；含氧化钡时，则呈粗粒的毛面；含有氧化锌、氧化钙或氧化铝时，则呈中等粒状毛面。

蚀刻液的组成也是影响蚀刻表面的主要因素。蚀刻液中如含有能溶解反应生成盐类的成分，如硫酸等，即可得到有光泽的表面。由此可以根据表面光泽度的要求来选择蚀刻液的配方。

生产中根据需要采用蚀刻液或蚀刻膏。蚀刻液可由 HF 加入 NH_4F 与水组成。蚀刻膏由氟化铵、盐酸、水并加入淀粉或粉状冰晶石粉配成。制品上不需要腐蚀的地方可涂上保护漆或石蜡。

10.3.2 化学抛光

化学抛光的原理与化学蚀刻一样，是利用氧氟酸破坏玻璃表面原有的硅氧膜生成一层新的硅氧膜，来使玻璃得到很高的光洁度与透光度的。化学抛光比机械抛光效率高，而且节约了大量动力。

化学抛光有两种方法：一种是单纯用化学侵蚀作用，另一种是用化学侵蚀和机械的研磨相结合。前者大都应用于玻璃器皿，后者大都应用于平板玻璃。

采用化学侵蚀法进行抛光时，除了用氢氟酸外，还要加入能使侵蚀生成物（硅氟化物）溶解的添加物。一般采用硫酸，因硫酸的酸性强，同时沸点高，不容易挥发。

影响化学抛光的因素有以下几种。

（1）玻璃的成分　铅晶质玻璃最易于抛光，钠钙玻璃则抛光速度较慢，效果较差。

（2）氢氟酸与硫酸的比例　根据玻璃成分来调整。

（3）酸液的温度　温度过低则反应太慢，过高则反应过于剧烈，给制品带来缺陷并增加了酸液的挥发，一般以 40～50℃为宜。

（4）处理时间　时间过短，作用不完全，时间过长则表面有盐类沉淀。具体时间应根据酸液的配比、温度、处理设备来制定。一般用短时间（6～15s）多次酸处理方法，但处理次数也不宜过多，过多时（超过 10 次）容易形成波纹等缺陷。每次酸处理后，都应将制品表面用水冲洗以去掉沉淀的盐类，如不洗净就会影响抛光质量。

化学侵蚀和机械研磨相结合的方法称化学研磨法。在玻璃表面添加磨料和化学侵蚀剂，化学侵蚀生成的氟硅酸盐，通过研磨而去除，使化学抛光的效率大为提高。此方法一度被重视为高效率磨光玻璃的生产方法，只是由于浮法平板玻璃生产的兴起，化学研磨没有得到推广。化学研磨的原理示意图见图 10-15，所用的化学侵蚀液配方为 HF 10%、NH_4F 20%～30%、H_2O 50%～60%、添加物（调整黏度与抑制反应生成物用）10%。

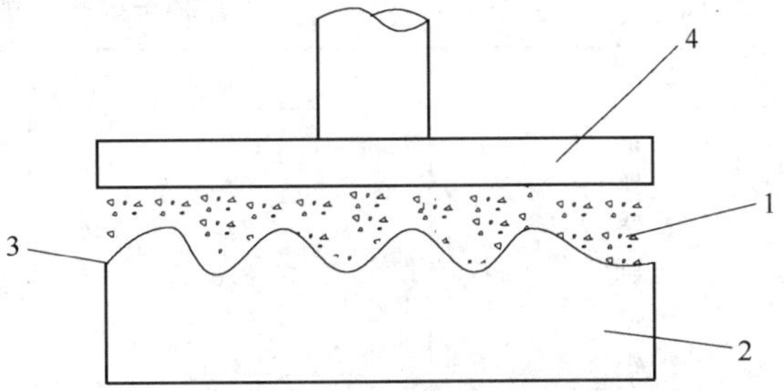

图 10-15　化学研磨原理图

1—研磨剂＋侵蚀剂　2—玻璃　3—反应生成物　4—磨盘

10.3.3　表面金属涂层

玻璃表面上镀一层金属薄膜，广泛用于制造反射镜、热反射玻璃、护目玻璃、膜层导电玻璃、保温瓶、玻璃器皿以及各种装饰品和玩具等。

玻璃表面镀金属薄膜的方法，有化学法和真空沉积法。前者可分为还原法、水解法（又称液相沉积法）等，后者又分为真空蒸发镀膜法、阴极溅射法、真空电子枪蒸镀法等。

化学法中的还原法是一种古老的方法，目前仍在应用，真空蒸镀法的应用日趋广泛。

10.3.3.1　化学法

化学法常应用在玻璃表面镀银。镀金则较为困难，而镀铜则更为不易。用某些有机物（例如葡萄糖）的还原反应，从银络化合物的氨溶液中沉淀出金属银，并使银均匀分布在玻璃表面。

化学镀银的特点是设备比较简单，可以在任何工厂进行。缺点是银层比较厚，达 100～200nm。原料消耗比较大，均匀性也不如真空沉积法好，同时也容易发生污染。此法亦称银镜反应，此处不再叙述。

10.3.3.2　真空沉积法

真空沉积镀膜法近年来发展很快，走向装置大型化、工艺连续化、控制自动化，可在大面积上均匀沉积成膜。

(1) 真空蒸发镀膜法　真空蒸发镀膜的基本原理是在低于 136.8×10^{-6}Pa 的真空条件下，把被蒸发的金属加热到蒸发温度，使之挥发沉积到玻璃表面上，形成所需要的膜层，蒸发沉积的全部过程由真空蒸发镀膜设备来完成。

真空电阻加热蒸镀是采用高熔点金属（如钨、钼、钽等）做成螺旋状或舟状的蒸发源或者将石墨做成坩埚，通以大电流而产生高温。还可将刚玉坩埚或石墨坩埚外面绕以钨丝，通以大电流而间接加热坩埚，这样金属舟和坩埚就同时起到盛放蒸镀材料和加热器的双重作用。钽、钼和钨是最适宜作舟的材料，钽和钼易于弯折成形，钨则很难。显然，这种方法所加于蒸镀材料的温度总低于蒸发源本身的温度，当然也要受到蒸发源材料熔点的限制，一般很难超过 2000℃。

真空电子枪蒸镀是将蒸镀材料盛放在导电的坩埚内，在高真空状态下用电子束轰击加热使之蒸发的方法。电子束由电子枪产生和控制。电子枪蒸镀的特点是可以使蒸镀材料局部加热避免材料的分解，并且可以避免蒸镀材料与蒸发舟相侵蚀，易于制备高要求的优质膜，避免了真空电阻加热法蒸镀的一些困难。

几种金属气化，气压到 0.01Pa 时热力学温度见表 10-6，在此种温度下气化能得到较好的膜。

表 10-6　　几种金属气化的热力学温度

金　属	热力学温度/K	金　属	热力学温度/K
镉	541	金	1745
锌	623	铝	1261
镁	712	铁	1694
钙	878	铂	2362
铬	1490	钨	3585
银	1319	镍	1717
锑	973		

真空蒸镀法按生产方式可分为间歇式与连续式两种。间歇式是在设备内装入一定量的基板，蒸镀结束后，解除真空取出试样，如此重复进行，这实际是实验室装置的大型化。连续式装置中设备做成许多室，用闸阀隔断，试样一室、一室地向前移动，可在大块(3.6m×3.0m) 的平板玻璃上镀成质量良好的膜层。

现已用真空沉积法大量生产的玻璃制品有反射镜、热反射玻璃等。民用镜除了化学镀银外，现在也已用真空沉积法生产。汽车用的车内外反射镜，多数用铬（Cr)，汽车外侧反射镜用铝（Al)，都可用真空沉积法大量生产。

(2) 阴极溅射镀膜法　在低真空中（一般为 0.01～0.10Pa)，阴极在荷能粒子（通常为气体正离子，这通过气体放电而产生）的轰击下，阴极表面的原子从中逸出的现象称为阴极溅射，逸出的原子一部分受到气体分子的碰撞而回到阴极，另一部分则凝结于阴极附近的基板上面形成薄膜。阴极溅射一般是在惰性气体或氧气等反应气体中进行的。对于某些金属［如铂（Pt)、钼（Mo)］由于熔点很高，采用热蒸发法有困难。为得到这些金属的薄膜，可采用阴极溅射法。在阴极溅射过程中可将反应气体引入溅射室，以便改变成控制淀积的膜层特性，这种方法称为反应溅射。由于氧化物薄膜的机械强度、化学稳定性及光学特性都很好，所以在溅射气体中掺入氧气而溅射金属可制得的氧化物光学膜，在光学零件制造中应用得很广。阴极溅射法的缺点是效率不够高，为使这种方法能有效地用于工业生产就需要有可保证在大面积上制得给定参数膜层的设备。

各种金属在不同气体中的溅射能力排列次序见表 10-7。在生产中已使用溅射法镀金制造导电玻璃、热反射玻璃以及集成电路基板上电极等。

表 10-7　　各种金属在气体中的溅射能力顺序

气体	金　属
氩气	Cd、Ag、Pb、Au、Sb、Sn、Bi、Cu、Pt、Ni、Fe、W、Zn、Si、Al、Mg
氮气	Ag、Au、Pt、Pd、Cu、Ni
氢气	Bi、As、Ti、Sb、Ag、Au、Pb、Zn、Cu、Sn、Fe、Ni、Co、Mo、Cd、Al、Cr、Ta、Mg

影响溅射的因素主要有：阴极物质、气体的种类和压力、阴极电位降和电流密度、阴极与基板的相对位置等。

10.3.3.3　热反射玻璃

热反射玻璃是在玻璃表面涂上对红外线反射率高的金属膜（Au、Cu、Ag、Cr、Ni等)。用作建筑物反射太阳能的隔热玻璃，可以节约室内空调的能源，并增加建筑物外表的美观。制造的方法根据其品种而定，单板一般用热喷雾法、电浮法，夹层、双层玻璃用非电镀法、真空沉积法、溅射法等。热反射玻璃的反射曲线与透过曲线见图 10-16。

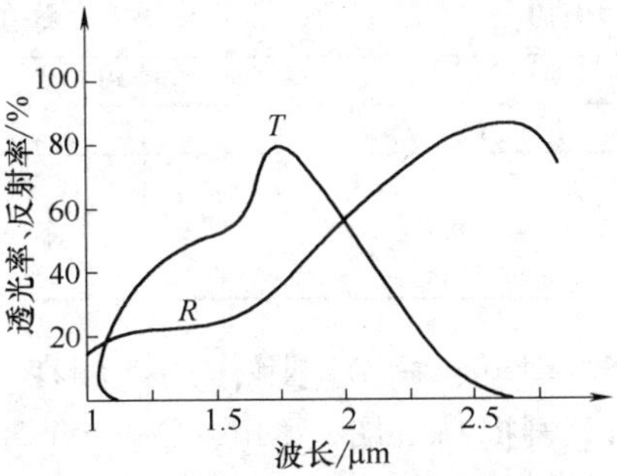

图 10-16　热反射玻璃的透光与反射光谱曲线图
T—透光率　R—反射率

10.3.4　表面导电膜

在玻璃表面涂上过渡金属氧化物或金属的薄膜，使玻璃具有很好导电性，称为表面导电玻璃。根据其透光性分为透明和半透明导电玻璃两种。

表面导电玻璃用在飞机、车辆、船舶、冷冻设施的观察窗，通电加热以防雪、防冰、防霜（其膜厚 600～700nm，其表面电阻为 100Ω）。还用在加热板（电热杯、烹调用具、干燥器、暖房器）、用于显示装置上的透明电极、集成电路制造的工业谱线圈板、绝缘子的防电晕涂层、静电遮蔽板以及热射线遮断窗方面。

作为低电阻而透明涂层的材料，氧化物有 SnO_2、In_2O_3、CdO；金属有 Au，后来又有 LaB_6、钨铜等。实际应用的材料主要为 SnO_2、In_2O_3、Au，此三种导电膜的特性列于表 10-8。为了提高导电性能，在氧化物中进行掺杂，即加入活化剂，如 Sn^{4+} 加 Sb^{5+}；In^{3+} 加 Sn^{4+}、Ti^{4+}、Zn^{2+}；Cd^{2+} 加 In^{3+} 等。

表 10-8　　几种导电膜特性

膜材料	膜厚/μm	表面电阻/(Ω/m²)	电阻率/Ω·m	涂层方法
SnO_2(掺杂)	0.2	55	11×10^{-6}	热喷雾
In_2O_3(掺杂)	0.1	70	7×10^{-6}	真空沉积
Au	0.018	5	9×10^{-3}	真空沉积

导电膜的制造方法有以下几种：

（1）热喷雾法　玻璃在电炉中加热到 700℃左右，用喷枪将金属盐的溶液喷涂在玻璃表面，盐溶液在玻璃表面形成氧化物导电薄膜。

盐溶液的成分中有基础溶液、活性剂、修饰剂等。

基础溶液的成分见表 10-9。

表 10-9　　基础溶液的成分

金属盐量/g		水量/mL	浓盐酸量/mL	膜厚 0.54μm 时的电阻/Ω	特　性
$SnCl_4\cdot5H_2O$	100	50	10	200	膜稳定
$InCl_3$	5.3	8	2	675	—
$Cd(NO_3)_2\cdot4H_2O$	10	10	—	95	膜抵抗能力最低

加入活性剂后，电阻明显降低。不同基础溶液得到最小电阻时，所用的活性剂见表 10-10。

表 10-10　　添加活性剂的膜层电阻

薄膜组成		表面电阻/(Ω/m²)（膜厚 0.54μm）
基础成分	活性剂	
SnO_2	Sb_2O_3　0.5%～1.0%	12
In_2O_3	SnO_2　1%～2%	10
CdO	In_2O_3　7%～8%	4.5

修饰剂可起调节电阻作用，如在 SnO_2-Sb_2O_3 膜的组成中加入 V、Fe、Cu、Zn 等，则电阻急剧提高，加入 Mn、Co、Ni 时，电阻变化不明显，加入 HF、NH_4F 等则电阻明显下降。修饰剂还可以使薄膜稳定，改变电阻温度系数与透过光的颜色。

喷涂于热玻璃表面的氯化物能进行水解，生成氧化物薄膜，如 $SnCl_4$ 水解生成 SnO_2。

$$SnCl_4 + 2H_2O \longrightarrow SnO_2 + 4HCl$$

由于氯化物迅速反应，玻璃表面生成的 SnO_2 薄膜，有过剩的 Sn 原子，形成了晶格缺陷。电流的载流子是电子，加入活性剂（掺杂）后提供了更多的载流子，使电导率提高。

热喷雾法的优点是设备费较少，工艺过程的费用也小，可适用于大面积与非平面玻璃，透明度与平滑度一般。缺点是膜均匀性与重复性较差，材料消耗大，基板的温度高，需要采取防止污染的措施。热喷雾法是常用的方法。

(2) 浸渍法　冰醋酸 1 份、无水酒精 1 份、氧化亚锡 2 份，经 120～130℃煮沸成为混合物，再将玻璃加热到软化温度，浸入此混合液中几秒钟后，即得到 SnO_2 的表面涂层，透光率可达 92%。浸渍液也可采用无水氯化亚锡（$SnCl_2$ 通入氯气）1 份加无水酒精 1 份。

(3) 真空沉积法　在 1.33～6.67kPa [(1～5)×10^{-5}mmHg] 的真空中，用 1.0～1.5nm/s 的速度进行金属膜的真空沉积，可以得到表面电阻 300～1000Ω 的金属膜（膜厚 10～50nm）。用真空沉积法也可涂 TiO_2、In_2O_3、SnO_2 膜。

真空沉积法的优点是膜的均匀性和重复性好，平滑度与透明性好，材料消耗小，不需采取防止公害措施，缺点是设备费用大。真空沉积法，可以进行大面积涂层，特别适合于涂贵金属，如金等。金属膜的透明度不如氧化物好。

(4) 还原法　把玻璃加热到 200～250℃，通入金属钛、硅的氯化物（$TiCl_4$、$SiCl_4$），生成高电阻的膜，然后放在还原气氛中，如 $TiCl_4$ 在 H_2、N_2 及 H_2S 气氛中于 550～600℃加热 2h，得到表面电阻为 1000～2500Ω/m² 透明导电膜。

除了以上方法以外，还有直流溅射法、工频溅射法、化学沉积法等。

各种不同透明导电膜的表面电阻与膜厚度的关系见图 10-17。曲线 1 为 SnO_2 薄膜；曲线 2 为 SnO_2-Sb_2O_3 薄膜，Sb_2O_3 加入量为 1.5%（质量分数），表面电阻值为纵坐标读数的 1/10；曲线 3 为 SnO_2-In_2O_3 薄膜，In_2O_3 加入量为 5%（摩尔分数），表面电阻值为纵坐标读数的 10 倍；曲线 4 为 SnO_2-Sb_2O_3 薄膜，Sb_2O_3 加入量为 5%（摩尔分数）。图 10-18 为表面导电玻璃的分光透光与反射曲线（In_2O_3 薄膜，加入活性剂 Sb_2O_3）。导电玻璃的电极用银制，一般以 20g 的可溶性银加入 0.8g 锑粉混合研磨，喷在玻璃板的两边，然后加热烧结。锑粉也可用 1g Sb_2O_3 或 Sb_2S_3 来代替。

10.3.5　表面憎水涂层

在玻璃表面施加硅有机化合物等的涂层可起憎水作用。这类涂层用于高湿度下的观察窗、电气绝缘材料以及防止玻璃表面漏电及防止风化的场合。

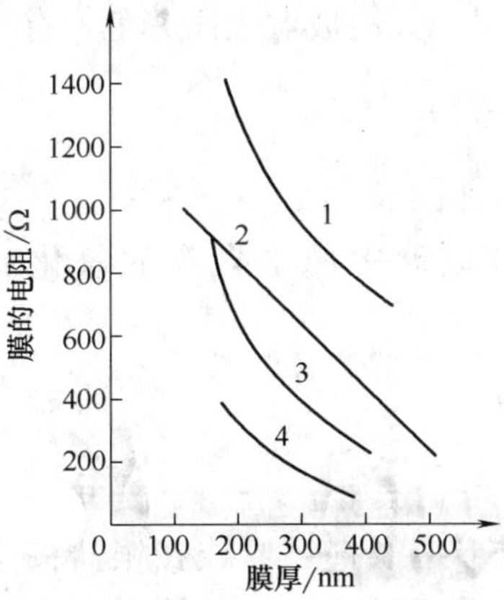

图 10-17　不同透明电膜的表面电阻与膜厚的关系图

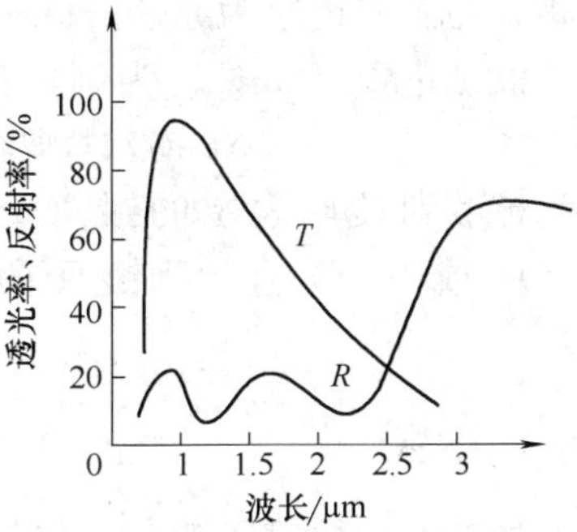

图 10-18　表面导电玻璃的透光率与反射率

T—透光率　R—反射率

硅有机化合物的结构与玻璃中的 SiO_2 相似，也能形成四面体。聚硅酮（乙烯基三乙氧基硅烷）与硅氧团的结构比较，聚硅酮中硅原子也被四个排列成四面体的有机碳团（被几个碳团和无机团）所围绕。当涂于玻璃表面时，可以借助于公共的硅氧键，将聚硅酮与玻璃中的硅氧四面体连接起来，由于一定的烃基定向效应，即在玻璃表面生成一层有机聚硅氧烷憎水膜。

在进行硅有机化合物处理前，需对玻璃表面进行清洁处理，先放在弱碱中清洗，然后用 5%盐酸处理 30min，这样在玻璃表面形成微孔和极薄的 SiO_2 薄膜，以便用硅有机物处理时，更好地与表面结合。

处理方法可用喷雾法或浸渍法。采用喷雾法时先将硅有机化合物溶于乙醇，再用水适当稀释，然后用喷枪喷在加热到 100℃的玻璃表面上，根据需要采用双面喷涂或单面喷涂设备。喷涂完毕后还必须在 100℃下熟化 10min。

浸渍法是将清洁处理后的玻璃浸入硅有机物溶液中，然后在 100℃、200℃或 300℃保温 1h，再在空气中冷却，以形成有机硅薄膜。

玻璃的憎水性决定于溶液的性质、浓度、热处理的温度与时间。在硅有机物中与硅原子相连接的有机团中碳链越长，则憎水性越好，如硅有机漆比硅烷好。把玻璃浸在用丙酮稀释成 1∶5 比例的硅有机漆中 1min，然后在 150℃下进行热处理，并在空气中冷却，形成一层高度憎水性（水的边界润湿角为 90°）与玻璃结合性良好的透明薄膜。

用二乙基二氯硅烷［$(C_2H_5)_2SiCl_2$］处理的最好工艺条件是用 15%的该溶液浸 15min，再在 200℃下进行热处理，可以得到边界润湿角为 90°的憎水涂层。对苯基三氯硅烷（$C_6H_6SiCl_3$）来讲，增加浓度和处理时间都会使憎水性下降。

此外还可采用含有氨基与砜类的有机酸及无机酸的甲基硅氧烷憎水涂层。

硅有机物涂层除了具有憎水性外，还能不同程度地提高玻璃的化学稳定性。热稳定性、电绝缘性与机械强度。

10.3.6　表面着色

玻璃表面着色就是在高温下用着色离子的金属、熔盐、盐类的糊膏涂覆在玻璃表面上，使着色离子与玻璃中的离子进行交换，扩散到玻璃表层中去使玻璃表面着色，有些金属离子还需要还原为原子，原子集聚成胶体而着色。

以氯化银（AgCl）为例，其离子交换过程如下：

$$Na^+ 硅酸盐玻璃^- + Ag^+ Cl^- \longrightarrow Ag^+ 硅酸盐玻璃^- + Na^+ Cl^-$$

扩散到玻璃表层的银离子，本来是无色的，但易被玻璃中原来含有的氧化亚铁（FeO）或 As_2O_3 还原为银原子：

$$Ag_2^{2+}O + 2FeO \longrightarrow Fe_2O_3 + 2Ag$$

$$2Ag_2O + As_2O_3 \longrightarrow As_2O_5 + 4Ag$$

如玻璃中缺乏亚铁、亚砷、亚锑等离子时，可在高温下用氢气还原或在银盐糊中加 Sb_2O_3 等作为还原剂，使其易于还原。Ag^+ 还原为 Ag 原子，同时发生再结晶，结晶的原子互相接触集聚为胶态微粒形成色基而呈现黄色。铜离子交换的原理也是这样，只是比 Ag^+ 难于渗入玻璃内部，同时 Cu^+ 也不如 Ag^+ 易于还原，所以离子交换后必须经过一次在强还原气氛中还原煅烧。如果 Ag^+ 和 Cu^+ 同时存在，银可以从铜中接收电子，只需在中性气氛下一次烤色就呈现棕红色，广泛用于玻璃仪器的刻度。用铊离子进行扩散着色可以得到灰至黑色。各种金属离子交换后着色的玻璃其透过光谱曲线见图 10-19。

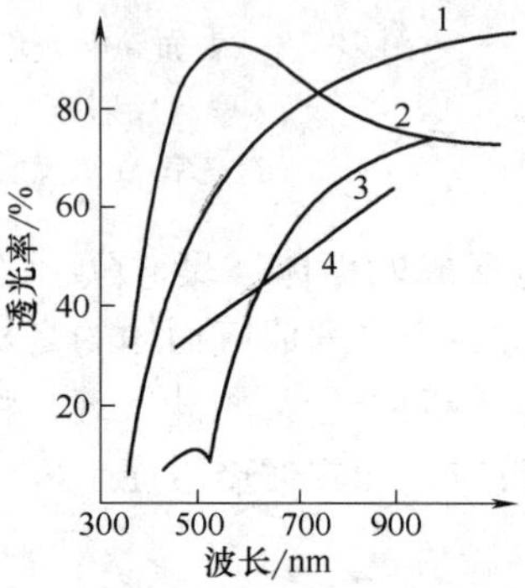

图 10-19　各种金属离子交换着色玻璃的透光曲线图
1—Ag 离子　2—Cu 离子　3—Cu 原子　4—Ti 原子

表面着色的优点是设备简单，操作易掌握，且着色以后的玻璃是透明的，表面平滑光洁。缺点是生产效率低，对玻璃均一性敏感。目前只用在玻璃器皿的表面装饰、仪器玻璃的刻度和打印方面。通常把着色离子的盐类加入填充剂（或称载体，如 ZrO_2、黏土等）、黏结剂（糊精、阿拉伯胶有时也用松节油等）配成糊状物，涂于玻璃表面，再放在马弗炉中进行热处理。

应用电浮法可以连续生产表面着色玻璃，其主要原理是在浮法成形熔融锡槽上的高温玻璃上面，另设置需要着色的熔融金属槽，这两种熔融金属槽，通以直流电压，上面的金属离子就扩散到玻璃中，进行离子交换。因为周围环境是还原气氛，使用低电压，离子就容易扩散，而且还原为胶体状，形成表面着色的玻璃或热反射玻璃。

10.3.7　表面光学薄膜

随着工业、国防、科技的发展，特别是激光技术的迅速发展，光学薄膜应用范围越来越广泛，薄膜种类越来越多，目前已能提供 90 多种元素、氧化物、氟化物、硫化物、碲化物、硒化物以及合金和混合物涂层材料。薄膜光学已成为现代光学上的一个重要分支。

根据玻璃表面光学薄膜的用途，可分为增透膜（减反射膜）、反射膜、分光膜、滤光膜等。

10.3.7.1　增透膜

增透膜涂在光学玻璃零件表面，以减少光的反射率，增加光的透过率。如折射率为 1.52 未涂增透膜的玻璃，每一面反射率大于 4%，而涂四层增透膜的玻璃其反射率可降低到 1%以下，不仅增加了图像的亮度，而且最显著地改进了图像的对比度和清晰度。

增透膜有单层和多层两大类，虽然可根据要求设计成双层、三层或四层的，但单层增透膜约占 95%。

增透膜的主要原理是利用膜和玻璃两个介质中反射光的相位干涉而使反射光线互相抵消。在折射率 n_s 的玻璃和折射率 n_0 的空气中间，涂一层折射率 $n_1=(n_s \cdot n_0)^{0.5}$ 的光学薄膜，当其厚度为$\frac{\lambda}{4}$时（λ 为光波长），光线由透镜内部通过薄膜进入空气中时，其反射光即可抵消。如这些反射率能适当地平衡，则两种反射波返回透镜内部的总能量为零，此时绝对不会有反射光产生，光波没有能量损失。

在涂膜过程中，要获得膜厚为$\frac{\lambda}{4}$有困难时，只要膜厚是$\frac{\lambda}{4}$的奇数倍即可。

单层增透膜可以用同样材料同时涂在不同折射率的玻璃上，即使薄膜厚度有误差，也能减少反射。单层增透膜的材料有 MgF_2、SiO_2、CaF_2、冰晶石等。MgF_2 膜的折射率为 1.38，可用真空沉积法涂膜，机械强度高，化学稳定性好，是常用的增透膜材料。SiO_2 膜折射率 1.44，对高折射率玻璃，如 $n_D=1.7172$ 的 ZF-3 玻璃涂 SiO_2 增透膜后，反射率可降低到 1.2%。SiO_2 膜有良好的牢固性和化学稳定性。涂 SiO_2 膜可用真空沉积法，也可用水解法，由硅酸乙酯水解，得到硅酸，失水后成 SiO_2 薄膜。

$$Si(OC_2H_5)_4+4H_2O = H_4SiO_4+4C_2H_5OH$$

乙醇挥发，正硅酸脱水，形成 SiO_2 吸附在玻璃表面。

$$H_4SiO_4 \longrightarrow SiO_2+2H_2O$$

实践证明，采用 7.5%～14.0%的硅酸乙酯的乙醇溶液，比单纯用硅酸乙酯为好。玻璃经过清洁处理后，放在专用机床的夹具上，由垂直的轴带动旋转，用移液管加入硅酸乙酯溶液，由于离心力，使溶液均匀分布，在空气湿度 80%的情况下，可以得到 $n=1.46$ 的膜。零件涂膜以后，用预热空气吹几分钟或在室温下在机床放置 40～50min 进行干燥，以得到牢固的膜。

用真空沉积法涂 CaF_2、冰晶石膜，可以降低高折射玻璃的反射率。

凡用单层反射膜不能获得满意效果时，可以涂多层增透膜，最简单的是双层膜。如膜 1 的折射率为 n_1，膜 2 的折射率为 n_2，当 $(n_1/n_2)^2=n_0/n_s$，膜厚 $\delta_1=\frac{\lambda}{4}$、$\delta_2=\frac{\lambda}{4}$时，可以得到零反射的效果。对折射率为 1.51 的玻璃，理想薄膜的折射率为 $n_1=1.38$，$n_2=1.70$，可采用氟化镁和氧化铋。氟化镁用真空沉积法，氧化铋在氧气中进行阴极溅射。也可采用 CeO_2（$n_1=2.2$）、MgF_2（$n_2=1.4$）的双层膜，必要时还可采用三层膜与四层膜。三层膜如 MgF_2（$n_1=1.4$）、ZrO_2（$n_2=2.1$）、CeO_2（$n=2.2$），四层膜 MgF_2、ZnS、CaF_2、MgF_2。

增透膜对光线反射有选择性，并在观察反射光时，呈干涉色彩。对于目测仪器，如双筒望远镜和显微镜等，选择反射率在 550nm 处最小，能得到最好的增透效果，其干涉色为深紫色。对于照相机的物镜来讲，要求在 450nm 处有最低的反射率。对典型的单层、

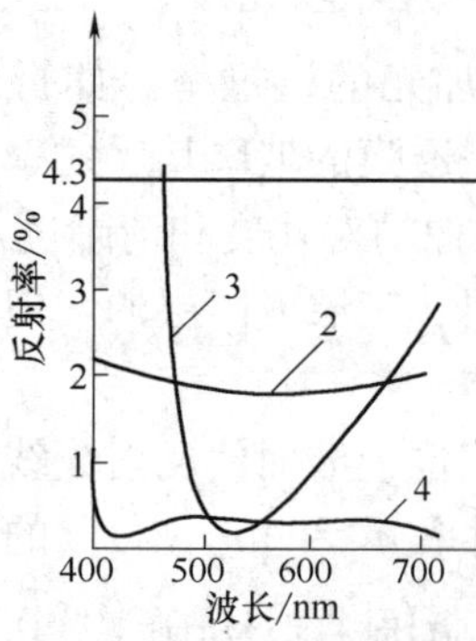

图 10-20 单层膜、双层膜与四层膜的减反光性能

1—未涂膜 2—单层膜 3—双层膜 4—四层膜

双层和四层膜的减反光性质绘成图 10-20。

10.3.7.2 反光膜

在玻璃表面上涂反光膜，提高反光率，来制造光学仪器与激光系统中的反射镜。根据使用情况，要求反射出可见光或反射红外与紫外光。

反光膜的材料有金属（银、铝、金、镍、铬等）、氧化物-氟化物（CeO_2-MgF_2）、硫化物-氟化物（ZnS-MgF_2、ZnS-ThF_4、ZnS-Na_3AlF_6）等。

常用的反光镜是银、铝涂层。银可用化学沉积法涂在平板玻璃背面，也可涂在棱镜的表面。银膜在可见光中反射率最高，可达 95%，而在 400nm 以下，反射率明显降低，且膜层脆弱，容易被划伤，作背面镜时用铜层保护。铝膜从红外到紫外都具有良好的反射性并有良好的化学稳定性，所以是反光镜涂层中最重要的材料。银膜与铝膜在不同波长下的反射率列于表 10-11 中。

表 10-11　　银膜与铝膜的反射率

膜的种类	在不同波长(nm)下的反射率/%				
	1000	600	500	357	316
银膜	97.0	95.0	95.0	74.5	4.2
铝膜	90.0	89.0	88.0	87.0	85.0

涂铝时采用真空沉积法涂在玻璃表面上，并再涂上一氧化硅（SiO）层作为保护层，这种合成膜在可见光中反射率达 80%以上。如在涂完膜后立即用高压水银灯的紫外线照射 20h，则由于一氧化硅的透明作用，260nm 处的反射率提高到 65%。

铬膜、镍膜虽然光的反射率不高（50%～60%），然而它们能很牢固地附着在玻璃表面上，并能很好吸附银膜和铝膜。对于反射率不需要太高而需要牢固覆盖膜的反射镜，有时也利用它们作基片与作为银层和铝层的中间层。铬膜和镍膜可用气相沉积法涂在玻璃表面上。

CeO_2-MgF_2、ZnS-MgF_2、ZnS-ThF_4、ZnS-Na_3AlF_6 都是激光反射镜的反射膜，在红外波段 0.4～2.0μm 范围内，最大反射率为 99.5%～99.8%，用气相沉积或溅射法施加涂层。

10.3.7.3 分光膜

把一束光分为两部分的器件称为分光镜。分光镜的工作部分是一个镀过膜的平面，它在一定波长范围内具有一定的反射率和透射率。通常这个平面是倾斜的，将入射光分为透射和反射部分。最简单的分光镜是在玻璃板上涂银膜，因为可见光区吸收最小。银是习惯上作为分光镜最盛行的膜料。铬膜比较牢固，而且呈现出对可见光完全的中性分光性能，虽然它的光吸收损失比较大（达 50%），但是仍然为现代商品分光镜的膜料。有些分光镜则在表面上涂铝和金。立方体分光镜由两个直角棱镜胶合而成，涂在两个直角棱镜之间的金属膜料一般采用银。

由于金属膜吸收损失比较大，对于一个完善分光镜常用单层透明的高折射的 $\lambda/4$

介质膜来代替金属膜，这就是介质膜分光镜。常用的膜料有折射率为 2.35 的硫化锌，也可用二氧化铈与氧化钛。涂氧化钛膜时，可用真空沉积法先得到钛（Ti）膜，然后在空气中加热到 420℃，使钛膜氧化为二氧化钛（TiO_2）具有金红石结构，其折射率为 2.8。

10.3.7.4　滤光膜

根据滤光片的种类而选择不同的滤光膜，常用的滤光片有中性密度滤光片、截止滤光片、带通滤光片等。

在一个宽的光谱区，用来均等地降低入射光束强度的滤光镜，称为中性密度滤光镜。中性密度滤光镜由单层金属组成。为了使滤光镜有较好的透射率，应适当选择膜的厚度。铑（Rh）、钯（Pd）、钨、铬都可以用作膜的材料，但是以镍铬合金膜（约 80%Ni 和 20%Cr）特性最好。涂膜时采用真空沉积法把镍铬合金在 1.33×10^{-2} Pa 或更高的真空中，用粗的钨丝圈蒸发，其透光曲线见图 10-21。

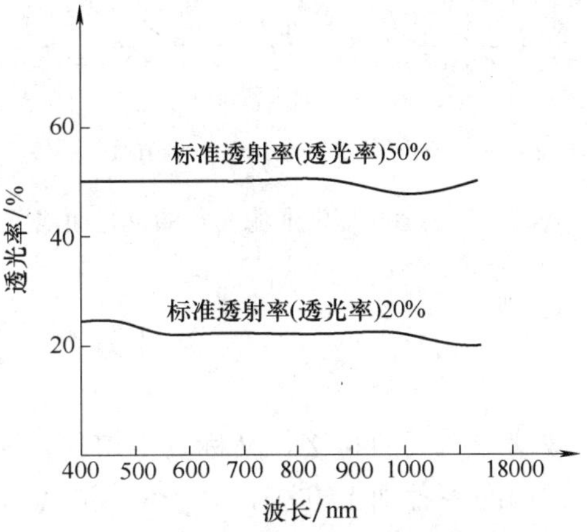

图 10-21　中性密度滤波片（涂镍铬膜）的透光曲线

特性曲线截止区到透射区发生突变的滤光片，称为截止滤光片。截止滤光片种类很多，根据不同的机理，结构上也有多种不同形式，此处仅讨论薄膜滤光片。这种滤光片上涂有薄膜，根据吸收效应或干涉效应，或者同时根据两者而工作。吸收滤光片的膜料有二氧化锗——形成对紫外光截止而对可见光透过的滤光片，硅——形成截止限在波长 1μm 的长（波）通滤光片，碲化铅——形成截止限在波长 3.4μm 的长（波）通滤光片。干涉截止滤光片是利用 λ/4 多层干涉膜而起滤光作用，透射曲线的主要特征是一连串高反射带（即低透射带）间隔以高透射带。改变层厚或监控波长，这些截止限的位置可以移动。此种类型滤光片上常常要涂很多层膜，如长（波）通滤光片在玻璃上涂硫化锌、冰晶石、硫化锌的膜，短（波）通滤光片上涂冰晶石、硫化锌、冰晶石的膜。此两种类型截止滤光片的透光曲线见图 10-22。

特性曲线的透射带两侧邻接截止区的滤光片，称为带通滤光片。可分为宽带通与窄带通滤光片两类，这两者没有明显界限，通常将通带半宽度与通带中心波长之比在 20%或 20%以上的称为宽带滤光片。宽带滤光片由短（波）通滤光片与长（波）通滤光片组成，如在可见光区，用硫化锌、冰晶石、硫化锌组成第一个膜系，冰晶石、硫化锌、冰晶石组成第二个膜系，第二个膜系涂在玻璃上，第一个膜系涂在第二个膜系上。窄带滤光片指通带半宽度与通带中心波长之比为 15%或更窄的滤光片。窄带滤光片有两种，一种是金属介质滤光片，另一种是全介质滤光片。金属滤光片的膜料，在可见光区和近红外区，用银和冰晶石较好，在紫外区则用铝和氟化镁或铝和冰晶石。全介质滤光片的常用膜料，在可见光区和近红外区为硫化锌和冰晶石，在红外区为硫化锌和碲化铅两种膜料组成多层膜。图 10-23 为带通滤光片的透过曲线。

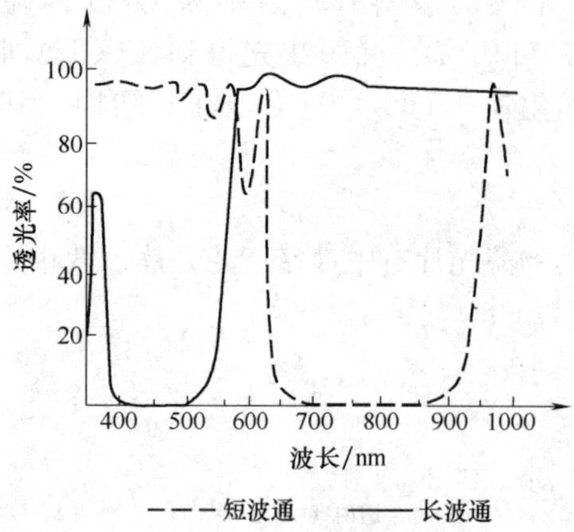

图 10-22 长波通与短波通滤光片的透光曲线图

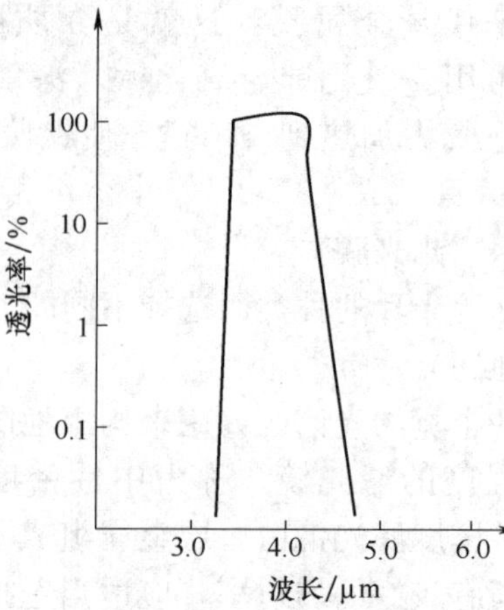

图 10-23 带通滤光片（红外）的透光曲线图

10.4 玻璃封接

玻璃与金属的封接，又称真空熔封，是灯泡、电子管、显像管以及其它电真空器件制造中常用的一种加工方法，对于保证电真空器件的可靠工作有十分重要的意义。

经封接加工后的封接件，必须达到以下两点：

① 足够的机械强度和热稳定性：由于电真空器件在制造和使用过程中都要受到热的和机械的冲击，封接件必须坚实，不致遭受破坏。

② 必须气密即不透气性：电真空器件要有良好的真空气密性，才能保证器件的电气特性和寿命，封接界面熔结良好，无裂纹、无气泡。

10.4.1 封接原理

玻璃与金属封接的密实，首先是两种材料间有良好的黏着力，这决定于两种材料的性质，即玻璃能湿润金属。其湿润角越小，则黏着力越好。纯金属时的湿润角一般比其氧化物的湿润角大，同时高价氧化物的湿润角也比低价氧化物的大，表 10-12 是钼及其不同氧化物对钼组玻璃的湿润角。

表 10-12　钼及其氧化物的湿润角

金属或氧化物名称	Mo	MoO_3	MoO_2
湿润角/(°)	146	120	60

从表 10-12 可以看出，纯金属钼的湿润角最大，而低价氧化物 MoO_2，其湿润角小得多，这样用低价氧化物 MoO_2 与钼组玻璃封接，其黏着力比用纯金属钼与钼组玻璃封接的要大得多。因此在被封接的金属上形成密实的氧化物薄膜，特别是此种氧化物能略溶于玻璃中时，则黏着作用就更好。为了得到良好的不透气的封接，常常先将金属制得一层低价氧化物薄膜（可将金属在空气中加热氧化，或涂上一层氧化物薄膜），这层氧化物能部分地溶于玻璃，就可获得气密良好的封接效果。松而多孔的氧化膜（如钢和铁的氧化物）妨

碍了玻璃与金属间的黏着作用，得不到气密的封接，因而不能采用这种氧化物薄膜。

熔封处的不密实，常常是由大量气泡所造成。在熔封过程中，多半是由被封接的金属放出大量气体，如含有碳的金属氧化时，放出 CO_2，所以含碳金属应预先在 H_2 中或真空中退火，封接时要使用还原焰等措施，以避免产生气体包裹在封接件中，影响封接的气密性。

被封接的玻璃与金属之间的热膨胀系数总有差异，纯金属的热膨胀曲线几乎是直线，而玻璃在转变点附近向上弯曲，因而封接件就产生应力，如图 10-24 所示。

即使采用热膨胀系数比较接近的两种材料，在正常情况下封接时，由于温度高，玻璃尚处于黏滞流动状态，这时不会发生应力。但在封接结束，冷却时，在 T_S 点以下，玻璃开始失去黏滞流动性，到退火下限温度玻璃完全失去塑性变形，开始产生应力，应力情况视两种材料的膨胀曲线及封接形式不同而异。经验证明，封接应力应小于 9.8MPa，否则，将在封接界面出现裂纹，也不能保证封接件的气密性。

图 10-25 为玻璃围绕金属棒的封接件，在三个方向产生不同的应力。若金属的热膨胀系数比玻璃大，则三个方向的应力分布如下：

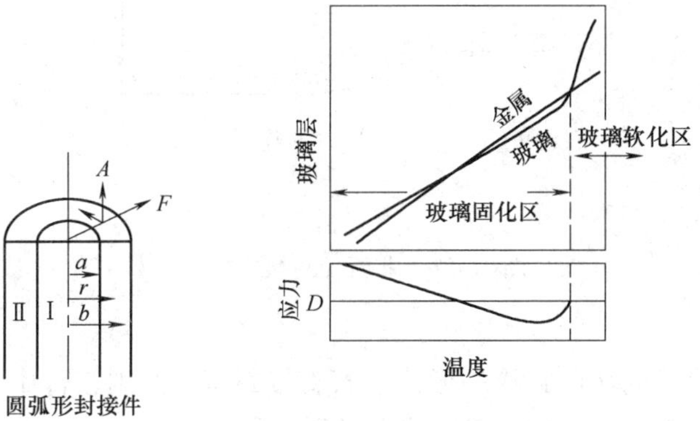

图 10-24　玻璃与金属封接的应力分析

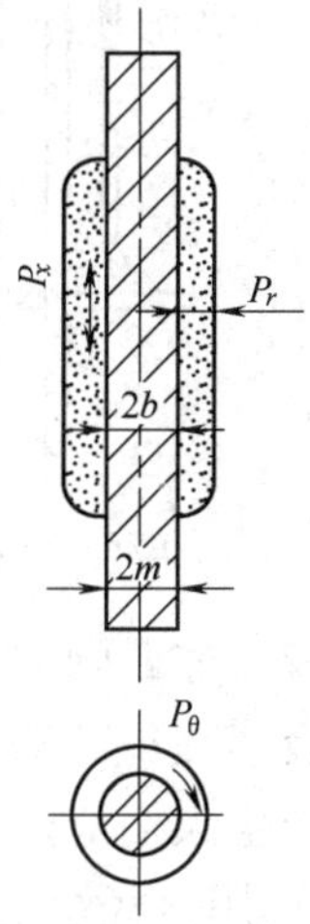

图 10-25　玻璃与棒状金属封接的应力方向

轴向（P_z）：由于金属的热膨胀系数大，冷却时收缩较多，玻璃收缩少，就阻碍金属的收缩，因而金属为张应力，玻璃为压应力。

径向（P_r）：金属收缩多，位于内部，玻璃在外面有将金属往外拉的趋向，玻璃也受到金属往内拉的力，因而金属和玻璃均为张应力。

切线方向（P_θ）：金属的收缩受到玻璃的阻碍，金属为张应力，玻璃为压应力。

封接操作结束后的封接件，如急速冷却，则会产生更大的应力。由于玻璃导热性差，玻璃在接近金属处先冷却，若此处已达脆性状态，而其它部分还未失去塑性变形时，会产生很大的应力，有使封接件损坏的危害，所以封接后的封接件必须退火。

为了避免封接应力对封接件的破坏，可采用以下措施。

① 选用热膨胀特性相近的金属和玻璃封接。这是最普通的方法。从室温到玻璃的 T_s 点的温度范围内，金属和玻璃的热膨胀系数相差不超过 10%，就可以使封接应力在安全

范围以内。

② 利用软的或薄而细的金属来封接。采用这种方法，由于金属的延展性，它所产生的弹性变形可松弛由于玻璃与金属的热膨胀系数相差较大所产生的应力。

10.4.2 封接的形式

玻璃与金属的封接形式，有以下四类形式。

10.4.2.1 匹配封接

指金属与玻璃直接封接，但必须选用热膨胀系数和收缩系数相近似的玻璃和金属，使封接后玻璃中产生的封接应力在安全范围之内。一般来说，某种金属就配以专门的玻璃来封接，如钨与钨组玻璃封接，钼与钼组玻璃封接等。这是玻璃与金属封接的主要形式之一，如图 10-26 所示。

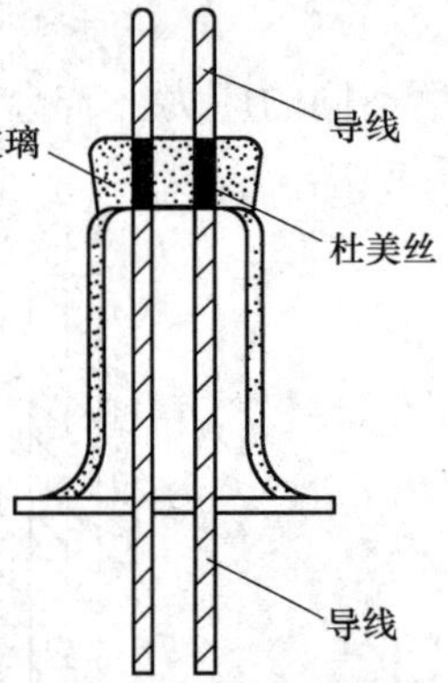

图 10-26 匹配封接实例图

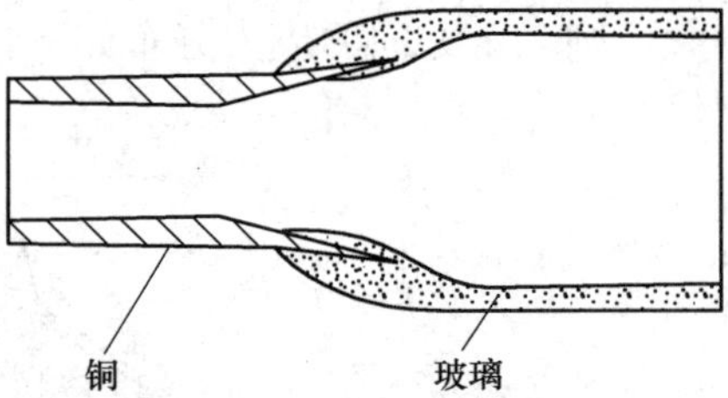

图 10-27 非匹配封接实例图

10.4.2.2 非匹配封接

指金属与玻璃的热膨胀系数相差很远而彼此封接的形式。若直接封接，则封接件中的玻璃将产生大而危险的应力，如图 10-27 所示。非匹配封接有以下几种方法：

① 选用直径小的金属丝，或将金属端部做成很薄呈刀口形与玻璃直接封接，以利用金属的弹性变形来松弛应力，使封接件所产生的应力微弱，不足以使之损坏。如无线电送讯管中，铜丝（$\alpha=178\times10^{-7}/℃$）和硬质玻璃（$\alpha=36\times10^{-7}/℃$）直接封接，高压水银灯内管是用石英玻璃（$\alpha=5.5\times10^{-7}/℃$）与铂箔（$\alpha=93\times10^{-7}/℃$）的直接封接就是非匹配封接。

② 选用性质柔软的金属，使封接处产生的应力可由金属变形而得到补偿。铜就是一例。使用直径小于 0.8mm 的杜美丝也可以。

③ 采用过渡玻璃进行封接，过渡玻璃的热膨胀系数介于被封接的金属与玻璃之间，如果金属和玻璃间的热膨胀系数相差很大，可用几种不同的过渡玻璃，依次几层封接，最后一种过渡玻璃与金属的热膨胀系数相近，就成为匹配封接。

10.4.2.3 金属焊料封接

为了消除金属直接与玻璃封接的困难，先在玻璃表面上覆上一层金属，然后用焊料使其焊到金属部分上。这种焊接方法用在密封电容器以及其它较小的电气零件上，但这种焊接件不耐高温。

玻璃表面上覆上金属薄膜的方法很多，用银或铂的化合物的悬浮液加热而获得银层或铂层，在真空中进行金属的蒸发及沉积，金属的阴极溅射；将金属粉末或液态金属喷到玻璃上等。然后用焊锡、氧化锌、含银的锡铝焊料等使金属薄膜与金属件封接。

10.4.2.4　机械封接

石英玻璃由于热膨胀系数很低，因而与金属或合金的封接有困难，可在玻璃与金属之间涂上熔融的低熔点金属作焊料，冷却后焊料紧密地使金属与玻璃密封，这种封接方法称为机械封接。如钨或钼导线和石英玻璃封接的地方填满熔融的铅，冷却后，铅层就牢牢地和石英玻璃黏合起来。也可用内表面覆有锡的金属筒加热，直到锡开始熔化，将玻璃管插入金属筒内再冷却，玻璃管与金属筒也就黏合在一起，如图 10-28 所示。

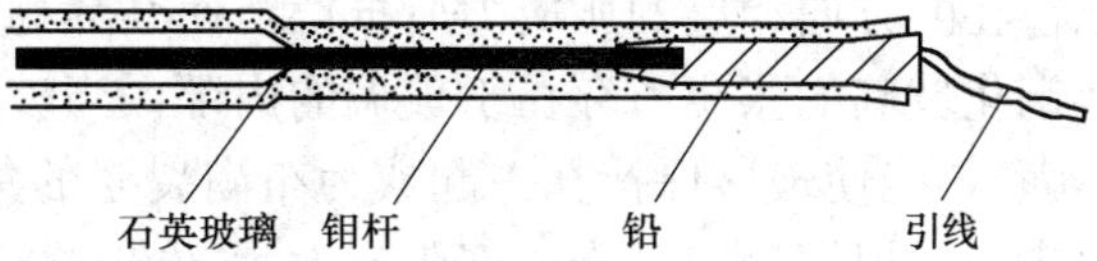

图 10-28　机械封接实例图

10.5　玻璃强化处理

玻璃的强化处理是为了提高玻璃的实际强度而在表面形成压应力的方法，一般玻璃强化处理方法分为物理强化和化学强化。

10.5.1　物 理 强 化

物理强化又称物理钢化，将玻璃加热到一定的温度，然后将玻璃迅速冷却，使玻璃内产生很大的永久应力，这个过程称为玻璃的淬火。通过这样的热处理，在冷却后使玻璃内部具有均匀分布的内应力，从而提高玻璃的强度和热稳定性，这种淬火玻璃又称为钢化玻璃。它的强度比退火玻璃高 4～6 倍，其强度可达 400MPa，而热稳定性可提高到 165～310℃。

玻璃的物理钢化是把玻璃加热到低于软化温度（其黏度值高于 10^8dPa·s）后进行均匀的快速冷却。玻璃外部因迅速冷却而固化，而内部冷却较慢。当内部继续收缩时使玻璃表面产生了压应力，而内部为张应力。

图 10-29（a）为钢化玻璃的内应力的分布情况。当退火玻璃板受荷载弯曲时玻璃的上表层受到张应力，下表层受到压应力，如图 10-29（b）所示。玻璃的抗张强度较低，超过抗张强度玻璃就破裂，所以退火玻璃的强度不高。如果同样的负载加到钢化玻璃，其应力分布

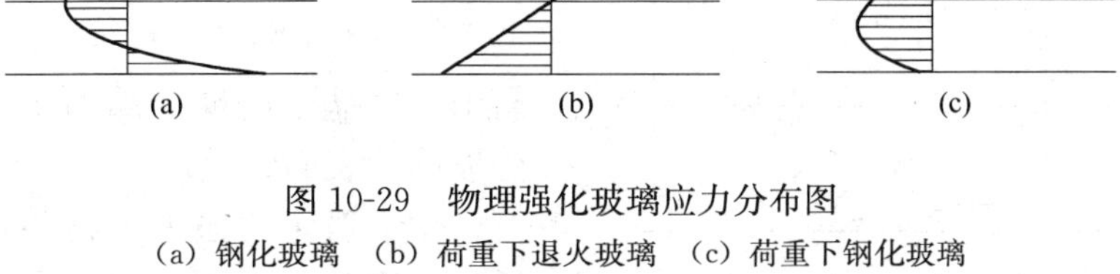

图 10-29　物理强化玻璃应力分布图

（a）钢化玻璃　（b）荷重下退火玻璃　（c）荷重下钢化玻璃

符号“＋”表示张应力，符号“－”表示压应力

如图 10-29（c）所示，钢化玻璃表面（上层）的压应力就增大，而所受的张应力比退火玻璃小。同时在钢化玻璃中最大的张应力不像退火玻璃存在于表面上而移向板中心。由于玻璃耐压强度要比抗张强度几乎大 10 倍，所以钢化玻璃在相同的负载下并不破裂。此外在钢化过程中玻璃表面上微裂纹受到强烈的压缩，同样也使钢化玻璃的机械强度提高。

同理，当加热至软化点附近的玻璃骤然经受急冷时，在其外层产生的张应力被玻璃外层原存在的方向相反的压应力所抵偿，使其热稳定性大大提高。

钢化玻璃的张应力存在于玻璃的内部，当玻璃破裂时，在外层的保护下（虽然保护力并不强），能使玻璃保持在一起或为布满裂缝的集合体，而且钢化玻璃内部存在的是均匀的内应力。根据测定，当内部张应力为 300～320MPa 时，可以产生 0.6m^2 的断裂面，相当于把玻璃粉碎到 10mm 左右的颗粒。这也就解释了钢化玻璃在炸裂时分裂成小颗粒块状不易伤人的原因。

如前所述，永久应力的产生是由应力松弛和温度形变被冻结下来的结果。加热玻璃其温度越高应力松弛的速度也越快，钢化后产生的应力也越大；而且玻璃各部分以不同的速度冷却，使玻璃表面的结构具有较小的密度，而内层具有较大的密度。这种结构因素引起各部分的热膨胀系数不同，也引起内应力的产生。

把钢化时玻璃开始均匀急冷的温度称为淬火温度或钢化温度 T_2，一般取 $T_2=T_g+80$℃左右（$\eta=10^{9.5}$dPa·s）。工厂中钢化 6mm 的平板玻璃时，淬火温度为 610～650℃，加热时间在 220～300s 范围内，或者以每毫米厚需 36～50s 加热时间予以计算。

巴尔杰涅夫（Г. М. Бартенев）提出，钢化玻璃的强度 $\sigma_{钢}$ 与钢化程度 x 有下列关系：

$$\sigma_{钢}=\sigma_0+\frac{xk}{B} \tag{10-4}$$

式中 σ_0——退火玻璃的表面强度；

B——应力光学常数，$2.5\times10^{-7}\,cm^2/kg$；

k——表示玻璃表面层与中间层应力的比例系数；

x——钢化程度，nm/cm。

从式（10-4）可见，钢化玻璃的强度随着钢化程度和 k 的增大而增强。研究结果表明，钢化玻璃的强度主要取决于其表面的压应力（称为机械因素）大小，除了这一因素外，由于高温急冷所引起的玻璃表面结构的变化也是影响物理钢化的重要因素之一。

10.5.2 化学强化

除了使用淬火的方法对玻璃进行物理强化以外，还可以通过改变玻璃表面组成的方法进行化学强化。化学强化的方法有表面脱碱、涂覆热膨胀系数较小的玻璃、离子交换等方法，其中使用最广泛的是离子交换法。将玻璃制品放在熔盐中，使玻璃中的碱金属离子与熔盐中的碱金属离子发生交换，改变玻璃的表面组成。

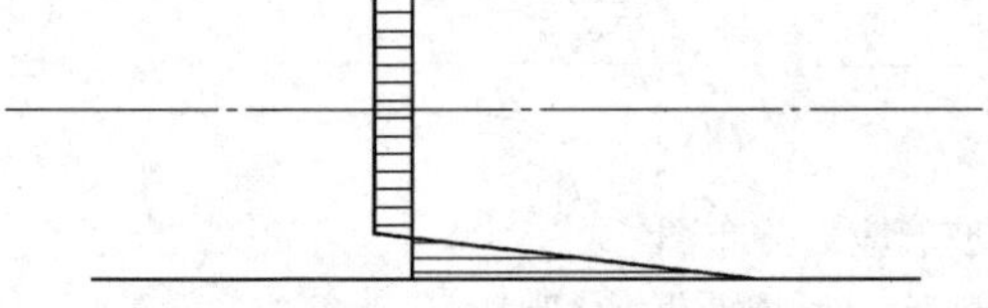

图 10-30 化学强化玻璃应力分布图

化学强化的原理与物理强化相似，仍然是使用玻璃表面产生很大的、均匀分布的压应力，但是其应力分布与物理强化不同，其应力分布沿厚度方向呈线性分布（见图 10-30）。化学强化玻强度高（比物理强化高 2～5 倍）、热稳定性好，不受制品厚度、形状、尺寸限制，并且强化以后能切割。但是因为离子交换层厚度不大，磨伤强度较低，并且成本较高。根据具体产生表面压应力的原理，化学强化分为低温离子交换工艺和高温离子交换工艺两种。

10.5.2.1　低温离子交换工艺

低温离子交换工艺以离子半径较大的离子置换玻璃中半径较小的离子，使玻璃表面产生“挤塞”膨胀，产生压应力。其压应力的大小取决于这一对交换离子的体积效应：

$$\sigma=\frac{1}{3}\left(\frac{E}{1-\mu}\right)\frac{\Delta V}{V} \tag{10-5}$$

式中　σ——表面压应力，MPa；

E——弹性模量，MPa；

μ——泊松比；

$\frac{\Delta V}{V}$——离子交换前后的体积变化百分比。

通常采用含 Na^+ 玻璃在含 K^+ 熔盐中进行离子交换；含 Li^+ 玻璃在含 Na^+ 熔盐中进行离子交换。一般在退火温度以下进行，所以是低温离子交换工艺。由于在此温度下应力松弛速度很慢，表面压应力的大小与热处理时间的平方成正比，适当延长离子交换时间可以提高强化效果。

玻璃组成比工艺条件的变化对玻璃强度的影响更大。试验表明，通过相同的化学强化处理，铝硅酸盐玻璃比普通钠钙硅酸盐玻璃具有较强、较厚的压应力层。化学强化的钠钙硅酸盐玻璃的压应力层，最外表面压应力为 7000～10000nm/cm，应力层厚度为 20～40μm，而铝硅酸盐玻璃最外表层的应力强度在 10000nm/cm 以上，应力层厚度达 100μm。由于较厚的压应力层，即使玻璃表面因摩擦而受伤了，玻璃仍能保持高的强度。图 10-31 所示钠铝硅酸盐玻璃和锂铝硅酸盐玻璃的 M/Al 之比（M＝Na 或 Li）与强度间的关系。

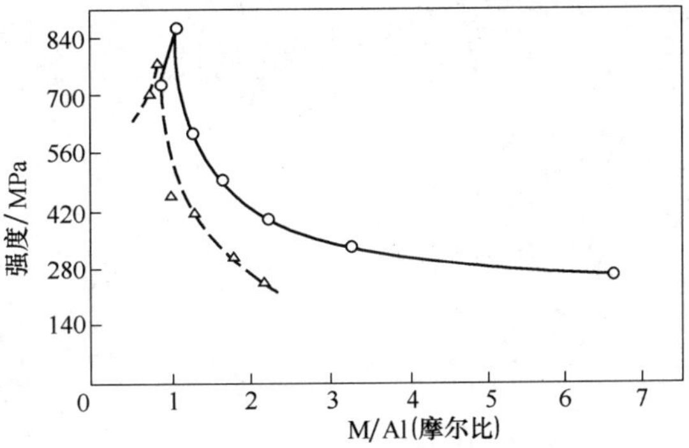

图 10-31　铝硅酸盐玻璃中的 M/Al（M＝Na 或 Li）之比对玻璃离子交换强度的影响

○— $Na_2O-Al_2O_3-SiO_2$
△— $Li_2O-Al_2O_3-SiO_2$

10.5.2.2　高温离子交换工艺

高温离子交换工艺在较高温度下通过离子交换在玻璃表面形成热膨胀系数比基体玻璃小的薄层，冷却时，因为表面与基体收缩不一致，在玻璃表面形成压应力。其压应力的大小取决于内、外层玻璃的热膨胀系数差：

$$\sigma=(\alpha_1-\alpha_2)\left(\frac{E}{1-\mu}\right)\Delta T \tag{10-6}$$

式中　α_1、α_2——内、外层玻璃的热膨胀系数，K^{-1}；

ΔT——温度差，K。

一般用含 Li^+ 的 Li_2SO_4 熔盐在850℃下进行离子交换，在玻璃表面生成 β-锂霞石，由于基体玻璃的热膨胀系数较高，而锂霞石的热膨胀系数较小，所以表面产生压应力，使玻璃机械强度提高。为了提高离子交换速度，一般选用 R_2O-Al_2O_3-SiO_2 玻璃，并且当 R_2O/Al_2O_3 的摩尔比为1时，离子交换速度最快。

第 11 章　玻璃的热处理

玻璃的热处理是指玻璃在软化温度到转变温度之间所进行的加热行为，在此过程中玻璃的结构和性能往往能发生显著的变化。玻璃应力的产生和消除、分相和析晶、表面处理、钢化增强等，使玻璃从一种状态转变到另一种状态。相同组成的玻璃由于热处理方式不同可具有截然不同的性能。

玻璃退火是消除或减弱玻璃中热应力至允许值的热处理过程。对于光学玻璃和某些特种玻璃，对退火要求很严格，必须经过严格退火，使玻璃结构均匀。

玻璃淬火是在玻璃表面形成均匀分布的压应力的热处理过程，淬火能提高玻璃的机械强度和热稳定性。

11.1　玻 璃 应 力

玻璃中的应力一般可分为三类：热应力、结构应力、机械应力。

11.1.1　玻璃中的热应力

热应力即玻璃中由于温度差而产生的应力，按其存在的特点，分为暂时应力和永久应力。

（1）暂时应力　在玻璃温度低于应变点时，其处于弹性变形温度范围（脆性状态），当经受不均匀的温度变化时所产生的热应力，随温度梯度存在而存在，随温度梯度消失而消失，这种应力称为暂时应力。

假设一块没有应力的玻璃板，自室温加热到玻璃应变点以下某一温度，经保温匀热后可以认为玻璃中没有温度梯度，如图 11-1（a）所示。现将该玻璃板双面均匀自然冷却，则玻璃表面层的温度急剧下降，而玻璃内层因其导热性能差，冷却速度缓慢，温度下降慢，因此，在玻璃中产生了温度梯度，沿厚度方向温度场分布呈抛物线形状，如图 11-1（c)所示。

在冷却过程中处于较低温度的外层有较大的收缩，但由于受到内层的阻碍，不能自由缩小到它的正常值而处于拉伸状态，产生了张应力，而内层则相反，由于受到外层的压缩而处于压缩状态，产生了压应力。这时玻璃板厚度方向的应力变化，是从最外层的张应力（数值最大）连续地变化到最内层的压应力（数值最大）。在某一层，压应力同张应力大小相等，方向相反，相互抵消，该层应力为零，称为中性层。

玻璃继续冷却，当表层温度接近外界温度时，其温度基本停止下降，体积也几乎不再收缩，但内层的温度仍然很高，将继续降温并伴随体积收缩，这样，外层就受到内层的压缩，产生压应力。相反，内层则受到外层的拉伸，产生张应力。这时内外层产生的应力方向，刚好同冷却初期玻璃中所产生的应力相反而大小相等，互相可以逐步抵消，如图11-1（e)所示。当玻璃内外层温度一致时，玻璃中将不再有应力，

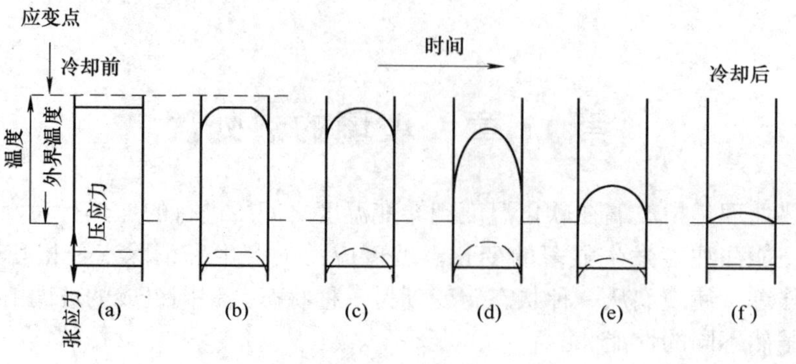

图 11-1　玻璃暂时应力产生及消除示意图

如图 11-1（f）所示。

如果一块没有应力的玻璃板，双面均匀加热至应变点以下某一温度，由于玻璃的导热系数低，也将产生暂时应力。应力的产生与消失的过程与上述冷却过程相同，只是方向相反。

暂时应力虽然随玻璃温度梯度消失而消失，但对其数值也必须加以控制。如果暂时应力超过了玻璃的抗张强度极限，玻璃就会破裂。可以利用这个原理以急冷的方法切割管状物和空心玻璃制品。

（2）永久应力　当玻璃温度梯度消失时（表面及内部温度皆等于常温）残留的热应力称为永久应力，又称内应力。

将一块没有应力的玻璃板，加热到高于应变点以上某一温度，待均热后两面均匀自然冷却。经一定时间以后玻璃中温度分布呈抛物线形，见图 11-2（b），玻璃外层受张应力，内层受压应力。由于玻璃在应变点以上时具有黏弹性，它不能长时间承受各方向不均衡力的作用，玻璃内结构基团在力的作用下可以产生位移和变形，使温度梯度所产生的内应力得以消失，这个过程称为应力松弛，这时玻璃内外层存在着温度梯度但不存在应力。当玻璃冷却到应变点（T_{st}）以下，玻璃已成为弹性体，由温度梯度所产生的应力就不能消失。当玻璃冷却到室温，均衡后玻璃的表面层产生压应力，而内层产生张应力。所以，在玻璃的温度趋于同外界温度一致的过程中，玻璃中保留下来的热应力，不能刚好抵消温度梯度消失所引起的反向应力。当玻璃的温度同外界温度一致后，玻璃中仍然存在着应力，这种应力即是永久应力，如图 11-2（e）所示。

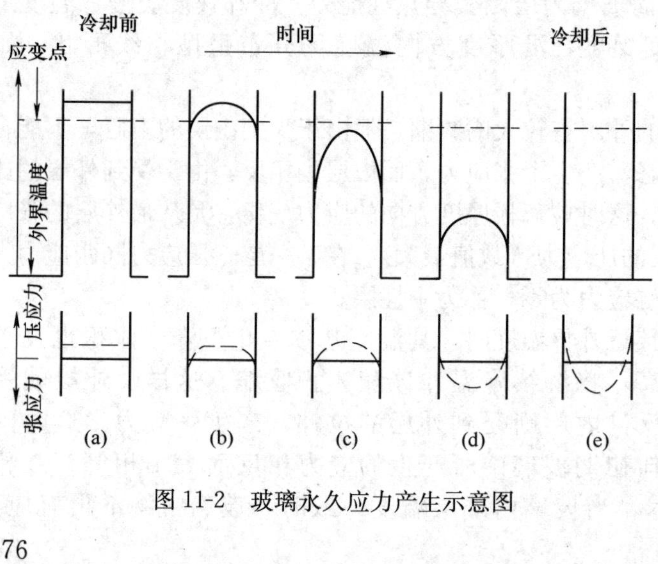

图 11-2　玻璃永久应力产生示意图

永久应力的产生也可以

由玻璃硬化时所形成的结构梯度来说明。

玻璃从转变温度到退火温度区，在每一温度下，均有其相应的平衡结构。在冷却过程中，随着温度的降低，玻璃结构将发生连续地、逐渐变化。当玻璃中存在温度梯度时，各温度所对应的结构也是不相同的，亦即出现了结构梯度。当玻璃急冷到应变点以下时，这种结构梯度也被保留了下来。

玻璃的结构与转变温度 T_g 有关。转变温度同玻璃的冷却速度有关。玻璃的温度变化速率相差 10 倍时，其转变温度相差达 25～30℃。当玻璃从高于转变温度 T_g 急冷时，玻璃内外层的温度变化速率相差好几个数量级，其转变温度相差达 50～100℃。外层降温速率快，转变温度也高，在脆性状态下，其结构较致密。内外层的密度不同，这种结构因素会引起各部分的膨胀系数不同。当内外层温度都到达常温时，由于其体积变化不同，就产生了永久应力。

11.1.2　玻璃中的结构应力与机械应力

（1）玻璃的结构应力　结构应力是因玻璃化学组成不均匀导致结构不均匀而产生的应力，它属于永久应力。不同的化学组成，其热膨胀系数亦有差异，在温度达到常温后，由于不同膨胀系数的相邻部分收缩不同，使玻璃产生了应力。这种由于玻璃固有结构所造成的应力，显然是不能消除的。如玻璃中存在有结石、条纹和节瘤，就会在这些缺陷的内部及其周围的玻璃体中引起应力，其界面上应力值最大。

除了熔解不均造成的结构应力外，不同膨胀系数的两种玻璃间套料及玻璃与金属间的封接都会产生结构应力。应力的大小取决于两种相接触物体的热膨胀系数差异程度。如果差异过大，制品就会在冷却过程中炸裂，造型复杂引起散热困难也将产生结构应力。

（2）玻璃的机械应力　机械应力是指外力在玻璃中引起的应力，外力去除时，机械应力也随即消失。某些玻璃制品在生产过程中，若对其施加过大的机械力，就会使制品破裂。如模型歪扭，开模时所造成的制品撕裂，切割时用力过猛使制品破裂等。

11.1.3　玻璃中应力的表示与测量方法

玻璃中的应力，除了用 Pa（N/m^2）表示外，经常用偏振光通过玻璃时所产生的双折射来表示，这种方法便于观察和应力测量。

11.1.3.1　玻璃的应力与双折射

无应力的玻璃是均质体，具有各向同性，光通过此种玻璃，其各个方向上的速度相同，折射率亦相同，不产生双折射现象。当玻璃中存在应力时，受力部位玻璃的密度发生变化，玻璃成为光学的各向异性体，而具有一轴晶的光学特性。受均匀压应力的玻璃，在偏光显微镜下观察有负向单轴晶的特点，受均匀张应力的玻璃，则有正向单轴晶的特点。受单向应力 F 的玻璃单元体（图 11-3），当光线沿 z 轴通过时，y 方向的折射率 n_y 与 x、z 方向的折射率 n_x、n_z 不同，因而沿 x 及 z 方向通过的光线即产生双折射，其大小与玻璃中应力 F 成正比。

$$\Delta n = n_y - n_x = (C_1 - C_2)F = BF \tag{11-1}$$

式中　Δn——通过玻璃两个垂直方向振动光线的折射率差；

B——应力光学常数，当 Δn 以 nm/cm 表示时，B 的单位为 10^{-12}/Pa；
F——应力，Pa；
C_1、C_2——光弹性系数。

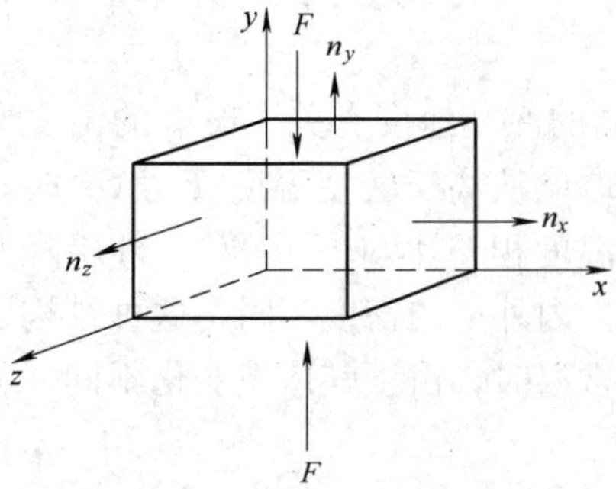

图 11-3　应力玻璃单元体折射率示意图

如果玻璃中某点有三个相互垂直的正应力 F_x、F_y、F_z，光线沿与 F_x、F_y 方向垂直的 z 轴通过，产生的双折射，如式（11-2）所示。

$$\Delta n = B(F_x - F_y) \tag{11-2}$$

当 $F_y=0$ 时，$\Delta n = BF_x$

应力 F_z 同光线处于平行方向，对双折射的光程差没有影响。

当 $F_x=F_y$，则 $\Delta n=0$

这说明均匀分布的应力对与其垂直的光线不产生双折射。

一些玻璃的应力光学常数列于表 11-1。玻璃中应力同双折射成正比，也就是同光程差成正比，所以可用测量光程差的办法间接测量应力的大小。

表 11-1　　玻璃的应力光学常数

玻璃种类	应力光学常数 B /($\times10^{-12}$/Pa)	玻璃种类	应力光学常数 B /($\times10^{-12}$/Pa)
石英玻璃	3.46	一般冕牌玻璃	2.61
96%二氧化硅玻璃	3.67	轻钡冕	2.88
低膨胀硼酸盐玻璃	3.87	重钡冕	2.18
铝硅酸盐玻璃	2.63	轻燧	3.26
低电耗的硼酸盐玻璃	4.78	钡燧	3.16
平板玻璃	2.65	中燧	3.18
钠钙玻璃	2.44～2.65	重燧	2.71
硼硅酸盐冕牌玻璃	2.99	特重燧	1.21

注：一般玻璃的应力光学常数约为 2.85×10^{-12}/Pa。

设玻璃单位厚度上光程差为 δ（nm/cm），则：

$$\delta = \frac{v(t_y - t_x)}{d} \tag{11-3}$$

$t_y = \frac{d}{v_y}$，$t_x = \frac{d}{v_x}$，代入式（11-3）

$$\delta = \frac{v}{v_y} - \frac{v}{v_x} = n_y - n_x = \Delta n \tag{11-4}$$

式中　δ——玻璃单位厚度上的光程差，nm/cm；
v——光在空气中的速度；
v_y、v_x——光在玻璃中沿 x 及 y 方向的速度；
t_y、t_x——光沿 x、y 方向通过玻璃的时间；
d——玻璃厚度，cm。

因为　　$\Delta n = BF$

所以
$$\delta=\Delta n=BF \tag{11-5}$$
所以
$$F=\frac{\delta}{B}$$

玻璃中光程差δ可用偏光仪测定。按公式（11-5）求出的应力值，其单位为 Pa，也可以用玻璃单位厚度上光程差δ来直接表示，其单位为 nm/cm。

11.1.3.2　各种玻璃的允许应力

各种玻璃制品用途不同，其允许存在的永久应力值也不同，列于表 11-2 中，其数值为玻璃抗张极限强度的 1%～5%（表 11-2 中系以光程差表示的允许应力值）。

表 11-2　各种玻璃的允许应力值（以光程差表示）

玻璃种类	允许应力/(nm/cm)	玻璃种类	允许应力/(nm/cm)
光学玻璃精密退火	2～5	镜玻璃	30～40
光学玻璃粗退火	10～30	器皿玻璃	60
望远镜反光镜	20	玻璃管	120
平板玻璃	20～95	瓶罐玻璃	50～400

从表中可以看出，光学玻璃因其光程差会影响其光学性能，因此允许值低。平板玻璃光程差表示内应力大小，如数值大会造成板的翘曲，即应力导致变形，使平板玻璃不平整，因而允许值较低。而玻璃管的光程允许值较大，如果太大也会影响机械强度，造成玻璃管弯曲。玻璃瓶罐主要作为容器使用，由于形状具有复杂性，会对机械强度有一定影响，因此其允许值具有较大值和较宽范围。

11.1.3.3　玻璃内应力的测定方法

玻璃内应力的测定，一般用偏光仪进行。

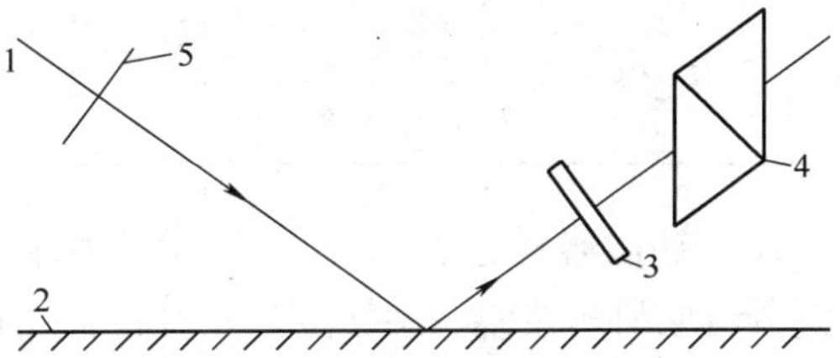

图 11-4　偏光仪结构示意图
1—光源　2—反射起偏镜　3—灵敏色片　4—检偏镜　5—毛玻璃

（1）偏光仪观察法　偏光仪是由起偏镜和检偏镜构成，其原理如图 11-4 所示。光源 1 的白光以布儒斯特角（57°）通过毛玻璃 5 入射到起偏镜 2，由其产生的平面偏振光经灵敏色片 3 到达检偏镜 4。检偏镜的偏振面与起偏镜的偏振面正交。灵敏色片的双折射光程差为 565nm，视场为紫色。

如果玻璃中存在有应力，当玻璃被引入偏振场中时，视场颜色即发生变化，出现干涉色。根据玻璃中干涉色的分布和性质，可以粗略估计出应力大小和部位。观察转动的玻璃局部有强烈颜色变化时，可推断它存在较大和不均匀应力。颜色变化最多的地方，应力最大。

灵敏色片光程差与玻璃应力产生的光程差相加或相减，可使玻璃中存在的很小应力可以明显观察出来。

（2）干涉色法　干涉色法可以进行定量测定。将被测玻璃试样放入偏光仪的正交偏光下使玻璃与水平面成 45°，这时确定视场中所呈现的颜色，然后向左右两方向转动玻璃，根据两个方向上的最大的颜色变化，按表 11-3 查出其对应的光程差。

表 11-3　　正交偏光下视场颜色同光程差的关系

颜　色	总光程差(压应力下)/nm	颜　色	总光程差(张应力下)/nm
铁灰	50	黄绿	840
灰白	200	橙	945
黄	300	红	1030
橙	422	紫	1100
红	530	蓝绿	1200
紫	565(无应力)	绿	1300
蓝	640	黄	1425
绿	740	橙	1500

如仪器中装有灵敏色片，必须考虑到灵敏色片固有的光程差。一般引起视场呈紫色的灵敏色片，其光程差为 565nm。转动玻璃时视场颜色变化为玻璃与灵敏色片的总光程差。

当玻璃的应力为张应力时，视场光程差为玻璃固有光程差同灵敏色片光程差之和，玻璃的光程差为视场光程差减去 565nm。当玻璃的应力为压应力时，视场光程差为灵敏色片光程差同玻璃固有光程差之差，玻璃的光程差为 565nm 减去视场光程差。加有灵敏色片时，视场颜色与光程差的关系见表 11-4。

表 11-4　　加有灵敏色片时视场颜色与光程差的关系

当为张应力时的颜色	光程差/nm	当为压应力时的颜色	光程差/nm
黄	325	红	35
黄绿	275	橙	108
绿	175	淡黄	200
蓝绿	145	黄	265
蓝	75	灰白	330

（3）补偿器测定法　在正交偏光下用补偿器来补偿玻璃内应力所引入的相位差，仪器的检偏器由尼科尔棱镜、旋转度盘及补偿器组成。在测定时，旋转检偏器，使视场呈黑色。放置玻璃后，如有双折射，视场中可看到两黑色条纹隔开的明亮区。旋转检偏器，重新使玻璃中心变黑，记下此时检偏器的位置，根据检偏角度差 φ，按下式计算玻璃光程差：

$$\delta=3.14\frac{\varphi}{d} \tag{11-6}$$

式中　δ——玻璃的光程差，nm/cm；

φ——检偏镜旋转角度差，(°)；

d——玻璃中光通过处的厚度，cm。

11.2　玻璃退火原理

玻璃没有固定的熔点，从高温冷却下来，它要经过一个温度区域，在这区域内玻璃由典型的液态转变成脆性的固体物质，这一温度区域称为转变温度区域。这个区域的上限温度称为软化温度 T_s（$\eta=10^{7.6}$dPa·s），下限为转变温度 T_g（$\eta=10^{13.4}$dPa·s）。在 T_g 以下的温度范围内玻璃中的质点仍能进行位移，可以消除玻璃中的热应力和结构的不均匀性。由于此时的黏度值已相当大，以致其外形的改变几乎测不出来，因此称这一区域为玻璃的退火区域，其黏度范围值为 10^{13}～10^{17}dPa·s，所以玻璃退火区域的温度与黏度有关。化学组成不同的玻璃具有不同的退火温度。一般规定玻璃制品在某一温度下能在 15min 内消除其全部应力或 3min 能消除 95%内应力，称该温度为退火上限温度（其对应黏度点为 $\eta=10^{13.0}$dPa·s）；如果在 16h 内才能全部消除或在 3min 内仅消除 5%的应力，此温度称为退火下限温度（其对应黏度点为 $\eta=10^{14.5}$dPa·s），在此温度以下玻璃就完全处于弹性体状态。

玻璃及其制品在高温成形过程中，因其冷却条件的不平衡，不可避免地在制品中产生永久应力。这种应力的存在，将导致玻璃制品强度的降低甚至破裂。为了减小和消除玻璃的永久应力和提高玻璃的光学均匀性，要将玻璃放置在退火炉中在某一温度下保持足够长的时间后再以缓慢的速度冷却下来，以便不再产生超过允许范围的永久应力和暂时应力，这一过程我们就称为玻璃的退火。

对一般工业玻璃而言，退火上限温度在 400～600℃之间，下限温度比上限温度低 50～150℃。

根据上述玻璃内应力产生的原因，可以认为玻璃的退火实质上由两个过程所组成，其一是应力的减弱和消失；其二为防止新的应力产生。应力消除是以应力松弛过程为依据，而后者是以弹性力学和传热理论为准则。

11.2.1　应力的松弛

物质的分子在热运动作用下能使应力消散称为应力松弛。最初马克斯威尔（J. C. Maxwell）提出在某一温度 T 下应力与松弛时间 t 的关系如下：

$$\sigma=\sigma_0 e^{-T/t} \tag{11-7}$$

式中　σ_0——应力初始值。

这样，在退火范围内不同温度下玻璃中的应力随时间指数而变化。特威曼的研究得到相似的结果，认为当温度每增加 80℃，松弛时间就缩短 50%。

但是亚当斯（L. H. Adams）和威廉逊（E. D. Williamson）认为在退火温度范围内玻璃的黏度决定于给定温度下的保温时间，并提出如下关系：

$$\frac{d\sigma}{dt}=-K\sigma^2 \tag{11-8}$$

将式（11-8）积分，得到

$$\frac{1}{\sigma}-\frac{1}{\sigma_0}=-Kt \tag{11-9}$$

式中　K——退火常数；

σ、σ_0——初始内应力及经 t 时间后的内应力。

用双折射光程差 δ（nm/cm）表示：

$$\frac{1}{\delta}-\frac{1}{\delta_0}=At \qquad A=\frac{K}{B} \tag{11-10}$$

A 常数随保持温度 T 的升高而以指数递增。

$$A=10^{M_1T-M_2} \qquad \lg A=M_1T-M_2 \tag{11-11}$$

M_1 与 M_2 也为常数，与黏度有关。M_1 一般为 0.033 左右，M_2 对光学玻璃而言在 15～25 之间，见表 11-5。

表 11-5　　不同组成的玻璃 M_1 和 M_2

序号	w/%									B	M_1	M_2
	SiO_2	B_2O_3	Al_2O_3	PbO	BaO	ZnO	CaO	K_2O	Na_2O			
1	67	12	—	—	4	—	—	8	9	2.85	0.030	18.68
2	73	—	—	—	—	—	12	1	14	2.57	0.029	17.35
3	47	4	1	—	29	11	—	5	3	2.81	0.032	20.10
4	40	6	3	—	43	8	—	—	—	2.15	0.038	24.95
5	46	—	—	24	15	8	—	4	3	3.10	0.028	16.28
6	54	—	—	35	—	—	—	5	6	3.20	0.033	15.92
7	45	—	—	48	—	—	—	4	3	3.13	0.038	18.34
8	42	—	—	52	—	—	—	3	3	2.67	0.037	17.51
9	28	—	—	69	—	—	—	3	—	1.22	0.033	15.03

从式（11-11）可知，保持温度 T 越高，常数 A 越大，应力松弛速度也就越快，如图 11-5 所示。这也表明，要使玻璃得到较大的内应力必须采取急速冷却的措施。

11.2.2　冷却时应力的控制

冷却时玻璃中内应力的产生与冷却速率、制品的厚度及其性质有关。根据亚当斯和威廉逊对无限平板的推导，得出沿 x 轴的应力分布符合式（11-12），如图 11-6 所示。

$$\sigma_x=\sigma_0\left(1-\frac{3x^2}{a^2}\right) \tag{11-12}$$

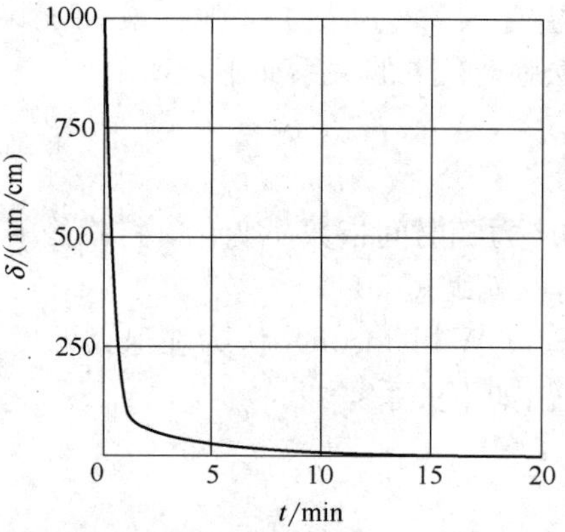

图 11-5　低于最高退火温度 75℃时的应力松弛曲线图

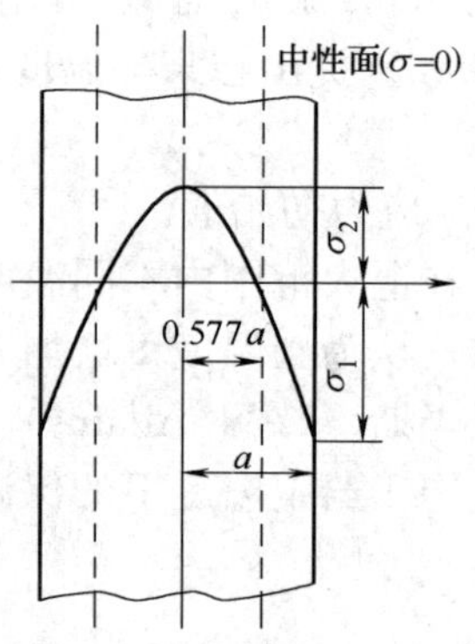

图 11-6　无限平板冷却后沿厚度截面的应力分布图

σ_0 为板中心最大的应力。根据式（11-12）可知，处于板表面的应力 $\sigma_1=-2\sigma_0$，板中心 $\sigma_2=\sigma_0$，所以表面应力为中心应力的 2 倍，符号相反，而中性层处 $\sigma=0$，此层距离为：

$$x=\pm\frac{1}{\sqrt{3}}a=\pm 0.577a \tag{11-13}$$

亚当斯和威廉逊又提出内应力与冷却速度之间的关系：

$$\sigma=\frac{\alpha E w_0}{6\lambda(1-\mu)}(a^2-3x^2) \tag{11-14}$$

式中　α——热膨胀系数；

E——弹性模量；

λ——导热系数；

μ——泊松比；

w_0——冷却速度；

a——板厚的一半；

x——所测点的距离。

从式（11-14）可知，在冷却过程中温度梯度的大小是产生内应力的主要原因。冷却速度越慢，温度梯度越小，产生的应力也就很小。另外，内应力的产生与应力松弛有关。如果在一定温度下松弛速度越慢，产生的永久应力越小。当松弛速度为 0 时，根据允许存在的内应力，利用公式（11-14）计算冷却速度，以防止内应力的产生。因此在合理的冷却速度和温度梯度下玻璃中将不产生永久应力。

11.3　玻璃退火制度制定

玻璃的退火制度与制品的种类、形状大小、应力的允许值以及退火炉炉内温度分布等情况有关。目前各国所采用的退火制度有“上弯式”、“下弯式”、“阶段式”、“线性式”等。这些退火制度各有利弊，目前多数都采用线性退火制度，即采用较高的退火温度，随后按应力的允许值要求恒速降温至快冷降温阶段，所以从开始降温到快冷降温阶段的范围内退火曲线是一条直线。这种退火制度具有很多优越性，如退火过程简单，退火时间短，质量好及便于控制等，目前多数光学玻璃厂普遍采用这种退火制度。

根据退火原理，退火工艺可分四个阶段：加热阶段、保温阶段、慢冷阶段及快冷阶段。按这四个阶段可做温度-时间关系的曲线以示退火工艺。此曲线（图 11-7）称为退火曲线。以下将讨论各阶段的退火常数。

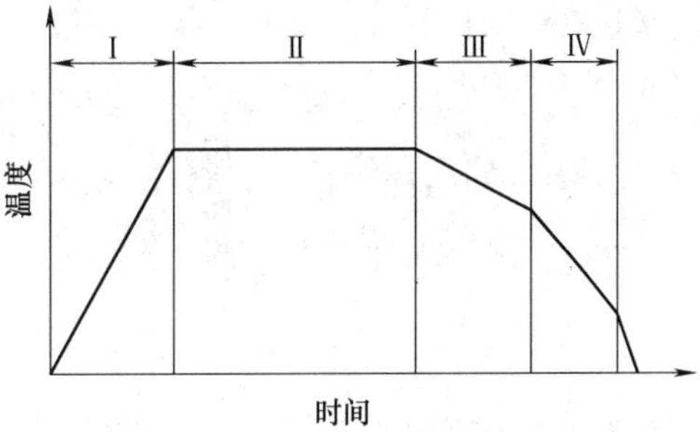

图 11-7　玻璃制品退火的各个阶段

Ⅰ——加热阶段　Ⅱ——保温阶段

Ⅲ——慢冷阶段　Ⅳ——快冷阶段

11.3.1　加 热 阶 段

按不同的生产工艺，有的玻璃制品成形后直接进入退火炉进行退火称为一次退火，有的制品在冷却后再加热而后进行退火称为二次退火，所以这一阶段对所有制品而言并不是必要的。在这过程中由于玻璃表面产生压应力，所以加热速率可以相应地快些。一般 20℃的板玻璃可直接进 700℃的退火炉，加热速率可高达 300℃/min。以玻璃制品不致破损为上限，考虑制品的大小、形状及炉内温度分布的均匀性，为了安全起见，一般工业中常采用$\frac{20}{a^2}$～$\frac{30}{a^2}$℃/min 的加热速率，而对光学玻璃制品要求更高，加热速率为$<\frac{5}{a^2}$℃/min。其中 a 的取值为实心制品厚度的 50%，空心制品按其实际厚度，单位为 cm。

11.3.2　保 温 阶 段

将玻璃制品加热到退火温度进行保温，使制品各部分的温度均匀，应力可以消除，故称为保温（均热）阶段。在这阶段中首先要确定退火温度，其次是保温时间。一般比退火上限温度低20～30℃作为退火温度。退火温度除直接测定外也可根据玻璃的化学组成计算黏度为10^{13}dPa·s的温度，也可从计算常数A算出退火温度。当退火温度确定后，保温时间可按$70a^2$～$120a^2$进行计算，或者按应力允许值进行计算。

$$t=520\frac{a^2}{\Delta\sigma} \tag{11-15}$$

式中　$\Delta\sigma$——玻璃退火后允许存在的内应力，nm/cm。

11.3.3　慢冷阶段

为了使玻璃制品在冷却后不再产生永久应力或仅产生微小的永久应力，因此在此阶段要缓慢冷却，防止过大的温差。按公式（11-14）得到冷却速度w_0为：

$$w_0=\frac{6\lambda(1-\mu)\sigma}{E\alpha(a^2-3x^2)} \tag{11-16}$$

对于钠钙玻璃，

$$\frac{\alpha E}{6\lambda(1-\mu)}\approx 4.6$$

$$\sigma=4.6w_0(a^2-3x^2)\quad \text{kg/cm}^2$$

$$=13h_0(a^2-3x^2)\quad \text{nm/cm} \tag{11-17}$$

在此阶段冷却速度的极限为$\frac{10}{a^2}$℃/min，每隔10℃冷却速度增加0.2℃/min，故也可按式（11-18）计算。

$$w_t=w_0\left(1+\frac{\Delta t}{300}\right) \tag{11-18}$$

式中　w_0——开始冷却速度，℃/min；

w_t——在t℃下冷却速度，℃/min。

11.3.4　快冷阶段

在玻璃的应变点以下玻璃冷却时只产生暂时应力，只要它不超过玻璃的极限强度，可以使冷却速度加快些以缩短整个退火进程，降低燃料消耗，提高生产率。此阶段最大的冷却速度w_c为：

$$w_c=\frac{65}{a^2} \tag{11-19}$$

但在各工厂中，都采用较低的冷却速度，对于一般技术玻璃，采用此值的±（15%～20%），甚至取：

$$w_c<\frac{2}{a^2} \tag{11-20}$$

以上各阶段的计算，也有人提出以玻璃的热稳定性作为参数加以计算，如加热速度$w_1=0.3\frac{\Delta T}{a^2}$，缓冷速度$w_2=0.0375\frac{\Delta T}{a^2}$，冷却速度$w_3=0.15\frac{\Delta T}{a^2}$（$\Delta T$为玻璃的热稳定性）。

根据各种不同制品的要求，按各阶段的退火常数进行计算加以修正和调整，以拟定较合理的退火工艺制度，如对热膨胀系数低的玻璃制品可将各阶段的速率提高2倍，而对热膨胀系数高的玻璃制品则酌情降低50%。

11.4　玻璃退火温度与玻璃组成关系

玻璃的退火温度与其化学组成密切相关，凡能降低玻璃黏度的成分均能降低退火温度。如碱金属氧化物的存在能显著降低退火温度，其中 Na_2O 的作用大于 K_2O 的作用。SiO_2、CaO 和 Al_2O_3 能提高退火温度。PbO 和 BaO 则使退火温度降低，而 PbO 的作用比 BaO 的作用大。ZnO 和 MgO 对退火温度的影响很小。含有 B_2O_3 15%～20%（质量分数）的玻璃，其退火温度随着 B_2O_3 含量的增加而明显地提高。如果超过此含量时，则退火温度随着含量的增加而逐渐降低。如何在玻璃成分设计阶段更好地了解玻璃的退火温度，可以依据如下几种方法进行计算。

11.4.1　奥霍琴经验公式法

利用奥霍琴经验公计计算出黏度 $10^{13.0}$ dPa·s 时的温度，即玻璃的最高退火温度。

$$T_a = AX + BY + CZ + D \tag{11-21}$$

式中常数 A、B、C、D 参见本书 4.2.4。

11.4.2　参考修正法

奥霍琴经验公式不能精确地推定玻璃的退火温度，但其结果具有一定参考价值。玻璃工业发展至今，科研工作者不断总结和完善玻璃配方，同时获取相关的性能参数，当然退火温度也是其中一项重要的参数。对于新设计的一组的玻璃配方，可以参考已有相近玻璃组成的退火温度，结合玻璃成分对温度影响，可以相对准确地得出该组玻璃退火温度。

根据表 11-6 已知玻璃组成的最高退火温度和表 11-7 玻璃成分变化 1%对退火温度影响，可计算新设计玻璃配方的最高退火温度。

表 11-6　已知玻璃组成的最高退火温度

序号	w/%										退火温度/℃
	SiO_2	CaO	MgO	Na_2O	K_2O	Al_2O_3	Fe_2O_3	PbO	B_2O_3	MnO_2	
1	72.60	5.50	3.70	16.50	—	0.90	—	—	0.80	—	530
2	73.20	5.60	3.70	16.50	1.50	1.00	—	—	—	—	540
3	74.59	10.38	—	14.22	—	8.45	0.21	—	—	—	581
4	74.13	9.47	—	13.54	—	2.67	0.09	—	—	—	562
5	74.25	7.91	—	12.72	—	5.23	0.07	—	—	1.20	560
6	66.33	17.28	—	15.89	—	0.52	0.06	—	—	—	496
7	82.83	0.02	—	16.89	—	0.28	0.08	—	—	—	522
8	72.29	9.76	—	15.65	—	0.72	0.06	—	—	—	560
9	68.34	10.26	—	16.62	—	2.50	2.10	—	—	—	570
10	74.59	10.38	0.30	14.22	—	8.45	0.21	—	—	—	581
11	74.76	7.52	1.54	14.84	—	0.93	0.08	—	—	—	524
12	67.78	—	—	18.65	—	0.46	0.08	12.56	—	—	465
13	59.34	—	—	12.31	—	0.43	0.06	27.77	—	—	446
14	75.38	8.40	—	6.14	9.38	0.65	0.07	—	2.05	—	588
15	62.42	8.90	—	6.26	8.06	0.62	0.08	—	13.65	—	610
16	57.81	—	—	9.55	—	0.98	—	—	31.26	—	523
17	64.00	7.00	—	11.50	—	10.00	—	—	7.00	—	630
18	71.00	10.20	—	—	18.60	—	—	—	—	—	670
19	66.45	5.40	—	7.85	13.70	1.50	—	—	1.10	—	535
20	72.00	1.55	1.45	7.20	10.45	—	—	—	8.15	—	560
21	52.49	—	—	—	9.60	—	—	—	1.45	—	490
22	47.00	—	—	—	6.04	—	—	—	—	—	485
23	31.60		—	—	2.85	—	—	65.35	—	—	370

表 11-7　保持玻璃黏度 $10^{13.0}$ dPa · s 时玻璃成分变化 1%（质量分数）对退火温度影响

对退火温度的影响/℃ 被取代氧化物	取代氧化物在玻璃中的含量(质量分数)/%									
	0~5	6~10	11~15	16~20	21~25	26~30	31~35	36~40	41~45	46~50
Na_2O	—	—	−4.0	−4.0	−4.0	−4.0	−4.0	—	—	—
K_2O	—	—	—	−3.0	−3.0	−3.0	—	—	—	—
MgO	+3.5	+3.5	+3.5	+3.5	+3.5	—	—	—	—	—
CaO	+7.4	+6.6	+4.2	+1.8	+0.4	+0.0	—	—	—	—
ZnO	+2.4	+2.4	+2.4	+1.8	+1.2	+0.4	+0.0	—	—	—
BaO	+1.4	+0.0	−0.2	−0.9	+1.1	−1.6	−2.0	−2.6	—	—
PbO	−0.8	−1.4	+1.8	−2.4	−2.6	−2.8	−3.0	−3.1	−3.1	—
B_2O_3	+8.2	+4.8	+2.6	+0.4	−1.5	−1.5	−2.6	−2.6	−2.8	3.1
Al_2O_3	+3.0	+3.0	+3.0	+3.0	—	—	—	—	—	—
Fe_2O_3	+0.0	+0.0	−0.6	−1.7	−2.2	−2.8	−2.8	—	—	—

注：“+”表示温度升高，“−”表示温度降低。

例如求解最新设计组成为（质量分数）：SiO_2 73.65%、CaO 8.82%、MgO 1.84%，Al_2O_3 1.67%、Na_2O 14.00%、Fe_2O_3 0.02%的玻璃的最高退火温度。

先在表 11-6 中选择与所求玻璃组成氧化物含量比较接近的玻璃是序号 11 的玻璃，其组成（质量分数）：SiO_2 74.76%、CaO 7.52%、MgO 1.54%、Al_2O_3 0.93%、Na_2O 14.84%、Fe_2O_3 0.08%，将其作为基准玻璃，其退火温度为 524℃，再按表 11-7 计算基准玻璃与新设计玻璃的氧化物组成差别，修正退火温度如下。

$$T(Al_2O_3)=(+3)\times(1.67-0.93)=2.22\ (℃)$$

$$T(CaO)=(+6.6)\times(8.82-7.52)=8.58\ (℃)$$

$$T(MgO)=(+3.5)\times(1.84-1.54)=1.05\ (℃)$$

$$T(Na_2O)=(-4)\times(14.00-14.84)=3.36\ (℃)$$

新设计的玻璃最高退火温度为：524+2.22+8.58+1.05+3.36=539.21（℃）

11.5　玻璃退火温度的测定

玻璃退火温度除了理论计算以外，还可利用仪器进行测定。

11.5.1　黏度计法

用黏度计可直接测量玻璃的黏度 10^{13} dPa · s 时的温度，但所用设备复杂，测定时间长。该方法适合科研单位使用，工厂一般不采用。

11.5.2　热膨胀仪法

一般玻璃的热膨胀曲线由两部分组成，低温膨胀线段及高温膨胀线段。在高温膨胀曲线的下部延长线与膨胀曲线有一切点，该切点即可认为玻璃的最高退火温度点。其平均偏差为±10℃左右，具有很好参考性，是科研和生产者广为采用的方法之一。

11.5.3　差热法

采用差热分析仪测量玻璃试样的加热曲线或冷却曲线时，玻璃体在加热或冷却过程中，分别产生吸热或放热效应。加热过程中吸热峰的起点为最低退火温度，最高点为最高退火温度。冷却过程中放热峰的最高点为最高退火温度，而终止点为最低退火温度。

11.5.4　双 折 射 法

在双折射仪的起偏镜及检偏镜之间设置管状电炉，炉中放置待测玻璃试样，以 2～4℃/min 的速度升温，观察干涉条纹在升温过程中的变化。应力开始消失时，干涉色条纹也开始消失，这时就是最低退火温度；当应力全部消失时，干涉条纹完全消失，这时的温度较 T_g 高。试验证明，边长 1cm 的立方体玻璃样品，当升温速度为 1℃/min 时，干涉色完全消失的温度接近于用黏度计法测得的黏度 10^{13} dPa · s 时的温度，即最高退火温度。其最大误差不超过±3℃。

第 12 章　玻璃的缺陷与控制

玻璃体内由于存在着各种夹杂物，导致玻璃体均匀性遭到破坏，称为玻璃体的缺陷。实际生产过程中，完全均匀理想的玻璃体几乎是不存在的。不同用途的玻璃对玻璃质量要求不同，光学玻璃、工艺玻璃和许多特种玻璃质量要求极高，一般的日用玻璃对玻璃质量要求相对较低。玻璃缺陷使玻璃质量大大降低，甚至严重地影响玻璃的进一步成形和加工，或者造成大量的废品。

玻璃体缺陷的种类和它产生的原因是多种多样的。要查明缺陷产生的原因，不是一件简单的事情，消除它也比较困难，因此必须严格控制工艺参数，稳定配料，减少缺陷的产生。玻璃体的缺陷按其状态的不同，可以分成三大类：气泡（气体夹杂物）、结石（固体夹杂物）、条纹和节瘤（玻璃态夹杂物）。

不同种类的缺陷，其研究方法也不同，当玻璃中出现某种缺陷后，往往需要通过几种方法的共同鉴定，才能正确加以判断。在查明产生原因的基础上，及时采取有效的措施来控制缺陷的产生。

12.1　玻璃中的气泡

玻璃中的气泡是玻璃制品的主要缺陷之一，大量气泡的存在破坏了玻璃制品的均匀性、透光性、机械强度和抗热强度，严重影响玻璃质量。

“气泡”是从熔融温度下气态夹杂物，与玻璃液相比，气泡属于另一种物质，它与玻璃液是两种不同的相，在熔解过程中，这种气相物质有助于玻璃液均化，但是在成品玻璃中应尽可能减少，否则将影响玻璃制品的外观及内在质量。

廖福拉（Löffler）将玻璃熔窑中的玻璃熔解过程分为 4 个阶段：

① 配合料堆的反应：烧结而形成硅酸盐及其共熔物；

② 熔化：主要是残余的石英砂溶解在已形成的硅酸盐熔体中；

③ 澄清：即消除气泡以及降低在玻璃中溶解的过饱和程度；

④ 冷却：静置到成形温度。

四个阶段不间断而且交叉地进行，它们对玻璃中气泡含量都有关系。同时，玻璃体内的气相还受热、机械、化学等因素的影响。

若在澄清之后气相物质还存在，则对玻璃液是有害的，如果在玻璃成形之前还没有消除的话，那么表现在玻璃成品上就将成为气泡缺陷。

气泡的大小由零点几毫米到几个毫米。按气泡尺寸大小可分为灰泡（直径$<$0.2mm）和气泡（直径$>$0.2mm），其形状也是各种各样的；有球形的、椭圆形的及线状的。气泡的变形主要是制品成形过程中造成的。

将气泡按其产生的来源分类会有助于寻找气泡产生的原因。

第一类是所谓澄清气泡（一次气泡），是在初熔及澄清之后残余在玻璃中的气泡。

第二类是玻璃熔体中大体已不存在气泡以后，在某一时间又从玻璃中析出所溶解的气体而形成的气泡，称为再生气泡也叫二次气泡（重沸气泡）。

第三类是些夹杂的气态、液态或固体异物的气泡，它们是空气泡、耐火材料气泡、铁质气泡、污染气泡等，这类泡通称杂质泡。

分清气泡是属于三类中的哪一类就可推测气泡缺陷是在熔化池的哪个区域产生的，这对采取什么样的措施消除气泡缺陷是至关重要。诊断气泡缺陷的方法在这里具有特别重要的意义。

12.1.1 一次气泡

配合料在熔化过程中，由于各组分一系列的化学反应和易挥发组分的挥发，释放出大量气体。从结构的观点来说，在玻璃熔体中气体使许多硅氧键（≡Si—O—Si≡）断裂，形成新的内表面，即生成气泡。通过澄清作用，可以除去玻璃中的气泡；但实际上，玻璃澄清完成后，往往有一些气泡并设有完全逸出，残留在玻璃之中，这种气泡称作一次气泡。

一次气泡产生的主要原因是澄清不良，主要解决办法是适当提高澄清温度和适当调整澄清剂的用量。根据澄清过程消除气泡的两种方式（大气泡逸出，或极小气泡被溶解吸收）来说，提高熔化温度可以促使大气泡逸出。要使小气泡溶解吸收，则应降低温度来增加玻璃溶解气体的能力。此外降低窑内气体压力，降低玻璃与气体界面上的表面张力也可以促使气体逸出。

产生一次气泡的主要原因如下：

（1）配合料质量　配合料中砂子颗粒粗细不均匀特别是细粉偏多；澄清剂用量不足，配合料的气相单一；配合料和碎玻璃投料的温度太低；配合料的氧化还原参数配比不合理等，都会产生一次气泡的缺陷。

（2）工艺操作不合理　熔化温度和澄清温度偏低；澄清时间过短，如在间歇式池窑、坩埚窑中，由于澄清和搅拌的时间不够，沸腾的次数不够，形成了含有灰泡和小气泡的一次气泡；玻璃液冷却速度过快也会使玻璃熔体带有早期的气体夹杂物。

（3）熔窑结构原因　在连续式玻璃池窑中，熔化带过长，配合料下面的玻璃液温度低。玻璃液熔化率过高时，将有灰泡和小气泡产生。若是在窑长的方向上温度分布不合理，最高温度区过短，在玻璃液中缺少明显的热对流效应，则未完全澄清的玻璃液可能流过最高温度区，残留一次气泡。若是在最高温度区之后温度剧烈降低，出料量太大也将形成一次气泡。澄清区长度短，使玻璃液在澄清区域停留时间少，致使玻璃液内的气泡未能及时排除，也会残留一次气泡。

（4）气氛控制不当　窑内气体组成是否恰当，对于一次气泡的产生也很有关系。这一点对于采用芒硝为澄清剂的玻璃液更为明显。

研究发现，保持熔解氧化还原气氛（包括配合料的气氛和火焰气氛）的稳定，对于减少微气泡至关重要。生产中可以通过测定浮法玻璃中 Fe^{2+} 与总 Fe 的比值定量控制熔解气氛。当熔解气氛的波动（玻璃中 Fe^{2+}/总 Fe 的变化）达到一定程度时，玻璃就容易产生微气泡。对于浮法玻璃配合料，要求熔化带的前区，必须具有还原气氛，热点必须弱还原或中性，在熔化带的末端必须保持氧化气氛。否则将引起中等尺寸的气泡产生，它们聚集在一起，或排列成一串，往往有时候泡内还有液滴。

(5) 窑内气体压力　当窑内气体空间为负压，吸入了冷空气，或是由于池壁冷却系统的冷空气吹入窑内，在玻璃表面上产生了过冷却的黏滞薄膜，妨碍了气泡从熔化带和澄清的玻璃液中排出，造成了一次气泡；当窑内空间压力过大时，也会影响气泡的排出，从而形成一次气泡。

12.1.2 二次气泡

澄清后的玻璃液与溶解于其中的气体处于某种平衡状态，这时玻璃中不含气泡，但尚有再发生气泡的可能。当玻璃液所处的条件有所改变，例如温度再次升高，或窑内气体介质的成分改变，则在已经澄清的玻璃液内又出现气泡，称之为二次气泡。因为这时产生的气泡很小，而玻璃液在这一温度范围内的黏度又较大，排除这些气泡非常困难。

实际上在不良熔体中的过饱和气体与应达到的平衡浓度相差越大，再生气体析出的危险越大，产生二次气泡的可能性也越大。二次气泡可能来自物理的（热作用、机械作用）、化学的以及电化学的原因，也可能是这些原因的共同作用。

二次气泡的形成与玻璃熔解工艺密切相关，如果熔解工艺制度控制的不当，二次气泡将是不可避免的。

熔解温度制度的稳定与否，直接关系到玻璃液的质量。如果已经冷却的玻璃液，由于熔窑温度的升高再次被加热，很容易使溶于玻璃中的残余气体形成气泡。与此相似，当生产中由于碎玻璃的用量增加、产量降低、机器停歇或因加料减少等引起温度的提高，熔化带缩短，这时可能形成透明的或带有乳白膜的小气泡、灰泡。如果由于玻璃中含铁量的降低，或是配合料中引入氧化剂，造成玻璃液透热度的增加，玻璃液温度提高，也可能出现二次气泡。

熔解含有芒硝（Na_2SO_4）的配合料时，在熔化带应使芒硝分解完全，玻璃液中的 SO_3 含量不应超过 0.35%～0.40%；澄清后玻璃液中 SO_3 含量不应超过 0.25%，并尽可能地避免在冷却或成形时受还原焰的作用而引起二次气泡。

以硫化物着色的玻璃液与含有硫酸盐的玻璃液接触时，由于含有不同氧化程度的硫互相反应放出 SO_2，产生二次气泡的危险比较大。其中多硫化物、硫铁化物与 SO_2 的反应如下：

$$5SO_3+Na_2S_2 = Na_2O+7SO_2\uparrow \tag{12-1}$$

或

$$5Na_2SO_4+Na_2S_2+6SiO_2 = 6Na_2SiO_3+7SO_2\uparrow \tag{12-2}$$

$$2NaFeS_2+11SO_3 = 2FeO+Na_2O+15SO_2\uparrow \tag{12-3}$$

因此，以硫碳着色的棕色玻璃，不能加入含有 SO_3 的无色玻璃，以免由于不同熔体的相互作用使平衡状态转变导致气泡的发生。将已经变成棕色和还是无色的两种玻璃熔化在一起，就很容易证明上述发生气泡的反应，如图 12-1 所示。

不同化学组成的玻璃液混合时，由于相互间的作用，也可以造成二次气泡，见图 12-2。在含有硫酸盐的玻璃中，硫酸盐能被二氧化硅所分解：

$$Na_2SO_4+nSiO_2 = Na_2O\cdot nSiO_2+SO_3\uparrow \tag{12-4}$$

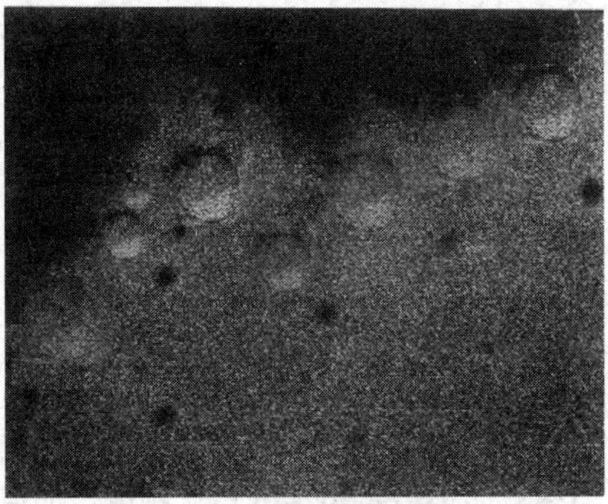

图 12-1　两种不同料性玻璃混合界面上产生的气泡

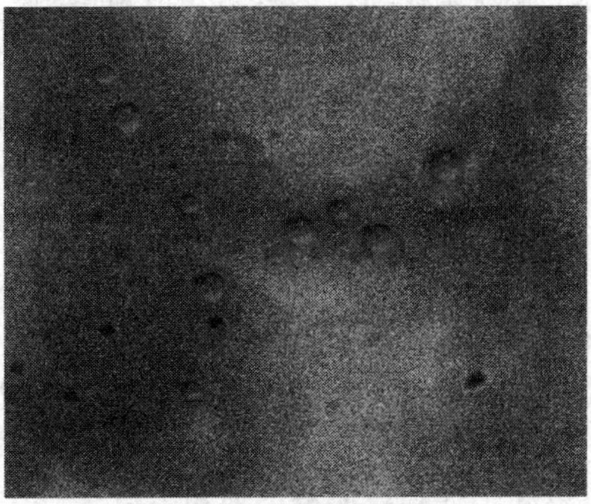

图 12-2　不同化学组成的玻璃液混合产生的气泡

试验证明，由同一配合料制成的无色及棕黄色玻璃之间的交界面上形成了反应气泡（由颗粒大小相同的碎玻璃在 1000℃时，熔化 30min 后的情况）。试验证明，在同一时间及温度下，熔体中二氧化硅含量增加 1%时，分离出来的 SO_3 量约为 0.03%。因此，当含氧化硅较多的玻璃液与含氧化硅较少的玻璃液接触时，由于氧化硅含量的增加，平衡被破坏，其残余气体被排出而形成气泡。由此可见，在更换玻璃的化学组成（更换配方或原料时），需要有一个逐步过渡的过程，不能采用另一种化学组成直接更换的方法。

在冷却带、通道、流料槽处，由于窑炉气体介质中含有 SO_2 和 O_2，或由于烟气的还原性而产生硫化物，也可能产生二次气泡。

配合料中的易挥发组分自表面挥发，造成玻璃液表面层成分变化，产生析晶和条纹，同时伴随着少量的二次气泡。或由于表面挥发后，吸收窑内气体介质，吸收水分致使玻璃液表面层起泡。在生产中可以用通入易挥发饱和蒸气的方法或采用密封料道的方法，可以防止表面挥发。

有时，由于窑内气体压力的剧烈变化，或机械搅拌调节的不合适也会引起二次气泡。

12.1.3　其它类气泡

（1）外界空气气泡　这种气泡主要来自成形操作过程。

在成形过程中，夹入空气造成气泡是比较常见的现象。例如人工吹制用吹杆挑料时，吹杆插入玻璃液的方向不对，或卷料时操作不当，会压入或卷入空气。在真空吸料中，当吸料头吸料切断后，由于吸料头后退，使凸起的玻璃液倒下压入空气，造成下一个吸料中带有气泡。在吸料头后退之前，加上一个向上提起的动作，这种缺陷便可克服。又如，供料机供料时，冲头提起过高可能吸入空气产生气泡。更换冲头时温度太低也会使其吸附的气体膨胀起泡。这种气泡的主要特点是气泡比较大，一般直径都在 2mm 以上，而且经常出现在制品的固定部位上。

对于应用垂直搅拌的熔窑，由于搅拌的插入深度和转速不匹配，也容易产生空气气泡。

（2）耐火材料气泡　玻璃和耐火材料间的物理化学作用会引起许多气泡的产生。耐火材料本身有一定的气孔率，当接触玻璃液时，由于孔隙的毛细管作用将玻璃液吸入，气孔中的气体被排挤到玻璃液内。值得重视的是孔隙容积放出气泡的气体量是相当可观的。

耐火材料中所含铁的化合物，对于玻璃液内残余盐类的分解起催化作用也将引起气泡。在还原焰中烧成的耐火材料，其表面上和气孔内存在着碳素，这些碳素的燃烧也能形成气泡。

耐火材料受玻璃液的侵蚀后，使得玻璃液中的 SiO_2、Al_2O_3 含量增加，促进 Na_2CO_3 分解。同时对玻璃液中比较不稳定的含 CO_2 及 SO_2 化合物也产生排挤作用，从而引起了排气，形成气泡。

耐火材料气泡的气体组成主要是 SO_2、CO_2、O_2 和空气等。为了防止这些气泡的产生，必须提高耐火材料的质量。接近成形部应选择不易与玻璃液反应形成气泡的筑炉材料，以利于提高玻璃液的质量。在操作上也应当尽可能地稳定熔窑的作业制度，如温度制度要稳定，温度不要过高，以避免加剧耐火材料侵蚀。玻璃液面稳定对减少耐火材料的侵蚀有着重要的意义。

（3）金属铁引起的气泡　在池窑和坩埚窑的操作中，不可避免地使用铁件，如窑的构件、工具等。有时因操作不慎，偶然落入玻璃液中，逐渐溶解，使玻璃着色，而铁件中所含的碳与玻璃中的残余气体相互作用排出气体，形成气泡。这种气泡的周围常常有一层为氧化铁所着色而成的褐色玻璃薄膜，有时还出现褐色条纹，或附着有棕色条纹的痕迹，甚至还可能充满了深色的铁化合物，它们的颜色由棕色到深绿色。还有一种特殊情况是气泡带有一小块金属或其氧化物，在显微镜下可以看到棕色到鲜明的西红柿色的硅酸铁结晶体。

为了防止这种气泡的产生，除了注意配合料中不能含有金属铁质外，成形工具的质量，特别是浸入玻璃液内的部件质量要好，使用方法要得当。

（4）污染气泡　一些还原性的物质或异物落入或进入玻璃液与玻璃反应而形成的气泡。这些固态及液态夹杂物可直接进入熔体中，如灰尘、冷凝物、煤烟、油滴之类的物质。

这类气泡内往往含有液珠或固态夹杂物，如彩图 1～4 所示。

（5）盐泡　在硫澄清的玻璃液中，Na_2SO_4 的加入量超过熔体的饱和值时，或烟气的 SO_3 含量很高遇到熔体的温度又不高时就可能析出硝水，它以滴状留在玻璃中，冷却后部分凝固结成晶体。

这种空洞中除 Na_2SO_4 外还可能有气相的 SO_2，称之为气泡也有一定的道理。在成形过程中，这种盐泡也像其它气泡一样可能被拉成长条，冷却后析出结晶，如彩图 5、彩图 6 所示。可以想到，结晶中不单是硫酸钠，与它接触的玻璃表面上会形成含 SiO_2 较少的硅酸盐，作为不稳定的玻璃体而局部析晶。而且在玻璃的冷却过程中盐泡内所含的物质不是简单的结晶，而是出现溶液、液体与蒸气多相之间的相互作用。根据在加工操作中玻璃内部的受压情况，没有成为蒸气的液滴会分散开以对称形状排列的小滴而各自结晶，蒸气部分则在泡壁上冷凝成极薄的膜状沉积物。

（6）浮法成形产生的气泡　杂质泡还有锡槽产生的气泡，这对于浮法玻璃是气泡产生原因的一大类。此类气泡根据产生原因及位置的不同，泡的大小差别很大，最常见的为锡槽底部产生的气泡（牛眼泡），此类泡很大，很容易辨别。浮法成型泡通常的规律，分布在玻璃带的下表面，位置比较固定（见图 12-3），大部分为下表面开口泡，根据产生温度

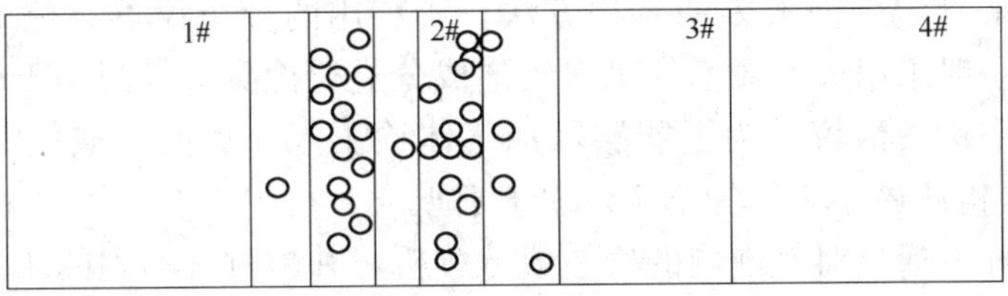

图 12-3　浮法成型产生的气泡在玻璃带分布情况图

的不同，嵌入玻璃板的深度不同。

（7）电化学反应气泡　如式（12-5）所示，玻璃中的某一氧化物改变化合价时会吸收氧或析出氧，也就是分子氧从参与反应的阳离子接受电子变成离子氧或离子氧给出电子而变成分子氧。通过电化学过程也可使离子氧释放电子变成分子氧［式（12-6）］，从而形成含氧气泡。

$$\frac{4}{n}R^{x+} + O_2 \rightleftharpoons \frac{4}{n}R^{(x+n)} + 2O^{2-} \tag{12-5}$$

$$2O^{2-} \longrightarrow O_2 + 4e \tag{12-6}$$

玻璃电熔窑、电加热料道、电辅助加热玻璃窑炉等应用的电极，可能促成离子氧放电而转变为分子氧，形成含氧气泡。此类气泡中 O_2 的含量大于 90%（体积分数）。

电化学含氧气泡形成所需要的电动势可能由热、浓度造成。浓度分两种情况：玻璃熔体中 O^{2-} 的浓度和窑炉气氛中的氧气浓度（氧分压），相同的电极材料上熔体中及窑炉气氛中出现浓度差可产生这种电动势。

克服电化学气泡的有效方法是使玻璃熔体的温度均一、玻璃熔体的成分均一、气体的浓度均一。

12.1.4　气泡的检验

为了判断气泡形成的原因，除观察制品中气泡的大小和位置等外观外，还必须要了解气泡内各种气体的含量，两者结合才能更为准确地判断气泡成因。

一般根据气泡的外形尺寸、形状、在玻璃体内的分布情况以及气泡产生的部位和时间来初步判断气泡产生的原因。要想继续判断必须依靠必要的气泡检测技术。

20 世纪五六十年代有人发现玻璃气泡在显微镜下的微观结构可以分为两大类：泡内含有固相、液相的气泡；空气泡（泡内无固液相的气泡）。根据气泡的显微结构，气泡分析技术的发展可以分为两大流派，即：固相法分析技术和气相法分析技术。其中气相法分析技术主要是分析气泡中的 N_2、O_2、Ar、CO_2、SO_2、H_2O、CO、H_2 等；有时还可能出现 H_2、HF、HCl 及氮的氧化物。固相法分析技术主要是分析气泡中在室温中凝结的物质，如 NaCl、金属砷、硫及硫化物、碳以及其它用显微探针之类的分析方法才能测定的物质。

目前国际上通常的气泡分析技术，分为固相法、气相法、气固相结合法。固相法主要针对泡内有固液相的气泡，气相法主要针对主成分为气相的气泡，气固相结合法主要针对泡内既有液固相又有气相的气泡。

12.1.4.1　气相法

气相法是指采用特殊的制样方法，利用气体分析的手段，分析泡内气体成分，根据气泡内的气体成分来判定气泡成因的一种方法。所利用的分析仪器有色谱仪、质谱仪。目前，生产实际中一般采用大型质谱仪来对气泡成分进行检测，专门用于气泡检测的大型四级质谱仪，我们俗称气泡仪。为了能够增加气体检出限，目前气泡仪的真空度要求达到100Pa，这样可以检测最小直径为0.1mm的气泡。

气相法的原理，通过对气泡内的气体成分分析，并检测气泡内的压力，利用气体溶解原理来判断气泡产生的原因和位置。气泡中所含气体分析是确定气泡产生来源最重要的数据之一。测定气泡中的气体组成及含量对弄清澄清问题、判断气泡的来源非常有用。有时根据气泡内的气体组成可直接确定缺陷产生的原因。

通常在玻璃产生的气泡中，气体组成主要是N_2、O_2、Ar、CO_2、SO_2、H_2O、CO、H_2等。有时还可能出现H_2、HF、HCl及氮的氧化物。在这些气体中CO_2、N_2是最常见气体，故用CO_2/N_2的比值作为判定气泡在玻璃液存在长短的依据。经过大量试验，对浮法玻璃来说，气泡与玻璃液达到平衡后的CO_2/N_2的比值为1.0～2.0（摩尔比）为佳。CO_2/N_2随温度的变化情况见图12-4，依此可以来判定气泡产生的位置及原因。

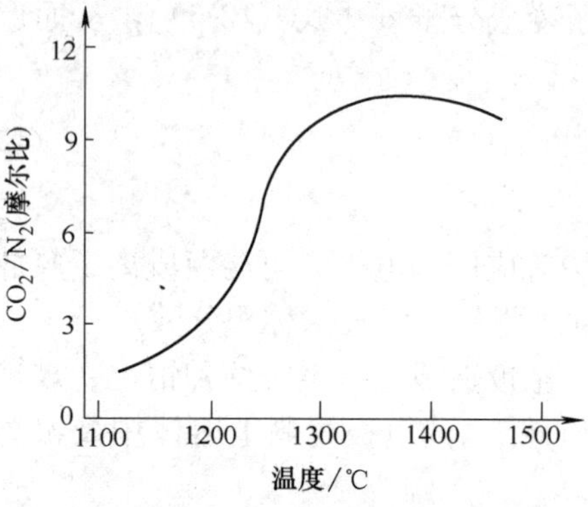

图12-4　CO_2/N_2在玻璃液内随温度的变化曲线图

通过气泡分析仪的检测，我们可以得到气泡在室温下的气体组成、泡内压力等，结合初步观察的显微，可以对气泡成因加以判断。

由热作用在高温下引起的二次气泡，对氧澄清的玻璃主要含有O_2，对于硫澄清的玻璃，二次气泡内主要成分为SO_2。由机械作用在低温下引起的二次气泡，主要含有CO_2、N_2和H_2O等气体。而由耐火材料原因引起的气泡，根据气泡中的气体含量可推断出是由何种耐火材料引起的，如表12-1为两种常用耐火材料产生气泡的气体成分组成，表12-2为还原性物质污染泡的气体组成。

表12-1　两种常用耐火材料与玻璃液反应形成的气泡组成

耐火材料名称	气体组成/%(体积分数)	
	N_2	CO_2
熔铸AZS耐火材料的侵蚀	80～90	10～20
硅线石耐火材料的侵蚀	5～15	85～95

表12-2　还原性物质污染泡的气体组成

样品编号	气泡尺寸/mm	气体压力/kPa	气体组成/%(体积分数)			泡内沉积物	气泡位置
			N_2	CO_2	Ar		
01	0.905	30.9	6.2	93.6	0.15	滴状	表面
02	0.834	22.7	0.5	99.4	0.02	滴状	表面

12.1.4.2　固相法

固相法是利用一定的分析手段，分析气泡内的固相和液相及气泡壁的成分来判断气泡的成因的一种方法。所利用的分析仪器主要有：拉曼光谱、电子探针、扫描电镜能谱等。

熔窑不同部位产生的气泡，往往会带有形成原因的痕迹，气泡中还可能有在室温中凝结的物质，如 NaCl、金属砷、硫及硫化物等物质，这种现象对因泡核而形成的泡更明显。固相法就是通过监测气泡壁的这些残留痕迹来判断气泡成因的。

气泡壁固相分析法的一般规律：

某种原料引起的泡，泡壁上往往会残留下该原料的痕迹。例如：硅砂粒度不合适或结团产生的泡，往往会伴生未熔石英的结石，泡壁上也可能残留有 Si 的痕迹；由芒硝过量引起的泡，泡内往往会有大量 Na_2SO_4 的晶体或液珠状的 Na_2SO_4；在过还原状态下形成的泡在泡内会有玻璃态的单质 S。

由耐火材料引起的泡，与泡伴生的往往有耐火材料的结石，泡壁上也会残留有该耐火材料的痕迹。例如：由 α-β 刚玉造成的泡，泡壁上会显示有 Al 的痕迹。

由杂质引起的泡，通过固相分析更容易判断气泡的成因，因为杂质引起的泡更容易在泡壁上残留该杂质的痕迹。由铁引起的泡特征更明显。例如：由铁引起的泡，泡的两端往往会带有黄色的线道，泡壁上也会有 Fe 残留的痕迹。

12.1.4.3　固、气相综合分析法

在气泡成因非常复杂时采用固相与气相分析共用的方法称作固、气相法。该方法使用时要求气泡的一部分样品泡样的显微结构有固相夹杂。

该方法是目前判断气泡成因较完善的一种方法，两种方法的结合可以更容易地判断气泡的来源。

12.2　结　　石

结石是玻璃体内最危险的缺陷，它不仅破坏了玻璃制品的外观和光学均一性，而且降低了制品的使用价值。结石与它周围玻璃的热膨胀系数相差越大，产生的局部应力也就越大，这就大大降低了制品的机械强度和热稳定性，甚至会使制品自行破裂。特别是结石的热膨胀系数小于周围玻璃的热膨胀系数时，在玻璃的交界面上形成张应力，常会出现放射状的裂纹，如彩图 7 和彩图 8 所示。在玻璃制品中，通常不允许有结石存在，应尽量设法排除它。

不同的玻璃结石，它的化学组成和矿物组成也不相同。根据产生的原因，将结石分为以下几类：

① 配合料结石（未熔化的颗粒）；

② 耐火材料结石；

③ 玻璃液的析晶结石；

④ 硫酸盐夹杂物；

⑤“黑斑”与外来污染物；

⑥ 浮法玻璃的 Sn 缺陷。

12.2.1　配合料结石

配合料结石是配合料中没有熔化的组分颗粒，也就是未完全熔化的物料残留物。在大

多数情况下，配合料结石是石英结石。

如果原料颗粒偏大、工艺操作出现错误、熔化温度偏低或助熔剂不足等均可能引起石英结石。一般石英颗粒常呈白色颗粒状，其边缘由于逐渐溶解而变圆。同时由于玻璃熔体的作用，石英颗粒表面常有槽沟（彩图 9）。在石英颗粒的周围有一层含 SiO_2 较高的无色圈，这一层玻璃的黏度较高，形成粗筋（彩图 10）。有时颗粒已经完全消失，只剩下这种玻璃圈。

石英颗粒的边缘往往还会出现它的变体——方石英或鳞石英，形成石英和方石英或石英与鳞石英的聚合体，见彩图 11。方石英和鳞石英的生成，可能是由于石英颗粒周围含 SiO_2 较高的玻璃中发生析晶所造成，也可能是由于石英颗粒长久地停留在高温并在 R_2O 的作用下而发生多晶转变所致。

如果石英颗粒在玻璃熔窑中高温环境里停留的时间足够长，石英颗粒消失，可能全部转化为鳞石英和方石英，如彩图 12 所示。

除了石英结石外，还可能形成玻璃体中的配合料结石是刚玉-霞石结石、锆质结石和黑色的铬铁点等，主要是原料中混入了难熔的铝质、锆质、含铬铁的杂质材料，因此配合料结石的产生与原料的选择和加工、配合料制备工艺、加料方法、熔解条件等工艺因素有关。

12.2.2　耐火材料结石

窑内包围火焰空间的窑砖（包括碹顶和胸墙），长时间地处于高温之下，同时受到碱气体、碱飞料以及其它挥发物的作用，在耐火材料的表面上形成一层釉层，由于它的流动性和表面张力的作用，逐渐形成液滴（彩图 13）。随着时间的延长，液滴变大，在重力的作用下慢慢地往下流，当生成的液滴达到一定的质量和黏度时，由窑碹落下，或沿窑墙流入玻璃液中生成结石，这种结石即为碹滴结石。一般碹角和山墙处耐火材料更容易被侵蚀，溶解生成低温共融物形成钟乳状物（彩图 14），产生碹滴结石。由于窑碹耐火材料中含有氧化铁以及燃料中杂质的作用，碹滴结石多数为灰色或浅褐色，呈泪滴状。同样在闭口坩埚中，也有这样类似的结石产生。根据碹滴结石的微观显微结构及化学组成可以判断其来源材料和所产生的高低温区域。

窑碹和胸墙常用硅砖砌成，这类耐火材料的蚀变有两方面的作用，一是粉料、炉气中杂质材料在其表面凝结直接与它发生反应，使砖体受到侵蚀；另一个是炉气材料在其表面形成熔体，从表面开始对耐火砖体进行溶解，对其造成溶解性侵蚀。但由于这种溶蚀的结果可能形成富含二氧化硅的新玻璃相，这种新玻璃相的黏度较大，它不仅堵塞了砖体的气孔，还使得碱金属离子向砖体内的扩散受到阻碍。因此，只有当表面的玻璃相逐步随玻璃液的流动被带走时，砖体才进一步受到侵蚀。

在硅质耐火材料的蚀变带中，鳞石英的重结晶作用占有相当重要的地位，因为碱分的扩散侵入，对鳞石英的生长具有良好的矿化作用。当砖体表面工作温度超过 1470℃时，鳞石英又可转化成方石英，正是由于石英的重结晶和多晶转化作用，可能使砖体松懈以至于剥落，遭到损坏。因此，由硅砖形成的结石中，常常会含有鳞石英和方石英晶体，并带有浅的黄绿色（因硅砖生产中加入氧化铁作为矿化剂所引起）。另外，硅砖在使用受热过程中，分布在硅砖基质中的矿化剂与细小石英反应生成柱状、楔形双晶的鳞石英结晶，因此很多这种耐火材料结石中含有楔形双晶鳞石英的晶相组成。

也有用黏土砖作为窑碹材料的，黏土质窑碹结石常常含有刚玉、霞石、莫来石晶体甚至黏土熟料。

与玻璃液相接触的耐火材料，如下层池壁砖、坩埚等，大多用黏土质耐火材料制成。耐火黏土的主要矿物组成是高岭石（$Al_2O_3 \cdot 2SiO_2 \cdot 2H_2O$）、单热水白云母（$0.2K_2O \cdot Al_2O_3 \cdot 3SiO_2 \cdot 1.5H_2O$），还含有一些杂质（均匀分布的石英、长石、氧化镁、金红石、硅酸镁等）。这类耐火材料结石的组成取决于耐火材料的组成和它的蚀变程度。在接触交代的初期，砖体结构中的熟料松懈，但熟料颗粒形态改变不大，只是在气孔附近或与玻璃液接触的界面上才可明显地发现重结晶长大的（次生的）莫来石。熟料中间还可能转化分解成 β-氧化铝。如果交代不深，这些矿物颗粒尺寸都很小。此外，交代反应还形成一部分与原始玻璃液组成不同的，由熟料颗粒溶解而增添了 SiO_2 和 Al_2O_3 组分的新玻璃相。随着交代反应的发展，熟料颗粒逐步解体成为残余团粒，在它的周围就可能出现长得较大的莫来石和 β-氧化铝，与玻璃接触的界面上还可能出现霞石和玻璃相。如果交代作用更进一步发展，熟料颗粒就可能转化成零落的碎屑，甚至全部转化为次生的或新矿物相。这些矿物主要包括次生的莫来石（如彩图 15 所示）和分解转化而来的 β-氧化铝以及霞石（$Na_2O \cdot Al_2O_3 \cdot 2SiO_2$，如彩图 16 所示）、三斜霞石（$Na_2O \cdot Al_2O_3 \cdot 2SiO_2$）、白榴石（$K_2O \cdot Al_2O_3 \cdot 4SiO_2$）、正长石（$K_2O \cdot Al_2O_3 \cdot 6SiO_2$）、钠长石（$Na_2O \cdot Al_2O_3 \cdot 6SiO_2$）等。耐火黏土结石几乎都是多角形的。

另外，在黏土中常有少量铝土矿（$Al_2O_3 \cdot H_2O$、$Al_2O_3 \cdot 3H_2O$）混入，因而在黏土熟料中常可看到细小粒状刚玉团聚体存在，它们进入高温的玻璃液中后，不断熔化，在刚玉团粒周围生成霞石，自身也重结晶长大并转化为粒状、六角片状 β-氧化铝。

池窑上层池壁和流液洞，一般采用耐侵蚀性较好、机械强度较大、没有开口气孔的高质量电熔耐火材料。

电熔莫来石砖的蚀变，主要是玻璃液与莫来石砖体的残余玻璃液进行互相扩散，而新进入砖体的玻璃液中 Na_2O 和 K_2O 与砖体莫来石产生交换反应，生成霞石和 β-氧化铝。这两种新产生的物相，在玻璃液流带动下可能被进一步溶解，使砖体表现出熔蚀。三斜霞石和霞石的形成主要随温度条件而定。反应产生的氧化铝，由于 Na_2O 进入结构中，即成了 β-氧化铝。对于含锆莫来石，在其界面附近的玻璃相中，还可能形成骨架状的单斜锆石。氧化锆成分转入玻璃后，由于它的溶解度较小，很容易析出成为晶核，在快速生长过程中，使单斜锆石变成骨架状的晶形。在池窑产生的结石中，如果包含有单斜锆石、骨架状斜锆石晶体，则是含锆莫来石砖受蚀剥落的证据。

电熔锆刚玉砖的化学组成主要为 ZrO_2、Al_2O_3 及 SiO_2，分别以刚玉、斜锆石、刚玉+斜锆石的共晶体（简称 AZ 共晶体）为主要晶相（彩图 17）。在玻璃液的作用下，Na_2O、K_2O 等碱性氧化物同样对它产生侵蚀，蚀变过程与电熔莫来石砖类似，首先是玻璃液同砖体中原来的玻璃相逐渐扩散，电熔锆刚玉砖在 1300℃ 时开始有液相渗出，1450℃以上较为严重。其玻璃相在渗出后产生空洞，玻璃液借毛细作用沿空隙侵入砖内，玻璃中钠、钾、钙、镁等碱性离子比砖中玻璃相高得多，这些碱性离子迅速向砖体扩散，并对砖体内部的 Al_2O_3 和 ZrO_2 进行溶解。溶解后砖体中玻璃相的 Al_2O_3、ZrO_2 含量增高，黏度变大，能够阻隔玻璃液对砖的进一步侵蚀，相当于形成了抗侵蚀的阻挡层。与此同时，交换反应也可产生 β-氧化铝、霞石、骨架状单斜锆石等。如果这种晶体被玻璃液带走，则将作为结石缺陷而存在。

一般情况下，由于 Al_2O_3 在玻璃中的溶解度较大，在电熔锆刚玉砖与玻璃液接触的界面处，砖中刚玉相很容易被玻璃液溶解，而 ZrO_2 在玻璃中的溶解度较低，往往在刚玉相被溶解殆尽后还保持原貌，或溶解后又在玻璃液中析出。因此多数玻璃结石只是单斜锆石颗粒或骨架状、树枝状二次斜锆石（彩图 18）。

由此可见，耐火材料结石与玻璃液和砖体间的接触温度、时间很有关系。例如开始使用的坩埚和长期使用的坩埚造成的耐火材料结石不同，前者是由大量形状不定的单独粒子彼此烧结而成的多孔物质，粒子表面上有着微细的针状莫来石，后者几乎完全是由莫来石彼此错综复杂排列与玻璃体黏合在一起。对于碹滴结石，如果显微结构中是排列整齐的方石英，那么此碹滴来自高温区；如果为方石英和鳞石英的聚合体，那么它来自温度稍低的区域。

出现耐火材料结石的主要原因有以下几方面：

① 耐火材料质量低劣：耐火材料烧成温度不够，气孔率高，原料不纯，颗粒度配比不当，成形压力低（对于压力成形的耐火材料），电熔耐火材料浇缩孔过大，制造时气氛不适当以及退火不良，内应力大等。

② 耐火材料使用不当：选用耐火材料应根据熔化温度、玻璃成分、使用部位的不同而不同。如高硅低碱料，一般池壁用石英砖，碱性料池壁用锆刚玉砖。此外，看火孔处如用硅砖，则很容易被侵蚀出现结石，故应采用刚玉砖等。

③ 熔化温度过高：温度过高，则玻璃液与耐火材料反应剧烈，而且流动冲刷也加剧，侵蚀加速。

④ 助熔剂用量过大：助熔剂用量过大时，尤其是氟化物对耐火材料侵蚀特别严重。

⑤ 配合料有问题：配合料颗粒过细和加料方法不当等都会使配合料飞散较多，对窑碹砖的侵蚀加剧。

⑥ 砌筑有问题：如果池窑的砌筑质量不良或烤窑不恰当使砖缝较大，碱蒸气、SO_3 以及水蒸气等废气沿着砖缝进入内部，会在较冷部位凝结造成结渣，进而对耐火材料进行侵蚀。

易起反应的耐火材料砌在一起时，如硅砖与黏土砖在 1400℃ 以上反应剧烈，因此，在此温度下使用时，应避免它的直接接触。

⑦ 燃料油杂质高：如果重油中含钒和硫较高，对窑碹砖侵蚀加剧，容易造成窑碹结石。

12.2.3 析晶结石

玻璃体的析晶结石，是由于玻璃在一定温度范围内，本身的析晶所造成的。这种析晶作用在生产中称之为“失透”，失透是玻璃生产中相当讨厌的问题。

析晶结石的尺寸常在 0.01mm 到若干毫米之间，形状和色泽常是多种多样的，但是具有一定的几何形状为其特征。析晶结石有单独分布的，但大多数是聚集成束状、斑点、球体、条带等。

当玻璃液长期停留在有利于晶体形成和生长的温度条件下，玻璃中化学组成不均匀部分，是促使玻璃体产生析晶的主要因素。析晶结石常常首先出现在各相分界线上：玻璃液表面、气泡附近、与耐火材料接触部分；也常常在配合料结石、耐火材料结石、条纹以及线道中开始产生。例如，尘埃或类似的物质降落到玻璃液表面上将引起析晶，形成半圆球的结构，冷却后可像鱼鳞一样剥落下来。经过一段时间以后，也将使整个表面析晶。又如，在人工挑料吹制乳白色玻璃料泡时，用吹管分几次挑料而形成的料泡，各料层之间不可能完全没有界面，其中就有许多微细的析晶。在有条纹缺陷的玻璃中，由于条纹引起的析晶常具有清晰的晶形（彩图 19），而且条纹所达的范围要比析晶范围大得多。

为防止析晶产生，首先要设计合理的玻璃化学组成，使玻璃熔体尽可能地减少析晶倾向，并保证在冷却和成形条件下对于析晶有足够的稳定性。在玻璃生产中最好是选择这样一个成形温度范围：玻璃熔体中的晶核数要少，同时在成形过程中不使它们有较大的生长。目前在许多自动化操作中，成形是在较高的温度范围内进行，即接近于晶核数较少的区域。一般说来，晶核数少，晶体生长速度较低的高温度范围，对生产是比较有利的。

对于一种组成为 w（Al_2O_3）8%～12%，w（CaO+MgO）6%～14%，其余为 SiO_2 的瓶罐玻璃，系统地用 Al_2O_3、CaO、MgO、BaO、ZaO 代替 SiO_2 研究其析晶情况，得到如下的结果，见表 12-3。

表 12-3　加入物对结晶速度的影响

加入物	Al_2O_3	CaO-MgO	Na_2O	BaO	ZnO
结晶速度	稍提高	提高很大	降低	降低	降低

一般来说，玻璃组成中不参加结晶的组分种类越多，就越不容易产生析晶，这是由于它们阻碍了分子进行晶格排列的缘故。

在生产操作中，制定合理的熔化制度和成形制度，是保证正常生产的主要因素。如果在生产中破坏了熔化制度和成形制度，将使析晶倾向增加。因为熔解制度的破坏，使玻璃流动区域发生了变化，即破坏了原来某种规则的液流，而使池窑中的不动层玻璃液（在不动层内往往存在析晶结石）混入流动的玻璃液流，并发生其它缺陷。在冷却、成形过程中，特别要注意控制玻璃液在流液洞的温度。对于以料滴供料、真空供料以及压延法、拉管机生产时，成形温度应尽可能地高于液线温度，以保证优质高产。

在窑炉设计时，熔化池应尽量避免死角，以免生成的析晶结石在温度波动时进入成形流。

如果在生产中产生了析晶结石，消除的方法是提高玻璃液的温度，消除或定期处理玻璃液滞集的部分，改善炉内的均化，最后的方法是改变玻璃组成。一般说来，采用的措施有：

① 在不改变玻璃使用性能的条件下，增加组分，以降低析晶温度；

② 提高成形速度，使制品尽快通过析晶区；

③ 在吹制和灯工中，减少再加热次数，防止玻璃反复在析晶温度范围内通过而引起析晶；

④ 水平拉管机更换旋转管时，要仔细烘烤至高温，防止在低温时就开始放玻璃液拉管，以免玻璃料在旋转管上析晶。

⑤ 流料槽加强保温，玻璃液在流料槽内不宜停留较长的时间。

析晶结石中常见的晶体有以下几种：

(1) 硅氧变体的析晶结石　通常以鳞石英和方石英最为常见。鳞石英呈雪花状或羽毛状，方石英则常呈树枝状、十字形骨架晶体，见彩图 20～彩图 23。有时，方石英还可能呈现蜂窝状或网络状。产生硅氧析晶的情况有以下几种：

① 由于玻璃组分的 SiO_2 含量偏多或配合料不均匀使玻璃液中 SiO_2 局部富集而形成析晶；

② 玻璃杂物中残余石英周围玻璃相中含 SiO_2 高，产生析晶；

③ 硅质耐火材料被侵蚀溶解形成富 SiO_2 玻璃相中产生析晶；硅质耐火材料结石的周围富 SiO_2 玻璃相中产生析晶。

(2) 硅灰石（$CaO \cdot SiO_2$）　α-硅灰石（又称假硅灰石）在 1180℃以上是稳定的晶形。大的玻璃池窑中（如平板玻璃池窑），玻璃液缓慢冷却时会出现这种晶体，有时形成雪白色六角形小块（彩图 24），在截面上可见到结石的中部是透明的。在带色的瓶罐玻璃中这种晶体也可能以密集的形状出现。β-硅灰石是低温晶形，大都呈现或粗或细的针状物，而实际上它是棱柱体。针状结晶也可能集聚成束甚至球形，见彩图 25～彩图 27。如果玻璃成分中 CaO 含量较高，硅灰石析出的倾向增加。如果成形部某些角落的温度控制不当，或者该处玻璃液流动较差，就可能成为硅灰石析晶的有利条件。另外，控制原料质量和颗粒度，以及控制配合料混合质量，提高操作管理水平，都可以使硅灰石结石得到避免。

(3) 失透石（$Na_2O \cdot 3CaO \cdot 6SiO_2$）　在析晶过程中它是主要产物。在温度低于 1047℃时，它可能溶解而转变成 β-硅灰石＋熔体。在平板玻璃中析晶结石出现时，经常断续地沿直线方向排列成行；在器皿、瓶罐玻璃中，则可能成球状或集束纤维状，见彩图 28、彩图 29。它的出现与玻璃中 Na_2O、CaO 含量高有关系。但在不少情况下，失透石析晶的出现，也与操作制度有关。像产生硅灰石析晶的情况一样，当成形部温度控制不当，有些部位存在死角时，失透石便能聚集在一起析出，到一定的时候便会引到制品上。

(4) 透辉石（$CaO \cdot MgO \cdot 2SiO_2$）　它是析晶结石中最常见的含镁化合物。在钠钙硅酸盐玻璃成分中，随着 MgO 引入量的增加，玻璃中析出透辉石的可能性就产生了。一般说来，MgO 含量超过 4%～5%时，就容易出现透辉石析晶，见彩图 30、彩图 31。例如，在平板玻璃中 MgO 含量高于 4.5%时，透辉石就极易发生，把 MgO 控制在 4.2%以下时，情况就大有改善。其次，工艺控制和操作条件对它的形成也很有关系。例如，在引上窑的槽子口上容易集聚许多透辉石析晶，必须通过“打炉”操作来消除。为了防止槽子口的析晶，采用辅助加热，对改善透辉石析晶有一定的成效。

(5) 二硅酸钡（$BaO \cdot 2SiO_2$）　它出现于含 BaO 较高的玻璃熔体中，许多光学玻璃中常出现这种结石。它的结晶形状是纤维束状，为菱形或六方形（彩图 32）。

12.2.4　硫酸盐夹杂物（碱性夹杂物）

在 12.1 中，已对硫酸盐夹杂物做了一些介绍。玻璃熔体中所含的硫酸盐如果超过玻璃中所能溶解的数量时，就会以硫酸盐的形式成为浮渣分离出来，并且进入成品中。在玻璃成形时，这种硫酸盐浮渣还是液态，冷却后熔融的硫酸盐硬化成结晶的小滴析出，通常也称“盐泡”（彩图 33），它具有典型的裂纹结构。它的来源主要是由于配合料中芒硝在熔化澄清过程中没有完全分解所致。当产生这种缺陷时，必须检查熔化初期火焰是否保持还原性，检查配合料中碳粉用量、芒硝用量是否合适，检查水包、搅拌等温度较低部位是否有芒硝凝结等，以排除硫酸盐夹杂物。有时候，出现硫酸盐泡是由于纯碱飞料受炉气中 SO_2+O_2 作用而形成的。

12.2.5　黑色夹杂物（黑斑）与污染物

玻璃中也常发现黑色夹杂物，它们直接或间接由配合料而来，也有由于操作上的不慎而引入其它杂质使玻璃体产生缺陷。

若夹杂物在玻璃中溶解很少，不形成特殊的溶液圈，且带有绿色条纹，则可能是由含铬的物体形成，这种“黑色结石”大都是深绿色的氧化铬晶体。产生这种结石与砂子的含铬量很有关系，必须很好地检查和处理砂子。此外，它也可能由于其它原因进入熔体中形成黑色结石，如平板玻璃熔窑的蓄热室格子砖是镁铬砖，在砖体烧损严重，处理蓄热室堵塞时，经常产生黑色结石。

以铬铁矿作为制造绿色玻璃的原料时，由于它在玻璃中不易分解和熔化，磨得不够细，或是混合得不均匀，也有出现黑色结石的可能。

在熔解含有氧化镍的颜色玻璃时，不允许用弱还原气氛，以免氧化镍被还原产生黑色结石。

在制品中常见到的黑色结石，一般是在工作部或料道中，由于不慎而带入的污染物，或是由于加热器被氧化脱皮而落入玻璃液中所引起的。

如果用外购碎玻璃，必须注意碎玻璃是否被污染，由碎玻璃污染引起的结石很多。一般的污染物有金属类（铁钉、铝带等）、耐火材料、器皿玻璃等。金属类和耐火材料杂质容易发现，值得注意的是成分差别较大的杂质玻璃，如石英玻璃、含锆的特殊玻璃等，在回窑中很难与正常的玻璃均化，冷却过程中往往会晶化成为玻璃结石。

12.2.6　浮法玻璃的 Sn 缺陷

浮法玻璃是在充满惰性和还原性保护气氛的锡槽中成形的，纯净的锡在玻璃成形温度下是非常稳定的。但当有氧和硫存在时，锡极易与它们反应，生成氧化锡、氧化亚锡、硫化锡和硫化亚锡。这些反应产物易挥发，继而在流道、锡槽顶部、冷却器、拉边机头等处凝结沉积，一旦环境发生变化，如机械振动、温度、压力波动等，就会掉落在玻璃带上，形成玻璃带上表面锡缺陷——锡石、锡渣和锡斑等（彩图 34～彩图 36）。

锡石的化学组成主要是二氧化锡，为白色结石，有时含有氧化亚锡、硫化锡、硫化亚锡而呈黑灰色。显微结构有珊瑚状、针状、骨架状、粒状等，位于玻璃的上表面，但被一层很薄的玻璃覆盖着。

锡渣的成分主要也是锡的氧化物及硫化物，但它含有一定量的单质锡，这是部分氧化锡和硫化锡又被锡槽中保护气体——氢气还原的缘故。锡渣位于玻璃的上表面，甚至用指甲可以刮掉，一般为灰黑色。锡渣在玻璃板面成堆状分布，周围有散射斑点。

锡斑与锡渣类似，但量小，为孤立的圆斑（四周无散射）或不规则片状分布。如果来自冷却水包，可能含有水包材质而呈现特殊的颜色，像彩图 36 中所显示的红色。

由于 SnS 的挥发量要比 SnO 大几十倍，所以，上表面由掉锡而形成的缺陷大部分由硫的污染造成。

纯净金属锡液对玻璃液的浸润角为 175°，接近于完全不浸润，玻璃是不会沾锡的。但如果锡变为氧化锡或硫化锡，在锡液中形成浮渣，将会向玻璃渗入与玻璃黏结，造成玻璃下表面沾锡（彩图 37）缺陷。沾锡主要是由于亚锡离子的存在，亚锡离子极容易与玻璃表面发生离子交换作用。玻璃沾锡的部位一般在锡槽尾端沿口处，在玻璃带脱离锡液面的瞬间，有空气进入，与刚刚暴露出的轻微波动的锡液面接触，将其氧化形成沾锡的过渡层，在与玻璃下表面接触时，引起锡的附着，造成沾锡。锡槽出口温度高，或尾端负压时更容易引起沾锡。沾锡肉眼观察呈银白色、金属光泽，轻微时呈细小的点粒状，严重时为大片状。

参与和锡反应的 S 主要来自玻璃自身、保护气体中的杂质以及在过渡辊台处通入的 SO_2 向锡槽的渗入；O_2 一部分来自玻璃自身，另一部分是因为锡槽密封不严而进入锡槽的，因此应该加强锡槽密封。有效控制锡缺陷的产生采用的措施有：

① 提高保护气体的纯度和用量，增加槽内压力；

② 加强锡槽密封，加强过渡辊台处的密封，减少渗氧量；

③ 尽量选用保温形锡槽顶盖，减少锡的氧化物、硫化物积存量；

④ 定期对锡槽进行加压吹扫，特别是穿有冷却水包位置的槽顶要认真吹扫。

12.2.7 结石的检验

各种结石的产生原因虽然不同，但对于它们的检验则可采取同样的方法。检验的目的是查明结石的化学组成和矿物组成，以确定其出现的原因，进一步采取措施加以预防和排除。从熔解现场出发，即使暂时不能确定结石的矿物名称，但只要弄清了结石的根源和原因，就能制订解决结石的措施，这样就可以较快地解决生产中出现的急需解决的问题。但在大多数情况下，有必要对结石做出正确的鉴定，这样才能掌握生产的主动权，制订出合理有效的解决方法。

在检查结石时，由于它的微量、细小和周围完全为玻璃质所包裹，因此要特别仔细做大量的工作。一般采取下列几种办法：

（1）用肉眼或放大镜观察　以肉眼或利用 10～20 倍的放大镜来观察结石，根据某些外形特征对它的性质做初步了解。在放大镜下观察时，应注意结石的颜色、轮廓、表面特征、四周玻璃颜色等。这种方法最为简便，具有能在玻璃熔解现场直接进行的优点，如果积累的实践经验较为丰富，就有可能推断结石的种类，但是根据它来作最后的判断是不够充分的，这只能作为预测。

由石英形成的配合料结石和析晶结石都呈白色，结构较为疏松。由坩埚和耐火材料形成的耐火黏土结石通常呈浅灰色。莫来石结石常具有青灰色及暗棕色。熔窑硅砖结石和电熔耐火材料结石常伴生着条纹和节瘤，前者伴生的条纹和节瘤常呈绿色，后者伴生的条纹和节瘤可能被染成黄绿色，但也不是绝对，有时结石及伴生的节瘤并不带有颜色。一般耐火材料结石的结构较为致密。

在观察中，还应该注意结石多数发生在制品的哪一部分，结石是否完全埋藏在玻璃母体中，结石和玻璃在制品的表面上是否处于不相熔的状态等，这些对推断结石产生的原因很有帮助。如在制品表面发现完全未熔于玻璃的结石，一般要更换供料机料碗。如在管子内表面发现未熔于玻璃的结石，便要更换旋转管，并考虑是否因压缩空气过滤不好而带入灰尘。如结石棱尚明显，一般是工作池以后的耐火材料造成。如很圆滑，一般是熔化池中产生的。

（2）碳酸钠试验　用纯碱试验能迅速区分结石的主要成分是 Al_2O_3 还是 SiO_2。在坩埚内用熔融的纯碱处理结石（其尺寸不大于 0.5mm），如果结石迅速完全熔解则可能主要含 SiO_2，如不熔可能是刚玉，如熔成渣滓，则可能是莫来石。

（3）化学分析　化学分析能够检验玻璃体中各种结石的化学组成的类型，但它不能真正查明化学组成和矿物组成。这是因为将结石完全和它周围的玻璃体分开常常是办不到的，特别是粒子很小的结石和析晶结石。可以利用吹管，将有结石的玻璃液吹成极薄的空心泡，在薄壁上剥取结石作为试样。

一般的化学分析法需要比较长的时间，在生产中需要用快速法，也常常只是分析结晶中的某一项或某几项主要组分的含量，例如测定 $A_2O_3+Fe_2O_3+TiO_2$ 的含量。

（4）测定结石周围玻璃的折射率　如果结石非常小，或者不可能从玻璃中取出，那么可以通过对结石周围玻璃的折射率测定大致地加以区分。结石中矿物对周围玻璃的折射率影响有两种，即降低和提高。石英、蓝晶石、微斜长石、高岭石、霞石等使周围玻璃折射率降低，钛矿石、锆英石、金红石等使周围玻璃折射率提高，折射率数据见表 12-4。

表 12-4　结石中各种矿物周围玻璃折射率的变化特征

矿　物	矿物的折射率		带有结石的玻璃试样折射率		
	n_D	n_g	熔融的矿物	有矿物外缘的玻璃	离矿物较远的玻璃
石英	1.544	1.533	1.458	1.485	1.517
蓝晶石	1.712	1.729	—	1.510	1.517
微斜长石	1.522	1.530	—	1.506	1.517
高岭石	1.561	1.566	—	1.509	1.517
霞石	1.534	1.538	1.510	1.520	1.517
钛铁矿	—	—	—	1.592	1.517
锆英石	1.930	1.980	—	1.570	1.517
金红石	2.615	2.903	—	1.630	1.517

（5）岩相分析法　岩相分析是用偏光显微镜对矿物进行结晶光学性质的检验，这种方法作为结石类型的检验是很可贵的，也是当前最普遍采用的方法。它迅速简便，而能获得较多的资料，试样用量很少，需要的时间比较短，可以准确地确定结石的矿物类型。根据结石晶形、模糊程度及解理情况，能够推断结石在玻璃中的起源，提出相应的防止和改善措施。在岩相分析之前，最好能利用其它方法预计结石的矿物特征。结石的岩相分析可以采用粉末油浸法，也可以用薄片法。

（6）X 射线法鉴定　把玻璃体中出现的结石摄成 X 射线光谱，根据谱线的特征和强度，与已知矿物的 X 射线谱进行比较，可以确定结石的矿物组成。缺点是它需要较大、较多的样品。

（7）电子显微镜法和电子探针微量分析仪法鉴定　应用电子显微镜和电子探针微量分析仪直接分析出玻璃结石部分的化学组成，根据化学成分判断结石类型和来源。这种方法对小的玻璃结石和晶形不明显的结石非常有效，即使结石小到 0.1mm 也没有问题。该方法快速、准确，是目前玻璃结石鉴定方法中最为先进、最为准确的。

12.3 条纹和节瘤

玻璃主体内存在的异类玻璃夹杂物称为玻璃态夹杂物，其表观缺陷为条纹和节瘤。节瘤呈疙瘩状，条纹呈线状或纤维状。它们属于一种比较普遍的玻璃不均匀性方面的缺陷，在化学组成和物理性质上（折射率、密度、黏度、表面张力、热膨胀系数、机械强度、玻璃颜色）与玻璃主体不同，见表 12-5 和表 12-6。

由于条纹、节瘤在玻璃主体上呈不同程度的凸出部分，它们与玻璃的交界面不规则，表现出由于流动或物理化学性的溶解而互相渗透的情况。它们分布在玻璃的内部，或在玻璃的表面上。有些细微条纹用肉眼看不见，必须借用仪器才能发现，然而这在光学玻璃中是不允许的。对于一般玻璃制品，在不影响其使用性能的情况下，可以允许存在一定程度的不均匀性。呈滴状的、保持着原有形状的异类玻璃称为节瘤。在制品上它以颗粒状、块状或成片状出现。条纹和节瘤由于它们产生的原因不同，可以是无色的，也可以是带有颜色的。

残留在玻璃中的条纹和节瘤，一般其黏度都比玻璃黏度高。在生产实际中，常常遇到的条纹和节瘤大多富含二氧化硅和氧化铝，或者其它难熔物质。

条纹和节瘤根据其产生的原因不同，可以分成熔制不均匀、窑碹玻璃滴、耐火材料侵蚀和结石熔化四种，见彩图 38～彩图 44。另外还有一种是工作池中玻璃液温差大，或料滴局部被冷却，在成形时由于低温部分玻璃先冷却，很厚，而高温部分未冷却，被吹薄，这种条纹的特征是很粗大。

表 12-5　　不同条纹对玻璃折射率的影响

条纹的形成原因	折射率变化	1%夹杂物对折射率的变化值
1. 配合料熔解不好，引起成分富集		
二氧化硅	降低	0.0005～0.0010
氧化钙	增加	0.0025
氧化钠	增加	0.0007
氧化钾	增加	0.0006
氧化铝	增加	0.0001
长石	增加	0.0001
锆化物	剧烈增加	—
2. 碹滴溶解	降低	0.0001
3. 耐火黏土溶解产物	增加	0.00005～0.00010
4. 石英质耐火砖溶解产物	降低	0.0005
5. 高岭土耐火砖溶解产物	增加	0.00009
6. 高铝耐火砖溶解产物	增加	0.00035

表 12-6　　不同条纹对产生应力的特性与玻璃密度的影响

玻璃种类	形成条纹的成分	对应力的影响		对密度的影响	
		应力特性	应力强度	应力特性	应力强度
钠钙硅酸盐玻璃	Na_2O	张应力	很强	张应力	很强
普通工业玻璃	CaO	张应力	中等	张应力	中等
（瓶罐、器皿、窗玻璃）	SiO_2	压应力	—	压应力	—
	Al_2O_3	压应力	—	压应力	—
硼硅酸盐玻璃	SiO_2	压应力	—	压应力	—
耐热的派来克斯类	B_2O_3	张应力	—	张应力	—

12.3.1　条　　纹

（1）条纹特征　玻璃退火后，通过观察可发现玻璃表面存在线状的、条状的光学变形。条纹又称玻筋，根据条纹大小可分为细筋和粗筋。细筋呈亮线状，宽度<2mm，与玻璃基体有较明显的界线，一般 90°入射角便可观察到；界线不明显的细筋，需以<90°的入射角才可观察到。粗筋站在距离玻璃制品 1～2m 处，90°入射角即可看到与玻璃基体不同的变形带。

（2）条纹产生的原因

① 由于配合料不均匀或称量错误而形成的条纹，在钠钙硅玻璃中可形成富含二氧化硅及欠缺二氧化硅的条纹，也可出现富含氧化铝及欠缺氧化铝的条纹，有时也可能出现富含钙、富含镁及富碱的条纹。

② 由于玻璃熔体中易挥发物（包括碱）的蒸发，使玻璃熔体表面二氧化硅的含量增加，会形成富硅的条纹。

③ 熔窑熔化部池壁及其它与玻璃液接触的耐火材料，由于和玻璃液的接触发生相互作用产生高黏度的玻璃相进入主体玻璃而形成条纹。

④ 熔窑上部造成的条纹主要来自硅砖，大碹处的硅砖受飞散的氧化钠侵蚀形成碹滴，落入玻璃液中形成富含二氧化硅的条纹。

⑤ 由析晶及“结石”与周围的熔体相互作用而形成的条纹，这两种情况都与溶解度平衡的偏移有关。如果溶解反应向溶解方向进行，熔体中将可能形成条纹。

⑥ 所使用的碎玻璃中带有难熔的结石缺陷，或碎玻璃的块度过大及加入不均，都会使玻璃熔体局部造成化学不均而形成条纹。

⑦ 熔窑内氧化还原气氛发生变化，使多价着色元素发生价态变化，形成颜色线道（俗称色道）。

⑧ 热不均匀造成的条纹是物理条纹的一种。将均匀的玻璃熔体过加热或过冷却时，出现密度较大及密度较小的部分。它与玻璃基体的折射率不同，从而形成条纹。

⑨ 机械不均匀造成的条纹，也是物理条纹的一种。由于搅拌的转速和深度的不合适，或采用的搅拌方式不同，使玻璃熔体内产生不均体，而形成条纹。

12.3.2　节　　瘤

（1）节瘤特征　节瘤在玻璃表面呈透明团状物，有的拖有尾巴，节瘤区域的玻璃会产生严重光学变形。其直径为 2～8mm，光学特性与基体玻璃不同，有的与玻璃有明显的界线，大部分都与玻璃本体无明显界线，外观颜色与玻璃无差别，有少部分有很浅的颜色。

（2）节瘤产生的原因

① 碎玻璃中夹带的难熔物质（如结石），重新返回熔窑，经熔融后由于局部黏度过大难以扩散所形成的节瘤。

② 玻璃配合料中的挥发组分在碹顶上形成液滴状凝聚物，滴落到玻璃熔体中，来不及扩散而形成的节瘤。

③ 由耐火材料渗出的玻璃相滴落到玻璃熔体中，由于黏度较大，来不及扩散而形成的节瘤。

12.3.3 预防条纹和节瘤的措施

① 严格控制配合料的均匀度；

② 严格控制长石、石英砂颗粒粒径上下限及粒度分布，避免大颗粒出现及细粉过多；

③ 调整熔窑温度曲线，以便玻璃液均化良好；

④ 避免过冷玻璃液带进入成形流，加强供料道保温及密封，及时清除供料道过冷玻璃；

⑤ 调整火焰角度，尽量减少配合料在窑内的飞散；

⑥ 选择优质耐火材料（或采取适当降温措施），减少耐火材料玻璃相渗出；

⑦ 杜绝有较大结石颗粒的碎玻璃入窑；

⑧ 稳定池底温度，保证窑内液流稳定，避免池底析晶玻璃液进入工作流；

⑨ 调整碎玻璃加入速度，保证碎玻璃与配合料均匀混合后入窑；

⑩ 严格碎玻璃管理，避免大尺寸碎玻璃入窑，避免碎玻璃带入杂质。

12.3.4 条纹和节瘤的检验

由于条纹和节瘤与周围玻璃化学组成不同，会导致折射率的不同。当条纹和节瘤的折射率和周围玻璃相差 0.001 以上时，就可以显著地看到条纹和节瘤。较小的条纹和节瘤可以利用光照射在试样上，观察试样后面的黑背景是否发生亮带来进行检验。也有采用具有黑白条纹背景或方格条纹的背景底板，使条纹和节瘤清楚地显示出来，如彩图 45 所示。

肉眼不能观察的条纹和节瘤必须借助相应的检验仪器和方法，其主要方法如下：

（1）侵蚀法　带有条纹和节瘤的玻璃表面磨平抛光后，放在 25℃的 1%氢氟酸中，富二氧化硅质的条纹和节瘤的溶解比周围玻璃要缓慢，形成凸起的表面。富氧化铝质的条纹和节瘤溶解得很慢，结果条纹和节瘤比周围玻璃高，形成了高凸起。

（2）直接观察法　由于条纹和节瘤都是无色透明的，所以直接观察时，需要借助于仪器，利用其物理性质的差异才能直接观察。光照法利用光线照射在玻璃上，观察玻璃后面的黑线条背景的情况。使黑线条和条纹成 45°角交叉，可以观察到黑线条发生弯折。如果在条纹附近的黑线条弯折成与条纹相平行时，则条纹的折射率比玻璃的大；如果黑线条弯折成垂直于条纹时，则条纹的折射率比玻璃的小。

（3）油浸法　由于条纹和节瘤与周围玻璃化学组成具有很大差别，因此其密度和折射率也会有明显差别。采用油浸法很方便测定其折射率，进而评定其组成和产生原因。对于钠钙硅玻璃，所用浸油为一定比例的α-溴代萘与石蜡油混合配制，使用阿贝折射仪测定其折射率，要求浸油的折射率与玻璃的折射率相近。在偏光显微镜下，观察条纹和节瘤的突起情况，并逐步调整浸油的折射率，使之与被测样品的折射率相接近。若黄、蓝色散带随镜筒上提升移动速度两边均等，即表示玻璃与浸油折射率接近相等（误差在±0.02）。在阿贝折射仪上测出浸油的折射率，再把浸油略作调整，使样品折射率居于两种浸油折射率之间，取浸油折射率的平均值，即为被测玻璃折射率。按此法同样可测定条纹和周围玻璃的折射率，即可得知条纹与主体玻璃之间折射差Δn（$\Delta n = n_{条纹} - n_{玻璃}$）。一般含 SiO_2 较多的条纹，Δn 为负值；含 Al_2O_3 较多的条纹，Δn 为正值。

（4）环切法　环切法是检验玻璃制品内部均匀程度，判断玻璃制品质量的方法。利用偏光显微镜，生产上多数按环切试验法检验产品质量等级。在正交偏光下，带有条纹的玻璃将产生光程差，利用低倍（15～30 倍）偏光显微镜，调节偏光镜成正交，插入灵敏色板（光程差为 565nm）。玻璃样品采用专用切割机或用电热丝切开，浅色玻璃环高度是 10mm，深色玻璃环高度是 7mm，为了消除残余应力影响，一般在环上开一个宽度 1.6mm 切口。将环切面放入油浸皿中（浸油用氯代苯或二甲基苯二醋酸，$n_D=1.51$），置于偏光显微镜下，在视场中定出环切面中蓝色干涉色的位置，此即为张应力区域。根据表 12-7 所示条纹分级标准可以将玻璃分为五等。环切面检验法还可以对条纹进行半定量分析，当张应力区位于玻璃制品表面时，危险最大。可以根据制品存在张应力程度来决定是否可以使用。当张应力在外表面、内表面和内部时，其应力指数分别为 1、2/3、1/3。

表 12-7　玻璃制品条纹分级标准

等级	显微镜下检验结果	玻璃质量
A	几乎没有条纹	优质
B	细条纹均匀分布，无高应力区	良好
C	良好分布的明显条纹	一般
D	局部显著的粗条纹，外侧有一定张应力	次品
E	有包裹层的严重条纹，外侧有严重的张应力	废品

（5）电子探针显微分析　对条纹和节瘤的化学组成进行定量分析可以准确找出产生原因。由于条纹和节瘤很细小，很难将其与主体玻璃进行分离，常规的化学分析方法不能有效得到准确数据。电子探针显微分析（EPMA）与电子显微镜相结合，可以对微小区域的化学组成进行分析。通过比较条纹和节瘤与主体玻璃成分，即可推定缺陷产生的原因。

第 13 章　玻璃工艺的节能与环保

13.1　节能背景及能源消耗状况

节能降耗和污染减排是建设资源节约、环境友好型社会的必然选择；是推进经济结构调整，转变增长方式的必由之路；是维护中华民族长远利益的必然要求。当前我国经济发展面临资源、能源、人口及环境多方面困难，应该引起足够重视，主要表现在如下几方面。

① 资源总量和人均量不足：我国石油储量和天然气仅占世界 1.8%、0.7%；在人均资源量方面，我国人均矿产资源是世界平均水平的 1/2，人均能源占有量是世界平均水平的 1/7，其中人均石油占有量是世界平均水平的 1/10。

② 资源消耗增长速度惊人：水泥消费约占世界的 1/2；电力消费居世界第二位；钢铁产量是欧洲、美国和日本的总和，平板玻璃和日用玻璃产量居世界第一，资源消耗增长已远远超过国家资源可持续支撑和利用的能力。

③ 对外资源依赖度持续升高：目前，国内的产业结构仍然处于重化工产业为主导的阶段，高能耗、高污染产业仍然具有高需求。由于国内资源不足，到 2011 年，我国的石油对外依存度将达到 57%，天然气年短缺 200 亿立方米，也将依赖进口。

④ 生态环境急剧恶化：生态已难以支撑高污染、高消耗、低效益生产方式的持续发展；国内荒漠化土地面积已达 $267\times10^4km^2$，而且每年仍以 $3000km^2$ 速度增长；废水排放总量超过环境容量的 82%；国内七大江河水系中，劣五类水质占 40.9%，73%的湖泊出现不同程度的富营养化；排放废气中 SO_2 的年排放量已超过 2600 万吨，二氧化碳年排放量达到 62.3 亿吨，均居世界前列；50 年来气温升高 1.1℃，84%冰山退缩，上海地区海水平面已上升 160mm，海河流域地表水资源下降 41%，2030 年农业潜在减产能力预计达 5%～10%。

⑤ 资源重复利用率低：国内资源重复利用率远低于发达国家，水资源循环利用率比发达国家低 50%以上，玻璃行业的碎玻璃回收率低且质量低下。

以单位 GDP 需求的能耗表征的能源利用效率见表 13-1，可以看出我国与发达国家差距非常大。

表 13-1　　各国资源利用效率的比较

国　家	单位 GDP 需求能耗	国　家	单位 GDP 需求能耗
日本	1.00	英国	2.17
意大利	1.33	美国	2.67
法国	1.50	加拿大	3.50
德国	1.50	中国	11.50

注：以日本为标准单位 1，其它国家与其比较值。

截至2007年底国内具有规模以上日用玻璃企业1472家，2006年全国日用玻璃行业制品的实际产量已达到1300～1400万吨，位居世界第一。运行的窑炉主要以火焰窑为主，能耗水平在300～450kg标煤/t成品，国际先进水平为200～250kg标煤/t成品。国内熔化率一般为1.5～2.3t玻璃液/(m^2·d)，国际先进水平为3～4t玻璃液/(m^2·d)。在能源结构方面我国大部分采用煤和油，热利用率低、污染严重，而国际上则普遍采用电助熔和纯氧燃烧技术，以提高热效率和熔化率，减少污染。在窑炉寿命方面：我国的窑炉一般在3～6年，而国际先进水平在8～14年，我国还有很大差距。

节能降耗和污染减排已成为我国经济和社会发展的一项战略任务，我国玻璃工业也是能源消耗及污染排放重点行业，因此节能减排成为玻璃行业当前以致将来十分重要的任务。

13.2 国外玻璃行业节能减排技术及措施

13.2.1 日本节能减排情况

① 窑炉的合理设计、选材及适时的定期检查保养，使窑炉在熔制出高质量玻璃的前提下，既节能又长寿，使用寿命可达13年，周期熔化率达到11000t/m^2；

② 减压（真空）澄清；

③ 强化池窑保温；

④ 增加蓄热室的热回收率（增大蓄热室格子体积和采用异形格子砖）；

⑤ 低空气比燃烧；

⑥ 防止三次空气漏入；

⑦ 减少窑体冷却风量（采取取水冷池壁）；

⑧ 废热回收（烟气废热和窑体供料道周围的散热）；

⑨ 改善碎玻璃质量（采用碎玻璃异物去除装置）和增加碎玻璃含量（碎玻璃的利用率提高到85%以上）；

⑩ 瓶子轻量化和超轻量化；

⑪严格遵照日本相应的法规，削减SO_2、NO_x及烟尘的排放量，蓄热室选用无铬材料，不断从硬件、软件的两个方面彻底努力减轻对环境的负担。

13.2.2 美国节能减排情况

（1）节能技术

① 开发新的玻璃成分体系，使熔化所需的能量更低；

② 优化原料，确定原料最佳颗粒尺寸，研发原料具有最佳颗粒尺寸的制备方法，以提高玻璃质量，降低能耗；

③ 预热配合料和碎玻璃；

④ 研究开发综合的熔窑计算机模型，利用计算机模拟，设计出效率更高、生产寿命更长、熔制质量更好的玻璃熔窑；

⑤ 改进燃烧技术，包括喷枪，使熔化处于最佳燃烧加热状态；

⑥ 在同一熔窑内，快速变更玻璃配方的生产技术；

⑦ 热态检测玻璃质量，提高玻璃液均匀性和一致性的技术；

⑧ 研发现场生产低成本纯氧的技术，降低熔窑采用全氧燃烧后的成本；

⑨ 利用余热预热原料，或将余热转化为其它形式（余热发电、空调）的能量；

⑩ 研发新的玻璃熔制技术，大幅度地降低能耗：非传统的熔化技术，对现有技术提供技术支持和帮助，促进现有熔化技术发展；非传统的澄清技术（如真空澄清），在保证玻璃液质量的前提下缩短澄清所需时间；系统总结并改进和提高现有全氧燃烧技术。

(2) 减排技术　美国十分重视污染减排问题，其玻璃工业越来越严格地控制污染物排放，必须为此付出更高的废物处理费。现在其污染减排进行如下开发工作。

① 研究污染物形成的机理，开发能精确预测排放物的模拟工具；

② 研究开发在生产过程中和过程后能精确检测污染物的低成本传感器；

③ 研究生产过程中控制参数的变化与污染物排放量的定量关系；

④ 研究开发将工艺参数和污染物排放结合起来的过程控制模型，既使过程控制最佳化又使污染物排放量最少；

⑤ 研究开发生产中产生废物最少的技术；

⑥ 研究开发生产中循环利用废物的技术；

⑦ 选择能替代有害原料的材料和工艺；

⑧ 研究玻璃制品使用以后的再生利用技术：碎玻璃的分类分拣技术，建立碎玻璃的反向配送系统；研究高价值地利用碎玻璃，开发新的玻璃制品技术（如已开发应用的玻璃微珠和泡沫玻璃生产技术）。

⑨ 长期不懈地开发无污染物排放的熔化技术。

13.2.3　西欧节能减排情况

① 玻璃瓶轻量化；

② 烟气余热利用：预热配合料、余热发电用于驱动空压机、风机、水泵等；

③ 推广应用检测和分析排放气体的高温传感器，改进燃烧控制技术；

④ 推广应用全氧燃烧玻璃熔窑；

⑤ 低 NO_x 熔窑设计；

⑥ 烟气污染物排放的过程控制；

⑦ 烟气半干法净化技术；

⑧ 采用新的玻璃成形工艺。

目前，正在开展的研究开发工作主要有：

① 配合料的优化；

② 硫酸盐澄清剂的应用；

③ 优选玻璃着色和澄清用原料；

④ 玻璃熔体和料滴的辐射传热；

⑤ 评估高温玻璃熔体的光谱；

⑥ 减少玻璃熔化过程中的挥发和气泡；

⑦ 以模型为基础的玻璃熔窑预测控制（MPC）；

⑧ 开发燃煤烟气中 CO 传感器；

⑨ 降低一次 NO_x 的技术。

13.3　现代玻璃窑炉的先进节能技术

13.3.1　减少流液洞中玻璃液回流

流液洞中存在着回流，即会引起池窑能耗显著增加。这是因为从工作池流向熔化池的冷玻璃液必须重新加垫，使其达到熔化池澄清区的平均温度，以避免影响玻璃液的澄清。

流液洞不存在回流的出料量称为极限出料量，极限出料量可按式（13-1）计算。

$$M_{max}=3.6\times\frac{g(\rho_2-\rho_1)bh^4}{l\eta} \tag{13-1}$$

式中　M_{max}——极限出料量，t/d；

g——重力加速度，9.81m/s^2；

ρ_1——熔化池或从熔化池来的玻璃液的平均密度，kg/m^3；

ρ_2——工作部或从工作部来的玻璃液的平均密度，kg/m^3；

η——流液洞中玻璃的运动黏度，m^2/s；

h——玻璃液层高度，m；

l——玻璃液层长度，m；

b——玻璃流层宽度，m。

从式（13-1）看出，欲要消除流液洞中的玻璃液回流（即使出料量达到极限），可采取如下措施：

（1）调整流液洞的几何尺寸（h、l、b）　根据前述公式，如果使极限出料量降低50%，则需要或将流液洞宽度缩小 50%，或将流液洞长度增加 100%，或将流液洞高度降低 16%。很明显，流液洞的高度对控制流液洞有很大影响。根据经验，出料量每 10t/d 所需要通道截面积为（0.8～1.0）×10^{2}m^2，在这个基础上，可以按式（13-2）决定通道最大高度（h_{max}）。

$$h_{max}=\left[\frac{278l\eta}{g(\rho_2-\rho_1)}\right]^{1/3} \tag{13-2}$$

通道高度决定后，可根据上面公式调整流液洞的宽度 b。但由于流液洞的材料在尺寸上有所限制，所以流液铜宽度调整有限。在实际生产中，通常用加长流液洞的方法来减少玻璃液回流的可能性。流液洞越长，回流存在的可能性越小，并且有助于对流液洞的观测和维修。

（2）降低流液洞进口端的玻璃液温度

① 深澄清池：深澄清池就是增加熔化池澄清区的深度，其主要作用是：首先，降低流液洞进口端的玻璃液温度，减少流液洞中的玻璃液回流，降低池窑能耗；其次，流液洞的蚀损主要是发生在盖板和侧壁的顶部，流液洞进口端玻璃液温度的降低，可以减慢流液洞的蚀损速度，延长池窑窑龄；再者，可使池窑出料量比始终控制在要求的范围内。

熔化池澄清区较熔化区增加的深度一般为 100～1000 mm。每座池窑澄清区加深的深度应根据玻璃液的温度梯度值（见表 13-2）和池窑的出料量而定。一般情况下，温度梯度值大，出料量小的池窑其澄清区增加的深度较小；温度梯度值小，出料量大的池窑其澄清区增加的深度大。

表 13-2　　玻璃液的温度梯度

玻璃种类	温度梯度/(℃/10cm)	玻璃种类	温度梯度/(℃/10cm)
优质器皿玻璃	11	茶色瓶罐玻璃	20
普通器皿玻璃	12	绿色瓶罐玻璃	62
灯泡玻璃	12		

采用深澄清池，除正确决定澄清区增加的深度外，还应在窑炉结构和配料等方面采取必要措施，以防流液洞堵塞和玻璃液条纹等缺陷。

澄清区加深后，池壁宜用整体熔铸锆刚玉砖，并且锆刚玉砖经过切磨，然后竖向排列砌在一起。需采用多层池壁时，应保证多层池壁的水平接缝小于 0.5mm 和采用相应的结构处理，以减少玻璃液对上层池壁砖的向上钻蚀。

深澄清池主要在德国和其所设计的窑炉中广泛采用。

② 下沉-延伸-多壁盖板流液洞（见图 13-1）：通常用 41% ZrO_2 级无缩孔熔铸锆刚玉砖砌筑流液洞时，下沉、延伸可降低流液洞入口玻璃液温度，减缓流液洞盖板和侧壁的蚀损速度；多壁盖板可延长盖板抗耐玻璃液侵蚀的时间；下沉-延伸-多壁盖板流液洞结构能满足现代池窑高周期熔化率的要求，但需注意加强对多壁盖板三个外露表面的冷却。

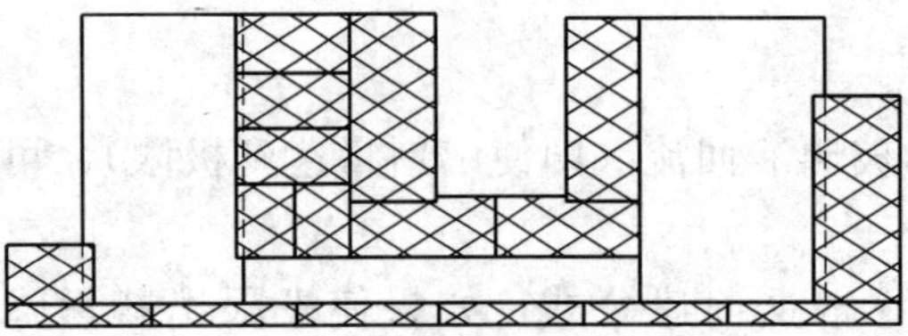

图 13-1　下沉-延伸-多壁盖板流液洞图

流液洞下沉深度一般为 200～600mm，每座池窑的下沉深度应视玻璃液的温度梯度值和池窑的出料量而定。

下沉-延伸流液洞结构在日本、法国和意大利等国家应用较为广泛。

（3）减缓流液洞的蚀损进度

① 用熔铸锆砖或熔铸铬锆刚玉砖砌筑流液洞：熔铸锆砖和熔铸铬锆刚玉砖比熔铸锆刚玉砖对玻璃液有很好的抗耐侵蚀强度（见表 13-3）。熔铸铬锆刚玉砖多用于颜色钠钙玻璃和硼硅玻璃池窑，但现在也有已经被成功用于透明瓶罐玻璃池窑的实例。

表 13-3　　熔铸制品和抗耐钠钙玻璃液侵蚀强度

项　目	熔铸锆刚玉砖		熔铸锆砖	熔铸铬锆刚玉砖
	(33% ZrO_2) ER1681	(41% ZrO_2) ER1711	(95% ZrO_2)ER1195	(27% Cr_2O_3、27% ZrO_2) ER2161
耐钠钙玻璃液侵蚀强度 (t=1500℃)	100	130	170	340

② 盖板砖用内表面含钼板的无缩孔熔铸锆刚玉砖：流液洞盖板砖，是受侵蚀十分严重的部位之一，将流液洞盖板砖内表面含浇铸有钼板的无缩孔熔铸锆刚玉砖（ZrO_2 41%）由奥镁（RHI）公司研发生产并已经应用在玻璃窑炉。钼板被浇铸在砖里，可防止在窑炉烤窑过程中钼板被氧化；窑炉运行过程中，由于钼板的保护，流液洞盖板蚀损速度减慢，延长了流液洞的使用寿命，减缓了玻璃液回流的增长趋势。

③ 流液洞内设钼保护罩：钼保护罩是由奥地利攀时公司研发的，并在器皿及电子玻璃熔窑上应用成功。

钼保护罩最关键的技术是钼与钼、钼与被覆耐火材料之间的密封，以防止玻璃液渗透到接触面之间继续和被覆的耐火材料接触，使被覆耐火材料蚀损而造成钼保护罩失效。钼保护罩必须在安装前喷涂抗氧化保护层，以防止烤窑过程中钼被氧化；抗氧化保护层材料，可以选用 SIBOR（硼、硅组成的复合材料）和 MUride（$MoSi_2$）。

设计和制造精良、厚度为 8～11mm 钼保护罩可以保证流液洞寿命延长 2～3 年。

④ 流液洞包覆白金：白金是抗玻璃液侵蚀的最佳材料，用其包覆流液洞与玻璃液接触的表面，可以确保流液洞的寿命与窑炉其它部位匹配，并可提高玻璃液质量，但由于其价格昂贵（国内某座电子玻璃池窑包一个流液洞耗资 1000 万元人民币左右），目前多在电子玻璃等特种玻璃池窑上使用。

13.3.2　浅层澄清式窑坎

窑坎可有助于玻璃液澄清和减少澄清、均化后玻璃液的回流，从而减少能耗。

窑坎目前的发展趋势是增高和变宽。高度从最早的 1/2 池深发展到 2/3 池深深度，最近欧洲一些国家已发展到接近供料道的深度（液面深度仅为 110mm）。宽度从最早的 300～400mm 发展到 1000mm 左右。

窑坎增高加宽后，流经窑坎上部的玻璃液的深度变浅，流程变长，温度升高，气体在玻璃液中的溶解度随着温度的升高而降低，排气过程得到促进，澄清时间缩短，达到了浅层澄清的节能目的。

窑坎增高加宽后其蚀损速度加快，故窑坎必须选用优质无缩孔熔铸锆刚玉砖（ZrO_2 41%）砌筑，接缝应经过精密研磨，并且设计时需考虑到烤窑过程中能使之紧密配合。为了减缓窑坎蚀损速度，充分发挥其浅层澄清及控制玻璃液回流的功能，窑坎设计中可采取如下措施：

① 用表层浇铸有钼板的无缩孔熔铸锆刚玉砖（ZrO_2 41%）砌筑窑坎；

② 窑坎表面安装钼保护罩；

③ 窑坎内部通入管道进行间接水冷却；

④ 窑坎通常与鼓泡联合使用。

13.3.3　减压澄清技术

减压澄清就是通过对玻璃液做减压处理，使残存在玻璃液内的气泡长大、迅速上浮而排出的方法。这种澄清方法是由日本旭硝子玻璃公司历经十余年研发出并已在实际生产应用中获得成功。

(1) 减压澄清机理　通过降低窑压，使已有气泡尺寸增大；气泡尺寸增大后，气泡中气体分压降低，使熔融体中的气体向气泡迁移，气泡随之又长大；由于减压，气体溶解度降低，熔融体中气体呈过饱和状态，气体向气泡迁移，气泡长大；由于熔融体中气体成分减少，促进澄清剂的分解，使分解反应可在较低温度下发生（日本旭硝子公司对芒硝作为澄清剂加热时放出气体的分析，发现在真空下较低温度已可观察到 SO_2 的放出）；减压澄清结束恢复常压后，由于压力增加，气体在熔融体中的溶解度提高，溶解量从饱和变为不饱和，这对消除残余气泡非常有利。即使澄清后熔融体中还残留少量微小气泡，也会由于气体从气泡向熔融体中转移，最终使气泡变小，直到完全澄清。

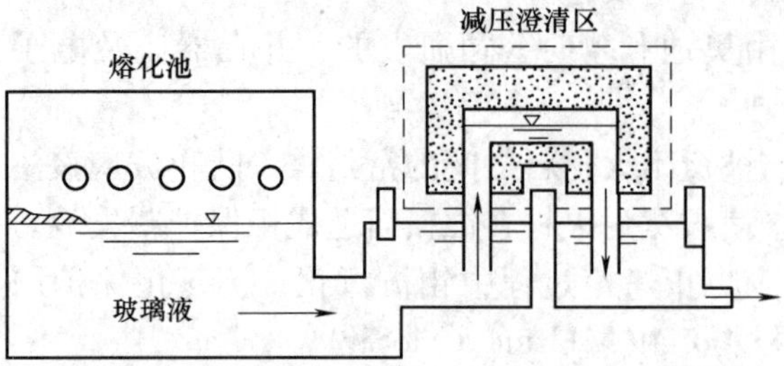

图 13-2　门形减压槽及减压澄清结构示意图

（2）减压澄清的应用　日本旭硝子玻璃公司采用了门形减压槽的澄清方式（图 13-2），其所试验的熔窑从初期的 2～6t/d 到 10t/d、60 t/d、200 t/d，直到 550 t/d 的浮法玻璃熔窑，全部获得成功。

图 13-3 为采用减压澄清技术的玻璃熔窑示意图。减压澄清区是由产生气泡少的优质耐火材料与部分铂金属组合而成。在减压澄清区，维持 34.3～78.4kPa 的真空度，即可达到满意的澄清效果。

减压澄清的优点有：节能显著，可减少能耗 30%；能耗下降，澄清剂用量减少，降低了 NO_x、SO_2 等有害气体的排放量；熔窑周期熔化率明显提高。

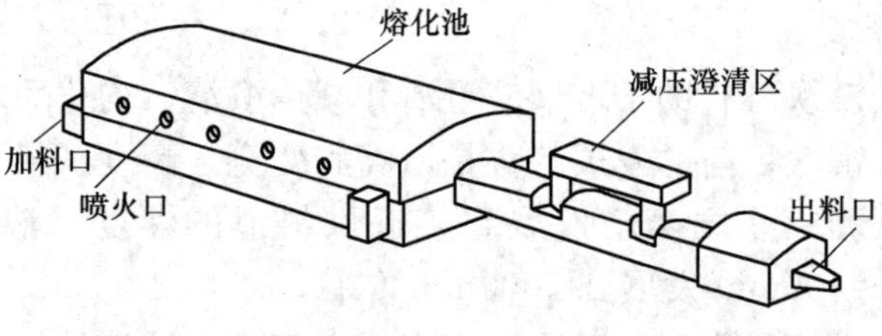

图 13-3　采用减压澄清技术的玻璃熔窑示意图

13.3.4　全氧燃烧技术

随着非炭发电技术的发展和全球生存环境的日益恶化，各国都制定了更为严格的环境保护标准。随着制氧成本的降低，全氧燃烧将是玻璃行业节能减排的最佳选择，也是我国玻璃行业未来实现节能减排的最经济有效的措施。

全氧燃烧在玻璃熔窑上应用的方式主要有以下两种：全氧燃烧和全氧助熔。

（1）全氧燃烧玻璃熔窑　全氧燃烧玻璃熔窑就是整个熔化部都采用纯氧进行燃烧，其优点是：

① 改善燃烧效率，节能 25%～55%；

② 污染减排显著：NO_x 排放量降低达 80%以上，粉尘排放量减少 70%～80%；

③ 投资成本低，窑炉结构简单，占地小，没有蓄热室、助燃风机及脱硝装置等；

④ 可以提高玻璃的熔化质量：燃烧无换向，温度和气氛分布更加稳定，有助于减少条纹和小气泡，改善玻璃质量；

⑤ 筑炉时间短，维修量少，窑炉寿命长。

表 13-4 是德国一座蓄热式横火焰瓶罐玻璃池窑在 1997 年大修时改成全氧熔融窑炉后

表 13-4　　德国 Gerresheiner 玻璃公司 2# 窑改造前后对比

项　目	改造前	改造后
窑型	横火焰空气助燃	横火焰全氧燃烧
空气预热装置	蓄热窑	无
燃料	天然气或油/空气	天然气或油/氧
电助熔	有	无
配合料预热	无	有
熔化面积/m^2	117	150
出料量/t	380	400
熔化率/[t/(m^2·d)]	3.5	2.7
碎玻璃加入量/%	55～70	55～70
单位玻璃液能耗/(kJ/kg)	5016	3135
NO_x 浓度/[mg/(m^3)]	2200	≤500

的生产对比情况。

(2) 全氧助熔玻璃熔窑　全氧助熔玻璃熔窑就是在窑炉热点或 0# 小炉（平板玻璃窑炉）等特定部位用纯氧喷枪加热，促进玻璃熔化和澄清，其优点是：

① 可提高 5%～15%出料量；

② 提高热效率，可节能 2%～10%；

③ 有助于减少气泡和条纹，改善玻璃质量；

④ 减少污染排放 5%～20%；

⑤ 可克服蓄热室的限制，延长窑炉寿命。

13.3.5　池底鼓泡技术

随着鼓泡技术的发展，采用精密控制的低频鼓泡（0～8 个/min）技术已成为目前鼓泡的发展趋势，它既可达到通常的鼓泡效果，又具有如下突出优点：

① 促进玻璃液均化，阻挡配合料料堆进入澄清区，提高玻璃液均匀度，增加出料量。

② 提高了熔窑的热效率，可节省约 5%的燃料。

③ 缩短换料时间。

④ 可以实现精密地控制鼓泡的频率以及独立地调节气泡大小。鼓泡频率和气泡大小的量化技术有助于控制和稳定玻璃液的对流体系，且不产生次生气泡（由于独立鼓泡且频率很低）和改善玻璃液的质量。

⑤ 通过非常低的鼓泡频率将耐火材料损耗将至最小。

⑥ 低频且较大的鼓泡和特殊设计的防堵塞鼓泡管，在保证达到较好的均化效果同时，又没有通常鼓泡器堵塞的危险。

13.3.6 电助熔热坝技术

电助熔热坝（又称电挡墙）就是将加热电极通过窑炉底部垂直布置在窑炉热点区域，通过电极集中释放能量，可以产生一个真正有效的热屏障，如图 13-4 所示。

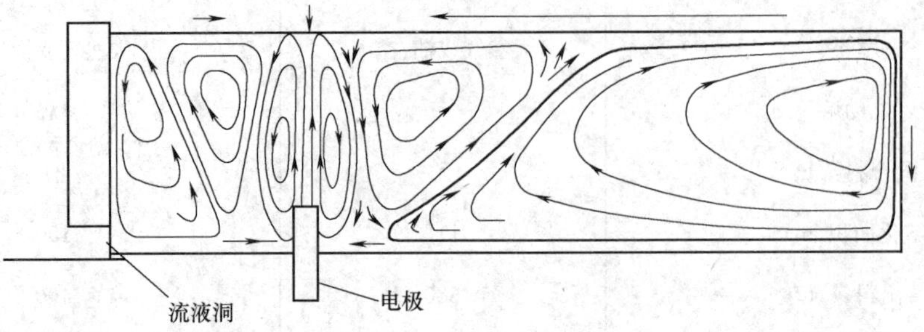

图 13-4 电助熔热坝原理图

电助熔热坝的目的就是利用电能在玻璃液中制造有益的对流，这样电助熔系统不仅为熔化过程加入能量，也能有效地控制玻璃液对流体系，有益于窑炉的全面运行，改善玻璃液均匀度，预防未熔化或未澄清好的玻璃液过早抵达流液洞，并帮助改善窑炉顶部大碹空间而来的热传导。

电助熔热坝的实施方案须充分考虑如下因素：

① 电助熔热坝位置；

② 电极排数的最佳数量和间距；

③ 电极的最佳直径和间隔距离；

④ 最佳侵入深度（根据玻璃液深度、热传导性能及颜色而定）；

⑤ 备选的电路布置。

采用电助熔热坝的玻璃窑炉，日出料量每增加 1t 所需电量为 25kW/(t·d)，实际消耗可达到 10～15 kW/(t·d)，而传统的电助熔玻璃窑炉为 30～35 kW/(t·d)，故节能效果显著。

13.4 国内日用玻璃行业的节能政策

13.4.1 提倡茶色玻璃代替绿色玻璃

茶色玻璃液（又称琥珀玻璃）比绿色玻璃（铬铁着色）液具有较小的温降梯度，其温降梯度仅为绿色玻璃的 1/2 左右，并有助于提高玻璃液的均匀性。根据国内外的统计资料，在同样条件下，茶色玻璃的熔化率要比绿色玻璃的熔化率提高 10%以上。因此，应该采用茶色玻璃代替绿色玻璃制造啤酒等饮料瓶，有助于节省能耗和减少污染物的排放。

茶色玻璃紫外线遮蔽能力高于绿色玻璃，啤酒瓶采用茶色瓶有利于啤酒等饮料的贮存时间。

基于生产茶色玻璃瓶有利于节能和饮料贮存两大优点，国外啤酒等饮料瓶多采用茶色。以 2003 年日本玻璃协会统计数据为例，日本国内茶色玻璃瓶已占国内瓶子生产量的

40%，而绿色玻璃瓶仅为 5%（见表 13-5）。

表 13-5　　2003 年日本国内生产玻璃瓶分布情况

玻璃颜色	分布比例(质量分数)/%	玻璃颜色	分布比例(质量分数)/%
无色玻璃	50	绿色玻璃	5
茶色玻璃	40	其它	4
浅蓝色玻璃	1		

因此从节约能源、资源和减少污染物排放的大局利益出发，国家应提倡和推广茶色玻璃替代绿色玻璃。

13.4.2　推行玻璃化学组成统一

目前，国内日用玻璃化学成分差异很大［例 Al_2O_3 含量：2%～7%（质量分数）］，某些玻璃厂的化学组成很不合理（例如 Fe_2O_3 含量高达 0.5%～0.6%，Cr_2O_3 含量达到 0.25%～0.36%），使碎玻璃添加量受到一定限制，大多数企业碎玻璃使用量在 40%左右，而欧美和日本玻璃化学成分差异小，碎玻璃掺入量达到 80%～90%，所以同样一座由国外公司设计的玻璃窑炉，在我国运行时其综合经济指标与国外运行时差距很大：能耗增大 15%～20%，窑龄减少 2～3 年，配合料和耐火材料等资源消耗增加，飞尘、SO_2、NO_x 等污染物排放量增大。

国内日用玻璃行业推行符合国情的日用玻璃化学组成基本统一的配方（见表 13-6），这样可以使日用玻璃化学组成趋于一致，废弃的日用玻璃及碎玻璃成分波动范围减少，更加有利于日用玻璃的循环利用。

表 13-6　　我国推行的日用玻璃化学组成基本统一配方范围表　　单位：%（质量分数）

化学组成＼玻璃种类	白料			绿料	茶色料（碳硫着色）
	白料瓶	优质器皿	普通器皿		
SiO_2	72±1	71±1	71±1	71±1.5	71.5±1
Al_2O_3	2.5±0.5	1.6±0.5	2±0.5	2.6±0.6	2.6±0.6
CaO+MgO	11±1	9.5±0.6	11.5±0.5	11±1	11±1
Na_2O+K_2O	11±1	16.5±1	11.5±1	15±1	11.5±1
Fe_2O_3	≤0.06	≤0.02	≤0.06	≤0.3	≤0.3
Cr_2O_3	—	—	—	0.15±0.05	—
SO_3	0.3±0.1	0.2±0.1	0.3±0.1	0.3±0.1	0.15±0.1
B_2O_3	—	1±0.5	—	—	—

注：化学组成中 MgO 含量应低于 2%，MgO 含量高的玻璃瓶在酒的盛放期易有沉淀物产生导致酒的浑浊。

13.4.3　增加碎玻璃掺入量

在保证玻璃性能的前提下，尽量提高碎玻璃掺入比例，有利于实现节能减排。表 13-7

为英国一座 125m² 日用玻璃窑炉，随着碎玻璃用量不同，其 CO_2 排放量及单位能耗指标显著下降，当碎玻璃占配合料 75%时，其 CO_2 排放量下降 45.0%，单位能耗指标下降 23.2%。国际先进水平的国家，碎玻璃添加量占 80%以上。随着碎玻璃掺入量增大和配合料加入量的减少，玻璃熔制时的能量消耗将大幅降低，并减轻了环境污染。

表 13-7　　碎玻璃使用量与节能减排的关系

碎玻璃含量/%(质量分数)	CO_2 产生量/(kg/h)	单位玻璃能耗/(kJ/kg)
0	6789	4756
25	5770	4384
50	4750	4015
75	3735	3651

13.4.4　鼓励和推动玻璃瓶轻量化

玻璃瓶可以通过提高料道玻璃液的均匀性，采取压吹法生产工艺，选择合理的瓶子造型及表面进行涂层处理等综合技术，使其质量减轻 40%以上（见表 13-8）。

表 13-8　　非轻量瓶与轻量瓶的质量比较

瓶子类型	330mL 啤酒瓶质量/g	500mL 白酒瓶质量/g
非轻量瓶	265	400
轻量瓶	150	195

轻量瓶在欧美和日本已成为瓶子主导产品。近年来，运用树脂涂层新技术生产的彩色的、轻量度达到 0.30g/mL 左右的“超轻量瓶”（见表 13-9）也在国际上开始使用。

表 13-9　　国外 2000～2003 年生产轻量瓶技术参数

公司或国家	容量/mL	质量/g	轻量度/(g/mL)	罐装食品
英国	330	100	0.30	啤酒
	700	240	0.34	烈性酒
海叶	1000	295	0.29	汽水、塑料涂层
	330	98	0.3	一次性特种瓶
	500	190	0.38	汽水
	500	250	0.50	有涂层多次饮料瓶
	750	350	0.47	有涂层多次汽水瓶
日本	900	460	0.51	牛奶
	900	280	0.31	牛奶、有涂层
	500	195	0.39	盐水瓶

玻璃瓶轻量化后可用同等数量的原材料生产出更多的玻璃瓶，从而降低了每个产品的

原料成本、能源消耗和运输费用，减少了污染物的排放量，同时由于轻量瓶瓶壁减薄，冷却加快，也为提高制瓶机机速创造了条件。目前，国内日用玻璃行业在瓶子轻量化方面进展缓慢，已成为我国单位容量瓶子制品的能耗和污染物排放与国外差距拉大的主要原因。因此，行业协会与有关部门应积极制定相关政策，鼓励和推动玻璃瓶轻量化。

13.5 玻璃工业污染

如果生态循环中某种化学元素的平均含量发生了突变，就会使生态循环遭到破坏，生态平衡也无法维持，给人类及生物的生存带来危害，称为环境破坏。由于人类生产活动排出的废水、废气和废渣所造成的环境破坏，也称“公害”或“环境污染”。环境污染一般分为五个方面：空气污染、水污染、固体废物、放射性污染和噪声。

环境保护直接关系到人民健康，也影响工农业生产的发展。我国环境保护的方针是“全面规划，合理布局，综合利用，化害为利，依靠群众，大家动手，保护环境，造福人民”。它的基本精神是要求在发展国民经济的同时，要做好环境保护工作。

玻璃工业对环境的污染，其涉及面较广，除放射性外，上述环境污染的几个方面，不同程度地存在着。

13.5.1 废气的污染

13.5.1.1 燃料中的废气污染

燃料燃烧是大气污染的主要污染源之一。燃料燃烧过程中会产生多种有害化合物，如 SO_2 及 SO_3 是燃料中的硫在燃烧时氧化的产物，烟气里 NO_x 中的氮少量来自燃料，主要是空气中的氮在高温同氧化合生成 NO_x；此外，还有燃料不完全燃烧产生的 CO 以及碳氧化合物等。

（1）硫氧化物的污染　煤和油是玻璃工业主要的燃料，虽然燃料中的含硫量不高，1t 煤中含 6～30kg 的硫黄，但在大量使用燃料时，排向大气的 SO_2 是相当多的，给环境造成严重的危害。

① SO_2 是一种有臭味的窒息性无色气体，是污染大气的主要有害气体，对人类和生物危害很大。当空气中有尘粒与 SO_2 同时存在时，危害更大。因为尘粒中的金属微粒如三氧化二铁，能促进空气中 SO_2 氧化，生成硫酸液沫，液沫附着在烟尘上或凝聚在雾核上，进入人的呼吸系统，使人发病或加速慢性病患者的死亡（可能导致癌症、支气管炎、支气管哮喘、肺气肿等多种呼吸道疾病）。如美国的多诺拉事件、日本的四日市事件以及震惊一时的英国伦敦烟雾事件，经长时间的研究，证明其原因是由于 SO_2 同氧化合的产物与大气中尘粒结合所致。

② SO_2 在空中的停留时间约为 12h 至一周，在下雨或下雪时就随同降到地面，但其仅带走了空气中含量的 20%，大部分 SO_2 在大气中氧化后遇到水蒸气，就会变成硫酸烟雾，它能长时期地在大气中存在，其毒性比 SO_2 高 10 倍。例如大气中 SO_2 的浓度为 0.8mg/m^3 时，人会感到有刺激作用，而当硫酸烟雾浓度仅有 8mg/m^3 时，人就难以忍受了。

③ SO_2 及其转化生成的酸雨，会威胁植物的生长，降低其生长率，污染江河湖泊，

毒死水生动物。

④ SO_2 还能腐蚀铁、铜和镍，损坏 $CaCO_3$ 质建筑材料。能降低布匹的强度和使纸发脆，对皮革有亲和性并使其强度下降。

⑤ SO_2 在大气中的存在，还会影响可见度、天文观测和太阳辐射。

含硫原油及煤，当其中可燃硫完全燃烧时所产生的 SO_2，按式（13-3）计算：

$$w_{SO_2}=\frac{w_s m}{100} \tag{13-3}$$

式中 w_s——可燃硫量，%；

m——燃料消耗量，kg/h。

燃烧 1t 煤时，产生的各种有害气体见表 13-10。

表 13-10　燃烧 1t 某种煤各种有害物的生成量　单位：kg

项　目		电厂锅炉	工业锅炉	采暖锅炉
SO_2		60.00	60.00	60.00
NO_2		9.00	9.00	3.60
CO		0.23	1.40	22.7
C_mH_n		0.11	0.50	5.00
粉尘	一般	11.0	11.0	11.0
	较好	3.0	6.0	9.0

表 13-11　玻璃行业重油含硫量与废气中 SO_2 排放浓度的关系

重油含硫量/%	SO_2 排放浓度/[mg/(m³)]	重油含硫量/%	SO_2 排放浓度/[mg/(m³)]
0.5	575	1.0	1119
0.6	690	1.5	1724
0.7	805	2.0	2299
0.8	920	2.5	2874

注：污染物（SO_2）的排放浓度是换成空气过剩系数为 1.7（O_2 含量为 8%）的数据。

表 13-12　以芒硝为澄清剂时配合料熔制成玻璃液所生产的硫氧化物量

配合料中 Na_2SO_4 用量	配合料(生料)中与 100kg 硅砂所配伍的 Na_2SO_4 含量/kg					
	0.4	0.6	0.8	1.0	1.2	1.4
配合料（生料）熔制成 100kg 玻璃液生成的 SO_3 量/kg	0.173 (0.138)	0.259 (0.207)	0.345 (0.276)	0.432 (0.345)	0.518 (0.411)	0.604 (0.483)

注：( ) 内数据为换算成 SO_2 的含量。

表 13-13　常用瓶罐玻璃每 100kg 玻璃中残存的 SO_3 含量

100kg 玻璃中残存量	$w(SO_3)$/%				
	0.15	0.20	0.25	0.30	0.40
SO_3 含量/kg	0.15 (0.12)	0.20 (0.16)	0.25 (0.20)	0.30 (0.24)	0.40 (0.32)

注：( ) 内数据为换算成 SO_2 的含量。

玻璃窑炉 SO_2 的排放浓度可根据燃料中硫含量、配合料中硫酸盐含量、残存在玻璃中的 SO_3 量（表13-11～表13-13）很好估算出。燃油玻璃熔窑其废气中 SO_2 排放浓度一般为1000～3000mg/(m^3)（废气中 O_2 含量为8%）。

（2）氮氧化物的危害　对大气造成污染的氮氧化物，主要为 NO_2、NO等。连同其它的一些氮氧化物，一般以 NO_x 表示。NO在常温下是无色气体，由于它在大气中与 O_2 及 O_3 反应生成 NO_2，所以一般大气中只有微量的NO。NO_2 在常温下（沸点21.2℃）是褐色，在大气中的含量一般为 0.001×10^{-6}（0.001ppm）。NO几乎不溶于水，NO_2 则易溶。

玻璃熔窑燃烧废气中的氮氧化物的排放，是导致区域环境质量恶化的重要因素。对环境的危害主要有：

① 造成酸雨的主要因素。

② 生成光化学烟雾，降低大气能见度。

③ 可导致人体呼吸系统功能紊乱，如NO具有比CO高得多的毒性，它同血色素有很强的结合能力，约为CO的数百倍。NO的浓度达 100×10^{-6} 以上时，就明显地具有毒性。动物在 1000×10^{-6}NO的条件下暴露，就会生成变性血色素。它缺乏与氧的结合能力，降低了血液的输氧功能，使人中毒。目前关于低浓度NO对人的危害，尚不十分清楚，正在进一步研究中。NO_2 的毒性要比NO及 SO_2 大。一些资料认为 NO_2 对人体的危害在呼吸系统非常明显，如能引起支气管哮喘、肺炎、肺水肿等，如在 $40\sim100\times10^{-6}$ NO_2 的条件下，就会引起肺炎，在 109×10^{-6} 下会引起肺水肿而死亡。NO_2 除危害肺之外，对心脏、肝脏、肾脏、造血组织等也有危害。NO_2 经太阳紫外线照射，会发生光化学反应，生成光化学烟雾。当其浓度大于 $(0.2\sim0.3)\times10^{-6}$ 时，就会对人有强烈的刺激作用。如眼睛红痛、肺机能降低。

④ 腐蚀材料及对有助于吸收二氧化碳的植物和树木造成伤害。NO_x 对植物也有明显的影响，当在 $(4\sim8)\times10^{-6}$ 下1h就会损伤植物。

在玻璃池窑的高温作业中，燃料中的氮及空气中的氮，氧化生成NO等氮氧化物，其生成数量与燃烧温度、火焰中过量氧的多少、烟气在高温下经过的时间、燃料种类及设备等因素有关。燃烧1t煤约可生成9kg的 NO_x，而重油或天然气则分别为12.3kg及6.85kg。在一般燃烧设备中，生成的NO不分解，也极少氧化成 NO_2。一般NO、NO_x 之容积比例为90%～95%，在有大量过剩空气时，$\varphi(NO)/\varphi(NO_x)$ 可降到50%以下。NO_2 在燃烧时生成的数量很少，随温度的升高而下降。

烟气进入大气后，NO可氧化成 NO_2，转化速度随NO浓度的增大而加快。由于大气中 NO_2 占 NO_x 的比例较大，故一般用 NO_2 的量表示空气中的 NO_x。

玻璃熔窑废气中氮氧化物的产生主要来源是：原料中硝酸盐分解；燃料中含氮物质的燃烧；空气中氮的燃烧。氮氧化物 NO_x 主要是一氧化氮NO和二氧化氮 NO_2。表13-14为各种玻璃熔窑氮氧化物的排放浓度。从表中看出，玻璃熔窑氮氧化物 NO_x 的排放量是不可忽视的，一座50t/d的器皿玻璃熔窑的 NO_x 排放量相当于6000～12000辆汽车的排放量；一座300t/d的平板或瓶罐玻璃窑炉 NO_x 的排放量相当于18000～36000辆汽车的排放量。

表 13-14　玻璃熔窑废气中 NO_x 的排放浓度

项目		NO_x 排放浓度/(mg/m^3)		
		燃油玻璃熔窑	煤气玻璃熔窑	电熔窑
换热式池窑	典型范围	400～1100	400～1600	—
	最大数值	—	2600	—
马蹄焰池窑	典型范围	1000～2400	1100～3000	—
	最大数值	4600	—	—
横火焰池窑	典型范围	1600～3600	1600～4000	—
	最大数值	—	5600	—
	用硝酸盐作澄清剂时最大数值	—	7000	—
坩埚窑(用硝酸盐作澄清剂时最大数值)		—	4000	—
电熔窑(用硝酸盐作澄清剂时最大数值)		—	—	8000

13.5.1.2　配合料中的气体或烟尘的污染

玻璃的熔制过程中，配合料中某些有毒物质可以挥发和生成新的化合物，以气体或尘粒的形式进入烟气，随同燃烧产物一同排入大气，造成污染。其中明显有毒的，主要有氟、镉、铅、砷及它们的化合物。

(1) 氟化物的危害　冰晶石、萤石是熔制玻璃常用的辅助原料，它们在玻璃熔制时氟的挥发可达 50%～70%，排放出如 SiF_4、HF、CaF_2 以及氟化物尘粒等，其中 HF 的数量较多，危害也大。氟进入大气后，可以同水汽反应生成 HF，HF 在大气中可以吸附在尘粒上。此外，燃料煤中也含 0.001%～0.048%的氟，在燃烧时，也会生成一些氟化物。

氟是人体必需的元素之一，人体缺少氟就会患龋齿病，但它又是人、动植物敏感的微量元素，过量时，会危害生命，其毒性比 SO_2 要大得多。在氟污染源附近，大气、水、土壤都会受到污染，并危害动植物。大气中氟化物对生物的危害，主要是通过动植物的富集作用而造成的。大气中即使含有极微量的氟化物，也会危害植物的生长。人及动物通过呼吸、饮食被氟污染的水和食物等而中毒。大气中的氟在动物体中富集后，病状是牙齿上有斑点或牙齿松动，骨骼疏松，有时会发生骨折。当大气中的氟化物浓度大于 10^{-6} (1ppm) 时，就能导致皮肤病、呼吸道疾病、眼病。

(2) 镉的危害　镉被认为是重金属中毒性最大的金属，它的化合物均有不同程度的毒性。在玻璃工业，镉的多种化合物被用作原料，在配合料制备、熔制以及玻璃的加工等过程中，镉的化合物会进入废水及大气。镉主要是以金属或化合物的烟雾、微尘的形式污染大气，通常是镉的氧化物，也有硫化物、硫酸盐。

镉对环境的污染特点是污染积累。当大气被镉污染时，镉可以从呼吸道黏膜侵入。当含镉浓度达数 1mg/m^3 时，可引起鼻咽黏膜刺激、胸痛、头痛、眩晕、咳嗽、呼吸困难、呕吐、恶寒等，严重时会导致肺水肿、纤维化。镉从消化系统侵入人体时，其危害表现为慢性中毒。在早期不易发现，当镉在人体中不断积累时，要经过 10～30 年的潜伏期才发作。镉中毒是从侵害肾脏开始，慢慢引起肾、肠和骨骼的病变。骨骼中的钙被镉逐步置换，产生自然骨折，患者症状十分凄惨，在日本富山，该病称为骨疼病，很多人死亡，是世界重大公害事件。

(3) 铅的危害　玻璃、陶瓷和搪瓷工业使用铅丹（Pb_3O_4）和密陀僧（PbO）作为原料。含铅玻璃在熔制时，有 10%～12%的 PbO 挥发，进入烟气及散发到车间。含有铅及砷等化合物的烟尘，其危害比 SO_2 还要大。由烟囱排到大气的铅氧化物凝聚成微尘，可以长时间飘浮在气流中，大于 10μm 尘粒，能很快在污染源附近降落到地面，污染水及土壤。

铅及其化合物可以经过呼吸、饮食及皮肤接触进入人体。微量的铅进入人体后，可以经消化道排出。但在被铅污染的环境中，进入人体的铅量增加，就会以不溶解的磷酸三铅［$Pb_3(PO_4)_2$］的形式积累于人体中，产生慢性中毒。经呼吸道进入人体的铅，易进入血液。铅中毒在血液循环系统会导致铅性贫血，在消化系统可引起消化不良等症，在神经系统，可引起神经衰弱症状群、多发性神经炎及铅麻痹。

(4) 砷的危害　玻璃配合料中常加入白砒（As_2O_3）作为澄清剂、脱色剂。砷及其多数化合物均有毒，其中以 As_2O_3、As_3O_5 和 AsH_3 毒性最大。

砷的氧化物在池窑的高温作用下可以挥发进入烟气，As_2O_3 的挥发率达 40%。经烟囱排放后，变成数微米以下的砷尘，可长期飘浮在大气中。砷尘不但污染大气，还会使植物、土壤污染。

砷可通过呼吸、饮食进入人体引起中毒。砷能积蓄在骨骼、肾、肝和脾等组织。慢性中毒的症状有消化不良、皮炎、脱发等。砷急性中毒严重时会引起死亡。

13.5.2　粉尘的污染

玻璃工业的粉尘，主要包括两部分：一是原料破碎、粉碎加工及输送过程所产生的原料粉尘；二是燃料燃烧及原料在池窑的高温及气流作用下产生的灰尘。后一部分绝大多数都从烟囱中排出，故也称烟尘。

粉尘按其颗粒的大小，分为落尘及飘尘两种。落尘的直径大于 10μm，为 10～100μm。落尘不能长时间在空中停留，很快就在尘源附近停落到地面。飘尘的直径小于 10μm，可以在空气中长时间飘浮。直径小于 1μm 微粒，可以随气流一起运动。飘尘中相当大一部分比细菌还小，可以在空中飘浮数年之久。

全世界每年排入大气中的粉尘，约为 1 亿吨，占大气污染物总量的 15%，其中主要是由煤和油燃烧产生的碳粒和灰粒。通常烧 1t 煤就约有 11kg 粉尘排入大气，玻璃熔窑废气中烟尘排放浓度见表 13-15。另外工业生产过程产生的粉尘，污染也十分严重。在玻璃工业中，原料加工会产生危害性很大的二氧化硅粉尘以及其它矿石粉尘。配合料在池窑中，由于高温的作用，一些原料会挥发进入烟气，排到大气后，呈微粒状态存在。粉尘的化学成分由原料的成分决定。

表 13-15　　玻璃熔窑废气中的烟尘排放浓度

玻璃种类	燃料	烟尘排放浓度/[mg/(m^3 废气)]	
		范围	平均值
钠钙玻璃	天然气	68～280	130
	重油	103～356	200
钾晶质玻璃	天然气/轻质重油	45～402	—

续表

玻璃种类	燃料	烟尘排放浓度/[mg/(m^3 废气)]	
		范围	平均值
铅玻璃	天然气/轻质重油	272～1000	—
硼硅酸盐玻璃	天然气/轻质重油	120～957	—
硼硅酸盐玻璃纤维	天然气/轻质重油/LPG	1126～2425	—

注：烟尘的排放浓度是换成空气过剩系数为1.7（O_2 含量为8%）的数据。

粉尘对人体的危害相当大，一般认为它是大气中有害气、有害物中的元凶。世界上许多重大污染事件都是由大气中粉尘引起的。粉尘的危害同它的化学成分和颗粒的大小有关。含游离二氧化硅、有毒化合物的粉尘，对人体的危害最大。直径在5～20μm粉尘，在人的呼吸道中，被鼻、咽、气管及呼吸道黏液阻挡，不能进入肺部，随同呼吸道黏液排除。小于0.5μm的飘尘，由于气体扩散作用，被黏附在上呼吸道黏液上，也随痰被排出。唯独直径在0.5～5.0μm飘尘，可以不受阻挡进入肺部，在肺细胞沉积，还可能进入血液进而在人的内脏及其它部位沉积；它是气管炎、支气管哮喘、肺、气肿的重要病因。烟气中一般都有SO_2，粉尘同SO_2结合，可生成厚数百米的粉尘烟雾，在一定条件下，可以引起人类大批死亡或患病。

在硅酸盐工业，由二氧化硅飘尘引起的硅肺病，是危害很大的职业病。特别是玻璃工厂，配合料中石英原料占的比例很大，原料车间工人在没有完善除尘设备的条件下工作，很容易患硅肺病。

13.5.3 废水的污染

水质的污染是指进入水体中的污染物数量，超出了水体的自净能力，水质具有毒性而不能使用。玻璃工业能对水造成污染的物质主要有砷、酚、氟化物以及重金属铅、汞、镉、铬以及它们的化合物。此外，废水中钢、镍、硒、银、锌、铍及它们的化合物，也被列为有毒物质。

玻璃工业废水中的污染物，多数是通过生产及洗涤等而进入的。废水的特点是pH高，无机固体悬浮物多，生化需氧量（BOD）及化学需氧量（COD）低。

13.5.4 噪声的污染

噪声是声源的振动在空气中引起的高速弹性波所致，它在环境中不积累、不持久，更不会远距离传输。噪声对人造成干扰，必须是在声源、声音传播途径和人同时同地存在的条件下才有可能。长期在噪声环境下工作和生活，在没有防护措施的条件下，人就会患噪声性职业病或其它疾病，如损害人的听力，造成听力减弱甚至耳聋。噪声影响人的神经系统，可引起神经衰弱症候群，如头晕、失眠、耳鸣及记忆力衰退等。也能引起胃病、胃溃疡、冠心病和动脉硬化等，噪声会影响人的内分泌机能。随着现代工业及交通工具的发展，噪声已成为第三大公害。

玻璃工厂中，原料、熔制、成形、加工以及动力等车间，均有不同程度的噪声，为了保护工人的身体健康，必须把噪声控制在允许的标准以下。

13.6　玻璃工业污染的防治

13.6.1　废气污染的防治

13.6.1.1　燃烧废气的防治

（1）硫氧化物的防治措施　目前，世界各国研究防止SO_2污染的方法很多，有高空排放、燃料低硫化、排烟脱硫等，其中技术成熟、效果较好的是排烟脱硫。

至今还没有一个各国通用的回收烟气中SO_2的方法。排烟脱硫的方法多达数十种，可分为干法和湿法两大类。湿法是今后发展的方向，其优点是脱硫率高、结构紧凑、造价低；其缺点是脱硫后烟气温度低，不易扩散，需采取烟气再加热的排放措施。干法的优点是没有湿法的废水处理程序，脱硫后烟气温度不降低，可直接排放；缺点是脱硫率较低，为80%～90%，设备笨重，投资及生产费用高。

干法脱硫常用的方法有活性炭法、氧化铜法、接触氧化法等。活性炭法应用较广泛，优点是工作稳定，能回收硫酸。氧化铜法是以氧化铝为载体，氧化铜为吸附剂吸收SO_2，生成硫酸铜，然后用氢还原硫酸铜，回收氧化铜和SO_2，该法的缺点是费用较高。接触氧化法是用五氧化二钒作催化剂，将SO_2转化成SO_3。

其次是用喷雾干燥器同布袋或静电除尘器组合成的开式二段流程。方法是先将溶液及浆状的碱性反应物送入喷雾干燥器的雾化器，烟气中的SO_2被雾化成液滴的碱性反应物回收，并与碱反应生成盐类，液滴水分蒸发后，盐类即以粉尘的形式存在，由干燥器排出的烟气进入除尘器。将各种粉尘同时除去，烟气净化后可以达到排放标准。

干法中最新的是美国在20世纪90年代初研制成的纯干法专利脱硫技术——CDSI脱硫技术。

采用$Ca(OH)_2$干粉，直接向含有SO_2的烟气中喷射脱硫，是个传统的脱硫技术，即：

$$SO_2+Ca(OH)_2 \longrightarrow CaSO_3 \cdot \frac{1}{2}H_2O+\frac{1}{2}H_2O \tag{13-4}$$

CDSI系统是在传统管道喷射技术的基础上发展起来的一种新型干法脱硫技术。它是将吸收剂$Ca(OH)_2$带上了强大的负电荷后喷入烟道与烟气中的SO_2发生反应，由于同性相斥作用，吸收剂会均匀散布在烟气中，吸收剂的粒子表面积及化学反应活性得到提高，使脱硫效果由传统的40%左右，提高到75%～80%，反应时间也由传统的4～6s缩短到2s。工艺流程如图13-5所示。

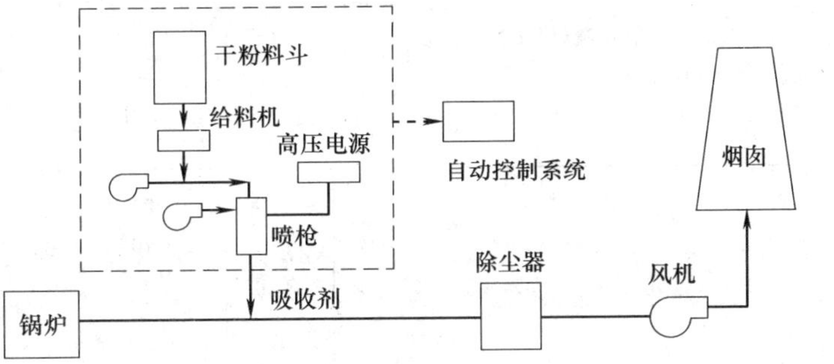

图13-5　CDSI流程示意图

湿法脱硫以石灰-石灰石法应用最为普遍，其次是亚硫酸钠法，此外还有威尔曼-罗拉法（Wellman-Lora）、氨法、氧化镁-锰法等。

① 石灰-石灰石法：用石灰石浆或石灰浆洗涤烟气吸收 SO_2，生成亚硫酸钙，对生成的沉淀物进行充分地氧化，就可以得到硫酸钙，主要的反应过程为：

$$SO_2 + CaCO_3 \longrightarrow CaSO_3 \downarrow + CO_2 \qquad (13\text{-}5)$$

或

$$SO_2 + Ca(OH)_2 \longrightarrow CaSO_3 \downarrow + H_2O \qquad (13\text{-}6)$$

该法使用的原料来源多，价格便宜，所以在国外得到广泛应用。

② 亚硫酸钠法：该法的原理是以亚硫酸钠为吸收剂，吸收 SO_2 生成亚硫酸氢钠。

$$Na_2SO_3 + SO_2 + H_2O \longrightarrow 2NaHSO_3 \qquad (13\text{-}7)$$

当再加入 NaOH 时，又得到 Na_2SO_3。

$$NaHSO_3 + NaOH \longrightarrow Na_2SO_3 + H_2O \qquad (13\text{-}8)$$

这种方法具有进程简单、操作方便以及脱硫率高（达 90%）等优点。

上述排烟脱碱的方法，多用在大型锅炉、电站、冶金及化工等部门。对玻璃熔窑的排烟脱硫，国外已有类似氢氧化钠法，以 NaOH 溶液为吸收剂，在吸收塔内吸收 SO_2。

$$SO_2 + 2NaOH \longrightarrow Na_2SO_3 + H_2O \qquad (13\text{-}9)$$

调整由吸收塔排出的吸收液的 pH，再经氧化变成 Na_2SO_4 溶液，使之析晶分离后可回收使用。

由吸收塔排出的烟气，经过吸收 SO_3 和除尘处理后即可排放。

据悉，该技术的脱硫率达 97%以上，除尘率达 95%以上。设备处理烟气量的能力为 $3.7\times10^5 m^3/h$ 和 $0.7\times10^5 m^3/h$ 两种。

目前各国控制 SO_2 污染大气的措施，除排烟脱硫特别受到重视大力开展研究外，重油脱硫技术在 20 世纪 70 年代有了很大发展。如果将重油中的硫由 3%降低到 0.15%，脱硫率可达 95%。存在的问题是重油所含的硫主要为有机硫，直接脱硫成本高。至于建筑高烟囱向高空排放的稀释方法，只能减轻局部地区的污染程度，但却扩大了污染范围。如加拿大 1972 年建立一座高 381m 的烟囱，使污染物进入美国，引起了国际烟害纠纷。我国轻工、化工企业部分有害气体排放标准见表 13-16。

表 13-16　　轻化工企业部分有害气体排放标准（国标 CBJ 4—1973）

有害物质名称	排放标准	
	排放筒高度/m	排放量/(kg/h)
二氧化硫(轻工)	30 45 60 80 100	34 66 110 190 280
硫化氢(轻工、化工)	20 40 60 80 100 120	1.3 3.8 7.6 13 19 27

续表

有害物质名称	排放标准	
	排放筒高度/m	排放量/(kg/h)
氟化物(化工)	30 50	1.8 4.1
氮氧化物(化工)	20 40 60 80 100	12 37 86 160 230
一氧化碳(化工)	30 60 100	160 620 1700

(2) 氮氧化物危害的防治　玻璃池窑的熔制温度一般均在1500～1600℃，同一般的锅炉相比，烟气中 NO_x 的浓度较高，池炉为（1600～1800）×10^{-6}，坩埚炉为（100～500)×10^{-6}。如美国玻璃工业每年排放的 NO_x 为 6.81 万吨，占 NO_x 固定排放源的 0.60%。为降低烟气中 NO_x 的浓度，可以从两个方面采取措施：一是降低 NO_x 的生成量（低 NO_x 燃烧器、烟气再循环、分级燃烧)；二是排烟脱氮。

控制 NO_x 生成量的方法是降低火焰温度及减少供氧量（德国控制在 1.0%左右，一般供氧量控制在 1.6%以下），如两段燃烧法、烟气循环燃烧法、安装低氮氧化物喷嘴等。还有在燃烧时掺水、甲醇或金属化合物等使燃烧温度下降，可降低 20%～60%的 NO_x。上述这些方法在玻璃池窑上采用均有困难。

常规 NO_x 控制技术根据其作用位置的不同，可分为燃烧中控制技术和燃烧后控制技术两大类。燃烧中控制技术主要通过调整和改进燃烧状况来达到降低 NO_x 排放的目的。全面降低炉膛过剩空气系数可以有效遏制 NO_x 的产生。

纯氧助燃技术：纯氧助燃技术是控制 NO_x 最为理想的成熟技术，不仅节约能源，而且能显著降低污染物的排放，是玻璃技术未来的发展方向。一般情况下，采用纯氧助燃技术，NO_x 排放量可以降低到 80%以上。国内电子玻璃行业已成功运行 3 座纯氧助燃玻璃熔炉，其氮氧化物排放量基本上可达到 1～2kg/t 产品水平。

改进燃烧技术：目前，主要包括有分层燃烧技术，采用低的空气过剩系数（见表 13-17)，回收废气以及选用低氮喷枪等措施。根据欧盟有关资料报道，综合采取这些措施，氮氧化物排放水平可以达到 600～850mg/(m^3)。

表 13-17　　依靠减少过剩空气系数降低 NO_x 排放值

空气过剩系数(α)	NO_x 排放浓度/[mg/(m^3 废气)]	与通常窑炉运行相比的改变率/%
1.125	908	0
1.035	381	−58.0
1.026	281	−69.0
1.009	234	−74.2
1.000	197	−78.2
1.165	1035	+11.2

注：空气预热温度为 600℃，NO_x 浓度按 NO_2 计算。

目前主要是采取排烟脱氮的方法，它是今后防治 NO_2 最重要的措施。排烟脱氮的方法有干法及湿法两大类。

① 干法排烟脱氮：可分为还原法、吸附法、吸收法等，其中吸附法及还原法是比较重要的方法。

a. 气相氧化吸附法：活性炭、活性氧化铝、硅胶、分子筛等作为吸附剂，吸附 NO_2，它们有很强的吸附能力。当有臭氧、氧存在的条件下，NO 可以迅速转化为 NO_2，NO_2 在水里的溶解度要比 NO 大得多，可以用水吸收成为硝酸，也可以用氢氧化钠或氧氧化钙溶液吸收成为亚硝酸盐。

此种方法对于 NO_x 浓度甚低、特别是 NO 所占比例大的烟气，使用起来有困难。

b. 催化还原法：铂或铜等为催化剂，以 H_2S 或 NH_3 为还原剂，可以单独将烟气中的氮氧化物还原为 N_2。一般认为在采用 NH_3 为还原剂时有以下几个反应：

$$6NO_2+8NH_3 \longrightarrow 7N_2+12H_2O \tag{13-10}$$

$$6NO+4NH_3 \longrightarrow 5N_2+6H_2O \tag{13-11}$$

$$4NH_3+3O_2 \longrightarrow 2N_2+6H_2O \tag{13-12}$$

式（13-12）反应的速度比式（13-10）和式（13-11）要低，所以在一定条件下还原效果是好的。如 NH_3 与 NO_x 的摩尔比为 1，而 O_2 与 NH_3 摩尔比为 10 时，还原效率可达 99%。

这种还原法主要包括：3R 技术、SCR 和 SNCR 脱硝技术。

ⓐ 3R 技术：3R 技术的含义是在蓄热室（regenerator）里进行反应（reaction）和还原（reduction），其特点是向蓄热室里添加天然气等碳氢燃料，使其与蓄热室废气中的 NO_x 发生反应而生成对环境无害的氮气和水蒸气，并对这些废气有控制地进行燃烧。采用该项技术，玻璃熔窑废气中的 NO_x 生成量可减少 80%以上。

ⓑ SCR 法（选择性催化还原法）：SCR 法是指废气处理过程中使用氨水（NH_3）作还原剂，在特殊的合金（含 TiO_2 或 V_2O_5）催化剂的催化作用下，使 NH_3 与废气中的 NO_x 在催化剂表面进行还原反应而生成对环境无害的氮气和水蒸气。由于采用了催化剂，该方法可以在 250～450℃较低温度范围下使用，其脱硝效率可达 80%以上。日本玻璃工业很多玻璃熔窑都采用了该项技术。表 13-18 为国内深圳一家企业（塞格三星）采用 SCR 脱硝技术后的主要技术参数。这种还原法的优点是反应温度较低，可在 200～300℃的条件下进行，并且反应过程放热少，温度升高只有 30～40℃。该法的缺点是要耗费用途广泛的氨，反应过程的温度范围较小，当高于 300℃，NH_3 就快速氧化生成 NO_x，还容易出现亚硝酸铵等盐类，使管道堵塞。这种方法技术成熟，已实际应用。

表 13-18　采用 SCR 技术后 NO_x 的排放浓度

熔窑生产线	平均排放浓度/[mg/m^3(标准情况)]
CH1(锥玻璃)	350
CH2(屏玻璃)	282
CH3(屏玻璃)	389

ⓒ SNCR 法（非催化选择性还原法）：SNCR 法是指在废气处理过程中使用氨水（NH_3）将玻璃熔窑废气中的 NO_x 还原成氮和水蒸气。采用该法的温度范围在 900～1100℃之间；脱硝效率为 50%～70%，低于 3R 法，但运行成本较低。

还有其它一些干法脱氮的方法，如催化分解法、电子束照射法等。后一种方法是用电子束照射烟气，使 NO_2 以及 SO_2 同时成气溶胶体加以分离，这就可以使烟气的排硫及排氮设备大为简化。这个方法正在进行进一步的实验。

② 湿法排烟脱氮：这类方法中有氧化吸收法、酸碱吸收法、络合吸收法以及还原法等，其中比较受重视的是氧化吸收法。

当水中有 $KMnO_4$、$NaClO_2$、O_3、ClO_2 以及 H_2O_2 存在的条件下，NO 容易氧化成 NO_2 或生成硝酸盐。$KMnO_4$ 或 $NaClO_2$ 的碱性水溶液对 NO 有较高的吸收效率。

$KMnO_4$ 的氧化效能不受烟气中 CO_2 的影响，并且还可以同时吸收烟气中的 SO_2，吸收后的主要产物是硝酸盐、硫酸盐和二氧化锰，后者可以再生为 $KMnO_4$。

13.6.1.2　配料中废气污染的防治

(1) 氟污染的防治　首先要尽量少用或不用含氟的原料。如有的国家为防止萤石中的氟对大气的污染及对窑炉的侵蚀，已经不用它做助熔剂了。

进入烟气的 HF 及 SiF_4，在水中有较大的溶解度，可以用碱液、清水或碱水吸收烟气中的氟化物。用于吸收氟化物的设备主要有填充塔、喷射塔、文丘里洗气器及喷射洗气器。吸收设备要用耐腐蚀材料制造，常用的有聚丙烯、聚乙烯和含氟的树脂等。玻璃池窑含氟烟气的处理，可以采用同排烟脱硫一样的湿法脱氟法。如用氢氧化钠溶液吸收，回收率达 97%以上，同时还可以回收硫。洗涤回收的氟化物也可加消石灰 [$Ca(OH)_2$] 变为 CaF_2，沉淀分离后可重新使用。

干法排烟脱氟的办法是用氧化铝同烟气接触，把氟化物从烟气中除掉。在玻璃池窑的排烟脱氟方法中，有的先把气体冷却，然后用氧化铝、消石灰、矾土等粉状吸收剂接触回收氟，排氟率达 99%以上，回收的氟化物仍可作为原料使用。含氟烟气排放标准见表 13-25。

(2) 镉污染的防治　镉的氧化物、硫化物均难溶解，但其盐类易溶。由于镉的化合物都有毒，所以在处理镉污染物时，必须将其中的镉回收利用，不能变为另一种镉化物排放。目前国内外对镉污染的治理大都处在试验阶段。对于玻璃熔制过程进入烟气的镉化合物的微尘，可以用收尘的方法将其回收。当采用电收尘时，回收率达 98%。

(3) 铅污染的防治　对含铅玻璃的熔制，要选择适宜的窑炉，如缩小工作部的面积，采用全电熔等。PbO 的挥发，随熔制温度的提高和熔制时间的延长而增加，因此要制定合理的熔制制度，尽量降低 PbO 的挥发。对于进入烟气中的微尘，可用布袋除尘器和静电除尘器回收，用静电除尘器可以收回 98%的铅尘。

对易挥发有毒物质污染的防治办法，除上述措施之外，还可以采用预先将易挥发物同低熔点玻璃制成熔块及配合料粒化和电熔等方法，可以有效地降低易挥发物质在熔制时的挥发。

13.6.2　粉尘污染的防治

粉尘污染的防治首先应该尽量减少扬尘点，如封闭原料加工及输送设备，或采用湿法工艺流程；其次是在扬尘点及烟气排放处设置高效除尘器。

对于烟气中煤尘的排放浓度，我国规定为 $5\times10^{-8}kg/m^3$（日平均）。为了除去车间及烟气中的粉尘，必须采用除尘器。按除尘器除尘的方法，可分为四大类：一是机械除尘器，包括利用重力、惯性力、离心力工作的各种除尘设备，适于收集 7～15μm 的粉尘以及大到 1000μm 的粗粒。这类除尘器结构简单，投资维护费用低，但效率不高，一般多用于一级除尘。二是湿式除尘器，如喷淋式、离心式、冲击式以及文氏管洗涤器等。文氏管洗涤器对收捕 0.05～5.00μm 粉尘很有效，缺点是压力损失大，要配高压风机。三是织物过滤器，使用玻璃布等过滤含尘气体，除尘效率可达 99%。缺点是不能处理高温、高湿以及强腐蚀性的气体，维护麻烦，费用也较高。四是静电除尘器，除尘效率可达 99.9%。电除尘器对清除飘尘有重大作用，经近百年的发展，现在已经有了可以在特殊条件下作业的电除尘器。如能在高温（800℃）、高压（3.45MPa）、真空（3445Pa）以及高速（9～15m/s 甚至 47m/s）的条件下工作的静电除尘器。

对于飘尘，不能采用高空排放的办法处理，因为那样只能扩大污染面积。同时也不能依赖沉降室排除，如曾出现容积为 170m³ 沉降设备，以求消除砷尘中毒的危害，但却毫无效果。防止飘尘污染大气的有效除尘设备是布袋除尘器和静电除尘器。各类除尘器的使用范围见表 13-19。

表 13-19　各类除尘器的使用范围

除尘器的种类	型　式	集尘粒度/μm	压力损失/Pa	集尘效率/%
重　力	沉降室	50～1000	10～15	50～80
惯性力	百叶窗式	10～100	30～70	50～70
离心力	旋风型	5～100	30～100	80～90
洗　涤	离心水膜	5～100	60～80	80～95
过　滤	简易布袋	0.5～20.0	100～200	96～98
静　电	—	0.05～20.00	10～20	80～99

对于烟气中的粉尘，除采取除尘措施外，在处理小型锅炉烟气中的黑烟时，从改进燃烧技术入手，也能取得较好的效果。如采用简易煤气炉取代烧煤锅炉，可以大大降低排尘浓度。还有在小型锅炉采用二次风也是降低烟尘黑度、减少烟气含尘量的有效措施。

二次风可以保证气态可燃物质完全燃烧所需的氧气量。二次风以高速吹入炉膛，能吹落煤层上飞起的炭粒，使其继续燃烧完毕。它还能使炉膛烟气产生强烈的扰动，形成涡流，同样起到延长烟气中可燃物和煤粉粒燃烧时间的作用。

二次风可以用空气，也可用空气和蒸汽的混合气体。采用蒸汽时，一般利用导风器。一定压力的蒸汽喷入炉膛时，能同时带进空气，起到助燃作用。

为保证二次风的效果，一般蒸汽压力不低于 0.2MPa，风压不低于 0.015MPa。

13.6.3　废水污染的防治

防止水质污染的措施，一是少用或不用有毒的原料，改善工艺流程以尽量降低污染物的滤失量；二是对废水进行净化处理，消除毒物后再排放。工业废水最高允许排放浓度见表 13-20，允许排放废水的 pH 范围为 6～9。

（1）含砷废水的处理　含砷工业废水处理常用的方法有氢氧化物共沉法、硫化物沉淀法、吸附法。

①氢氧化物共沉法：该法的基本原理是氧化铁能吸附砷酸及亚砷酸离子，并与之

表 13-20　**工业废水最高允许排放浓度**　单位：g/m^3

序　号	有害物质名称	最高允许排放浓度
1	汞及其无机化合物	0.05(按 Hg 计)
2	镉及其无机化合物	0.10(按 Cd 计)
3	六价铬化物	0.50(按 Cr 计)
4	砷及其无机化合物	0.50(按 As 计)
5	铅及其无机化合物	1.0(按 Pb 计)
6	氟的无机化合物	1.0(按 F 计)
7	有机磷	0.5

共沉。当含砷 $15\sim25g/m^3$ 时，采用石灰和硅酸亚铁；而当含砷 $35\sim100g/m^3$ 时，加用漂白粉处理，均获良好效果。

某冶炼厂在处理含砷、铅、氟废水时，采用图 13-6 的工艺流程，废水可循环使用，并能基本消障砷、铅的污染。缺点是除氟率不高，沉淀污泥中含铅较高。

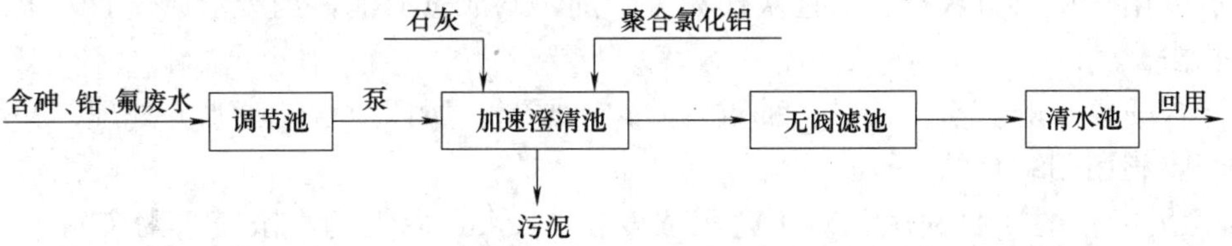

图 13-6　含砷、铅、氟废水处理流程图

② 硫化物沉淀法：使废水通过洗涤塔，同时通入硫化氧气体，砷变成硫化砷沉淀被除去。该法效果好，但设备复杂，并且有二次污染。

③ 吸附法：使用的吸附剂有活性炭、炉灰以及矿渣等。当使用炉灰或矿渣时，要求每 100g 炉灰或矿渣中最少含有 15mg 能溶解的铅。

(2) 含铅废水的处理　对于配料，铅玻璃研磨以及熔制等工序冲洗产生的废水，可以同时排入含铅废水池中，经沉降后，将含铅废水注入沉淀池中，在该池中加入液体聚氧化铝，后者在废水中会发生水解，同时发生电化学、凝聚、吸附、沉淀等变化，从而把铅除掉。由混凝沉淀池排出的废水，再打入氯纶纤维沉淀池加以进一步处理。氯纶纤维具有静电吸附的性能，用它过滤含铅废水时，可以达到很高的净化效果。实际应用中可以将含铅废水的浓度，降到国家规定的排放标准 $1mg/m^3$ 以下，净化效率达 99.8%。

该法的优点是净化迅速，效果稳定，费用低，净化操作方便，易于管理。

对含铅废水的处理，除上述化学沉淀法外，还有离子浮选法、吸附法等。

(3) 含氟废水的处理　氟是生命必须的元素之一，因此规定饮用水中应占有 $(0.5\sim1.0)g/m^3$ 的氟化物。但在水中的含氟量过高时，人会产生中毒，所以对含氟废水必须加以处理。玻璃工厂含氟废水的来源主要是原料、熔制和用 HF 酸蚀刻车间等的清洗水。

国内对含氟废水的处理，一般是先加石灰进行初级处理，然后再加电石渣、硅酸铝等絮凝剂进行深度处理。常用的有石灰-二氧化碳曝气法、镁盐石灰法和电石渣法。

① 石灰-二氧化碳法：在含氟废水中加入 5%的石灰乳，再通入 CO_2，控制 pH 在 $8.6\sim9.5$，就会使 F 以 CaF_2 的形式沉淀，生成的 $CaCO_3$ 具有吸附和絮凝作用，吸附 CaF_2 共沉。

$$F_2+Ca(OH)_2 \longrightarrow CaF_2\downarrow+2OH^- \qquad (13\text{-}13)$$

$$Ca(OH)_2+CO_2 \longrightarrow CaCO_3\downarrow+H_2O \qquad (13\text{-}14)$$

② 镁盐石灰法：在含氟废水中加入镁盐（硫酸镁、氧化镁、煅烧白云石），当控制pH在9时，就生成$Mg(OH)_2$絮状物，它吸附生成的MgF_2将F分离，如水中同时加入石灰，会有CaF_2生成。

$$Mg^{2+}+2OH^- \longrightarrow Mg(OH)_2\downarrow \qquad (13\text{-}15)$$

$$Mg^{2+}+2F^- \longrightarrow MgF_2\downarrow \qquad (13\text{-}16)$$

$$Ca^{2+}+2F^- \longrightarrow CaF_2\downarrow \qquad (13\text{-}17)$$

除上述方法外，对低浓度含氟废水，也可以用活性氧化铝（*r*-氧化铝）处理。*r*-氧化铝比表面大，在水中对氟离子有选择性交换能力。另外，经硫酸铝［$Al_2(SO_4)_3\cdot 18H_2O$］活化的氧化铝，可释出交换离子$SO_4{}^{2-}$，交换水中的F^-及$HCO_3{}^-$等离子。

铝化物（明矾、铝酸钠、氧化铝、磷酸铝）加入含氟废水中，形成胶状沉淀物，水中氟离子取代胶状沉淀物中的羟基（—OH），起到净化水的作用。

还可以用骨粉、磷灰石、活性炭作为吸附剂，制成过滤池，当废水通过时，氟离子就被吸附除去。

（4）含酚废水的防治　酚是一种重要的化工原料，所以对含酚废水的处理，一般都是同酚的回收利用相结合的。

① 含酚废水的回收利用：对于含酚浓度在$1kg/m^3$以上的高浓度含酚废水，应选用适当的方法加以回收。对低浓度含酚废水，可再循环使用，待含酚的浓度提高后进行酚的回收。回收利用的方法有：封闭循环法、萃取法、循环蒸汽法、吸附法、化学沉淀法等。

a. 封闭循环法：玻璃厂煤气发生站洗涤废水含酚浓度为$1.0\sim3.2\ kg/m^3$，因这种废水的成分复杂，酚的回收比较困难，所以采用封闭循环，即将洗涤废水用作竖管系统的补给水。

b. 萃取法：该法分为脉冲萃取和离心萃取，适用于数量大、含酚浓度高的废水。脉冲萃取采用塔式设备，净化率达90%～97%，具有安全可靠及费用低的优点，缺点是处理后废水含酚浓度在$0.1\ kg/m^3$以上。离心萃取采用离心萃取机进行，特点是净化率可高达99%，设备体积小，占地少；缺点是设备结构复杂，生产维护困难，费用较高。

c. 吸附法：该法分为磺化媒吸附和活性炭吸附，用来回收水量小含酚浓度高的废水。磺化媒具有物理化学吸附作用，可吸附酚并发生反应：

$$R—SO_3H+C_6H_5OH \rightleftharpoons R—SO_3H\cdot C_6H_5OH \qquad (13\text{-}18)$$

该法具有设备简单，制作方便的优点，回收率可达85%～90%；缺点是生产费用高，吸附前废水要先除去悬浮物及油类。

活性炭吸附酚的原理同磺化媒类似。

d. 化学沉淀法：多用铁盐、甲醛等进行处理，适用于少量含酚浓度高的废水，净化率可达95%～99%。

② 含酚废水的处理：废水含酚浓度在$0.3\ kg/m^3$以下，一般是进行无害化处理后排放。常用的方法有生物氧化、化学氧化和物理化学氧化等。

a. 生物氧化：该法的原理是利用微生物将酚氧化分解成二氧化碳和水

$$C_6H_5OH + 7O_2 \longrightarrow 6CO_2 + 3H_2O \tag{13-19}$$

常用的生物氧化设备有曝光池、生物转盘、塔式滤池等。

b. 化学氧化法和物理化学氧化法：这两种方法都是用化学的方法使酚分解破坏。氧化的方法有空气氧化、纯氧氧化及电解。

如要求对废水进行三级处理时，可采用臭氧加以处理。对酚浓度为 500mg/m^3 的废水处理净化率可达 99.8%。大量的实际应用证明，臭氧可把含酚废水浓度降到地面水标准（0.01mg/m^3）及饮用水标准（1mg/m^3）。

（5）含汞废水的防治　汞在含有空气的水中，易氧化溶解，不易除去。对含汞废水的处理方法较多，目前国内用硫化钠共沉法和活性炭吸附法。此外还有过滤法、氧化法、还原法、离子交换树脂法、微生物处理法、放射分解法等。

① 硫化钠共沉法：在含汞废水中加入 Na_2S，同时加入消石灰控制 pH 在 9～10，生成 HgS 和 Hg。

$$2Hg^{2+} + S^{2-} \longrightarrow Hg_2S\downarrow \longrightarrow HgS\downarrow + Hg \tag{13-20}$$

再加入 $FeSO_4$ 使过量的硫离子生成 FeS。FeS 还是共沉淀载体，将悬浮在水中的 HgS 微粒吸附在硫化铁的絮状沉淀表面上而共同沉淀。然后，静置分离，经离心过滤，废水的含汞量可降至 20mg/m^3 以下。可经稀释后排放，滤渣可采取焙烧法回收汞。

这种方法设备费用低，过程简单，因而被广泛采用。

② 活性炭吸附法：用来处理温度计、热工仪表含汞废水，对于汞浓度低于 500mg/m^3 的废水，宜采用活性炭吸附法。处理方法有两种：一种是废水流过活性炭颗粒层的过滤法，另一种是在装有活性炭的槽内加入废水，经一定时间搅拌、沉淀后，抽走废水。对于汞浓度高的废水，该法作为二级处理（一级处理采用沉淀法）。这样处理过的废水，汞浓度可降至 10～50mg/m^3，达到了排放标准 50mg/m^3。

③ 离子交换法：处理含汞废水用的离子交换剂有磺化煤、MR 离子交换树脂、酚脲醛树脂等。后者可将汞浓度降至 5mg/m^3。这种方法缺点是费用高，废水要经预处理才能取得较好的效果。

④ 金属还原法：以铁、锌、铜为还原剂，使废水通过其粉粒填充层，废水中汞离子被还原析出，而铁、锌或铜离子进入废水。当用锌粒为还原剂时，控制废水 pH 在 5～10，经 1min 处理，汞浓度可降至 2mg/m^3。

除上述方法外，还有硼氢化钠还原法，微生物法等。这些方法是用于净化无机汞的，对有机汞的净化，尚处于研究阶段。

（6）含铬废水的防治　铬化物有剧毒，含铬废水对管道、建筑物等有腐蚀作用，在处理含铬废水时，最好同回收利用结合起来，以消除铬对环境的污染。

对含铬废水中铬的回收方法有离于交换法（采用 T32 型强酸性阳离子交换树脂）、从铬酸钡污泥中回收铬酸等。

净化含铬废水的方法有化学还原法、电解法、离子交换法、钡盐法等。

① 化学还原法：常用的还原剂有硫酸亚铁、SO_2、亚硫酸氢钠等。当采用硫酸亚铁为还原剂时，可使废水中的六价铬变为三价铬，然后加入石灰，生成难溶的 $Cr(OH)_3$。当以亚硫酸氢钠为还原剂时，含六价铬离子的废水，在加入 $NaHSO_3$ 后，生成硫酸铬，铬离子变为三价，再加入石灰，生成 $Cr(OH)_3$ 沉淀。

② 电解还原法：含铬废水通入电解处理槽，废水中要投加一定量的食盐。以铁板为阴阳极，用压缩空气搅拌。在直流电作用下，铁阳极溶解出亚铁离子 Fe^{2+} 将六价铬还原成三价铬，阴极氢离子将六价铬还原为三价铬。由于氢离子放电析出氧气，废水由酸性变成弱碱性，pH 升高，使氢氧化铬沉淀，废水可达排放标准。

③ 钡盐法：钡盐法就是用碳酸钡、氧化钡，使废水中铬生成钡盐沉淀的方法。处理后废水中铬浓度可达排放标准。废水 pH 大小，对铬净化影响很大，应严格控制。

④ 离子交换法：对于废水中以铬酸根（CrO_4^{2-}）形式存在的六价铬，可用离子交换树脂加以净化，主要用于处理电镀车间废水。使用的树脂有 Na^+ 型阳离子交换树脂、H^+ 型阳离子交换树脂、OH^- 型阴离子交换树脂，Na 型磺化煤等。

(7) 含多种重金属的废水处理　当废水中含有多种重金属时，采用化学的方法净化比较困难。新出现的铁氧体磁力分离法、黄原酸酯法对处理含多种重金属废水很适用，具有速度快、净化率高的优点。

① 铁氧体磁力分离法：铁氧体是由铁与其它一种或多种适当金属组成的复合氧化物，其化学式为 $MFe_2O_4 = MO \cdot Fe_2O_3$（M 代表二价金属，如 Mn、Co、$N_i$、Cu、Mg、Zn、Ca、Pb 等）。

MFe_2O_4 中的 M，可被 1、3、4、6 价金属置换，并且置换金属结合到晶体的晶格里，不易溶解。铁氧体形成晶格时，对 M^{2+}、M^{3+} 的种类要求不高，铁氧体中各种离子间配比要求不高，故可用来处理工业废水。

该法的工艺流程图（图 13-7）是先对废水进行化学分析，然后加入过量的 $FeSO_4$，再加入碱，用 pH 计控制加入量，随后通入蒸汽，使水中温度升到 65℃，鼓入空气氧化，反应终点可用氧化还原电位计控制。反应生成的铁氧体沉旋相对密度大于 5，并且具有强磁性，可以进行磁性分离，采用高梯度磁力分离器就可以清除水中的沉淀物。

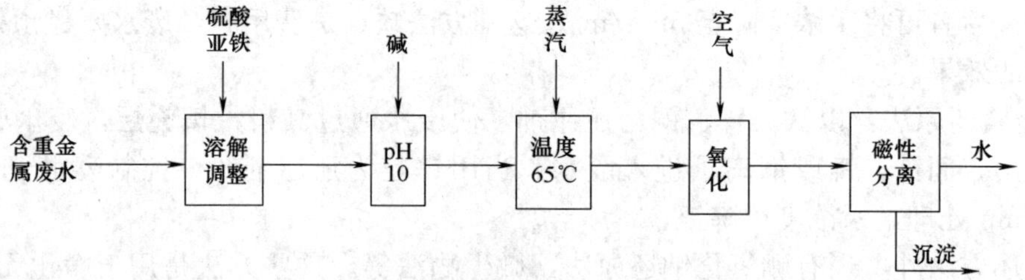

图 13-7　铁氧体磁力分离法流程示意图

当水中有 SiO_2 时，沉淀速度较慢，有待进一步研究。

反应过程中，除生成铁氧体外，废水中的 Pb^{2+}、Ba^{2+} 生成 $PbSO_4$、$BaSO_4$ 共沉后可分离除去。如废水中有氟及磷，可先加入 $Ca(OH)_2$，生成 CaF_2 与 $Ca_3(PO_4)_2$ 共沉，也可分离除去。

这种方法具有以下优点：首先，可以同时快速处理多种金属离子，不管其浓度大小均适用，处理后废水可达标排放；其次，铁氧体沉淀具有磁性净化作用，可以同时吸附除去水中的悬浮粒子、无机物、有机物及菌类；再者，流程简单、设备少、操作简便。

② 黄原酸酯法：不溶性淀粉黄原酸酯，是高效的重金属脱除剂，被认为是处理重金

属废水的最佳方法。处理方法是将不溶性淀粉黄原酸酯以浆状或粉状计量加入含重金属废水中，控制 pH 在 3～11 范围内，反应迅速，沉降快，过滤容易。

13.6.4　噪声污染的防治

噪声是声源的振动在空气中引起的高速弹性波所致，它在环境中不积累、不持久，更不会远距离传输。噪声对人造成干扰，必须是在声源、声音传播途径和人同时同地存在的条件下才有可能。针对这三个方面采取措施，就可以有效地控制噪声。

（1）降低噪声强度　对于产生气流噪声的设备，应设计平滑的气流通道并降低气流速度，以降低所产生的噪声。采用阻尼材料制造机器的某些部件，可以消除因碰撞发出的噪声，适当的润滑可以降低摩擦发出的噪声。对于已经产生的噪声，可采用安装消声器的措施加以控制。

消声器是阻止声音传播而允许气流通过的一种设备。其种类很多，有抗性消声器、阻性消声器以及阻抗复合消声器。抗性消声又称声学滤波器，常用的有共振消声器、扩张室式消声器和干涉消声器等。其优点是低频消声性能良好，耐高温、耐气体侵蚀和耐冲击腐蚀。阻性消声器，是利用阻性多孔吸声材料，使噪声的声能变为热能而降低噪声能量。其优点是中高频消声效果好。阻抗复合消声器具有前两种消声器的优点，可以在很宽的频率范围消声。金属微穿孔板消声器是一种性能优良的新式消声器，具有消声频率范围宽，耐高温、耐气体侵蚀等优点。

（2）阻止噪声传播　噪声是通过空气、机械设备或建筑物结构本身传播的，因此可以采用减振、隔振、吸声和隔声、停声学处理方法阻止噪声的传播。建筑及设备结构一般传播低频噪声，可采用隔振的方法有效地减少结构传声。对于机械设备噪声，隔振垫能够降低低频噪声 10dB 左右。在声源的周围设置屏障或者密封声源，可减少或阻止空气传声。声屏障可减少中高频噪声达几个分贝，密封罩可降低中高频噪声 10～85dB。当噪声是由于墙面反射作用于人的耳朵的情况下，可在车间的墙壁、地板和天花板上安装吸声材料，以减少车间内噪声反射。

（3）个人劳动保护　在强噪声环境下操作的工人，要采取个人防护措施。如采用耳塞、耳罩等，减少耳朵接收的噪声以达到保护听力的目的。

（4）机械设备噪声的控制　玻璃工厂普遍采用空压机和鼓风机，其消声常用的措施有安装消声器及隔声、减振处理等。空压机可选用扩张室消声器、扩张室-阻性复合消声器或共振阻抗复合消声器。鼓风机的噪声声级高，频谱宽，一般采用共振阻抗复合消声器和阻性消声器。制瓶机多采用消声器。

玻璃纤维工厂的织造机械产生严重的噪声，有梭织机的噪声强度高于 100dB，中心频率在 2000Hz 左右，织机速度提高，噪声也随之增大。控制方法首先是改进织机的结构，如采用无梭织机代替有梭织机，用生铁机架代替钢板焊接机架，在滚珠轴承的内部加装橡胶圈套筒，金属齿轮间隔改用尼龙部件，改进传动系统等。其次是采用隔音罩，封闭织机的两端。隔音罩应选用吸声效能高的材料制做。对车架、横梁、机壳与地面或其它机件接触部分，放置减振材料，可以大量降低噪声。

据认为，在有梭织机噪声高频成分强的条件下，在织造车间的屋顶及墙壁使用吸声材料，噪声降低效果不显著。

一般设备的齿轮噪声的控制，可从以下三个方面采取措施。

① 改进齿轮设计及选用阻尼材料，如采用螺旋齿乾。斜齿轮代替直齿轮，提高齿轮加工精度，精细装配，尽量减少齿轮间因摩擦和撞击而产生的噪声；采用尼龙材料代替钢铁材料，因尼龙等高分子材料内耗（阻尼）较大，产生的噪声低。

② 采用较低的圆周线速度齿轮工作态。

③ 用声学方法控制，对齿轮体加阻尼、隔振处理，如在齿轮的缘上加阻尼圈，齿乾体内加阻尼材料，将齿轮系装在隔声箱中。

13.7 玻璃工业的清洁生产

为保护生态环境，保障人体健康及促进玻璃工业技术进步，近年国家环境保护总局已制定和发布了浮法玻璃行业的清洁生产标准（见表 13-21）和电子玻璃污染物排放标准（见表 13-22）。

表 13-21　　浮法玻璃行业清洁生产标准

指　标	一级	二级	三级
一、生产工艺与设备要求			
1. 浮法玻璃制造工艺	浮法		
2. 浮法玻璃单线生产能力/(万重量箱/年)	≥800	≥500	≤300
3. 全员玻璃实物生产率/[重量箱/(人·年)]	≥8000	≥5000	≥3000
4. 玻璃熔窑的氧气燃烧技术	采用富氧燃烧、喷氧、富氧空气补给、纯氧燃烧助燃、全部纯氧燃烧等技术		无采用富氧燃烧、喷氧、富氧空气补给、纯氧燃烧助燃、全部纯氧燃烧等技术
二、资源能源利用指标			
1. 综合能耗/(kg/重量箱)	≤15	≤19	≤22
2. 玻璃熔化能耗/[kJ/(kg 玻璃液)]	≤5900	≤6800	≤7300
3. 重油消耗量/(kg/重量箱)	≤9.5	≤10.5	≤12
4. 纯碱消耗/(kg/重量箱)	≤9	≤10.5	≤10.7
5. 煤耗折标/(kg/重量箱)	≤16.5	≤17.0	≤21.5
6. 电消耗/(kW·h/重量箱)	≤5.5	≤6.5	≤7.6
7. 新鲜水用量/(t/重量箱)	≤1	≤2	≤3.2
三、产品指标			
总成品率/%	≥88	≥84	≥80
四、废物回收处理要求			
1. 废玻璃回收率/%	100	≥95	≥85
2. 废水回用率/%	100	≥90	≥80
五、污染物产生指标			

续表

指　标	一级	二级	三级
1. 废水产生量/(t/重量箱)	≤0.10	≤0.32	≤0.57
2. COD 产生量/(g/重量箱)	≤2	≤5	≤16
3. SS 产生量/(g/重量箱)	≤3	≤8	≤31
4. 粉尘产生量/(kg/重量箱)	≤0.006	≤0.015	≤0.045
5. SO_2 产生量/(kg/重量箱)	≤0.10	≤0.13	≤0.25
6. NO_x 产生量/(kg/重量箱)	≤0.10	≤0.15	≤0.20

注：一级：国际清洁生产先进水平；二级：国内清洁生产先进水平；三级：国内清洁生产基本水平。

表 13-22　　电子玻璃工业新（扩、改）建生产线大气污染物排放限值

污染物	单位	生产过程					
		锥、管、屏玻璃配料除尘设备③	锥玻璃、管玻璃熔炉		屏玻璃熔炉④		低熔点玻璃配料、熔炉、球磨及包装
			空气燃炉	纯氧助燃	空气燃炉	纯氧助燃	
铅及其化合物	排放浓度①/(mg/m^3)	5	2	—	—	—	$5mg/m^3$ 或去除率大于 99%
	吨产品排放量②/(kg/t)	0.0125	0.005	0.005	—	—	
颗粒物	排放浓度/(mg/m^3)	30	30	—	30	—	$50mg/m^3$ 或去除率大于 99%
	吨产品排放量/(kg/t)	0.075	0.075	0.075	0.09	0.09	
SO_2	排放浓度/(mg/m^3)	—	500	—	500	—	—
	吨产品排放量/(kg/t)	—	1.25	1.25	1.5	1.5	—
氮氧化物	排放浓度/(mg/m^3)	—	600	—	600	—	—
	吨产品排放量/(kg/t)	—	1.5	1.5	1.8	1.8	—
HCl	排放浓度/(mg/m^3)	—	30	—	30	—	—
	吨产品排放量/(kg/t)	—	0.075	0.075	0.09	0.09	—

注：① 指烟气中 O_2 含量 8%状态下的排放浓度，纯氧助燃熔炉除外。烟气体积指标状态时的体积。
② 产品产量以实际玻璃日出料量进行计算。
③ 屏玻璃除尘设备不执行铅限量。
④ 支架玻杆熔炉大气污染物限值按屏玻璃熔炉限值执行。

表 13-23　　日用玻璃、玻璃瓶罐制造企业污染物产生指标（清洁生产标准）

类　别	污　染　物	指　标	备　注
水	外排废水量/(t/产品)	0.6	—
	废水 pH	6～9	—
	COD 产生量/(g/t 产品)	90	—
	SS 产生量/(g/t 产品)	90	—
废气	烟尘产生量/(kg/t 产品)	0.6	—
	SO_2 产生量/(kg/t 产品)	2.6	—
	NO_x 产生量/(kg/t 产品)	3.1	—
		5.1	高白料，Fe_2O_3<0.06 器皿
		7.3	
噪声	企业界噪声(昼)Leg[dB(A)]	65	—
	企业界噪声(夜)Leg[dB(A)]	55	—

表 13-24　　玻璃器皿企业清洁生产水平评价标准

指标名称＼评判分值	100	100～80	80～60	60～40	40～0	0
单位产量标煤能耗/(kg/重量箱)	≤7	≤15	≤19	≤22	<32	≥32
单位产量新鲜水用量/(t/重量箱)	≤0.2	≤1	≤2	≤3.2	<4.8	≥4.8
单位产量用电量/(kW·h/重量箱)	≤2.5	≤5.5	≤6.5	≤7.6	<11.4	≥11.4
单位产量纯碱用量/(kg/重量箱)	≤4	≤9	≤10.5	≤10.7	<16.1	≥16.1
单位产量工业废水 COD 排放量/(g/重量箱)	≤1	≤2	≤5	≤16	<24	≥24
单位产量工业废气 SO_2 排放量/(kg/重量箱)	≤0.03	≤0.10	≤0.13	≤0.25	<0.38	≥0.38
单位产量工业粉尘排放量/(kg/重量箱)	≤0.02	≤0.06	≤0.15	≤0.45	<0.68	≥0.68
工业废水处理率/%	100	≥95	≥90	≥85	>57	≤57
工业废气 SO_2 处理率/%	100	≥95	≥90	≥85	>57	≤57
工业固体废物安全处理处置率/%	100	≥95	≥90	≥90	>60	≤60
总成品率/%	≥95	≥88	≥84	≥80	>53	≤53
原材料生态毒性	无毒	微毒	低	中	高	剧毒
产品生态毒性	无毒	微毒	低	中	高	剧毒
产品年耐用性/年	15	10	≥8	≥5	>2	≤2
工业用水循环率/%	100	≥95	≥90	≥80	>53	≤53
中水回用率/%	100	≥95	≥90	≥85	>57	≤57
工业废气(余热)利用率/%	100	≥95	≥90	≥85	>57	≤57
工业固体废物综合利用率/%	100	≥95	≥90	≥85	>57	≤57

从发布的标准中看出，对新（改、扩）建玻璃熔窑生产线，其粉尘、SO_2 和氮氧化物的排放限值是参照欧盟标准（见表 13-25）制定的；粉尘和 SO_2 的排放限值是限于现有国家标准（见表 13-26），但只要采用国内成熟的除尘、脱硫技术，就可以达到标准中排放限值的要求。对于熔窑废气中氮氧化物的治理，过去国内重视不足，目前国内也只有深圳一家企业（塞格三星）采用了 SCR 脱硝技术，脱硝效率可达 72%～83%，氮氧化物 NO_x 排放值能达到小于 500mg/m^3。

表 13-25　　欧盟玻璃行业烟气污染物排放标准

烟气有害物		欧盟 BAT
颗粒物(粉尘)/(mg/m^3)		5～30
HF/(mg/m^3)		5
SO_2/(mg/m^3)	天然气	200～500
	重油	500～1200
NO_x/(mg/m^3)		500～700(1.8～2.1 kg/t 玻璃制品)
HCl/(mg/m^3)		≤30

表 13-26　　国内玻璃池窑烟尘、SO_2 排放应符合的标准

标准规则	区域描述	烟尘		SO_2 排放浓度/(mg/m³)
		烟(粉)尘浓度/(mg/m³)	烟气黑度(林格曼级)	
一	一类区域：自然保护区、风景名胜和其它需特殊保护的地区	禁排	0	禁排
二	二类区域：城镇规划中确定的居住区、商业交通居民混合区、文化区、一般工业区和农村地区	≤200	1	≤850
三	三类区域：特殊工业区	≤300	1	≤1200
备注	1. 一类区和二、三类区是指 GB 3095－1996 中所规定的环境空气质量功能区的分类区域。 2. 表中数据是执行 GB 9078－1996 工业炉窑大气污染物排放标准。 3. 实测的池窑有害污染物的排放浓度，应换算成空气过剩系数为 1.7 的数据。			

发布的标准实施后，标准将适用于平板及电子玻璃企业新（改、扩）玻璃熔窑的环境影响评价、设计、竣工验收及建成后污染物排放控制管理，而不再执行 GB 9079—1996《工业炉窑大气污染物排放标准》。氮氧化物限值（平板：700mg/m³；电子玻璃：600 mg/m³）对于新（改、扩）玻璃熔窑生产线，自标准实施之日起执行。对于现有熔窑生产线提出预告性要求，暂不执行。标准规定现有熔窑生产线于 2011 年实施，目的是为了便于现有正在进行的熔窑生产线在未来 5 年时间内，在进行熔窑冷修时窑炉可采取技术措施以达标。

参考文献

1 武汉建材学院等编. 玻璃工艺原理. 北京：中国建筑工业出版社，1981
2 西北轻工业学院主编. 玻璃工艺学. 北京：轻工业出版社，1982
3 潘金龙主编. 玻璃工艺学. 北京：中国轻工业出版社，1994
4 [民主德国] 福格尔著. 谢于深译. 玻璃化学. 北京：轻工业出版社，1988
5 [苏] 玻璃化学. 阿本著. 谢于深等译. 玻璃化学. 北京：中国建筑工业出版社，1981
6 [联邦德国] 舒尔兹著. 玻璃的本质结构和性质. 黄照柏译. 北京：中国建筑工业出版社，1984
7 [罗马尼亚] P. 贝尔塔，E. 贝尔塔著. 玻璃物理化学导论. 侯立松等译. 北京：中国建筑工业出版社，1983
8 [日] 作花济夫等编. 玻璃手册. 蒋国栋等译. 北京：中国建筑工业出版社，1985
9 [日] 作花济夫著. 玻璃非晶态科学. 蒋幼梅等译. 北京：中国建筑工业出版社，1986
10 [法] J. 扎齐斯基主编. 玻璃与非晶态材料. 干福熹等译. 北京：科学出版社，2001
11 邱关明，黄良钊编著. 玻璃形成学，北京：兵器工业出版社，1987
12 干福熹. 中国古代玻璃技术的发展. 上海：上海科学技术出版社，2005
13 干福熹. 现代玻璃科学技术. 上海：上海科学技术出版社，1988
14 干福熹等. 光学玻璃. 上册. 北京：科学出版社，1982
15 中国硅酸盐学会编. 硅酸盐辞典. 北京：中国建筑工业出版社，1984
16 冯端，师昌绪，刘治国等编. 材料科学导论. 北京：化学工业出版社，2002
17 吴柏诚编著. 玻璃制造工艺基础. 北京：中国轻工业出版社，1997
18 干福熹等. 玻璃的光学和光谱性质，上海：上海科学技术出版社，1992
19 [英] 霍洛威著. 玻璃的物理性质. 游恩溥译. 北京：轻工业出版社，1985
20 [日] 土桥正二著. 玻璃表面物理化学. 黄战杰等译. 北京：科学出版社，1986
21 [美] 托利. 玻璃制造手册. 刘时衡等译. 北京：中国建筑工业出版社，1983
22 袁怡松等编. 颜色玻璃. 北京：轻工业出版社，1987
23 叶洪盘编著. 颜色科学. 北京：轻工业出版社，1988
24 刘武辉，胡更生，王琪编著. 印刷色彩学. 北京：化学工业出版社，2004
25 干福熹著. 玻璃的光学和光谱性质，上海：上海科学技术出版社，1992
26 郑国培编著. 有色光学玻璃及其应用. 北京：轻工业出版社，1990
27 曹振亚，张泽田编译. 有色玻璃与特种玻璃. 成都：四川科学技术出版社，1987
28 张碧栋主编. 玻璃配合料. 北京：中国建材工业出版社，1992
29 梁德海，陈茂雄编译. 玻璃生产技术，北京：轻工业出版社，1984
30 陈正树编. 浮法玻璃. 武汉：武汉理工大学出版社，1997
31 王承遇编. 日用玻璃. 武汉：武汉工业大学出版社，1996
32 曹文聪等编. 普通硅酸盐工艺学. 武汉：武汉工业大学出版社，1997
33 南京玻璃纤维研究设计院编著. 玻璃测试技术. 北京：中国建筑工业出版社，1987
34 刘新年，赵彦钊著. 玻璃工艺综合实验. 北京：化学工业出版社，2005
35 GB/T 1347—1988《钠钙硅玻璃化学分析方法》
36 GB/T1549—1994《钠钙硅铝硼玻璃化学分析方法》
37 GB/T 5949—1986《透明石英玻璃气泡、气线检验方法》
38 GB/T 6580—1997《玻璃耐沸腾混合碱水溶液浸蚀性的试验方法和分级》

39 GB/T 6582—1997《玻璃在 98℃耐水性的颗粒试验方法和分级》
40 GB/T 14901—1994《玻璃密度测定——沉浮比较法》
41 GB/T 15728—1995《玻璃耐沸腾盐酸浸蚀性的重量试验方法和分级》
42 GB/T 16920—1997《玻璃平均线热膨胀系数的测定》
43 JC/T 440—1996《玻璃工业用白云石化学分析方法》
44 JC/T 651—1996《玻璃原料粒度测定方法》
45 JC/T 675—1997《玻璃导热系数试验方法》
46 JC/T 676—1997《玻璃材料弯曲强度试验方法》
47 JC/T 678—1997《玻璃材料弹性模量、剪切模量和泊松比试验方法》
48 JC/T 679—1997《玻璃平均线性热膨胀系数试验方法》
49 JC/T 750—1996《石英玻璃析晶性能试验方法》
50 JC/T 853—1996《硅质玻璃原料化学分析方法》
51 GB/T 14901—1994《玻璃密度测试方法》
52 GB/T 16920—1997《玻璃线膨胀系数测量方法》
53 QB/T 2298—1997《双线法线膨胀系数测量方法》
54 GB 9822．3—1988《玻璃热稳定测试方法》
55 GB 9822．4—1988《玻璃软化点测量方法》
56 GB 9622．5—1988《玻璃退火点和应变点测试方法》
57 GB 9622．6—1988《玻璃高温黏度测试方法》
58 GB 9622．7—1988《玻璃抗冲击强度测试方法》
59 GB 9622．8—1988《玻璃体积电阻率 100MΩ·cm 温度测试方法 $T_{k\text{-}100}$》
60 GB/T 1410—2006《固体绝缘材料体积电阻率和表面电阻率方法》
61 GB/T 10589—2006《绝缘材料在高漏下电阻和电阻幕试验方法》
62 GB 9622．9—1988《玻璃高频介电损耗和介电常数测置方法》
63 GB 9622．10—1988《电子玻璃直流击穿强度测试方法》
64 GB 9622．11—1988《玻璃抗水化学稳定性测试方法》
65 GB/T 4546—1998《玻璃瓶倠耐压试验方法》
66 JC/T 676—1997《玻璃材料抗折强度试验方法》
67 GB/T 18144—2000《玻璃应力测试方法》
68 GB 11942—1989《彩色建材色度测量方法》
69 ASTM C829—1981《玻璃液相线测量方法》
70 ASTM C7309—1998《玻璃硬度测量——压痕法》
71 GB 5433—1998《日用玻璃透过率测定方法》
72 施惠生．无机材料实验．上海：同济大学出版社，2003
73 谈国强，刘新年主编．硅酸盐工业产品性能及测试分析．北京：化学工业出版社，2004
74 干福熹著．硅酸盐玻璃物理化学性质变化规律及其计算方法．北京：科学出版社，1966
75 马特维耶夫著．玻璃化学与工艺学计算．李秀中等译．北京：中国建筑工业出版社，1980
76 吴锡琪，李立华编著．玻璃工业计算机应用技术．武汉：武汉工业大学出版社，1989
77 姜宏，王桂荣，韩新生等著．浮法玻璃原料．北京：化学工业出版社，2006
78 杨裕国著．玻璃制品及模具设计．北京：化学工业出版社，2003
79 于大川编著．计算机在玻璃工艺计算中应用．秦皇岛：玻璃工业编辑部，1988
80 捷姆金娜著．玻璃性质对其成分依从性的研究．许超译．北京：国防工业出版社，1964
81 王承遇编．玻璃表面处理技术．北京：化学工业出版社，2004

82 武秀兰等编著. 硅酸盐生产配方设计与工艺控制. 北京：化学工业出版社，2004
83 李启甲. 功能玻璃. 北京：化学工业出版社，2004
84 马眷荣等编. 建筑玻璃应用技术. 北京：化学工业出版社，2005
85 王承遇等编. 玻璃表面和表面处理. 北京：中国建材工业出版社，1993
86 陈国平，毕洁. 玻璃工业热工设备. 北京：化学工业出版社，2007
87 赵跃智，王国强. 建筑玻璃和工业玻璃，2003，(1)：14～15
88 方道腴，蔡祖泉编著. 电光源工艺. 上海：复旦大学出版社，1991
89 [德] H. 基甫生-马威德等著. 玻璃制造中的缺陷. 黄照柏译. 北京：轻工业出版社，1998
90 姜宏，赵会峰，王桂荣等著. 浮法玻璃固相缺陷显微结构图册. 北京：化学工业出版社，2007
91 黄埔烈魁编译. 玻璃工业节能途径. 北京：中国建材工业出版社，1986
92 朱雷波主编. 平板玻璃深加工学. 武汉理工大学出版社，2002
93 马英仁. 玻璃封接讲座. 玻璃与搪瓷，1992，20 (4)～1993，22 (3)
94 王承遇等. 玻璃工业对环境的污染和防治讲座. 玻璃与搪瓷，2000，(2)～2001，(5)
95 任强等著. 绿色硅酸盐材料与清洁生产. 北京：化学工业出版社，2004
96 聂春生等编. 玻璃实用玻璃组分. 天津：天津科学技术出版社，2002
97 安徽日用玻璃专业委员会编. 实用玻璃配方. 安徽：玻璃工业情报站，1992
98 陈清华编. 玻璃器皿生产知识. 北京：轻工业出版社，1980
99 刘新年，刘静. 玻璃器皿生产技术. 北京：化学工业出版社，2004
100 卢安贤著. 新型功能玻璃材料. 长沙：中南大学出版社，2005
101 巴夫鲁什夫，茹拉夫列夫编. 易熔玻璃. 陈树森译. 北京：中国建筑工业出版社，1975
102 王承遇，胡佩庸，王木琴编著. 仪器玻璃. 台南：复文兴业股份有限出版公司，1995
103 托利. 玻璃制造手册. 刘时衡等译. 北京：中国建筑工业出版社，1983
104 潘守芹编. 新型玻璃. 上海：同济大学出版社，1992
105 王承遇，陶瑛等著. 玻璃成分设计与调整. 北京：化学工业出版社，2006
106 王承遇，陶瑛等著. 玻璃材料手册. 北京：化学工业出版社，2008
107 杨志强. 马蹄焰池窑玻璃液流动特征物理模拟实验研究. 玻璃与搪瓷，2009

附录一　国内外平板玻璃化学组成及性能一览表

序号	国家	生产工艺	化学组成(质量分数)/%									$\alpha_{20\sim300}$ /(×10^{-7}/℃)	ρ /(g/cm)^3	T_m /℃	T_w /℃	T_s /℃	T_a /℃
			SiO_2	Al_2O_3	CaO	MgO	Na_2O	K_2O	Fe_2O_3	SO_3	其　它						
1	中国	浮法工艺	72.50	1.20	8.20	4.00	14.00		0.100			93.37	2.51	1457	1034	727	546
2	中国		72.05	1.50	8.05	4.00	14.06		0.140			93.24	2.51	1459	1036	727	546
3	中国		70.90	1.84	9.07	3.82	14.07		0.090			93.50	2.51	1443	1029	728	551
4	中国		72.11	0.98	8.48	3.94	13.79		0.130			93.39	2.51	1452	1033	727	547
5	英国		72.33	1.20	9.19	3.00	13.99					93.23	2.51	1451	1030	728	551
6	英国		72.50	1.00	9.00	3.20	13.30	0.50	0.090	0.21		93.42	2.51	1457	1035	730	551
7	美国		72.40	1.20	8.10	3.84	14.00		0.130	0.30		93.53	2.51	1459	1035	727	546
8	美国		73.20	0.17	8.50	3.96	13.90	0.01	0.120	0.30		94.92	2.51	1444	1078	723	544
9	日本		72.19	1.67	8.05	3.74	12.52	0.87	0.100			90.29	2.51	1480	1050	734	552
10	捷克		72.50	1.00	8.10	3.90	13.70	0.30	0.070			93.62	2.51	1459	1036	727	546
11	比利时		71.00	1.90	8.50	4.50	14.50		0.100			94.55	2.51	1445	1028	725	546
12	法国		73.00	0.10	8.90	3.90	13.60	0.05	0.100	0.30		94.11	2.51	1443	1029	726	547
13	西班牙		71.78	0.84	9.14	3.49	14.07	0.08	0.113	0.32		95.33	2.51	1438	1024	724	548
14	前苏联		73.00	1.00	8.60	3.60	13.40		0.080	0.32		91.85	2.51	1464	1040	732	551
15	中国	有槽垂直引上	71.98	2.22	6.48	4.01	13.60	1.29	0.15	0.16		93.70	2.51	1486	1047	728	5410
16	中国		71.42	2.39	6.81	3.91	13.77	0.27	0.20	0.50		95.13	2.51	1488	1049	731	545
17	中国		72.20	2.35	6.21	3.64	13.57	1.04	0.26	0.16		94.43	2.50	1500	1052	730	542
18	中国		72.50	2.20	6.45	4.00	14.50					93.00	2.51	1487	1046	727	541
19	北美		71.82	1.77	6.93	4.01	14.77	0.35	0.05	0.30		95.99	2.51	1464	1033	721	538
20	东欧		72.95	1.32	5.68	3.97	15.75		0.07			98.35	2.49	1472	1030	713	528
21	前苏联		71.62	2.00	6.70	4.10	14.60		0.08	0.40		94.13	2.51	1474	1039	724	540
22	中国	无槽垂直引上	72.45	1.70	7.40	4.05	14.0	0.81	0.10	0.20		94.47	2.51	1466	1037	725	542
23	中国		72.10	1.50	6.65	4.02	14.12		0.08	0.29		93.30	2.50	1480	1043	726	541
24	南斯拉夫		73.00	1.41	6.43	4.43	14.25		0.07	0.38		93.05	2.51	1479	1043	726	539
25	罗马尼亚		72.03	1.15	8.05	3.64	14.75		0.18	0.40		96.41	2.51	1448	1026	720	542
26	美国		71.14	0.78	7.48	4.12	15.96	0.09	0.13	0.39		99.82	2.51	1423	1008	706	530

续表

序号	国家	生产工艺	化学组成(质量分数)/%									$\alpha_{20\sim300}$ /(×10⁻⁷/℃)	ρ /(g/cm)³	T_m /℃	T_w /℃	T_s /℃	T_a /℃
			SiO_2	Al_2O_3	CaO	MgO	Na_2O	K_2O	Fe_2O_3	SO_3	其它						
27	前苏联	无槽垂直引上	72.40	1.60	8.00	3.60	13.60	0.50	0.10	0.50		92.69	2.52	1462	1079	730	548
28	美国		71.90	1.50	8.90	2.80	13.70			0.30		93.29	2.50	1463	1036	731	553
29	欧洲		72.90	1.30	8.60	3.50	13.70	0.20	0.10	0.20		92.90	2.51	1462	1037	730	550
30	中国	格法平拉	72.10	1.52	7.90	4.00	14.12		0.07	0.29		93.37	2.51	1461	1036	727	545
31	中国		71.44	2.68	7.35	4.08	14.31		0.14			92.09	2.52	1475	1043	730	546
32	中国		71.55	1.50	7.70	3.90	15.00		0.15			96.61	2.51	1448	1025	719	540
33	中国		71.30	1.50	7.60	3.85	15.40		0.15			98.08	2.51	1443	1021	715	537
34	德国		72.50	0.90	9.00	3.50	13.25	0.35	0.12			92.84	2.51	1455	1036	731	551
35	美国		73.90	1.30	9.20	3.10	12.40		0.10			87.95	2.50	1483	1053	743	561
36	比利时		73.44	1.30	9.20	3.00	12.40	0.04	0.06	0.20		88.35	2.50	1482	1052	742	561
37	日本		73.10	1.70	7.30	3.90	13.90		0.10			91.88	2.51	1481	1046	731	546
38	中国	压延成形	71.70	1.13	11.50	1.40	13.90		0.07			95.87	2.50	1427	1017	728	562
39	中国		70.60	1.10	10.40	3.40	13.80	0.30	0.10	0.30		95.36	2.52	1419	1018	726	554
40	日本		71.30	1.60	11.00	2.00	13.50		0.09			93.34	2.51	1440	1027	733	563
41	前苏联		72.50	1.00	7.40	4.70	13.50	0.30		0.30		92.35	2.52	1464	1040	728	543
42	前苏联		72.80	1.00	8.70	3.60	13.10	0.30				91.77	2.51	1464	1041	733	552
43	美国		71.70	0.70	9.70	4.30	13.00					91.43	2.53	1437	1032	732	554
44	英国		73.15	0.83	8.98	3.23	13.34		0.13	0.31		92.17	2.50	1462	1038	732	553
45	法国		71.00	0.70	11.10	3.00	13.50		0.08	0.41		94.48	2.52	1418	1018	728	558
46	比利时		69.10	0.41	11.59	3.29	13.35	0.41	0.10			96.54	2.53	1393	1007	724	557
47	捷克		71.93	0.60	9.53	3.99	13.57		0.037	0.25		93.54	2.52	1434	1026	728	551
48	乌克兰		73.00	1.00	9.00	3.30	13.00	0.20		0.50		91.30	2.50	1466	1042	734	554
49	罗马尼亚		71.60	1.20	9.30	3.40	14.20		0.20			95.03	2.51	1439	1025	725	549
50	波兰		71.00	1.00	12.00	3.00	13.00					92.37	2.53	1416	1022	735	566
51	前苏联		71.73	1.36	11.41	0.08	13.79	1.59	0.06			99.67	2.48	1430	1010	722	558

附录二 国内外瓶罐玻璃化学组成及性能一览表

序号	国家	颜色种类	化学组成(质量分数)/%										$\alpha_{20\sim300}$ /($\times10^{-7}$/℃)	ρ /(g/cm)^3	T_m /℃	T_w /℃	T_s /℃	T_a /℃
			SiO_2	Al_2O_3	CaO	MgO	Na_2O	K_2O	BaO	Fe_2O_3	SO_3	其 它						
1	中国	罐头瓶	73.00	1.6	8.5	2.3	14.60			0.1			95.53	2.49	1467	1032	725	548
2	中国	翠绿啤酒瓶	71.48	2.5	8.25	2.00	14.60			0.3		0.12Cr_2O_3	94.92	2.49	1477	1036	727	550
3	中国	深绿啤酒瓶	70.17	3.5	8.27	2.36	12.73	1.33		0.97		0.18Cr_2O_3	90.88	2.51	1497	1054	740	558
4	中国	罐头瓶	71.14	3.76	7.53	2.00	15.40		0.4	0.16			95.28	2.50	1489	1039	726	548
5	中国	罐头瓶	67.45	4.24	8.95	2.66	13.41	1.55		0.53			93.72	2.53	1464	1038	734	557
6	中国	高白料酒瓶	72.50	1.50	8.5	2.00	14.5		0.5	0.04			85.70	2.50	1468	1031	739	549
7	美国	翠绿啤酒瓶	72.20	1.50	9.5	1.5	14.00	0.60	0.2	0.12		0.20Cr_2O_3	86.90	2.51	1470	1036	732	563
8	英国	瓶罐	72.21	1.30	9.38	0.79	15.07			0.25	0.18		88.66	2.47	1452	1017	718	549
9	捷克	瓶罐	72.13	1.74	8.98	2.2	12.5	0.5		0.2			83.61	2.49	1487	1050	739	560
10	前苏联	深绿瓶	71.70	1.30	7.00	3.00	14.5			0.5	0.3	0.30Cr_2O_3	88.81	2.49	1475	1035	722	540
11	土耳其	高白料	72.50	1.59	8.36	3.49	13.74	0.01	0.18	0.06			85.48	2.51	1468	1040	731	550
12	日本	瓶罐	70.60	3.06	9.31	0.41	13.4	1.56		0.161	0.22		88.70	2.48	1484	1037	731	559
13	捷克	浅绿料	71.87	1.99	9.1	2.46	13.49	0.43		0.43	0.43	0.09Cr_2O_3	85.98	2.50	1469	1039	733	556
14	捷克	淡青料	72.00	2.36	7.88	2.92	13.55	0.56		0.28	0.45		85.36	2.50	1486	1047	733	551
15	捷克	高白料	72.45	0.34	8.92	3.23	14.33	0.9		0.06	0.26		89.97	2.48	1441	1017	725	559
16	前苏联	绿料	69.04	3.21	6.08	2.29	16.68			1.8		0.13TiO_2	93.99	2.51	1472	1021	709	531
17	中国	高白料	73.00	2.06	9.68	0.20	12.70	0.89		0.031	0.03		84.80	2.48	1477	1047	732	561
18	中国	绿色啤酒瓶	72.50	1.50	11.00	0.50	14.50			0.150		0.20Cr_2O_3	89.94	2.48	1441	1017	725	559
19	中国	普白料	70.57	4.15	9.92	0.74	14.16	0.19		0.280			85.57	2.50	1483	1041	737	566
20	美国	普白料	72.47	1.96	9.93	1.06	13.76	0.52	0.08	0.051	0.17		87.74	2.49	1467	1033	731	559
21	美国	普白料	72.86	1.63	9.53	0.19	15.55			0.037	0.20	0.03TiO_2	92.80	2.47	1455	1015	717	549
22	美国	茶色料	71.54	2.47	10.15	0.74	13.99	0.71	0.04	0.210			88.70	2.51	1462	1028	720	549
23	美国	绿色瓶罐	72.10	1.91	10.36	0.65	13.87	0.55	0.04	0.160	0.14	0.3S0.12Cr_2O_3	87.80	2.51	1459	1227	724	551
24	美国	普白料	73.71	1.72	10.65	0.40	12.77	0.36					84.63	2.48	1483	1043	740	568
25	英国	琥珀色	72.80	1.62	10.60	1.82	12.20	0.35	0.02	0.320	0.05	0.09$TiO_2$0.20Cr_2O_3	82.60	2.50	1473	1047	744	568
26	英国	茶色	70.70	1.83	10.30	2.14	13.60	0.69	0.03	0.340	0.06	0.07$TiO_2$0.205Cr_2O_3	88.16	2.51	1441	1025	729	558

续表

序号	国家	颜色种类	化学组成(质量分数)/%										$\alpha_{20\sim300}$ /($\times10^{-7}$/℃)	ρ /(g/cm)^3	T_m /℃	T_w /℃	T_s /℃	T_a /℃
			SiO_2	Al_2O_3	CaO	MgO	Na_2O	K_2O	BaO	Fe_2O_3	SO_3	其 它						
27	德国	绿料	71.97	1.95	10.10	2.03	12.67	0.77		0.290	0.10	0.11Cr_2O_3	84.73	2.50	1468	1041	738	563
28	德国	通用瓶罐	73.00	1.50	10.00	2.50	12.50	0.50					89.50	2.48	1455	1025	729	562
29	日本	绿色	71.35	1.99	11.03	0.20	13.28	1.35		0.040		0.1NiO0.30Cr_2O_3	89.56	2.49	1452	1024	730	563
30	日本	白色吸紫外	71.60	2.00	10.60		14.00	1.60		0.050		0.1CeO_2	92.28	2.48	1448	1016	722	557
31	日本	普白料	72.83	1.80	10.62	0.28	13.10	1.08		0.042	0.25		87.80	2.48	1469	1033	733	563
32	日本	茶色	70.40	2.56	10.32	0.57	14.30	1.42	0.05	0.172			92.01	2.49	1443	1016	722	556
33	日本	绿色	70.08	2.20	10.21	0.43	14.97	1.15		0.141	0.32	0.021$TiO_2$0.168Cr_2O_3	94.34	2.49	1430	1005	708	540
34	日本	白料	71.50	2.00	10.50		14.00	1.50		0.050			92.09	2.48	1449	1017	723	559
35	波兰	白料	71.00	3.20	10.00	2.00	13.60						84.03	2.51	1471	1042	729	565
36	希腊	茶色	70.90	1.42	11.03	1.60	14.00	1.60		0.360		0.04$TiO_2$0.10Cr_2O_3	92.53	2.51	1416	1008	720	554
37	中国	啤酒瓶	67.30	6.60	7.60	2.60	14.90		1.00				84.14	2.54	1506	1056	740	560
38	前苏联	啤酒瓶	67.66	6.10	8.47	0.28	15.63			1.400	0.46		87.95	2.53	1499	1038	731	560
39	德国	啤酒瓶	64.22	9.01	7.99	0.60	15.48			1.380			83.98	2.55	1529	1057	743	569
40	中国		67.00	8.00	9.00	3.00	12.00		0.50				72.50	2.57	1542	1094	773	587
41	德国	香槟酒	62.00	10.80	6.50	4.50	15.50						79.34	2.61	1519	1072	751	564
42	捷克		61.98	11.60	6.34	3.93	13.36			1.520	0.28		71.45	2.62	1579	1110	776	582
43	捷克		61.94	11.60	7.10	4.10	10.40	2.30	0.80	1.500	0.26		68.69	2.64	1589	1127	791	593
44	中国		62.90	12.83	6.71	2.51	14.45			0.150		0.35Li_2O	74.53	2.60	1596	1109	774	585
45	中国		67.04	6.05	10.34	0.31	14.83			0.350	0.37	0.26Li_2O	86.80	2.52	1474	1034	738	571
46	中国	啤酒瓶	66.80	6.48	8.86	2.22	12.01	2.21		0.720	0.60	0.09Cr_2O_3	83.07	2.48	1510	1069	756	578
47	中国	啤酒瓶	63.61	8.76	8.71	2.37	12.65	2.54		1.110	0.09	0.09Cr_2O_3	81.18	2.58	1513	1069	756	578
48	中国	高白	73.90	2.05	9.41		12.40	0.90		0.033	0.28		83.40	2.48	1506	1053	740	562
49	美国	高白	72.60	1.67	9.74	1.47	13.82	0.33	0.05	0.05	0.16		86.50	2.50	1464	1032	725	548
50	中国	绿色	70.30	2.50	9.00	1.91	14.16	1.23	0.01	0.29	0.22	0.19Cr_2O_3	84.80	2.49	1505	1053	737	561
51	中国	茶色	71.63	2.47	8.19	2.14	13.89	1.09		0.31	0.11	0.022Cr_2O_3	88.40	2.49	1478	1053	726	553
52	日本	茶色	72.80	2.12	10.3	0.07	13.30	1.1		0.244	0.04		88.20	2.50	1477	1035	730	562

附录三　国内外器皿玻璃化学组成及性能一览表

序号	国家	制造方式	化学组成(质量分数)/%												$\alpha_{20\sim300}$ /($\times10^{-7}$/℃)	ρ /(g/cm)^3	n_D	T_m /℃	T_w /℃	T_s /℃	T_a /℃
			SiO_2	Al_2O_3	B_2O_3	CaO	MgO	ZnO	PbO	BaO	K_2O	Na_2O	Fe_2O_3	其　它							
1	中国	手工	75.21		0.54	4.98		0.74			18.01		0.026		101.97	2.43	1.510	1485	1008	691	516
2	中国	机制杯	74.34	0.88		9.12	1.10				0.80	14.64	0.075		91.60	2.49	1.517	1460	1022	719	547
3	中国	机制高脚杯	72.21	0.17	1.01	6.84	0.06		0.50	3.50	1.35	14.99	0.009		88.20	2.53	1.530	1479	1016	704	532
4	中国	手工	75.50	1.00	0.30	6.50		1.00			1.20	14.00			91.19	2.45	1.510	1524	1043	720	541
5	中国	机制	74.30	1.40	0.30	6.50	1.40	0.60			15.30				89.58	2.47	1.512	1506	1044	724	542
6	中国	机制	68.19	0.82	1.42	6.83	0.05			4.77	5.93	11.99			102.60	2.47	1.536	1473	1017	705	530
7	捷克	机制器皿	75.50		0.20	6.00					4.80	12.80			97.48	2.42	1.507	1514	1036	712	530
8	日本	机制器皿	71.00	1.60	1.00	9.50					16.50			0.2SO_3	95.17	2.46	1.520	1442	1006	711	545
9	日本	机制器皿	73.00	2.00	10.80						1.38	12.50	0.04	0.2SO_3	85.77	2.47	1.517	1493	1044	738	564
10	日本	人工或压制	75.13	0.41		5.68				1.11	1.11	16.41	0.04		67.53	2.44	1.499	1540	1064	747	567
11	前苏联	机制器皿	75.50			8.00	2.25				2.00	14.50			95.36	2.47	1.515	1450	1017	710	533
12	前苏联	吹制器皿	75.00			7.65	2.10				1.65	13.80			91.76	2.47	1.512	1473	1031	719	539
13	前苏联	压制器皿	73.50	0.40		6.90					1.50	13.25			91.43	2.43	1.508	1517	1042	722	543
14	瑞典	机制器皿	68.80	0.50		5.40					8.00	9.50			98.97	2.43	1.508	1524	1045	716	530
15	比利时	机制器皿	72.50		0.60	6.72					7.34	11.48			101.13	2.43	1.512	1485	1023	706	527
16	中国	机制器皿	74.50	1.50		6.50	1.70	0.30		1.00	15.50				91.36	2.47	1.515	1498	1037	719	538
17	中国	机制器皿	57.31	0.77					31.35		10.00	0.25	0.013		87.52	3.17	1.745	1645	1108	775	548
18	前苏联	机制器皿	55.50						30.00		12.50	2.00			87.97	3.13	1.741	1586	1067	734	517
19	罗马尼亚	机制器皿	54.90	0.20					31.70		8.20	5.00			87.30	3.17	1.755	1557	1041	729	518
20	罗马尼亚	机制器皿	53.00						33.00		13.00	1.00			87.49	3.24	1.771	1595	1076	737	518
21	中国	机制器皿	50.12					2.93	34.50		10.20	1.70			85.06	3.39	1.797	1600	1077	742	524
22	美国	机制器皿	53.10	0.50					35.10		11.40		0.022		80.55	3.30	1.785	1626	1097	762	537
23	中国	机制器皿	68.20			4.73	0.76		7.87		3.78	14.38	0.031		92.07	2.59	1.566	1460	954	690	512
24	日本	压制器皿	73.10			2.00			7.10		4.60	12.70			87.29	2.52	1.547	1489	977	709	515
25	日本	机制器皿	70.90		2.00	3.80			8.80	2.60	11.50				78.23	2.58	1.572	1664	1130	777	563

续表

序号	国家	制造方式	化学组成(质量分数)/%												$\alpha_{20\sim300}$ /($\times10^{-7}$/℃)	ρ /(g/cm)^3	n_D	T_m /℃	T_w /℃	T_s /℃	T_a /℃
			SiO_2	Al_2O_3	B_2O_3	CaO	MgO	ZnO	PbO	BaO	K_2O	Na_2O	Fe_2O_3	其　它							
26	日本	机制器皿	67.20			0.90			14.80		7.10	9.50			88.22	2.69	1.606	1514	1001	713	513
27	德国	机制器皿	62.50		2.99				18.80		12.24	3.47			82.82	2.78	1.642	1542	1051	733	518
28	德国	机制器皿	63.00	1.00	2.00			2.00	18.00		2.50	11.50			83.24	2.81	1.637	1478	983	717	516
29	前苏联	机制器皿	62.00						20.00		15.00	3.00			89.81	2.84	1.651	1569	1054	721	508
30	中国	机制器皿	58.40						25.30		14.05	2.18		0.5Li_2O	89.71	2.98	1.699	1582	1064	728	513
31	欧盟	机制器皿	57.80			1.00	0.50	1.00	24.00	1.00	10.00	3.50			84.63	2.99	1.695	1589	1065	737	526
32	捷克	机制器皿	59.00		0.77			1.40	24.00		12.50	1.90			83.25	2.99	1.689	1592	1075	741	523
33	中国	机制器皿	59.00		1.00			2.00	24.00		12.00	2.00			82.21	3.00	1.690	1593	1076	743	524
34	中国	机制器皿	59.00		1.00			1.00	24.00	1.00	12.00	2.00			83.27	2.98	1.691	1593	1076	743	524
35	前苏联	机制器皿	58.50		1.00			1.00	24.20		13.50	2.00			85.75	2.98	1.691	1579	1068	733	517
36	前苏联	机制器皿	58.00						25.00		14.00	3.00			90.59	2.98	1.696	1566	1052	721	507
37	前苏联	机制器皿	57.00						25.00	3	11.00	4.00			90.78	3.00	1.709	1571	1052	725	513
38	前苏联	机制器皿	57.00					3.00	25.00		11.00	4.00		0.61As_2O_3	87.58	3.07	1.704	1571	1052	725	513
39	阿尔及利亚	机制器皿	62.10						25.00		12.30				76.78	2.97	1.684	1643	1108	764	539
40	埃及	机制器皿	59.76	2.25		2.28			24.83	6.26	2.48				57.09	3.04	1.708	1732	1162	832	604
41	捷克	机制器皿	75.50		0.20	6.00					4.80	12.80		0.54Sb_2O_3	93.40	2.45	1.506	1566	1080	739	542
42	捷克	机制器皿	75.70	0.17	0.31	5.52					10.10	7.90		0.98Sb_2O_3	95.24	2.52	1.491	1555	1066	728	535
43	美国	机制器皿	69.50	0.13	1.50	4.92		1.75		2.80	8.11	10.70		0.14Sb_2O_3	88.43	2.47	1.507	1510	1031	704	520
44	前苏联	机制器皿	74.50			5.50					11.30	8.70			86.34	2.43	1.508	1526	1046	714	525
45	中国	机制器皿	59.20	4.00						18.40	8.50	7.50		0.3As_2O_3	93.24	2.49	1.571	1579	1046	734	524
46	德国	机制器皿	69.80	1.32		6.00				7.60	2.88	12.40		0.90Sb_2O_3	94.61	2.60	1.537	1528	1047	722	540
47	荷兰	机制器皿	65.00	1.00		6.00		2.00		7.00	4.00	13.00			93.02	2.59	1.546	1475	1012	700	526
48	前苏联	机制器皿	71.50		2.00			9.00			5.00	12.50		0.30Sb_2O_3	87.26	2.90	1.518	1481	1009	706	506
49	美国	机制器皿	59.50	1.00	1.75Li_2O		10.5SrO	7.50		10.5	5.40	3.60		0.30Sb_2O_3	89.29	2.90	1.582	1543	1086	774	551

附录四 国内外仪器玻璃化学组成及性能一览表

序号	国家	厂家或牌号	品种	化学组成(质量分数)/%										$\alpha_{20\sim300}$ /($\times10^{-7}$/℃)	T_m /℃	T_w /℃	T_s /℃	T_a /℃	ρ /(g/cm)^3
				SiO_2	Al_2O_3	B_2O_3	Na_2O	K_2O	MgO	CaO	BaO	ZnO	其 它						
1	中国	BJTY	3.3硼硅玻璃	80.50	2.40	12.90		4.20						32.0	1686	1264	823	556	2.23
2	中国	BG-32		80.50	2.00	12.50	4.50							32.0	1678	1250	820	560	2.23
3	中国	GG17		80.50	2.00	12.70	4.00	0.40		0.35	0.12			32.0	1680	1221	820	560	2.23
4	美国	ASTM E438 Ⅰ级 A		81.00	2.00	13.00	4.00	0.10		0.10	0.10			32.0	1682	1222	820	555	2.23
5	德国	Rasothrem		78.25	2.74	12.18	5.39	0.41		0.85				35.0	1656	1204	795	552	2.25
6	德国	Duran50M		79.69	3.10	10.29	5.20			0.77	0.87			33.0	1651	1209	808	554	2.28
7	德国	Duran50S		81.00	2.00	13.00		4.00						32.0	1687	1685	813	555	2.23
8	德国	Duran8330		80.00	2.50	13.00	3.50	1.00						32.0	1688	1226	814	556	2.23
9	英国	Hysil		80.60	2.70	12.20	4.15			0.12				33.6	1691	1227	815	557	2.24
10	英国	Monax		76.66	3.89	13.44	5.89	0.79		0.75	0.49			36.3	1674	1210	803	550	2.25
11	法国	Sovirel		80.00	2.25	13.00	3.50	1.15						32.0	1684	1223	812	555	2.23
12	日本	柴田 H32		81.00	2.00	13.00		4.00						32.0	1687	1246	820	560	2.23
13	日本	岩城		81.20	2.30	12.60	3.90	0.07						32.0	1689	1226	815	557	2.23
14	前苏联	劳动胜利		79.61	1.93	12.12	3.68	1.74		0.43	0.17			33.6	1665	1212	807	552	2.25
15	捷克	Simax		80.12	2.37	13.42	3.96			0.73				32.0	1676	1240	815	559	2.23
16	捷克	Simax		80.00	2.40	12.50	3.80	1.00		0.30				32.0	1678	1220	811	555	2.24
17	德国	Borofloat		81.00	2.00	13.00		4.00						32.5	1687	1246	820	560	2.20
18	前苏联	K186	超特硬	90.00	1.80	5.70	2.50							25.0	1701	1239	823	562	2.25
19	前苏联	K192		91.00	1.80	5.70	1.50							21.8	1712	1248	830	566	2.25
20	前苏联	K212		91.00	1.80	6.70	0.50							16.9	1722	1257	836	570	2.24
21	中国	特硬料	九五料	80.68	2.08	12.15	3.75	0.20		0.89				33.3	1672	1219	817	559	2.24
22	中国	九五料		78.40	1.70	14.20	5.4	0.12		0.44	0.18			39.0	1653	1201	800	548	2.23
23	德国	S95		78.13	1.69	14.64	4.58	0.77		0.08				37.4	1664	1208	803	549	2.22
24	中国	BG95		78.89	2.03	12.89	5.56	0.21		0.32				39.0	1657	1203	790	548	2.24
25	德国	D95		77.21	2.44	14.56	4.58	0.51		0.23				37.0	1673	1214	795	552	2.23

续表

序号	国家	厂家或牌号	品种	化学组成(质量分数)/%										$\alpha_{20\sim300}$ /($\times10^{-7}$/℃)	T_m /℃	T_w /℃	T_s /℃	T_a /℃	ρ /(g/cm)^3
				SiO_2	Al_2O_3	B_2O_3	Na_2O	K_2O	MgO	CaO	BaO	ZnO	其　它						
26	德国	Supremax(S)	高铝无碱硼硅玻璃	53.00	21.00	10.00			10.00	5.00		1.00		33.0	1655	1334	900	664	2.50
27	美国	Corning1720		62.00	17.00	5.00	1.00		7.00	8.00				42.0	1619	1285	867	649	2.50
28	美国	Corning1723		57.00	15.00	5.00			7.00	10.00		6.00		43.0	1573	1271	910	661	2.64
29	美国	Corning1710		57.00	20.50	4.00	1.00		12.00	5.50				37.0	1592	1292	920	675	2.71
30	德国	Schott4172Ⅲ		60.00	15.00				12.00	8.00		5.00		39.0	1606	1266	955	632	2.82
31	荷兰	Philips18		57.00	21.50	4.00		0.50	9.00	6.50		1.00		38.5	1660	1298	955	701	2.71
32	美国	Owens-Corning		65.00	25.00				10.00					29.0	1678	1312	947	676	2.42
33				54.70	21.70	7.00				8.50		8.30		28.0	1657	1287	930	726	2.76
34				50.20	21.70	11.50				8.50		8.30		27.0	1635	1281	946	702	2.74
35				57.60	20.70	4.00					17.00			32.0	1716	1261	1074	812	2.54
36				56.00	24.00	5.00					15.00			28.5	1718	1276	1025	795	2.56
37				60.00	29.00				2.00	8.00		1.00		35.0	1743	1329	1040	806	2.69
38				60.00	30.00					8.00		2.00		35.0	1743	1335	1065	809	2.70
39	中国	2#	高硼硬质玻璃	76.25	3.72	13.29	5.80	1.50				0.37		48.0	1607	1205	750	540	2.36
40	美国	ASTM E438 Ⅰ级 B		73.00	7.00	10.00	6.00	1.00	0.10	1.00	2.00	0.10		50.0	1625	1223	799	562	2.32
41	德国	Jena1447Ⅲ		64.50	5.50	9.35	8.35			0.35		11.00		50.0	1651	1187	789	543	2.45
42	德国	4215Ⅲ		75.00	3.00	11.30	6.30	1.20		0.50				47.0	1644	1192	793	546	2.26
43	德国	Jena G20		75.20	5.25	7.85	7.00			0.88	3.85			48.0	1666	1207	804	554	2.40
44	德国	Jena(Schott)		64.70	4.20	10.90	7.50	0.37	0.21	0.63		10.90		49.0	1632	1181	787	542	2.56
45	德国	Jena52		76.60	3.00	6.00	8.00				3.00		3.00ZrO_2	49.0	1646	1185	786	565	2.38
46	德国	Jena2887Ⅲ		75.60	5.00	9.00	5.20	1.20		0.40	3.80			45.7	1685	1222	811	554	2.35
47	德国	Jenatherm G		76.00	4.20	7.00	6.50			0.70	4.00		0.3Fe_2O_3	46.0	1664	1206	803	552	2.36
48	日本	硬质玻璃		70.90	4.10	11.70	10.60	3.20	0.10	0.60			0.2Fe_2O_3	61.2	1568	1130	751	542	2.34
49	美国	N-51-A		74.70	5.60	9.50	6.40	0.50		0.90	2.20			46.7	1673	1213	808	557	2.36
50	美国	N-51-A(K)		73.95	5.42	9.09	6.40	0.90		0.90	2.91			48.0	1667	1208	805	554	2.36
51	德国	Schott UV10L		75.00	2.00	12.00		11.00						53.0	1672	1187	756	545	2.30
52	捷克	Sial		74.30	5.90	7.50	6.40			1.10	4.40		0.3Fe_2O_3	48.0	1678	1216	800	580	2.38

53	前苏联	846#	少硼硬料	74.00	3.00	3.00	10.00		4.00	6.00				62.0	1449	1108	767	567	2.43
54	捷克	Palex		70.84	4.48	6.31	8.37	0.99	2.02	4.17		2.62	0.36Fe_2O_3	64.9	1526	1143	181	573	2.45
55	德国	Robax		68.00	6.50	2.70	5.80			7.50		2.50		61.0	1567	1178	778	587	2.48
56	前苏联	13#	无碱仪器	61.90	18.50				4.20	15.40			4.00F	44.0	1590	1183	738	536	2.60
57	前苏联	13B#		63.50	15.50		2.00		4.00	13.00			2.00F	54.0	1595	1072	720	543	2.60
58	英国	Thomson		67.40	13.90		3.60	1.00	7.50	6.90				58.6	1558	1056	719	537	2.61
59	中国			65.00	13.50	2.00	2.00		7.50	10.00				40.4	1545	1034	769	564	2.61
60	前苏联	23#	低硼仪器玻璃	68.38	3.88	2.66	9.42	7.14		8.51				93.0	1397	1057	739	559	2.47
61	前苏联	KC34#		67.43	2.15	3.90	12.16	2.65	2.27	6.30			0.87ZrO_2	91.0	1378	1046	726	542	2.48
62	前苏联	KC34-5#		68.08	4.61	3.89	11.23	2.63	2.25	7.31				99.6	1409	1073	750	562	2.49
63	捷克	AH		70.70	4.20	2.30	13.90	1.90		7.00				89.0	1411	1052	730	551	2.45
64	美国	Ⅱ-A		68.00	3.00	2.00	15.00	1.00	4.00	5.00	2.00	2.70		93.0	1362	1035	715	528	2.57
65	前苏联	24#		72.20	5.50	3.30	8.20	4.00		5.60				66.1	1526	1133	776	576	2.44
66	捷克	Kavalier		71.60	0.50	3.94	9.43	2.54		8.56				69.4	1410	1068	747	565	2.42
67	英国			66.51	6.74	4.57	11.52	2.58	0.33	4.35				78.9	1504	1107	755	560	2.45
68	前苏联	X/8	无硼仪器玻璃	69.25	3.40	1.40	11.00	2.50	2.50	7.20			2.75SrO	90.5	1402	1071	764	558	2.53
69	前苏联	29#		68.60	3.70		10.00	3.00	3.50	7.50	3.50			89.3	1403	1077	753	563	2.54
70	前苏联	Ц-32		68.00	4.00		14.50		3.00	7.00			0.2F3.5ZrO_2	88.6	1489	1103	731	549	2.53
71	前苏联	ЦЛ8		68.10	4.00		13.50	1.40	2.40	7.30			2.8ZrO_2	88.8	1375	1048	732	551	2.54
72	前苏联	Л-1		68.00	3.50		11.00	3.00	3.00	7.00	2.80			90.0	1391	1065	743	554	2.51
73	前苏联	Л-5		67.00	3.00		12.00	3.00	3.00	7.00	3.50		0.5F1.0ZrO_2	94.8	1370	1046	730	546	2.55
74	捷克	KS		75.10	0.60		9.80	3.90		10.80				91.1	1375	1052	744	568	2.49
75	奥地利	Sun		76.78	0.72		11.14	4.74	0.24	6.52		2.50		95.1	1420	1061	731	544	2.49
76	中国			73.00	3.50		12.00		2.50	5.00		3.00	1.0ZrO_2	85.1	1585	1135	753	557	2.56
77	中国			72.00	3.50		12.00		2.50	5.50		2.50	2.0ZrO_2	85.0	1573	1124	753	558	2.56

续表

序号	国家	厂家或牌号	品种	化学组成(质量分数)/%										$\alpha_{20\sim300}$ /($\times10^{-7}$/℃)	T_m /℃	T_w /℃	T_s /℃	T_a /℃	ρ /(g/cm)^3
				SiO_2	Al_2O_3	B_2O_3	Na_2O	K_2O	MgO	CaO	BaO	ZnO	其它						
78	日本	村野	硬质灯工	79.00	4.00	12.00	4.50			0.50				34.6	1692	1229	818	561	2.26
79	德国	Schott		66.90	6.38	7.22	1.25	2.40	0.61	7.94		7.24		35.2	1591	1212	845	604	2.58
80	捷克	Kavalier		79.57	0.32		0.66	11.60	0.11	7.80				79.2	1491	1131	780	576	2.43
81	德国	Jena59-Ⅳ		80.75	2.20	12.00	4.10	0.10		0.30				32.6	1680	1221	812	556	2.23
82	德国	Jena15-Ⅲ		67.00	2.00		8.00	7.00		7.00		7.00		95.6	1418	1067	740	553	2.57
83	中国			68.20	6.20	5.10	8.10	3.00		7.20		1.80		79.6	1505	1129	783	561	2.50
84	中国	29-C#		68.60	3.70		10.50	3.00	3.00	7.50	3.50		0.2F	75.2	1396	1071	749	560	2.53
85	中国	5#	软质灯工	71.00	4.00		12.50	4.50		8.00				98.0	1393	1046	730	552	2.42
86	中国	L-1#		69.30	4.05		12.98	4.96		8.28	0.07			99.6	1369	1030	721	547	2.39
87	中国	L-2#		69.40	4.00		16.98	0.96		8.28	0.07			101.4	1338	1003	705	540	2.43
88	德国			71.88	2.75		18.57	1.98		4.90	0.20			106.4	1360	998	684	512	2.39
89	前苏联			73.62			17.00			5.46	3.91			102.3	1370	1012	696	522	2.37
90	德国	Jena 16Ⅲ	温度计玻璃	67.30	2.50	2.00	14.00			7.00		7.00		92.3	1667	1040	724	549	2.57
91		PN-3		68.50	2.50	2.00	13.50			5.00		8.50		91.0	1443	1064	730	546	2.58
92	德国	Jena 59Ⅲ		72.00	5.00	12.00	11.00							51.3	1620	1160	769	555	2.28
93	德国	Jena 2950Ⅲ		54.00	21.00	10.00			10.00	5.00				33.0	1656	1326	945	695	2.66
94		335Ⅲ		67.10	3.00	7.00	8.50	9.00	5.00					74.3	1444	1084	724	510	2.40
95	德国	Jena 2954Ⅲ		66.50	10.00	9.00	8.50			6.00				53.0	1595	1182	815	610	2.40
96	美国	Corning1720		62.00	17.00	5.00	1.00		7.00	8.00				43.3	1619	1285	912	681	2.61
97	德国	Jena	耐碱	80.50	4.80	5.30	5.80			0.30	0.20		0.5Li_2O 1.6ZrO_2	41.0	1689	1279	813	616	2.32
98	德国	Schott		72.50	8.20	7.50	6.84	0.36		1.19			1.4Li_2O 2.0ZrO_2	56.1	1696	1291	761	568	2.39
99	前苏联	Щ-23		64.10	1.90		8.90			4.00			1.0Li_2O 1.9La_2O_3 4.0SrO 13.9ZrO_2	65.0	1645	1117	753	564	2.62
100	美国	Corning0211	生	64.00	3.00	9.00	7.00	7.00				7.00	3.0TiO_2	76.0	1571	1133	749	535	2.53

附录五 国内外光学玻璃化学组成及性能一览表

序号	国家	牌号	化学组成(质量分数)/%												n_D	v_D	ρ /(g/cm³)	α /($\times10^{-7}$/℃)
			SiO_2	Al_2O_3	B_2O_3	Na_2O	K_2O	CaO	BaO	PbO	ZnO	ZrO_2	TiO_2	其它				
1	中国	QK478/656	66.80		23.6		8.7							0.5As_2O_3	1.480	64.40	2.26	49.48
2	中国	QK490/651	67.50	2.26	16.48		10.94				2.56			0.25As_2O_3	1.490	66.70	2.35	56.99
3	中国	QK470/668	51.00	8.30	18.3		7.8							14.4KHF0.2As_2O_3	1.480	67.76	2.23	51.91
4	中国	QK488/700	56.00		15.7		5.2							23.0KHF0.1As_2O_3	1.480	69.04	2.24	40.54
5	中国	K9(516/641)	66.21		8.17		17.8	1.93	4.93					0.97As_2O_3	1.516	64.10	2.56	87.49
6	中国	BaK7	49.83		5.32	1.26	7.24		20.51	2.61	12.53			0.5$Sb_2O_3$0.2As_2O_3	1.569	56.00	3.17	84.70
7	中国	ZK10	32.20	3.35	11.85				42.73	0.61	8.44			0.31$Sb_2O_3$0.51As_2O_3	1.622	56.70	3.59	73.59
8	中国	PK1		9.09	4.04		10.71							1.01Sb_2O_3 4.04MgO 71.11P_2O_5	1.519	69.80	2.42	114.61
9	中国	ZF6	31.09			0.91	2.11			65.59				0.3As_2O_3	1.755	27.50	4.74	90.17
10	中国	ZBaF20	25.54		10.89			6.53	34.16	11.19	3.37		5.84	0.5$Sb_2O_3$0.5As_2O_3	1.702	41.00	3.82	83.29
11	中国	LaK2	3.11		41.68			14.00			10.14	4.44		0.26$As_2O_3$26.37La_2O_3	1.692	54.50	4.20	42.01
12	中国	LaF7	2.77		29.12						1.19	7.45		2.96CdO47.08$La_2O_3$6.98$Ta_2O_5$2.0$Y_2O_3$0.45WO_3	1.788	47.40	4.08	38.85
13	中国	ZLaF1	5.27		24.62						2.19	7.45		4.96CdO47.38$La_2O_3$3.68$Nb_2O_5$4.45WO_3	1.801	44.30	4.69	36.74
14	前苏联	K-8	68.92	0.04	11.47	10.37	6.02		2.86					0.36As_2O_3	1.516	64.00	2.55	83.81
15	德国	BK-7	69.58	0.3	9.91	8.37	8.44	0.07	2.54						1.516	64.00	2.55	83.26
16	英国	BSC516/638	67.10		7.2		16.2	2.0	7.2					0.1As_2O_3	1.516	63.80	2.55	83.51
17	法国	BSC/516/639	70.00		10.7	16.02			2.84					0.34Sb_2O_3	1.516	63.90	2.55	85.96
18	美国	BCS-2	72.50		12.5	12			1.0		2.0			0.2As_2O_3	1.516	64.00	2.50	69.07
19	中国	K4(508/611)	63.70	4.0	10.0	7.8					14.0			1.0As_2O_3	1.525	62.00	2.62	59.02
20	英国	HC518/605	72.00	0.3	10.1	6.3		11.4						0.2As_2O_3	1.529	64.90	2.53	60.52
21	中国	ZK622/567	31.60	3.28	11.6				44.45		8.28			0.5$As_2O_3$0.3Sb_2O_3	1.622	55.43	3.61	75.12
22	中国	ZK589/612	36.90	4.24	17.6				40.36					0.6$As_2O_3$0.3Sb_2O_3	1.578	60.98	3.17	63.63
23	中国	BaK540/597	59.40		3.0	3.0	9.8		19.3		4.9			0.5As_2O_3	1.539	59.66	2.84	91.04
24	中国	BaK547/628	53.10		14.8	2.4	3.6		20.0		5.6			0.4As_2O_3	1.544	62.34	2.83	67.65
25	中国	BaK570/560	49.80		4.9	1.3	7.1		21.5	2.2	12.5			0.6As_2O_3	1.570	56.11	3.18	85.34
26	中国	QF540/472	61.88				13.65			24.17				0.3As_2O_3	1.539	47.65	2.86	87.31

续表

序号	国家	牌号	化学组成(质量分数)/%												n_D	v_D	ρ /(g/cm^3)	α /($\times10^{-7}$/℃)
			SiO_2	Al_2O_3	B_2O_3	Na_2O	K_2O	CaO	BaO	PbO	ZnO	ZrO_2	TiO_2	其 它				
27	中国	F616/366	41. 49				5. 39			53. 06				0. 11As_2O_3	1. 662	32. 93	3. 93	84. 94
28	中国	ZF755/275	31. 00				2. 60			65. 7				0. 5$As_2O_3$0. 2Sb_2O_3	1. 760	26. 98	4. 73	89. 94
29	中国	XF806/254	27. 30			0. 5	1. 00			70. 9				0. 3As_2O_3	1. 801	25. 15	5. 01	95. 33
30	中国	BaF580/539	46. 60		4. 5	1. 4	7. 00		21. 1	3. 7	15. 0				1. 581	53. 84	3. 29	88. 21
31	中国	ZBaF644/354	58. 10		3. 7		11. 2		8. 7	13. 7	4. 3				1. 551	52. 36	2. 94	80. 61
32	美国	EK110			35				8					22$ThO_2$10SrO23 $La_2O_3$2Ta_2O_5	1. 697	56. 10	3. 35	51. 54
33	美国	EK210			30				12					12$ThO_2$10SrO 28$La_2O_3$18Ta_2O_5	1. 734	51. 10	3. 23	61. 02
34	美国	EK310			34									22$ThO_2$22$La_2O_3$22Ta_2O_5	1. 744	45. 80	2. 96	24. 39
35	中国	LaK658/575	19. 20	1. 4	17. 9				48. 6					12ThO_2	1. 640	55. 10	4. 04	85. 86
36	中国	LaK678/555	15. 80	0. 5	18. 0				48. 5					15$La_2O_3$0. 5$As_2O_3$0. 4Sb_2O_3	1. 667	53. 40	4. 19	93. 22
37	中国	LaK694/535	16. 50	0. 1	16. 5				47. 8					11$La_2O_3$9. 5ThO_2	1. 668	53. 60	4. 30	89. 93
38	中国	LaF757/478	3. 60		21. 3							5. 0		2. 0$WO_3$22. 4Cd O 35. 8La_2O_3	1. 816	42. 65	5. 08	38. 91
39	中国	LaF769/337	18. 00		12				20					10La_2O_3	1. 846	55. 16	3. 79	49. 78
40	中国	TiF532/460	53. 90	8. 5	7. 9		8. 4			1. 2			8. 0	19. 7KHF	1. 553	45. 96	2. 50	48. 48
41	中国	TiF593/358	40. 40	4. 0	5. 0	7. 3				14. 2			16. 2	21. 0KHF	1. 675	30. 73	3. 03	65. 44
42	中国	PK516/700		10. 0	3. 0				12. 5					4. 0MgO70. 5P_2O_5	1. 529	66. 96	2. 66	75. 28
43	中国	TF523/522	52. 40	1. 9	18. 3	2. 3	4. 3	0. 3						0. 1$As_2O_3$20. 4Sb_2O_3	1. 550	49. 04	2. 61	50. 43
44	英国	防辐照玻璃	55. 00	10	15		10		10						1. 506	65. 05	2. 48	65. 67
45	英国	防辐照玻璃	70. 00		10		5		15						1. 515	66. 36	2. 61	47. 43
46	英国	防辐照玻璃	59. 50	5	15		10		10					0. 5CeO_2	1. 508	65. 69	2. 51	64. 77
47	英国	防辐照玻璃	54. 50		20		10		15					0. 1CeO_2	1. 523	65. 57	2. 62	71. 78
48	中国	ZB1	73. 00			17		10						0. 7CoO1. 0CuO	1. 519	59. 27	2. 50	100. 88
49	中国	ZB2	74. 00		13		13							0. 7CoO	1. 494	67. 99	2. 37	59. 51
50	中国	ZB3	74. 00		13		13							1. 4CoO	1. 494	67. 99	2. 37	59. 51
51	中国	QB19	38. 00	20	23		19							0. 25CoO6. 0KCl6. 0NH_4HF	1. 497	62. 75	2. 33	103. 69
52	中国	QB21		6		10					20			2. 0CuO64. 0P_2O_5	1. 484	59. 38	2. 75	121. 31
53	中国	QB26		10	7. 5	4. 5			5. 0					4. 7CuO73. 0P_2O_5	1. 427	59. 80	2. 71	84. 21
54	中国	CB1	72. 00	3. 0		18	2. 0	5						2. 0$Na_2SO_4$2. 0C	1. 524	61. 14	2. 54	102. 28
55	中国	CB2	72. 00	3. 0		18	2. 0	5						1. 0$Na_2SO_4$1. 0C	1. 524	61. 29	2. 54	100. 75

附录六　国内外眼镜玻璃化学组成及性能一览表

序号	品种	国别牌号	化学组成(质量分数)/%															n_D	v_D	ρ /(g/cm³)
			SiO_2	Al_2O_3	B_2O_3	Li_2O	Na_2O	K_2O	CaO	BaO	ZnO	TiO_2	ZrO_2	MgO	Nd_2O_3	PbO	其　它			
1	白托片	中国	69.58	0.86	0.71		9.44	7.48						11.76			0.79Sb_2O_3	1.514	59.49	2.44
2		中国	70.5	1.0			13.8		4.1					9.9				1.518	59.50	2.45
3		日本	70.6				11.1	5.3				0.6		11.9			0.60Sb_2O_3	1.522	58.55	2.46
4	克罗赛脱眼镜	中国	63.66		3.21			13.46		14.76	4.92				0.80		0.5CeO_2	1.530	60.51	2.75
5		中国	64.69		3.27			13.37		13.67	5.0						0.4MnO_2 2.5CeO_2	1.532	59.86	2.75
6		日本	66.5	2.4	4.3		9.0	5.5	2.3	1.5		3.1			0.5	3.8	1.0CeO_2 0.004NiO 0.2As_2O_3 0.3Sb_2O_3	1.536	53.98	2.61
7		中国	70.53	0.67	0.49		10.83	4.59	9.4	1.98				1.14			0.087MnO_2 0.27CeO_2	1.522	59.82	2.52
8		日本	65.8	3.2	3.5		9.0	4.5	1.8	1.5		1.2			4.0	2.5	1.5CeO_2 0.005NiO 0.2As_2O_3 0.3Sb_2O_3	1.529	56.76	2.62
9		日本	72.11	3.35			15.0	0.03	5.42								2.18CeO_2 2.9Sb_2O_3	1.521	57.07	2.52
10	高折射率低密度眼镜玻璃	日本	24.59		23.70				31.27			8.21	4.05		6.41		1.0Y_2O_3	1.701	42.40	3.05
11		日本	9.62		40.87	3.85			23.86			12.16					9.62La_2O_3	1.698	42.66	2.99
12		德国	20.0	26.0	6.0	4.0	4.0	1.0	5.4		7.0	6.0	1.9		1.0		0.2As_2O_3 16.0P_2O_5	1.570	46.00	2.61
13		美国	58.89	6.19	17.28	1.80	4.09	5.81				2.98	2.98				0.3As_2O_3	1.523	53.00	2.37
14		法国	36.70	4.22	4.60	0.88	0.83					4.35	1.32			43.70	0.21As_2O_3 3.15La_2O_3	1.690	31.80	3.80
15		法国	7.30		16.65				12.50			10.10	8.20		15.95		0.05As_2O_3 29.25La_2O_3	1.890	31.30	4.06
16		中国	29.34		8.17	3.00			25.00		6.00	5.81		5.00	10.45		2.0SrO	1.650	47.31	3.18
17		中国	38.50	7.90	6.17	3.00			21.22	4.88		5.00			8.45		4.88SrO	1.700	50.01	3.21
18		日本	51.40	0.50	11.90	2.20	2.50	14.40	2.20			14.60					0.3As_2O_3	1.600	41.50	2.60
19		美国	53.20	6.53	10.40	6.38	3.10					3.86				14.00	0.17As_2O_3 1.52La_2O_3	1.660	34.10	3.60
20		美国	18.60	0.20	13.60				8.80	2.00		16.60		1.90			0.20As_2O_3 23.4La_2O_3 9.8SrO	1.970	33.60	3.67
21	光致变色眼镜	美国	39.64	6.21	21.20	4.40	1.26	5.26				2.45	6.21		10.79		0.232Ag 6.31SrO	1.590	47.50	2.65
22		美国	46.50		14.60	1.90	1.10	5.20		5.20		1.40	2.34		12.50		1.8SrO 0.134Ag	1.520	56.40	2.41
23		美国	34.80	2.46	19.60			2.27	8.56	23.40			7.92				0.24Ag	1.600	56.30	3.08
24		德国	42.49		18.15	3.80		5.73				2.10	8.24				8.5PbO 0.5Nd_2O_3 10.99La_2O_3 0.006CuO 0.27Ag_2O 0.64Cl 1.21Br	1.590	40.00	2.92
25		德国	39.10	0.10	18.00	2.20	2.20	10.00	0.10			5.70	5.50				0.5La_2O_3 0.006CuO 0.27Ag_2O 0.64Cl 1.21Br 1.0WO_3 1.0SrO	1.620	51.00	2.93
26		德国	49.50	4.50	14.00	6.50	0.75	0.75	1.80			5.00	4.20	5.60			0.012CuO 0.50Ag_2O 2.12Cl 0.95Br	1.600	48.29	2.59

续表

序号	品种	国别牌号	化学组成(质量分数)/%															n_D	v_D	ρ /(g/cm³)
			SiO_2	Al_2O_3	B_2O_3	Li_2O	Na_2O	K_2O	CaO	BaO	ZnO	TiO_2	ZrO_2	MgO	Nd_2O_3	PbO	其它			
27	光致变色眼镜	法国	45.96	2.17	16.71	2.29	1.15	6.20		7.04		6.64	4.55		6.63		0.9SrO 0.02CuO 0.132 Ag_2O 0.31Cl 0.143Br	1.600	43.00	2.69
28		法国	54.80	7.20	18.50	3.20		8.30					5.00				3.2La_2O_3 0.011CuO 0.123Ag_2O 0.30Cl 0.057Br	1.520	60.10	2.30
29		日本	52.40	6.90	20.00	2.60	1.80			8.20			2.10			4.80	0.016CuO 0.31Ag_2O 0.66Cl 0.23Br	1.520	59.60	2.53
30		美国	55.60	8.90	14.60	2.65	1.85	0.01	0.20	6.70		2.30	2.20			5.00	0.035CuO 0.16Ag_2O 0.24Cl 0.145Br	1.540	56.65	2.56
31	遮阳颜色眼镜	淡绿	62.73		3.31			12.93		15.76	4.85						1.0Fe_2O_3 0.25Cr_2O_3 0.1NiO 0.3CuO	1.530	61.63	2.76
32		中绿	68.50	2.20	4.92		8.70	8.30	2.40								5.77Fe_2O_3	1.520	66.98	2.52
33		淡茶	62.73		3.13			12.93		15.76	4.85						0.15Fe_2O_3 0.035NiO 0.12CuO 0.15 MnO_2 0.06Se	1.530	61.63	2.75
34		棕色	68.70	1.90	4.30		8.70	8.80	3.20								3.90Fe_2O_3 0.08Se	1.520	65.04	2.50
35		灰色	64.18		3.26			13.51		13.58	4.93	0.29					2.99Fe_2O_3 0.097Cr_2O_3 0.294NiO 0.198CuO 0.021CoO 0.12MnO_2 1.51V_2O_3	1.540	62.76	2.74
36		灰色	67.80		4.13		6.64	14.40	1.16								4.96Fe_2O_3 0.189NiO 0.013CoO 0.2V_2O_3	1.520	65.97	2.50
37		中绿	67.00	2.00	7.50		2.40	13.10			2.50	1.00					5.1Fe_2O_3	1.530	67.08	2.55
38	工业防护眼镜	中国	70.39		0.51		14.54		3.93								0.28As_2O_3 2.0CeO_2 0.48Cr_2O_3 0.63Fe_2O_3 0.59NiO 0.05CoO	1.510	61.91	2.44
39		中国	72.84	0.35	1.02		17.50		4.10								0.56Cr_2O_3 0.34NiO 0.23CuO	1.510	60.65	2.45
40		前苏联	69.50				15.00		5.50								10.0Fe_2O_3 0.35C 粉	1.540	67.01	2.56
41		德国	75.50				10.60	7.60	0.30								0.30Cr_2O_3 3.6Fe_2O_3 0.3CoO 2.0Pr_2O_3	1.500	64.58	2.41
42		电焊	71.08				17.17	0.42	3.97								0.68Cr_2O_3 0.15Sb_2O_3 0.31 As_2O_3 1.97CeO_2 0.07MnO_2 3.89 Fe_2O_3 0.05CoO	1.520	60.85	2.52
43		气焊	75.20				16.20		5.00								0.5Sb_2O_3 0.96Cr_2O_3 1.48Fe_2O_3 0.5CuO 0.14CoO	1.500	60.46	2.47
44		铝焊	67.45				8.40	11.70	0.80								6.4Fe_2O_3 0.01CuO 0.045CoO	1.520	66.05	2.47
45		炼钢	74.15				15.94		4.18								0.26Sb_2O_3 0.4As_2O_3 0.12MnO_2 2.9 Fe_2O_3 1.27CuO 0.51CoO	1.500	60.75	2.50
46	激光防护镜	美国	11.70	1.60	11.70		0.80			17.20				1.60			45.0Er_2O_3 0.5As_2O_3 0.25CeO_2 8.7 La_2O_3 2.5 Si 粉	1.760	47.65	5.39
47		中国	56.58	2.00	12.00		9.27	6.65	3.50		6.00						4.0CuO	1.480	64.92	2.68
48		美国	65.58	1.00	3.00			20.42	6.00		4.00		1.60				0.5CuO 2.5$FeCl_3$ 2.5SnO 1.0Sb_2O_3 8.7 La_2O_3	1.550	59.52	2.77
49		C8111	55.80	6.50	18.00	1.90	4.00	5.80				2.20	4.90				0.011CuO 0.24Ag	1.520	59.82	2.42
50		C8122	56.30	6.20	18.10	1.80	4.10	5.70				2.20	5.00				0.006CuO 0.25Er_2O_3 0.21Ag 0.0002 Pd	1.520	59.86	2.42
51		C8135	56.40	6.20	18.10	1.82	4.08	5.72				1.91	4.99				0.006CuO 0.24Ag 0.144 NiO 0.082CoO	1.520	59.89	2.42

附录七　国内外耐热器皿玻璃化学组成及性能一览表

序号	国家	生产商或牌号	化学组成(质量分数)/%													$\alpha_{20\sim300}$ /($\times10^{-7}$/℃)	ρ /(g/cm³)	T_m /℃	T_w /℃	T_s /℃	T_a /℃
			SiO_2	Al_2O_3	B_2O_3	Li_2O	Na_2O	K_2O	CaO	MgO	BaO	ZnO	TiO_2	F	其　它						
1	中国	BGTY	80.50	2.40	12.90		4.20									32.0	2.23	1686	1224	820	560
2	中国	GG17	80.50	2.00	12.70		4.00	0.40	0.35	0.12						32.0	2.23	1673	1218	820	560
3	美国	7740	80.50	2.10	12.60		4.50									32.5	2.23	1678	1221	821	559
4	捷克	Simax	80.00	2.40	12.50		3.80	1.00	0.30							32.0	2.23	1678	1220	819	560
5	德国	Duran50	81.20	2.30	12.60		3.90	0.07								32.0	2.23	1689	1226	821	561
6	美国	I级 A	81.00	2.00	13.00		4.00									32.0	2.23	1685	1223	818	559
7	中国	95料	78.40	1.70	14.20		5.40	0.12	0.44	0.18						39.0	2.24	1650	1201	800	552
8	日本		70.00	1.50	22.20	1.00						0.50		2.00	$1.0Bi_2O_3$	30.0	2.23	1725	1261	839	576
9	德国	G-20	75.20	5.20	7.80		7.00		0.87							47.0	2.34	1662	1205	804	557
10	捷克	Sial	74.30	5.90	7.50		6.40		1.10							48.0	2.34	1674	1216	812	564
11	德国	8486	75.50	4.00	11.50		4.00	1.00	1.00							41.0	2.30	1680	1224	817	565
12	美国	浅灰褐	80.00	2.00	12.35		5.51								0.052NiO0.001CoO0.5MnO_2	41.0	2.26	1666	1207	802	552
13	美国	浅灰	80.80	2.20	14.20		5.00								0.012NiO0.005CoO0.062CuO	38.2	2.26	1674	1214	806	555
14	美国	浅绿	78.00	2.21	14.16		5.03						0.40		0.12CuO	38.2	2.26	1673	1213	806	555
15	美国	灰褐	77.90	2.21	14.16		5.03								0.031NiO0.005CoO 0.65$MnO_2$0.08V_2O_5	38.2	2.26	1673	1213	806	555
16	美国	浅粉红	78.46	2.45	13.50		4.63	0.63							0.203MnO_2	39.0	2.27	1676	1215	807	556
17	美国	粉红	78.51	2.44	13.50		4.62	0.62							0.229MnO_2	39.0	2.27	1676	1215	807	556
18	美国	深紫	76.79	2.59	13.50		4.46	1.56							0.970MnO_2	41.0	2.28	1669	1210	803	553
19	捷克	轻乳白	71.30	5.00	15.00		6.00		1.20						1.50P_2O_5	43.0	2.31	1669	1212	810	563
20	—	乳白	71.00	3.00	12.50		6.60	1.00	0.40		1.00			0.50	2.50P_2O_5	54.9	2.29	1641	1186	789	568
21	—	分相乳浊	74.00		12.50		3.00					8.50				28.0	2.45	1671	1216	808	556
22	—	乳白	58.92	8.03	11.03		5.81	2.72	1.61	1.16	4.42			2.19	4.10P_2O_5	65.7	2.41	1639	1204	809	563
23	—	乳白	58.41	6.51	11.75		7.14	2.71	1.61	1.16	4.42			2.19	4.09P_2O_5	71.6	2.41	1593	1169	790	547
24	—	乳白	61.63	6.58	8.90		5.86	3.42	1.63	1.17	4.46			2.21	4.13P_2O_5	67.7	2.41	1613	1186	798	554

续表

序号	国家	生产商或牌号	化学组成(质量分数)/%													$\alpha_{20\sim300}$ /($\times10^{-7}$/℃)	ρ /(g/cm³)	T_m /℃	T_w /℃	T_s /℃	T_a /℃
			SiO_2	Al_2O_3	B_2O_3	Li_2O	Na_2O	K_2O	CaO	MgO	BaO	ZnO	TiO_2	F	其它						
25		乳白	59.67	6.25	10.56		4.28	2.09			10.59		0.55	2.10	3.92 P_2O_5	60.0	2.38	1496	1056	743	564
26	日本	乳白	62.20	2.40	11.80		7.70		4.80			5.90			5.00 P_2O_5	58.0	2.49	1518	1129	775	550
27	日本	乳白	62.40	2.40	11.90		7.70		4.80			5.80	1.90		2.90 P_2O_5	60.0	2.50	1519	1129	775	548
28	日本	乳白	64.30	2.50	12.30	0.10	8.30		4.10			5.20			2.80 P_2O_5	61.0	2.50	1515	1125	772	546
29	日本	乳白	62.30	2.40	11.90	0.10	7.70		4.80			5.80	0.90		4.00 P_2O_5	62.0	2.49	1518	1124	770	540
30	美国	Corning9608 乳白	69.50	17.60					1.00	2.60			4.70	0.03	0.2ZrO_2 0.9As_2O_3 0.03MnO_2	7～20	2.55	1744	1316	932	665
31	美国	Corning9617 乳白	66.70	20.50					1.20	1.60			4.50	0.32	0.05ZrO_2 0.4As_2O_3	10～12	2.55	1790	1336	965	665
32	美国	Corning9618 透明	69.60	18.90					1.20	2.20			2.80		1.5ZrO_2 0.8As_2O_3	3.8	2.55	1774	1316	931	673
33	美国	透明浅紫色	68.80	19.60					1.20	2.20			3.00		1.5ZrO_2 0.7As_2O_3 0.005CoO 0.2Nd_2O_3	7.8	2.57	1779	1323	930	650
34	美国	透明淡红色	69.70	17.90					1.20	2.20			3.00		1.0ZrO_2 0.6As_2O_3 0.001CoO	9.0	2.57	1773	1308	926	642
35	美国	透明红棕色	67.45	20.40			0.10	0.20	1.20	1.60			3.50	0.20	1.0ZrO_2 0.07V_2O_5	3.0	2.58	1827	1336	943	655
36	美国	透明红棕色	67.96	18.80			0.23	0.15	1.50	1.60		0.80	3.50		1.8ZrO_2 0.25V_2O_5 0.85As_2O_3	0.9	2.59	1796	1318	932	648
37	日本	Neoceram	65.10	22.60			0.30	0.60		0.50			4.20		2.3ZrO_2	5.0	2.57	1836	1376	959	663
38	德国	Zerodur	65.10	25.30				0.50	1.40	1.00			3.70		1.9ZrO_2	5.9	2.62	1832	1388	977	680
39	美国	Corning Ware	68.60	20.00					1.60	1.25		0.80	2.80		1.7ZrO_2 0.001CoO 0.7As_2O_3	11.1	2.60	1823	1332	941	682
40	美国	Corning Vision	68.80	19.20			0.10	0.20				0.80	2.70		1.8ZrO_2 0.8As_2O_3	11.6	2.59	1804	1321	932	671
41	美国	—	69.40	18.70					0.80	1.80			3.50		2.0ZrO_2 0.20Nd_2O_3	3.9	2.55	1514	1316	931	673
42	美国	—	61.20	24.00					0.50				3.40		2.0ZrO_2 0.25Nd_2O_3	4.2	2.62	1863	1412	984	683
43	美国	米黄色	65.30	20.00		3.50	0.60	0.40	0.80			0.80	4.60		1.6ZrO_2 1.6CeO_2 0.1V_2O_5 0.6As_2O_3	11.7	2.58	1835	1345	941	681
44	美国	黄褐色	67.30	20.00		3.80	0.50	0.30	0.80			0.80	3.40		1.6ZrO_2 0.3CeO_2 0.2V_2O_5 0.6As_2O_3	12.9	2.58	1831	1340	938	678
45	美国	亮兰乳浊	67.20	20.00		3.50	0.60	0.40	0.80			0.80	2.80		1.6ZrO_2 0.8WO_3 0.8NiO 0.6As_2O_3	11.9	2.60	1827	1342	936	676
46	美国	Corning9606	56.10	19.80						14.70			8.90		0.8As_2O_3	7.3	2.76	1620	1230	897	636

附录八　国内外颜色玻璃化学组成及性能一览表

序号	颜色	化学组成(质量分数)/%											着色剂	$\alpha_{20\sim300}$ /(×10^{-7}/℃)	ρ /(g/cm³)	T_m /℃	T_w /℃	T_s /℃	T_a /℃
		SiO_2	Al_2O_3	B_2O_3	Na_2O	K_2O	CaO	BaO	PbO	ZnO	SnO_2	Sb_2O_3							
1	紫色	75.0	0.5		17.5		6.0	0.25					$0.6KMnO_4$	85.67	2.42	1484	1010	697	524
2	紫色	74.0	1.0	0.5	8.7	7.6	7.9						$0.002CoO2.5KMnO_4$	78.91	2.45	1523	1057	733	549
3	蓝色	74.0	1.0	0.5	15.5		7.5	1.5					0.005CoO0.15CuO	80.71	2.44	1491	1026	715	541
4	天蓝	74.0	1.0		15.5		7.5	1.5					$0.003CoO2.5Pr_6O_{11}$	81.05	2.44	1491	1026	715	541
5	青色	74.0	1.5		13.0	4.5	5.0	1.5		2.0			1.00CuO	82.56	2.48	1543	1049	716	531
6	绿色	74.0	1.0	0.5	15.5		7.5	1.5					$0.02Cr_2O_3$	80.19	2.49	1492	1026	715	541
7	绿色	74.0	1.5		13.0	4.5	5.0	1.5		2.0			$0.03CuO\ 0.2Cr_2O_3$	82.56	2.48	1543	1049	716	531
8	绿色	74.0	1.5		13.0	4.5	5.0	1.5		2.0			$0.15CuO\ 0.3Cr_2O_3$	82.56	2.48	1543	1049	716	531
9	灰色	74.0	1.0	0.5	15.5		7.5	1.5					$0.004CoO0.0075CuO0.01Cr_2O_3$ $0.075Fe_2O_3 0.022NiO$	80.19	2.49	1492	1026	715	541
10	灰色	74.0			12.0	6.0	8.0						$0.002CoO0.003Cr_2O_3$ 0.0044NiO	82.75	2.45	1493	1033	719	541
11	黑色	74.0			12.0	6.0	8.0						$10.0\ MnO_2 0.8Cr_2O_3 0.02NiO$	80.69	2.51	1516	1043	731	549
12	褐色	76.5			9.3	8.7	5.5						$0.12Fe_2O_3 0.1NiO0.1Se$	82.45	2.42	1546	1059	723	533
13	黄褐色	73.0	1.0	0.5	15.5		5.0	1.0					$1.5CeO_2 4.5TiO_2$	78.86	2.44	1533	1039	712	532
14	玫瑰红	73.0	1.0	1.0	15.5		6.0	1.0		1.0			$1.5\sim3.0Nd_2O_5$	80.67	2.45	1514	1033	713	535
15	黄绿色	72.5	1.0	1.0	15.5		6.0	1.0	1.0	1.0			$2.5Pr_6O_{11}$	80.82	2.47	1514	1033	713	535
16	茶黄色	73.0	1.5	1.0	15.5		6.0	1.0	1.0	1.0			$0.07Se2.0Pr_6O_11$	80.82	2.47	1514	1033	713	535
17	荧光黄	72.5	1.0	1.0	15.5		6.0	1.0	1.0	1.0			$2.0U_2O_3$	80.82	2.47	1514	1033	713	535
18	苹果绿	73.5	1.2		15.0		7.5	1.0		0.5			$1.8Pr(AC)_3 \cdot 5H_2O\ 0.05CuO$	79.45	2.47	1500	1033	719	544
19	黄色	73.0	1.5		13.5		4.0			8.0			1.4CdS	72.68	2.60	1592	1075	731	541
20	橙黄	70.0	2.0	2.0	12.2		6.0			7.8			1.2CdS0.1Se	68.58	2.61	1570	1074	741	556
21	橙黄	67.0	0.8	3.7	10.7	8.8	2.5			8.0			$1.75CdS0.2Se0.27CdCO_3$	84.76	2.59	1547	1040	698	508
22	红色	70.0		3.0	16.5	2.5				8.0			0.9CdS0.2Se	86.28	2.55	1564	1027	680	490
23	红色	62.0		3.0	8.6	13.0				13.0			0.5CdS0.3Se	91.45	2.71	1557	1033	679	481
24	红色	70.0	1.5	2.5	13.0	4.0				9.0			1.1CdS0.7Se	78.83	2.59	1586	1075	711	511

续表

序号	颜色	化学组成(质量分数)/%											着色剂	$\alpha_{20\sim300}$ /(×10^{-7}/℃)	ρ /(g/cm³)	T_m /℃	T_w /℃	T_s /℃	T_a /℃
		SiO_2	Al_2O_3	B_2O_3	Na_2O	K_2O	CaO	BaO	PbO	ZnO	SnO_2	Sb_2O_3							
25	红色	66.0	2.0	2.0	10.0	6.0	4.0			8.0			1.3CdS0.9Se	77.22	2.62	1570	1065	724	533
26	深红	62.0	0.5	3.0	8.6	13.0				13.0			0.5CdS0.3Se0.2CdO	88.72	2.70	1565	1038	683	484
27	金红	54.0		4.0	3.0	14.0			25.0		0.8	0.5	0.07Au	90.55	2.99	1505	1035	711	500
28	金红	52.5		3.0	1.0	13.5			30.0		0.5	1.0	0.03u	86.34	3.13	1556	1067	733	515
29	金红	62.5		0.7	0.3	13.8			36.1		0.1	0.1	0.003Au	81.49	3.19	1615	1093	755	532
30	金红	62.0	1.0	3.0	14.0	3.0			11.5		0.1	0.4	0.017Au	88.65	2.62	1400	932	688	496
31	银黄	74.0			16.0	1.0	9.0				0.05	0.15	0.25Ag	84.99	2.45	1474	958	701	536
32	银黄	72.0		0.5	9.9	9.0	8.0				0.6		0.06Ag	86.89	2.45	1470	1022	711	533
33	银黄	72.0	1.5		18.5		8.5				0.05		0.30Ag	87.96	2.46	1416	979	689	528
34	银黄	57.0				13.2			29.2		0.5		0.10Ag	89.62	3.06	1464	959	695	503
35	铜红	74.0	0.6	1.0	14.5	3.0	6.3						0.5CuO0.7Sn	83.62	2.42	1497	1025	707	530
36	铜红	75.0		2.4	18.0		7.0				1.2		1.1Cu_2O0.5酒石酸钾	85.47	2.42	1454	994	691	523
37	锑红	72.0		1.5	17.5		4.0			4.0			3.0$Sb_2S_3$0.01CuO1.5$Na_2SiF_6$3.0S	85.63	2.49	1499	1009	688	512
38	锑红	78.7	1.0	2.8	19.1					4.0			1.5Sb1.5C1.0$Na_2SiF_6$1.5S	83.38	2.45	1594	1045	693	502
39	氟乳白	65.1	5.9	1.3	14.3		0.2						2.5$CaF_2$10.0Na_2SiF_6	90.89	2.41	1448	1057	699	534
40	氟乳白	63.4	5.5	1.4	13.9								2.7$CaF_2$13.0Na_2SiF_6	91.90	2.40	1444	1055	698	533
41	氟乳白	62.0	2.2	2.6	12.6	2.0			4.4				2.7$CaF_2$15.0P_2O_5	100.09	2.46	1396	1025	679	515
42	氟乳白	68.0			5.5	5.1	5.0			2.0			15.0Na_3AlF_6	85.34	2.41	1375	1056	722	534
43	磷乳白	58.5	4.5	1.5	6.5		17.5	6.0					5.5P_2O_5	83.52	2.59	1434	1068	764	619
44	磷乳白	60.6		5.0	15.0		4.0			11.0			5.0P_2O_5	97.30	2.66	1479	1000	686	512
45	磷乳白	66.2	4.5	10.0	12.0		1.5	0.8					5.0P_2O_5	78.61	2.36	1437	1065	713	522
46	磷乳白	65.0	5.0		15.0		6.0			4.0			5.0P_2O_5	93.02	2.57	1421	1046	689	522
47	混合乳白	66.2		3.0	10.0	8.0	2.0			8.0			1.0$Na_2SiF_6$6.0P_2O_5	98.46	2.58	1382	1029	703	508
48	分相乳白	75.0		12.5	3.5					8.5				38.22	2.49	1771	1197	805	583
49	氧化物乳白	37.7				10.0			28.9				23.4SnO_2	90.28	3.94	1604	1101	742	534
50	铬金星	61.1	5.2		0.5		19.1						4.3MgO1.1$Fe_2O_3$6.4$Cr_2O_3$2.3P_2O_5	54.28	2.74	1503	1149	865	687
51	铜金星	67.1		4.0	16.0		5.1						2.4FeO6.5Cu_2O	74.22	2.49	1477	1004	692	519
52	铁金星	46.8			15.3								38.0Fe_2O_3	68.01	3.89	1676	1248	845	636

附录九　国内外电光源玻璃化学组成及性能一览表

序号	用途	生产商或牌号	化学组成(质量分数)/%										$\alpha_{20\sim300}$ /(×10^{-7}/℃)	ρ /(g/cm)^3	T_m /℃	T_w /℃	T_s /℃	T_a /℃	介电常数	T_{k-100} /℃
			SiO_2	Al_2O_3	B_2O_3	CaO	MgO	PbO	BaO	Na_2O	K_2O	其　它								
1	普通白炽灯壳	DB-431	72.5	1.2	1.2	5.6	3.5			14.5	1.5		90.0	2.48	1481	1034	700	510	6.32	160
2		Corning 0080	73.6	1.0		5.2	3.6			14.6	1.6		92.0	2.47	1487	1036	696	510	6.28	166
3		中国	71.5	2.0		6.6	2.8			15.5	1.0		94.0	2.49	1466	1024	715	525	6.38	155
4		前苏联 2#	71.9			5.5	3.5		2.0	16.1	1.0		86.0	2.48	1445	1009	697	517	6.36	150
5		英国 X-8	70.1	2.6	0.8	5.4	3.6			16.8	0.4		97.0	2.50	1461	1018	700	540	6.44	136
6		英国 C-19	72.0	1.0		9.4				17.3			94.0	2.46	1415	985	700	536	6.40	141
7		德国 AG	70.0	4.0	1.4	8.0				11.0	5.0		95.0	2.47	1530	1040	720	530	6.24	238
8		Osram	62.0	0.5	3.0	1.3			11.0	7.0	8.0	7.0ZnO	91.0	2.60	1622	1088	725	522	6.57	305
9	大功率白炽灯壳	中国	75.5	2.6	16.0					3.7	1.7		37.5	2.27	1625	1219	768	552	5.30	372
10		前苏联 3C-5	67.0	3.5	20.3					3.9	5.4		49.0	2.28	1590	1194	751	538	5.61	282
11		前苏联 35#	63.0	1.5	24.9					9.1	1.6		54.0	2.24	1606	1129	747	538	5.84	290
12		前苏联 JI-100	64.6	3.5	22.3					4.2	5.3		49.1	2.27	1584	1188	787	562	5.68	350
13	白炽灯芯柱	中国	56.5	1.4				29.0		4.3	8.3		90.0	3.10	1441	1074	630	435	7.15	327
14		前苏联 3C-4	55.0	1.7		0.3		30.0		3.8	9.2		85.0	3.06	1434	1072	634	425	7.29	325
15		Corning 0120	57.0	1.5		0.2	0.3	29.4		4.1	7.3		89.0	3.05	1444	1083	630	435	7.17	341
16		Osram 123a	56.0	0.2				31.0		5.0	8.0		86.0	3.12	1414	1054	623	427	7.24	324
17		Schott 3079Ⅲ	53.0	5.0				30.0		4.0	8.0		87.0	3.19	1497	1111	656	451	7.35	327
18		Phililps Ⅲ	61.5	1.8		0.4		21.7		8.6	6.0		92.0	2.88	1406	1043	619	428	6.79	258
19		前苏联	70.0			3.8		10.4		11.0	4.8		81.0	2.61	1436	1059	626	434	6.11	200
20		前苏联 112#	71.5			4.5	1.5		7.0	10.0	5.5		87.0	2.54	1540	1061	705	500	6.23	257
21	荧光灯管	中国	71.0	2.4		5.7	3.0		1.7	14.2	1.5		92.0	2.50	1497	1043	710	515	6.37	171
22		前苏联	69.6			3.9		10.2		10.6	5.7		90.0	2.61	1456	1027	675	510	6.23	202
23		Toshiba	69.5	2.0		6.7	3.5				18.0		96.0	2.53	1529	1089	753	547	6.23	264
24		NEG	71.7	2.0	0.6	5.8	2.7			15.4	1.4		90.0	2.45	1586	1142	765	542	5.66	322
25		Phililps	61.3	2.5		5.0	5.0		12.5	3.0	8.5	2.0Li_2O	90.8	2.56	1548	1108	767	557	6.87	374
26		GE	59.8			4.5Li_2O5.0ZnO			12.5	2.0	8.5	2.5ZrO_2	89.7	2.54	1620	1154	763	541	6.62	338

续表

序号	用途	生产商或牌号	化学组成(质量分数)/%										$\alpha_{20\sim300}$ /(×10⁻⁷/℃)	ρ /(g/cm)³	T_m /℃	T_w /℃	T_s /℃	T_a /℃	介电常数	T_{k-100} /℃
			SiO_2	Al_2O_3	B_2O_3	CaO	MgO	PbO	BaO	Na_2O	K_2O	其 它								
27	卤化物灯玻璃	GE180	62. 9	16. 3		9. 1			11. 6				45. 6	2. 64	1689	1227	931	785	6. 37	436
28		Corning 1776	62. 3	14. 0		18. 2	1. 3		5. 2				53. 0	2. 69	1669	1240	321	735	6. 86	420
29		Corning	59. 4	16. 5	4. 5	8. 2	11. 4						45. 0	2. 74	1675	1260	906	674	6. 84	420
30		Corning	65. 8	17. 3		13. 0			2. 4			1. 6SrO	43. 2	2. 65	1735	1304	933	807	6. 26	467
31		英国	62. 0	15. 0		18. 5			1. 0			0. 15$CeO_2$3. 5ZrO_2	49. 6	2. 56	1695	1270	909	802	6. 84	426
32		GE	57. 2	12. 5	3. 6	11. 1			15. 6				48. 8	2. 63	1749	1281	916	805	6. 79	393
33	钠灯玻璃	Schott		25. 0	22. 5	18. 0			33. 0		1. 5		40. 8	2. 99	1336	967	642	485	10. 25	189
34		BTH	7. 3	22. 5	33. 6	5. 5	13. 0					15. 1P_2O_5	43. 8	2. 76	1296	949	636	483	7. 04	157
35		BTH		36. 0	20. 0		5. 0					29. 0P_2O_5	54. 4	2. 89	1264	937	632	481	4. 45	151
36		GEC	8. 0	24. 0	48. 0	6. 0				14. 0			46. 4	2. 46	1706	1241	862	715	8. 02	303
37		Corning	21. 5	22. 0	40. 0	10. 0				6. 5			31. 0	2. 49	1729	1260	880	723	7. 58	509
38		Osram	5. 0	25. 0	25. 0				36. 5	6. 0	2. 5		56. 7	2. 77	1238	894	606	445	9. 24	504
39		Schmidt		27. 0	36. 0		10. 0		27. 0				43. 5	2. 85	1226	886	593	434	9. 18	425
40		Schmidt		15. 0	60. 0	12. 0				13. 0			38. 1	2. 37	1203	864	572	416	8. 48	449
41		BTH		15. 0	40. 0	5. 0	5. 0		10. 0			30. 0 P_2O_5	58. 6	2. 52	1163	849	549	403	5. 51	487
42	汞灯玻璃	BTH	53. 0	27. 0	5. 0	9. 0			6. 0				30. 2	2. 70	1797	1387	1025	783	6. 55	415
43		BTH	56. 0	24. 0	5. 0	8. 0			7. 0				31. 0	2. 66	1763	1357	995	754	6. 41	423
44		Partring	50. 0	22. 0	11. 5	8. 5						8. 0ZnO	26. 8	2. 80	1738	1349	999	764	6. 79	387
45		GEC	54. 0	21. 0	8. 0	14. 0			3. 0				33. 3	2. 66	1781	1365	981	771	6. 73	405
46		Osram	51. 0	25. 0	1. 0	8. 0	4. 0		5. 0			5. 0P_2O_5	33. 2	2. 78	1798	1379	1007	776	6. 35	395
47		BTH	54. 0	22. 0		13. 0			6. 0			5. 0P_2O_5	38. 6	2. 72	1765	1363	993	772	6. 33	399

附录十　国内外封接玻璃化学组成及性能一览表

序号	封接品种	国别	牌号	化学组成(质量分数)/%										ρ /(g/cm)^3	$\alpha_{20\sim300}$ /($\times10^{-7}$/℃)	T_d /℃	T_a /℃	Tanδ $\times10^{-4}$	介电常数	T_{k-100} /℃
				SiO_2	B_2O_3	Al_2O_3	CaO	MgO	PbO	Na_2O	K_2O	Li_2O	其它							
1	钨组封接玻璃	中国	DW-203	70.8	26.0	1.2	—	—	—	0.9	0.9	1.2		2.16	36.0	580	430	23	5.44	370
2		中国	DW-211	74.8	18.0	1.4	—	—	—	4.8	1.6	—		2.25	40.5	610	520	35	5.38	340
3		中国	DW-216	73.0	16.5	—	—	—	6.0	3.0	1.5	—		2.30	38.0	640	520	22	5.51	350
4		中国	DW-217	73.0	16.5	—	—	—	6.0	4.5	—	—		2.35	38.0	600	520	28	5.54	290
5		中国	DW-270	69.0	27.0	1.6	—	—	—	0.4	0.8	1.2		2.10	36.5	610	475	28	5.45	370
6		美国	7740	80.5	12.9	2.2				0.4	3.8			2.23	33.0	651	565		5.08	384
7		美国	7720	73.0	16.5				6.0	4.5				2.30	36.0	631	519		5.54	337
8		美国	9700	2.1	4.2						0.6		66.5P_2O_5	2.24	37.0	573	468		5.38	368
9		前苏联	3C-9	68.8	26.5	1.6				0.6	2.5			2.56	35.5	575	530	45	5.39	400
10		前苏联	No.40	57.6	—	25.0	7.4	8.0		2.0				2.30	37.5	582	540	22	6.74	350
11		前苏联	No.17	73.0	16.5				6.0	1.5	3.0			2.20	39.5	640	530		5.44	340
12		前苏联	3C-11	74.8	18.0	1.0				1.7	4.2		0.3BaO	2.26	40.0	620	524	35	5.52	330
13	钼组封接玻璃	前苏联	N246	68.5	17.2	2.5				6.8			5.0ZnO	2.33	47.0	590	555		5.80	250
14		前苏联	3C-8	66.5	23.0	3.0				3.7	3.8			2.25	48.0	555	500		5.59	300
15		前苏联	3C-5K	66.9	20.3	3.5				3.9	5.4			2.29	49.0	575	535		5.61	281
16		前苏联	3C-5Na	67.5	20.3	3.5				8.7				2.29	49.0	580	510		5.68	200
17		英国	No.35	63.0	24.9	1.5				9.1	1.5			2.32	54.0	590	555		5.84	145
18		英国	H26	54.3	7.5	22.0	13.3						3.0BaO	2.66	46.0	625	565		6.68	347
19		英国	HH	73.0	14.4	3.0	3.0			2.4	4.2			2.32	47.0	470	430		5.55	364
20		美国	7050	67.5	24.6	1.7				4.6	1.0		0.2BaO	2.25	46.0	580	500		5.55	307
21		美国	7052	64.0	19.0	8.0				2.0	3.0	1.0	3.0BaO	2.27	46.0	551	480		5.72	355
22		美国	7056	68.0	18.0	3.0				1.0	9.0	1.0		2.29	51.5	593	512		5.60	332
23		德国	8245	69.5	16.5	5.0				7.0		1.0	1.0ZnO	2.31	51.0	596	515	80	5.70	215
24		德国	8250	69.5	19.0	2.2				1.0	6.5	1.0	0.8ZnO	2.28	50.0	578	500	22	4.90	375
25		中国	DM-305	67.5	20.3	3.5	—	—	—	3.8	4.9	—		2.29	49.0	575	535	40	5.58	290
26		中国	DM-308	66.5	23.0	3.0	—	—	—	3.7	3.8	—		2.25	48.1	555	500	32	5.59	300
27		中国	DM-320	68.5	20.4	3.1	—	—	—	4.0	4.0	—		2.24	47.5	575	520	30	5.55	290
28		中国	DM-346	68.5	17.2	2.5	—	—	—	6.8	—	—	5.0ZnO	2.30	47.1	590	555	57	5.80	250

续表

序号	封接品种	国别	牌号	化学组成(质量分数)/%										ρ /(g/cm)[3]	$\alpha_{20\sim300}$ /($\times10^{-7}$/℃)	T_d /℃	T_a /℃	Tanδ $\times10^{-4}$	介电常数	$T_{k\text{-}100}$ /℃
				SiO_2	B_2O_3	Al_2O_3	CaO	MgO	PbO	Na_2O	K_2O	Li_2O	其它							
29	铂组封接玻璃	中国	DB-401	68.5	—	<1.0	5.5	3.5	—	12.5	4.0	—	5.0BaO	2.55	90.0	560	505	45	6052	210
30		中国	DB-402	69.5	0.5	1.5	5.5	3.5	5.5	15.0	1.5	—		2.53	89.0	580	470		6.63	200
31		中国	DB-403	61.8	—	<1.0	3.0	2.0	14.2	6.0	9.0	—	4.0BaO	2.80	90.0	535	480	20	6.87	320
32		中国	DB-404	55.5	—	1.5	—	—	30.0	3.8	9.2	—		3.05	88.0	500	450	20	7.13	325
33		中国	DB-413	69.5	2.0	<1.0	5.5	3.5	—	10.0	6.5	—	2.0BaO	2.50	89.0	580	500	40	6.61	240
34		中国	DB-456	62.5	—	3.7	2.8	—	16.0	15.0		—		2.75	88.2	520	470	46	6.82	200
35		中国	DB-471	67.5	—	5.0	—	—	0.9	7.0	7.0	0.6	0.9F12.0BaO	2.58	89.0	515	450	25	5.93	300
36		中国	DB-494	74.0	—	<1.0	5.8	3.6	—	15.4	1.2	—		2.47	89.0	570	510	95	6.33	180
37		美国	0010	63.0		0.3	1.0		20.0	7.3	6.0			2.83	91.0	533	480		6.62	281
38		美国	0120	57.0		1.5	0.2	0.2	29.4	4.1	7.3			3.12	89.0	502	453		7.15	324
39		前苏联	3C-4	55.8		1.7			30.0	3.8	9.2			3.05	88.0	490	450		7.18	326
40		前苏联	No. 2	71.9			5.5	3.5		16.1	1.0		2.0BaO	2.50	89.0	550	520		6.42	157
41		前苏联	No. 55	72.5		1.5	5.5	3.5		15.0	2.0			2.49	89.0	530	478		6.34	168
42		前苏联	БД-1	69.5			5.5	3.5		12.5	4.0		5.0BaO	2.55	90.0	550	505		6.49	225
43		美国	0080	73.5		1.0	5.4	3.7		17.2				2.47	92.0	525	510		6.37	131
44		英国	C-12	56.0		1.3			30.0	4.0	8.0			2.81	87.0	512	460		7.05	334
45		美国	L-1	56.5		1.0			30.0	5.1	7.2			2.81	91.0	506	440		7.21	725
46		德国	AR	69.5	1.4	4.2	7.8			10.8	5.3			2.47	87.0	558	507		6.24	240
47		德国	LR	68.5	0.4	3.6	7.5			17.7	2.0			2.47	88.5	524	478		6.44	145
48	铁封接	中国	DG-502	47.0	—	<1.0	5.0	—	30.0	6.0	12.0	—		3.14	109.0	465	440	12	8.18	310
49		德国	JenaI02Ⅲ	57.0						12.0	26.0	—	5.0ZnO	2.67	99.7	559	506		6.34	144
50		法国	C76	48.2							16.8	—	30.0BaO5.0CaF_2	3.31	106.9	533	472		6.78	138
51		法国	R-6	51.0	10.0	10.0	1.6	—	—	18.5	2.0	—	5.0CaF_2	2.45	9.39	503	456		5.91	122
52	过渡封接玻璃	中国	DZ-601	89.0	8.5	2.1				0.5				2.27	15.1	950	700		4.81	545
53		中国	DZ-602	89.5	9.7	0.3				0.5				2.26	18.7	884	689		4.80	544
54		中国	DZ-603	88.0	10.0	—				2.0				2.27	24.3	788	682		4.89	492
55		中国	DZ-604	83.0	11.5	2.0				2.5	1.0			2.28	29.1	756	620		5.05	446
56		中国	DZ-605	77.5	14.5	1.0			3.0	4.0				2.32	34.5	830	6.5		5.32	379
57		中国	DZ-606	70.9	15.0	0.3			8.5	4.4	0.9			2.43	43.3	801	602		5.69	317
58		中国	DZ-607	69.4	13.4	0.3			10.8	4.3	1.8			2.49	48.3	780	580		5.82	298

注：金属材料膨胀系数（$\alpha_{20\sim300}$）$\times10^7$/℃为：紫铜：178；镍：145；铁：132；铂：92.5；钽：65；钨：44；钼：55；可伐合金：47；铬铁合金：102；杜美合金：80～100。

附录十一 国内外低熔点玻璃化学组成及性能一览表

序号	化学组成(质量分数)/%												$\alpha_{20\sim300}$ /(×10⁻⁷/℃)	T_s /℃	T_d /℃	T_F /℃	ρ /(g/cm)³	介电常数
	PbO	B_2O_3	ZnO	SiO_2	P_2O_5	Al_2O_3	Bi_2O_3	Na_2O	K_2O	Sb_2O_5	CaO	其它						
1	91.7	8.3											131.0	340	305	375	7.78	21.4
2	90.6	9.4											124.0	335	295	368	7.59	20.8
3	88.2	11.8											119.0	355	325	390	7.19	19.7
4	85.6	14.4											115.0	370	345	404	6.79	18.5
5	82.8	17.2											110.0	430	365	475	6.40	17.5
6	79.7	20.3											102.0	435	410	481	6.01	16.4
7	76.2	23.8											95.0	475	420	554	5.62	15.4
8	72.4	27.6											88.0	490	430	564	5.23	14.4
9	68.1	31.9											83.0	510	450	576	4.85	13.5
10	63.3	36.7											76.0	515	470	580	4.46	12.6
11	57.9	42.1											65.0	525	495	603	4.09	11.7
12		39.0		27.0		21.0		4.0	1.0		8.0		25.0	1027	877	1312	2.46	7.22
13		39.0		27.0		21.0		2.0	1.0		8.0	2.0MgO	22.0	1066	904	1389	2.49	7.28
14		40.0	18.2	15.0		2.0		16.0			8.8		82.6	790	686	980	2.80	8.75
15		40.0	16.2	18.0		2.0		15.0			8.8		78.4	816	703	1015	2.74	8.53
16	77.5	12.1		10.4									98.7	445	487	505	5.75	16.0
17	70.0	20.0		10.0									91.0	430	457	486	5.02	13.1
18	80.0	10.0		10.0									100.0	380	408	416	6.03	15.5
19	73.8	11.2		14.3									90.0	436	462	512	5.42	13.7
20	73.0	20.4		6.6									78.0	412	436	465	5.29	14.0
21	65.0	22.4		12.6									69.9	423	449	485	4.62	12.5
22	74.0	16.0	8.0	2.0									89.0	370	390	402	6.02	16.1
23	65.0	15.0	15.0	5.0									82.0	390	412	418	5.63	14.7
24	60.0	15.0	20.0	5.0									74.0	425	448	468	5.53	14.3
25	50.0	15.0	15.0	20.0									63.0	470	503	535	4.49	11.2
26	30.0	15.0	35.0	20.0									49.0	505	543	567	4.34	10.6

续表

序号	化学组成(质量分数)/%												$\alpha_{20\sim300}$ /(×10^{-7}/℃)	T_s /℃	T_d /℃	T_F /℃	ρ /(g/cm)^3	介电常数
	PbO	B_2O_3	ZnO	SiO_2	P_2O_5	Al_2O_3	Bi_2O_3	Na_2O	K_2O	Sb_2O_5	CaO	其它						
27	74.0	16.0	8.0	2.0									92.0	406	436	465	6.90	18.4
28	72.5	14.5	7.0	6.0									86.0	412	443	471	5.78	15.2
29	63.8	14.7	15.6	5.9									72.0	415	452	480	5.56	14.5
30	63.0	22.0	10.0				5.0						130.0	335	364	366	5.48	14.8
31	65.0	21.0	6.0				4.0					1.0CuO	125.0	332	360	365	5.59	15.2
32	61.0	25.0	6.0				4.0					4.0CuO	119.0	341	371	370	5.19	14.2
33	82.5	9.3	3.0	0.5			3.5					0.8V_2O_5	96.8	352	382	380	7.27	19.8
34	80.5	10.0	1.3	0.8			7.0					0.2$SnO_2$0.2V_2O_5	99.6	357	389	386	7.17	19.5
35	78.5	8.0	4.0	0.5			7.0					0.4$SnO_2$0.5V_2O_5	98.1	345	381	375	7.37	20.1
36	72.0	5.4										20.0PbF_2	138.0	331	356	370	8.06	22.2
37	70.0	5.0										25.0PbF_2	143.0	330	355	370	8.42	23.4
38	69.1	9.5										21.4PbF_2	122.0	328	352	370	7.59	20.9
39		30.0	50.0									20.0V_2O_5	48.0	506	559	625	4.11	22.5
40		35.0	45.0									20.0V_2O_5	45.0	510	565	625	4.16	26.3
41		30.0	60.0									10.0V_2O_5	52.0	495	547	610	3.84	20.1
42		55.0	35.0									10.0V_2O_5	55.0	495	547	630	3.96	23.6
43	5.0				25.0					20.0		50.0V_2O_5	38.0	396	532	450	4.76	28.7
44	10.0				25.0					10.0		55.0V_2O_5	42.0	380	426	440	4.87	31.2
45			33.9		43.5	1.8		4.2	6.1			2.5$WO_3$1.6Li_2O6.5Cl	95.5	451	489	505	3.85	9.24
46			31.6		40.7	1.7		3.8	5.7			4.5$MoO_3$4.5$WO_3$1.5Li_2O6.1Cl	95.1	463	501	525	3.85	9.24
47			30.6		42.4	1.9		6.0	3.7			4.6$MoO_3$3.9$WO_3$1.3Li_2O5.6Cl	95.6	456	497	513	3.79	9.10
48			32.5		43.1	1.8		3.6	5.5			6.4$WO_3$1.4Li_2O5.8Cl	91.6	453	492	508	3.85	9.25
49			7.00		36.00							57.00SnO	96.3	396	430	465	5.13	12.3
50			3.00		35.00							62.00SnO	94.5	365	410	440	5.21	12.5
51		0.99	3.59		34.17	0.46						0.87$WO_3$59.90SnO	92.3	351	380	409	5.15	12.4
52			1.83		33.02	0.72						2.92Li_2O0.82$WO_3$60.70SnO	93.4	372	410	443	5.16	12.3

注：T_F 温度，约为 10^5 dPa·s 黏度值对应的温度。

附录十二　国内外医药玻璃化学组成及性能一览表

序号	国家	种类	牌号	化学组成(质量分数)/%											$\alpha_{20\sim300}$ /($\times10^{-7}$/℃)	ρ /(g/cm)^3	T_m /℃	T_w /℃	T_s /℃	T_a /℃
				SiO_2	Al_2O_3	B_2O_3	Li_2O	Na_2O	K_2O	CaO	MgO	BaO	ZnO	Fe_2O_3	其　它					
1	德国	钙硼硅玻璃	安瓿	67.00	3.70	5.30		10.40	7.40	6.2						89.4	2.44	1532	1052	725	554
2	美国	钙硼硅玻璃	SN-1	73.00	4.00	4.50		10.50		7.00	1.00					67.8	2.45	1604	1110	770	525
3	德国	钙硼硅玻璃	Fiolax	66.00	10.00	6.00		8.09		8.10						55.2	2.49	1615	1172	818	564
4	前苏联	钙硼硅玻璃	安瓿	66.50	11.00	6.00		8.50		8.00						55.6	2.50	1627	1176	820	566
5	前苏联	钙硼硅玻璃	安瓿	72.20	5.50	3.30		8.20	4.60	5.50	0.70					71.6	2.45	1563	1128	773	521
6	中国	钙硼硅玻璃	安瓿	74.00	7.50	5.00		12.50		0.75	0.25					67.0	2.40	1667	1158	771	509
7	美国	钡硼硅玻璃安瓿	N-15-1	71.00	6.60	11.00		6.30	2.20	0.50		2.20				52.4	2.36	1671	1210	805	569
8	美国	钡硼硅玻璃安瓿	Abbott	74.07	5.73	9.26		7.13		1.32		2.75		0.09		51.8	2.37	1656	1204	805	573
9	美国	钡硼硅玻璃安瓿	E. R. Squiibb	73.62	5.94	9.23		6.81		1.18		2.53		0.16		50.3	2.36	1670	1211	809	575
10	日本	钡硼硅玻璃安瓿	NEG BS	72.20	6.80	10.30		6.40	1.30	0.80		2.10				50.3	2.36	1682	1216	810	575
11	德国	钡硼硅玻璃安瓿	Maniz	73.50	5.20	9.50		6.80	1.10	0.80		2.90				49.8	2.36	1659	1201	800	568
12	德国	钡硼硅玻璃安瓿	Baiyer	74.88	4.86	7.68		7.73		0.82		4.05		0.17		51.2	2.36	1654	1196	797	566
13	法国	钡硼硅玻璃安瓿	—	71.71	5.27	6.77		10.94	0.92	0.35		3.54				62.5	2.38	1610	1155	767	544
14	意大利	钡硼硅玻璃安瓿	Tenax	69.85	9.18	8.12		6.30		3.71		2.75				47.2	2.43	1669	1224	830	601
15	捷克	钡硼硅玻璃安瓿	—	74.30	5.9	7.50				1.10	6.40	4.40		0.30		30.8	2.48	1629	1248	849	596
16	捷克	钡硼硅玻璃安瓿	—	71.12	5.84	6.65		9.77		2.29	0.70	3.00		0.25		58.1	2.41	1590	1162	783	562
17	匈牙利	钡硼硅玻璃安瓿	—	71.41	6.36	5.57		8.47	3.25	0.78	0.24	3.34		0.14		58.6	2.40	1623	1173	781	560
18	中国	钡硼硅玻璃安瓿	—	74.00	7.00	2.00		12.50		3.00	0.50	1.00				71.3	2.44	1695	1559	769	556
19	法国	锌硼硅	安瓿	71.40	8.40	3.40		10.70		2.90	0.60		2.50			62.0	2.51	1742	1603	789	569
20	法国	锌硼硅	安瓿	70.20	8.10	1.40		12.80		3.90	1.10		2.30			71.3	2.53	1666	1533	769	559
21	中国	锌硼硅	安瓿	71.00	5.00	6.20		12.00		3.80			2.00			70.3	2.45	1659	1526	760	553
22	中国	锌硼硅	安瓿	70.50	5.00	7.10		12.50		3.00	0.60		2.04			70.9	2.45	1657	1524	755	545
23	中国	锆硼硅玻璃	安瓿	73.00	3.50	2.00			12.00	4.50	2.00		3.50		1.50ZrO_2	72.6	2.55	1474	1101	754	556
24	中国	锆硼硅玻璃	安瓿	73.00	6.00	3.00			13.00	2.20	1.00		0.80		1.00ZrO_2	71.3	2.46	1544	1126	758	554
25	中国	锆硼硅玻璃	安瓿	73.00	5.00	5.00			11.00	1.50	0.50	0.50	2.50		1.00ZrO_2	65.8	2.46	1582	1149	770	559

续表

序号	国家	种类及牌号		化学组成(质量分数)/%												$\alpha_{20\sim300}$ /($\times10^{-7}$/℃)	ρ /(g/cm)^3	T_m /℃	T_w /℃	T_s /℃	T_a /℃
				SiO_2	Al_2O_3	B_2O_3	Li_2O	Na_2O	K_2O	CaO	MgO	BaO	ZnO	Fe_2O_3	其 它						
26	德国	锆硼硅玻璃	安瓿	74.30	5.00	8.00		—	9.00			1.00	0.50		2.00ZrO_2	55.0	2.38	1690	1232	816	569
27	德国		安瓿	65.00	6.00	9.00		1.00	3.00	3.00	3.00	5.00	2.00		2.00ZrO_2	46.7	2.52	1620	1227	837	552
28	德国		安瓿	74.20	5.80	8.80	1.0	3.00	4.00	1.40					1.80ZrO_2	49.0	2.37	1680	1227	820	591
29	日本	棕色安瓿	NEG BS-A	69.00	6.00	11.50		7.30	2.00	0.50				0.70	2.80TiO_2	50.50	2.36	1656	1194	794	572
30	美国		KG A-203	71.50	5.30	9.50		6.40	0.80	0.90		2.10		0.60	2.70TiO_2	48.6	2.37	1665	1206	804	581
31	德国		Schott 8414	79.30	4.90	6.70		6.40	1.30	0.50		2.00		1.40	5.00TiO_2	45.0	2.38	1668	1207	803	578
32	匈牙利		黄色安瓿	69.50	5.77	6.25		7.94	3.03	1.07	1.04	3.10		0.12		65.7	2.41	1604	1170	782	554
33	前苏联		黄色安瓿	73.04	3.58	3.44		11.30		7.63	0.23	3.78	0.93	0.23	0.29TiO_2	75.6	2.48	1457	1094	761	565
34	美国		Weaton Holding	72.00	2.30	14.00		4.00	0.50					0.35	6.0MnO_2	41.0	2.41	1672	1215	808	568
35	美国	中性玻璃	KG N-51A	74.10	5.60	9.60		6.4	0.5	0.9		2.2				50.0	2.35	1673	1212	808	549
36	美国		KG A-203	71.50	5.30	9.50		6.4	0.8	0.9		2.1		0.6	2.7TiO_2	50.0	2.37	1665	1206	804	547
37	德国		Jena G20	76.00	5.00	9.00		5.3	1.2	0.4		3.6				49.0	2.35	1685	1220	811	553
38	德国		Fiolax 8412	74.50	4.60	9.90		6.3		0.5		3.9				49.0	2.34	1674	1212	806	551
39	德国		Fiolax 8414	79.30	4.90	6.70		6.4	1.3	0.5		3.1		1.4	5.0TiO_2	51.0	2.38	1668	1207	803	549
40	捷克		Sial	74.30	5.90	7.50		6.4		1.1		4.4		0.3		48.0	2.38	1678	1217	812	556
41	中国		No. 81	74.30	5.00	8.00		9				1.0	0.5		2.0ZrO_2	55.0	2.38	1651	1187	787	551
42	中国		BG-N-03	71.50	5.00	6.70		11.5		3.3			2.0			70.0	2.44	1547	1129	764	553
43	中国		SH-N	74.00	4.80	6.00		11		1	0.2	2.4			0.6ZrO_2	65.0	2.39	1597	1153	770	548
44	美国	注射器	—	73.95	5.42	9.09		6.40	0.90	0.91						45.0	2.35	1667	1208	805	554
45	前苏联		HC-12	73.00	4.50	4.00		8.50	2.00	7.00	1.00					70.0	2.45	1491	1124	779	545
46	日本		—	68.00	5.00	1.00		15.00			9.00		1.00			90.5	2.58	1520	1398	723	511
47	德国		—	70.00	3.50	1.00		12.00	2.00	1.50	6.00		4.00			83.0	2.60	1435	1087	737	527
48	中国		—	77.00	4.50	4.50		14.00			0.50					70.0	2.37	1706	1570	747	539
49		抗生素瓶		66.56	4.80	10.10		7.96	1.78	0.64	0.33	3.33	4.18			55.4	2.47	1759	1618	780	550
50				75.00	6.10	10.20		5.50	1.00	0.61		2.00				44.6	2.35	1840	1693	816	557
51		抗γ射线辐照		66.70	0.50	3.20	1.70	14.80		1.90	1.10				1.8CeO_2	83.3	2.40	1554	1045	704	514
52				66.40	2.60	2.00		15.80	1.30	5.40	3.90				2.0CeO_2 1.0ZrO_2 1.0TiO_2	89.5	2.54	1447	1013	702	521
53				66.40	2.60	1.00		15.60	1.30	5.40	3.90				0.4CeO_2 2.0ZrO_2 0.1La_2O_3	91.9	2.53	1447	1011	702	521

附录十三　国内外显示玻璃化学组成及性能一览表

序号	用途	生产商或牌号	化学组成(质量分数)/%										$\alpha_{20\sim300}$ /(×10^{-7}/℃)	ρ /(g/cm)^3	T_w /℃	T_s /℃	T_a /℃	$\tan\delta$ ×10^{-4}
			SiO_2	Al_2O_3	SrO	CaO	Li_2O	PbO	BaO	Na_2O	K_2O	其　它						
1	黑白显像管	NEG	65.03	3.22	1.73	0.24	0.29	3.12	9.75	7.98	7.47		95.0	2.67	1068	661	519	
2		Corning	66.23	2.65	0.48	0.19	0.67	3.68	11.53	7.72	6.08		92.2	2.67	1072	650	526	
3		Asahi	66.70	3.00			0.60	3.40	12.00	7.30	6.50		95.1	2.51	1078	647	529	
4		Samsung	64.20	3.35	0.80	0.25	0.29	2.94	12.23	7.41	7.92	0.0031CoO 0.02NiO 0.005MnO_2	96.0	2.69	1066	660	521	
5		成都红光	66.19	3.05	0.09	0.03	0.65	3.41	11.98	7.42	6.66		93.4	2.67	1076	655	527	
6		津京玻壳	64.44	3.36		0.23	0.40	3.23	12.29	7.23	7.22		97.2	2.68	1074	643	505	
7		上海	65.73	3.46	0.18	0.04	0.58	3.40	12.23	7.85	6.13	0.0033CoO 0.018NiO 0.09MnO_2	95.7	2.69	1077	645	528	
8	彩屏	Corning 9705	62.17	2.00	9.65	1.40	0.50		5.50	8.40	6.68	0.3CeO_2 0.4Sb_2O_3 0.5TiO_2 2.5ZrO_2	99.0	2.75	998	688	508	
9		Asahi 5008	60.30	2.00	8.00	1.80	0.10		8.90	8.00	6.80	0.5MgO 0.3CeO_2 0.3Sb_2O_3 0.4TiO_2 2.5ZrO_2	98.2	2.80	1020	703	521	21
10		NEG PT-28HG	61.50	2.00	9.80				8.80	7.50	7.50	0.5ZnO 0.3CeO_2 0.35Sb_2O_3 0.5TiO_2 1.2ZrO_2	99.2	2.77	1010	704	514	15
11		Schott8209	61.70	3.00	0.70	2.80			11.90	8.60	8.10	1.5MgO 0.2CeO_2 0.5Sb_2O_3 0.5TiO_2	102.0	2.70	1012	693	507	
12		Phililps	62.80	2.70	0.20	2.00			12.90	9.30	7.80	1.2MgO 0.2CeO_2 0.7Sb_2O_3 0.1TiO_2	103.4	2.70	1007	697	511	
13	彩锥	Corning 0138	54.00	2.00	0.10	3.45		22.75	0.05	6.35	7.85	2.45MgO 0.10Sb_2O_3	97.0	2.98	965	654	474	11
14		Asahi 01380	50.00	4.80		3.50		22.30		5.60	9.10	4.00MgO 0.20Sb_2O_3	98.5	2.98	1000	667	494	11
15		NEG FT-22H	51.30	4.00		3.80		23.50		6.70	8.00	2.60MgO 0.10Sb_2O_3	99.6	3.02	960	672	490	11
16		Schott	56.00	3.60		2.97		15.20	3.93	5.71	11.00	1.62MgO 0.10Sb_2O_3	101.3	2.79	954	652	491	
17	彩颈管	Corning 9705	47.55	3.50	2.00	1.50		32.50		2.90	9.65	0.40Sb_2O_3	96.5	3.29	958	643	468	9
18		Asahi 0150	47.80	3.50	2.00	1.50		32.50		2.70	9.60	0.40Sb_2O_3	96.5	3.29	960	643	468	13
19		NEG L-35	48.50	2.60		2.10		34.40		2.10	10.10	0.40Sb_2O_3	96.5	3.28	950	645	466	7
20		Phililps	47.00	3.40		2.10		34.80		1.80	10.10	0.20MnO_2 0.60Sb_2O_3	98.0	3.29	956	649	470	
21		Schott	49.00	1.20	4.90	0.10		31.40		1.10	11.70	0.40Sb_2O_3	97.2	3.28	953	647	465	
22	等离子基板玻璃	Asahi No. 1	59.40	7.10	7.20				3.60	3.50	7.60	0.1SO_3 3.20MgO 3.1ZrO_2	82.0	2.77	1197	857	664	
23		Asahi No. 2	57.00	8.30	7.00		0.60		11.20	3.40	4.60	0.3SO_3 1.40MgO 1.2ZrO_2	82.0	2.77	1142	843	633	
24		Asahi PD200	53.00	9.00	2.50	7.00	2.50		11.00	4.00	9.00	0.5TiO_2 3.0MgO 2.5ZrO_2	83.0	2.77	1129	830	620	
25		NEG No. 1	57.20	9.00	7.00	2.00			9.00	4.00	5.00	0.3Sb_2O_3 0.5TiO_2 2.0MgO 4.0ZrO_2	81.0	2.78	1170	879	666	
26		NEG No. 2	56.00	4.00	4.00	6.00			9.00	5.00	7.00	0.4Sb_2O_3 0.6TiO_2 3.0MgO 5.0ZrO_2	83.0	2.78	1096	800	590	

续表

序号	用途	生产商或牌号	化学组成(质量分数)/%										$\alpha_{20\sim300}$ /($\times10^{-7}$/℃)	ρ /(g/cm)^3	T_w /℃	T_s /℃	T_a /℃	$\tan\delta$ $\times10^{-4}$
			SiO_2	Al_2O_3	SrO	CaO	Li_2O	PbO	BaO	Na_2O	K_2O	其 它						
27	等离子基板玻璃	皮尔金顿	63.56	9.60	2.00	7.40			3.00	8.51	2.60	2.97MgO	84.2	2.57	1128	830	610	
28		皮尔金顿	61.61	9.60	2.00	7.40			3.00	8.51	2.60	2.97MgO1.0ZrO_2	82.9	2.60	1122	843	627	
29		皮尔金顿	60.11	9.60	2.00	7.90			2.60	9.51	1.50	2.97MgO3.5ZrO_2	82.5	2.64	1114	852	631	
30		皮尔金顿	62.41	9.60	2.95	7.62				9.54	2.50	2.47MgO2.6ZrO_2	84.8	2.59	1132	849	631	
31		Corning No.1	40.30	5.15	21.20				31.3			0.8As_2O_3	84.2	3.57	1152	840	686	
32		Corning No.2	42.10	8.81	18.40	0.73			27.3			0.8$As_2O_3$0.53MgO	74.3	3.38	1172	865	698	
33		Corning No.3	41.90	4.69	20.00				29.6				79.9	3.50	1144	820	673	
34		Corning No.4	41.50	4.66	19.80		B_2O_3		29.4				79.9	3.48	1136	818	667	
35	TFT·LCD基板玻璃 溢流法	Corning	57.21	15.37	3.73	4.03	12.51		5.51			1.44MgO	36.6	2.48	1360	923	696	
36		Corning	56.21	15.30		3.96	12.29		10.83			1.41MgO	37.5	2.52	1362	918	693	
37		Corning	57.10	14.80	0.30	11.30	3.80		12.70				48.9	2.70	1302	931	717	
38		Corning	56.00	14.50	0.30	11.10	5.70		12.40				48.5	2.69	1302	931	705	
39		Corning	57.20	13.50	0.19	16.40	2.23		9.01			1.34MgO	53.2	2.68	1284	922	677	
40		Corning	56.90	13.50	0.15	18.20	2.22		8.97				54.4	2.67	1296	928	683	
41		Corning	56.40	11.10	32.40								58.4	2.94	1267	962	718	
42		Corning	63.60	13.00	23.40								45.0	2.79	1302	920	748	
43	TFT·LCD基板玻璃 浮法	NEG	60.00	10.00	3.50	10.00	2.50		2.50			10.0MgO1.5ZnO	49.2	2.76	1183	874	708	
44		NEG	64.00	6.00	5.00	14.00	4.00		1.00			6.0MgO	50.0	2.65	1127	864	698	
45		NEG	62.00	10.00	2.00	7.50	0.50		8.00			8.0MgO2.0ZnO	52.0	2.75	1157	876	678	
46		NEG	60.00	9.00	4.00	8.00	2.00		4.00			13.0MgO	51.8	2.76	1167	855	682	
47		UP524847	60.00	12.00	14.00	12.00	2.00						56.0	2.77	1200	909	700	
48		UP524847	60.00	15.00	12.00	11.00	2.00						52.0	2.72	1237	928	705	
49		UP559389	54.60	14.90		4.90	10.20		11.20			4.2MgO	44.0	2.56	1193	900	672	
50		UP559389	54.60	14.90		5.30	10.20		11.20			3.9MgO	44.7	2.56	1193	896	672	
51		UP5387560	55.17	13.47		22.30	8.70					0.34MgO	50.5	2.60	1095	934	679	
52		UP5387560	56.34	13.22		19.97	10.14					0.11MgO	53.0	2.57	1092	928	672	

附录十四　国内外玻璃纤维化学组成及性能一览表

序号	国家	牌号	化学组成(质量分数)/%													$\alpha_{20\sim300}$ /(×10^{-7}/℃)	T_m /℃	T_w /℃	T_s /℃	T_a /℃	ρ /(g/cm)^3	n_D
			SiO_2	Al_2O_3	B_2O_3	Li_2O	Na_2O	K_2O	CaO	MgO	BaO	ZnO	ZrO_2	TiO_2	其　它							
1	中国	E	53.5	15.3	8.0		<0.5		16.3	4.5					2.0CaF_2	38.67	1643	1247	934	739	2.63	1.524
2	中国	E	54.0	13.8	6.6		0.7		21.5	2.5					0.5F_2	43.86	1359	1050	809	729	2.70	1.540
3	美国	E	54.3	15.2	8.0		0.6		17.3	4.7					0.1CaF_2	38.94	1623	1238	932	739	2.64	1.555
4	美国	E	53.2	14.8	9.0		1.2	0.1	21.1	0.3	0.3					42.84	1590	1212	932	766	2.60	1.563
5	中国	C5#	67.3	7.0			12.0		9.5	4.2						87.85	1507	1081	768	583	2.53	1.521
6	美国	S	64.3	24.8			0.27		0.01	10.3						33.62	1920	1376	944	674	2.69	1.503
7	美国	M	53.7	0.5		3.0			12.9	9.0			2.0	8.0	8.0BeO3.0CeO_2	54.51	1449	1116	826	632	2.65	1.654
8	美国	E	38.7	5.5	27.5										27.3PbO	56.69	1319	1054	886	636	2.92	1.746
9	美国	R	98.59	1.07					0.2							10.63	1866	1255	836	600	2.26	1.461
10	美国	T	45.3	51.3									3.4			8.28	2023	1517	1294	933	2.89	1.518
11	中国	5&	57.0	5.0			13.5		1.8	6.5					1.0BeO	89.07	1502	1057	722	520	2.51	1.513
12	中国	XM	71.0	3.0			15.0		8.5	2.5						93.55	1465	1032	726	550	2.51	1.518
13	中国	L	57.2	3.0	6.2		14.8		4.0	4.0					9.3CaF_2	93.03	1449	1014	701	518	2.49	1.389
14	中国	E	54.4	14.9	8.5		0.8		16.6	4.6					1.0CaF_2	49.43	1628	1237	927	733	2.57	1.541
15	中国	ECR	58.0	11.2			0.8		22	2.7		2.7		2.20		46.91	1532	1181	906	736	2.71	1.570
16	中国	AR	60.0	1.0			15		4.5				14.5	6.00		68.11	1765	1242	945	746	2.78	1.621
17	美国	E	61.5	13.5	0.2		0.1		22	2.5						56.59	1624	1216	920	743	2.26	1.543
18	日本	D	54.0	12.5	18.0		0.5		5.0	2.5		2.8				31.00	1764	1211	909	674	2.30	1.555
19	美国	D	73.5	0.5	22.5		2.0			0.5						25.00	1824	1228	771	521	2.11	1.465
20	日本	E	54.0	14.0	12.5		1.0		2.5	20.5				0.75	0.8F_2	54.00	1529	1165	846	657	2.58	1.558
21	日本	ECR	58.0	12.0			1.0		2.0	21.0		3.5		2.00		59.00	1802	1202	882	576	2.72	1.579
22	日本	R	60.0	22.5			0.1		5.5	17.0					0.2F_2	33.00	1801	1216	912	666	2.54	1.546
23	日本	S	65.0	24.5			0.1		9.8	0.1						16.00	2006	1391	1056	816	2.46	1.521
24	中国	E	54.4	14.9	8.5		0.5		16.6	4.6						47.86	1633	1214	841	735	2.57	1.553
25	中国	S2#	54.5	22.5	5.0	1.0				12.0					1.5CeO_2	35.19	1945	1243	891	768	2.54	1.512
26	中国	M2	52.0	19.0						20.5			2.0	2.00	1.5CeO_2	35.85	1823	1218	864	606	2.77	1.524

注：E—无碱；C—耐化学侵蚀；AR—耐碱；ECR—电绝缘及耐侵蚀；D—低介电损耗；S—高强度；M—高弹模量玻纤；R—高硅氧玻纤；T—耐高温玻纤；&—蒸汽喷吹棉；L—离心棉；XM—超细棉。

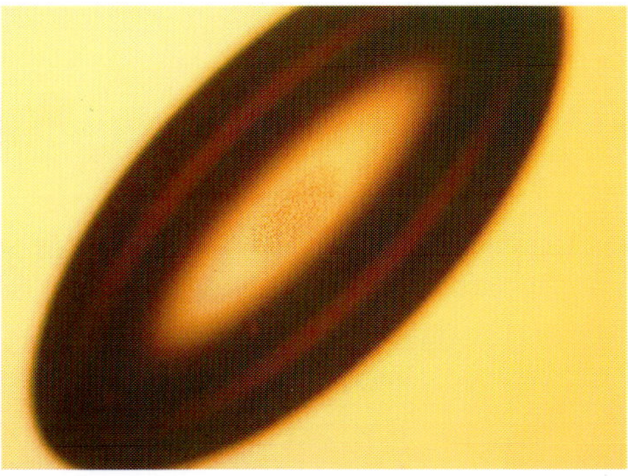
彩图 1　带有液滴的泡（100×）

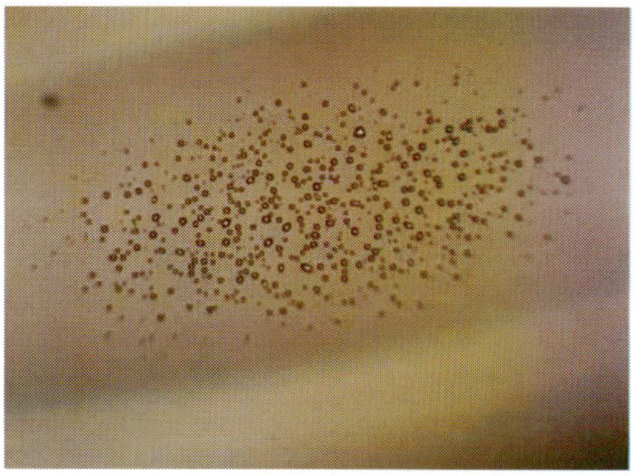
彩图 2　泡内液滴放大图（200×）

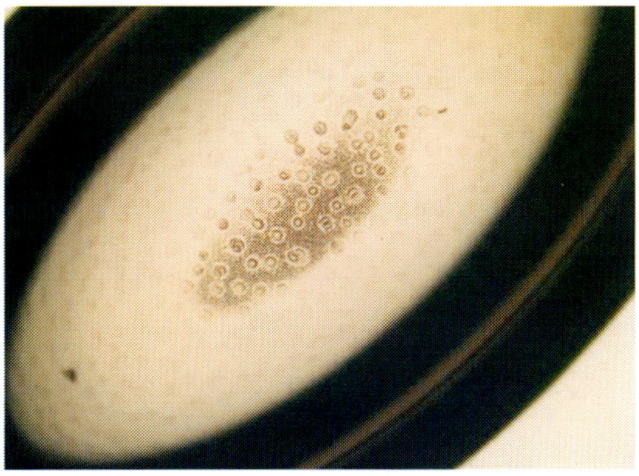
彩图 3　泡内布满液滴（100×）

彩图 4　泡内布满液滴（200×）

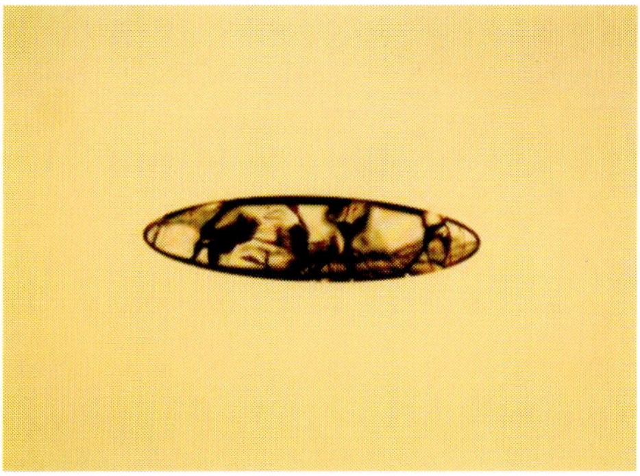
彩图 5　芒硝泡（50×）

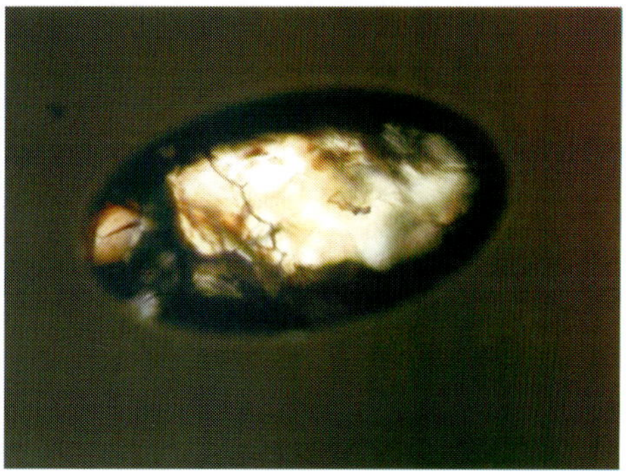
彩图 6　芒硝泡正交（100×）

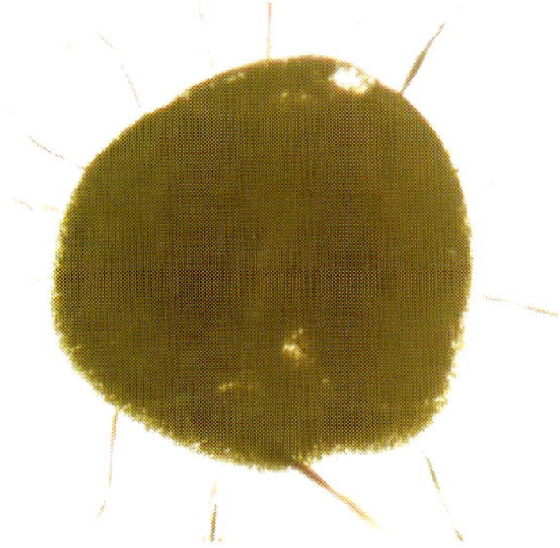
彩图 7　锆质结石周围形成的裂纹（100×）

彩图 8　硅质玻璃态结石，由于热膨胀系数与周围不同形成的裂纹（25×）

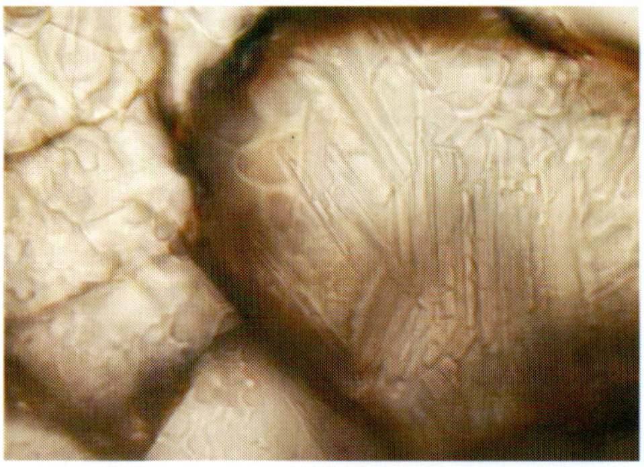

彩图 9　石英颗粒表面的槽沟（500×）

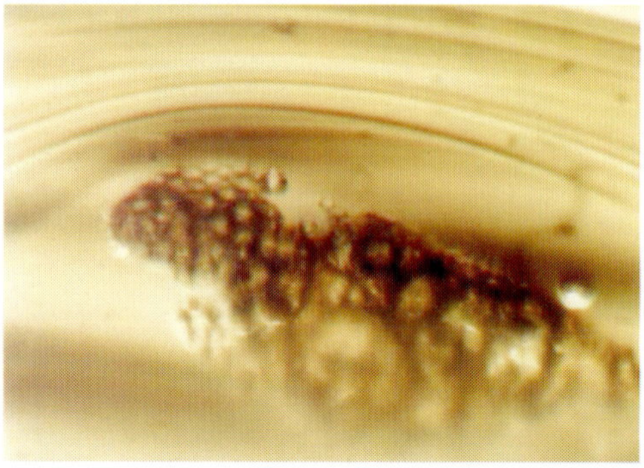

彩图 10　石英颗粒及周围的无色圈（200×）

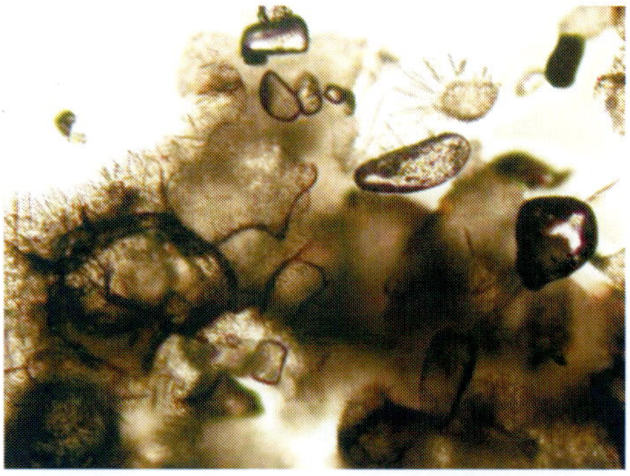

(a)（100×）

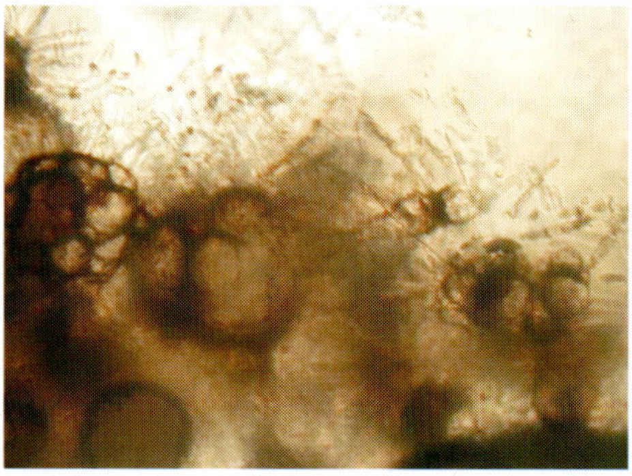

(b)（200×）

彩图 11　配合料结石：大部分是没有转化的石英颗粒，周围产生鳞石英和方石英

(a) 鳞石英（200×）

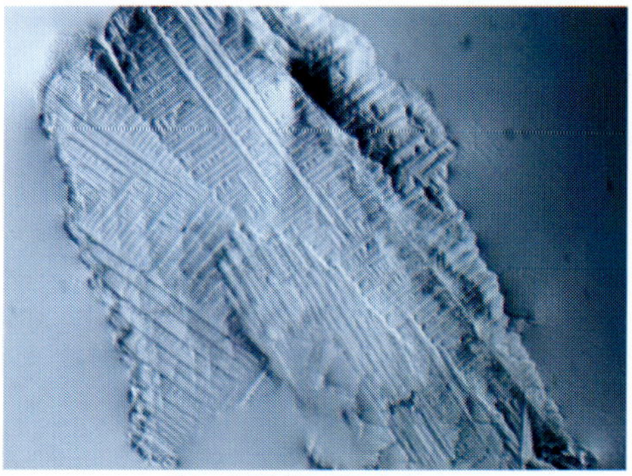

(b) 方石英（200×）

彩图 12　配合料结石：石英颗粒消失，转化为鳞石英和方石英

彩图 13　玻璃熔窑碹顶硅砖表面形成的液滴

彩图 14　玻璃熔窑碹角及山墙处形成的钟乳状物

彩图 15　黏土质耐火材料与玻璃反应带中的次生莫来石（200×，正交）

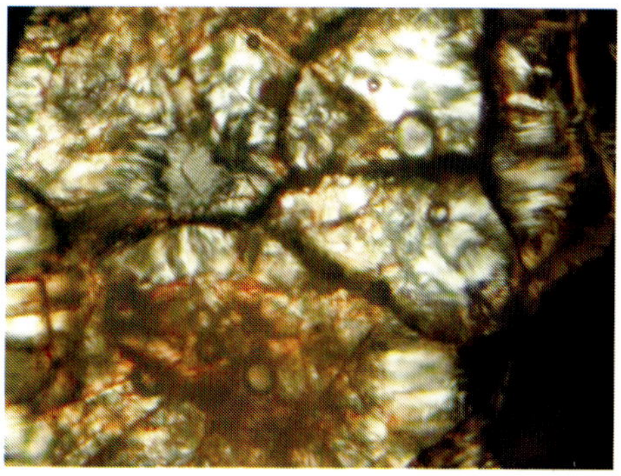

彩图 16　霞石及 β-氧化铝（200×，正交）

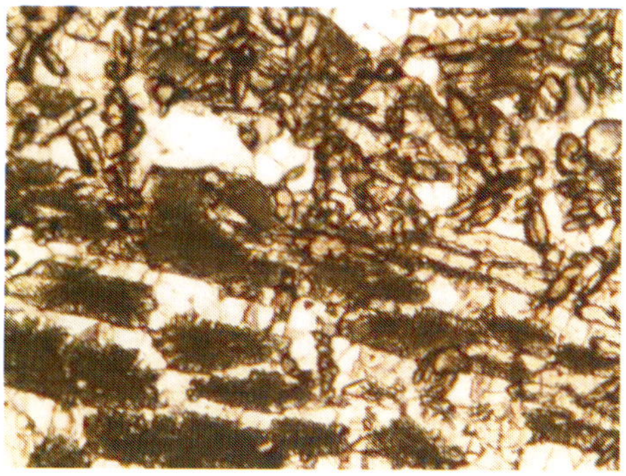

彩图 17　电熔锆刚玉砖的结构图（200×）

彩图 18　斜锆石结石（200×）

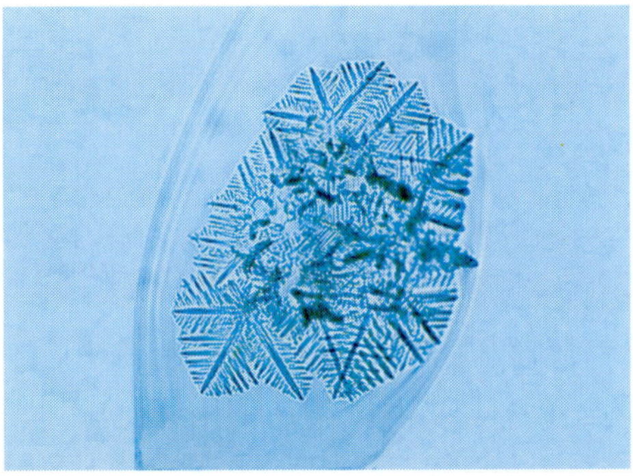

彩图 19　条纹中的石英析晶（100×）

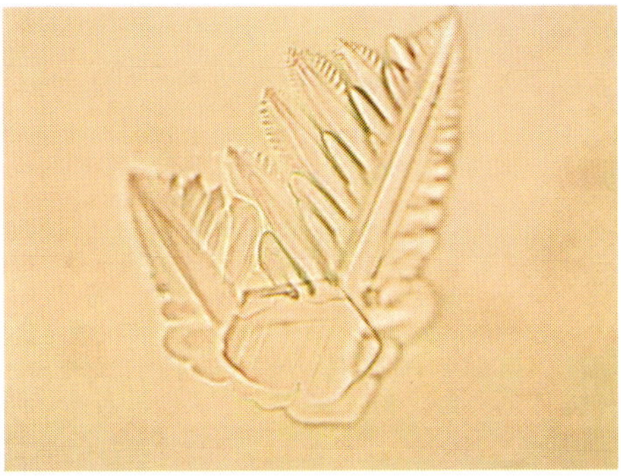

彩图 20　鳞石英析晶向方石英转化（600×）

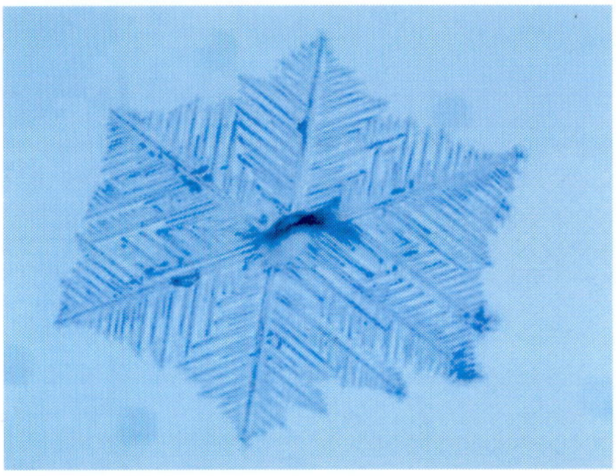

彩图 21　鳞石英析晶（500×）

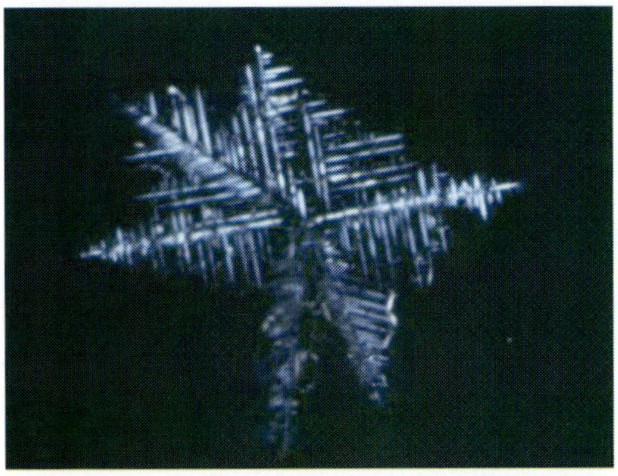

彩图 22　鳞石英析晶（500×，正交）

彩图 23　方石英析晶（300×，正交）

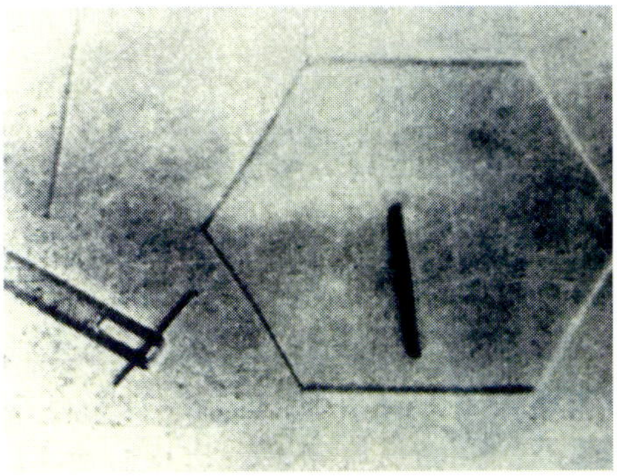

彩图 24　α-硅灰石（500×）

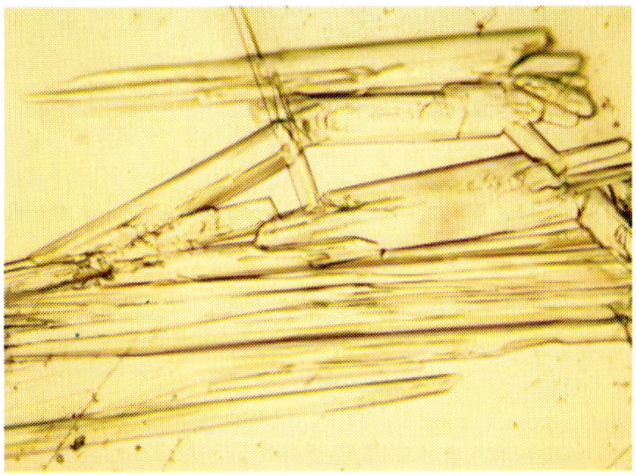

彩图 25　粗的 β-硅灰石（100×）

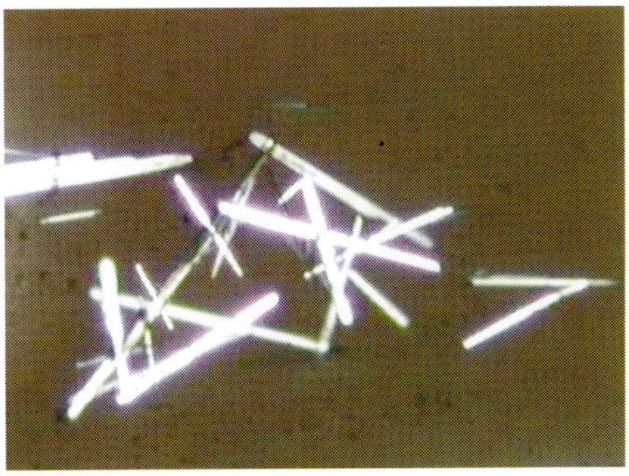

彩图 26　细针状的 β-硅灰石（400×，正交）

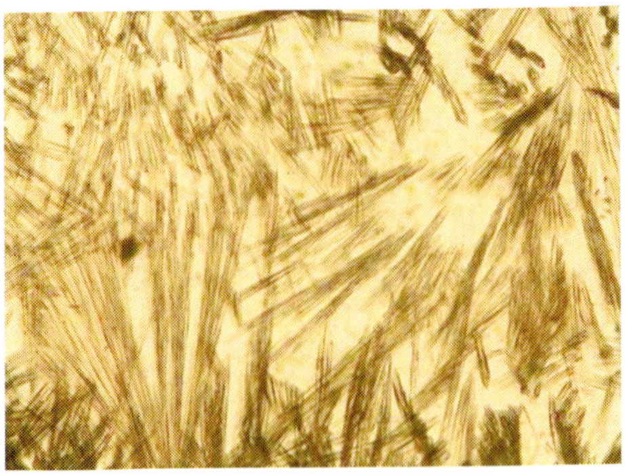

彩图 27　束状 β-硅灰石（200×）

彩图 28　扫帚状失透石（200×，正交）

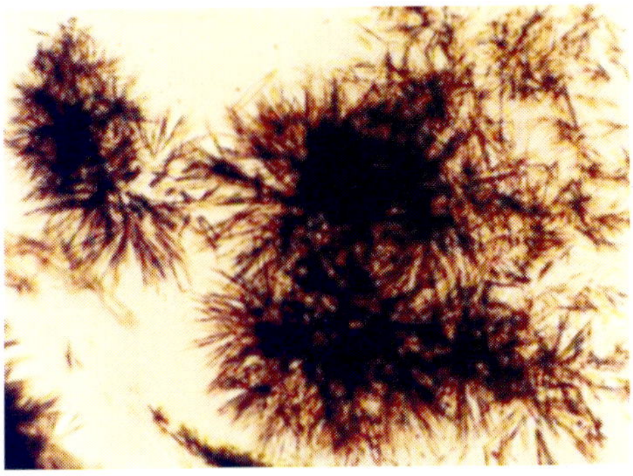

彩图 29　放射状失透石（200×）

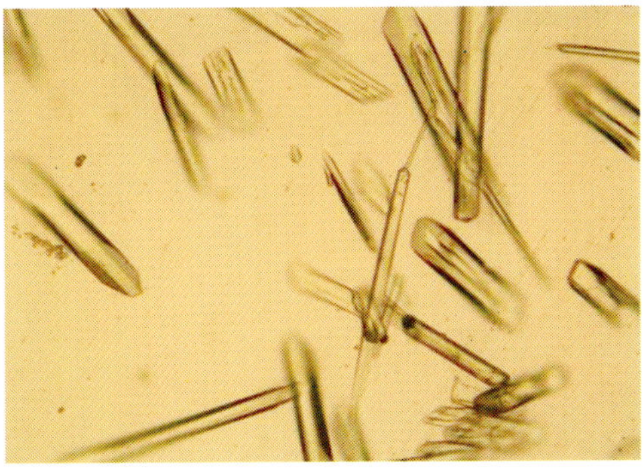

彩图 30　短柱状透辉石（160×）

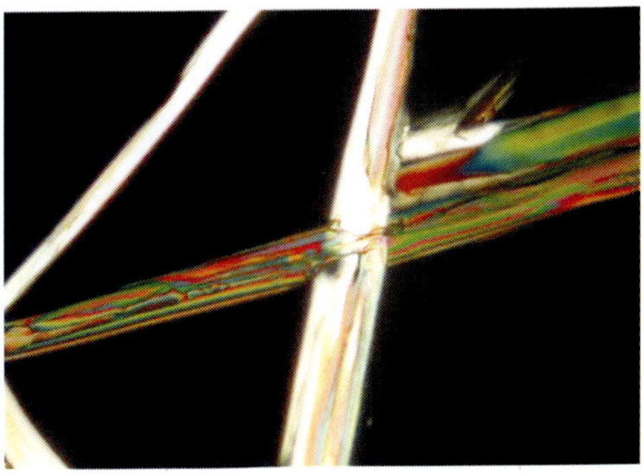

彩图 31　长管状透辉石（100×，正交）

彩图 32　在重冕玻璃中析出的二硅酸钡

彩图 33　芒硝泡（160×）

彩图 34　锡石（150×）

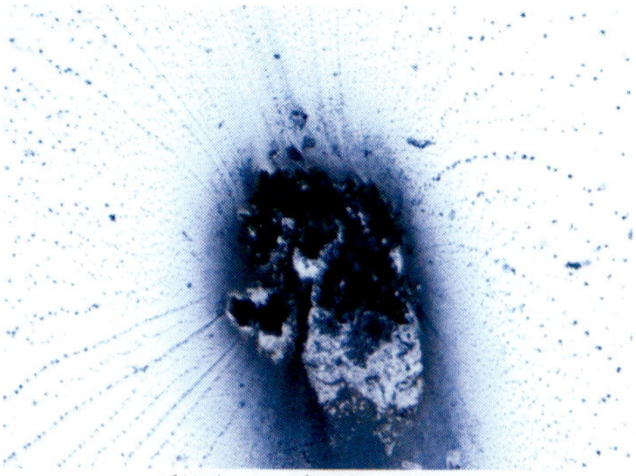

彩图 35　锡渣（50×）

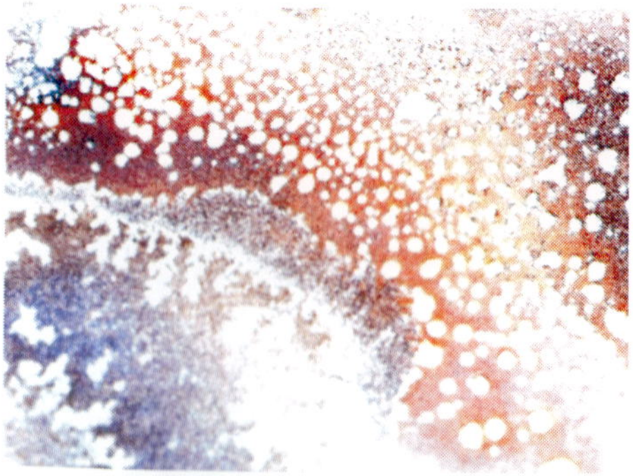

彩图 36　锡斑（50×）

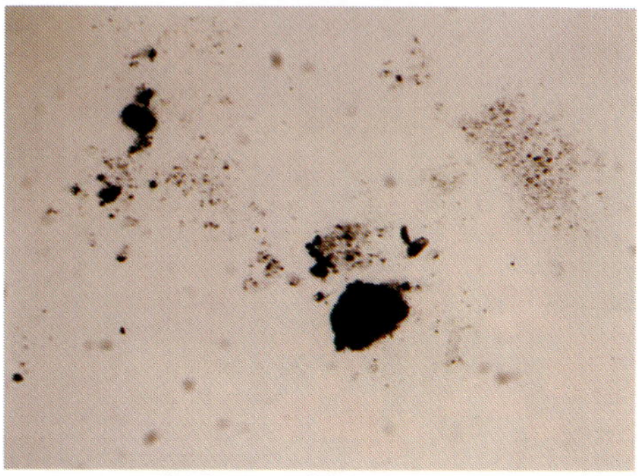

彩图 37　沾锡（100×）

彩图 38　长石原料大颗粒引起的 Al-Si 质节瘤（50×，正交）

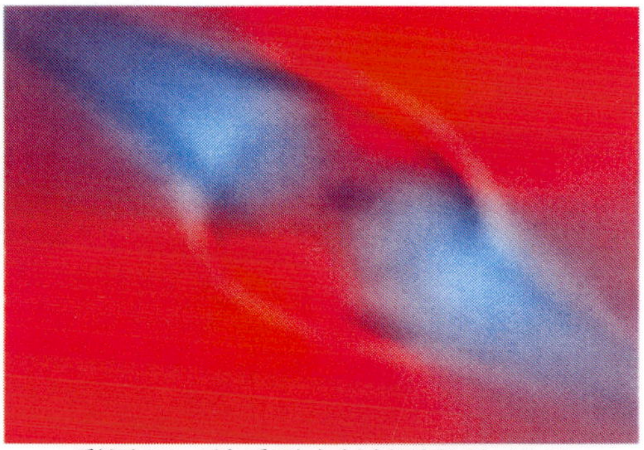

彩图 39　锆质耐火材料引起的 Al-Si 质节瘤（25×，锥光）

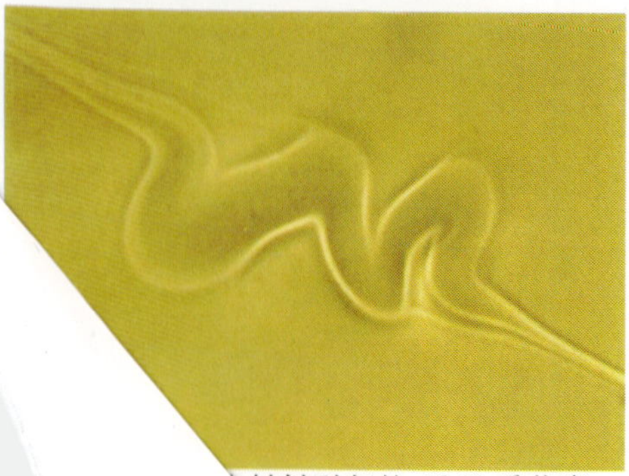

材料引起的 Al-Si 质节瘤
偏光＋聚光）

彩图 41　锆质耐火材料引起的 Al-Si 质节瘤中部含有斜锆石（200×，偏光）

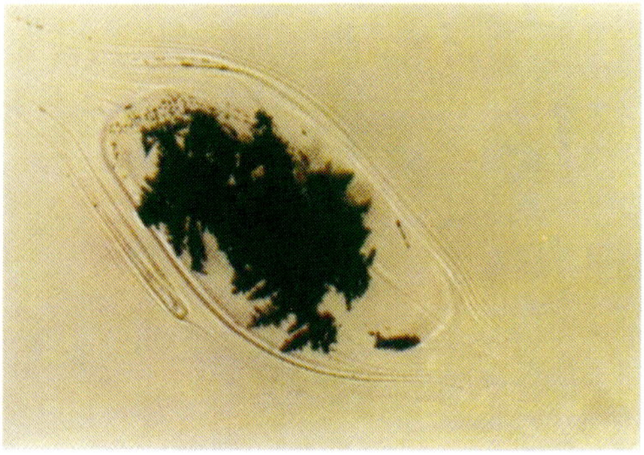

彩图 42　Al-Si 质节瘤，中部含有斜锆石析晶（50×，聚光）

彩图 43　硅质蒏滴引起的硅质节瘤（由于含铁而呈褐色）（25×，聚光）

彩图 44　铁引起的褐色色道（100×）

彩图 45　瓶罐玻璃中条纹的光照检验图

化学元素周期表

		IIA	IIIB	IVB	VB	VIB	VIIB	VIII			IB	IIB	IIIA	IVA	VA	VIA	VIIA	2 He 氦 4.0026
2	3 Li 锂 6.941	4 Be 铍 9.0122											5B 硼 10.811	6 C 碳 12.011	7 N 氮 14.007	8 O 氧 15.999	9 F 氟 18.998	10 Ne 氖 20.17
3	11 Na 钠 22.9898	12 Mg 镁 24.305											13 Al 铝 26.982	14 Si 硅 28.085	15 P 磷 30.974	16 S 硫 32.06	17 Cl 氯 35.453	18 Ar 氩 39.94
4	19 K 钾 39.098	20 Ca 钙 40.08	21 Sc 钪 44.956	22 Ti 钛 47.867	23 V 钒 50.9415	24 Cr 铬 51.996	25 Mn 锰 54.938	26 Fe 铁 55.84	27 Co 钴 58.9332	28 Ni 镍 58.69	29 Cu 铜 63.54	30 Zn 锌 65.38	31 Ga 镓 69.72	32 Ge 锗 72.64	33 As 砷 74.9216	34 Se 硒 78.96	35 Br 溴 79.904	36 Kr 氪 83.8
5	37 Rb 铷 85.467	38.Sr 锶 87.62	39 Y 钇 88.906	40 Zr 锆 91.22	41 Nb 铌 92.9064	42 Mo 钼 95.94	43 Tc 锝 97.99	44 Ru 钌 101.07	45 Rh 铑 102.906	46 Pd 钯 106.42	47 Ag 银 107.868	48 Cd 镉 112.41	49 In 铟 114.82	50 Sn 锡 118.71	51 Sb 锑 121.76	52 Te 碲 127.6	53 I 碘 126.905	54 Xe 氙 131.3
6	55 Cs 铯 132.905	56 Ba 钡 137.33	57–71 La–Lu 镧系	72 Hf 铪 178.5	73 Ta 钽 180.947	74 W 钨 183.8	75 Re 铼 186.207	76 Os 锇 190.2	77 Ir 铱 192.2	78 Pt 铂 195.08	79 Au 金 196.967	80 Hg 汞 200.5	81 Tl 铊 204.3	82 Pb 铅 207.2	83 Bi 铋 208.98	84 Po 钋 (209)	85 At 砹 (210)	86 Rn 氡 (222)
7	87 Fr 钫 (223)	88 Ra 镭 (226)	89–103 Ac–Lr 锕系	104 Rf 钅卢 (261)	105 Db 钅杜 (262)	106 Sg 𨭎 (263)	107 Bh 𨨏 (264)	108 Hs 𨭆 (265)	109 Mt 鿏 (268)	110 Ds 鐽 (269)	111 Uuu (272)	112 Uub (277)						

镧系	57 La 镧 138.905	58 Ce 铈 140.12	59 Pr 镨 140.91	60 Nd 钕 144.2	61 Pm 钷 147	62 Sm 钐 150.4	63 Eu 铕 151.96	64 Gd 钆 157.25	65 Tb 铽 158.93	66 Dy 镝 162.5	67 Ho 钬 164.93	68 Er 铒 167.2	69 Tm 铥 168.934	70 Yb 镱 173.04	71 Lu 镥 174.96
锕系	89 Ac 锕 (227)	90 Th 钍 (232)	91 Pa 镤 (231)	92 U 铀 (238)	93 Np 镎 (237)	94 Pu 钚 (239,244)	95 Am 镅 (243)	96 Cm 锔 (247)	97 Bk 锫 (247)	98 Cf 锎 (251)	99 Es 锿 (252)	100 Fm 镄 (257)	101 Md 钔 (258)	102 No 锘 (259)	103 Lr 铹 (262)